August Heller
Geschichte der Physik
Band 2

SEVERUS Verlag

Heller, August: Geschichte der Physik. Band 2. Von Descartes bis Robert Mayer. 2017
Neuauflage der Ausgabe von 1884
ISBN: 978-3-95801-642-2

Umschlaggestaltung: Annelie Lamers, SEVERUS Verlag

Bibliografische Information der Deutschen Nationalbibliothek: Die Deutsche Nationalbibliothek
verzeichnet diese Publikation in der Deutschen Nationalbibliografie; detaillierte bibliografische
Daten sind im Internet über https://dnb.de abrufbar.

Der SEVERUS Verlag ist ein Imprint der Bedey & Thoms Media GmbH,
Hermannstal 119k, 22119 Hamburg
_____

SEVERUS Verlag, 2017
http://www.severus-verlag.de
Gedruckt in Deutschland
Der SEVERUS Verlag übernimmt keine juristische Verantwortung oder irgendeine Haftung für
evtl. fehlerhafte Angaben und deren Folgen.

August Heller

Geschichte der Physik
Band 2. Von Descartes bis Robert Mayer

Vorrede.

Schier erdrückend ist die Menge des zu bewältigenden Stoffes, welcher sich vor demjenigen aufthürmt, der es unternimmt, eine geschichtliche Darstellung der Entstehung und Entwicklung unserer Wissenschaft von den Naturerscheinungen zu schreiben. Je mehr wir uns der neuesten Zeit nähern, in um so grösserem Masse schwillt das Material an und macht ein um so sorgfältigeres Auswählen des zu bietenden Stoffes nothwendig, wenn die Darstellung nicht über einen mässig grossen Rahmen hinauswachsen soll.

Die in diesem zweiten Bande vorliegenden Werkes bearbeitete Periode umfasst zwar in zeitlicher Hinsicht einen viel kleineren Raum, als jene, welche den Inhalt des ersten Bandes bildet, jedoch mit Rücksicht auf die grosse Anzahl derjenigen, welche sich nach dem sechzehnten Jahrhunderte an der Forschungsarbeit betheiligt haben, hatte die Darstellung naturgemäss viel umfangreicher auszufallen. Als wichtigste und umfangreichste Periode erscheint der Zeitraum von Galilei's bis zu Newton's Tode, da um jene Zeit die zwei mächtigen Verbündeten der exacten Naturwissenschaft: die Philosophie und die Mathematik durch die Arbeiten einiger hervorragender Denker in ausgiebiger Weise gefördert wurden, welche Förderung verwandter Wissenschaften von unmittelbarem Einflusse auf unsere Wissenschaft war. In diesen Zeitraum fällt die Erneuerung der Philosophie durch Descartes, die Erfindung der Coordinatengeometrie durch denselben, ferner die Entwicklung der Infinitesimalanalysis durch die Bemühungen Newton's und Leibnizens. Die Entdeckung der Gravitationsmechanik kann als die erste Frucht jener mathematischen Erfindungen betrachtet werden. — Als zweite Periode der neueren Geschichte unserer Wissenschaft rechnen wir den Zeitraum, der sich von Newton's Tode bis zur Entdeckung des

Galvanismus erstreckt. Hiebei ist es natürlich nicht zu vermeiden, dass einzelne Forscher, deren Arbeiten über ähnliche Gegenstände fast gleichzeitig entstanden, in der Darstellung räumlich geschieden erscheinen, sowie überhaupt scharfe Grenzen inmitten der in rascher Entwicklung begriffenen modernen Wissenschaft unzulässig erscheinen. Diese erwähnte zweite Periode, obwohl noch immer bedeutend in mathematisch-mechanischer Beziehung, ist es doch weniger betreffs der Prinzipien, bezüglich welcher sie gegen die vordem genannte jedenfalls weit zurücksteht. In jener zweiten Periode wird jedoch das Gebiet der bekannten Erscheinungen durch das Studium der elektrischen Phänomene wesentlich erweitert, sowie ja überhaupt die Entdeckung einer neuen Art elektrischer Vorgänge den Abschluss dieser ganzen Periode bewerkstelligt. Mit dem dritten Zeitraume, der den Schluss der ganzen Darstellung bildet, tritt die Physik in ein neues Stadium. Der menschliche Geist hatte sich bisher begnügt, die Kräfte der Natur an den vorhandenen Naturerscheinungen zu studiren und wenn er diese Kräfte auch in der mannigfaltigsten Weise auf seine Apparate und Maschinen wirken liess, um deren Natur zu ergründen, oder sich dieselben nutzbar zu machen, so waren es doch die nämlichen Agentien, welche in ihren Wirkungen uns die Natur selbst vor Augen führt. Von nun an beginnt der menschliche Geist, als der mit einer gewissen physikalischen Phantasie und Combinationsgabe versehene Künstler in den Gang der Natur selbstständig einzugreifen, indem er Erscheinungen hervorruft, welche vor ihm in der Natur bloss in virtualer Weise vorhanden waren, die jedoch erst durch den Menschen in actualer Weise zu Stande kamen. Unsere Telegraphen, Telephone, unsere Dynamomaschinen stehen ohne Beispiel in der Natur da; niemals hat das Licht vordem durch Vermittlung eines galvanischen Stromes Töne erregt. Dasselbe lässt sich von den in vergangenen Tagen zuerst verwendeten Naturkräften nicht behaupten: die Expansion des Dampfes wirkt in unserer Dampfmaschine in derselben Weise, wie dort, wo sie in der freien Natur vulkanische Massen emportreibt oder die oberen Schichten der Erdrinde erschüttert; die optischen Apparate haben ihr Vorbild in der Natur am Auge, dessen optischer Theil eine regelrechte Camera obscura ist. So liessen sich die Beispiele in beliebiger Weise häufen. Aehnlich verhält es sich mit der organischen Chemie, welche ebenfalls solche Verbindungen herzustellen im Stande ist, die in der Natur nirgends vorkommen. Es ist an und für sich klar, dass bei dem Systeme der ewigen Gesetze, denen die Materie unterworfen ist, eine Reihe von Erscheinungen zu Stande kommen müsse, welche jedoch nur einen unendlich kleinen Theil aller, mit Hülfe jener Gesetze möglichen Erscheinungen ausmachen. Durch diese neuere Gestaltung unserer Wissenschaft ergibt sich für dieselbe eine zweifache Richtung der Thätigkeit: einerseits ein stets eingehenderes Studium der in der Natur thatsächlich vorkommenden Erscheinungen, anderseits Hervorbringung neuer, in der Natur nicht vorkommender Phänomene. Ist schon die erste Aufgabe eine solche, welche niemals zu vollständigem Abschlusse gelangen kann, so ist die zweite, welche der physikalischen Phantasie unbegrenzten Spielraum erlaubt, geradezu unendlich.

Die Sinneswerkzeuge, mit denen uns die Natur ausgerüstet hat, sind zur Lebensführung wohl in vorzüglicher Weise geeignet, für unsere Bemühungen jedoch, das Wesen der Aussenwelt zu erkennen, liefern sie uns bloss einseitiges Material und rohe Wahrnehmungen, welche erst durch den Verstand zu scharfbegrenzten Vorstellungen verarbeitet werden. Der menschliche Geist ist viel feiner, als sein Werkzeug: der Sinnesapparat, deshalb ersinnt er künstliche Instrumente, um sich auf diese Weise neue Sinne zu schaffen; es sei hier bloss das Thermometer, der Thermomultiplicator und das Spectroskop genannt. In dieser, ebenfalls der freien Combination und Spekulation unterworfenen Thätigkeit, eröffnet sich gleichfalls ein unendliches Feld für den menschlichen Forschungstrieb.

Wir haben unsere Darstellung bis zur zweiten Hälfte des gegenwärtigen Jahrhunderts fortgeführt. Ein wissenschaftliches Ereigniss, welches in das letzte Dezennium der von uns in den Rahmen der Darstellung gezogenen Zeit fällt, dient als naturgemässer Abschluss derselben. Es ist die Begründung der Theorie von der Energieverwandlung, welche unsere allerneueste Periode der Physik einleitet, mit der wir von unserem Gegenstande Abschied nehmen. In welcher Weise es dem Schreiber gelungen ist, berechtigten Anforderungen zu entsprechen, das zu beurtheilen, stellt er jenen in diesem Fache rühmlichst bekannten Gelehrten anheim, die ja auch den ersten Band dieser Arbeit eingehender Besprechungen gewürdigt haben. Im Ganzen und Grossen kann der Verfasser mit jenen Recensionen, welche ihm über sein Buch zu Gesichte gekommen sind, wohl zufrieden sein, trotz der mannigfachen Ausstellungen, die durch jene gewiegten Fachgelehrten gemacht wurden. Dieselben haben nämlich fast ausnahmslos anerkannt, dass die Tendenz dieser Schrift in jene Richtung falle, in welcher sich die richtig aufgefasste Geschichte unserer Wissenschaft zu bewegen hat. Der Verfasser hat aus jenen, grossentheils in durchaus wohlwollendem Sinne geschriebenen, in den hervorragendsten Fachjournalen erschienenen, mitunter höchst eingehenden Recensionen vieles gelernt und so manche

Anregung erhalten, die ihm — insofern sie ihm nicht zu spät zu Theil wurde — beim Verfassen dieses zweiten Bandes trefflich zu Statten kam. Wenn in der Durchführung dieser Schrift das Wollen mit dem Können nicht immer im richtigen Verhältnisse steht, so möge man — eingedenk der grossen Schwierigkeiten des Unternehmens — einer milden Beurtheilung Raum geben und vorliegendes Werk als den Versuch zur Lösung eines weitreichenden, grossen Problemes betrachten: eines Problemes, dessen zufriedenstellende Lösung wohl einer späteren Zeit vorbehalten bleibt.

Budapest, im Juni 1884.

August Heller.

Inhaltsverzeichniss.

	Seite
Vorrede	III
Einleitung	1
I. Buch. **Die Neuzeit.** Das siebenzehnte Jahrhundert. Von Galilei bis auf Newton (1642—1727)	11
René Descartes	26
Claude Mydorge	72
Marin Mersenne	73
Willebrord Snellius	76
Pierre Gassendi	78
Giles Persone de Roberval	85
Athanasius Kircher	87
Daniel Schwenter	92
Pierre Fermat	93
Thomas Hobbes	95
Baruch Despinoza	97
Evangelista Torricelli	102
Benedetto Castelli	110
Niccolò Aggiunti	111
Domenico Guglielmini	112
Otto von Guericke	113
Kaspar Schott	144
Johann Christoph Sturm	146
Francesco Terzi de Lana	147
Blaise Pascal	149
Claude Gilermet, Herr von Beauregard	161
Robert Boyle	161
Franciscus Linus	173
Edme Mariotte	174
Guillaume Amontons	178
Christiaan Huygens	179
John Wallis	201
Sir Christopher Wren	205
Erasmus Bartholinus	207

Inhaltsverzeichniss.

	Seite
Giovanni Domenico Cassini	208
Ole Römer	210
John Locke	211
Gottfried Wilhelm Leibniz	215
Accademia del Cimento	231
Giovanni Alfonso Borelli	232
Vincenzo Viviani	236
Graf Lorenzo Magalotti	237
Carlo Renaldini	238
Francesco Redi	239
Candido del Buono	239
Paolo del Buono	239
Alessandro Marsili	240
Antonio Oliva	240
Michel Angioli Ricci	240
Geminiano Montanari	241
Donato Rossetti	242
Ottavio Falconieri	242
Honoré Fabri	242
Melchisedec Thévenot	243
Niccolò Stenone	243
Eustachio Divini	244
Giuseppe Campani	244
Isaac Voss	245
Robert Moray	245
Isaac Newton	253
Isaac Barrow	301
Robert Hooke	302
Ignace Gaston Pardies	304
Edmund Halley	305
William Whiston	308
Roger Cotes	309
John Hadley	310
Rückblick	310
Das Weltsystem	312
Joh. Bapt. Cysatus	313
Jeremiah Horrox	313
Marchese Cornelio Malvasia	313
Johann Hevelius	314
Gottfried Kirch	315
Georg Samuel Dörfel	315
John Flamstead	315
Jean Picard	316
Philippe de la Hire	318
Giacomo Filippo Maraldi	318
Die Erscheinungen des Luftkreises	318
Christian Freiherr von Wolf	320
Richard Townley	320

	Seite
Bernhard Varen	320
Die Mechanik	321
Marino Ghetaldi	321
Luca Valerio	321
Paul Guldinus	321
Pierre Varignon	322
Balthasar Monconys	323
Barometer	323
Luftpumpe	324
Wolferd Senguerd	326
Die Optik	326
François Aguilonius	327
Niccolò Zucchi	328
Joh. Marcus Marci de Kronland	328
Bonaventura Cavalieri	328
Thomas Bartholinus	330
Antoni Leeuwenhoek	330
James Gregory	330
Ehrenfried Walter Graf von Tschirnhaus	331
Nicolaus Hartsoeker	332
Adrien Auzout	333
Emanuel Maignan	333
Verbesserung der Fernrohre und Mikroskope	334
Geschichte der Phosphorescenz	336
Die Akustik	337
William Derham	338
William Noble	338
Thomas Pigott	338
Joseph Sauveur	339
Daniello Bartoli	339
Daniel Georg Morhof	339
Sir Samuel Morland	340
Die Wärmelehre	340
Verbesserung des Thermometers	340
Daniel Gabriel Fahrenheit	342
Geschichte der Dampfmaschine	343
Salomon de Caus	344
Giovanni Branca	344
Edward Somerset, Marquis of Worcester	344
Jean de Hautefeuille	347
Thomas Savery	348
Denis Papin	349
Thomas Newcomen	351
John Cawley	351
Glasthränen	352
Samuel Reyher	352
Elektricität und Magnetismus	352
Francis Hawksbee	353

	Seite
Die Chemie	354
Joh. Bapt. van Helmont	358
Daniel Sennert	359
Andreas Libau	362
Ole Borch	362
Joh. Rudolf Glauber	362
Joh. Joachim Becher	362
Georg Ernst Stahl	363
Johann Kunckel von Löwenstjern	364
Nicolas Lémery	365
Wilhelm Homberg	365
II. Buch. **Die neueste Zeit.** Das achtzehnte Jahrhundert. Von Newton's Tod bis zur Entdeckung des Galvanismus (1727 bis 1790)	367
Jacob, Johann und Daniel Bernoulli	377
Jacob Bernoulli	377
Johann Bernoulli	379
Daniel Bernoulli	386
Guill. François Antoine de l'Hospital	390
Leonhard Euler	392
Pierre Louis Moreau de Maupertuis	401
Colin Maclaurin	403
Jean le Rond d'Alembert	404
François-Marie Arouet de Voltaire	411
Marie-Jean-Antoine-Nicolas Caritat, Marquis de Condorcet	412
Joseph-Louis Lagrange	414
Jacob Hermann	423
Joh. Andreas von Segner	423
Alexis-Claude Clairaut	424
Adrien-Marie Legendre	427
Immanuel Kant	428
George Berkeley	441
David Hume	442
Pierre Simon La Place	444
1) Astronomie und Weltsystem	444
Bernard Le Bovier de Fontenelle	444
Samuel Molyneux	445
James Bradley	445
Johann Tobias Mayer	446
Daniel Melanderhjelm	447
Joseph-Jérome le François de La Lande	447
Jean-Sylvain Bailly	447
Friedrich Wilhelm Herschel	448
Jean-Bapt.-Jos. Delambre	448
2) Gestalt der Erde und Gradmessung	449
Laurent Pothenot	451
William Roy	452
James Stirling	452

	Seite
Charles-Étienne-Louis Camus	452
Charles-Marie de la Condamine	452
Nicolas-Louis de la Caille	452
Pierre-Charles Le Monnier	453
Don Antonio de Ulloa	453
Pierre-François-André Méchain	453
Isaac Dalby	453
Louis Lefèvre-Gineau	453
3) Geophysik und Dichtigkeit der Erde	454
Jean-Jacques d'Ortous de Mairan	454
Olof Peter Hjorter	454
Henry Cavendish	455
Nevil Maskelyne	457
4) Pendelmessungen und Uhren	458
Claude-Antoine Couplet	458
Jean-Charles Borda	458
George Graham	459
John Harrison	460
Pierre-Simon Marquis de Laplace	461
Benjamin Franklin	469
1) Grunderscheinungen der Elektricität	470
Stephen Gray	471
Granville Wheler	472
Charles-François de Cisternay du Fay	472
Jean-Théophile Des Aguliers	472
2) Die Elektrisirmaschine	473
Christ. August Hausen	474
Johann Heinrich Winkler	474
Georg Mathias Bose	474
Andreas Gordon	475
Martin Planta	475
Jan Ingen-Houss	475
John Cuthbertson	475
Jesse Ramsden	476
Jean-René Sigaud de la Fond	476
Martin van Marum	476
3) Quellen der Elektricität	476
Johann Karl Wilcke	477
4) Theorieen der Elektricität	479
Robert Symmer	480
Georg Christoph Lichtenberg	480
5) Die Verstärkungsflasche	481
Ewald Georg von Kleist	484
Pieter van Musschenbroek	484
Jean-Antoine Nollet	484
Benjamin Wilson	485
William Watson	485
Franz Ulrich Theodor Aepinus	485

	Seite
Daniel Gralath	485
6) Atmosphärische Elektricität und Erfindung des Blitzableiters	486
Benjamin Franklin	486
De Romas	492
Georg Wilhelm Richmann	492
Giacomo Battista Beccaria	493
John Canton	494
Horace Bénedict de Saussure	494
Tiberio Cavallo	495
Johann Friedrich Gross	495
Edward Nairne	495
7) Anwendung der Elektricität in der Medicin	495
Christian Gottlieb Kratzenstein	495
Louis Jallabert	495
Johann Baptist Bohadsch	495
Charles-Augustin Coulomb	496
Charles Bossut	503
Louis-Gabriel Gr. Dubuat-Nançay	503
Aloisio (Luigi) Galvani	503
Alessandro Volta	507
John Ellicott	514
Jacob Siegismund von Waitz	514
Timothy Lane	514
William Henley	515
Abraham Bennet	515
Johann Gottlieb Friedrich von Bohnenberger	515
Antoine-Laurent Lavoisier	516
Joseph Priestley	525
Joseph Black	525
Adair Crawford	526
Louis-Bernard Guyton de Morveau	526
Carl Wilhelm Scheele	526
Claude-Louis Gr. Berthollet	526
Franz Carl Achard	527
Karl Friedrich Wenzel	527
Jeremias Benjamin Richter	527
Joseph-Louis Proust	527
Antoine-François de Fourcroy	528
Joseph-Michel und Jacques-Étienne Montgolfier	528
Joseph-Michel Montgolfier	529
Jacques-Étienne Montgolfier	529
Ernst Florens Friedrich Chladni	531
Jean-Philippe Rameau	535
Brook Taylor	535
Gr. Giordano Riccati	536
Giuseppe Tartini	536
Georg Andreas Sorge	537
Wolfgang von Kempelen	537

Inhaltsverzeichniss. XIII

	Seite
Gr. Giovanni Lodovico Bianconi	537
Christlieb Benedict Funk	538
Matthew Young	538
Étienne Perrolle	538
James Watt	538
John Smeaton	544
Sir Benjamin Thompson, Graf von Rumford	544
René-Antoine Ferchault, Seigneur de Reaumur	552
Anders Celsius	552
Johann Gottlob Leidenfrost	552
Jean-André Deluc	553
John Dalton	553
Thomas Young	557
Pierre Bouguer	564
Ruggiero Giuseppe Boscovich	565
Johann Nathaniel Lieberkühn	565
Johann Heinrich Lambert	566

III. Buch. Die neueste Zeit. Das neunzehnte Jahrhundert. Von der Entdeckung des Galvanismus bis zur Aufrichtung des Satzes von der Erhaltung der Energie (1790—1843) . . . 568

Carl Friedrich Gauss	571
James Ivory	584
George Green	585
Peter Gustav Lejeune-Dirichlet	586
William Rowan Hamilton	586
Carl Gustav Jacob Jacobi	587
Heinrich Wilhelm Matthias Olbers	588
Friedrich Wilhelm Bessel	589
Christopher Hansteen	590
Wilhelm Eduard Weber	590
George Atwood	593
Francis Baily	594
Henry Kater	594
Johann Friedrich Benzenberg	594
Louis Poinsot	595
Gaspard Monge	598
Lazare-Nicolas-Marguerite Carnot	599
Gaspard-Clair-François-Marie Riche, de Prony	601
Siméon-Denis Poisson	602
Claude-Louis-Marie-Henri Navier	604
Jean-Victor Poncelet	604
Gustave-Gaspard Coriolis	606
André-Marie Ampère	607
Hans Christian Oersted	612
Paul Erman	614
Aug.-Arthur de la Rive	615
Will. Nicholson	616
Sir Anthony Carlisle	616

	Seite
Peter Barlow	616
Johann Wilhelm Ritter	617
Will. Sturgeon	617
Georg Friedrich Pohl	618
Joh. Sal. Christoph Schweigger	618
Georg Simon Ohm	619
Giuseppe Zamboni	626
Claude-Servais-Math. Pouillet	627
Ant.-César Becquerel	627
John Frederic Daniell	627
Gustav Theodor Fechner	628
Charles Wheatstone	628
Friedrich Dellmann	629
Rudolph Hermann Arndt Kohlrausch	629
Will. Robert Grove	629
Alfred Smee	630
Michael Faraday	630
Georg Friedrich Parrot	642
Sir Humphry Davy	642
Thomas Joh. Seebeck	643
Peter Mark Roget	644
Leopoldo Nobili	644
Macedonio Melloni	645
Jean-Charles-Athanase Peltier	646
Dominique-François-Jean Arago	646
Joh. Christian Poggendorff	647
Carlo Matteucci	648
William Ritchie	648
Mor. Hermann von Jacobi	649
Julius Plücker	649
Heinrich Friedrich Emil Lenz	650
Augustin-Jean Fresnel	651
Lord Henry Brougham	661
Etienne-Louis Malus	661
Jean-Baptiste Biot	664
Sir David Brewster	665
Joseph Fraunhofer	666
Aug.-Louis Cauchy	667
Franz Ernst Neumann	670
Humphrey Lloyd	670
Joh. Wolfgang von Goethe	670
Arthur Schopenhauer	674
Louis-Joseph Gay-Lussac	677
Louis-Nicolas Vauquelin	683
Louis-Jacques Thénard	683
William Prout	683
Pierre-Louis Dulong	684
Alexis-Thérèse Petit	686

Inhaltsverzeichniss.

	Seite
Charles Cagniard-de-la Tour	686
Joh. Wolfgang Döbereiner	687
César-Mansuête Despretz	687
Frederik Rudberg	687
Julius Robert Mayer	688
Jean-Baptiste-Joseph Fourier	699
Nic.-Léonard-Sadi Carnot	700
Ludw. Aug. Colding	702
James Prescott Joule	702
August Karl Krönig	703
Graf Amedeo Avogadro, di Quaregna	704
Alexander von Humboldt	706
Rückblick	715
Das Weltsystem	715
Die Erscheinungen des Luftkreises	716
Ludwig Friedrich Kämtz	717
Heinrich Wilhelm Dove	717
Die Mechanik	718
Die Akustik	719
Sophie Germain	720
Félix Savart	720
Ludwig Friedrich Wilhelm August Seebeck	721
Die Optik	721
Louis-Jacques-Mandé Daguerre	722
Jos.-Nicéphore Niepce	723
Will. Henry Fox Talbot	723
Elektricität und Magnetismus	723
Die Chemie	724
Jöns Jacob Berzelius	725
Die Wärmetheorie und die allgem. Theorie der Energieverwandlung	727
Register	737

Einleitung.

Wir haben am Ende des ersten Bandes dieser Schrift versucht, den Stand der physikalischen Wissenschaft zu jener Zeit zu schildern, als Galilei's mächtiger Geist im harten Kampfe der Gebrechlichkeit eines siechen Körpers unterlag. Der Impuls, den er nicht nur durch seine Schriften, sondern auch durch seine ganze gewaltige Persönlichkeit: seinen Umgang, seine Lebensführung, sowie durch seine Schicksale gegeben, wirkte lange Zeit nach seinem Tode noch in seiner Heimat fort. Er hinterliess eine Schule begeisterter Jünger; der Zauber, der seinerzeit Schaaren von Hörern aus allen Theilen der Welt um ihn versammelt hatte, wirkte noch über sein Grab hinaus. Diese seine Nachfolger und Schüler waren bestrebt zu vervollkommnen und zu beenden, was ihr Meister begonnen hatte. Vor allem ist es das Gebiet der Hydro- und Aëromechanik, zu dem Galilei den Weg gebahnt hatte, welches in jenen Tagen die ganze Aufmerksamkeit der Gelehrten in Anspruch nahm. Um diese Zeit beginnt die Naturwissenschaft im Allgemeinen sich ausserhalb Italiens in immer weitern Kreisen zu verbreiten. Franzosen und Italiener, Deutsche und Engländer wetteifern miteinander durch unermüdliches Experimentiren das nöthige empirische Material für eine Theorie der Bewegung und der Kräfte in Flüssigkeiten und Gasen herbeizuschaffen. Daneben macht sich der mächtige Impuls, den Galilei der Mechanik fester Körper und deren allgemeinen Prinzipien gegeben hat, in der unausgesetzten Bearbeitung dieser Disciplin durch verschiedene Forscher geltend. Wenn wir ausser den genannten Partien der Wissenschaft noch die der Molecularerscheinungen anführen, so haben wir das Wichtigste dessen, womit sich die physikalische Forschung jener Tage beschäftigte, genügend charakterisirt.

Besonders hervorzuheben ist es jedoch, dass die Periode, welche wir nun zu schildern anheben, die zwei prinzipalen Elemente unserer heutigen physikalischen Weltanschauung hervorgebracht hat, wir meinen die Atomtheorie und die Generalisation der Mechanik als Erklärungsprinzip für alle Vorgänge in der unbelebten Natur.

Die Geschichte der Physik, besonders wenn wir in derselben das Hauptgewicht auf die allgemeine Naturanschauung der verschiedenen Perioden legen, kann der Berücksichtigung der jeweiligen philosophischen Systeme nicht entrathen. Diese sind es, welche die allgemeinen Gesichtspunkte festlegen, von welchen aus der Menschengeist sein Abbild von der Natur zu entwerfen unternimmt; sie sind es, welche die allgemeinen Prinzipien der Forschung und des Aufbaues der Resultate derselben in ein wissenschaftliches System entwickeln. Das Zeitalter der Erneuerung der physikalischen Wissenschaft d. i. der Grundlegung unserer heutigen Physik trifft mit der Erneuerung der Philosophie durch Descartes zusammen. Gleichwie die Physik auf der Naturwissenschaft des Alterthums weiter baute, so steht die Philosophie der Neuzeit auf der Philosophie der Griechen und den theologisch-philosophischen Systemen des Mittelalters.

Wir haben in der Einleitung zur Darstellung der Geschichte der Physik einen kurzen Ueberblick der Entwicklung der griechischen Philosophie gegeben und haben dieselbe dort verlassen, wo sie ihr Hauptgewicht auf Ethik und das Verhältniss des Menschen zur Natur zu legen beginnt. Um nun die neuere Philosophie als etwas organisch Gewordenes darstellen zu können, wollen wir einen kurzen Blick auf die Entwicklungsgeschichte der Philosophie im Allgemeinen werfen, indem wir durch einzelne Schlagworte die Hauptphasen derselben zu charakterisiren versuchen. Es ist diese Skizze einer Entwicklungsgeschichte der Philosophie an dieser Stelle um so mehr gerechtfertigt, als wir eine Wechselwirkung zwischen der Philosophie und den physikalischen Wissenschaften für jedes Stadium der jeweiligen Entwicklung vorfinden, welche es als dringend geboten erscheinen lässt, in der Geschichte der einen von beiden Disciplinen auf die der andern zu reflektiren.

Die griechische Philosophie beginnt als Wissenschaft mit den Ioniern und Pythagoräern. Mit Rücksicht auf die Art, wie diese philosophischen Schulen sich den zu lösenden Aufgaben gegenüber gestellt haben, können wir sie die Philosophien des Weltstoffes und der Weltordnung nennen. Die auf sie folgenden Eleaten: Herakleitos, Empedokles, Leukippos, Demokritos und Anaxagoras können die Philosophen des Weltprozesses genannt werden. Die Sophistik bestrebt sich die Unmöglichkeit der Erkenntniss nachzuweisen und kann somit als Philosophie jenes Uebergangsstadiums aufgefasst werden, welches zum Problem der Welterkenntniss leitet. — Während die Philosophie der vorsokratischen Epoche direkt auf den Urgrund der Dinge losging, stellte Sokrates die Aufgabe anders und steckte das zu erreichende Ziel tiefer. Es ist in der Geschichte der Philosophie dieselbe Tendenz wahrzunehmen, wie sie uns die Geschichte der Physik weist. Wie hier, so überzeugte sich auch dort der menschliche Verstand, dass er in jugendlichem Feuereifer sich zuviel zugemuthet habe und dass er sich mit einem bescheideneren, dafür aber sicheren Resultate begnügen müsse. Die vorsokratischen philosophischen Systeme endigten in der Sophistik, das heisst in der allgemeinen Bezweifelung eines wahrheitsgemässen Wissens. Sokrates stellt das Problem der Philosophie wesentlich anders als seine Vorgänger. Er untersucht das Zustandekommen der Erkenntniss und fragt, wie die Welt gedacht werden müsse, um erkennbar zu sein. Während die Sophisten aus der Verschiedenheit der Meinungen über einen und denselben Gegenstand die Unmöglichkeit einer unanfechtbar richtigen Meinung deduzirten, schloss Sokrates aus dem Gemeinschaftlichen und Uebereinstimmenden übrigens divergirender Meinungen auf die Wahrheit, die man durch Abfragen verschiedener Menschen gewinnen könne. Das Zeitalter des Sokrates, welches unmittelbar auf die Zeit des Verfalles der wissenschaftlichen philosophischen Systeme folgte, sah die Entstehung und Bildung eines neuen, viel erhabeneren philosophischen Systems, das des Platonismus. In jenen allgemeinen Vorstellungen über gewisse Dinge, in denen alle Menschen übereinstimmen, sieht Platon die wahren Begriffe derselben. Die so gebildeten allgemeinen Gattungsbegriffe, welche das Wesen der Dinge ausdrücken, sind die Ideen oder Idealbilder der Dinge. Die Gesammtheit der Ideen bildet eine intelligible Welt, als deren Abbild die sinnliche zu betrachten ist. Ein göttlicher Künstler, der „Demiurgos", hat den Kosmos als natürliches Kunstwerk nach allgemeinen Ideen gebildet. Der Staat ist ein sittliches Kunstwerk. Durch Erhebung und Reinigung von den uns anhaftenden sinnlichen Unvollkommenheiten erheben wir uns zu den Ideen. — Aristoteles fühlt sich durch die platonische Ideenlehre nicht befriedigt, ihm widerstrebt der Gegensatz zwischen Idee und Materie, intelligibler und körperlicher Welt, der Dualismus zwischen Form und Stoff. Er sucht daher die Vereinigung der Gegensätze. Er denkt die Form als Kraft, die dem Stoffe innewohnt und ihn gestaltet; es ist dies die Energeia. Der Stoff hingegen wird so gedacht, dass er die Form virtuell, als Anlage zu einer bestimmten Bildung enthält; es ist dies die Dynamis. Jedes Ding wird betrachtet, als in der Form sich gestaltender, die Form erfüllender Stoff, der eben dadurch seinen Zweck erfüllt. Jedes wirkliche Ding kann somit als zweckentsprechend, als Entelecheia gedacht werden. Die Gesammtheit der Dinge bildet eine Reihe von Entelechien, deren niedere immer die Anlage zu höheren enthält. Das Gewordene bildet das Material zu höheren Bildungen. Der ganze Weltprozess kann somit als eine Bewegung, ein Hineinwachsen des Stoffes in die Form in immer vollkommenerer Weise, d. h. als Entwicklungsprozess gedacht werden. Einen solchen Entwicklungsprozess zeigt auch die Erkenntniss. Auf diese Weise wird somit der platonische Dualismus überwunden und der Begriff der Entwicklung löst sowohl das Weltproblem, als das Erkenntnissproblem. — Als Kern der aristotelischen Lehre kann somit kurz bezeichnet werden die Idee als energisches, die Materie als dynamisches Prinzip, oder aber die Idee als der den Dingen innewohnende Zweck.

Die nun folgende philosophische Richtung der Stoiker, Epikuräer und Skeptiker kann man mit einem Schlagworte bezeichnen, sie alle beschäftigen sich mit dem Probleme der Weltbefreiung. — Der Zusammenhang dieser philosophischen Schulen mit dem Aristotelismus ergibt sich in folgender Weise: Die Philosophie des Aristoteles betrachtet die Welt als eine Stufenreihe von Entelechien, sie fordert daher eine höchste Entelechie, welche immateriell, nur mehr reine Form ist, blosse Energie; ein Wesen — mit einem Worte — welches sich selbst Zweck und somit absolut ist, dieses Wesen ist Gott. Alles bewegend ist er selbst unbewegt. Dieses höchste Wesen ist gleich dem Menschen selbstbewusst. Auch der Mensch kann sich diesem vollkommenen Wesen annähern, wenn er sich von der sinnlichen Welt zu befreien sucht, und hierinnen besteht die Befreiung von der Welt: die Weltbefreiung des Menschen. — Wie wir sehen, ist diese Richtung der Philosophie vorwiegend praktischer Natur. Aus ihr entwickelt sich der Neuplatonismus und Neupythagoräismus mit dem Probleme der Welterlösung. Hierdurch treibt nun die Philosophie dem Christenthume entgegen. Der Neuplatonismus berührt sich mit der jüdischen Religionsphilosophie in einem Punkte, es ist dies die Idee des welterlösenden „Logos", welche sich bei Philo von Alexandrien mit der jüdischen „Messias"-Idee berührt. Die wirkliche Verbindung, vielmehr Identifizirung dieser beiden Ideen vollzieht sich im Christenthume.

Mit der nacharistotelischen Philosophie verlässt die Philosophie somit diejenige Richtung, welche wir in unserer Darstellung zu berücksichtigen haben. Mit den theologischen Problemen des Christenthums, welche eine Zeit hindurch die Philosophie ersetzen sollen, weicht sie immer mehr von unserer Richtung ab. Wenn wir dessungeachtet unsere kurz andeutende Betrachtung der Aufeinanderfolge der philosophischen Systeme fortsetzen, so geschieht dies nur deshalb, um die Verbindung mit den philosophischen Systemen der Neuzeit aufrecht zu erhalten. — In jener ersten Zeit des Christenthums ist die Philosophie zur Theologie geworden und beschäftigt sich fast ausschliesslich mit dem Verhältnisse des höchsten Wesens zum Menschen. Vor allem sind hier die Kirchenväter und unter diesen Augustinus zu nennen. Die Kirchenväter legen kein Gewicht auf jene Probleme der Philosophie, welche mit dem Menschen nichts zu thun haben, und tragen offen ihre Verachtung der Natur zur Schau. — Jedoch der Erkenntnissdrang lässt sich auf die Dauer nicht zurückstauen, endlich bricht er sich Bahn und verlangt nach einer Naturphilosophie. Die nun folgende Aera der Scholastik, d. i. der Philosophie, wie sie in den Schulen gelehrt wurde, bemüht sich die Philosophie mit der Glaubenslehre, die Glaubenslehre mit dem natürlichen Verstande in Einklang zu bringen. Die Probleme der Scholastik beginnen mit dem Beweise für das Dasein Gottes. Der erste, der ontologische Beweis, welcher aus der Idee des vollkommensten Wesens ausgehend, auch dessen Existenz folgert, stammt von Anselm von Canterbury. Die Scholastik konnte jedoch nicht lange von der Entwicklung einer bestimmten Naturanschauung sich frei erhalten, sie musste dies gewissermassen feindselige Gebiet sich erobern und sich einverleiben; erst so konnte sie den Verstand des Menschen gänzlich einer theologischen Disciplinirung unterwerfen. Ganz und gar diesem Zwecke entsprechend erwies sich nun die von den Arabern (Avicenna, Averroes) behütete aristotelische Philosophie. Die Begünstigung dieser heidnischen Philosophie seitens der Scholastik ist nun allerdings nicht zufällig, sondern folgt aus ihrem Begriff von der Natur als einem aus zweckentsprechenden Wesen bestehenden Stufenreiche, welcher den scholastischen Ansichten ganz besonders zusagte. — Die Unterordnung der ganzen Natur unter die Theologie im 13. Jahrhunderte kennzeichnet das grosse Jahrhundert der Scholastik. Die bedeutendsten Theologen dieses Jahrhunderts sind Albertus Magnus, Thomas von Aquino und Johann Duns Scotus. Thomas von Aquino ist der weitaus grösste Theologe des ganzen Mittelalters.

Nachdem die Philosophie in dieser Weise einige Jahrhunderte hindurch in Abhängigkeit von der Theologie gestanden hat, macht sie sich wieder unabhängig und wendet sich ihrer alten Aufgabe: der Lösung des Weltproblems zu. Schauplatz dieses interessanten Vorganges ist vor allem Italien, wohin nach der Erstürmung von Byzanz die griechischen Gelehrten flüchteten. Dieselben brachten die noch immer bedeutenden Reste ihrer alten, classischen Literatur und unter diesen die Werke Platon's mit sich. Vor allem sind die uns schon als Novatoren der Physik und im ersten Bande dieser Schrift als „Aristotelesstürmer" charakterisirten Gelehrten Telesius und Giordano Bruno als Hauptvertreter der italienischen Naturphilosophie zu nennen, während der Fürst Pico von Mirandola als Vertreter des italienischen Neuplatonismus gilt. Von der Mitte des 15. bis gegen Ende des 16. Jahrhunderts dauert diese philosophische Bewegung, welche von der religionsphilosophischen zur naturphilosophischen Denkweise führt.

Auf jener allgemeinen Kirchenversammlung, welche durch Pabst Eugen IV. zuerst in Ferrara eröffnet und dann in Florenz fortgesetzt wurde, erschienen durch den päpstlichen Ablegaten, Cardinal Nicolaus de Cusa, eingeladen, die Theologen der byzantinischen Hauptstadt, unter ihnen Gemistos Pletho, der eifrige Anhänger der neuplatonischen Lehre. Mit ihm kam einer seiner bedeutendsten Schüler Bessarion nach Italien, der später eine zwischen Platon und Aristoteles vermittelnde Richtung einschlug. Letzterer liess sich bleibend in Italien nieder und wurde dort einer der Begründer der neuen philosophischen Richtung, welche ausser den beiden Heroen der griechischen Philosophie und ausser den Neuplatonikern auch den späteren griechischen, philosophischen Richtungen: der stoischen, epikuräischen und skeptischen, ihre Aufmerksamkeit zuwendete. — Die Kenntniss der platonischen Schriften wurde durch Uebersetzungen, wie die des Neuplatonikers Marsilius Ficinus, vermittelt. Der Neuplatonismus führt auch am Ende des Mittelalters, so gut wie zur Zeit seiner ersten Blüte, zur Theosophie, deren bedeutendster Vertreter der Fürst Pico von Mirandola war. In organischer Entwicklung folgt nun die Richtung der Magie, welche Einflüsse der astralischen Welt auf die irdische voraussetzt und diese zu ergründen sucht, theils um sich in den Besitz irdischer Güter zu setzen, theils um durch Ergründung der astralischen Einwirkungen die schädlichen Einflüsse vermeiden zu können.

Ein bedeutender Vertreter dieser Richtung ist Agrippa von Nettesheim. Wichtig ist es, dass die Magie sich mit grosser Vorliebe mit der Scheidekunst beschäftigt und nebst vielerlei alchymistischen Albernheiten auch mancherlei nützliche Entdeckungen zu Tage fördert. Ihr Hauptbestreben geht nach der Entdeckung eines Lebenselixires, des Steines der Weisen und der Goldmacherkunst. Da sie jedoch überall Hand anlegt und ihre Theorieen durch Versuche zu verifiziren sucht, so weist sie energisch auf die Wichtigkeit und Nothwendigkeit der Erfahrung hin. Ein wichtiger Vertreter dieser Richtung ist der von uns schon betrachtete Theophrastus Paracelsus. — Es folgt nun als nächstes Entwicklungsstadium die Mystik, mit ihrer auf Selbsterkenntniss und Selbstergründung weisenden Richtung. Einer der Hauptvertreter ist Valentin Weigel. Eine Vereinigung der mystischen mit der magischen Weltanschauung finden wir bei Jakob Böhm.

Der Neuplatonismus, die Theosophie, die Magie und Mystik drängen zur pantheistischen Weltanschauung. In der Natur selbst bethätigen sich göttliche Kräfte, sie hat ihren göttlichen Lebenszweck in sich selbst. Der Pantheismus steht als bemerkenswerthes Erzeugniss der menschlichen Vernunft, als eine ihrer wunderbarsten Schöpfungen, an der Scheide zwischen der alten und der neuen Philosophie. Und zwar sind es die bedeutendsten Vertreter der italienischen Naturphilosophie, Telesius und Patritius, welche den Uebergang zur neuen Philosophie anbahnen. Telesius spricht das Prinzip aus: „Da die Natur aus sich selbst erklärt werden soll, so darf ihr nichts Anderes als die sinnlich auffassbare Materie mit den derselben innewohnenden Kräften zu Grunde liegen." Nun ist aber die Kraft immateriell, untheilbar und verhält sich zur Materie, wie die Seele zum Körper. Es wird somit der Inbegriff der Weltkräfte als Weltseele aufgefasst, welche den Weltstoff durchdringt und gestaltet. Es ist dies der Anklang des Pantheismus an den Platonismus. Dies ist die Fassung des Franciscus Patritius. Die Weltseele ist das bewegende Prinzip, jedoch ohne Intelligenz, es wird daher ein intelligentes Prinzip gefordert, ein Weltverstand. So gibt es demnach wieder drei zur Erklärung der Natur nöthige Prinzipien: die Weltmaterie, die Weltseele und den Weltverstand, oder aber Stoff, Seele und Geist. Der erste erklärt das körperliche Dasein der Natur, die zweite deren Bewegung, der dritte ihre Formen. Die Natur ist jedoch bloss eine, es müssen deshalb jene drei Prinzipien in eines gesetzt werden; und da sie alles in sich begreifen, was da ist, nicht bloss die aristotelische begrenzte Weltkugel, mit ihrem irdischen Mittelpunkte, sondern das ganze unendliche Weltall in der auf dem heliocentrischen Systeme beruhenden Verallgemeinerung, und da ausser diesem Weltall nichts gedacht werden kann, so ist diese so gedachte Natur das Absolute, das Göttliche. Dies ist der Pantheismus in seiner vollen Ausbildung, wie er in schwungvoller Darstellung bei Giordano Bruno zum Ausdruck kommt. — Die Erkenntniss der Natur bezüglich der Aussenwelt kommt durch die Sinne zu Stande, bezüglich unserer selbst jedoch durch Selbstbetrachtung oder Reflexion. Die zweite Art der Erkenniss ist unmittelbar gewiss. Ich denke mich selbst, ich erkenne unmittelbar, dass ich bin. Die Natur ist dem menschlichen Wesen analog, in niederer Potenz dasselbe, was der Mensch in höherer ist. Gott ist in höchster Potenz, was die Natur und der Mensch in niederer Potenz sind. Diese Fassung der Weltanschauung finden wir bei Thomas Campanella. Dieser ist der letzte der Progonen der neueren Philosophie. Seine Deklarirung der Selbsterkenntniss als allein sicher, lässt ihn als Vorläufer Descartes' erscheinen; die beiden Erkenntnissquellen: die äussere und die innere weisen auf die beiden Richtungen der neueren Philosophie: auf die sensualistische und idealistische Richtung. Die Eintheilung der Erkenntnissquellen weist auf Locke. Giordano Bruno erscheint als der Vorgänger Spinoza's, wo er Gott als die wirkende Natur auffasst; dort hingegen, wo er den Begriff der Selbstentwicklung und hiemit das Prinzip der Individualität betont, werden wir an die Monadentheorie Leibnizens erinnert.

Zwischen der Epoche der mittelalterlichen und der neuzeitlichen Philosophie liegt die welterschütternde, mächtig umgestaltende Periode der Reformation, welche eine umbildende Wirkung auf allen Gebieten zur Folge hatte. Die Erweiterung des historischen Gesichtskreises erfolgte durch den Humanismus, die Wiederentdeckung des Alterthums, und des Lebens in der classischen Zeit; die Erweiterung des geographischen Horizontes hingegen durch die grossen Entdeckungen neuer Welttheile;

endlich die Erweiterung der kosmologischen Anschauung durch die Aufrichtung des coppernicanischen Weltsystemes. Hiezu kam nun noch auf religiösem Gebiete die Reformation, auf künstlerischem die Renaissance.

Die neue Philosophie beginnt mit dem ersten Drittel des 17. Jahrhunderts. Sie geht bei der Erkenntniss der Dinge bloss aus den Bedingungen und aus dem Vermögen der menschlichen Vernunft aus. Sie hält die Lösung des Weltproblems, d. h. die Erkenntniss für möglich. Das ist der dogmatische Grund derselben. Da sie überdies von der gegebenen Natur der Dinge ausgeht, ist sie naturalistisch. Die menschliche Vernunft hat zwei Vermögen: Sinnlichkeit und Verstand, das wahrnehmende und das denkende Vermögen. Es gibt nun diesem Unterschiede entsprechend zwei philosophische Richtungen. Die erste erkennt in der Sinnlichkeit die einzige Möglichkeit der Erkenntniss, dies ist der Realismus oder Empirismus, dessen Vertreter Francis Bacon von Verulam ist; die zweite unternimmt die Erkenntniss der Wahrheit durch den reinen Verstand, durch Begriffe, dies ist der Idealismus oder Rationalismus, dessen Vertreter René Descartes. Diese beiden dogmatischen Richtungen münden nun in den Skepticismus, ähnlich wie die griechische Naturphilosophie in die Sophistik. Der Vertreter dieser Denkrichtung ist David Hume. Indem er nämlich zeigt, dass die Causalität, d. h. die Verknüpfung, der Zusammenhang der Dinge weder durch sinnliche Erfahrung, noch durch den blossen Verstand erkennbar sei, so hat er in ihren Grundvoraussetzungen beide, auf den Begriff der Causalität zustrebende philosophische Richtungen widerlegt. Die Philosophie beginnt daher von jetzt an die Bedingungen der Erkenntniss zu untersuchen, sie hört auf dogmatisch zu sein, sie wird kritisch. Sie untersucht die Bedingungen, welche die Erkenntniss ermöglichen, unter denen die Erkenntniss und somit auch die erkennbare Welt steht: die Philosophie ist in dieser Hinsicht transcendental. In dieser Form erscheint die Philosophie bei Immanuel Kant, dessen System sich als transcendentaler Idealismus darstellt, während seine Methode der Kriticismus ist. Bezüglich der Methode können wir demnach die ganze neuere Philosophie in zwei Zeitalter eintheilen: das dogmatische oder vorkantische und das kritische oder kantische Zeitalter. Den ersten Zeitraum erfüllt Descartes und seine Schule im 17., Leibniz und seine Schule im 18., den zweiten Zeitraum Kant und seine Schule im 19. Jahrhunderte.

Wir haben in dieser kurzen Darstellung des Entwicklungsganges der Philosophie dieselbe in Folge eines organischen Prozesses entstehen gesehen und dabei wahrgenommen, wie die menschliche Vernunft das Weltproblem von den verschiedensten Seiten zu lösen versucht hat und dabei gleich der physikalischen Wissenschaft genöthigt war — um Resultate aufweisen zu können — das zu erreichende Ziel successive tiefer zu stecken. Während die ionischen Naturphilosophen sich geradezu, ohne besondere Ueberlegung an die Lösung des Weltproblems machten, nahmen die Anhänger der spätern griechischen Philosophenschulen wahr, dass die Aufgabe eine viel schwierigere sei, als es anfänglich geschienen hatte, und dass man vor allem die Frage aufwerfen müsse, ob und auf welche Weise eine richtige Erkenntniss im Allgemeinen möglich sei. Seit der Bejahung dieser Frage wurde das zu lösende Problem von den verschiedensten Seiten angegriffen und erörtert, ohne etwas Anderes dadurch zu erreichen, als eine scharfe Abgrenzung der sinnlichen von der transcendentalen Welt. Die Geschichte der physikalischen Weltanschauung, insofern uns diese hier interessirt, zeigt uns ähnliche Züge wie die Geschichte der philosophischen Systeme. Auch hier dauerte es geraume Zeit, bis man einzusehen begann, dass die Physik mit den ontologischen Grundbedingungen der Materie nichts zu schaffen habe, und bis man die Grenzen kennen lernte, bis zu welchen die Physik als Wissenschaft sich ausdehnen könne.

In Berücksichtigung der oben angedeuteten Wechselwirkung zwischen der Philosophie und den exakten Naturwissenschaften werden wir auch in den späteren Perioden der Geschichte unserer Wissenschaft den bedeutendsten Erscheinungen auf philosophischem Gebiete unsere Aufmerksamkeit zuwenden und zwar auch in solchen Fällen, wo der Begründer eines philosophischen Systemes strenge genommen nicht unter jene Forscher gezählt werden kann, deren Geistesarbeit wir die Förderung der Physik zu verdanken haben.

Wir sind in unserer Darstellung bis zur Feststellung der mechanischen Grundgesetze gelangt. Als Galilei starb, hinterliess er seinen mitstrebenden Zeitgenossen und seinen Nachfolgern die Anläufe zu einer Mechanik der Flüssigkeiten und Gase. Die nachgalileische Epoche hat dieses ihr Erbtheil mit Eifer verwaltet, so dass am Ende der bis Newton's Tode reichenden Epoche der mechanische Theil der Physik in seinen Hauptzügen vollendet dastand. Mit Newton's Tode beginnt die neueste Zeit unserer Geschichte, die sich wie die Neuzeit derselben in zwei Perioden gliedert. Die erste dauert von Newton's Tode bis zur Entdeckung des Galvanismus und enthält die Physik des 18. Jahrhunderts, die zweite erstreckt sich von der Entdeckung Galvani's bis zur Aufstellung des Satzes von der Erhaltung der Energie im Jahre 1843, als einer Epoche, welche, da sie den Grundgedanken unserer modernen Physik auf der Höhe seiner Entwicklung zum Ausdruck bringt, am geeignetsten erscheint, als Abschluss für eine bis auf unsere Zeit geführte Geschichte der Physik zu gelten.

Der hiemit eröffnete zweite Band unserer Darstellung wird demzufolge gleich dem ersten aus drei Theilen bestehen:

I. Buch. Die Neuzeit. Das 17. Jahrhundert. Von Galilei bis auf Newton (1642—1727).

II. Buch. Die neueste Zeit. Das 18. Jahrhundert. Von Newton bis zur Entdeckung des Galvanismus (1727—1790).

III. Buch. Die neueste Zeit. Das 19. Jahrhundert. Von der Entdeckung des Galvanismus bis zur Aufrichtung des Gesetzes von der Erhaltung der Energie (1790—1843).

I. Buch.

Die Neuzeit.

Das siebenzehnte Jahrhundert. Von Galilei bis auf Newton (1642—1727).

Zwei Richtungen sind es vorzugsweise, denen sich — vom Meister angeregt — nach Galilei's Tode die Thätigkeit der Gelehrten zuwendete, die eine bezieht sich auf das Weltsystem, die zweite im Allgemeinen auf die Gesetze der Mechanik, vor allem jedoch auf die Gesetze freifallender Körper. Der Inquisitionsprozess, mittelst welches man das coppernicanische Weltsystem beseitigen wollte, hatte seinen Zweck durchaus nicht erfüllt, sondern die ganze Prozedur, die man den hart verfolgten Vertheidiger dieser Lehre: Galilei durchmachen liess, hatte eben zur Folge, dass die allgemeine Aufmerksamkeit sich dieser verpönten Lehre zuwendete. Doch fehlte es nicht an Gegnern, welche theils aus Anhänglichkeit an das tychonische System, theils aus Furcht vor den angedrohten kirchlichen Strafen gegen das coppernicanische Weltsystem opponirten.

Zu den Gegnern gehörten vor allem die folgenden: Longomontanus, der Schüler Tycho's, der jedoch schon unmittelbar nach seines Meisters Tode von demselben sich, wenn auch nur theilweise lossagte; ferner sind hier zu nennen Riccioli, De Rheita, Morin, Deschales und andere.

Longomontanus hält in seiner „Astronomia Danica" (Amstelod. 1622, 4°) die Bewegung der Sterne für eine scheinbare Bewegung, da er nicht voraussetzt, dass das ganze Weltall bei so ungeheurer Geschwindigkeit, wie sich dieselbe für die einzelnen Himmelskörper in Folge des täglichen Umschwunges ergeben müsste, als zusammenhaltendes Ganzes bestehen könnte. Diese Annahme, welche eine rotirende Erde voraussetzt, ist nun allerdings ein sehr bedeutender Schritt zur Annäherung an die coppernicanische Ansicht. Der wesentliche Unterschied zwischen der Ansicht des Coppernicus und jener des Longomontanus bestand nun aber darin, dass die Erde des letzteren an einen Punkt gebannt unbeweglich im Raume stand.

Ein anderer Gegner des coppernicanischen Systemes war der angesehene Astronom und Lehrer der Mathematik in Paris **Jean Baptiste Morin,** der sehr heftig gegen die heliocentrische Lehre zu Felde zog in einer Schrift, deren Titel der folgende war: „Famosi et antiqui problematis de telluris motu vel quiete hactenus optata solutio" (Paris 1631, 4°). Als diese Schrift von Gassendi in seiner Abhandlung von der mitgetheilten Bewegung: „De motu impresso a motore translato" (Lugd. Batav. 1649, 4°) angegriffen wurde, antwortete er in dem oben*) erwähnten Traktate: „Alae terrae fractae", welcher wieder von Deschales heftig bekämpft wurde. Dem Ansehen Morin's wäre es beinahe gelungen, in der Sorbonne, dem damals höchsten wissenschaftlichen Forum Frankreichs, eine förmliche Verdammung des coppernicanischen Systemes durchzusetzen, was jedoch besonnenen Männern zu verhindern gelang.

Der respektabelste Gegner des coppernicanischen Systemes ist der Jesuitenpater **Giovanni Battista Riccioli****), von dessen Fallversuchen wir später noch zu sprechen haben werden. In seinem „Almagestum novum" (Bononiae 1651. Fol. Tom. II. Cap. XXXIV. pag. 472) führt er 77 Gründe gegen das coppernicanische System an. Die meisten derselben kommen auf den einzigen Einwurf hinaus, dass man unter frei fallenden, schwebenden oder geworfenen Körpern ein Fortrücken des Fussbodens in westöstlicher Richtung wahrnehmen müsste. Mit der Widerlegung dieses Einwurfes hat sich nun schon Galilei selbst beschäftigt. Fallversuche auf schnell segelnden Schiffen stellte Gassendi an, dieselben bestätigen die galileischen Behauptungen. Diese Versuche finden sich in dem oben angeführten Werke von Gassendi: „De motu impresso a motore translato". — Den wichtigsten Einwand gegen die Bewegung der Erde fand Riccioli in der folgenden Bemerkung: Auf der ruhenden Erde würden sich die Fallräume in den einzelnen Sekunden wie die Reihe der unpaarigen Zahlen verhalten. Wenn sich die Erde nun bewegt, werden aus den vertikal gerichteten Fallbahnen durch die Zusammensetzung der Bewegungen schiefe Diagonalbahnen, deren Längen sich anders verhalten, als die vertikale Bahn. Riccioli hat hiebei nicht berücksichtigt, dass die horizontale relative Bewegung eines fallenden Körpers im Allgemeinen die Bewegung desselben nicht im Mindesten störe.

Im Uebrigen ist das „Almagestum novum" — wie schon oben erwähnt — ein reichhaltiges Werk, das mit grossem Fleisse zusammengestellt ist und in welchem sich eine Reihe — allerdings nicht sehr

---

*) Siehe Band I, pag. 270.
**) Siehe Band I, pag. 271.

genau angestellter — Versuche und Berechnungen über verschiedene Gegenstände finden.

Claude François Milliet Deschales, geboren 1621 zu Chambéry, war ebenfalls Jesuit und Professor der Hydrographie zu Marseille, später Professor der Mathematik zu Lyon, endlich Rector des Jesuitencollegiums zu Chambéry. Er starb 1678 zu Turin. — Deschales war ebenfalls ein Gegner der coppernicanischen Ansicht über das Weltsystem, jedoch liess er sich nicht auf so leichte Einwürfe ein, wie die von Morin und Riccioli waren, welche er als unbegründet und widerlegbar betrachtete.

Unter den von ihm verfassten Werken zeichnet sich besonders der „Cursus seu mundus mathematicus" (Lugd. Bat. 1674) durch die Durchsichtigkeit seiner Darstellung aus. Bemerkenswerth sind die Fallversuche Deschales', mittelst welcher er zur Verwunderung seiner Collegen die Tiefe eines Brunnens im Jesuitencollegium zu Lyon bestimmte.

Unter den oben angeführten Gegnern der coppernicanischen Weltordnung ist noch **Maria Schyrlaeus de Rheita** zu erwähnen. Schyrl, geboren 1597 in Böhmen, gestorben 1660 in Ravenna, war Kapuziner im Kloster Rheit in Böhmen*). Der vollständige Titel seines Werkes, in dem er auch das von ihm erfundene terrestrische Fernrohr beschreibt, lautet folgendermassen: „Oculus Enoch et Eliae, sive radius sidereomysticus, pars prima, Auth. R. P. F. Antonio Maria Schyrlaeo de Rheita, Ord. Capucinor. concionat. et Provinciae Austriae ac Bohemiae quondam Praelectore. Antverp. 1645. Fol. 356 pag. Pars altera 280 pag. — Die beiden ersten Bücher beschäftigen sich mit den verschiedenen Weltordnungen, wobei nachgewiesen wird, dass die tychonische nicht entspreche; das dritte Buch enthält neue Hypothesen, das vierte beschreibt die damaligen neuen Entdeckungen, seine vermeintlichen neuen Jupitermonde u. s. f. — Der zweite Theil des Werkes hat auf dem Titel: „Theo Astronomia, qua, consideratione visibilium et coelestium, per novos et jucundos conceptus praedicabiles ab astris desumptos mens humana in invisibilia Dei introducitur". Das Werk ist grossentheils astrotheologisch-sidereomystischen und allegorischen Inhaltes.

Unter den Gegnern der neuen Ansicht über das Weltsystem sind noch die folgenden zu erwähnen. **Fromond** zu Löwen griff in seinem „Antaristarchus seu liber de orbe terrae immobili, quo decretum a congregatione Cardinalium an. 1616 adversus Copernicanos publicatum defendit" (Antverp. 1631, 4°) das coppernicanische System an, worauf ihn **Philipp Lansberg** in seiner Schrift: „Commentationes in motum terrae diurnum et annuum et in verum mundi aspectabilis typum" (Middelb. 1632, 4°) zu widerlegen suchte, was wieder eine Abwehr von Seite des Angegriffenen zur Folge hatte. Der Titel dieser Abhandlung lautet: „Antaristarchi vindex" (Antverp. 1634, 4°).

---

*) Siehe Band I, pag. 280 u. 388.

Ein anderer Gegner des coppernicanischen Systemes war **Antonius Deusing,** geboren den 15. Oktober 1612, gestorben den 29. Januar 1666. Wir besitzen von ihm das folgende Werk: „De vero mundi systemate dissertatio, qua Copernici systema mundi reformatur, sublatis interim infinitis pene orbibus quibus in systemate Ptolemaico humana mens distrahitur" (Amstelod. 1643, 4°). Der Ansicht dieses Autors gemäss steht die Erde, während die von den Planeten umkreiste Sonne um sie herumläuft. Die Erde dreht sich um ihre Axe und vollführt dieselbe bloss einige geringe schwankende Bewegungen, mittelst welcher er die Präcession der Nachtgleichen, die Veränderung der Excentricität und Neigung der Ekliptik erklärt. Wir haben es somit mit einer Art von tychonischem Systeme zu thun.

Noch weniger bemerkenswerth sind die Einwürfe, welche **Matthias Maximilian von Parasin** in seiner Schrift: „Systema mundi in quo terrae immobilitas praecipue asseritur, ductis ex S. Scriptura, ratione et experientia argumentis" (Stockholmiae 1648, 4°) gegen Coppernicus vorbringt. Das von ihm entwickelte System scheint dem den alphonsinischen Tafeln zu Grunde liegenden zu entsprechen, indem es 10 Sphären annimmt.

Ein anderer Gegner der coppernicanischen Theorie ist **Johannes Herbinius,** geboren 1633 zu Pitschen in Schlesien, gestorben als Prediger 1676 zu Graudenz im heutigen Westpreussen. Der Titel seiner hier in Betracht kommenden Schrift lautet folgendermassen: „Famosae de solis vel telluris motu controversiae examen theologico philosophicum ad S. sanctam normam instituta a Johanne Herbinio Bicina Silesio, Artium et Philosophiae Magistro" (Ultrai 1655, 12°). In der Vorrede des mit einem auf den in der Schrift behandelten Gegenstand bezüglichen allegorischen Titelkupfer versehenen Werkes erörtert der Verfasser in laienhafter, jedoch sehr bescheidener Weise den Standpunkt, welchen er in dem Streite der Ptolemaiker und Coppernicaner einnehme. Er will die Schriftstellen untersuchen, auf welche sich die Anhänger der alten Ansicht berufen. Mit mathematischen Beweisen habe er nichts zu thun. Astronomie und ihre Zweifel können aus dem Standpunkte der heiligen Schrift allein nicht behandelt werden, da der heilige Geist sich wenig um die Bewegung der Sonne oder Erde kümmere. Aus der heiligen Schrift könne man weder die eine noch die andere Ansicht deduziren. Die heilige Schrift betrachte er nur als Zeugen, nicht als Richter, da das Problem aus der Natur der Sache, nicht aber nach dem Buchstaben der Schrift gelöst werden müsse. Jedoch auch die geometrischen Beweise der Astronomen hält er nicht für überzeugend, und so lässt er die Frage offen und führt bloss die Argumente der beiden feindlichen Parteien an und zwar im ersten Buche für die Anhänger der ptolemäischen Lehre, im zweiten für die Coppernicaner.

Zum Schlusse erwähnen wir noch **Jakob Coccaeus** und sein Gespräch über die Weltordnungen: „Epistola, de mundi quae circumferuntur systematis, et novo alio illis certiore, dialogismum paradoxum complexa, auctore Jacobo Coccaeo" (Amstelod. 1660, 4°). Es werden Einwendungen gegen die bekannten Weltsysteme gemacht. Die Erde ist nicht der einzige Mittelpunkt der Welt, es gibt ausser diesem noch zwei Mittelpunkte der himmlischen Revolutionen. Der eine derselben gehört der Sonne zu, um den diese nach gewissen Gesetzen einen „circellum" beschreibt. Der zweite Mittelpunkt gehört dem Monde zu; um diesen zieht der Mond seinen „circellum"; in ihm liegt die Erde, um diesen Mittelpunkt bewegen sich die sämmtlichen Fixsterne. Der dritte Mittelpunkt liegt in der Mitte zwischen den beiden vorigen, um ihn bewegen sich sämmtliche Planeten und zwar dergestalt, dass Merkur und Venus zwischen den Kreisen der Sonne und des Mondes bleiben, während Mars, Jupiter und Saturn mit ihren Kreisen die Kreise der Sonne und des Mondes einschliessen. Beweise und Rechnungen für dieses jedenfalls höchst originelle Weltsystem sind nicht angeführt und so kann es höchstens als ein phantastischer, excentrischer Versuch der Lösung des Weltordnungs-Problemes aufgefasst werden.

Als Vertheidiger des coppernicanischen Systemes können die folgenden aufgezählt werden: Ismael Bullialdus, Daniel Lipstorp, Johann Wilkins und Peter Gassendi.

Ismael Boulliaud (Bullialdus), geboren zu Loudun (Laon, Picardie) 1605, gestorben 1694 zu Paris à l'Oratoire, in welche Anstalt er sich begeben hatte; derselbe war Abt. Die beiden hier in Betracht kommenden Schriften des Verfassers sind die folgenden: „Philolai, sive dissertationis de vero systemate mundi libri IV" (Amstel. 1639, 4°), ferner: „Ismaelis Bullialdi Astronomia Philolaica, Opus novum; In quo motus planetarum per novam ac veram hypothesin demonstrantur, mediique motus, aliquot observationum authoritate, ex manuscripto bibliothecae regiae, quae hactenus omnibus astronomis ignotae fuerunt stabiliuntur. Superque illa hypothesi Tabulae constructae, omnium quotquot hactenus editae sunt facillimae" (Paris 1645, Fol. 469 pag. — Tabulae Philolaicae 232 pag). — Die erstere der hier angeführten Schriften enthält im ersten Buche die aristotelisch-ptolemäisch-alphonsinischen Vorstellungen und die Darlegung der Unzureichlichkeit derselben. Das zweite Buch verfährt in ähnlicher Weise mit dem tychonischen Systeme. Das dritte Buch enthält Sätze über Bewegung, das vierte entwickelt das coppernicanische Weltsystem, wobei ausgeführt wird, dass dasselbe der Natur vollkommen entspreche. Das Buch ist anonym erschienen, jedoch im zweiten der angeführten Werke bekennt sich Boulliaud als Verfasser. Das zweite Werk gibt in seinen Prolegomenis Rechenschaft von der Tendenz des Buches und liefert einen kurzen Abriss einer Geschichte der Astronomie von den ältesten Zeiten an. Das erste Buch handelt von der Sonne und den Planeten. Es werden Keppler's Lehren, jedoch nicht immer richtig vorgetragen. Das zweite Buch spricht von der Grösse des Jahres, der jährlichen Bewegung der Erde und der scheinbaren jährlichen Bewegung der Sonne, das dritte Buch handelt vom Monde, das vierte von der Grösse der Sonne, des Mondes und der Erde, das fünfte von der scheinbaren Bewegung der Fixsterne, das sechste bis zehnte Buch von den Planeten (Saturn, Jupiter, Mars, Venus, Merkur), das elfte gibt Lehrsätze über die Bewegung der Planeten im Allgemeinen, das zwölfte endlich Erklärung und Gebrauch der Planetentafeln.

Von **Lipstorp**, Hofmathematiker in Weimar, führen wir bloss die Schrift an, in welcher er für das coppernicanische System eintritt: „Copernicus redivivus seu de vero mundi systemate liber unus" (Lugd. Batavor. 1653, 4°), ebenso von **Wilkins,** Bischof von Chester: „Copernic defended" (London 1660, 4°, 2 Bände), deutsch von Doppelmayr: „Vertheidigter Copernicus" (Leipzig 1713, 4°).

Einer der beachtenswerthesten Denker dieser für die Geschichte der Physik so ungemein reichen Periode ist **Gassendi.** Wir werden später an passender Stelle über diesen Gelehrten zu sprechen haben, weshalb hier nur eben das angeführt werden soll, was sich auf sein Verhältniss zur coppernicanischen Lehre bezieht.

Wie oben erwähnt wurde, hatte Morin im Jahre 1631 das coppernicanische System angegriffen, worauf ihm Gassendi mit seiner Schrift: „De motu impresso a motore translato" (Parisiis 1640) entgegnete. An „Petrum Puteanum" zwei Briefe; der dritte „ad Josephum Galterium Priorem et Dominum Valletae" (1645) ist gegen Morin's Buch: „Alae terrae fractae" gerichtet und auch einzeln unter dem Titel „Apologia" erschienen.

Die Thatsache auf welche sich Gassendi am Anfange seiner Schrift beruft, erschien sonderbar und unglaublich, dass nämlich eine Kugel, welche von einem Reitenden oder Fahrenden senkrecht in die Höhe geworfen werde, wieder in dessen Hand zurückgelange. Aehnliche Versuche, die auf einer schnell fahrenden Galeere auf stiller See angestellt wurden, bestätigten die Behauptung. Als die Galeere in einer Viertelstunde vier Milliarien zurücklegte, fiel ein von der Spitze des Mastes fallender Stein knapp neben demselben auf das Verdeck. In der Erörterung dieses Versuches behandelt Gassendi die Zusammensetzung von Bewegungen, wie sie bei der Bewegung geworfener Körper vorkommt. Die Erde theilt den auf ihr befindlichen Körpern ihre Bewegung mit, so wie das in Bewegung gesetzte Schiff alle auf demselben befindlichen Gegenstände in Bewegung versetzt. — Die coppernicanische Weltordnung vertheidigt er, findet keinen Widerspruch mit der heiligen Schrift an derselben, jedoch für absolut sicher erklärt er sie nicht. Bei dieser gemässigten Art seiner Darstellung ist der heftige Ton, in dem ihn Morin angreift, um so auffallender.

Die in Vorstehendem geschilderten Kämpfe um die Weltordnung

bezeichnen das Ende jener Periode, in welcher nach lang fortgesetztem Ringen der Widerstand gegen die coppernicanische Ansicht unterlag. In dem Masse, als die experimentirende Wissenschaft neue Belege für die Rotation der Erde herbeischaffte und die mehr oder minder gewichtigen Einwürfe, welche oftmals wiederkehrten, widerlegte, wurde der Widerstand gegen die neue Lehre schwächer, um im Laufe des 18. Jahrhunderts — wenigstens bei solchen Schriftstellern, deren Ueberzeugung hier in Betracht kommen kann — gänzlich aufzuhören.

Bei Keppler finden wir die erste Andeutung, die Schwere der Körper als ein Bestreben derselben nach Vereinigung zu erklären und dies auch auf die Himmelskörper auszudehnen. Trotzdem wir jedoch noch bei einigen andern Forschern richtige Ansichten über die Schwere finden, so blieb es doch erst Newton vorbehalten, die Art und Weise der Schwerewirkung durch Auffindung der Beziehung zwischen Masse, Entfernung und Grösse der Kraft festzustellen.

Der Toulouser Parlamentsrath Fermat, von dem wir später ausführlicher zu sprechen haben werden, erklärt die Schwere ebenfalls durch gegenseitiges Anziehen der Körper, wobei er den wichtigen Satz anführt, dass die in Folge der gegenseitigen Anziehung sich einander nähernden Körper diese Annäherung mit einer den Massen verkehrt proportionalen Geschwindigkeit vollführen. Mersenne*) schreibt Fermat überdies die Kenntniss des Satzes zu, demzufolge gegen den Mittelpunkt einer anziehenden Kugel hin die Grösse der Anziehung im Verhältnisse der Abnahme des Abstandes vom Mittelpunkte ebenfalls abnehme, dass somit die Schwere gegen den Mittelpunkt der Erde hin abnehme.

Ein anderer Zeitgenosse der erwähnten Gelehrten: Roberval erklärt die Schwere für eine der Materie inhärente Kraft, welche das Ballen derselben zu Kugeln verursache**).

Borelli, ein Mitglied der Florentiner Akademie „del Cimento", erkennt in der Schwerkraft und Schwungkraft der Körper die wahre Ursache der Bewegung der Himmelskörper.

Hooke entwirft die Skizze eines Weltmechanismus***) nach mechanischen Prinzipien. Hiebei macht er die folgenden drei Annahmen: 1) Alle Himmelskörper sind sowohl gegen sich selbst, als gegen einander schwer (innerhalb ihrer Wirkungssphären); 2) die auf geradliniger Bahn befindlichen Körper beharren in ihrer Bahn, so lange keine äusseren Kräfte einwirken; 3) die Anziehung wächst mit Abnahme der Entfernung, in welcher sich der anziehende Körper befindet. Die Relation selbst aufzufinden gelang ihm nicht.

---

*) Harmonia universalis. Lib. II, prop. 12.
**) Aristarch. Samii de mundi systemate liber singularis.
***) An attempt to prove the motion of the Earth. London 1674, 4°, pag. 27.

Descartes sucht durch seine Wirbeltheorie die Bewegung der Himmelskörper zu erklären; der Materie schreibt er keinerlei gegenseitige Wirkung zu.

Hatte Galilei seiner Zeit die Hinfälligkeit der aristotelischen Lehre über den Fall der Körper in überzeugender Weise dargethan und damit in Verbindung die richtigen Gesetze für den freien Fall abgeleitet, so dauerte es doch noch geraume Zeit, bis die neue Theorie den Widerstand der Aristoteliker zu bezwingen und allgemein durchzudringen im Stande war. Im Anfange erhoben sich zahlreiche Gegner gegen die galileische Theorie, trotz der überzeugenden, eleganten Weise, mit welcher sie des Meisters berühmter Schüler Torricelli abgeleitet hatte*). Eine eigenthümliche Stellung den galileischen Lehren gegenüber nahm der genuesische Patricier Baliani ein.

Giambattista Baliani, Gubernator arcis Savonensis, geboren 1582, gestorben 1666, war ein in den mathematischen Wissenschaften nicht unerfahrener Mann, dessen Schwäche es war, die Entdeckungen Galilei's nachentdecken und sich zueignen zu wollen. In seinem Werke „De motu naturali gravium solidorum et liquidorum" (Genuae 1638 und 1646) spricht er über Pendel, vertikalen Fall, Fall auf schiefen Ebenen; im zweiten Buche behandelt er die Lehre vom Stosse, im dritten die Bewegung schwerer Körper auf stärker geneigten Ebenen, im vierten, fünften und sechsten hydrodynamische Fragen. Baliani gibt ferner an, Fallversuche gemacht zu haben, jedoch erst 1611 in Savona, während die des Galilei vor 1600 ausgeführt wurden. In der zweiten Auflage seines oben angeführten Werkes bekannte sich Baliani nicht mehr zu den galileischen Lehren, sondern nimmt an, dass die Geschwindigkeiten beim freien Falle auch im Verhältnisse der zurückgelegten Räume stehen könnten.

Die Voraussetzung, als verhalten sich die Geschwindigkeiten des fallenden Körpers wie die Fallräume, wurde gegen die galileischen Fallgesetze in's Feld geführt und bei dieser Gelegenheit balianische Hypothese genannt.

In ähnlicher Weise trat gegen die neue Lehre der Jesuit Petrus Casraeus auf in seiner Schrift: „Physicam demonstrationem, qua ratio mensura modus atque potentia accelerationis motus, in naturali descensu gravium determinantur, adversus nuper excogitatam, a Galilaeo Galilaei Florentino, de eodem motu pseudoscientiam. Ad clar. vir. Petrum Gassendum, Ecclesiae Diniensis Praepositum" (Parisiis 1646, 4°). Auf diese Schrift antwortete Gassendi unter dem folgenden Titel: „Petri Gassendi Ecclesiae Diniensis Praepositi, Epistolas tres de proportione qua gravia decidentia accelerantur quibus ad totidem epistolas P. Casraei S. J. respondetur" (Paris 1646, 4°).

---

*) De motu gravium naturaliter descendentium et projectorum. Flor. 1641.

Ausser Gassendi's Vertheidigung der galileischen Lehre ist noch Fermat's Widerlegung der balianischen Hypothese zu erwähnen.

Unter denjenigen Gelehrten, welche die galileischen Sätze durch Versuche zu verifiziren trachteten, sind vor allem zu erwähnen: Riccioli, Grimaldi, Pater Ariaga, Gassendi, Angelis und Deschales.

Vom **Pater Ariaga** haben wir bloss zu erwähnen, dass derselbe verschiedene auf einander gelegte Gegenstände fallen liess, und da er wahrnahm, dass sie zu gleicher Zeit zur Erde gelangten, während sie einzeln geworfen für ihren Fall sehr verschiedene Zeit in Anspruch nahmen, so schloss er daraus, dass die Unterschiede in den Fallzeiten bloss vom Luftwiderstande herrührten*).

Von weitaus grösserer Bedeutung sind die Fallversuche, welche **Riccioli** mit seinem Freunde Grimaldi zu Bologna ausführten. Dieselben verfertigten aus Kreide und Thon Kugeln von 8 Unzen Gewicht und liessen diese vom Thurme „degli Asinelli" in Bologna aus bestimmten Höhen herabfallen. Als Zeitmass diente ein Pendel, das in einer Sekunde 6 Schwingungen ausführte. Hiebei fanden sie die folgenden Zahlen:

Schwingungszahl des Pendels.	Fallhöhe in römischen Fussen.	Fallraum in gleichen Zeiten.	Relatives Anwachsen der Geschwindigkeit.
5	10	10	1
10	40	30	3
15	90	50	5
20	160	70	7
25	250	90	9

Riccioli kehrte nun, um desto sicherer zu gehen, sein Verfahren um: er liess nämlich seine Kreide-Thonkugel durch vorher gemessene Räume hindurchfallen und bestimmte die Zeit des Falles mit Hülfe seines Pendels. Hiebei fand er nun:

Schwingungszahl des Pendels.	Fallhöhe in römischen Fussen.	Fallraum in gleichen Zeiten.	Relatives Anwachsen der Geschwindigkeit.
6	15	15	1
12	60	45	3
18	135	75	5
24	240	105	7

Während der Zeit von 6 Schwingungen d. i. in einer Sekunde legte der fallende Körper somit den Raum von 15 römischen Fussen

---

*) Benzenberg, Joh. Friedrich, Versuche über die Gesetze des Falls, den Widerstand der Luft und die Umdrehung der Erde. Hamburg 1804, pag. 78.

zurück, woraus sich als Acceleration der Schwere 30 Fuss per Sekunde ergibt. — Das vollständige Uebereinstimmen der Versuche mit der galileischen Theorie lässt uns argwöhnen, als habe Riccioli den erhaltenen Resultaten einigen Zwang angethan, sonst müsste sich der Einfluss des Luftwiderstandes in grösserem Masse fühlbar machen.

Bevor Riccioli seine Fallversuche in der eben angeführten Weise ausführte, hatte er in anderer Weise versucht, die Geschwindigkeit freifallender Körper zu bestimmen. Er liess nämlich Kugeln aus verschiedenen Höhen auf eine Wagschale fallen und beobachtete die Gewichte, welche sie durch die Wucht des Falles zu heben im Stande waren. Als er auf diese Weise jedoch zu brauchbaren Resultaten nicht gelangen konnte, suchte er sich durch das Studium der Galilei'schen Werke besser zu unterrichten. Er musste jedoch um spezielle Erlaubniss nachsuchen, um die kirchlich verpönten „Dialoge" lesen zu können.

Riccioli benützte ausser dem Thurme „degli Asinelli", wo er eine Fallhöhe von 280 römischen Fussen zur Verfügung hatte, auch noch andere Thürme Bolognas für seine Versuche. Die späteren Fallversuche, welche er nach der Lektüre der Galilei'schen Schriften zwischen den Jahren 1640 und 1650 angestellt hatte, sind im „Almagestum novum" (Bononiae 1651, Fol.) — pars prior pag. 90, pars posterior pag. 387 — beschrieben. Im Jahre 1645 stellte Riccioli Versuche über den Widerstand der Luft an, indem er von dem Thurme „degli Asinelli" Kugeln von Blei, Holz, Thon, Wachs, volle und hohle Thonkugeln und dergl. herabfallen liess und die Abhängigkeit der Fallzeit vom spezifischen Gewichte des Körpers constatirte.

Wir haben bei einer früheren Gelegenheit einige Bemerkungen über die Lebensverhältnisse und die wissenschaftliche Thätigkeit Riccioli's angeführt. Zur Ergänzung des dort Gesagten erwähnen wir hier noch einen Versuch des gelehrten Jesuitenpaters. Es handelt sich hiebei um die Bestimmung des Gewichtes der Luft. Riccioli wog eine leere Ochsenblase, die er 4 Scrupel 6 Gran schwer fand; hierauf blies er sie mit Luft auf und fand sie um 2 Gran schwerer, woraus er schloss, dass die Luft 10,000 mal leichter als das Wasser sei. Da er nun bei richtiger Anstellung des Versuches die aufgeblähte Ochsenblase genau so schwer hätte finden müssen, als vordem die leere, zusammengefallene Blase, so müssen wir annehmen, Riccioli habe beim Einblasen der Luft dieselbe verdichtet. — Anzuführen ist ferner noch seine Bestimmung der Höhe der Atmosphäre aus der Länge der Dämmerung nach der Methode Alhazen's, wobei sich ihm die Höhe von 30 Miglien ergab.

Der jüngere Gefährte Riccioli's war **Francesco Maria Grimaldi,** geboren 1618[*]) in Bologna, gestorben ebendaselbst 1663; er gehörte dem Jesuitenorden an und war Professor der Mathematik zu Bologna. Von

---

[*]) Nach Wilde: Gesch. der Optik I, pag. 321 wäre er 1613 geboren.

seinen Zeitgenossen wird nicht allein seine Gelehrsamkeit, sondern auch seine persönliche Liebenswürdigkeit, Milde des Charakters und Bescheidenheit besonders hervorgehoben, so dass seine Ordensbrüder an seinem Sarge dem Geschiedenen die anspruchslosen und doch so hoch ehrenden Worte nachrufen konnten: „Vixit inter nos sine querela". Wir besitzen ein einziges Werk von ihm, und dieses ist nach seinem Tode erschienen, da ihn die Bescheidenheit, die einen wesentlichen Zug seines Charakters bildet, von der Veröffentlichung desselben abhielt. Der Titel dieser zwei Jahre nach seinem Tode erschienenen Schrift lautet folgendermassen: „Physico-mathesis de lumine, coloribus et iride" (Bononiae 1665, 4^0).

Grimaldi entfaltete auf dem Gebiete der experimentellen Physik eine ausgebreitete Thätigkeit. Er nahm Theil an den Fallversuchen Riccioli's, an dessen Gradmessung, ferner war er ein fleissiger Beobachter des Mondes und verfertigte eine Karte, welche Riccioli in seinem „Almagestum novum" abdrucken liess. Wir kennen noch eine gleichzeitige Mondkarte von Hevelius, welche 1643 erschien und besser ist als die des Grimaldi. — Bei diesem Forscher finden wir die Sitte, die einzelnen Flecken auf dem Monde mit dem Namen berühmter Männer zu bezeichnen, während Hevelius die Namen von Gebirgen und Meeren der Erde zu diesem Zwecke anwendet.

Am wichtigsten sind die optischen Arbeiten des Verfassers, ihm verdanken wir die Kenntniss der Erscheinung der Dispersion oder Farbenzerstreuung und die der Inflexion oder Beugung des Lichtes. — Die sanfte, jeden Widerstand vermeidende Art des Verfassers drückt sich auch in seiner Schrift aus: nachdem er eine Anzahl von Meinungen vorgetragen hat, geht er auf einen andern Gegenstand über, ohne eine eigene Meinung angegeben zu haben. Dies finden wir z. B. dort, wo er die verschiedenen Meinungen über die Natur des Lichtes zusammenstellt ohne zu entscheiden, ob er das Licht für eine Substanz oder ein Accidens halte. Im ersten Buche sind sechzig Propositionen, welche für die Substanzialität des Lichtes sprechen, im zweiten Buche hingegen sind sechs der Accidentialität des Lichtes günstige Propositionen. In der Vorrede nennt er das Licht ein „accidens subjectabile in corporibus diaphanis". Inmitten der weitläufigen Darstellung findet sich die Beschreibung der von Grimaldi ausgeführten Versuche. Das Licht kann sich nach dem Verfasser auf vier verschiedene Weisen ausbreiten: geradlinig im homogenen Mittel, dann durch Reflexion und Refraction und schliesslich durch die (von ihm entdeckte) Diffraction. Den Grundversuch, mittelst welches er die Erscheinung feststellt, beschreibt er beiläufig in folgender Weise: Wenn man einen Lichtstrahl durch eine sehr kleine Oeffnung in das verfinsterte Zimmer fallen lässt, in den so entstehenden Lichtkegel einen Schirm hält und den Schatten desselben auf einer weissen Fläche auffängt, so wird man wahrnehmen, dass der Schatten beträchtlich grösser ist, als ihm bei Annahme der geradlinigen

Fortpflanzung des Lichtstrahles zukäme. Ueberdies ist der Schatten mit einer aus farbigen Streifen bestehenden Umrahmung versehen, welche aus zwei bis drei mit farbigen Rändern (innen blau, aussen roth) umsäumten Lichtstreifen bestehen. Die näher am Schatten liegenden Ränder sind breiter, die äusseren schmäler; mehr als drei Streifen wurden nicht beobachtet. — Die angeführten Streifen sind mit dem Schatten des dunkeln Körpers parallel, nur an den Ecken krümmen sie sich um denselben herum. Grimaldi führt nun noch einen andern Versuch aus, um zu zeigen, dass wir es hier in keiner Weise mit einem Reflexions-, noch mit einem Refractionsphänomen zu thun haben. Es wird nämlich das Sonnenlicht durch eine kleine Oeffnung in das verfinsterte Zimmer eingelassen, wodurch ein Lichtkegel entsteht, in welchen man einen zweiten durchlöcherten Schirm hält, dessen Oeffnung etwas kleiner ist, als die Breite des Lichtkegels an der Stelle, wo man ihn anbringt, so dass die ganze Oeffnung hell beleuchtet erscheint. Bringt man nun in einiger Entfernung vom Fenster, senkrecht auf die Axe des Lichtkegels einen weissen Schirm an, so erscheint auf demselben ein runder Lichtfleck, der jedoch bedeutend grösser ist, als er bei ungestörter geradliniger Fortpflanzung zu sein hätte.

Auf Grund dieser wichtigen Versuche sieht sich nun Grimaldi veranlasst, das Licht als in wellenförmiger Bewegung befindlich vorzustellen. „So wie sich, wenn man einen Stein in's Wasser wirft, um „diesen, wie um einen Mittelpunkt, kreisförmige Erhebungen des Wassers „bilden, gerade so entstehen um den Schatten des undurchsichtigen „Gegenstandes jene glänzenden (sich in weissem Lichte zeigenden) Streifen, „die sich, nach Verschiedenheit der Gestalt des letzteren, entweder in die „Länge ausbreiten, oder gekrümmt erscheinen. Und so wie jene kreis„förmigen Wellen nichts anderes sind, als angehäuftes Wasser, um welches „sich auf beiden Seiten eine Furche hinzieht, so sind auch die glänzen„den Streifen nichts anderes, als das Licht selbst, das durch eine heftige „Zerstreuung ungleichmässig vertheilt und durch schattige Intervalle „getrennt wird. So wie endlich die kreisförmigen Wasserwellen breiter „werden, wenn sie sich mehr von dem Quelle ihrer Erregung entfernen, „ebenso bemerken wir dasselbe an den glänzenden Streifen, je weiter „sie von dem Anfange ihrer Erregung abstehen. Dieser Anfang aber „ist die Diffraction und das Anstossen des Lichtstoffes, sowohl bei dem „Eintritte in die kleine Oeffnung des Fensterladens, als auch besonders „an den Enden des undurchsichtigen Gegenstandes, der in den Licht„kegel gebracht wird." *)

Ein sehr wichtiger Versuch ist in dem Werke Grimaldi's in Propos. XXII beschrieben. Der Titel dieser Proposition ist der folgende

---

*) Physico-mathesis de lumine, coloribus et iride. Bononiae 1665, 4°, pag. 18.

„Ein erleuchteter Körper kann dunkler werden, wenn zu dem Lichte, „welches er empfängt, noch neues Licht hinzutritt." Zwei Löcher im Laden eines verfinsterten Zimmers lassen Licht ein, jeder der Lichtkegel für sich aufgefangen gibt auf einem weissen Schirme einen in der Mitte hellen, gegen die Ränder zu röthlich schattirten Fleck. Fängt man nun die beiden, sich theilweise übergreifenden Lichtkegel auf dem Schirme auf, so findet man, dass die Mitte des von den übergreifenden Rändern eingeschlossenen Raumes heller ist, als die übrigen Theile der Kreisflächen, während die den hellen Mittelraum begrenzenden Kreisbögen dunkel erscheinen. Durch diesen Versuch hat Grimaldi die Interferenz der Lichtstrahlen entdeckt; jedoch war seine Zeit noch weit davon entfernt, die Tragweite dieses Versuches zu würdigen, wusste ja doch der Entdecker selbst nicht, dass er durch denselben den Grundversuch für eine rationelle Theorie der Optik gefunden habe. Die Schlüsse, die er daraus zog, sind für uns heute ziemlich unwesentlich. Er schliesst aus seinem Versuche, dass das Licht keine wirkliche Substanz, sondern nur eine Qualität sei und zwar eine „qualitas accidentalis". Grimaldi steht in Betreff dieser Frage noch ganz in dem Banne des Peripatetismus.

Eine eigenthümliche Erscheinung ergab sich, wenn die Diffractionsstreifen zwischen einem ein- und einem ausspringenden Winkel zu Stande kamen. Er bemerkte in diesem Falle in dem Winkel federförmig gebogene kürzere Streifen.

Zu erwähnen ist ferner der in der Propos. XXIX (pag. 231) citirte Versuch: „Lumen non coloratum aliquando coloratur per solam reflexionem", wobei durch blosse Reflexion ungefärbtes Licht gefärbt erscheint. Der Versuch besteht darinnen, dass Sonnenlicht im verfinsterten Zimmer auf eine feingeritzte Metallplatte fällt und von dort reflectirt mit einem Schirme aufgefangen wird. Das hiedurch entstandene farbige Bild ist ebenfalls durch Inflexion oder Diffraction zu Stande gekommen. Mit Hülfe dieses Phänomens erklärte Grimaldi das Farbenschillern an den Federn des Taubenhalses und ähnliche Erscheinungen.

Wenn wir nach allem diesen die Verdienste Grimaldi's in Bezug auf die Theorie des Lichtes präcisiren wollen, so müssen wir zugestehen, dass derselbe die Erscheinung der Diffraction oder wie sie Newton nennt: Inflexion (Beugung) des Lichtstrahles, sowie die Dispersion (Farbenzerstreuung) entdeckt habe, wenn wir unter Entdecken nicht bloss die oberflächliche Wahrnehmung eines Phänomens, sondern zugleich dessen eingehende Untersuchung und Einreihung in das System der Wissenschaft verstehen. Ueber Diffraction finden wir allerdings schon bei Leonardo da Vinci[*]) eine Beobachtung angeführt; da er dieselbe jedoch nicht verfolgte, so können wir ihm die Priorität Grimaldi gegenüber in keiner Weise zugestehen. Was nun die zweite Er-

---

[*]) Libri, Histoire des sciences mathématiques en Italie, III, pag. 234.

scheinung anbetrifft, so gebührt die Ehre der Entdeckung der Dispersion, strenge genommen, ebenfalls keinem andern als Grimaldi; was jedoch die wissenschaftliche Erörterung der Erscheinung betrifft, so blieb diese Newton vorbehalten; von Bedeutung ist hiebei der Ausspruch des Gelehrten, dass das verschiedenfarbige zerstreute Licht als Bestandtheil des weissen Lichtes erklärt werden könne.

Richtige Vorstellungen hat er auch über die eigenen Farben der Körper, die er nicht als den Körpern eigenthümlich erklärt, sondern die erst durch Licht zu Stande kommen. Die Ursache der Farbe findet Grimaldi in der Aenderung der Geschwindigkeit und jener Art der Bewegung, durch welche das Licht zu Stande kommt. Es entstände somit die Verschiedenheit der Farben durch ungleiche Erzitterungen des feinen, alles durchdringenden Lichtstoffes. Die Verschiedenheit der Körperfarben liegt nach seiner Ansicht in der Verschiedenartigkeit der molecularen Constitution der verschiedenen Substanzen.

Was nun schliesslich das Verhältniss des Grimaldi zur Lichttheorie betrifft, so ist es jedesfalls verfrüht, ihm die Aufstellung der Undulationshypothese zuschreiben zu wollen. Allerdings spricht er stellenweise von dem Lichte als einer in Wellenbewegung befindlichen Flüssigkeit, deren Undulation er fluitatio, agitatio, volutatio u. s. f. nennt. Wenn wir jedoch berücksichtigen, dass der Verfasser in 60 Propositionen des ersten Buches seines Werkes zu beweisen sucht, dass das Licht substantiell sei, hierauf im zweiten Buche diese Ansicht in derselben weitläufigen Weise wesentlich modifizirt, so ersehen wir eben, dass der gelehrte Verfasser von der Bildung einer einheitlichen Lichttheorie eben noch sehr weit entfernt war. So viel aber können wir jedesfalls behaupten, dass Grimaldi als Physiker noch nicht genügend gewürdigt ist und dass er unter den Gelehrten des 18. Jahrhunderts eine hervorragendere Stellung einnimmt.

Unter den gelehrten Priestern, welche zu den Förderern der physikalischen Wissenschaften in jenen Tagen gehörten, ist noch **Stefano degli Angelis** zu nennen. Derselbe war geboren zu Venedig im Jahre 1623 und starb zu Padua den 11. Oktober 1697. Angelis gehörte dem im Jahre 1668 aufgehobenen Orden der Jesuaten an. Nach der Aufhebung desselben war er Weltpriester. Er war zuerst Professor der Mathematik in Rom, hierauf in Padua. Derselbe bekämpfte Riccioli's Einwürfe gegen die Axendrehung der Erde, welche dieser Gelehrte aus den Fallgesetzen hatte definiren wollen. Ein Verzeichniss der Werke Angelis' und Nachrichten von seinem Leben finden sich bei C. Mazzuchelli, Scritt. Ital. Tom. I, Part. II, pag. 740. — Storia della Letteratura Italiana del Cavaliere Abate Girolamo Tiraboschi Tom. VIII (Modena 1780), pag. 187. — Cornel. a Beughem, Bibliographia mathematica. Amstel. 1688.

Wir besitzen mehrere geometrische Schriften von Angelis: Miscellaneum hyperbolicum et parabolicum, in quo praecipue agitur de

centris gravitatis hyperbolae, partium ejusdem, atque nonnullorum solidorum de quibus nunquam geometria locuta est..... Venet. 1659. 4⁰.
— Miscellaneum geometricum in quatuor partes divisum. Venet. 1660. (Inhalt: von Schwerpunkten und grössten eingeschriebenen ebenen Figuren u. a.) — De infinitorum spiralium spatiorum mensura. Ven. 1660.
— Accessiones ad Stereometriam et Mechanicam. Pars prima 1662. (Ausmessungen und Schwerpunkte von Körpern.) — De infinitis parabolis liber quintus (1663).

Wir haben schliesslich noch einiges über den oben erwähnten Deschales nachzuholen. — Vor allem haben wir von seinen Fallversuchen zu sprechen. Er nahm kleine Kieselsteine und liess sie von vorher gemessenen Höhen herabfallen. Die Zeit mass er mit einem die halben Sekunden markirenden Pendel. Die Mittelwerthe aus mehr als 1000 mal wiederholten Versuchen waren die folgenden:

Fallzeit in Sekunden.	Fallraum in Fussen.	Fallraum in den einzelnen Halbsekunden.
$1/2$	$4\,1/4$	$4\,1/4$
1	$16\,1/2$	$12\,1/4$
$1\,1/2$	36	$19\,1/4$
2	60	24
$2\,1/2$	90	30
3	123	33

Vermöge der galileischen Gesetze müsste nun allerdings die Fallhöhe für eine Sekunde 17, für $1\,1/2$ Sekunden $38\,1/4$, in 2 Sekunden 68, in $2\,1/2$ Sekunden $106\,1/4$, in 3 Sekunden 153 Fuss betragen. Deschales erklärt diese bedeutende Differenz ganz richtig durch den Widerstand der Luft.

Die Fallversuche Deschales' sind in dem oben angeführten Werke des Verfassers: „Cursus seu mundus mathematicus" (Lugd. 1674) beschrieben. Er bestimmte zum Erstaunen seiner Ordensgenossen durch Fallversuche im Jahre 1670 die Tiefe eines im Jesuitencollegium zu Lyon befindlichen 123 Fuss tiefen Brunnens. Die Fallzeit mass er wieder durch seine Pendelvorrichtung. Ferner berücksichtigte er die Zeit, während welcher der Schall aus der Tiefe des Brunnens herauftönt. Auch diese Versuche gaben bloss annähernd richtige Resultate, was Deschales auch hier dem Luftwiderstande zuschreibt.

Die Brechung des Lichtes behandelt Deschales in seinem „Cursus seu mundus mathematicus" (Tom. III, dioptrica lib. I, pag. 648), wobei er die angeblich von P. Maignan (Emanuel, geb. 1601, gest. 1676) stammende Vorstellung der Brechung des Strahles annimmt. Dieser Vorstellung zufolge hätte man den Lichtstrahl als aus länglichen, parallelopipedischen, unter sich zusammenhängenden Theilchen bestehend vorauszusetzen, welcher beim schiefen Anprall an die Grenzfläche des stärker brechenden Mittels, gleich dem auf die Scheide zweier Bodengattungen gelangenden vierräderigen Wagen, aus seiner Richtung abgelenkt und in einem convexen Bogen näher zum Einfallslothe abgelenkt wird, während beim Uebergange aus einem dichteren in ein dünneres Mittel die Ablenkung in einem concaven Bogen nach entgegengesetzter Richtung erfolgt. Es liegt auf der Hand, dass derlei Vorstellungen höchstens dazu dienen können, als Gleichniss zu gelten, nimmermehr jedoch Anspruch darauf haben, den Vorgang in der That zu erklären oder auch nur dem Verständnisse näher zu führen. Das von Deschales benützte Gleichniss entspricht jedoch dem wirklichen Vorgange noch ausserdem in sehr unvollkommenem Masse. Vor allem dürfen wir uns die Lichtbrechung nicht als eine in allmäliger Krümmung erfolgende vorstellen; ferner würde aus dieser Annahme folgen, dass der Lichtstrahl in dichteren Körpern stärker gebrochen werde, als in weniger dichten, was jedoch in voller Allgemeinheit nicht behauptet werden kann.

Unabhängig von Grimaldi hat Deschales Inflexionsfarben beobachtet, als er auf eine feingeritzte Metallplatte in dunklem Zimmer Sonnenstrahlen fallen liess und dieselben nach ihrer Reflexion auf einem weissen Schirme auffing. Er schloss aus der hiebei zu Stande kommenden Erscheinung, dass farbiges Licht nicht bloss durch Brechung entstehe.

Deschales war einer der Gegner des Descartes'schen naturphilosophischen Systems, das er mit vielen Gründen angriff. So z. B. widerlegt er die Ansicht jenes Philosophen über die Aggregationsformen, nach welcher das Wesen der festen und flüssigen Körper in der Ruhe oder Bewegung ihrer Theilchen bestände. Deschales sucht das Wesen der Flüssigkeit vielmehr in der überaus feinen Vertheilung des Stoffes und dem geringen Zusammenhange der Flüssigkeitstheilchen unter einander.

René Descartes.

Der menschliche Geist hatte in seinem Drange nach dem Erkennen der Wahrheit kein Mittel unversucht gelassen, um sein Ziel zu erreichen. Er hatte das Weltproblem als Erkenntnissproblem gefasst, er hatte sich mit Berufung auf den autoritativen Standpunkt einer höhern Offenbarung über die unnahbaren Schwierigkeiten der Erkenntniss hinüberzuheben versucht und hatte dabei allerdings nicht das gewünschte Resultat erreicht. nicht die Höhe errungen, von welcher sich der freie Ausblick auf das innere Wesen der Dinge erschliesst, er hatte jedoch trotz alledem seinen Bemühungen eine wichtige Errungenschaft zu verdanken: nämlich die successive bessere Formulirung der zu stellenden Fragen, ferner die Kenntniss der Grenzen des erreichbaren Wissens und der Bedingungen desselben.

Die neuere Philosophie hat es mit zwei Richtungen versucht: die empirische des Bacon und die dogmatische oder rationalistische des Descartes. Die moderne Naturwissenschaft beruft sich gewöhnlich auf Bacon als den Entdecker jener Art wissenschaftlich zu forschen, der durch seine Philosophie die Methode der Induction festgestellt hätte. Wir haben gesehen, dass Keppler lange bevor die Methode der Induction mit Erfolg angewendet habe, während Bacon in der praktischen Anwendung seiner eigenen Sätze keineswegs glücklich war. — Der französische Begründer der neueren Philosophie René Descartes war jedenfalls ein strengerer Denker als der Lordkanzler König Jakob's I. von England. Während Francis Bacon als höchstes für die Wissenschaft zu erreichendes Ziel die Erweiterung der Macht des Menschen vermittelst des Wissens hinstellt und von der Kenntniss über die Wirkungsweise der Naturkräfte Erfindungen erwartet, welche die Macht des Menschen über die Natur erhöhen, beginnt Descartes in streng philosophischer Weise mit der Untersuchung der Vertrauenswürdigkeit der philosophischen Sätze und meditirt über den weiten Abstand zwischen denselben und der Gewissheit der mathematischen Sätze. Bis hieher ist das Vorgehen Descartes' eigentlich kriticistisch. Er sucht nach einem unverdächtigen Fundamente für seinen Bau und findet ihn in der Unbezweifelbarkeit des Zweifels und des Denkens im Allgemeinen. Von hier an ist er dann im Aufbau des Systems rein rationalistisch oder dogmatisch. — Der grosse Unterschied in der Schulung des Denkens zeigt sich auch in den Resultaten desselben. Bacon gibt in Aphorismen und sehr mangelhaften Experimenten Andeutung über sein Gebäude der Wissenschaft. Descartes kann zwar die Physik nicht immer von der Metaphysik abtrennen, jedoch ist seine Physik, d. i. Mechanik und Optik wissenschaftlich gefügt. Seine Wirbeltheorie ist eine Theorie über die Constitution und die Grundbewegungen der Materie, welche an sich eben so gut ist, als eine der vielen andern ähnlichen Hypothesen.

Wir übergehen nun zu den Lebensverhältnissen des merkwürdigen Mannes.

René Descartes stammt aus einem altfranzösischen, vornehmen Geschlechte, dessen Familienname ursprünglich „Des Quartes" geheissen hatte. wie man aus der latinisirten Form derselben: „De Quartis" ersieht, welche aus dem 14. Jahrhundert stammt. Die Glieder vornehmer Familien fanden einen angemessenen Wirkungskreis als Militärs, Priester und Parlamentsräthe. So finden wir denn einen Descartes als Erzbischof von Tours, der Grossvater unseres Philosophen kämpfte gegen die Hugenotten, sein Vater Joachim Descartes war Parlamentsrath in Rennes. Die Güter der Familie lagen in der Südtouraine und in Poitou, wo die Ortschaften La Haye zum Theil und auch Perron im Besitz der Familie waren. In La Haye erblickte René Descartes als drittes Kind erster Ehe das Licht der Welt am 31. März des

Jahres 1596. René war ein schwaches, kränkliches Kind, das nur durch die Sorgfalt seiner Amme am Leben erhalten wurde. Seine Mutter starb einige Tage nach der Geburt des Kindes an einem Lungenleiden, welches sich, wenn auch nicht als solches, so doch als allgemeine Schwäche auf das Kind vererbt hatte. Um ihn von seinem Bruder zu unterscheiden, wurde er in der Familie mit seinem vollständigen Namen „René Descartes Seigneur du Perron" oder aber kurz „Perron" genannt. Sein Gelehrtenname war „Renatus Cartesius".

Als Descartes das achte Lebensjahr vollendet hatte, wurde er in die Jesuitenschule zu La Flèche gegeben. Diese Anstalt war durch Heinrich IV. gegründet worden, der, nachdem er durch das Edict von Nantes den Hugenotten die freie Religionsübung gesichert hatte, sich auch als „allerchristlichster König" durch besondere Begünstigung der Jesuiten zeigen wollte. Er beschloss die Errichtung eines von Jesuiten geleiteten Collegiums, das mit fürstlicher Freigebigkeit ausgestattet, eine Bildungsstätte des französischen Adels werden sollte, aus dessen Jugend sich die ständige Schaar von hundert Zöglingen recrutiren sollte. Dasselbe wurde zu La Flèche in Anjou errichtet. Als besondere Auszeichnung für dieses Institut ordnete er an, dass in demselben dereinst sein Herz bestattet werden sollte. Der Tod des Königs durch Mörderhand unterbrach nur zu bald die Aussichten auf die glänzende Entwicklung der Anstalt, immerhin blieb sie das angesehenste Jesuitencollegium des Landes.

Descartes war unter den ersten hundert Zöglingen, die im Gründungsjahre 1604 in der Anstalt Aufnahme fanden, und blieb daselbst acht und ein halbes Jahr. Der Rector von La Flèche war damals Pater Charlet, ein Verwandter des Descartes'schen Hauses, der sich des ihm schutzbefohlenen Zöglings mit besonderer Sorgfalt annahm und ihn der speziellen Aufsicht des Pater Dinet anvertraute. Descartes schloss an dieser Schule Freundschaft mit Marin Mersenne, eine Freundschaft, die zwischen den beiden nach Jahren zusammentreffenden Männern erneuert, zu einer Freundschaft für das ganze Leben wurde. Descartes studirte zuerst die alten Sprachen und dann Literatur, hierauf folgten Logik, Moral, Physik und Metaphysik. Den Schluss bildete die Mathematik. Von allen diesen Disciplinen war es allein die Mathematik, die ihn zu befriedigen vermochte, während die übrigen Fächer, besonders die noch tief im Scholasticismus steckende Philosophie seine scharfe Kritik herausforderten und ihn in die Arme des Skepticismus trieben.

Im ersten Capitel seiner berühmten Schrift: „Discours de la méthode pour bien conduire sa raison, et chercher la vérité dans les sciences" *) gibt uns Descartes eine lebendige Schilderung seines Bildungs-

---

*) Oeuvres de Descartes, publiées par Victor Cousin. Paris 1824—26. Tome premier, pag. 125—132.

ganges. „Von Kindheit an bin ich für die Wissenschaften erzogen worden,
„und da man mich glauben machte, dass durch sie eine klare und
„sichere Erkenntniss alles dessen, was dem Leben frommt, zu erreichen
„sei, so hatte ich eine ausserordentliche Begierde, sie zu lernen. Doch
„wie ich den ganzen Studiengang beendet hatte, an dessen Ziel man
„gewöhnlich in die Reihen der Gelehrten aufgenommen wird, änderte
„ich vollständig meine Ansicht. Denn ich befand mich in einem Ge-
„dränge so vieler Zweifel und Irrthümer, dass ich von meiner Lern-
„begierde keinen andern Nutzen gehabt zu haben schien, als dass ich
„mehr und mehr meine Unwissenheit entdeckt hatte." Und doch war
er — wie er sagt — auf einer der berühmtesten Schulen Europas und
war einer der besten Schüler, aus deren Schaar der Nachwuchs für
das Lehramt entnommen werden sollte. Er hatte alles gelernt, was die
Uebrigen lernten, und hatte noch dazu alles gelesen, was ihm in die
Hände gerathen war. Er hatte die Sprachen des Alterthums gelernt
und geübt, hatte mit den Geistern anderer Jahrhunderte in ihren Schriften verkehrt. „Denn mit den Geistern anderer Jahrhunderte verkehren
„ist fast dasselbe als reisen." Ganz besonders gefielen ihm jedoch die
mathematischen Wissenschaften, trotzdem er nur ihre Anwendung auf
die mechanischen Künste kannte und sich darüber wunderte, dass auf
so felsenfester Grundlage nichts Erhabeneres aufgebaut worden sei. Und
nun — nachdem er erklärt, dass er in sich den Beruf für Theologie
nicht entdecken konnte — wendet er sich der Philosophie zu, die ihn
jedoch durchaus nicht zu befriedigen vermag. Trotz der darauf verwendeten Mühe von Jahrhunderten findet er sie schwankend und keines
ihrer Resultate sicher. Ebenso steht es mit den andern Wissenschaften,
die ihre Prinzipien von der Philosophie entlehnen. Und da er sich nun
in der glücklichen Lage sieht, sein Studium nicht zum Broterwerbe verwenden zu müssen, da er überdies auch nicht die Ambition in sich fühlt,
sich durch die Wissenschaft Ruhm zu erwerben, der seiner Ansicht nach
doch nur unrechtmässig erworben sein könnte, so beschliesst er, nachdem
er in ein reiferes Alter gelangt ist, das Studium der Wissenschaften
ganz und gar aufzugeben. „Ich wollte keine andere Wissenschaft mehr
„suchen, als die ich in mir selbst oder in dem grossen Buche der Welt
„würde finden können, und so verwendete ich den Rest meiner Jugend
„auf Reisen, Höfe und Heere kennen zu lernen, mit Menschen von
„verschiedener Gemüthsart und Lebensstellung zu verkehren, mannig-
„faltige Erfahrungen einzusammeln, in den Lagen, in welche das Schick-
„sal mich brachte, mich selbst zu erproben und Alles, was sich mir dar-
„bot, so zu betrachten, dass ich einen Gewinn davon haben könnte."
So befreite er sich denn von den vielen anerzogenen Irrthümern und
begann nun in sich selbst einzukehren und nach der Welt sich selbst
zu studiren. „Nachdem ich aber" — so schliesst er seine Erzählung —
„einige Jahre darauf gewendet hatte, so in dem Buche der Welt zu

„studiren und bemüht zu sein, mir einige Erfahrung zu erwerben, ent-
„schloss ich mich eines Tages, ebenso in mir selbst zu studiren und alle
„Kräfte meines Geistes aufzubieten, um die Wege zu wählen, die ich
„nehmen musste. Und dies gelang mir, wie ich glaube, weit besser,
„als wenn ich mich nie von meinem Vaterlande und meinen Büchern
„entfernt hätte." *)

Im August des Jahres 1612 verlässt Descartes die Schule von
La Flèche. Er hat für seine Zukunft keine besonderen Pläne. Da jedoch sein Vater wünscht, er möge den Traditionen seiner Familie gemäss sich der militärischen Laufbahn zuwenden, um so mehr, da sein
Bruder die gerichtliche gewählt hatte, so beginnt er in Rennes sich mit
ritterlichen Künsten zu beschäftigen, um seinen schwächlichen Körper
für die Anstrengungen des Standes, dem er sich zuwendet, zu stärken.
Im Frühling des Jahres 1613 erscheint er in der vornehmen Gesellschaft
der französischen Hauptstadt. Er findet schnell eine Gesellschaft junger
Cavaliere, deren Hauptunterhaltung im Spiele besteht. Descartes
wird für einige Zeit von dem Strudel der Zerstreuungen fortgezogen,
endlich jedoch empört sich seine bessere Natur gegen die nichtige Zeit-
tödtung. Er lernt den ausgezeichneten Mathematiker und Optiker
Claude Mydorge kennen und findet seinen Schulcollegen Mersenne
in einem Minoritenkloster wieder. Der anregende Umgang mit diesen
beiden Männern führt ihn wieder mathematischen Studien zu, so dass
seine Zeit zwischen seine Standesgenossen und deren Zerstreuungen und
den Umgang mit jenen gelehrten Männern getheilt ist. Endlich überwiegt
sein Verlangen nach ausschliesslich wissenschaftlicher Beschäftigung. Er
zieht sich in ein abgelegenes Haus der Vorstadt St. Germain zurück und
verschwindet plötzlich aus dem Kreise seiner bisherigen Gesellschaft, die
sich sein Verschwinden nicht zu erklären vermögen. So lebt er einige
Zeit hindurch verborgen, so dass selbst der Vater den Aufenthaltsort
seines Sohnes nicht kennt. So lebt er, bloss seinen gelehrten Freunden
zugänglich, zwei Jahre mitten in der grossen Stadt (von 1614 bis 1616),
bis ihn endlich einer seiner adeligen Bekannten entdeckt und trotz aller
Widerrede in die frühere Gesellschaft mit sich schleppt. Dieselbe hat
jedoch nun keinen Reiz mehr für ihn; nur die Musik interessirt ihn, so
dass er ihr auch eine Abhandlung widmet.

Descartes ist fest entschlossen, der Gesellschaft seiner bisherigen
Genossen zu entfliehen. Er will Kriegsdienste nehmen, jedoch nicht in
seiner Heimat, deren politische Zustände ihn abstossen. Er folgt deshalb dem Zuge der französischen Edelleute, welche in den benachbarten
und befreundeten, von Frankreich aus politischen Gründen begünstigten
Niederlanden Militärdienste antreten. So finden wir ihn denn im Mai

---

*) Die Uebersetzung ist von Kuno Fischer: „Geschichte der neueren
Philosophie". I. Band, Anhang.

1617 in Breda als Freiwilligen des Statthalters der Niederlande Moritz von Oranien, des Sohnes von Wilhelm dem Oranier.

Descartes hatte kein besonderes Interesse an seinem Stande. Zwar interessirten ihn die damit zusammenhängenden mechanischen Vorrichtungen und Werkzeuge, jedoch ihm mangelte sowohl das Verlangen, sich in seiner Carrière durch Avancement zu einer höhern Stufe aufzuschwingen, als auch der Sinn für Kriegsruhm und die damit verbundenen Ehren. So verbrachte er die ersten Jahre mit wissenschaftlichen Studien und schrieb seine ersten Abhandlungen, unter welchen die Abhandlung über Musik: „Compendium musicae", Opera Tom. IV. Amstelodami 1668. 4°*), erst nach seinem Tode erschien.

Der Zufall begünstigte auch in Breda unsern jungen Philosophen, indem er denselben zu einer für ihn sehr werthvollen Bekanntschaft mit dem Professor der Mathematik aus Dortrecht Isaak Beeckmann verhalf. Es war zu jener Zeit nicht ungewöhnlich, das sachverständige Publikum zur Lösung mathematischer Probleme mittelst Maueranschlägen aufzufordern. Die grosse Bedeutung der mathematischen Disciplinen für die Kriegs-, besonders Belagerungskunst hatten diesen Wissenschaften zu allgemeiner Popularität verholfen. Eines Tages fesselt ein in flamändischer Sprache geschriebener Anschlag, den zahlreiche Neugierige umstehen, die Aufmerksamkeit Descartes'. Er lässt sich den Inhalt des Anschlages von einem Anwesenden übersetzen, an den er sich mit der Bitte gewendet, ihm den Inhalt desselben in französischer oder lateinischer Sprache zu geben. Er hat sich zufällig an den eben auch dort stehenden — oben schon erwähnten — Professor Beeckmann gewendet, der über dies Ersuchen des Soldaten erstaunt, ihm die Uebersetzung mit der spöttischen Bemerkung gibt, er möge die Aufgabe lösen. Descartes überbringt in der That dem Professor am nächsten Tage die Lösung. Aus dieser Begegnung entstand eine zwanzigjährige, bis zum Tode des holländischen Professors dauernde Freundschaft.

Descartes brachte zwei Jahre in der Garnison zu Breda zu. Vor seinen Augen vollzogen sich die Kämpfe der republikanischen und oranischen Partei. An der Spitze der ersteren steht Oldenbarneveld, der Führer der letzteren ist Moritz von Nassau. Hiezu kommt noch der religiöse Gegensatz, der sich zwischen den beiden Parteien geltend macht. Jakob Arminius, Professor an der Universität Leyden, und Franz Gomarus, sein College, entbrennen in Streit über eine theologische Streitfrage, welche sie bis vor die Generalstaaten von Holland bringen. Die Arminianer errichten eine Miliz, welche der Statthalter gewaltsam aufzuheben beschliesst. Er lässt Oldenbarneveld sammt seinen Rathgebern gefangen setzen und hinrichten (13. Mai 1619).

---

*) Oeuvres de Descartes, publ. par V. Cousin. Tom. V. „Abrégé de la musique", pag. 445.

Descartes war der theilnahmslose Zeuge jener Vorgänge gewesen, er lebte seinem Studium und der Menschenbetrachtung. Da es nicht den Anschein hatte, als würde die Niederlande in die Lage kommen, einen respectablen äussern Krieg zu führen, so sah er sich nach einem andern Schauplatz seiner Thaten um, wo er andere Menschen beobachten könne und wirkliches Kriegsleben sähe. Um jene Zeit waren eben die Unruhen in Böhmen ausgebrochen, die ersten Symptome jenes langwierigen, dreissigjährigen Krieges, welcher auf die culturellen Verhältnisse Deutschlands von so üblem Einflusse sein sollte. — Die protestantischen, böhmischen Stände widersetzten sich mit gewaffneter Hand der Erbfolge Ferdinand's, der von seinem Vetter die böhmische Krone erben sollte. Die Grafen Thurn und Mansfeld befehligten den Aufstand, Bucquoi die kaiserlichen Truppen. Kaiser Matthias starb im März des Jahres 1619; Erzherzog Ferdinand ging trotz des Protestes der Stände nach Frankfurt und liess sich daselbst zum römischen Könige wählen (28. August 1619), worauf er dann im September desselben Jahres zum Kaiser gekrönt wurde.

Es war im Juli 1619, als Descartes nach Frankfurt kam, wo er — trotzdem ein Gesetz den Fremden während der Zeit der Kaiserkrönung den Aufenthalt in der Stadt untersagte — Zeuge dieses prachtvollen Schauspieles war. Hierauf trat er in bairische Dienste und verlebte den Winter 1619—20 in Neuenburg an der Donau. Im Sommer 1620 geht er nach Ulm, wo er Landsleute findet, die als französische Gesandtschaft nach Deutschland gekommen waren, um im kaiserlichen Interesse die kämpfenden Parteien zu versöhnen. Von Ulm ging Descartes nach Wien und von da nach Böhmen, wo er sich wieder mit der bairischen Armee vereinigte. Am 8. November 1620 wird die Schlacht bei Prag geschlagen, in welcher Descartes ebenfalls mitkämpft. Der Winterkönig Friedrich von der Pfalz wird geschlagen und muss nach Schlesien flüchten, während die kaiserliche Armee ihren Einzug in die böhmische Hauptstadt hält. Descartes verlässt die Armee, welche ihre Aufgabe erfüllt hat, und geht im Frühling 1621 zur kaiserlichen Armee unter Bucquoi, die eben von Mähren gegen Ungarn vorrückt, wo Fürst Gabriel Bethlen dem Kaiser noch widersteht. Bucquoi nimmt Pressburg, Tirnau und fällt bei der Belagerung von Neuhäusel am 10. Juli 1621. Die Belagerung wird am 27. Juli aufgehoben und am 28. des Monats verlässt Descartes die Armee.

Man hat dem Philosophen andichten wollen, als hätte er mit besonderer Vorliebe dem Kriegerhandwerke obgelegen. In der That hatte er — wie wir schon oben erwähnten — kein besonderes Interesse daran und hatte es für einige Zeit bloss deshalb gewählt, weil es die bequemste, oder vielleicht besser gesagt, weil es die einzig mögliche Form war, in jenen unruhigen Zeiten unbehelligt Studien über verschiedene Länder und Völker zu machen.

Descartes war 25 Jahre alt, als er die militärische Laufbahn verliess und sich der Heimat zuwendete. Er beeilte sich indess nicht sehr mit seiner Rückkehr, da die religiösen Wirren in seinem Vaterlande und die seit einem Jahre in Paris herrschende Pest ihm die Heimat verleideten. Er reiste über Mähren und Schlesien, durch Brandenburg und Pommern, nach Mecklenburg und Holstein, nach Ostfriesland. Auf der Ueberfahrt nach Westfriesland hat er ein Abenteuer zu bestehen. Die Schiffer wollen ihn berauben und tödten. Er schüchtert jedoch die Räuber mit seinem Degen ein und rettet sich so mit seinem Diener. Er geht hierauf nach Holland, besucht im Haag den Hof des Prinzen von Oranien, hierauf zu Brüssel den Hof der Infantin Isabella, kehrt endlich im Jahre 1622 nach Frankreich zurück und begiebt sich 1623 wieder nach Paris. Descartes findet das Publikum besonders mit zwei Dingen beschäftigt: die Ereignisse des Krieges in Deutschland und die Rosenkreuzer, die jedoch eigentlich niemand kennt.

Unser Philosoph trifft auf einen alten Freund: den Pater Mersenne, der inzwischen wieder nach Paris zurückversetzt worden war. Descartes hielt sich dieses Mal wenig in seiner Heimat auf. Er verkauft seine Güter in Poitou und tritt eine neue Reise an, welche von 1623 bis 1625 dauert. Er reist dieses Mal nach Rom und Florenz, wo er den Hof Ferdinand II. besucht, ohne jedoch mit Galilei zusammenzutreffen.

Nach der abermaligen Heimkehr hat Descartes einen Augenblick den Plan, sich ein entsprechendes Amt zu kaufen; allein es bedarf bloss eines nebensächlichen Umstandes, um ihn davon wieder abzubringen. Sein Vater, den er um Rath fragen wollte, ist eben abgereist, und so unterbleibt die Erwerbung des Amtes und unser Philosoph beschliesst unabhängig den Wissenschaften zu leben. Der Kreis seiner Freunde vergrössert sich stetig. Mydorge, Mersenne, Morin und andere bilden den Umgang Descartes', dessen wissenschaftlicher Ruhm in fortwährendem Wachsen begriffen ist, trotzdem ja noch niemand einen Buchstaben von ihm gesehen hatte. Dazwischen versucht er hin und wieder sich in seinem „Buen retiro", der Vorstadt St. Germain, zu verbergen, von wo er dann regelmässig wieder in die Gesellschaft zurückkehren muss.

Descartes wird hinsichtlich seiner äusseren Lebensführung in ungemein starker Weise durch den Zufall bestimmt. Ohne besondere Neigung wird er Soldat, tritt er Reisen an, ändert seinen Aufenthaltsort. Das einzige, was ihm ernst ist, ist sein Hang zur Meditation über die verschiedenen Dinge. So macht seine Lebensweise den Eindruck des spazierengehenden Spectators inmitten einer belebten Strasse, wo jeder Vorübergehende seinem Geschäfte nachgeht. Hie und da sieht er sich veranlasst, da oder dort gelegentlich die Hand anzulegen und zu helfen, und im nächsten Augenblicke sieht man ihn wieder seinen Spaziergang fortsetzen. — Ohne ausgesprochene Absicht gelangt er zur Belagerung von La Rochelle, dieser letzten Barrière des Protestantismus, welche der allmächtige Minister Cardinal Richelieu in seine Gewalt zu bekommen beschlossen hat, um den Protestanten jegliches Asyl, jede Rückendeckung zu nehmen. — Die Stadt soll ausgehungert, die Entsetzung soll verhindert werden. Der Ingenieur Des Argues, ein Freund Descartes', ist bei den Belagerungsarbeiten beschäftigt, er stellt seinen Freund dem mächtigen Kanzler vor, wodurch er sich auf einmal im Gefolge des Königs sieht. Die Stadt wird übergeben und Descartes befindet sich im Gefolge des in die bezwungene Stadt einziehenden Herrschers und seines Kanzlers. — Im November 1628 kehrt er wieder nach Paris zurück, das er demnächst und zwar für lange Zeiten zu verlassen gedenkt. Er wird nämlich von seiner gelehrten Umgebung, die in ihm den Reformator der Philosophie sieht, immer entschiedener gedrängt, sein System der Philosophie auszuarbeiten und niederzuschreiben. Besonders war es ein Vorfall beim päbstlichen Nuntius Marquis de Bagné, welcher den Cardinal Berulle, einen besonderen Verehrer Descartes', veranlasste, energisch in denselben zu dringen, um ihn zur Ausarbeitung seines philosophischen Systemes zu bringen. In den vornehmsten und gebildetsten Kreisen von Paris führte damals ein Schwindler das grosse Wort. Ein gewisser Chandoux*), Arzt und Chemiker, kämpfte in jeder Gesellschaft seinen Vernichtungskrieg gegen Aristoteles, die Scholastiker und im Allgemeinen gegen alles Alte. Ueberall sollten neue Gesichtspunkte geltend gemacht werden, über welche er sich mit der Sicherheit des Ignoranten in prahlerischer Weise aussprach. Das selbstbewusste Auftreten dieses Mannes hatte neben vielen andern auch den oben erwähnten Nuntius bestochen. Er lud Chandoux zu sich, indem er zugleich eine Gesellschaft der angesehensten und gelehrtesten Männer zu sich bat. Unter ihnen waren der Cardinal Berulle, Descartes, Mersenne und andere. Chandoux lässt seine Leuchte glänzen, Cardinal Berulle frägt den ruhig zuhörenden Descartes um seine Meinung. Dieser, von allen Seiten gedrängt, muss wohl oder übel die selbstauferlegte Reserve aufgeben und legt nun in beredter Weise die Nichtigkeit der gehörten Entwickelungen dar. Er zeigt, dass es vor allem darauf ankomme, einen Probirstein für die Wahrheit und den Irrthum zu finden und dass dieser Probirstein die Methode des wissenschaftlichen Denkens sei. Descartes wird nun von allen Seiten bestürmt, seine Resultate niederzuschreiben; besonders ist es der Cardinal Berulle, der in ihm den Erneuerer der Philosophie sieht und dem unser Descartes verspricht, sich mit der schriftlichen Ausarbeitung seines Systems zu befassen. Zu diesem Zwecke sucht er nun wieder die Einsamkeit, aber er

---

*) Derselbe wurde später, als der Falschmünzerei schuldig befunden, auf dem Grèveplatze gehängt.

begnügt sich nicht mehr damit, in den Vorstädten von Paris sich einen Schlupfwinkel aufzusuchen; er nimmt von Freunden und von seiner Familie Abschied für lange Zeit und übersiedelt in das ihm sympathische Holland, wo er die nächsten zwanzig Jahre zubringt.

Als Descartes nach Holland übersiedelte, befand er sich in der Lage eines Mannes, dem man grosse Wissenschaft und mannigfache Künste zuschreibt, und dem nun vor seinem Rufe bange zu werden beginnt, weshalb er beschliesst, sich desselben würdig zu machen, indem er es versucht, sich der ihm zugeschriebenen Qualitäten in der That zu bemächtigen, um nicht im Lichte eines Prahlers oder Betrügers zu erscheinen. Man kann kühn behaupten, dass die Philosophie Descartes' ohne die Nöthigung seitens seiner Zeitgenossen nie zur vollen Entwickelung gelangt wäre.

Als Descartes im Frühling des Jahres 1629 nach den Niederlanden übersiedelte, war sein philosophisches System seinem eigenen Geständnisse zufolge durchaus noch in den Anfängen und nur dessen negative Seite abgeschlossen. Er ist mit sich im Reinen, dass mit der alten Philosophie ein Eindringen in das Wesen der Dinge nicht möglich sei; allein er ist sich noch keines sichern Weges bewusst, auf welchem er sein Ziel erreichen könne, wenn es auch als wahrscheinlich angenommen werden kann, dass er um diese Zeit mit einzelnen Fundamentalbegriffen seines Systemes im Reinen gewesen sei. Nun sieht er sich mit einem Male als Philosophen berühmt und gefeiert, man setzt auf Grund einzelner treffender Bemerkungen, neuer Ideen u. s. f. voraus, dass das System schon abgeschlossen und beendet sei; dagegen empört sich sein ehrlicher Sinn. Er will das günstige Vorurtheil nicht widerrufen, sondern er will sich dessen würdig machen.

Seine Abreise erfolgt in solcher Weise, als nähme er von Frankreich, seinen Verwandten und Freunden für immer Abschied. Niemand als Mersenne weiss von seinem Aufenthalte. Er hat einige wissenschaftliche Agenten in Holland, die seine Briefe übernehmen, unter diesen befindet sich z. B. der oben erwähnte Beeckmann in Dortrecht. Dabei bleibt er niemals längere Zeit an einem Orte. Er lebt in Amsterdam, Franecker, Deventer, Dortrecht, Leyden, Utrecht, in der Abtei Egmond, Amersfort bei Utrecht, in Endegeest bei Leyden. So verbringt er die 20 Jahre seines holländischen Aufenthaltes an den verschiedensten Orten. Die längste Zeit bringt er in der Abtei Egmond, dem schönsten Dorfe in Nordholland, zu. Daneben macht er häufig Reisen in den Haag, wo er die englische Prinzessin Elisabeth, die Gemahlin des vertriebenen böhmischen Königs Friedrich, und deren Tochter, die Prinzessin Elisabeth von der Pfalz, seine Schülerin, aufsucht. Im Jahre 1630 reist er nach England, 1634 nach Dänemark, ausserdem dreimal nach Frankreich. Von 1637—1644 veröffentlicht er seine Hauptwerke, die Früchte seiner Musse. Zuerst erschien sein „Discours de la méthode" (Leyden 1637), für welche Abhandlung ursprünglich der folgende Titel bestimmt war: „Le projet d'une science universelle, qui pût élever notre nature à son plus haut degré de perfection". Diese Schrift bildete gleichsam die Einleitung zu den „essais", welche ausserdem die Dioptrik, die Meteore und die Geometrie behandelten. Nach dieser ersten Arbeit, welche von der Methode des Verfassers bloss Proben bringen soll, erscheinen die „meditationes de prima philosophia" (Paris 1641) oder aber, wie der vollständige Titel der Schrift in der Pariser Ausgabe lautet: „Meditationes de prima philosophia, ubi de Dei existentia et animae immortalitate". Der Titel der zweiten, der Amsterdamer Ausgabe ist hingegen der folgende: „Meditationes de prima philosophia, in quibus Dei existentia et animae humanae a corpore distinctio demonstrantur". Dieses ist die philosophische Hauptschrift Descartes', welche er vor seinem Erscheinen als Manuskript einigen Gelehrten zur Beurtheilung gab, um so den später zu machenden Einwänden zu begegnen. Er gab dieselben gesammelt als Anhang zu dem Hauptwerke heraus, unter dem Titel: „Objectiones et Responsiones". — Die dritte Schrift bilden die „principia philosophiae" (Amsterdam 1644). Dieses Werk enthält die Prinzipien der menschlichen Erkenntniss, sowie die der materiellen Dinge.

Descartes hat in der „Abhandlung über die Methode" in Form seiner eigenen Bildungsgeschichte, als einer, der das Ringen nach der Entdeckung dieser Methode durchlebt hat, eine Darstellung seiner Methode gegeben. In den „Betrachtungen über die Metaphysik, das Dasein Gottes und den Unterschied zwischen Seele und Körper" beginnt Descartes seine Untersuchungen mit der Frage: Was ist das Kriterion für die Wahrheit einer Sache? Ein solches Kriterion ist jedoch in den Dingen nicht zu finden, daher ist es in uns selbst zu suchen. Ist es nun gewiss, dass die Gegenstände um uns existiren? Das ist wohl nicht gewiss, aber gewiss ist es, dass unser Vorstellen unser Denken ist und dass ich der Denkende bin und als solcher existire. In der typischen Formel des Cartesianismus ist dies mit den Worten ausgedrückt: „Cogito, ergo sum". Hieraus folgt nun ein sehr bequemes philosophisches Auskunftsmittel, um sich über die schwierigsten Probleme hinweg zu helfen, nämlich das Prinzip, dass aus der klaren und deutlichen Vorstellbarkeit eines Begriffes auch dessen Existenz folge.

Es ist dies auf das Dasein Gottes angewendet nichts anders als der ontologische Beweis. Aus diesem bequemen philosophischen Prinzipe folgt nun auch die Existenz der Körperwelt, welche, um klar und deutlich erkennbar zu sein, geordnet und gesetzmässig sein muss, ein Kosmos sein muss. Das klare und deutliche Gesetz des Geschehens ist die Causalität, der Zusammenhang von Ursache und Wirkung. Wird daher die Welt auf Grund des Causalitätsgesetzes bewiesen, so ist sie eine wirkliche, keine Scheinwelt.

Es ergeben sich somit für die Erkenntniss der Dinge zwei Wege:

der metaphysische und der physikalische. Der erste führt durch die alleinig gewisse Wahrheit unserer denkenden Existenz zur Existenz Gottes und durch diese zur Existenz einer gesetzmässig geordneten Welt, ist somit wesentlich deductiver Natur; der zweite geht von der Aufgabe der Naturwissenschaft aus und steigt zur Gesetzmässigkeit, zur Existenz der Gottheit auf, wo er mit dem metaphysischen Probleme zusammentrifft. Es ist dieser Weg wesentlich inductiver Natur.

Descartes wendet sich dem zweiten Wege zu. Er will ein vernunftgemässes Abbild der Welt geben. Das Werk, in welchem dies enthalten sein wird, soll den Namen „le monde" führen. In der That kommen bloss drei Abhandlungen zu Stande. Die optischen Untersuchungen veranlassen den Verfasser, seine „Dioptrik" zu schreiben; die glänzende Erscheinung der vier Nebensonnen zu Rom am 20. März 1629, welche ihm von seinem Anhänger Heinrich Reneri beschrieben wird, veranlasst die Verfassung der Abhandlung über die „Meteore". Die auf den Menschen bezügliche Abhandlung ist erst später dem Werke über die Welt beigefügt worden.

Im Jahre 1633 gedenkt er sein Werk zur Vollendung zu bringen. Um sein — wenn auch nur fragmentarisch gegebenes — Bild des Kosmos in einer wichtigen Richtung zu vervollständigen, muss er eine bestimmte Meinung über das Weltsystem aufstellen. Er entscheidet sich für das coppernicanische System. Da er jedoch gehört hat, dass Galilei eben mit der Verfassung eines grossen Werkes über die beiden Weltsysteme beschäftigt sei, indem er sich zwar dem Befehle unterwerfe, welchem zufolge das coppernicanische System nicht als wahr und gewiss gelehrt, sondern nur als Hypothese aufgestellt werden dürfe, jedoch die beiden Lehren derart darstelle, dass der Sieg der coppernicanischen Theorie daraus hervorgehe, war nun Descartes auf den Inhalt des Werkes gespannt und liess in Leyden und Amsterdam Erkundigung einziehen, ob dasselbe schon erschienen sei. Da erfuhr er denn, dass Galilei's Schrift schon vor einem Jahre gedruckt, hierauf jedoch confiscirt worden sei und dass der Verfasser, vor das Inquisitionstribunal gefordert, den Widerruf habe leisten müssen.

Diese Nachricht übte auf Descartes eine erschütternde Wirkung. Von jeher war er allen derartigen Schritten abgeneigt, welche ihn in Conflict mit der Kirche bringen konnten. Er sieht nun ein, dass sein Werk ihn ebenfalls kirchlichen Angriffen aussetzen würde und dass er dies nur durch Verstümmelung seiner Schrift verhindern könnte. Er beschliesst daher, dieselbe lieber gar nicht zu veröffentlichen, ja in der ersten Zeit seiner Sinnesänderung will er sie sogar vernichten. In einem an Mersenne gerichteten Briefe[*] erklärt er, seine Schrift: „Die Welt" nicht herausgeben zu wollen, verspricht dieselbe jedoch nach ihrer noch-

---

[*] Oeuvres de Descartes (éd. Cousin) Tom. VI, pag. 238—240.

maligen Durchfeilung dem Freunde zur Durchsicht zu senden. Mersenne hat diese Arbeit nie gesehen. Unter dem Titel: „Die Welt oder Abhandlung vom Lichte" erschien sie vier Jahre nach des Verfassers Tode.

Hatte den Philosophen seine Abneigung gegen die „Buchmacherei", wie er sich selbst in einem oben schon citirten Briefe an Mersenne*) ausdrückt, lange Zeit zurückgehalten, etwas zu veröffentlichen, so sah er sich nach der Nachricht über das Schicksal Galilei's in dieser seiner Abneigung nur um so mehr bestärkt; jedoch diese Stimmung hielt nicht lange vor, endlich entschloss er sich doch zur Publication seiner Arbeiten, und zwar motivirt er diesen geänderten Entschluss durch den Zweck, den er sich bei der Verfassung seiner Schriften vorgesteckt habe. Es ist dies der Zweck der Selbstbelehrung. Er will sich selbst belehren und erkennt die Nothwendigkeit der Belehrung durch andere an. Zu diesem Behufe muss er aber die Welt wissen lassen, womit er sich beschäftigt, um denjenigen, die ihm zur Erreichung seiner Absichten förderlich sein könnten, kund zu thun, woran es ihm fehle**). So gibt er denn zuerst den „Discours de la méthode" heraus, welcher die Grundzüge der cartesianischen Logik und Methodik enthält und sich zum Gebäude der cartesianischen Philosophie ähnlich verhält wie das „Novum organon" zur baconischen. Die drei Versuche, welche angefügt sind, gleichsam als Exemplification der theoretisch entwickelten Sätze, sind die Geometrie als mathematische, die Meteore als physikalische, die Dioptrik als mathematisch-physikalische Anwendung. Das Werk erschien im Jahre 1637 bei Jean Maire in Leyden. Im selben Jahre schreibt er für einen seiner holländischen Freunde eine kleine Abhandlung „über Mechanik", welche später ebenfalls den „essais" einverleibt wurde. Dieser Freund ist Constantin Huygens, der Vater des berühmten Physikers.

Descartes ist durch die Publication seines ersten Werkes auf eine schiefe Ebene gelangt. Er kann auf dem begonnenen Wege nicht stehen bleiben und so entschliesst er sich denn zur Veröffentlichung seiner „Meditationes de prima philosophia". Er geht jedoch mit der grössten Vorsicht zu Werke. Er wendet sich nicht an das grosse Publikum, wie in seiner ersten Arbeit, sondern ausschliesslich an die gelehrte Welt und verfasst das Werk in lateinischer Sprache. Auf dem Titel dieser Schrift finden wir zuerst den Namen Cartesius. Descartes befürchtet sowohl den Widerspruch der Aristoteliker, als den der Theologen. Mit den ersteren meint er schneller fertig zu werden, er sagt eben nirgends offen heraus, wohinaus seine physikalischen Folgerungen zielen; betreffs der Theologen geht er viel vorsichtiger zu Werke: er versichert sich in ähnlicher Weise wie Galilei des Beifalles einiger hervorragender Theo-

---

*) Oeuvres Tom. VI, pag. 238—240.
**) Discours de la méthode Part. VI. Uebersetzung von Kuno Fischer, pag. 67, 68.

logen, was jedoch ebenso wenig wie bei dem grossen Florentiner zu verhindern im Stande ist, dass das Werk auf den Index der verbotenen Bücher, mit der Bemerkung „donec corrigatur", gelange.

Den grösseren Theil des Werkes bilden die „Objectiones et Responsiones", eine Art Anhang, welche dadurch entsteht, dass Descartes sich die Meinung verschiedener Gelehrten über seine Schrift ausbittet und deren Bemerkungen oder Einwendungen beantwortet. Die bedeutendsten Bemerkungen stammen von dem englischen Philosophen Hobbes, dem französischen Philosophen Gassendi und dem Theologen Arnaud, einem der grössten Jansenisten. Das Werk erschien im August des Jahres 1641 zu Paris. Der vollkommene Titel lautet folgendermassen: „Meditationes de prima philosophia, ubi de Dei existentia et animae immortalitate". Dieses erste Hauptwerk der cartesischen Philosophie entwickelt die Grundzüge des Systems. Das zweite Hauptwerk sind die „principia philosophiae", welche 1644 bei den Elzeviren in Amsterdam erschienen und der genialen Schülerin und Freundin des Philosophen, der Prinzessin Elisabeth von der Pfalz, der Tochter des unglücklichen Friedrich V. von der Pfalz, der in der Schlacht von Prag sein Reich verloren hatte, gewidmet ist. Das erste Buch enthält in synthetischer Darstellung die Prinzipien der menschlichen Erkenntniss, die drei letzten Bücher die Naturphilosophie und die Kosmologie.

Kaum sind die zwei grossen Werke des Philosophen erschienen, als sich auch schon eine bedeutende Bewegung der Gelehrtenwelt bemächtigt. Der Verfasser erntet viele Anerkennung, grosses Lob, jedoch noch mehr Tadel, Angriffe und Feindseligkeiten. Die „Meditationes" werden von den Vätern des „Oratoriums Jesu" und von den Jansenisten des Port-Royal im Ganzen günstig aufgenommen. Die Jesuiten loben und tadeln. Dinet spricht sich für, Bourdin gegen den Verfasser aus, jedoch führen diese Angriffe zu keinerlei ernstlicher Differenz mit den kirchlichen Autoritäten. Viel ernster ist dagegen die Gegnerschaft in den Niederlanden.

Wenn es auch nicht die Absicht unseres Philosophen war, seiner Lehre allgemeine Anerkennung und Verbreitung zu verschaffen, so konnte er doch nicht die Entstehung cartesianischer Philosophenschulen verhindern. Die erste entstand an der Universität zu Utrecht, wo Reneri an der hohen Schule lehrt.

Heinrich Reneri (Renier) war Descartes persönlich befreundet und ein eifriger Anhänger der cartesianischen Lehren, die er mit Begeisterung, während seines bloss durch fünf Jahre bis an seinen frühen Tod dauernden Lehramtes, vorträgt und verbreitet. — Reneri hinterlässt einen begabten Schüler Henry Le Roi (Regius). Dieser in Utrecht an die Universität berufene Gelehrte ist ebenfalls ein unbedingter Anhänger der Philosophie Descartes'. In seinem Uebereifer ladet er sich Gegner auf den Hals, welche anfänglich bloss seiner Person gelten, bald jedoch sich gegen die Philosophie des Meisters und gegen dessen Person richten. —

Gisbertus Voëtius ist der Name jenes Mannes, der einen Jahre lang dauernden, erbitterten literarischen Kampf mit Descartes führte, bloss aus dem Grunde, weil er in seinem Dummstolze nicht leiden mag, dass ein anderes System, das über seinen eng umgrenzten Aristotelismus hinausgeht, in seiner unmittelbaren Umgebung Fuss fassen solle. Voëtius ist der erste Professor der Theologie an der Universität und der erste Pfarrer der Stadt. Er beginnt den Kampf gegen Regius, indem er (1639) Thesen gegen die cartesische Philosophie veröffentlicht. Regius antwortet in einer heftigen Schrift, vor deren Drucklegung Descartes selbst dringend warnt. Voëtius ist ungemein aufgebracht, und da die Schrift ohne Erlaubniss der Obrigkeit gedruckt worden, so setzt er deren Confiscation durch. Da die Arbeit des Regius trotzdem gelesen wird und eben wegen der Confiscation ziemlich stark gelesen wird, so setzt der aufgebrachte Theologe, der eben zu jener Zeit Rector der Universität ist, ein förmliches Verdammungsurtheil gegen die cartesische Philosophie im Namen der Professoren der Universität Utrecht durch.

Nun ist Descartes persönlich provozirt und kann nicht länger schweigen. Er weist in einem offenen Briefe an Dinet, welchen er der zweiten Auflage seiner „Meditationen" vorausschickt, die Kabalen und schmutzigen Angriffe nach, mit welchen seine Lehre angefeindet wird. Er entwirft hiebei ohne Nennung des Namens ein gelungenes Bild des Voëtius, in dem er ihm natürlich nichts weniger als schmeichelt. Der so Angegriffene schnaubt Rache und sucht seinem Feinde auf hinterlistige, feige Weise zu schaden. Er schreibt an Mersenne und sucht ihn gegen Descartes aufzuhetzen. Dieser jedoch lässt Voëtius erst lange auf Antwort warten, dann weist er ihn in rauher Weise ab, während er den Brief selbst an Descartes sendet. Dieser schreibt nun seine meisterhafte „Epistola ad celeberrimum virum D. Gisbertum Voëtium", in welcher Schrift der Philosoph gegen Voëtius selbst und dessen verschiedene Bundesgenossen: den Gröninger Professor Schoock und andere Angreifer polemisirt.

Zum Schlusse entartet der Schriftstreit zwischen Descartes und Voëtius zu einem Rechtsstreite. Dem letzteren beliebt es sich als verfolgtes Opfer hinzustellen und den Schutz der Obrigkeit anzurufen, welche in der That für denselben gegen Descartes Partei ergreift und diesen sogar citirt. Zwar gelingt es letzterem, durch Appellation an den Prinzen von Oranien, die Angelegenheit zu unterdrücken, doch ist ihm der Aufenthalt in den Niederlanden gänzlich verleidet, um so mehr, da auch seine illustre Schülerin, die Prinzessin Elisabeth, nicht mehr im Haag lebt.

Die angenehmen und ruhigen Zeiten sind für den Philosophen vorüber; seitdem er mit seinen Werken an die Oeffentlichkeit getreten ist, hat er zwar viel Anerkennung erfahren, jedoch noch viel mehr Widerspruch, und gegen letzteren ist er mehr empfänglich, als für erstere.

In der letzten Zeit häuft sich das Missgeschick in jeder Weise. Regius fällt schliesslich gänzlich von ihm ab, Gassendi, der unversöhnliche Gegner des Philosophen, greift denselben wieder an, die Utrechter und Leydener Theologen eifern gegen ihn und zum Schlusse folgt der Verlust seiner zwei bewährten Freunde Mersenne und Mydorge, deren erster 1647, der letztere 1648 starb.

Aus allem diesem Missgeschicke hatte sich Descartes zu seinen wissenschaftlichen Arbeiten nach Egmond zurückgezogen. Er arbeitete an dem weiteren Ausbau seines Wissenschaftssystemes, besonders in Richtung auf Anthropologie und Ethik. Im Winter 1645 schrieb er seine Abhandlung über die Leidenschaften der Seele, welche 1650 bei den Elzeviren in Amsterdam unter dem Titel: „Les passions de l'âme" erschien. Descartes hatte in der letzten Zeit seinen Aufenthalt in den Niederlanden dreimal durch Reisen nach seiner Heimat unterbrochen und zwar in den Jahren 1644, 1647 und 1648. Theils waren es Familienangelegenheiten, die ihn nach dem 1640 erfolgten Tode seines Vaters heimriefen, theils die Aussichten auf eine Staatspension, welche ihm seine Bewunderer und Freunde auszuwirken bestrebt waren. Die Angelegenheiten waren in dieser Beziehung schon so weit gediehen, dass man dem Philosophen ein stattliches Pergamentdekret zugeschickt hatte, welches ihm eine nicht unbedeutende Pension zusicherte. Jedoch die günstigen Auspizien änderten sich mit einem Male. Der Tod Ludwigs XIII. und seines genialen Ministers, des Cardinals Richelieu, bereitete allen Hoffnungen ein rasches Ende und so musste er seinen Blicken eine andere Richtung geben und sich einen andern Ruhehafen aussuchen, als sein Vaterland, das in politischen Wirren befangen, seines grossen Sohnes vergessen hatte und denselben in die Fremde ziehen liess.

Descartes hatte im Jahre 1644 in Paris den jungen Parlamentsadvocaten Claude Clerselier und durch diesen den Schwager desselben Pierre Chanut kennen gelernt. Beide waren aufrichtige und unbedingte Freunde des Philosophen. Clerselier übersetzte die „Einwände und Erwiderungen" zu der französischen Ausgabe der „Meditationen", Chanut war Schatzpräsident in der Auvergne, im Jahre 1645 wurde er als Gesandter an den schwedischen Hof geschickt. Bei dieser Gelegenheit traf er in Amsterdam mit Descartes zusammen, und verbrachte einige Tage mit ihm, woraus sich eine innige Freundschaft der beiden Männer entspann. Chanut fand auf seinem Gesandtschaftsposten lebhafte Anregung für seine philosophischen Neigungen. In Schweden regierte damals Gustav Adolfs Tochter: Christine, welche eine besondere Vorliebe für wissenschaftliche Discussionen und Unterredungen hatte. Bei Gelegenheit einer derartigen Unterredung hatte die Königin an Chanut die Frage gerichtet, was schlimmer sei, die Unmässigkeit der Liebe oder des Hasses. Der Gefragte wendete sich an seinen philosophischen Freund mit der Bitte um seine Meinung über die Frage. Descartes beantwortete dieselbe in Form eines Briefes an seinen Freund*), welcher auch in die Hände der Königin gelangt und diese für den Schreiber der kleinen Abhandlung „über die Liebe", wie sie der Brief enthält, in hohem Masse einnimmt. Sie will mehr von ihm hören und fordert Chanut auf, Descartes ihrer Hochschätzung zu versichern. — Bei einer andern Gelegenheit wünscht die junge, geistreiche Fürstin eine Abhandlung über das „höchste Gut" aus der Feder Descartes'. Dieser wendet sich in einem Briefe direkt an die Königin und entwickelt seine Ansichten über die gewünschte Materie. Der Brief ist vom November 1647 datirt. Es folgte nun das Jahr des westfälischen Friedens, in welchem die Königin von Schweden durch politische Agenden derart in Anspruch genommen war, dass sie sich mit ihrem Lieblingsgegenstande nur wenig beschäftigen konnte. Erst im December des Jahres 1648 findet sie Zeit, dem Philosophen persönlich zu antworten. — Die Beantwortung der Frage durch Descartes ist ganz und gar nach dem Geschmacke der Fürstin ausgefallen, sie versenkt sich in die andern Werke des Philosophen, besonders zieht sie seine Abhandlung über die Leidenschaften an, jedoch auch die „Prinzipien der Philosophie" studirt sie und führt sie auf ihren Jagdausflügen und Reisen bei sich. Sie befiehlt ihrem Bibliothekar und Historiographen Freinsheim aus Ulm die Werke des Descartes zu studiren, um ihrem Verständnisse zu Hülfe kommen zu können, und bittet Chanut, Freinsheim zu unterstützen. Der französische Gesandte am schwedischen Hofe hat neben seinen politischen Funktionen die Verpflichtung, descartische Philosophie zu studiren, da es ja seine Pflicht ist, sich der Fürstin gefällig zu erweisen, bei welcher er dem Könige von Frankreich dient.

Die Königin kommt nun bald zu dem Schlusse, dass sie die cartesische Philosophie aus dem Munde des Autors derselben viel leichter verstehen würde, als aus seinen Schriften. Sie fordert Chanut auf, den Philosophen in ihrem Namen nach Stockholm zu laden. Descartes entschliesst sich schwer zu der weiten Reise in ein unwirthliches Land**). Nachdem er einige Zeit lang geschwankt hat und sich auch an Freinsheim brieflich um Rath gewendet, sagt er zögernd zu, sucht jedoch die Zeit seiner Abreise hinauszuschieben. Allein die Königin ist ungeduldig und begierig, den von ihr so sehr bewunderten Mann kennen zu lernen. Sie sendet den Admiral Flemming nach Amsterdam, um dem Philosophen seine Dienste anzubieten. Dieser sieht nun keinen andern Ausweg, als

---

*) Oeuvres de Descartes Tom. X, pag. 2—22.
**) In seinem Briefe vom 4. April 1649 schreibt er an Chanut folgendes: .... „aber ich gestehe, dass ein Mensch, der in den Gärten der Touraine „geboren, jetzt in einem Lande lebt, wo, wenn auch nicht mehr Honig, doch „wahrscheinlich mehr Milch fliesst als in dem gelobten Lande, sich schwer „entschliessen kann, um in das Land der Bären zu gehen, zwischen Fels „und Eis." Oeuvres Tom. X, pag. 330—331.

die Reise anzutreten, und nachdem er seine Angelegenheiten gleich einem, der nicht mehr zurückzukommen gedenkt, geordnet hat, reist er von Egmond ab, am 1. September 1649.

Descartes findet sich in Stockholm von der Gemahlin seines Freundes Chanut in der herzlichsten Weise aufgenommen. Die Königin behandelt ihn mit der grössten Auszeichnung. Zwar gedenkt er bloss bis zum Sommer des nächsten Jahres in Stockholm zu bleiben, jedoch die Königin hat ganz andere Pläne mit ihm. Vor allem wünschte sie Unterricht in der Philosophie von ihm, ferner gedenkt sie seinen Rath auch in politischen Angelegenheiten zu benützen, ferner will sie mit seiner Hülfe eine Akademie der Wissenschaften in Stockholm gründen und schliesslich will sie ihn in die Lage versetzen, ohne Hinderniss und Störung seinen wissenschaftlichen Arbeiten nachzuhängen. Und zwar gedenkt die Königin Christine ihre Absicht bezüglich einer bleibenden Stellung Descartes' in Schweden in wahrhaft königlicher Weise auszuführen. Sie will ihn durch erbliche Verleihung grosser Güter unter die Magnaten des Landes versetzen, und als Chanut, der diesen Plan nicht billigt, gegen einen bleibenden Aufenthalt des Philosophen in Schweden geltend macht, dass diesem das rauhe Klima schaden würde, beschliesst sie, ihm Güter im südlichen Schweden zu schenken und ausserdem eine Herrschaft in den neuerworbenen deutschen Provinzen im Erzbisthum Bremen oder Pommern, die ihm stattliche Revenuen abwerfen sollte.

Der Unterricht Descartes' begann schon im November des Jahres. Die Königin wählte die frühen Morgenstunden zum Unterricht in der Philosophie. Descartes musste um fünf Uhr Morgens im Bibliothekszimmer des Schlosses erscheinen. Die Wahl dieser frühen Stunden sollte für den Philosophen verhängnissvoll werden. Am 18. Januar 1650 machten Chanut und Descartes einen längeren Spaziergang, auf welchem sich Chanut heftig erkältete, wodurch er sich eine Lungenentzündung zuzog. Descartes pflegte mit Aufopferung seinen Freund, hielt seinen täglichen Unterricht im königlichen Schlosse zur frühen Morgenstunde und war mit der Ausarbeitung der Statuten einer Akademie der Wissenschaften beschäftigt. Die aufreibende Thätigkeit und die Einwirkung des ungewohnt rauhen Winters werfen auch Descartes auf das Krankenlager. Am 1. Februar überreicht er den Entwurf der Statuten einer Akademie in Stockholm der Königin und muss sich den nächsten Tag zu Bette begeben. Es bricht ein heftiges typhöses Fieber aus, so dass er fast eine Woche lang bewusstlos in Delirien liegt. Am siebenten Tage erlangt er zwar wieder das Bewusstsein und verlangt zur Ader gelassen zu werden. Allein es ist jede Hülfe vergeblich. Nachdem er die letzten zwei Tage seines Lebens sich ausschliesslich mit den Vorbereitungen zum Tode beschäftigt hat, stirbt er am 11. Februar 1650 des Morgens um 4 Uhr. Sein Alter war bloss 53 Jahre, 10 Monate und 10 Tage. Seinen Tod beklagte eine Königin, die über die Nachricht seines Hinscheidens in Thränen ausbrach.

Die Königin wollte das Andenken ihres Lehrers in einer Weise ehren, welche ihrer grossen Verehrung für den Dahingeschiedenen Ausdruck geben sollte. Er sollte zu Füssen der schwedischen Könige unter den Grosswürdenträgern des Reiches beigesetzt werden. Chanut brachte die Königin jedoch von der Ausführung dieser Idee ab und setzte es durch, dass die Beerdigung des Philosophen in jenem Theile des Kirchhofes stattfand, der für Fremde reservirt war. Das Begräbniss erfolgte am 12. Februar 1650.

Bloss 16 Jahre ruhten die Gebeine Descartes' in fremder Erde. Dasjenige Frankreich, das sich um den lebenden Denker wenig gekümmert hatte, forderte nun die Reste des todten. Den 1. Mai 1666 wurde der Leichnam exhumirt und in der Kapelle der französischen Botschaft zu Stockholm aufgebahrt. In den ersten Tagen des Jahres 1667 kam sie nach Paris, und am 24. Juni desselben Jahres wurde sie feierlichst in einem kupfernen Sarge in der Kirche der heiligen Genoveva, dem heutigen Pantheon, beigesetzt. Die Abhaltung einer feierlichen Leichenrede wurde von Seite des Hofes verboten. Man begnügte sich damit, ihm ein sehr einfaches Denkmal aus Marmor über seinem Grabe zu errichten, mit einem Epitaphium unter seiner Büste. Dasselbe besteht aus einer lateinischen Grabschrift und einem französischen Verse*).

Hundert Jahre nach der Ueberführung der Leiche Descartes' wurde eine von Thomas verfasste „Éloge de René Descartes" seitens der französischen Akademie mit einem Preise ausgezeichnet. Dieselbe befindet

---

*) Bezüglich der Ueberführung des Leichnames haben wir noch einen Umstand zu erwähnen, welcher unseres Wissens niemals aufgehellt wurde. Arckenholtz erzählt in seinen „Mémoires concernant Christine reine de Suède" (Amsterdam 1751) mit Berufung auf eine Mittheilung des Prof. Hof vom Collegium zu Skara, dass der Offizier, welcher mit der Oeffnung des Sarges und dessen Transport betraut gewesen sei, die Gelegenheit benützt habe, um den Schädel des Philosophen zu entwenden, welchen er als Reliquie im Geheimen aufbewahrt habe, bis sich derselbe nach seinem Tode vorfand. — Hiemit steht nun die Erzählung, welche wir bei Baillet: „La vie de Monsieur Descartes" (Paris 1690) finden, nicht im Einklange. Dort wird nämlich auf Grund handschriftlicher Aufzeichnungen erzählt, dass der ganze Vorgang der Exhumirung und der frischen Sarglegung unter persönlicher Aufsicht des damaligen französischen Gesandten in Stockholm, Mr. de Terlon, stattgefunden habe. Letzterer habe den kupfernen Sarg besorgt und sich als Reliquie ein Knöchelchen der rechten Hand, mit welcher der Philosoph seine unsterblichen Werke geschrieben, ausgebeten. Hieraus scheint die Sage vom Schädel des Descartes entstanden zu sein, so dass der von Berzelius in der ersten Hälfte des gegenwärtigen Jahrhunderts als Kopf des Descartes an die Pariser Akademie gesandte Schädel wohl kaum als jenes wunderbare Gefäss betrachtet werden kann, aus welchem die Reformation der modernen Philosophie ausgegangen ist.

sich am Anfange des 1. Bandes der Cousin'schen Ausgabe der cartesianischen Werke.

Descartes war nie verheiratet. Einer verborgenen Liebe entstammte seine Tochter Franziska, die im Jahre 1640, im Alter von 5 Jahren starb. Ihre kleine Geschichte hat der Vater selbst auf das erste Blatt eines Buches geschrieben.

Wir übergehen nun zur kurzen Darlegung des Descartes'schen Wissenschaftssystemes in seiner Totalität mit besonderer Berücksichtigung der Bedeutung des grössten französischen Philosophen für die Entwickelung der Mechanik und Physik, wobei wir noch das Verhältniss zu den bedeutendsten seiner Zeitgenossen hervorheben wollen.

Descartes ist wohl derjenige Philosoph, welcher am wirksamsten gegen den Scholasticismus angekämpft hat und sich um die Beseitigung der letzten Reste desselben bedeutende Verdienste erworben hat. Er, der Gegner der aristotelischen Philosophie, ist in vieler Beziehung in seinem Beginnen der Errichtung eines Wissenschaftssystemes mit dem Stifter der peripatetischen Schule zu vergleichen. Gleich jenem hat er nichts Geringeres im Sinne, als ein System aller Wissenschaft aufzurichten, wenn er sich auch damit begnügt, gleichsam bloss die Fundamente desselben zu legen und dessen Hauptmauern aufzubauen. Wie jener griechische Weltweise sammelt er Daten, macht selbst Beobachtungen, doch ist es ihm hiebei in erster Linie um Selbstbelehrung zu thun und so ist er denn anfänglich nur schwer zu bewegen, etwas zu veröffentlichen, und benützt jeglichen Vorwand, um sich mit guter Art der Verpflichtung einer Veröffentlichung seiner Lehren zu entziehen. Er betrachtet es als seine Lebensaufgabe, die Natur der Dinge aufzufassen, sie mit mathematischer Strenge zu durchdenken. Dieser Gedanke beschäftigt ihn in den letzten Jahren seiner Soldatenlaufbahn und übt schliesslich einen übermächtigen Einfluss auf ihn aus. Besonders zu jener Zeit, da er einen Winter im bairischen Heere zu Neuburg an der Donau zubrachte, machte sich dieser Drang nach Erkenntniss geltend. In kindlich frommer Naivetät fleht er zur heiligen Jungfrau und gelobt eine Wallfahrt nach Loretto, wenn ihm in diesen Zweifeln Erleuchtung zu Theil würde. Er hat vier Jahre später sein Gelübde getreulich erfüllt, wenn er auch eingesehen hat, dass ihm diese Erleuchtung nur aus dem eigenen Innern, durch Selbsthülfe kommen kann. Er findet schliesslich in der richtigen Methode den richtigen Weg und hat in seinem „Discours de la méthode", besonders an zwei Stellen, in jener schlicht erzählenden Weise, die für dieses liebenswürdige Werk charakteristisch ist und durch seine Einfachheit den Leser fesselt', den Weg dargelegt, den sein Denken in jenen Tagen genommen*).

---

*) Oeuvres de Descartes (éd. Cousin) Tom. I, pag. 132—146, pag. 152—156.

Bevor wir nun die Darlegung des Descartes'schen wissenschaftlichen Systemes beginnen, wollen wir eine Aufzählung seiner Werke vorausschicken, um dieselbe in übersichtlicher Zusammenstellung vor uns zu haben.

Wir unterscheiden jene Werke, welche der Verfasser selbst herausgegeben hat, ferner diejenigen, welche aus seinem Nachlasse herausgegeben worden, die Fragmente begonnener Schriften, endlich die Gesammtausgaben seiner Werke.

Die von ihm selbst herausgegebenen Schriften sind zwischen 1637 und 1650 erschienen. Die Titel sind die folgenden:

1. Essais philosophiques, 1 Vol. 4°. Leyden 1637 (bestehend aus der Abhandlung über die Methode, die Dioptrik, die Meteore und die Geometrie). Dasselbe lateinisch unter dem Titel: Specimina philosophica (Amstelodami 1644). Der Uebersetzer der Dioptrik ist Courcelles, der Uebersetzer und Erklärer der Geometrie Schooten. Neu herausgegeben zu Paris 1874.

2. Renati Descartes Meditationes de prima philosophia, ubi de Dei existentia et animae immortalitate. His adjunctae sunt variae objectiones doctorum virorum in istas de Deo et anima demonstrationes cum responsionibus auctoris. Paris 1641. Die zweite Auflage führt den Titel: Meditationes de prima philosophia, in quibus Dei existentia et animae humanae a corpore distinctio demonstrantur. Amstelodami 1642.

Die französische Uebertragung vom Herzog de Luynes erschien 1647, die von Clerselier 1661, eine Uebersetzung von René Fedé 1673 und 1724.

3. Epistola Renati Descartes ad celeberrimum virum D. Gisbertum Voëtium. Amstelodami 1643.

4. Renati Descartes principia philosophiae. Amstelodami 1644. — Eine französische Uebersetzung von Abbé Picot erschien 1647, dann 1651, 1658, 1681. Diese letzte Ausgabe wurde von Clerselier revidirt.

5. Les passions de l'âme. Amsterdam 1650. (Lateinisch ebendort 1656.)

Die zweite Gruppe der hier zu nennenden Werke bilden die im Nachlasse vorhandenen Schriften. Bei der Ueberführung derselben geschah der Unfall, dass das Boot, welches sie in Rouen landete, umschlug und diese einige Tage im Wasser lagen, bis man sie herausziehen konnte. Von diesen Schriften wurden die folgenden herausgegeben:

1. Le monde ou traité de la lumière. Paris 1677. (Eine uncorrecte Ausgabe war schon 1664 erschienen.)

2. L'homme et de la formation du foetus. Paris 1664. (Dasselbe lateinisch ebendort 1677.)

3. Les lettres de René Descartes. 3 Vol. Paris 1657—1667.

Die Ausgabe dieser Schriften besorgte Clerselier, die zweite mit Bemerkungen ist von Louis de la Forge.

Die Schrift „über Musik", welche Descartes 1618 in Breda verfasst hatte, erschien noch 1650 unter dem Titel „compendium musicae"; in französischer Uebersetzung gab sie Poisson 1668 heraus.

Zwei Bruchstücke: „Abhandlung über Mechanik" (traité de la mécanique) von Poisson in französische Sprache übersetzt, erschien 1668, ferner eine „Erklärung der Hebemaschinen" (explication des engins), welche Daniel Mayor aufgefunden hatte, erschien 1672.

Zwei andere Bruchstücke beziehen sich auf Logik und Methodenlehre: „Règles pour la direction de l'esprit" und „Recherche de la vérité par les lumières naturelles". Das erste dieser Fragmente war in lateinischer, das zweite in französischer Sprache und zwar in dialogischer Form verfasst. Auffallend ist es, dass Clerselier derselben nirgends Erwähnung thut. Sie erschienen in den „opuscula physica et mathematica" (Amstelodami 1701). — Lettres de R. Descartes, où sont traitées les plus belles questions touchant la morale, la physique, la médecine et les mathématiques (edirt von Clerselier). 3 Vol. 4°. Paris 1667. Lateinisch Lugd. Batav. 1668—83, Frankf. a/M. 1692.

Schliesslich erwähnen wir hier auch die Gesammtausgaben der Descartes'schen Werke. Zwei in lateinischer Sprache erschienen in Amsterdam, die erste in 8 Bänden 1670—83, die zweite in 9 Bänden 1692—1701, drei französische in Paris, die erste in 13 Bänden 1701, die zweite in 9 Bänden 1724, die dritte von Victor Cousin herausgegeben in 11 Bänden 1824—1826.

Schliesslich ist noch zu erwähnen: Foucher de Careil: Oeuvres inédites de Descartes. Paris 1859—60. Deutsche Uebersetzungen der philosophischen Hauptschriften existiren von Kuno Fischer als Anhang zu seiner „Geschichte der neuern Philosophie". I. Band. 1. Theil. Anhang. Neue Ausgabe. Heidelberg 1868. Ferner v. Kirchmann's Uebersetzungen. Berlin 1870.

Wir übergehen nun zur Darlegung des wissenschaftlichen Systemes unseres Philosophen. Dasselbe präsentirt sich in seinen Hauptwerken als ein wohlgefügtes Gebäude. Den Anfang macht die Lehre von der Methode, als Hauptziel dem er zustrebt, da ohne die richtige Methode verlässliche Resultate nicht zu erwarten sind. Hierauf folgt die Feststellung des Weges, den das Denken einzuschlagen haben wird. Selbsttäuschung und Zweifel werden erörtert und der letztere als theoretischphilosophischer Grundsatz hingestellt. Er gelangt nun zu dem Prinzipe der Gewissheit, durch die Gewissheit des eigenen Seins, das wieder durch die Thatsache des Denkens bestätigt wird, und wendet sich von dieser festen Grundlage aus dem Erkenntnissprobleme zu, das er im Causalitätsproblem concentrirt findet. Durch Betrachtung der existirenden Substanzen gelangt er auf die Gottesidee, auf den theologischen

Theil seines Systems. Es folgt hierauf die Metaphysik, die Physik und zum Schlusse die Psychologie und Ethik.

Die Lehre von der Methode bildet das „Organon" der cartesianischen Philosophie. Der Titel seines ersten Werkes verspricht eine „Abhandlung über die Methode des richtigen Vernunftgebrauches und der wissenschaftlichen Wahrheitsforschung" zu sein. Wenn wir dieses glänzend geschriebene Essay durchlesen, so erhalten wir einen eigenthümlichen Eindruck von demselben. Welches sind denn nun die Regeln, welche wir zu befolgen haben? Descartes hat uns eine Methodenlehre versprochen und gibt uns statt dessen das Bild eines methodisch eingerichteten Lebens, welches das gesuchte Regulativ verborgen in sich enthält. Er kämpft gegen das falsche und unvollkommene Wissen, „es ist nicht der Stoff, der das Wissen macht, sondern das Denken". Vielwissen ohne Erkennen taugt nichts. Wissen steht auf einer viel höhern Stufe als Meinen. Zwei Wege führen zur Erkenntniss: Erfahrung und Deduction. Unter den vorhandenen Wissenschaften ist die sicherste die Mathematik (Arithmetik und Geometrie), da sie rein deductiver Natur ist. Sie allein besitzt eine unantastbare, geordnete Methode, welche verallgemeinert werden soll; dies geschieht durch Verknüpfung der Algebra und der Geometrie mittelst der analytischen Geometrie. Diese Erfindung Descartes' ist eine der fruchtbarsten auf dem Gebiete der Mathematik. Es ist der Funktionalitätsbegriff, der Begriff der durch die Gleichung gegebenen Abhängigkeit der Variablen, der Gesetzmässigkeit in der Aufeinanderfolge der Theilchen jener Curve, den die Gleichung ausdrückt. — Descartes erwähnt es an einigen Stellen, dass ihn das mathematische Interesse nicht anziehe. Er interessirt sich für diese Disciplin bloss aus dem Grunde, weil sie die geeignete Methode zur Lösung des Erkenntnissproblems, abzugeben im Stande wäre, wenn es gelingen sollte, die Mathematik von der Beschränkung des Grössenbegriffes abzulösen und eine Universalmathematik zu schaffen, eine allgemeine Wissenschaftslehre.

Descartes tritt nun näher an seine Aufgabe heran. Schulwissenschaft und Buchgelehrsamkeit haben durch die vielen Widersprüche, in welche sie sich zu verwickeln pflegen, sein Misstrauen rege gemacht. Er fordert eine widerspruchslose, in sich einige Wissenschaft, welche er mit Verwerfung der fremden Autorität theils aus sich, theils aus dem Buche der Welt schöpfen will. — Jedoch das Misstrauen ist nun einmal rege gemacht. Der Philosoph zweifelt an allem, mithin auch an sich selbst. In diesem Zweifel ist jedoch Methode. Er will uns in jedem Falle vor Selbsttäuschung bewahren. Ja dieser Zweifel ist dazu angethan, uns zu einer soliden Basis eines Wissenschaftssystemes zu verhelfen. Alles ist zweifelhaft, d. h. ich zweifle an Allem. So gewiss als der erste ist auch der zweite Satz. Ich bin es, der zweifelt, also muss ich nothwendigerweise existiren. „Aber da ist ja ich weiss nicht welcher

„höchst mächtige Lügengeist, der mich absichtlich fortwährend täuscht.
„Wenn er mich täuscht, so ist es ja klar, dass ich auch da bin. Er
„täusche mich, soviel er vermag, doch wird er niemals machen können,
„dass, solange ich denke, dass etwas ist, ich selbst nicht sei. Und so
„komme ich, nachdem ich Alles wieder und wieder erwogen habe, zu
„dieser Erklärung, die feststeht, der Satz: ‚ich bin, ich existire‘, in
„dem Augenblick, wo ich ihn ausspreche oder denke, ist nothwendig
„wahr"*).

Dies ist das berühmte: „cogito, ergo sum", der Ausgangspunkt der cartesianischen Philosophie. Er untersucht nun weiter, „was bin ich", und kommt zu dem Schlusse, dass der Geist das klarste Objekt sei und identisch mit dem denkenden Wesen. Er wendet sich nun von dem so gefundenen archimedischen Punkte dem Erkenntnissprobleme zu, wo er als fruchtbares Prinzip die Causalität findet, welches sich als klarer und deutlicher Erkenntnissgrund aus der Verallgemeinerung des sicheren und einleuchtenden Urtheils ergibt, dem zufolge Alles, somit auch die Vorstellung eine Ursache haben müsse. Durch Untersuchung, gleichsam Inventarisirung unserer Vorstellungen kommt er auf die Gottesidee und deren Ursache, woraus er seine Theologie entwickelt, um von dort zur Metaphysik zu übergehen. — Hier untersucht er nun, nachdem die Möglichkeit der Erkenntniss im Vorangehenden constatirt worden, durch was der Irrthum und die Täuschung in unserem Erkennen zu Stande kommen, und gelangt zu dem Schlusse, dass diese Täuschung eine Selbsttäuschung sei. Die Ursache derselben findet er im Verstande und im Willen.

Descartes übergeht nun auf die metaphysische Grundlage der Physik. Das Dasein der Körper folgt aus unserer sinnlichen Empfindung, die Körper selbst sind somit Ursache unserer Vorstellungen von den Körpern. — Was sind nun die Körper? Hiermit sind wir an die Schwelle der cartesianischen Naturphilosophie gelangt. Diese stellt vor allem den Begriff Substanz fest, als ein Wesen, das zu seinem Dasein keines andern bedarf. — Die Wesenseigenthümlichkeit einer Substanz, mithin die nothwendigen Eigenschaften nennen wir „Attribute", die zufälligen „Modi".

Nachdem durch die eben kurz charakterisirten Erörterungen der Boden für die Physik geebnet worden, übergeht Descartes nun auf diesen Theil seines Wissenschaftssystemes. Was wir dort unter dem Namen Physik finden, weicht allerdings sehr wesentlich davon ab, was wir heutzutage mit dem Namen dieser Wissenschaft belegen. Es ist dies eigentlich bloss jener einleitende Theil unserer Wissenschaft, über den sich der moderne Physiker leicht und kurz hinwegzusetzen pflegt,

---

*) Oeuvres de Descartes (Cousin) Tom. I, pag. 248. Uebersetzung von Kuno Fischer: Geschichte der neuern Philosophie I. Band, Anhang, Seite 81.

der höchstens in einem versteckten Winkel sich verbirgt, nämlich die naturphilosophischen Grundlagen der Physik. Als Problem der Physik wird die klare Vorstellung des Körpers hingestellt. Als Wesen desselben bleibt ihm nach Absonderung alles dessen, was nicht die Wesenheit der Materie ausmacht, die Ausdehnung als Attribut derselben. Der Zustand des Ausgedehntseins ist mithin ebenso das Attribut des Körpers, wie das Denken das Attribut des Geistes ist. Die Materie wird nun dem Geiste entgegengesetzt. Ohne diese Gegenüberstellung ist nämlich kein Objekt denkbar: ohne Subjekt kein Objekt. In der Wahrnehmung stehen wir nun freilich den Aussendingen nicht gegenüber, da uns diese vielmehr umgeben und berühren und somit als unsere Zustände und Affekte, unter deren Einfluss wir stehen, unsere freie Beurtheilung hindern.

Die Descartes'sche Physik betrachtet nun die Materie von zwei Gesichtspunkten aus. Als Substanz hat sie die Ausdehnung zum „Attribut", die Bewegung hingegen als „Modus", nachdem er gezeigt, dass sämmtliche „Modi" der Ausdehnung als Bewegung aufgefasst werden können.

Bezüglich der Ausdehnung als Attribut der Materie wird der Satz aufgestellt, dass keinerlei Unterschied zwischen der Materie und dem Raume, den er ausfüllt, sei, da ein Körper ohne Raumerfüllung nicht gedacht werden kann, so wenig wie der Geist ohne Denken. „Körper" und „Ausdehnung" sind somit identische Begriffe, der Körper ist nichts als eine Raumgrösse, der physikalische und mathematische Begriff des Körpers ist identisch. Der Raum verhält sich zum Körper, wie die allgemeine Ausdehnung zur beschränkten, wie die Gattung zum Individuum*).

Jeder Körper ist nun eine bestimmte Raumgrösse. Ihn umgeben andere solcher Raumgrössen. Der Raum, den der Körper einnimmt, ist sein Ort, in Beziehung auf andere Körper ist der Ort zugleich seine Lage. Die Grenzfläche des Körpers, mittelst deren er sich von der Umgebung abschliesst, nennen wir den äussern Ort zum Unterschiede von dem umschlossenen Rauminhalt, dem innern Orte oder Orte schlechtweg**).

Diese Vorstellung Descartes' involvirt nun zwei Schwierigkeiten, die wir vor allem beseitigen müssen. Die erste Schwierigkeit bildet die Möglichkeit der Verdünnung, welche man gewöhnlich bloss als Raumvergrösserung des Körpers auffasst, wodurch die leeren Räume zwischen den Theilchen noch grösser werden. Nun widerlegt er diesen Einwurf durch die Theorie der „Poren". Zwischen die vergrösserten Poren eines Körpers strömt allsogleich Materie von aussen und füllt die entstandenen Zwischenräume, wie das Wasser zwischen die Theile des Schwammes dringt***).

---

*) Princ. philos. II, § 9, 10.
**) ibid. § 13—15.
***) ibid. § 5—7.

Der zweite Einwurf bezieht sich auf den leeren Raum. Descartes erklärt eine Ausdehnung ohne Körper, einen leeren Raum für ungereimt. Man sagt, ein Krug sei leer, wenn er kein Wasser enthält; jedoch auch dann ist er nicht leer, da er Luft enthält. Ein leerer Raum ist als solcher undenkbar, die Wände eines absolut leeren Gefässes würden zusammenfallen. Wo Raum ist, da gibt es auch Materie. Innerhalb des ausgedehnten Raumes gibt es keine Leere*). Der leere Raum ist in sich widersprechend, eine „contradictio in adjecto".

Da nun im Sinne der Descartes'schen Auffassung Körper und Ausdehnung identisch ist und es somit keinen leeren Raum gibt, so kann es auch keine Atome geben. Denn so wie der Raum ohne Ende theilbar ist, so müssen es auch die Körper sein. Da ferner die Ausdehnung keine Grenze hat, so muss auch die Körperwelt endlos, grenzenlos sein. Hieraus folgt, dass es nur eine materielle Welt gebe, da es nur eine Art der Ausdehnung gibt und diese endlos ist**).

Descartes übergeht nun auf die „Modi" der Ausdehnung. Alle Erscheinungen in der Natur sind Modificationen der Ausdehnung, dieselben können wieder Theilung, Gestaltung oder Bewegung sein, von denen — wie oben angedeutet — auch die zwei ersten auf Bewegung reduzirt werden können***). Wir können somit das Wesen der Materie als Raumgrösse, d. i. rein mathematisch, oder als Bewegung, d. i. rein mechanisch, auffassen. Die Bewegung ist eine Ortsveränderung, eine Versetzung. „Motus est actio, qua corpus aliquod ex uno loco in alium migrat"†). Die Bewegung kann einfach oder zusammengesetzt sein. Die Räder einer Taschenuhr, welche sich in der Tasche eines auf einem Schiffe Reisenden befindet, ist ein Beispiel einer mehrfach zusammengesetzten Bewegung. Die Räder drehen sich, das Schiff bewegt sich mit der Uhr, die Erde mit dem Schiffe. Die Zusammensetzung der Bewegungen geschieht nach der Regel des Parallelogramms der Bewegung, welcher zufolge zwei oder mehrere gleichzeitige Bewegungen durch eine einzige äquivalente ersetzt werden, da der Körper sich gleichzeitig in verschiedenen Richtungen nicht bewegen kann. — Da ferner der Raum mit Materie gänzlich erfüllt ist, so ist jede Bewegung eine in sich zurückkehrende Kreisbewegung, die in sich stattfindende Verschiebung eines Ringes aus Materie gebildet. Dieser Ring kann irgend welche unregelmässige Gestalt und Querschnitt haben. An jenen Stellen, wo der Querschnitt geringer ist, wird die Geschwindigkeit der kreisenden Materie eine grössere sein††).

---

*) Princ. philos. II, § 16—19
**) ibid. § 20—22.
***) ibid. § 64.
†) ibid. § 24.
††) ibid. § 31, 32, 33.

Die Materie als rein passive Substanz kann von selbst nicht in Bewegung kommen, sie ist beweglich, aber nicht aus eigenem Vermögen bewegt. Um die Bewegung hervorzubringen, ist Kraft erforderlich, ebenso um die Bewegung zu hemmen; mit andern Worten: die Modi der köperlichen Substanz können nur durch eine Kraft beeinflusst und verändert werden. Diese Kraft ist ausser der Materie, Gott ist das erste Bewegende *) und zugleich die Bewegung Aufhebende **). Hieraus folgt nun ein wichtiger Schluss. Wenn die Ausdehnung oder die Materie an sich kraftlos gedacht werden muss, so folgt, dass jener ursprüngliche Zustand der Bewegung (und Ruhe) sich weder vermehrt, noch vermindert, oder aber, dass die Grösse der Bewegung in der Natur constant sei ***). — Es ist dies eine höchst bemerkenswerthe Verallgemeinerung, welche an das allgemeinste Prinzip der Mechanik, den Satz von der Erhaltung der Energie anklingt.

Alle Naturgesetze sind Bewegungsgesetze. Die cartesianische Physik kennt drei Hauptgesetze, auf welche alle Erscheinungen in der Körperwelt zurückführbar sind. Das erste ist das Gesetz der Trägheit oder des Beharrungsvermögens †). Das Widerstreben seinen Zustand aufzugeben erscheint als passiver Widerstand, welcher sich als Kraft geltend macht. „Die Kraft eines jeden Körpers, auf einen andern zu wirken oder der Wirkung eines andern Widerstand zu leisten, besteht lediglich darin, dass jedes Ding, so viel an ihm ist, in dem Zustande zu beharren strebt, in dem es sich befindet." Die Grösse der Kraft eines Körpers hängt von dessen Grösse und von der Trennungsfläche desselben von den benachbarten Körpern, ferner von dessen Geschwindigkeit ab. In dieser Auseinandersetzung ist implicite der Satz enthalten, dass das Mass der Kraft das Produkt der Masse in die Geschwindigkeit sei, die sog. Bewegungsgrösse ††), obwohl wir bei Descartes den Begriff der Masse in unserer heutigen Bedeutung nicht vorfinden. Das zweite Descartes'sche Bewegungsgesetz sagt aus, dass der bewegte Körper, so lange er äusseren Kräften nicht unterworfen ist, auf einer geradlinigen Bahn sich bewegen werde. Diese beiden Gesetze finden wir später zusammengefasst als erstes Bewegungsgesetz.

Das dritte Bewegungsgesetz ist das Gesetz des Stosses. Da es keinen leeren Raum gibt, so ist keine Bewegung ohne fortwährenden Zusammenstoss denkbar. Der bewegte Körper trifft auf einen andern, der ihm widersteht, und nun hängt es von der Grösse des Widerstandes

---

*) Das „πρῶτον κινοῦν" (primum mobile) des Aristoteles. S. Band I, pag. 73.
**) Princ. philos. § 36.
***) ibid. § 36.
†) ibid. § 37, 38.
††) ibid. § 43.

ab, ob der stossende Körper zurückweichen muss, oder ob er den gestossenen Körper zu zwingen vermag, seiner eigenen Richtung zu folgen. Descartes führt sieben Fälle an: die ersten drei beziehen sich auf Körper, welche sich in entgegengesetzter Richtung bewegen, die drei folgenden auf Körper, von denen der eine ruht; der letzte Fall ist der, wo die Körper sich in gleicher Richtung bewegen. Genauer können diese Fälle in folgender Weise dargestellt werden:

I. Die Körper bewegen sich in entgegengesetzter Richtung.
   1. Die Körper sind gleich gross und besitzen gleiche Geschwindigkeit.
   2. Die Geschwindigkeit der beiden Körper ist gleich, die Grösse derselben verschieden.
   3. Die Grösse ist gleich, die Geschwindigkeit verschieden.

II. Der eine Körper ruht.
   1. Der ruhende ist kleiner als der bewegte.
   2. Der ruhende ist grösser.
   3. Der ruhende ist gleich gross.

III. Die zusammenstossenden Körper bewegen sich in derselben Richtung*). Das allgemeine Gesetz des Stosses ist das Prinzip, dass die Bewegungsgrösse der beiden Körper während des Stosses ungeändert bleibt.

Nachdem Descartes dergestalt die Grundgesetze seiner Mechanik aufgestellt hat, übergeht er am Schlusse des zweiten Theiles seiner „Prinzipien der Philosophie" zur Discussion des Unterschiedes zwischen festen und flüssigen Körpern. Der Cohäsionsunterschied, wie er zwischen festen und flüssigen Körpern sich geltend macht, beruht nach der Ansicht unseres Philosophen ebenfalls auf der mechanischen Beschaffenheit der Theile des Körpers. — Die Theile des festen Körpers befinden sich im Zustande der Ruhe, die des flüssigen hingegen in Bewegung; hieraus erklärt sich der Widerstand der festen Körper gegen ein Eindringen in dieselben. — Aus diesem Unterschiede der beiden Aggregationsformen entwickelt nun Descartes die hydrodynamischen Prinzipien, welche er als Grundlage für seine Theorie der Planetenbewegung benützt. Der ganze Raum ist mit Flüssigkeit erfüllt, in dem die Weltkörper schwimmen. Da nun die Theile der flüssigen Materie dem geringsten Impulse, der von aussen kommt, Folge leisten, so ist die Weltflüssigkeit in steter, hin- und herströmender Bewegung, wobei sie die in ihr befindlichen Weltkörper mit sich führt. Dieselben Erscheinungen, die wir an unserm Meere und in unserer atmosphärischen Luft erfahren, müssen wir auch im Himmelsraum wahrnehmen**).

Descartes gibt nun im 3. Theile seiner „Philosophischen Prinzipien"

---

   *) Princ. philos. § 45—52.
   **) ibid. § 54—64.

seine Ansicht vom Weltsystem. — Die Weltkörper hängen nicht an Tauen, noch ruhen sie auf Säulen, sie schweben vielmehr ganz frei im Himmelsraume. Die Sonne und die Fixsterne sind selbstleuchtend, die Planeten, die Erde und der Mond hingegen finster. Bezüglich der Erklärung jener Erscheinungen, welche wir bei fortgesetzter Betrachtung des gestirnten Himmels wahrnehmen, unterscheiden wir drei Hauptanschauungen oder Hypothesen, welche eine Erklärung dieser Phänomene versuchen: die ptolemäische, die coppernicanische und die tychonische. Die erste ist als in sich widersprechend und der Erfahrung widerstreitend von der Wissenschaft aufgegeben worden. Die zweite und dritte stimmt in mehreren Punkten überein, die coppernicanische Theorie ist jedenfalls einfacher und klarer als die tychonische, jedoch ist auch sie einseitig und nicht ganz richtig*). Er entwickelt nun seine eigene Ansicht, der zufolge die ruhende Erde mit dem bewegten, flüssigen Himmel, in dem sie schwimmt wie ein ankerloses, durch kein Ruder getriebenes Schiff im Meere, dahintreibt. Ebenso verhält es sich nun mit den andern Weltkörpern. „Jeder dieser Weltkörper ruht in dem Theile des Himmels, „wo er sich befindet, und alle Veränderung, die man in Rücksicht ihrer „Lage bemerkt, kommt lediglich daher, dass sie der Bewegung des „Himmels folgen, der sie umschliesst" **). Es ist somit nach Descartes' Ansicht nicht richtig, von einer translatorischen Bewegung der Erde zu sprechen, da dieselbe sich im Verhältnisse zu den sie umgebenden Körpern nicht bewegt. Die Theile der die Erde umgebenden Flüssigkeit sind bewegt, nicht aber die Erde selbst. Sie bewegt sich nicht mehr und nicht weniger als Einer, der im Schiffe schlafend die Reise von Calais nach Dover macht***).

Hiermit sind wir bei der cartesianischen Theorie der Wirbel (vortices) angelangt, jener bemerkenswerthen Hypothese, welche durch die Adoptirung der atomistischen Theorie, welche Descartes' philosophischer Gegner Gassendi wieder zum Leben erweckt hatte, von Seiten Newton's und seiner Nachfolger vom Schauplatze der physikalischen Hypothesen der Neuzeit verdrängt wurde. Descartes denkt sich die Planeten in kreisenden Himmelsströmungen schwimmend, in deren Mittelpunkt (oder Brennpunkt) die Sonne sich befindet. Die ringförmige Bewegung dieser Strömungen muss durchaus nicht kreisförmig sein, sondern kann auch von der Kreisform abweichen†) (elliptisch sein). Man kann sich diese Wirbelbewegung im Kleinen an einem Wasserstrudel veranschaulichen, der schwimmende Körper in sein Kreisen hineinzieht und mit sich reisst. Je näher dem Mittelpunkte, um so schneller ist die Wirbel-

---

*) Princ. philos. III, § 9—26.
**) ibid. § 27.
***) ibid. § 29.
†) ibid. § 30, 33.

bewegung, je entfernter, um so langsamer. — Aus dieser Theorie erklärt Descartes die Centralbewegung der Planeten, ihre verschiedene Umlaufsgeschwindigkeit, die Umdrehung um die Axe u. s. f. „Ich brauche „nicht weiter zu entwickeln, wie sich aus dieser Hypothese der Wechsel „der Tages- und Jahreszeiten, die Mondphasen, die Sonnen- und Mond- „finsternisse, die Stillstände und rückläufigen Bewegungen der Planeten, „das Vorrücken der Nachtgleichen, die Veränderung in der Schiefe der „Ekliptik und ähnliche Dinge ableiten lassen, denn diese Erscheinungen „insgesammt begreifen sich leicht, wenn man nur ein wenig in der „Astronomie bewandert ist"*).

Zur Vervollständigung des Descartes'schen Systems muss nur noch auf seine Psychologie und Ethik verwiesen werden, welche in den „Meditationen" und hauptsächlich in der Abhandlung „Les passions de l'âme" entwickelt werden.

Das cartesianische Wissenschaftssystem wurde bald nach seiner Aufrichtung und Bekanntwerdung Gegenstand der mannigfachsten Angriffe. Wir lassen hier seine kirchlichen Gegner: Jansenisten und Jesuiten bei Seite, welche sich an des Meisters Theologie, Ethik oder Psychologie stiessen, und erwähnen nur die gegen seine Metaphysik gerichteten Angriffe, wie diese von Seite der naturalistischen oder sensualistischen Philosophie, deren Hauptvertreter Hobbes und Gassendi waren, ausgeführt wurden. Es ist eine tiefgehende, unüberbrückbare Kluft zwischen der Philosophie des Descartes und jener der obengenannten beiden Philosophen, ein Gegensatz, der sich in den beiden Hauptrichtungen der neueren Philosophie, dem Idealismus und Naturalismus (Sensualismus), ausprägt.

Bevor wir nun auf die Bedeutung Descartes' für die Entwicklung der Physik näher eingehen, wollen wir in Kurzem seiner Verdienste um die Mathematik gedenken, da dieselben in enger Beziehung zu unserem Gegenstande stehen.

Descartes beschäftigte sich in seinen jungen Jahren gern und viel mit Mathematik. Es war die einzige Wissenschaft, für welche er aus der Schule eine gewisse Werthschätzung bewahrt hatte. Während er sich von der Schulphilosophie mit Widerwillen abwendete, übte er gerne seinen Scharfsinn an mathematischen Problemen, wie dies unter anderen auch jene Erzählung aus seinem Soldatenleben zu Breda zeigt, welche von der Entstehung seiner Bekanntschaft mit dem Dortrechter Mathematikprofessor Beeckmann handelt. In dem Mafse jedoch, in welchem er sich einer rein philosophischen Geistesschöpfung zuwendet, erkaltet sein Interesse an der Mathematik als unabhängiger Wissenschaft, dieselbe hat ihm nur mehr den Werth des Werkzeuges. Er vermeint aus dem beschränkten Gebäude der mathematischen Begriffe und Re-

---

*) Princ. philos. III, § 37.

lationen einen weiten, alle Wissenschaften umschliessenden Bau entwickeln zu können, und so die Spezialmathematik zur Universalmathematik zu verallgemeinern. Er spricht es zu wiederholten Malen aus, dass für ihn das speziell mathematische Interesse eine ganz und gar untergeordnete Bedeutung habe. „Jene beiden Analysen sind in der That nur die un„willkürlichen Früchte, welche die natürliche Methode vermöge ihrer „Grundsätze hervorbringt, und ich wundere mich nicht, dass sie in der „Anwendung auf so einfache Gegenstände bei weitem erfolgreicher ge„wesen sind, als in anderen Wissenschaften, wo grössere Hindernisse ihrer „Entwicklung im Wege standen. Doch können sie auch in diesen Wissen„schaften unter sorgfältiger Pflege zu einer völligen Reife gebracht wer„den. Das ist das Ziel, das ich mir in dieser Abhandlung setze. Ich „würde in der That auf diese Regeln kein so grosses Gewicht legen, „wenn sie nur zu Auflösung gewisser Probleme dienten, womit die Rechner „und Messkünstler ihre Musse vertreiben. Was würde ich dann anders „thun, als mich mit Bagatellen beschäftigen, vielleicht mit etwas mehr „Feinheit, als die gewöhnlichen Mathematiker? Wenn ich im Verlauf „dieser Abhandlung auch oft von Figuren und Zahlen spreche, weil ich „keiner anderen Wissenschaft so einleuchtende und sichere Beispiele ent„lehnen kann, so wird doch jeder Aufmerksame leicht merken, dass ich „hier keineswegs die gewöhnliche Mathematik treibe, sondern eine andere „Methode auseinandersetze, von welcher die gewöhnliche Mathematik „mehr die Hülle ist als der Grund. Diese Methode soll die Elementar„wahrheiten der menschlichen Vernunft enthalten, sie soll das Hülfsmittel „sein, um aus jedem Gegenstande alle darin verborgenen Wahrheiten zu „entbinden; und, offen gesagt, ich bin überzeugt, dass sie jedes andere „menschliche Hülfsmittel der Erkenntniss übertrifft, denn sie ist der Ur„sprung und die Quelle aller Wahrheiten"*).

Und einige Seiten weiter heisst es: „So habe ich mich von dem „Spezialstudium der Arithmetik und Geometrie losgemacht, um mich der „Untersuchung der Universalmathematik zu widmen. Ich habe mich „zuerst gefragt, was man eigentlich unter dem Worte Mathematik ver„stehe, warum bloss Arithmetik und Geometrie für deren Theile gelten, „und nicht ebenso gut Astronomie, Musik, Optik, Mechanik und so viele „andere Wissenschaften. Da das Wort Mathematik in der That nur „Wissenschaft bedeutet, so haben die eben genannten Disciplinen ein eben „so grosses Recht auf diesen Namen, als die Geometrie"**). Und einige Zeilen weiter heisst es: „Und in der aufmerksamen Erwägung dieser „Dinge habe ich gefunden, dass alle Wissenschaften, die es mit der Er„fassung der Ordnung und des Mafses zu thun haben, sich auf die

---

*) Règles pour la direction de l'esprit. Règle quatrième. Oeuvres de Descartes (Cousin) XI, pag. 218, 219. Uebersetzung von Kuno Fischer.
**) ibid. pag. 222.

„Mathematik beziehen, gleichviel ob sie dieses Mafs in den Zahlen, Figuren, „Gestirnen, Tönen oder in ganz andern Objekten aufsuchen; dass es des„halb eine Universalwissenschaft geben muss, die alles auf Ordnung „und Mafs Bezügliche entwickelt, ganz abgesehen von jeder besondern „Anwendung, und dass diese Wissenschaft den eigenthümlichen und durch „sein Alter ehrwürdigen Namen Mathematik verdient, weil sich die „übrigen Wissenschaften zu ihr als Theile verhalten" *).

Wir haben in den vorstehend reproduzirten Aeusserungen des Philosophen die Ansichten desselben bezüglich der Mathematik darzustellen versucht und ersehen daraus, dass es ihm in erster Linie um die Anwendung der Mathematik auf die verschiedenen Wissenschaften zu thun war. Diesem Versuche haben wir seine Erfindung der analytischen Geometrie, d. h. der Anwendung der Algebra auf Geometrie zu verdanken, jene Entdeckung von ungeheurer Tragweite, auf welcher unsere ganze heutige Analysis aufgebaut ist. Descartes zeigt, wie man durch eine einzige Gleichung allgemeine Eigenschaften einer ganzen Classe geometrischer Gebilde ausdrücken kann. Die Gleichung zweiten Grades als geometrischer Ort betrachtet, gibt uns die gesammten Eigenschaften der Kegelschnitte, so dass man dieselben ohne die Krumme auch nur zeichnen zu müssen rein aus der sie darstellenden Gleichung abstrahiren kann. Descartes hat in seiner Abhandlung „Ueber Geometrie" nur jene Curven aufgenommen, welche nach seinem Coordinatensysteme von einem bestimmten endlichen Grade waren. Er nennt diese Curven „geometrische Linien", während er den übrigen den Namen „mechanische" beilegt, wie z. B. der Kettenlinie, elastischen Linie u. a.

In seiner Abhandlung über Geometrie findet sich auch eine Gleichungstheorie, worinnen er die Eigenschaften des Gleichungspolynomes erörtert, die wahre Bedeutung der — „falsche Wurzeln" genannten — negativen Wurzeln einer Gleichung darlegt und jene Regel angibt, mittelst welcher man aus der Zeichenfolge eines gegebenen Gleichungspolynomes auf die Zahl der positiven und negativen Wurzeln schliessen und zugleich bestimmen kann, ob die Gleichung nur reelle Wurzeln enthält; welche Regel auch gegenwärtig noch seinen Namen trägt. Ferner gibt er eine Methode der Auflösung biquadratischer Gleichungen, welche dieselbe in zwei quadratische zu zerlegen lehrt. Dieses Verfahren wird das Descartes'sche genannt. Descartes war der erste, welcher die Exponentenzahl an die Spitze der Grundzahl schrieb, um so symbolisch die Erhebung der letzteren auf eine gewisse Potenz auszudrücken.

Descartes muss überdies als Erfinder der Methode der unbestimmten Coëffizienten betrachtet werden.

Die mathematischen Entdeckungen Descartes' befinden sich grössten-

---

*) Règles etc. pag. 223.

theils in der 1637 mit den „Essays philosophiques" erschienenen „Geometrie"*).

Mit der Erfindung der analytischen Geometrie war Descartes an die Grenze der Verallgemeinerung der Mathematik gelangt. Der nächste Schritt wäre die Anwendung auf mechanische Probleme gewesen. Da er jedoch in seinen mechanischen Ansichten noch ganz in der Statik befangen war und sich auf den dynamischen Standpunkt nicht erheben konnte, so musste es auch mit der weitern Verallgemeinerung der Mathematik sein Bewenden haben.

Descartes hat der Mathematik, wie wir aus seinen eigenen Worten ersehen, nicht die ganze und volle Thätigkeit seines reichen Geistes zugewendet. Dessungeachtet müssen wir ihn wegen seiner Erfindung der Coordinatengeometrie, jener nothwendigen Vorläuferin der Infinitesimalanalysis, unter die grössten Mathematiker aller Zeiten rechnen.

Wir wollen nun auf die Arbeiten Descartes' übergehen, durch welche er die physikalischen Kenntnisse seiner Zeit bereicherte. In erster Linie haben wir seinen Einfluss auf Mechanik und Optik zu würdigen.

Wir finden in den „Prinzipien der Philosophie" die allgemeinen Gesetze der Bewegung. An die Spitze derselben stellt er das von Galilei zuerst klar ausgesprochene Gesetz der Trägheit. Jedoch findet sich dasselbe in zwei Sätze getrennt, deren erster ganz allgemein das Beharren der Körper in dem jeweiligen Zustande lehrt, und zwar nicht bloss was die Körper als Ganzes betrifft, sondern auch in Hinsicht der Lagerung ihrer Theile. Es fällt daher auch das Bestreben der Körper, ihre Gestalt zu bewahren, in den Bereich dieses Gesetzes. Das zweite Gesetz sagt aus, dass der bewegte Körper aus sich selbst seine Bewegungsrichtung nicht ändere, mit direkter Berufung auf die Erfahrung. — Das von Descartes als drittes Gesetz angeführte kann auf den Titel eines Naturgesetzes keinen Anspruch machen, da es lehrt, dass der an einen ausgedehnten Körper stossende und wieder zurückprallende Körper von seiner Bewegungsgrösse nichts verliere, während der Körper im Zusammenstosse mit einem schwächeren, den er zu bewegen im Stande ist, von seiner Bewegung so viel einbüsse, als er diesem mittheilt.

Glücklicher als auf dem Gebiete der Dynamik, auf welchem wir bei Descartes nur noch das — wie schon oben erwähnt — etwas mangelhaft definirte Kräftemass finden, ist unser Philosoph auf dem Gebiete der Statik, dessen allgemeines Prinzip, nämlich das Prinzip der virtuellen Geschwindigkeiten er in besonders gelungener Weise erörtert. In einem an Mersenne gerichteten Briefe**) findet sich die geschickt gewählte Anwendung der statischen Fundamentalidee auf den Flaschenzug, wobei die Kraft als aus zwei Faktoren aus Gewicht und

---

*) Oeuvres (Cousin) Tom. V, pag. 309—428. 3 Bücher.
**) Lettres I, Brief 73.

Geschwindigkeit zusammengesetzt angenommen wird. Es ist dasselbe: zweimal hintereinander 100 Pfund auf die Höhe eines Fusses zu heben, als mit einem Male 200 Pfund auf einen Fuss hoch zu heben. — Das Beispiel des Flaschenzuges, das Descartes wählt, eignet sich vorzüglich, um die umgekehrte Proportionalität von Kraft und Weg darzulegen. In dem von Pater Poisson in das Französische übersetzten „Traité de la mécanique" werden die einfachen mechanischen Potenzen abgehandelt, wobei der Verfasser auch die Zusammensetzung der Rollen zum gewöhnlichen Flaschenzuge bespricht. Er entwickelt nun, dass zum Heben einer Last von 200 Pfunden mittelst eines aus zwei beweglichen und zwei fixen Rollen bestehenden Flaschenzuges nicht mehr Kraft erforderlich sei, als um frei eine Last von 50 Pfunden zu heben, da man die Last mit dem Flaschenzuge bloss auf die Höhe eines Fusses erhoben habe, wenn der Weg der Kraft bereits vier Fuss beträgt. Der Flaschenzug ist deshalb als sehr glückliches Beispiel zu betrachten, da er uns die Umsetzung einer extensiven Kraftwirkung in eine intensive Aeusserung am anschaulichsten vorführt, wobei die parallelen Seile die Summirung der Spannungen zu einer einzigen, intensiven Leistung darstellen.

Die originellste Gestaltung erlangt die Descartes'sche Physik in der Theorie der Wirbel, wiewohl die Idee derselben eigentlich von Giordano Bruno stammt, der, wie dies auch Leibniz*) anführt, die Sterne um ihre Centralkörper durch eine Art von Wirbeln, die er den Wasserwirbeln vergleicht, herumgeführt denkt. Die cartesianischen Wirbel sollen die den ganzen Weltraum nach Art einer Flüssigkeit erfüllende Aethermaterie um gewisse feste Axen herumführen, wie wir dies bei Gelegenheit des cartesianischen Wissenschaftssystemes ausführlicher dargelegt haben. An dieser Stelle wollen wir bloss die auf jene Theorie bezügliche Stelle aus dem dritten Theile der „Principia philosophiae" in ihrer originalen Sprache reproduziren:

„Putemus, totam materiam coeli, in qua planetae versantur, in „modum cuiusdam vorticis, in cuius centro est sol, assidue gyrare, ac „ejus partes, soli viciniores, celerius moveri, quam remotiores, planetasque „omnes inter easdem istius coelestis materiae partes semper versari. „Ex quo solo, sine ullis machinamentis, omnia ipsorum phaenomena facil-„lime intelligentur. Ut enim in iis fluminum locis, in quibus aqua in „se ipsam contorta vorticem facit, si variae festucae illi aquae incum-„bant, videbimus ipsas simul cum ea deferri, et nonnullas etiam circa „propria centra converti, et eo celerius integrum gyrum absolvere, quo „centro vorticis erunt viciniores, et denique, quamvis semper motus cir-„culares affectent, vix tamen unquam circulos omnino perfectos descri-„bere, sed nonnihil in longitudinem et latitudinem aberrare: ita eadem „omnia de planetis absque ulla difficultate possimus imaginari, et per

---

*) Acta eruditorum, 1682, pag. 187.

„hoc unum cuncta eorum phaenomena explicantur." (Princ. philos. pars tertia § 30.)

Die cartesianische Theorie bezüglich der Bewegung der Himmelskörper verbreitete sich mit merkwürdiger Geschwindigkeit über die französischen und englischen Universitäten. Es schien, als sei ihr vorbehalten, das Erbtheil der aristotelisch-ptolemäischen Weltanschauung anzutreten; jedoch die inductive Forschung, wie sie Huygens und Newton inaugurirten, bereiteten ihr, wenn auch nach ziemlich harten Kämpfen, ein schnelles Ende. Wenn wir bedenken, dass die sich überall an Thatsachen lehnende Physik eines Galilei keinem vollständigen Wissenschaftssysteme angehörte, so können wir uns nicht darüber wundern, dass die cartesianische Lehre durch ihre, in ihrer Vollständigkeit unbestreitbar geniale Conception des Beifalls der philosophisch geschulten Gelehrten sicherer sein musste, als die nach ganz neuen und ungewohnten Prinzipien verfahrende Forschungsart des florentiner Physikers.

Uebrigens war die Behandlung der Mechanik durch Galilei und durch Descartes eine wesentlich verschiedene, der Art, dass von einer richtigen Würdigung der Galilei'schen Forschungsresultate seitens unseres Philosophen nicht die Rede sein konnte. Am besten ersehen wir die Ansichten und Ueberzeugungen Descartes' über die Resultate der Galilei'schen Forschungen aus einem an Mersenne gerichteten Briefe des französischen Philosophen*). „Galilaeus philosophirt besser als die „gewöhnlichen Philosophen, besonders da er physische Gegenstände „mathematisch untersucht." Weiterhin sagt er jedoch: „Er (Galilei) „hat ohne die ersten Ursachen der Natur zu betrachten nur die Gründe „einiger besonderer Wirkungen (effets particuliers) gesucht und so ohne „Fundament gebaut." Fernerhin: „Alles was er von der Geschwindig„keit der Körper sagt, welche im leeren Raum fielen etc., ist ohne Fun„dament aufgebaut; denn er hätte zuvor bestimmen müssen, was die „Schwere sei, und wenn er davon das Richtige wüsste, so würde er „wissen, dass sie im leeren Raum gar nicht vorhanden sei." Etwas weiter: „Er setzt voraus, dass die Geschwindigkeit der herabsteigenden „Gewichte sich immer gleichmässig vermehre, was ich einstmals wie er „geglaubt habe; aber ich glaube jetzt durch Beweis zu wissen, dass es „nicht wahr sei. Auch nimmt er an, dass die Geschwindigkeitsgrade „desselben Körpers auf verschiedenen Ebenen gleich seien, sobald die „Erhebungen dieser Ebenen gleich sind, was er gar nicht beweist und „was nicht streng wahr ist, und da alles Folgende nur von diesen zwei „Voraussetzungen abhängt, so kann man sagen, dass es gänzlich in die „Luft gebaut sei." Ebenso sieht er die Galilei'sche Ableitung des Wurfgesetzes an, wobei er nicht einmal gelten lassen will, dass der geworfene Körper in horizontaler Richtung mit gleichmässiger Bewegung

---

*) Descartes, Lettres II, Brief 91.

fortschreite. Aus allem diesen ersieht man, dass die Descartes'sche Methode der Forschung sich von der der modernen Naturforschung, wie sie durch Galilei inaugurirt wurde, dermassen unterscheidet, dass jenem ein richtiges Verständniss derselben ferne liegen musste. Hieraus erklärt sich auch die Meinung des französischen Philosophen über Galilei, welche sich in der folgenden Stelle desselben Briefes findet: „Was zu„nächst Galilei anbetrifft, so will ich Ihnen (nämlich Mersenne) „sagen, dass ich ihn niemals gesehen und auch keinen Verkehr mit ihm „gehabt habe, und dass ich folglich von ihm nichts entlehnt haben „kann und auch in seinen Büchern nichts sehe, was ich beneidete, und „fast nichts, was ich als das meinige eingestehen möchte." Im weitern Verlaufe des Briefes findet er, dass es sogar wahrscheinlicher sei anzunehmen, Galilei habe von ihm entlehnt, als er von Galilei; ferner, dass mit Hülfe seiner Prinzipien die Erklärung alles dessen, was Galilei behandelt, sehr leicht sei.

In demselben Briefe findet sich auch eine Stelle, in welcher Descartes die Thatsache, dass Pumpen das Wasser nicht über 18 Braccien heben, nicht durch die „Resistenza del Vacuo" erklärt, sondern unter anderen Ursachen auch auf den Luftdruck verfällt. Noch einmal findet sich der durch die Schwere verursachte Luftdruck als Ursache des Aufsteigens der Flüssigkeit im 94. Briefe des II. Theiles erwähnt*).

Der Freund Descartes', Pater Mersenne, legte um das Jahr 1646 den Mathematikern die Frage vor, welches die Oscillationsdauer verschiedener in ihrer Ebene oder auf dieselbe senkrecht schwingender Figuren sei. Descartes und Roberval versuchten sich an der Lösung dieser Aufgabe. Descartes löste die Aufgabe richtig für den Fall der Schwingung in der Ebene der Figur, für den Fall der Schwingung in einer andern Richtung hingegen gab er eine falsche Lösung. Es entspann sich hierüber mit Roberval eine Polemik, in welcher der letztgenannte das Recht mehr auf seiner Seite hatte als Descartes, ohne jedoch deshalb vollkommen Recht zu haben.

In den „Philosophischen Prinzipien" findet sich die Stelle**), wonach die Quantität der Bewegung im Weltall eine constante ist. Es ist, wie dies Dühring in seiner „Kritischen Geschichte der allgemeinen Prinzipien der Mechanik" hervorhebt, „ein eminent philosophischer Zug", dass Descartes die Constanz der Quantität der Bewegung, „die Beharrlichkeit des Quantitativen in der mechanischen Aktion" aufgefasst habe, und thue es der „Vorzüglichkeit dieses universellen Gesichtspunktes" keinen erheblichen Eintrag, dass der Vertreter desselben in den Anwendungen bisweilen fehlgriff. Es war dem 19. Jahrhundert vorbehalten, die bei Descartes als Keim einer allgemeinen Wahrheit vorhandene

---

*) Descartes, Lettres Bd. II. Paris 1659.
**) Oeuvres (Cousin) III, pag. 150.

Behauptung der Constanz der Bewegungsquantität zum allgemeinen Naturgesetze von der Erhaltung der Energie reifen zu lassen.

Wir haben hier noch, bevor wir zu den Verdiensten, welche sich Descartes um die Optik erworben, übergehen, einen kleinen Apparat zu erwähnen, der unter dem Namen einer Erfindung des französischen Denkers in den Instrumentenvorrath der physikalischen Cabinete gelangt ist, insofern sich derselbe auf das Schwimmen der Körper, demnach eine hydrostatische Erscheinung bezieht: wir meinen das „cartesianische Teufelchen" (plongeur de Descartes). Man hat jedoch in neuerer Zeit gefunden, dass dieser kleine Apparat von Raphael Magiotti de Montevarchi herstammt.

Und nun übergehen wir zu den optischen Arbeiten unseres Gelehrten.

Die hierauf bezüglichen Meinungen, Entdeckungen und Erfindungen Descartes' finden sich in seiner „Dioptrik", seiner „Abhandlung über die Meteore" und in seinen Briefen, hauptsächlich in jenen an Mersenne und den optischen Künstler Ferrier gerichteten, niedergelegt. Die Dioptrik bildet bekanntlich einen Theil jener „Essais", welche den „Discours de la méthode" begleiteten. Der Inhalt desselben zeichnet sich durch die ihren Verfasser charakterisirende Klarheit der Darstellung, ferner durch seinen originellen Ideengang aus. Es ist nämlich der erste consequent durchgeführte Versuch, die Sätze von der Reflexion und Refraction des Lichtes aus allgemeinen mechanischen Prinzipien darzustellen, obwohl schon Heron von Alexandrien und Keppler ähnliche Bestrebungen aufweisen.

Den Anfang der Abhandlung bilden die Anschauungen über die Fortpflanzung des Lichtes, wobei der Verfasser auf die Platon'sche Synaugie zurückgreift, derzufolge das Auge sich wie mit Hülfe eines Stabes von der Beschaffenheit des Körpers, der seine durch das Gesicht wahrnehmbare Beschaffenheit, der umgebenden Luft und andern durchsichtigen Körpern vermittelst einer eigenthümlichen, sehr schnellen Bewegung mittheilt, überzeugt. Der Blinde unterscheidet Bäume, Steine u. s. f. bloss durch die Weise, wie sich dieselben seinem Gefühle vermöge des zwischenliegenden, vermittelnden Stabes mittheilen; ebenso dürfe man auch die Farben der Körper für die verschiedenen Arten halten, wie die Körper das Licht empfangen und zurücksenden. Descartes scheint diese aus der Rüstkammer antiker Naturerscheinungen herbeigeholte Meinung selbst nicht zu befriedigen, er trägt sie schwankend vor und bringt gleich einen andern Vergleich, der wohl noch weniger glücklich gewählt ist und auch schon zu jener Zeit Gegenstand heftiger Angriffe war. Es ist das Beispiel einer Weinkufe mit Trauben gefüllt, in deren Boden ein oder zwei Oeffnungen sich befinden. Oeffnet man dieselben, so fliesst der Most gegen jene Oeffnungen in geraden Linien, ohne von den Traubenkernen behindert zu werden. Der Most entspricht dem Lichte, die Traubenkerne der gröbern Substanz. Doch müsse man, sagt

Descartes, zwischen der wirklichen Bewegung und dem Bewegungsbestreben unterscheiden. Das Licht ist viel mehr eine Art von Bestreben, als die Bewegung selbst.

Dieses nicht eben passende Beispiel wurde von Isaak Vossius in seiner hauptsächlich gegen Descartes gerichteten Schrift: „De lucis natura et proprietate" (Amstelod. 1662) heftig angegriffen, wobei derselbe geltend macht, dass die Flüssigkeit nicht geradlinig fliesse u. s. f. Descartes lässt sich nun in der That auch mit diesem zweiten Beispiele nicht genügen, er vergleicht die Lichtbewegung mit der Bewegung eines elastischen Balles, wobei er die Geschwindigkeit der Lichtbewegung im Einfallspunkte auf ein zweites Medium gleich der eines sich bewegenden Körpers nach der Tangentialebene zur Trennungsfläche und nach der Normalen des Punktes zerlegt. Aus dieser Darstellung folgt ohne weiteres das Gesetz der Reflexion und mit einigen willkürlichen Annahmen, welche sich auf die Fortpflanzungsgeschwindigkeit in Richtung der Normalen beziehen, auch das Gesetz der Refraction.

Im zweiten Capitel der Dioptrik finden wir das bekannte Brechungsgesetz, demzufolge das Verhältniss zwischen dem Sinus des Einfalls- und dem des Brechungswinkels für jegliche Incidenz constant ist*). Gegenwärtig gilt es nun für ziemlich ausgemacht, dass Descartes sich bezüglich dieses Gesetzes eines Plagiates schuldig gemacht habe, indem er die Entdeckung des frühverstorbenen holländischen Gelehrten Willebrord Snellius, eines der gelehrtesten Professoren von Leyden, usurpirt und für seine eigene ausgegeben habe. Diese wissenschaftliche Defraudation soll dadurch zuwege gekommen sein, dass Descartes das unedirte Manuscript des früh Verstorbenen gesehen und gelesen haben soll, in welchem sich jenes Gesetz, allerdings in einer andern Form, durch die Constanz der Cosecanten des Brechungs- und Einfallswinkels dargestellt, vorfindet. Wieder ist es Isaak Vossius, der erbitterte Gegner unsers Philosophen, ferner Christian Huygens und Leibniz, welche Descartes des wissenschaftlichen Diebstahls beschuldigen. Allerdings sind es gewichtige Autoritäten, welche sich gegen Descartes aussprechen, und es hat deshalb seit Beginn des 18. Jahrhunderts als ausgemacht gegolten und ist unzählige Male nachgeschrieben worden, dass der grosse französische Denker sich hier einer Handlung schuldig gemacht habe, die auf seinen Charakter ein ungünstiges Licht wirft. Erst vor Kurzem hat sich in der Person des Herrn Dr. P. Kramer in Halle ein Vertheidiger gefunden, der in seiner Abhandlung „Descartes und das Brechungsgesetz des Lichtes" (Abhandlungen zur Geschichte der Mathematik 4. Heft. Leipzig 1882) in klarer und überzeugender Weise darthut, auf

---

*) „Nempe est in refractione: ut sinus anguli inclinationis unus ad „sinum anguli inclinationis alterius, ita sinus anguli refracti in una inclinatione „ad sinum anguli refracti in altera."

welch' schwankendem Grunde alle jene Verdächtigungen ruhen und wie sich dieselben in lawinenhafter Weise vergrössernd in den neuern Schriften, so z. B. in Poggendorff's „Vorlesungen über Geschichte der Physik", zu unbarmherzigen Angriffen auf den Charakter des Begründers der neuern Philosophie gesteigert haben. — Wir können hier nicht auf die Einzelheiten der gegen Descartes' Urheberschaft des Brechungsgesetzes vorgebrachten Gründe eingehen, sondern wollen bloss in kurzer Darstellung den Ideengang Kramer's zum Ausdruck bringen. Derselbe formulirt die gegen Descartes geltend gemachten Einwürfe in folgenden fünf Punkten:

1. Descartes hat über 20 Jahre in Holland gelebt und verkehrte mit den Gelehrten dieses Landes (Vossius, Poggendorff).

2. Hortensius hat öffentlich und privatim die Entdeckung Snell's gelehrt (Vossius).

3. Descartes nennt fast nirgends seine Quellen (Leibniz, Poggendorff).

4. Er führt keinen einzigen Versuch für seinen Satz an (Poggendorff).

5. Er hat sich beim Beweise des Satzes arg verwickelt (Leibniz).

Mit Zuziehung des ganzen zu Gebote stehenden Materiales, der Briefe Descartes', der Schriften seiner Gegner, gelingt es nun Kramer die einzelnen Einwürfe der Reihe nach zu entkräften und deren Unhaltbarkeit aus chronologischen Gründen und aus den Schriften, Aeusserungen und Briefen des Philosophen, sowie aus seinem historisch feststehenden Charakter nachzuweisen.

Descartes weilte dreimal in Holland. Das erste Mal, als er dem Heerlager Moritz' von Oranien sich anschloss, der während des Waffenstillstandes zwischen Spanien und Holland in der Festung Breda Hof hielt. Descartes befand sich damals vom Mai 1617 bis zum Juli 1619 in dieser Stadt. Zum zweiten Male ist er nur so zu sagen auf der Durchreise auf holländischem Boden: er verweilte nämlich vom Dezember 1621 bis zum Februar 1622 durch $2^1/_2$ Monate im Haag. Zum dritten Male begab er sich im März 1629 nach Holland, wo er durch volle zwanzig Jahre bis in die zweite Hälfte des Jahres 1649 blieb, um von dort nach Stockholm zu übersiedeln. — Der Verfasser weist nun aus den Geburts- und Todesjahren des Snellius und Vossius nach, dass Descartes höchstens zur Zeit seines so kurz andauernden zweiten Aufenthaltes in Holland Kenntniss von dem Gesetze der Lichtbrechung erhalten haben konnte, da Snellius sein Gesetz jedenfalls erst nach 1621 aufgefunden habe. Während dieser kurzen Zeit ist es immerhin möglich, wenn auch durch nichts verbürgt, dass Descartes mit den Professoren des benachbarten Leyden verkehrt haben mochte und so in den Besitz der Snell'schen Entdeckung gelangte. Nun existirt aber auch nirgends die leiseste Andeutung für eine solche Bekanntschaft, ja die Zeitgenossen kennen die

Snell'sche Schrift nicht, und unter allen den Vorwürfen, mit denen unter andern Fermat den Stifter und die Anhänger der cartesianischen Schule angriff, findet sich auch nicht die leiseste Andeutung, dass noch sonst jemand ein Brechungsgesetz gefunden haben sollte, was sich Fermat doch keineswegs hätte entgehen lassen.

Bezüglich des dritten Anklagepunktes weist Kramer an etlichen Beispielen nach, wie lebhaft Descartes reagirte, als man ihm hie und da vorwarf, diesen oder jenen in seinen Arbeiten als Urheber einer Meinung nicht genannt zu haben, und wie er zugleich betont, dass er sich sicher fühle nicht plagirt zu werden, da eine Wahrheit doch jedenfalls durch einen gewissen Bodengeschmack verrathe, von wo sie entsprossen, gleich dem Wasser, das man trotz seiner Reinheit augenblicklich als Quellen- oder als aus einem Kruge geschöpftes Wasser erkenne. — Es ist nun höchst unwahrscheinlich, dass man Descartes nicht zur Rede gestellt hätte wegen der Plagirung eines so wichtigen Satzes, da man ihm anderseits doch so scharf auf die Finger sah und ihn sogar ungerechterweise eines Verschweigens der Namen von Keppler und Galilei beschuldigte, während es niemandem einfiel, ihn bezüglich Snellius' zur Rechenschaft zu ziehen. Anderseits spricht sich in einigen Briefen von Descartes eine grosse Sicherheit hinsichtlich der unverwüstlichen Originalität seines geistigen Eigenthumes aus, welches ihn vor keiner Entwendung derselben fürchten lässt.

Betreffs des vierten und fünften Punktes ergibt sich, dass Descartes keinerlei Versuche nöthig hatte, um das Brechungsgesetz aufzufinden, und dass er weder mit seinen Prinzipien in Widerspruch kam, noch bei der Ableitung jenes Gesetzes sich verwirrt habe, wie dies Leibniz behauptet.

Alles in allem erscheint es — so wie die Dinge heute liegen — als eine ganz und gar unberechtigte, aus der Luft gegriffene Verdächtigung, ein Plagiat seitens Descartes' vorauszusetzen, um so mehr, wenn wir bedenken, dass der letztere das Gesetz in viel einfacherer Form darstellt, als dies dem holländischen Gelehrten gelungen ist. Wenn wir schliesslich den aus seiner Lebensführung genugsam bekannten Charakter des französischen Philosophen berücksichtigen, der sich überall durch Ehrlichkeit und Geradheit, verbunden mit einer von jeder kleinlichen Eitelkeit entfernten Grösse der Auffassung, auszeichnet, so scheint es uns als durchaus gerecht und billig, von allen jenen Verdächtigungen abzusehen und vorauszusetzen, dass Descartes neben Snellius völlig unabhängig zu dem Gesetze der Strahlenbrechung gelangt sei, da es doch in der Geschichte der Wissenschaft genug oftmals sich wiederholt, dass eine und dieselbe Entdeckung fast gleichzeitig an ganz verschiedenen Orten gemacht wurde.

Descartes nahm die Instantaneïtät der Fortpflanzung des Lichtes an, da sonst aus der Geschwindigkeit des Lichtes und der Erde eine scheinbare Bewegung der Fixsterne entstehen müsste, die man doch nicht wahrnehme. Der grosse Denker divinirte hier die Aberration des Lichtes, welche Bradley um vieles später durch die Beobachtung nachwies, nachdem schon im letzten Viertel des 17. Jahrhunderts Ole Römer die Geschwindigkeit des Lichtes gemessen hatte.

Keppler hatte schon behauptet, dass auf der Netzhaut im Augengrunde ein reelles optisches Bild entstehe*), und Scheiner hatte zuerst den darauf bezüglichen Versuch gemacht. Descartes schlägt vor, das Auge eines eben gestorbenen Menschen oder eines grösseren Thieres in eine passende Oeffnung des Fensterladens zu setzen und so im verfinsterten Zimmer das Bild zu betrachten. Doch müsse man sorgen, dass der Gegenstand sich in richtiger Entfernung vor dem Auge befinde, um ein scharfes Bild zu erhalten. Drückt man das Auge und macht es ein wenig länger, so erscheint auch das Bild sehr naher Gegenstände scharf begrenzt.

Descartes beschäftigt sich in der Folge mit der Frage des Aufrecht- und des Einfachsehens. Bezüglich der ersten Thatsache kommt er auf sein anfängliches vergleichendes Beispiel mit dem Stabe des Blinden zurück, bezüglich der zweiten beruft er sich auf die Erfahrung, derzufolge wir mit zwei gekreuzten Fingern einen kleinen Körper nur einfach fühlen. — Dass die Empfindung des Lichtes nichts anderes als die Empfindung einer gewissen Bewegung sei, schliesst er aus der subjektiven Lichterscheinung, die wir bei einem Schlage oder Druck auf das Auge wahrnehmen.

Im achten Kapitel behandelt Descartes die vortheilhafteste Gestalt der Linsengläser, wobei er den ellipsoidischen und hyperboloidischen Linsen vor den sphärischen entschieden den Vorzug gibt, da dieselben eine geringere Aberration der Strahlen bewirken. Die zu diesem Zwecke angeführten Entwickelungen haben heute nur mehr historisches, keinerlei praktisches Interesse. Am geeignetsten unter allen Linsenformen scheinen ihm die sphärisch-elliptischen und die plan-hyperbolischen Linsen zu sein. Er ist dermassen sanguinisch, dass er von einem aus derlei Linsen zusammengesetzten holländischen Fernrohre erwartet, dasselbe werde uns auf den Sternen befindliche kleine Körper zeigen. — Descartes beschäftigte sich, um jene Linsenformen schleifen zu können, mit der Construction von Schleifapparaten und verband sich mit dem oben erwähnten Ferrier, der im Stande war, eine convexe hyperbolische Linse zu schleifen, während ihm die Verfertigung eines concaven hyperbolischen Glases nicht gelang.

Die zweite optische Schrift Descartes' handelt von den Meteoren und ist für die Geschichte der Physik von besonderer Bedeutung, da sich in derselben ein optisches Problem gelöst findet, das seit Aristoteles die Gelehrten beschäftigte; wir meinen die Theorie des Regenbogens,

---

*) Ad Vitellionem Paralipomena Cap. V.

welche wir in jener Abhandlung viel vollständiger entwickelt finden, als in irgend einer andern Arbeit früheren Datums.

Descartes hatte den Regenbogen nicht bloss am Himmel, sondern auch am Wasserstrahle einer Fontaine bemerkt, wenn er der Sonne den Rücken kehrte. Er schloss hieraus, dass die Entstehung der Erscheinung von dem Winkel abhänge, den die auf die Wassertropfen fallenden Sonnenstrahlen mit jenen bilden, welche von den Wassertropfen in das Auge gelangen. Er nahm nun eine dünnwandige mit Wasser gefüllte Glaskugel, die man an einer Schnur auf und ab bewegen konnte. Hierbei nahm er nun wahr, dass die Kugel in intensiv rothem Lichte erschien, wenn die von derselben in das Auge gelangenden Strahlen mit den einfallenden Sonnenstrahlen einen Winkel von ungefähr 42° bildeten. Machte er diesen Winkel etwas grösser, so verschwand die Erscheinung; wenn er ihn hingegen etwas kleiner machte, so verschwand die Färbung nicht gleich, sondern wurde gelb, blau und violett. Wurde nun der erwähnte Winkel auf etwa 52° erhöht, so zeigte sich wieder die rothe Färbung, wenn auch in schwächerem Masse als vordem. Wurde dieser Winkel etwas vergrössert, so zeigte sich gelbe, blaue und violette Färbung: wurde der Winkel jedoch nur um etwas kleiner, so verschwand die ganze Erscheinung. — Aus dieser musterhaften Experimentaluntersuchung schloss nun Descartes, dass der Regenbogen durch Brechung und Zurückwerfung des Sonnenstrahles in den Regentropfen entstehe, und zwar der Hauptregenbogen durch zweimalige Brechung und einmalige Reflexion, der Nebenregenbogen durch zweimalige Brechung und zweimalige Reflexion zu Stande komme. Bestärkt wurde er in seiner Ansicht durch Versuche, welche er mit einem Prisma aus Glas ausführte.

Indem nun Descartes ohne die Infinitesimalrechnung benutzen zu können einen höchst umständlichen Calcul über denjenigen Winkel ausführt, unter welchem die zweimal gebrochenen und einmal oder zweimal reflectirten Strahlen parallel in das Auge gelangen, findet er hierfür den Winkel 41° 30', resp. 51° 54', und wenn er hierzu den Sonnenhalbmesser (zu 17' angenommen) addirte und subtrahirte, so erhielt er als grössten Halbmesser des Hauptregenbogens 41° 47', als kleinsten Halbmesser des sekundären Regenbogens 51° 37'.

Allerdings hatte Descartes durch diese seine Rechnung bloss nachgewiesen, dass von jedem Punkte der Sonnenscheibe unter den Winkeln von 41—42°, resp. 51—52° mehr Strahlen in das Auge kommen, als unter andern Winkeln, dass man somit zwei helle Kreisbogen am Firmament erblicken müsse, deren Radien im Winkelmass die oben angeführten Winkel wären. Die Entstehung der verschiedenen Farben war dadurch keineswegs erklärt und wurde durch die cartesianische Erklärung nicht viel gewonnen, derzufolge die verschiedenen Farben durch verschieden schnelle Rotation der Kügelchen zu Stande kämen, aus denen die Lichtmaterie bestehen sollte.

Die Erscheinung des Halo erklärt Descartes aus der Lichtbrechung und Reflexion an Eiskryställchen, welche sich in den höhern Luftschichten befinden.

Bezüglich der Ansichten Descartes', insofern diese die übrigen Erscheinungskreise der Physik betreffen, können wir uns nun sehr kurz fassen. Es finden sich dieselben fast ausnahmslos in der Abhandlung „über die Meteore" niedergelegt.

Im dritten und vierten Theile der „Philosophischen Prinzipien", ebenso in den Abhandlungen „über die Meteore", sowie in der „Welt oder Abhandlung über das Licht" spricht Descartes einiges über die Constitution der Materie. Vor der Schöpfung bestand die Welt aus einem Klumpen, den Gott zerschlug, worauf er die Theile desselben in Bewegung setzte. Durch die Reibung der bewegten Theile entstand eine Menge kleiner Kugeln, grobe eckige Stücke und eine ganz feine, subtile Materie. Aus diesen drei Elementen besteht die Welt; das feinere, subtile Element bildet die Sonne und die übrigen Fixsterne, das aus den kleinen Kugeln bestehende Element den intermundanen Stoff, der die Wirbel bildet, endlich das dritte gröbste Element bildet die Erde und die Planeten oder Kometen. Die Bestandtheile der festen und flüssigen Körper unterscheiden sich wieder von einander: erstere sind verästelt und verschlingen sich mit diesen Verzweigungen, so dass sie sich nicht frei und einzeln bewegen können, die Theilchen des Wassers hingegen bilden längliche, glatte, kleinen Aalen ähnliche Theilchen, welche leicht trennbar an einander vorübergleiten. Die Zwischenräume der Körper sind mit der feinern Materie erfüllt, welche die Fortpflanzung des Lichtes vermittelt. — Die Wirkung der Wärme stellt sich Descartes derart vor*), dass er die feinere Materie durch die heftige Bewegung, in welche sie durch die Wärme versetzt wird, die kleineren Theile aus den Zwischenräumen des Körpers austreiben liess. Je mehr Wärme nun in den Körper gelangte, um so mehr solche feinere Materie wurde ausgetrieben, um so mehr Dampf entwickelte sich, gleich wie viele Menschen, die über eine Ebene wandeln, mehr Staub aufwirbeln als ein Mensch. — Je weiter wir uns nun von den mechanischen und von den optischen Erscheinungen entfernen, um so eigenartiger werden die Erklärungsversuche der Phänomene, um so mehr Willkürlichkeit finden wir in denselben. So hält der Verfasser z. B. das Feuer für die Form, welche die groben materiellen Theile annehmen, wenn sie einzeln der Bewegung des ersten Elementes folgen**). Wir verfolgen hier die Darstellung nicht weiter, da sie weiterhin von keinerlei Bedeutung ist.

Wir finden ferner in seiner „Meteorologie" Ansichten über die Entstehung von Wolken, Nebel, Regen, Schnee u. s. w., über welche

---

*) Meteoror. Cap. II.
**) Princ. philos. pars IV, prop. 80 sqq.

sich nichts besonderes sagen lässt. Höchst abenteuerlicher Natur sind die Meinungen des Philosophen über Magnetismus und Elektricität, wie wir sie im vierten Theile seiner „Philosophischen Prinzipien" finden. Dieselben sind in ihrer Unmotivirtheit und Willkürlichkeit Beispiele schlechter und unfruchtbarer physikalischer Hypothesen. Ueber den Magnetismus spricht er im 134. und den folgenden Paragraphen des citirten Werkes. Er ist der erste, der eine besondere magnetische Materie annimmt, die vom Nordpol zum Südpol strömt. Dieselbe soll aus Theilchen bestehen, deren Gestalt die feiner Schräubchen oder Spiralen wäre. Die vom Südpol zum Nordpol strömende magnetische Materie bestände aus entgegengesetzt gewundenen Schräubchen. Das Eisen und der Stahl besässen nun solche Gänge, ausgehöhlte Canäle, welche entweder von vornherein schon vorhanden gewesen oder aber erst durch jene Materie ausgehöhlt worden wären. An den Polen fände nun jene magnetische Materie Widerstand in der Luft, aus der sich Wirbel erzeugten, mittelst welcher Descartes die Erscheinungen der magnetischen Anziehung und Abstossung erklärt. — Die ganze Theorie ist in sich höchst unwahrscheinlich und entspricht auch den Thatsachen nicht, was doch unumgänglich nothwendig ist. Die magnetischen Erscheinungen erfolgen nämlich im luftleeren Raume ebenso wie im lufterfüllten, was der oben entwickelten Theorie zufolge nicht der Fall sein könnte.

Um nichts besser ist die bezüglich der Elektricität aufgestellte Theorie, über welche sich der Verfasser im 184—186. Paragraphen des oben citirten Werkes verbreitet. Es werden längliche Spalten in den elektrisirbaren Körpern angenommen, durch welche sich die Theilchen der feineren Materie durchdrängen. Da die Luft ähnliche Spalten nicht besitzt, so werden jene feineren Theilchen die elektrische Substanz in nächster Nähe umkreisen und dadurch die bekannten elektrischen Erscheinungen verursachen.

Wir verlassen hier die Darstellung der cartesianischen Meinungen und Ansichten über die physikalischen Vorgänge in der Natur und geben eine gedrängte Uebersicht des Inhaltes jener Werke, welche sich auf unsere Wissenschaft beziehen, wobei wir uns an die Eintheilung der Cousin'schen französischen Ausgabe halten.

Principia philosophiae*). Das Werk wird durch die Dedication an die Prinzessin Elisabeth von der Pfalz eingeleitet.

I. Theil. Ueber die Prinzipien der menschlichen Erkenntniss (De principiis cognitionis humanae). Dieser Theil ist ausschliesslich philosophischen Inhalts.

II. Theil. Ueber die Prinzipien der Materie (De principiis rerum materialium). Dieser Abschnitt enthält die metaphysischen Grundprinzipien der Physik. — Das mathematische Prinzip der

---

*) Editio Cousin Tom. III.

Naturerklärung. Problem der Physik. Die Ausdehnung als Attribut des Körpers, der Körper als Raumgrösse, die Ausdehnung als Raum. Identität von Ausdehnung und Materie. — Das mechanische Prinzip der Naturerklärung. Ausdehnung und Bewegung. Das erste Bewegende. Bewegungsgesetze. Aggregationsformen.

III. Theil. Ueber die sichtbare Welt (De mundo aspectabili). Das Weltgebäude. Die Planetenbewegung. Die cartesianischen Wirbel. Die cartesianischen Elemente.

IV. Theil. Von der Erde (De terra). Allgemeine Physik im Sinne der Descartes'schen Hypothesen. Physik der Erde.

Le monde, ou traité de la lumière*). Von der Wärme und dem Lichte des Feuers, von der Festigkeit (Härte) und der Flüssigkeit, vom leeren Raum, von den Elementen. Beschreibung einer neuen Welt, die nach den Prinzipien des Philosophen vor unsern Augen entstehend, sich zum Schlusse mit der unsern identisch erweist. Vom Lichte.

La Dioptrique**). 1. Abschnitt. Vom Lichte. Allgemeine Lehre von der Natur des Lichtes und von der Fortpflanzung desselben. 2. Abschnitt. Von der Refraction. Ableitung des Brechungsgesetzes. 3. Abschnitt. Vom Auge. Anatomie des Auges. 4. Abschnitt. Von den Sinnen im Allgemeinen. 5. Abschnitt. Vom Bilde, das im Augengrunde entsteht. Vergleichung desselben mit dem in der Camera obscura entstandenen. Theorie des Sehens. 6. Abschnitt. Vom Sehen. Fortsetzung der Lehre vom Sehen. 7. Abschnitt. Von den Mitteln, um das Leben zu vervollkommnen. Von den Brillen und deren Herstellung. 8. Abschnitt. Von den Linsengläsern. 9. Abschnitt. Von den Fernröhren. 10. Abschnitt. Von den besten Formen der Linsengläser.

Les météores***). 1. Abschnitt. Von der Natur der irdischen Körper. Constitution der Materie. 2. Abschnitt. Von den Dämpfen und Ausdünstungen. Von den Dämpfen und Dünsten. Theorie der Verdampfung. 3. Abschnitt. Vom Salze. 4. Abschnitt. Von den Winden. Ursachen und Eigenschaften der Winde. 5. Abschnitt. Von den Wolken. Unterschied zwischen Wolken, Dämpfen und Nebel. Die Wolken bestehen aus Wassertröpfchen oder Eisstückchen. Wirkung des Windes auf die Wolken. 6. Abschnitt. Vom Schnee, Regen und Hagel. Wie sich die Wolken in der Luft erhalten. Entstehung des Regens, Schnees und Hagels. 7. Abschnitt. Vom Gewitter, Blitz und von den übrigen feurigen Meteoren. Entstehung des Gewitters, Natur des Blitzes, Ursache des Donners. Irrlichter, Elmsfeuer, Sternschnuppen u. s. f. 8. Abschnitt. Vom

---

*) Editio Cousin Tom. IV.
**) ibid. Tom. V.
***) ibid. Tom. V.

Regenbogen. Enthält die berühmte und mustergültige Untersuchung über den Regenbogen. 9. Abschnitt. Von der Farbe der Wolken, von den Halo. Farbe der Wolken, des Meeres. Morgen- und Abendroth. Ursachen der Färbung der Halo, Halo um Fackel- oder Kerzenlicht. 10. Abschnitt. Von dem Erscheinen mehrerer Sonnen. Sonnenhöfe und Nebensonnen.

La Géométrie*). 1. Buch. Von den Problemen, welche man mit Zirkel und Lineal construiren kann. 2. Buch. Von den krummen Linien. 3. Buch. Von den Gleichungen und deren geometrischer Construction.

Explication des mécaniques et engins par l'aide desquels on peut avec une petite force lever un fardeau fort pesant**). Bedingungen des Gleichgewichtes der Kräfte an den einfachen mechanischen Potenzen.

Abrégé de la musique (Compendium musicae)***). Aufgabe der Musik, Ton, Tonhöhe, Consonanz, Octave, Quint, Quart, Terz und Sext, Dissonanzen, Compositionsregeln.

Descartes ist ohne Zweifel eine der bedeutsamsten Erscheinungen in der Reihe der Forscher. Als Philosoph ist er Begründer einer neuen Denkrichtung, als Mathematiker Entdecker einer wichtigen geometrischen Disciplin: der analytischen Geometrie, nur als Physiker hat er ein ziemlich wechselvolles Schicksal erfahren. Während der letzten Jahre seines Lebens und kurze Zeit nach seinem Tode wurde sein physikalisches System fast überall gelehrt, besonders waren es die hohen Schulen Hollands, Frankreichs und Englands, welche dem Cartesianismus huldigten. Ja, es schien sogar eine Zeit lang, als sei der Cartesianismus berufen, die Lücke auszufüllen, welche die Zerstörung des scholastischen Lehrgebäudes verursacht. Immerhin muss die Physik des Descartes mit der des Aristoteles verglichen als bedeutender Fortschritt anerkannt werden. Ebenso müssen wir anerkennen, dass die „tourbillons" unseres Philosophen einen gewaltigen Fortschritt in der Auffassung des Weltsystems bedeuten, wenn wir sie mit den krystallenen Sphären des Aristoteles vergleichen. Es ist vor allem eine mechanische Vorstellung, die in ihrer Art viel ungezwungener und naturgemässer erscheint, als der uhrwerksmässige Mechanismus des aristotelisch-ptolemäischen Weltsystems. Der Cartesianismus auf dem Gebiete der Physik war von kurzer Dauer. Mit der allgemeinen Annahme der Newton'schen Gravitationstheorie wurde sie aus der Reihe der werkthätigen naturwissenschaftlichen Theorien verdrängt.

Unter jenen Gegnern der Lehre Descartes', welche gegen deren

---

*) Editio Cousin Tom. V.
**) ibid. Tom. V.
***) ibid. Tom. V.

letzte Spuren zu Felde zogen, sind zu erwähnen Pierre Sigorgne in seiner Schrift „Demonstrations physico-mathématiques de l'insuffisance et de l'impossibilité des tourbillons" (Paris 1741) und Delambre in seiner „Histoire de l'Astronomie", 4°, 5 Bde. Paris 1817—1821.

Möge man nun über die Metaphysik der Materie und die Kosmologie des Descartes noch so abfällig urtheilen, so kann und darf man doch die grosse Bedeutung des Philosophen für die Optik, verursacht durch die Entdeckung und Verbreitung des richtigen Refractionsgesetzes, nicht ausser Acht lassen.

Biographien über Descartes sind erschienen von Kuno Fischer: Geschichte der neuern Philosophie. Bd. I, Theil 1, 3. Aufl. München 1878. — Baillet's Biographie, Paris 1691. — Millet, Descartes, sa vie, ses travaux, ses découvertes avant 1637 (1867); derselbe, Descartes, sa vie, ses travaux, ses découvertes depuis 1637 (1871). — Bouillier: Histoire de la philosophie Cartésienne (Lyon 1854).

Um die wissenschaftliche Persönlichkeit Descartes' gruppiren sich ungezwungen einige Gelehrte jener Zeit, wenn auch dieselben nicht alle im persönlichen Verkehre mit dem französischen Philosophen standen. Es sollen hier die folgenden Gelehrten angeführt werden: Mydorge, Schwenter, Mersenne, Snellius, Gassendi, Roberval, Kircher, Fermat und schliesslich die Philosophen Hobbes und Spinoza.

Claude Mydorge, geboren 1585 zu Paris, gestorben ebendort im Juli 1647. Derselbe, von Hause aus vermögend, war Schatzmeister in der Generalität von Amiens. Er beschäftigte sich vorzugsweise mit Mathematik und Optik. Mit Descartes enge befreundet, nahm er an dessen die Dioptrik betreffenden Studien Theil und stand mit ihm auch während jener Zeit, da der Philosoph in Holland seinen bleibenden Aufenthalt genommen hatte, in lebhaftem Briefwechsel. Aus diesem ist ersichtlich, dass er bezüglich seiner optischen Vorrichtungen sich häufig an Descartes um Rath gewendet habe. Mydorge war Mitglied jener Privatgesellschaft, welche sich mit mathematischen und physikalischen Untersuchungen beschäftigte, aus der sich später die Pariser Akademie der Wissenschaften entwickelte. Mitglieder derselben waren ausser Mydorge: Roberval, der ältere Pascal, sowie später dessen Sohn Blaise Pascal, Mersenne, Carcavi und andere. Diese Gelehrten versammelten sich abwechselnd bei dem einen der Mitglieder, wo sie ihre Entdeckungen und Erfahrungen austauschten. Mydorge verwandte grosse Summen auf die Anfertigung von Fernröhren und Brennspiegeln.

Von seinen Schriften erwähnen wir die folgenden: Claudii Mydorgii Patricii Parisini Prodromi catoptricorum et dioptricorum, sive Conicorum operis ad abdita radii reflexi et refracti mysteria praevii et facem praeferentis, libri II, fol. (Paris 1631); libr. IV, fol. (ibid. 1639, 1641, 1660). — De sectionibus conicis, libr. IV, 4° (ibid. 1644);

Examen du livre des récréations mathématiques*) (Paris 1639 und 1648) 8⁰. —

Marin Mersenne, geboren 1588 zu Soultière bei Bourg d'Oizé (Le Maine), gestorben 1648 zu Paris. Derselbe war im Jesuitencollegium von La Flèche ein College Descartes', mit dem er eine bis an den Tod dauernde innige Freundschaft schloss. Nachdem er die Schule verlassen hatte, trat er in ein Minoritenkloster. Mit Descartes stand er in dauerndem Briefwechsel und besorgte den literarischen Verkehr desselben. Mersenne stand mit zahlreichen Männern aus der Gelehrtenwelt in wissenschaftlicher Correspondenz und vermittelte auf diese Weise den Verkehr einzelner Gelehrter unter einander, wodurch er gewissermassen den Mangel einer wissenschaftlichen Zeitschrift ersetzte und zur leichteren Verbreitung wissenschaftlicher Sätze und Erfahrungen beitrug.

Von seinen Schriften sind hier zu nennen: „Cogitata physicomathematica" (Paris 1644). Dasselbe enthält die Abhandlungen: „De hydraulico-pneumaticis phaenomenis; De arte nautica; De musica theoretica et practica et de harmonia; Phaenomena mechanica; Phaenomena ballistica" etc. — Ferner: „Harmonicorum libri XII, in quibus agitur de sonorum natura, causis et effectibus, de consonantis et dissonantis rationibus, generibus, modis, cantibus, compositione, orbisque totius harmonicis instrumentis, fol. Parisiis 1636. Traité de l'harmonie universelle, où est contenue la musique théorique et pratique des anciens et modernes. 8⁰. Paris 1627. — Questions inouies ou Récréation des Savans, contenant beaucoup de choses qui concernent principalement la philosophie et les mathématiques, 4⁰ ib. 1634, etc. — Die wissenschaftlichen Werke Mersenne's, insofern er sich mit selbstständigen Arbeiten beschäftigte, beziehen sich auf das Gebiet der Mechanik, Optik und Akustik. Er machte rohe Versuche zur Bestimmung der Länge des Sekundenpendels und beschäftigte sich mit der Theorie des zusammengesetzten oder physischen Pendels. In dem Abschnitt „Phaenomena mechanica" der „Cogitata" befindet sich die Theorie des Keiles (pag. 43, propositio XII), welche jedoch nicht richtig ist, da sie von der Behauptung ausgeht, der Widerstand sei mit dem Rücken des Keiles parallel, während sie auf den Seitenflächen desselben normal angenommen werden muss. — Mersenne bestimmte die Bahn der geworfenen Körper. Bei bekannter Kraft des Wurfes bestimmt er die Wurfweite für die verschiedenen Richtungen des Wurfes. Er legte hierfür auch eigene Tabellen an. Ausserdem beschäftigte er sich auch mit andern Arten des Wurfes, so z. B. dem von der Sehne abgeschnellten Pfeile, wobei er auch die Kraft des gespannten Bogens zu bestimmen suchte.

---

*) Die Schrift: „Récréation mathématique" erschien 1624, ihr Autor war der Jesuitenpater Leurechon, der sich jedoch bei diesem Buche hinter dem Pseudonym Van Etten verbarg. Siehe Bd. I, pag. 390.

Im Jahre 1646 legte Pater Mersenne seinen wissenschaftlichen Freunden die Aufgabe vor, den „Mittelpunkt des Schwunges" für einen ausserhalb seines Schwerpunktes aufgehängten, oscillirenden Körper zu bestimmen, d. h. jenen Punkt, in dem man sich die ganze Masse des schwingenden Körpers vereinigt denken könne. Sowohl Descartes als Roberval gaben Lösungen dieser Aufgabe, wobei sie allerdings den Schwingungsmittelpunkt mit dem Percussionscentrum oder Mittelpunkt des Stosses verwechseln, welche zwei Punkte in den angenommenen Beispielen zufälligerweise zusammenfallen. Ueber die Auflösungen des Problems geriethen übrigens Roberval und Descartes in Streit, die richtige Lösung gab erst Huygens.

Mersenne bestimmte auch die Elasticität, das Gewicht und die Wärmeausdehnung der Luft. Bezüglich der Elasticität der Luft führt er an, dass ein Franzose, Namens Marin, Bürger zu Lisieux (Normandie), dem Könige Heinrich IV. eine Windbüchse verfertigt habe*). Die Bestimmung der Ausdehnung der Luft durch die Wärme bewerkstelligt er auf folgende Weise. Eine Aeolipyle wird bis zur Glühhitze erwärmt, hierauf in kaltes Wasser geworfen. Aus der Menge des in die Aeolipyle dringenden Wassers bestimmt er die Ausdehnung der Luft. Es ist dies nichts anders als der Grundgedanke des Peters'schen Pyrometers.

Bemerkenswerth ist die Bestimmung der Ausflussgeschwindigkeit des Wassers, welche Arbeit theilweise mit der Untersuchung Torricelli's übereinstimmt, wenn sie auch mit dieser den Vergleich nicht aushält. Eben so wichtig ist die Wahrnehmung, dass der Wasserstrahl aus senkrechter Wand nicht genau parabolische Gestalt zeigt und zwar wegen des Luftwiderstandes; die Folge hiervon ist, dass die Sprunghöhe des Wasserstrahles unter der Höhe des Spiegels im Reservoir bleibt.

Was nun die auf die Optik bezüglichen Arbeiten unseres Gelehrten betrifft, so ist der Vorschlag Mersenne's zur Construction eines optischen Instrumentes zu erwähnen, das wir als Spiegelteleskop bezeichnen müssen**). Er schlägt vor, zwei parabolische Hohlspiegel: einen grösseren und einen kleineren, einander zugewendet derart aufzustellen, dass der kleinere sich nahe zum Brennpunkte des grösseren befinde, um die vom grössern Spiegel convergirend reflectirt auffallenden Strahlen parallel zu machen und sie durch eine kleine Oeffnung im grossen Spiegel in das Auge zu senden. Die Oeffnung im Spiegel dürfe zur Vermeidung des Eintrittes von fremdem Lichte nicht grösser als die Oberfläche des kleinen Spiegels oder die Oberfläche der Pupille sein.

Wie es scheint, hat sich Mersenne solche Hohlspiegel, wie er sie

---

*) In Gehler, Physikal. Wörterbuch wird der Nürnberger Hans Lobsinger (starb 1570) als erster Verfertiger der Windbüchse genannt.
**) Phaenomena hydraulico-pneumatica, Paris 1644, pag. 96.

bei seinem Apparate voraussetzt, nicht verschaffen können. Besonders scheint ihn Descartes durch mannigfache Bedenken und Einwürfe von seinem Projekte abgebracht zu haben*). Dieser machte geltend, dass man sich parabolische Spiegel nur sehr schwer verschaffen könne, ferner, dass durch die Reflexion nicht weniger Licht verloren gehe, als durch die Refraction, somit der Apparat um nichts vortheilhafter sei, als ein dioptrisches Fernrohr. — Da der Brief Descartes' aus dem Jahre 1638 bis 1639 zu stammen scheint, so dürfte sich auch der Vorschlag Mersenne's aus dieser Zeit datiren.

In seinem Werke „Harmonicorum libri XII" beschäftigt sich Mersenne mit akustischen Untersuchungen. Er erklärt als Ursache der Verschiedenheit der Tonhöhe die Anzahl der Schwingungen während einer gewissen Zeit, worüber er zahlreiche Versuche mit schwingenden Saiten aus verschiedenen Stoffen anstellt. Er findet, dass die Anzahl der Schwingungen von der Spannung der Saiten abhängt. Gleiche Länge und Dicke vorausgesetzt, findet er, dass die Schwingungszahlen — immer auf gleiche Zeiten bezogen — sich so verhalten, wie die Quadratwurzeln aus den Spannungen, resp. aus den spannenden Gewichten. — Die Schwingungszahlen gleich langer und gleich gespannter Saiten verhalten sich wie die Quadratwurzeln ihrer Gewichte. Z. B. Eine Saite von einem Fuss Länge, welche 1 Drachme wiegt, gibt einen gewissen Ton; dieselbe muss 4 Drachmen wiegen, um eine Octave höher zu tönen. — Die Schwingungszahlen ungleich langer, sonst ganz gleicher Saiten verhalten sich verkehrt wie ihre Längen, für ungleich dicke, sonst jedoch ganz gleiche Saiten verhalten sich die Schwingungszahlen verkehrt wie die Quadrate ihrer Durchmesser.

Nach Mersenne hinge die Stärke des Schalles von der Geschwindigkeit der Schwingungen ab. Er findet ferner, dass der Ausschlag der schwingenden Saite von Schwingung zu Schwingung rasch abnimmt.

Sehr rationell ausgeführte Versuche stellte Mersenne mit einem Monochorde an, den er mit Saiten aus verschiedenem Metall, jedoch gleich belastet (mit 3 Pfunden) und von gleicher Länge, bezog. In gleichen Zeiten beendete eine Saite von Gold 100½ Schwingungen,

   „   „   „   Silber   76½   „
   „   „   „   Kupfer   69½   „
   „   „   „   Messing   69   „
   „   „   „   Eisen   66   „

Die Länge der Saiten betrug einen halben Fuss, die Stärke eine sechstel Linie.

Er versuchte nun die Grösse der Spannung zu bestimmen, unter welcher diese Saiten zerreissen, und fand, dass, während eine gleich dicke Darmsaite unter der Belastung von 7 Pfunden riss, dies für die goldene

---

*) Descartes, Epistolarum pars II, epist. 29.

oder silberne Saite bei einer Belastung von 23, für die von Eisen bei 19 und für eine stählerne bei 18½ Pfunden stattfand. Auch nahm er wahr, dass eine mit dem Bogen gestrichene Saite einen andern Ton gab, als wenn sie zerrissen wurde. Mersenne bestimmte auf Grund seiner Versuche, die er an Saiten anstellte, auch die absolute Schwingungszahl der Töne. Eine 15 Fuss lange, mit $6^5/_8$ Pfund belastete Saite vollführte in einer Sekunde 10 Schwingungen. Hieraus schloss er, dass eine gleichbelastete, $^3/_4$ Fuss lange Saite in derselben Zeit 200 Schwingungen machen werde. Diesen, zwischen unserm g und gis liegenden Ton nahm er als Normalton an.

Neben dem Grundtone nahm er die grosse Duodecim und Decimeseptim als Oberton wahr.

Auf jene am Monochord wahrnehmbaren Gesetze der Tonschwingungen basirte nun Mersenne seine „Theorie der Harmonie". Die Schwingungen werden durch die Luft zu unserem Ohr fortgepflanzt und erzeugen in demselben die Empfindung der Consonanz oder Dissonanz, deren geschickte Verbindung und Abwechselung den Aufbau eines Musikstückes bedingt.

Der erste, der sich mit der Bestimmung der Geschwindigkeit des Schalles in der Luft beschäftigt hatte, war wohl der französische Gelehrte Gassendi. Derselbe nahm schon wahr, dass sich starke und schwache Töne mit gleicher Geschwindigkeit fortpflanzten. Er liess nun in einiger Entfernung ein Geschütz abfeuern und bestimmte aus der Zwischenzeit zwischen Blitz und Knall die Geschwindigkeit des Schalles. Mersenne verfuhr auf dieselbe Weise, jedoch genauer und fand für diese Geschwindigkeit 1380 Pariser Fuss per Sekunde, während Gassendi 1473 Fuss gefunden hatte.

Schliesslich erwähnen wir noch eine Vorrichtung unseres Gelehrten, welche zur Bestimmung des Feuchtigkeitsgehaltes der Luft dienen sollte und sich durch seine originelle Einrichtung auszeichnete. Eine, auf einen gewissen Ton gestimmte Darmsaite wurde in freier Luft ausgespannt und zeigte sich sehr empfindlich für die Veränderung der Luftfeuchtigkeit. Geringere Feuchtigkeit gab sich durch Sinken, grössere durch Erhöhen des Tones zu erkennen. —

Willebrord Snellius van Roijen wurde zu Leyden 1591 geboren und starb daselbst als Professor an der Universität im Jahre 1626 (30. Oktober) im Alter von kaum 35 Jahren. Sein Vater Rudolf Snell war ein tüchtiger Mathematiker, dessen 1597 erschienenes Werk „Apollonius Batavus" Descartes im 65. Briefe des dritten Buches der „Briefe" erwähnt, wo er von den Vorzügen seiner eigenen geometrischen Arbeit spricht und dabei erwähnt, was bisher auf diesem Gebiete geleistet worden sei. Rudolf Snell, Professor der Mathematik und kurze Zeit des Hebräischen an der Universität zu Leyden, trat sein Amt als ausserordentlicher Professor im Jahre 1591 an und wurde Ordinarius im

Jahre 1601, derselbe war 1548 zu Oudewater geboren und starb 1613 zu Leyden. Ausser philosophischen Werken verfasste er einige mathematische: Explicationes in arithmeticam P. Rami, 8°, Lugd. Bat. 1596. — Praelectiones in geometriam P. Rami, 8°, ibid. — Annotationes in ethicam, physicam, sphaeram Cornelii Valerii, 8°, ibid. 1596. Ferner die schon citirte Schrift: Apollonius Batavus, seu resuscitata Apollonii Pergaei geometria (4°, Lugd. Bat. 1597).

Der Sohn des mathematisch gebildeten älteren Snell war von früher Jugend auf ein tüchtiger Mathematiker, jedenfalls war er einer der bedeutendsten Gelehrten, welche jemals des Lehramtes an der Leydener Universität gewaltet. Schon in seinem 24. Jahre vollführte er jene bemerkenswerthe Gradmessung zwischen Bergen op Zoom und Alkmaar, bei welcher er nach einer ganz neuen Methode verfuhr und so auch ein viel genaueres Resultat zu erlangen im Stande war. Es ist dies nämlich die erste Messung, bei welcher zuerst eine „Basis" gemessen wurde, von welcher ausgehend durch „Triangulation" die Entfernung der beiden Endpunkte der zu messenden Distanz bestimmt wurde. Er fand 1 Grad gleich 28,500 rheinländische Ruthen d. h. 55,072 Toisen (1 Ruthe = 12 Fuss = 1,93236 Toise de Perou). Snell gibt in Folge eines Rechenfehlers 55,021 Toisen an.

Das Werk, in welchem die Resultate dieser Gradmessung angeführt sind, hat den Titel: „Eratosthenes Batavus, de terrae ambitus vera quantitate a Willebrordo Snellio διὰ τῶν ἐξ ἀποστημάτων μετρουσῶν διοπτρῶν suscitatus", 4°, Lugd. Bat. 1617. In demselben Werke findet sich auch jenes geometrische Problem, das unter dem Namen des Pothenot'schen als Problem des „Rückwärtseinschneidens" bekannt ist, dessen Lösung man fälschlich dem französischen Gelehrten Pothenot zuschreibt, während dieselbe von Snellius herrührt. — Wir erwähnen hier ferner die Titel der übrigen Schriften desselben Verfassers: Descriptio Cometae qui anno 1618, Nov. 1, effulsit, Lugd. Bat. 1619. — Cyclometricus de circuli dimensione secundum logistarum abacos, et ad mechanicem accuratissima atque omnium parabilissima, eiusdemque usus in quarumlibet adscriptarum inventione longe elegantissimus et quidem ex ratione diametri ad suam peripheriam data, 4°, ibid. 1621. — Tiphys Batavus, seu Histiodromicae, de navium cursibus et re navali, cum tabulis canonicis parallelorum et canonibus loxodromicis προχείροισι, 4°, ibid. 1624. — Doctrinae triangulorum canonicae etc. libr. IV, 8°, ibid. 1627. — Das letzte der angeführten Werke wurde nach dem beklagenswerth frühen Tode des Verfassers durch Hortensius herausgegeben.

Snellius übersetzte überdies den Stevinus aus dem Holländischen in das Lateinische: S. Stevini Hypomnemata, fol., Lugd. Bat. 1608, ferner gab er heraus: Coeli et siderum in eo errantium observationes hassiacae (4°, ibid. 1618).

Wir haben oben zu erweisen gesucht, auf wie schwachem Grunde die Annahme ruhe, Descartes habe das durch Snellius ohne Zweifel selbstständig gefundene Refractionsgesetz ohne Erwähnung der ursprünglichen Quelle sich zugeeignet, d. h. plagirt, und wie es wahrscheinlicher sei anzunehmen, man habe es hier mit einer fast gleichzeitigen Entdeckung eines Gesetzes an zwei verschiedenen Orten zu thun. — Im Anfange seiner Dioptrik erzählt Huygens, er habe einen ganzen Band Manuskript über die Lichtbrechung von dem verstorbenen Snellius gesehen, doch sei derselbe niemals im Druck erschienen. — Den Versuch beschreibt Snell auf folgende Weise: Man legt auf den Boden des Gefässes ein Geldstück und geht so weit zurück, dass dasselbe eben hinter dem Rande der Seitenwand verschwindet. Nun bleibt man stehen und lässt Wasser in das Gefäss giessen, wodurch das Geldstück wieder erscheint. Der ganze Boden des Gefässes erscheint gehoben. Entwirft man eine Zeichnung des Vorganges, so sieht man, dass der Lichtstrahl bei seinem Austritte aus dem Wasser von dem Lothe weg gebrochen werde. — Das Gefäss sei nun prismatisch, das Geldstück an einer Wand. Denken wir uns nun von dem Punkte der Wasseroberfläche, von der der einfallende und der gebrochene Strahl ausgeht, Linien nach dem Geldstücke und dem Bilde gezogen, so haben diese ein bestimmtes Verhältniss (für Wasser und Luft wie 3 zu 2). — Huygens meint nun, Snellius habe in dem Verhältnisse der angegebenen beiden Linien zugleich das Verhältniss der Sinusse des Einfalls- und Brechungswinkels gehabt, mithin das richtige Mass der Refraction, habe aber selbst nicht zu schätzen gewusst und nicht hinlänglich verstanden, was er gefunden habe. Es scheint uns nun diese Behauptung ganz und gar dazu angethan, um klar zu legen, wie ungerecht man Descartes verdächtigt hat, der das in Rede stehende Gesetz in seiner einfachsten Form klar und deutlich ausspricht und die Bedeutung desselben sehr wohl zu würdigen weiss. Huygens wirft dem Snellius vor, er habe alles auf das scheinbare, im Wasser gehobene Bild bezogen und geglaubt, Refraction oder Verkürzung des Sehstrahls finde auch in dem senkrecht einfallenden Strahle statt, weil auch, wenn man senkrecht in das Wasser schaue, man den Boden erhoben sehe, da doch diese scheinbare Erhöhung im letzteren Falle durch das Sehen mit zwei Augen bedingt sei. — Isaak Vossius, derselbe, welcher Descartes zuerst mit aller Bestimmtheit des Plagiats an Snellius beschuldigt, erzählt auch, dass letzterer die Kurve bestimmt habe, nach welcher sich der Boden eines mit Wasser gefüllten Gefässes nach aufwärts zu heben und krümmen scheint. Er fand, dass diese Brechungslinie von einer Geraden in drei Punkten geschnitten werde, also in das Geschlecht der Conchoiden (jedoch nicht der nicomedischen oder antinicomedischen) gehöre.

Pierre Gassendi (eigentlich Gassend), geboren den 22. Januar 1592 zu Champtercier (Chantersier) bei Digne, gestorben den 24. Oktober 1655 zu Paris, ist uns schon durch seine Gegnerschaft mit Descartes bekannt. Gassendi hat jedoch für die Geschichte der Physik, sowie für die Geschichte der allgemeinen Philosophie eine selbstständige, grosse Bedeutung. Auf ihn leiten nämlich alle jene Betrachtungsweisen zurück, welche die atomistische Theorie aus dem Schutte alter philosophischer Systeme aufgelesen und zum Fundamente der gegenwärtigen physikalischen Anschauung gemacht haben. Lange in seiner „Geschichte des Materialismus" *) stellt als den eigentlichen Novatoren der materialistischen Weltanschauung Gassendi hin, welcher das vollendetste philosophische System des Alterthums, das des Epikuros, wieder auf den Schauplatz der Meinungen zu bringen bestrebt war. Es mag zwar, so meint er, recht bedenklich erscheinen, einen katholischen Priester als Stammvater des modernen Materialismus hinzustellen, nichtsdestoweniger fühlen wir uns durch den Gedankenkreis, wie derselbe aus seinen Schriften ersichtlich ist, zu dieser Annahme veranlasst.

Pierre Gassendi erblickte — wie schon oben erwähnt — das Licht der Welt am. 22. Januar 1592 in der Nähe von Digne in der Provence. Seine Eltern waren arme Landleute, welche ihrer Frömmigkeit wegen in der Gegend berühmt waren. Mit dem Sprechen zugleich lernte er beten und machte als vierjähriger Knabe den Prediger in seiner gleichalterigen Umgebung. Er kam nach Digne in die Schule, von dort nach Aix, wo er bei dem Minoriten Fesaio Philosophie studirte. Er sollte nun auf Wunsch seines Vaters zur Landwirthschaft zurückkehren, wo er es jedoch nicht lange aushielt. Als sechzehnjähriger Jüngling rief man ihn zuerst nach Digne Rhetorik vorzutragen, hierauf an Stelle seines inzwischen verstorbenen Lehrers nach Aix. Aus jener frühen Zeit stammt ein Werk: „Exercitationes paradoxicae adversus Aristoteleos", eine Schrift, aus welcher klar zu ersehen war, dass der Verfasser sich jenem grossen Zuge von Philosophen angeschlossen habe, welche sich die Zerstörung der aristotelischen Philosophie zum Ziele gesetzt hatten. Das Erstlingswerk Gassendi's überströmt von jugendlichem Eifer, mit welchem er die peripatetische Philosophie in scharfer und übermüthiger Weise angreift. Bloss ein Theil davon erschien 1624 und 1645, fünf Bücher hingegen wurden, ihrer Schärfe wegen, auf Anrathen seiner Freunde von dem Verfasser verbrannt. Es ist für die frische Strömung, die sich in der Denkweise jener Zeit geltend zu machen begann, immerhin bezeichnend, dass Gassendi sich durch so rücksichtslos scharfe Bekämpfung des Aristotelismus· angesehene, ihn lebhaft protegirende Freunde und Verehrer verschaffen konnte, wie den gelehrten Parlamentsrath Peirescius und den Priore Valettae Josephus Galterius. Auf das Andringen dieser Männer trat er in den Minoritenorden, wurde durch die Vermittlung seiner Gönner bald Canonicus und hierauf Probst zu Digne.

---

*) Friedr. Alb. Lange, Geschichte des Materialismus und Kritik seiner Bedeutung in der Gegenwart, 4. Aufl., Iserlohn 1882, pag. 184.

Die einzige Reise Gassendi's ausser Frankreich war diejenige, welche er 1628 nach den Niederlanden unternahm, auf welcher Reise er eine Vertheidigung Mersenne's gegen Rob. Fludd schrieb. Gegen Ehre und Gewinnst war Gassendi sehr gleichgültig, so dass er sich 1645 nur schwer bewegen liess, das Lehramt der Mathematik am Collège royal zu Paris anzutreten. Bei dieser Gelegenheit verfasste er seine „Institutio astronomica". Das laute und angestrengte Sprechen, vielleicht auch die etwas rauhere Luft seines neuen Aufenthaltsortes zogen ihm einen heftigen Bronchialkatarrh und später Lungenentzündung zu. Von dieser Krankheit halb genesen, reiste er zur Erholung in seine Heimat, jedoch hatte er dort nicht lange Ruhe, da ihn der Gouverneur Valois, der ihn sehr lieb hatte, nur ungern entbehrte. Als dann dieser an den Hof berufen wurde, blieb Gassendi noch bis 1653 zu Digne, um später ebenfalls nach Paris zu gehen.

Nach seiner Rückkehr beschäftigte sich Gassendi mit der Herausgabe der Biographien von Tycho und Coppernicus, hierauf mit der Ausarbeitung seines philosophischen Systemes. Im Jahre 1654 fiel er wieder in eine Krankheit, von welcher er durch häufiges Aderlassen befreit werden sollte. Seit jener Zeit konnte er sich nicht wieder vollständig erholen, und im Herbste 1655 befiel ihn jene Krankheit, welche bald einen tödlichen Ausgang nehmen sollte.

Von den berühmtesten Pariser Aerzten behandelt, nahm die Krankheit dennoch einen immer heftigeren Verlauf. Entsprechend dem damaligen Zustande der ärztlichen Wissenschaft wurde der 63jährige, schwächliche Gassendi mit Aderlässen tractirt, deren neun hintereinander applizirt wurden. Als er nach diesem bedeutenden Blutverluste sich sehr geschwächt fühlte und von weiteren Aderlässen die Rede war, legte er seinen Aerzten die bescheidene Frage vor, ob es denn noch nicht Zeit wäre, mit dem Blutentziehen aufzuhören, da er dies fernerhin nicht auszuhalten im Stande sei. Ein alter Arzt war mit einem seiner Collegen geneigt, sich ebenfalls zu dieser Ansicht zu bekehren, allein ein anderer beharrte hartnäckig auf der Fortsetzung der bisherigen Behandlung, und so wurden noch vier weitere Aderlässe applizirt, nach welchen er am 24. Oktober des Jahres 1655 im Alter von 63 Jahren und 9 Monaten starb *).

Die Schriften Gassendi's bezeugen die Vielseitigkeit ihres Autors, wir finden in denselben Philosophie, Gelehrten-Biographien, Astronomie, Physik, Musik u. a. In sechs starken Folianten haben wir die Produkte der schriftstellerischen Thätigkeit des merkwürdigen Mannes vereinigt vor uns. Der vollständige Titel derselben lautet: Petri Gassendi Diniensis ecclesiae praepositi et in Ac. Paris. Mathes. Reg. Professoris,

---

*) Nach Kaestner, Gesch. der Mathematik, am 23. Oktober (IX. Kal. Novembr.).

opera omnia in sex Tomos divisa. — Hactenus edita Auctor ante obitum, recensuit, auxit, illustravit. Posthuma vero, totius naturae explicationem complectentia, in lucem nunc primum prodeunt ex bibliotheca illustris Viri Henrici Ludovici Haberti Mon-Morii, Libellorum supplicum magistri. Lugduni Batav. 1658.

Der Inhalt dieser Bände ist kurz der folgende: I.—II. Band. Syntagma philosophicum. Enthält: Logik, Physik und Ethik. Besonders hervorzuheben ist bei Gassendi die kritische Beleuchtung jener Wissenschaftssysteme, welche dem seinigen vorausgegangen sind. Auch hier bildet somit die Logik als Wissenschaftslehre den Ausgangspunkt, auf welche die im weitern Sinne zu verstehende Physik folgt, deren erster Abschnitt allgemeine physikalische Sätze enthält, während die zweite sich mit Astronomie beschäftigt. Es befinden sich unter den angeführten Gegenständen zahlreiche eigene Beobachtungen, besonders Beobachtungen des Saturns. — Im zweiten Bande folgt der dritte Abschnitt der Physik: von leblosen und lebenden Wesen. Hierauf folgt die Ethik.

III. Band. Philosophica Opuscula. Enthält neun Opuscula. I. Philosophiae Epicuri Syntagma, II. Exercitationes paradoxicae adversus Aristoteleos, III. Fluddanae philosophiae examen, IV. Disquisitio metaphysica adversus Cartesium, V. Epistola I ad librum Herberti de Veritate, VI. Epistolae IV de apparente magnitudine solis humilis et sublimis, VII. Epistolae III de motu impresso a motore translato, VIII. Epistolae III de proportione qua gravia cadentia accelerantur, IX. Epistola I de parheliis seu solibus spuriis quatuor, Romae visis.

IV. Band. Astronomica. I. Institutio astronomica, II. Observationes coelestes, III. Mercurius in sole visus et Venus invisa, IV. Novem stellae circa Jovem visae, V. Solstitialis altitudo Massiliensis. — Die „Institutio astronomica" ist dem Cardinale Ludwig Alphons Plessis Richelieu, Erzbischof von Lyon, Primas und Gross-Almosenier von Frankreich, dem Bruder des grossen Minister-Cardinals, seinem Gönner, dedizirt. Das erste Buch enthält die sphärische, das zweite die theorische Astronomie im Sinne des ptolemäischen Systems, das dritte Buch die Weltordnungen von Coppernicus und Tycho Brahe. Hierauf folgt die Antrittsrede im Königl. Collegium zu Paris am 23. Nov. 1645, mit der er seine Vorlesungen eröffnete. Nach dieser folgen nun verschiedene astronomische Beobachtungen und kleinere Abhandlungen: über Kometen, Jupitersbegleiter, Mondhöfe, Mondfinsternissbeobachtung etc., ferner zwei Briefe an Schickard in Tübingen: „Mercurius in sole." Diese erste Beobachtung eines Mercurdurchganges wurde durch Keppler's „Admonitio ad astronomos, rerumque coelestium studiosos, de miris rarisque anni 1631 phaenomenis, veneris puta et mercurii in solem incursu"[*]) veranlasst. Gassendi glückte es in der That, die angekündigte Himmelserscheinung

---

[*]) Siehe Bd. I, pag. 297 dieses Werkes.

am 7. November 1631, trotz der wenig günstigen Witterung, wenigstens theilweise zu beobachten. Hingegen gelang es ihm nicht, den für den 6. Dezember desselben Jahres angekündigten Venusdurchgang wahrzunehmen.

V. Band. Humaniora et Miscella. I. Diogenis Laërtii Liber decimus, cum nova interpretatione et notis: das Buch von Epikuros griechisch und lateinisch, II. Vita Epicuri, Peirescii, Tychonis Brahei, Copernici, Peurbachii, et Regiomontani, III. Abacus sestertialis seu de valore antiquae monetae ad nostram redactae, IV. Romanum Calendarium compendiose expositum, V. Manuductio ad Theoriam Musices, VI. Notitia Ecclesiae Diniensis. — In seiner aus acht Büchern bestehenden Abhandlung über Epikuros vertheidigt er den Philosophen gegen die von Cicero erhobenen Vorwürfe. In der Abhandlung über die französischen Münzen vergleicht er dieselben mit den altrömischen auf Grund einer von Peirescius erhaltenen genauen Copie eines römischen Congius. — In der Schrift über den römischen Kalender handelt er von dem altrömischen Kalender und von der letzten Verbesserung desselben durch Pabst Gregor XIII.

VI. Band. Epistolae et responsa Auctoris, 1621—1655. Dieser Band enthält Briefe Gassendi's an die bedeutendsten, damals lebenden Physiker und Mathematiker, so z. B. an Galilei, den er wegen seiner Erblindung auf einem Auge tröstet, ferner an Keppler, Kircher, Hevelius und andere. Von Briefen, welche an Gassendi gerichtet sind, erwähnen wir bloss die der Königin von Schweden, Christine.

Bezüglich der bei Lebzeiten und später einzeln erschienenen Schriften von Gassendi erwähnen wir, dass die „Exercitationes paradoxicae" lib. I. Gratianopol. 1624, lib. II. Hag. Com. 1659; „de vita, moribus et doctr. Epicuri" Lugd. Bat. 1647, Hag. Com. 1656; „animadversiones in Diog. L. de vita et philos. Epic." Lugd. Bat. 1649; „syntagma philos. Epicuri" Hag. Com. 1655, 1659; endlich, dass seine Opera omnia zum zweiten Male in Florenz 1727 erschienen.

Unter den auf Gassendi bezüglichen Schriften sind hervorzuheben: Abrégé de la philosophie de Gassendi en VIII Tomes, par F. Bernier, Docteur en Medicine de la Faculté de Montpelier. Lyon 1678, 12°. — Petri Gassendi institutio astronomica juxta hypotheseis tam veterum quam recentiorum, cui accesserunt Galilei Galilei Nuntius sidereus et Johannis Kepleri Dioptrice, secunda Editio priori correctior. Londini 1653, 8°. Der ungenannte Herausgeber hat drei ganz verschiedene Schriften in einen Band vereinigt. — Syntagma philosophiae Epicuri cum refutationibus dogmatum quae contra fidem Christianam ab eo asserta sunt, oppositis, per Petrum Gassendum, Philosophum ac Mathematicum celeberrimum. Praefigitur Samuelis Sorbierii dissertatio de vita et moribus Petri Gassendi. Amstelodami 1684 — endlich „Vie de Pierre Gassendi, Prevôt de l'Eglise de Digne, et Professeur des mathematiques au collège Royal. Paris 17(37). Verfasser ist der P. Bougerel.

Gassendi neigte, so wie sein Zeitgenosse und Antipode Descartes, mehr zur speculirenden als zur experimentirenden Richtung in der Physik. Bezüglich seiner Theorie der Constitution der Materie griff er auf die Ansichten von Demokritos und Epikuros zurück, indem er die von jenen vertretene Atomtheorie wieder aufnahm, sie jedoch in mancher Beziehung modifizirte. Gott schuf eine bestimmte Anzahl von Atomen, welche den Samen aller Dinge bilden. Ausser den Atomen gibt es noch Molecule. — Die vier Elemente bestehen aus Atomen, das Licht besteht aus Atomen, welche von den leuchtenden Körpern mit grosser Geschwindigkeit nach allen Seiten in geraden Linien abgeschleudert werden; hieraus erklärt er die Abnahme der Lichtstärke im quadratischen Verhältnisse mit dem Abstande von der Lichtquelle. Ebenso nimmt er eigene Atome für Wärme, für Kälte, für Geruch, Geschmack und Gehör an. Die Atome sind schwer, undurchdringlich, untheilbar und besitzen eine gewisse Grösse und Figur*). — Bei jeder Theilung muss man schliesslich auf etwas kommen, was einer weiteren Theilung nicht mehr fähig ist, da sich sonst die ganze Natur in nichts auflösen müsste. Ueberhaupt ist es ein Widerspruch, einen endlichen Körper aus unendlich vielen Theilchen zusammengesetzt zu denken. Da es nun keinen absolut harten Körper gibt, die Atome aber als absolut hart gelten müssen, so muss es in jedem Körper zwischen den Atomen leere Räume geben: eine zerstreute Leere (vacuum disseminatum).

Diese Annahme der relativ weit von einander entfernten, durch leere Zwischenräume von einander getrennten Atome erwies sich bald als eine für die Theorie der Physik bedeutsame Anschauung, welche sich besonders geeignet herausstellte, in einer Reihe von Aufgaben als Fundamentalhypothese zu gelten, während sie allerdings für eine andere Reihe sich weniger geeignet zeigte.

Die Grösse der Atome nahm Gassendi als derart unbedeutend an, dass sie sich unseren Sinnen gänzlich entziehen können. Die Figur kann eine runde, ovale, eckige u. s. f. sein. Die Atome befinden sich in stetiger Bewegung oder haben wenigstens immer das Bestreben hierzu. Solche Körper, deren kleinste Theilchen aus sehr winkligen und häkchenförmigen Atomen bestehen, besitzen eine grössere Trägheit als jene, deren Atome kugelförmig sind.

Dies sind kurz die Grundzüge der atomistischen Physik (physica corpuscularis), welche von den bedeutendsten Physikern angenommen zur Fundamentalhypothese der modernen Physik wurde, um so mehr, als sie den theoretischen Bedürfnissen der Chemiker in hohem Grade entsprach.

An der Pariser Universität setzten sich die Ansichten Gassendi's sowohl, als die des Descartes alsbald bei den jüngeren Professoren fest,

---

*) Syntagma philosophiae Epicuri. Opera, Lugd. 1658, Tom. III, pag. 3.

während nur noch die älteren den Aristotelismus vertraten. Es gab eine Zeit, wo man nothwendigerweise „Gassendist" oder „Cartesianer" sein musste, wollte man nicht sich die Anhänger beider Richtungen auf den Hals laden.

Gassendi erklärt die Unterschiede der Aggregation aus seiner Theorie auf folgende Weise. Im flüssigen Körper hängen die Theile an wenig Punkten zusammen, weshalb die Masse eine bewegliche ist, während sie beim festen Körper wahrscheinlich in Häkchen oder Aesten endigen, wodurch sie in einander greifen und sich verflechten und das Ganze fest zusammenhalten.

Bezüglich der Anschauungen Gassendi's über die Wärmephänomene nahm derselbe eine eigene „kaltmachende Materie" neben der „Wärmematerie" an, wofür er ziemlich schwache Gründe vorbringt.

Glücklicher war unser Philosoph in der Bestimmung der Schallgeschwindigkeit. Durch gleichzeitiges Abschiessenlassen einer Flinte und einer Kanone an einem entfernten Orte wies er nach, dass — entgegen der aristotelischen Behauptung — hohe und tiefe Töne sich mit gleicher Geschwindigkeit fortpflanzen. Die Zahl, die er für diese Geschwindigkeit erhielt: 1473 Fuss in der Sekunde, war bei dieser ersten Bestimmung des Zahlenwerthes entschieden zu gross, da sie in Wirklichkeit bloss 1023 Fuss beträgt.

Gassendi war der wirksame Vertheidiger der Galilei'schen Lehren, sowie des coppernicanischen Weltsystems, weshalb er es auch gegen die heftigen Angriffe Morin's[*] vertheidigte in seiner Schrift: „De motu impresso a motore translato" (Parisiis 1649). In dieser Schrift widerlegt er, wie dies auch schon weiter oben erwähnt wurde, auf Grund eigener Versuche die Angriffe der Gegner des Coppernicus und Galilei, welche es für eine Folge dieser neuer Ansichten erklärt hatten, dass ein von der Westseite eines Thurmes herabfallender Stein sich vom Thurme entfernen müsse, da dieser nach der Meinung der Coppernicaner während der Zeit des Falles nach Osten fortrücke. Gassendi stellte nun im Hafen von Marseille auf schnell dahinfahrenden Galeeren Fallversuche an und fand, dass ein vom Mast herunterfallender Stein parallel dem bewegten Mastbaume entlang falle. Als ein zweites Beispiel führt er noch die Erfahrung an, dass von einem Reitenden senkrecht emporgeworfene Gegenstände wieder in dessen Hand zurückfallen.

Morin gab sich mit dieser Widerlegung nicht zufrieden, sondern griff Gassendi noch heftiger an und prophezeite ihm den Tod für das Jahr 1650, welche Prophezeiung jedoch nicht in Erfüllung ging.

Von Bedeutung ist die Widerlegung, welche Gassendi dem Jesuiten Petrus Casraeus zu Theil werden liess, der in einem an unsern Gelehrten gerichteten Briefe beweisen wollte, dass sich die Fallgeschwindig-

---

[*] Siehe Bd. I dieses Werkes, pag. 270.

keiten wie die durchlaufenen Räume verhalten, wie dies Aristoteles behauptet, nicht aber wie die Zeiten, wie dies Galilei lehrt. Hierauf antwortet nun Gassendi in einem ebenfalls zu Paris 1646 herausgegebenen Briefe, in welchem er die Angriffe des Casraeus einfach und schlagend widerlegt. — Wenn sich die Geschwindigkeiten wie die Fallräume verhalten, so existirt eine Beziehung zwischen Zeit und Fallraum, laut welcher die Zeit gleich dem Logarithmus des Fallraumes wäre, was für den Anfangszustand, d. h. Zeit und Raum gleich Null gesetzt, ein ungereimtes Resultat gibt*).

Das Fallen der Körper erklärt Gassendi aus der Attraction der Erde, welche aber keine „actio in distans" sein könne. Es müsse vielmehr aus der Erde etwas unsichtbar wirkendes zu dem Steine kommen, gleich wie aus dem Apfel durch die Sinne des Knaben etwas zu diesem kam, was ihn veranlasst, sich desselben zu bemächtigen.

Besonders hervorzuheben ist noch, dass Gassendi nicht bloss ein Anhänger der coppernicanischen Lehre war, sondern sich auch zur Multiplizität der Welten, wie sie Giordano Bruno gelehrt hatte, bekannte**).

Gassendi war — wie oben erwähnt — einer der bedeutendsten Gegner der Descartes'schen Philosophie. Seine „Disquisitiones Anticartesianae" können als Muster einer geistreichen, feinen und höflichen, dabei aber immer gründlichen Polemik gelten.

Giles Persone (Personier) **de Roberval,** geboren am 8. August 1602 zu Roberval bei Beauvais, gestorben den 27. Oktober 1675 zu Paris. Derselbe stammte von armen Eltern und nahm in seiner Jugend Soldatendienste. Im Jahre 1627 kam er nach Paris, wo er mit Mersenne und andern Gelehrten in Verbindung trat; seinen philosophischen und mathematischen Talenten zufolge wurde er 1631 Professor der Philosophie am Collège Gervais zu Paris, nach Morin's Tode Professor der Mathematik am Collège royal ebendaselbst. Als im Jahre 1666 die Akademie der Wissenschaften gegründet wurde, erwählte man ihn zu deren Mitgliede.

Roberval war ein ausgezeichneter Mathematiker. Von seinen

---

*) In unserer heutigen mathematischen Sprache lässt sich diese Ungereimtheit sehr leicht nachweisen. — Der aristotelischen Behauptung gemäss wäre $v = c \cdot s$; da nun aber allgemein $ds = vdt$, so folgt:

$$ds = csdt$$
$$\frac{ds}{s} = cdt,$$

hieraus $\log \text{nat } s = ct$, was für $s = 0$ ergibt $t = \infty$. Es würde demzufolge der fallende Körper unendlich lange Zeit gebrauchen, um den Raum Null zu durchlaufen. Siehe Montucla, Hist. des math. II, pag. 197 und Kaestner, Gesch. d. Math. IV, pag. 28.

**) Exercitationes paradoxicae. Inhaltsübersicht des verlorenen vierten Buches.

physikalischen Erfindungen und Arbeiten ist am bekanntesten die Wage, welche seinen Namen trägt. In Nachstehendem geben wir ein Verzeichniss seiner Schriften:

Traité de méchanique des poids soutenus par des puissances sur les plans inclinez a l'horizon Des puissances qui soustiennent un poids suspendu a deux chordes Par G. Pers. de Roberval, Professeur Royal és Mathématiques au College de Maistre Gervais, et en la chaire de Ramus au College Royal de France. A Paris 1636. Diese Schrift erschien ausserdem in Mersenne's Harmonie universelle contenant la théorie et la pratique de la musique. Paris 1636 (nach dem 3. Buche). — Aristarchi Sami de mundi systemate partibus et motibus eiusdem libellus adjectae sunt Ae. P. de Roberval Mathem. scient. in collegio Regio Franciae Professoris notae in eundem libellum Parisiis Sumptibus vir. Amplissim. Vaeneunt apud Ant. Bertier 1644 cum privilegio Regis. Die zweite Ausgabe erschien 1647. — Nouvelle manière de balance. (Le journal des sçavans du lundy 10. Fevrier 1670.) — Sur la composition des mouvements etc. (Divers ouvrages de mathématiques et de physique par messieurs de l'academie royale des sciences pag. 112—113.) — De recognitione aequationum. (Anc. Mém. Tom. VI.) — De geometrica planarum et cubicarum aequationum resolutione. (Ib. id.) — Traité des indivisibles. (Ib. id.) — De trochoïde ejusque spatio. (Ib. id.) — Die letzten Schriften dieser Reihe sind posthum und von seinem Freunde, dem Abbé Gallois, publizirt worden.

Ausser diesen Schriften führt C. Henry, „Huygens et Roberval. Documents nouveaux" (Leyde 1879, 4°) die folgenden noch unedirten Schriften an: zwei Abhandlungen über elementare Geometrie, ein Bruchstück „über die Schwere", zwei Briefe über die Verhandlungen mit Descartes bezüglich der Zahl der Wurzeln einer Gleichung, eine kleine Abhandlung über Algebra, eine Abhandlung über Musik, zwei Abhandlungen über Mechanik, von denen die eine in lateinischer Sprache (1645) die Gleichgewichtsbedingungen der Wage behandelt, während die andere in französischer Sprache sich mit den einfachen mechanischen Potenzen, den Apparaten zum Heben des Wassers u. s. f. beschäftigt. Endlich findet sich unter den Manuskripten ein theilweise noch unedirter Brief an Fermat[*]), drei Fragmente über die Schwerpunkte, vier Briefe wahrscheinlich an Huygens gerichtet.

Das Hauptgewicht der wissenschaftlichen Thätigkeit Roberval's liegt auf dem Felde der Mathematik, wie dies ja auch schon das Verzeichniss seiner Arbeiten zur Genüge zeigt. Hauptsächlich beschäftigte er sich mit der Theorie der Gleichungen, ferner ist noch seine mechanische Lösung des Problems der Curventangenten bekannt. Roberval spricht

---

*) Der Anfang ist in den „Varia opera mathematica D. Petri De Fermat" pag. 138—141 veröffentlicht.

sein Prinzip in folgender Weise aus: „Nach den gegebenen speziellen „Eigenschaften einer krummen Linie untersuche man die verschiedenen „Bewegungen, welche der die Curve beschreibende Punkt an jener Stelle hat, „für welche die Tangente gezogen werden soll; nachdem man alle diese „Bewegungen in eine einzige zusammengesetzt hat, ziehe man die Linie „für die Richtung dieser zusammengesetzten Bewegung, so hat man „die Tangente der Curve" *).

Die wissenschaftliche Thätigkeit Roberval's als Physiker bethätigte sich fast ausschliesslich auf dem Gebiete der Mechanik. — Ueber die Schwere äussert er sich in seinem „Aristarchus", indem er sie als wesentliche Eigenschaft der Materie betrachtet, welche das Ballen derselben zu kugelförmigen Körpern veranlasst. — Roberval beschäftigte sich ausserdem mit dem Wurfprobleme und mit dem 1646 von Mersenne den Mathematikern vorgelegten Probleme, den Mittelpunkt des Schwunges für Körper oder solche Figuren zu bestimmen, welche ausserhalb ihres Schwerpunktes aufgehängt, entweder in ihrer eigenen Ebene oder hierauf senkrecht schwingen. — Descartes gab eine Lösung, welche für die Schwingung in der Ebene der Figur richtig ist, für die darauf senkrechte Richtung jedoch nicht entspricht. Die Lösung, welche Roberval fand, war jedenfalls besser als die des Descartes, allein sie war ebenfalls nicht ganz richtig. Ueber diese Aufgabe entspann sich nun zwischen den beiden Gelehrten eine Polemik, doch hat keiner von beiden durchaus Recht. Die eigentliche Lösung des besprochenen Problems stammt von Huygens, welcher die Lage des Schwingungsmittelpunktes bestimmte.

Am bekanntesten unter den Leistungen Roberval's ist, wie wir oben bereits erwähnten, seine Wage, deren scheinbar paradoxe Construction ihr Erfinder den Mathematikern als Problem vorlegte. Die Wage Roberval's (Vectis Robervalli, Balance de Roberval) besteht aus vier zu einem Parallelogramme vereinigten Stäben, die sich in ihren Vereinigungspunkten um Zapfen leicht bewegen lassen. Die zwei Langseiten des Viereckes sind in ihren Mittelpunkten an einer Säule drehbar befestigt, während die Gewichte an fixen Querriegeln der senkrechten, kurzen Seiten desselben aufgehängt werden. Das Paradoxe der Vorrichtung besteht darinnen, dass die gleichen Gewichte an den Querriegeln in ungleicher Entfernung von der Mittelsäule angebracht, doch stets im Gleichgewichte bleiben. — Eine richtige Erklärung des mechanischen Paradoxons gaben Brisson (Dictionn. rais. de Phys. Art. Levier) u. a.

Athanasius Kircher. Dieser Gelehrte, von dem wir nun sprechen wollen, ist allerdings weit entfernt davon, in eine Reihe mit den illustren Förderern der Wissenschaft gestellt zu werden. Sein Verdienst um die physikalische Wissenschaft ist ziemlich bescheidener Natur. Ein Anrecht, in der Darstellung einer Geschichte der Physik erwähnt zu werden, hat

---

*) Chasles, Geschichte der Geometrie, übersetzt von Sohncke, pag. 55.

er sich jedoch durch seine vielseitige, auf der Basis einer weit ausgebreiteten Gelehrsamkeit beruhende, schriftstellerische Thätigkeit erworben, wodurch er zur Verbreitung der Wissenschaft beitrug. Kircher war ein Polyhistor in der ausgedehntesten Bedeutung des Wortes. Er schrieb über Philosophie so gut als über Mathematik, über Physik, Mechanik, Naturgeschichte, Philologie und über andere Dinge.

Athanasius Kircher wurde zu Geiss bei Fulda am 2. Mai 1601 geboren*). Im Jahre 1618 trat er in den Jesuitenorden und wurde an der Universität zu Würzburg Professor der Mathematik, Philosophie, der hebräischen und syrischen Sprache. Im Jahre 1635 übersiedelte er, gestört durch die Unruhen des dreissigjährigen Krieges, nach Avignon, wo er im Hause der dortigen reichen Jesuiten lebte und ausschliesslich seinen Studien oblag. Eben im Begriffe in seine Heimat zurückzukehren, erhielt er die Berufung vom Pabste nach Rom, wo er am „Collegio romano" Mathematik und hebräische Sprache lehrte. In seinen späteren Jahren lebte er ohne amtliche Beschäftigung in Rom, wo er am 30. Oktober 1680 starb.

In Nachstehendem geben wir ein Verzeichniss der bedeutenderen Werke dieses Autors: „Athanasii Kircheri Fuldensis Buchonii e soc. Jesu Presbyteri. Ars magna lucis et umbrae in X libros digesta, fol. Romae 1646. — Editio altera 2 vol. fol. Amstelod. 1671. — Magnes, s. de arte magnetica opus tripartitum. 4°. Romae 1641, 2. edit. 4°. Col. Agripp. 1643, 3. edit. fol. Romae 1654. (In demselben Libr. III. Ἠλεκτρομαγνήτισμος i. e. de magnetismo electri s. electricis attractionibus earumque attractione.) — Pantometrum Kircherianum, hoc est instrumentum geometricum novum a. P. A. Kirchero antehac inventum etc. explicatum a Casp. Schotto. 4°. Herbipol. 1660. Ferner erwähnen wir noch: Ars magnesia s. conclusiones experimentales de effectibus magnetis. 4°. Herbipol. 1631. — Primitiae gnomonicae catoptricae etc. 4°. Avenionae 1635. — Specula melitensis encyclica s. Syntagma novum instrumentorum mathematicorum, 12°. Messanae 1638. — Praelusiones magneticae, Romae 1645. — Musurgia universalis s. Ars magna consoni et dissoni etc. 2 vol. fol. Romae 1650. — Iter exstaticum coeleste s. Opificium quo coeli siderumque natura, vires et structura exponuntur, 4°. Ibid. 1656. — Iter exstaticum terrestre s. Geocosmi opificium, quo terrestris globi structura exponitur, 4°. Ib. 1657. — Mundus subterraneus, in quo universae naturae majestas et divitiae demonstrantur, 2 vol. fol. Amstelod. 1664; 2. edit. 1668; 3. edit. 1671. — Arithmologia s. De occultis numerorum mysteriis, 4°. Romae 1665. — Magneticum naturae regnum etc. 4°. Ibid. 1667. — Phonurgia nova, de prodigiosis

---

*) Nach der „Bibliothèque des Écrivains de la Compagnie de Jésus; par Auguste et Alois de Backer", 7 vol. 8°, Liège 1853—61, ist Kircher am 2. Mai 1602 geboren worden.

sonorum effectibus et sermocinatione per machinas, sono animatas, fol. Campidonae 1673. — Tariffa Kircheriana i. e. Inventum auctoris novum, expedita et mira arte combinata methodo universalem geometriae et arithmeticae practicae summam continens, 8°. Romae 1679. — Physiologia Kircheriana experimentalis etc. (ein Auszug aus den Kircher'schen Werken von Joh. Steph. Kestler), fol. Amstelod. 1680. Endlich: Archäologisches und Linguistisches.

In den zahlreichen Werken Kircher's finden wir seine Ansichten über die verschiedensten physikalischen Erscheinungen und deren Erklärung. Besonders sind seine Meinungen über optische, akustische, magnetische und meteorologische Phänomene hervorzuheben.

Wir beginnen mit dem Erscheinungskreise der Optik. Kircher mag wohl der erste sein, der von den physiologischen Farben spricht. Er führt die Beobachtung des Josef Bonacursius und dessen auf Contrastfarben bezüglichen Versuch an. Der Erklärungsversuch, demzufolge das Auge mit dem bononischen Steine verglichen wird, ist eine der unglücklichen Reflexionen, welche der Verfasser an dieses Phänomen knüpft. — Ebenso ist Kircher der erste, der über Fluorescenz schreibt, welche er an der Tinktur des amerikanischen „Nierenholzes" (lignum nephriticum) wahrnahm, welches Holz in Mexico gegen Nieren- und Blasenbeschwerden verwendet werden soll. Im durchgehenden Lichte erschien die Tinktur farblos, im reflectirten grün oder roth, ja selbst blau. Er verspricht eine Erklärung dieses Phänomens, ohne jedoch sein Versprechen zu erfüllen[*]).

Viel beschäftigt sich unser Verfasser mit dem bolognesischen Leuchtsteine. Derselbe wurde von einem Schuhmacher zu Bologna, Vincenzo Cascariolo, 1630 zufälligerweise entdeckt, der ein am Fusse des Berges Paterno gebrochenes Mineral aus alchymistischen Gründen einer Calcination unterworfen und wahrgenommen hatte, dass dasselbe im Dunkeln leuchte, wenn es vorher dem Lichte ausgesetzt gewesen war[**]). Diese neue Erscheinung interessirte die Physiker in hohem Grade. Es schrieb darüber unter anderen Fortunio Liceti in seinem „Litheosphorus, seu de lapide Bononiensi, in tenebris lucente." Utini 1640. 4°. Kircher[***]) gibt vor allem eine Beschreibung des zu diesem Phosphor verwendeten Minerals und dessen Zubereitung. Dasselbe wurde calcinirt, hierauf pulverisirt, mit Wasser und Eiweiss oder Leinöl geknetet und noch einmal oder noch mehrere Male calcinirt. Ferner gibt er an, dass

---

[*]) Ars magna lucis et umbrae, Amstelod. 1671, pag. 56.

[**]) Dieser in Priestley's Geschichte der Optik (pag. 265) befindlichen Erzählung widerspricht Wilde: „Geschichte der Optik", indem er sich auf Jul. Caesar La Galla's Werk: „De phaenomenis in orbe lunae" (Venetiis 1612, pag. 58) beruft, demzufolge schon Galilei die Eigenschaft des bononischen Leuchtsteines gekannt hätte.

[***]) Ars magna lucis et umbrae, Amstelod. 1671, pag. 18.

sich das fragliche Material auch an andern Orten, z. B. in den Alaungruben zu Tolpha finde. Die Erscheinung selbst erklärt Kircher durch ein Einsaugen der Lichtmaterie, welche der Phosphor im Dunkeln wieder ausstrahle.

Ueber die Luftspiegelung entwickelt Kircher sehr primitive Ansichten. Ueber der Meerenge von Messina spiegeln sich zuweilen sehr ferne Objecte ab. Schlösser, Wälder, Städte u. a. erscheinen in der Luft als Fata morgana schwebend. Kircher untersuchte den Boden der Gegend und fand, dass dieser an Gyps und glasartigen Mineralien reich sei. Seiner Ansicht nach verflüchtigt die starke Sonnenhitze Theilchen des Gesteines, welche in der Luft schweben und gleich Spiegeln wirken*).

Kircher bestimmte das Brechungsverhältniss des Lichtstrahles für Luft und Wasser, Glas, Oel und Wein, wobei er zu einer Zeit, da das Descartes'sche richtige Gesetz der Lichtbrechung schon bekannt war, noch eine bis auf Sekunden berechnete Tabelle für die Brechung aus Luft in Wasser auf Grund der Keppler'schen falschen Formel anfertigt und hierdurch nur den Beweis liefert, wie wenig Gewicht man anfänglich auf jenes wichtige Gesetz legte.

Gewöhnlich schreibt man die Erfindung der „Laterna magica" unserm Kircher zu. In der ersten Auflage seiner „Ars magna lucis et umbrae" (Romae 1646) erwähnt er bloss — ohne Hinzufügung einer Zeichnung — dass man auf einen Hohlspiegel ein Gemälde bringen könne, dessen Bild vermittelst Linse und Lichtquelle sich auf eine dunkle Wand projiziren lasse, und fügt bei, dass man Gottlose durch rechtzeitiges Vorführen einer Darstellung des Teufels vermöge der Zauberlaterne bekehren könne. — In der zweiten, der Amsterdamer Ausgabe des Werkes (pag. 768) spricht Kircher ausführlicher von dieser Vorrichtung und gibt eine sehr saubere Zeichnung derselben**). Aus dieser sieht man auch, dass er sich schon der transparenten Glasbilder bedient habe. An einer andern Stelle seiner Schrift (Amsterdamer Ausgabe pag. 779) beschäftigt sich unser Autor mit der Herstellung eines in der Luft schwebenden Bildes, das er mit Hülfe eines horizontal gelegten Hohlspiegels erzeugt. Kircher beschäftigte sich auch mit der Frage, ob Archimedes die römische Flotte von Syrakus mittelst Hohlspiegels habe anzünden können. Er nahm bei Gelegenheit einer sicilianischen Reise die Oertlichkeit in Augenschein und hielt die Verbrennung für möglich, jedoch unter Anwendung einiger Planspiegel. („Ars magna", Amstel. 1671, pag. 772. Vgl. Band I, pag. 91 ff. dieses Werkes.)

---

*) Ars magna lucis et umbrae (Amstel. 1671) pag. 704. Ferner: Schott, Magia universalis naturae et artis etc. (Herbipoli 1657) pag. 176.

**) Nach Wilde: „Geschichte der Optik" I, pag. 294 wäre Kircher nicht der Erfinder der Zauberlaterne, da Dechales dieselbe schon 1665 bei einem Dänen gesehen habe.

Hinsichtlich der Wärme und des Feuers haben wir von Kircher zu berichten, dass er das Feuer oder den Wärmestoff für ein Element hielt, welches als wesentlicher Bestandtheil aller Körper zu betrachten und dem Schwefel ähnlich sei. Dabei unterscheidet er das elementarische Feuer von dem Küchenfeuer. Ersteres ist ein reines Element, die Ursache von Wärme und Licht, letzteres eine Vermischung des ersteren mit verschiedenen Theilen des brennbaren Körpers *).

Wir kommen nun auf Kircher's akustische Kenntnisse und Erfindungen zu sprechen. In der oft genannten zweiten Auflage der „Ars magna lucis et umbrae" (Amstel. 1671, pag. 102) spricht der Verfasser von einem Sprachrohre Alexanders des Grossen, wobei er sich auf eine aus dem Arabischen stammende apokryphe aristotelische Abhandlung beruft. Aus der Zeichnung des Hornes folgt, dass dasselbe kein Sprachrohr, sondern eine Tuba gewesen sein mochte. — Kircher spricht auch über Sprachgewölbe und hat' 1639 das sog. Ohr des Dionysios zu Syrakus untersucht und gefunden, dass dasselbe eine parabolisch ausgehöhlte Grotte sei, welche die aus dem Brennpunkte kommenden Schallstrahlen parallel zur Axe hinausreflectirt (Musurgia Tom. II, pag. 291).

Die Aeolsharfe (Anemochord) beschreibt Kircher in seiner Phonurgia (1673); da jedoch schon Eustathios weiss, dass der Wind gespannten Saiten Accorde entlocke, so kann man Kircher die Erfindung der Aeolsharfe nicht wohl zuschreiben.

Sehr ausführlich behandelt Kircher das Problem der Zurückwerfung des Schalles**). Er bestimmt die Entfernungen der reflectirenden Wand von der Schallquelle für ein-, zwei- und mehrsilbiges Echo. Ein merkwürdiges Echo, das er anführt***), ist das im Schlosse Simonetta bei Mailand, das ein einsilbiges Wort vierzigmal wiederholt, ferner andere dort angeführte Oertlichkeiten.

Ueber den Magnetismus spricht Kircher in seinem Werke: „Magnes, sive de arte magnetica." Editio sec. Colonia Agripp. 1643. 4°. In diesem weitläufigen Werke finden sich die folgenden hervorzuhebenden Punkte: ein Verfahren mittelst der Wage die Tragkraft des Magneten zu bestimmen†), die Beobachtung dass auch glühendes Eisen vom Magneten angezogen werde ††); ferner erwähnt er noch die Beobachtung eines Freundes, derzufolge ein Ausbruch des Vesuvs die Declination der Magnetnadel geändert habe. Daneben finden wir nun eine grosse An-

---

*) Mundus subterraneus, Amstel. 1665, fol., Tom. I, lib. IV, sect. I, Cap. II, Coroll. I, pag. 172—173.
**) Musurgia universalis, Romae 1650, fol., Tom. II, pag. 247 sqq.
***) Ibid. pag. 289.
†) Magnes, sive de arte magnetica, Col. Agr. 1643, lib. II, pars I, prop. VI—VIII.
††) Ibid. lib. I, pars II, theor. XXXI.

zahl auf der Anwendung des Magnetismus beruhende Versuche und Spielereien.

Ueber die magnetische Declination sagt Kircher, dass sie auch für einen und denselben Ort nicht beständig sei. Er stellt hierauf bezüglich eine Anzahl — hauptsächlich durch Jesuitenmissionäre, durch die Engländer und Holländer gesammelter — Daten tabellarisch zusammen. Bezüglich der Ursache der anziehenden Kraft des Magnetismus spricht sich Kircher dahin aus, dass die Ursache der anziehenden Kraft in den vom Magnete ausgehenden, nach allen Seiten gerichteten magnetischen Strahlen zu suchen sei, welche (Kraft) Strahlen auf Eisen eine induzirende Wirkung ausüben.

Dabei ist Kircher übrigens sehr leichtgläubig und ist davon überzeugt, dass der Magnet dadurch verstärkt werde, wenn wir ihn zwischen die Blätter von Isatis sylvatica verpacken.

Wir finden endlich bei Kircher noch eine Reihe von Meinungen und Erklärungen, die sich auf Meteorologie und Physik der Erde im Allgemeinen beziehen. Dieselben haben jedoch weniger Interesse, weshalb wir hier nur ein kurzes Verzeichniss davon geben. Es sind dies die Meinungen des gelehrten Jesuiten über die Entstehung der Meteore aus dem Centralfeuer der Erde, die Ursache der Ebbe und Fluth, der Erdbeben, der Salzigkeit des Meeres, sowie der Erscheinung, dass das Meereis nach seinem Schmelzen süsses Wasser liefert, die Entstehung der Quellen und anderes.

Alles in allem müssen wir die staunenswerthe Vielseitigkeit unseres Autors anerkennen und zugeben, dass er die Wissenschaft mit Erfolg zu verbreiten bestrebt war, müssen jedoch gleichzeitig constatiren, dass er die physikalische Wissenschaft mit neuen Prinzipien und Ideen nicht bereichert habe.

Daniel Schwenter, geboren den 31. Januar 1585 zu Nürnberg, gestorben den 19. Januar 1636 zu Altdorf in Franken, war Professor des Hebräischen (von 1608), der gesammten orientalischen Sprachen (von 1625), endlich der Mathematik an der 1809 aufgehobenen Altdorfer Universität. Wir besitzen von ihm die folgenden Schriften: „Wie man aus rechtem Fundament auf dem Papier mit dem Zirkel, Winkelhaken u. s. w., ja zur Noth ohne dieselben, verfahren und praktiziren solle." Nürnberg 1616. — „Wie ohne einige künstliche geometr. Instrumente, allein mit der Messruthen und einigen Stäben das Land zu messen." Ibid. 1616. — „Beschreibung des geometrischen Tischleins, welches Johann Praetorius erfunden." Ibid. 1619. — „Geometriae practicae novae libr. IV." Ibid. 1625—26. — „Tabulae sinuum, tangentium et secantium." 12^0. Ibid. 1628. — „Deliciae physico-mathematicae oder Mathematische und philosophische Erquickstunden." I. Theil. 4^0. Ibid. 1636 (posthum, 2 Theile von Harsdörffer). — Ueberdies schrieb er noch Philologisches.

In den „Mathematischen und philosophischen Erquickstunden" finden wir mancherlei physikalische Versuche und Spielereien beschrieben, so z. B. eine Art von hohlem Drachen, der fast an den Montgolfier'schen Luftballon erinnert. Das ganze Werk hat beiläufig die Richtung der „Magia naturalis" von Porta.

Schwenter wiederholt den Vorschlag Porta's, durch einen Heber Wasser über Berge zu heben. Die hierzu verwendete Röhrenleitung soll an ihren untern zwei Enden mit Hähnen verschlossen, das eine Röhrenende in das zu entwässernde Reservoir getaucht, ferner die ganze Röhre durch eine im Knie an der höchsten Stelle der Leitung befindliche Oeffnung mit Wasser gefüllt werden. Wird hierauf die obere Oeffnung geschlossen, die zwei untern Hähne geöffnet, so beginnt der Winkelheber zu wirken. Schwenter vergisst hervorzuheben, dass auf diese Weise das Wasser nicht über 10 Meter Höhe gehoben werden kann.

Schwenter beschreibt ein primitives Grannenhygrometer, welches ein auf die Hafergranne befestigtes Pfennigstück, dem Feuchtigkeitszustande der Luft entsprechend, bewegt*). In seiner „Geometria practica" (pag. 381) führt er seine Wahrnehmung an, derzufolge eine 16 Fuss lange Messschnur beim Feldmessen in der feuchten Abendluft sich um einen ganzen Fuss verkürzt habe.

Pierre Fermat wurde zu Beaumont de Lomagne bei Toulouse im Jahre 1608 geboren und starb zu Toulouse am 12. Januar 1665**) als Mitglied des dortigen Parlaments. Seine Schriften, welche zwei Foliobände füllen, erschienen erst nach seinem Tode. Im Jahre 1679, also fünfzehn Jahre nach dem Tode seines Vaters, gab Samuel Fermat die hauptsächlichsten Schriften desselben heraus unter dem Titel: Opera varia mathematica".

Fermat kann als einer der Vorläufer der Erfinder unserer Differentialrechnung gelten, wenn auch die Aussprüche einiger französischer Gelehrter, wie z. B. Laplace (Essai philosophique sur le calcul de Probabilités): „On doit donc regarder Fermat, comme le véritable in-„venteur du Calcul differentiel" (Théorie analytique des Probabilités, introd. pag. XXXIII), ferner Lagrange in seinen „Leçons sur le calcul des fonctions" (pag. 321): „On peut regarder Fermat comme le premier inventeur des nouveaux calculs", wenn auch diese Aussprüche als zu sehr vom französischen Nationalgefühl diktirt erscheinen mögen. Den Keim der Differentialrechnung finden wir schon in der „Stereometria doliorum" Keppler's, welche zu Linz 1615 erschien***); trotzdem wäre

---

*) Mathematische und philosophische Erquickstunden, lib. 13, probl. 53.

**) Arago gibt in seinen „Gedächtnissreden und Biographien" das Jahr 1595 als Geburtsjahr an, als Geburtsort Toulouse. In dem „Précis des Oeuvres mathématiques de P. Fermat" von E. Brassine (Paris 1853) findet sich die Grabschrift Fermat's „Piae memoriae Dom. Petri de Fermat ob: XII. Jan. MDCLXV. Aet. An. LVII" angeführt, aus welcher unser Datum folgt.

***) Siehe Bd. I, pag. 293.

es eine arge Uebertreibung, den grossen deutschen Astronomen als den Erfinder der Infinitesimalrechnung hinstellen zu wollen.

Fermat gab im Jahre 1636 eine Methode an, die Maxima und Minima veränderlicher Grössen in den verschiedensten Problemen aufzufinden, ausgehend von jenem Prinzipe, das schon Keppler in seiner obenerwähnten Abhandlung benützt, dass nämlich die Veränderungen einer Variablen in der Nähe ihres Maximums oder Minimums verschwindend klein seien. Es war dies die erste Veranlassung zu der zwischen ihm und Descartes entstehenden, zeitweise in sehr heftiger Weise geführten Polemik. Der letztgenannte hatte eine geometrische Lösung des Problems gegeben, derzufolge an den durch eine Curve dargestellten Functionen in der Nähe der Maximal- und Minimalpunkte die Tangente der Curve zur Abscissenaxe parallel wird.

Indem Fermat seine Methode an mechanischen Problemen versuchen wollte, gelangte er zu einem wichtigen Prinzipe, das als naturphilosophisches Prinzip der Verallgemeinerung fähig war. Es ist dies der Satz von der geringsten Wirkung (de la moindre action), welcher später von Maupertuis als allgemeines statisches und dynamisches Gesetz bewiesen wurde. Fermat hat dieses Prinzip in seinem wissenschaftlichen Streite mit Descartes gefunden, als er sich vor dem Erscheinen der „Dioptrik" desselben Einblick in das Manuskript dieser Schrift zu verschaffen vermochte und das Werk, ohne sein Erscheinen abzuwarten, in heftiger Weise angriff, besonders das Brechungsgesetz und dessen Ableitung. Fermat fand einen Widerspruch in der Behauptung, dass der Lichtstrahl im dichteren Medium weniger Widerstand finden solle, als im weniger dichten. Die beiderseitigen Freunde bemühten sich wohl, den Streit beizulegen, doch liess sich keine der beiden Parteien gründlich überzeugen. Sieben Jahre nach Descartes' Tode entflammte der Streit noch einmal, als Clerselier die Lehren seines Meisters als vollständig richtig vertheidigte. — Fermat vernahm jedoch von allen Seiten, dass jenes von ihm angegriffene Brechungsgesetz der Erfahrung vollständig entspreche, weshalb er versuchte, eine stichhaltigere Ableitung zu derselben zu finden, als die von Descartes war. Er ging von dem Heron'schen Satze aus*), demzufolge der Lichtstrahl mit dem geringsten Aufwande sein Ziel verfolge; dabei nahm er jedoch nicht wie Heron den Weg des Lichtstrahls als Minimum an, sondern die Zeit, welche er zur Fortpflanzung von einem Punkte des Raumes zum andern in Anspruch nimmt. Fermat fand auch auf diesem Wege das von Descartes aufgestellte Brechungsgesetz, mit dem Unterschiede jedoch, dass seinem Calcul zufolge der Widerstand im dichteren Mittel grösser erschien, als in dem weniger dichten. Der Grund dieses Unterschiedes trotz der Einheit des Brechungsgesetzes liegt in der Verschiedenheit der

---

*) Vgl. Bd. I, pag. 123.

Grundhypothese, auf welche sich der beiderseitige Calcul stützt: nach der Emanationstheorie muss die Geschwindigkeit des Lichtes im dichteren Mittel grösser sein als im weniger dichten, da die Anziehung der Körpermolecule die Geschwindigkeit der Theilchen der Lichtmaterie beeinflusst; nach der Undulationstheorie hingegen findet das Entgegengesetzte statt.

Der Fermat'sche optische Satz lässt sich in folgenden Worten aussprechen: „Der Weg des Lichtstrahls ist stets der Weg der kürzesten Zeit". Dieser Satz fällt mit dem Heron'schen des Wegminimums für den Fall der Reflexion zusammen, da bei dieser der Lichtstrahl stets in einem und demselben Medium bleibt.

Die Art und Weise, wie Fermat sein Prinzip auf die Ableitung des Brechungsgesetzes anwandte, findet sich in einem Briefe des Gelehrten*) auf folgende Weise dargestellt: Fermat suchte den Weg zwischen einem Punkte des einfallenden Strahles zu einem des gebrochenen, welcher zeitlich der kürzeste und der des geringsten Widerstandes wäre. Auf diesem Wege gelangte er dann zu dem Sinussatze. Da die Widerstände in den beiden verschiedenen Medien verschieden sind und deren Summe ein Minimum zu sein hat, so gilt dies auch für die beanspruchte Zeit.

Der Satz von der kleinsten Aktion wurde von Fermat auf sehr grossem Umwege herbeigeschafft und vorerst nur auf die Optik angewendet. Es dauerte sehr lange, bis dieses allgemeine mechanische Prinzip in das System der einfachsten Kräfterelationen aufgenommen werden konnte, als ein Prinzip, das ebenso allgemeine Gültigkeit besitzt wie der Satz von den virtuellen Geschwindigkeiten.

Wie schon weiter oben erwähnt, war Fermat ein eifriger Vertheidiger der Galilei'schen Lehre vom Falle der Körper. Als Ursache des Falles betrachtet er die Schwere der Körper, d. h. das Bestreben derselben, sich einander bis zur Berührung anzunähern. Er weiss auch schon, dass bei gegenseitiger Anziehung zweier Körper dieselben sich im umgekehrten Verhältnisse der Geschwindigkeiten bewegen werden. Nach dem Zeugnisse Mersenne's**) fand er auch den Satz, dass ein Körper im Innern der Kugel weniger schwer sei als an der Oberfläche, und dass die Schwere im Verhältniss zum Abstande vom Mittelpunkte abnehme.

Thomas Hobbes. Das Bild, welches wir von der Entwicklung der physikalischen Ideen zu entwerfen uns vorgesetzt haben, würde ein unvollkommenes sein, wenn wir nicht, wenigstens mit einigen Worten, der philosophischen Bestrebungen gedenken würden, welche in jener Zeit der Wiedergeburt der Philosophie sich geltend machten und einen, wenn auch indirekten Einfluss auf die Geschichte der physikalischen Natur-

---

*) Fermat, Varia opera mathematica, Tolosae 1679, pag. 156—158.
**) Harmonia universalis lib. II, prop. 12.

anschauung übten. Besonders sind es zwei Männer, deren wir an dieser Stelle, gleichsam im Gefolge des Begründers der neueren Philosophie, gedenken müssen; es sind dies die Philosophen Thomas Hobbes und Baruch Despinoza.

Thomas Hobbes wurde am 5. April 1588 zu Malmesbury als Sohn eines Landgeistlichen geboren. Er studirte zu Oxford insbesondere die aristotelische Logik und Physik. In seinem zwanzigsten Jahre wurde er Erzieher im Hause des Lord Cavendish, in welcher Eigenschaft er auf dem Continente grössere Reisen machte. Nach seiner Rückkehr übersetzte er den Thukydides in's Englische. Später ging er nach Frankreich, studirte in Paris Mathematik und Naturwissenschaften und verkehrte hierbei mit Gassendi und Mersenne. Er war ein Anhänger der Lehren des Coppernicus, Keppler, Galilei und Harvey. Um das Jahr 1640 verfasste er zwei Schriften: „On human nature" und „De corpore politico" ohne jedoch dieselben herauszugeben. Seine Hauptwerke schrieb er in Paris: „Elementa philos. de cive" (Paris 1642, Amsterdam 1647), ferner „Leviathan or the matter, form and authority of government" (London 1651, lateinisch Amsterdam 1668). Im Jahre 1652 kehrte Hobbes nach London zurück, wo er seine Schriften: „Human nature or the fundamental elements of policy" (1650), „de corpore politico or the elements of law, moral and political" (1650), „quaestiones de libertate, necessitate et casu" (1656), endlich „Elementorum philosophiae sectio prima: de corpore, sectio secunda: de homine, sectio tertia: de cive" (1668) herausgab. Hobbes starb zu Hardwicke am 4. Dezember 1679 im 92. Jahre seines Lebens. Noch im 88. Jahre hat er eine Uebersetzung des Homer, im 91. eine Cyclometrie herausgegeben.

Hobbes hatte sich erst spät, in seinem 41. Jahre dem Studium der Mathematik und noch später dem Studium der Naturwissenschaften zugewendet; der Schwerpunkt seiner philosophischen Thätigkeit liegt auch nicht auf dem Gebiete der Naturphilosophie, sondern der Socialphilosophie und jenen Theilen der allgemeinen philosophischen Disciplinen, welche mit dieser im Zusammenhange stehen.

Die Richtung der Hobbes'schen Philosophie ist eine sensualistisch-materialistische. Es gibt keinen Begriff in unserm Verstande, der nicht auf die Wirkung unserer Sinneswerkzeuge zurückleiten würde*). — Die materialistische Richtung seines Philosophirens kennzeichnet der folgende Satz, den er als Hauptaufgabe hinstellt: „Welche Art von Bewegung kann es sein, welche die Empfindung und Phantasie der lebenden Wesen hervorbringt?" Die Philosophie definirt er „als die Erkenntniss der Wir-

---

*) Leviathan Chap. I. — Es ist dies der berühmte Satz: „Nihil est in intellectu, quod non prius fuerit in sensu", der gewöhnlich Locke zugeschrieben wird.

kungen oder der Phänomene aus angenommenen Ursachen derselben und der möglichen Ursachen aus den anerkannten Wirkungen mittelst richtiger Schlüsse." „Schliessen ist aber Rechnen und Rechnen lässt sich zurückführen auf Addition und Subtraction." Zweck der Philosophie ist die Wirkungen der verschiedenen Ursachen voraussehen, um unser Leben darnach einrichten zu können. In diesen Sätzen spricht sich die auf dem Gebiete der reinen Philosophie materialistische, auf dem Gebiete der praktischen Philosophie utilitaristische Richtung unseres Philosophen klar aus.

Hobbes ist ein unbedingter Anhänger der mechanistischen Naturanschauung. Gegenstand der Philosophie ist jeder Körper, oder was damit gleichbedeutend, ist jede Substanz, da eine unkörperliche Substanz ein Unding ist. Die Körper sind natürliche oder künstliche, unter den letzteren ist der Staatskörper (Staatsorganismus) der wichtigste. Die Philosophie theilt er demgemäss ein in Natural- und Civilphilosophie. Hierzu kommt als „philosophia prima" die Lehre von den Fundamentalbegriffen: Raum und Zeit, Ding und Qualität, Ursache und Wirkung. — Die Körper bestehen aus kleinen, jedoch nicht völlig untheilbaren Partikeln. Alle Vorgänge reduziren sich auf Bewegungen. Die Bewegung kann nur durch bewegte Medien fortgepflanzt werden, mithin gibt es keine unvermittelte Wirkung in die Ferne. — Die Sinne werden durch Bewegungen affizirt, die von den Körpern ausgehend zum Gehirn und von da zum Herzen gehen. Die Rückwirkung gegen diese Affection ist die Empfindung. Wesentlich ist nun, dass die Empfindungsqualitäten (Farben-, Ton-, Geruchsempfindungen) nicht in den Körpern vorhanden sind, sondern bloss in uns, während sich in den Körpern bloss die Ursachen für jene Bewegungen finden, welche die Empfindungen in uns hervorrufen. Es ist dies eine Auffassung, die sehr nahe jener steht, welche die Physiologie der Sinnesorgane als Ausgangspunkt benützt, indem sie die Sinneseindrücke für blosse Zeichen der Dinge ausser uns nimmt.

Die Philosophie Hobbes' wendet sich vorwiegend der praktischen Richtung zu. Die eminente Befähigung des Philosophen für die Erfassung der Resultate, welche die Naturwissenschaften jener Zeit zu Tage gefördert, zeigt sich am besten darinnen, dass er — sehr verschieden von seinem Zeitgenossen Sir Francis Bacon — der Bedeutung des coppernicanisch-kepplerischen Weltsystemes, der galileischen Dynamik und der harveyschen physiologischen Entdeckung volles Verständniss entgegenbringt.

Baruch Despinoza (Benedictus de Spinoza)[*] wurde am 24. November 1632 zu Amsterdam in einem am Stadtgraben gebauten,

---

[*] Er selbst schreibt einmal „Despinoza", das andere Mal „Spinoza". Den Namen „Baruch" erhielt er bei der rituellen Namengebung, er selbst nahm später den Namen „Benedict" an.

hinter der Synagoge befindlichen Hause geboren. Seine Eltern waren portugiesische Juden, die sich vor der Inquisition in das tolerantere Holland geflüchtet hatten. Sein Vater war ein wenig bemittelter Kaufmann oder Händler. Wenn wir ausserdem noch anführen, dass Spinoza zwei Schwestern hatte, so haben wir so ziemlich alles gesagt, was wir von seinen Familienverhältnissen wissen.

Als ungewöhnlich aufgeweckter, höchst talentirter Knabe wurde er zur Rabbinenlaufbahn bestimmt. Der berühmte Talmudist Saul Levi Morteira übernahm seinen Unterricht und fühlte sich anfangs beglückt, einen so genialen Jünger gefunden zu haben, der durch seine scharfsinnigen Fragen den Lehrer in Athem erhielt. Bald jedoch stellten sich bei dem geistig rasch heranreifenden Jünglinge Bedenken und Zweifel ein, die ihm seine Lehrer nicht lösen konnten, die sie ihm auszureden sich bemühten, von denen sie ihn anfangs mit Güte, später mit Strenge und Drohungen zurückzubringen versuchten. In seinem vierzehnten Jahre verfügte er über ein derartiges Bibelwissen, dass er sich mit jedem Rabbiner messen konnte, in seinem fünfzehnten Jahre setzte er die Synagoge durch seine Fragen in Verwirrung, Morteira bemühte sich umsonst dem Feuergeiste Zügel anzulegen, der bald einzusehen begann, dass die Synagoge nicht der Ort für seine heterodoxen Ansichten sei.

Spinoza verliess die Synagoge. Es lässt sich wohl denken, von welchen Szenen dieser Schritt begleitet gewesen sei. Die Vorwürfe seines fanatischen Lehrers, der Zorn seines Vaters, die mannigfachen Waffen, mit denen ihn die weiblichen Glieder seiner Familie bestürmten, der Spott und Hohn seitens der Gemeindemitglieder, das alles hatte er in reichem Masse durchzukosten. — Nachdem endlich alle Mittel erschöpft waren und Spinoza sich unbeugsam zeigte, die jüdische Gemeinde jedoch nicht die Macht besass den Abtrünnigen mit Gewalt zum Gehorsam zu bringen, da nichtsdestoweniger das Aergerniss um jeden Preis vermieden werden sollte, so versuchte man ihn mit Geld wenigstens zum Schweigen und zur scheinbaren Uebung seiner Religion zu bewegen. Es wurde ihm von Seiten der Gemeinde eine Jahresrente von tausend Gulden zugesagt, wenn er von Zeit zu Zeit in der Synagoge zu erscheinen und seine Zweifel zurück zu halten sich verpflichte. Spinoza wies jedoch dieses Ansinnen empört zurück. Da nun die jüdische Gemeinde von Amsterdam nicht in der günstigen Lage war, über die Assistenz der staatlichen Execution verfügen zu können und ihren Häretiker nicht als einen zweiten Giordano Bruno auf den Scheiterhaufen schicken konnte, so wurde versucht, ihn durch Meuchelmord aus dem Wege zu räumen. Als er eines Abends seinem Hause zuschritt, wurde er von einem Individuum mit einem Messer angefallen. Der Stich ging jedoch fehl, schlitzte bloss den Rock auf und ritzte seine Haut. — Ob dieser Mordversuch auf Anstiften der zelotischen Rabbiner von Amsterdam erfolgte oder nicht vielleicht bloss das Werk eines einzelnen Fanatikers war, wird sich allerdings nicht mehr feststellen lassen. — Den aufgeschlitzten Rock bewahrte Spinoza als ein Denkmal der religiösen Unduldsamkeit seines Stammes. Da nun keines der angewendeten Mittel verfangen wollte, dass Aergerniss nicht vermieden werden konnte, so folgte die grosse Excommunication*).

Spinoza sah sich nun für einige Zeit aus der menschlichen Gesellschaft schier ausgeschlossen. Die Juden hatten ihn aus ihrer Mitte verstossen, die Christen in ihre Gemeinschaft nicht aufgenommen. Einen Freund Franz Van den Ende hatte er sich erworben, der ihn in der lateinischen Sprache, vielleicht auch in der Philosophie, vielleicht — da er Arzt war — auch in Anatomie und Physiologie unterrichtete. Die Erzählung, als sei die Tochter Van den Ende's Spinoza's Lehrer in der lateinischen Sprache gewesen, ist wohl nur als eine Sage zu betrachten**), wenn er auch später von einer dem Mädchen zugewendeten — wie es scheint nicht erwiederten — Neigung spricht.

Spinoza verdiente sich sein Brot durch Schleifen optischer Gläser, welche Kunst er als Rabbinatszögling sich angeeignet hatte. Ausser dieser Fertigkeit, in welcher er es einem Briefe Leibnizens zufolge zu einer gewissen Berühmtheit gebracht hatte, malte er; so befand sich sein eigenes Porträt, von ihm gemalt, im Besitze des lutherischen Pfarrers Johann Colerus, der eine Biographie des Philosophen verfasste. — Im Jahre 1660 lebte er zu Rhynsburg bei Leyden, von 1664 bis 1669 in Voorburg beim Haag, später im Haag selbst bis zu seinem am 21. Februar 1677 erfolgten Tode. Im Jahre 1673 wurde er durch Karl Ludwig, Pfalzgraf bei Rheine, an die Heidelberger Universität für einen Lehrstuhl der Philosophie gerufen, er lehnte jedoch diesen Ruf ab, da er fürchtete in der Freiheit seines Philosophirens gehindert zu sein, trotzdem ihm letzteres ausdrücklich gewährleistet worden war. Unter den intimen Freunden des Gelehrten sind zu nennen Heinrich Oldenburg und Robert Boyle, mit welchen er in wissenschaftlichem Verkehr stand, ferner Simon Vries und Johann Witt. Der letztere vermochte den Philosophen eine kleine Rente von etwa 700 Mark jährlich von ihm anzunehmen.

Nach dem Tode seines Vaters wollten seine beiden Schwestern Rebekka und Mirjam ihn als Excommunicirten von der Erbschaft ausschliessen. In seinem Gerechtigkeitsgefühle empört, strengte Spinoza den Prozess gegen seine Geschwister an, den er natürlich gewann. Erst nachdem er so seinem Rechtsgefühle Befriedigung verschafft hatte, schenkte er die ganze Summe seinen lieblosen Schwestern. Sein dankbarer Schüler Simon Vries wollte ihm 1000 Gulden als Zeichen seiner

---

*) Die Ceremonie derselben, sowie die Bannformel, welche durch die in ihr angehäufte Bosheit abstossend wirkt, findet sich in voller Ausführlichkeit in Lewes: „Geschichte der Philosophie" II. Band, Artikel: „Spinoza".

**) Klara Maria Van den Ende war zur Zeit der Excommunication im Jahr 1656 erst 12 Jahre alt.

Dankbarkeit verehren, die er jedoch nicht annahm; hierauf testirte ihm Vries die Summe, was jedoch Spinoza wieder nicht zuliess, da hierdurch ein Bruder des Testators verkürzt worden wäre. Da jedoch letzterer die schon einmal verschenkte Summe ebenfalls nicht für sich haben wollte, so kam es nach edlem Wettstreite endlich zum Ausgleich, dem zufolge Spinoza 300 Gulden für sich behielt.

Spinoza ist bloss 45 Jahre alt geworden. Es scheint, dass seine Beschäftigung, verbunden mit der schwächlichen Constitution, seinem Leben ein so schnelles Ende bereitete.

Die Schriften Spinoza's sind die folgenden: Den Anfang machte eine (durch seinen, einem Schüler ertheilten, Unterricht in der Philosophie veranlasste) Darstellung der cartesianischen Philosophie nach mathematischer Methode: „Renati des Cartes Principiorum philosophiae pars I et II, more geometrico demonstratae, per Benedictum de Spinoza Amstelodamensem, accesserunt ejusdem Cogitata metaphysica in quibus difficiliores quae tam in parte Metaphysices generali quam speciali occurrunt, quaestiones breviter explicantur, Amstelodami 1663." — „Tractatus theologico-politicus, continens dissertationes aliquot, quibus ostenditur libertatem philosophandi non tantum salva pietate et reipublicae pace posse concedi, sed eandem nisi cum pace reipublicae ipsaque pietate tolli non posse (Hamburgi 1670)." Diese Schrift wurde später mit Beschlag belegt und hierauf noch mehrmals abgedruckt, theilweise unter falschem Titel. — Das Hauptwerk des Philosophen, seine Ethik, erschien nach dem Tode des Verfassers, mit einigen kleineren Schriften vereinigt als: „Opera posthuma" (Amstelod. 1677). In derselben befindet sich die „Ethica, ordine geometrico demonstrata, et in quinque partes distincta, in quibus agitur I. de Deo, II. de natura et origine mentis, III. de origine et natura affectuum, IV. de servitute humana seu de affectuum viribus, V. de potentia intellectus seu de libertate humana." — Ferner befinden sich noch dort: „Tractatus politicus", „tractatus de intellectus emendatione, etc." — Endlich: „Epistolae doctorum quorundam virorum ad Ben. d. Spin. et auctoris responsiones, etc." — „Compendium grammaticae linguae Hebraeae." — Von den zahlreichen Gesammtausgaben erwähnen wir bloss die von Berthold Auerbach in deutscher Uebersetzung herausgegebenen Werke, 5 Bände, (Stuttgart 1841 und 1872).

Spinoza's Philosophie geht von dem Cartesianismus aus. Es wird jedoch der cartesianische Dualismus von Denken und Ausdehnung zum einheitlichen Pantheismus verschmolzen. Es gibt nur eine Substanz, deren Grundeigenschaften die Ausdehnung und das Denken sind, und diese Substanz ist Gott. Die Grundeigenschaften oder „Attribute" kommen in den mannigfaltigsten Wesen vor, denen daher „individuelle Existenz" zukommt. Gott hat keine individuelle Existenz, da dies eine Beschränkung seiner absoluten Existenz wäre. Gott wirkt nach der inneren

Nothwendigkeit seines Wesens. Der Causalnexus besteht bloss zwischen den Modis der Ausdehnung, oder den Modis des Denkens; zwischen Denken und Ausdehnung besteht kein Causalnexus, sondern Uebereinstimmung.

Spinoza hat die Idee Descartes', die Mathematik auf philosophische Probleme, in welchen keine Grössenrelationen vorkommen, auszudehnen, in einer Weise fortgesetzt, welche weit über die Grenzen hinausgehen, innerhalb welcher sich der Autor dieser Idee gehalten hat. Die „geometrische Metaphysik" ist ein Unding, da sie Relationen, welche sich bloss auf Grössen- und Lagenverhältnisse beziehen, auf irgendwelche im causalen Zusammenhange stehende Dinge übertragen will. Damiron hat in seinem „Mémoire sur Spinoza" (pag. 19) sehr richtig hervorgehoben, dass die Geometrie keine Aussicht habe, in der Metaphysik zu verlässlichen Resultaten zu führen oder im Allgemeinen anwendbar zu sein. Er stellt die Frage auf, weshalb können wir über den Begriff der Ursache, der Substanz und der andern metaphysischen Begriffe keine so sichern Vorstellungen bilden, als über die Linien und Flächen? Die Antwort ist sehr einfach. Weil die Geometrie das ihr eigene Gebiet der räumlichen Beziehungen nie verlässt, in welchem sie sich unter der normirenden Wirkung einer Reihe von unantastbar sicheren Axiomen bewegt. An Linien und Flächen beginnt sie ihre Aufgabe, an Linien und Flächen beendet sie dieselbe. Ihre Wahrheiten fassen keine andern Elemente in sich, als welche dort von vornherein enthalten waren, sie ist deshalb eine rein formale und deductive Wissenschaft.

Vermöge seiner Beschäftigung hatte Spinoza sich ein ziemlich ausgebreitetes dioptrisches Wissen erworben, wie man dies besonders aus seinem Briefwechsel ersehen kann. In dem Briefe, den Leibniz vom 5. October 1671 datirt an Spinoza richtet, überreicht er demselben ein Schriftchen, enthaltend: „Eine Nachricht aus der höheren Optik" und erbittet sich sein Urtheil darüber. Die Antwort des Philosophen vom 9. November 1671 verbreitet sich ausführlicher über die Frage*). Ausser den auf Optik bezüglichen Behauptungen finden wir noch eine Besprechung von Arbeiten Boyle's über die Aggregationsformen, über Salpeter und Salpetersäure, ferner findet sich eine Stelle über den Wasserdruck u. s. f.

Spinoza hat als Physiker keine wesentlichen neuen Meinungen über die Constitution der Materie und deren Wirkungsweise aufgestellt, auch hat er keine besonderen neuen physikalischen Thatsachen entdeckt. Wenn wir es deshalb doch für passend fanden, seiner in diesem Werke zu gedenken, so ist dies bloss deshalb geschehen, weil sein all-

---

*) Siehe Kirchmann, J. H. v.: „Die Briefe mehrerer Gelehrten an Benedict von Spinoza und dessen Antworten." (Philos. Bibliothek von Kirchmann, 46. Bd.) 8°, Berlin 1871, pag. 177 ff.

gemeines philosophisches System: der Pantheismus, ein wichtiges Glied in der Kette der Naturanschauungen bildet, ferner weil die grosse Bewegung auf dem Gebiete der exakten Naturwissenschaft nur auf dem Hintergrunde der damaligen philosophischen Systeme vollständig aufgefasst werden kann.

Evangelista Torricelli.

Eine der interessantesten Erscheinungen aus dem Kreise der Jünger des Begründers der Dynamik ist jener Mann, der als Schüler eines Schülers des Meisters schliesslich auf kurze Zeit dessen unmittelbarer Schüler und Gehülfe wurde. Es ist Evangelista Torricelli, den wir meinen, ohne Zweifel der fähigste unter Galilei's Schülern, dem wir Grosses in der Förderung unserer physikalischen Kenntnisse verdanken, der zu den grössten Hoffnungen berechtigend, in frühem Mannesalter starb.

Evangelista Torricelli wurde am 15. Oktober 1608 „di nobili parenti" geboren. Als Geburtsort des grossen Physikers werden drei Orte genannt. In den „Elogj degli uomini illustri Toscani" *) wird Piancaldoli in der Romagna fiorentina als Geburtsstadt angegeben, während „Jöcher: Allgemeines Gelehrtenlexikon" **) Faenza, „Targione-Tozzetti: Notizie sugli aggrandimenti delle Scienze fisiche accaduti in Toscana nel corso di anni LX del secolo XVII" ***) hingegen Modigliana in Toscana als den Ort bezeichnen, wo Torricelli im ersten Jahrzehnt des 17. Jahrhunderts das Licht der Welt erblickte. Sein Oheim von mütterlicher Seite Don Jacopo war ein Camaldulenser Mönch, dieser ertheilte dem jungen Torricelli den ersten Unterricht. Um das Jahr 1628, im Alter von etwa 20 Jahren kam er nach Rom, wo er der Schüler des von Urban VIII. als Lehrer der Mathematik nach Rom berufenen Benedikt Castelli, des erprobten Freundes von Galilei wurde. Um diese Zeit erschienen Galilei's „Gespräche über zwei neue Wissenschaften: die Mechanik und die lokalen Bewegungen". Torricelli schrieb eine Abhandlung von der Bewegung, in welcher er die Lehren Galilei's von der Bewegung in origineller Weise ausführte und erläuterte. Als Castelli im Jahre 1641 zum Generalcapitel seines Ordens nach Venedig reiste, nahm er Torricelli's Arbeit mit sich, um sie auf seiner Reise durch Florenz Galilei übergeben zu können. Es wird auch ein Brief mitgetheilt, den Torricelli bei dieser Gelegenheit geschrieben hat. Als Castelli seinen verehrten Meister blind und gebrech-

---

*) 4 Bände, 8°, Lucca 1771—1774.
**) 4 Bände, 4°, Leipzig 1750—1751.
***) 3 Vol. in 4 part., 4°, Firenze 1780.

lich wiederfand und dabei den nimmermüden Geist desselben geschäftig sah, fortwährend noch Neues zu schaffen, da schlug er ihm vor, den jungen, talentvollen Torricelli kommen zu lassen, damit ihm dieser bei der Vollendung der „Discorsi", denen noch zwei „Tage" angefügt werden sollten, behülflich sei. Torricelli ging auf diesen von Galilei ebenfalls gebilligten Plan mit Freuden ein und erwartete nur noch die Rückkunft Castelli's, dessen Lehramt er für die Dauer der Abwesenheit desselben übernommen hatte, um sich allsogleich nach Florenz zu Galilei zu begeben. Er langte dort Anfangs Oktober 1641 an und verfasste unter der Leitung des Meisters das fünfte Gespräch, welches der andere treue Schüler Galilei's, Vincenzio Viviani, 1674 in seinem Werke „Della scienza universale delle proporzioni" (Florenz) herausgab. Torricelli verbrachte bloss drei Monate an der Seite des verehrten Greises, da nach dieser Zeit der Tod den Vielgeprüften von seiner qualvollen Existenz erlöste. Als nun dergestalt der Aufenthalt Torricelli's in Florenz gegenstandslos geworden war, schickte er sich an, wieder nach Rom zurückzukehren. Jedoch der Grossherzog von Toscana, der Beschützer und Gönner Galilei's, bekleidete ihn mit den Aemtern und Würden des Verstorbenen und hielt ihn so als Mathematiker, Philosophen und öffentlichen Lehrer der Mathematik in Florenz zurück.

Es muss die glückliche Wahl, welche Torricelli zum Nachfolger Galilei's machte, besonders rühmend hervorgehoben werden, da wohl selten ein grosser Vorgänger einen so bedeutenden Nachfolger erhalten hat, als hier, denn Torricelli war unter allen Schülern des Meisters unzweifelhaft der fähigste und weitaus talentirteste.

Der Grossherzog folgte den wissenschaftlichen Bestrebungen Torricelli's mit lebhaftem Interesse und machte ihm zahlreiche Geldgeschenke, ferner schenkte er ihm eine goldene Kette mit einer Medaille, welche die Aufschrift trug: „Virtutis praemia". — Leider war das Leben Torricelli's zu jener Zeit schon nahe an sein Ziel gelangt. Kaum sechs Jahre nach seiner Ankunft in Florenz entriss ihn der Tod seiner vielseitigen Beschäftigung, kaum dass er sein 39stes Lebensjahr erreicht hatte. Torricelli starb am 25. Oktober 1647 zu Florenz. Sein Leichnam wurde in der Collegiatenkirche von St. Lorenz beigesetzt; in seinen Sarg legte man eine Bleiplatte mit der Aufschrift: „Evangelista Torricellius Faventinus Magni Ducis Etruriae Mathematichus et Philosophus, obiit VIII. Kal. Novembris, anno salutis MDCXLVII, aetatis suae XXXIX".

Torricelli hat folgende Werke verfasst: „Trattato del moto" (Firenze, vor 1641 erschienen), ein Zusatz dazu ist in Viviani's: „Scienza universale delle proporzioni" (4°, Firenze 1674) enthalten. — „Opera geometrica", 4°, Firenze 1644. Diese Schrift besteht aus folgenden Abschnitten: 1) „De sphaera et solidis sphaeralibus", 2) „de motu gravium naturaliter descendentium", 3) „de motu projectorum", 4) „de dimensione parabolae problema", 5) „Appendix de dimensione cycloidis", 6) „de solido acuto hyperbolico problema", 7) „Appendix de dimensione cochleae". — Hierauf: „Lezioni Accademiche" unter den Auspizien der „Accademia della crusca" zu Rom herausgegeben von Th. Bonaventuri, deren Mitglied Torricelli war (4^0, Firenze 1715) *). Das Werk enthält 11 Vorlesungen, darunter jene Abhandlungen, welche ihr Verfasser der obengenannten Akademie vorgelegt hat: Nr. 1 enthält die Danksagung für die Aufnahme in die Akademie, Nr. 2—4 handelt „della forza della percossa", Nr. 5 und 6 „della leggerezza", Nr. 7 „vom Winde", Nr. 8 „über den Ruhm", Nr. 9 „Lob der Mathematik", Nr. 10 und 11 „dell' architettura militare", Nr. 12 „Encomio del secol' d'Oro" ein Scherz. — In der Einleitung heisst es: „Adi 10 di Febbraio 1715. Noi appié „sottoscritti Censori e Deputati, rivedutta forma della Legge prescritta „dalla Generale Adunanza dell'Anno 1705 la seguenta opera, dell'Inno„minato Evangelista Torricelli; in titolata Lezioni Accademiche ec. „non abbiamo in essa osservati errori di Lingua". Die Akademie bezeugt also das reine und fehlerfreie Italienisch dieser Torricelli'schen Schrift. — Nur die ersten acht Vorlesungen sind in der Akademie selbst gehalten worden, die übrigen vier bei andern Gelegenheiten.

„Scrittura del Torricelli sopra la bonificazione della Chiana" (Raccolta degli autori che trattano del moto dell'acque, T. IV). — „Racconto d'alcune proposizioni proposte e passate scambievolmente tra i matematici di Francia e me dall'anno 1640" (Fabroni: Vitae Italorum I. 1778). „Epistola ad A. P. de Roberval de trochoide" (Anc. Mém. Paris VI).

Die wichtigsten Arbeiten Torricelli's beziehen sich auf den mechanischen Theil der Physik. Vor allem ist seine geistige Nachfolgerschaft Galilei's hervorzuheben, in deren Geiste er die peripatetische Philosophie angriff. Die fünfte Abhandlung in den oben angeführten „Lezioni Accademiche" handelt von der Leichtigkeit (leggerezza) und fängt mit der paradoxen Behauptung an: Ambosse, Säulen, Berge seien nicht nur ohne Schwere, sondern haben in sich das Prinzip der positiven und absoluten Leichtigkeit. Zur Erläuterung bedient sich der Verfasser eines Märchens: Die Nereiden wollen sich eine Philosophie zurecht machen und eröffnen in den untersten Tiefen des Meeres eine Akademie der Wissenschaften. Sie machen Versuche und beobachten und ziehen

---

*) Der vollständige Titel lautet wie folgt: „Lezioni Accademiche d'Evan„gelista Torricelli, mattematico e filosofo, dell' Sereniss. Ferdinando II. „Gran Duca di Toscana, Lettore delle Mattematiche nello studio di Firenze, „e accademico della Crusca." Firenze 1715, 4^0. Auf dem Titelblatte das Sinnbild der „Accad. della Crusca", der Rumpf einer Getreidemühle mit der Ueberschrift: „il piu bel fior ne coglie." Brustbild des Torricelli mit der Unterschrift: „En virescit Galilaeus, alter".

daraus ihre Schlüsse. Da sie finden, dass manche Stoffe im Wasser sinken, die andern emporsteigen, so schliessen sie, es gebe schwere und leichte Körper. Schwer seien: die Steine, Metalle u. s. f., hingegen leicht: Wachs, Oel, die meisten Hölzer u. s. f. Mit dieser Philosophie der Nereiden vergleicht Torricelli die damals geltende Physik, der zufolge Erde und Wasser schwer, das Feuer leicht und die Luft als indifferent dargestellt wird. — Schwer ist, was niedergeht, das Niedergehen kann daher nicht zufällig sein, sondern muss von einem innern Triebe herrühren. Kann man diesen innern Trieb aus der Thatsache folgern, dass ein Stück Erde in der Luft zu Boden sinkt, da es im Quecksilber ja doch emporsteigt? Man soll also sagen: „schwer heisst" statt „ist".

In der sechsten „Lektion" führt nun Torricelli die Paradoxie alle Körper als leicht zu erklären aus, um zu dem Schlusse zu gelangen, dass beide Ansichten, die der Schwere und die der Leichtigkeit der Materie gleich berechtigt seien. Ja er bestreitet die damalige Ansicht von der Schwere noch dadurch, dass er die Wirkung der Natur convergirend gegen einen Mittelpunkt als gänzlich unbekannt hinstellt. Licht und Schall verbreiten sich nach divergirenden Richtungen, nur die Kunst vereinigt Lichtstrahlen durch Spiegel, Schallstrahlen durch Gefässe oder Gewölbe. Es ist ihm neu, unglaublich und beispiellos, dass die Natur in die Dinge unter dem Monde einen innern Trieb gelegt habe, sich gegen den Mittelpunkt zu bewegen. Es ist dagegen noch das Folgende vorzubringen: Was wirkt, wirkt nach einer gewissen Absicht. Kann es nun die Absicht der Elemente sein, den angestrebten Mittelpunkt wirklich zu erreichen, da sie doch dort alle in einem Punkte zusammentreffend sich in Chaos auflösen müssten?

Wir können aus der allgemeinen Haltung, welche Torricelli den durch Galilei begründeten Ansichten über die Schwere entgegenbringt, nur folgern, dass diese halb ernste, halb witzige Darstellung gegen die peripatetischen Ansichten sowohl, als gegen die damals gewöhnliche Vorstellung von der Schwere als Trieb nach einem Mittelpunkte gerichtet gewesen sei.

In seinem „Trattato del moto" stellt er den folgenden wichtigen, statischen Satz auf: „Zwei mit einander verbundene Körper sind im Gleichgewicht, wenn ihr gemeinschaftlicher Schwerpunkt durch irgendwelche Lageänderung weder gehoben noch gesenkt wird", wozu die Wage ein Beispiel liefert, sowie zwei mit einer über den Grat einer schiefen Ebene laufenden Schnur verbundene Körper, deren einer auf der schiefen Ebene ruht, während der andere von der Höhe derselben frei herabhängt.

Torricelli hat in seinen: „Opera geometrica" in der Abhandlung: „De motu gravium, naturaliter descendentium" die galileische Theorie vom freien Falle mit geometrischen Beweisen vorgetragen. In der folgenden Abhandlung „De motu projectorum" entwickelt er die folgenden Sätze über die Wurfbewegung, welche im Wesentlichen schon von Galilei ausgesprochen wurden: 1) Jeder geworfene Körper beschreibt eine Parabel, abgesehen von dem Luftwiderstande, 2) die Wurfweite ist für die Elevation von 45^0 am grössten, 3) die Wurfweite ist für jede Elevation von $45^0 \pm \alpha$ gleich. Diesen Sätzen fügt Torricelli den hübschen geometrischen Satz bei, dass alle von einem Punkte mit einer Elevation von $0-90^0$ ausgehenden, gleicher Geschwindigkeit entsprechenden Wurfparabeln eine Curvenschaar bilden, welche selbst wieder von einer Parabel umhüllt werden. — Ferner versucht er den Zusammenhang zwischen der Grösse der Wurfkraft und den Dimensionen der Wurfparabel festzustellen und die Bahnen der abgeschossenen Kugeln tabellarisch darzustellen. Die Physiker dieses Zeitraums hatten jedoch von dem Widerstande der Luft bei derartig schnellen Bewegungen keine richtige Vorstellung, indem sie diesen viel zu klein annahmen.

In der Abhandlung „De motu gravium naturaliter descendentium" finden sich die Sätze über den Ausfluss von Flüssigkeiten aus Gefässen, welche an und für sich hinreichen würden, ihren Verfasser als würdigen Schüler Galilei's zu erweisen. Die Sätze, welche er über das, in seiner Vollständigkeit auch gegenwärtig noch nicht gelöste hydrodynamische Problem des Ausflusses von Flüssigkeiten aufstellt, sind die folgenden: 1) das Wasser, welches aus einer Oeffnung in der Seitenwand eines Gefässes fliesst, bildet den Gesetzen der Wurfbewegung zufolge einen parabolischen Strahl, 2) der Parameter der Parabel ist am grössten, wenn sich die Oeffnung in der Mitte der Wasserhöhe befindet, 3) die Oeffnungen, welche sich in gleicher Entfernung über oder unter der mittlern Oeffnung befinden, geben Flüssigkeitsstrahlen von kleinerer, aber gleicher Bogenweite, 4) für gleiche Oeffnungen verhalten sich die in gleichen Zeiten ausfliessenden Wassermengen, wie die Quadratwurzeln aus den entsprechenden Flüssigkeitshöhen, 5) die Zeiten, in welchen sich gleiche Gefässe durch gleiche Oeffnungen entleeren, verhalten sich ebenfalls wie die Quadratwurzeln aus den Flüssigkeitshöhen. Dieser Satz ist eine einfache Folge des vorhergehenden Satzes. 6) Wenn man für den Fall einer im horizontalen Boden des Gefässes befindlichen Ausflussöffnung sich die Zeit, welche zur gänzlichen Entleerung des Gefässes nothwendig ist, in gleiche Zeiträume zerlegt denkt, so bilden die denselben entsprechenden Ausflussmengen eine bis zur Einheit abnehmende Reihe von ungeraden Zahlen. Wenn z. B. die Ausflusszeit 10 Minuten, die in der ersten Minute ausgeflossene Flüssigkeitsmenge 2 Kilogramm beträgt, so wird die Menge der in den folgenden Minuten ausfliessenden Wassermengen sich durch die folgende Reihe von Zahlen darstellen lassen. Von der zweiten bis zur 10ten Minute fliessen aus: $\frac{17}{19} \times 2$ Kilogr., $\frac{15}{19} \times 2$, $\frac{13}{19} \times 2$, $\frac{11}{19} \times 2$, $\frac{9}{19} \times 2$, $\frac{7}{19} \times 2$, $\frac{5}{19} \times 2$, $\frac{3}{19} \times 2$, $\frac{1}{19} \times 2$ Kg. Wasser.

Da Torricelli die Bewegung des ausfliessenden Wassers mit der eines geworfenen und frei fallenden Körpers identisch findet, so betrachtet er den aus horizontalem Boden entströmenden Flüssigkeitsstrahl als frei fallende Masse und schliesst ferner, dass der Flüssigkeitsstrahl des Springbrunnens sich theoretisch bis zur Höhe des Flüssigkeitsspiegels im Reservoir erheben müsste.

Torricelli hat die Ausflussgeschwindigkeit der Flüssigkeit nicht in der heute gebräuchlichen Form abgeleitet. Bei ihm ist $v = A . \sqrt{h}$, wo h die Flüssigkeitshöhe, A eine Constante ist; die gegenwärtig benützte Formel $v = \sqrt{2gh}$, wo g die Acceleration der Schwere bedeutet, stammt von Johann und Daniel Bernoulli.

In den „Lezioni Accademiche" findet sich eine Abhandlung: „Della forza della percossa" über den Stoss, in welcher unser Autor allerdings nicht die richtigen Gesetze des Stosses gibt, jedoch sich der rein dynamischen Natur des ganzen Vorganges wohl bewusst ist, da er gleich wie Galilei erklärt, dass der Stoss mit dem Drucke in keiner Weise verglichen werden könne.

Jene Entdeckung, welche den Namen Torricelli's zu einem der bekanntesten, um nicht zu sagen populärsten auf dem Gebiete der Physik gemacht hat, ist die Erfindung des Versuches, durch welchen sich nicht bloss die Thatsache des Luftdrucks demonstriren, sondern auch die Grösse desselben abmessen lässt, nämlich die Erfindung des „Torricelli'schen Versuches", und des Apparates, welcher auf diesem beruht: des Barometers.

Nachdem Galilei in dem ersten Gespräche („Erster Tag") der „Discorsi" die „resistenza del vacuo" untersucht und gefunden hatte, dass dieselbe in der Saugpumpe eine Wassersäule von 18 Braccien (Florentiner Ellen) zu tragen im Stande sei und er somit die Grösse des Luftdruckes unbewusst gemessen hatte [*], war nur mehr ein einziger Schritt nöthig zur Erkenntniss, welche Kraft eigentlich die ca. 10 Meter hohe Wassersäule zu tragen im Stande sei. Wenn wir jedoch die Meinungen der verschiedenen Zeitgenossen Torricelli's über diese allbekannte Erscheinung, sowie über die Ansichten derselben betreffs der Eigenschaften der Luft in Betracht ziehen, so müssen wir diesen Schritt, mit dem der Schüler Galilei's die Erklärung des Meisters modifizirte, als einen hochbedeutenden ansehen. Jedoch Torricelli machte von dieser Vorstellung des Luftdruckes noch eine andere sehr wichtige Anwendung. Er verfiel auf den Gedanken, statt des Wassers das fast 14mal schwerere Quecksilber anzuwenden, wodurch die Höhe der Flüssigkeitssäule von 18 auf ca. 1 1/3 Braccien verkürzt wurde. Er theilte diesen Gedanken seinem intimen Freunde Viviani mit, der denselben alsbald zur Ausführung brachte. Er liess sich eine beiläufig zwei Braccien lange Glasröhre mit einer Kugel an einem Ende verfertigen, füllte sie mit Quecksilber und

---

[*] Siehe Bd. I, pag. 375.

stülpte sie, nachdem er das offene Ende mit dem Finger verschlossen hatte, mit diesem in ein weites Gefäss mit Quecksilber. Die Erscheinung trat in der von Torricelli vorhergesehenen Weise ein: das Quecksilber räumte den Platz in der Kugel und dem obern Theile der Röhre und blieb in einer Höhe von ca. $1^1/_3$ Braccien stehen. Der denkwürdige „Torricelli'sche Versuch" wurde im Jahre 1643 ausgeführt. Viviani theilte ihn allsogleich seinem Freunde mit, welcher nun selbst das Experiment wiederholte. Hierbei bemerkte er nun alsbald, dass die Höhe der Quecksilbersäule veränderlich und die Kuppe des Quecksilbers in steter Schwankung begriffen sei und erkannte als Ursache dieser Veränderung die Veränderlichkeit des Luftdruckes. Somit war im Jahre 1643, ein Jahr nach dem Tode des grossen Begründers der neuern Physik, von seinem Schüler das Barometer erfunden worden, ein Apparat von dem Vincenzio Antinori in der Vorrede zu der von ihm redigirten dritten Florentiner Ausgabe der „Saggi di naturali esperienze fatte nell' accademia del Cimento" sagt, dass sie das Aussehen und den allgemeinen Zustand der Physik in solcher Weise verändert habe, wie die Erfindung des Fernrohrs den der Astronomie, die Entdeckung des Blutkreislaufes den der Medizin und die Erfindung der Volta'schen Säule den der Molecularphysik *).

Torricelli schrieb seinem Freunde und Schüler Michel Angelo Ricci von seiner Entdeckung, so erfuhr sie De Verdus in Rom, der sie Mersenne mittheilte, von dem wieder Blaise Pascal die Kunde von der denkwürdigen Entdeckung erhielt. — In seinem ersten an Ricci gerichteten Briefe (1644) führt Torricelli an, dass er den Versuch nicht lediglich in der Absicht einen leeren Raum zu erzeugen gemacht habe, sondern um ein Instrument zu erhalten, welches die Veränderungen der Luft, dieses bald schwereren, bald leichteren, bald dichteren, bald feineren Mediums, erkennen lasse. — Der Erfinder des Barometers erkannte übrigens bloss die unregelmässigen Schwankungen des Luftdruckes, die bedeutend kleineren, periodischen Veränderungen mussten ihm natürlicherweise noch entgehen **).

In der siebenten Vorlesung der „Lezioni" handelt Torricelli vom

---

*) „La scoperta del Barometro insomma fece cambiare l'aspetto della „fisica, come il Telescopio quello dell' astronomia, la circolazione del sangue „quello della medicina, la Pila del Volta quello della fisica molecolare." Notizie istoriche relative all' accademia del Cimento. — Saggi di naturali esperienze fatte nell' accademia del Cimento. Terza edizione fiorentina. 4°. Firenze 1841.

**) Zufolge der Meinung Antinori's (ibid. pag. 29) hätte Torricelli im Jahre 1643 schon gewusst, dass das Barometer auf der Spitze eines Berges niedriger stehe als auf der Oberfläche der Erde, da dieses Instrument anzeige, dass die Luft unten schwerer sei als oben. Antinori beruft sich auf einen der Briefe Torricelli's an Ricci.

Winde. Dieser entsteht seiner Ansicht zufolge durch Verdichtung und Verdünnung der Luft, welche durch die ungleiche Erwärmung verursacht wird. Der Tempel von Santa Maria del Fiore und die Basilika zu Rom sind dadurch ausgezeichnet, dass aus ihnen in den wärmsten Tagen ein kühler Luftstrom webt. Die in den grossen Gebäuden befindliche Luft ist viel kühler und somit dichter, als die im Freien befindliche erwärmte Luft, somit strömt sie gleich einer Flüssigkeit zu den Pforten hinaus. Am römischen Tempel ist der also entstehende Wind um die Mittagszeit durch seine Heftigkeit beschwerlich.

Wir haben nun noch die Verdienste Torricelli's um die Verbesserung der Fernröhren und die Verfertigung einfacher Mikroskope zu erwähnen. Er schmolz Glas zu kleinen Kügelchen und fand, dass diese sehr zweckmässig als einfache Mikroskope verwendet werden können. Er erwarb sich jedoch auch Verdienste um die Construktion von Fernröhren, theils durch die geometrische Untersuchung der Linsengestalten, theils durch praktische Herstellung von Teleskopen. Vor ihm verstand es bloss Galilei, zu astronomischen Zwecken taugliche Instrumente herzustellen, so dass diese einen Gegenstand starker Nachfrage nach Deutschland bildeten, da sie viel besser waren, als die holländischen. Die von Torricelli verfertigten Teleskope waren nun mindestens so gut als die galileischen, ja sie leisteten gewöhnlich noch mehr. Das grösste Rohr, das er herstellte, hat eine Focalweite von 18 Braccien und befindet sich noch gegenwärtig im physikalischen Museum zu Florenz.

Die achte Vorlesung der „Lezioni" handelt über den Ruhm (Fama) und sucht das Thema durchzuführen, dass der Ruhm nach dem Tode keinen Werth habe, und dass nach dem Tode alle Menschen gleich berühmt seien. Er meint, diese Ueberzeugung könne dem, der auf dem Wege der Tugend zum Ruhme wandelt, nicht unangenehm sein, da es ihn bloss antreibe, während der Zeit seines Lebens die Früchte seiner Berühmtheit zu ernten.

Der Ruhm, meint er, solle der wirklichen Person gelten, nicht dem Namen. Es sei ihm mit nichten gleichgültig, wenn man unter einer Gesellschaft von hundert geehrten Männern mit den Fingern auf ihn weise und sage, das sei jener, der so viel Schönes vollbracht habe. Aber nach seinem Tode könne es ihm gleichgültig sein, ob die Menschen die Töne, welche den Namen Torricelli bilden, rühmend erwähnen, oder jene, welche den Namen Atabalipa bilden. „Avrei ben caro (per dire un im„possibile) che il secoli avvenire formassero concetto aggiustato del mio „corpo, del mio genio, e di tutto mestesso, e concedessero piuttosto la „venerazione nel lor pensiero a un Mattematico di Firenze che ad un Re dell' America."

Wir führen diesen Gedanken des berühmten Gelehrten an, möchten jedoch bemerken, dass wir die in dieser Abhandlung entwickelte Ansicht viel mehr für eine dialektische Uebung im Geiste und Geschmacke seiner

Zeit und seiner Umgebung zu betrachten geneigt sind, als seine tiefe, gefestete Ueberzeugung.

Die Kenntniss von den merkwürdigen Eigenschaften der Torricelli'schen Röhre, durch ihre Schwankungen den demnächst zu erwartenden Zustand der Luft erkennen zu lassen, verbreitete sich mit grosser Geschwindigkeit, zumeist durch die ausgebreitete wissenschaftliche Correspondenz Mersenne's. Die Vorrichtung erhielt den Namen „Barometer" d. h. Messinstrument für die Schwere der Luft, während die populäre Benennung „Wetterglas" sich auf die gewöhnliche Verwendung zur Vorhersagung der demnächst zu erwartenden Witterung bezieht. — Die Erfindung des Barometers und die Entdeckung der Gesetze für die Ausflussgeschwindigkeit räumen Torricelli's Namen für alle Zeiten eine ehrenvolle Stelle ein in der Geschichte der Naturwissenschaften. Die Richtung und der Gehalt seiner wissenschaftlichen Arbeiten während der kurzen Zeit seines Lebens lassen uns ahnen, was dieser in der besten Schule gebildete Geist bei seiner angeborenen Genialität hätte leisten mögen, wenn es ihm vergönnt gewesen wäre, sein Leben bis in jene Region des Gelehrtenalters zu bringen, aus welcher sein Meister dem irdischen Streben entrückt wurde.

Bevor wir uns einem andern bedeutenden Zeitgenossen zuwenden, wollen wir hier im Anschluss an Torricelli noch einiger Zeitgenossen und Landsleute des italienischen Physikers gedenken. Es sind dies die folgenden Gelehrten: Castelli, Aggiunti und Guglielmini.

Benedetto Castelli wurde im Jahre 1577 (am 25. Mai) zu Brescia geboren und starb zu Rom im Jahre 1644. Er stammte aus adeligem Geschlecht und war Benediktinermönch von der Congregation des Klosters Monte Cassino. In seinem 20. Lebensjahre war er in diesen Orden getreten und wurde später Abt des Klosters St. Benedetto Aloysio. Er lehrte anfangs Mathematik an der Universität Pisa, wurde jedoch später von Pabst Urban VIII. nach Rom berufen, wo er am „Collegio della sapienza" dieselbe Wissenschaft vortrug und ausserdem im Auftrage des Pabstes einige Wasserbauanlagen leitete. — Castelli betrachtete sich stets als Schüler Galilei's, dessen hingebendster und aufrichtigster Freund er war, wie wir dies gelegentlich der Darstellung von Galilei's Lebensschicksalen hervorzuheben hatten*). Er war seit langer Zeit mit diesem bekannt und befreundet und half ihm bei seinen astronomischen Arbeiten.

Galilei führt in seinem zweiten an den gelehrten Bürgermeister von Augsburg Marcus Welser gerichteten Briefe über die Sonnenflecken an, dass Castelli ein Verfahren gefunden habe, mittelst welches man die Oberfläche der Sonne ohne Gefahr für das Auge beobachten könne. Er entwarf nämlich, sowie dies Scheiner etwa um dieselbe Zeit (1613) ebenfalls erfunden hatte, durch Herausziehen des Oculars

---

*) Vergl. Band I, pag. 353—354, 365.

(im Sinne einer Verlängerung der Objektiv-Oculardistanz) ein Sonnenbild auf einem weissen Schirme oder geöltem Papiere. Es ist dies dieselbe Vorrichtung, welche Scheiner „Helioskop" nannte.

Im Jahre 1628 erschienen zwei Werke von Castelli, welche sich beide auf Hydraulik beziehen: „Della misura dell' acque correnti" und „Dimostrazioni geometriche della misura dell' acque correnti (Roma 1628 bis 1629)." In diesen Schriften finden wir nebst manchen unrichtigen Behauptungen den Grund zu einer wissenschaftlichen Behandlung der Frage über die Bewegung des Wassers in Flüssen und Canälen, ferner den richtigen Satz, dass in einem Canale von regelmässigem Querschnitte sich die Flüssigkeitsquerschnitte des im stationären Zustande fliessenden Wassers umgekehrt wie die entsprechenden Geschwindigkeiten verhalten. Bezüglich der Abhängigkeit zwischen Geschwindigkeit der Wasserfäden und deren Tiefe unter dem Spiegel entwickelt er jedoch eine unrichtige Ansicht, indem er behauptet, die Geschwindigkeiten seien den Tiefen der Wasserfäden (den Druckhöhen) proportional, eine Ansicht, welcher durch Torricelli in seiner Abhandlung: „Del moto dei gravi" widersprochen wurde. — Castelli vertheidigte die hydrostatischen Ansichten Galilei's gegen einige Angreifer, wie Delle Combe und Vincenzo di Grazia*). Zur Zeitbestimmung bediente sich Castelli eines Pendels, das durch die Anzahl seiner Schwingungen die hier vorkommende Zeitdauer misst. — Castelli's „Della misura dell' acque correnti" erschien in der „Nuova raccolta d'autori che trattano del moto dell' acque", die zu Parma im Jahre 1766 zu erscheinen begann und in 6 Quartbänden enthalten ist. Die Abhandlung von Castelli bildet den Anfang des ersten Bandes. Die ganze Sammlung ist von Salisbury englisch herausgegeben worden.

Ausser den oben angeführten Schriften Castelli's erwähnen wir noch seine: „Opuscoli filosofici" (Bologna 1669).

Niccolò Aggiunti wurde im Jahre 1600 (am 6. Dezember) in Borgo di San Sepolcro in Toscana geboren und studirte zuerst in Perugia, hierauf an der Universität Pisa. Nach Beendigung seiner Studien wurde er an Stelle des nach Rom abgehenden Castelli mit der Professur der Mathematik betraut. In einigen Schriften ist von einem Francesco Aggiunti, Leibarzt des Grossherzogs Ferdinand II. die Rede, welcher der Begründer der „Accademia del Cimento" gewesen und 1653 gestorben sein soll. — Vor allem hiess nun Aggiunti mit seinem Vornamen nicht Francesco, sondern Niccolò, ferner war er Professor der Mathematik in Pisa, Nachfolger Castelli's, nicht aber Arzt, noch Leibarzt des Grossherzogs, endlich starb er am 6. Dez. 1635 und nicht 1653; da die Akademie „del Cimento" erst 1657 begründet wurde, so kann er unmöglich als deren Begründer betrachtet werden.

---

*) Riposta alle opposizioni del Sign. L. delle Combe e del Sign. V. di Grazia. Firenze 1615.

Aggiunti hinterliess ein Manuskript: „Un libro de problemi vari geometrici ec. e di speculazione e di sperienze fisiche", welches sich in der gewesenen grossherzoglichen Bibliothek zu Florenz befindet, bisher jedoch nicht edirt wurde; in demselben finden sich verschiedene Beobachtungen und Versuche über das Pendel, über das Gefrieren verschiedener Flüssigkeiten, Salzlösungen etc. unter verschiedenen Umständen. — Gewöhnlich wird Aggiunti die Entdeckung der Capillarität zugeschrieben*), allein nach Libri's: „Histoire des sciences math. en Italie" (T. III. pag. 54) hat schon Leonardo da Vinci das Ansteigen der Flüssigkeit in engen Röhren beobachtet. Aggiunti hat sich jedoch auch nicht einmal eingehender mit den Capillaritätserscheinungen beschäftigt, wie dies von Seite Borelli's und der Florentiner Akademiker geschah.

Aggiunti starb, wie oben angeführt, als Professor der Mathematik in Pisa im Jahre 1635.

Domenico Guglielmini, geboren zu Bologna 1655, gestorben 1710 zu Padua. Derselbe beschäftigte sich mit Mathematik, Astronomie und Medizin. Seiner grossen hydraulischen Kenntnisse wegen wurde er schon in seinem dreissigsten Jahre zum Oberintendanten der bolognesischen Flüsse (1686) ernannt. Später wurde für ihn eine eigene Professur für Hydrometrie an der Universität Bologna (1694) errichtet, wo er seit 1690 auch Mathematik vortrug. Im Jahre 1698 ging er als Professor der Mathematik an die Universität Padua, wo er von 1702 an auch Medizin vortrug. Sein Ruf als Wasserbaumeister war so gross, dass fast alle norditalienischen Fürsten sich bei ihm in Fragen der Regulirung von Flüssen, Anlage neuer Canäle, Austrocknung von Sümpfen Raths erholten. Guglielmini verdankte seinen Ruf zum grössten Theile einem Werke, das den Titel führte: „Trattato fisico-matematico della natura dei fiumi." Der erste Theil dieser Schrift erschien zu Bologna 1697, der zweite 1712. Das ganze Werk findet sich in der „Raccolta d'autori, che trattano del moto dell' acque" (3 Vol. Firenze 1723) und „Nuova raccolta d'autori, etc. (6 Vol. Parma 1766), welche Werke von Archimedes, Galilei, Castelli, Borelli, Montanari, Viviani, Cassini, Guglielmini und andern enthalten**).

---

*) Nelli nennt ihn als Entdecker der Capillarität auf Grund seiner Beobachtungen über diese Erscheinung in den „Diverse conclusioni di Fisica ec."

**) Andere Schriften desselben Autors sind die folgenden: „De cometarum natura et ortu", 4°, Bonon. 1681. — „Aquarum fluentium mensura nova methodo inquisita", 4°, Ib. 1690—1691. — „Epistolae duae hydrostaticae", 4°, Ibid. 1692. (Erwiderung auf die Bemerkungen Papin's in d. Act. erudit. über das vorstehende Werk.) — „De aquarum fluentium mensura, qua respondet epistolae Dionysii Papini ad Hugenium" (Misc. Berolinens. J. 1710). — „Epist. hydrost. de controversia inter eum et Dionysium Papinum agitata, de aquarum e tubis eruptione." (Comment. Bonon. I. 1731.)

Otto von Guericke.

Jener Forscher, dessen Bedeutung für die Geschichte der Physik gegenwärtiger Abschnitt darstellen soll, hat auf die Entwicklung dieser Wissenschaft in doppelter Weise Einfluss geübt: einerseits durch seine im grossen Stile durchgeführten Untersuchungen über den Luftdruck und die damit im Zusammenhange stehenden Entdeckungen und Erfindungen, anderseits durch die bahnbrechende Erfindung der Elektrisirmaschine und seine im Verfolgen der elektrischen Erscheinungen entwickelten Ansichten und Meinungen über elektrische Anziehung und Abstossung, über Leitung und Lichtentwicklung der Elektricität. Während auf der einen Seite Guericke die Mechanik der luftförmigen Körper um ein Bedeutendes fördert und so sein redlich Theil zum Ausbau der Physik der Ponderabilien beiträgt, ist er zugleich derjenige, der sich an der Grundlegung der Wissenschaft von den Imponderabilien in hervorragender Weise betheiligt.

Otto von Guericke wurde zu Magdeburg am 20. November 1602 geboren. Die Familie der Gericke stammt aus dem Braunschweigischen. Die Schreibweise „Guericke" hat erst Otto von Guericke acceptirt und zwar erst nach dem Jahre 1666, wenn es auch nicht ausgeschlossen erscheint, dass er diese Schreibweise ab und zu schon um das Jahr 1632 benützt habe. — Der erste dieses Namens, der genannt wird, ist Jakob Gericke, der im Jahre 1523 als erster Kämmerer unter den Abgeordneten einer Deputation folgte, welche gelegentlich der Einführung der Reformation in Magdeburg an den Cardinal-Erzbischof Albert nach Halle gesandt wurde. Derselbe Vorfahre unsers Gelehrten schloss als Bürgermeister von Magdeburg im Jahre 1556 einen Vertrag mit dem Herzog Heinrich von Braunschweig. Die Familie der Gericke besetzte von nun an gleich einem Erbamte das Bürgermeisteramt. Als Kaiser Ferdinand I. im Jahre 1562 zu Prag die über Magdeburg verhängte Reichsacht aufhob, befand sich der damalige Bürgermeister, ein Bruder des Vorigen: Georg Gericke, ebenfalls in der Deputation der Stadt. Jedoch auch der dritte Bruder, Marcus Gericke, wurde später Bürgermeister. Der Sohn des letzteren hiess Johann und wurde im Jahre 1555 geboren. Derselbe machte einige Reisen im Auslande und trat 1578 als Hofjunker in den Dienst des Königs Stephan von Polen, der ihn zu verschiedenen Botschaften: nach Dänemark, Schweden, Russland u. s. f. benützte. Als er durch sein tactvolles und ruhiges Benehmen von Seiten des russischen Zaren eine achtungsvolle Behandlung der polnischen Gesandtschaft an Stelle der sonst an den Tag gelegten Missachtung erzielte, gewann er sich die Gunst des Königs in solchem Masse, dass dieser ihn in den Adelstand erhob. Johann Gericke besuchte im

Jahre 1588 seine Eltern und ging hierauf als Gesandter des polnischen Königs nach Constantinopel. Nach seiner Rückkehr liess er sich in seiner Vaterstadt nieder und vermählte sich mit Anna von Zweydorff, welcher Ehe als wahrscheinlich einziger Sprössling unser Otto von Guericke entstammte.

Johann Gericke wurde am 12. Januar 1608 zum Schultheissen (d. i. zum weltlichen Richter des Schöppenstuhles) erwählt und starb am 4. September 1620. Seine Wittwe vermählte sich später mit Christoph Schultze, der succesive einige städtische Aemter bekleidete und zuletzt Stadtsyndicus war. Derselbe unterstützte nach der Zerstörung der Stadt seinen Stiefsohn und nahm sich der Erziehung seines Stiefenkels an.

Ueber die Jugendzeit Otto von Guericke's wissen wir nur sehr wenig. Er wurde anfänglich durch Privatlehrer unterrichtet, studirte hierauf an den Universitäten von Leipzig, Helmstädt und Jena die Rechte, in Leyden beschäftigte er sich mit Mathematik, Mechanik und Festungsbaukunde. Nach Leipzig war er im Jahre 1617 in seinem 15. Lebensjahre gegangen; da jedoch im Jahre 1620 die böhmischen Unruhen ihren Wellenschlag bis nach Sachsen hinein fühlbar machten, so setzte er sein Studium in Helmstädt fort, von wo ihn der am 4. September 1620 erfolgende Tod seines Vaters abrief. Nachdem er einige Zeit in seiner Vaterstadt zugebracht hatte, ging er nach Jena und im Jahre 1623 — wie oben erwähnt — nach Leyden. Nach Beendigung seiner Studien unternahm er eine Reise nach Frankreich und England. Nach seiner Rückkehr vermählte er sich im Jahre 1626 mit Margarethe Alemann, deren Vater Jakob Alemann oberster Beisitzer des Magdeburgischen Schöppenstuhls, Braunschweigischer Geheimrath und Halberstädtischer Kanzler war. — Guericke widmete nun die ganze Thätigkeit seiner Vaterstadt, in dessen Magistrat er wahrscheinlich schon 1627 gewählt worden war.

Es war eine schwere, drangsalvolle Zeit, in welche unser Guericke in den Rath der rührigen Reichsstadt eingetreten war. Magdeburg, die reiche und blühende Stadt, hatte sich dem Bunde der Hansestädte angeschlossen und betrachtete sich als Reichsunmittelbare Stadt, trotzdem die von Otto dem Grossen stammende Urkunde längst verloren gegangen war.

Der unglückselige dreissigjährige Krieg hatte nach der Besiegung des Winterkönigs Friedrich von der Pfalz sechs Jahre hindurch hauptsächlich im westlichen Deutschland gewüthet; als jedoch Tilly den Herzog Christian von Braunschweig und Ernst von Mansfeld vor sich her drängte, näherte sich der Kampf auch den Thoren des bis dahin verschonten Magdeburg. Eine Zeit hielt sich zwar die Stadt jedwede fremde Besatzung vom Leibe. Als aber der König von Dänemark Christian bei Lutter am Barenberge von Tilly besiegt wurde und dadurch die kaiserlichen Waffen in Norddeutschland ein entschiedenes Uebergewicht erhielten, da wurde die Lage der Stadt eine höchst schwierige. In ihrem

Innern gährte es, da verschiedene Elemente, von einigen übereifrigen protestantischen Theologen aufgereizt, gegen die Neutralitätspolitik des Magistrats opponirten. Im Jahre 1630 wurde die Verfassung der Stadt durch Vermittlung der Hansestädte abgeändert und ein neuer, engerer Rath erwählt, in welchen, trotzdem die gewesenen Magistratsräthe fast sämmtlich bei der Wahl übergangen wurden, Guericke in Folge seiner Popularität wiedergewählt wurde.

Guericke selbst hat ein Manuskript hinterlassen, in welchem er als berufenster Beobachter die Geschichte der Zerstörung Magdeburgs beschreibt; dieses „Chronikon", welches eine wichtige Quelle für die Geschichte der Stadt bildet, befindet sich in der Stadtbibliothek. — Die mannigfachsten Verhältnisse wirkten zusammen, um die traurige Katastrophe herbeizuführen, welche in kürzester Zeit über die Stadt hereinbrechen sollte. — Gustav Adolf war im Sommer 1630 auf Rügen gelandet. Der protestantische Administrator des Erzbisthums Magdeburg Christian Wilhelm brachte es mit List dahin, dass ein Bündniss zwischen der Stadt und dem Könige von Schweden geschlossen wurde, der in Magdeburg einen wichtigen Stützpunkt für seine kriegerischen Operationen erblickte, vor der Hand der Stadt jedoch eine nennenswerthe Unterstützung nicht gewähren konnte. Er schickte bloss seinen Obersten Dietrich von Falckenberg nach Magdeburg, der das Commando in der Stadt übernahm und dieselbe sogleich in Vertheidigungszustand zu setzen begann. Kaum war dies geschehen, als auch schon Pappenheim und nach der Absetzung Wallensteins der Generalissimus der kaiserlichen Truppen, Tilly, die Stadt einzuschliessen begann. Es war in den letzten Monaten des Jahres 1630, als an Magdeburg die Aufforderung erging, sich der kaiserlichen Armee zu übergeben, welche Aufforderung sowohl von dem Administrator als dem Commandanten energisch zurückgewiesen wurde. Tilly unternahm nun einen Zug gegen die Schweden und versuchte deren Vorwärtsdringen zu hemmen, im März 1631 erschien er jedoch wieder vor Magdeburg und begann nun die Belagerung mit Nachdruck zu betreiben.

Die Stadt konnte auf die Dauer dem überlegenen Feinde nicht widerstehen, ihre Hoffnung war der zu gewärtigende Entsatz durch die Schweden. Das rechte Elbufer sammt seinen Aussenwerken befand sich denn auch bald in den Händen der Kaiserlichen, die sich nun anschickten, das Ufer des Flusses zu wechseln und durch Anlegen von Laufgräben direkt an die Stadt zu rücken. Schon hatte Falckenberg die nicht mehr zu haltenden Vorstädte in Asche gelegt und sich bloss auf die Stadt beschränkt, als das kaiserliche Heer die Palissadenwand der Neustadt demolirte. Nur die einzige Hoffnung erhielt Magdeburg noch einigermassen aufrecht, dass die Schweden schon ganz nahe waren und die Reiter Gustav Adolfs bis Zerbst streiften.

Am 9. Mai berichtete Guericke als Ingenieur und „Bauherr"

der Stadt in der Rathsversammlung über den unhaltbaren Zustand der Befestigungswerke und erklärte, dass man einen Entschluss fassen müsse, da der Feind jeden Augenblick einen Sturm unternehmen könne. Der Rath beschloss nun mit Tilly wegen der Uebergabe zu unterhandeln und beauftragte Guericke, dies dem Commandanten Falckenberg anzuzeigen. Dieser wollte auch jetzt noch nichts von Uebergabe wissen und ordnete statt dessen einen Ausfall für die nächste Nacht an, der jedoch nicht zur Ausführung kam. — Es brach nun mit dem 10. Mai der Tag des Verhängnisses über Magdeburg an. Während die Deputation der Bürger, unter denen sich auch Guericke befand, mit Falckenberg über die Capitulation verhandelten, hatte Tilly's Kriegsrath den Sturm beschlossen, der auch sogleich begonnen wurde. Es war zwischen 6 und 7 Uhr Morgens, als der Thürmer am Johannisthurme Sturm blies und die weisse Kriegsfahne aussteckte. Wir geben nun eine Stelle aus des Guericke „Chronikon der Stadt Magdeburg" (III. Thl. pag. 87 ff.), in welcher er das schrecklichste Ereigniss seines Lebens, die Erstürmung seiner Vaterstadt beschreibt, um zugleich eine Probe der deutschen Schreibart unseres Gelehrten zu geben: „Da dan Autor nicht länger „sitzen, sondern hingehen undt sehen wollen, was passirte; und als Er „in der fischer gasze gekommen, hatt er gesehen, dass die Croaten (so „umb das Rontheil bei dem kleinen wasser durchgeritten wahren) schon „der fischer heuser stürmetten undt plünderten; Darauf Autor sich „eilend zu Rathhause verfüget, undt mit kurzen worthen dem Rathe angedeutet, dass es unvonnöthen, da zu sitzen, dan der Feind schon in „der Stadt, welches allen gar unglaublich vorkommen. Undt als indessen auch des Falckenbergks eigene pagen zu Rathhaus kamen undt „berichteten, dass die Kayserlichen schon auf dem walle bei der Neu„stadt sein sollten, ist er aufgestanden, zu pferde gesessen undt hin, des „Obristen Lieutenants Trosten Regiment vom Marsch abzufordern, ge„ritten; da er aber mit dem volcke nacher der hohen pforten ankommen, „undt die Kayserlichen allbereits da herumb in den gassen der Stadt „angetroffen, hatt Er zwardt heftig in sie gesetzt, undt anfangs ziemlich „zurückgetrieben; weil Sie aber je mehr undt mehr volck zu hülff be„kommen, auch allbereits mit reutterey in der Stadt gewesen, ist der „von Falckenbergk nebst dem Obristen Lieutenant Trosten alda todt „geblieben und Ihr volck zertrennet und geschlagen worden. Undt ob „woll der Obriste Uslar mit seiner reutterey undt wasz sonst noch zur „reserve vorhanden gewesen, auch zusammen kommen und Falckenbergen „entsetzen wollen, ist es doch viel zu späth undt vergebens gewesen. „Der Rath ist mehrentheils uff dem Markt in einen oder andern ordre „zu ertheilen (wie dan alsofort etliche trommelschläger umb einen Accord „anzuhalten in die örther, da die Kayserlichen hereingekommen, zward „ausgeschicket, aber mit solcher andworth, das keiner davon wieder „zurückkommen, versehen worden) bestehent blieben, bis endlich, als

„die Feinde immermehr hereingedrungen, ein Jeder gesehen, wohin er
„sein refugium nehmen, undt sich uffs beste salviren mögen."

Als nun der Commandant erschossen und eine genügende Anzahl
der Feinde in der Stadt war, wurde das „Kröckenthor" geöffnet, worauf
die ganze kaiserliche Armee und katholische Liga „von Hungarn, Croaten,
„Polacken, Heiducken, Italienern, Hispaniarden, Franzosen, Walonen,
„Nieder undt ober Teutschen etc." sich auf die unglückliche Stadt
stürzten und die entsetzlichste Plünderung verbunden mit dem Morden
und Peinigen der Einwohner begannen. „Unter welcher werenden wuthe-
„rey dann, undt da diese so herrliche Grosze Stadt, die gleichsamb eine
„Fürstin im gantzen Lande war, in voller brennender gluth undt solchem
„groszen jammer undt unaussprechlicher noth undt hertzenleidt gestanden,
„seind mit greulichem engstiglichem mord und Cetergeschrei viel tau-
„sendt unschuldige Menschen, Weiber und Kinder kläglich ermordet undt
„uff vielerhand weise erbärmlich hingerichtet worden, also das es mit
„wortten nicht genuchsamb kan beschrieben undt mit tränen beweinet
„werden." Nach Guericke's Angabe betrug die Zahl der an diesem
Unglückstage umgekommenen oder schwer verletzten Einwohner von
Magdeburg an 20 000. — Das entsetzliche Morden und Brennen dauerte
nicht viel über zwei Stunden, da um 10 Uhr Vormittags die ganze
Stadt bereits ein Feuermeer war, dessen Lohe und Asche der inzwischen
entstandene Wind bis in die umliegenden Nachbarorte trug. Von den
beiläufig 1500 Häusern der Stadt blieben nur der Dom nebst einigen
benachbarten Gebäuden, ferner das „Kloster Unserer Lieben Frauen",
sowie 139 kleine Häuser am Fischerufer stehen. Das Uebrige wurde in
einen Stein- und Aschenhaufen verwandelt.

Mitten in dieser schrecklichen Zerstörung war Guericke's Haus
unversehrt geblieben und erhielt eine kaiserliche „salvaguardia". Er
selbst hatte sich mit seiner Familie in das Haus Johann Alemann's
begeben, der während der Belagerung mit den Kaiserlichen Verbindungen
gehabt hatte und dessen Leben und Gut nun geschont wurde. Der
kaiserliche General-Kriegscommissarius, Herr von Wallenroth, nahm sich
Guericke's an, der sammt Frau und zweijährigem Sohne ein Lösegeld
von 300 Thalern zu zahlen hatte, worauf er von allem entblösst sich
nach Schönebeck begab, wohin ihm der Fürst Ludwig von Anhalt-Köthen
einige Geldmittel sandte. Noch später erinnerte er sich gerne daran,
wie er damals von einem kaiserlichen Offiziere einen Ducaten für die
Reparatur einer beschädigten Uhr erhalten hatte. — Im Sommer des
Jahres ging er nach Braunschweig, wo er mit Festungsbau beschäftigt
war. Inzwischen hatte sich die Lage der Dinge entschieden geändert.
Gustav Adolf hatte endlich den Widerstand der protestantischen Kurfürsten von Preussen und Sachsen überwunden und setzte über die Elbe.
Am 7. September d. J. 1631 wurde die Schlacht bei Breitenfeld nächst
Leipzig geschlagen, aus welcher der Sieger von 36 Schlachten besiegt

hervorging und mit seinem Heere über Braunschweig der Weser zu entfliehen musste. Guericke verliess nun seinen bisherigen Aufenthaltsort und wurde vom Herzoge Wilhelm von Sachsen-Weimar als Oberingenieur in Erfurt angestellt, von wo ihn der Fürst von Anhalt in derselben Eigenschaft nach Magdeburg übersetzte *).

Nach der am 8. Januar 1632 erfolgten Räumung Magdeburgs seitens der kaiserlichen Truppen besetzte der schwedische General Banner die Stadt. Wohl waren erst einige Hunderte der vertriebenen Einwohner zurückgekehrt, jedoch der Fürst Ludwig von Anhalt ging mit Eifer an die Reconstruction und die Wiederaufrichtung des Magdeburgischen Gemeinwesens. Der Stiefvater Guericke's war zum königlich schwedischen Commissär in Magdeburg ernannt worden und schlug dem Fürsten von Anhalt vor, seinen Sohn als gewesenen Bauherrn der Stadt mit der Entwerfung eines Grundrisses für den planmässigen Ausbau der Stadt zu betrauen. Schon im April und Mai des Jahres reichte Guericke drei Grundrisse nebst Erklärung ein, jedoch konnte in Folge des endlosen Krieges der Wiederaufbau der Häuser nur sehr langsam von Statten gehen. Dagegen errichtete man unter der Leitung Guericke's die zerstörten Festungswerke und die Elbbrücke, welche Pappenheim vor seinem Abzuge zerstört hatte.

Die unglückliche Stadt war noch nicht am Ende ihrer Leiden, noch einmal, im Jahre 1636 sah sie den Feind vor ihren Mauern. Diesesmal waren es die verbündeten sächsischen und kaiserlichen Truppen, und Magdeburg sah sich schliesslich gezwungen, sich dem kaiserlichen Bevollmächtigten, dem Kurfürsten Johann Georg, zu übergeben. Guericke, der während der Zeit der Belagerung öfters als Abgesandter in das feindliche Lager gesandt worden war, verliess nach der Uebergabe der Stadt den schwedischen Dienst und wurde in gleicher Eigenschaft in den sächsischen Dienst genommen und erhielt später wieder seine ursprüngliche Stelle in der städtischen Verwaltung. — In den nun folgenden Jahren wurde Magdeburg zu wiederholten Malen von schwedischen Heeren blokirt und in der freien Zeit durch Abgaben und Naturallieferungen, welche sie an die sächsische Besatzung zu leisten hatte, ausgesogen. Im Jahre 1642 und 1643 wurde Guericke an den Kurfürsten von Sachsen gesandt, um in dieser Hinsicht der Stadt Erleichterung zu verschaffen, was ihm denn auch theilweise gelang. Im Jahr 1646 hatte Magdeburg seine letzte Blokade von Seite der Schweden zu bestehen, dieselbe dauerte 9 Monate. Endlich wurde ihr gewährt, sich eine eigene Garnison zu halten, wogegen sie bloss dem Kaiser und dem Kurfürsten von Sachsen

---

*) So berichtet das Zedler'sche „Universallexikon aller Wissenschaften und Künste" (Halle 1733—1750) XI, pag. 1260. Nach Hoffmann, „Geschichte der Stadt Magdeburg" (Magdeburg 1850, III, pag. 332), hätte Guericke ein Jahr ohne öffentliche Anstellung in seiner Vaterstadt gelebt und erst dann die Ingenieurstelle erhalten.

Treue zu geloben hatte. — Guericke, der sich in den verschiedensten diplomatischen Missionen bewährt und sich auch sonst um das Wohl der Stadt grosse Verdienste erworben hatte, wurde am 14. September 1646 zum Bürgermeister erwählt. In dieser Eigenschaft hatte er nun reichlich Gelegenheit, seine bedeutende Befähigung zu diplomatischen Missionen zu bethätigen. Seit dem Jahre 1644 wurden zu Münster und Osnabrück Friedensverhandlungen gepflogen, welche endlich im Oktober 1648 zum westfälischen Frieden und somit zum Abschlusse des unseligen dreissig Jahre andauernden Krieges führten. Die Aufgabe Guericke's war es, bei den Ständen des Reiches dahin zu wirken, dass das Privilegium Otto's des Grossen, das der Stadt das Vorrecht der Reichsunmittelbarkeit verlieh, anerkannt, resp. erneuert werde, ferner dass die Stadt keinem Erzbischofe mehr zu huldigen brauche, dass sie im Sinne des mit Wallenstein getroffenen, von Kaiser Ferdinand II. bestätigten Uebereinkommens ihre Festungswerke, sowie ihr Gebiet weiter ausdehnen dürfe, endlich dass der Stadt die Einkünfte zweier Klöster auf hundert Jahre, sowie für eine gewisse Zeit Abgabenfreiheit bewilligt werde. Guericke verfocht seine Angelegenheit sehr energisch und geschickt, jedoch — trotzdem er die Abgeordneten sämmtlicher Reichsstädte, sowie den schwedischen Gesandten auf seiner Seite hatte — war es unmöglich, den herrschenden politischen Strömungen entgegen die Wünsche Magdeburgs zu erfüllen. Guericke nahm in dieser Angelegenheit an den Verhandlungen zu Nürnberg Theil und reiste auch nach Wien, um beim Kaiser Ferdinand III. Audienz zu nehmen. Jedoch allen Versprechungen zuwider, wurden bei der endgiltigen Regelung der Verhältnisse die Bitten Magdeburgs nicht berücksichtigt und die ehemalige freie Stadt musste sich, nachdem sie noch bis zum Jahre 1666 der Mediatisirung widerstanden hatte, unter Androhung einer neuen Belagerung entschliessen, dem Administrator August von Sachsen und dem Kurfürsten Friedrich Wilhelm von Brandenburg zu huldigen und Garnison aufzunehmen. Die Bedingungen, unter welchen dieser Vertrag zu Stande kam, waren für die Stadt relativ günstig zu nennen, was sie zu nicht geringem Theile dem geschickten Auftreten Guericke's und dessen persönlicher Beliebtheit zu verdanken hatte. Die Mitbürger unseres Gelehrten erkannten denn auch in vollem Masse die Verdienste ihres Gesandten an und verliehen schon im Jahre 1649 ihm einen Exemtionsbrief, demzufolge er sowohl, als seine männlichen Nachkommen, insofern dieselben keine rein bürgerliche Beschäftigung betreiben, die weiblichen hingegen so lange sie sich im jungfräulichen oder im Wittwenstande befinden, von allen denkbaren Abgaben befreit sein sollten [*].

Guericke mochte wohl mit schwerem Herzen jene Urkunde

---

[*] Das Originaldiplom vom 12. Juni 1649 befindet sich in der **Magdeburgischen Stadtbibliothek**.

unterzeichnen, welche die Thatsache besiegelte, dass es allen den langjährigen Bemühungen nicht geglückt sei, seiner Vaterstadt die gewünschte Freiheit und Reichsunmittelbarkeit zu sichern. Als Trost mochte es ihm gelten, dass Magdeburg einem starken und entwicklungsfähigen Staatsorganismus als Glied eingefügt wurde.

Guericke hatte an der Verwaltung der Angelegenheiten seiner Vaterstadt stets den lebhaftesten Antheil genommen. Er war erst Raths- und Bauherr, hierauf Ingenieur, dann Kämmerer und Bürgermeister von Magdeburg. Unter seiner Mitwirkung wurden die kirchlichen Verhältnisse geordnet, als Scholarch verschaffte er der Stadtschule ein jährliches Einkommen von 200 Thalern, dadurch, dass er im Prozesswege die Innungen zwang, die in frühern Zeiten zugesagten Jahresbeiträge sammt allen Rückständen zu bezahlen.

Inmitten der mannigfachen Geschäfte, mit welchen ihn sein öffentliches Amt in Anspruch nahm, auf den Reichstagen, wo er hartnäckig die Rechte der Stadt vertheidigte, fand der unermüdlich thätige Mann Zeit, seinen gelehrten Untersuchungen nachzuhängen. Auf dem Reichstage zu Regensburg im Jahre 1654 erregten die Versuche, welche Guericke mit der von ihm erfundenen Luftpumpe anstellte, die Aufmerksamkeit der versammelten Reichsfürsten, besonders des Kaisers Ferdinand, der seine Versuche über den Luftdruck zu sehen wünschte. Guericke wies einige seiner Versuche vor, unter denen besonders der mit den Magdeburgischen Halbkugeln grosses Staunen verursachte, als acht Paar Pferde kaum im Stande waren, die durch den Druck der Atmosphäre aufeinander gepressten Halbkugeln auseinander zu reissen.

Die Lebenszeit Guericke's fiel seiner bessern Hälfte nach in die unglücklichste Zeit seiner Vaterstadt und ihm blieb auch nicht ein Tropfen des Leidenskelches erspart, den der unselige langandauernde Krieg bis zum Ueberfliessen anfüllte. Feuer und Schwert vertrieb ihn von seinem Besitzthume, er musste zum Heimatlosen werden und musste alle Greuel ansehen, welche seine Vaterstadt zerstörten und sie fast der Erde gleich machten. — In seinen spätern Jahren musste er alle Enttäuschungen während seiner fast zwei Dezennien andauernden Missionen durchmachen und sich zum Schlusse mit der Resignation begnügen, dass er sein Bestes gethan habe, um die Rechte Magdeburgs zu wahren, und dass das Schicksal dieser Stadt ein relativ günstiges sei. — Der zweite Theil seines Lebens verfloss in ungestörter Ruhe. Von seinen Mitbürgern verehrt, lebte er hochangesehen in deren Mitte. Der Kurfürst Friedrich Wilhelm, der neue Landesherr, bestätigte seine und seiner Familie Exemtion von allen Lasten, ernannte ihn zu seinem Rathe und schenkte ihm sein Bildniss[*]. Der Kaiser Leopold ehrte ihn dadurch, dass er ihm den deutschen Reichsadel verlieh.

---

[*] Auf dem Bilde Guericke's, das sein Werk: „Experimenta nova (ut

Nachdem Guericke fünfzig Jahre — die durch die Zerstörung Magdeburgs verursachte Unterbrechung ebenfalls eingerechnet — den Interessen seiner Vaterstadt gedient hatte, legte er im Jahre 1676 seine sämmtlichen Würden und Aemter nieder und lebte noch daselbst fünf Jahre als einfacher Bürger. Im Jahre 1681, als die Pest in Magdeburg wüthete, reiste er zu seinem Sohne Otto, den der Kurfürst zum Residenten des niederrheinischen Kreises gemacht hatte, nach Hamburg, wo er denn auch blieb, als er die Anzeichen des herannahenden Alters und der damit verbundenen Schwäche fühlte. Dass er auch hier seiner Vaterstadt nicht vergass, das zeigt die durch ihn in Hamburg, Bremen und Lübeck für die durch die Pest geschädigten Einwohner Magdeburgs bewerkstelligte Sammlung. — Nachdem er sein Leben auf nahezu 84 Jahre (83 Jahre 5 Monate 21 Tage) gebracht hatte, starb er im Hause seines einzigen Sohnes in Hamburg. Während sein Sarg über der Erde stand, schlug nach einem Chronisten*) der Blitz in Guericke's Haus zu Magdeburg. Derselben Quelle zufolge hätte das Begräbniss am 21. Mai zu Hamburg stattgefunden. Später soll die Leiche nach Magdeburg überführt und dort in der Sebastianskirche beerdigt worden sein, eine Ansicht, welche Fr. W. Hoffmann in seiner „Geschichte der Stadt Magdeburg" (Bd. III, pag. 318) insofern modifizirt, als er nachweist, dass wir über die gegenwärtige Ruhestätte der irdischen Reste Otto von Guericke's Gewisses nicht wissen, da dessen Sohn am 17. Mai 1686 dem Magistrate von Magdeburg brieflich den Tod seines Vaters anzeigt, mit der Hinzufügung, dass dessen Leichnam einstweilen in der Nicolaikirche beigesetzt werde, später jedoch nach Magdeburg geschafft werden solle, um im Erbbegräbniss der Familie in der Ulrichskirche zur ewigen Ruhe bestattet zu werden. Nun findet sich wohl in der Sebastianskirche zu Magdeburg das Grabdenkmal eines „Gericke", von welchem jedoch nachgewiesen wurde, dass es nicht die Ruhestätte des berühmten Physikers bezeichne. Ob und wann die Ueberführung des Leichnams stattgefunden habe, konnte bisher nicht festgestellt werden, und so wissen wir denn nicht ob Guericke in Hamburg oder in Magdeburg beerdigt sei.

Unter den Kindern Guericke's erreichte bloss sein Sohn Otto das reife Alter. Es ist dies derselbe, der zur Zeit der Zerstörung der Stadt zwei Jahre alt war. Geboren am 26. Januar 1628 zu Magdeburg, machte er seine Studien an verschiedenen Hochschulen, unter andern in Wien. Er begleitete nämlich seinen Vater zu den Verhandlungen nach Osnabrück und im Jahre 1650 nach Wien, wo er zurückblieb, um seinen juridischen Studien obzuliegen. Später machte er eine Reise nach

---

vocantur) Magdeburgica de vacuo spatio" (Amstelod. 1672) ziert, trägt er dieses Bildniss des Landesherrn an einer um den Hals geschlungenen Kette.

*) Vulpius, „Magnificentia Parthenopolitana" pag. 306.

Italien. Nach Beendigung seiner Studien wurde er Canonicus in Magdeburg, hierauf (1663) kurbrandenburgischer geheimer Rath und Resident in Hamburg. Er starb am 26. Januar 1704. Aus seiner zweiten Ehe stammten sechs Kinder. Einer der Urenkel des berühmten Physikers war der Regierungsrath von Biedersee, der Verfasser eines im Manuskript vorhandenen Werkes: „Beytrag zur Geschichte des Herzogthums Magdeburg", dem wir mancherlei Nachrichten über seinen Urgrossvater verdanken.

Otto von Guericke der Jüngere entfaltete eine, wenn auch sehr bescheidene literarische Thätigkeit: in Lubienitzky's „Theatrum cometicum" schrieb er einen Aufsatz: „Epistolae de observationibus quibusdam cometicis" *).

Otto von Guericke der Aeltere war zweimal verheirathet. Seine zweite Frau, mit der er sich im Jahre 1652 verband, war Dorothea Lentke, die Tochter des Bürgermeisters Stefan Lentke.

Wir übergehen nun auf die wissenschaftliche Thätigkeit Guericke's. Leider sind wir bezüglich einer geschichtlichen Darstellung derselben in vieler Hinsicht auf Hypothesen und Vermuthungen angewiesen, da nach dem Berichte seines Urenkels Biedersee die Hauptquelle für eine derartige Untersuchung durch Misshelligkeit zwischen seinen Enkeln und andere widrige Verhältnisse vernichtet worden sind. Was zunächst die Zeit betrifft, welche der durch öffentliche Angelegenheiten so sehr in Anspruch genommene Gelehrte seinen Untersuchungen, seinen zahlreichen Versuchen widmen konnte, so scheint es am wahrscheinlichsten, hierfür mit Biedersee den Zeitraum von 1632—1638 anzunehmen. Vor allem ist dies so ziemlich die einzige Zeit, welche er ununterbrochen in seiner Vaterstadt zubrachte, während die spätern Jahre fast gänzlich durch seine politischen Missionen in Anspruch genommen waren, während welchen er sich abwechselnd in Osnabrück, Regensburg, Wien und Prag aufhielt, somit wenig Gelegenheit haben mochte, wissenschaftliche Versuche auszuführen. Ein zweiter Grund, den Biedersee anführt, ist die Existenz eines Astrolabiums und einer Wasserwaage, auf welche er selbst die folgende Devise gravirte: „Fait par Otto de Guericke, Ingénieur à Magdebourg 1632", weiter unten: „Im Jahre nach derselben kläglichen Zerstörung" **). Wenn es nun auch wahrscheinlich ist, dass Guericke die meisten seiner Versuche, jedesfalls aber die grundlegenden unter denselben, in der frühen Zeit von 1632—1638 ausgeführt habe, so ist es anderseits doch auch gewiss, dass sich seine wissenschaftliche Correspondenz, namentlich mit dem Professor Kaspar Schott, aus der

---

*) St. Lubienitzky: „Theatrum cometicum" (Amstelod. 1668) Vol. I.

**) Allerdings mag er dies erst später gravirt haben, da er seinen Namen bis zu seiner Erhebung in den Adelstand durch Kaiser Leopold I. „Gericke" schrieb.

Zeit von 1646 bis 1666 datirt und dass er während dieses Zeitraumes, eben in Folge seiner zahlreichen Reisen Gelegenheit hatte, mit verschiedenen Gelehrten in Verkehr zu treten und an der Vervollkommnung seiner Instrumente zu arbeiten. Es scheint mithin am wahrscheinlichsten, wenn wir annehmen, dass Guericke die Fundamentalversuche über den Luftdruck in dem oben erwähnten Zeitraum von 1632—1638 ausgeführt, ferner während derselben Zeit seine erste Luftpumpe construirt und wahrscheinlich auch die elektrischen Erscheinungen an der geriebenen Schwefelkugel gefunden habe. Die Vervollkommnung seiner wissenschaftlichen Entdeckungen und Erfindungen hingegen fällt höchst wahrscheinlich in eine spätere Zeit.

Während seiner Anwesenheit in Regensburg im Jahre 1654 hatte Guericke Gelegenheit, seine „neuen, sogenannten Magdeburger Experimente" einer Versammlung von Fürsten vorzuführen. Auf speziellen Wunsch Kaiser Ferdinand III. wurden vor den versammelten Fürsten die Erscheinungen des Luftdruckes in mannigfacher Variation gezeigt. Besonderes Aufsehen erregte der im Freien angestellte Versuch mit den Magdeburger Halbkugeln, welche 0,67 Magdeburger Ellen im Durchmesser hatten und durch eine, mit einem Hahn verschliessbare Röhre mit der Luftpumpe in Verbindung gebracht werden konnten. Die Halbkugeln bestanden aus Kupfer und wurden durch einen, zwischen die Ränder derselben gebrachten, mit Wachs und Terpentinöl getränkten Lederring zu einer luftdicht schliessenden Kugel vereinigt. Nachdem die Luft ausgepumpt war, hafteten die beiden Halbkugeln mit solcher Kraft aneinander, dass sechzehn Pferde kaum im Stande waren, den Druck der Luft zu überwinden. Das Auseinanderfallen geschah mit einem büchsenschussähnlichen Knalle. Später liess Guericke Halbkugeln von 0,95 Magdeburger Ellen im Durchmesser verfertigen, welche 24 Pferde von einander zu trennen nicht im Stande waren. Ein anderes von den vielen vorgeführten Experimenten war das mit dem Wasserbarometer, das aus zusammengeschraubten Metallröhren bestand und dessen letzter, oberer Theil durch eine Glasröhre gebildet wurde.

Den grössten Eindruck machten diese Versuche auf den Kurfürsten Johann Philipp von Mainz, der zugleich Bischof von Würzburg war. Er bat Guericke, für ihn eine Luftpumpe sammt Nebenapparaten construiren zu lassen. Da dies jedoch längere Zeit in Anspruch nahm, so kaufte er die ganze Collection von Vorrichtungen dem Erfinder ab und liess sie auf sein Schloss nach Würzburg bringen, wo er die Versuche in seiner Gegenwart vor den Professoren der dortigen Universität anstellen liess. Auf diese Weise wurden die Guericke'schen Versuche in der wissenschaftlichen Welt rasch bekannt, trotzdem damals deren Autor noch nichts darüber veröffentlicht hatte. So erfuhr der gelehrte Jesuit Kaspar Schott, Professor der Mathematik an der Universität zu Würzburg, von denselben, was ihn veranlasste mit Guericke in

Briefverkehr zu treten. Er wurde ein eifriger Bewunderer Guericke's, so dass er in den begeistertsten Ausdrücken über die „Mirabilia Magdeburgica" spricht: „Ich trage kein Bedenken, offen zu bekennen und „dreist auszusprechen, dass ich nichts Bewunderungswürdigeres auf „diesem Gebiete jemals gesehen oder gelesen oder mit dem Verstande „aufgefasst habe: auch meine ich, dass die Sonne niemals Aehnliches, „geschweige denn Wunderbareres seit Erschaffung der Welt beschienen „hat. Dasselbe ist auch das Urtheil der hohen Fürsten und grossen „Gelehrten, welchen ich jene Dinge mitgetheilt habe" *).

Die Guericke'sche Apparatensammlung wurde unter anderen auch von dem geheimen Staatsrath Mr. de Monconys besucht, als derselbe den 21. und 22. Oktober 1663 in Begleitung des Herzogs von Chevreux durch Magdeburg reiste. Im zweiten Bande seines „Journal des voyages" (Lyon 1664) erzählt der Verfasser von den Apparaten Guericke's und den Versuchen, welche ihnen dieser vorführte. Leider ist Monconys gezwungen, nach dem Gedächtniss zu referiren, da seine Notizen und Zeichnungen verloren gegangen sind.

Ohne von den Arbeiten Galilei's und Torricelli's zu wissen, hat Guericke, von den Meinungen der Philosophen über den leeren Raum ausgehend, sich auf das Feld des Experimentes, der versuchsweisen Prüfung begeben, um die Frage zu entscheiden, ob es einen leeren Raum geben könne, wie er dies vermuthete. Er füllte ein Fass mit Wasser, setzte in dem nach abwärts gekehrten Spunde eine Pumpe an**) und liess nun das Wasser aus dem Fasse auspumpen. Er setzte hierbei voraus, dass das Wasser infolge seiner Schwere dem Pumpenstempel folgen und so über demselben ein leerer Raum entstehen werde. Drei Männer arbeiteten an der Pumpe, allein sie konnten nur wenig Wasser herausbringen. Dabei hörte Guericke rings um das Fass ein singendes Geräusch, ähnlich dem des siedenden Wassers in einem geschlossenen Raume. Er änderte nun den Versuch ab. Da er einsah, dass die Luft durch die Poren des Holzes und zwischen den Dauben des Fasses eindringe, so setzte er ein kleineres Fass in ein grösseres, füllte beide mit Wasser und wiederholte den Versuch mit der Spritze. Doch auch dieses Mal ohne Erfolg. Wieder hörte er ein eigenthümliches Geräusch, das jetzt an

---

*) „Fateri ingenue audacterque pronunciare non dubito, nihil me „unquam in eo genere, mirabilius aut vidisse aut audivisse, legisseve, aut „mente concepisse: nec puto similia unquam, nedum mirabiliora, a condito „orbe Solem illustrasse: Idemque est magnorum Principum, Virorumque „doctissimorum, quibus ea communicavi, judicium." Guericke: „Experimenta nova", Amstelod. 1672, 4⁰, Praefatio. Citirt aus der Vorrede der „Technica curiosa" (Herbipoli 1664) von Schott.

**) „Cujus usus solet esse in incendiis" (German. „eine Messingen Feuersprutz"). Experimenta nova, Amstelod. 1672, pag. 73.

Vogelgezwitscher erinnerte und ihm anzeigte, dass auch hier die Wand des Fasses das Durchdringen des Wassers und der Luft nicht verhindern könne. Er liess nun eine kupferne, mit einem Hahn verschliessbare Kugel fertigen und setzte seine Pumpe an diese an. Diesesmal füllte er den Raum nicht mit Wasser, sondern liess unmittelbar die Luft auspumpen. Guericke ging bei allen diesen Versuchen von der Meinung aus, dass die Luft bloss schwer, nicht zugleich elastisch sei, und brachte die Pumpe an der untern Seite des auszupumpenden Gefässes an. Erst als ihm nach Erfindung seiner Luftpumpe (antlia pneumatica) die Evakuirung eines Raumes vollständig gelang, kam er zur Einsicht, dass die Luft nicht bloss schwer, sondern auch expansibel, d. i. elastisch sei.*). — Die zuerst gebrauchte Kugel hatte oben einen Hahn, durch welchen, als er nach erfolgter Evakuirung geöffnet wurde, die Luft mit zischendem Geräusche in das Gefäss einströmte. — Guericke nahm nun zu seinen Versuchen ein Glasgefäss „quo utuntur Pharmacopolae (vulgo „$1/4$ vel $1/2$ Recipiens, Germ. eine Virtel, oder auch halbe Vorlage"), die er in eine Metallfassung kittete, welche mittelst eines Hahnes verschliessbar war. Dieses auszupumpende Gefäss wurde nun auf das Endstück des vertikal stehenden Pumpenstiefels aufgesetzt, in welchem der hölzerne mit Leder luftdicht gemachte Stempel mittelst eines Hebels bewegt werden konnte. Die ganze Vorrichtung stand auf einem eisernen Dreifusse. Die vervollkommnete Guericke'sche Luftpumpe, wie er sie um 1650 anwendete, war eine Hahnluftpumpe mit undurchbohrtem Stempel. Um die in den Pumpenstiefel gesaugte Luft beim Zurückschieben des Stempels aus demselben hinausschaffen zu können, befand sich an der Bodenplatte des Stiefels ein Ventil, das mit der Atmosphäre communicirte. Der am Glasgefässe angebrachte Hahn musste bei jedem Kolbenstosse geöffnet und geschlossen werden. War nun die Evakuirung eine genügende, so konnte das Gefäss verschlossen und von der Pumpe abgenommen werden, um damit Versuche auszuführen. Da die Ventile und Hähne nicht mit der heute zu erreichenden Präcision gearbeitet waren und somit nicht luftdicht schlossen, umgab Guericke den Hals des Recipienten mit einem wassergefüllten Blechtrichter, um den Zutritt der Luft zu erschweren. Mit dieser Vorrichtung stellte nun Guericke eine Reihe höchst zweckmässig ausgedachter Versuche an, unter welchen besonders die folgenden zu erwähnen sind. Zwei mit Hähnen verschliessbare Kugeln

---

*) „Quia verò communiter omnis extractio aëris, fit vi ejus expansivâ „sive Elasticâ ita ut agitatâ antliâ, aër sese semper aliquid dilatet è vase „evacuando in antliam vacuam, ex qua deinde per agitationem pedetentim "ejicitur" etc. Experim. nova Lib. III. Caput IV, 11. Ferner: „Aërem natu„ram et qualitatem se condensandi sive comprimendi et rarefaciendi aut „potius extendendi, habere, Thermometra evidenter demonstrant; quae si „frigescant, aër coit et spatium minus occupat, sin autem calida fiant, is se „extendit, spatiumque complet seu occupat majus." Ibid. Caput XXXIII.

wurden mit ihren Fassungen aufeinander befestigt. Die eine derselben, und zwar die obere, war evakuirt, die andere mit Luft erfüllt. Wurden die Hähne geöffnet, so vertheilte sich die Luft gleichmässig in beiden Kugeln. Ein evakuirtes Gefäss pumpte das Wasser aus einem tiefer stehenden Gefässe, welches Wasser bei seinem Eintritte in den leeren Raum sich in kleine Bläschen zertheilte. — Eine lufterfüllte zugebundene Blase wurde in den Raum zwischen die Magdeburger Halbkugeln gebracht und dann die Luft entfernt, worauf die Ochsenblase mit lautem Knall zerplatzte. Brachte er hingegen eine halbgefüllte, schlaffe Blase in den Raum, so schwoll dieselbe auf und bewies hierdurch die Expansivkraft der Luft. — Eine knpferne Kugel wurde mittelst einer am Hause geführten Röhre mit der im obersten Stockwerke befindlichen Luftpumpe verbunden. Da die am Erdboden befindliche Kugel durch eine so hoch befindliche Pumpe evakuirt werden konnte, so war es klar, dass die Wirkung des Pumpens nicht auf der Schwere, sondern auf der Elastizität der Luft beruhe. Guericke sah in dieser Eigenschaft der Luft die Ursache der Stürme.

Der Erfinder der Luftpumpe hatte eine besondere Vorliebe für solche Experimente, welche die Mächtigkeit des Luftdruckes darthaten und auf die Zuseher eine mehr oder weniger verblüffende Wirkung übten. Hierher gehört in erster Linie das Experiment mit den „Magdeburger" Halbkugeln, welche er nicht in den bescheidenen Dimensionen anfertigen liess, in denen wir sie heutzutage in unseren Vorlesungen über Experimentalphysik benützen, sondern — wie im Allgemeinen alle seine Apparate — in grossen Dimensionen, was theilweise auch durch die rohe Ausführung derselben bedingt war. Zuerst liess er Halbkugeln von 0,67 Magdeburger Ellen Durchmesser anfertigen, mit welchen er in Regensburg vor den versammelten Fürsten experimentirte. Später liess er sich gar Halbkugeln von 0,95 Magdeburger Ellen im Durchmesser machen, wie wir dies oben an passender Stelle erwähnt haben. Die kleineren hing er an einem Gestelle im Hofe seines Hauses auf und belastete sie mit einigen Centnern. Ein ähnlicher „Kraftversuch" ist der folgende. Eine Kugel wurde luftleer gemacht und hierauf an einen Pumpenstiefel angeschraubt. Im Augenblicke, als Guericke den Hahn der evakuirten Kugel öffnete, strömte die Luft aus dem Cylinder mit grosser Vehemenz in die luftleere Kugel und der äussere Luftdruck schob nun den Stempel mit unwiderstehlicher Gewalt vor sich her, was eine Schaar von Männern, die sich an den Stempel hängten, zu verhindern nicht im Stande war.

Guericke versuchte nun das Verhalten der verschiedenen Dinge, das Zustandekommen der verschiedenen Erscheinungen im luftverdünnten Raume. Mit seinem obenerwähnten Doppelballon, dessen einer luftleer war, machte er verschiedene Versuche. Er bemerkte, wenn die Luft aus dem lufterfüllten in den leeren Raum überströmte, dass dies mit grosser

Vehemenz geschehe, so dass kleine Gegenstände, selbst Steinchen mit grosser Lebhaftigkeit im Kreise herumwirbeln. Dabei machte er noch die interessante Beobachtung, dass beim Einströmen der Luft in den leeren Raum ein dichter Nebel in der Luft der Kugel entstehe, welcher sich theilweise auf die Innenfläche des Ballons in Gestalt kleiner Tröpfchen niederschlägt. Er versuchte nun die Flamme, das Licht, den Schall im luftverdünnten Raume und beobachtete Thiere, wie sie in demselben zu Grunde gehen. Er constatirt, dass die Flamme ohne Luft nicht „leben" könne, dass sie im verschlossenen, lufterfüllten Raume ebenfalls erlösche, somit die Luft verzehre. Bezüglich des Schalles findet er, dass die Luft zu dessen Fortbestehen erforderlich sei *).

Guericke schloss aus seinen Versuchen, dass die Luft schwer sei. Er wog eine mit Luft gefüllte Kugel, pumpte sie dann aus und wog sie abermals. Der Gewichtsunterschied galt als Gewicht des Luftvolumens, welches die Kugel erfüllte. Er fand dieses Gewicht gleich 4 Loth („qui duos aequant thaleros Imperiales"). Er fand ferner, dass dieses Gewicht variire, dass verdichtete Luft schwerer sei und dass demnach die wirkliche Differenz des Gewichtes von Wasser oder Quecksilber und Luft nicht angegeben werden könne. Guericke spricht übrigens in doppeltem Sinne von einer Wägung der Luft: in universalem und partikularem Sinne. Die universale Wägung der Luft geschieht mit Hülfe seines Wasserbarometers, in welchem der Druck der schweren Luft eine Wassersäule von 19 magdeburgischen Ellen zu heben im Stande ist. „Gravitas aëris tantum premit, quantum premit gravitas aquae „19 ulnarum Magdeburgensium altae" **). Guericke hat somit unabhängig von den Florentiner Gelehrten das Wasserbarometer erfunden. Von der Torricelli'schen Röhre hörte er erst auf dem Regensburger Reichstage im Jahre 1654. Wir müssen somit Guericke als einen der Erfinder des Barometers betrachten, wie denn im Allgemeinen diese Erfindung nicht an den Namen eines Einzigen geknüpft werden kann. Kaspar Berti (Bertus) hat zu Rom vor unserm Physiker ein ähnliches Instrument ausgeführt, Blaise Pascal hat noch vor 1647 ein Weinbarometer zusammengestellt, Torricelli überging vom Wasser zum Quecksilber hauptsächlich der handlicheren Form wegen.

Guericke construirte seinen Apparat in folgender Weise ***). Er setzte aus vier Messingröhren von ca. 5 Magdeburger Ellen Länge eine lange Röhre zusammen und befestigte auf dieser mit Hülfe einer Messingfassung ein oben verschlossenes, unten mittelst eines Hahnes verschliessbares, ausgepumptes, dickwandiges Glasgefäss. Hierauf setzte er

---

*) Die beschriebenen Versuche finden sich in Guericke's Werk Lib. III, Caput VI—XVIII.
**) Experimenta nova Lib. III, Cap. XXI.
***) Ibid. Cap. XX.

den untern, mit einem Hahne verschliessbaren Theil der Röhre in ein Gefäss mit Wasser, und nachdem er die ganze Röhre ebenfalls mit Wasser gefüllt hatte, öffnete er den untern Hahn, worauf sich das Wasser bis zu einer Höhe von 18—20 Ellen erhob. Die ganze Vorrichtung war an einer Wand seines Hauses befestigt. Aus diesen Versuchen schloss Guericke, worüber ohnedies Erfahrungen vorliegen, dass mit Hülfe eines Hebers Wasser über 18 Ellen hohe Erhebung nicht geleitet, ferner dass in der Saugpumpe das Wasser ebenfalls über diese Höhe nicht gehoben werden könne. Guericke nahm an seinem Wasserbarometer wahr, dass die Höhe der Wassersäule sich forwährend von Tag zu Tag um mehrere Handbreiten (Palmen) ändere. Um nun sicher zu gehen, liess er die Röhre einige Male entleeren und frisch mit Wasser füllen, erhielt jedoch stets dasselbe Resultat. Er nahm nun aber auch wahr, dass die Aenderung der Flüssigkeitssäule, welche offenbar einer Aenderung des Luftdruckes entsprach, im engen Zusammenhange mit den Aenderungen der Witterung stehe. Dies führte ihn zur Ausführung eines Apparates, den er in einem vom 30. Dezember 1661 an Kasp. Schott gerichteten Briefe, sowie in seinem Werke (Lib. III, Cap. XX) beschreibt. Er setzte nämlich auf die Oberfläche der Flüssigkeit ein aus Holz geschnitztes, aufrecht schwimmendes Männchen, welches in Folge des geänderten Luftdruckes sich auf- oder abwärts in der Röhre bewegte und mit seiner ausgestreckten Hand auf eine an der Röhre angebrachte Eintheilung wies. Er nannte diese Vorrichtung ihrer fortwährenden Bewegung zufolge „Semper vivum" und meint, man könne sie auch „Perpetuum Mobile" nennen. Mittelst dieses Apparates prophezeite er einen Sturm im Jahre 1660. Die Einrichtung war geflissentlich eine derartige, dass man bloss das Männchen in seinem Glasgehäuse, nicht aber die Röhre sehen konnte, was den Apparat um so wunderbarer erscheinen liess. Mittelst des Wasserbarometers berechnete Guericke den Druck der Atmosphäre auf eine Fläche von 285 „partes quadratae" d. i. einen Röhrenquerschnitt, dessen Durchmesser 0,19 magdeburgische Ellen beträgt, und findet hiefür ca. 217 Pfund[*]. Einen höchst instructiven Versuch machte unser Gelehrter, um zu beweisen, dass die Luft an der Erdoberfläche dichter sei, als in den höheren Regionen. Er benützte zu diesem Zwecke eine Kugel, welche durch einen Hahn verschlossen werden konnte. Wenn er sich mit dieser lufterfüllten, mit dem Hahne abgeschlossenen Kugel auf einen hohen Thurm oder einen Berg begab und dort den Hahn öffnete, so entwich ein Theil der Luft mit zischendem Geräusche aus der Kugel. Das Umgekehrte fand statt, wenn er die oben verschlossene Kugel unten öffnete. Nachdem er nun noch den Versuch Pascal's („Dom. de Pachal") beschrieben, mittelst dessen dieser die Abnahme des Luftdruckes mit der Höhe bewiesen hatte, erzählt er,

---

[*] Exper. nova Lib. III, Cap. XXII.

dass er im Jahre 1658, also zehn Jahre nach dem Versuche Périer's auf dem Puy de Dôme, denselben Versuch auf dem Brocken („in monte „Bructero, germanicè Brocksberg") ausführen wollte; da jedoch der Diener hiebei das in einer Blechröhre eingeschlossene Quecksilberbarometer brach, so konnte er seinen Zweck nicht erreichen*). An derselben Stelle widerlegt er den Doctor Deusingius, der den Luftdruck als von oben nach unten wirkend auffasst und für unmöglich hält, dass wir solchen Druck ohne etwas davon zu fühlen aushalten sollten. Guericke macht dagegen geltend, dass der Luftdruck von allen Seiten gleichmässig wirke, dass die Luft sogar unsern Körper erfülle und somit ihr Druck unfühlbar sei**). Wenn die Fische im Wasser nicht den Druck empfinden, so wir noch viel weniger in der Luft.

Guericke beschreibt in der Folge***) ein Luftthermometer, welches sich im Wesen allerdings von dem galileischen nicht unterscheidet, dabei jedoch so eingerichtet ist, dass eine an einem Faden sich haltende Engelsfigur†) mit dem Finger an einer daneben befindlichen Scala die jeweilige Lufttemperatur weist. Der Apparat bestand aus einer mit Luft gefüllten kupfernen Kugel, an welcher unten eine U-förmige kupferne Röhre mit ihrer einen Oeffnung befestigt war. Die Röhre war bis zur Hälfte mit einer Flüssigkeit (Weingeist) gefüllt, auf welchem in dem gegen das Freie mündenden Schenkel sich ein Schwimmer††) befand, an dem vermittelst einer über eine Rolle gehenden Schnur die oben erwähnte Figur hing. Die Scala, welche hierbei zur Anwendung kam, hatte die folgenden 7 Abstufungen: „Magnum frigus, Aër frigidus, Aër subfrigidus, Aër temperatus, Aër subcalidus, Aër calidus, Magnus calor". Diese Vorrichtung nannte Guericke ebenfalls „Perpetuum mobile". Es ist bemerkenswerth, dass Guericke nicht wahrnahm, dass sein Apparat nicht bloss von der Temperatur, sondern auch von dem Drucke der Luft abhängig sei. Einen geringen Vorzug hatte dieses Thermometer immerhin vor den anderen ähnlicher Construction, es hatte nämlich eine Art Fixpunkt. Mit Hülfe einer an der Kugel befindlichen, verschliessbaren

---

*) Im 34. Capitel seines Werkes erzählt Guericke, wie ihm der Kapuzinermönch Pater Valerianus Magnus auf der Regensburger Reichsversammlung den Torricelli'schen Versuch gezeigt habe. Er ist überzeugt davon, dass man auch auf diese Weise ein Vacuum erzeugen könne, nur schlägt er vor, um die an den Wänden haftenden Luftbläschen zu entfernen, das Quecksilber durch Anwendung der Luftpumpe in der Röhre ansteigen zu lassen. — Das Auskochen des Barometers entspricht diesem Zwecke allerdings noch besser.

**) Exper. nova Lib. III, Cap. XXX.

***) Ibid. Cap. XXXVII.

†) „Angeli vel nudi infantuli formâ." Ibid. Cap. XXXVII.

††) Dieser bestand aus einem von allen Seiten verschlossenen Röhrchen von dünnem Messingblech, in welchem sich so viel Schrote befanden, dass das Ganze die Dichte der Flüssigkeit hatte, auf welcher es schwamm.

Oeffnung wurde die weisende Figur derart ajustirt, dass sie auf den mittleren Theil der Scala (Aër temperatus") wies, wenn eben die Nachtfröste eintraten.

Im vierten Buche seines Werkes handelt Guericke von den „Weltkräften". Diese Kräfte (Talente, Eigenschaften der Dinge) sind weder Substanzen, noch Accidentien der Körper, sondern denselben inhärent und deren Effluenzien. Die mundanen Kräfte sind körperlicher oder unkörperlicher Natur. Die ersteren werden durch undurchdringliche Körper zurückgehalten und isolirt, die unkörperlichen hingegen durchdringen jede Substanz und umgeben den Körper, dessen Effluenzien sie bilden, bis zu einem gewissen Umkreise. Diese äusserste Grenze wird die Wirkungssphäre („orbis virtutis" seu „sphaera activitatis") genannt. Die unkörperlichen Kräfte stammen von der Erde oder von der Sonne. Zu den ersteren gehören 1) Virtus Impulsiva, 2) Virtus Conservativa et Expulsiva, 3) Virtus Directiva, 4) Virtus Vertens, 5) Virtus Sonans, 6) Virtus Calefaciens etc. Von den der Sonne entstammenden Kräften sind zu nennen die „Virtus Lucens atque Colorans" etc. Ausser diesen gibt es ohne Zweifel Effluenzien planetarer Natur. Die Natur aller dieser Kräfte ist „agere in distans".

Und nun folgen die Betrachtungen über die einzelnen Effluenzien, vor allem die „Impulsivkraft", begleitet von den Ansichten des Verfassers über den Fall und Wurf. Hier zeigt nun Guericke, trotzdem er die meisten Schriftsteller über diesen Gegenstand gelesen hatte, dass er mit den Gesetzen des freien Falles nicht im Reinen sei. Er meint, die Schnelligkeit des fallenden Steines könne nicht ohne Ende wachsen. Ferner behauptet er, dass eine Masse von 2 Unzen schneller den Boden erreiche als eine, welche bloss 1 Unze wiegt. Aehnliche Sätze stellt er auch bezüglich des Wurfes auf. Ein schwerer Körper kann mit grösserer Geschwindigkeit und weiter fortgeschleudert werden, als ein kleiner u. s. f. Im Kreise herumgewirbelte Körper suchen sich von der Drehungsaxe zu entfernen. Eine Mulde oder kleine Speiseschüssel (paropsis) wird mit einer Axe durchbohrt, welche mit Hülfe eines Zahnrades und einer Kurbel rasch gedreht werden kann; legt man kleinere und grössere Körner in die Schale und dreht dieselbe rasch um ihre Axe, so nimmt man wahr, dass die grösseren gegen den Rand der Schüssel hin ansteigen, während die kleineren in der Mitte bleiben*). Aus diesem Versuche erklärt Guericke die Anordnung der Jupitertrabanten, deren grösster am weitesten entfernt von dem Hauptplaneten seine Bahn beschreibt.

Die Kräfte sind ohne Zweifel ihrem Subjecte proportionirt und in Folge dessen können sie auch ihre Wirkung nicht über alle Grenzen hinaus ausdehnen („sed suos quoque certos denique terminos habere").

---

*) Lib. IV, Cap. 3.

„Setzen wir, dass das coppernicanische System wahr sei und dass „die Sonne im Mittelpunkte der Welt sich befinde", dieselbe dreht sich um ihre Axe und bewegt hiedurch die Planeten um eben diese Axe in ihren Bahnen. Aus dem oben angeführten Prinzipe, demzufolge die Kräfte den Subjecten auf die sie sich beziehen proportionirt sind, folgt, dass die grössern Planeten sich im weitesten Umkreise von der Sonne bewegen werden, während die kleineren — so wie kleinere Körper nur in geringere Distanz geschleudert werden können — kleinere, engere Bahnen beschreiben werden. Die entfernteren, grössern Planeten bewegen sich langsamer als die näheren, kleineren*).

Unser Autor übergeht nun auf die „Virtus conservativa". Dieselbe besteht in dem Vermögen der Erde, alle ihr zugehörigen Dinge zu conserviren, zusammenzuhalten, in dem Bestreben aller irdischen Dinge, sich zu vereinigen. Man kann diese Kraft deshalb nicht „Attractio" nennen, sondern „Appetitus", das Bestreben sich selbst in einem zu erhalten. Diese Kraft hat, wie alle andern Kräfte, ihre Wirkungssphäre, innerhalb welcher sie zum Zwecke ihrer Conservirung die Gegenstände anziehen oder auch abstossen kann. — An sich ist kein Gegenstand schwer oder leicht, bloss seine Beziehung zur Erde verleiht ihm die eine oder die andere Eigenschaft. — Die Erde an sich ist überhaupt nicht schwer; daraus, dass sie die irdischen Dinge schwer macht, folgt nicht, dass sie selbst schwer sei. Hieraus erklärt sich auch der Unterschied zwischen den Zahlen, welche jenes fictive Gewicht der Erde ausdrücken sollen, wie wir sie bei Stevinus, Forerius, Claramontius und Mersenne finden. — Es ist auch nicht vorauszusetzen, dass ein schwerer Körper, ein Stein z. B., bis zum Mittelpunkte der Erde fallen würde, wenn wir einen mitten durch die Erde gebohrten Canal annehmen. Der von der Natur für die Oberfläche der Erde geschaffene Stein würde vielmehr aus dem Innern der Erde emporgeschleudert werden, wie dies die Erfahrung an den Vulkanen lehrt. — Diese, sowie alle andern Kräfte, hat ihre Grenzen und demgemäss ist es eine unnütze Arbeit, die Zeit berechnen zu wollen, während welcher ein Stein von der Fixsternsphäre auf die Erde fallen würde.

Guericke übergeht nun auf die „Virtus Expulsiva Telluris" und hierauf auf die „Virtus Directiva vel Dirigens". Diese letztere ist jene Kraft, welche gewissen Steinen, vulgo „Magneten", innewohnt und auch von der Erde im Ganzen ausgeübt wird, ohne dass man deshalb die ganze Erde als grossen Magneten betrachten könnte, wie dies Einige wollen. Diese Kraft ist nicht isolirbar und wirkt auch auf die in ein Glasgefäss ganz verschlossene Magnetnadel**). Die magnetische Kraft erstreckt sich über den Umkreis der Oberfläche der Erde hinaus

---

*) Lib. IV, Cap. 3.
**) Ibid. Lib. IV, Cap. 7.

und hat eine gewisse Wirkungssphäre. Nehmen wir einen fingerlangen Eisendraht und klopfen ihn mit einem Hammer auf einem Ambos an beiden Enden, wobei er in der Richtung des Meridians sich befindet, so wird der Draht magnetisch, wovon wir uns überzeugen, wenn wir ihn gleich einer Magnetnadel frei aufhängen.

Ausserdem machte Guericke die Bemerkung, dass die stählernen Werkzeuge, wie wir sie zum Durchbohren von Eisen brauchen, nach oftmaligem Gebrauche magnetisch werden; ebenso machte er die Erfahrung, dass vertikale oder in meridionaler Richtung angebrachte horizontale eiserne Fensterstäbe magnetisch werden, wenn sie fünf und mehrere Jahre in dieser Lage verbleiben. Bei den vertikalen Stäben ist das untere Ende nördlich, das obere südlich magnetisch.

Unser Autor spricht nun von der „Virtus vertens", wobei er seine Beispiele unter den Himmelskörpern sucht, hierauf vom Schall und vom Lichte, von der Wärme (Wärmevermögen), endlich von der „Virtus Lucens et Colorans" *). Und nun übergeht er auf seine Untersuchungen über Elektricität: „Von dem Versuche, durch welchen die hauptsächlichsten der aufgezählten Kräfte durch Reibung an einer Schwefelkugel „erzeugt werden können" **). Der Apparat, den Guericke zur Demonstration der verschiedenen, von ihm aufgezählten Kräfte oder Vermögen vorschlägt, ist eine Schwefelkugel, deren Verfertigung er folgendermassen beschreibt: „Hat jemand Lust, so nehme er eine Glaskugel, so man „Phiola" nennt von Kindskopfgrösse, thue im Mörser zerstossenen Schwefel „hinein, setze dies an's Feuer, bis der Schwefel völlig geschmolzen ist, „lasse dann das Ganze verkühlen und breche dann die Kugel, wodurch „man den Schwefelglobus erhält und bewahre denselben an einem trockenen, „nicht an einem feuchten Orte." Wenn man will, kann man die Kugel der Bequemlichkeit wegen auch an eine eiserne Axe stecken. An dieser Kugel können nun die verschiedenen Kräfte nachgewiesen werden; die Impulsivkraft durch Schleudern derselben, wobei sie weiter fliegt, als eine aus leichterem Material z. B. von Holz verfertigte. Die Conservativkraft wird dargethan, wenn wir die Kugel mittelst ihrer Axe über zwei Stützen legen, sie mit der recht trockenen Hand berühren und sie dann um ihre Axe drehen. Die Kugel wird dadurch in einen derartigen Zustand versetzt, dass sie „Schnitzel von Gold, Silber, Papier, kleine Bohnen oder andere Abschabsel" mit sich fortnimmt. „Auf diese „Weise wird uns gewissermassen die Erdkugel vor Augen gestellt, welche „alle lebenden Wesen und andere auf ihrer Oberfläche vorhandenen „Dinge durch Anziehung festhält und durch ihre tägliche Umdrehung „in 24 Stunden mit sich herumführt."

---

*) Ibid. Lib. IV, Cap. 9—14.
**) Ibid. Cap. 15.

„So lässt diese Kugel, an Wassertropfen gebracht, diese aufwallen „und aufschäumen, in gleicher Weise zieht sie Luft, Rauch u. dgl. an."

„Hieraus ist ersichtlich, dass eine solche Kraft der Erde zu ihrer „eigenen Erhaltung innewohnt, und durch Reiben auch in jedem dazu „geeigneten einzelnen Körper, z. B. in dieser kleinen Kugel erzeugt wer„den kann, so dass sie in dieser mehr wirkt, als die Erde selbst (denn „alles, was diese Kugel anzieht, entreisst oder entzieht sie so zu sagen „der Erde). So war auch bei den Alten ein Stein bekannt, welcher die „anziehende und die abstossende Kraft besass" (der Magnetstein nämlich).

Im dritten Abschnitte demonstrirt nun Guericke die Expulsivkraft an seiner Schwefelkugel. Sie wird zu diesem Behufe aus dem Maschinchen herausgehoben und auf die beschriebene Weise gerieben, hierdurch hat sie nun die Eigenschaft erhalten, leichte Körper nicht nur anzuziehen, sondern dieselben auch abzustossen. Ein solcher abgestossener Körper wird erst dann wieder angezogen, wenn er vordem einen andern Körper berührt hat. Diese Erscheinung beobachtet man am besten an Federchen und Flaumen, da diese nicht so schnell zur Erde fallen, als andere Schnitzelchen. Von dieser Kugel angezogen und von ihr wieder abgestossen, schweben sie im Kraftbereiche der Kugel („in orbe virtutis hujus globi") und können mit der Kugel im ganzen Zimmer herumgeführt werden*). Hierbei bemerkt unser Forscher noch die folgenden wichtigen Momente. 1. Die Feder breitet sich aus und wird gewissermassen lebendig, zieht alles in ihrer Nähe Befindliche an oder schmiegt sich an grössere Gegenstände; so kann man es erreichen, dass sie sich an die Nasenspitze einer nahestehenden Person hängt. Bringt man hingegen eine brennende Kerze in die Nähe, so flieht die Feder und sucht scheinbar Schutz an der Kugel. 2. Die Feder wendet der Kugel stets die Seite zu, welche ursprünglich angezogen wurde; diese bildet gleichsam ihr Gesicht, so dass sie sich in der Luft umdreht, wenn man die Kugel auf die entgegengesetzte Seite bringt. 3. Hat die Feder ihre Aestchen entfaltet und man nähert einen Finger oder einen andern Gegenstand, so fliegt sie zwischen diesem und der Kugel hin und her. Hält man ihr jedoch einen Leinenfaden entgegen, so klammert sie sich an diesen an und bleibt in dieser Stellung eine Zeit lang. 4. Ein Leinenfaden, der über der Kugel aufgehängt, fast bis an dieselbe herabreicht, weicht dem genäherten Finger aus. 5. Die Kraft der Kugel lässt sich längs eines ellenlangen Leinenfadens leiten. Wenn man denselben mit seinem obern Ende an ein am Tisch befestigtes Holzstück bindet und das untere Ende etwa daumenhoch über andern Gegenständen schwebt und man die erregte Kugel („globus excitatus") dem obern Ende des

---

*) Es ist dies dieselbe Erscheinung, wie die der Franklin'schen Goldblattfischchen, welche im Bereiche des Knopfes einer Leydener Flasche schwebend erhalten werden.

Fadens nähert, so wird sich der Faden strecken, so dass er mit seinem freien Ende den darunter befindlichen Gegenstand berührt. 6. Die in der Maschine befindliche erregte Kugel zieht die untergelegte Feder vielmals an und stösst sie wieder ab nach allen Punkten des Fussbodens, zieht sie dann aber wieder gleichsam aus der Diele heraus. Die Aermchen der Feder zeigen öfters Sympathie und Antipathie.

Wir haben diesen Abschnitt in solcher Ausführlichkeit reproduzirt, weil er ein Zeugniss für die eminente Beobachtungsgabe Guericke's ablegt, bezüglich welcher er unter seinen Zeitgenossen kaum seines Gleichen findet. Wie wir aus den angeführten Beobachtungen ersehen, hat er nicht nur die elektrische Anziehung beobachtet, sondern auch die Abstossung, welche auch Gilbert noch nicht kannte, ferner die Vertheilung der Elektricität und die in Folge dessen in verschiedenen Abänderungen noch heute zur Demonstration der elektrischen Anziehung und Abstossung gebrauchten Versuche. Allerdings hat er diese Erscheinungen nicht zu erklären vermocht, zu bewundern ist jedoch jedenfalls seine, die einzelnen Momente einer Erscheinung von einander scheidende Beobachtungsgabe. Guericke hat nun aber auch das Rauschen und Knistern der elektrisirten Kugel beobachtet, ferner das Aufleuchten derselben, wenn sie im Finstern gerieben wird, wobei sie in ähnlicher Weise leuchtet, wie Zucker, wenn man ihn stösst.

Im Folgenden beschäftigt sich unser Autor mit der Demonstrirung der übrigen von ihm supponirten mundanen Kräfte. Die Lenkkraft, meint er, sei an der Schwefelkugel nicht nachzuweisen, da diese ausser Magnet und Eisen keinem Körper innewohnt. Auch die „Drehkraft" (Virtus vertens) kann nicht gut gezeigt werden, hingegen lässt sich die Kraft des Tönens (Knistern), das Vermögen der Wärmeerzeugung (Virtus Calefaciens) nachweisen, ebenso die Leuchtkraft (das elektrische Leuchten). „Andere merkwürdige Erscheinungen, welche an dieser Kugel zu Tage „treten, will ich stillschweigend übergehen. Denn die Natur (sagt Kircher „in seiner ‚Ars Magnetica') lässt oft staunenswerthe Wunder selbst an „den gewöhnlichsten Dingen hervortreten, welche jedoch nur von Leuten „erkannt werden, die mit scharfem und zum Forschen geschaffenem „Sinne bei der Erfahrung, der Lehrmeisterin aller Dinge, sich Raths er„holen. An diese Kugel erinnert sich auch Mons. de Monconys in seinem „‚Journal des Voyages par Allemagne imprimé à Lyon', und dass er sie „und ihre Wirkungen unter anderen neuen Versuchen des Verfassers in „dessen Hause zu Magdeburg gesehen, seine Notizen darüber jedoch „verloren habe"*).

Nach dem Tode Guericke's blieben seine Apparate und seine Bibliothek etwa 70 Jahre lang verschlossen. Im Jahre 1759 wurde die ganze Hinterlassenschaft zu Gunsten der Nachkommen des grossen

---

*) Exp. nov. Lib. IV, Cap. 15.

Physikers verkauft, wobei die Elektrisirmaschine mit andern Apparaten in die Hände des schon oben genannten Regierungsrathes von Biedersee gelangte, nach dessen Tode im Jahre 1791 dieselben durch Kauf an den Helmstädter Universitätsprofessor der Physik Beireis übergingen. Bei diesem sah Professor Muncke die werthvolle Reliquie. Wenn er auch nicht Zeit hatte, die Belege über ihre Aechtheit zu prüfen, so scheint eine Täuschung doch wohl ausgeschlossen zu sein. Nach dem Tode Beireis' im Jahre 1809 entstand ein Rechtsstreit zwischen der Regierung des Herzogthums Braunschweig und den Erben, welche die Nachlassenschaft des Professors beanspruchten, trotzdem derselbe seine Sammlung der später aufgelösten Universität Helmstädt zum Geschenke gemacht hatte. Im Jahre 1815 wurden die Apparate, welche von Seiten des Gerichtes der Universität zugesprochen worden waren, vom Helmstädter Kreisgericht an das Polytechnikum zu Braunschweig abgeliefert, wo sie im Verzeichniss der Apparate, welches auf Befehl des Herzogs bezüglich der Beireis'schen Sammlung angelegt wurde, unter dem Namen Elektricität vorkommen. Erst um das Jahr 1849 verschwindet die Elektrisirmaschine aus dem Verzeichnisse und der Sammlung. Die Schwefelkugel mag wohl zerbrochen und hierauf das unbedeutende kleine Holzstativ derselben beseitigt worden sein. So viel ist gewiss, dass die Guericke'sche kleine Elektrisirmaschine nach dem Jahre 1849 nicht mehr im Collegium Karolinum zu Braunschweig sich befand und dass sie auch nicht in Privatbesitz übergangen ist.

Eine andere wissenschaftliche Reliquie ist die Luftpumpe Guericke's. Auch diese hat Muncke in der Sammlung des Prof. Beireis gesehen. Die Documente für die Echtheit konnte er nicht prüfen, meint jedoch, es unterliege keinem Zweifel, dass das jetzt auf der Bibliothek zu Berlin befindliche Exemplar einer Luftpumpe Guericke'scher Construction in der That von dem Erfinder selbst stamme. Uebrigens hat Guericke einige solche Apparate verfertigen lassen, von denen unter anderen einer in den Besitz des Kurfürsten von Mainz überging, der andere (1651) dem Magistrate von Köln zum Geschenke gemacht wurde*).

Die drei letzten Bücher des Guericke'schen Werkes sind dessen astronomischen und kosmographischen Ansichten und Meinungen gewidmet. Das fünfte Buch handelt von der Erde und ihrem Begleiter, dem Monde, das sechste vom Planetensystem, das siebente von den Fixsternen. — Im fünften Buche beginnt der Verfasser mit der Gestalt und Grösse des Erdkörpers. Der Umfang der Erde wird zu 5400 deutschen Meilen angegeben, woraus als Halbmesser 860 Meilen resultirt. Hierauf wird der Flächeninhalt und das Cubikmass des Erdkörpers ausgerechnet. Der Rauminhalt der Erde verglichen mit dem Raume des Planetensystems

---

*) Vgl. Gerland, Hist. App. d. Lond. Ausstell.-Bericht. Braunschweig 1878, pag. 35 ff. und Gerland, Beiträge zur Geschichte der Physik. Halle 1882, pag. 5.

ist verschwindend klein. Die nun folgende Beschreibung des Erdkörpers, der Erdrinde und des Erdinnern, der Meere und anderen Gewässer, welche den Erdkörper durchströmen, vergleicht die Gewässer mit dem Blute, das durch den beseelten Körper fliesst. Uebrigens erinnert die Erklärung der Ebbe und Fluth des Meeres in Vielem an die Schriften eines Autors, der ein Zeitgenosse unseres Guericke, von diesem häufig citirt wird, an die Schriften des Pater Athanasius Kircher. — Die Abnahme der Dichtigkeit der Luft mit der Höhe hatte Guericke bekanntlich durch den Versuch bewiesen. Eine obere Grenze der Atmosphäre lässt sich seiner Ansicht nach nicht angeben, dagegen theilt er den ganzen Dunstkreis in drei Regionen: eine untere, mittlere und obere. Die untere Schichte wird abermals in mehrere Schichten getheilt, in der ersten, welche man gewöhnlich für unsere Erdatmosphäre hält, wird das Sternenlicht durch die erdigen, feuchten Dünste merklich gebrochen. Diese erstreckt sich nicht über vier deutsche Meilen, die andere enthält schon feinere Dünste, in denen sich das Sonnenlicht bricht, wodurch die Dämmerung zu Stande kommt, die Höhe derselben schätzt er auf 24 deutsche Meilen, die letzte endlich enthält nur mehr äusserst wenig Dünste und bricht deshalb das Licht auch kaum wahrnehmbar und macht sich durch die himmelblaue Farbe bemerklich. Die mittlere Luftschichte ist ganz dunstfrei und erstreckt sich auf einige hundert Meilen, die oberste ist äusserst dünn und ist in einer Höhe oder Mächtigkeit von 1000—2000 Meilen vom leeren Raume umgrenzt. — Ein interessanter Bericht über eine Besteigung der hohen Tátra in den nordungarischen Karpaten durch David Frölich aus Caesareopolis (Käsmark) in der Zips im Jahre 1615 bildet den Inhalt eines Capitels des in Rede stehenden Buches von Guericke's Werk*). Frölich übertreibt allerdings die Höhe der hier vorkommenden höchsten Spitze der Tátra (Gerlsdorfer Spitze), führt aber einige sehr interessante Beobachtungen über den Zustand der Atmosphäre in grössern Höhen an. Die Wolken sah er in verschiedenen Höhen befindlich, ferner sah er, dass man sich über dieselben erheben könne, die fernen Wälder sah er in intensiv blauer Farbe, die Luft fand er absolut ruhig, während unten ein ziemlich starker Wind wehte u. s. f. Die interessanteste Wahrnehmung war jedoch die folgende. Eine Pistole wurde auf der Spitze des Berges losgeschossen, deren Explosion jedoch kein stärkeres Geräusch verursachte, als wenn ein Holzstäbchen unter einem knackenden Geräusche bricht.

Unser Autor spricht nun über die Stellung der Erde, weist nach, dass sie nicht im Mittelpunkte der Welt sich befinde, wie dies Aristoteles gelehrt habe, ferner über die Bewegung derselben. Hierauf übergeht er auf den Mond, von dessen Oberfläche er, mit Hülfe eines Teleskopes entworfen, eine Zeichnung bringt. Es folgen nun die Verfinsterungen,

---

*) Cap. VIII.

über den einstigen Untergang der Erde, ein Anhang über die Kometen (in Briefen des Stanislaus Lubieniecky an Guericke und vice versa) u. a.

Das sechste Buch handelt von der planetarischen Welt und führt die verschiedenen Ansichten über die Bewegung der Planeten an, so die der Peripatetiker, die Ansicht Tycho's und anderer. Hierauf übergeht er auf die Beschreibung der einzelnen Weltkörper: der Sonne und der Planeten. Die Entfernung der Erde von der Sonne beträgt nach ihm etwas über 2 Millionen Meilen, ist also kaum mehr als ein Zehntel der wirklichen Distanz. Der Verfasser nimmt einen absolut leeren Raum zwischen den Weltkörpern an. Er erklärt das coppernicanische Weltsystem als das allein wahre gegen das ptolemäische sowohl, als gegen das tychonische und ebenso gegen die Einwürfe von Seiten der Theologen. — Guericke weiss wohl, dass das coppernicanische System in jenen Tagen noch von vielen angefeindet wird, er führt an, dass mit dem päbstlichen Dekrete vom Jahre 1616 in der katholischen Welt das coppernicanische System zu lehren verboten sei, allein er betont scharf den Unterschied zwischen „glauben" und „wissen" *). „Warum befiehlst du „mir denn zu glauben, wenn ich wissen kann? fragt Augustinus." Hierauf entwickelt er in seiner bündigen Weise, dass unsere Ansicht vom Himmelsgebäude in keinerlei Beziehung zur heiligen Schrift stehe. „Die „heilige Schrift lehrt uns den Weg zum Heil, aber nicht den zur „Mathematik kennen" **).

Das siebente Buch behandelt die Welt der Fixsterne. Es werden Meinungen über die Entfernung, Grösse und Zahl der Fixsterne angeführt und besprochen. Es wird ausgeführt, dass man weder die Zahl noch die Entfernung der Fixsterne angeben könne. Unser Verfasser spricht sich auch über die Vielheit der Welten aus und citirt hierbei den Cardinal Cusa (De docta ignorantia, Cap. 12) sowie Giordano Bruno, die ersten Denker, welche die Multiplizität der Welten gelehrt haben.

Nachdem er so von der Untersuchung der einzelnen Kräfte und der Beschreibung der einzelnen Bestandtheile des Kosmos zur allgemeinen Betrachtung des Universums aufgestiegen ist, sieht er sich nun an der passenden Stelle angelangt, seinem Werke die im Geiste seiner Zeit verfassten Schlussbemerkungen anzufügen. Bei der Betrachtung des Besonderen, wo es sich um Prüfung und Erwerbung von Erfahrungen handelt, hat er die beiden Betrachtungsweisen streng von einander geschieden, und darauf hingewiesen, dass die Stimme der heiligen Schrift nicht den

---

*) „Credere enim est ob autoritatem dicentis alicui assentiri: Scire „autem est rem per causam cognoscere." Experimenta nova Lib. VI, Cap. 16.

**) „E scriptura quidem via ad salutem, non verò ad Mathematica, discenda." Ibid.

Weg zur Wissenschaft weise. Hier nun, wo das Erfahrungsmaterial festgestellt und somit für die allgemeine Betrachtung eine feste Grundlage gewonnen ist, wendet sich der Blick des Autors dorthin, wo er den Werkmeister des künstlich gefügten Weltbaues sieht. Um den Gedankengang des Verfassers an dieser Stelle zu charakterisiren, citiren wir die folgende poetisch schwungvolle Stelle: „Dieses Sternenheer existirt nicht „als blosser Begriff in unserer Einbildung, sondern es ist wie eine „Schlachtordnung vor unsern Augen aufgestellt, damit es gleichsam „durch die Furcht vor dem Blitzstrahl die Bösen und Gottlosen in ihrem „sündhaften Thun schrecke, den Guten und Gottesfürchtigen aber jenen „heiligen und barmherzigen Herrn der Heerschaaren offenbare, so dass „aus der richtigen Erkenntniss der erschaffenen Dinge die unaussprech„liche Majestät des Allmächtigen klar in unsere Augen leuchte und uns „zur Besserung einlade."

„Denn wenn wir bei heiterem Wetter, besonders wenn nach vor„angegangenem Regen ein leiser Wind weht, den Himmel, diesen uner„messlichen, mit zahllosen Fahnen und Feldzeichen des himmlischen „Heeres erfüllten Raum anblicken und die Legionen desselben betrachten, „so schauen wir gleichsam mit den Augen des Geistes und des Körpers „zugleich den unsichtbaren Herrn jener Heerschaaren, gekleidet in Licht, „wie in ein demantstrahlendes Gewand" *).

„Absolutum Magdeburgi, die 14. Martii, Anno 1663", mit diesem Datum schliesst Guericke sein Werk, aus dessen Blättern uns die Denkweise eines in harten Zeiten, in kriegerischen Jahren gestählten Mannes entgegenweht, der dort, wo er sich zu schwungvoller Darstellung erhebt, seine Bilder von einem in Schlachtordnung aufgestellten Heere nimmt, eines Mannes, der inmitten der Greuel der Verwüstung seinen Sinn für die Erscheinungen der Natur offen zu halten im Stande war und der in der Zeit der religiösen Intoleranz und der Dominirungsversuche der Theologen jeder Gattung sein Urtheil frei zu erhalten im Stande war und dabei den Muth hatte, seine Ueberzeugung frei zu ge-

---

*) „Haec itaque Coeli Militia, non consistit in imaginatione, ut Intel„ligentiae, sed veluti acies castrorum est ordinata ante oculos nostros, ut „quodam fulguris horrore, malos, impiosque in depravatis actionibus territet; „Bonis verò divinumque Numen timentibus, invisibilem illum sanctum et „misericordem Dominum Zebaoth, apertè ita monstret, ut per ea quae „creata sunt, rectè intellecta, clara in oculos refulgeat ineffabilis Omnipotentis „Majestas, nosque ad corrigendas malas actiones invitet."

„Nam, si noctu tempore sereno, praesertim spirantibus quodammodo „ventis, post pluvias Coelum, seu Immensum illud Expansum innumerabilibus „coelestis militiae vexillis Signisque refertum, adspicimus, et unà cum eorum „cohortibus consideramus, oculis simul mentis ac corporis; Invisibilem illum „Zebaoth, amictum Luce, tanquam panno splendidis Adamantibus exornato „quasi conspicimus." Experimenta nova Lib. VII, Cap. 5.

stehen. Wir dürfen allerdings nicht vergessen, dass die Atmosphäre, in welcher Guericke lebte, eine ganz andere war, als diejenige, welche Galilei umgab, jedoch müssen wir anderseits anerkennen, dass wir unter den Gelehrten des 17. Jahrhunderts kaum einen finden werden, der von confessioneller Beschränkung so frei gewesen wäre, wie eben dieser Bürgermeister von Magdeburg.

Guericke hat sein Werk nach eigener Angabe im Jahre 1663 vollendet. Es folgte jedoch noch eine lange Correspondenz mit dem „Buchführer" Johannes Jansson von Waesberge in Amsterdam, bis dieser den Druck und Verlag des Werkes laut Contract vom 31. März des Jahres 1670 übernahm, nach welchem er dem „wohlbenahmten Herren Otto von Guericken, vor sothane seine zu diesem Werke angewante mühe und fleiss undt kosten, auch zugleich vor die abrisse der hirzu gehörigen kupperplatten" — 75 Freiexemplare und von jeder neuen Auflage 12 Exemplare zu geben sich verpflichtet. Die Correspondenz Guericke's mit seinem Verleger, welche theils deutsch, theils holländisch oder französisch geführt wurde, ferner die Correspondenz mit dem Agenten Prauy in Wien behufs Erlangung des kaiserlichen Privilegiums, endlich die über die Dedication des Werkes gewechselten Briefe, nebst anderen Schriften und Aufsätzen des Verfassers befinden sich in der Magdeburger Stadtbibliothek. — So erschien denn endlich neun Jahre nach seiner Vollendung das Werk Guericke's, versehen mit dem kaiserlichen Privilegium und gewidmet dem Kurfürsten von Brandenburg Friedrich Wilhelm unter dem Titel: „Ottonis de Guericke Experimenta Nova (ut vocantur) Magdeburgica de Vacuo spatio Primum à R. P. Gaspare Schotto, è Societate Jesu, et Herbipolitanae Academiae Matheseos Professore: Nunc verò ab ipso Auctore Perfectiùs edita, variisque aliis Experimentis aucta. Quibus accesserunt simul certa quaedam De Aëris Pondere circa Terram; de Virtutibus Mundanis, et Systemate Mundi Planetario; sicut et de Stellis Fixis, ac Spatio illo Immenso, quod tàm intra quam extra eas funditur. — Amstelodami Apud Joannem Janssonium à Waesberge, Anno 1672. Cum Privilegio S. Caes. Majestatis." Der erste Titel ist eine Kupferplatte, auf welcher zwei Männer in nachdenkender Stellung nebst den im Werke selbst beschriebenen Hauptapparaten dargestellt sind. Eine andere dem Buche vorgestellte Kupferplatte zeigt das wohlausgeführte Porträt des Verfassers mit der Unterschrift: Otto de Guericke Sereniss: ac Potentiss: Elector: Brandeb: Consiliarius et Civitat: Magdeb. Consul:

Im Vorstehenden haben wir mit ziemlicher Ausführlichkeit über den Inhalt des Guericke'schen Werkes gesprochen. Da hiebei jedoch von den ersten zwei Büchern nur ganz im Allgemeinen Erwähnung geschah, so wollen wir hier eine kurze Inhaltsangabe des ganzen Buches folgen lassen.

Den Anfang macht das: Privilegium Caesareum, hierauf folgt die

Dedication an den Kurfürsten von Brandenburg, dann die Vorrede an den Leser. Unser Verfasser betont die Nothwendigkeit der Erfahrung mit folgenden Worten: „Daher können die Philosophen, welche nur an „ihren Meinungen und Argumenten festhalten, die Erfahrung aber un-„berücksichtigt lassen, nie zu sicheren und richtigen Schlüssen hinsicht-„lich der natürlichen Erscheinungen in der Körperwelt gelangen; wir „sehen ja, dass der menschliche Verstand, wenn er die durch Erfahrung „gewonnenen Resultate nicht beachtet, oftmals viel weiter von der Wahr-„heit sich entfernt, als der Abstand der Sonne von der Erde beträgt" *). Wer nicht Thatsachen und Erfahrungen als unwiderlegliche Beweise annimmt, mit dem ist nicht zu streiten. Ein aus der Erfahrung gezogener Beweis muss jedem, auch dem einleuchtendsten theoretischen Beweise vorgezogen werden. „Wo thatsächliche Beweise vorhanden sind, braucht „es der Worte nicht. Wer aber handgreifliche und gewisse Erfahrungen „nicht gelten lassen will, mit dem ist nicht zu streiten oder Krieg zu „führen. Mag er denn bei einer Meinung bleiben, bei welcher er will, „und mag er mit den Maulwürfen der Finsterniss nachgehen. Denn die „mathematische Wissenschaft thut nicht Kriegsdienste, sondern feiert „Triumphe und verharrt in der Ruhe friedlicher Wahrheit. Die übrigen „Zweige des menschlichen Wissens sind allerdings dem Zweifel und Streit „unterworfen, weil sie der augenscheinlichen Gewissheit ermangeln, „welche die Mathematik besitzt. Daher kommt es denn, dass der mensch-„liche Geist, nachdem er lange durch den ganzen Umkreis der Wissen-„schaften irrend umhergeschweift ist, endlich allein in der Gewissheit „der mathematischen Wissenschaften sich beruhigt" **).

Es folgt nun das eigentliche Werk: **Liber primus de Mundo ejusque systemate, Secundum communiores Philosophorum sententias.**

Dieses Buch enthält eine geschichtliche Darstellung der verschiedenen Ansichten vom Weltsystem, eine Vergleichung des ptolemäischen,

---

*) „Unde Philosophi solis cogitatis vel argumentis suis insistentis, „repudiatisque experientiis, nihil solidi circa naturalem Mundi constitutionem „concludere possunt; conceptus enim hominum nisi experimentis nitatur, „tanto saepe numero à vero aberrat longius, quanto Solem à Terra longius „distare videmus." Praefatio.

**) „Ubi enim rerum testimonia adsunt, non opus est verbis. Contra „Negantem autem Experientias palpabiles et certas, non est disputandum aut „bellum suspiciendum; servet sibi quam vult opinionem, et tenebras, cum „talpis sectetur. Mathematica namque Philosophia, non militat sed triumphat, „inque otio pacatissimae veritatis consistit: Caetera quidem humanae Philo-„sophiae partes, disceptatoriae sunt, quia evidenti certitudine carent, quâ „Mathematicae pollent. Quo fit ut humanus animus, postquam diu aberravit, „per humanarum disciplinarum Encyclopaediam, tandem in sola Mathemati-„carum certitudine conquiescat." Praefatio.

tychonischen und coppernicanischen Systemes, deren Schemata auf Kupfertafeln dargestellt sind. Es wird hiebei nachgewiesen, dass das coppernicanische System allein der Beobachtung entspreche, und dasselbe gegen die verschiedenen theils philosophischen, theils theologischen Angriffe vertheidigt. Hierauf folgt eine Beschreibung des Planetensystems auf Grund der mit den damaligen Fernröhren gemachten Entdeckungen, wobei die Sichelgestalt des Mercur, das Huygens'sche Saturnsystem u. s. f. besprochen und bildlich dargestellt wird. Hierauf folgt die Distanz des Mondes und der Sonne, sowie die Grösse dieser beiden Himmelskörper, dann die Entfernung und Grösse der Fixsterne nach den verschiedenen Autoren, über das Empyreum und dessen Grösse, über die Vielheit der Welten, endlich über den extramundanen Raum. In diesem ersten Buche sind grösstentheils fremde Ansichten dargestellt, bezüglich seiner eigenen Meinungen verweist der Verfasser auf die folgenden Bücher.

Liber secundus, de vacuo Spatio.

In diesem zweiten Buche spricht der Verfasser über Raum und Zeit, hierauf über den leeren Raum, wobei er hauptsächlich die einschlägigen Ansichten des Aristoteles anführt und sie hierauf widerlegt. Die Schlussfolgerung des griechischen Philosophen wird in folgender Weise wiedergegeben: Was nicht als Ursache irgend einer Wirkung in der Natur aufgefasst werden kann, ist von dem Philosophen als in der Natur nicht existirend anzusehen. — Das Vacuum bildet keinerlei Ursache irgend einer Wirkung in der Natur. — Ergo „Vacuum non est ponendum". Hiegegen macht nun Guericke geltend, dass, wenn wir den leeren Raum als von einem Körper nicht erfüllten Raum definiren, der jedoch tauglich ist, erfüllt zu werden, so ist dieser allerdings eine wirkende Ursache in der Natur, da er Bewegung erzeugt und zur Ursache der sogenannten „Fuga vacui" (Fliehen des leeren Raumes) wird. Hierauf fussend kehrt nun der Verfasser die aristotelische Conclusion um und schliesst hieraus auf die Existenz (jedoch nicht Realität) des leeren Raumes *).

Es folgen nun Betrachtungen über den Weltenraum („Universale rerum omnium continens"), den absoluten Raum, das Unendliche, Ewige, über die Zahl (wobei nachgewiesen wird, dass die Sandeszahl des Archimedes klein sei), über den Himmel (quod vocatur locus Beatorum).

Liber tertius, de propriis experimentis.

Mit diesem Buche übergeht nun Guericke auf seine eigenen Versuche. Nachdem er die allgemeinen Eigenschaften der Luft (Schwere, Elasticität) erörtert, beschreibt er seine Luftpumpe und die damit aus-

---

*) „Quicquid est causa allius effectus in natura, illud ponendum à „Philosopho." „Vacuum est causa effectus Vacui Fugae, item Repletionis „(nam si non esset vacuum, nihil posset repleri) et multorum aliorum Ex„perimentorum." „Ergo Vacuum est ponendum à Philosopho." Lib. II, Cap. 3.

geführten Versuche. Dabei weist er nach, dass die „Fuga vacui" bloss eine Wirkung des Luftdruckes sei. Dieses Buch ist das für die Geschichte der Physik wichtigste.

Liber quartus, de virtutibus mundanis et aliis rebus inde dependentibus.

Den Inhalt dieses Buches, welches über die einzelnen Weltkräfte im Sinne der Guericke'schen Eintheilungsweise handelt, haben wir weiter oben dargelegt. Da dies auch von den übrigen drei Büchern des Werkes gilt, so beschränken wir uns hier darauf, bloss die Titel dieser Bücher anzuführen.

Liber quintus, de terraqueo globo et ejus Sociâ quae vocatur Luna.

Liber sextus, de Systemate mundi Nostri Planetario.

Liber septimus, de Stellis fixis et eo quod finit eas.

Nachdem wir in Vorstehendem versucht haben, den wissenschaftlichen Gesichtskreis Otto von Guericke's darzulegen und durch Eingehen in seine Rede- und Darstellungsweise die Localfarben an dem Gemälde anzubringen, wollen wir, in kurzen Worten zusammenfassend, die wissenschaftliche Bedeutung unsers Autors uns vor Augen führen. — Die beiden wichtigsten physikalischen Untersuchungen, mit denen sich Guericke beschäftigt hat, sind seine Untersuchungen über den leeren Raum, nebst den damit im Zusammenhange stehenden zahlreichen Versuchen, ferner die Experimente mit der geriebenen Schwefelkugel, welche in gewisser Beziehung die Feinheit und Schärfe seines Beobachtungsvermögens in noch höherem Maasse darthun, als seine an erster Stelle genannten, in die Entwickelung der Wissenschaft unzweifelhaft mehr eingreifenden Versuche über den Luftdruck und das Vacuum. Guericke war, wie wir gesehen haben, kein Berufsgelehrter. Die physikalische Wissenschaft war ihm eine liebe Beschäftigung, zu welcher ihn seine eminenten Fähigkeiten und die sorgfältige Erziehung und sein Studium an einigen der wichtigsten Centren der Wissenschaft leiteten. Dabei erlaubten ihm seine Vermögensverhältnisse seine Ideen an Apparaten zu prüfen, welche er ohne irgend welche staatliche Unterstützung auf eigene Kosten ausführen liess. Nach der Angabe seines Sohnes hat er auf die Experimente im Laufe der Jahre die bedeutende Summe von 20 000 Thalern gewendet*). — Jedoch Guericke begnügte sich nicht mit dem eigenen Nachdenken über die Erscheinungen der Natur, er las und studierte die Werke jener Gelehrten, welche sich mit denselben Gegenständen

---

*) Dabei scheint er nun allerdings die Schwäche gehabt zu haben, seine Apparate oder wenigstens einige derselben mit einem gewissen Luxus auszustatten, wie denn z. B. das Wettermännchen, welches Monconys (Journal des Voyages 1665) bei ihm gesehen hat, nach seinem Tode auf 800 Thaler taxirt wurde.

beschäftigten, sofern dies bei dem mangelhaften Verkehre wissenschaftlicher Enunciationen und den unruhigen Zeitläufen im Allgemeinen möglich war. Während er z. B. die Werke Descartes' vollständig zu kennen scheint, hat er von der Entdeckung Torricelli's erst spät etwas erfahren, seine Schriften scheint er überhaupt nicht gekannt zu haben, während er die Werke der französischen Epigonen der galileischen Zeit ziemlich gut kennt.

Guericke hat in seinem Werke eine vollendete Darstellung des Weltsystemes mit allen seinen Bestandtheilen und allen seinen Kräften zu geben versucht. Dabei hat er zuerst die Meinungen der verschiedenen Denker über die verschiedenen Gegenstände dargelegt und ist erst dann zur Angabe seiner eigenen Meinungen und Ueberzeugungen übergangen. Die Darstellung in dem damaligen Gelehrtenidiom, in lateinischer Sprache lässt durch ihre Satzfügungen oft wahrnehmen, dass sich der Verfasser in deutscher oder französischer Sprache gewandter ausgedrückt haben würde.

Die Nachricht von den Versuchen Guericke's gelangten durch dessen Correspondenz mit dem Pater Schott zur Kenntniss des englischen Physikers Robert Boyle, der dieselben wiederholte und ausdehnte. Bezüglich der elektrischen Erscheinungen ist zu erwähnen, dass sich vor Guericke nur der Engländer Gilbert[*], der Leibarzt der Königin Elisabeth, mit elektrischen Versuchen beschäftigt habe. Wie wir an der oben citirten Stelle gesehen haben, hat dieser nur die elektrische Anziehung gekannt und stehen seine in dem Werke „De magnete, magneticisque corporibus et de magno magnete Tellure, Physiologia nova" (Londoni 1600) niedergelegten Ansichten und Kenntnisse weit hinter denen Guericke's zurück. Nach Gilbert hat sich in England erst wieder Boyle mit Elektricität beschäftigt. Dieser ist um 24 Jahre jünger als Guericke und beschäftigte sich erst vom Jahre 1654 an mit naturwissenschaftlichen Studien, zu einer Zeit, da Guericke sich schon im Besitze seiner wichtigsten Entdeckungen befand. Priestley hat in seiner zu London 1767 erschienenen „Geschichte der Elektricität" die historische Folge der Ereignisse aus kleinlichem Nationalstolz umgekehrt, um Boyle das Verdienst der Priorität zu vindiziren; diese Erzählung wird nun aber durch den wirklichen Vorgang Lügen gestraft. Bezüglich der Luftpumpe hat Boyle selbst anerkannt, dass ein edler und geistreicher Mann, Otto Gericke, Bürgermeister zu Magdeburg, vor einiger Zeit in Deutschland gläserne Gefässe luftleer gemacht habe, indem er die Luft durch die Mündung eines in Wasser getauchten Gefässes herausgepumpt habe. Er gibt zu, dass Guericke ihm zuvorgekommen sei und dass er selbst viel von diesem gelernt habe[**]).

---

[*]) Siehe Band I, pag. 394 dieses Werkes.
[**]) Rob. Boyle, „Nova Experimenta physico-mechanica de vi aeris elastica et eiusdem effectibus." Oxoniae 1661, pag. 3.

Mit seinen Versuchen über das Vacuum hat der gelehrte Bürgermeister von Magdeburg die überzeugenden Experimente an die Hand gegeben, die Thatsachen des Luftdruckes zu erweisen, die von ihm mit der in ihrer primitivsten Form ebenfalls von ihm construirten Luftpumpe dargestellt werden können. Die wichtigste Thatsache seiner Untersuchung bezüglich der Elektricität ist die Thatsache der elektrischen Abstossung und der Leitung der Elektricität. Er hat zwar ausserdem mehrere auf Vertheilung der Elektricität bezügliche Facten wahrgenommen, die hohe Bedeutung derselben jedoch nicht erkannt.

Betreffs der auf Guericke bezüglichen Schriften, welche uns als Quellen dienen, erwähnen wir die folgenden Werke:

J. H. Zedler, Grosses vollständiges Universal-Lexikon aller Wissenschaften und Künste. 64 Bde., fol. Bd. 11, pag. 1259 ff. Halle 1733—1750.

Bouginé, Handbuch der allgemeinen Literaturgeschichte. 5 Bände, 8°, nebst Suppl. Zürich 1789—1792.

Jöcher, Allg. Gelehrten-Lexikon. Leipzig 1750—1751.

Guericke, Otto de, Experimenta Nova (ut vocantur) Magdeburgica de Vacuo Spatio. Amstelod. 1672.

Zerener, Dr. H., Otto von Guericke's Experimenta Nova (ut vocantur) Magdeburgica. Im Auftrage des Commissares des deutschen Reiches für die Elektricitätsausstellung in Paris 1881 neu edirt und mit einem historischen Nachworte versehen. Leipzig 1881, 4°.

Dies, Friedrich, Otto von Guericke und sein Verdienst. Magdeburg 1862, 8°.

Im Anschluss an Otto von Guericke erwähnen wir einige seiner Zeitgenossen, die sich mit ähnlichen Untersuchungen auf dem Gebiete der Physik beschäftigt haben. Es sind dies: Kaspar Schott, Johann Christoph Sturm und Francesco Lana.

Kaspar Schott wurde im Jahre 1608 zu Königshofen bei Würzburg geboren und starb zu Würzburg am 22. Mai 1666. Er gehörte dem Orden Jesu an, war Professor der Mathematik am Gymnasium zu Würzburg und Beichtvater des Fürsten daselbst, vorher Lehrer der Moral und Mathematik in Palermo. Durch die Magdeburger Versuche, welche der Kurfürst von Mainz in Würzburg vor seinen Professoren veranstalten liess, wurde Schott mit Guericke bekannt und befreundet. Als ein anderer Freund und Genosse ist zu erwähnen sein Ordensgefährte Athanasius Kircher. Schott spielte in Deutschland eine ähnliche Rolle, wie Mersenne in Frankreich: durch seine zahlreiche Correspondenz mit den bedeutendsten Naturforschern seiner Zeit.

Schott hat die folgenden Werke hinterlassen:

„Mechanica hydraulico-pneumatica etc." 4°, Herbipoli 1657. —
„Magia universalis naturae et artis etc." Ibid. 1657. — Deutsch zu Bamberg 1671 und Frankfurt a. M. 1677. — Pantometrum Kircherianum, h. e. Instrumentum geometricum novum, a cl. viro A. Kirchero antehac

inventum etc. 4°. Ibid. 1660. — A. Kircheri Iter extaticum coeleste etc. Edit. secund. cum scholiis; accessit: Iter extaticum terrestre et synopsis mundi subterranei. 4°. Ibid. 1660. — Cursus mathematicus seu absoluta omnium mathematicarum disciplinarum encyclopaedia in libros XXVIII digesta etc. Fol. Ibid. 1661. (Ed. sec. Fol. Francof. 1674, Bamb. 1677.) — Physica curiosa s. Mirabilia naturae et artis libris XII comprehensa. 4°. Ibid. 1662 (ed. II. 1667, ed. III. 1697). — Mathesis caesarea s. Amussis Ferdinandea ad problemata universae matheseos, 4°. Ibid. 1662. (Zuerst anonym herausgegeben von Lucius Barettus (Albertus Curtius) Monachii 1651.) — Arithmetica practica generalis ac specialis. 8°. Ibid. 1663. — Anatomia physico-hydrostatica fontium ac fluminum etc. 8°. Ibid. 1663. — Technica curiosa s. Mirabilia artis, libris XII comprehensa. 4°. Ibid. 1664. — Schola stenographica. 4°. Ibid. 1665. — Joco-seriorum naturae et artis Cent. III. 4°. Ibid. 1666. — Organum mathematicum. 4°. Ibid. 1668 (posthum).

In der „Mechanica hydraulico-pneumatica" *) findet sich zuerst Guericke's Luftpumpe beschrieben, welche Schott von seinem Gönner, dem Kurfürsten von Mainz und Bischof von Würzburg Johann Philipp erhielt, der sie für ihn bei dem Erfinder bestellt hatte. Schott hält in dieser Schrift noch den Abscheu der Natur vor dem leeren Raum (den „Horror vacui") aufrecht und eifert gegen die „Neotericos philosophastros", welche aus den angestellten Versuchen auf das Vorhandensein eines vollständigen Vacuums schliessen wollen**). Er beruft sich auf Versuche, welche Gaspare Berti auf Anrathen Kircher's in Rom (um das Jahr 1647) ausgeführt hatte. Derselbe errichtete nämlich an seinem Hause zu Rom eine bleierne Röhre, diese war 100 Fuss lang und einen Zoll dick, sie reichte bis an den obersten Boden des Hauses, wo sie luftdicht mit einem dickwandigen Glaskolben verbunden wurde. Als Berti nun in den Kolben ein Glöckchen, mit eisernem Hammer versehen, angebracht hatte, füllte er den ganzen Apparat, dessen Röhre unten mit einem Hahne verschliessbar war, mit Wasser, löthete hierauf oben die Oeffnung, durch welche der Kolben gefüllt worden war, mit Zinn zu und öffnete den untern Hahn. Hiedurch sank das Wasser in die Röhre und es entstand in dem Kolben ein luftleerer Raum. Als Berti nun mittelst eines von aussen genäherten Magnetes den Hammer hob und dieser auf die Glocke fiel, tönte dieselbe auf hörbare Weise. Aus diesem, allerdings nicht massgebenden Versuche, wollte Berti und nach ihm Schott schliessen, dass der Raum nicht leer sei. Guericke machte nun gegen die Conclusionen Schott's geltend, dass bei dem Versuche Fehler vorgefallen sein müssten; würde derselbe so vollständig ausführbar sein, als dies mit dem Quecksilber in einer Röhre der Fall ist, so müsste der

---

*) P. II, pag. 442.
**) Pag. 307.

Raum ganz luftleer sein. In dem von Guericke angestellten Versuche*), der ein kleines Uhrwerk in dem Recipienten der Luftpumpe aufgehängt hatte, glückte der Versuch vollständig, d. h. das Uhrwerk verstummte im leeren Raume. Aehnlich verfuhr Boyle, dieser stellte denselben Versuch mit dem nämlichen Resultate an **).

In seiner „Technica curiosa" vertheidigt Schott den Kapuzinermönch Valerianus Magnus, welcher am Hofe des Königs von Polen Wladislaus IV. Versuche mit der torricellischen Röhre angestellt hatte. Man beschuldigte denselben, er habe sich die Entdeckung des florentinischen Physikers zugeeignet, wogegen nun Schott geltend zu machen sucht, dass wohl auch zwei auf dieselbe Entdeckung gekommen sein möchten. — In demselben Werke findet sich auch die älteste Nachricht von dem Gebrauche der Taucherglocke; es wird erzählt (auf Grund des „Opusculum de motu celerrimo" eines gewissen Taisnier), dass im Jahre 1538 zu Toledo vor Kaiser Karl V. zwei Griechen sich unter einem umgekehrten Kessel unter Wasser gelassen haben, mit einem brennenden Lichte, das sie brennend wieder auf die Oberfläche des Wassers brachten.

Die selbstständigste wissenschaftliche Thätigkeit entwickelt Schott auf optischem Gebiete. In dem ersten Theile der „Magia universalis naturae et artis" finden wir eine Abhandlung über optische Gegenstände, ähnlich wie bei Kircher, jedoch in besserer Darstellung. Besonders wollen wir hier die optischen Anamorphosen und die Erklärung der Fata Morgana hervorheben. Die Regeln, nach denen Bilder für Cylinderspiegel construirt werden müssen, um in denselben unverzerrt zu erscheinen, sind von einigen Autoren in der Zeit von 1630—1646 aufgestellt worden ***).

Schott gibt Regeln für cylindrische und konische Anamorphosen, d. h. für die Construktion von Zeichnungen, die in Cylinder- oder Kegelspiegeln unverzerrt erscheinen.

Johann Christoph Sturm, wurde zu Hippoltstein, Pfalz-Neuburg, am 3. Nov. 1635 geboren und starb als Professor der Mathematik und Physik zu Altdorf am 25. Dez. 1703. Erst Dozent an der Universität Jena, dann Prediger zu Deiningen im Oettingischen (von 1664 bis 1669), wurde er später Professor der Mathematik und Physik an der Universität zu Altdorf. Von seinen Schriften erwähnen wir hier an erster Stelle sein „Collegium experimentale curiosum" (Norimb. 1676—1685

---

*) Experim. nova de vacuo spatio. Lib. III, cap. 15.

**) Nova experimenta physico-mechanica de vi aeris elastica. Exper. XXVII.

***) Vaulezard, „Abrégé ou raccourci de la perspective" (Paris 1631); Herigonius, „Cursus mathematicus" (Parisiis 1634); Bettinus, „Apiaria universae philosophiae mathem." (Bonon. 1642); Kircher, „Ars magna etc." und Franc. Niceron, „Thaumaturgus opticus" (Paris 1646).

und 1702, 4⁰, 2 Vol.), in welchem sich die Nachricht von den aërostatischen Projekten des italienischen Jesuiten Francesco Lana befindet, über welche wir weiter unten zu sprechen haben werden. — Ferner finden wir in dem angeführten Werke die Beschreibung des Differentialthermometers, dessen Erfindung gewöhnlich Leslie zugeschrieben wird.

Von den übrigen Schriften Sturm's sind noch die folgenden zu erwähnen: „Architectura curiosa germanica Boeckleri." Fol. Norimb. 1664. — „Archimedis arenarium oder Sandrechnung." Ibid. 1667. — „Scientia cosmica s. astronomica, sphaerica et theorica, tabulis comprehensa." Fol. Ibid. 1670. — „Archimedes germanicus." Fol. Ibid. 1670. — „Cometarum natura, motus et origo, secundum Hevelii et Petiti hypotheses etc." 4⁰. Altdorfi 1677. — „Oculus Θεοσκόπος h. e. de visionis organo et ratione genuina." Norimb. 1678. — „Physicae conciliatricis conanima." Ibid. 1685. — „Physica electiva s. hypothetica." 4⁰. Ibid. 1697. — „Tom. II. cum prefatione Chr. Wolfii." Ibid. 1722. — „Philosophia eclectica seu Exercitationes academ." 8⁰. Altd. 1698. — „Admiranda iridis." Norimb. 1699. — „Mathesis juvenilis." 8⁰. Ibid. 1702. — „Mathesis enucleata." 8⁰. Ibid. 1705.

Ein Sohn Joh. Christ. Sturm's war Leonhard Christ. Sturm (1669—1719), zuerst Lehrer an der Ritterakademie zu Wolfenbüttel, später Professor der Mathematik an der Universität zu Frankfurt a. d. O., hierauf Oberbaudirector in Schwerin und zuletzt in Braunschweig. Derselbe hat nebst vielen architektonischen Schriften auch einige mathematische Werke, eine „Mathematische Geographie" geschrieben und sich mit der Bestimmung der geographischen Länge am Meere beschäftigt*).

Francesco Terzi de Lana (auf seinen lateinischen Schriften: Franciscus Tertius de Lanis), Jesuit, Lehrer der Mathematik und Philosophie zu Brescia, wurde am 13. Dez. 1631 zu Brescia geboren und starb am 26. Februar 1687 zu Rom. Im Jahre 1686 gründete er in seiner Geburtsstadt die „Accademia de' Filesotici".

Wir besitzen von ihm die folgenden Schriften:

„Prodromo, ovvero Saggio di alcune invenzioni nuove premesso all' arte maestra etc." Fol. Brescia 1670. (In diesem Werke befindet sich die Idee des Aërostates.) — „Magisterium naturae et artis." 3 Vol. Fol. Ibid. 1684—1692. (Dieses Werk sollte im Ganzen aus 9 Folianten bestehen. In dem Vorhandenen befindet sich ein Capitel „über die Bewegung, welche man elektrische Anziehung nennt".) — „Observationes mutationis declinationum magneticarum in eodem loco, simul cum inventione qua ipsae declinationes exactius in posterum observari possunt." (Acta nova Acad. Philexoticorum etc., Nr. X.) Ferner: „Nova methodus construendae pyxidis magneticis" (ibid. Nr. XI), noch einige

---

*) „Projet de la résolution du fameux problème touchant la longitude sur mer." 4⁰. Nürnberg 1720.

Aufsätze ebendort. — „Two observations concerning some of the effects of the burning concave of Lyon etc." (Phil. Transactions 1671.) — Reflections made upon an observation of Mr. Anton Castagena concerning the formation of crystals. (Ibid. 1672.)

Der Vorschlag Lana's, einen Apparat zuwege zu bringen, mit dem man sich in die Luft erheben könnte, beruht darauf, dass ein Körper*), der bei sehr kleinem Gewicht eine bedeutende Menge Luft verdrängt, durch den Auftrieb derselben emporgehoben wird. Er hatte deshalb die Idee, 4 grosse hohle Kugeln im Durchmesser von 20 Fussen, welche zusammen 5749·3 Cubikfuss Luft verdrängen und deren Wände aus $1/_{23}$ Linien starkem Kupferbleche bestehen würden, mit einander zu verbinden und mittelst leichter Seile einen Nachen daran zu hängen, hierauf die Luft aus den Kugeln zu entfernen, wodurch das ganze System leichter als das Gewicht der verdrängten Luft werden und somit aufsteigen müsste. Die Evakuation wollte er dadurch bewerkstelligen, dass er die Kugeln mit Wasser anfüllen, hierauf mit einem 10 Meter langen aufrecht stehenden Rohre verbinden und durch Oeffnen eines Hahnes das Wasser ausfliessen lassen wollte, wodurch die Kugeln luftleer würden. Durch Hülfe von Seilen wollte er das mit Segel und Mast versehene Schiff an die Ballone befestigen und so ein Vehikel zu Luftreisen für Menschen herstellen. Lana bedachte vor allem nicht den ungeheuren Druck der Atmosphäre, der seine Kugeln zerquetscht haben würde; so wollte er dann später noch schwächeres Kupferblech von nur $1/_{68}$ Linie Dicke anwenden. Die Unmöglichkeit des ganzen Projectes wurde von Hooke und Anderen auseinandergesetzt.

Wie oben erwähnt, hat Sturm den Vorschlag Lana's in seinem „Colleg. experim. curios." (Tentam. X und append.) reproduzirt und durch einen Versuch gezeigt, dass das Project im Prinzipe ausführbar sei. Er verfertigte ein Schiffchen aus Wachs, beschwerte es mit Blei und Eisen, bis es untersank, hierauf brachte er dasselbe mit 2 lufterfüllten Glaskugeln in Verbindung, welche es auf die Oberfläche des Wassers emporhoben. — Die Idee Lana's wurde durch Philipp Lohmeier, Professor zu Rinteln, in seiner Abhandlung über die Möglichkeit der Luftschifffahrt**) fast wörtlich copirt, wie dies Morhof***) ebenfalls angibt. Der letztere meint, Glas sei geeignet zu dem Lana'schen Experimente, doch sei es wohl nie zu erwarten, dass man Gefässe von genügender Weite aus Glas werde herstellen können.

---

*) Prodromo etc. Brescia 1650, fol., Cap. 6, pag. 52.
**) Exercit. phys. de artefacio navigandi per aërem. Rint. 1676. 4⁰.
***) Polyhist. T. II, lib. II, P. II, Cap. IV, § 4.

Blaise Pascal.

Blaise Pascal wurde den 19. Juni 1623 zu Clermont geboren. Sein Vater hiess Stefan Pascal und war Präsident der Steuerkammer (cours des aides) zu Clermont; seine Mutter hiess Antoinette Begon. Als er noch kaum sprechen konnte, gab er schon Zeichen eines überaus regen, wissbegierigen Geistes, welche Eigenschaft bald zu schönen Hoffnungen berechtigte. Er war kaum 3 Jahre alt, als er seine Mutter verlor; dies hatte zur Folge, dass sein Vater sich fast ausschliesslich der Sorge für seine halbverwaiste Familie widmete, und da er keinen andern Sohn hatte, so konnte er sich nicht entschliessen, die Erziehung dieses seines einzigen, von ihm zärtlich geliebten Sohnes einer fremden Hand anzuvertrauen, und er beschloss, die Erziehung sowohl als den Unterricht des Knaben auf sich zu nehmen. So kam es, dass Blaise Pascal nie eine Schule besuchte und keinen andern Lehrer hatte, als seinen Vater.

Im Jahre 1631 übersiedelte Pascal's Vater nach Paris, nachdem er auf seine Anstellung in der Provinz resignirt hatte, um sich ausschliesslich der Erziehung seines Sohnes zu widmen, der vermöge seiner ausserordentlichen Befähigung die allersorgfältigste Ausbildung zu verdienen schien. Vor allem wollte sein Vater ihn ausschliesslich mit dem Studium der alten Sprachen und deren classischer Literatur beschäftigen. Jedoch der aufgeweckte Sinn des Knaben suchte nach allen Seiten die Dinge zu ergründen und begnügte sich nicht mit dem gebotenen, einseitigen Materiale. Die Lebhaftigkeit seines Beobachtungsvermögens wird durch die folgende Erzählung bezeugt, welche wir, sowie die Hauptzüge der Biographie Pascal's dem „Vie de Blaise Pascal par Mme Périer (Gilberte Pascal)" d. h. der von seiner eigenen Schwester verfassten Biographie des Frühverstorbenen entnehmen. Als nämlich bei Tische jemand mit dem Messer an eine Porzellanschüssel schlug, da bemerkte Blaise, dass dies einen weithinschallenden, hellen Klang gab, der jedoch augenblicklich verstummte, als die Person die Hand auf die Schüssel legte. Er verlangte nun den Grund dieser ihn ungemein interessirenden Erscheinung zu wissen und war durch die gegebene, kurze Erklärung, mit der man ihn abzufinden suchte, durchaus nicht zufrieden. Er dachte daher über den Gegenstand nach und schrieb eine Abhandlung darüber, welche sich durch die gesunde Art zu schliessen auszeichnete. Pascal war zu jener Zeit kaum 12 Jahre alt.

Der Vater Pascal's setzte bei der, überall auf die letzten Ursachen gehenden Geistesrichtung seines Sohnes voraus, dass dieser eine besondere Neigung sowohl, als auch Befähigung für Mathematik besitzen werde. Da er jedoch die Art seines Sohnes zur Genüge kannte und fürchten musste, die Beschäftigung mit Geometrie werde ihn dem Sprachenstudium gänzlich entfremden, so hielt er, der sich in Gesellschaft einiger Freunde mit Mathematik zu beschäftigen pflegte, den Knaben ängstlich von der Kenntniss über die Existenz einer mathematischen Wissenschaft fern. Da dieser jedoch den Vater mit dessen Freunden häufig von mathematischen Gegenständen sprechen hörte, so wurde er auf diesen Gegenstand aufmerksam und beschloss seinen Vater zu befragen, womit sich die Mathematik eigentlich beschäftige. Dieser antwortete ausweichend, es sei dies die Wissenschaft, welche lehre, richtige Figuren zu zeichnen und deren Verhältniss zu einander festzustellen. Mit dieser kurzen Andeutung lenkte er jedoch zugleich von dem Gegenstande ab. Diese oberflächliche Andeutung, deren Zweck es sein sollte, dem Geiste des Knaben eine andere Richtung zu geben, reizte jedoch dessen Interesse nur in grösserem Masse an. Als eines Tages sein Vater den Raum betrat, wo Blaise sich in seinen freien Stunden aufzuhalten pflegte, sah er, wie dieser den Boden mit Kohlenstrichen bedeckt hatte, welche verschiedene geometrische Figuren: Kreise, gleichseitige Dreiecke und andere planimetrische Formen bildeten. Der Knabe beschäftigte sich mit dem Auffinden des Verhältnisses der Figuren zu einander. Da ihm jedoch sogar die Namen der einzelnen geometrischen Gebilde unbekannt waren, so hatte er sich vor allem einige Benennungen zurecht gemacht, mit welchen er die Grade, den Kreis und die andern Figuren bezeichnete. Der ältere Pascal sah seinen Sohn mit einer Untersuchung beschäftigt, deren Gegenstand sich im 32. Satze des ersten Buches von Euklid befindet, demzufolge die Summe der Winkel des Dreieckes gleich zwei Rechten ist.

Nachdem sich der Vater unsers Pascal auf solche Weise überzeugt hatte, dass das mathematische Talent seines Sohnes sich nicht zurückdämmen lasse, gab er ihm die Elemente des Euklid, welche jener ohne Anweisung selbstständig durchstudirte. Schon in seinem 16. Jahre schrieb er eine Abhandlung über Kegelschnitte, welche jedoch nicht im Drucke erschien*). Descartes, der diese Arbeit sah, konnte kaum glauben, dass sie nicht von dem ältern Pascal herrühre.

Blaise studirte nun hauptsächlich die classischen Sprachen, hierauf Logik, Physik und andere Wissensfächer. Dabei nahm er regelmässig an den gelehrten Zusammenkünften der wissenschaftlichen Freunde seines Vaters Theil und setzte oftmals diese durch sein scharfes Urtheil über irgend eine Frage in Erstaunen. Es waren vor allem die Gelehrten

---

*) Auf die Herausgabe dieser Abhandlung bezieht sich ein Brief von Leibniz an den Schwager Pascal's: Périer vom 30. August 1676. „Oeuvres complètes de B. Pascal." Paris 1872—1877. Vol. 3, pag. 466. Eine kurze Bemerkung über denselben Gegenstand unter dem Titel: „Essais pour les coniques" erschien im Jahr 1640. Dieselbe findet sich in der citirten Ausgabe Vol. 3, pag. 182.

Mersenne, Roberval, Mydorge und Carcavi, mit denen der junge Pascal bei dieser Gelegenheit bekannt wurde.

Das angestrengte Studium, dem sich der wissensdurstige Jüngling hingab, untergrub seine schwächliche Constitution, so dass er von seinem 18. Jahre angefangen bis zu seinem Tode, durch volle 21 Jahre fortwährend kränkelte.

In seinem 19. Jahre erfand er eine Rechenmaschine, mittelst welcher man addiren und subtrahiren konnte. — Im Jahre 1646 lernte er durch seine Verbindung mit den Pariser Gelehrten den torricellischen Versuch kennen, ohne jedoch die Erklärung desselben zu hören. Er fasste die Erscheinung als durch den „Horror vacui" bedingt auf, welcher jedoch über eine gewisse Grenze hinaus unwirksam werde. Um diese Grenze nachzuweisen, füllte er eine, am oberen Ende zugeschmolzene, 46 Fuss lange Röhre mit Wasser oder — um das Experiment auffälliger zu machen — mit Rothwein. Hierauf verschloss er die untere Oeffnung mit einem Pfropfe, kehrte die Röhre um und stülpte sie in ein Gefäss mit Wasser. Er machte hiebei die Erfahrung, dass die Flüssigkeit sich von dem verschlossenen Ende der Röhre ablöse und bis zu einer gewissen Flüssigkeitshöhe herabsinke, wobei sie über sich einen anscheinend leeren Raum zurücklasse. Die Höhe der Flüssigkeitssäule, welche in der Röhre schwebend blieb, hängt von der Qualität der Flüssigkeit, d. i. von der Dichtigkeit derselben ab; so blieb das Wasser in einer Höhe von 32 Fussen, das Quecksilber hingegen in einer von 2 Fuss 3 Zollen stehen. In seiner kleinen Schrift: „Expériences nouvelles touchant le vide" (Paris 1647) erklärt daher Pascal die Erscheinung der in Röhren schwebenden Flüssigkeitssäulen durch die Annahme eines beschränkten „Horror vacui". Jedoch noch im selben Jahre erfuhr er die richtige Erklärung des Phänomens, wie sie Torricelli gegeben hatte, welche ihm in hohem Grade zusagte. Da ihm jedoch die Erklärung nicht genügend bewiesen erschien, so sann er darüber nach, um einen Beweis zu finden, der jeden Zweifel auszuschliessen geeignet wäre. Er wählte hiezu folgendes Mittel: Durch die Verbindung, resp. Superposition zweier torricellischen Röhren, deren eine mit ihrem unteren, heberförmig gebogenen Ende mit dem oberen Ende der zweiten correspondirte, wies er nach, dass das Quecksilber in beiden Schenkeln der obern torricellischen Röhre gleich hoch stehe, wenn die Luft über dem (gewöhnlich freien) unteren Ende weggenommen wird.

Der Vater Pascal's hatte inzwischen wieder ein Amt angetreten und siedelte in Folge dessen mit seiner Familie nach Rouen über, wo er in der Justiz- und Finanzverwaltung eine Stelle bekleidete. Dort wurden auch die Versuche des jungen Pascal mit dem Wasserbarometer ausgeführt.

Die „Expériences nouvelles touchant le vide" wurden den verschiedenen Gelehrten zugeschickt und so erhielt auch Descartes in

Holland ein Exemplar dieser Schrift. Es wird nun behauptet, dieser habe den jungen Gelehrten aufgefordert, mit der torricellischen Röhre Versuche auf Bergen anzustellen, um zu erfahren, ob der geringere Luftdruck an höher gelegenen Punkten der Erdoberfläche sich in der That durch einen niedrigern Stand des Quecksilbers in der Röhre verrathe, oder ob der unverminderte Abscheu vor dem leeren Raume die Ursache des Aufsteigens der Flüssigkeit sei. Die Richtigkeit dieser Behauptung scheint aus einem an Carcavi gerichteten, vom Juni 1649 datirten Briefe hervorzugehen. Er beklagt sich auch, dass Pascal ihm keine Nachricht gebe, ob er den ihm angerathenen Versuch wirklich ausgeführt habe, und spricht die Vermuthung aus, dass hieran sein gespanntes Verhältniss zu Roberval, mit dem Pascal befreundet war, Schuld sei, worauf ihm nun Carcavi mittheilte, dass der Versuch in Wirklichkeit ausgeführt wurde und vollständig geglückt sei. Descartes dankt für die Nachricht in seinem vom 17. August 1649 datirten Briefe und drückt sein Interesse für diesen Versuch aus.

Da nun Descartes, wie es aus andern an Mersenne gerichteten Briefen hervorzugehen scheint, schon vor Torricelli's berühmtem Versuche wusste, dass der Luftdruck das Wasser dem Kolben nachzufolgen zwinge, so hat es eben nichts unwahrscheinliches an sich, dass Pascal, der ja ursprünglich die richtige Erklärung jener Thatsache nicht erkannte, zum Theil wenigstens durch die Bemerkungen des berühmten Philosophen auf den richtigen Weg geleitet wurde. Mag nun die Idee des Versuches von unserem Gelehrten herstammen oder ihm von Descartes mitgetheilt worden sein, so gebührt ihm doch unbestreitbar das Verdienst, der erste gewesen zu sein, der durch Versuche nachwies, dass die torricellische Röhre in der That die Grösse des Luftdruckes und dessen Abnahme mit der Höhe messe.

Pascal war nicht in der Lage den Versuch selbst auszuführen, da seinem damaligen Wohnorte ein höherer Berg abging. Er schrieb deshalb am 15. Nov. 1647 seinem Schwager Périer, dem Gemahle seiner Schwester Gilberte, der in Clermont ein Amt bekleidete, und ersuchte ihn, sich mit einer torricellischen Röhre auf den etwa 974 Meter hohen Puy-de-Dôme zu begeben, an dessen Fusse Clermont liegt, und dort den Stand der Quecksilbersäule zu untersuchen. Da Périer die zur Besteigung des Berges passendste Zeit abwarten wollte, so war er erst nach Jahresfrist im Stande, dem Wunsche seines Verwandten zu entsprechen. Sein Brief vom 22. Sept. 1648 gibt einen ausführlichen Bericht über den am 19. desselben Monats mit sehr grosser Umsicht ausgeführten Versuch. Nachdem er sich sorgfältig ein Quantum von 16 Pfunden Quecksilber rectifizirt hatte, und sich zu dieser Expedition die nöthigen Glasröhren verschafft hatte, die mit Papierskalen versehen waren, brach endlich mit dem 19. September des Jahres 1648 ein Tag an, der zu einer Besteigung des Berges geeignet schien. Zwar zeigte sich die Witterung um 5 Uhr Morgens ziemlich unbeständig, jedoch war der Gipfel des Berges frei und somit gute Zeit zu erwarten. Périer verständigte in der Eile einige Honoratioren und Priester der Stadt, die sich ihm anschliessen wollten, und konnte um 8 Uhr Morgens im Kloster der „pères minimes" (Minoriten), dem tiefsten Punkte der Stadt, die Untersuchung damit beginnen, dass er die beiden, ca. 4 Fuss langen Glasröhren mit Quecksilber füllte und in entsprechende Gefässe stülpte, in welchen sich ebenfalls Quecksilber befand. In beiden Röhren betrug die Höhe der Quecksilbersäule 26 Zoll 3,5 Linien. Er übertrug nun die Beobachtung des einen Barometers dem Pater Chastin und begab sich sammt seiner Begleitung auf die Spitze des Berges, wo er den torricellischen Versuch mit Hülfe der zweiten Röhre und des zugehörigen Quecksilbers wiederholte. Zum Staunen der ganzen Gesellschaft zeigte nun das Barometer bloss 23 Zoll 2 Linien, also um mehr als 3 Zoll (7 Centimeter) weniger als am Fusse des Berges. Dieses wohl erwartete, nichtsdestoweniger aber doch Staunen erregende Resultat veranlasst nun die Expedition, den Versuch noch fünfmal an verschiedenen Punkten der Bergkuppe auszuführen, was immer das gleiche Resultat liefert. Beim Abstieg vom Berge wurde nun noch an einer zwischenliegenden Stelle, oberhalb des Klosters der Versuch executirt, wobei die Quecksilbersäule 25 Zoll hoch stand. Nachdem Périer zu seinem ersten Apparate zurückgekehrt war, sah er, dass dieser noch genau so zeige, wie des Morgens, und erfuhr aus dem Munde Chastin's, dass er auch während des ganzen Tages unveränderlich so gezeigt habe.

Pascal veröffentlichte diesen höchst interessanten Bericht seines Schwagers unter dem Titel: „Récit de la grande expérience de l'équilibre des liqueurs" Paris 1648, und zog daraus den Schluss, dass man mittelst des Barometers diejenigen Punkte bestimmen könne, die in gleicher Entfernung vom Mittelpunkte der Erde sich befinden, ferner, dass man erkennen könne, welcher von zwei Punkten sich in grösserer Höhe, resp. Entfernung vom Erdmittelpunkte befinde. Zur Messung dieses Unterschiedes fehlte ihm natürlich noch die Kenntniss der Abnahme des Druckes mit der Höhe.

Seit jenem denkwürdigen Tage, an welchem Périer den torricellischen Versuch auf dem Gipfel des Puy-de-Dôme ausgeführt hat, ist es für alle, die im Stande sind, den Gegenstand klar aufzufassen, auf eine — jeden Widerspruch ausschliessende — Weise bewiesen, dass der Luftdruck die in diesen Kreis von Erscheinungen gehörigen Phänomene verursache. Pascal selbst wiederholte ebenfalls den Versuch zu Paris auf dem Thurm „St. Jacques de la Boucherie", dessen Höhe 25 Toisen beträgt, und fand — dem geringen Höhenunterschiede entsprechend — einen geringen Unterschied im Stande des Barometers. — Auf seine Veranlassung wurden in den nächsten Jahren, 1649—1651, Beobachtungen des Barometerstandes in Paris, Clermont und Stockholm ausgeführt, welche ergaben, dass nicht die Wärme der Luft die Veränderung des Luftdruckes an einer gewissen Stelle der Erdoberfläche verursache, sondern dass vielmehr die Bewegungen der Luft von Einfluss sind. Chanut, der französische Geschäftsträger in Stockholm, erzählt, Descartes habe selbst an diesen Beobachtungen Theil genommen und auch eine Verbesserung des Instrumentes vorgeschlagen, die jedoch in Folge der Ungeschicklichkeit der Glasbläser in Stockholm nicht ausgeführt werden konnte. Es ist wohl natürlich, dass man gleich anfangs, als man die Veränderlichkeit des Luftdrucks erkannt hatte, auf diejenigen Umstände achtete, welche diese Veränderungen begleiteten. Pascal glaubte zu bemerken, dass das Barometer falle, wenn es hell werde, steige, wenn es sich zum Regnen anschicke, und ähnliche Regeln. Er glaubte, das Aufsteigen des Dampfes vergrössere den Druck der Atmosphäre, das Niederschlagen vermindere denselben, nahm jedoch die begleitende Wirkung der Luftströme hiebei nicht in Betracht. — Der Schwager Pascal's, Périer, nahm die Wärme ebenfalls als eine der Ursachen an, welche auf den Barometerstand einwirken. Er glaubte, dass das Barometer falle, wenn es wärmer werde, und umgekehrt. Jedoch diese Wahrnehmung entspricht nicht der Erfahrung.

Pascal entwickelte die Lehre vom Luftdrucke in seinem: „Traité de l'équilibre des liqueurs et de la pesanteur de la masse de l'air", welchen er 1653, in seinem 30. Jahre schrieb, der jedoch erst nach seinem Tode im Jahre 1663 zu Paris erschien. In demselben werden die verschiedenen Erscheinungen, welche auf dem Drucke der Atmosphäre beruhen, zusammengestellt und dabei gezeigt, wie das Saugen des Kindes an der Mutterbrust, sowie das Schröpfen ebenso auf den Luftdruck zurückgeführt werden können, als die Erscheinungen, welche in den Pumpen, Spritzen, Hebern und endlich im Barometer das Ansteigen der Flüssigkeit verursachen.

Der geniale Geist Pascal's hatte leider nicht einen Körper erhalten, der geeignet gewesen wäre, den von ihm an den letzteren gestellten Anforderungen zu entsprechen. Durch angestrengte geistige Thätigkeit hatte er seine ohnedies sehr hinfällige Gesundheit in ihren Grundfesten erschüttert. Wie wir oben erwähnten, war er schon seit seinem 18. Lebensjahre kränklich. Dieser körperliche Zustand mag es denn auch verursacht haben, dass er in seinem 24. Jahre sich ganz einer pietistischen Richtung hingab. Er bildete sich die Ueberzeugung, dass das Leben des Christen einzig und allein dem Lesen der heiligen Schrift und der Erbauungsschriften gewidmet sein möge und durch erbauliche Betrachtungen ausgefüllt werde. Er stellte somit seine sämmtlichen wissenschaftlichen Untersuchungen ein und kehrte zu denselben nur mehr einige Male auf kurze Zeit zurück.

Dabei verschlimmerte sich sein körperlicher Zustand stetig. Er konnte Flüssigkeiten: Wasser und andere Getränke nur tropfenweise zu sich nehmen und auch dann nur in gewärmtem Zustande. Als ihm seine Aerzte Medizin verschrieben hatten, musste er auch diese auf so qualvolle Weise zu sich nehmen. Dabei litt er an unausstehlichem Kopfschmerze und einer excessiven inneren Hitze. Die Anwendung von Purganzen verschaffte ihm wohl zeitweilig Linderung, dann versuchte er sich in Gesellschaft zu zerstreuen, schliesslich fiel er jedoch stets in seinen früheren Zustand zurück, floh die Gesellschaft und verbrachte seine schmerzgequälte Einsamkeit mit dem Lesen religiöser Schriften. Die Leidensgeschichte Pascal's wird von seiner Schwester Gilberte, der Frau des obenerwähnten Périer, ausführlich geschildert, dabei wird jedoch ein Ereigniss unerwähnt gelassen, welches seine Melancholie in hohem Masse vermehrte und sein gänzliches Zurückziehen von jeglicher Gesellschaft zur Folge hatte. Als er nämlich im Oktober 1654 über die Brücke von Neuilly fuhr, wurden die Pferde scheu und gingen durch, so dass Pascal bloss durch einen glücklichen Zufall gerettet wurde. Diese wunderbare Rettung brachte nun seine religiösen Gefühle zum verstärkten Ausbruche, er unterbrach auch seine Spaziergänge und verbrachte die letzten qualvollen Jahre seines Lebens in strenger Abgeschiedenheit mit dem Verfassen religiöser und mystisch philosophischer Werke, welche zum Theil in den verschiedenen Ausgaben seiner Schriften enthalten sind.

Am 23. Nov. 1654 nahm Pascal seine Wohnung in der Nähe von Port Royal, wo er in Verkehr mit den Jansenisten, besonders mit Arnauld, Nicole und Lancelot trat. Aus diesem Verkehre entsprangen auch seine Briefe gegen die Jesuiten: „Lettres écrites par Louis de Montalte à un provincial de ses amis et aux RR. PP. Jésuites, sur la morale et la politique de ces pères", oder auch unter dem kürzern Titel: „Les provinciales" bekannt. Pascal gab diese Schrift, welche einerseits durch die schonungslose Art, mit der sie die laxe Moral des mächtigen Jesuitenordens geisselte, anderseits durch seine classische Form und schöne Sprache grosses Aufsehen erregte, unter dem Pseudonym Louis de Montalte in den Jahren 1656—1657 heraus. In den letzten Jahren seines Lebens beschäftigte ihn der Plan, durch eine Apologie des Offenbarungsglaubens gegen die freigeistigen Richtungen seiner Zeit anzukämpfen.

Noch einmal kehrt Pascal zu seinen ursprünglichen Studien zurück, wenn auch nur für kurze Zeit. In einer schlaflosen Nacht des Jahres 1658 beschäftigen ihn die Eigenschaften der Cycloide („Roulette", wie er sie nennt), er entdeckt einige wichtige Eigenschaften derselben und veröffentlicht darauf bezügliche Fragen unter dem Namen Amos Dettonville, welchen Pseudonym er aus der anagrammatischen Versetzung des andern Pseudonyms: Louis de Montalte gebildet hatte. Es waren mehrere Probleme, welche er den Geometern vorlegte, wobei er demjenigen, der diese Probleme binnen Jahresfrist löste, einen Preis von

40, resp. 20 Pistolen *) zusicherte. Die Lösungen sollten an den Mathematiker Carcavi eingesendet werden.

Es liefen in der That zwei Arbeiten ein. Die eine, deren Verfasser der Jesuit Latouere war, wurde für ganz ungenügend befunden, die zweite des englischen Gelehrten Wallis war viel besser als die erste, nichtsdestoweniger jedoch mit einigen Fehlern behaftet. Pascal gab nun im Jahre 1659 seine eigene Lösung unter dem Titel: „Lettres de Mr. Dettonville à Mr. Carcavi" heraus, während er schon etwas früher, im Oktober 1658, in der unter seinem wirklichen Namen veröffentlichten Schrift: Histoire de la Roulette, appelée autrement trochoïde ou cycloïde" die Geschichte der Kenntnisse über die Radlinie vorträgt, wobei er jedoch bloss seine Landsleute: Mersenne, Roberval u. s. f. erwähnt.

Ausser diesen Problemen hatte Pascal der „Académie des mathématiciens de Paris", unter welchem Namen er die Privatgesellschaft von Gelehrten im Hause seines Vaters anführt, eine Reihe von mathematischen Abhandlungen angekündigt, die aber in Folge seiner Sinnesänderung und seines bald hierauf erfolgenden Todes unterblieben. Nachdem er im Juni 1662 wieder erkrankt war und sein Zustand, den die Aerzte übrigens für ganz ungefährlich erklärten, sich fortwährend verschlimmert hatte, starb er am 19. August 1662 im Alter von 39 Jahren und 2 Monaten mit den Worten: „Que Dieu ne m'abandonne jamais."

Die Schriften Pascal's sind die folgenden: „Les provinciales, ou lettres écrites par Louis de Montalte à un provincial de ses amis, avec les notes de Guillaume Wendrock" (Nicole). Paris 1656—1657. Dieses in formeller Hinsicht als classisch geltende Werk erschien seither in mehr als 60 Auflagen. Eine lateinische Uebersetzung von Nicole erschien 1658. — „Pensées sur la religion", Paris 1670, dann mit seiner Biographie von Mad. Gilberte Périer 1687. In den „Opuscules" finden sich einige kleinere Aufsätze verschiedenen Inhalts, darunter auch Jugendarbeiten.

Die mathematisch-physikalischen Arbeiten Pascal's sind die folgenden: „Essai pour les coniques." Paris 1640. — „Nouvelles expériences touchant le Vuide." Ibid. 1647. — „Récit de la grande expérience de l'équilibre des liqueurs." Ibid. 1648. — „Problèmes sur la cycloïde." — „Réflexions sur les conditions des prix attachés à la solution des problèmes concernant la cycloïde." — „Notes sur quelques solutions des problèmes de la roulette." — „Histoire de la Roulette, appelée aussi trochoïde ou cycloïde." — „Récit de l'examen et du jugement des écrits envoyés pour les prix proposés sur le sujet de la Roulette." — „Suite de l'histoire de la Roulette." — „Lettres à Mr. Carcavi, contenant les résolutions des problèmes sur la cycloïde." Paris 1659. — „Traité de l'équilibre des liqueurs et de la pesanteur de la masse de l'air." 12^0.

---

*) „Qu'on nomme doublons en Espagne et pistoles en France." Oeuvres Tom. III, pag. 325.

Ibid. 1662. — „Traité du triangle arithmétique." Ibid. 1665 (Posthum). Ferner sind noch zu erwähnen: „De l'esprit géométrique" (Fragment). — „Machine arithmétique." — „Traité des ordres numériques." — „Traité des trilignes rectangles et de leurs onglets" etc.

Gesammtausgaben der Werke Pascal's sind erschienen von Bossut: „Oeuvres de Pascal", 5 vol., 8°, La Haye et Paris 1779 und 6 vol., Paris 1819, mit einem „Discours sur la vie et les ouvrages de Pascal" von Bossut, eine kritische Ausgabe von Faugère (Paris 1844, 2 Bde.), dieselbe deutsch von Merschmann (Halle 1865). Zu erwähnen sind noch die Ausgabe von Lemercier (Paris 1830, 2 Bde.) und von Hachette: „Oeuvres complètes de Blaise Pascal" (Paris 1872—1877, 3 vol.).

Von den Schriften Pascal's haben wir uns hier bloss mit denjenigen zu befassen, die sich auf Physik im weiteren Sinne und auf Mathematik beziehen. Wir wollen in Folgendem eine kurze Analyse derselben geben:

Nouvelles expériences touchant le Vide [*]). Der Verfasser beschreibt den torricellischen Versuch in jener Form, in welcher derselbe dem Pater Mersenne aus Rom mitgetheilt und von letzterem seit 1644 in Frankreich verbreitet wurde. Die mit Quecksilber gefüllte Röhre wurde wie gewöhnlich in ein Bassin umgestülpt, welches zur Hälfte mit Quecksilber, zur Hälfte mit Wasser gefüllt war. Wurde das untere Ende der Röhre in das Quecksilber gesenkt, so kam die Erscheinung auf die gewöhnliche Weise zu Stande: es bildete sich nämlich über dem Quecksilber der „anscheinend leere Raum". Wurde jedoch die Röhre so weit gehoben, dass ihr unteres Ende sich über den Quecksilberspiegel erhob und demgemäss in die Wasserschichte gerieth, so fiel das Quecksilber aus der Röhre, welche sich nun vollständig mit Wasser füllte. Pascal denkt nun zuvörderst nicht an die Grösse jener Kraft, welche das Quecksilber in bestimmter Höhe erhält, sondern lediglich an die physikalische Maxime, dass die Natur die Leere fliehe. Nun macht er aber die Erfahrung, dass während sie bei Anwendung des Quecksilbers den leeren Raum dulde, dies bei Anwendung von Wasser nicht der Fall sei. Er meint, dass die gewöhnlichen Versuche, aus denen man den Abscheu der Natur vor dem leeren Raume deduziren will, wenig stichhaltig seien und vielmehr beweisen, dass die Natur die Ueberfüllung des Raumes verabscheue, als dass sie den leeren Raum fliehe. Er kommt hiebei zu dem feinen Unterschiede, dass die Natur den leeren Raum wohl verabscheue, denselben jedoch in einzelnen Fällen oder aber über gewisse Grenzen hinaus dulde. — Der Verfasser beschreibt nun seine mannigfaltigen Versuche über das Vacuum, wobei er Spritzen und lange Röhren benützt; die letzteren sind 46 Fuss lang und an einem Ende geschlossen. Nachdem sie mit Wasser oder — der Färbung wegen — mit Rothwein

---

[*]) Oeuvres complètes. Paris, Hachette 1872—77, III, pag. 1.

gefüllt worden, kehrt er sie um und stellt das offene Ende in ein Gefäss mit Wasser. Er erfährt hiebei, dass das Wasser in einer Höhe von circa 32 Fussen stehen bleibt. Aus allen diesen Versuchen folgert er, dass den Körpern ein Widerwillen gegen die Abtrennung von einander innewohne und dass eben darinnen der Abscheu der Natur vor dem leeren Raume bestehe; dann, dass dieser Widerwille der Körper sich von einander zu trennen von der Entfernung, in welche sie nach der Trennung versetzt werden, unabhängig sei; ferner, dass die den leeren Raum umgebenden Körper das Bestreben haben, diesen Raum zu erfüllen und zwar wieder unabhängig von der Grösse dieses Raumes; endlich, dass die Grösse dieses Bestrebens den leeren Raum auszufüllen durch das Gewicht einer 32 Fuss hohen Wassersäule aufgewogen werde. Aus allem diesen kommt er hierauf zur Schlussfolgerung, dass das torricellische Vacuum ein den Sinnen unmerkliches Medium enthalte, da sonst das Licht, mag dasselbe nun substanzieller oder accidenteller Natur sein, durch diese Leere nicht hindurchgehen könnte.

Traité de l'équilibre des liqueurs *). Diese sowohl als die folgende Abhandlung sollten eine grössere Arbeit bilden, in welcher die Lehre vom Gleichgewichte der Flüssigkeiten und Gase dargestellt werden sollte. Dieselbe kam jedoch nicht zu Stande, wir besitzen bloss die beiden in notizenhafter Kürze ausgeführten Abhandlungen. — In derselben Weise, wie wir dies noch heute in unsern elementaren Lehrbüchern der Physik finden, werden die wichtigsten Sätze der Hydrostatik abgehandelt. Es wird gezeigt, dass der Druck der Flüssigkeiten, den sie auf den Boden des Gefässes ausüben, bloss von der Höhe der Flüssigkeitssäule, nicht aber von der Gestalt des Gefässes abhänge. Der Fundamentalsatz, aus dem Pascal bei allen seinen hydrostatischen Untersuchungen ausgeht, ist der Satz der gleichmässigen Fortpflanzung des Druckes nach allen Seiten, derselbe Satz, aus welchem jede Darstellung der Grundlehren der Hydrostatik auszugehen hat. Von besonderem Interesse ist es, dass Pascal jede Flüssigkeit, die sich in einem Gefässe befindet, welche irgend welchem Drucke ausgesetzt ist, als Maschine betrachtet, auf welche sich das Prinzip der virtuellen Geschwindigkeiten ebenfalls anwenden lasse. Der einfachste Fall ist der von communizirenden Röhren mit 2 Aesten: einem weiten und einem engen. Wenn man auf die Flüssigkeit in jedem Schenkel einen Kolben aufsetzt und diesen belastet, so hat man eine Zusammenstellung getroffen, die bezüglich ihrer Wirkung ganz und gar einem ungleicharmigen, zweiarmigen Hebel entspricht. „Und man muss bewundern, „dass sich in dieser neuen Maschine jene beständige Ordnung vorfindet, „die bei allen früheren, nämlich dem Hebel, der Rolle, der Schraube „ohne Ende u. s. w. statt hat und darinnen besteht, dass der Weg in „demselben Verhältnisse wie die Kraft vermehrt wird .... dergestalt,

---

*) Oeuvres III, pag. 83.

„dass sich der Weg zum Wege, wie die Kraft zur Kraft verhält, was
"man sogar für die wahre Ursache jener Wirkung nehmen kann, da es
"offenbar dasselbe ist, 100 Pfund Wasser einen Zoll Weges, als ein Pfund
"Wasser 100 Zoll machen zu lassen" *). Pascal hebt hervor, dass die
zwischen den Theilchen der Flüssigkeit vorhandene Continuität es mit
sich bringe, dass das Ausweichen des Stempels in umgekehrtem Verhältnisse des Querschnittes desselben stattfinde, ähnlich wie bei Maschinen,
die aus festen Körpern gebildet sind, die Starrheit gewisser Theile des
Systems ein gleiches Verhalten der Kraft zum Wege bedingt. Der Verfasser übergeht hierauf auf das Verhalten eines festen Körpers in einer
Flüssigkeit und das Verhalten eines compressibeln Körpers in einer
Flüssigkeit. Besonders hervorzuheben sind die geistvoll ausgedachten
Versuche zur Demonstration jener fundamentalen Wahrheiten aus dem
Gebiete der Hydrostatik, welche als Vorlesungsexperimente mustergültig
genannt werden können.

Traité de la pesanteur de la masse de l'air **). Der Verfasser
beginnt mit der Constatirung der Thatsache, dass die Schwere der Luft
von Niemandem mehr angezweifelt werde, und führt hierauf weiter aus,
dass jedes Theilchen der Luft schwer sei und auf seine Unterlage drücke,
dass somit die ganze Luftsphäre einen Druck auf die Erde ausüben
müsse, der jedoch nicht unendlich gross sein könne, da das Luftquantum
ebenfalls ein endliches sei. Der Druck der Luft wird hiebei stets mit
dem verglichen, den eine tropfbare Flüssigkeit auf den Boden des Gefässes und auf Körper ausübt, welche in dieselbe eingetaucht werden.
Sowie der Boden des Eimers einen grössern Druck auszuhalten hat, wenn
wir den Eimer mit Wasser voll füllen, als wenn wir ihn bloss bis zur
Hälfte anfüllen, so wird der Druck der Luft am Erdboden grösser sein,
als auf der Spitze von Bergen, wo eine geringere Luftsäule auf den
Körper drückt. Ein mit Luft halbgefüllter Ballon (Blase), welcher fest
zugebunden ist, wird sich auf dem Gipfel eines hohen Berges von selbst
aufblähen. — Im zweiten Capitel entwickelt Pascal, dass das Gewicht
der Luft alle jene Erscheinungen hervorbringe, welche man vordem dem
Abscheu der Natur vor dem leeren Raume zugeschrieben habe. Und
nun zeigt er, wie zahlreiche, alltägliche Erscheinungen auf dem Drucke
der atmosphärischen Luft beruhen (das Saugen der Kinder an der
Mutterbrust, das Schröpfen, die Wirkungen der Pumpen u. s. w.), freilich
sieht er auch in andern Erscheinungen, die mit dem Luftdrucke nichts
zu thun haben, eine Wirkung des letztern, so z. B. bei dem Aneinanderhaften zweier geschliffener Platten, wobei er die Grösse dieser Adhäsion
für die verschiedenen Höhen über dem Meeresspiegel berechnet. Den

---

*) Oeuvres III, pag. 85—86, Cap. II der Abhandlung.
*) Oeuvres III, pag. 98.

Gesammtdruck der Luft, d. i. den Druck, den diese auf die Erdoberfläche ausübt, findet er gleich 8,28 Trillionen Pfunden*).

Ueber die auf Mathematik bezüglichen Schriften Pascal's haben wir nur einige Worte zu sagen. Der Aufsatz „De l'esprit géométrique" besteht aus zwei Fragmenten, welche bei Bossut: „Réflexions sur la géométrie en général" und „De l'art de persuader" betitelt sind, und beschäftigt sich mit der Methode der Geometrie. — Die kurze Notiz über die Kegelschnitte „Essai pour les coniques" beschäftigt sich mit einigen auf diese geometrischen Gebilde bezüglichen Sätzen. — In dem „Traité du triangle arithmétique" wird eine nach gewissen Regeln gebildete Zahlentabelle beschrieben, welcher sich der Verfasser zu verschiedenen Rechnungszwecken bedient. An diese Abhandlung schliesst sich die folgende: „Traité des ordres numériques" enge an. — Die auf die Cycloide bezüglichen Abhandlungen und Notizen führen wir hier bloss der Vollständigkeit halber an: „Problemata de cycloide", „Histoire de la Roulette", „Suite de l'histoire de la Roulette", „Traité général de la Roulette", „Dimension des lignes courbes de toutes les Roulettes". Indem wir einige weniger bedeutende Notizen mit Stillschweigen übergehen, erwähnen wir die folgende Abhandlung: „De l'escalier, des triangles cylindriques, et de la spirale autour d'un cône", da in derselben auch die Lage des Schwerpunktes der besprochenen Gebilde gesucht wird.

Die Bedeutung Pascal's als Physiker liegt auf dem Gebiete der Mechanik der flüssigen und gasförmigen Körper. Die Sätze, welche er auf diesem Gebiete aufstellt, sind zwar auch zum grössten Theile schon von Galilei und Stevin gefunden worden, die klare und präcise Fassung derselben, die Auffindung der überzeugenden Experimente sind aber jedenfalls als ein grosses Verdienst des frühe der Wissenschaft Entrissenen zu betrachten. Besonders ist aber hier noch einmal der genialen Conception zu gedenken, welche in einer hydraulischen Maschine eine Vorrichtung sieht, die denselben Prinzipien unterliegt, als die aus starren Theilen bestehende. — Gleichbedeutend, wenn nicht bedeutender denn als Physiker ist Pascal als Mathematiker. Bedeutend sind seine Verdienste auf dem Gebiete der Geometrie, auf dem Gebiete der reinen Mathematik ist seine Grundlegung der Wahrscheinlichkeitsrechnung (an der auch Fermat betheiligt ist) von grosser Wichtigkeit.

Von den Schriften, die sich auf Pascal beziehen, erwähnen wir die folgenden: Reuchlin, Pascal's Leben und Geist seiner Schriften. Stuttgart 1840. — Maynard, Pascal, sa vie et son caractère. Paris 1850, 2 Bde. — Weingarten, Pascal als Apologet. Leipzig 1863. — Dreydorff, Pascal, sein Leben und seine Kämpfe. Leipzig 1870. —

---

*) „C'est-a-dire, huit millions de millions de millions, deux cent quatre-„vingt-trois mille huit cent quatre-vingt-neuf millions de millions, quatre „cent quarante mille millions de livres." Oeuvres III, pag. 123.

Derselbe, Pascal's Gedanken über die Religion. Leipzig 1875. — Ecklin, Pascal. Basel 1870. — Vinet, Études sur B. Pascal. 3. Aufl. Paris 1876. — Cantor, Preuss. Jahrbücher, Bd. 32. Berlin 1873.

Im Anschlusse an Pascal erwähnen wir noch kurz eines Gelehrten, der, wie es den Anschein hat, den berühmten Barometerversuch Pascal's anticipirte. Es ist dies **Claude Gilermet, Herr von Beauregard,** auch Berigard genannt, geboren zu Moulins im Jahre 1578, nach einigen 1591, gestorben zu Padua 1663. Derselbe war zuerst Lehrer der Philosophie und Mathematik zu Paris, Lyon, Avignon, hierauf Lehrer der Philosophie in Pisa und Padua. In seinem 1643 zu Udine erschienenen „Circulo Pisano" sagt er, dass die torricellische Leere am Fusse eines Berges kleiner sei, als am Gipfel desselben. Wenn das Buch wirklich schon 1643 erschienen ist, so ist dies jedenfalls eine Anticipation des Pascalschen Versuches.

Robert Boyle.

Robert Boyle war der siebente Sohn Richard Boyle's, des Grafen von Cork, und dessen Gattin Catherine, der einzigen Tochter Sir Geoffroy Fenton's, des Staatssekretärs von Irland. Aus dieser Ehe entsprossen 15 Kinder, unter denen Robert das 14. war. Er wurde zu Lismore Castle in der Provinz Munster in Irland am 25. Januar 1627 geboren. Schon in seiner frühen Kindheit lernte er Französisch und Lateinisch und im Alter von 8 Jahren wurde er bereits in das Collegium nach Eton geschickt und der Fürsorge eines Freundes des ältern Boyle, des Vorstandes der Anstalt, Sir Henry Wotton, anvertraut. Er studirte hier etwa 3 Jahre und begab sich, nachdem er London besucht hatte, auf eine Reise nach dem Continent. Er reiste in Begleitung eines französischen Erziehers durch Frankreich, die Schweiz und Italien. Den Winter 1641—1642 verbrachte er in Florenz mit dem Studium der Galilei'schen Schriften, deren Autor im selben Winter in der Nähe von Florenz auf seiner Villa Arcetri seinen Geist aushauchte. Als Boyle im Jahre 1644 in seine Heimat zurückgekehrt war, erfuhr er den Tod seines Vaters und sah sich im Besitze des Rittergutes Stalbridge, sowie einiger Landgüter in Irland. Er lebte nun anfänglich höchst zurückgezogen auf seinen Besitzungen. Als das „unsichtbare Collegium" (invisible college) entstand, aus dem sich später (1663) die „Royal Society" entwickelte, war er eines der ersten Mitglieder desselben [*]). Das Jahr 1646 brachte er in ununter-

---

[*]) Im Jahre 1645, inmitten der politischen Wirren, welche dem Ausbruche der Revolution vorangingen, hatte sich ein kleiner Kreis von Männern zusammengefunden, welche an der Beschäftigung mit naturwissenschaftlichen Dingen Gefallen gefunden hatten. Von 1645—1648 fanden ihre Zusammen-

brochener Arbeit und experimentellen Untersuchungen zu, acht Jahre später (1654) liess er sich in Oxford nieder, wo er 14 Jahre hindurch wohnte. In diese Zeit fallen die bedeutendsten Arbeiten Boyle's: eine lange Reihe von Experimentaluntersuchungen und Entdeckungen über die Luftpumpe und die damit anzustellenden Versuche, über die Fortpflanzung des Schalles u. s. w. Zur selben Zeit beschäftigte sich Boyle mit theologischen Studien und wurde auch aufgefordert sich der kirchlichen Laufbahn zuzuwenden. Dies lehnte er jedoch ab, indem er meinte, seine theologischen Schriften müssten, als von einem Laien stammend, eine grössere Wirkung hervorbringen, als wenn er dem geistlichen Stande angehörte, zu dem ihm überdies die Vocation mangele. Dabei wurde er den besten Orientalisten beigezählt und übersetzte auch einige Werke in morgenländische Sprachen: das neue Testament in das Türkische, Grotius' „De veritate" in das Arabische. — Als Autor trat er im Jahre 1660 an das Licht der Oeffentlichkeit, als er in Oxford seine „New Experiments, Physico-Mechanical, touching the Spring of Air and its Effects" in einem Bande herausgab. Zur selben Zeit erschien auch die Erbauungsschrift: „Seraphic Love, or Some Motives and Incentives to the Love of God" desselben Verfassers.

Als im Jahre 1663 die „Royal Society" gegründet wurde, war Boyle eines ihrer hervorragendsten Mitglieder. In den ersten Bänden der „Philosophical Transactions" finden wir eine Anzahl von Abhandlungen, mit welchen er sich an den gelehrten Arbeiten der Akademie betheiligte. Nachdem er 1668 seinen Aufenthaltsort bleibend nach London verlegt hatte, nahm er noch regeren Antheil an derselben, und so wurde er im Jahre 1680 zu ihrem Präsidenten erwählt; er lehnte jedoch diese Würde ab, da ihn Gewissensskrupel von der Ablegung des hiebei gewünschten Eides zurückhielten. Boyle wohnte zu London im Hause seiner älteren Schwester, der Lady Ranelagh. Er war niemals verheiratet.

---

künfte in London statt. Als hierauf ein Theil der Gesellschaft nach Oxford übersiedelt war, hielten sie ihre Versammlungen dort im Hause des Apothekers Cross, in welchem zu jener Zeit auch Boyle wohnte. Auf diese Weise wurden Boyle und der mit ihm befreundete Robert Hooke Mitglieder dieser Gesellschaft. Als im Jahre 1659 der grösste Theil der Oxforder Mitglieder nach London zurückkehrte und sich mit den dort zurückgebliebenen ehemaligen Mitgliedern vereinigte, setzten sie ihre Zusammenkünfte, die sie allwöchentlich am Donnerstage abhielten, in der Hauptstadt fort. Um diese Zeit schlossen sich zahlreiche Männer der Wissenschaft, sowie auch gebildete Laien dieser Gesellschaft an, so dass diese in kurzer Zeit zu bedeutendem Ansehen gelangte. Die Anhänger derselben waren zu grösstem Theile Tories und gehörten somit der Partei der Stuarts an. Als hierauf die Zeit des Cromwell'schen Protectorats folgte, vermieden sie sorgfältig Aufsehen zu erregen und hielten bloss im Geheimen ihre Zusammenkünfte, um nicht den Verdacht politischer Agitation zu erregen. Hierher stammt der Name „unsichtbares Collegium".

Im Jahre 1688 ging ihm ein Theil seiner Manuscripte auf unerklärliche Weise verloren, während ein anderer Theil durch einen Unfall zerstört wurde. Bald hierauf (1690) fühlte er seine Gesundheit, welche niemals besonders kräftig gewesen war, ernstlich erschüttert und zog sich in Folge dieser Wahrnehmung successive von jeder öffentlichen Thätigkeit zurück, später brach er selbst den Verkehr mit seinen zahlreichen Freunden zum grössten Theile ab und lebte in äusserster Zurückgezogenheit. Am 23. Dezember 1691 starb die Schwester Boyle's, bei der er durch 20 Jahre hindurch gewohnt hatte; am 30. Dezember desselben Jahres starb Boyle selbst, der somit seine langjährige Gefährtin bloss um einige Tage überlebt hatte. Sein Leichnam wurde den 7. Januar 1692 am Kirchhof zu St. Martin (in the Fields) beigesetzt, die Leichenrede hielt sein Freund Dr. Burnet, Bischof von Salisbury.

Boyle war von grosser Statur, dabei jedoch sehr hager, bleich und von schwächlicher Gesundheit. Er besass eine grosse Neigung zu theologischen Studien und hatte vermöge seiner Erziehung eine religiöse Geistesrichtung. Um die Bibel in der Ursprache lesen zu können, studirte er orientalische Sprachen; auch beförderte er die Uebertragung der heiligen Schrift in die irische, gälische, ferner in die malayische und türkische Sprache. Ueberdies verfasste er selbst theologische Schriften, wie wir dies auch schon oben erwähnt haben. In seinem letzten Willen testirte er die Einkünfte eines Theiles seiner Besitzungen als Gehalt für die Abhaltung von jährlichen acht Vorlesungen über die Wahrheit des Christenthums gegen die Irrlehren der Atheisten, Theisten, Heiden, Juden und Mohammedaner. Dabei sollten jedoch diese „Boyle Lectures" die dogmatischen Differenzen der einzelnen christlichen Confessionen unberührt lassen. Als erster „Boyle lecturer" wurde Dr. Bentley designirt. — Seine Naturaliensammlung vermachte Boyle der „Royal Society".

Boyle war einige Jahre lang einer der Direktoren der ostindischen Compagnie. Die ihm angetragene Pairschaft lehnte er ab. Im Umgange war er höchst bescheiden, nur in Glaubenssachen war er etwas unduldsam.

Boyle arbeitete sehr rasch und schrieb eine grosse Anzahl von Abhandlungen. Ein vollständiges, chronologisches Register seiner Werke besitzen wir nicht, da einiges in einer Feuersbrunst, anderes durch Säuren zerstört wurde, die man aus Unvorsichtigkeit darüber ausgegossen hatte. Einige seiner Schriften sind angeblich entwendet und wahrscheinlich vernichtet worden. Die nach seinem Tode gesammelten Werke sind unter dem Titel: „Opera omnia philosophica et chemica" veröffentlicht worden.

In seiner Jugend hat Boyle sich auch in der Poesie versucht. Er schrieb unter anderem auch ein „Martyrium der Theodora". Als theologischer Schriftsteller hatte er wenig Glück. Seine Schriften dieser Richtung sind ein Gemisch von Trivialitäten und von tiefen Gedanken, dieselben sind ihrer Weitschweifigkeit wegen jedoch kaum lesbar. Seine

„Occasional Reflections" forderten den Spott der beiden bedeutendsten englischen Satiriker: Swift und Butler, heraus *). Die Abhandlungen: „On seraphic Love", „Considerations on the Style of the Scriptures" und „On the great Veneration that Man's Intellect owes to God" verfielen dem „Index librorum prohibitorum" der römischen Kirche.

Boyle wird von den Engländern kurzweg „der grosse Experimentator" genannt, namentlich sind es seine Arbeiten über den Luftdruck, welche seinen Ruf auf dem Gebiete der Experimentalphysik begründet haben. Fast bedeutender als Boyle's physikalische Arbeiten sind seine chemischen Untersuchungen, trotzdem diese noch ganz im Geiste seiner Zeit durchgeführt sind. Dieselben beschäftigten ihn seit dem Jahre 1646. — Die naturwissenschaftlichen Schriften Boyle's sind jedenfalls weitaus besser geschrieben, als die oben erwähnten theologischen, nichtsdestoweniger lassen auch diese den Mangel an philosophischer Denkungsweise seitens ihres Verfassers fühlen. Die Schreibweise Boyle's erinnert in manchen Dingen an die Roger Bacon's, sie bringt eigene vernünftige Ansichten und eigene Experimente über die Gegenstände derselben, daneben jedoch mancherlei Absurditäten aus fremden Berichten abstrahirt. Wenn wir unser Urtheil über Boyle's Bedeutung für die Geschichte der Physik schon hier zusammenfassen und aussprechen wollen, so wird dies etwa in Folgendem bestehen: Boyle ist unstreitig ein sehr glücklicher, höchst geschickter Experimentator, er versteht es ausgezeichnet, den Punkt herauszufinden, an dem man einsetzen muss, um etwas Neues, Wichtiges zu finden. Er versteht es in höchst geschickter Weise, den experimentellen Schwierigkeiten auszuweichen und die Vorrichtungen zu verbessern, deren er sich zur Anstellung seiner Versuche bedient. — Dabei ist er nun aber keineswegs einer jener Forscher, welche selbstständig neue wichtige experimentelle Thatsachen zu erschliessen im Stande sind. Er bedarf vielmehr der äussern Anregung. So musste er die Luftpumpe Guericke's aus P. Schott's „Mechanica hydraulico-pneumatica" kennen lernen, so wurde er mit vielen andern experimentellen Thatsachen durch seinen ausgedehnten wissenschaftlichen Briefwechsel bekannt und verstand es bloss, die so erfahrenen wissenschaftlichen Resultate weiter auszuführen. Dabei sah er selbst die Bedeutung der von ihm gefundenen wichtigeren Thatsachen nicht immer ein: die durch seine Versuche erschlossene, gewöhnlich unter dem Namen des Mariotte'schen Gesetzes bekannte einfache Relation zwischen dem Volumen und dem Expansionsdrucke eines Gases wurde erst durch seinen Schüler Richard Townley in der Form einer allgemeinen Regel, eines Gesetzes ausgesprochen. Unter die Physiker ersten Ranges, diejenigen,

---

*) Swift schrieb: „Fromme Betrachtung über einen Besenstiel im Stile des ehrenwerthen Mr. Boyle", Butler „Gelegentliche Betrachtung über Dr. Charlton's Fühlen eines Hundepulses im Gresham-College".

welche sich um die Ausbildung der Grundbegriffe unserer Wissenschaft Verdienste erworben haben, ist Boyle somit keinesfalls zu rechnen, doch war er ein höchst verdienstlicher Arbeiter, der an dem Herbeischaffen des erforderlichen Erfahrungsmateriales, an den Fortschritten der Experimentalphysik sein redlich Theil hatte.

In Nachstehendem geben wir ein Verzeichniss und zugleich eine kurze Analyse der vorzüglicheren Schriften Boyle's in chronologischer Folge mit Angabe des Jahres ihrer ersten Publication.

New experiments, Physico-Mechanical, touching the Spring of the Air and its Effects made in the most part in a new pneumatical engine. Oxford 1660*). Der Verfasser beschreibt die Einrichtung seiner verbesserten Luftpumpe, nachdem er deren Erfindung durch Guericke erwähnt hat. Hierauf führt er seine zahlreichen Versuche an, mittelst deren er die Elasticität der Luft auf die verschiedenartigste Weise darthut. Die ganze in der Shaw'schen Ausgabe 246 kleine Quartseiten einnehmende Abhandlung ist ein kunterbuntes Allerlei der verschiedenartigsten, mit der Luftpumpe mehr oder minder in Beziehung stehenden Experimente. Der Druck oder, wie er sagt, die Elasticität der Luft sprengt eine Blase, das Gewicht der Luft drückt eine Glasplatte ein. Er beobachtet Flammen, glühende Lunten, Kohlen, rothglühendes Eisen, die Explosion des Schiesspulvers im Vacuum, zündet mittelst Sonnentrahlen im verdünnten Raume, lässt Pendel in demselben schwingen, beobachtet die magnetische Wirkung, die Capillarphänomene, das Gefrieren von Wasser mittelst einer Kältemischung, ein Wasserthermometer, rauchende Flüssigkeiten, Rauch, das Ersticken von Vögeln, Insekten, Mäusen u. s. w. im Vacuum. Wichtiger ist die Beobachtung des Kochens einer vorgewärmten Flüssigkeit unter dem Recipienten der Luftpumpe. Eine Blase und eine dünnwandige Glaskugel werden durch den Druck der eingeschlossenen Luft im Vacuum zersprengt, eine Feder fällt schneller als im lufterfüllten Raume, verschiedene Flüssigkeiten steigen in Röhren, aus welchen die Luft ausgepumpt wird, im Verhältniss ihrer spezifischen Gewichte empor, Quecksilber zur selben Höhe wie im Barometer. Boyle beobachtet ferner das Verhalten des Magnetsteines im luftleeren Raume, den Ton einer Glocke, das Löschen des Kalkes und vergleicht die Lebenszeit eines Vogels unter dem Recipienten mit der Zeit, während welcher eine glimmende Kohle oder brennende Kerze erlischt. — Wir finden ferner die Bestimmung über das Verhältniss des Gewichtes der Luft zu dem des Wassers, wobei Boyle dieses Verhältniss wie 1:938 angibt; ferner eine Berechnung der Höhe der Atmosphäre, die er 35,000 englische Fuss, d. i. 7 Miles hoch findet. Wir lesen über die Natur des Saugens, über die Athmung, über das Manometer, über die Verdichtungspumpe,

---

*) Zweite Auflage, in welcher er die Einwürfe von Franc. Linus und Hobbes widerlegt: London 1662, dritte 1682.

über das Gewicht einer lebenden und hierauf getödteten Maus u. s. w., dass das Barometer auf der Spitze des Hügels niedriger stehe, als an dessen Fusse, über die Frage, ob das Wasser elastisch sei u. s. f.

The sceptical Chymist, or considerations upon the Experiments usually produced in favour of the four elements, and the three chymical principles of mixed bodies. Oxford 1661*). Der Verfasser findet sich veranlasst, „trotz des subtilen Räsonnements der Peripatetiker und der hübschen Experimente der Chemiker" die Elementenlehre des Aristoteles anzugreifen. Was versteht man unter Element oder Princip? Beweise für die Existenz der vier Elemente. Die Materie ist ursprünglich in kleine Partikel von verschiedener Form und Grösse getheilt. Ist Feuer ein geeignetes Mittel zur Analyse zusammengesetzter Körper? Der Verfasser kommt zu dem Schlusse, dass sich die Zahl der Elemente nicht präcisiren liesse, dass sie muthmasslich viel grösser sei, als vier. Indem er Pflanzen im Wasser wachsen liess (Meerrettig, eine Münzenart u. s. w.) und fand, dass diese in einigen Monaten an Gewicht um das Sechsfache zugenommen hatten, so schloss er, dass das Wasser theilweise in Erde verwandelt worden sei, nahm somit die Umwandlung und auch die Zersetzung des Wassers an. Aehnliche Versuche stellte er mit, in gewogener Erde gepflanzten Kürbissen an.

Physiological essays and other Tracts. London 1662**).

Experiments and observations upon colours, with a letter containing observations on a diamond that shines in the dark. London 1663***). Allgemeine Betrachtungen über den Unterschied der Farben. Die Farben sind modifizirtes Licht und befinden sich nicht in den Körpern. Hierauf bezüglich wird ein sonderbarer Fall erzählt. In einer Stadt herrschte die Pest. Mehrere Einwohner, an welchen später die Krankheit ebenfalls zum Ausbruch kam, sahen einige Stunden, andere einen ganzen Tag lang ihre Kleider in lebhaften, wechselnden Farben glänzen, welche an die Regenbogenfarben erinnerten. — Boyle stellt eine endlose Reihe von Versuchen an und mischt die verschiedensten und fremdesten Erscheinungen, insofern sich dieselben nur auf Farben beziehen, durcheinander. Die weisse Farbe sieht er als die Wirkung einer möglichst vollständigen Reflexion des Sonnenlichtes von der aus kleinen Spiegeln gebildeten Oberfläche an. Schwarz entsteht durch das Eindringen des Lichtes in den Gegenstand. Dabei macht er den folgenden hübschen Versuch. Ein Dachziegel wird zur Hälfte weiss, zur Hälfte schwarz angestrichen und in die Sonne gelegt. Nach kurzer Zeit erhitzt sich die schwarze Hälfte derart, dass man sie nicht in die Hand nehmen kann, während die weisse kalt bleibt. Behielt der Ziegel seine natürliche,

---

*) 2. Aufl. 1679.
**) 2. Aufl. nebst: A Discourse about the absolute rest of bodies. 1669.
***) 2. Aufl. 1670.

rothe Farbe, so wurde er zwar wärmer als der weisse, jedoch bei weitem nicht so heiss als der schwarze. — Boyle gibt die verschiedensten Regeln für die Mischung und für die Herstelluug der einfachen Farben. Die ganze Abhandlung beruht auf einem achtunggebietenden, gewaltigen Beobachtungsmateriale, zum wirklichen Systeme fügte erst Newton die vielen vereinzelten Sätze und Wahrnehmungen.

The usefulness of Experimental Philosophy; by Way of exhortation to the Study of it. In three Parts. Oxford 1663, 2. Theil 1671. Der Verfasser entwickelt den Nutzen der Philosophie, welche uns zur Herrschaft über die Natur verhilft, und weist nach, dass dieselbe nie zum Atheismus führe, sondern neben wahrer Religiosität sehr wohl bestehen könne. Dies bildet den Inhalt des ersten Theiles; der zweite weist den Nutzen der Naturphilosophie („natural philosophy" in der Bedeutung: gesammte Naturwissenschaft) für die Medizin, der dritte für das praktische Leben nach. In diesem letzten Abschnitte bespricht er die Bedeutung der Mathematik, Mechanik und Physik für die Landwirthschaft, den Handel und das Gewerbe.

The mechanical origin of heat and cold. Memoirs for an experimental history of cold. London 1665, 2. Aufl. 1683. Die erste der beiden Abhandlungen bespricht die verschiedenen Methoden, Kälte oder Wärme zu erzeugen. Kälte durch Mischung warmer, Wärme durch Mischung kalter Substanzen. Wärme entsteht auf mechanischem Wege u. s. w. Die zweite Abhandlung weist vor allem nach, dass die Sinne und die gewöhnlichen Luftthermometer bezüglich der Temperatur der Körper keine verlässlichen Daten verschaffen. Im weiteren Verlaufe wird das Verhalten der verschiedenen Körper bei verschiedenen Temperaturen untersucht und das schon bei Plutarchos vorkommende „Primum Frigidum" erörtert.

Hydrostatical Paradoxes, Proved and Illustrated by experiments. Oxford 1666, 1676. Die einfachen Sätze der Hydrostatik finden wir hier durch eine Reihe von mannigfaltigen Versuchen illustrirt, die Erscheinungen in den Pumpen werden ebenfalls auf den Druck eines auf den ausserhalb der Pumpe befindlichen Flüssigkeitsspiegel lastenden flüssigen Mediums zurückgeführt und hierbei die Unmöglichkeit und Unzulässigkeit der „Fuga vacui" dargethan.

The origin of Forms and Qualities; Serving as an Introduction to the Mechanical Philosophy. Oxford 1666.

Cosmical Qualities. Oxford 1670. Es gibt eine Universalmaterie, aus der alles besteht, eine ausgedehnte, theilbare und undurchdringliche Substanz. Da die Materie nur eine ist und dabei die Körper doch sehr verschieden sind, so muss der Unterschied aus einer andern Quelle stammen. Es ist nur die Bewegung, wodurch sich die verschiedenen, aus einer und derselben Materie bestehenden Körper unterscheiden. Materie und Bewegung sind somit die beiden Grundprinzipien.

The admirable Rarefaction of the Air. London 1670.
The Origin and Virtues of Gems. London 1672.
The Relation betwixt Flame and Air. London 1672.

The nature, properties and effects of effluvia. London 1673. Die von Boyle ebenfalls verfochtene Atomtheorie setzt seiner Ansicht zufolge voraus, dass von den Körpern höchst subtile Effluvien ausgehen. Der Verfasser führt zahlreiche Beispiele für die Feinheit und Theilbarkeit der Materie an.

Experiments and Observations upon the saltness of the Sea. Oxford 1674. Woher der Salzgehalt stammt. — Wie das Wasser durch Destillation zu süssem Wasser wird. — Verschiedenheit des Salzgehaltes des Meerwassers in verschiedenen Theilen des Meeres. — Bestimmung der Dichte des Seewassers.

Suspicions about some hidden qualities in the Air. London 1674.

The excellences and grounds of the mechanical philosophy. London 1674. „Indem ich die Corpuscular- oder mechanische Philosophie an„nehme, bin ich von jener Annahme der Epikuräer weit entfernt, welche „glauben, dass Atome zufällig vereinigt in einem unendlichen Vacuum „fähig seien, eine Welt mit allen ihren Phänomenen hervorzubringen." Mit diesen Worten verwahrt sich Boyle vor dem Verdachte, einer materialistischen Weltauffassung zu huldigen. Er nimmt an, dass Gott der Materie den ersten Impuls gegeben und so den Weltprozess eingeleitet habe. Der Verfasser entwickelt im Uebrigen den Vorzug dieser Anschauung, welche aus wenigen, klaren Prinzipien ausgehend die Erscheinungen erklärt.

Observations upon Diamonds; And particularly upon one which wou'd shine, remarkably, in the dark. — The aerial Noctiluca or some new phaenomena and a process of a factitious selfshining substance. London 1680. — New experiments and observations made upon the Jey Noctiluca; to which is added a chemical paradox, grounded upon new experiments, making, it probable, that chemical principles are transmutable etc. 1682. Ausführliche Beschreibung verschiedener Phosphorescenzerscheinungen.

A continuation of new experiments, physico-mechanical, touching the spring and weight of the Air and their effects. 1682.

Things above Reason, consider'd. London 1681.

Memoirs for the natural history of extravasated human blood; especially its spirit. London 1684.

Experiments and observations about the porosity of bodies. London 1684.

Short memoirs for the natural experimental history of mineral waters etc. London 1684.

Observations upon the effects of languid and unregarded motions. London 1685, 2. Aufl. 1690.

A free enquiry into the vulgar notion of nature. London 1685.

Medicina hydrostatica or Hydrostatics applied to the materia medica etc. London 1690.

Eine grosse Anzahl von Abhandlungen sind in den „Philosophical Transactions" jener Zeit enthalten, von deren Aufzählung wir jedoch absehen wollen. Nach dem Tode Boyle's wurden einige seiner hinterlassenen Schriften herausgegeben, unter diesen ist auch die folgende: „A paper deposited with the Secretaries of the Royal Society 14. Oct. 1680 and opened since his death, being an account of his making Phosphorus" (Phil. Transactions 1692), eine Beschreibung seiner Erzeugungsmethode des Phosphors.

Eine unvollständige Ausgabe der Boyle'schen Werke wurde einige Jahre vor seinem Tode in Genf (Opera varia, apud fratres de Tournes 1680—94) herausgegeben. Eine abgekürzte, in 6 Abtheilungen geordnete Ausgabe gab Dr. Peter Shaw heraus (Philosophical Works, in three Volumes 4°. London 1725). Die erste vollständige Ausgabe der vorhandenen Schriften ist die des Dr. Birch, mit einer Biographie des Verfassers, welche (5 Vols. folio) 1744 erschien. Eine andere, ebenfalls complete Ausgabe (6 Vols. 4°) erschien 1772. Das Kerseboom'sche Bild Boyle's ist Eigenthum der Royal Society, wo sich auch seine Sammlungen befinden.

Wenn wir uns die bewundernswürdige Mannigfaltigkeit und Menge der Boyle'schen Experimente und die Meinungen, welche er sich auf Grund derselben über die natürlichen Dinge gebildet, vor Augen halten und eine Classification derselben aus Gründen leichterer Uebersicht versuchen, so finden wir die wichtigsten Resultate der Boyle'schen Forschung auf folgenden Gebieten: Mechanik der Luft und Chemie. Bezüglich der Constitution der Materie ist Boyle ein eifriger Verfechter der durch Gassendi eben zu jener Zeit wieder aufgegriffenen Atomtheorie. Die Atome haben verschiedene Form und Grösse, lassen viele und relativ beträchtliche Zwischenräume, die mit feinerer Materie erfüllt sind. Dabei sind die Atome in lebhafter Bewegung und haften mit ihren Unebenheiten, Zacken u. s. f. aneinander. Eine chemische Umsetzung geschieht derart, dass die Atome eines Stoffes in die Poren einer Verbindung eindringen und durch ihre entsprechende Oberflächenbeschaffenheit die Atome des einen Bestandtheiles austreiben, um sich selbst mit dem andern verbinden zu können. Den Ursprung der Bewegung der Atome sieht Boyle in einem unmittelbaren Eingreifen Gottes. — Die Theile der festen Körper sind gröber als die der flüssigen und unbeweglich*).

---

*) The origin of fluidity and firmness. — Boyle, Philosophical Works. By P. Shaw. London 1725, Vol. I, pag. 305.

Wenn Boyle an der Erfindung der Luftpumpe auch keinen Theil hat, so hat er sich doch um die Verbesserung derselben, sowie durch seine mannigfaltigen, mitunter höchst lehrreichen Versuche um die Physik wesentliche Verdienste erworben.

Boyle hatte durch den P. Schott Kenntniss von den Guerickeschen Entdeckungen und Erfindungen erhalten. Er interessirte sich in hohem Grade für die Maschine, mittelst welcher es Guericke gelungen war, einen fast luftleeren Raum zu erzeugen; er entdeckte jedoch alsbald eine Reihe von Unvollkommenheiten an derselben und dachte über die Verbesserung dieser Mängel nach. In Verbindung mit dem geistreichen, in mechanischen Dingen sehr erfahrenen und geschickten Dr. Hooke gelang es ihm auch eine viel zweckmässiger gebaute Luftpumpe zu construiren. Der Recipient war auf den Cylinder fest aufgekittet und hatte oben in dem metallenen Deckel eine Oeffnung, die durch einen metallenen Stopfen verschlossen werden konnte. Durch diese Oeffnung wurden die im Vacuum zu prüfenden Gegenstände in den Recipienten eingeführt und an dem Stopfen aufgehängt. Neben dem Stopfen war im Recipienten ein Haken angebracht, über den der Aufhängefaden lief, so dass durch Drehung des Stopfens die im Vacuum befindlichen Gegenstände auf und ab bewegt werden konnten. Der Kolben wurde nach Art der gewöhnlichen Fuhrmanns- oder Wagenwinde mittelst Zahnstange und Getriebe durch eine Kurbel auf- und niedergewunden. Guericke macht gegen die Boyle'sche Einrichtung zwar den Einwurf, dass sie sehr langsam wirke, jedoch hatte sie den unbestreitbaren Vorzug vor der ursprünglichen Construktion, dass sie von einer Person leicht gehandhabt werden konnte. Zwischen Recipient und Kolbencylinder befand sich ein Hahn, seitwärts im Kolbencylinder hingegen eine durch einen kleinen metallenen Stöpsel verschliessbare Oeffnung, durch welche man die aus dem Recipienten gepumpte Luft in die Atmosphäre treten lassen konnte. — Boyle verwendete seine Maschine in der Folge auch als Compressionspumpe. — In seinen späteren Untersuchungen gibt Boyle die Zeichnung einer zweistiefeligen Luftpumpe, deren Construction theilweise auf Papin, als ihren Urheber, zurückgeleitet werden mag. Die Kolben wirken abwechselnd, in denselben befinden sich Blasenventile. Als Compressionspumpe construirte er eine Vorrichtung, die sich im Wesen von der noch gegenwärtig angewendeten nicht unterscheidet.

Boyle hat mit der Luftpumpe eine Unzahl von Versuchen angestellt, ohne jedoch wesentlich neue Thatsachen, die nicht schon vor ihm von Guericke und den Florentiner Akademikern gefunden worden wären, zu entdecken. Am wichtigsten sind seine Erfahrungen bezüglich der Wärmeerregung durch Reiben, welche im luftleeren, so gut wie im lufterfüllten Raum zu Stande komme, sowie die oben erwähnte Wahrnehmung, dass lauwarmes Wasser im luftverdünnten Raume zu kochen beginne. Er führte diesen Versuch mit Wasser, Olivenöl, Terpentinöl und Wein aus.

Als Grund der Elasticität der Luft sah Boyle eine zwischen den Theilchen derselben bestehende Federkraft an, und vergleicht die Luft mit einem zusammengepressten Schwamm, der nach Aufhören des Druckes wieder sein ursprüngliches Volumen einnehme. Dabei hatte er über die Art der Wirkung eine durchaus richtige Vorstellung, indem er einsah, dass der Druck eines noch so kleinen Luftquantums dem der Atmosphäre gleich sein könne, wovon man sich mit Hülfe eines Manometers überzeugen kann.

Unter den zahlreichen Gegnern der neuen Lehre vom Luftdrucke befand sich auch der Lütticher Professor Franz Linus, der die Ansichten über Druck und Elasticität der Luft nicht theilen konnte. Ihm entgegnete Boyle in seiner Abhandlung: „A defense of the Physico-Mechanical Experiments, against The Objections of Franc. Linus; his Hypothesis examined, and his Answers to particular Experiments consider'd." Er beschreibt einen Versuch, der zur Entdeckung eines sehr wichtigen Satzes führte, eines Hauptgesetzes der Aërostatik, des Boyle-schen, oder wie es gewöhnlich genannt wird: des Mariotte'schen Gesetzes, demzufolge bei constanter Temperatur der Druck der Luft mit deren Volumen in verkehrtem Verhältnisse steht. Boyle sprach den Satz so aus, dass sich die Luft nach dem Verhältnisse der zusammendrückenden Kraft verdichte. Sein Schüler Richard Townley nahm wahr, dass sich die Höhe der im Manometer drückenden Quecksilbersäule verkehrt wie der Raum der Luft verhalte. Boyle stellte nun sowohl mit verdichteter, als auch mit verdünnter Luft Versuche an und fand, dass sich in der That die Elasticität verkehrt wie die entsprechenden Volumina der Luft verhalten.

Boyle wies die Elasticität der Luft auch durch einen im Recipienten angebrachten Heronsball nach, der schon nach dem ersten Kolbenstosse einen Wasserstrahl in die Höhe sandte. In einem andern Experimente zeigte er, dass er mit seiner Maschine die Luft auf ein Dreizehntausendstel ihrer ursprünglichen Dichte verdünnen könne, was nur zufolge der ausserordentlich grossen Elasticität der Luft möglich ist. Von geringem Belange sind die Kenntnisse Boyle's über die Capillarität. Er nahm das Verhalten des Wassers und des Quecksilbers in Glasröhren wahr, und überzeugte sich, dass die Erscheinung im luftleeren Raume sich von der im lufterfüllten wesentlich nicht unterscheide.

Bezüglich der Wärmelehre führen wir die folgenden wichtigeren Versuchsresultate an, welche Boyle im Laufe seiner rastlosen Versuchsthätigkeit fand. Wasser dehnt sich beim Gefrieren aus, bei einer Kältemischung entsteht die Abkühlung in Folge der Auflösung des mit dem Schnee gemischten Salzes. Feuer ist schwer, da oxydirte Körper mehr wiegen, als die entsprechenden Metallgegenstände. — Als Fundamentalpunkt der Thermometerscala schlägt er den Schmelzpunkt des erstarrten Anisöles vor. Boyle nahm wahr, dass Eis ohne zu schmelzen verdampfe. In Folge seiner ausgedehnten Messungen über das spezifische Gewicht der Körper hatte er auch das des Eises gemessen und hierdurch constatirt, dass das Eis leichter als das Wasser sei. Diese Erfahrung hatten allerdings schon einige Jahre früher die Gelehrten der „Accademia del Cimento" ebenfalls gemacht.

Die Abhandlung Boyle's „über die Farben" erschien im Jahre 1663, also drei Jahre bevor Newton seine auf dem Gebiete der Optik epochemachende Arbeit der „Königlichen Gesellschaft" vorlegte. Boyle beschäftigt sich mit den Farben auf eine bloss empirische Weise. Er führt eine grosse Anzahl von Versuchen an; in seinen Schlüssen über die Natur der Farben, denen wir an einigen Stellen der Abhandlung begegnen, entwickelt er nicht eben glückliche Ansichten. Ueberdies beschäftigte er sich mit der Erscheinung der Fluorescenz und Phosphorescenz. Wichtiger als die meisten seiner übrigen Ausführungen sind seine Bemerkungen über die Farben dünner Blättchen, die er an Seifenblasen, an der Oberfläche geschmolzenen Bleies u. s. w. wahrnimmt, ferner die Beobachtung, dass Goldblättchen bei durchgelassenem und bei reflectirtem Lichte verschiedene Farben zeigen.

Boyle untersuchte das elektrische Verhalten geriebener Körper im luftleeren Raume und fand, dass die elektrische Kraft dort ebenso wirksam sei, als in dem lufterfüllten Raume. Ferner untersuchte er, ob die durch Reiben elektrisch gemachten Körper von andern Körpern ebenso angezogen werden, als sie im Stande sind, Körper anzuziehen. Er hing daher den elektrisirten Körper auf und näherte demselben einen anderen, unelektrischen, wobei er dann eine merkliche Anziehung wahrnahm. — An einem durch Reiben elektrisirten Diamanten nahm er im Dunkeln Aufleuchten wahr. — Das Wesen der Elektricität erklärte er im Geschmacke jener Zeit als aus einem klebrichten Ausflusse bestehend, der vom elektrischen Körper ausgehend zu demselben wieder zurückkehrt, wobei er leichte Körper mit sich zu reissen im Stande sei.

Bezüglich des Magnetismus finden wir bei Boyle keinerlei Bemerkung, die besondere Aufmerksamkeit verdiente. Die Erfahrung, die er an dem Magneten im luftleeren Raume machte, dessen Anker bei fortgesetztem Exantliren abfiel, erklärte Musschenbroek*) durch die Erschütterung des Apparates beim Pumpen, sowie durch das Zunehmen des Gewichtes im luftleeren Raume.

Boyle nahm unter den Chemikern jener Zeit einen hohen Rang ein. Seine Art zu forschen inaugurirt einen neuen Zeitraum in der Geschichte der Chemie. Sie musste dem damaligen, noch wenig wissenschaftlichen Zustande der Chemie nothwendigerweise viel besser entsprechen, als dem immerhin schon viel fester gefügten Wissenschaftssysteme der Physik. Boyle griff die Lehre von den Elementen, wie

---

*) „Dissertatio de magnete" in seinen Diss., Lugd. Bat. 1729, pag. 64.

sie zu seiner Zeit noch Geltung hatte, an, wie wir dies gelegentlich der Analyse seiner Werke gesehen haben, und setzt die Zahl der Elemente als viel grösser als drei oder vier voraus. Ferner gibt er eine Definition des Unterschiedes von Mischung und Verbindung. Unter Verbindung versteht er eine so innige Aneinanderlagerung der Bestandtheile, dass an derselben die Eigenschaften der letzteren nicht wahrgenommen werden können. — Boyle hielt die Existenz einer Urmaterie für wahrscheinlich und erklärte die Verschiedenheit der Körper durch die verschiedene Grösse und Gestalt der aus einer und derselben Materie gebildeten kleinsten Theilchen. Er stellte zahlreiche Körper dar, ohne jedoch deren Natur richtig aufzufassen. So gewann er z. B. Wasserstoff durch Begiessen von Eisen mit Schwefelsäure, Kohlensäure dadurch, dass er Essig auf Austernschalen goss. Er war jedoch weit davon entfernt, die verschiedene Natur dieser beiden Gase zu erkennen, meinte vielmehr, Luft auf künstlichem Wege dargestellt zu haben.

Zu den interessantesten Untersuchungen Boyle's gehört die über den Salzgehalt des Meeres. Seit Aristoteles hatte man gelehrt, dass das Meer bloss an der Oberfläche salzig sei. Boyle verschaffte sich aus verschiedenen Tiefen geschöpftes Seewasser und wies dessen überall gleichen Salzgehalt nach. Er beschäftigt sich auch mit der Gewinnung süssen Wassers aus dem Meerwasser durch Destillation und durch Ausfrieren. — Durch trockene Destillation des Holzes erhielt er eine Säure und einen Spiritus, nämlich Holzessig und Methylalkohol. Durch Destillation des Alkohols über kohlensaures Kali (calcinirten Weinstein) erhielt er 78—79procentigen Weingeist.

Franciscus Linus, eigentlich Line, wurde 1595 zu London geboren. Er war Jesuit und als Lehrer der Mathematik und der hebräischen Sprache am englischen Collegium zu Lüttich angestellt, wo er am 15. Dezember 1675 starb. Von seinen Schriften erwähnen wir nur dasjenige, was mit unserer Wissenschaft in einigem Zusammenhange steht. De corporum inseparabilitate. London 1662. — Explicatio pyramidis horologialis erectae in horto Regis Angliae Londini. Leodii 1673. — De experimento argenti vivi tubo vitreo inclusi et cadentis semper ad certam quandam altitudinem. Lond. 16.. — A letter animadversing on Mr. J. Newton's Theory of light and colours (Philos. Trans. 1675). — Optical assertions concerning the rainbow (ibid. 1675). — Second letter on Newton's Theory (ibid. 1676).

Linus hat die Berechtigung, in einer Geschichte der Physik genannt zu werden, bloss der Gegnerschaft wider zwei der bedeutendsten Forscher seiner Zeit zu danken. In seiner oben angeführten Abhandlung: „De experimento argenti vivi etc." griff er die Lehre vom Luftdrucke an und behauptete, das Quecksilber des Torricelli'schen Versuches werde durch unsichtbare Fädchen (funiculi) an der Wölbung des Glasrohres festgehalten. Diese „funiculi" könne man zwar nicht sehen, ihren Zug könne man jedoch fühlen, wenn man den oberen Verschluss der Röhre durch den Finger ersetze. Gegen diese Behauptung schrieb Boyle seine Abhandlung: „Defensio de elatere et gravitate aëris adversus objectiones Fr. Lini", in welcher sich die erste Andeutung des bekannten aërostatischen Gesetzes findet.

Der zweite Forscher, dem Linus opponirte, war Isaac Newton, dessen Lehre von der Zerlegung des weissen Sonnenlichtes von ihm in den oben angeführten letzten Abhandlungen angegriffen wurde. Newton antwortete auf die Angriffe des Linus in 3 Abhandlungen, die sich in den „Philos. Transactions" vom Jahre 1676 befinden.

Edme Mariotte wurde 1620 zu Bourgogne im Departement Saône et Loire geboren. In seiner Jugend trat er in den geistlichen Stand und wurde später Prior des Klosters „St. Martin sur Beaune" bei Dijon. Als im Jahre 1666 die Pariser Akademie der Wissenschaften gegründet wurde, befand sich Mariotte ebenfalls unter den Mitgliedern derselben. Er starb zu Paris im Jahre 1684 den 12. Mai.

Wir besitzen von ihm die folgenden Schriften: Essais de physique etc.; premier essai de la végétation des plantes, 12^0, Paris 1676; — seconde essai de physique, de la nature de l'air, 12^0, Paris 1679; — troisième essai de physique, du chaud et du froid, 12^0, ib. 1679. — Traité du mouvement des eaux et des autres corps fluides. 12^0. Ib. 1686. — Observations sur la resistance des tuyaux de conduite d'eau. (Hist. et Mém. de l'Acad. de Paris depuis 1666 jusqu'à 1699. Tom. I. Paris 1733.) Recherches sur le mouvement. (Ib. id.) Recherches sur le mouvement des corps. — Sur la dépense, que font les jets d'eau et sur la quantité d'eau nécessaire pour y fournir. — Sur le chaud et le froid et sur la température des caves. — Sur les couleurs et sur l'arc en ciel. — Sur la nature de l'air. — Sur les sons de la trompette. — Sur la chaleur du miroir ardent. — Sur la dépense nécessaire d'eau pour l'entretien des jets d'eau et sur la resistance des tuyaux de conduite d'eau. — Sur la comparaison du baromètre au mercure avec le baromètre à eau. — Sur le rapport du poids de l'air à celui de l'eau. (Diese Arbeit ist mit dem im Folgenden zu erwähnenden Homberg ausgeführt.) — Sur le recul des armes à feu. — Sur la descente des corps pesans. (Sämmtlich ib. id.) — Sur la congélation de l'eau. (Ib. X.)

Die Werke Mariotte's sind zu Leyden 1717 in 2 Quartbänden erschienen. In denselben finden wir die folgenden Abhandlungen: De la percussion ou choc des corps. — De la végétation des plantes. — De la nature de l'air. — Du chaud et du froid. — De la nature des couleurs. — Du mouvement des eaux. — Règles pour les jets d'eau. — Nouvelle découverte touchant la vue. — Traité du nivellement avec la description de quelques niveaux nouvellement inventés. — Traité du mouvement des pendules. Expériences touchant les couleurs et la congélation de l'eau. — Essai de logique. — Theilweise erschienen seine

Abhandlungen in dem: Recueil des ouvrages de physique et mathématique de M. M. de l'Académie des Sciences. Fol. Paris 1693.

Mariotte's Arbeiten erstrecken sich über die verschiedensten Theile der Physik. Besondere Verdienste hat er um den mechanischen Theil dieser Wissenschaft. An der Spitze seiner im Jahre 1679 erschienenen Abhandlung: „Essai sur la nature de l'air" finden wir jenes aëromechanische Gesetz, demzufolge das Volumen eines Gases, das einer Pressung unterworfen ist, mit der Grösse der Pressung im umgekehrten Verhältniss sich befindet. Allerdings hatte dieses Gesetz fast achtzehn Jahre früher Boyle entdeckt, allein Mariotte hatte davon keine Kenntniss, und somit müssen wir ihn als einen der Entdecker des wichtigen Naturgesetzes betrachten. In der wissenschaftlichen Literatur kommt das Gesetz gewöhnlich unter dem Namen des Mariotte'schen vor. Jedenfalls hat der französische Naturforscher dasselbe viel selbstbewusster ausgesprochen, als der grosse englische Experimentator, aus dessen Versuchsresultaten es erst durch seinen Schüler Townley formulirt werden musste. Mariotte hat auch die Bedeutung des von ihm gefundenen Gesetzes vollkommen zu würdigen gewusst, indem er die Abhängigkeit des Luftdruckes von der Höhe über dem Erdboden klar zu legen suchte. Es war dies der erste Schritt zur Theorie der barometrischen Höhenmessung*). Mariotte führte seine Versuche auf der damals neu errichteten Pariser Sternwarte aus, welche vermöge ihrer ansehnlichen Höhe und der in aufgelassene Steinbrüche getriebenen sehr tiefen Keller der Messung einen beträchtlichen Höhenunterschied zur Verfügung stellte. Das Verfahren, welches Mariotte einhielt, ist in seinem Wesen richtig, doch war er viel zu wenig Mathematiker, um die hier vorkommende Reihe richtig summiren zu können. Dies geschah später durch Deluc.

In der oben erwähnten Schrift beschäftigt sich Mariotte auch mit der Bedeutung des Barometers als meteorologisches Instrument, namentlich was den Einfluss der Luftströmungen auf den Stand desselben betrifft. Seine Ausführungen über diesen Gegenstand sind indess nicht zutreffend.

In seiner Abhandlung: „Du mouvement des eaux et des autres fluides", welche nach seinem Tode (1686) erschien, untersucht Mariotte die Gesetze des Ausfliessens von Flüssigkeiten aus Röhren, wobei er auf die Reibung der Flüssigkeiten geführt wird. Er sucht besonders den Zusammenhang zwischen der Höhe der drückenden Wassersäule und der Höhe des Flüssigkeitsstrahles zu finden und stellt dafür auch eine Regel

---

*) Seine höchst unvollkommene Formel lautet: $h = 63 (b_0 - b_h) + \frac{3}{8} \left[\frac{b_0 - b_h - 1}{2} \right]$, wo h die zu messende Höhe in Pariser Fussen, b_0 und b_h die Barometerstände am untern und obern Ende der zu messenden Höhe in Pariser Linien bedeuten.

auf, welche er durch zahlreiche Versuche zu bestätigen sucht*). — Die Höhe des Strahles hängt überdies von der Grösse der Oeffnung ab, aus welcher das Wasser in das Freie tritt. Es gibt ein gewisses Mass dieser Oeffnung, für welches die Strahlhöhe zu einem Maximum wird.

In derselben Abhandlung finden wir auch noch eine Vorrichtung beschrieben, welche unter dem Namen Mariotte'sche Flasche bekannt ist. Dieselbe dient dazu, eine Flüssigkeit unter constantem Drucke aus einem Gefässe fliessen zu lassen.

In der Abhandlung: „De la percussion ou choc des corps" findet sich die Percussionsmaschine, welche wir noch jetzt benützen, beschrieben. In derselben Abhandlung sind auch die Fallgesetze beschrieben, die er auf der Pariser Sternwarte bei einer Fallhöhe von $166\frac{1}{2}$ Fuss anstellte, um den Widerstand der Luft zu ermitteln.

Die Untersuchungen Mariotte's bezüglich der relativen Festigkeit verschiedener Substanzen**) ziehen die Ausdehnung der Fasern vor dem Abbrechen in Betracht und setzen diese Ausdehnung der zerrenden Kraft proportional***). Obgleich nun die von Mariotte gefundene Regel der Wirklichkeit viel besser entspricht, als die des Galilei, so ist sie doch nicht ganz richtig, da sie bloss die Ausdehnung, nicht aber die Zusammendrückung der Fasern berücksichtigt, wie dies Varignon und Jacob Bernoulli †) hervorgehoben haben. — Mariotte stellt auch für die Wanddicke cylindrischer Wasserleitungsröhren eine Formel auf. — Ausserdem finden wir in den auf Hydromechanik bezüglichen Schriften unseres Autors Angaben über die Messung der Wassergeschwindigkeit (in Flüssen und Canälen), über den Stoss des Wassers u. s. w.

In der im Jahre 1666 der Pariser Akademie vorgelegten Dissertation: „Observations sur l'organ de la vision" ††) findet sich die interessante Entdeckung des blinden Fleckes im Auge. Mariotte hatte bei seinen Untersuchungen an Menschen- und Thieraugen wahrgenommen, dass der Sehnerv nicht der Pupille gegenüber in das Auge eintrete, sondern etwas höher und gegen die Nasenseite zu. Durch einen einfachen Versuch gelang es ihm, bei Fixiren eines kleinen runden Papierstückes ein zweites Papierstück, dessen Bild auf den blinden Fleck fiel, verschwinden zu machen, wenn er bloss mit einem Auge die beiden

---

*) Bedeuten A und a die Höhen der drückenden Wassersäule, B und b die Höhen der Wasserstrahlen, so ist $B^2 : b^2 = A - B : a - b$, wobei natürlich gleiche Ausflussöffnungen vorausgesetzt sind.

**) Traité du mouvement des eaux, P. V, Disc. II.

***) Bedeutet P die Tragkraft des Balkens gegen das Zerreissen, L dessen Länge, H dessen Höhe, so ist nach Mariotte (und Leibniz) die relative Festigkeit, resp. deren Tragkraft $F = \frac{1}{3} \cdot \frac{H \cdot P}{L}$.

†) Mémoires de l'Acad. de Paris 1702 und 1707.

††) Auch in den Philos. Transact. 1668 zu finden.

Objekte ansah. Die beiden Papierstücke befanden sich etwa in 2 Fuss Entfernung von einander, das rechter Hand befindliche etwas tiefer, für den Fall, dass der Versuch mit dem rechten Auge ausgeführt werden sollte. Bei dieser Anordnung musste Mariotte etwa 10 Fuss von der Wand sich aufstellen, um das rechts befindliche Papierstück verschwinden zu machen. Seit Keppler hatte man die Lichtempfindung der Netzhaut zugeschrieben, Mariotte schloss nun aus seiner Entdeckung, dass die Aderhaut, welche an der Stelle des „punctum coecum" fehlt, der lichtempfindende Theil des Auges sei. In dieser Meinung wurde er noch durch die Durchsichtigkeit der Retina bestärkt. — Diese Entdeckung machte grosses Aufsehen in der wissenschaftlichen Welt und hatte eine wissenschaftliche Controverse zur Folge, an der sich Picard, ferner Anatomen und Physiologen, wie Perquet, Perrault, Morgagni und andere betheiligten.

In der Abhandlung: „Essai sur la nature des couleurs" (Paris 1681) gibt Mariotte die Theorie der Höfe und Ringe, die man bei dunstigem Wetter um Sonne und Mond erblickt. Diese farbigen Höfe haben entweder einen Durchmesser von 7—12,5° oder aber einen Halbmesser von 23—44°. Die kleineren sind an der inneren Seite blau, die grösseren roth. Die ersteren erklärte Mariotte durch zweimalige Brechung des Lichtstrahles in den Dunstkügelchen der Atmosphäre. Diese Erklärung ist jedoch nicht stichhaltig, da sonst der innere Rand dieser Höfe roth sein müsste, während er doch immer blau gefärbt ist*). Dagegen ist die Ansicht Mariotte's über das Zustandekommen der grösseren Höfe, wodurch dieselben als durch doppelte Lichtbrechung und einfache Reflexion in den Eisnadeln (dreiseitigen Eisprismen) der höheren Luftschichten zu Stande kommende Phänomene erklärt werden, auch heute noch als gültig angesehen. Uebrigens hat die Idee, dass die Höfe durch die Eistheilchen der Atmosphäre verursacht werden, schon Descartes ausgesprochen**). — Auf ähnliche Weise erklärt Mariotte die Erscheinung der Nebensonnen und Nebenmonde.

In derselben Abhandlung befindet sich noch eine Beobachtung über strahlende Wärme, deren Bedeutung und Wichtigkeit jedoch erst in unserm gegenwärtigen Jahrhunderte durch Melloni hervorgehoben wurde. Mariotte beobachtete nämlich, dass die Sonnenstrahlen ohne merkliche Schwächung durch eine Glasplatte durchgehen, während die weniger heissen Strahlen einer irdischen Wärmequelle zum grössten Theile reflectirt werden. — Mariotte erzeugte sich aus ausgekochtem Wasser blasenfreies, durchsichtiges Eis, aus welchem er eine biconvexe Linse herstellte, in deren Brennpunkt er Schiesspulver durch die gesammelten

---

*) Die kleineren Höfe haben Jordan und Fraunhofer als Beugungsphänomene erklärt.

**) Die Huygens'sche Theorie folgt weiter unten.

Sonnenstrahlen entzündete. — Ausserdem stellte er zahlreiche Versuche an über das Gefrieren des Wassers, das Anwachsen des Eises, namentlich jedoch über die Ausdehnung des Wassers beim Gefrieren*).

Mariotte hat auch einiges Verdienst um die Meteorologie und die physikalische Geographie erworben, indem er die Entstehung der Quellen durchaus richtig erklärt.

Mariotte war, wie aus dem Angeführten hervorgeht, ein geschickter und glücklicher Forscher. Seine mathematischen Kenntnisse waren jedoch sehr bescheidener Natur, so dass er nicht im Stande war, die Strenge der Galilei'schen Fallgesetze aufzufassen**).

Guillaume Amontons war der Sohn eines Advokaten. Er wurde zu Paris am 31. August 1663 geboren; nach Anderen in der Normandie, von wo seine Eltern bald nach seiner Geburt nach Paris übersiedelten. Er starb daselbst am 11. Oktober 1705 im 43. Lebensjahre. In seiner Jugend verlor er das Gehör, sah dies jedoch für kein Uebel an, da er hiedurch vor dem Geräusche der Aussenwelt geschützt, unbehelligt seinen Studien nachhängen konnte. Er hatte eine seinen technischen Kenntnissen entsprechende Staatsanstellung inne.

Amontons hat seinen Namen durch einige Apparate, welche er erdacht, in der Geschichte der Physik verewigt. Wir nennen hier sein Hygroskop, das abgekürzte und das konische Barometer und das Luftthermometer.

Das Hygroskop Amontons', oder „Hydrometer", wie er es nannte, wurde durch Regis im Jahre 1687 der Pariser Akademie vorgelegt, und beifällig aufgenommen. Es besteht diese eigenthümliche Vorrichtung

---

*) Journal des Savans, Tom. III, pag. 25 sqq.

**) „Galilée a fait quelques raisonnements assez vraisemblables pour „prouver qu'au premier moment qu'un poids commence à tomber sa vitesse „est plus petite qu'aucune qu'on puisse déterminer; mais ses raisonnements „sont fondés sur les divisions à l'infini tant des vitesses que des espaces „passés et des temps des chutes, qui sont des raisonnements très-suspects, „comme celui que les anciens faisaient pour prouver qu'Achille ne pourrait „jamais attraper une tortue, auquel raisonnement il est difficile de répondre „et d'en donner la solution; mais on en démontre la fausseté par l'expérience „et par d'autres raisons plus faciles à concevoir. Ainsi l'on objectera à Galilée „que les raisonnements ci-dessus, qui sont faciles à concevoir et qui sont „beaucoup plus clairs que les siens, qu'il a fondés sur les divisions à l'infini, „qui sont inconcevables, et sur certaines règles de l'accélération de la vitesse „des corps, qui sont douteuses, car on ne peut savoir si le corps tombant ne „passe pas par un petit espace sans accélérer son premier mouvement à cause „qu'il faut du temps pour produire la plupart des effets naturels, comme il „paraît quand on fait passer du papier au travers d'une grande flamme avec „une grande vitesse sans qu'il s'allume, et par conséquent on doit préférer „les raisonnements ci-dessus à ceux de Galilée." Bertrand, L'académie des sciences et les académiciens de 1666 à 1793, Paris 1869, pag. 329.

aus einer Glasröhre, an deren oberem Ende sich ein Gefäss, an dessen unteren Ende sich eine Kugel befindet. Diese Kugel hat unten eine kleine Oeffnung und ist von einer anderen Kugel von Holz oder Horn umgeben, oder aber mit einem Stückchen Hammelfell umbunden. Die Hygroskopie der letzteren Substanzen verursacht eine Volumänderung der äussern Hülle jener Glaskugel und wirkt somit auf die Flüssigkeiten, mit denen das Ganze gefüllt ist.

Im Jahre 1695 gab Amontons zu Paris ein kleines Werkchen heraus: „Remarques et expériences physiques sur la construction d'une nouvelle clepsydre, sur les baromètres, thermomètres et hygromètres", in Folge dessen er in die Pariser gelehrte Gesellschaft aufgenommen wurde. — Die beiden obenerwähnten Barometer: das abgekürzte und das konische Barometer sind gut ausgedachte, zahlreicher Fehlerquellen wegen, jedoch nicht praktikable Apparate. — Das Luftthermometer Amontons', das übrigens höchst unhandliche Proportionen hatte, sollte eine Art Normalthermometer für die Florentiner Thermometer sein.

Amontons[*] schlägt den Siedepunkt des Wassers als thermometrischen Fixpunkt vor, ferner kennt er den Einfluss der Wärme auf die Höhe der Quecksilbersäule im Barometer. Er schätzt die relative Ausdehnung des Quecksilbers zwischen der Temperatur der grössten Winterkälte und jener der grössten Sommerhitze (ca. 36 Grade Differenz) auf $1/115$. Amontons hat sich lange Zeit mit der Idee der Erfindung eines Perpetuum mobile getragen, dessen Unmöglichkeit er nicht einsah. — Schliesslich erwähnen wir noch seine Versuche, mittelst welcher er im Jahre 1702 vor der königlichen Familie die Möglichkeit eines optischen Telegraphen zu demonstriren versuchte. Dieser sollte zwischen Paris und Rom eingerichtet werden und im teleskopischen Absehen von Zeichen und Weitergeben derselben von Station zu Station bestehen. Es wird uns darüber nicht berichtet, welches Resultat der Erfinder erzielt habe.

Christiaan Huygens.

In jener Periode der Entwicklung der mechanischen Physik, welche zwischen Galilei's Entdeckung der Dynamik und deren Anwendung auf die Gravitationsmechanik durch Newton liegt, überragt die wissenschaftliche Thätigkeit des holländischen Gelehrten Huygens an prinzipieller Bedeutung weitaus die seiner Zeitgenossen. Er war es, der im Stile des grossen Begründers der Dynamik deren weitere Ausbildung förderte, von dem selbst Newton mit der Bezeichnung „Summus Hugenius" spricht, den er für den besten Nachahmer des klassischen Stiles

---

[*] Mém. de l'Acad. des sciences de Paris 1703.

und der Eleganz der Beweisführung bei den alten Mathematikern hielt. Huygens war einer jener seltenen Geister, welche mit der hervorragenden mathematischen Begabung und der auf die theoretische Mechanik gerichteten Neigung zu forschen, die Fähigkeit vereinigte, die Sätze der Theorie zur Construktion wichtiger Apparate und Maschinen anzuwenden.

Christiaan Huygens (latinisirt Hugenius)*), geboren im Haag am 14. April 1629, war der zweite Sohn des Constantyn Huygens, Herrn von Zelem und Zülichem, eines wohlhabenden begüterten Mannes, der als Verfasser lateinischer Gedichte und als Mathematiker wohl bekannt war und die Stelle eines Cabinetsrathes bei drei Prinzen des Hauses Oranien bekleidete. Derselbe starb im Jahre 1687 im Alter von 90 Jahren. Die Mutter unseres Huygens war Susanna van Baerle. Nach dem Tode seines Vaters erhielt dessen Amt der ältere der Brüder: Constantin, der in derselben Eigenschaft im Jahre 1688 dem König Wilhelm III. nach England folgte. — Der Vater war der erste Lehrer des genialen Knaben in der Mathematik, in der Musik und in der Maschinenkunde, für welche letztere er grosse Neigung an den Tag legte. Im Alter von 10 Jahren verfertigte er mancherlei Modelle von Maschinen, von denen auch heute noch einige in holländischen Museen vorhanden sind. Im Jahre 1645, also bereits in seinem sechszehnten Jahre bezog er die Universität Leyden, später (1646—48) studirte er zu Breda. An beiden hohen Schulen beschäftigte er sich vorzüglich mit juridischen Studien, doch war auch damals schon seine besondere Begabung für Mathematik bekannt, so dass Descartes dieselbe öffentlich rühmte. Im Jahre 1649 begleitete er den Grafen Heinrich von Nassau auf seiner Reise durch Deutschland und Dänemark, 1655 besuchte er Frankreich, wo er zu Angers, der einzigen Universität, wo Protestanten das Doktorat erlangen konnten, sich zum Doctor juris promoviren liess. Hierauf lebte er bis 1660 in seinem Vaterlande, von wo er wieder nach Frankreich und im darauffolgenden Jahre nach England reiste. Dieselben Reisen wiederholte er 1663. Bei diesem zweiten Aufenthalte in England wurde er zum Mitgliede der „Royal Society" gewählt. Zwei Jahre später, 1665, erhielt er vom Minister Ludwig XIV. eine ehrenvolle Berufung als Mitglied der eben gegründeten Pariser Akademie unter höchst vortheilhaften Bedingungen. Huygens nahm diesen Ruf, der ihn als eine der grössten der damaligen wissenschaftlichen Capacitäten anerkannte, an

---

*) Die Schreibweise „Huyghens" ist nicht gerechtfertigt. Im physikalischen Cabinete des Collège de N. D. de la Paix zu Namur befinden sich drei von Huygens selbst geschliffene Linsen, in welche er selbst seinen Namen in folgender Weise eingeritzt hat: C. Huygens 15. Mai 1685; C. Huygens 12. Juni 1685; Chr. Hugenius a^0 1685 . 24. Juli. — Siehe V. van Tricht: „Sur l'orthographie du nom de Huygens" in den Nouv. corr. de Math. par E. Catalan et P. Mansion, III, pag. 209—210.

und übersiedelte nach Paris, wo er im Gebäude der königlichen Bibliothek seine Wohnung erhielt. Hier verlebte er nun 15 Jahre seines Lebens mit Ausnahme zweier kurzer Aufenthalte in seinem Vaterlande, das er aus Rücksichten auf seine Gesundheit von Zeit zu Zeit wieder aufsuchte.

Huygens würde wohl niemals jene Stellung aufgegeben haben, welche sowohl ihn, als den die Wissenschaften hochhaltenden König von Frankreich ehrte, wenn nicht Gründe politischer Natur ihn dazu bewogen hätten. Es war die Zeit, welche der Aufhebung des Ediktes von Nantes am 22. Oktober 1685 voranging, jenes Ediktes, das den Protestanten freie Ausübung ihrer Religion gesichert hatte, und dessen Aufhebung eine grosse Anzahl der intelligentesten und tüchtigsten Bürger Frankreichs in die benachbarten Länder verbannte. Huygens wartete diesen Akt nicht ab, ihn empörte die Misshandlung seiner Glaubensgenossen, und so nahm er denn im Jahre 1681 seine Entlassung, trotzdem man ihm als Ausländer vollständige Ausnahmsstellung und freie Religionsübung zugesichert hatte. — Er übersiedelte nach Holland, von wo er 1689 noch einmal nach England reiste. In seiner Heimat lebte er zurückgezogen, ganz und gar seinen Studien, der Verfassung und der Herausgabe seiner Werke. Im Jahre 1695 nahmen seine Verstandeskräfte in rapidem Masse ab, theils in Folge von Ueberanstrengung, theils in Folge unangenehmer Ereignisse in seiner Familie. Nachdem er über sein Vermögen verfügt, und durch Testirung seiner Manuskripte an die Universitätsbibliothek zu Leyden für die Erhaltung derselben Sorge getragen hatte, starb er im Haag am 8. Juni 1695 im 67. Lebensjahre.

Huygens war, wie einige der bedeutendsten Gelehrten sowohl seiner Zeit, als auch anderer Zeiten, nie verheiratet. Von Natur aus zu einer ernsten, contemplativen Geistesrichtung neigend, war er kein Freund grösserer Gesellschaften, so dass er selbst in dem lebenslustigen, übermüthigen Paris jener Tage ein zurückgezogenes Leben führte. — Wenn Huygens auch seinen Vater bezüglich seines mathematischen Wissens und Könnens vielfach übertraf, so blieb er doch in Hinsicht seiner poetischen Begabung hinter demselben zurück. Auf einer seiner Pariser Reisen hatte er die schöne und geistvolle Ninon de L'Enclos kennen gelernt und ihr einige Verse gewidmet, die eine entschiedene Talentlosigkeit des grossen Forschers für die poetische Kunst an den Tag legen. Voltaire hat diese Verse, welche füglich der Vergessenheit anheimgefallen wären, uns aufbewahrt.

Die erste Schrift, welche Huygens veröffentlichte, die Zeugniss dafür ablegt, dass er in Leyden nicht bloss Jus, sondern unter Schooten, dem Commentator Descartes', auch Mathematik getrieben habe, ist die Abhandlung: „Theoremata de quadratura hyperboles, ellipsis et circuli, ex dato portionum gravitatis centro." Hagae 1651. Diese Schrift ist die Widerlegung der damals sehr geschätzten Abhandlung: „Ἐξέτασις cyclometriae Gregorii a. St. Vincentio" (Hagae 1647). Hierauf erschienen bis zum Jahre 1658 noch vier andere Schriften mathematischen Inhalts, von welchen wir hier bloss eine: „De Circuli Magnitudine inventa. Accedunt ejusdem Problematum quorundam illustrium Constructiones." (Lugd. Batav. 1651) anführen.

Im Jahre 1655 und in den folgenden Jahren beschäftigte sich Huygens in Gesellschaft seines älteren Bruders mit der Verbesserung der Teleskope, besonders deren Objektivgläser. Als er nun ein zehnfüssiges Fernrohr construirt hatte und dasselbe gegen den Himmel richtete, machte er eine Reihe höchst wichtiger und interessanter astronomischer Entdeckungen. Im Jahre 1655 entdeckte er einen Saturnusmond, und da hiedurch die Zahl der damals bekannten Monde auf sechs gestiegen war, somit der Zahl der bekannten Planeten die Wage hielt, so suchte er auch nicht mehr weiter, da er ganz unbegründeter Weise voraussetzte, dass es nicht mehr Monde als Planeten geben könne. Im folgenden Jahre entdeckte er den Orionnebel und im Jahre 1659 gab er sein „Systema Saturnium" heraus, das die Auflösung des im März 1656 in der kleinen Schrift: „De Saturni luna observatio nova" veröffentlichten Aenigma: *aaaaaaa cccccdeeeee g h iiiiiii llll mm nnnnnnnnn oooo pp q rr s ttttt uuuuu* enthielt. — Die Lösung enthält der Satz: „Annulo cingitur, tenui, plano, nusquam cohaerente, ad eclipticam inclinato." Als Galilei unmittelbar nach der Erfindung des Fernrohres die Objekte des gestirnten Himmels einer eifrigen Durchmusterung unterzog, da war es besonders der Saturnus, der seine Verwunderung hervorrief. Ein dreifacher Stern, gleichsam der alte Saturnus von zwei Gehülfen unterstützt, war denn doch ein zu ungewöhnliches Phänomen in der Welt der sphäroidischen Himmelskörper. Galilei[*]) gab seine Entdeckung in Gestalt eines Anagramms, das er später in der Weise löste, dass er darinnen „den höchsten Planeten" als „dreigestaltig" bezeichnete. Als er jedoch später gelegentlich einer zweiten Beobachtung von den Begleitern des Saturnus nichts sah, kam er auf diesen Himmelskörper nicht mehr zurück. Im Jahre 1640 beobachtete Gassendi, zehn Jahre später Riccioli und Grimaldi ein ähnliches Phänomen, wie dieses Galilei gesehen hatte. Da jedoch ihre Fernröhre schon etwas besser sein mochten, als dies bei dem Galilei'schen der Fall war, so erblickten sie den Planeten als gleichsam mit zwei Henkeln versehen. Der Danziger Astronom Hevelius beobachtete lange Jahre den räthselhaften Planeten und fand in seinem Aussehen eine fünfzehnjährige Periode, welche er bis in die Einzelheiten beschrieb. Auch der gewiegte Beobachter Dominicus Cassini konnte keine andere Erklärung finden, als dass er voraussetzte, der Saturnus möge von einem dichten Schwarme von Monden umgeben sein.

Huygens hatte mit seinem bessern Teleskope die Lösung des

---

[*]) Siehe Bd. I, pag. 350.

Räthsels bald gefunden. Durch die Annahme eines, den Hauptplaneten frei umgebenden Ringes, der gegen die Ekliptik eine gewisse Neigung besitzt und beständig parallel zu seiner eigenen Richtung bleibt, erklärte sich das kosmische Räthsel. — Die Entdeckung des Saturnmondes geschah am 25. März 1655. Huygens bestimmte seine Umlaufszeit mit 15 Tagen, 22 Stunden und 39 Minuten genügend richtig. Es war dies der sechste Saturnusmond in der Reihe vom Hauptplaneten aus, den Huygens beobachtet hatte und zugleich der grösste unter ihnen. — Den gegen das „Systema Saturnium" durch den Pater Honoré Fabri gerichteten Angriff, wies Huygens in seiner Schrift: „Brevis assertio Systematis Saturnii sui" (Hagae 1660) zurück. Einen späteren Angriff von Seiten eines gewissen Gallet hielt er nicht der Mühe werth zu widerlegen.

Im Jahre 1657 erschien eine kleine Abhandlung von wenigen Seiten unter dem Titel „Horologium", welche er den Generalstaaten von Holland zueignete. Diese unscheinbare, kleine Abhandlung enthält die Beschreibung einer der wichtigsten Vorrichtungen, welche der menschliche Geist ausgedacht hat, die Beschreibung der Pendeluhr. Eine ausführliche Schrift über denselben Gegenstand, die jedoch auch der nöthigen theoretischen Entwicklungen nicht ermangelt, gab Huygens 1673 in Paris heraus. Es ist dies seine Schrift: „Horologium oscillatorium", in welchem sich die Theorie des einfachen und zusammengesetzten Pendels findet. Das Pendel konnte bei den tragbaren, also bei den Taschenuhren nicht verwendet werden, es musste somit die Schwerkraft durch eine andere ersetzt werden. So verfiel denn Huygens auf die Idee, die Elasticität einer Spiralfeder zu diesem Zwecke zu verwenden. Die Erfindung ist im „Journal des savants" vom 25. Februar 1675 veröffentlicht. Es ist diese Huygens'sche Einrichtung im Wesentlichen die nämliche, welche wir noch heute in unseren Taschenuhren verwendet finden. Die sogenannte „Unruhe" der Taschenuhr ist ein kleines Schwungrad mit einer sehr feinen Spiralfeder, welche an seiner Axe befestigt, dasselbe in einem mit dem Antriebe der bewegenden Feder entgegengesetzten Sinne bewegt. Dieses Schwungrad erhält dergestalt durch die alternirende und entgegengesetzte Wirkung der beiden Federn eine pendelnde Bewegung, welche in ähnlicher Weise in das Echappement eingreift, als dies bei der Pendeluhr der Fall ist.

Huygens war jedoch nicht der erste, der eine derartige Vorrichtung ausdachte. Robert Hooke hatte schon 1658 Aehnliches erfunden, wollte auch ein Patent auf seine Erfindung nehmen, was jedoch unterblieb, da er sich mit seinen Genossen, die an den Früchten dieser Erfindung Antheil haben wollten, nicht vereinbaren konnte. — Auch der Abbé Hautefeuille erhob Anspruch auf die Erfindung Huygens' und begann mit letzterem darüber Prozess zu führen, was diesen veranlasste, seine Absicht, ein Patent auf die Spiralfeder in den Taschenuhren zu nehmen, aufzugeben.

Im Jahre 1690 erschien zu Leyden eine kleine Schrift von Huygens unter dem Titel: „Traité de la lumière", in welcher der grosse Physiker, dem der auf Mechanik bezügliche Theil unserer Wissenschaft so viel zu verdanken hat, den Grund zur heute allgemein angenommenen Lichttheorie legt und mit deren Hülfe nicht nur die Erscheinungen der gewöhnlichen Reflexion und Refraction, sondern auch die Erscheinung der Doppelbrechung, d. i. der Spaltung des Lichtstrahles im isländischen Spathe und andern Krystallen erklärt. — Die Zeit für die Undulationstheorie des Lichtes war jedoch noch nicht gekommen, die Hypothese Newton's, welcher einen Lichtstoff annahm, entsprach viel mehr dem wissenschaftlichen Geschmacke jener Zeit und es musste noch ein Jahrhundert vergehen, bis es einem Landsmann Newton's, dem Engländer Thomas Young und dem Franzosen Augustin Fresnel gelang, der fast vergessenen Hypothese allgemeine Anerkennung zu verschaffen. — Die Abhandlung über das Licht wurde zuerst in der Pariser Akademie vorgelesen und erschien in französischer Sprache. Erst im Jahre 1690 erschien sie unter dem Titel: „Tractatus de lumine" im Haag in lateinischer Sprache.

Das letzte Werk Huygens', der „Kosmotheoros" erschien drei Jahre nach dem Tode seines Verfassers. Es ist dies eine eigenthümliche Schrift, welche an die Ideen eines Cusanus, besonders aber an die des Giordano Bruno anknüpfend, die Ansichten des Verfassers über die Mehrheit der bewohnten Welten darlegt. Huygens war an die 60 Jahre alt, als er die Newton'schen „Principia" las und über dieses Alter hinaus, als er den Leibniz'schen Infinitesimal-Calcul studirte. Er war wahrscheinlich der erste Gelehrte am Continente, der die Newton'sche Gravitationstheorie nach eingehender Prüfung acceptirte.

Wir geben in Folgendem eine kurze Analyse der wichtigeren Schriften unseres Autors. **Horologium.** 4°. Hag. Com. 1658. Die kleine, kaum 10 kleine Quartseiten der S'Gravesande'schen Ausgabe einnehmende Schrift ist dedicirt „Illustrissimis ac potentissimis Hollandiae et Westfrisiae ordinibus." — Der Verfasser erzählt, dass er die Erfindung der Pendeluhr im Jahre 1656 gemacht habe und gibt eine, durch eine Zeichnung erläuterte, eingehende Beschreibung seiner Erfindung. Die Huygens'sche Erfindung, welche ihm von den Generalstaaten Hollands am 16. Juni 1657 patentirt wurde, bestand darin, dass er in der bisher verwendeten Räderuhr die sogenannte „Bilanz" durch das Pendel ersetzte. Die Bilanz war eine der „Unruhe" unserer Taschenuhren einigermassen entsprechende Vorrichtung, welche an einer mit zwei Lappen versehenen Spindel befestigt, durch die Zähne des Steigrades hin und her geworfen wurde. Das Steigrad wurde durch das Gewicht, das die Räder des Uhrwerks in Bewegung hielt, getrieben. Da bei jeder der hin- und hergehenden Schwingungen der Bilanz des Steigrad und somit auch das ganze Räderwerk eine augenblickliche Hemmung erfährt, so wird der Fall des Gewichtes verlangsamt und der Gang der Zeiger ein angenähert gleichförmiger. Diese Vorrichtung war sehr unvollkommen. Huygens ersetzte nun die „Bilanz" durch das Pendel und erzielte durch diese einfache Verbesserung, die als ein wahrhaftes Columbus-Ei angesehen werden kann, eine unvergleichlich grössere Genauigkeit des Uhrganges, als dies vordem der Fall gewesen war. Das verwendete Pendel ist ein gewöhnliches Kreispendel. — Huygens war kaum 27 Jahre alt, als er diese wichtige Erfindung machte. Dieselbe war glücklicher, als die meisten anderen Entdeckungen oder Erfindungen. Ihr grosser Nutzen wurde alsbald allgemein anerkannt und in den Räderuhren die „Bilanz" durch ein Pendel ersetzt. Im Nachlasse Huygens' findet sich eine Unmasse von Briefen, in welchen die Gelehrten aus allen Theilen Europas dem Erfinder der Penduluhr zu seinem schönen Erfolge gratuliren.

Horologium oscillatorium. Sive de motu pendulorum ad horologia aptato demonstrationes geometricae. Fol. Paris 1673. Das Werk ist „Ludovico XIV., Franciae et Navarrae regi inclyto" dedicirt (Datum 25. März 1673). Hierauf folgt: „Hadriani Vallii Daphnis, ecloga. Ad Christianum Hugenium Zulichemium, Constantini F. — Die Schrift zerfällt in fünf Theile. Der erste enthält die Beschreibung der verbesserten mit einem Cycloidenpendel und einer horizontalen Hemmung versehenen Penduluhr, der zweite Theil handelt von dem Fallen schwerer Körper und ihrem Falle auf der Cycloide. In 26 Propositionen wird der freie Fall, der Fall auf der schiefen Ebene und schliesslich der Fall auf der Cycloide behandelt, wobei diese Curve sich als Tautochrone erweist, da es ganz gleichgültig ist, von welchem Punkte der concaven Krümmung der Curve der schwere Punkt herabfällt. Als Einleitung zu diesem Abschnitte dienen drei „Hypothesen", welche die Stelle der Bewegungsgesetze vertreten. Der erste Satz sagt aus, dass der sich selbst überlassene Körper in geradliniger Bahn sich gleichförmig bewegen würde, wenn es keine Schwere gäbe, der zweite bezieht sich auf die Zusammensetzung der Bewegungen: der gleichförmigen und jener der Schwere, der dritte Satz sagt aus, dass sich die Bewegungen nicht stören, daher auch dieselben unabhängig für sich betrachtet werden können. — Der dritte Theil behandelt einen wichtigen Abschnitt der Curventheorie: die Lehre von dem geometrischen Orte der Krümmungsmittelpunkte, wobei der wichtige Satz abgeleitet wird, dass die Cycloide ihre eigene Evolute sei. Huygens ist überhaupt der Begründer der Evolutentheorie der Curven. In demselben Abschnitte sind ausserdem auf die Dimensionen der Curven bezügliche Aufgaben behandelt. — Der vierte Theil des Werkes behandelt eine wichtige mechanische Aufgabe, die bedeutendste Leistung Huygens' auf dem Gebiete der theoretischen Mechanik: das Problem des physischen oder zusammengesetzten Pendels. Nach einer kurzen Einleitung, in welcher sich der Verfasser auf die seiner Zeit von Mersenne gestellte

Aufgabe beruht *), folgen „Definitiones" in denen sich die Definition des Pendels findet, ferner gesagt wird, was wir Schwingungsaxe, einfaches und zusammengesetztes Pendel, isochrones (oder nach unserer Bezeichnung correspondirendes) Pendel nennen. Hierauf folgt die Definition des Schwingungsmittelpunktes: „Centrum oscillationis vel agitationis figurae „cujuslibet, dicatur punctum in linea centri, tantum ab axe oscillationis „distans, quanta est longitudo penduli simplicis quod figurae isochronum „sit." Nach den Definitionen folgen die „Hypotheses", deren erste das mechanische Grundprinzip ist, das eines der Grundpfeiler der Mechanik bildet und das besonders bei Huygens eine grosse Rolle spielt. Der Satz lautet: „Si pondera quotlibet, vi gravitatis suae, moveri incipiant; „non posse centrum gravitatis ex ipsis compositae altius, quam ubi in- „cipiente motu reperiebatur, ascendere." Ferner findet sich als zweiter Satz der folgende: „Remoto aëris, alioque omni impedimento manifesto, „quemadmodum in sequentibus demonstrationibus id intelligi volumus, „centrum gravitatis penduli agitati, aequales arcus descendendo ac ascen- dendo percurrere." Es folgt hierauf die Auffindung des „Centrum oscil- lationis" oder „agitationis" und dessen Anwendung auf verschiedene geometrische Figuren. Wir ersehen ferner aus diesem Abschnitte, dass der Verfasser auch das Reversionspendel erfunden habe, dass er nämlich gewusst habe, dass das Pendel im Schwingungsmittelpunkte aufgehängt in derselben Zeit eine Schwingung vollführe, als vorher. Ferner wird das Cycloidenpendel, d. h. ein Pendel, dessen Faden sich auf Cycloiden- bögen auf- und abwickelt, behandelt. — Der fünfte Theil enthält eine Reihe von Sätzen über die Centrifugalkraft und ihr Verhältniss zur Ge- schwindigkeit eines im Kreise umlaufenden Körpers. Die Sätze sind ohne Beweise gegeben, die letzteren befinden sich in den nach dem Tode des Autors gesammelten und als „Opera Reliqua" herausgegebenen Schriften.

Das eben besprochene Werk ist unzweifelhaft die bedeutendste Schrift unseres Autors. Besonders hervorzuheben ist an derselben die elegante Art der Darstellung und Beweisführung. — Die Veröffentlichung dieser Schrift rief eine Polemik mit dem Abbé Catelan hervor, an der sich Johann Bernoulli, Marquis de l'Hôpital u. A. betheiligten. Die hierauf Bezug habenden Briefe und anderweitigen Schriften sind in der S'Gravesande'schen Ausgabe unter dem Titel zusammengefasst: „De Hugeniana centri oscillationis determinatione controversia."

Brevis institutio de usu horologiorum ad inveniendas longitudines. (Holländ. 1657. Philos. Transact. 1669). Eine kleine Abhandlung über die Bestimmung der Längen zur See mit Hülfe der Uhr.

Machinae quaedam, et varia circa Mechanicam. Es ist hier von einer Sammlung von Vorrichtungen die Rede, welche Huygens erfunden und in kleinen Aufsätzen im „Journal des sçavans" oder in Briefen an

---

*) Siehe oben pag. 74.

gelehrte Freunde beschrieben hat. An erster Stelle finden wir die Beschreibung der Huygens'schen „Unruhe" mit Spiralfeder und deren Anwendung in der Taschenuhr, ferner die Beschreibung einer Fernrohrlibelle, eines Astroskops, eines Barometers eigener Construction u. s. w.

Theoremata de quadratura Hyperboles, Ellipsis et Circuli, ex dato portionum gravitatis centro. Quibus subjuncta est Ἐξέτασις Cyclometriae Cl. Viri Gregorii à S. Vincentio, editae Anno 1647. 4⁰. Lugd. Bat. 1651.

Epistola ad C. V. Franc. Xaverium Ainscom. S. I. qua diluuntur ea quibus Ἐξέτασις Cyclometriae Gregorii à S. Vincentio impugnata fuit. 4⁰. Ib. 1656.

De Circuli magnitudine inventa. Accedunt ejusdem Problematum quorundam illustrium Constructiones. 4⁰. Ib. 1654.

De Circuli et Hyperbolae Quadratura controversia.

Geometrica varia. Sämmtliche Abhandlungen sind rein geometrischen Inhaltes.

De Saturni Luna observatio nova. 4⁰. Hagae Com. 1656. Eine kleine vorläufige Notiz, in welcher die erste Entdeckung des sechsten Saturnmondes und des Saturnringes, die letztere, wie oben schon erwähnt, in aenigmatischer Form gegeben ist. Die Entdeckung geschah am 25. März 1655 und lehrte den grössten der Saturnmonde kennen.

Systema Saturnium, sive de causis mirandorum Saturni phaenomenon; et Comite ejus Planeta novo. 4⁰. Hag. 1659. Die Abhandlung ist dem Prinzen Leopold von Medici gewidmet. Es wird von den Saturnbeobachtungen Galilei's gesprochen, der den Planeten, als gleichsam von zwei Dienern gestützt, als dreifachen Stern bezeichnet; hierauf folgt die Beschreibung des Teleskopes, das Huygens mit seinem Bruder Constantin gebaut hatte und die Beobachtungen, die sie mit demselben an Jupiter, Mars und Venus ausführten. Es wird ferner angeführt, dass die Fixsterne auch mit der stärksten Vergrösserung keine wahrnehmbare Scheibe bilden und dass der Verfasser im Orion einen glänzenden Nebel beobachtet habe. Hierauf folgen die Beobachtungen am Saturnus: die Entdeckung des Mondes und seiner Umlaufszeit und die Erklärung der fortgesetzten Untersuchungen über die wechselnde Gestalt des Saturnus, welche durch die Annahme eines, den Planeten umgebenden Ringes, erklärt wird. Die Ebene des Ringes bleibt mit sich parallel und fällt mit der Aequatorialebene des Saturnus zusammen.

Christ. Hugenii Zulichemii brevis assertio systematis Saturnii sui. Hag. 1660. — Honoré Fabri hatte, wie oben erwähnt, die Saturnustheorie Huygens' angegriffen und zwar schob er den optischen Künstler Eustachio de Divini vor, unter dessen Namen die von ihm verfasste Schrift: „Brevis annotatio in systema Saturnium Christiani Hugenii" in Rom 1660 erschien. Huygens antwortete in der in Rede stehenden Abhandlung und widerlegte die Einwürfe seines Gegners.

De Saturni annulo observationes. Zwei kleine Aufsätze über den Saturnring.

ΚΟΣΜΟΘΕΩΡΟΣ, sive De Terris Coelestibus, earumque ornatu, conjecturae. Ad Constantinum Hugenium, fratrem. 4°. Hagae Comit. 1698 (posthum). Diese Schrift erschien in zwei englischen Uebersetzungen und wurde ausserdem in einige andere Sprachen übertragen. — Von der Ueberzeugung ausgehend, dass die Planeten der Erde ähnliche Weltkörper seien, haben einige Naturforscher sich mit Speculationen über die Möglichkeit der Existenz von Planetenbewohnern beschäftigt, wie z. B. Cusanus, Giordano Bruno und Keppler, die beiden ersteren haben sogar die Sonne und die Fixsterne für bewohnbar gehalten. In geistvoller Weise haben dieselbe Hypothese Fontenelle in seiner Schrift: „Entretiens sur la pluralité des mondes" (Paris 1686) und Huygens in der in Rede stehenden Schrift behandelt. Als Inhalt derselben kann kurz ein auf das coppernicanische System basirter Excurs über die physikalischen Verhältnisse der Planeten und die Beschaffenheit von deren, möglicherweise existirenden, Bewohnern, bezeichnet werden. — Dass diese Speculationen mitunter zu weit gehen, darf uns nicht verwundern; die Abhandlung über die Musik der Planetenbewohner hätte aber jedenfalls ohne Schaden wegbleiben können. Dagegen entwickelt Huygens in seinen astronomischen Phantasien im Allgemeinen einen besseren Geschmack, als andere Schriftsteller, die sich mit demselben Gegenstande beschäftigt haben. So läugnet er z. B. die Bewohnbarkeit der Sonne[*], welche von Giordano Bruno u. A. behauptet wurde. — Besonders zu erwähnen haben wir noch, dass im „Kosmotheoros" der erste Versuch einer photometrischen Vergleichung zweier Lichtquellen gemacht wird. Huygens betrachtete die Sonne durch ein 12 Zoll langes Rohr, das an einem Ende eine Oeffnung von $1/12$ Linie, am andern ein als Mikroskoplinse dienendes Glaskügelchen von $1/12$ Linie Durchmesser hatte. Er berechnete, dass er mit dieser Vorrichtung $1/27664$ der Sonnenoberfläche übersehen könne und da hiebei das Licht dieses kleinen Theiles der Sonne dem des Sirius entsprach, so schloss er, dass für uns die Sonne 27664 mal heller sei, als der Sirius.

De ratiociniis in ludo aleae (am Schlusse von T. Schootens: Exercitationum math. libri V. Lugd. Batav. 1657). Eine kurze Abhandlung über Wahrscheinlichkeitsrechnung.

Novus cyclus harmonicus. Ueber die Theilung der Octave in 31 gleiche Theile.

Varia de optica. Ueber das alhazenische Problem und anderes.

Experimenta Physica. Einige elementare physikalische Experimente.

---

[*] Opera varia. Lugd. Batav. 1724, Tom. II. Kosmotheoros, pag. 712.

Tractatus de lumine. Haag. 1690. Diese für die Entwicklungsgeschichte der Optik hochwichtige Abhandlung wurde zuerst in französischer Sprache verfasst und von ihrem Verfasser der Pariser Akademie vorgelesen. Huygens wollte dieselbe in lateinischer Sprache herausgeben, wurde in dieser Absicht jedoch durch seine Abreise von Paris verhindert *). — Die Lehre über die Natur des Lichtes, welche Huygens in diesem Werke darlegt, ist diejenige, welche wir gegenwärtig allgemein als die an Gewissheit streifende Hypothese der Optik anerkennen: die Undulationstheorie, der zufolge die Erscheinungen des Lichtes durch die Wellenbewegungen eines hypothetischen Stoffes, des Lichtäthers erklärt werden. Die ersten hierauf bezüglichen Ausführungen und Messungen veröffentlichte Huygens im J. 1678. Er hatte die Schwingungstheorie viel überzeugender und vollständiger vorgetragen, als dies bei Grimaldi, seinem Vorläufer auf diesem Gebiete der Fall war. Jedoch eine eigenthümliche Fügung wollte es so, dass einige Jahre früher (1669) Newton die Emanationstheorie des Lichtes als Ausgangspunkt seiner Erklärungsversuche optischer Phänomene aufgestellt hatte. Derselbe war jedoch in diesen seinen Bemühungen nicht glücklich, seine Lichttheorie trug den Stempel einer schlechten physikalischen Hypothese in deutlichen Zügen an der Stirne, sie musste nämlich für jede neue Erscheinung mit frischen Annahmen ergänzt werden, wodurch sie schliesslich höchst complizirt wurde und allen Anschein von Richtigkeit verlor. Dagegen erklärte die Huygens'sche Theorie, ohne von ihrer Einfachheit das Mindeste einzubüssen, nicht nur die Erscheinungen der Reflexion und einfachen Refraction, sondern auch jene der doppelten Brechung, jene Erscheinung, welche an dem isländischen Spate entdeckt, die Aufmerksamkeit der damaligen Physiker in hohem Grade in Anspruch nahm. Besonders dieser letzteren Erscheinung gegenüber konnte sich die Newton'sche Theorie nur sehr schwer behaupten. — Und trotz dieses auffälligen Unterschiedes wurde die Arbeit Huygens' von seinen Zeitgenossen nicht gewürdigt. „Habent sua fata libelli." Während die auf Optik bezüglichen Arbeiten Newton's in hohem Ansehen standen, war die Schrift Huygens' fast vergessen, um erst im 19. Jahrhunderte wieder aufgegriffen und gewürdigt zu werden. — Die Abhandlung „über das Licht" besteht aus sechs Capiteln. Das erste: „De radiis directis" enthält die Darlegung der Aetherundulationstheorie. Das zweite behandelt

---

*) Der französische Titel lautete folgendermassen: „Traité de la lumière, où sont expliquées les causes, de ce qui arrive dans la réflexion et dans la réfraction et particulièrement dans l'étrange réfraction du Cristal d'Islande, avec un discours de la cause de la pesanteur." 12^0 Leyde 1690. — Wie aus diesem Titel ersichtlich, ist der Hauptabhandlung noch eine andere, ganz fremden Inhaltes, angefügt. Es ist dies die von S'Gravesande in die Opera reliqua (Vol. I.) unter dem Titel: „Dissertatio de causa gravitatis" aufgenommene Schrift, deren Analyse wir weiter unten folgen lassen.

die Reflexion, das dritte die Refraction im Sinne jener Hypothese. Das vierte beschäftigt sich mit der Strahlenbrechung in der Atmosphäre, das fünfte beginnt die eingehende Untersuchung der merkwürdigen Erscheinung der Doppelbrechung des Lichtes im isländischen Spate, das sechste und letzte hat den Titel: „De Figuris Corporum diaphanorum quae ad Refractionem Reflexionemque conducunt". Huygens nimmt an, dass die Moleküle des Kalkspates unter sich gleich grosse, sehr stark abgeplattete, durch Drehung um die kurze Axe entstandene Ellipsoide seien, deren Rotationsaxen den nach den stumpfen Rhombendreiecken gerichteten parallel verlaufen. Die Undulation des Aethers geschieht in solchen Krystallen nicht nach allen Seiten mit gleicher Geschwindigkeit; in der Richtung nach den kurzen Axen der Theilchen geht sie jedenfalls langsamer vor sich, als in jeder andern Richtung. Auf diese Weise geschieht eine Spaltung der Bewegung, eine Bifurcation des Strahles in den meisten krystallinischen Substanzen. Die Bewegung des ordentlichen Strahles besteht aus sphärischen, die des ausserordentlichen aus sphäroidischen Undulationen *).

Dissertatio de causa gravitatis. Huygens ist ein aufrichtiger Verehrer Descartes' und seiner Lehre. In der zu besprechenden Schrift entwickelt er eine Theorie, um mit Annahme der cartesianischen Wirbel die Thatsache der Schwere zu erklären. Zur Erläuterung dieses Erklärungsversuches führt er das folgende interessante Experiment an. In einem cylindrischen Glase von 8—10 Zoll Durchmesser befanden sich am Boden kleine Stückchen Siegellack. Hierauf schüttete er 5—6 Zoll hoch Wasser darüber, stellte das Glas auf eine Scheibe, die nach Art der Centrifugalmaschine in schnelle Drehung versetzt werden konnte. Wenn nun die ganze Masse die Umdrehungsgeschwindigkeit angenommen hatte, hielt er plötzlich die Scheibe an, wobei er wahrnahm, dass das Wasser, das noch eine Zeit lang rotirte, das Siegellack nach dem Mittelpunkte des Bodens zu trieb. Den ersten Theil der Schrift verfasste er noch in Paris, also vor dem Jahre 1681, den letzteren Theil, der aus dem Unterschiede der Länge des Sekundenpendels an verschiedenen Orten der Erdoberfläche die Gestalt der letzteren zu entwickeln sucht, schrieb Huygens in der letzten Zeit seines Lebens. Als er das „Additamentum" zur Abhandlung schrieb, war das Hauptwerk Newton's, die „Principia philosophiae naturalis", schon erschienen und unser Autor kannte sie. Er spricht von Newton's Werke mit der grössten Achtung, ohne jedoch die Sätze desselben als unbedingt richtig anzuerkennen. — Huygens zog aus der Erfahrung, welche der französische Astronom Richer in Cayenne gemacht hatte, derzufolge das Sekundenpendel in Cayenne um $5/4$ Pariser Linien kürzer ist als in Paris, den Schluss, dass die Schwer-

---

*) Die ausführliche Darlegung der Huygens'schen Theorie siehe in Wilde's „Geschichte der Optik" II, pag. 258 ff.

kraft am Aequator geringer sei, als unter höheren Breiten. Als Ursache dieser Erscheinung erklärte er die Revolution der Erde und zwar in doppelter Beziehung: erstens weil die Körper am Aequator einen grösseren Kreis beschreiben und daher die Schwungkraft grösser ist, zweitens weil die Richtung der Schwungkraft eben am Aequator mit ihrer ganzen Grösse der Schwerkraft entgegenwirkt, während unter höheren Breiten bloss eine Componente der Schwungkraft in Betracht kommt. Um seine Ansicht über die Wirkung der Centrifugalkraft experimentell zu prüfen, machte Huygens den folgenden Versuch: er steckte eine weiche Thonkugel auf eine Axe, die er hierauf in schnelle Drehung versetzte. Er beobachtete in der That eine Abplattung und wendete sein Resultat auf die Revolution der Erde an. Für den Aequator ist die Schwungkraft nach seiner Rechnung $1/289$ der Schwerkraft. Auf Grundlage einer nicht ganz stichhaltigen Rechnung, wobei er nämlich die Aenderung der Schwere mit der Entfernung vom Mittelpunkte der Erde nicht in Betracht zog, berechnete er die Abplattung der Erde zu $1/587$. Ferner zeigt er, dass, wenn die Umdrehung der Erde 17mal schneller vor sich gehen würde, somit die Schwungkraft $17 \times 17 = 289$ mal grösser würde, diese Kraft alsdann der Schwere das Gleichgewicht halten würde. Die Erde würde unter solchen Verhältnissen die grösstmögliche Abplattung erhalten und der Aequatorialdurchmesser zweimal so gross als die Erdaxe sein. Bei noch grösserer Umdrehungsgeschwindigkeit müsste eine Zerstreuung der Erdmaterie Platz greifen. — Huygens hat die Abplattung auch an den Planeten wahrgenommen. — Er bemühte sich für das Erdsphäroid durch Rechnung eine geometrische Form zu finden und hielt es für wahrscheinlich, dass die Erde eine solche Form besitzt, welche durch die Umdrehung zweier Parabeln vierten Grades entsteht.

Dioptrica. Auf 202 Seiten der S'Gravesande'schen Ausgabe durch eine — 19 Kupfertafeln füllende — grosse Menge von Figuren erläutert, gibt der Verfasser eine ausführliche Darstellung der Lehren von der Brechung des Lichtes und von deren Anwendung bei Brillen, Teleskopen und Mikroskopen. Ausgehend von der Lichtbrechung an krummen Flächen, übergeht er zur Theorie der Linsengläser, und deren Anwendung zu optischen Instrumenten, wobei die verschiedensten Linsencombinationen, Fernröhre von 2, 3 und 4 Linsen, die Oeffnung (Apertur) der Linsen u. a. durchgenommen werden.

Commentarii de formandis poliendisque vitris ad telescopia. Diese kleine Abhandlung gibt eine Beschreibung des Verfahrens beim Schleifen optischer Gläser, sowie der hiezu nöthigen Geräthe und Maschinen.

Dissertatio de coronis et parheliis. Diese Abhandlung entstand aus einer der Pariser Akademie vorgelegten Arbeit: „Relation d'une observation faite dans la bibliothèque du Roi à Paris le 12. May 1667 d'un Halo ou Couronne à l'entour du Soleil, avec un discours de la cause de ces météores et de celles des parélies"; (4° Paris 1667.), wurde hierauf auch der Londoner „Royal Society" eingesandt, in deren „Transactions" sie 1670 erschien, endlich wurde sie von ihrem Verfasser in lateinischer Sprache weiter ausgeführt und erschien 1703 in den Oper. posthumis unter dem oben angeführten Titel. — Die Dissertation enthält eine Beschreibung der wichtigsten Beobachtungen ähnlicher Phänomene von Scheiner in Rom (20. März 1629) und Hevel in Danzig (20. Februar 1661), hierauf übergeht er zu seiner eigenen Beobachtung vom 12. Mai 1667 (9 Uhr Morgens). — Die Erklärung Huygens' geht von einer Aeusserung Descartes' aus, die wir in der Abhandlung über die Meteore finden, wo dieser Gelehrte anführt, dass der in der Hagelkörner gewöhnlich undurchsichtig sei, die äusseren Hüllen hingegen aus durchsichtigem Eise beständen. Für die Höfe grösserer Art (von 45—90°) nimmt er nun derartige Hagelkörner, für die Nebensonnen ähnlich beschaffene Eiscylinder an; den fast nie fehlenden weissen Horizontalkreis lässt er durch Reflexion des Lichtes an der Oberfläche dieser Cylinder entstehen. Für einige Eigenthümlichkeiten muss er noch besondere Formen der Eistheile annehmen. Die Huygens'sche Theorie hat allerdings den Weg gebahnt, wurde jedoch durch die weiter oben erwähnte Mariotte'sche verdrängt, da letztere den Erscheinungen besser entspricht.

De motu corporum ex percussione. Diese Abhandlung ist durch Verschmelzung und Erweiterung jener beiden Abhandlungen entstanden, welche Huygens an die Royal Society in London gesandt hatte, als Lösung der von jener im Jahre 1668 ihren Mitgliedern vorgelegten Frage über den Stoss der Körper. Die vorliegende Abhandlung enthält die ganze Lehre vom Stosse. Die merkwürdigste Stelle der Dissertation ist der in „Propositio XI" enthaltene Satz, dass die Summe aus den Massen in das Quadrat der Geschwindigkeiten vor und nach dem Stosse bei vollkommen elastischen Körpern gleich sei; es ist dies die erste Andeutung des Satzes von der Erhaltung der lebendigen Kräfte, eines der allgemeinsten Sätze der theoretischen Mechanik.

De vi centrifuga. Die erste Andeutung über die Sätze, welche Huygens betreffs der Centrifugalkraft gefunden hatte, veröffentlichte er ohne Beweise im „Horologium oscillatorium", die ausgearbeitete Abhandlung mit Beweisen versehen fand sich unter seinen nachgelassenen Papieren und erschien mit den posthumen Werken im J. 1703, zu einer Zeit, als schon Newton's „Principien" erschienen waren, in denen von der Centrifugalkraft ausgiebig Gebrauch gemacht ist und zwar nicht bloss bei Kreisbewegungen, sondern auch bei Bewegungen auf elliptischer Bahn. Die sämmtlichen „Propositionen" drehen sich um die verschiedenen Fälle, welche bei Anwendung der beiden Formeln für Centrifugalkraft bei gleichförmiger Kreisbewegung

$$P = \frac{mv^2}{r} \text{ und } P = \frac{4\pi^2 mr}{t^2}$$

vorkommen können, wobei P die Grösse der Centrifugalkraft, m die Masse, v die Geschwindigkeit, t die Umlaufszeit des Körpers und r den Halbmesser der Kreisbahn bezeichnet. — Huygens hat aus seinen Untersuchungen über Fliehkraft, die Theorie des Kegel- oder Centrifugalpendels entwickelt, einer Vorrichtung, welche gegenwärtig bei Uhren, Teleskopuhrwerken und als Centrifugalregulator bei Dampfmaschinen in Anspruch genommen wird.

Descriptio Automati Planetarii. Nachdem der Verfasser den Nutzen eines derartigen genauen Planetariums dargethan und sich auf die ähnlichen Vorrichtungen des Archimedes und Poseidonios bezogen, gibt er eine detaillirte Beschreibung der Einrichtung seines Planetenautomaten.

Die Werke Huygens' sind in der von G. J. s'Gravesande veranstalteten Ausgabe allgemein verbreitet. Dieselbe besteht aus zwei Abtheilungen: 1) Christiani Hugenii Zulichemii, Dum viveret, Zelemii Toparchae, Opera varia, 4°. Lugduni Batavorum. Apud Janssonios Van der Aa, Bibliopolas MDCCXXIV. Vol. 1—2. Tomus I. Opera mechanica, Tomus II. Opera geometrica, Tomus III. Opera astronomica, Tomus IV. Opera miscellanea. — 2) Christ. Hugenii Zuil., Dum viveret Zelh. Top. Opera reliqua. Vol. 1—2. 4°. Amstelodami 1728. Vol. I. — Opera reliqua, Vol. II. Quod continet Opera Posthuma. — Opuscula posthuma. Tom. I—II.

In seinem Testamente hatte Huygens alle seine Manuskripte der Universität Leyden vermacht, die Professoren Burcherus de Volder und Bernhardus Fullenius jedoch gebeten, dasjenige zu veröffentlichen, was diese Gelehrten hiezu für geeignet halten würden. So erschien die erste Ausgabe Huygens'scher Schriften im J. 1700 unter dem Titel: Christ. Hugenii, Zuil., Dum viveret Zelhemii Toparchae, opuscula posthuma. — Ausserdem kleinere Aufsätze in den Philos. Transactions, Journal des sçavans und anderen periodischen Schriften. — Eine neuere Ausgabe von Hugenianischen Schriften ist die folgende: Christ. Hugenii aliorumque Exercitationes Mathematicae et Philosophicae ex Mss. in Bibl. Acad. Lugd. Batav., edente P. J. Uylenbroek. Hag. Com. 1833.

Das in der Geschichte der exacten Naturwissenschaften ewig denkwürdige 17. Jahrhundert hat in jeder der grossen europäischen Nationen, welche die Cultur in unserem Erdtheile pflegen, wenigstens einen berühmten Forscher von hervorragender Bedeutung hervorgebracht. Da ist vor allem die classische Heimstätte der mittelalterlichen und neuzeitlichen Cultur und Wissenschaft: Italien mit seinem grossen Schöpfer der Dynamik, Galilei, der, was wenigen vorbehalten, neue wissenschaftliche Grundbegriffe für die Mechanik geschaffen hat; da ist Deutschlands Keppler, der glückliche Bahnbrecher der inductiven Forschungsmethode, da ist Frankreichs grosser Sohn Descartes, der Vater der neueren Philosophie, der Schöpfer einer philosophischen Weltanschauung von genialer Conception, welche allerdings einer anderen Anschauung weichen musste, da letztere grosse Erfolge aufzuweisen hatte, welche jedoch in einigen ihrer Grundanschauungen berufen zu sein scheint am weiteren Ausbau unserer Wissenschaft Theil zu haben; da ist England am Eingange des Jahrhunderts mit dem Apostel der Induction, Francis Bacon, und am Ausgange des Jahrhunderts mit dem Begründer der Gravitationsmechanik, Isaac Newton. Inmitten dieser Geistesheroen hat auch eine kleine Nation, das Volk der Niederlande seinen Mann gestellt, der würdig ist, sein Vaterland in jener illustren Gesellschaft zu vertreten und dieser Mann ist Christian Huygens. Was ihn als einen der grössten Physiker aller Zeiten charakterisirt, das ist die Art, wie er sich das Prinzipielle der in Angriff genommenen Fragen zurechtlegt und zum brauchbaren Werkzeug die Lösung der Aufgabe zu erzielen, gestaltet. Sein Scharfsinn im Eindringen in das Urwesen einer Aufgabe erinnert an Archimedes, sowie die Eleganz im Gebrauche des mathematischen Hülfsapparates, den er mit seltener Virtuosität handhabt. Denn in der Mechanik und Optik ist ihm die Geometrie bloss ein Werkzeug, allerdings das einzig bisher bekannte, das uns eine derartige Förderung zu gewähren im Stande ist. Huygens hat auch als Mathematiker eine grosse Bedeutung, wir wollen nur an seine Curvenevolutionstheorie und an seine Abhandlung über die Wahrscheinlichkeit im Würfelspiel erinnern. Jedoch als Physiker macht er die Geometrie der Mechanik dienstbar, indem seine Untersuchungen in der Regel auf die Lösung irgend einer mechanischen oder optischen Aufgabe abzielen.

Die wissenschaftliche Thätigkeit Huygens' erstreckt sich über die folgenden vier Wissensbezirke: Mathematik, Mechanik, Optik und physikalische Astronomie. Die wichtigsten Leistungen Huygens' auf dem Gebiete der Mathematik sind seine Untersuchungen über die Curven, wie wir sie im 3. Theile der Abhandlung: „Horologium oscillatorium" finden, wo er die Theorie der Curvenevolutionen entwickelt. Ferner sind zu nennen die Untersuchungen über die Quadratur der Curven, sowie seine Abhandlung über die Wahrscheinlichkeit beim Würfelspiel.

Die Verdienste, welche sich Huygens um die Mechanik erwarb, sind sehr mannigfaltiger Natur. Vor Allem ist ein neuer Grundsatz durch ihn in der Dynamik constatirt worden. „Gravia sursum non ferri", der gemeinsame Schwerpunkt eines Systemes oder einer Gruppe miteinander verbundener Massen, die um eine horizontale Axe schwingen, kann sich über die ursprüngliche Höhe nicht erheben. In diesem Satze ist der später in der Mechanik zu so grosser Bedeutung gelangte Satz von der Erhaltung der lebendigen Kräfte seinem wesentlichen Inhalte nach ausgesprochen. — Dieses Prinzip bedeutet einen wesentlichen Fortschritt gegenüber der Auffassung von Galilei und Descartes. Das Suchen nach dem „ruhenden Pol in der Erscheinungen Flucht", welches darinnen zum Ausdrucke kommt, dass wir für eine Gruppe verwandter wissenschaftlicher Formen oder Beziehungen zu immer allgemeineren Relationen aufzusteigen suchen, welche einen immer um so viel weiteren Kreis von Fällen in ihren Gültigkeitsbezirk einbeziehen, dieses Bestreben, das Descartes auf die Erfindung der analytischen Geometrie geführt hat, hat ihn auch in der Mechanik zur Aufstellung eines allgemeinen Satzes geleitet, des Satzes von der Erhaltung der Bewegungsgrösse, welches Prinzip allerdings geeignet ist, in einzelnen Problemen, wie z. B. in dem des Stosses der Körper u. a. zur Lösung der Aufgabe zu führen. — Mit diesem auf die Gleichstellung statischer Momente basirenden Prinzipe konnte nun aber die Aufgabe des physischen Pendels nicht gelöst werden, da es sich bei demselben um ein eminent dynamisches Problem handelt. Es musste zu diesem Zwecke ein Satz herbeigezogen werden, der eine Relation, der dem schwingenden Systeme inhärirenden Energie enthält und dieser wesentlich dynamische Satz, dieses höchste Prinzip der Dynamik wurde, wenn auch vor der Hand erst in sehr eng umgrenzter Form von Huygens zum ersten Male ausgesprochen. Dieser Gelehrte war es auch, der den Satz von der Beharrung der lebendigen Kräfte für den Stoss elastischer Körper anwendete.

Wie wir oben in der Analyse der Huygens'schen Werke anführten, findet sich der Satz über den Schwerpunkt irgend eines Systemes im vierten Theile der Abhandlung: „Horologium oscillatorium" gleich nach den Definitionen als eine der Hypothesen, welche weiterer Beweise nicht bedürfen. Nichtsdestoweniger ist eine Erklärung beigefügt, welche bloss besagt, dass dieser Satz eigentlich nichts anderes ausdrückt, als dass das Schwere nicht aufwärts falle. Für einen Körper ist der Satz selbstverständlich, für mehrere durch starre Linien verbundene Körper ist er leicht beweisbar. Uebrigens ist der Satz auch für Flüssigkeiten anwendbar und kann zur Ableitung des Archimedischen Gesetzes dienen, ferner zeigt er die Unmöglichkeit eines „Mobile perpetuum"*). — Die zweite Hypothese, welche Huygens auf die Erfahrung gründet, hat keine prinzipielle Wichtigkeit. — Die Art, wie unser Autor die Ableitung für die Lage des Oscillationscentrums findet, lehnt sich an die Galileische Darstellung der Bewegung eines Körpers auf schiefer Ebene und die Weise, in welcher dessen Geschwindigkeit während des Herabgleitens gradweise wächst und bei Herabgleiten von gleicher Höhe auf irgend

---

*) Wir citiren diese wichtige Stelle dem Wortlaute nach: „Haec autem „hypothesis nostra ad liquida etiam corpora valet, ac per eam non solum „omnia illa, quae de innatantibus habet Archimedes, demonstrari possunt, „sed et alia pleraque Mechanicae theoremata. Et sanè, si hac eadem uti „scirent novorum operum machinatores, qui motum perpetuum irrito conatu „moliuntur, facile suos ipsi errores deprehenderent, intelligerentque rem eam „mechanica ratione haud quaquam possibilem esse." Opera varia. Lugd. Bat. 1724, Vol. I, pag. 123.

welcher Bahn zu gleicher Grösse anwächst. — In seiner verdienstvollen Darstellung der Bedeutung Huygens' für die Entwicklung der mechanischen Prinzipien, entwickelt Dühring*) in klarer Weise die Vorzüge und Schwächen der Huygens'schen Beweisführung bei der Ableitung der Lage des Schwingungsmittelpunktes.

Die Hauptprobleme auf dem Gebiete der Mechanik, mit denen sich Huygens beschäftigt hat, sind die Theorie des Pendels, der Centrifugalkraft und der Percussion. Von diesen Theorien hat er jedoch auch wichtige praktische Anwendungen gemacht: das Pendel als Naturmass, das Kegel- und das Reversionspendel, die Construction der Pendel- und der Federuhr, die Construktion eines Planetariums.

Was die Pendeltheorie betrifft, so hat die Theorie des zusammengesetzten Pendels jedesfalls eine für die Mechanik wichtigere Bedeutung, als die Lehre vom Cycloidenpendel, der durch seine Schwingung auf der tautochronen Cycloide von der Elongation unabhängig ist; der Schwerpunkt der ganzen Lehre von der Abwickelung einer Curve liegt vielmehr auf geometrischem Gebiete. Aus dem Falle des Cycloidenpendels entwickelte Huygens den bemerkenswerthen Satz, dass sich die Zeit einer Pendelschwingung (unabhängig von der Elongation) zu der Fallzeit durch die doppelte Pendellänge so verhalte, wie die halbe Peripherie des Kreises zu dessen Durchmesser. — Als Resultat seiner Untersuchung über die Länge des dem physischen Pendel correspondirenden einfachen Pendels findet Huygens folgenden Satz: „Man multiplizire jedes Gewicht „mit dem Quadrate seiner Entfernung vom Umdrehungspunkte und „addire diese Produkte, multiplizire hierauf jedes Gewicht mit seiner „einfachen Entfernung vom Umdrehungspunkte und addire auch diese „Produkte; endlich dividire man die letzte Summe in die erste, so gibt „der Quotient den Abstand des Mittelpunktes des Schwunges vom Aufhängungspunkte"**). Diesen Satz wendet unser Autor nun auf verschiedene Flächen und Körper an, wobei er sich in Ermangelung des mächtigen Werkzeuges der noch unbekannten Infinitesimalanalysis ungemein weitläufiger Methoden bedienen muss.

Durch seine Beschäftigung mit dem Pendel wurde Huygens auf die Centrifugalkraft geleitet. Der allgemeinste Satz lautet folgendermassen: „Wenn zwei gleiche Körper in gleichen Kreisumfängen sich mit „ungleicher Geschwindigkeit bewegen, aber in beiden mit gleichförmiger „Bewegung, wie wir sie hier überall voraussetzen wollen, so wird die „Centrifugalkraft des schnelleren zu der des langsameren im quadratischen „Verhältnisse der Geschwindigkeiten stehen"***). Bei der Besprechung der

---

*) Dühring, Krit. Geschichte der allgem. Principien der Mechanik. Berlin 1873, pag. 137.

**) Horolog. oscill., Pars IV, prop. V.

***) Horolog. oscill., Pars V, De vi centrifuga, theorema III.

Centrifugalkraft macht Fischer: „Geschichte der Physik" (Göttingen 1801. Bd. I. pag. 344) die Bemerkung, dass wenn Huygens darauf verfallen wäre seine Sätze über die Centrifugalkraft mit denen über die Evoluten und mit den Keppler'schen Gesetzen zu verknüpfen, so hätte ihm die Entdeckung des Gravitationsgesetzes nicht entgehen können. Er setzt jedoch die sehr richtige Bemerkung hinzu: „Aber in Herbeischaffung „der nöthigen Materialien zur Aufführung des Gebäudes bestehen die „Entdeckungen".

Bezüglich der Theorie des Stosses haben wir schon weiter oben erwähnt, dass Huygens zwei auf dieses Thema bezügliche Abhandlungen an die Londoner „Royal Society" eingesandt habe. Das Axiom, von dem er ausgeht, lautet folgendermassen: „Wenn zwei gleiche Körper mit gleichen Geschwindigkeiten centrisch gegen einanderlaufen, so werden sie in derselben symmetrischen Weise auch wieder von einander abprallen". Unser Autor wählt eine Versinnlichung, um durch blosse Berücksichtigung der relativen Bewegung, den einen der beiden stossenden Körper als ruhend betrachten zu können. Er denkt sich nämlich den Träger der beiden Kugeln auf einem hart am Ufer abwärts gleitenden Schiffe befindlich, den Beobachter hingegen hart am Ufer stehen; die Kugeln an einem Faden hängend. Der Träger der beiden Kugeln führt nun dieselben vorerst auf dem ruhenden Schiffe mit gleicher Geschwindigkeit gegen einander, so dass sie sich in der Mitte treffen und mit gleicher Geschwindigkeit wieder auseinanderprallen. Bewegt sich nun aber das Schiff in einer der Bewegung der einen Kugel gleichen, entgegengesetzten Richtung, so erscheint diese vom Ufer gesehen zu ruhen, während sie die andere mit doppelter Geschwindigkeit anläuft. Nach dem Stosse erscheint in Folge derselben Erwägungen die zweite Kugel zu ruhen, während die erste mit einer die Geschwindigkeit des Schiffes zweifach übertreffenden Geschwindigkeit an dem am Ufer stehenden Beschauer vorübereilt. Sind die Geschwindigkeiten der Kugel ungleich, so folgt aus derselben Darstellung, dass sie ihre Geschwindigkeiten auszutauschen scheinen. Aehnlich ist die Ableitung für ungleich grosse Kugeln. — Die elastischen Körper nennt Huygens hart, die unelastischen weich. Zuerst entwickelt er die Fälle gleich grosser Kugeln und übergeht dann erst zu denen, wo ungleiche Massen vorkommen. In Proposition XI findet sich der Satz von der Erhaltung der lebendigen Kräfte ausgesprochen*). Als Ergänzung dieses Satzes kann der über das Verhalten der Bewegungsgrösse bei dem Stosse elastischer Körper angeführte Satz

---

*) Derselbe lautet im Original, wie folgt: „Duobus corporibus sibi „mutuo occurentibus, id quod efficitur ducendo singulorum magnitudines in „velocitatum suarum quadrata, simul additum, ante et post occursum cor„porum aequale invenitur: si videlicet et magnitudinum et velocitatum ratio„nes in numeris lineisve ponantur." Op. reliqua, Vol. II, Tom. II, pag. 95.

betrachtet werden, demzufolge die algebraische Summe der Bewegungsgrössen während des Stosses auch für elastische Körper unverändert bleibt. Es ist dies zugleich eine Berichtigung des Descartes'schen Theorems, demzufolge die Grösse der Bewegung als für das ganze Universum unveränderlich vorausgesetzt wird*).

Unter den praktischen Anwendungen der mechanischen Entdeckungen Huygens' nennen wir zuerst das Pendel als Naturmass. Durch Versuche hatte er die Länge des Sekundenpendels für mittlere Sonnenzeit bestimmt und dasselbe in Paris 440,5 Pariser Linien lang gefunden. Zu jener Zeit war es noch unbekannt, dass die Länge des Sekundenpendels eine Function der geographischen Breite eines Ortes sei und so war die Idee das Längenurmass an das Zeitmass anzuknüpfen, eine durchaus rationelle zu nennen. Die Einheit sollte ein Drittel der Länge des Sekundenpendels sein und „Stundenfuss" (pes horarius) heissen.

Da über Huygens', die Pendel- sowohl als auch die Taschenuhr betreffende, wichtige Erfindung schon weiter oben die Rede war, so wollen wir hier bloss über die Prioritätsrechte unsers Autors gegenüber Galilei einige Worte sprechen. Im dritten Bande der „Elogi degli uomini illustri di Toscana" wird behauptet Diodati habe Galilei's Erfindung der Penduluhr dem Vater unseres Huygens mitgetheilt, und so habe der letztere diesen Mechanismus bloss copirt. Dagegen hat man nun geltend machen wollen, dass die Vorrichtung Galilei's bloss ein „Numeratore del tempo", aber keine Uhr gewesen sei. Die Vorrichtung, welche Galilei in den letzten Jahren seines Lebens erfunden, kann als eine Art von Penduluhr mit einseitiger Arretirung angesehen werden. Ein einziger Blick auf die in der Bibliotheca Palatina zu Florenz befindliche Zeichnung macht uns klar, dass zwischen ihr und der Huygens'schen Uhr gar kein Zusammenhang bestehe. Sollte darüber noch ein Zweifel obwalten, so wird derselbe durch den Brief Huygens', vom 22. Jan. 1660 beseitigt, welcher völlig unbefangen 4 Jahre nach seiner Erfindung der Penduluhr seinem Correspondenten dankt, dass ihn derselbe mit der Galilei'schen „horologe" bekannt gemacht habe und hierauf seine Bemerkungen über diese Vorrichtung macht. (C. Henry, Huygens et Roberval. Documents nouveaux. 4°. Leyde 1879. Nr. 9, pag. 27.) Vgl. hierüber noch: „Bericht üb. d. wiss. Apparate auf d. Londoner internat. Ausstellung 1876. Braunschw. 1878. Historische Apparate v. Dr. E. Gerland p. 21. ff., Günther, vermischte Untersuchungen zur Geschichte d. math. Wissenschaften. Leipz. 1876. Kap. VII. Quellenmässige Darstellung der Erfindungsgeschichte der Penduluhr bis auf Huygens (pag. 308—344.), endlich die abschliessende und zusammenfassende Arbeit Gerlands: Zur Geschichte der Erfindung der Penduluhr. Wiedemann, Annalen. 4. Band (pag. 585.)" — Die Annahme, dass man noch früher das Pendel als

---

*) Siehe oben pag. 52.

Regulator für den Gang der Uhr benützt habe, ist noch weniger haltbar, als die Ansicht, der eigentliche Erfinder der Uhr sei Galilei. So hat man Jost Bürgi*), den Mechaniker des Landgrafen Wilhelm von Hessen, ebenfalls die Erfindung zugeschrieben, da einer Uhr Erwähnung geschieht, welche dieser geschickte Künstler verfertigt haben soll, welche von Tycho Brahe benutzt worden ist und an welcher sich schon eine Pendelhemmung befindet. Dagegen muss nun geltend gemacht werden, dass von einer Anwendung des Pendels zu Uhren seitens Jost Bürgi's absolut nichts bekannt sei, ferner, dass eine an irgend einer Uhr, die mit einem Pendel versehen ist, angebrachte Jahreszahl keinerlei Schlüsse über die Zeit der Erfindung der Pendeluhren gestatte, da nach der Erfindung Huygens' die Bilanz alter Uhren häufig durch die zweckmässigere Pendelvorrichtung ersetzt wurde. — Man hat schliesslich auch darauf hingewiesen, dass die Erfindung der Pendeluhr bloss in einer einfachen Substitution der Bilanz durch das Pendel bestand und somit ganz unwesentlicher Natur sei. Um auch diesen Einwurf in das richtige Licht zu setzen, führen wir an, dass der berühmte deutsche Astronom Hevelius offen zugesteht, sich lange Zeit mit derselben Idee beschäftigt zu haben, bis ihm endlich Huygens mit seiner Erfindung zuvorgekommen sei**). — Alles in Allem: Galilei hat wohl 15 Jahre vor Huygens eine Vorrichtung erfunden, welche man als Pendeluhr bezeichnen muss, der letztere hat jedoch ganz selbstständig, ohne von der galileischen Erfindung etwas zu wissen, eine unvergleichlich vollkommenere Vorrichtung erdacht, welche im Wesen mit unserer gegenwärtig im Gebrauche befindlichen Pendeluhr durchaus identisch ist.

Nach dem was über die Bedeutung Huygens' für die Entwicklungsgeschichte der Optik weiter oben gesagt wurde, können wir uns hier kurz fassen. Huygens' Verdienste um die Optik lassen sich in folgenden Punkten zusammenfassen: Aufstellung der Undulationstheorie des Lichtes und hiemit im Zusammenhange die Erklärung der Doppelbrechung des Lichtes in Krystallen, die Erklärung der Höfe und Nebensonnen und die Verbesserung des Fernrohrs. Was die prinzipielle Bedeutung der Undulationshypothese für die Optik betrifft, so haben wir diese schon bei der Besprechung des Huygens'schen Hauptwerkes hervorgehoben und können darüber mit der kurzen Bemerkung hinwegschreiten, dass der tiefgehende Antagonismus zwischen Cartesianismus und Gassendismus, oder wenn wir so sagen wollen Newtonismus in der Optik zum Uebergewichte des ersteren geführt hat. Ueber die Erklärungsversuche betreffs der atmosphärischen Lichtphänomene haben wir ebenfalls an anderer Stelle berichtet, so dass uns hier bloss über die Verbesserung der Teleskope zu sprechen übrig bleibt. — Angespornt durch seine astronomischen

---

*) Siehe Bd. I, pag. 295.
*) Machina coelestis, Gedani, 1673, pag. 366.

Beobachtungen verlegte sich Huygens auf die Kunst des Linsenschleifens, worüber er mehreres veröffentlichte. Hier ist vor allem die Abhandlung zu erwähnen, die er über diesen Gegenstand 1660 nach London schickte, in welcher die Kunst des Linsenschleifens und Polirens und die dazu erforderlichen Vorrichtungen abgehandelt werden, für welche Abhandlung er zum Mitgliede der „Royal Society" gewählt wurde. — Huygens hat sich viel mit dem sog. Luftfernrohre beschäftigt, mit jener Vorrichtung, die von den Astronomen Comiers und Auzout, wie auch von andern vorgeschlagen, bloss aus den wesentlichen Linsen, mit Weglassung des Rohres bestand. Da man zu jener Zeit die sphärische Aberration der Linsen zu corrigiren nicht vermochte, so musste man Objektivlinsen mit geringer Krümmung, also grosser Brennweite anwenden, um brauchbare Bilder zu erhalten. Huygens verbesserte die Einrichtung, welche das Luftfernrohr durch Hartsoeker erhalten, dadurch, dass er das Objektivglas in eine kurze Röhre befestigte, welche sich in einer Nuss drehen liess, das Ocular befand sich in einer andern kurzen Röhre. Die optische Axe wurde mittelst eines Seidenfadens eingestellt. Huygens beschrieb seine Einrichtung in einer 1684 im Haag erschienenen kleinen Abhandlung: „Astroscopia compendiaria tubi optici molimine liberata". Die Spiegelteleskope und später die achromatischen Fernröhre bereiteten den Luftfernröhren ein schnelles Ende.

Huygens hat sich durch die Entdeckung eines Saturnmondes, durch die richtige Erklärung des Saturnsystemes und durch seine Mondbeobachtungen bedeutende Verdienste um die physikalische Astronomie erworben. Da wir über seine Arbeiten auf diesem Gebiete schon oben ausführlicher gesprochen haben, so können wir uns hier mit der Bemerkung begnügen, dass die Art, wie er die unvollkommenen optischen Instrumente seiner Zeit verbesserte und handhabte, und wie er durch systematisches Beobachten die ganz ohne Beispiel dastehende Erscheinung eines ringumgebenen Planeten erklärte, ihn den grössten und gewandtesten beobachtenden Forschern anreiht. Bezüglich der Mondbeobachtungen haben wir ausserdem noch zu bemerken, dass Huygens mit seinen Fernröhren in den sog. Meeren des Mondes schattenwerfende Vertiefungen wahrnahm, weshalb er die Existenz von Meeren auf dem Monde läugnete*). — Durch die Wahrnehmung der Abplattung der Planeten hat Huygens die coppernicanische Lehre mit einer mächtigen Stütze versehen.

Schliesslich haben wir der Vollständigkeit halber einige kleinere Bemerkungen, Beobachtungen und Erfindungen anzuführen, die mehr oder weniger ausserhalb der oben behandelten Wissenskreise liegen. Vor allem gehört hierher das Huygens'sche Doppelbarometer. Es be-

---

*) „Cavitates exiguas rotundas, umbris intus cadentibus; quod maris „superficiei convenire nequit." Kosmotheoros, Lib. II. Opera varia, Vol. II. Lugd. Bat. 1724, pag. 706.

steht dasselbe aus einem Heberbarometer, dessen Schenkel an der Stelle der beiden Quecksilberspiegel gleich grosse Erweiterungen besitzt. Ueber der unteren Quecksilberfläche verengert sich wieder das Rohr, dessen oberes Ende mit der Atmosphäre communicirt. In diesem obern Theile steht nun auf dem Quecksilber eine leichtere Flüssigkeit, z. B. verdünnte Salpetersäure. Wenn sich nun in Folge des Luftdruckwechsels die Höhe des Quecksilbers etwas hebt oder senkt, so wird der Flüssigkeitszeiger in vergrössertem Massstabe diese Niveauänderung angeben. Der Apparat wurde im „Journal des sçavans"*) für 1672 (pag. 139) beschrieben, erwies sich aber nicht als zweckentsprechend. — Eine verwandte eigenthümliche Erscheinung ist hier noch zu erwähnen, welche Huygens ebenfalls zum ersten Male wahrnahm. Er füllte eine, an einem Ende zugeschmolzene Glasröhre mit Wasser, so dass zwischen der Röhre und dem Wasser keine Spur von Luft blieb, hierauf stülpte er die Röhre um und brachte sie unter die Luftpumpe. Hiebei nahm er nun wahr, dass trotz des verminderten Luftdruckes die Flüssigkeit nicht herabsank. Dasselbe versuchte er mit Quecksilber, das bis zu einer Höhe von 75 rheinischen Zollen hängen blieb. Wenn er jedoch an die Röhre klopfte, so sank das Quecksilber auf die gewöhnliche Höhe von 28 Zollen herab. Huygens theilte diese Versuche der „Royal Society" im Jahre 1672 mit, früher waren sie schon im „Journal des sçavans" erschienen. Es bilden diese Versuche allem Anschein nach Adhäsionsphänomene. — Huygens ist auch der erste, der im J. 1661 der Luftpumpe den Teller zugefügt hat**). Huygens nahm auch wahr, dass schwach erwärmtes Wasser oder Alkohol im Vacuum kochen. — Um die Durchmesser der Planeten zu messen, bediente er sich einer Art von Mikrometer, welches aus dünnen Messingplatten bestand. — Ueber die Anwendung des Schiesspulvers als bewegende Kraft, werden wir an einer passenderen Stelle sprechen.

Im Anschlusse an Huygens erwähnen wir einige seiner Zeitgenossen, insofern diese eine wissenschaftliche Thätigkeit entwickelten, welche auf das Gebiet der Huygens'schen wissenschaftlichen Forschung fällt. Es sind dies die folgenden Physiker: John Wallis, Christopher Wren, Erasmus Bartholinus, Giovanni Domenico Cassini und Olof Römer.

John Wallis war der älteste Sohn des Rev. John Wallis. Seine Lebensbeschreibung finden wir ausführlich in der „Biographia Britannica" enthalten, welche zugleich die einzige Quelle für seine Biographie bildet. Er wurde zu Ashford in der Grafschaft Kent am 23. November 1616 geboren. Er verlor frühe seinen Vater und ging, da er sich für eine

---

*) Mém. anciens de l'Acad. roy. des scienç. Tom. X, pag. 542.

**) Vergl. den Aufsatz Gerland's in Wiedem. Annalen d. Physik und Chemie. II, pag. 665.

gelehrte Laufbahn vorbereitete, nach Cambridge, wo er in das „Emmanuel College" eintrat. In jener Zeit wurden die mathematischen Studien bei den für höhere Berufszweige auszubildenden Studirenden ziemlich vernachlässigt. Wallis war 15 Jahre alt, als ein Lehrbuch der Arithmetik in der Hand seines jüngeren Bruders, der sich der commerciellen Laufbahn zugewendet hatte, seine ganze Aufmerksamkeit in Anspruch nahm. Der später berühmte Mathematiker hatte das Ganze in 14 Tagen durchgenommen. Nach Beendigung seiner Studien war er mehrere Jahre hindurch Prediger an verschiedenen Orten und verfasste in dieser Stellung einige theologische und philosophische Schriften, welche theilweise polemischen Inhaltes waren. Er beschäftigte sich auch mit Erfolg damit, Taubstumme sprechen zu lehren. Im Jahre 1644 heiratete er, nachdem ihn der ein Jahr vorher eingetretene Tod seiner Mutter in Besitz eines hübschen Vermögens gesetzt hatte. In den Bürgerkriegen ergriff er die Partei des Parlamentes und war dieser Partei durch Entziffern chiffrirter Briefe von Nutzen. Im Jahre 1649 wurde er Professor der Mathematik zu Oxford, welche Professur von Sir Savile gestiftet und dotirt wurde und welche er bis an seinen Tod inne hatte. Sein Vorgänger im Amte war Whiston, der einer theologischen Schrift wegen seines Amtes enthoben wurde. Am Ende des Jahres 1650 wurde er mit Cavalieri's Methode des Untheilbaren bekannt, was seiner mathematischen Forschungsmethode eine bestimmte Richtung gab. In seiner 1655 erschienenen „Arithmetica infinitorum s. Nova methodus inquirendi in curvilineorum quadraturam" wendet er die Descartes'sche Analysis auf die Cavalieri'sche Methode an und war so im Stande, zahlreiche geometrische Aufgaben zu lösen, bei denen wir gegenwärtig die Integralrechnung anwenden*). In demselben Jahre begann seine Polemik mit Hobbes, der in seiner Schrift: „Elementorum Philosophiae Sectio Prima" über den Flächeninhalt des Kreises geschrieben hatte. Wallis antwortete hierauf in einer Abhandlung: „Elenchus Geometriae Hobbianae", was Hobbes wieder zur Antwort veranlasste, die in seinen: „Six Lessons to the Professor of Mathematics at Oxford" enthalten ist. Hierauf replizirte Wallis: „Due Correction for Mr. Hobbes, or School Disci-

---

*) Er betrachtet den Flächenraum, den eine Curve zwischen zwei Ordinaten mit der Abscissenaxe einschliesst, als die Summe einer unendlich grossen Anzahl unendlich schmaler Parallelogramme. Durch Untersuchung von Curven, deren Flächenraum nach unserer heutigen Bezeichnungsweise durch $\int (a^2 - x^2)^n \, dx$ ausgedrückt werden kann, findet er für den Fall $n = 1/2$, da die Curve zum Kreise wird, die Grenzen für die Ludolfische Zahl:
$$\frac{2^2 \cdot 4^2 \cdot 6^2 \cdots (2n)^2}{1^2 \cdot 3^2 \cdot 5^2 \cdots (2n-1)^2} \cdot \frac{1}{2n+1} \quad \text{und} \quad \frac{2^2 \cdot 4^2 \cdot 6^2 \cdots (2n)^2}{1^2 \cdot 3^2 \cdot 5^2 \cdots (2n-1)^2} \cdot \frac{1}{2n+2}$$
wo n eine ganze Zahl bezeichnet. Hieraus resultirt für π der elegante Ausdruck:
$$\frac{\pi}{2} = \frac{2}{1} \times \frac{2}{3} \times \frac{4}{3} \times \frac{4}{5} \times \frac{6}{5} \times \frac{6}{7} \times \frac{8}{7} \cdots \text{ ad infinitum.}$$

pline for not saying his Lesson right" (Oxford 1656). Auf die Antwort Hobbes': „The Marks of the absurd Geometry etc. of Dr. Wallis" (London 1657) folgte Wallis': „Hobbiani Puncti Disjunctio, in answer to Mr. Hobbes' Στιγμας" (Oxford 1657). Hobbes erneuerte 1661 noch einmal die Polemik durch sein: „Examinatio et Emendatio Mathematicorum hodiernorum", was Wallis durch sein: „Hobbius Heautontimoroumenos" (Oxon. 1663) erwiderte. Wie sich voraussetzen lässt, war Hobbes nicht im Rechte dem gewandten Mathematiker Wallis gegenüber. Der letztere nahm die polemischen Schriften in die Gesammtausgabe seiner Schriften nicht auf, da ihn der Gedanke einen inzwischen Verstorbenen anzugreifen, hievon zurückhielt[*]).

Im Jahre 1657 erschien die „Mathesis Universalis" und in den folgenden Jahren noch einige mathematische Schriften. Wallis war stets Royalist gewesen und hatte sich durch seine Dechiffrirungskunst um die königliche Partei Verdienste erworben, in Folge deren er nach der Thronbesteigung Karls II. in seiner Professur bestätigt, zum Archivvorstand von Oxford ernannt und noch mit andern Aemtern betraut wurde. Er war eines der ersten Mitglieder der „Royal Society" und von dieser Zeit an ist über seinen Lebensgang wenig mehr zu berichten, da derselbe im Verzeichnisse seiner von jener Zeit an erscheinenden Schriften enthalten ist. Nebst einigen mathematischen Abhandlungen sind es besonders Werke physikalischen Inhaltes, welche hier erwähnt werden müssen; vor allem seine Abhandlung über die Gesetze des Stosses, und seine neue Theorie der Ebbe und Fluth des Meeres: „De Aestu Maris, hypothesis nova" (Oxon. 1668), seine: „Mechanica seu De motu in III pt." (4°. Lond. 1670—71). Hierauf: „Observation concerning the swiftness of sound" (Fol. Ib. 1672), „Discourse of gravity and gravitation" (4°. Ib. 1675). Er gab ferner die Werke von Horrocks, den „Arenarius" und einige mathematische Schriften Archimed's heraus, sowie die: „Ἁρμονικά" des Ptolemaios. Seine gesammelten Werke: „Opera mathematica" erschienen in 3 Bänden zu Oxford (1695—99). Im Jahre 1692 wurde seine Meinung bezüglich der gewünschten Einführung des gregorianischen Kalenders eingeholt, er sprach sich kurz und bündig gegen dieselbe aus. Um diese Zeit begann auch schon die Polemik zwischen den Anhängern Newton's und jenen Leibnizens, an welcher er sich ebenfalls betheiligte. Wallis starb am 28. Oktober 1703 im 88. Lebensjahre.

Wallis ist als Mathematiker der unmittelbare Vorgänger Newton's. Von seinen auf Physik bezüglichen Schriften ist seine Mechanik bemerkenswerth durch die Anwendung des Prinzipes der virtuellen Geschwindigkeiten. Am wichtigsten ist jedenfalls seine Theorie des Stosses der Körper. Als die „Royal Society" eine Theorie der Percussion wünschte, erhielt sie — wie schon oben erwähnt — drei Lösungen, deren Autoren

---

[*]) Eine andere Polemik hatte er mit Fermat.

Wallis, Wren und Huygens waren. Die erste Lösung war die von Wallis, der seine Abhandlung am 26. Nov. 1668 einreichte: „A Summary Account given by Dr. John Wallis, of the general laws of motion". Dieselbe erschien in lateinischer Uebersetzung in den „Philosophical Transactions" (vom 11. Jan. 1669). Descartes hatte in seinen Sätzen über den Stoss die moleculare Beschaffenheit der stossenden Massen, ob elastisch oder nicht elastisch, nicht in Betracht gezogen, Wren und Huygens lieferten anfänglich nur auf elastische Körper bezügliche Sätze, Wallis hatte bloss unelastische Massen in den Kreis seiner Berechnung gezogen. Erst später hat er sich auch mit den elastischen Körpern beschäftigt und eine vollständige Theorie der Percussion in seinen gesammelten Werken gegeben*). Der Ausgangspunkt der Darstellung Wallis' ist die Constanz der Bewegungsgrösse. Die beiden völlig kugelförmigen, aus homogenen Schichten bestehenden Körper bewegen sich in einer, ihre Centra verbindenden Geraden. Die zweite Kugel besitzt eine grössere Geschwindigkeit und holt die erstere ein, wodurch der Stoss entsteht. Die Action der zweiten auf die erste Kugel dauert so lange, bis die beiden gleiche Geschwindigkeit erlangt haben. Hiebei verliert die stossende Kugel an Bewegungsgrösse und zwar eben so viel als die andere gewinnt**). Wallis geht von den einfachsten Fällen aus und gelangt so zum allgemeinen Falle. — In seiner Abhandlung hebt er nun noch einen bemerkenswerthen mechanischen Begriff hervor, es ist dies der sogenannte Mittelpunkt des Stosses (Centrum percussionis maximae). Es ist dies jener Punkt, in dem man einen Stoss auf einen um eine horizontale Axe drehbaren Körper appliziren muss, damit die Axe denselben nicht empfinde, d. h. keinem Drucke ausgesetzt sei. Die Richtung des Stosses muss auf jener Ebene senkrecht stehen, welche durch die Aufhängeaxe und den Schwerpunkt des Körpers geht; der Abstand des Angriffspunktes der stossenden Kraft von der Axe ist gleich der des Schwingungsmittelpunktes. Die Bemerkungen über den Mittelpunkt des

---

*) Opera mathematica. Tom. I, Oxon. 1695, Fol., pag. 1002 sqq.

**) Seien M und m die Massen, C und c die entsprechenden Geschwindigkeiten der in gleicher Richtung und Bahn laufenden Körper und die Geschwindigkeit der hinteren Kugel $C > c$, so ist der Verlust an Bewegungsgrösse für die eine, gleich dem Gewinne an derselben Grösse für die andere. Oder aber in mathematischen Zeichen:

$$M(C - x) = m(x - c), \text{ woraus}$$
$$x = \frac{MC + mc}{M + m},$$

wenn x die gemeinschaftliche Geschwindigkeit nach dem Stosse bezeichnet. Bewegen sich die Körper gegen einander, so ist

$$x = \frac{MC - mc}{M + m}.$$

Stosses finden sich in den gesammelten Werken (De percussione. Tom. I, pag. 1012 fg.)

Sir Christopher Wren wurde zu East Knoyle, Wiltshire, am 20. Okt. 1632 geboren, als der Sohn des Kaplans Karl I. und Dechanten von Windsor, Neffe des Dr. Matthew Wren, des späteren Bischofs von Hereford, Norwich und Ely; er war also mit einem Worte aus guter, angesehener Familie. — Christoph war in seiner Jugend von schwächlicher Constitution, entwickelte jedoch eine grosse Neigung zur Beschäftigung mit Wissenschaft und Kunst. Schon in seinen Knabenjahren dachte er eine grosse Anzahl von Maschinen aus, ein astronomisches Instrument, eine pneumatische Maschine u. a., alles solche Vorrichtungen, welche er im Modell ausführte. Er hatte schon in sehr frühem Alter seine Studien vollendet und wurde 1657 im 25. Lebensjahre zur Lehrkanzel für Astronomie am Gresham College in London berufen und nach drei Jahren zum Savilian Professor nach Oxford, wohin er denn auch übersiedelte. Auch Wren befand sich unter den Gründern der „Royal Society", zu deren ersten Zierden er gehörte. Jedoch alle seine andern Talente wurden durch seine Genialität als Architekt in den Hintergrund gedrängt. Er erbaute das Sheldon-Theater zu Oxford, das Pembrok-Collegium in Cambridge und wurde 1661 zu den Conferenzen über den Umbau der St. Paulskirche in London berufen. Diese Kathedrale, eine der grossartigsten Kirchenbauten, wurde nach seinen Plänen und unter seiner Aufsicht in den Jahren 1675 bis 1710, also in 35jährigem Zeitraume erbaut. Der erste Stein des noch gegenwärtig bestehenden Gotteshauses wurde am 21. Juni 1675 gelegt, der letzte Stein an der Laterne über der Kuppel wurde durch des Architekten Sohn Christoph im Jahre 1710 an seine Stelle gehoben. Die Kirche ist ein grandioses Gebäude von edlen und grossen Verhältnissen; wenn auch die Formen etwas starr, die Details dürftig und kahl sind. Als im Jahre 1666 der grosse Brand einen bedeutenden Theil von London zerstörte, wurde sein Plan zur Reconstruirung der Stadt angenommen. In Folge dessen entfaltete er eine Thätigkeit als Architekt, die geradezu unerhört ist. Mehr als 60 grosse öffentliche Gebäude und Kirchen wurden nach seinem Plane oder unter seiner Aufsicht erbaut. Ausser den schon erwähnten Gebäuden sind noch die folgenden als die bedeutendsten zu nennen: das Trinity-College und die Bibliothek zu Cambridge (1664—66), die Königl. Börse zu London (1667), das Zollamtsgebäude, London (1668), Temple Bar (1670), die 202 Fuss hohe Feuersäule (1671—77), St. Stephen's, Walbrook (1672—79), die Sternwarte zu Greenwich (1675), das Chelsea-Hospital (1682—90), St. James's, Westminster (1683), St. Andrew's, Holborne (1686), Christ Church, Newgate (1687—1704), Hampton-Court (1690), Greenwich-Hospital (1696), Buckingham House, London (1703), Marlborough House, ebendort (1709), Westminster Abtei (Thürme an der Westfront) (1713).

Wren hatte im Jahre 1674 die Tochter Sir John Coghill's geheiratet, nach deren Tode verheiratete er sich zum zweiten Male mit der Tochter des irischen Pairs Viscount Fitzwilliam. Im Jahre 1673 legte er, durch seine vielfältige anderweitige Beschäftigung zu sehr in Anspruch genommen, seine Professur nieder; 1680 wurde er zum Präsidenten der „Royal Society" gewählt, ausserdem war er Mitglied des Parlaments, nahm jedoch an den Sitzungen dieser Körperschaft nur selten Theil.

Nachdem sich Wren lange Zeit im Strahle der königlichen Gunst gesonnt hatte, begann sein Gestirn mit dem Tode der Königin Anna, der letzten seiner fürstlichen Gönnerinnen zu erbleichen. Er wurde seines Amtes als Generalaufseher der Bauten, dem er 49 Jahre vorgestanden hatte, enthoben. Wren hatte zu jener Zeit seine Jahre schon bis an die äussersten Grenzen der menschlichen Lebensdauer gebracht und so konnte er sich denn in den Glückswechsel leicht finden. Er verlebte die wenigen noch übrigen Jahre in Zurückgezogenheit. Sein Leben endete ohne Kampf, man fand ihn in seinem Besitzthume zu Hamptoncourt auf seinem Stuhle eingeschlafen, am 25. Februar 1723 im 91. Jahre seines Lebens. Man suchte die Vernachlässigung, die der grosse Meister am Schlusse seines Lebens erfahren, durch ein um so splendideres Leichenbegängniss gut zu machen. Er wurde inmitten seines Werkes, in der St. Pauls-Kathedrale beigesetzt. Sein Grab trägt die lapidare und doch eloquente Grabschrift: „Si Monumentum quaeris, circumspice." — Des Architekten Sohn aus erster Ehe, Christoph, begann unter dem Titel „Parentalia" die Memoiren der Familie Wren zusammenzustellen, nach seinem Tode (1747) setzte sein Sohn Stephen diese Arbeit fort und gab sie nach deren Vollendung 1750 heraus.

Inmitten seiner fast beispiellosen Thätigkeit fand Wren noch Zeit und Musse eine grosse Anzahl von physikalischen, mathematischen Abhandlungen, nebst solchen, die sich auf Mechanik, Baukunst u. s. w. beziehen, zu schreiben, welche grossentheils in den „Philos. Transactions" erschienen. Er selbst hat keine einzige seiner Schriften herausgegeben. — Die Preisschrift über den elastischen Stoss der Körper reichte er am 17. Dezember 1668 ein. Dieselbe bezog sich gleich der Huygens' bloss auf den centralen, elastischen Stoss und bestand aus einzelnen Sätzen, denen kein Beweis beigefügt war*). Wren hatte sich übrigens durch Pendelversuche von der Gültigkeit jener Sätze überzeugt.

---

*) Die folgenden beiden Sätze enthalten das Gesetz des centralen elastischen Stosses:

$$V = \frac{MC + mc - e(C-c)m}{M+m}$$

$$v = \frac{MC + mc + e(C-c)M}{M+m}$$

wo M und m die stossenden Massen, C, c die Geschwindigkeiten vor, V, v

Wenn Wren auch viele seiner Gedanken über Mechanik, besonders über die Gravitationsmechanik nicht niedergeschrieben hat, woran er durch seine anderweitige Thätigkeit grossentheils denn doch verhindert wurde, so hat er trotzdem auf den Gedankengang seiner Zeitgenossen von der „Royal Society" einen bedeutenden Einfluss geübt. So beschäftigte er sich mit dem Gedanken, die Bahn der Planeten aus der Wirkung eines tangentialen Stosses und der Anziehungskraft zu erklären, konnte damit jedoch nicht zu Stande kommen. — Wren war einer jener Physiker, welche den Satz von der Gleichheit der Action und Reaction, der von Newton zum dritten Bewegungsgesetze gemacht wurde, zuerst aussprachen. — Eine Biographie Wren's erschien von Elmes: Sir Chr. Wren and his times. London 1852.

Erasmus Bartholinus war der sechste Sohn des Dr. med. Caspar Bartholinus (Berthelsen), der anfangs Professor in Kopenhagen, hierauf Canonicus zu Roeskilde war*). Er wurde zu Roeskilde am 13. August 1625 geboren. Nachdem er seine Studien beendet und den Titel eines Doctor medicinae erworben hatte, begab er sich auf Reisen. Er besuchte England, Holland, Frankreich und Italien und war von 1646—1656 von seiner Heimat abwesend. Nach seiner Rückkehr wurde er Professor der Mathematik, ein Jahr später (1657) auch der Medizin an der Universität Kopenhagen, später Assessor des höchsten Gerichtes und Justizrath. Er starb am 4. November 1698 im 74. Lebensjahre. Durch den Handelsverkehr zwischen Dänemark und Island war er in den Besitz mehrerer grosser Stücke des am isländischen Berge Roerford vorkommenden klaren Doppelspathes gelangt, wo dieses Mineral zuweilen in fussdicken durchsichtigen Massen vorkommt. Er stellte mit demselben eine Reihe von Untersuchungen an, die man als mustergültig bezeichnen kann. Er mass sorgfältig die Winkel des rhomboëdrischen Krystalles und widmete der von ihm als wunderbar bezeichneten Erscheinung der doppelten Brechung der durchgehenden Lichtstrahlen, in Folge deren ein untergelegter Gegenstand doppelt erschien, ein sorgfältiges Studium. Er fand, dass der Kalkspath sich nach drei Richtungen spalten lasse und dass man auf diese Weise regelmässige Rhomboëder erhalte, unter deren Ecken zwei, die einander gegenüber liegen, drei gleiche stumpfe Winkel von $101°$ besitzen, während die übrigen sechs Ecken je zwei spitze Winkel von $79°$ und einen stumpfen von $101°$ aufweisen. Er fand ferner, dass der eine der beiden gebrochenen Strahlen dem gewöhnlichen Brechungsgesetze folge, während der andere, den er den beweglichen nennt, hievon ab-

---

die Geschwindigkeiten nach dem Stosse bezeichnen, e hingegen ist der Elasticitätscoëffizient, für welchen die folgende Ungleichheit gilt:
$$1 > e > 0.$$

*) Caspar Bartholinus geb. 1585, gestorben 1629 war des Pfarrers von Malmoe, Berthel Jerpersen's Sohn.

weicht. Das Brechungsverhältniss für den gewöhnlichen Strahl fand er wie 5 : 3. Auch bemerkte er, dass der extraordinäre Strahl in gewissen, von ihm jedoch nicht richtig angegebenen Richtungen ungebrochen den Krystall durchsetzte. Das Phänomen der Polarisation nahm Bartholinus nicht wahr. — Die Ursache der aussergewöhnlichen Brechung suchte er in der molecularen Structur des Krystalles, d. h. in der Lage der Zwischenräume, durch welche das Licht hindurchgeht. Die Resultate seiner Untersuchungen finden sich in den „Experimentis Crystalli Islandici Disdiaclastici, quibus mira et insolita refractio detegitur." Havniae 1669.

Andere Schriften desselben Verfassers sind die folgenden: Analytica ratio inveniendi omnia problemata proportionalium. Havniae 1657. — De problematibus math. Tract. Ib. 1664. — De cometis anni 1664—65 etc. Ib. 1665. — De aëre Havniensi, Francof. 1679. — Selecta geometrica. Ib. 1674. (7 math. Dissertationen, darunter: De aequationum natura. — Consideratio astronomica conjunctionis magnae Jovis et Saturni). — Specimen recognitionis nuper editarum Observationum Tychonis Brahe. Ib. 1668. — Ausserdem edirte er F. van Schooten's: Introductio ad Geometriae methodum Renati Descartes (1651) und übersetzte aus dem Griechischen: Heliodori Larissaei Opticor. Libr. II. Par. 1654.

Der ältere Bruder des Erasmus Bartholinus, Thomas, einer der bedeutendsten Anatomen des 17. Jahrhunderts, beschäftigte sich mit der Erscheinung der Phosphoreszenz. Wir werden später auf ihn zurückkommen.

Giovanni Domenico Cassini stammte aus einer Patricierfamilie in Siena, welche seit den Zeiten eines ihrer Vorfahren im fünfzehnten Jahrhundert, der Cardinal gewesen, hohes Ansehen daselbst genoss. Giovanni Domenico wurde zu Perinaldo in der damaligen Grafschaft Nizza am 8. Juni 1625 geboren. Seine erste Erziehung erhielt er im Jesuitencollegium zu Genua. Im Jahre 1641 ging er auf die Universität Bologna, wo er 1650, noch nicht einmal 25 Jahre alt, zum Nachfolger des eben verstorbenen Cavalieri, als Professor der Astronomie ernannt wurde. Seine ersten Beobachtungen über den Kometen von 1652 und 1653 stellte er in Gemeinschaft mit dem Grafen Malvasia an, der in Bologna eine Privatsternwarte errichtet hatte. Er suchte nachzuweisen, dass der Komet nicht meteorischer Natur, sondern ein Himmelskörper sei. Im Jahre 1655 erhielt er den Auftrag, den 1575 von Egnazio Dante in den Fussboden der Petroniuskirche gelegten Meridian genauer festzulegen, eine Arbeit, die er mit grosser Präcision durchführte und welche ihm grosses Ansehen verlieh. Er corrigirte diese Mittagslinie noch im Jahre 1695. Bologna sandte 1657 den Astronomen als Abgesandten an den Pabst, wo er als Richter über die zwischen den Städten Bologna und Ferrara in Folge der Poüberschwemmungen ausgebrochenen Zwistigkeiten zu entscheiden hatte. Auch später hatte er noch in ähnlicher Mission zu wirken. Mario Chigi, der Bruder des Pabstes, ernannte ihn 1663 zum Generalinspector der Befestigungen des Forts von San Urbano. Hier war es, wo er seine erste namhafte astronomische Entdeckung machte. Er bestimmte nämlich die Rotationszeit des Jupiters zu 9 Stunden 56 Minuten. Im selben Jahre sah er den Schatten der Monde auf der Scheibe dieses Planeten. Indem er seine eigenen Beobachtungen mit jenen Galilei's verglich, war er in der Lage 1665 die ersten brauchbaren Jupitermond-Tafeln auszurechnen. In der Folge bestimmte er nun noch die Rotation des Mars zu 24 Stunden 40 Min., die der Venus zu 23 Stunden 21 Min., die der Sonne zu 27 Tagen. Von den acht Saturnmonden entdeckte er vier, den achten (Okt. 1671), den fünften (23. Dez. 1672), den dritten und vierten (März 1684).

Die Schriften und Berechnungen Cassini's machten den Namen des Astronomen in der wissenschaftlichen Welt bekannt. Picard, der sich eine sehr hohe Meinung von seiner wissenschaftlichen Befähigung gebildet hatte, schlug seine Berufung nach Paris dem Minister Colbert vor. So wurde er mit denselben Einkünften, die er in seiner Heimat hatte, nach Frankreich berufen, wohin ihn Pabst Clemens IX. nur unter der Bedingung ziehen liess, dass er nach drei Jahren wieder zurückkehre. Am 4. April 1669 langte er in Paris an, wo er zum Mitgliede der Akademie und zum königlichen Astronomen ernannt wurde. Im September 1671 bezog er die neuerrichtete Sternwarte, an der er 41 Jahre hindurch in ununterbrochener Arbeit thätig war. Im Jahre 1683 trat er von der Leitung der Sternwarte zurück. In den letzten Jahren seines thätigen Lebens wurde er fast vollständig blind. Sein Vaterland sah er nicht wieder, er starb am 14. September 1712 ohne krank gewesen zu sein; wie sich Fontenelle in seiner Gedächtnissrede ausdrückt, „par la seule necessité de mourir."

Cassini war ein vorzüglicher Beobachter, aber ein schwacher Theoretiker. Er hing fest der Descartes'schen Lehre an, das ptolemäische System vertheidigte er gegen das coppernicanische; wie es scheint nur um es mit seinen Gönnern am päbstlichen Hofe nicht zu verderben. Seine Behandlung theoretisch-astronomischer Fragen verräth stellenweise die Unkenntniss des Gegenstandes, sowie die Unfähigkeit theoretische Untersuchungen durchzuführen. — Die literarische Thätigkeit Cassini's ist eine ungemein rege gewesen. Fast 200 Abhandlungen und einige grössere Werke wurden von ihm verfasst; in den Denkschriften der Pariser Akademie finden wir 176 Abhandlungen, von denen 165 astronomischen, 11 physikalischen Inhaltes sind. Von seinen zahlreichen Schriften, die wir in ihrer Vollständigkeit hier aufzuzählen ausser Stande sind, erwähnen wir die folgenden: De cometa anni 1652 et 1653. Mutinae 1653. — Specimen observationum Bononiensium, quae novissime in D. Petronii templo ad astronomiae novae constructionem haberi caepere, videlicet observatio aequinoxii verni anni 1656 etc. Bononiae 1656. — Lettera astron. al Sign. Abbate O. Falconieri sopra le ombre de pianetti Medicei in Giove. Ib. 1665. — Lettere astron. al Sign. O. Falconieri sopra la varietà delle macchie osservate in Giove e loro diurne revoluzioni. Ib. 1665. — Lettre à Mr. Petit, Intendant des fortifications, touchant la découverte du mouvement de la planète Venus autour de son axe (Journal des sav. 1667). — Découverte de deux nouvelles planètes autour de Saturne. Paris 1673. — La Meridiana del Tempio di S. Petronio, tirata e preparata per le osservazioni astronomiche l'anno 1655, rivista e ristaurata l'anno 1695. Bologna 1695. — Die von Cassini entdeckten vier Saturnsatelliten nannte er zu Ehren des Königs Ludwig XIV: „Sidera Ludovicea". Er beobachtete am Jupiter, dass die Drehungsaxe des Planeten wahrnehmbar kürzer sei, als der Aequatorialdurchmesser. Schliesslich haben wir noch von Cassini die ersten genaueren Beobachtungen des zuerst von Childrey (1661) beschriebenen Zodiacallichtes zu erwähnen, ferner die Theilnahme an der französischen Gradmessung vom Jahre 1680.

Ole Römer (auch Olof oder Olaus) wurde am 25. September 1644 zu Aarhuus geboren. Er war der Schüler des Erasmus Bartholinus und zeigte ein bedeutendes Talent für Mathematik und Astronomie, so dass ihn Bartholinus als seinen Gehülfen bei verschiedenen wissenschaftlichen Arbeiten benützen konnte. Durch den letzteren wurde er Picard vorgestellt, mit dem er sich nach Paris begab, wo er von 1671 bis 1681 Lehrer des Dauphins war. Während dieser Zeit wurde er zum Mitgliede der Akademie gewählt, an deren Arbeiten er sich betheiligte. Als das Edikt von Nantes aufgehoben wurde, kehrte auch Römer, gleich Huygens in die Heimat zurück, wo er die Professur für Mathematik an der Universität zu Kopenhagen antrat. Nachdem er einige Zeit hindurch Polizei- und Bürgermeister von Kopenhagen gewesen und hohe Aemter bekleidet hatte, starb er am 19. September 1710 zu Kopenhagen.

Während seines Pariser Aufenthaltes hatte Römer mit Cassini (1672—1676) die Jupitersatelliten beobachtet, besonders die Verfinsterungen des ersten Mondes durch Eintritt in den Schatten des Hauptplaneten. Die beiden Gelehrten nahmen wahr, dass der Zeitraum zwischen zwei Eintritten in den Schatten oder zwei Austritten aus demselben einer periodischen Veränderung unterliege. Römer fand ausserdem, dass eine Verringerung dieser Periode stattfinde, wenn die Erde sich gegen den Jupiter zu bewege, eine Vergrösserung hingegen, wenn sie sich davon entferne. Cassini erklärte diesen Wechsel anfänglich auch dadurch, dass er annahm, das Licht brauche zu seiner Fortpflanzung Zeit. Später gab er jedoch diesen Gedanken wieder auf. Nicht so Römer, der an der Idee einer zeitlichen Fortpflanzung des Lichtstrahles festhielt. Als er am 9. November 1676 den Austritt des Trabanten um 10 Minuten später erfolgen sah, als die auf Beobachtungen vom August des Jahres gegründete Berechnung dies erforderte, hielt er es für ausgemacht, dass das Licht sich mit grosser Geschwindigkeit, jedoch nicht instantan verbreite. Da die Erde innerhalb einer Jupitermond-Revolution von 42½ Stunden in ihrer Bahn 590,000 Meilen zurücklegt, sich daher innerhalb jener Zeit um eben so viel vom Jupiter entfernen kann und die Verspätung im letzten Falle 14 Sekunden beträgt, so war es ein leichtes, hieraus den Weg des Lichtes für eine Sekunde zu rechnen. Derselbe ergab sich zu ca. 42 000 Meilen für die Sekunde.

Römer legte seine Arbeit über diesen Gegenstand der Akademie am 22. November 1675 vor, wo ihm aber Cassini, sowie auch der Astronom Maraldi widersprachen. Da jedoch sowohl Huygens, als auch Newton sich seiner Ansicht anschlossen, so wurde sie überall angenommen. Der Bericht über Römer's Arbeit, die Geschwindigkeit des Lichtes betreffend, findet sich in Du Hamel's „Regiae scientiarum academiae historia", Paris 1698 (pag. 156), ferner: „Demonstration touchant le mouvement de la lumière" (Anc. Mém., Paris, Tom. I et X).

Von den übrigen Schriften Römer's führen wir noch die folgenden an: Règle universelle pour juger de la bonté des machines qui servent à élever l'eau par le moyen d'une machine (Anc. Mém. Tom. I). — Construction d'une roue propre à exprimer par son mouvement l'inégalité des revolutions des planètes, inventée par lui. (Ib. id.). — Experimenta circa altitudines et amplitudines projectionis corporum gravium, instituta cum argento vivo. (Ib. Tom. VI.) — Descriptio luminis borealis, quod nocte inter 1 et 2 Febr. 1707 Hafniae visum est. (Misc. Berolin. I. 1710.) — Vieles von den Schriften Römer's ist durch den Brand von 1728 in Kopenhagen vernichtet worden. In der „Basis astronomiae" (Hafniae 1735) beschreibt Horrebow die astronomischen Instrumente Römer's.

Römer war ein sehr tüchtiger Beobachter und nimmt unter den Erfindern astronomischer Instrumente eine hervorragende Stelle ein. Er construirte und gebrauchte das erste Mittagsrohr, ferner den Meridiankreis, den Höhen- und Azimuthkreis. — Im Jahre 1674 entdeckte er die Epicycloide und entwickelte zugleich die zweckmässige Anwendung derselben bei der Construction von Zahnrädern, deren Zähne nach Epicycloiden geschnitten sein sollen.

John Locke.

Wenn wir uns an dieser Stelle mit dem Philosophen Locke beschäftigen, der kein einziges physikalisches Gesetz festgestellt oder aufgefunden hat, der sich wohl nie mit physikalischen Untersuchungen im eigentlichen Sinne des Wortes beschäftigt hat*), so ist es die Bedeutung dieses Denkers für die Lehre von der Erkenntniss im Allgemeinen, welche

---

*) In Boyle's Werken finden sich mehrjährige meteorologische Aufzeichnungen von Locke ausgeführt.

uns veranlasst ihm und seiner Lehre einen selbstständigen Abschnitt zu widmen.

John Locke, wurde am 29. August 1632 zu Wrington bei Bristol als der Sohn des Rechtsgelehrten John Locke geboren. Auf den Rath des Obersten Popham, unter welchem Locke's Vater gedient hatte, wurde John in die „Westminster School" gegeben, von wo er nach der Universität Oxford übersiedelte. Er beschäftigte sich mit grossem Eifer mit dem Studium der classischen Literatur, las jedoch mit noch grösserem Eifer die Werke von Bacon und Descartes, welche ihm viel mehr zusagten, als alles andere, was er je über Philosophie gelesen hatte. Die Universität Oxford war damals noch tief im Scholasticismus befangen. Die trockene Kost dieser philosophischen Richtung, die ihre Zeit schon lange überdauert hatte, wollte dem geradehin denkenden Feuergeiste, der sich nicht mit Verbaldefinitionen abspeisen liess und den Dingen auf den Grund zu gehen liebte, nicht genügen. Er schied mit tiefem Widerwillen gegen diese Denkrichtung, sowie gegen die Schulerziehung im Allgemeinen von der Universität. Er fiel in das andere Extrem und behauptete, jeder müsse sich selber unterrichten und jeder müsse sich selber erziehen. — Eine Zeitlang hatte er auch medizinische Studien getrieben.

Von 1664 an befand sich Locke durch längere Zeit auf Reisen in Holland, Deutschland und Frankreich und knüpfte überall interessante Bekanntschaften an. Von grosser Bedeutung wurde für ihn seine Bekanntschaft mit Lord Ashley, den nachmaligen Earl of Shaftesbury. Derselbe litt an einem Geschwüre, das sich an seiner Brust befand. Locke rieth ihm, sich einer Operation zu unterziehen, was denn der Lord auch befolgte und hiedurch sein Leben rettete. Von jener Zeit an entspann sich ein inniges Freundschaftsbündniss zwischen beiden Männern. Locke nahm die Einladung des Lords nach London an und wohnte zeitweise in dessen Hause. Durch seinen Freund wurde er mit einigen hervorragenden Persönlichkeiten des damaligen England bekannt, so unter anderen mit dem Earl of Northumberland, den er 1668 auf einer Reise nach Frankreich begleitete. Nach dem Tode des letzteren heimgekehrt, lebte er wieder bei seinem Freunde, der inzwischen Kanzler der Schatzkammer geworden war. Durch ihn wurde Locke mit der Ausarbeitung einer Verfassung für das Gouvernement von Carolina betraut.

Vom Jahre 1670 an begann Locke seine Untersuchungen über die Natur und die Grenzen des menschlichen Verstandes, welche er jedoch erst 1687 zum Abschluss brachte. Locke erhielt durch den Einfluss seines Freundes Staatsanstellungen, als derselbe jedoch in Ungnade fiel und verbannt wurde, musste auch Locke seinem Vaterland den Rücken wenden. Er begab sich in den Haag und als die englische Regierung auch von dort noch seine Auslieferung verlangte, begab er sich in das

Innere von Holland und lebte in Cleve, Utrecht und Amsterdam. Unter diesen Verhältnissen schrieb er seinen: „Letter on toleration."

Nach England kehrte er erst nach der Beendigung der Revolution von 1688 zurück, mit der Flotte, welche die Prinzessin von Oranien auf ihrer Reise dahin begleitete. Durch die Vermittlung des Lord Mordaunt erhielt er wieder ein Staatsamt mit einer jährlichen Besoldung von 200 Pfund Sterling.

Locke hatte sein Hauptwerk: „Essay concerning Human Understanding" schon 1687 beendet, im folgenden Jahre erschien ein Auszug desselben in französischer Sprache von Leclerc in seiner „Bibliothèque universelle". Das Originalwerk selbst erschien erst 1690. Dasselbe hatte einen ungeheuern Erfolg. Innerhalb 14 Jahren erschienen 6 Ausgaben zu einer Zeit, da die Bücher einen viel geringeren Absatz hatten, als dies gegenwärtig der Fall ist. Ausserdem wurde das Werk in die lateinische und französische Sprache übersetzt*). Locke verfasste im selben Jahre noch einen zweiten „Letter on toleration", um den Angriffen, die sein erster erfahren hatte, zu begegnen und verfasste sein „Treatise on Government". Um diese Zeit wurde er auch mit Newton bekannt, mit dem er einen interessanten Briefwechsel unterhielt, den ein Abkömmling der Locke'schen Familie, Lord King theilweise seiner Schrift „Life of Locke" einverleibte.

Locke war in der späteren Zeit seines Lebens stets kränklich, erreichte jedoch das 72. Lebensjahr. Er starb in den Armen seiner Freundin der Lady Masham am 28. Oktober 1704.

Von seinen Schriften erwähnen wir hier bloss die: „Thoughts on education" Lond. 1693. Den dritten Brief über Toleranz**) und „On the Reasonableness of Christianity". Lond. 1695. Ferner erschienen: „Posthumous works". Lond. 1706; Oeuvres diverses de Locke". Rott. 1710. Die sämmtlichen Werke sind Lond. 1714, 1722 und später erschienen, eine Ergänzung unter dem Titel: „Collection of several pieces of J. Locke" Lond. 1720, ferner erschien London 1801, 1812 eine sehr vollständige Ausgabe in 10 Bänden, neuerdings sämmtliche Werke in 9 Bänden, Lond. 1853, die philos. Werke durch St. John, Lond. 1854 in 2 Bänden.

Ueber Locke's Leben handelt dessen Freund Jean Leclerc in seinem Eloge historique im 6. Bande der „Bibl. choisie", ferner die schon erwähnte Biographie von Lord King: „Life of Locke". Lond. 1829.

Locke war fast ganz und gar Autodidact, er las sehr wenig, wie dies aus der Unkenntniss der Schriften seiner Zeitgenossen ersichtlich

---

*) Später auch in die anderen Hauptsprachen Europas. Die folgenden Uebersetzungen sind uns bekannt: französische von Coste, Amst. 1700; lateinische von Burridge, Lond. 1701; von Thiele, Lips. 1731; holländische Amst. 1736; deutsche von Poley, Altenburg 1757; Tennemann, Leipz. 1795—1797; v. Kirchmann in der „phil. Bibl." 1872-1873.

**) Der vierte blieb unvollendet.

ist. Als Aufgabe seiner Philosophie stellt er die folgenden Zielpunkte auf: Untersuchung des Ursprunges, der Sicherheit und Ausdehnung der menschlichen Erkenntniss. Er verneint die Existenz angeborner Vorstellungen. Der menschliche Geist ist eine leere Tafel („tabula rasa"), welcher Ausspruch ja schon Aristoteles zugeschrieben wird. Nichts kann im Geiste sein, was nicht früher schon in den Sinnen war. Diesen Ausspruch des Hobbes und Gassendi nahm auch Locke an: „Nihil est in intellectu, quod non prius fuerit in sensu." Jedoch Locke betrachtete nicht bloss die Empfindung (Sensation) als einzige Quelle der Erkenntniss, er nahm noch eine zweite an, die innere Wahrnehmung (Reflection). D. h. das Nachdenken über die sinnlich wahrgenommenen Gegenstände. Leibniz nahm den Grundsatz der Locke'schen Philosophie an, ergänzte ihn jedoch auf folgende Weise: „Nihil est in intellectu, quod non prius fuerit in sensu, nisi intellectus ipse" (ausgenommen den Verstand selbst). Dieser Satz ist einigermassen widerspruchsvoll, da seine zweite Hälfte aussagt, dass der Intellect sich ursprünglich im Intellect befinde. — Bei Locke finden wir schon eine höchst wichtige Wahrheit, wenn auch noch in sehr unvollkommener Form ausgedrückt. Die verschiedenen Elemente der sinnlichen Wahrnehmung befinden sich in verschiedenen Verhältnissen zum eigentlichen Wesen der Dinge. Ausdehnung, Figur und Bewegung kommen auch den Dingen an sich selbst zu, Farbe und Ton hingegen sind nur Zeichen, nicht Abbilder der räumlichen Vorgänge in den Dingen. Unser Denken und Wollen erkennen wir durch die „Reflection", durch die Sinne erhalten wir Ideen, wie: Kraft, Einheit u. s. w. Aus den einfachen Ideen bildet der Verstand complexe Ideen. Diese letzteren sind Ideen von Modis, oder von Substanzen oder von Relationen. Die abstracten Ideen werden durch Worte fixirt und diese willkürlich zu Gedanken verbunden. Dies ist nun die schiefe Ebene, welche zu Irrthum und Täuschung führt, deren wichtigste Verbreiterin eben die Sprache ist. Sobald die Worte als den Dingen adäquate Bilder aufgefasst oder mit den wirklichen Dingen verwechselt werden, da sie doch nur willkürliche Zeichen für die Ideen sind, beginnt das Reich des Irrthums. An diesem Punkte wird Locke's Kritik der Vernunft zu einer Kritik der Sprache.

Das „Essay concerning Human Understanding" besteht aus 4 Theilen. Im ersten Buche wird darzuthun gesucht, dass es keine angebornen Erkenntnisse gebe, im zweiten Buche wird die Erfahrung als zweifache dargestellt: äussere und innere: Sensation und Reflection. Hierauf spricht er von den Vorstellungen, von den ursprünglichen und sekundären Eigenschaften, die ersteren sind den Objekten an sich eigenthümlich, die letzteren sind bloss Zeichen derselben, sie sind eben so wenig Copien von gleichartigen Eigenschaften in den Dingen, als die Bewegung eines Stückes Stahl durch den thierischen Körper Aehnlichkeit mit dem Gefühle des verursachten Schmerzes besitzt. Das dritte Buch des „Essay" handelt von der Sprache, das vierte von der Erkenntniss und Meinung. Wahrheit und Falschheit gibt es nur in den Urtheilen und Schlüssen, nicht aber in den Vorstellungen. Uns selbst erkennen wir durch innere Wahrnehmung, Gott durch den Schluss auf eine erste Ursache. Das Moralprinzip Locke's ist die Glückseligkeit.

Unter den Fortbildnern der Locke'schen Lehre, als Schöpfer eines allgemeinen Immaterialismus ist zu erwähnen George Berkeley (geb. zu Killerin bei Thomastown in Irland am 12. März 1685, seit 1734 Bischof von Cloyne, gest. zu Oxford am 14. Jan. 1753). Derselbe hielt die Annahme der Existenz einer an sich seienden Körperwelt, welche Locke als nicht streng erweislich hinstellte, für falsch und stellte somit einen reinen Phänomenalismus als philosophisches System auf.

Gottfried Wilhelm Leibniz.

Seit dem grossen Architekten der Wissenschaft, wie Aristoteles von Göthe so treffend genannt wird, hat es wohl kaum einen so universal thätigen Gelehrten und Denker gegeben, wie Leibniz. In seiner Berufswissenschaft, der Jurisprudenz, entwickelte er selbstsändige Ideen, sein Hauptgebiet ist jedoch die Philosophie, in der er zwei sich gegenseitig gegenüberstehende Gesichtspunkte, den der Teleologie und den der Causalität, zu vereinigen strebt. In der praktischen Philosophie ist es wieder das Streben nach Vereinigung der natürlichen mit der geoffenbarten Theologie, der Philosophie und Religion, welches Zeugniss darüber ablegt, dass Leibniz auch diesem Gebiete einen Strahl seines universellen Geistes zugesandt habe. Jedoch das weite Gebiet der Philosophie genügt dem rastlos Denkenden nicht, er wendet die Gewandtheit und Sicherheit im philosophischen Denken auf jene Wissenschaften an, die in Richtung auf die Naturwissenschaften der Philosophie zunächst stehen; es sind dies die Physik und Mechanik, ferner die Mathematik. In diesen Fächern, deren jedes seinen ganzen Menschen wohl zu absorbiren im Stande ist, ist Leibniz überall selbstthätig, neue Richtungen inaugurirend. In der Physik und Mechanik gibt er neue Ideen, streitet mit Descartes über das Mass der bewegenden Kräfte, in der Mathematik hat er einen Prioritätsstreit mit Newton bezüglich der Erfindung der Differentialrechnung. Jedoch es sind nicht bloss die exakten Naturwissenschaften, die ihn in Anspruch nehmen, auch die angewandten Naturwissenschaften beschäftigen ihn, besonders wenn es sich um praktische Fragen handelt, deren Lösung man von ihm verlangt. Dann beschäftigt er sich mit Geologie und mit Bergbau, mit Münzwesen und Nationalökonomie. Daneben ist er Diplomat, Publizist, Politiker, Geschichtsschreiber und Bibliothekar von Hannover und Wolfenbüttel.

Charakteristisch für Leibnizens überall den praktischen Fragen zu Leibe gehende Art ist die organisatorische Thätigkeit, die er in den ihm anvertrauten Instituten entfaltet. Dafür sind die von ihm geleiteten Bibliotheken von Hannover und Wolfenbüttel Zeugen. Bedeutender jedoch ist die Thätigkeit, die er der freien Vereinigung der Gelehrten zuwendet. Er ist Gründer der ersten deutschen Akademie, der zu Berlin; er der vor allen hiezu durch seine Universalität tauglich ist, er, von dem Friedrich der Grosse sagt, dass er für sich selbst eine Akademie vorstelle. Er gibt den Antrieb und den Plan zu den Akademien von Wien, Dresden und Petersburg. In Rom fasst er den Plan, die italienischen Klöster seien in akademische Filialen zu verwandeln, welche die Wissenschaft durch Massenproduktion, Sammeln und Beobachten zu fördern im Stande wären. Ueberall schwebt ihm der Gedanke der Gelehrtenrepublik vor, die sich zu gemeinsamer Forschungsarbeit zusammengethan und dabei vergisst er keineswegs, auf die nöthigen Behelfe und Mittel; für Wien projectirt er eine Reihe von Anstalten: eine Bibliothek, Kabinete für Maschinen, Münzen u. s. f., Sternwarte, Laboratorium, sowie mannigfache Sammlungen für die verschiedenen descriptiven Naturwissenschaften.

Die allgemeinen Charakterzüge, welche den grossen Denker kennzeichnen, sind die folgenden: Neigung zur Selbstbelehrung, Mangel an kritischem Geiste und damit im Zusammenhange Abneigung gegen jegliche Polemik, dabei die allergrösste Toleranz gegen Andersdenkende. Ueberall ist es die Universalität, die Leibniz anstrebt. Durch Ausgleich der Gegensätze will er eine Universalphilosophie schaffen, durch Versöhnung der verschiedenen Confessionen, wenigstens was die christlichen, oder endlich was die protestantischen Sekten betrifft, geht sein Streben auf Universalreligion, resp. Universalchristenthum, oder Universalprotestantismus. Dieselbe Aufgabe, das gleiche Ziel schwebt ihm auch bezüglich jener Veranstaltungen vor, welche die Wissenschaft fördern sollen. Die Wissenschaft soll durch viele gepflegt werden. Diese einzelnen Arbeiter sollen über ein allgemeines Verständigungsmittel verfügen, eine allgemeine Gedankensprache oder vielmehr Gedankenschrift, welche in ähnlicher Weise, wie die mathematischen Formeln eine, jedem der das Gedankenalphabet sich angeeignet, verständliche Sprache spricht. Durch diese Mittel soll nun ein grosser Zweck gefördert und angestrebt werden, die Verwandlung der Ergebnisse der Wissenschaft in Gemeingut, die Aufklärung. Leibniz ist der Begründer der deutschen Schule der Aufklärung. In seine Fussstapfen treten: Christian Wolf, Herm. Sam. Reimarus, Moses Mendelssohn, Gotth. Ephraim Lessing, Joh. Gottfr. Herder u. a.

Durch seine Universalität hat Leibniz seine Kräfte gar sehr zersplittert. Eine Folge davon ist, dass er der Ruhe ermangelt, grosse, umfassende Werke zu schreiben. Nur wenn eine äussere Veranlassung vorliegt, unterbricht er sein rastloses vielseitiges Studium, um eine Art

Gelegenheitsschrift zu verfassen, so entstehen die „Neuen Versuche" als Antwort auf Locke's Hauptschrift, die „Theodicee" in Folge des Briefwechsels zwischen Leibniz und der Königin von Preussen, die „Monadologie" in Folge einer Correspondenz mit dem Prinzen Eugen von Savoyen über die Grundsätze der „Theodicee".

So viel zur allgemeinen Charakteristik des Mannes, mit dem wir uns hier beschäftigen wollen. Seine Bedeutung für die Geschichte der Physik liegt in seinen Verdiensten, die er sich um die Ausbildung der mechanischen Grundbegriffe und Prinzipien erworben, ferner in der Weltanschauung, welche er ausgebildet hat, die der Denkweise des achtzehnten Jahrhunderts ihren Stempel aufprägte.

Gottfried Wilhelm Leibniz*) stammt aus einer Familie, deren Vorfahren wohl einmal Slaven gewesen sein mochten und Lubeniecz geheissen haben. Hieraus folgt nun allerdings nicht, wie dies Foucher de Careil, der französische Herausgeber der leibnizischen Werke zu beweisen strebt, dass Leibniz slavischer Abkunft sei. Sein Urgrossvater war Richter in Altenburg, der Grossvater bei den sächsischen Bergwerken bedienstet, sein Vater wurde in Meissen erzogen. Mögen somit auch die Urväter Leibnizens seiner Zeit aus Polen oder Böhmen nach Sachsen eingewandert sein, so haben sie doch Jahrhunderte lang in deutschen Gegenden gelebt und sich mit Deutschen vermischt, so dass in des Philosophen Adern wohl kaum ein Tropfen slavischen Blutes rinnen mochte.

Der Vater des Philosophen war Friedrich Leibniz; derselbe war dreissig Jahre lang Actuarius der Universität Leipzig, achtundzwanzig Jahre Notar, seit 1640 durch zwölf Jahre Assessor der philosophischen Facultät und Professor der Moral. Seine dritte Frau, Katharina Schmuck, war die Tochter eines Professors der Rechte zu Leipzig. Sie war die Mutter des Philosophen.

Gottfried Wilhelm wurde Sonntag den 21. Juni 1646 zu Leipzig geboren. Er hatte bloss eine einzige Schwester, die nachmals ein Leipziger Prediger heiratete. Er war erst sechs Jahre alt, als er seinen Vater verlor. In zwei Selbstbiographien, die sich jedoch nur auf die ersten Jahrzehnte seines Lebens beziehen, hat uns Leibniz eine ausführliche Darstellung seines Bildungsganges gegeben. Es sind dies die aus seinem Nachlasse veröffentlichten: „Vita a se ipso breviter delineata" und die geschichtliche Einleitung in die Arbeiten des Pacidius: „In specimina Pacidii introductio historica", unter welchem Namen Leibniz sich selbst meint. Er schildert uns nun, wie er aus dem chronologischen Thesaurus des Calvisius und den Geschichtsbüchern des Livius der Schule vorauseilend lateinisch gelernt habe, wie er dann trotz des Abrathens des Lehrers in die Bibliothek seines Vaters gelassen wurde, wo er denn

---

*) Die Schreibweise „Leibnitz" ist gänzlich unbegründet, der Philosoph hat sich fast nie anders als „Leibniz" geschrieben.

nach Herzenslust in den alten Autoren herumlas, so dass er mit zwölf Jahren die lateinischen Schriftsteller ganz gut zu lesen im Stande war und sich schon mit dem Griechischen beschäftigen konnte. Eine Revolution brachte in ihm das Studium der Logik hervor, welches schon damals in ihm den Plan einer Universal-Begriffssprache hervorrief. Wenn es gelänge, durch Eintheilen der Begriffe, Abgrenzen ihrer Gültigkeitsbezirke die gesammte Begriffswelt zu ordnen, gleichsam einen „globus intellectualis" zu entwerfen, auf dem jeder Begriff seinen festbestimmten Ort hätte, so hätte man einen Grundriss für den Bau aller menschlichen Wissenschaft. Dies wäre die wahre „ars magna" des Raimundus Lullus, welche Giordano Bruno zu besitzen vorgab, oder die „ars combinatoria", die „scientia generalis", „lingua characteristica universalis" oder wie man sonst die erhabene Wissenschaft nennen mag, die zu entdecken sich Leibniz als Schulknabe vorgesetzt.

Nach der Logik studirt und liest er über Scholastik und Theologie, und bezieht als fünfzehnjähriger Jüngling die Universität Leipzig, wo er seine ganze Universitätszeit zubringt, mit Ausnahme eines Semesters im Sommer 1663, da er bei Erhard Weigel in Jena Mathematik treibt. Während seines akademischen Studiums verlor er seine Mutter im Februar 1664.

Leibniz verfolgte in seinen philosophischen Studien den streng historischen Gang. Nachdem er die Scholastiker studirt hatte, überging er auf die italienischen Naturphilosophen und Neuplatoniker, er las unter andern Cardan's und Campanella's Schriften; hierauf wendete er sich den Philosophen der neuen Zeit zu und studirte Descartes und Bacon. Den Hauptgegensatz zwischen der alten und der neuen Philosophie fand er darinnen, dass die Scholastiker die Endursachen gesucht haben, d. h. einer theologischen Weltanschauung zustrebten, während die neue Philosophie die mechanische Causalität als Grundprinzip aufstellt*).

---

*) In spätem Alter schreibt er an Remond von Montmort: „Ich habe „versucht, die Wahrheit, die unter den Meinungen der verschiedenen philo-„sophischen Schulen begraben und zerstreut liegt, vom Schutt zu befreien „und in Einklang zu bringen, und ich glaube, etwas von dem Meinigen hin-„zugefügt zu haben, um einige Schritte vorwärts zu kommen. Die Art und „Weise meiner Studien seit meiner ersten Jugend haben mir diese Aufgabe „erleichtert. Ich war noch Kind, als ich den Aristoteles kennen lernte, und „selbst die Scholastiker machten mich nicht scheu; und ich bereue dies jetzt „keineswegs. Auch Plato und Plotin gewährten mir einige Befriedigung, um „von den andern Philosophen des Alterthums nicht weiter zu reden, die ich „zu Rathe zog. Dann, als ich die Schulklassen hinter mir hatte, fiel ich auf „die Schriften der neuen Philosophie, und ich erinnere mich, dass ich damals, „ein fünfzehnjähriger Knabe, in einem Wäldchen bei Leipzig, das Rosenthal „genannt, einsam spazieren ging, um zu überlegen, ob ich die substanziellen „Formen beibehalten sollte. Endlich siegte die mechanische Theorie und „brachte mich dazu, die mathematischen Wissenschaften zu studiren."

Leibniz hatte sein akademisches Studium beendet, er wollte sich juridischer Beschäftigung zuwenden und bewarb sich um die juristische Doctorwürde, wurde jedoch seiner grossen Jugend wegen abgewiesen. Dies veranlasste ihn, seiner Vaterstadt den Rücken zu wenden; er begab sich nach der nürnbergischen Universität Altdorf, wo er die Doctorwürde nach einer glänzenden Disputation am 5. November 1666 erlangte. Unmittelbar nach seiner Promotion erhielt er in Folge der Gelehrsamkeit und Beredsamkeit, welche er bei dieser Gelegenheit an den Tag gelegt, den Antrag, eine Professur in Altdorf anzunehmen, was er jedoch ablehnte. Er begibt sich nun nach Nürnberg, wo er mit einigen Rosenkreuzern bekannt wird. Wir haben oben erwähnt, wie Descartes sich dieser geheimnissvollen Gesellschaft zu nähern suchte, von der er eine Lösung der ihn peinigenden Zweifel erwartete, wie er jedoch kein Mitglied der geheimen Gesellschaft finden konnte. Leibniz war glücklicher und theilweise auch geschickter in dieser Beziehung. Die Rosenkreuzer waren zugleich Alchymisten. Leibniz möchte mit den Mysterien des Bundes bekannt werden, er bemüht sich den Rosenkreuzern als Eingeweihter zu erscheinen, was er dadurch vollständig erreicht, dass er eine Menge alchymistischer Schriften durcheinander liest und daraus sich eine Anzahl der dunkelsten Redensarten sammelt, mit deren Hülfe er ein entsprechendes Gesuch an den Vorstand um Aufnahme in den Bund richtet. Der Versuch gelingt so vollständig, dass er nicht bloss zum Adepten aufgenommen, sondern sogar zum Sekretär der Gesellschaft gewählt wird.

Die Schriften, welche Leibniz in der ersten Zeit seiner schriftstellerischen Laufbahn verfasst hat, sind hauptsächlich Dissertationen zur Erreichung eines akademischen Grades. „Disputatio metaphysica de principio individui" 1663 (herausgegeben von Guhrauer 1837). Mit dieser, die Streitfrage der mittelalterlichen Philosophie, ob Realismus oder ob Nominalismus erörternden Abhandlung, erlangt Leibniz das Baccalaureat, den ersten akademischen Grad in der Philosophie. „Specimen difficultatis in jure, seu quaestiones philosophicae amoeniores ex jure collectae." 1664 (Op. omnia. Ed. Dutens. Tom. IV, Pars III, pag. 68), eine juridische Abhandlung, mit der ihr Verfasser den Magistergrad erwirbt. „Disputatio arithmetica de complexionibus" 1666. Mit dieser mathematisch-philosophischen Abhandlung disputirte Leibniz „pro loco". Er erweitert sie noch im selben Jahre zur Schrift: „De arte combinatoria", in der sich schon die Keime zur spätern Differentialrechnung finden. Es folgt nun eine Reihe von Abhandlungen streng juristischen Inhaltes, die wir hier übergehen können.

Während seines Nürnberger Aufenthaltes machte Leibniz die Bekanntschaft des früheren kurmainzischen Ministers Johann Christian von Boineburg; diese Bekanntschaft, welche sich bald in Freundschaft umwandelte, war für den Philosophen von grosser Bedeutung. Ihr verdankt er seine Beziehungen zu den verschiedenen fürstlichen Häusern, die ihm eine angenehme und unabhängige Lebensstellung sicherten. Durch diese Freundschaft wurde der, bezüglich praktischer Verhältnisse, enge Gelehrtenhorizont Leibnizens erweitert, so dass er Einblick in die grossen Verhältnisse der Welt gewinnt und Raum sich selbst in staatsmännischer Thätigkeit zu erproben. Mit Boineburg's Empfehlungen und einer dem Mainzer Kurfürsten dedizirten juridischen Abhandlung, stellte sich Leibniz in Mainz vor. Der damalige Kurfürst von Mainz, Johann Philipp von Schönborn, vormals Fürstbischof in Würzburg, derselbe, der sich seinerzeit so lebhaft für die pneumatischen Versuche Guericke's interessirt hatte, einer der intelligentesten Fürsten seiner Zeit, nahm Leibniz wohlwollend auf. Mit dem Titel eines Kanzleirevisionsrathes trat er 1670 in kurmainzische Dienste und arbeitete an der Revision des Gesetzbuches. Diese seine Stellung dauerte jedoch kaum zwei Jahre; im Frühjahr 1672 ging er in diplomatischer Mission nach Paris, am Ende desselben Jahres starb Boineburg, anfangs 1673 der Kurfürst, und Leibniz, der nun in Mainz geänderte Verhältnisse gefunden hätte, kehrte dahin nicht mehr zurück. Von den philosophischen Schriften aus jener Periode ist der Aufsatz „Zur Widerlegung der Atheisten" zu erwähnen, der von Gottlieb Spitzelius unter dem etwas überschwänglichen Titel: „Bekenntniss der Natur gegen die Atheisten" veröffentlicht wurde. Der Inhalt ist kurz folgender: die herrschende Anschauung der Zeit, dass die Naturerkenntniss zum Atheismus führe, ist falsch und wird widerlegt. Nur oberflächlich gekostet, verwirrt sie die Köpfe. — Eine andere hier zu erwähnende Schrift ist: „Epistola ad Jacobum Thomasium" (1669). Die neuere Philosophie kann sowohl mit Aristoteles, als mit der christlichen Religionslehre versöhnt werden. Aristoteles kommt der Wahrheit näher als Descartes. Der letzte der drei aristotelischen Grundbegriffe: Materie, Form und Bewegung fordert eine unkörperliche Ursache, was zur religiösen Lehre zurückleitet. Ausserdem hat Leibniz in dieser Periode bedeutende politische Schriften verfasst, wie die „Denkschrift zur polnischen Königswahl", „Denkschrift bezüglich einer französischen Expedition nach Aegypten" u. a. Der Aufenthalt des Philosophen in Frankreich war nicht bloss durch kurmainzische Interessen bedingt, Leibniz wollte noch seinem ägyptischen Projekte, das die französischen Ambitionen gegen den Orient hin drängen und dadurch Deutschland von der stetig wachsenden Gefahr einer französischen Invasion bewahren sollte, durch seine Anwesenheit in Paris eine günstigere Aufnahme verschaffen. Ludwig XIV. konnte seinen Beifall dieser Idee zwar nicht versagen, der Krieg gegen Holland hatte aber nichtsdestoweniger seinen Fortgang, ja Leibniz sollte noch das Eintreten der vorhergesehenen Katastrophe für sein Vaterland erleben. Nach dem Tode Boineburg's widmete sich der Philosoph, der die Einlösung gewisser Verpflichtungen, welche der französische Hof dem deutschen Staatsmanne gegenüber eingegangen war, im Interesse der hinterlassenen Familie desselben durchgesetzt hatte, der Erziehung des jungen Boineburg, dem er einige Zeit als Mentor diente.

Für Leibniz war der Pariser Aufenthalt von grösster Bedeutung. Dort wurde er zum französischen und somit zum europäischen Schriftsteller. Wenn die neuere deutsche Philosophie in der Weltliteratur so schnell Fuss fasste, so ist dies in erster Linie Leibnizens Verdienst. In Paris wurde er jedoch auch mit vielen bedeutenden Männern bekannt, unter denen besonders Huygens hervorzuheben ist, der ihm bei seinem Studium der Mathematik behülflich war. — Aus jener Zeit stammen mannigfache Erfindungen, unter denen besonders seine Rechenmaschine zu erwähnen ist, die mit der von Pascal construirten wetteifert, ja dieselbe noch übertrifft, da man mit ihr nicht bloss addiren und subtrahiren, sondern auch multipliziren und dividiren kann*). Auf Grund dieser, auch den Akademien von Paris und London vorgelegten Erfindung, ernannte die letztere den Philosophen zu ihrem Mitgliede (April 1673). In jene Zeit fällt auch eine Erfindung, welche Leibniz in die Reihe der grössten Mathematiker versetzt, nämlich seine Erfindung der Differenzen — oder Differentialrechnung. In einem Briefe an die Gräfin Kielmansegge vom Jahre 1716 schreibt er hierüber folgendermassen: „Ich ging weiter fort, und indem ich meine alten Beobachtungen „über die Differenzen der Zahlen mit meinen neuen Meditationen in der „Geometrie verband, fand ich endlich im Jahre 1676, soweit ich mich „erinnern kann, eine neue Rechnung, welche ich die Differenzenrechnung „nannte, deren Anwendung auf die Geometrie Wunder gethan hat."

Die Differentialrechnung trägt den Stempel des leibnizischen Geistes in so unverkennbaren Zügen, dass ein Zweifel an die Originalität der Erfindung eigentlich ausgeschlossen erscheint. Es ist diese mathematische Operation, welche auf dem Verhältniss unendlich kleiner, durch unmerkliche Aenderung zweier von einander abhängiger Grössen entstandener Differenzen beruht, eigentlich ein getreues Abbild der leibnizischen Philosophie, welche in der Psychologie unendlich kleine Vorstellungen, in der Ontologie „Monaden" annimmt. — Von einer andern Seite her, durch geometrische Betrachtungen hatte Newton 11 Jahre vor Leibniz seine Fluxionsrechnung erfunden. Newton hatte somit die Priorität für sich, Leibniz hingegen hatte in seiner „Analysis des Unendlichen" den Calcul in viel vollkommenerer Form ausgearbeitet. Dadurch, dass Leibniz 1684 in den „actis eruditorum" zu Leipzig seine Methode vortrug, ohne zu erwähnen, dass Newton schon früher eine dem Wesen

---

*) Die Rechenmaschine hat Leibniz selbstständig zu Nürnberg 1666 bis 1667 erfunden. Vollendet wurde die Maschine 1695, und in den „Miscell. Berol." 1699 veröffentlicht. Eine der zwei von dem Erfinder angefertigten Maschinen existirt zu Hannover.

nach identische Methode entwickelt habe, nahm der Prioritätsstreit seinen Anfang. Es ist ein unerquickliches Bild, zwei derartige Geistesheroen in unwürdigem Zanke zu erblicken. Zuerst handelt es sich um die Priorität, hierauf artet es in den Verdacht aus, der eine habe an dem andern ein Plagium verübt. Geschäftige Anhänger verbittern den Streit. Das Benehmen Newton's ist viel würdiger als das seines Gegners, das sogar einen gewissen Makel auf seinen Charakter wirft. In einer anonymen, in den Leipziger „actis eruditorum" erschienenen Recension, welche Leibniz selbst geschrieben hat, nennt er seinen grossen Gegner geradezu einen Plagiator. Der Streit wurde erst durch Leibniz' Tod unterbrochen, jedoch erst lange Zeit hernach wurde durch unparteiische Richter: Euler, Lagrange, Laplace, Poisson u. a. das Verdienst des Leibniz um die Erfindung der Infinitesimalanalysis anerkannt und sein Ruhm als Mathematiker wieder hergestellt.

Leibniz ging 1676 von Paris nach London, hierauf nach Amsterdam und von dort nach Hannover, wohin er schon in Paris von dem Herzog Johann Friedrich von Braunschweig-Lüneburg und Hannover zum Bibliothekar ernannt worden war. Auf seiner Reise machte er die Bekanntschaft vieler bedeutender Männer. Wir nennen hier nur die folgenden: Oldenburg, Sekretär der „Royal Society", Boyle, der Mathematiker Collins, in Amsterdam Spinoza. — In Hannover hatte Leibniz die Bibliothek zu verwalten und die Geschichte des Fürstenhauses zu schreiben, seit 1691 hatte er auch die Bibliothek zu Wolfenbüttel unter seiner Aufsicht. Er wurde herzoglicher Hofrath, später Geheimer Justizrath, in den Jahren 1687—90 machte er eine Studienreise durch Deutschland und Italien. In dieser Zeit gab er auch mehrere historische, auf die Geschichte des hannoveranischen Fürstengeschlechtes, des Welfenhauses bezügliche Schriften heraus. Mit den Herzogen Johann Friedrich und Ernst August war er befreundet, fremder und ferner war ihm des Ernst August Sohn und Nachfolger Georg Ludwig, der später den englischen Thron bestieg. Um so höher schätzte ihn dagegen dessen Mutter, Sophie, Tochter Friedrichs V. von der Pfalz, Schwester der Schülerin Descartes', der Prinzessin Elisabeth. Ebenso hoch wie jene den französischen, ehrte Sophiens Tochter, Sophie Charlotte, den deutschen Philosophen, indem sie lebhaft Antheil nahm an seinem philosophisch-theologischen Systeme. Als diese Prinzessin die Gattin des Kurfürsten von Brandenburg, nachmals preussischen Königs Friedrichs I. wurde, suchte sie ihren theuern Lehrer, wenigstens theilweise nach Berlin zu ziehen. Sie vermochte ihren Gemahl zur Errichtung der „Societät der Wissenschaften" in Berlin, zu deren Präsidenten Leibniz am 12. Juli 1700 ernannt wurde. Die Königin Sophie Charlotte, die Grossmutter Friedrichs des Grossen, starb 1705; Leibniz verliess Berlin 1711, nachdem er wahrgenommen, dass man seine Doppelstellung weder in Hannover noch in Berlin gerne sehe. Um diese Zeit traf er mit Peter dem

Grossen zusammen, der ihn später auch nach Karlsbad zu sich berief, von wo ihn Leibniz nach Dresden begleitete. Bei dieser Gelegenheit wurde durch den Philosophen der erste Impuls zur Errichtung einer Akademie der Wissenschaften in Petersburg gegeben, die thatsächlich jedoch erst nach Peters Tode errichtet wurde. Die Jahre 1713 und 1714 verbrachte Leibniz in Wien, erst im September des letzteren Jahres kehrte er nach Hannover zurück. Er wollte dem inzwischen nach London abgereisten König Georg I. dahin folgen, wurde jedoch vom Minister Bernstorf auf seine Arbeiten in Hannover gewiesen. So hatte er noch in seinen letzten Lebensjahren die Bitterkeit einer gefallenen Grösse zu tragen. Hiezu kam ein gichtisches Leiden, das seinen Zustand zu einem schier unleidlichen machte, ausserdem eine offene Wunde am rechten Bein. Durch eigenes Curiren verschlimmerte sich sein Uebel. Er starb den 14. November 1716 Abends *). Seine Bestattung besorgte sein Secretär Eckhart. Vom Hofe erschien niemand, kein Geistlicher geleitete den Sarg. Ein Freund des Philosophen, der zufälligerweise an seinem Todestage nach Hannover gekommen war, erzählt: „man habe ihn eher wie einen Wegelagerer begraben, als wie einen Mann, der die Zierde seines Vaterlandes gewesen war." — Auf seinem Sarge steht sein Wahlspruch: „pars vitae, quoties perditur hora, perit." Weder die Akademie von Berlin, noch die von London nahmen Kenntniss von dem Tode ihres berühmten Mitgliedes, bloss die Pariser Akademie ehrte das Andenken des Verstorbenen durch die berühmte Denkrede Fontenelle's in der Sitzung vom 13. November 1717.

Bezüglich der Persönlichkeit des grossen Mannes ist es von Interesse seine Selbstschilderung zu hören. Er spricht von sich selbst folgendermassen: „Sein Temperament ist weder sanguinisch noch cholerisch, weder „phlegmatisch noch melancholisch. Doch scheint das Cholerische zu über- „wiegen. Er ist hagerer, mittlerer Statur, blass von Gesicht, seine Hände „und Füsse sind nach Verhältniss der übrigen Theile seines Körpers zu „lang und zu dünn. Seine Stimme ist schwach und mehr fein und hell „als stark, auch ist sie biegsam, aber nicht mannigfaltig genug, die „Kehlbuchstaben sind ihm schwer auszusprechen. Seine Hände sind von „unzähligen Linien durchkreuzt. Schon seit seinem Knabenalter hatte „er eine sitzende Lebensart geführt und sich wenig Bewegung gemacht. „Von frühester Jugend an, fing er an Vieles zu lesen und noch mehr „nachzudenken; in den meisten Kenntnissen ist er Autodidakt, begierig,

---

*) Leibniz starb im Hause an der Ecke der Schmiede- und Kaiserstrasse. Der König Ernst August von Hannover hat dieses Haus angekauft, das nun dem Andenken des Philosophen gewidmet ist. — Seine Asche ruht in der Neustädter (St. Johannes) Kirche. Eine kupferne Platte in einem der Gänge, welche die Aufschrift trägt: „Ossa Leibnitii" zeigt die Stelle an. Im Jahre 1790 wurde unweit der k. Bibliothek am Waterlooplatze sein Denkmal aufgerichtet.

„alle Dinge tiefer, als gewöhnlich zu geschehen pflegt, zu durchdringen „und Neues zu finden. Sein Hang zu Gesprächen ist nicht so gross, als „der zum Nachdenken und einsamen Lesen. Er braust leicht auf, aber „wie sein Zorn rasch aufsteigt, geht er auch schnell vorüber. Man „wird ihn nie, weder ausnehmend fröhlich noch traurig sehen. Scherz „und Freude empfindet er mässig. Er ist furchtsam, eine Sache anzu- „fangen, aber kühn, sie durchzuführen. Wegen seines schwachen Gesichts „hat er keine lebhafte Einbildungskraft. Begabt ist er mit vortrefflicher „Empfindungs- und Urtheilskraft" *).

Wir können in der philosophischen Entwicklung Leibnizens zwei Hauptperioden unterscheiden: die erste ist die der Ausbildung des Systemes (1670—1690), die zweite die der Darstellung des Systems in Schriftwerken (1690—1716). Grössere, selbstständige philosophische Werke hat Leibniz bloss zwei verfasst, das erste: die „Theodicee" hat er selbst herausgegeben, das zweite: die „Monadologie" erschien erst nach seinem Tode. Im Uebrigen sind es zumeist Briefe und Aufsätze, in denen er seine Ideen veröffentlicht. Als literarische Vehikel dienten ihm zwei gelehrte Zeitschriften: das „Journal des savans" in Paris und die von einem seiner Schulfreunde, Otto Menken in Leipzig redigirten „acta eruditorum". Ausserdem fand sich zahlreiches Handschriftliches in seinem Nachlasse.

Im folgenden führen wir die Hauptschriften an: „Meditationes de cognitione, veritate et ideis", Acta erud. 1684. — „Lettre de Leibniz à Mr. Arnauld, docteur de Sorbonne, où il lui expose ses sentimens particuliers sur la métaphysique et physique". (23 Mars 1690). Es wird gezeigt, dass das Wesen des Körpers nicht in dessen Ausdehnung — wie Descartes will — besteht; sondern in der Substanz, welche er auf den Begriff der Kraft zurückleitet. (Vgl. auch: „De primae philosophiae emendatione et de notione substantiae", Acta erud. 1694). Auf den neuen Begriff der Substanz gründet er nun ein neues System der Natur (Système nouveau de la nature et de la communication des substances", Journal des savans 1695), das „System der prästabilirten Harmonie". Hiemit ist nun der theologisch-philosophische Standpunkt aufgestellt, der zur „Theodicee" leitet. — Allein das leibnizische System will auch Natursystem sein, neben der göttlichen Macht muss die Weltordnung aus dem eigenen Vermögen der Natur erklärt werden können. Diese dynamische Naturauffassung finden wir in der Abhandlung: „De ipsa natura sive de vi insita actionibusque creaturarum (Act. erud. 1698). Die einzelnen Bausteine des Systems sind vorhanden, sie dürfen bloss aufeinandergelegt und aneinandergefügt werden. Die Untersuchungen des Philosophen wenden sich dem Begriffe der Seele zu, für den er die

---

*) Vgl. Kuno Fischer, Geschichte der neuern Philosophie II. Aufl. Heidelberg 1867, II. Bd., pag. 280.

folgende Stufenleiter aufstellt: Kraft, Lebensprinzip, Thierseele, Geist, Gott. Hierauf beziehen sich drei Aufsätze: „Considérations sur le principe de vie et sur les natures plastiques par l'auteur de l'harmonie préétablie" (Hist. des ouvrages des savans, Mai 1705), „Epistola ad Wagnerum de vi activa corporis, de anima, de anima brutorum" (1710) und „Commentatio de anima brutorum" (1710). Ueber Locke's zu jener Zeit erschienenes Werk schrieb er seine Schrift: „Nouveaux essais sur l'entendement humain par l'auteur du système de l'harmonie préétablie", welche jedoch erst 1766 erschien. Das einzige grosse philosophische Werk, das der Verfasser selbst herausgegeben hat, ist die „Theodicee" („Essais de théodicée sur la bonté de Dieu, la liberté de l'homme et l'origine du mal". Amsterd. 1710. Zusammenfassend gibt Leibniz sein System in der „Monadologie" (1714) und den „Principes de la nature et de la grace, fondés en raison (1714). — Die erste der beiden Schriften ist für den Prinzen Eugen von Savoyen verfasst worden und wurde zuerst in deutscher und lateinischer Uebersetzung veröffentlicht *).

Die erste Ausgabe leibnizischer Aufzeichnungen und Aphorismen erschien durch seinen Sekretär Feller veranlasst: „Otium Hannoveranum sive miscellanea ex ore et schedis illustris viri piae memoriae G. G. Leibnitii", Lips. 1718. — Die erste Sammlung von Briefen gab Christian Kortholt in 4 Bänden zu Leipzig 1734 heraus. — Ferner erschienen: „Oeuvres philosophiques de feu Mr. Leibniz, publiées par Mr. Raspe, avec une préface de Mr. Kästner", Amst. et Leipz. 1765. — Deutsche Uebersetzung von Ulrich. Halle 1778—1780. „G. G. Leibnitii opera omnia, nunc primum collecta, in classes distributa, praefationibus et indicibus exornata, studio Lud. Dutens", Genev. 1768, 6 Vol, 4°. (Bd. I: Opera theol.; Bd. II: Log., Metaphys., Phys. gener., Chym., Medic., Historia nat., Artes; Bd. III: Opera math.; Bd. IV: Philosophia; Bd. V u. VI: Philologia). Eine neuere Auflage von Briefen gab Feder zu Hannover 1805 heraus. Endlich ist noch zu erwähnen: „G. G. Leibnitii opera philosophica quae extant latina gallica germanica omnia. Edita recognovit e temporum rationibus disposita pluribus ineditis auxit etc. J. E. Erdmann." Berol. 1840. — „Oeuvres de Leibniz, publiées pour la première fois d'après les manuscrits originaux avec notes et introductions par A. Foucher de Careil", Paris 1859. — „Die Werke von Leibniz, gemäss seinem handschriftlichen Nachlass in der königl. Bibliothek zu Hannover", Ausgabe von Onno Klopp. Hannover 1864—66. — Leibniz' deutsche Schriften hat G. E. Guhrauer, Berlin 1838—40 herausgegeben.

Die kosmologische und die theologische Auffassung, das sind die beiden Angelpunkte der leibnizischen Philosophie; sie zu vereinigen

---

*) „Principia philos. seu theses in gratiam principis Eugenii conscriptae" (Act. erud. 1721).

ist das Streben derselben. Leibniz geht von der Grundansicht aus, dass die theologisch-teleologische und die physikalisch-mechanische Weltauffassung einander nicht ausschliessen, sondern vielmehr vereinigbar seien. Es ist nun unsere Aufgabe, die Vorgänge in der Natur mechanisch zu erklären, ohne dass wir jedoch dabei des Zweckes vergessen dürfen. Die zwei Grundvorstellungen der leibnizischen Philosophie sind die der Monade und die der prästabilirten Harmonie. Unter Monade versteht er die einfache unausgedehnte Substanz, welcher Kraft innewohnt. Die Monaden sind die wahren Atome, sie sind aber nicht so passiv, wie die demokritischen Atome. Die Monaden haben Vorstellungen, jedoch von sehr verschiedener Klarheit. Gott ist die Urmonade, die Menschen- und die Thierseele sind Monaden, alle Substanzen sind Monaden. Die Pflanzen und Mineralien sind gleichsam schlafende Monaden mit unbewussten Vorstellungen. Für jede Monade ist jener Theil des Universums am klarsten, zu dem sie in nächster Beziehung steht, sie spiegelt von ihrem Standpunkte das Universum. So bilden die Monaden eine continuirliche Reihe immer vollkommenerer, kraftbegabter einfacher Substanzen. Die Anordnung der Monaden erscheint unserer sinnlichen Auffassung als räumliche und zeitliche Anordnung der Dinge. — Jede Monade hat ihren Vorstellungszug, dessen Anordnung auf immanenter Causalität beruht, während der Wechsel der Beziehungen der Monaden zu einander, d. h. die Erscheinungswelt rein mechanischen Gesetzen folgt.

Hier ist nun der Wendepunkt der leibnizischen Philosophie, wo der zweite Grundbegriff hinzukommt, nämlich der der prästabilirten oder vorausbestimmten Harmonie. Der Vorgang in der Vorstellungswelt der Monade und der entsprechende in der Erscheinungswelt ist in seinen Elementen correspondirend, aber nicht im unmittelbaren Abhängigkeitsverhältniss, wenn auch formal jede Vorstellung der Monade als Funktion eines Vorganges in der Erscheinungswelt dargestellt werden kann. Die Ursache dieses formalen Zusammenhanges wesentlich heterogener Vorgänge ist nun die prästabilirte Harmonie, welche von Gott im Vorhinein preétablirt, ein für allemal die geistige Welt mit der körperlichen in Rapport setzt. Hierinnen finden wir nun auch einen durchgreifenden Unterschied zwischen der leibnizischen und der cartesianischen Philosophie. Die letztere nahm eine Beeinflussung der Materie seitens der Seele an, ihre Schüler, welche den Widerspruch der Annahme einer Einwirkung von so heterogenen Faktoren einsahen, bildeten den Occasionalismus aus, d. h. die Annahme des gelegenheitlichen Eingreifens des höchsten Wesens um den Rapport zwischen den zwei correspondirenden und doch von einander unabhängigen Welten herzustellen. — Leibniz hat den Begriff der prästabilirten Harmonie durch ein Gleichniss zu erläutern gesucht. Zwei Uhren können miteinander auf dreierlei Weise stets übereinstimmen. Entweder die beiden Uhren sind mittelst eines Mechanismus verbunden, oder es ist jemand bestellt, der die eine fortwährend nach der andern richtet, oder endlich, die beiden Uhren sind von vornherein so vollkommen genau und gleich gearbeitet, dass dieselben ein für allemal gleich gestellt, auch stets gleich gehen*). Der erste Fall ist der der cartesianischen Philosophie, der zweite der des Occasionalismus, der dritte der der prästabilirten Harmonie. Einen noch bessern Begriff erhalten wir durch die Harmonie, die zwischen einer Naturerscheinung und jener mathematischen Formel besteht, welche den Zusammenhang der in ihr vorkommenden Grössen ausdrückt, welche auch einen Fall prästabilirten Uebereinstimmens darstellt**).

Leibniz hat seine Philosophie der prästabilirten Harmonie sehr hoch geschätzt. Nachdem er in grossen Zügen den Fortschritt in der Philosophie entwickelt, sagt er: „Die Philosophie des Descartes ist gleichsam das Vorzimmer der Wahrheit; er hat erkannt, dass sich in der Natur stets die gleiche Kraft erhält; hätte er auch erkannt, dass die Gesammteinrichtung unverändert bleibt, so hätte er zum System der prästabilirten Harmonie gelangen müssen." Doch verwahrt sich der Philosoph dagegen uns aus dem Vorzimmer in das Cabinet der Natur zu führen, da zwischen Vorzimmer und Cabinet das Audienzzimmer liege und wir uns begnügen müssen, wenn wir bei der Natur Audienz erhalten „sans prétendre de pénétrer dans l'intérieur" ***).

Aus dem Begriffe der prästabilirten Harmonie geht nun die Lehre von der besten Welt hervor, die den Inhalt der „Théodicée" bildet. Da dieselbe rein teleo-theologischer Natur ist, so können wir sie hier übergehen.

Die Lehre von den Monaden und der prästabilirten Harmonie gibt eine in sich abgeschlossene Weltanschauung, so gut wie die atomistisch-mechanistische Anschauung der Neuzeit und dieser einzige Umstand reichte hin, der leibnizischen Philosophie einen hervorragenden Platz in der Geschichte unserer Wissenschaft anzuweisen, jedoch hiezu kommt noch, dass eben diese Naturanschauung so manchen lebensfähigen Keim in sich birgt, der später sich als fruchtbarer Begriff entwickelt hat. — Um nun den direkten Einfluss unseres Philosophen auf die Entwicklung der Physik darzustellen, wenden wir uns zu seinen physikalischen Ansichten. Leib-

---

*) Second et troisième éclaircissement du nouveau Système de la communication des substances.

**) So existirt z. B. eine vorausbestimmende Uebereinstimmung zwischen der Gleichung

$$t = \pi \sqrt{\frac{1}{g}}$$

und der Länge der Schwingungszeit eines mit geringer Elongation schwingenden einfachen Pendels. Jeder Pendellänge entspricht eine Schwingungsdauer, welche, ohne dass ein Abmessen erforderlich wäre, aus der Gleichung berechnet werden kann.

***) Erdmann's Ausg. XXXV, pag. 123.

niz erklärt sich im Allgemeinen für die physikalischen Anschauungen der Novatoren der Physik: Bacon, Gassendi, Descartes u. a., welche die verborgenen Qualitäten der Scholastiker negiren und aus Grösse, Figur und Bewegung die Erscheinungswelt auf rein mechanische Weise erklären wollen, jedoch neigt er zur aristotelischen Physik zurück, die er besonders der cartesianischen gegenüber in den Vordergrund stellt*). Unter dem Titel: „Neue physikalische Hypothese"**) veröffentlichte Leibniz in der letzten Zeit seines Mainzer Aufenthaltes eine Schrift, welche die Theorie der concreten und der abstracten Bewegung abhandelt, die erstere bezieht sich auf die concreten Erscheinungen, die letztere auf das Prinzip der Bewegung. Das Medium der Bewegung ist der die Körper durchdringende Weltäther, der die verschiedenen Erscheinungen: Licht, Schwere etc. hervorbringt.

Ein denkwürdiger wissenschaftlicher Streit wurde durch Leibnizens Abhandlung: „Brevis demonstratio erroris memorabilis Cartesii et aliorum circa legem naturae, secundum quam volunt a Deo eandem semper quantitatem motus conservari" (Act. erud. 1686) hervorgerufen, in welcher der Philosoph die Descartes'sche Messung der Kraft durch das Product von Masse und Geschwindigkeit angriff, und dafür als Kräftemass das Produkt von Masse und Quadrat der Geschwindigkeit substituirte. Wenn eine Masse von 1 Pfund durch eine Höhe von 4 Ellen fällt, so erhält sie eine solche Kraft, die im Stande ist, sie wieder eben so hoch zu heben. Wenn hingegen eine Masse von 4 Pfunden durch eine Höhe von 1 Elle fällt, erhält sie eine Kraft, sich wieder 1 Elle hoch zu erheben. Diese beiden Kräfte sind offenbar gleich, da eben so viel Kraft erforderlich ist 1 Pfund 4 Ellen hoch oder 4 Pfund 1 Elle hoch zu heben. Nach der cartesianischen Art der Kraftmessung sollte nun hier das Produkt von Masse und Geschwindigkeit gleich sein, das ist aber nach den Gesetzen des freien Falles nicht der Fall, da die zurückgelegten Wege im Verhältnisse der Quadrate der erreichten Geschwindigkeiten sich befinden, somit im zweiten Falle die Geschwindigkeit nur halb so gross ist, als im ersten. Hingegen geben die Massen mit den Quadraten der Geschwindigkeiten multiplicirt gleiche Produkte, so dass letzteres Produkt als Mass der Kraft zu betrachten ist. Leibniz hat seine diesbezüglichen Untersuchungen in der Abhandlung: „Specim. dynamicum pro admirandis naturae legibus circa corporum vires et mutuas actiones detegendis et ad suas causas revocandis" (Act. erud. 1695) fortgesetzt und zu beweisen gesucht, dass nicht das Bewegungsquantum, d. h. das Produkt der Masse in die Geschwindigkeit, sondern

---

*) Dissertatio de arte combinatoria, Confessio naturae contra atheistas, Epistola ad Jac. Thomasium.

**) Hypothesis physica nova seu theoria motus concreti et theoria motus abstracti (1671).

das Produkt von Masse und Quadrat der Geschwindigkeit sich im Universum constant erhalte. Leibniz folgert ferner, dass die Natur des Körpers nicht bloss in seiner Ausdehnung bestehe, wie Descartes annimmt, noch auch in Ausdehnung und Undurchdringlichkeit, wie dies Gassendi annimmt und früher auch er selbst behauptete, sondern, dass noch die Actionsfähigkeit der Materie hinzukomme. — Leibniz findet auch, dass die lebendige Kraft sich stets in der Weise entwickle, dass Kraftwirkung an einem Widerstande aufgezehrt werde. Auf den Stoss angewendet, folgt hieraus der wichtige Schluss, dass, was durch die kleinen Theile absorbirt wird, für das Universum nicht verloren geht, wenn es auch für die Gesammtkraft der zusammentreffenden Körper verschwindet*). Es klingt dieser Satz fast an den von der Erhaltung der Energie an.

In der oben angeführten Abhandlung: „Spec. dynamic. etc." gibt der Verfasser seine wichtige Unterscheidung der Kräfte in todte und lebendige. Todte Kraft nennt er diejenige, welche keine Bewegung, sondern bloss Bestreben nach Bewegung hervorbringt**), lebendige Kraft hingegen diejenige, die mit wirklicher Bewegung verbunden ist. Die Alten haben bloss die Statik gekannt, also nur mit todter Kraft zu thun gehabt. Die todte Kraft wird durch das Produkt der Masse in die Geschwindigkeit ausgedrückt, da sich beim Beginne der Bewegung die Elemente der Räume, wie die anfänglichen Geschwindigkeiten oder wie die Bestrebungen nach Geschwindigkeit verhalten. Beim Fortgange der Bewegung verhalten sich hingegen die beschriebenen Räume, wie die Quadrate der Geschwindigkeiten, folglich muss als Mass der lebendigen Kraft das Produkt aus Masse und Geschwindigkeitsquadrat angesehen werden. Die lebendige Kraft summirt sich aus unzählig oft wiederholten Eindrücken der todten Kraft (ex infinitis vis mortuae impressionibus). Wenn der Druck der Schwere jeden Augenblick durch das Hinderniss der Unterlage aufgehoben wird, so erfolgt nur Druck, wenn aber nach weggenommenem Hinderniss die Masse wirklich bewegt wird, so wächst durch unendlich kleine Impulse das Vermögen andere Körper zu bewegen. Die Unterscheidung in todte und lebendige Kräfte ist keine glückliche zu nennen, sie hat die Frage eher verwirrt, denn geklärt. Es entwickelte sich über die Frage des Kräftemasses ein langandauernder Streit, dessen Ende Leibniz nicht erlebte, da er erst mit dem Erscheinen des D'Alembert'schen „Traité de dynamique" seine Endschaft erreichte, in dessen Vorrede nachgewiesen wurde, dass dem ganzen wissenschaftlichen Streite zwischen den Leibnizianern und Cartesianern ein einfaches Missverständ-

---

*) Schlussworte des „Essai de dynamique etc." Pertz-Gerhardt'sche Ausgabe von L. math. Werken, Bd. VI, pag. 231.
**) „In qua nondum existit motus, sed tantum sollicitatio ad motum". Act. erud. Lips. 1695.

niss zu Grunde liege oder aber, dass dieser auf einem einfachen Wortstreite beruhe *). Andeutungsweise findet sich bei Leibniz der Unterschied zwischen potentieller und actueller Kraftleistung, oder wie wir heute sagen „Energie", jedoch durch Verwechslung der Begriffe Kraft und Energie, welche Unterscheidung über dem Horizonte der damaligen Mechanik lag, wurde die Frage zu einer so schwer lösbaren.

Leibniz stand mit den bedeutenderen Naturforschern seiner Zeit in lebhaftem Verkehre. Seine Correspondenz ist noch nicht in ihrem vollen Umfange gewürdigt, trotzdem dieselbe eben bei ihm, der so wenig grössere Werke schrieb und mit seinen Ideen durchaus nicht geizte, sondern diese oft bloss und allein in einem Briefe zum Ausdruck brachte, von grösserer Wichtigkeit ist, als bei irgend einem andern Gelehrten. Unter den zahlreichen hier und da verstreuten Ideen und Erfindungen führen wir hier nur einige an. Leibniz hat die Idee des Aneroidbarometers **) und der calorischen Maschine ***) lange vor Vidi (1847) und Stirling (1816) gehabt, welche jene beiden Vorrichtungen selbstständig ausgedacht und praktisch verwendet haben. — Ueber die Ursachen der Veränderungen des Barometers sprach sich Leibniz dahin aus, dass die Dünste in der Luft nur so lange den Druck derselben vermehren, als sie von dieser getragen werden. Diese Vermehrung hört auf, wenn die Dünste herabfallen. Leibniz wollte diese Behauptung mit einem Versuche plausibel machen, welcher jedoch ganz und gar nicht entspricht †).

---

*) Bezeichnen P, P_1 zwei Kräfte; m, m_1 zwei bewegte Massen; v, v_1 die erreichten Geschwindigkeiten; γ, γ_1 die entsprechenden Beschleunigungen; s den Weg, t die Zeit, so ist:
$$P : P_1 = m\gamma : m_1 \gamma_1$$
$$P : P_1 = m\gamma t : m_1 \gamma_1 t = mv : m_1 v_1$$
da $v = \gamma t, v_1 = \gamma_1 t$.
Hingegen: $P : P_1 = m\gamma : m_1 \gamma_1 = m\gamma s : m_1 \gamma_1 s$
$$P : P_1 = \frac{mv^2}{2} : \frac{m_1 v_1^2}{2} = mv^2 : m_1 v_1^2$$
da $v^2 = 2\gamma s, v_1^2 = 2\gamma_1 s$.
Die erste Proportion steht für den Fall gleicher Zeiten, in denen die Geschwindigkeit erreicht wurde, die zweite für den Fall gleicher Wege.

**) In Gerland, „Leibnizens und Huygens' Briefwechsel mit Papin", Berlin, 1881, pag. 222, findet sich der Auszug aus dem Briefe Leibnizens an Papin: „Extrait de ma lettre 21 juin 1697. On me parle d'un Barometre „portatif avec du Mercure, je crois que on en pourroit faire sans mercure „par une maniere de souflet bien ferme ou à la façon d'une pompe. Vergl. Gerland's Abhandlung über diesen Gegenstand. Wiedemann's Annalen VIII, pag. 357.

***) Ibid. id. Der Brief Leibnizens findet sich in Gerland: „Leibnizens und Huygens Briefwechsel etc.", pag. 372.

†) Ephemerides barometricae Mutinae etc. Christ. Kortholtus Tom. I, Lips. 1734, epist. CXXVI, pag. 181.

Wir haben schon oben von der Erfindung der Infinitesimalrechnung durch Leibniz gesprochen. Nach einem Manuskripte in seinem Nachlasse datirt er die Erfindung vom 29. Oktober 1675. Aus derselben scheint zu folgen, dass er zuerst den Integralcalcul fand, den er „Calculus summatorius" nannte. Die Differentialrechnung hat er später entwickelt. Das Integralzeichen stammt von Leibniz, die Benennung „Integral" hat Jakob Bernoulli vorgeschlagen. Leibniz wendet den Differential- und Integralcalcul zur Lösung verschiedener Aufgaben an, so z. B. zur Untersuchung der relativen Festigkeit eines Balkens*) u. a.

Leibniz hat einen mächtigen Einfluss auf das gesammte wissenschaftliche Denken des achtzehnten Jahrhunderts geübt. Eine eigenthümliche Erscheinung, deren nähere Untersuchung jedoch uns hier zu weit abseits führen würde, ist die geringe Achtung, die einige Generationen nach seinem Tode dem Andenken des grossen Mannes gezollt wird. Erst seit Lessing wieder die Aufmerksamkeit auf ihn gelenkt, gewinnen wir langsam ein vollständigeres Bild von der Persönlichkeit und der wissenschaftlichen Bedeutung dieses grossen Denkers.

Von Schriften über Leibniz erwähnen wir hier die folgenden: „Elogium Godofredi Guilelmi Leibnitii" Act. erud. 1717. — Fontenelle, „Eloge de M. de Leibniz" (1717). — Jaucourt (Neufville), „Histoire de la vie et des ouvrages de M. Leibniz", Amsterd. Ausg. d. Théodicée (1734). — Ludovici, „Entwurf einer vollständigen Historie der leibnizischen Philosophie", Leipzig 1737. — Guhrauer, „Gottfried Wilhelm Freiherr v. Leibniz". — Grote, „Leibniz und seine Zeit". — Pfleiderer, „Gottfr. Wilhelm Leibniz als Patriot, Staatsmann und Bildungsträger. Ein Lichtpunkt aus Deutschlands trübster Zeit". — Gerhardt, „Geschichte der Math. in Deutschland". — K. Fischer, „Geschichte der neuern Philosophie." II. Bd.: Leibniz und seine Schule. 2. Aufl. Heidelberg 1867. — Gerland, „Leibnizens und Huygens' Briefwechsel mit Papin etc.", Berlin 1881.

Accademia del Cimento.

Die grossartigen Resultate, welche die experimentelle Forschung im Laufe des 17. Jahrhunderts aufzuweisen hatte, legte den Gedanken nahe durch Vereinigung Gleichstrebender ein Experimentiren in grossem Stile anzubahnen, um so in kürzester Zeit in Besitz der Erfahrungsdaten zu gelangen, welche erforderlich schienen, um die Kenntniss jener Erscheinungskreise zu einem gewissen Abschlusse zu bringen, mit denen

---

*) Acta erud. 1684 unter der Ueberschrift: „Demonstrationes novae de Resistentia solidorum", Gerhardt. Leibnizens math. Schriften, 1860, Bd. II, pag. 106.

sich eben damals die physikalische Forschung vorzugsweise beschäftigte. Die Idee der Vereinigung zu gemeinsamer Forschungsarbeit war durch die Natur der Aufgabe begründet, welche ausgebreitete Beobachtungen, sowie die Anstellung zahlreicher Versuche erforderte, deren Kosten häufig über das Vermögen eines unbemittelten Gelehrten hinausgingen und so eine Unterstützung aus öffentlichen Mitteln nothwendig machte, welche naturgemässer Weise einer wissenschaftlichen Corporation leichter zugewendet werden, als einem einzelnen Gelehrten. In Italien war das Entstehen einer derartigen wissenschaftlichen Societät um so natürlicher, da Galilei eine Anzahl von Schülern hinterlassen hatte, welche unter einander befreundet waren und da die Idee der Vereinigung zu wissenschaftlichen Corporationen in Italien ohnedies eine lange Vergangenheit hatte. Jedoch erst fünfzehn Jahre nach dem Tode des Meisters und zehn Jahre nach dem Tode seines genialen Schülers Torricelli gelang es, die schon lange in Florenz geplante physikalische Gesellschaft zu Stande zu bringen. Die Verhältnisse waren hiezu um jene Zeit sehr günstig. Sowohl der Grossherzog von Toscana, Ferdinand II., sowie dessen Bruder Leopold von Medici hatten eine ausgesprochene Neigung zu physikalischen Versuchen und so war es denn sehr natürlich, dass sich diese beiden Fürsten leicht für eine derartige „Akademie des Versuches" (accademia del Cimento), wie sie getauft wurde, interessirten. Die erste Idee zu dieser wissenschaftlichen Gesellschaft soll aus dem Jahre 1651 datiren, gegründet wurde die Akademie in der That am 19. Juni 1657, um ihre kaum ein Dezennium währende, kurze, aber glänzende Bahn zu durchlaufen. Die Akademie bestand nur aus neun Mitgliedern, lauter Gelehrten, welche in irgend einer Beziehung zum toscanischen Hofe standen. Die Sitzungen wurden im Palaste des Fürsten Leopold von Medici abgehalten, der an denselben regelmässig Theil zu nehmen pflegte. Die Mitglieder waren die folgenden: Giovanni Alfonso Borelli, Vincenzo Viviani, Lorenzo Magalotti, Carlo Renaldini, Francesco Redi, Candido del Buono, Paolo del Buono, Alessandro Marsili und Antonio Oliva.

Giovanni Alfonso Borelli wurde am 28. Januar 1608 zu Castelnuovo in Neapel geboren. Er studirte Philosophie und Mathematik bei Castelli und wurde später Professor der Mathematik in Messina (1649), von dort wurde er im Jahre 1656 an die Universität Pisa gerufen. Borelli war ein höchst vielseitiger Gelehrter. Sein Ansehen hatte er als medizinischer Schriftsteller durch die Abhandlung über jene pestartigen Fieber (Trattato sulle Febbri maligne della Sicilia negli anni 1647 e 1648) begründet, welche um jene Zeit in Sicilien wütheten. Ausserdem beschäftigte er sich mit grossem Erfolge mit Anatomie und Physiologie, mit Mathematik, Astronomie und Physik. In Florenz wurde er zum Mitgliede der eben errichteten Accademia del Cimento erwählt, unter deren thätigste Mitglieder er zu rechnen ist. Ein grosser Theil der Arbeiten stammt von ihm her, besonders jene, welche sich auf den Luftdruck beziehen. Von ihm stammt jene Vorrichtung, welche wir Heliostat nennen, die den Zweck hat, ein Strahlenbündel Lichtes unveränderlich in einer gewissen Richtung zu reflectiren. Der Heliostat besteht aus einem Spiegel, der durch ein Uhrwerk in Bewegung gesetzt wird, so dass er der scheinbaren Bewegung der Sonne folgt. Es ist dies ein für optische Versuche und Untersuchungen sehr nützliches Instrument.

Borelli hat in einer Schrift, welche den Namen führt: „Theoria mediceorum planetarum ex causis physicis deducta" den Gedanken einer gegenseitigen Anziehung zwischen den einzelnen Himmelskörpern ausgesprochen, um hiedurch die Bewegung derselben zu erklären, ohne dass er jedoch im Stande gewesen wäre, die Gravitationsmechanik zu entwickeln.

Nach der Auflösung der Akademie im Jahre 1667 verliess Borelli Pisa, wo er sich durch sein leidenschaftliches, unfügsames Wesen unmöglich gemacht hatte und begab sich wieder nach Messina. Im Jahre 1674 liess er sich hinreissen, an einem Aufstande Theil zu nehmen, in Folge dessen er ausser Landes fliehen musste. Er ging nach Rom, wo er von der zu jener Zeit dort lebenden Königin Christine von Schweden unterstützt wurde, auf deren Kosten auch sein berühmtes Werk: „De motu animalium" erschien. Als er nämlich in Rom in grosser Dürftigkeit lebte, bot er die Schrift im Dezember 1679 der schwedischen Fürstin an, welche sich für Wissenschaft stets interessirte und sich bereit erklärte, die Druckkosten des borellischen Werkes zu tragen. Kaum war jedoch der Druck begonnen, als der am 31. Dezember 1679 erfolgende Tod des Gelehrten, dessen wechselvolle Schicksale beschloss. Er starb im Kloster S. Pantaleone zu Rom in äusserster Armuth. Der erste Band seines Werkes erschien zu Rom 1680, der zweite zu Leyden 1685.

Von den Schriften Borelli's erwähnen wir die folgenden: Del movimento della cometa apparsa il mese di decembre 1664, spiegata in una lettera da Pier Maria Mutoli*). Pisa 1665. — Theoria mediceorum planetarum ex causis physicis deducta. Florent. 1666. — De vi percussionis. Bononiae 1667. — Osservazione intorno alla virtù ineguali degli Occhi (Giorn. di Roma 1669). — De motionibus naturalibus a gravitate pendentibus. Reg. 1670. — Meteorologia Aetnea sive Historia et Meteorologia incendii Aetnei, Anni 1669. Reg. 1670. — De motu animalium. Pt. I. Romae 1680, Pt. II. Lugd. Bat. 1685.

Borelli war, wie wir dies aus seinen vielseitigen Schriften beurtheilen können, ein äusserst talentirter und glücklicher Forscher; wenn er trotz dieser schönen Gaben nicht noch Bedeutenderes, in den Entwicklungsgang unserer Wissenschaft mächtiger Eingreifendes geschaffen hat, so ist hieran wohl theils die oben erwähnte Vielseitigkeit, zum grösseren Theile jedoch wahrscheinlich seine unruhige, der inneren Har-

---

*) Sein Pseudonym.

monie entbehrende Geistesanlage Schuld, welche ihn in verschiedene Unternehmungen stürzte und jene ruhige, in sich ausgeglichene Bethätigung der Verstandeskräfte verhinderte, welche zu grossen Geistesschöpfungen unumgänglich nöthig zu sein scheint.

Wir übergehen nun zu einer kurzen Darstellung der Leistungen des Gelehrten, insofern diese sich auf das Gebiet unserer Wissenschaft beziehen. Wie wir weiter oben erwähnt haben, hat Borelli in seinem Werke über die Jupitersmonde die Idee der allgemeinen Anziehung der Himmelskörper, wenn auch in höchst unbestimmter Weise ausgesprochen, indem er die Schwerkraft und Schwungkraft als Ursache der Bewegung der Himmelskörper ansieht*). — Die Beobachtung des Kometen von 1664 führte zur Aufstellung einer Theorie dieser Himmelskörper, welche sich in vortheilhafter Weise von der Meinung seiner Zeitgenossen unterscheidet. Er betrachtet die Kometen nicht als meteorische Dünste, sondern als feste Körper, die nicht um die Erde kreisen, sondern um die Sonne ihre Bahnen ziehen, welche Bahnen nicht Kreise sind, sondern Parabeln. Borelli hat somit 13 Jahre vor Hevelius die Idee der parabolischen Kometenbahn ausgesprochen. Seine vorzüglichen astronomischen Beobachtungen führte er mit Hülfe eines vom Grossherzoge von Toscana erhaltenen guten campanischen Fernrohres aus. — Von Bedeutung sind ferner die Arbeiten unsers Gelehrten über Capillarität, wie sich dieselben hauptsächlich in seiner Schrift: „De vi repercussionis et motionibus naturalibus a gravitate pendentibus" (Reggio 1670) dargestellt finden. Die Versuche stammen nach des Verfassers eigener Angabe aus dem Jahre 1655. Das Manuscript des Werkes existirte schon zur Zeit des Bestehens der Akademie, weshalb Fürst Leopold es den Publikationen dieser wissenschaftlichen Gesellschaft einverleiben wollte, was jedoch der Verfasser, der sich das Verdienst, die in seinem Werke enthaltenen Resultate aufgefunden zu haben, mit seinem Namen zu verknüpfen, nicht entgehen lassen mochte, durchaus nicht zugeben wollte. Borelli hat übrigens an den Capillaritätsversuchen der Akademiker ebenfalls Theil genommen.

Es sind durchaus solche Beobachtungen, welche deren Urheber als höchst scharfsichtigen Belauscher einer Reihe von sehr merkwürdigen, dabei jedoch ihrer Kleinheit wegen unscheinbaren Vorgänge in der Natur zeigen. Borelli wies nach, dass Wasser in Glasröhren schneller ansteige und sich höher erhebe, wenn die Röhre feucht ist, ferner findet er, dass das Wasser sich in einer feuchten Röhre zu einer Höhe erheben könne, welche jener gleich ist, in welcher die Flüssigkeit in der Röhre zurückbleibt, wenn wir sie gänzlich aus dem Wasser herausheben. Ist die Wassersäule in der Röhre länger als die Steighöhe der Flüssigkeit, wenn wir das untere Ende der Röhre in dieselbe eintauchen, so wird so viel

---

*) Vgl. oben Seite 17.

ausfliessen, beziehungsweise am untern Ende der Röhre einen Tropfen bilden, bis die Länge der mehrerwähnten Wassersäule die entsprechende geworden ist. Borelli fand auch ein Gesetz für den Zusammenhang zwischen der Steighöhe der Flüssigkeit und dem Durchmesser der Röhre. Er fand nämlich, dass die Steighöhe mit dem Röhrendurchmesser im umgekehrten Verhältnisse stehe.

Von besonderem Interesse sind die Versuche Borelli's, die er über die Anziehung, resp. Abstossung auf dem Wasser schwimmender Körper anstellte. Als er nämlich die Versuche Norman's und Gilbert's über die auf dem Wasser schwimmenden magnetisirten Stahl- oder Eisennadeln nachahmen wollte, entdeckte er eine scheinbare Fernewirkung zwischen den schwimmenden Körpern. Er liess sich zwei kleine, leichte Messingplatten verfertigen, klebte auf dieselben mit Wachs kleine Stiele und setzte beide Platten auf das Wasser, auf welchem sie am Grunde einer Vertiefung der Oberfläche schwammen. Als er vermöge der Stiele die beiden Platten bis auf etwa einen Zoll Distanz angenähert hatte, begannen dieselben mit beschleunigter Bewegung gegen einander zu schwimmen, wodurch der Wasserwall der anfänglich beide Vertiefungen der Oberfläche von einander getrennt hatte, verschwand und die Bleche sich bis zur Berührung näherten. In ähnlicher Weise gestaltete sich der Versuch, als er an Stelle der Messingplättchen Holztäfelchen verwendete. Bloss die Oberfläche der Flüssigkeit zeigte eine andere Gestalt, da das spezifisch leichtere Holz in die Flüssigkeit einsank, diese jedoch an dessen Seiten anstieg und so eine concave Fläche zwischen beiden Holzscheiben bildete. Auch hier erfolgte die scheinbare Anziehung der beiden Körper aus der Entfernung einiger Centimeter. Borelli wendete nun eine Messing- und eine Holzscheibe an, brachte sie mit einander in Berührung und liess sie dann frei; er nahm wahr, dass die beiden sich scheinbar abstiessen und von einander scheinbar flohen. Er variirte diese Versuche in mannigfacher Weise, konnte jedoch keine befriedigende Erklärung geben, was um so weniger zu verwundern ist, wenn wir bedenken, in welch unvollständigem Zustande sich unsere Capillaritätstheorie auch heute noch befindet. Borelli stellte diese interessanten Experimente in Gegenwart der beiden Fürsten Ferdinand und Leopold vor den Mitgliedern der „Accademia del Cimento" an. Zu erwähnen sind bloss noch die Beobachtungen über das Aneinanderhaften zweier auf der Oberfläche des Wassers schwimmender Glasplatten, wenn die eine derselben herausgehoben wird, ferner das Zusammenfliessen zweier Tropfen einer Flüssigkeit, wenn diese mit einander zur Berührung gebracht werden. Die abenteuerlichen Voraussetzungen über die Constitution der Flüssigkeiten, mit denen Borelli seine Versuche erklären wollte, können wir als ganz unfruchtbare Phantasien hier füglich übergehen.

In seinem mit Recht berühmten Werke: „De motu animalium" hat Borelli eine Fülle wichtiger Untersuchungen über den Mechanismus des Stehens, Sitzens, Aufstehens, Gehens, Laufens u. s. w. niedergelegt. Er weist nach, dass die Bewegungen des Körpers, durch Systeme von Hebeln (die Gliedmassen) bewerkstelligt werden, dass diese hiebei in Verwendung kommenden einarmigen Hebel sogenannte Wurfhebel seien, an welchen sehr kurze Zeit die Muskeln eine ganz erstaunliche Kraft auszuüben im Stande sind. Nach Borelli's Berechnung würden sämmtlichen Muskeln des menschlichen Armes, wenn an den Fingern des wagrecht gehaltenen Armes eine Last von $9^1/_2$ Pfunden aufgehängt ist eine Gesammtspannung von 1990 Pfunden tragen, um jene Last im Gleichgewichte zu erhalten. Ein erwachsener Mann, der mit gekrümmtem Leibe und eingebogenen Knieen sich unter grosser Last aufzurichten bestrebt, leistet in den Knorpeln und Muskeln des Rückgrates eine Gesammtkraft von 25 585 Pfunden. — Das Gehen und Laufen erklärt Borelli als fortgesetztes, immer wieder erneuertes Fallen, wobei das Gewicht des Körpers abwechselnd von den beiden Füssen unterstützt wird. — Von besonderem Interesse ist jenes Problem, mit dem sich schon Aristoteles beschäftigt hat, nämlich der Mechanismus des Aufstehens eines Sitzenden, wobei entweder der Leib vorwärts gebeugt, oder die Füsse zurückgezogen werden müssen, um den Schwerpunkt des Körpers unter die Füsse zu bringen. — Borelli hat durch Versuche auch die Lage des Schwerpunktes im menschlichen Körper zu finden sich bestrebt. Schliesslich erwähnen wir noch seine Betheiligung an Versuchen zur Bestimmung der Schallgeschwindigkeit in der Luft. — Borelli war der erste, der bei Betrachtung des statischen Verhältnisses der Kräfte am Keil den Widerstand als senkrecht auf die Seitenflächen desselben annahm.

Vincenzo Viviani wurde am 5. April 1622 zu Florenz aus altem patricischem Geschlechte geboren. Schon in früher Jugend zeigte er eine bedeutende Begabung für Mathematik. Er suchte, um seiner Wissbegierde Genüge zu thun, zu dem damals schon erblindeten Galilei Zutritt zu bekommen. Dieser nahm ihn liebreich auf und führte ihn in jene Geisteswelt ein, in der er sich von der Aussenwelt ganz abgeschlossen, bewegte. Nach dem Tode des Meisters war er es, der dessen Andenken am besten ehrte, so wie er es zeitlebens für seinen grössten Stolz hielt, sich den „letzten Schüler Galilei's" zu nennen. Von dem Könige Ludwig XIV. von Frankreich bezog er seit 1664 eine Pension, diese verwendete er grossentheils zur Verherrlichung seines grossen Lehrers. Er gestaltete sein Haus zu Florenz zu einem Denkmale Galilei's um, dessen Büste er an der Aussenseite desselben anbringen liess.

Nach Galilei's Tode schloss sich Viviani an Torricelli an, mit dem er die letzte Zeit an Galilei's Krankenbette verlebt hatte. Im Jahre 1666 wurde er erster Mathematiker des Grossherzogs Ferdinand II., dem er vordem schon als Ingenieur Dienste geleistet hatte. Viviani war auswärtiges Mitglied der Pariser Akademie (seit 1699), ausserdem der Londoner „Royal Society". In seiner Eigenschaft als

Mathematiker des Grossherzogs war er der Nachfolger Galilei's und Torricelli's.

Die Arbeiten Viviani's beziehen sich hauptsächlich auf Mathematik, auf welchem Gebiete er schon seit seinem 23. Lebensjahre selbstständig thätig war. Er hat Proben seines aussergewöhnlichen mathematischen Talentes durch Ergänzung der Werke zweier Geometer aus dem griechischen Alterthum: Aristaios und Apollonios geliefert. Die berühmte Schrift des letzteren über die Kegelschnitte galt als ein zum Theil verlorenes Werk. Viviani bearbeitete nach seinem Ermessen, auf Grund der bekannten vier ersten Bücher, das fünfte bis siebente Buch und hatte auch noch Gelegenheit das durch den Jesuiten Golius aus dem Oriente nach Florenz gebrachte, auf Borelli's Veranlassung übersetzte Original, das 1659 im Drucke erschien, mit seiner Arbeit vergleichen zu können. Leider hat Viviani das achte Buch nicht bearbeitet und dieses findet sich auch in dem Manuskripte des Golius nicht vor. — Eine ähnliche Arbeit vollführte er in Bezug auf eine Schrift des griechischen Geometers Aristaios, welche Schrift er im 23. Jahre seines Lebens begann, jedoch erst 1701, im späten Alter vollendete. Im Geiste der alten Mathematiker ist auch die Aufgabe, welche Viviani an die Geometer seiner Zeit richtet: „Ein der Geometrie geweihter Tempel sei mit einer halbkugelförmigen Kuppel überwölbt, in welcher vier Fenster eingeschnitten sind, dergestalt, dass der Rest genau quadrirbar sei." — Die Aufgabe wurde von Leibniz, Jacob Bernoulli, Wallis und andern gelöst, die Lösung des Urhebers der Aufgabe erschien zu Florenz 1692. — Viviani verfasste auf den Wunsch des Fürsten Leopold eine Biographie seines theuern Meisters Galilei: „Racconto istorico della vita di Galileo Galilei" *), welche indess durch ihre Färbung die Zeit verräth, in der sie entstanden ist.

Viviani starb im hohen Alter von 81 Jahren am 22. September 1703 zu Florenz und wurde daselbst in der Kirche „Santa Croce" an Galilei's Seite begraben. Seit 1735 befinden sich seine Ueberreste in dem damals errichteten Mausoleum, vereinigt mit denen seines Meisters. — Von seinen Schriften erwähnen wir hier nur noch: Formazione e misura di tutti i cieli, con la struttura e quadratura esatta dell'intero, e delle parti d'un nuovo cielo ammirabile, e di uno degli antichi delle volte regolari degli architetti. 4°. Firenze 1692.

Graf **Lorenzo Magalotti,** geboren den 13. September 1637 zu Rom, gestorben den 1. März 1712 zu Florenz**), Sohn des Grafen Orazio Magalotti. Seine Studien vollendete er im Jesuitencollegium zu Rom, 1656

---

*) Vgl. Bd. I, pag. 367.

**) Nach Fabronio: Vitae Italorum doctrina excellentium etc. (Pisiis 1778—1805), hingegen nach Niceron: Mémoires pour servir à l'histoire des hommes illustres dans la république des lettres (Paris 1727—1745) geboren 23. Okt. 1637, gest. 2. März 1711.

ging er an die Universität Pisa, wo er Viviani's Schüler war. Dieser empfahl ihn auch dem Fürsten Leopold, der ihn zu seinem Sekretär wählte. Magalotti erfreute sich seiner persönlichen Manieren, seines Standes und seiner vielseitigen Kenntnisse wegen am Hofe zu Florenz einer grossen Beliebtheit und wurde auch von dem Grossherzoge Cosimo III. sehr geschätzt. Der letztere nahm ihn auf seiner Reise nach Frankreich und England mit sich. Bei dieser Gelegenheit schloss Magalotti Freundschaft mit Robert Boyle. Im Jahre 1707 wurde er zum auswärtigen Mitgliede der Londoner „Royal Society" erwählt.

Magalotti war seit ihrem Bestehen Mitglied, seit 1660 Sekretär der „Accademia del Cimento". Er redigirte auch die „Saggi" oder Denkschriften der Akademie. Von seinen Schriften erwähnen wir: „Tractatus de motu gravium." Ferner „Lettere scientifiche ed erudite" (Firenze 1721), ein posthum erschienenes Werk. Ausserdem existirt ein unedirtes Tagebuch über seine Erlebnisse und Eindrücke auf seiner französisch-englischen Reise, welches einige für die Geschichte der Wissenschaft interessante Daten enthält (z. B. über die Worcester'sche Dampfmaschine), dieses Manuskript wird in dem Archive zu Florenz aufbewahrt.

Carlo Renaldini (Rinaldini), geboren den 30. Dezember 1615 zu Ancona, gestorben 18. Juli 1698 ebendort. Er war Ingenieur in päbstlichen Diensten, hierauf Professor in Pisa. Er unterrichtete den nachmaligen Grossherzog Cosimo III. in der Mathematik. Nach Auflösung der „Accademia del Cimento", deren Mitglied er war, folgte er einem Rufe an die Universität Padua, wo er Mathematik und Philosophie bis zum Jahre 1698 vortrug. Renaldini war ein eifriges Mitglied der Florentiner Akademie und hat sich an den experimentellen Arbeiten derselben hervorragend betheiligt. Von seinen Schriften führen wir an: Opus algebraicum, in quo praeter antiquam algebram nova quoque pertractatur (Anconae 1644). Philosophia naturalis (3 Vol. fol. Patav. 1694). Esperienze proposte nell' Accad. del Cimento per conoscere se il calore si diffonda sfericamente (Mem. dell' Acc. del Cim., Raccolta II.). Some experiments, shewing the difference of ice made without air, from that which is produced with air. (Phil. Tr. 1671.)

Renaldini hat sich besonders mit dem Thermometer beschäftigt. Er hat in seiner „Philosophia naturalis" (Tom. III, pag. 276) zuerst den Vorschlag gemacht, den Gefrier- und Siedepunkt des Wassers als thermometrische Fixpunkte zu benützen. Er gibt auch einen Plan für die Eintheilung des Weingeist-Thermometers, wie ihn die Florentiner Akademiker benützten, wobei er die zwischen Gefrier- und Siedepunkt liegenden Grade mit Hülfe einer Art Mischungsmethode (von eiskaltem und siedendem Wasser) bestimmen will*). Renaldini setzt noch voraus, dass das Thermometer absolute Wärmemengen messe.

---

*) Ausführlicher dargestellt von Burckhardt: Die wichtigsten Ther-

Francesco Redi stammte aus gräflichem Geschlechte, er wurde am 18. Februar 1626 zu Arezzo geboren, studirte zu Pisa Philosophie und Medizin und erwarb sich als Arzt einen bedeutenden Ruf, weshalb ihn Ferdinand II. von Toscana zu seinem Leibarzt wählte, welches Amt er auch bei dessen Sohn Cosmos III. versah. Er war Mitglied der Accad. del Cimento, sowie vieler anderer gelehrter Gesellschaften. Er starb am 1. März 1697 zu Pisa*). Redi nahm an den Arbeiten der Akademie Theil; ausser einer Abhandlung: „Lettera intorno all' invenzione degli occhiali di naso" (4°. Firenze 1678) kennen wir jedoch von ihm keine auf Physik bezügliche Schrift. Hingegen hat er andere wissenschaftliche, sowie belletristische Werke verfasst.

Candido del Buono, geboren am 22. Juli 1618 zu Florenz, gestorben am 19. September 1676 zu Campoli im Val di Pesa als Landdechant. Er sowohl, als sein Bruder Paolo war ein unmittelbarer Schüler Galilei's. Er trat in den Priesterstand und wurde zum Mitglied der Akademie „del Cimento" gewählt, an deren Arbeiten er sich in ausgedehntem Masse betheiligte. Dies ersehen wir aus der „Notizie istoriche relative all' accademia del Cimento" des Antinori, in welcher der neue Herausgeber der „Saggi" der „Accad. del Cimento" die Erfindungen Buono's anführt. Es sind dies vor allem die folgenden: Ein Apparat um die aus Flüssigkeiten emporsteigenden Gasblasen zu sammeln, um zu bestimmen, von welcher Zusammensetzung jene Luft ist, welche die im Wasser lebenden Thiere einathmen, eine Vorrichtung zur Bestimmung des spezifischen Gewichtes der Flüssigkeiten durch die Höhe einer im Gleichgewichte gehaltenen Quecksilbersäule, eine Vorrichtung zur Bestimmung der Veränderung des Druckes der atmosphärischen Luft, schliesslich der ingenios ausgedachte Apparat zur Nachweisung der Zusammendrückbarkeit des Wassers. Ausserdem finden wir noch eine Wasseruhr von seiner Erfindung erwähnt, deren Construction durch Viviani gerühmt wird.

Paolo del Buono, der jüngere Bruder des Vorigen, wurde am 26. Oktober 1625**) zu Florenz geboren. Vom Fürsten Leopold seiner physikalischen Kenntnisse und Begabung zufolge ebenfalls zum Mitgliede der Akademie ernannt, kann er doch nur als Correspondent dieser gelehrten Gesellschaft betrachtet werden, da er als kaiserlicher Mathematiker und Direktor der Münze in Wien, seinen bleibenden Aufenthaltsort in dieser Stadt hatte. Derselbe bereiste mit seinem, weiter unten zu erwähnenden Schüler Geminiano Montanari die Bergwerksdistrikte in

---

mometer des achtzehnten Jahrhunderts. (Bericht der Gewerbeschule zu Basel 1871, pag. 2.

*) Nach Niceron: Mém. pour servir à l'histoire des hommes illustres etc. und Jöcher: Allg. Gelehrten-Lexikon. Leipzig 1750—1751. Hingegen nach Fabronio: Vitae Italorum etc. starb er am 1. März 1698.

**) Nach einer andern Angabe 26. Oktober 1620.

Polen, Ungarn und den österreichischen Kronländern. Er starb im Jahre 1662 in Wien, nach Boulliaud's Angabe zu Warschau.

Seine Betheiligung an den Arbeiten der Akademie konnte vermöge seines fernen Wohnortes und seiner vielseitigen Berufsgeschäfte nur eine sehr indirekte sein. Sie bestand in einer eifrigen Correspondenz mit dem Fürsten Leopold über die auf dem Gebiete der Naturwissenschaften gemachten Erfahrungen, die er bei seinen vielfachen Reisen zu sammeln Gelegenheit hatte. So schrieb er unter anderen über die Wärmeverhältnisse der durchreisten Gegenden, über die von ihm untersuchten Bergwerke, ferner über andere physikalische Curiosa, z. B. eine aus Eis gefertigte und eine aus Diamant geschliffene Linse u. a. Der dritte der Brüder: Anton Maria del Buono war nicht Mitglied der Akademie, doch zeichnete er sich ebenfalls durch seine physikalischen Kenntnisse aus und nahm an einigen Arbeiten der gelehrten Societät Theil.

Alessandro Marsili, geboren am 26. Dezember 1601 zu Siena, gestorben zwischen 1669 und 1671 als Prior des Conventuale de' Cavalieri di S. Stefano zu Pisa. Marsili gehörte noch zu sehr der alten, aristotelischen Schule an, als dass er an den Forschungen der Akademie mit Erfolg hätte Antheil nehmen können.

Antonio Oliva wurde zu Reggio in Calabrien geboren. Im Jahre 1663 wurde er Professor der Medizin und Philosophie zu Pisa. Als Mitglied der „Accademia del Cimento" nahm er an deren Arbeiten regen Antheil. Selbstständige Publicationen kennen wir von ihm nicht. Ueber seine Persönlichkeit geben uns seine Landsleute keine günstige Darstellung. Er war intolerant, hochfahrend und grob. Nach der Auflösung der Akademie kam er nach Rom und gerieth nach verschiedenen Schicksalen in die Hände der Inquisition. Nachdem er ein peinliches Verhör bestanden hatte, machte er, um sich den ferneren Qualen der Tortur zu entziehen, seinem Leben durch einen Sprung aus einem Fenster des Gefängnisses ein Ende. Dies geschah nach dem Jahre 1668.

Die „Accademia del Cimento" hatte auch correspondirende Mitglieder, von welchen wir am allerzweckmässigsten an dieser Stelle Erwähnung thun. Es sind dies die folgenden Gelehrten: Ricci, Montanari, Rossetti und Falconieri unter den Italienern, Fabri, Thévenot und Stenone unter den Fremden. Auch Cassini ist hierher zu rechnen, von ihm war jedoch schon weiter oben die Rede.

Michel Angioli Ricci, geboren zu Rom am 30. Januar 1619, gestorben ebendaselbst am 12. Mai 1682. Derselbe wurde 1681 zum Cardinal ernannt. Er war der Freund und Schüler Torricelli's, der mit ihm in wissenschaftlicher Correspondenz stand[*]. Wir kennen ein auf Mathematik bezügliches Werk von ihm: „Exercitatio geometrica de maximis et minimis" (Romae 1666), ferner Briefe verschiedenen Inhaltes in

---

[*] Vgl. weiter oben pag. 108.

Fabbroni's: „Lettere inedite d'uomini illustri" (II. Band). Er war ein gründlicher Kenner der Physik und war durch sein feines Sprachgefühl berühmt, weshalb ihm auf den Wunsch des Fürsten Leopold auch die „Saggi" der Akademie vor ihrer Drucklegung zur Durchsicht übergeben wurden, wie ihn auch einzelne Gelehrte zur stilarischen Durchsicht ihrer Schriften aufforderten. Er gab von 1668 bis 1675 das erste italienische Journal heraus, unter dem Titel: „Giornale dei letterati."

Geminiano Montanari, geboren am 1. Juni 1633 zu Modena, gestorben am 13. Oktober 1687 zu Padua. Er war Doctor der Philosophie, der Rechte und der Medizin. Zuerst Advokat, wurde er hierauf Astronom des Grossherzogs von Toscana, dann Mathematiker des Herzogs Alfonso IV. von Modena. Nach dem Tode des letzteren ging er zum Grafen Cornelio Malvasia, dem Beförderer der Astronomie nach Bologna und als auch dieser starb, nahm er eine Professur an der Universität zu Bologna an, wo er von 1664 bis 1679 Mathematik lehrte; von hier ging er nach Padua als Professor der Astronomie. Von seinen Reisen mit Paolo del Buono war schon weiter oben die Rede. Von seinen Schriften erwähnen wir die folgenden: Cometes Bononiae observatus a. 1664 et 1665 (4°. Bonon. 1665); Pensieri fisico-matematici sopra alcune esperienze fatte in Bologna, intorno diversi effetti di liquori in cannucei di vetro, ed altri vasi (4°. Ib. 1667); Speculazioni fisiche sopra gli effetti di que' vetri temperati, che rotti in una parte si risolvano tutti in polvere (4°. Ib. 1671); Discorso accademico sopra la sparizione di alcune stelle ed altre novità scoperte nel cielo (4°. Ib. 1672); La livella diottrica, nuova invenzione per livellare il cannochiale con maggiore esattezza e facilità etc. e un nuovo e facile modo di misurare mediante la livella medesima il vero circuito della terra (4°. Ib. 1674); Fiamma volante gran meteora veduta sopra l'Italia la sera del dì 31 Marzo 1676 (Ib. 1676); Manualetto de' bombisti etc. (24°. Verona 1682); Sopra i moti e le apparenze delle due comete ultimamente apparse sul fine di Novembre 1680 (4°. Venezia 1681); L'astrologia convita di falso (4°. Venezia 1685). Ausserdem hinterliess er eine Anzahl von ungedruckten Abhandlungen mathematischen, physikalischen und astronomischen Inhaltes (De usu reticulae in telescopio etc.; Meteorologia physico-astronomica; L'instabilità del firmamento; Contemplazioni diottriche; Compendio della scienza meccanica u. s. w.) Von seinen astronomischen Entdeckungen erwähnen wir die Entdeckung der Veränderlichkeit des Sternes β Persei.

Unter seinen auf Physik bezüglichen Schriften sind besonders zwei zu erwähnen, die „Pensieri fisico-matematici" und die „Speculazioni fisiche". In der ersten Schrift behandelt er die Capillarerscheinungen auf eine Weise, welche sich der Borelli's, dessen er übrigens nicht erwähnt, sehr annähert; in der zweiten Schrift beschäftigt er sich mit den Erscheinungen, welche sich an den damals ganz neuen Glasthränen zeigten. So wie vor ihm Hobbes, erklärt er die eigenthümliche Spannung der Glastheilchen des Tropfens durch die Spannung in der äussern Haut derselben*).

Donato Rossetti war ein Schüler und Freund Borelli's. Von seinen biographischen Verhältnissen wissen wir sehr wenig, selbst sein Geburts- und Todesjahr ist uns unbekannt. Er wurde zu Livorno geboren und war römischer Prälat, Lehrer der Philosophie an der Universität zu Pisa; dann der Mathematik an der zu Turin. Von seinen Schriften sind zu erwähnen: Antignome fisico-matematiche, con il nuovo orbe e sistema terrestre (4^0 Livorno 1667); Sulla composizione e passione dei vetri, ovvero Dimostrazioni fisico-matematiche delle gocciole e dei fili del vetro, che rotto in qualsisia parte tutto si stritola (4^0 Ib. 1671).

Rossetti polemisirte gegen die Ansicht **Fabiano Michelini's**, der in seinem Werke: Trattato della direzione dei fiumi etc. (Firenze 1664) behauptet hatte, dass die Flüsse keinen Druck auf das Ufer ausüben**).

Ottavio Falconieri war römischer Prälat. Fürst Leopold betraute ihn mit der Correctur des Conceptes der „Saggi" der Akademie.

Honoré Fabri***) geboren 1606 (oder 1607) zu Le Bugey (Diöcese Belley), gestorben am 9. März 1688 zu Rom. Er war Jesuit, Lehrer der Philosophie am Collegium des Ordens zu Lyon, hierauf Gross-Pönitentiarius beim heiligen Offizium (der Inquisition) zu Rom. Von seinen Schriften erwähnen wir: Synopsis optica (Lugd. 1667); Dialogi physici, in quibus de motu terrae disputatur, marini aestus nova causa proponitur, nec non aquarum et mercurii supra libellam elevatio examinatur (Ib. 1669); Synopsis geometrica (Ib. 1669); Physica seu scientia rerum corporearum, in decem tractatus distributa (Ib. 1669). Von seiner polemischen Schrift, die er unter des Optikers Eustachio di Divini Namen und unter dem Titel: „Brevis annotatio in systema Saturnium Christiani Hugenii" herausgab, in welcher er die Entdeckung der wirklichen Beschaffenheit des Saturnsystemes in Zweifel zog, war schon weiter oben die Rede†). Fabri wollte das coppernicanische System mit dem kirchlichen Glauben mittelst einiger spitzfindiger Wendungen aussöhnen, ein Versuch, der ihm eine fünfzigtägige Carcerstrafe seitens der Inquisition zuzog. Von den andern Beobachtungen Fabri's führen wir das Folgende an: Wenn man durch ein kleines Loch in einer Karte auf eine nahe zum Auge gehaltene Nadel sieht, während das Auge für die Ferne

---

*) Wir werden noch später an passender Stelle auf die Geschichte der batavischen Glastropfen zurückkommen.

**) Fabiano Michelini, geboren um 1592, gestorben am 10. Januar 1666 zu Florenz war Clericus regularis des Ordens der frommen Schule, Professor der Mathematik an der Universität zu Pisa, seit 1648 Mathematiker des Fürsten Leopold, den er, sowie später Torricelli in dieser Wissenschaft unterrichtet hatte.

***) Von den Italienern: Onorato Fabbri genannt.

†) Vgl. pag. 183.

eingestellt ist, so erblickt man diese verkehrt und vergrössert. Diese Erscheinung wurde von ihrem Entdecker ganz richtig erklärt*). In seiner Schrift: „Physica seu scientia rerum corporearum, in decem tractatus distributa" (Lugd. 1669), einem voluminösen Werke, wird über die verschiedensten physikalischen Erscheinungen zumeist in nicht sehr glücklicher Weise gehandelt. So spricht er von der Ursache der Cohäsion bei festen Körpern, von der Grundursache der Ebbe und Flut des Meeres u. a. Am wichtigsten sind seine an Haarröhrchen gemachten Erfahrungen, obwohl auch er die Endursache der Erscheinungen in dem Drucke der atmosphärischen Luft sucht**). — Wir ersehen aus allem diesem, dass unsere Wissenschaft durch Fabri keine nennenswerthe Förderung erfahren habe.

Melchisedec Thévenot um 1620 zu Paris geboren, gestorben zu Issy bei Paris am 29. Oktober 1692. Er war französischer Geschäftsträger in Genua und Rom, später Custos der königlichen Bibliothek zu Paris und Mitglied der französischen Akademie der Wissenschaften. Durch seine ausgedehnten Reisen kam er mit den namhaftesten Gelehrten in persönlichen und brieflichen Verkehr, so z. B. mit Borelli. In seinem „Recueil des voyages" (Paris 1681) finden sich verschiedene auf unsere Wissenschaft bezügliche Bemerkungen: „De prendre hauteur," „De mesure universelle" etc. Seine übrigen Schriften haben für uns keine weitere Bedeutung.

Niccolò Stenone geboren am 1. Januar 1631 zu Kopenhagen, gestorben am 25. November 1686 zu Schwerin in Mecklenburg***). Nach Vollendung seiner Studien machte er grössere Reisen und kam 1666 nach Florenz, wo er Leibarzt des Grossherzogs Ferdinand II. von Toscana wurde. Als er 1669 zum Katholizismus übergetreten war, wurde ihm auch die Erziehung der Söhne Cosmos III. anvertraut. Später kehrte er in seine Heimat zurück und trug Anatomie an der Universität zu Kopenhagen vor. Er blieb jedoch nicht lange dort, sondern ging wieder nach Italien, trat in den Priesterstand und wurde zum Titularbischof von Titiopolis und apostolischen Vikar für „Niedersachsen" ernannt. Er lebte nun in Hannover, später in Hamburg. Seine bedeutendste Schrift führt den Titel: De solido intra solidum naturaliter contento dissertationis prodromus (4°, Florentiae 1669). Dieses Werk, welches mehrere der Hauptgrundsätze der modernen Geologie und Krystallographie enthält, wurde durch Élie de Beaumont 1831 der unverdienten Vergessenheit entrissen †).

---

*) Synopsis optica. Lugd. Bat. 1667, pag. 26.
**) Physica V, lib. II, digr. 1.
***) Nach einer andern Angabe geboren am 10. Januar 1638, gestorben am 25. November 1687. Der Name ist offenbar italisirt und hiess wahrscheinlich ursprünglich Steen.
†) Auszug daraus in den „Ann. des Sciences nat." XXV. Bd., pag. 337.

Stenone zeigt, dass die horizontalen Schichten der Erdrinde, besonders wenn dieselben noch Reste organischer Wesen enthalten, aus Wasser abgesetzt sein müssen. Nachdem jedoch diese Schichten häufig aufgerichtet und durcheinander geworfen vorkommen, so muss eine spätere Ursache dies bewirkt haben. Als solche betrachtet er den Vulkanismus. — Aehnliche Bemerkungen, welche über den Horizont seiner Zeit hinausgehen, finden wir in Bezug auf Krystallographie, so z. B. den Satz, dass die Winkel zwischen den Flächen, welche die Ecken bilden, unter allen Verhältnissen constant seien.

Ausser den geologischen Untersuchungen unseres Autors gibt es noch einige, sehr werthvolle anatomische Abhandlungen von ihm. Er beschäftigte sich unter anderem mit der Anwendung der mechanischen Grundsätze zur Erklärung der Mechanik des menschlichen Körpers.

Im Anschlusse an die Gelehrten der „Accademia del Cimento" führen wir weiterhin noch vier Gelehrte an, welche der Richtung dieser wissenschaftlichen Societät, sowie ihren ganzen Bestrebungen nahe standen, es sind dies die folgenden: Divini, Campani, Vossius und Moray.

Eustachio Divini lebte in der zweiten Hälfte des siebenzehnten Jahrhunderts und zeichnete sich durch seine Fernröhre und seine zusammengesetzten Mikroskope aus. Unter seinem Namen erschien die schon mehrmals erwähnte, gegen Huygens gerichtete polemische Schrift betreffs der Natur des Saturnsystemes, welche, wie ebenfalls oben angeführt, den Jesuiten Honoré Fabri zum Verfasser hatte. Unter Divini's andern Schriften, die sich hauptsächlich auf Astronomie beziehen, finden wir nichts von grösserer Bedeutung. Von den seinerzeit berühmten optischen Instrumenten findet sich bloss ein Tagesteleskop (gefertigt zwischen 1646 und 1668) in Florenz[*]).

Giuseppe Campani, Zeitgenosse und Nebenbuhler des Divini, war der geschickteste optische Künstler seiner Zeit. Er verfertigte für Cassini die Teleskope, mit denen dieser die zwei dem Hauptplaneten nächsten Saturnmonde entdeckte. Campani beschäftigte sich selbst mit astronomischen Beobachtungen und veröffentlichte diese in seiner Schrift: Raggualgio di due nuove osservazioni, una celeste in ordine alla stella di Saturno, e terrestre l'altra in ordine a gl' instrumenti (Roma 1664, 1665) und „Ombre delle stelle medicee nel volto di Giove" (Bologna 1666).

Die damaligen Künstler mussten riesige, lange Fernröhren herstellen, um den verschiedenen Unvollkommenheiten der damaligen Instrumente zu begegnen. Die von Campani im Auftrage Ludwig XIV. von Frankreich ausgeführten Teleskope waren 86, 100 und 136 pariser Fuss lang. Campani hat namhafte Verdienste um die Verbesserung der Fern-

---

[*]) Siehe Gerland: „Beiträge zur Geschichte der Physik." Leopoldina, amtliches Organ der Kaiserl. Leopold. — Carolin. Deutschen Akad. d. Naturforscher. Halle 1882, pag. 6.

rohre. Von seinen Arbeiten finden sich in Cassel eine Linse, zwei Mikroskope, in Dresden ein Mikroskop, in Florenz ein Fernrohr*). Eine Hauptschwierigkeit, brauchbare Instrumente zu verfertigen, bestand in der Seltenheit schlierenfreier Gläser zu jener Zeit. Von Matteo Campani, dem Bruder des Vorigen**), erhielt Fürst Leopold 1665 ein Fernrohr von $4^1/_2$ Zoll Objectivöffnung, das seinerzeit sehr berühmt war. Jetzt befindet sich dasselbe zu Florenz im Museum.

Isaac Voss (od. latinisirt Vossius) geboren 1618 zu Leyden, gestorben 21. Februar 1689 zu Windsor als Canonikus. Derselbe hatte grössere Reisen durch England, Frankreich, Italien und Schweden gemacht. Im Jahre 1648 folgte er einem Rufe der Königin Christine von Schweden, bis er 1673 nach England übersiedelte. Von seinen Schriften sind hier die folgenden zu erwähnen: De lucis natura et proprietate (4°, Amstelod. 1662); Responsio ad objectiones J. de Bruyn et P. Petiti de luce (4°, Hag. Comit. 1663); De motu marium et ventorum (4°, Ibid. 1663); De Nili et aliorum fluminum origine (4°, Ib. 1666). In dem letzten der angeführten Werke befindet sich die Bemerkung über die Capillarität des Quecksilbers, d. h. die Depression desselben in Haarröhrchen. Vossius erklärt die Erscheinungen der Capillarität des Wassers aus der Klebrigkeit (Viscosität) dieser Flüssigkeit, derzufolge die Theilchen derselben ihr Gewicht verlieren und sich bloss an den Wänden anhängen. Aus dieser Erwägung erklärt er das Anschwellen des Schwammes im Wasser, das Emporsteigen der Säfte in den Gefässen der Pflanzen. Die Theilchen des Quecksilbers besitzen keine Viscosität, deshalb hängt es sich auch nicht an die Glaswand und steht in Folge dessen tiefer, als der äussere Flüssigkeitsspiegel.

In seiner Abhandlung „De lucis natura et proprietate" befindet sich die Stelle (pag. 36), in welcher der Verfasser seiner Ueberzeugung Ausdruck gibt, Descartes habe bezüglich des Brechungsgesetzes an Willebrord Snellius ein Plagium begangen***). In derselben Schrift findet sich noch eine neue Farbenlehre, in welcher dem Schwefel, der in jedem Körper enthalten sein soll, eine bedeutende Rolle bezüglich der Unterschiede der einzelnen Farben zugeschrieben wird: „So wie die Farbe „des Schwefels in der brennbaren Materie ist, so ist auch die Farbe der „Flamme. Wie aber die Flamme ist, so ist auch das Licht, welches sie „verbreitet. Da aber die Flamme alle Farben enthält, so muss dies auch „dem Lichte eigen sein."

Robert Moray (Murray) in Schottland geboren, starb im September 1673 in Florenz. Unter Karl I. Oberst, unter Karl II. Geheimer

---

*) Gerland: Beiträge etc. pag. 7.

**) Matteo Campani war Pfarrer zu Garione bei Rom und beschäftigte sich mit Vorliebe mit mechanischen und optischen Instrumenten und deren Verfertigung.

***) Siehe oben pag. 63.

Rath, war er einer der Stifter der englischen Königl. Gesellschaft der Wissenschaften. Von seinen Schriften erwähnen wir: Machine for letting fresh air into mines (Phil. Transact. 1666); Extraordinary tides in the western isles of Scotland (Ib. id.); Inquiries respecting tides (Ib. id.); Experiments for improving the art of gunnery (Ib. 1667); Current of the tides about the Orcades (Ib. 1673). Als Prinz Ruprecht, dritter Sohn Friedrich V. von der Pfalz und der Tochter Jacob's I. von England: Elisabeth die ersten batavischen Glastropfen von Holland nach England brachte, weshalb man sie dort auch „Prinz Rupertustropfen" nannte, übergab König Karl II. dieses interessante physikalische Spielzeug dem Gresham College, um dieselben einer gründlichen Untersuchung zu unterwerfen. Die mit den Glasthränen angestellten Versuche hat Moray beschrieben.

Wir wenden uns nun zu den Arbeiten der „Accademia del Cimento". Dieselbe betrachtete es als ihre alleinige Aufgabe durch zweckmässiges Beobachten der Erscheinungen und deren Hervorrufen durch passende Versuche unsere Kenntniss von der Erscheinungswelt in ausgiebiger Weise zu fördern. Dabei wurde die Aufstellung von Theorien oder Erklärungsversuchen betreffs der verschiedenen Theorien vermieden. Die Arbeiten der Akademie erschienen unter dem Titel: „Saggi di naturali esperienze fatte nell' Accademia del Cimento" (Firenze 1667, hierauf 1692).

Eine vermehrte und verbesserte Ausgabe erschien von Targioni Tozzetti im Jahre 1780. Musschenbroek gab 1731 zu Leyden eine lateinische Uebersetzung unter dem Titel heraus: „Tentamina experimentorum naturalium captorum in Academia del Cimento." Die letzte Ausgabe wurde durch die Munifizenz des Grossherzogs Leopold II. von Toscana ermöglicht, der auf seine Kosten die „Saggi" drucken und unter die im September 1841 in Florenz versammelten italienischen Naturforscher austheilen liess. Es ist dies die vollständigste Ausgabe, mit einem aus dem „Diario" zusammengestellten Supplemente. Der Text ist mit den in der grossherzoglichen Bibliothek vorhandenen Originalen frisch verglichen worden. Der Herausgeber dieser Ausgabe ist Vincenzio Antinori, der das Werk mit einer „Notizie istoriche" einleitet.

Saggi di naturali esperienze fatte nell' accademia del Cimento sotto la protezione del Ser.^{mo} principe Leopoldo di Toscana e descritte dal Segretario di essa accademia. Firenze dai torchi della tipografia Galileiana 1841. Auf dem Titelblatte ein Schmelzofen mit einigen Schmelztiegeln, unten der Wahlspruch der Akademie: „Provando e riprovando." Nach der kurzen Vorrede zu dieser dritten Auflage folgt die Dedication „Al Serenissimo Ferdinando II. Granduca di Toscana", datirt vom 14. Juli 1667, hierauf: „Proemio a' lettori", welcher Eingang mit galileischem Schwunge folgendermassen anhebt: „Primogenita infra tutte le creature della divina sapienza fu senz' „alcun dubbio l'Idea della verità, al cui disegno si tenne sì strettamente

„il Maestro eterno nella fabbrica dell' Universo, che niuna cosa venne „a formare, la quale avesse in sè pur minima lega di falso."

Die Saggi der Florentiner Akademie bestehen aus 13 Abschnitten.

I. **Dichiarazione di alcuni strumenti per conoscer l'alterazioni dell'Aria derivanti dal caldo e dal freddo.** In diesem Abschnitte findet sich die Beschreibung dreier wichtiger Messwerkzeuge der Physik: des Thermometers, des Hygrometers und des Pendels.

Das florentinische Thermometer ist ein wirkliches Thermometer im modernen Sinne des Wortes. Eine Glasröhre oben zugeschmolzen, unten eine Kugel angeblasen, bis zu einer gewissen Höhe mit Wasser oder Alkohol gefüllt, ist dieses Instrument mit einer 50, 100 oder mehrtheiligen, aus Glasknöpfchen, die an die Röhre angeschmolzen sind, bestehenden Skale versehen. Die Herstellung dieser Eintheilung ist ein wunder Punkt des Thermometers der Florentiner Akademie, da sie von keinerlei Fixpunkten ausging. In Folge dessen waren die Angaben dieser Instrumente unter einander nicht vergleichbar.

Einen wichtigen Aufschluss über den Zusammenhang der florentinischen Eintheilung mit unserer heutigen Thermometerscale verdanken wir Antinori, der im Jahre 1829 unter verschiedenem Gerümpel eine ganze Kiste mit Thermometern aus der Zeit der Akademie entdeckte. Eine durch Libri*) ausgeführte Vergleichung der mit 50theiliger Scale versehenen Thermometer mit einem nach Réaumur getheilten modernen ergab, dass 50° jener Eintheilung 44° Réaumur, 13,5° hingegen unserem Gefrierpunkte entsprechen. Der Nullpunkt des florentinischen Thermometers liegt also etwa bei —15° Réaumur. Da zu jener Zeit auf Anordnung des Grossherzogs an mehreren Orten regelmässige meteorologische Beobachtungen angestellt wurden, so hat die Frage, wie sich die Eintheilung jener Thermometer zu unsern verhalten habe, jedenfalls Wichtigkeit, da sich hieraus Fragen über etwaige klimatologische Veränderungen im Laufe von zwei Jahrhunderten beantworten lassen. Neben dem Thermometer finden wir in den Saggi auch eine Art von Thermoskop beschrieben. Ein Glasgefäss, gefüllt mit Flüssigkeit, in welcher in verschiedenen Höhen Glaskügelchen (im Grunde genommen „cartesianische Taucher") schweben, welche durch ihr Steigen und Sinken die Temperaturschwankungen anzeigen. Ein solches Glasgefäss in Gestalt eines Frosches mit 6 schwimmenden Glaskugeln versehen zur Bestimmung der Temperatur Fieberkranker war auf der „Londoner internationalen Ausstellung wissenschaftlicher Apparate" im Jahre 1876 zu sehen**). Aehn-

---

*) Poggendorff's Annalen, Bd. 21, pag. 325.

**) Siehe „Bericht über die wissenschaftlichen Apparate auf der Londoner internationalen Ausstellung" 1876, pag. 70—72. Gerland: „Bericht über den historischen Theil der Ausstellung."

liche araeometrische Glasperlen als Thermoskope kommen auch im physikalischen Museum zu Florenz vor.

Dichiarazione d'un altro strumento che serve per conoscer le differenze dell' umido nell' aria. Das zweite der beschriebenen Instrumente ist ein Hygrometer, dessen Erfindung dem Grossherzoge Ferdinand II. von Toscana zugeschrieben wird. Es ist diese Vorrichtung das erste Hygrometer, das auf diesen Namen Anspruch hat. Alle übrigen Vorrichtungen, bei denen z. B. eine Darmsaite verwendet wird, wie dies bei dem Feuchtigkeitsmesser Santorio's der Fall ist, oder bei jenen Apparaten, in denen eine Hafergranne verwendet wird, sind nicht als eigentliche Hygrometer, sondern bloss als Hygroskope zu betrachten. Der Apparat des Grossherzogs hingegen konnte als wirklicher Messapparat betrachtet werden, er bestand aus einem aussen mit Weissblech beschlagenen, innen ausgepichten Korbe aus Kork, der nach unten in einen geschlossenen Glastrichter auslief. Wurde nun der Apparat mit Eis gefüllt, so kühlte dieses durch die Wärmebindung beim Schmelzen den Glastrichter derart ab, dass der Wasserdampf aus der Luft sich daran verdichtete und an der Spitze in ein untergestelltes durch Glasknöpfchen graduirtes Gefäss abfloss. Aus der Menge des Wassers während einer gewissen Zeit konnte man auf den Feuchtigkeitsgrad der Atmosphäre schliessen.

Dichiarazione d'alcuni altri strumenti adoprati per misuratori del tempo. Es werden die Gesetze der Pendelschwingungen angeführt und hierauf der galileische „Orivolo" als Zeitmesser beschrieben.

II. Esperienze appartenenti alla natural pressione dell' aria. Dieser Abschnitt ist der weitaus umfangreichste des ganzen Werkes. Er enthält die Beschreibung des Barometers, sowie der verschiedenen wichtigen Anwendungen desselben. Das gewöhnlich angewendete Barometer ist ein Gefässbarometer und enthält eine Glasknöpfchengraduirung. Mit dem Barometer werden nun die Pascal'schen Versuche wiederholt und hiebei gefunden, dass schon bei 50 Braccien Höhenunterschied der Barometerstand ein wahrnehmbar geringerer sei, als am Fusse des Thurmes, der zu diesen Versuchen gewählt worden war. — Die Florentiner Akademiker wendeten nun noch einen andern Apparat an, mittelst welches sie die Abnahme des atmosphärischen Druckes nach der Höhe zu constatirten. Es ist dies eine Art von Luftthermometer, d. h. ein durch Quecksilber abgesperrtes Luftquantum, das in unserm Falle jedoch nicht in Folge geänderter Temperatur, sondern vermöge der Abnahme des atmosphärischen Druckes eine Veränderung seines Volumens im Sinne einer Vergrösserung desselben weist. Es wird von Seite der Experimentirenden besonders betont, dass das Resultat nur dann richtig sei, wenn die Temperatur an den beiden Stationen dieselbe ist.

Die Grösse des Luftdruckes wird nicht durch die Länge der Quecksilbersäule des Barometers gemessen, sondern durch den senkrechten Höhenunterschied der freien Quecksilberfläche und der Quecksilberkuppe im torricellischen Raume. Diese wichtige Wahrheit hatte schon Torricelli selbst gekannt. Den Beweis lieferten die Akademiker durch ein Neigen der torricellischen Röhre, wo bei stetig verlängerter Quecksilbersäule der erwähnte Niveauunterschied der beiden Quecksilberspiegel unveränderlich derselbe blieb.

Die Florentiner Physiker führten eine grosse Anzahl von Versuchen über den Luftdruck aus, wobei sie sich jedoch statt der Luftpumpe in höchst origineller und sehr geschickter Weise des Barometers bedienten und ihre Versuche im Torricelli'schen leeren Raume anstellten. So wie der englische Physiker Boyle mittelst einer Unmasse von Versuchen die Wirkung des atmosphärischen Druckes auf alle nur erdenklichen Dinge, untersucht hat, so geschahen auch von Seite der Mitglieder der Akademie sehr zahlreiche Versuche. Zu diesem Behufe wurde der Torricellischen Röhre eine eigenthümliche Gestalt gegeben. Die Röhre erweiterte sich nämlich an ihrem obern Ende zu einem geräumigen Gefässe, das mit einem Deckel luftdicht verschlossen werden konnte. An diesem Deckel befanden sich nun die verschiedenen Gegenstände befestigt, welche in den luftleeren Raum gebracht werden sollten. Die „Accademia del Cimento" hat mit dieser Einrichtung im Grunde genommen die erst in unserm Jahrhunderte wieder erdachte Quecksilberluftpumpe anticipirt. Da das Quecksilber nicht ausgekocht wurde, so konnte natürlich kein vollständig leerer Raum erzielt werden, das Vacuum enthielt vielmehr verdünnte Luft und etwas Wasserdampf. Wir führen nun einige der über den Luftdruck ausgeführten Versuche an: Eine schlappegefüllte, zugebundene Lammsblase schwoll im Vacuum zum Platzen an, die Gestalt der Flüssigkeitstropfen, die Höhe der Flüssigkeit in Capillarröhren ist von der Grösse des Luftdruckes unabhängig. Wasser entbindet im Vacuum Luft, mässig erwärmtes Wasser beginnt zu kochen. Der Versuch mit dem Verstummen eines Glöckchens im luftleeren Raum wollte nicht gelingen, auch elektrische Wirkungen des geriebenen Bernsteines waren im luftleeren Raume sehr schwierig zu erhalten, dagegen fanden sie die Wirkung des Magneten ganz und gar unverändert. — Schliesslich stellten die Florentiner Physiker eine grosse Zahl von Versuchen mit den verschiedensten kleinen Thieren an, die sie in das Vacuum brachten. Bei allen diesen Versuchen war es ihnen wohl bekannt, dass die grösste Zahl aller jener Versuche schon von dem englischen Physiker Boyle mit Hülfe der Luftpumpe ausgeführt worden war, sie selbst verfügten bloss über eine kleine Handluftpumpe, die zu solchen Versuchen nicht geeignet war.

III. Esperienze intorno agli artificiali agghiacciamenti. In diesem Abschnitte sind Versuche über das künstlich bewerkstelligte Gefrieren des Wassers beschrieben. Mit Hülfe von Kältemischungen, die aus Schnee und Kochsalz, Schnee und Weingeist, Schnee und Salpeter,

Schnee und Salmiak u. s. f. dargestellt wurden, brachte man Wasser in Kugeln aus Glas, Messing, Kupfer, Silber, Gold etc. zum Gefrieren. Wenn diese Gefässe vollständig gefüllt und fest verschlossen waren, so wurden auch die dickwandigsten Gefässe, obgleich sie aus dem widerstandfähigsten Materiale bestanden, zersprengt. Es wurde auch versucht die Ausdehnung des Wassers beim Gefrieren mit Hülfe einer Art von Dilatatometern zu bestimmen und es wurde gefunden, dass sich das Wasser beim Gefrieren im Verhältnisse von 8:9 ausdehne.

IV. Esperienze intorno al ghiaccio naturale. Verschiedene Versuche über das Gefrieren. Am weitaus interessantesten ist das neunte und letzte Experiment, welches den ersten, in wissenschaftlicher Weise ausgeführten Versuch über strahlende Wärme und deren Reflexion, enthält. Eine Eismenge von 500 Pfunden wurde vor einem Hohlspiegel aufgestellt, in dessen Brennpunkt sich ein empfindliches Thermometer befand. Das letztere sank augenblicklich. Um sich zu versichern, dass dieses Sinken nicht durch die Nachbarschaft des Eises verursacht werde, brachten sie einen Schirm zwischen Eis und Thermometer, worauf das Thermometer allsogleich zu steigen begann.

V. Esperienze intorno a un effetto del caldo e del freddo nuovamente osservato circa il variare l'interna capacità de' vasi di metallo e di vetro. Versuche über die Wirkung von Wärme und Kälte auf die Capacität von Gefässen. Es finden sich hier einige interessante Versuche angeführt, welche sich theils auf die Constanz der Temperatur in der Nähe des Schmelzpunktes, theils auf die Volumveränderung von Gefässen bei plötzlicher Erwärmung beziehen.

VI. Esperienze intorno alla compressione dell' acqua. Versuche über die Zusammendrückbarkeit des Wassers. Dieselben führten zu keinem positiven Resultate, da die Versuchsmethode keinerlei quantitative Bestimmung zuliess. Der bekannteste dieser Versuche bestand darinnen, dass man Wasser in eine silberne Kugel verschloss und diese durch Hämmern auf ein kleineres Volumen brachte, wobei jedoch das Wasser durch die in der Kugelwandung entstandenen Risse theilweise entwich.

VII. Esperienze per provare che non v'è leggerezza positiva. Ueber die Nichtexistenz der von den alten Physikern angenommenen positiven Leichtigkeit. In diesem Capitel sind einige sehr schöne und instructive Versuche beschrieben. Um nämlich nachzuweisen, dass das Aufsteigen von Körpern ausnahmslos durch den Auftrieb spezifisch schwerer Körper (Flüssigkeiten) und zwar nur dann bewerkstelligt werde, wenn jene Flüssigkeiten unter den leichten Körper zu dringen vermögen, liessen die Florentiner Akademiker eine Holzbüchse mit vollständig ebenem Boden und einem Cylinder von beträchtlich kleinerem Durchmesser anfertigen. Der Cylinder wurde in die Büchse gestellt und vorsichtig Quecksilber in die letztere gegossen. Hiebei nahmen sie denn wahr, dass sich der Holzcylinder nicht hob, im Quecksilber nicht schwamm, so lange die Flüssigkeit zwischen den Boden desselben und den Boden der Büchse einzudringen nicht im Stande war. Ein ähnlicher Versuch wurde mit einer Elfenbeinkugel ausgeführt.

VIII. Esperienze intorno alla calamita.

IX. Esperienze intorno all' ambra ed altre sustanze di virtù elettrica. Versuche über Magnetismus und Elektricität.

X. Esperienze intorno ad alcuni cambiamenti di colori in diversi fluidi. Farbenveränderungen von Flüssigkeiten. Wirkung der Säuren und Laugen auf Lackmustinctur.

XI. Esperienze intorno ai movimenti del suono. Bestimmung der Fortpflanzungsgeschwindigkeit des Schalles. Die in diesem Abschnitte beschriebenen Versuche wurden vor der Errichtung der Akademie im Jahre 1656 unter der Theilnahme von Borelli und Viviani ausgeführt. Die Methode der Geschwindigkeitsmessung des Schalles war dieselbe, wie sie schon Gassendi und Mersenne*) ausgeführt hatten. Es wurde nämlich die Zeit zwischen Blitz und Knall eines in grösserer Entfernung (3 Miglien) abgefeuerten Geschützes mit Hülfe von Pendelschwingungen bestimmt. Die Versuche wurden mit drei Geschützen angestellt, einer „spingarda", eines „smeriglio" und einer „mezzocannone". Gassendi hatte — wie oben angeführt — für den in der Sekunde zurückgelegten Weg des Schalles 1473, Mersenne 1380 Pariser Fusse gefunden. Die Bestimmung der Florentiner Physiker kam der Wahrheit noch näher, sie fanden nämlich 1111 Pariser Fuss per Sekunde. Auf den Einfluss der Temperatur wurde keine Rücksicht genommen, die Einwirkung der Luftströmungen in Abrede gestellt.

XII. Esperienze intorno ai proietti. Vom Thurme des alten Forts von Livorno, in der Höhe von 50 Braccien wurden mit einer Ladung von 4 Pfund Pulver Kugeln von 7$^1/_3$ Pfunden horizontal aus einem Falconette abgeschossen und die Zeit beobachtet, wenn die Kugel in ihrer nach abwärts gehenden Wurfbahn die Oberfläche des Meeres berührte. Hierauf liessen sie eben so grosse Kugeln frei vom Thurme in das Meer fallen und fanden beide Zeiten gleich, wie dies Galilei im zweiten Tag des „Dialogo" über die zwei grössten Weltsysteme behauptet hatte. Derselbe Versuch wurde nun auch mit Kugeln andern Kalibers wiederholt. — Ein zweiter Versuch bezieht sich auf eine Behauptung Galilei's im vierten Dialog des „Trattato delle due nuove scienze". Wenn man eine Kugel einmal aus kleiner, das andere Mal aus grösserer Höhe senkrecht auf ein Steinpflaster herabschiesst, so wird in Folge des Luftwiderstandes die Geschwindigkeit im zweiten Falle geringer sein, als im ersten, trotz der die Schussgeschwindigkeit beschleunigenden Fallgeschwindigkeit, da der Luftwiderstand auf grösserer Bahn wirk-

---

*) Vgl. pag. 84 und pag. 76 dieses Werkes.

samer ist, als auf kleiner. Die verwendeten Höhen waren ein bis zwei Braccien in einem, und eine bedeutendere Höhe im andern Falle. Als Geschütz diente ein gezogenes Flintenrohr, die Kugeln wurden gegen einen Eisenkürass (pettabbotta di ferro) senkrecht abgeschossen, wobei sich dann in der That zeigte, dass die aus kleinerer Distanz abgeschossenen einen tieferen Eindruck hervorbrachten, als die aus grosser Distanz auf den Kürass trafen.

XIII. Esperienze varie. Versuche verschiedenen Inhaltes: Ueber das Verhältniss des Gewichtes der Luft zu dem des Wassers, über verschiedene Wirkungen der Wärme und der Kälte, über die Permeabilität des Glases für Gerüche und für Feuchtigkeit, über das Licht und seine Wirkungen (darinnen ein Vorschlag Galilei's über die Geschwindigkeitsmessung des Lichtes mit negativem Ergebniss ausgeführt, beschrieben), Versuche über die Verdauung der Thiere. Unter den angeführten Versuchen sind höchstens die über die Brennspiegel und die über Phosphoreszenz hervorzuheben.

Hiemit schliessen die „Saggi". In der dritten Florentiner Ausgabe finden sich nun noch: „Aggiunte," das sind Zusätze aus dem: „Diario" der Akademie, welche sich hauptsächlich auf jene Gegenstände beziehen, die in den „Saggi" selbst abgehandelt worden, unter denen jedoch auch solche vorkommen, welche die Akademiker für zur Zeit noch nicht genug reif erachteten, um publizirt zu werden. Hieher gehören vor allem die Versuche über Wärmeleitung und spezifische Wärme, die sie schon mit dem modernen Ausdrucke „Capacität" bezeichnen*).

Die „Accademia del Cimento" bestand im Ganzen zehn Jahre. Die Herzoge aus dem Hause der Medici waren eifrige Beschützer der Kunst und Wissenschaft, aber als Fürsten von Toscana waren sie noch eifrigere Anhänger Roms. Fürst Leopold strebte die Kardinalswürde an, der Curie war eine ganze Gesellschaft von Männern, die das geistige Erbe des — den römischen Dunkelmännern seinerzeit so unbequemen — Galilei angetreten hatten, durchaus nicht angenehm, zudem konnte sie keine passende Gesellschaft für einen Cardinal, einen Grundpfeiler der Kirche, bilden. So wurde denn dem Hofe von Florenz nahe gelegt, dass jene wissenschaftliche Verbindung Rom höchst unlieb sei, und in Folge dessen wurde die „Accademia del Cimento", eine ganz und gar neutrale,

---

*) Von den Apparaten, mit denen die Gelehrten der Florentiner Akademie ihre Versuche ausgeführt haben, existiren noch einige Thermometer, Araeometer, Hygrometer, zwei hermetisch verschliessbare Metallkugeln, um die Zusammendrückbarkeit des Wassers zu prüfen und ein armirter, natürlicher Magnet. Die angeführten Gegenstände befinden sich hauptsächlich in Florenz. Vgl. Gerland: Beiträge zur Geschichte der Physik. Leopoldina. Halle 1882, pag. 6.

wissenschaftliche Verbindung in Folge der römischen Unduldsamkeit im Jahre 1667 aufgelöst, zu jener Zeit, da die Akademien von London und von Paris ihre glorreiche Laufbahn begannen.

Isaac Newton.

Gleich wie im Leben der Völker von Zeit zu Zeit die Ereignisse in beschleunigter Aufeinanderfolge einer katastrophenartigen Entwicklung zustreben, wenn sich die Faktoren, durch deren Zusammenwirken sie zu Stande kommen, in immer vollständigerer Weise geltend machen, so sehen wir ähnliches in der Geschichte unserer Wissenschaft, besonders am Ende jenes Zeitraumes, der mit Galilei's Tod anhebt und mit dem Tode Newton's schliesst. Die grossen Theoretiker dieser Periode hatten die Hauptbegriffe der Mechanik festgestellt, die grossen Experimentatoren hatten das nöthige Erfahrungsmaterial herbeigeschafft. Im Ringen mit den geometrischen und mechanischen Aufgaben hatte sich die Mathematik in unerwarteter Weise entwickelt. Descartes' Methode der Verknüpfung von Algebra und Geometrie und die Erfindung der Infinitesimalanalysis sind die zwei grossen Ereignisse in der Geschichte der Mathematik des siebenzehnten Jahrhunderts. Sie lieferten dem Forscher jene mächtigen Waffen, mittelst welcher er erst im Stande war den Zusammenhang der mechanischen Grundbegriffe in präziser Weise festzulegen und die für ganze Classen von mechanischen Vorgängen als allgemeine Normen geltenden Sätze von prinzipieller Bedeutung zu formuliren. — Nachdem so die Bedingungen zur Entwicklung nach allen Seiten hin genügend vorbereitet waren, erfolgte die Epoche Newton's, welche durch die Gravitationsmechanik den Bau des Systemes der Mechanik in seinen allgemeinen Formen zur Vollendung brachte.

Isaac Newton wurde am 25. Dezember alten Stils 1642 (d. i. den 5. Jan. 1643 nach dem gregorianischen Kalender), beiläufig ein Jahr nach dem Tode Galilei's zu Woolsthorpe, im Kirchspiel Colsterworth in Lincolnshire, etwa sechs Meilen südlich von dem Städtchen Grantham geboren. Sein Vater hiess ebenfalls Isaac Newton, derselbe starb vor der Geburt seines ersten und einzigen Sohnes, unseres Newton im Alter von 36 Jahren. Die Mutter unseres Newton hiess Harriet Ayscough. Sie blieb nach dem Tode ihres Gatten in gesegneten Umständen zurück und gebar vor der Zeit, weshalb das Kind ungewöhnlich klein und sehr schwächlich war. Das Gut Woolsthorpe war seit mehr als hundert Jahren im Besitze der Familie Newton, welche aus Lancashire stammte. Es brachte dieser Besitz jährlich bloss 30 Pfund Sterling ein. Da die Wittwe Newton jedoch noch ein anderes Gut in

Sewstern (Leicestershire, ungefähr 3 Meilen südöstlich von Woolsthorpe) besass, so verfügte sie im Ganzen über eine Jahresrente von 80 Pfunden.

Newton war 3 Jahre alt, als seine Mutter sich mit Barnabas Smith, Pfarrer von North-Witham (südöstlich ungefähr eine Meile von Woolsthorpe) vermählte. Sie übergab nun den kleinen Isaac ihrer Mutter, bei welcher er bis zu seinem zwölften Jahre blieb. Von dort kam er nach Grantham, wo er bei dem Apotheker Clark wohnte und die öffentliche Schule besuchte. Anfänglich wollte es mit dem Lernen nicht eben vorwärts, jedoch später erwachte die Ambition in ihm sich zum ersten seiner Classe aufzuschwingen, was er denn auch durchführte. — Newton war ein Sonderling, er nahm an den Spielen seiner Genossen wenig Antheil, dagegen beschäftigte er sich mit grosser Vorliebe mit der Verfertigung verschiedener Apparate und Modelle von Maschinen. Er verschaffte sich kleine Werkzeuge und übte deren Gebrauch so lange, bis er im Stande war mit deren Hülfe verschiedene Maschinen zu construiren. Er verfertigte eine Wasseruhr, welche durch den Stoss des aus einer Oeffnung fallenden Wassertropfen getrieben wurde. Diese Vorrichtung diente der Familie Clark noch lange nachdem Newton Grantham verlassen hatte, als Uhr. Eine andere Vorrichtung war eine Windmühle, die er auf dem First des Hauses befestigt hatte. Ferner verfertigte er einen Karren, der mittelst einer Kurbel von einer darinsitzenden Person in Bewegung gesetzt werden konnte, ein Tretrad, das durch eine Maus getrieben wurde und Sonnenuhren, deren er einige an den Wänden seines elterlichen Hauses anbrachte. Im Hause, wo er in Grantham wohnte, verkehrte Newton mit einigen Mädchen der Clark'schen Bekanntschaft. Unter diesen befand sich die Tochter des Arztes Storey, für welche er eine grosse Zuneigung an den Tag legte. Noch nach vielen Jahren, so oft Newton seine Heimat aufsuchte, unterliess er es niemals seine inzwischen verheiratete Jugendfreundin und wie es scheint, Jugendliebe, aufzusuchen.

Im Jahre 1656 starb Newton's Stiefvater, worauf seine Mutter mit ihren drei von Smith stammenden Kindern nach Woolsthorpe zurückkehrte. Zugleich wurde Newton selbst heimgerufen, einerseits um die Kosten des Studiums zu ersparen, anderseits um den nun 14jährigen Jüngling in der Wirthschaft zu verwenden. Allein, da sich Newton's Mutter bald überzeugte, dass ihr Sohn zum Landmann nun einmal nicht passe und da sich ihr Bruder seiner annahm, so wurde beschlossen, ihn auf kurze Zeit zur Vorbereitung nach Grantham und von dort auf die Universität Cambridge zu schicken.

Newton war im 18. Jahre seines Lebens, als er am 5. Juni 1660 die Universität Cambridge bezog und in das Trinity-College aufgenommen wurde. Wir wissen über die drei ersten Jahre seines Universitätsstudiums sehr wenig. Er studirte Descartes' mathematische Schriften und nahm erst später wahr, dass er es versäumt habe, vordem die Elementargeometrie Euklid's mit gebührender Aufmerksamkeit durchzuarbeiten. Er studirte ferner die Arithmetik des Unendlichen von Wallis, die Optik Keppler's und die Logik Saunderson's. Newton hatte mit dem Professor des Griechischen Dr. Barrow innige Freundschaft geschlossen, der letztere wurde 1663 Professor der Mathematik und gab 1669 Vorlesungen über Optik heraus, in deren Vorrede er seinem Collegen Herrn Isaac Newton dafür seinen Dank ausspricht, dass dieser das Manuskript dieser Schrift durchgesehen, Versehen corrigirt und wichtige Beiträge gemacht habe. — Im Jahre 1665 erlangte Newton das Baccalaureat, 1666 musste er seine Studien der damals in Cambridge wüthenden Pest wegen unterbrechen. Er kehrte in seine Heimat zurück; im folgenden Jahre wurde er jüngerer Collegiat, hierauf Magister und älterer Collegiat. Zwei Jahre später legte Dr. Barrow seine Professur der Mathematik nieder, um sich gänzlich der Theologie zu widmen und schlug Newton zu seinem Nachfolger vor, der auch wirklich 1669 Professor der Mathematik zu Cambridge wurde.

Um diese Zeit hatte Newton schon einen Theil jener Entdeckungen zu Tage gefördert, welche seinen Namen für ewige Zeiten zu einem der bedeutendsten in der Geschichte der menschlichen Entdeckungen machen. Im Jahre 1666 bewies er die verschiedene Brechbarkeit der Lichtstrahlen, um dieselbe Zeit begann er sich mit der Idee der allgemeinen Gravitation zu beschäftigen und ausserdem war er damals schon im Besitze jener ungemein wichtigen mathematischen Erfindung, wegen welcher später der Prioritätsstreit mit Leibniz entstand, seiner Methode der Fluxionen.

Als Newton seine optischen Untersuchungen und damit auch seine Entdeckungen auf diesem Gebiete der Physik begann, da hatte man eben die Dioptrik in ihren allgemeinsten Zügen zum Abschlusse gebracht. Descartes und James Gregory hatten gezeigt, dass parallele und divergirende Strahlen nach einem Vereinigungspunkte zu gebrochen werden, wenn die Linsenflächen paraboloidische, ellipsoidische oder hyperboloidische Gestalt besitzen. Die Erscheinung der Lichtzerstreuung durch ein Prisma hatte man jedenfalls vor Newton beobachtet, jedoch war es nicht möglich dieselbe befriedigend zu erklären. Er war es nun, der messend und scharf überlegend an das Phänomen trat und hiedurch die Lösung der Aufgabe bewerkstelligte. Vor allem fand Newton, dass das 31 Minuten im Durchmesser haltende Sonnenbildchen zu einem Lichtbild von $2° 49'$ Winkelmass auseinandergezogen wurde. Er untersuchte nun den Einfluss der verschiedenen Incidenz des Lichtstrahls auf das Prisma, fand jedoch, dass dieser Winkel keinen wesentlichen Einfluss ausübe. Da er die Lichterscheinungen aus der Emanation der Lichtmaterie erklärte, so dachte er bei dem Versuche einer Erklärung der beobachteten Lichtzerstreuung an eine krummlinige Bahn der Strahlen, wie er eine solche Bahn bei Federbällen beobachtet hatte, die vom Racket schräg abgeschleudert eine progressive und eine rotirende

Bewegung erhalten. Jedoch die geometrischen Verhältnisse der Erscheinung lassen eine solche Erklärung nicht zu*).

Nachdem Newton in solcher Weise dargelegt hatte, dass alle jene Hypothesen der Erscheinung nicht entsprechen, machte er nun den folgenden Versuch. Er stellte an die hintere Seite des Prismas ein Brett mit einer Oeffnung von solchem Durchmesser, dass nur das Licht von einer Farbe durchgelassen wurde. An Stelle des Auffangeschirmes wurde ein zweites, in ähnlicher Weise mit einer Oeffnung versehenes Brett angewendet, hinter welchem sich ein zweites Prisma befand. Wurde nun das erste Prisma so gedreht, dass der Reihe nach die Lichtstrahlen aller Farben durch beide Prismen gingen und jene Stellen, wo die also zweimal gebrochenen farbigen Strahlen die Wand trafen, angezeichnet, so fand sich, dass das rothe Licht am wenigsten, das violette hingegen am meisten aus seiner Richtung abgelenkt war. Aus diesem Fundamentalversuche schloss Newton, dass das weisse Sonnenlicht nicht homogen sei, sondern aus Lichtstrahlen von verschiedener Brechung bestände. Newton machte auch eine Reihe anderer Versuche, welche ihn in seiner Ueberzeugung bestärkten. Er hielt z. B. hinter ein horizontal gestelltes Prisma eines in vertikaler Richtung, so dass die Brechung im zweiten Prisma in einer auf die erste Richtung senkrechten Richtung stattfand und nahm wahr, dass dann das Spectrum eine schiefe Lage annehme. Ein halb roth und halb blau gefärbtes Papier durch ein Prisma betrachtet, erschien an seiner blauen Seite mehr verschoben, als an seiner rothen.

Die wichtigen Untersuchungen über die Dispersion des Lichtes führten Newton zur Erkenntniss der Hauptquelle aller Unvollkommenheiten der optischen Instrumente. Da in den Linsen, gleich wie in den Prismen eine Zerlegung des weissen Lichtes in farbiges stattfinden muss und der verschiedenen Brechbarkeit der verschiedenfarbigen Strahlen zufolge auch die Vereinigung derselben zu realen optischen Bildern nur an verschiedenen Stellen zu Stande kommen kann, so ist es natürlich, dass es keine geometrische Gestalt der Linsenflächen geben könne, welche eine Vereinigung der verschiedenfarbigen Bilder an einem Orte und somit die Entstehung klarer und an den Rändern nicht verwaschener, scharfer Bilder bewerkstelligen könnte. Allerdings vergass Newton, dass man durch Vereinigung mehrerer Prismen resp. Linsen von verschiedener Dispersionsfähigkeit dennoch achromatische Bilder erhalten könne. Er war vielmehr überzeugt, dass es unmöglich sei mit Instrumenten, welche bloss aus Glaslinsen zusammengesetzt sind, vollkommene optische Bilder zu erhalten und richtete seine Aufmerksamkeit

---

*) Newton fand die Breite des Spectrums oder Lichtbildes der Entfernung des Schirmes von der Oeffnung im Fensterladen proportional, was bei krummliniger Bahn des Lichtstrahls nicht der Fall sein könnte.

auf die Spiegelinstrumente. In einem Briefe an Oldenburg, den Sekretär der „Royal Society" vom 4. Mai 1672 gibt er an, dass er durch die „Optica promota" des James Gregory die Construktion eines Spiegelteleskopes kennen gelernt habe. Da ihn dasselbe jedoch nicht befriedige, so habe er dessen Construction verbessert, so dass sein Instrument, obwohl es nur 6 Zoll lang sei, doch so viel leiste, wie ein 6füssiger Refractor. Die Verbesserung, welche Newton an dem Gregory'schen Teleskope anbrachte, bestand darinnen, dass er den grössern Hohlspiegel, der die Stelle der Objektivlinse vertritt und welcher bei diesem Instrumente durchlöchert war, um die von dem — dem grössern gegenüberstehenden — kleinen Hohlspiegel reflectirten Strahlen in das Ocular gelangen zu lassen, durch einen undurchlöcherten Spiegel ersetzte, ferner, dass er an Stelle des kleineren Hohlspiegels einen auf die optische Axe (unter 45 Grad) schief gestellten Planspiegel anwendete, der das Augenglas an der Seite des Rohres anzubringen gestattete. Man hat wohl hie und da behauptet, Newton habe von der Erfindung Gregory's nichts gewusst und sein Teleskop ganz selbstständig erfunden. Dies entspricht jedoch der Wahrheit nicht, wie man aus dem oben erwähnten Briefe an Oldenburg ersehen kann. Newton führte seine Erfindung eigenhändig aus und brachte zu Anfang des Jahres 1668 das erste Spiegelteleskop zu Stande, worüber er seinem Freunde George Ent am 23. Februar 1669 (nach unserm Kalender) schrieb. Allerdings hatte Gregory schon um das Jahr 1664 ein grosses Spiegelteleskop zu construiren begonnen, allein dasselbe gelang nicht, da die Optiker den 6 Fuss im Durchmeser haltenden Hohlspiegel zu schleifen nicht im Stande waren.

Der Erfolg des ersten Spiegelfernrohres veranlasste Newton ein zweites, besseres zu verfertigen. Die „Königl. Gesellschaft" forderte ihn auf sein Instrument zur Prüfung den Gelehrten der Akademie zu überlassen. Er schickte es in der That im Dezember 1671 an Oldenburg, den 11. Januar 1672 wurde es dem Könige gezeigt und von dem Präsidenten der „Royal Society", Sir Robert Moray, Sir Christopher Wren, Hooke u. a. geprüft und als höchst werthvolle Erfindung erklärt. Auf Anrathen dieser Gelehrten sandte der Erfinder eine Beschreibung des Teleskopes nach Paris an Huygens. Das Instrument selbst befindet sich noch gegenwärtig in der Bibliothek der „Königl. Gesellschaft" zu London und trägt die Inschrift: „Invented by Sir Isaac Newton and made with his own hands, 1671". Ein Glasspiegel, den Newton zu einem Teleskope, anstatt eines Metallspiegels benützen wollte, gelang nicht.

Die „Königl. Societät" wählte Newton zu ihrem Mitgliede. Dieser sandte seine Untersuchungen über das Licht ein, welche in den „Philosophical Transactions" von 1672 erschienen. Diese Arbeit erwarb ihrem Verfasser viele Anhänger und Bewunderer, aber auch so mancher Gegner stand auf und bekämpfte die neuen Ansichten. Vor allem trat Ignace Gaston Pardies, Professor der Mathematik zu Clermont auf und suchte die Verlängerung des Spectrums aus der verschiedenen Incidenz der Strahlen zu erklären. Der zweite Gegner war Franciscus Linus, den wir als Gegner Boyle's schon weiter oben zu erwähnen hatten. Dieser wollte die Verlängerung des Farbenbildes durch das seitlich einfallende Licht weisser Wolken erklären. Sein Schüler Anton Lucas machte bloss einige unwesentliche Einwendungen über die Länge des Spectrums. — Unter seinen Collegen, den Mitgliedern der „Royal Society" opponirten einige der optischen Theorie Newton's. Vor allem waren es Hooke und Huygens, welche die neue Lehre bekämpften, da sie in derselben einen Angriff auf die von ihnen verfochtene Undulationstheorie erblickten. Newton betonte in seiner Zurückweisung der Angriffe Hooke's, dass seine Farbenlehre von der Hypothese über die Natur des Lichtes ganz unabhängig sei. Huygens' Bemerkung, dass man mit den zwei Grundfarben Blau und Gelb sämmtliche Farben, sowie auch Weiss hervorbringen könnte, vermochte Newton leicht zu widerlegen, sowie anderseits Huygens die Farbenlehre in seiner optischen Schrift: „Traité de la lumière" einfach mit Stillschweigen überging, wohl deshalb, weil er die Erscheinungen mit Hülfe der Undulationshypothese zu erklären nicht im Stande war.

In den Jahren 1669, 1670 und 1671 hielt Newton auf der Universität zu Cambridge Vorlesungen über Optik, in denen er über seine Entdeckungen bezüglich der verschiedenen Brechbarkeit des weissen Lichtes und der Zusammensetzung desselben aus farbigem sich verbreitete. Um die Ansicht, das Licht bestehe aus kleinen Theilchen einer gewissen Lichtmaterie, zu begründen, gebrauchte er den folgenden, sehr treffenden Vergleich: Denken wir uns Eisenfeilicht von sieben verschiedenen Graden von Feinheit mit einander vermischt, so kann man diese verschiedenen Arten Feilicht von einander auf zweierlei Weise sondern, entweder durch ein System von sieben entsprechend feinen Sieben oder durch einen über das Gemische schief gehaltenen Magneten, der allmählig angenähert an seinem, von dem Gemische entferntesten Punkte das feinste, am nächstliegendsten das gröbste Feilicht anziehen wird. Das erste Beispiel entspricht dem Durchgange des Lichtes durch diaphane, aber absorbirende Medien, das zweite hingegen der Spectrumbildung im Prisma.

Newton war nun bemüht, als Controlleversuch seiner Lichttheorie, die Mischbarkeit der sieben Regenbogenfarben zu weissem Lichte nachzuweisen. Er bewerkstelligte dies auf dreierlei verschiedene Arten. Wenn er hinter das lichtzerstreuende Prisma ein zweites, von gleicher Beschaffenheit und gleichem optischen Vermögen in verkehrter, jedoch paralleler Stellung anbrachte, so nahm er wahr, dass an Stelle eines farbigen Spectrums ein weisses Sonnenbild entstand. Gleichzeitig machte er die Bemerkung, dass bei Anwendung zweier Prismen in der angegebenen Weise nicht bloss die Dispersion, sondern gleichzeitig die Deviation, somit die Lichtbrechung im Allgemeinen aufgehoben wurde. Der Lichtstrahl wurde aus seiner Richtung seitlich verschoben, sonst jedoch nicht abgelenkt. — Die zweite Methode der Vereinigung des farbigen Lichtes zu weissem gelang Newton mit Hülfe einer Sammellinse, die dritte durch Mischung entsprechender farbiger Pigmente, eine Methode, welche an sich unvollkommen, mehr der gemeinen Fassungskraft angepasst war.

Die zweite optische Arbeit von grosser Tragweite, welche Newton am 9. Dezember 1675 bei der „Königl. Gesellschaft der Wissenschaften" einreichte, war seine Untersuchung über die Farben dünner Blättchen. — Die prächtige Färbung, welche wir an Seifenblasen wahrnehmen, wurde zuerst von Robert Boyle in seiner Schrift: „Experimenta et considerationes de coloribus" erörtert. Aehnliche Erscheinungen hatte Lord Brereton an verwitternden Fensterscheiben beobachtet und darüber ebenfalls der „Royal Society" (1666) referirt. Die unmittelbare Veranlassung der Newton'schen Untersuchungen war eine Arbeit Hooke's über die Farben sehr dünner Glimmerplättchen, Seifenblasen u. s. f., allein es gelang diesem nicht, eine Relation für die Dicke der lichtbrechenden Schichte und der hieraus entstehenden Farbe aufzufinden, vor allem deshalb, weil er nicht im Stande war die minutiöse Messung der Dicke eines Glimmerplättchens auszuführen, die ca. $^1/_{12000}$ eines englischen Zolles betrug.

Newton beseitigte diese Schwierigkeit auf folgende Weise. Er legte auf die ebene Fläche eines planconvexen Fernrohrobjektives eine biconvexe Linse, deren Krümmungsradius beiderseits fünfzig Fuss betrug. Auf diese Weise erhielt er eine, an Dicke nach bekanntem Gesetze wachsende, Luftschichte, deren Dicke an jeder beliebigen Stelle sich genau berechnen liess. Beleuchtete er nun diese Zusammenstellung mit homogenem z. B. rothem Lichte, so zeigte sich auf schwarzem Grunde ein System concentrischer rother Ringe. Geschah die Beleuchtung mit grünem, blauem oder violettem Lichte, so erschien das Ringsystem entsprechend gefärbt und successive schmäler. Die breitesten Ringe bildeten sich im rothen, die schmälsten im violetten Lichte. Eine Folge dieser letzterwähnten Thatsache ist die Erscheinung, welche wir bei Anwendung von weissem, also gemischtem Lichte beobachten. In diesem Falle überdecken sich die einzelnen farbigen Ringsysteme nur theilweise, wodurch verschiedene Mischungsfarben entstehen. Vom Mittelpunkte aus gerechnet beobachten wir die folgenden Farben:

1. Ordnung: schwarz, blau, weiss, gelb, orange, roth;
2.   „   violett, blau, grün, gelb, orange, roth;
3.   „   purpur, blau, grün, gelb, roth, bläulichroth;
4.   „   bläulichgrün, grün, gelblichgrün, roth;
5.   „   grünlichblau, roth;
6.   „   grünlichblau, roth.

Die Radien der hellsten Theile der Ringe standen im Verhältniss von $1:3:5$ u. s. f.*). Als Newton Wasser zwischen beide Linsen brachte, beobachtete er, dass sich die Radien der Ringe im Verhältnisse von $8:7$ verengerten, woraus er schloss, dass für gleiche Farben sich die Dicke der Wasserschichte zu jener der entsprechenden Luftschichte verhalte wie $7^2:8^2$ d. h. wie $49:64$, oder aber nahezu wie $3:4$, d. h. wie das Brechungsverhältniss für Wasser und Luft.

Soweit hatte Newton ein beobachtetes Phänomen erschöpfend beschrieben. Nun sollte dasselbe jedoch mit der allgemeinen Lichttheorie in Einklang gebracht werden, was den Begründer der neueren Optik zur Aufstellung der wenig glücklichen Hypothese von den „Fits" oder „Anwandlungen" verleitete.

Während es als Charakteristikon einer guten Hypothese angesehen werden kann, dass sich neuentdeckte Facten durch dieselbe zwanglos erklären lassen, kennzeichnet es eine unpassende Hypothese, dass diese für jedes neue Factum erweitert zu werden benöthigt. Die Erweiterung der Emanationshypothese des Lichtes geschah durch die schon erwähnte Annahme der „Fits" (französisch „accès", lateinisch „vices"). Newton setzte nämlich voraus, dass das Licht die Eigenschaft habe, periodisch ihren Zustand in solcher Weise zu ändern, dass es einmal leichter reflectirbar, das andere Mal leichter refrangirbar sei und zwar sei die Dauer einer solchen Periode am längsten für das rothe, am kürzesten für das violette Licht. Um diese an und für sich gekünstelte Hypothese zu stützen, glaubte deren Autor noch eine erklärende Hülfshypothese aufstellen zu sollen, welche in der Annahme bestand, dass die Lichttheilchen durch ihre Anziehung in den Körpern, auf die sie in ihrer Bahn treffen, Schwingungen erzeugen. Sind diese Schwingungen schneller als die Bewegung der Lichttheilchen, so würden sie deren Bewegung abwechselnd verlangsamen oder beschleunigen, wodurch die „Fits" entstünden. Diese Hypothese war begreiflicherweise nicht im Stande sich viele Anhänger zu erwerben.

Am 10. Februar 1675 reichte Newton bei der „Königlichen Societät" eine Arbeit über die natürlichen Farben der Körper ein, in welcher er nachwies, dass die Färbung der einzelnen Materien nicht eine denselben inhärirende Eigenschaft sei, sondern von der Eigenschaft des Lichtes abhänge. Nur im weissen Lichte erscheinen die Körper in ihrer gewöhnlichen Färbung, mit homogenem rothem Lichte beleuchtet erscheinen sie roth, braun, oder schwarz, je nachdem ihre Färbung, die sie in weissem Lichte zeigen, beschaffen ist u. s. f.

Bezüglich der Durchsichtigkeit oder Undurchsichtigkeit der Körper

---

*) Im durchgehenden Lichte zeigten sich farbige Ringe auf hellem Grunde, deren Radien durch das Verhältniss: $2:4:6:\ldots$ ausgedrückt werden kann.

gibt Newton die folgende Erklärung. Durchsichtig sind jene Körper, welche in ihrem Innern von gleichmässiger Dichte sind und somit aus kleinen Theilchen bestehen, welche wieder durch kleine Zwischenräume von einander getrennt sind. In einem Körper von derartiger Structur findet keine nennenswerthe Reflexion des Lichtes statt, da dieses nur an der Trennungsfläche zweier Medien von verschiedener lichtbrechender Kraft eine Reflexion erleidet. Das Glas ist durchsichtig, da es in seinem Innern keine leeren Zwischenräume hat, das Papier hingegen undurchsichtig, weil es ausgedehnte lufterfüllte Zwischenräume aufweist. Erfüllt man diese Zwischenräume mit einem Stoffe von ähnlich lichtbrechender Kraft, wie die des Papiermaterials, z. B. Oel, so wird es diaphan.

Die in Vorstehendem kurz skizzirte Theorie Newton's ist allerdings weit entfernt davon, dass sie als eine wahrscheinliche Erklärung der in Rede stehenden Phänomene betrachtet werden könnte. Wenn wir jedoch berücksichtigen, in welchem Zustande sich in jener Zeit dieser Theil der Optik befand, und dass die Anhänger der Undulationstheorie nicht im Stande waren eine nur einigermassen annehmbare Farbentheorie aufzustellen, so können wir Newton's Theorie immerhin als einen Fortschritt in der Lehre vom Lichte betrachten.

Die Abhandlung Newton's über die Farben dünner Blättchen hatte eine Polemik mit Hooke zur Folge. Da nun der erstere eine grosse Abneigung gegen literarische Streitigkeiten hegte, so nahm er sich vor, so lange Hooke leben würde, nichts mehr über Optik zu veröffentlichen. In der That geschah es erst zwei Jahre nach dem Tode jenes Gelehrten im Jahre 1704, dass Newton sein optisches Werk: „Optics: or a treatise of the reflections, refractions, inflections and colours of light" herausgab. In dieser Schrift finden wir eine systematische Zusammenstellung aller jener Resultate, wie sie der Verfasser im Laufe seiner langjährigen optischen Untersuchungen gefunden hat. Im ersten Buche treffen wir die mechanische Theorie der Emissionshypothese, derzufolge die Körpertheilchen auf die Lichttheilchen anziehend wirken, wodurch eine Krümmung des Lichtstrales gegen die auf die Trennungsfläche des Mediums senkrechte Richtung stattfindet, welche Deviation aus der ursprünglichen Bahn so lange anhält, bis der Lichtstrahl in das dichtere Mittel eingedrungen ist, indem er dann wieder eine gradlinige Bahn, jedoch mit grösserer Geschwindigkeit einschlägt. — Auf eben dieselbe Weise erklärt Newton die innere oder totale Reflexion. Ist nämlich die Anziehungskraft der Körpertheilchen auf die Theilchen der Lichtmaterie gross genug, so ist es möglich, dass bei kleiner Incidenz des Lichtstrahles ein Zurückbeugen desselben in das ursprüngliche Medium stattfinde. — In einer viel schwierigeren Lage befindet sich jedoch unser Autor der gewöhnlichen Reflexion gegenüber, die er weder durch die Hypothese einer von den Körpertheilchen auf die Lichtmaterie geübten

Anziehung, noch durch die Annahme der periodischen Anwandlungen (Fits) zu erklären im Stande ist. Es bildet somit die Theorie der einfachen Reflexion die schwächste Seite der Newton'schen Lichttheorie. — Die Annahme einer eigenen Brechkraft als gleichförmig beschleunigende Kraft führt zu einem Ausdrucke für deren Intensität*).

Die Newton'sche Theorie des Regenbogens ist als eine Erweiterung der Descartes'schen Theorie zu betrachten. Mit Hülfe der Differentialrechnung finden wir auf kurzem Wege den Winkel, welchen die einfallenden Sonnenstrahlen mit den nach der Brechung und Zurückwerfung in den Regentropfen aus diesen parallel austretenden (den wirksamen Strahlen) bilden. Wenn wir mit Newton die Brechungscoefficienten des Lichtes von Luft in Wasser für rothe Strahlen $= {}^{108}/_{81}$, für violette Strahlen hingegen $= {}^{109}/_{81}$ setzen, so berechnet sich der Halbmesser für den rothen Theil des Bogens zu $42^\circ\,1'\,44''$, für den violetten Theil zu $40^\circ\,16'\,10''$. Es wäre somit die Breite des Regenbogens $1^\circ\,45'\,34''$. Hiebei ist jedoch die Sonne als leuchtender Punkt vorausgesetzt. Addirt man hiezu noch den Sonnendiameter, den wir im Mittel zu 32 Bogenminuten annehmen, so ergibt sich für die Breite des Regenbogens das Winkelmass von $2^\circ\,17'$; als sein kleinster Halbmesser $40^\circ\,10''$. Auch ergibt sich aus dieser Theorie, warum im Hauptregenbogen die rothen Strahlen den äussern, die violetten den innern Rand bilden. — In ganz ähnlicher Weise lässt sich die Rechnung für den Nebenregenbogen führen, für den sich eine Breite von $3^\circ\,43'$ und ein innerer Radius von $50^\circ\,42'\,46''$ ergibt, sowie die Thatsache, dass in diesem äussern Bogen die violetten Strahlen den äussern Saum der Lichterscheinung bilden.

Newton beschäftigt sich in seinem grossen Werke über Optik auch mit der Erscheinung der Diffraction oder wie er sie nennt: Inflexion. Diese Erscheinung wurde, wie wir dies weiter oben gesehen haben**), von Grimaldi entdeckt und eingehend untersucht. Im Jahre 1675 las Hooke eine Abhandlung über denselben Gegenstand in der „Königl. Societät", welche Newton jedoch mit Stillschweigen übergeht. Trotzdem letzterer seine Schrift über Optik erst 1704 veröffentlichte, so ist doch aus der Vorrede zu ersehen, dass die Untersuchungen, aus denen jener Theil hervorgegangen ist, der sich mit den Beugungserscheinungen beschäftigt, viel früheren Datums und etwa um das Jahr 1674 zu setzen sei, ferner wird angeführt, dass die Untersuchungen unbeendigt geblieben

---

*) Bedeutet n den Brechungsindex der Substanz, d deren Dichte, so ist die Intensität der Brechkraft $= \dfrac{n^2-1}{d}$. Die Behauptung, dass dieser Ausdruck für die verschiedenen Substanzen constant sei, wurde durch Newton's eigene Versuche wenig gestützt und durch spätere Erfahrungen als unrichtig erwiesen.

**) Vergl. pag. 23.

und der darauf bezügliche ganze Abschnitt aus zerstreuten Papieren zusammengesetzt sei.

Den Schluss der Schrift über Optik bildet eine Reihe von 31 Fragen, welche verschiedene, grösstentheils optische Gegenstände betreffen. Aus diesen Fragen scheint hervorzugehen, dass Newton selbst die Emissionstheorie des Lichtes nicht für so unfehlbar richtig gehalten habe, als seine spätern Anhänger und dass er seiner Zeit (um 1675) einigermassen zur Undulationstheorie neigte. In diesen Fragen behandelt er auch die Erscheinungen der Doppelbrechung und der Polarisation. Bezüglich der ersten Erscheinung, ignorirt er vollständig die Arbeit Huygens', die er offenbar kennt. Er stellt für die Brechung des ausserordentlichen Strahles ein falsches Gesetz auf. — Die Polarisation versucht er dadurch zu erklären, dass er den Lichtstrahlen gewisse polare Eigenschaften, wenn auch nur vermuthungsweise zuschreibt*).

Die Arbeiten Newton's über Optik haben ohne Zweifel auf die Entwicklung dieses Theiles der Physik einen entscheidenden Einfluss gehabt. Seine Untersuchungen über das Sonnenspectrum, die Zerlegung des weissen Sonnenlichtes in seine Grundfarben, ferner seine Arbeiten über die Farben dünner Blättchen, endlich der Einfluss, den er auf die Verbesserung der optischen Instrumente genommen, hätten für sich seinen Namen der Reihe der bedeutendsten Physiker einverleibt. Trotzdem finden sich unter diesen optischen Arbeiten die schwächsten des Verfassers. Am fühlbarsten wird dies, wo Newton seine Ansichten über das Wesen des Lichtes darlegt, jenes System willkürlich ausgedachter Hypothesen, welche hier und dort mit den beobachteten Thatsachen in Conflict gerathen. Die Newton'sche Lichttheorie setzt voraus, dass das Licht aus kleinen körperlichen Theilchen bestehe, welche aus dem leuchtenden Körper nach allen Seiten in den Raum gesendet werden. Diese Theilchen besitzen verschiedene Eigenthümlichkeiten: sie sind periodisch sich wiederholenden Anwandlungen leichter Reflexion und Transmission unterworfen, die Lichtstrahlen besitzen an ihren Seiten eine gewisse Polarität. Dabei hält er es für möglich, „dass grobe „Körper und Licht ineinander verwandelt werden können". Die Lichttheilchen und die Körpertheilchen wirken aufeinander. Die ersteren bewegen und erwärmen die letzteren, diese üben ihrerseits auf die ersteren Anziehung und Abstossung, deren Grösse von der Trägheit der Licht-

---

*) In der 29. Frage am Ende seiner Optik vergleicht er die Seiten eines Strahles mit den Polen eines Magneten. „I do not say that this virtue „is Magnetical; it seems to be of another kind: I only say, that whatever it „be, it is difficult to conceive how the rays of light, unless they be bodies, „can have a permanent virtue in two of their sides, which is not in their „other sides; and this without any regard to their position to the space, or „medium, trough which they pass." Newtoni Opera. Ed. Horsley. Londini 1782, Tom. IV, pag. 241.

theilchen abhängt. Diese Kräfte sind in allen messbaren Entfernungen unmerklich, die Entfernung zwischen den Theilchen der Körper ist sehr klein im Verhältnisse zum Durchmesser der Wirkungssphäre derselben.

Wir haben weiter oben erzählt, wie Newton im Jahre 1666, als in Cambridge die Pest grassirte, sich in seine Heimat zurückgezogen habe. Um diese Zeit begann er sich mit der Idee der allgemeinen Gravitation zu befassen und eine Anwendung der mechanischen Prinzipien auf Fragen anzubahnen, welche sich bisher bloss in ihren geometrischen und phoronomischen Verhältnissen der Betrachtung zugänglich erwiesen hatten, nämlich auf die Frage der Massenbewegungen im Weltenraume und deren Ursachen. — Es ist sehr glaubwürdig, dass Newton zu jener Zeit im Garten in seiner Woolsthorper Heimat während seiner unfreiwilligen Musse sich mit den ersten Gedanken über jenen Gegenstand beschäftigt habe. Ueber das Zustandekommen der Entdeckung wird bekanntlich eine Art von Anekdote erzählt, welche von einigen Biographen Newton's erwähnt wird, die wir deshalb auch hier nicht mit Stillschweigen übergehen wollen. Als, nach dieser Erzählung, Newton im elterlichen Garten sass und über die Wirkungen der Schwerkraft nachdachte, die jeden Körper gegen den Mittelpunkt der Erde hin treibt, da sah er einen Apfel vom Baume fallen. Er fragte sich, wo die Grenze für diese Anziehung sei, welche das Fallen verursacht, wie hoch der Baum sein müsste, damit von ihm der Apfel nicht mehr zur Erde fiele und kam zu dem Resultate, dass der Baum auch bis zum Monde reichen könne, ohne dass deshalb die Schwerewirkung aufhören würde. — Diese Erzählung findet sich bei Voltaire[*], welcher angibt sie von der Nichte Newton's, Frau Conduit gehört zu haben, ferner in der auf den grossen Gelehrten bezüglichen und von Turnor, einem späteren Eigenthümer des Geburtshauses von Newton verfassten Collection[**]), wo eine Erzählung des Herrn Conduit angeführt wird, derzufolge der Entdecker des Gravitationsgesetzes durch den Anblick eines zu Boden fallenden Apfels auf den Gedanken über die Gravitation geführt worden wäre. Von diesem Apfelbaum wurde nun erzählt, dass er im Laufe dieses Jahrhunderts durch einen Sturm gefällt worden sei, worauf dann Turnor aus dem noch verwendbaren Holze des Baumes einen Sessel hätte verfertigen lassen. Es scheint uns, als hätten wir dieser Erzählung volle Gerechtigkeit angedeihen lassen, wenn wir sie einfach anführen.

Die Betrachtung Newton's ging von der Bewegung des Mondes aus. Wäre dieser Körper sich selbst überlassen, so würde er in geradliniger Bahn, mit gleichförmiger Bewegung den Himmelsraum durchschneiden. Wenn er nun von dieser geradlinigen Bahn jeden Augenblick ablenkt und in einer geschlossenen Bahn um die Erde läuft, so

---

[*]) Elémens de la philosophie Newtonienne, Chap. 3.
[**]) Turnor, Collections, pag. 160.

zeigt dies, dass zwischen Erde und Mond eine gewisse anziehende Kraft thätig sei, welche den Mond fortwährend dem Mittelpunkte der Erde anzunähern bestrebt ist. Dasselbe Verhältniss muss jedenfalls auch bezüglich der Bewegung der Planeten um die Sonne statthaben. Newton überlegt nun, dass die Anziehungskraft, welche zwischen den kosmischen Massen vorausgesetzt werden muss, in jedem Punkte der Planetenbahn durch das Bestreben des Planeten seinen ursprünglichen Bewegungszustand zu erhalten aufgewogen werde. Um nun eine Relation zu finden, in welcher die Anziehungskraft unabhängig von der Umlaufszeit, bloss durch die Entfernung vom Centralkörper ausgedrückt wäre, nahm er das Keppler'sche dritte Gesetz zu Hülfe und fand — die Planetenbahnen als Kreislinien vorausgesetzt — die Anziehungskraft als dem Quadrate der Entfernungen verkehrt proportional. — Nachdem Newton somit einen Ausdruck für die gesuchte Kraft gefunden hatte, ging er daran, aus der bekannten Bewegung des Mondes den Fallraum per Sekunde zu rechnen und fand hiefür ca. eine halbe Linie per Sekunde*). Dies gab, wenn er die Entfernung des Mondes von der Erde zu 60 Erdradien annahm, auf die Oberfläche der Erde berechnet $3600 \times 0,'''533 = 13^{1}/_{3}$ Fuss, während der Fallraum in der ersten Sekunde damals zu $15^{1}/_{2}$ Fuss angenommen wurde. Die grosse Differenz zwischen diesen beiden Zahlen war nicht geeignet, das Vertrauen Newton's zu seiner allgemeinen Gravitationstheorie zu befestigen und zwang ihn, neben der Massenanziehung noch ein unbekanntes Agens vorauszusetzen, das er nach der Behauptung Whiston's mit den Decartes'schen Wirbeln analog angenommen hätte. Er liess daher die hierauf bezüglichen Untersuchungen fallen, um so mehr, als er nach seiner Rückkehr nach Cambridge sich ganz und gar den optischen Untersuchungen zuwendete. Nach Erledigung dieser Aufgabe kehrte er wieder zu seinen mechanischen Spekulationen zurück. Im Jahre 1678, nach dem Tode Oldenburg's wurde Hooke zum Sekretär der „Royal Society" gewählt. An diesen richtete Newton am 28. November 1679 ein Schreiben, worinnen er sich auf eine Frage über physische Astronomie bezieht, bezüglich deren die Societät seine Meinung hören wollte. Er schlägt die Ausführung eines Versuches vor, welcher geeignet wäre, die Axendrehung der Erde direkt nachzuweisen. Zu diesem Behufe empfiehlt er Fallversuche aus grosser Höhe, welche eine Abweichung des fallenden Körpers nach Osten ergeben müssten. Die Societät nahm diesen Vorschlag mit grossem Beifall auf und beauftragte ihren Sekretär und Experimentator Hooke mit der Ausführung hierauf bezüglicher Versuche. Hooke schrieb nun

---

*) Da er in seiner ländlichen Abgeschiedenheit der literarischen Hülfsmittel entbehrte, so nahm er den von den Seefahrern angenommenen runden Werth von 60 englischen Meilen für den Breitegrad an, und berechnete hieraus den Durchmesser der Erde.

an Newton und führte aus, dass der fallende Körper an jedem Punkte der Erdoberfläche, mit Ausnahme der am Aequator liegenden, infolge der schiefen Richtung der Fallbahn gegen die Drehungsaxe der Erde, nicht bloss eine Abweichung nach Osten, sondern auch eine geringe südliche Abweichung zeigen müsse. Im Dezember 1679 führte Hooke in der That Fallversuche aus, über die er auch in der Societät referirte. Es waren dieselben jedoch nicht entscheidend, schon wegen der geringen Fallhöhe von 27 Fuss, die er zur Anwendung brachte *) — Hooke hatte gegen Newton geltend gemacht, dass die Bahn des fallenden Körpers auf der bewegten Erde keine Spirale sei, sondern im Vacuum eine excentrische Ellipse, im lufterfüllten Raum eine excentrische elliptische Spirale. Newton wurde durch diese Bemerknng Hooke's auf einen wichtigen mechanischen Satz geführt, demzufolge die Bahn eines Planeten, der unter dem Einflusse einer dem Quadrate der Entfernung von einem Anziehungscentrum umgekehrt proportionalen Kraft sich bewegt, eine Ellipse ist, in deren einem Brennpunkte das Anziehungscentrum (die Sonne) sich befindet. Newton erklärt selbst in einem an Halley gerichteten Briefe, dass ihn auf die Entdeckung des Satzes die Bemerkung Hooke's geleitet habe.

Nichtsdestoweniger war Newton nicht geneigt, seine Gravitationstheorie zu veröffentlichen, da diese durch die am Monde gemachte Erfahrung nicht gerechtfertigt worden war. Im Juni 1682 wohnte er einer Sitzung der „Royal Society" bei, als man eben die Resultate der Gradmessung, welche Picard 1679 ausgeführt hatte, besprach. Newton notirte die Daten, aus denen sich der Durchmesser der Erde berechnen liess und nahm seine Rechnung vom Jahre 1666 wieder auf. Schon im Verlaufe derselben sah er, dass die vordem gefundene Abweichung von seiner Theorie dieses Mal entweder viel kleiner ausfallen oder gänzlich verschwinden werde. Es wird erzählt, dass, als er sich an der Schwelle der Entdeckung jener Kraft sah, welche den gesammten Weltenmechanismus bewegt, sich seiner eine derartige Aufregung bemächtigt habe, dass er die Beendigung der Rechnung, resp. deren Controle einem Freunde anvertrauen musste, der ihm denn auch bald mittheilen konnte, dass die Rechnung richtig sei und mit seiner Theorie übereinstimme. Hiermit war eines der grossartigsten Resultate der menschlichen Forschung festgestellt und gesichert. Was für die Bewegung des Mondes um die Erde galt, musste auch für die Bewegung aller Planeten um die Sonne gelten, ja selbst in andern kosmischen Systemen, in den entferntesten Tiefen des Fixsternraumes konnte keine andere Wirkungsart der Materie aufeinander vorausgesetzt werden, als jene, welche wir in unserm Planetensysteme zu beobachten Gelegenheit haben.

---

*) Die Frage wurde später durch genau und zweckmässig ausgeführte Versuche gelöst durch Guglielmini (1791), Benzenberg (1802 und 1804) und Reich (1832).

Newton fand im Verfolgen seiner Theorie mehrere Sätze, die sich auf die Bewegung der Planeten um die Sonne beziehen. Er sandte diese 1683 ohne den Beweis beizuschliessen nach London an die gelehrte Gesellschaft.

Auch dieses Mal, da es sich um die Entdeckung des Anziehungsgesetzes der Weltkörper handelte, bewahrheitete sich die Erfahrung, dass derartige wichtige Sätze gleichzeitig den Geist verschiedener Denker beschäftigen*). Zur selben Zeit hatte sich Wren mit dem Probleme beschäftigt, die Bahn eines Planeten aus der Zusammensetzung einer ein für allemal mitgetheilten Bewegung und einer gegen die Sonne gerichteten Fallbewegung zu erklären, eine Aufgabe, welche er zu lösen nicht im Stande war. Im Jahre 1684 hatte Halley gefunden, dass aus der Verknüpfung des Gesetzes für die Centrifugalkraft mit dem dritten Keppler'schen Gesetze, welches sich auf das Verhältniss der Umlaufszeit zu der mittlern Entfernung von der Sonne bezieht, folge, dass die Centrifugalkraft mit der Entfernung im quadratischen Verhältnisse abnehme. Als eines Tages Wren mit Halley in Gegenwart Hooke's über diesen Gegenstand sprachen, behauptete der letztere, dass er im Stande sei, aus dem durch Halley gefundenen Satze die Bewegung der Planeten zu erklären. Wren drang in ihn, den Beweis für seine Behauptungen zu liefern und versprach ihm dafür sogar ein werthvolles Buch zu schenken, ohne dass sich jedoch Hooke zur Bestätigung seiner Behauptung verstanden hätte. Im August 1684 begab sich nun Halley nach Cambridge zu Newton, um diesen zu bitten, ihm die Beweise der an die Akademie eingesandten Sätze zu zeigen und ihn zur Veröffentlichung derselben zu bewegen. Newton willfahrte in der That den Bitten seines Freundes. Im April des Jahres sandte er ein Manuskript an den Vice-Präsidenten der „Royal Society" Sir John Hoskins, das den Titel führte: „Philosophiae naturalis principia mathematica". In der Sitzung vom 28. April 1686 legte Dr. Vincent das Manuskript vor und begleitete diesen Akt mit einer Lobrede auf die Vorzüglichkeit der Newton'schen Arbeit. Hooke, der ebenfalls anwesend war, erklärte erregt, dass er es gewesen sei, der Newton die ersten Andeutungen zu dieser Arbeit gegeben habe, dass somit ihm die Priorität bezüglich der Aufstellung

---

*) In der „Astronomia philolaica" des Bullialdus (vergl. oben pag. 15) findet sich die folgende merkwürdige Stelle: „Virtus illa, qua sol prehendit „seu harpagat planetas, corporalis quae ipsi (Keplero) pro manibus est, lineis „rectis in omnem mundi amplitudinem emissa, quasi species solis, cum illius „corpore rotatur. Cum ergo sit corporalis, imminuitur et extenuatur in „majori spatio et intervallo, ratio autem hujus imminutionis eadem est, ac „luminis, in ratione nempe dupla intervallorum, sed eversa. Hoc non „negavit Keplerus, attamen virtutem motricem in simpla tantum ratione „intervallorum contendit imminui." Lib. I, pag. 23 der „Astr. philolaica". (Parisiis 1645.)

einer Idee der allgemeinen Gravitation zukomme. Zugleich berief er sich auf Aeusserungen, die er bezüglich dieses Gegenstandes vordem dem Vice-Präsidenten gemacht habe. Dieser erklärte nun seinerseits, sich auf derartiges nicht zu erinnern. Nach aufgehobener Sitzung begab sich die Gesellschaft nach dem Kaffeehause, wo Hooke seine Behauptung, dass er Newton die Grundideen zu seinen Untersuchungen gegeben habe, des Weiteren ausführte.

Die Aeusserungen Hooke's wurden Newton mitgetheilt und zwar von Halley, der am 22. Mai jenes Jahres schrieb, dass Hooke auf das Gesetz für die Abnahme der Schwerkraft mit dem Quadrate der Entfernung einigen Anspruch erhebe, dagegen zugebe, dass er an der Auffindung der Bahncurven keinen Antheil habe. Halley meint, Hooke werde durch eine Erwähnung seines Namens in der Vorrede zu dem Werke zufriedengestellt sein. Newton schrieb am 20. Juni einen ausführlichen Brief an Halley, der eine Widerlegung Hooke's enthielt. Allein bevor dieser Brief noch abgegangen war, erhielt er ein anderes Schreiben, in welchem ihm der betreffende Correspondent, der über den Verlauf der Sitzung bloss vom Hörensagen berichten konnte, einen übertriebenen Bericht mittheilte. Hierdurch wurde nun Newton dermassen erbittert, dass er seinem Briefe an Halley einen in scharfen Worten gehaltenen Epilog anfügte. Er sagt, Hooke möge wohl seine Kenntniss des Gesetzes von der Abnahme der Schwerkraft mit der Entfernung einem Briefe verdanken, den er (Newton) am 14. Januar 1673 durch Oldenburg's Vermittlung an Huygens gesendet habe. Da Oldenburg die Originale zu behalten pflegte und bloss Copien an die betreffende Adresse schickte, so mochte Hooke als Nachfolger jenes zweiten Sekretärs der „Royal Society"*) in den Besitz des Newton'schen Briefes gelangt sein und hieraus seine Kenntniss über jenes Gesetz geschöpft haben „und so möchte das, was er mir nachher über das Mass der „Schwerkraft schrieb, nichts anderes als eine Frucht aus meinem eigenen „Garten sein". Er beschuldigte Hooke somit kurz und bündig des gemeinen Plagiates.

Halley versicherte Newton in seiner Antwort auf diesen Brief, dass man ihn schlecht berichtet, dass Hooke niemals behauptet habe, Newton hätte seine Resultate von ihm entlehnt. Dieser bedauert nun die scharfe Nachschrift zu jenem Briefe an Halley und will die Uebereilung in übertriebenem Masse gut machen. Er schlägt deshalb in seinem am 14. Juli 1686 an Halley gerichteten Briefe vor, seinem Werke an geeigneter Stelle die Erklärung beizufügen, dass die eigentlichen Entdecker des Gesetzes von der Schwerkraft Wren, Hooke und Halley

---

*) Der erste Sekretär der „Royal Society" war William Crown, nach seinem Tode 1663 wurde Oldenburg zugleich mit Wilkens Sekretär.

seien, die von einander unabhängig dasselbe aus dem dritten Keppler-schen Gesetze abgeleitet haben*).

Die „Royal Society" hatte in ihrer Sitzung vom 28. April 1686 die Drucklegung der Schrift ihres berühmten Mitgliedes verfügt, in der Sitzung des Rathes vom 19. Mai wurde beschlossen, das Werk auf Kosten der Gesellschaft drucken zu lassen und die Aufsicht über den Druck Halley zu übertragen. Dieser theilte die Beschlüsse der Gesellschaft dem Autor mit, der in seiner Antwort vom 20. Juni seinem Wunsche Ausdruck verleiht, das dritte Buch des Werkes wegzulassen. „Die Philosophie ist eine derartig unbescheidene, streitsüchtige Dame, „dass mit ihr zu thun zu haben, eben so viel ist, als sich in Prozesse „verwickeln. So fand ich sie früher, und auch jetzt gibt sie mir dieselbe „Warnung sogleich, da ich mich ihr nähere. Zu den zwei ersten Büchern, „ohne das dritte, wird der Titel: Philosophiae naturalis Principia mathe-„matica nicht gut passen, deshalb hatte ich ihn abgeändert, in: De „motu corporum libri duo. Aber nach einem nochmaligen Nachdenken „behielt ich den vorigen Titel bei. Er wird dem Buche einen bessern „Absatz verschaffen und diesen darf ich nun, da es Ihnen gehört, nicht „beeinträchtigen."

Halley bedauert, dass das dritte Buch wegbleiben soll und vermag den Autor in dessen Drucklegung zu willigen, so dass das ganze Werk im Mai 1687 erscheinen konnte.

Wir werden über den Inhalt dieses monumentalen Werkes an geeigneter Stelle ausführlicher sprechen. Hier beschränken wir uns bloss auf einige allgemeine, das Werk betreffende Bemerkungen. In drei Bücher getheilt, geben die zwei ersten Bücher: „Ueber die Bewegung der Körper" die Grundgesetze der Mechanik, die Lehre von der Bewegung der Körper unter dem Einflusse einer im Verhältniss des Quadrates der Entfernung abnehmenden, aus einem Centrum ausgehenden Anziehungskraft, wenn die Bewegung im leeren, hierauf wenn sie in einem Raume stattfindet, der mit einem widerstehenden Mittel erfüllt ist. Ferner behandeln die beiden ersten Bücher die Bewegung des Pendels in einem widerstehenden Medium, die Sätze der Hydromechanik, die Fortpflanzung des Schalles etc. Das dritte Buch: „Ueber das Weltgebäude" entwickelt aus den Prinzipien, die in den zwei ersten Büchern gegeben sind, die Construktion des Weltgebäudes. Die Darstellung dieses Theiles ist möglichst leicht verständlich gehalten, um einen grössern Kreis von Lesern zu interessiren, als die zwei ersten, welche der Natur der Sache angemessen, in knapper, trockener, durch zahlreiche Rechnungen unterbrochener Darstellung verfasst sind. Den Schluss des Werkes bildet eine Widerlegung der Descartes'schen Wirbeltheorie.

---

*) Phil. nat. princ. math., Lib. I, Sectio II, Prop. IV, Coroll. 6. Scholium. Opera omnia. Ed. Horsley. Londini 1779, Tom. II, pag. 51.

Im Ganzen haben wir es somit hier mit einem Werke über Mechanik zu thun, in dem ausserdem einige theoretisch-physikalische Fragen erörtert sind. Hierher gehören die Theorie der Lichtbrechung, die Ableitung eines Gesetzes für den Widerstand des Mittels, die Fortpflanzungsgeschwindigkeit des Schalles, die Ausflussgeschwindigkeit der Flüssigkeitsstrahlen und deren Contraktion unterhalb der Ausflussöffnung.

Newton's wissenschaftliches System konnte nicht unmittelbar nach dem Erscheinen der „Principia" auf den hohen Schulen seines Vaterlandes, sowie des gebildeten Europa's festen Fuss fassen. Eben zu jener Zeit war die cartesianische Physik allgemein anerkannt worden und es gab kaum eine Universität, wo sie nicht an Stelle der endlich aufgegebenen aristotelischen gelehrt worden wäre. Es erschien die Theorie der cartesianischen Wirbel als eine dem Verstande besonders zugängliche Hypothese. Jedermann hatte schon Holzstücke in Wasserwirbeln im Kreise herumgeführt gesehen und konnte sich auch die Himmelskörper in ähnlicher Weise in den Strudeln eines intramundanen Weltfluidums „gleich dem Schiffe ohne Segel und ohne Ruder" treibend, vorstellen. — Da kam nun die Newton'sche Naturanschauung und verlangte die Vorstellung von Weltkörpern, die im leeren Weltenraume, bloss von einer sonst durchaus unfühlbaren Kraft, die den Theilchen der Materie innewohnte, gelenkt, schweben sollten. Es hatte den Anschein, als wollte die neue Theorie die „qualitates occultas" der alten Physiker, welche seit Descartes' Zeiten glücklich beseitigt waren, kaum beseitigt, wieder in die Wissenschaft einführen. Roger Cotes, der Herausgeber der zweiten Auflage der „Principien" fühlt sich aus diesem Grunde besonders veranlasst, in der Vorrede zu diesem Werke die Behauptung zu widerlegen, dass die Newton'sche Attractionskraft eine „causa occulta" sei, da sie vielmehr eine Ursache genannt werden müsse, deren Wirksamkeit sich deutlich in den Erscheinungen wahrnehmen lässt. Die Zeitgenossen Newton's: Leibniz, Huygens, Johann Bernoulli, Fontenelle u. a. nahmen eine mehr oder weniger ablehnende Stellung der neuen Lehre gegenüber ein. Dess ungeachtet verbreitete sich dieselbe am Continente früher, als im Vaterlande ihres Autors. In den holländischen Universitäten wurde sie von s'Gravesande eingeführt, Maupertuis war ebenfalls ein eifriger Anhänger, der für die Verbreitung in Frankreich bemüht war.

Viel schwieriger gestalteten sich die Verhältnisse für die Verbreitung der Newton'schen Lehre in England. Dreissig Jahre waren seit dem ersten Erscheinen der „Principien" verflossen, und noch immer beherrschten die cartesianischen Ansichten die Universitäten. Zu Cambridge diente als Textbuch für den Unterricht in der Physik die in das Lateinische übertragene Physik von Rohault, ein rein cartesianisches Werk. Dasselbe Buch wurde später von Dr. Samuel Clarke in der Weise übersetzt und mit Anmerkungen versehen, dass in diesen Glossen zum cartesianischen Texte die Ansichten Newton's über die wichtigsten Stellen der cartesianischen Theorie und zugleich deren Widerlegung durch Newton enthalten war. Da dieses Clarke'sche Buch seiner bessern Latinität und des Namens des Uebersetzers wegen die früheren Bearbeitungen verdrängte, so gelang die List vollkommen. Mit Hülfe dieser Glossen bahnten sich langsam, aber sicher die Newton'schen Ansichten ihren Weg und wurden somit eigentlich unter dem Protectorate der „cartesianischen Philosophie" eingeführt. — Leichter ging es an den schottischen Universitäten St. Andreas und Edinburgh, wo Jacob und David Gregory für die Verbreitung der neuen Lehre sorgten.

Durch die Newton'sche Art, die Physik zu behandeln, wurde die Anwendung der Mathematik auf Physik in hohem Masse gefördert. Die Nachfolger Newton's verfielen nun häufig in den Fehler, die theoretisch-physikalischen Probleme als einfache mathematische abzuhandeln, ohne dabei die Zulässigkeit, resp. Gültigkeit des angewendeten Calculs immer gehörig geprüft zu haben.

Die Newton'sche Mechanik, welche aus einer einzigen Hypothese ausgehend, das ganze System aufbaut, erfordert die Anwendung bedeutender mathematischer Hülfsmittel. Es war die Erfindung der Differential- und Integralrechnung durch Newton und Leibniz nöthig, um mit Erfolg auf dem durch Newton gebotenen Fundamente weiter zu bauen.

Es ist hier der Ort, von den mathematischen Entdeckungen Newton's zu sprechen. Trotz der stark hervortretenden Neigung zu rein mathematisch-geometrischen Problemen, trotz der vielen Abhandlungen, die er über diese Gegenstände verfasst hat, gibt es keine einzige mathematische Schrift, welche er selbst herausgegeben hätte. Alle diese Abhandlungen mussten ihm, so zu sagen, abgerungen werden. Die Ursache dieser Abneigung gegen die Veröffentlichung rein mathematischer Arbeiten seitens Newton's sind mannigfaltiger Natur. In jener Zeit, da sich die Mathematiker mit allgemein aufgestellten Problemen auf die Probe zu stellen pflegten, veröffentlichte man nicht gern eine Methode, mit deren Hülfe sich eine gewisse Reihe von Aufgaben lösen liess. Ein Hauptgrund war bei Newton noch der Umstand, dass er keine seiner gelegentlich entstandenen mathematischen Abhandlungen in einer zur Herausgabe passenden Form verfasst hatte, ferner, dass er noch eine Verbesserung seiner Methode abwarten wollte. Ein weiterer Grund ist die Abneigung des Verfassers, sich in Prioritätsstreitigkeiten zu verwickeln, welche Gefahr jedoch eben durch das Verzögern der Herausgabe seiner Schriften gesteigert wurde. So wie in seiner Controverse mit Hooke in Bezug auf die Entdeckung des Gravitationsgesetzes, so berief er sich in der Polemik mit Leibniz, welche um die Priorität der Erfindung der Differentialrechnung entstanden war, darauf, dass sein Gegner auf den Gegenstand bezügliche Briefe Newton's bei einer dritten Person gesehen habe. Wir haben dieser Polemik schon weiter oben Erwähnung gethan und wollen deshalb hier bloss kurz der mathematischen Arbeiten Newton's gedenken, ohne auf jene Controverse mit Leibniz noch ein Mal zu reflektiren.

Pappos und Archimedes im Alterthume, in der Neuzeit Keppler, Cavalieri, Pascal, Roberval, Fermat, Hudde, Huygens, Barrow, Wallis, Nicolaus Mercator (Kaufmann): sie alle haben Antheil an der Erfindung jener mathematischen Methode, welche wir den Infinitesimalcalcul nennen. — Das Studium der Schriften Wallis' führte Newton zur Entdeckung des berühmten binomischen Lehrsatzes und hierauf zur Erfindung der Fluxionenrechnung als Methode zur Berechnung der Quadratur und Rectification von Curven. Newton verfasste eine Abhandlung unter dem Titel: „Analysis per aequationes numero terminorum infinitas", welche er im Juni 1669 Barrow mittheilte, der sie wieder an Collins schickte. Nach einer Abschrift im Nachlasse des letzteren, erschien diese Arbeit fünfzig Jahre später im Jahre 1711 mit Zustimmung ihres Verfassers. Eine zweite mathematische Abhandlung: „A Method of Fluxions", welche als Einleitung zu Kinckhuysen's Algebra dienen sollte, wurde ebenfalls zurückgehalten und erschien nach dem Tode des Verfassers im Jahre 1736 mit einem Commentar von John Colson, Professor der Mathematik zu Cambridge. — Der ersten Ausgabe der Optik Newton's, die 1704 erschien, waren ebenfalls zwei mathematische Abhandlungen beigefügt: „Tractatus duo de speciebus et magnitudine figurarum curvilinearum". Die eine hat den Titel: „Tractatus de quadratura curvarum", die andere „Enumeratio linearum tertii ordinis". Die erste enthält die Theorie der Fluxionen und deren Anwendung auf die Quadratur der Curven, die andere gibt eine Classification von 72 Curven dritter Ordnung und eine Angabe der Eigenschaften derselben.

Die Vorlesungen über Algebra, wie sie Newton durch 9 Jahre zu Cambridge gehalten hatte, gab Whiston mit der Einwilligung des Verfassers im Jahre 1707 unter dem Titel: „Arithmetica universalis, sive de compositione et resolutione arithmetica liber" heraus. — In den „opusculis" finden wir ferner eine kleine Abhandlung: „Methodus differentialis", welche mit des Verfassers Zustimmung 1711 herausgegeben wurde. Sie besteht aus sechs Sätzen, in denen die Methode enthalten ist, eine parabolische Curve durch eine gegebene Anzahl von Punkten zu ziehen, mit deren Hülfe man Probleme über die Quadratur der Curven zu lösen im Stande ist. — In der Horsley'schen Ausgabe der Newtonschen Werke befindet sich ausserdem noch eine dort zuerst erschienene mathematische Schrift: „Artis analyticae specimina, vel geometria analytica". Diese besteht aus zwölf Capiteln, die über verschiedene Probleme handeln und welche der Herausgeber aus drei verschiedenen Manuskripten zusammengesetzt hat. Zum Schlusse seien noch seine Beantwortungen der von Johann Bernoulli und von Leibniz an die „ausgezeichnetsten

Mathematiker" gerichteten mathematischen Fragen erwähnt, deren erste sich auf die Bestimmung der Brachystochrone, deren letztere sich auf die Bestimmung der Trajectorien bezieht.

Newton lebte zu Cambridge in ärmlichen Verhältnissen, mit so kleinem Einkommen, dass man ihm die gewöhnliche Abgabe von einem Shilling per Woche seiner gedrückten Verhältnisse zufolge erlassen musste. Im Jahr 1669 erhielt er den Lucasischen Lehrstuhl, ohne dass sich deshalb in seinen Verhältnissen eine Aenderung vollzogen hätte. Um jene Zeit wurde Newton, der sonst ausschliesslich seinen Studien lebte, mit einem Male an die Oeffentlichkeit gezogen. König Jakob II. verlangte von der Universität zu Cambridge, dass sie einen Benedictiner-Mönch, Pater Franciscus, als Magister aufnehmen solle. Die Universität sah in der befehlenden Art, in welcher das Verlangen des Königs ausgesprochen wurde, eine Verletzung ihrer Privilegien, auch fürchtete sie, dass der katholische Herrscher durch einige Wiederholungen dieses Vorgehens den protestantischen Charakter der Hochschule gefährden könnte und so beschlossen sie denn, dem Zustandekommen dieses gefährlichen Präcedens nach Kräften zu widerstreben. Da sich Newton ebenfalls unter der Zahl jener Professoren befand, welche den Wünschen des Hofes widerstrebten, so wurde er als einer der neun Abgeordneten gewählt, welche die Rechte der Universität vor der geistlichen Commission zu vertheidigen hatten. In der That glückte es den Vertretern der Universität, den Widerruf des königlichen Befehles durchzusetzen.

Im Jahre 1688 wurde Newton als einer der Vertreter der Universität in das Parlament geschickt, an dessen Sitzungen er bis zur Auflösung desselben theilnahm. Von 1690—1695 war er selten von Cambridge abwesend und scheint mithin in diesen Jahren nicht mehr im Parlamente gesessen zu haben.

Im Winter 1692—1693 stiess Newton ein Unfall zu, der in Verbindung mit andern üblen Einflüssen sein — durch Ueberanstrengung, Nachtwachen und dergl. — angegriffenes Nervensystem dermassen reizte, dass er in Folge dessen an einer länger andauernden Geistesstörung zu leiden hatte. Es wird erzählt, dass in jenem Winter von 1692 auf 1693, höchst wahrscheinlich im November oder Dezember 1692 Newton des Morgens, nachdem er von dem Gottesdienste, dem er in der Capelle beigewohnt hatte, zurückgekehrt war, eine Wahrnehmung machte, die ihn auf das Aeusserste erschütterte. In seiner Abwesenheit hatte sein Lieblingshündchen Diamant das brennende Licht vom Schreibtische umgeworfen und jenes steckte sämmtliche Schriften, mit denen dieser bedeckt war, in Brand. Es waren die Resultate langjähriger optischer Studien und Experimente, welche auf diese Weise zu Grunde gingen. Dieser unglückliche Zufall scheint nun auf Newton allerdings höchst deprimirend gewirkt zu haben, es ist jedoch nicht anzunehmen, dass bei einem so ruhig und überlegend denkenden Menschen ein derartiges Missgeschick

Heller, Geschichte der Physik. II. 18

eine so masslose Wirkung hervorzubringen im Stande gewesen wäre. Uebrigens ist dieser Fall im Leben des grossen englischen Forschers in derartiges Dunkel gehüllt, dass es wohl kaum mehr gelingen wird den Schleier vollständig zu heben. Vor allem ist zu bemerken, dass die oben erzählte Begebenheit über ein Jahrhundert lang gänzlich unbekannt war. Erst durch eine neuere Durchsicht der Huygens'schen Manuskripte wurde die Aufmerksamkeit darauf und auf die angebliche Geistesstörung Newton's gelenkt. In einem von Van Swinden in der Bibliothek zu Leyden wieder aufgefundenen Tagebuche Huygens' findet sich eine Stelle, wo erzählt wird, dass ihm der Schotte Colin (Collins) am 29. Mai 1694 geschrieben habe und ihm mittheile, dass der berühmte Geometer Isaac Newton, theils in Folge von Ueberanstrengung, theils aus Gram über die Zerstörung seines chemischen Laboratoriums und verschiedener Handschriften durch Feuer, wahnsinnig geworden sei und auch vor dem Erzbischof von Canterbury Zeichen von Geistesabwesenheit gegeben habe. Ferner wird erzählt, dass ihn seine Freunde allsogleich auf seine Wohnung beschränkt und durch sorgfältige Pflege derart hergestellt hätten, dass er nun wieder seine „Principia" zu verstehen anfange.

Biot hat in seinem „Leben Newton's" die Vermuthung ausgesprochen, dass diese temporäre Störung der Grund gewesen sein möge, weshalb unser Autor, der bei dem Erscheinen seiner „Principia" erst 45 Jahre alt war, nach diesem Werke keine bedeutendere naturwissenschaftliche Arbeit mehr veröffentlicht habe und dass auch seine übrigen nach den Jahren 1692—93 erschienenen Schriften, resp. neuen Ausgaben früherer Werke stets von dem längst vor dieser Periode Erforschten und Verfassten zehren. Laplace geht sogar noch weiter und vermuthet, dass Newton seine sämmtlichen theologischen Schriften erst nach dieser Periode verfasst habe. — In dem unveröffentlichten Tagebuche eines damaligen Studenten der Universität Cambridge, Namens Abraham de la Pryme, findet sich ebenfalls die Erzählung jenes Unfalls, der Newton's optische Arbeiten zerstört habe, jedoch ist das Ereigniss in seinen Folgen als nicht so verhängnissvoll dargestellt, wie dies bei Collins der Fall ist, da bloss gesagt wird, dass er einen Monat lang „nicht mehr derselbe gewesen sei" (he was not himself). — Von grosser Wichtigkeit sind jedenfalls die Briefe Newton's aus jener Periode. Aus einigen derselben können wir ersehen, dass er während dieser Zeit ernstlich unwohl gewesen sei, an gänzlicher Appetitlosigkeit und an Schlaflosigkeit und zwar durch volle 12 Monate gelitten habe. Ferner ersehen wir aus ihnen, dass er sich von Seite der Regierung vernachlässigt fühlte, da man ihn in so beschränkten materiellen Verhältnissen liess und endlich lässt es sich nicht läugnen, dass er an den Sekretär der Admiralität Pepys, sowie an den Philosophen Locke Briefe geschrieben habe, welche theils durch das Unzusammenhängende ihres Textes, theils durch darinnen enthaltene sonderbare Ausdrücke die Meinung nahe legen, Newton sei zu jener Zeit in psychischer Hinsicht in ernsterer Weise affizirt gewesen, wenn auch anderseits die Ansicht, als habe thatsächlich Wahnsinn seinen Geist umnachtet, stark übertrieben erscheint. — Auffällig ist es immerhin, dass die grossen und bedeutenden Werke alle aus der ersten Periode seines Lebens stammen, doch findet auch diese Thatsache eine, wenigstens theilweise Erklärung in der spätern amtlichen Beschäftigung als Münzwardein mit solchen Dingen, die seinen frühern wissenschaftlichen Arbeiten ferne lagen. — Alles zusammengefasst, was wir über den Geisteszustand Newton's in jener Zeit wissen, scheint uns die folgende Darstellung des Sachverhaltes der Wahrheit am nächsten zu kommen: Newton war durch Versprechungen einflussreicher Personen mit der Aussicht auf ein einträgliches Staatsamt lange Zeit hingehalten worden und fühlte sich in Folge dessen zurückgesetzt. Er war lange Jahre hindurch auf ein kärgliches Einkommen angewiesen und sah die Perspective vor sich, stets in diesen beschränkten Verhältnissen leben zu müssen. Hiezu kam noch, dass arme Verwandte von mütterlicher Seite von ihm Unterstützung heischten. — Solcher Art waren die Ursachen, die auf seinen Gemüthszustand deprimirend wirkten. — Ausserdem war Newton zu überangestrengter geistiger Arbeit geneigt, in Folge deren er oft ganze Nächte durchwachte. Dadurch wurde nun sein Nervensystem in ernster Weise angegriffen. Dies sind die schädlichen Einwirkungen auf sein geistiges Vermögen. Es brauchte nun bloss eines einigermassen ernsteren Missgeschickes, um der schon gehörig vorbereiteten psychischen Krankheit zum Ausbruche zu verhelfen. Das erste Stadium dieses Zustandes scheint eine Art von Trübsinn gewesen zu sein, zu dem sich später Aufgeregtheit gesellte, die sich bis zur Schlaflosigkeit steigerte. Den Schluss bildete wohl eine vorübergehende Deprimirung der geistigen Fähigkeiten, die sich hauptsächlich darinnen äusserte, das Newton sein eigenes grosses Werk nicht verstand. Was die Behauptung betrifft, sein Geist habe sich niemals wieder gänzlich erholt, so scheint auch diese nicht aller Begründung zu entbehren. Wenn wir auf den geistig und leiblich gebrochenen Galilei blicken, der auf seinem Sterbelager noch dem Ausbaue seines wissenschaftlichen Systemes lebte und seinen letzten Hauch dazu verwendete, um seine Werke zum Abschlusse zu bringen, so scheint die Motivirung des englischen Biographen Newton's, Sir David Brewster, weshalb sein Held nach jener Krise keine nennenswerthe Entdeckung mehr gemacht, keine bedeutendere Arbeit ausgeführt. habe, eine höchst schwache zu sein, um so schwächer, da Newton trotz seiner amtlichen Funktionen ja noch immer Musse hatte, theologische Schriften zu verfassen, während er sich innerhalb seines eigensten Denkgebietes doch hauptsächlich darauf beschränkte, aus dem reichen Schatze früherer Geistesarbeit zu schöpfen.

  Newton war dreiundfünfzig Jahre alt geworden, hatte sich in der wissenschaftlichen Welt des ganzen gebildeten Europa einen Namen erworben, dessen Ruhm von nur wenigen erreicht wurde, ohne dass es ihm deshalb gelungen wäre, seine materielle Lage in nennenswerther Weise zu verbessern, trotzdem so mancher seiner viel weniger berühmten Collegen sich zu hoher Würde in der Kirche oder im Staatsdienste aufgeschwungen hatte. Als ihm endlich ein günstigerer Stern zu leuchten begann, da war es die Freundschaft eines Mannes, der sich zu hohen Staatsämtern emporgehoben hatte und der nun auch seinen Freund nach sich zog. Karl Montague, Enkel des Grafen Heinrich von Manchester, hegte für seinen um zwanzig Jahre älteren Freund die Ehrfurcht des dankbaren Schülers. Als er 1694 zum Kanzler des Finanzcollegiums ernannt wurde, betrachtete er es als eine seiner ersten Sorgen, die vielfach verschlechterte und verfälschte Münze durch Umprägen vollwerthig zu machen. Er berieth darüber mit Newton, Locke und Halley, und als der damalige Aufseher der Münze Overton zu einem anderen Amte befördert wurde, schlug er dem Könige für diesen Posten seinen Freund Newton vor. In seinem Briefe vom 19. März 1695 benachrichtigt er ihn in liebenswürdiger Weise von der bevorstehenden Ernennung und fordert ihn auf bei ihm vorzusprechen, um dem Könige zum Handkusse vorgestellt zu werden. Die Stelle trug 500—600 Pfund jährlich und war somit derartig dotirt, um unsern Gelehrten mit einem Male seiner sämmtlichen materiellen Sorgen zu überheben.

Newton hatte nun Gelegenheit, seine mathematischen und chemischen Kenntnisse im Dienst des Staates zu verwerthen und es ging die gewünschte Umprägung der Münze unter seiner Aufsicht in befriedigender Weise vor sich. Im Jahre 1699 wurde er zum Münzmeister (master of mint) befördert, welches Amt mit einem Jahreseinkommen von 1200 bis 1500 Pfunden verbunden war.

Nach dieser Ernennung zu einem angesehenen Amte hatte Newton nicht mehr Ursache über Vernachlässigung zu klagen. Es folgte nun eine Auszeichnung der andern. Im Jahre 1699 wurde er zum auswärtigen Mitgliede der Pariser Akademie gewählt, 1701 wurde er von der Universität zu Cambridge wieder in das Parlament gesendet. Zwei Jahre später, im Jahre 1703, wurde er nach dem Tode seines Freundes und Gönners Karl Montague an dessen Stelle zum Präsidenten der „Royal Society" gewählt, welches Amt er durch jährliche Neuwahl bis an sein Lebensende bekleidete. Als die Königin Anna im Jahre 1705 sich zu Newmarket aufhielt, besuchte sie die Universität Cambridge, bei welcher Gelegenheit unter anderen auch Newton die Ritterwürde verliehen wurde.

Da die erste Auflage des grossen Werkes Newton's schon längst verkauft war und eine immer stärkere Nachfrage nach dem Buche entstand, musste sich der Verfasser endlich entschliessen, entweder unter eigener oder unter der Beaufsichtigung eines Bevollmächtigten eine neue Auflage zu veranstalten. Es wurde der Professor der Astronomie zu

Cambridge, Roger Cotes, zu dieser Arbeit ausersehen und so erschien 1713 die durch ein Vorwort Cotes' eingeleitete zweite Auflage, welche in manchen Theilen von Seite des Autors nicht unwesentliche Aenderungen erfahren hatte. Besonders wurde die Mondtheorie ausführlicher und gründlicher behandelt, ebenso die Theorie der Kometen.

Als mit Georg I. im Jahre 1714 das hannoveranische Haus auf den englischen Thron gelangte, kam Newton in nähere Beziehung zum Hofe. Die Prinzessin von Wales, nachmalige Königin als Gattin Georgs II., welche mit Leibniz einen Briefwechsel unterhielt, liebte es von Zeit zu Zeit mit Newton zu verkehren, dessen philosophische Ansichten sie mit grossem Interesse anhörte. Auf den von der Prinzessin von Wales ausgesprochenen Wunsch, das Manuskript jenes neuen Systemes der Chronologie zu lesen, das er noch während seines cambridger Aufenthaltes verfasst hatte, fertigte Newton einen kurzen Auszug über dasselbe aus seinen Papieren, welcher der Prinzessin eingehändigt wurde. Durch die Indiskretion des Abbé Conti, der sich eine Abschrift davon erbeten hatte, wurde dieser bloss für den Privatgebrauch der Prinzessin verfasste Abriss in französische Sprache übersetzt und mit einigen widerlegenden Bemerkungen von Freret zu Paris 1725 herausgegeben. Newton verwahrte sich gegen diesen ganzen Vorgang durch seine Abhandlung: „Remarks on the observations made on a chronological Index of Sir Isaac Newton, translated into French by the Observator, and published at Paris", welche in den „Philos. Transactions" von 1725 erschien. Trotzdem trat nun an den Autor die Pflicht heran, sein eigentliches Werk über Chronologie zum Drucke vorzubereiten. Zur Zeit seines Todes war es wohl schon fast druckfertig, erschien jedoch erst 1728 unter dem Titel: „The Chronology of ancient Kingdoms amended, to which is prefixed a short Chronicle, from the first memory of Things in Europe to the conquest of Persia by Alexander the Great." Die Vertheidigung Newton's gegen die Angriffe des Pater Souciet übernahm sein Freund Halley.

Newton veranstaltete noch eine dritte Ausgabe der „Principien" im Jahre 1726. Da Roger Cotes inzwischen gestorben war, so betraute der Verfasser den Dr. Pemberton mit der Beaufsichtigung der neuen Auflage. Auch in dieser befinden sich einzelne, vom Autor selbst bewerkstelligte Aenderungen und Verbesserungen.

Newton verlebte die letzte Zeit in London. Durch 20 Jahre wohnte er mit seiner Nichte Katharina Barton, Wittwe des Obersten Barton, welche er erziehen hatte lassen und für welche er in väterlicher Weise sorgte. Es ist dies dieselbe Dame, für welche der Gönner Newton's, Karl Montague, später Graf von Halifax, eine schwärmerische Zuneigung hegte. Später heiratete sie zum zweiten Male, ohne dass jedoch ihre Sorge für den alleinstehenden greisen Oheim aufgehört hätte. Sie wohnte mit ihrem Gemahle Conduit im Hause Newton's. Dieser war inzwischen in's hohe Greisenalter getreten und wurde von den verschiedenen Gebrechen dieses Lebensalters heimgesucht. Ein sehr schmerzvolles Blasenleiden begann im Jahre 1622 sich bemerkbar zu machen, Blasensteine verursachten ihm die schrecklichsten Schmerzen. Hierzu gesellte sich im Jahre 1725 ein heftiger Bronchialkatarrh und in Folge dessen kam eine Lungenentzündung zum Ausbruche. Im folgenden Monate (Februar 1725) hatte er Anfälle von Gicht. Seinem Amte in der Münze konnte er nicht mehr obliegen und so versah sein Neffe Conduit an seiner Stelle diesen Dienst. Zu jener Zeit lebte Newton in Kensington, von wo er sich höchst selten in die Stadt begab. Am 28. Februar 1727 präsidirte er jedoch in einer Sitzung der „königl. Societät" und kehrte am 4. März in seine Wohnung nach Kensington zurück. Von jener Zeit an hatte er heftige Schmerzanfälle in Folge seines Steinleidens auszuhalten, aber in seinen schmerzlosen Augenblicken kehrte stets seine gleichmässige, heitere Stimmung zurück. Den 15. März schien sich sein Zustand zu bessern, den 18. März Abends 6 Uhr verlor er jedoch das Bewusstsein und verbrachte den ganzen Sonntag in diesem Zustande, bis er am beginnenden Montage, dem 20. März*) zwischen ein und zwei Uhr Nachts seinen Geist aushauchte. Sein Alter war 84 Jahre, 2 Monate, 26 Tage.

Newton's Leichnam wurde von Kensington nach London gebracht und in der Westminster-Abtei nahe am Eingange im Chor, zur linken Seite begraben. Das Leichentuch trugen der Lord-Oberkanzler, die Herzoge von Roxburgh und Montrose, die Grafen von Pembroke, Sussex und Macclesfield, die sämmtlich Mitglieder der „Royal Society" waren. Sir Michael Newton war der Hauptleidtragende. Die Leichenrede hielt der Bischof von Rochester.

Newton's Verwandte verwendeten 500 Pfunde auf die Errichtung eines Denkmales, welches im ansehnlichsten Theile der Abtei im Jahre 1731 errichtet wurde. Newton's Steinbild ruht auf einem Sarkophage mit dem Ellbogen auf Schriften gestützt. Vor ihm stehen zwei Jünglinge mit einer Rolle, auf der sich eine geometrische Figur und eine convergirende Reihe befindet. An der vordern Seite des Sarkophags, der auf einem Fussgestelle ruht, sind die Reliefbilder von Jünglingen mit verschiedenen Emblemen. Der eine hält ein Prisma, der andere ein Spiegelteleskop, der dritte wägt die Sonne und die Planeten mit einer Schnellwage, der vierte ist am Schmelzofen beschäftigt, zwei andere sind mit Münzen beladen. Hinter dem Sarkophage befindet sich eine Pyramide, aus deren Mitte sich ein Globus, auf dem sich verschiedene Constellationen befinden, hervorwölbt. Die Astronomie sitzt weinend an einem Globus. An der Spitze der Pyramide befindet sich ein Stern. Die Grabschrift lautet:

---

*) D. h. nach neuem Stil am 31. März.

Hic situs est
Isaacus Newton, Eques Auratus,
Qui, animi vi prope divina,
Planetarum motus, figuras,
Cometarum semitas, Oceanique aestus,
Sua Mathesi facem praeferente,
Primus demonstravit.
Radiorum Lucis dissimilitudines,
Colorumque inde nascentium proprietates,
Quas nemo antea vel suspicatus erat, pervestigavit,
Naturae, Antiquitatis, S. Scripturae,
Sedulus, sagax, fidus Interpres,
Dei Opt. Max. Majestatem philosophia asseruit,
Evangelii simplicitatem moribus expressit.
Sibi gratulentur Mortales, tale tantumque extitisse
HUMANI GENERIS DECUS.
Natus XXV. Decemb. MDCXLII. Obiit XX. Mar. MDCCXXVII.

Im Jahre 1731 wurde eine Denkmünze zu Ehren Newton's geschlagen, auf der Bildseite befindet sich sein Abbild mit der Umschrift: „Felix cognoscere causas", auf der Rückseite eine Figur, welche die Mathematik vorstellt. Im Jahre 1755 wurde eine von Roubilliac ausgeführte Marmorstatue Newton's in der Vorhalle des „Trinity-College" aufgerichtet, welche den Forscher mit einem Prisma in der Hand, gegen Himmel gerichteten Blickes darstellt. Am Fussgestelle befindet sich die Inschrift: „Qui genus humanum ingenio superavit."

Newton hinterliess ein nicht unbedeutendes Vermögen, welches ungefähr 32000 Pfund Sterling betrug. Die beiden Familiengüter Woolsthorpe und Sewstern erbte John Newton, ein Seitenverwandter des Gelehrten, als dessen gesetzlicher Erbe. Dieser verkaufte die beiden Besitzungen an Edmund Turnor von Stoke Rocheford, der dieselben mehr in Ehren zu halten verstand, als jener Blutsverwandte des grossen Denkers. Als er im Jahre 1798 das Geburtshaus ausbessern liess, brachte er in der Stube, in welcher Newton das Licht der Welt erblickt hatte, eine Tafel aus weissem Marmor an, welche die Inschrift trägt: „Sir „Isaac Newton, son of John Newton, Lord of the manor of Woolsthorpe, „was born in this room on te 25. December 1642. Nature and Nature's „laws lay hid in night, God said ‚Let Newton be', and all was Light."

Ueber die Persönlichkeit Newton's finden wir die folgenden Angaben: Sir Isaac war von kleiner oder mittelgrosser Statur, in seinen jüngeren Jahren hager, neigte er späterhin etwas zur Corpulenz. Er behielt sein volles Haupthaar, wenn auch erbleicht, bis in sein spätestes Alter. Sein Gesicht erhielt sich, so dass er nie eine Brille benützen musste. Dabei war jedoch sein Blick matt, sowie der Ausdruck seines ganzen Gesichtes ein wenig sagender war und den Geist, der in dieser

Hülle steckte, durchaus nicht verrieth. Newton war kein angenehmer Gesellschafter, da er oft zerstreut war und das Gesprochene überhörte. — Newton war sich seines Werthes wohl bewusst, doch eben in Folge seiner ausgebreiteten Kenntnisse war er bescheiden. Noch kurz vor seinem Tode drückte er seine Gesinnung in folgenden Worten aus: „Ich „weiss nicht, wie ich der Welt erscheine; aber mir selbst komme ich „vor wie ein Knabe, der am Meeresufer spielt und sich damit belustigt, „dass er dann und wann einen glatten Kiesel oder eine schönere Muschel „als gewöhnlich findet, während der grosse Ocean der Wahrheit uner- „forscht vor ihm liegt."

Newton verstand es sehr gut, sein Leben den äusseren Verhältnissen anzubequemen. Der bescheidene Stubengelehrte, der zeitweise mit Besorgniss in die Zukunft blickte und in sehr beschränkten materiellen Verhältnissen lebte, verstand es später als hoher Staatsbeamter sehr gut ein Haus zu führen, welches der Würde seines Amtes entsprach. Dabei war er jedoch von jeglicher Verschwendung weit entfernt und hinterliess seinen Verwandten, wie wir dies schon oben erwähnt haben, ein hübsches Vermögen.

Die grosse Bedeutung Newton's für die Geschichte der Physik liegt in seinen Entdeckungen auf dem Gebiete der Mathematik und Mechanik. Zwar sind seine optischen Untersuchungen von seinen Zeitgenossen mit grösserem Beifalle aufgenommen worden, als seine Theorie der allgemeinen Gravitation und in der That gehören die Versuche über das Spectrum des Sonnenlichtes, sowie die über die Farben dünner Blättchen zu den wichtigsten Forschungen auf dem Gebiete der Lehre vom Lichte, jedoch können sie den Vergleich mit jenen Arbeiten von prinzipieller, wissenschaftlicher Bedeutung nicht aushalten. Die allgemeine physikalische Theorie des Lichtes, welche er aufgestellt und vertheidigt hat, können wir als die Verirrung eines genialen Denkers betrachten, der in falsche Richtung gerathen, den einmal eingeschlagenen Weg starrsinnig weiter verfolgt und alle Hindernisse, die sich ihm in den Weg stellen, durch künstlich ausgeführte Brücken überwindet. Die Newton'sche Lichttheorie war durch anderthalb Jahrhunderte ein unbesiegbares Hinderniss für die naturgemässe Entwickelung der theoretischen Optik.

Wesentlich anders verhält es sich mit seinen mathematischen und mechanischen Entdeckungen, welche ihn als den grössten und fruchtbarsten Denkern aller Zeiten vollständig ebenbürtig erscheinen lassen. Wir wollen nun eine kurze Analyse der Hauptwerke Newton's folgen lassen, wobei wir die Reihenfolge der Horsley'schen Ausgabe einhalten. Der vollständige Titel derselben lautet: Isaaci Newtoni opera quae extant omnia. Commentariis illustrabat Samuel Horsley, LL. D. R. S. S. Reverendo admodum in Christo Patri Roberto Episcopo Londinensi a Sacris. Londini 1779—85. 5 Bände 4°.

Band I. Mathematisches. Arithmetica universalis. Tractatus de Rationibus Primis Ultimisque. Analysis per Aequationes numero terminorum Infinitas. Excerpta quaedam ex Epistolis ad Series Fluxionesque pertinentia. Tractatus de Quadraturâ Curvarum. Geometria Analytica sive specimina Artis Analyticae. Methodus Differentialis. Enumeratio Linearum tertii Ordinis.

Band II. Philosophiae naturalis principia mathematica. Liber I et II. De Motu Corporum.

Band III. Phil. nat. principia math. Lib. III. De Systemate Mundi. — De Mundi Systemate. Theoria Lunae. Lectiones Opticae.

Band IV. Optics. Letters on various Subjects in Natural Philosophy. Letter to Mr. Boyle on the Cause of Gravitation. Tabulae Duae, Calorum altera, altera Refractionum. De Problematibus Bernouillianis. Propositions for determining the Motion of a Body urged by two Central Forces. Four Letters to Dr. Bentley. Commercium Epistolicum. Additamenta Commercii Epistolici ex Historiâ Fluxionum Raphsoni.

Band V. The Chronology of ancient Kingdoms amended. A short Chronicle from a Ms. the property of the Rev. Dr. Ekins. Observations upon the Prophecies of Holy Writ; particularly the Prophecies of Daniel and the Apocalypse of St. John. An Historical Account of Two Notable Corruptions of Scripture. (In a Letter to a Friend.)

Zahlreiche Versuche waren bis zur Mitte des siebenzehnten Jahrhunderts gemacht worden, um eine Rechenmethode zu finden, welche den Bedürfnissen der Geometrie zu entsprechen geeignet wäre und eine leichte, möglichst direkte Lösung der in verschiedenen Problemen vorkommenden Rectificationen von Curven, deren Quadraturen, ferner Cubaturen, Tangentenprobleme, Maxima und Minima und dergl. ermöglichte. Zwar gab es schon eine Reihe von Methoden für einzelne Probleme von Archimedes, Keppler, Cavalieri, die Tangentenmethode Roberval's, die Methode der Maxima und Minima Fermat's, die Methode des differentialen Dreiecks von Barrow u. a., jedoch keine dieser Methoden war geeignet, als allgemeiner Calcul für sämmtliche Probleme zu gelten, wie sie die Geometrie, besonders aber die Mechanik darbot.

Es ist höchst wahrscheinlich, dass Newton schon im Jahre 1665 jenen Algorithmus entdeckt hatte, mittelst dessen eine grosse Reihe von Aufgaben in viel einfacherer Weise aufgelöst werden konnte, als nach einer jener ältern Methoden. Gemäss der Denkrichtung jener Zeit bewahrte Newton seine neue mathematische Methode für sich, so dass einige Jahre später (im Jahre 1675) Leibniz denselben Calcul selbstständig noch einmal erfinden konnte. Inzwischen bediente sich Newton in seinen „Principien" höchst schwerfälliger und weitläufiger, geometrischer Beweise, welche hinterher als Ableitungen seiner Sätze ausgedacht werden konnten, keinesfalls jedoch den Weg darstellen, auf dem er zu jenen Sätzen gelangt ist.

Unter „Fluens" oder „Fluente" versteht Newton die veränderlichen Grössen, durch deren erzeugende Bewegung ein geometrisches Gebilde zu Stande kommt. Die Geschwindigkeit, mit welcher eine Fluente durch die erzeugende Bewegung sich verändert, nennt Newton „Fluxion" und die ganze Rechenmethode „methodus fluxionum". Die Fluxionsrechnung ist in ihrem Wesen mit der heute allgemein benützten Differentialrechnung identisch. Die Darstellung der Fluxionsrechnung findet sich in der Abhandlung: „Artis analyticae specimina vel geometria analytica", deren 4. Capitel den Titel führt: „Doctrina fluxionum" *).

Wir wenden uns nun zu dem Hauptwerke Newton's:
Philosophiae naturalis principia mathematica. London 1687, 4^0; 2. Auflage herausgegeben von Roger Cotes, der auch ein Vorwort dazu schrieb, Cambridge 1713, 4^0; 3. Aufl. von Pemberton, London 1726, 4^0; 4. Aufl. von Donick, London 1730, 2 Bände 8^0, Englische Uebersetzung von Motte, commentirt von R. Thorpe. London 1802, 4^0. Eine sehr bekannte Ausgabe ist die von Le Seur et Jacquier mit Commentar, die sog. Jesuitenausgabe, Genf 1739—42, 4 Bände 4^0, 2. Aufl. 3 Bände 4^0, Col. Allobrog. 1760; 3. Aufl. von Wright, Glasgow 1822, 4^0. In der Horsley'schen Ausgabe füllen die „Principien" den Band II ganz und Band III zum Theil**).

Vorwort an den Leser. „Die Alten hielten die Mechanik für „sehr wichtig bei der Erforschung der Natur, und die Neuern haben, „nachdem sie die Lehre von den substantiellen Formen und den ver- „borgenen Eigenschaften aufgegeben, angefangen die Erscheinungen der

---

*) Zwei Probleme sind es vorzüglich, sagt Newton, welche hier in Betracht kommen: 1) Gegeben die Länge des durch den bewegten Körper beschriebenen Raumes in jedem Zeitpunkte, gesucht die Geschwindigkeit für jeden Zeitpunkt, 2) gegeben die Geschwindigkeit für jeden Zeitpunkt, gesucht die Länge des Weges zu einer bestimmten Zeit. Bedeute y den beschriebenen Raum, x die zugehörige Zeit, und sei $y = x^2$; bedeute ferner $\dot{x}$ die Zunahme von x, $\dot{y}$ die Zunahme von y, so ist $\dot{y} = 2\,x\,\dot{x}$. Es heissen nun „quantitates fluentes" die freien Variablen, „fluxiones" hingegen die Geschwindigkeiten, mit denen die fliessenden Grössen anwachsen. Nun stellt Newton die zwei zu lösenden Probleme und zeigt deren Lösung in den verschiedensten Fällen. Problema I: Gegeben die Relation zwischen den Fluenten, gesucht die Relation zwischen den Fluxionen; Problema II: Umkehrung der vorigen Aufgabe. Wir haben hier somit das Grundproblem der Differential- und der Integralrechnung. — Im fünften Capitel der Abhandlung schreitet nun der Verfasser zur Anwendung der obigen Theorien und beschäftigt sich mit der Bestimmung der Maxima und Minima, der Curventangenten, Krümmung der Curven, Krümmungshalbmesser u. s. w.

**) Eine deutsche Uebersetzung der „Principien" von Prof. Dr. J. Ph. Wolfers unter dem Titel: „Sir Isaac Newton's Mathematische Prinzipien der Naturlehre" ist in Berlin 1872 erschienen.

„Natur auf mathematische Gesetze zurückzuführen"*). Die Alten haben die Mechanik in zweifacher Gestalt dargestellt, als rationale und als praktische. Erstere können wir kurzweg theoretische Mechanik nennen, letztere umfasst die verschiedenen Handfertigkeiten, von welchen die Benennung „Mechanik" herstammt. Die Darstellung der geometrischen Gebilde gehört ebenfalls der Mechanik an, die Geometrie lehrt nicht, wie man die verschiedenen Linien beschreibt, sie setzt dies vielmehr als bekannt voraus. Hierauf folgt nun ein Satz, der für die richtige Auffassung des Verhältnisses zwischen Geometrie und Mechanik durch Newton, sowie überhaupt für die Erkenntniss der Grundprinzipien der beiden Disciplinen von grosser Bedeutung ist. Der Satz lautet folgendermassen: „Geometrie selbst hat ihre Begründung in mechanischer Praxis „und ist in der That nichts Anderes, als derjenige Theil der gesammten „Mechanik, welcher die Kunst des Messens genau feststellt und be„gründet"**). Erst in den letzten Jahren hat Helmholtz die Wichtigkeit dieses Ausspruches in das richtige Licht gestellt und gezeigt, dass dieser Satz Zeugniss ablegt von dem tiefen Einblicke des englischen Forschers in das Grundwesen der mathematisch-geometrischen und der mechanischen Axiome***).

Die Geometrie erscheint demnach als ein integrirender Bestandtheil der Mechanik und bezieht sich somit auf jenen Raum, in dem die Bewegungen der Materie im Sinne gewisser erfahrungsgemässer Gesetze vor sich gehen. Dadurch sind nun auch die Axiome jener Raumlehre festgelegt, welche Helmholtz „physische Geometrie" nennt, die den thatsächlichen Verhältnissen der räumlichen Anordnung und Bewegbarkeit der Dinge oder, wie wir kurz sagen wollen, der Structur unseres Raumes entspricht. Was Kant als a priori gegebene Anschauungsform des Raumes hinstellt, ist ein viel allgemeinerer Begriff, der unsere euklidische Geometrie als einen der unendlichen, vielen speziellen Fälle in sich begreift.

„Alle Schwierigkeit der Physik besteht dem Anschein nach darin, „aus den Erscheinungen der Bewegung die Kräfte der Natur zu erforschen „und hierauf durch diese Kräfte die übrigen Erscheinungen zu erklären" †).

---

*) Anfang des Vorwortes.

**) „Fundatur igitur Geometria in praxi mechanicâ, et nihil aliud est „quàm Mechanicae universalis pars illa, quae artem mensurandi accurate „proponit ac demonstrat." Phil. nat. Newtoni opera. Editio Horsley. Londini 1779, Tom. II, pag. 9. (Auctoris praefatio.)

***) Helmholtz, „On the Origin and Meaning of Geometrical Axioms", im Aprilheft der Zeitschrift „Mind", Jahrg. 1878. — Ferner: „Die Thatsachen in der Wahrnehmung." Berlin 1879, pag. 67, Beilage Nr. III.

†) „Omnis enim Philosophiae difficultas in eo versari videtur, ut à „phaenomenis motuum investigemus vires Naturae, deinde ab his viribus de„monstremus phaenomena reliqua." Newtoni Op., Tom. II, pag. X.

Damit beschäftigen sich die zwei ersten Bücher des Werkes, in welchen die „Umstände der Schwere und Leichtigkeit, die Kraft der Elasticität, der Widerstand der Flüssigkeiten und andere derartige anziehende oder bewegende Kräfte" behandelt werden. Im dritten Buche wird als Anwendung der allgemeinen, in den vorigen Büchern abgehandelten Sätze aus den Himmelserscheinungen die Kraft der Schwere abgeleitet und aus dieser vermittelst mathematischer Sätze die Bewegungen der Planeten, Kometen, des Mondes und des Meeres.

Hieran schliesst nun der Verfasser den Wunsch, möge es doch den Physikern der Zukunft vergönnt sein, auch die übrigen Erscheinungen der Natur aus mathematischen Prinzipien abzuleiten, so auch jene Kräfte, welche zwischen den kleinsten Körpertheilchen wirksam sind.

Von besonderem Interesse ist die Vorrede des Herausgebers der zweiten Ausgabe der „Prinzipien" Roger Cotes', welche eine scharfe Polemik gegen die cartesische Physik enthält, die sich zu jener Zeit noch immer an den Hochschulen zu behaupten vermochte. Diejenigen, welche sich von jeher mit Physik beschäftigt haben, können nach seiner Ansicht in drei Classen getheilt werden. 1) Die Scholastiker, d. h. die Nachfolger des Aristoteles und der Peripatetiker, welche die Wirkungen in der Natur aus der Natur der Körper entspringen lassen und sich mit Verbaldefinitionen zufrieden geben; 2) diejenigen, welche die Materie als homogen annehmen und zusammengesetzt aus Theilchen, deren Gestalt, Grösse und gegenseitige Bewegung jedoch unbekannt ist. Da die Anhänger dieser Theorie ausserdem gewisse willkürliche Flüssigkeiten annehmen, welche die Poren der Körper frei durchströmen sollen und durch verborgene Bewegungen angetrieben werden, so verfallen sie in Träumereien und leere Spekulationen; 3) gibt es eine Art von Naturforschern, welche sich strenge an die Erfahrung halten. Auch diese gehen von gewissen Prinzipien aus, welche durch die Erscheinung noch nicht erwiesen sind, auch sie ersinnen Hypothesen, jedoch betrachten sie dieselben bloss als Fragen, über deren Wahrheit geurtheilt werden soll. Die Kräfte der Natur und deren einfache Gesetze leiten sie aus einigen ausgewählten Erscheinungen ab. Die verwendete Methode ist nach Bedarf die analytische oder die synthetische. Newton stellt als berühmtes Beispiel für die Zweckmässigkeit seines Vorgehens die aus dem Gesetze der Schwere abgeleitete Erklärung des Weltsystems auf.

Nun führt Cotes den Grundgedanken der Gravitationsmechanik weiter aus. Alle Körper auf der Erde sind schwer, es gibt keinen absolut leichten Körper. Die Wirkung der Schwere ist wechselseitig und den auf einander wirkenden Massen proportional. Die Materie ist träge und kann somit bloss durch die Wirkung einer Kraft aus der Tangente abgelenkt werden. Durch mathematische Schlussweise ist erwiesen, dass Körper, welche sich in ebenen Curven derart bewegen, dass die nach einem ruhenden oder beliebig bewegten Centrum gezogenen Radien-Vectoren um diesen Punkt der Zeit proportionale Flächenräume beschreiben, durch Kräfte angetrieben werden, welche nach diesem Punkte gerichtet sind. Diese Kräfte nennen wir Centripetal- oder anziehende Kräfte. Ferner ist auch das Folgende mathematisch erwiesen. Bewegen sich mehrere Körper in concentrischen Kreisen oder in Curven, welche Kreisen sehr nahe kommen, in solcher Weise, dass die Quadrate ihrer Umlaufszeiten sich wie die Cuben ihrer Abstände vom gemeinschaftlichen Centrum verhalten und ruhen die Apsiden dieser Bahnen, so verhalten sich die Centripetalkräfte umgekehrt wie die Quadrate ihrer Abstände von den Mittelpunkten der Bahnen. Für eine langsame Bewegung der Apsiden der Planetenbahnen erfährt dieses Gesetz keine merkliche Abänderung.

Es steht somit fest, dass die Planeten durch eine beständig wirkende Kraft in ihren Bahnen erhalten werden, welche Kraft gegen das Centrum der Bahn gerichtet ist und deren Intensität mit der Annäherung zum Centrum zunimmt, mit der Entfernung von demselben abnimmt und zwar im quadratischen Verhältnisse des Abstandes von diesem Centrum. — Wenn nun die Centripetalkräfte der Planeten und die Schwerkraft von derselben Art sind, wenn sie denselben Gesetzen unterliegen und dieselben Beziehungen weisen, so können wir beide für identisch erklären. Zuerst wird nun diese Identität für den Mond erwiesen. Es verhält sich nämlich die Centripetalkraft, welche auf den Mond wirkt, zur Schwerkraft auf der Erdoberfläche, wie die Abweichung des Mondes aus seiner Bahn während einer kleinen Zeit zum Wege, den ein an der Oberfläche der Erde frei fallender Körper während derselben Zeit beschreibt. Nun verhalten sich aber diese beiden Wege wie das Quadrat des Erdhalbmessers zu dem Quadrate des Halbmessers der Mondbahn. Folglich hat die Centripetalkraft des Mondes dasselbe Verhältniss zur Erdschwere, wie umgekehrt die Quadrate der Entfernungen. Die Centripetalkraft ist daher identisch mit der Schwerkraft. Wäre sie von ihr verschieden, so müssten die durch zwei Kräfte angetriebenen Körper doppelt so schnell zur Erde fallen. In ganz ähnlicher Weise wird nun bezüglich der Planeten geschlossen und dabei betont, dass die Wirkung eine wechselseitige sei, d. h. dass nicht nur der Mond gegen die Erde, die Planeten gegen die Sonne schwer seien, sondern auch umgekehrt die Erde gegen den Mond, die Sonne gegen die Planeten (und Trabanten). Die anziehende Wirkung der Sonne zeigt sich ausserdem an den Kometenbahnen.

Die vorstehenden Schlüsse beruhen auf dem Grundgesetze, dass für gleichartige Wirkungen dieselben Ursachen gelten. Die Ursache, dass ein Stein in Europa fällt, ist dieselbe, als die seines Falles in Amerika. Cotes kämpft nun gegen die Verdächtigung an, als sei die Schwerkraft eine „occulta causa", dagegen scheinen ihm die Cartesianer verborgene Ursachen anzunehmen, da sie Wirbel ersinnen und den Sinnen gänzlich unbekannte Materien hypostasiren, durch welche sie die Erscheinungen erklären wollen. Es folgt nun eine ausführliche Polemik gegen die Physik des Himmels im Sinne der Cartesianer. Den Schluss der langen Vorrede bildet eine Betrachtung über den offenbaren Gegensatz, der zwischen einer materialistischen Weltanschauung und Newton's Erklärung der Himmelserscheinungen besteht.

Wir haben die Vorrede Cotes' deshalb in so eingehender Weise behandelt, da ihr Verfasser jedenfalls von dem Autor der „Prinzipien" inspirirt war und dessen Intentionen gemäss schrieb; dies ist bei Newton um so wichtiger, da er seinen philosophischen Meinungen und Ueberzeugungen nur höchst selten, höchstens in Briefen Ausdruck verleiht.

Der dritten von Pemberton besorgten Ausgabe ist eine kurze Vorrede des Autors vorangeschickt.

Wir übergehen nun zu dem eigentlichen Werke. Den Anfang machen: „Definitiones" über die Grösse der Materie, über Bewegungsgrösse und deren Mass, das Beharrungsvermögen der Materie. Kraft nennen wir das Bestreben, den Zustand eines Körpers zu ändern und zwar den der Ruhe oder den der geradlinigen, gleichförmigen Bewegung. Hierauf folgt der Begriff der Centripetalkraft und deren absolutes Mass, ferner: „Die beschleunigende Grösse der Centripetalkraft ist derjenigen „Geschwindigkeit proportional, welche sie in einer gegebenen Zeit hervor„bringt." „Die bewegende Grösse der Centripetalkraft ist der Bewegung „proportional, welche sie in einer gegebenen Zeit hervorbringt" *). Newton betrachtet die Kraft als bewegende, beschleunigende und absolute Kraft, je nachdem wir sie auf die gegen den Mittelpunkt strebenden Körper, den Ort der Körper oder den Mittelpunkt der Kräfte beziehen. Die beschleunigende Kraft verhält sich zur bewegenden, wie die Geschwindigkeit zur Bewegung. Die bewegende Kraft ist somit gleich dem Producte der beschleunigenden Kraft in die Masse.

Zeit, Raum, Ort und Bewegung sind allgemein bekannte Begriffe. Es wird nun der Unterschied zwischen der absoluten (wahren, mathematischen) und der relativen (scheinbaren, gewöhnlichen) Zeit, sowie zwischen dem absoluten und dem relativen Raume auseinandergesetzt. Unter Ort verstehen wir den Raum, den ein Körper einnimmt. Dieser kann absolut oder relativ sein. Die Bewegung kann ebenfalls als absolute oder relative Bewegung aufgefasst werden. Die wahre Bewegung der Körper kann nur durch Kräfte erzeugt oder abgeändert werden, wogegen die relative Bewegung erzeugt oder abgeändert werden kann, ohne dass eine Kraft auf den Körper selbst einwirkt.

Axiomata, sive leges motus. I. „Jeder Körper beharrt in seinem

---

*) „Vis centripetae quantitas acceleratrix est ipsius mensura velocitati „proportionalis, quam dato tempore generat." — „Vis centripetae quantitas „motrix est ipsius mensura proportionalis motui, quem dato tempore generat." Newtoni Opera, Tom. II, pag. 4 et 5.

„Zustande der Ruhe oder der gleichförmigen, geradlinigen Bewegung, wenn „er nicht durch einwirkende Kräfte gezwungen wird, seinen Zustand zu „ändern." II. „Die Aenderung der Bewegung ist der Einwirkung der be„wegenden Kraft proportional und geschieht nach der Richtung derjenigen „geraden Linie, nach welcher jene Kraft wirkt." III. „Die Wirkung ist stets „der Gegenwirkung gleich, oder die Wirkungen zweier Körper auf einander „sind stets gleich und von entgegengesetzter Richtung" *). — Es folgen nun einige Zusätze, welche sich auf das Parallelogramm der Kräfte und den Schwerpunkt eines Systems beziehen. In dem hierauf folgenden Scholium wird die Theorie des Stosses und die Bedingung des Gleichgewichtes an Maschinen erörtert.

Nach diesen einleitenden Sätzen, welche die Grundprinzipien der Mechanik enthalten, beginnt das eigentliche Werk: De motu corporum liber primus. Der erste Abschnitt enthält die „Methode des ersten und letzten Verhältnisses", d. h. die geometrische Methode, welche der Verfasser bei der Ableitung und Beweisführung anwendet. Die beiden ersten Bücher des Werkes enthalten die Lehren von der Bewegung sphärischer oder nichtsphärischer Körper in gerad- oder krummlinigen Bahnen, die Bewegung von geworfenen Körpern, Pendeln, Flüssigkeiten, Bewegung in Kegelschnitten u. s. f. Wir geben in Folgendem ein Verzeichniss der Capitelüberschriften.

Buch I. Abschnitt 2. Von der Bestimmung der Centripetalkräfte. Abschnitt 3. Von der Bewegung der Körper in excentrischen Kegelschnitten. Abschnitt 4. Von der Bestimmung der elliptischen, parabolischen und hyperbolischen Bahnen aus einem gegebenen Brennpunkte. Abschnitt 5. Bestimmung der Bahnen, wenn keiner von beiden Brennpunkten gegeben ist. Abschnitt 6. Von der Bestimmung der Bewegung in gegebenen Bahnen. Abschnitt 7. Von dem geradlinigen Steigen und Fallen der Körper. Abschnitt 8. Von der Bestimmung der Bahnen, in denen sich Körper bewegen, welche durch beliebige Centripetalkräfte angetrieben werden. Abschnitt 9. Von der Bewegung der Körper in beweglichen Bahnen und der Bewegung der Apsiden. Abschnitt 10. Von der Bewegung der Körper auf gegebenen Oberflächen und der Pendelbewegung. Abschnitt 11. Von der Bewegung kugelförmiger Körper, welche gegenseitig durch Centripetalkräfte zu einander hingezogen werden. Abschnitt 12. Von den anziehenden Kräften sphärischer Körper. Abschnitt 13. Von den anziehenden Kräften solcher Körper, welche nicht kugelförmig sind. Abschnitt 14. Von der Bewegung sehr kleiner

---

*) Lex I: „Corpus omne perseverare in Statu suo quiescendi vel mo„vendi uniformiter in directum, nisi quatenus illud à viribus impressis cogitur „statum suum mutare." Lex II: „Mutationem motûs proportionalem esse vi „motrici impressae, et fieri secundum lineam rectam quâ vis illa imprimitur." Lex III: „Actioni contrariam semper et aequalem esse reactionem: sive „corporum duorum actiones in se mutuò semper esse aequales et in partes „contrarias dirigi."

Körper, welche durch Centripetalkräfte angetrieben werden, die nach den einzelnen Theilen irgend eines grossen Körpers gerichtet sind.

De motu corporum liber secundus. Abschnitt 1. Von der Bewegung solcher Körper, welche einen der Geschwindigkeit proportionalen Widerstand erleiden. Abschnitt 2. Von der Bewegung solcher Körper, welche einen Widerstand erleiden, der im doppelten Verhältniss der Geschwindigkeit steht. Abschnitt 3. Von der Bewegung der Körper, welche einen Widerstand erleiden, der zum Theil der Geschwindigkeit selbst, zum Theil ihrem Quadrate proportional ist. Abschnitt 4. Von der kreisförmigen Bewegung der Körper in widerstehenden Mitteln. Abschnitt 5. Von der Dichtigkeit und der Zusammendrückung der Flüssigkeiten und von der Hydrostatik. Abschnitt 6. Von der Bewegung und dem Widerstande der Pendel. Abschnitt 7. Von der Bewegung der Flüssigkeiten und dem Widerstande geworfener Körper. Abschnitt 8. Von der in Flüssigkeiten fortgepflanzten Bewegung. Abschnitt 9. Von der kreisförmigen Bewegung flüssiger Körper.

De mundi systemate. Liber tertius. Der Verfasser gibt an, dass er dieses dritte Buch, das von der Einrichtung des Weltsystems handelt, in populärer Form geschrieben habe, um demselben eine grössere Verbreitung zu verschaffen. Es folgen nun: Regulae philosophandi. 1. Regel. An Ursachen zur Erklärung natürlicher Dinge nicht mehr zuzulassen, als wahr sind und zur Erklärung jener Erscheinungen ausreichen. 2. Regel. Man muss daher, soweit es angeht, gleichartigen Wirkungen dieselben Ursachen zuschreiben. 3. Regel. Diejenigen Eigenschaften der Körper, welche weder verstärkt, noch vermindert werden können und welche allen Körpern zukommen, an denen man Versuche anstellen kann, muss man für Eigenschaften aller Körper halten. 4. Regel. In der Experimentalphysik muss man die aus den Erscheinungen durch Induction geschlossenen Sätze, wenn nicht entgegengesetzte Voraussetzungen vorhanden sind, entweder genau oder sehr nahe für wahr halten, bis andere Erscheinungen eintreten, durch welche sie entweder grössere Genauigkeit erlangen, oder Ausnahmen unterworfen werden. — Der Verfasser stellt nun in dem Capitel „Phaenomena" eine Reihe von Erscheinungen zusammen, auf welche er im Folgenden die betreffenden mechanischen Sätze aus einem der beiden ersten Bücher anwendet und so die Erklärung der einzelnen Phänomene findet. Es sind im Ganzen sechs Erscheinungen: Die Jupitertrabanten beschreiben mit den, nach dem Mittelpunkte des Jupiter gezogenen, Radien der Zeit proportionale Flächenräume, ferner stehen ihre siderischen Umlaufszeiten im $3/2$-ten Verhältnisse ihrer Abstände von jenem Centrum, dasselbe findet betreffs der Saturnmonde statt. Die fünf Planeten Mercur, Venus, Mars, Jupiter und Saturn schliessen mit ihren Bahnen die Sonne ein, ihre siderischen Umlaufszeiten, ferner die Umlaufszeit entweder der Sonne um die Erde oder der Erde um die Sonne stehen im $3/2$-ten Verhältnisse ihrer mittleren

Entfernungen von der Sonne. Die Planeten beschreiben mit den nach der Erde gezogenen Radien keine der Zeit proportionalen Flächen, wohl aber mit den nach dem Sonnenmittelpunkte gezogenen Radien. Der Mond beschreibt mit den nach der Erde gezogenen Radien Flächenräume, die der Zeit proportional sind. Nach diesen einleitenden Sätzen folgt nun: Abschnitt 1. Von den Ursachen des Weltsystems. Abschnitt 2. Von der Grösse der Mondungleichungen. Abschnitt 3. Von der Grösse der Meeresflut. Abschnitt 4. Von der Präzession der Aequinoctien. Abschnitt 5. Von den Kometen. Was die Form des ganzen Werkes betrifft, so ist diese für uns, die wir an den Gebrauch der Analysis gewöhnt sind, durch die synthetische Form, in der es alle Lehren darstellt, ziemlich schwer verdaulich. Newton scheint mit besonderer Vorliebe für die Art der alten Geometer sich dieser Darstellungsweise bedient zu haben.

Wir haben in der „Philosophia naturalis" Newton's ein Lehrbuch der Mechanik, das in vieler Beziehung auch heute noch als mustergültig betrachtet werden kann. Dabei enthält das Werk eine reiche Fülle von Entdeckungen. Es wird erwiesen, dass, wenn ein Körper sich auf einem Kegelschnitte bewegt, vermöge einer aus einem Brennpunkte wirkenden Kraft, diese anziehende Kraft im umgekehrten Verhältnisse mit dem Quadrate der Entfernung wirken müsse. Ferner wird nun die Umkehrung dieses Satzes erwiesen, dass nämlich im Falle einer solchen Kraft der Körper nothwendigerweise eine Ellipse, Parabel oder Hyperbel beschreiben werde. Der Verfasser zeigt ferner, dass das zweite und dritte Keppler'sche Gesetz aus dem von ihm aufgestellten allgemeinen Naturgesetze hervorgehe, welches folgendermassen lautet: „Die Körper ziehen sich an, direkt wie ihre Massen, umgekehrt wie die Quadrate der Entfernungen." Mit Hülfe dieses Gesetzes gelangt nun Newton zu einer Reihe von glänzenden Entdeckungen auf dem Gebiete der Astronomie. Er entwickelt die Ursachen für die Gestalt der Erde, aus dieser folgert er die Theorie der Präzession der Nachtgleichen. Bedeutende Fortschritte erzielt Newton auf dem Gebiete der Mondtheorie. Wir verdanken ihm ferner die Methode, aus drei Beobachtungen die Bahn eines Kometen zu berechnen, den Anlauf zu Untersuchungen über das Problem der drei Körper, die Untersuchung der Ebbe und Flut und anderes.

Von rein physikalischen Problemen finden wir in den „Principien" die folgenden behandelt: die Theorie des Widerstandes der Bewegung, die Lehre von der Fortpflanzung des Schalles*), die Ausflussgeschwindig-

---

*) Für die Fortpflanzungsgeschwindigkeit in der Luft gibt er die folgende Formel:
$$v = \sqrt{\frac{e}{d}},$$
wo e die Expansion, d die Dichtigkeit der Luft bezeichnet.

keit des Wassers, wobei er als erster die Zusammenziehung des Flüssigkeitsstrahles: die „Contractio venae" wahrnimmt *). Schliesslich erwähnen wir noch die Theorie der Lichtbrechung. — Bevor wir von dem Hauptwerke Newton's scheiden, führen wir den Schluss des „Scholium generale" wörtlich an, womit zugleich das ganze Werk schliesst: „Ich „habe bisher die Erscheinungen der Himmelskörper und die Bewegungen „des Meeres durch die Kraft der Schwere erklärt, aber ich habe nir„gends die Ursache der letzteren angegeben. Diese Kraft rührt von „irgend einer Ursache her, welche bis zum Mittelpunkte der Sonne und „der Planeten dringt, ohne irgend etwas von ihrer Wirksamkeit zu ver„lieren. Sie wirkt nicht nach Verhältniss der Oberfläche derjenigen „Theilchen, worauf sie einwirkt (wie die mechanischen Ursachen), son„dern nach Verhältniss der Menge fester Materie, und ihre Wirkung „erstreckt sich nach allen Seiten hin, bis in ungeheure Entfernungen, „indem sie stets im doppelten Verhältniss der letzteren abnimmt. Die „Schwere gegen die Sonne ist aus der Schwere gegen jedes ihrer Theil„chen zusammengesetzt, und sie nimmt mit der Entfernung von der „Sonne genau im doppelten Verhältniss der Abstände ab, und dies ge„schieht bis zur Bahn des Saturnus, wie die Ruhe der Aphelien der „Planeten beweist; sie erstreckt sich ferner bis zu den äusseren Aphelien „der Kometen, wenn diese Aphelien in Ruhe sind."

„Ich habe noch nicht dahin gelangen können, aus den Erschei„nungen den Grund dieser Eigenschaften der Schwere abzuleiten, und „Hypothesen ersinne ich nicht**). Alles nämlich, was nicht aus den Er„scheinungen folgt, ist eine Hypothese und Hypothesen, seien sie nun „metaphysische oder physische, mechanische oder diejenigen der verbor„genen Eigenschaften, dürfen nicht in die Experimentalphysik aufge„nommen werden***). In dieser Wissenschaft leitet man die Sätze aus „den Erscheinungen ab und verallgemeinert sie durch die Induction. „Auf solche Weise haben wir die Undurchdringlichkeit, die Beweglichkeit „und den Stoss der Körper, ferner die Bewegungsgesetze und das Ge„setz der Schwere kennen gelernt. Es genügt, dass die Schwere existire, „dass sie nach den von uns entwickelten Gesetzen wirke und dass sie „uns alle Bewegungen der Himmelskörper und jene des Meeres erklärt."

„An diesem Orte könnte man etwas über jenen Spiritus hinzu„fügen, welcher alle festen Körper durchdringt und in denselben latent „ist. Durch die Kraft und Wirksamkeit dieses ‚Spiritus' ziehen sich „die Theilchen der Körper wechselseitig in den kleinsten Entfernungen

---

*) Für die Ausflussgeschwindigkeit stellt er die Formel auf:
$$v = m \sqrt{2 g h}.$$
**) „Rationem verò harum Gravitatis proprietatum ex Phaenomenis „nondum potui deduceres, et hypotheses non fingo." Op. Tom. III, pag. 174.
***) „In philosophiâ experimentale locum non habent." Ib. id.

„an und haften an einander, wenn sie sich berühren; durch ihn wirken „die elektrischen Körper in den grössten Entfernungen, indem sie „benachbarten Körper anziehen oder abstossen; durch ihn wird das Licht „emittirt, reflectirt, gebrochen, gebeugt und erwärmt die Körper; durch „die Vibrationen desselben Spiritus, welche sich von den äusseren Or„ganen der Sinne durch die festen Nervenfäden zum Gehirn und von dort „zu den Muskeln fortpflanzen, werden alle Gefühle erregt, und die Glieder „der Thiere nach Belieben bewegt. Jedoch diese Dinge lassen sich nicht „mit wenigen Worten erklären, auch fehlt es noch an Versuchen, um „die Gesetze der Wirkung jenes ‚Spiritus' genau bestimmen und beweisen „zu können."

De mundi systemate liber. Eine Exposition dessen, was den Inhalt des dritten Buches der „Prinzipien" ausmacht, in gemeinverständlicher Darstellung: Von der Bewegung der Planeten und Trabanten, von der Ebbe und Flut des Meeres, von der Entfernung der Fixsterne, von den Kometen und von der Bestimmung ihrer Bahn.

Theoria Lunae. Rein astronomischen Inhaltes.

Lectiones Opticae annis 1669, 1670, 1671. In Scholis publicis Cantabrigiensium ex cathedra Lucasiana habitae. Diese nach Newton's Tod erschienene Schrift wurde zuerst in englischer Sprache zu London 1728 herausgegeben, in lateinischer Sprache ebendaselbst 1729. — Die „Lectionen über Optik" zerfallen in 2 Abtheilungen, deren erste von der Brechung, deren zweite von der Dispersion des Lichtes handelt: Pars prima. De radiorum lucis refractionibus. Pars secunda. De colorum origine.

Optics: or a treatise of the reflections, refractions, inflections and colours of light. Vorrede zur ersten Auflage, datirt vom 1. April 1704, erzählt die Geschichte der Entstehung dieser Schrift, hierauf folgt die kurze Vorrede zur zweiten Auflage, datirt vom 16. Juli 1717. — Das ganze Werk besteht aus drei Büchern, deren erstes von der Zurückwerfung, Brechung und Zerstreuung des Lichtes handelt. Im ersten Satze der Schrift spricht Newton die Absicht aus, die Eigenschaften des Lichtes nicht auf Grund von Hypothesen, sondern auf Grund von Vernunftschlüssen und der Erfahrung (des Experimentes) darzulegen. Diesen Vorsatz hat der Autor nun freilich nicht immer vor Augen behalten, es ist vielmehr die consequent durchgeführte Emissionstheorie mit ihren vielen Hülfshypothesen, die wir in diesem für die Geschichte der Optik so bedeutungsvollen Werke dargelegt finden. Das Prinzip der Emissionstheorie ist die auf die Lichtmaterie geübte Anziehung des lichtbrechenden Mittels in einer auf die Fläche des letzteren senkrechten Richtung. Das Verhältniss des Sinus des Einfallswinkels zu jenem des Brechungswinkels ist genau oder doch sehr angenähert constant, dieser Satz bildet das 5. Axiom am Anfange der Schrift. In derselben Weise erklärt Newton das von Keppler entdeckte Phänomen der totalen Reflexion.

Die von der Hypothese der Anziehung des Lichtstoffes an der Grenzfläche zweier Mittel unterstützte Emissionstheorie reicht somit wohl aus, um die Erscheinungen der Brechung und der totalen Reflexion zu erklären. Bedeutende Schwierigkeiten erheben sich jedoch bei dem Versuche einer Erklärung des einfachen Reflexionsphänomens. Hier ist es unerklärlich, wie der an der Grenzfläche des dichten Mediums angezogene Lichtstoff überhaupt in das weniger dichte Medium zurückkehren kann. Der Verfasser sucht diese Schwierigkeit auf eine wenig überzeugende Weise zu lösen. — Im ersten Buche der „Optik" befindet sich auch die Regenbogentheorie, von der wir weiter oben (pag. 262) ausführlicher gesprochen haben.

Das zweite Buch der „Optik" handelt von den Farben dünner Blättchen, von den natürlichen Farben der Körper und von den Farben dicker Platten, deren Erscheinungen Newton ebenfalls durch die Theorie der Anwandlungen zu erklären sucht. Das dritte Buch enthält die vom Verfasser selbst als unvollkommen bezeichneten Untersuchungen über Diffraction und die „Queries" (vgl. oben pag. 262 und 263).

De natura acidorum.

Tabulae duae calorum.

Four letters from Sir Isaac Newton to Doctor Bentley containing some arguments in proof of a deity. Diese vier Briefe, welche einige Argumente zum Beweise des Daseins Gottes enthalten, sind auf folgende Weise entstanden. Als erster Prediger, der im Sinne der Boyle'schen Stiftung die erste Reihe von Predigten über die Wahrheit des Christenthums halten sollte, war Bentley designirt worden (siehe oben pag. 163). Nachdem dieser in den ersten sechs Predigten wider den Atheismus gesprochen hatte, wollte er in seiner siebenten und achten Predigt das Dasein der Gottheit aus dem physischen Bau des Weltalls demonstriren und zwar im Geiste der Newton'schen „Prinzipien". Er wendete sich daher an diesen Gelehrten, der ihm einige Anleitung zu Theil werden liess. Bevor nun Bentley seine Predigten herausgab, richtete er einige Fragen über denselben Gegenstand an Newton, um eine Schwierigkeit zu umgehen, die ihm in den Weg getreten war. Es handelte sich um die Argumente, welche Lucretius für die Ewigkeit des Weltalls anführt. Newton antwortete auf jene uns nicht erhaltenen Fragen in den vier Briefen, deren Inhalt wir nun kurz angeben wollen: Im ersten Briefe bestreitet er die Möglichkeit der Entstehung des Weltalls aus rein mechanischen Ursachen, er hält vielmehr für nothwendig, dass eine frei handelnde Macht, nicht eine natürliche und blinde Ursache den Weltbau zuwege gebracht und eingerichtet habe. „Ein „solches System mit allen seinen Bewegungen zu machen, erforderte „eine Ursache, die da kannte und mit einander verglich die Menge „der Materie in den verschiedenen Körpern der Sonne und der Planeten, „die Gravitationskräfte, die hieraus entstanden, wie auch die verschie-

„denen Entfernungen der Hauptplaneten von der Sonne und die der „Nebenplaneten vom Saturn, Jupiter und von der Erde, endlich die „Schnelligkeiten, mit welchen diese Planeten sich um solche Quantitäten „von Materie in den Centralkörpern bewegen konnten. Alle diese Dinge „in einer so grossen Mannigfaltigkeit von Körpern mit einander zu ver„gleichen und übereinstimmend zu machen, fordert eine Ursache, die „nicht blind und zufällig ist, sondern der Mechanik und Geometrie sehr „gut kundig"*). Im zweiten Briefe spricht er über die Vertheilung der Materie, die sich aus Theilchen gebildet hat, welche gegen einen Mittelpunkt gravitiren. Hierauf widerlegt er die irrthümliche Meinung Bentley's, als wären alle unendlichen Grössen einander gleich. Schliesslich gibt er wohl zu, dass die Gravitationskraft die Planeten in Bewegung zu versetzen im Stande sei, jedoch müsse den Himmelskörpern durch eine göttliche Intelligenz das gehörige Mass von Seitengeschwindigkeit mitgetheilt worden sein, wodurch erst die kreisende Bewegung zu Stande kommen konnte. — Im dritten Briefe finden wir eine Prüfung der platonischen Conception über die Weltenschöpfung, auf welche auch Galilei im „ersten Tage" des „Dialogo intorno ai due massimi sistemi del mondo" zurückgreift**). Newton weist nach, dass es keinen Ort gebe, von wo aus die Planeten dermassen fallen könnten, dass sie in ihre Bahn einbiegend mit der in Wirklichkeit bestehenden Geschwindigkeit um die Sonne kreisen könnten, dass jedoch Platon's Ansicht richtig sei, wenn wir annehmen, dass die Gravitationskraft der Sonne sich in dem Augenblicke verdopple, als die Planeten in ihrer absteigenden Bewegung an ihre Bahn gelangt in dieselbe abbiegen. „Wenn wir voraus„setzen, dass die Schwere aller Planeten gegen die Sonne eine solche „ist, wie sie wirklich stattfindet und dass die Bewegungen der Planeten „aufwärts gerichtet sind, so wird jeder Planet zweimal so hoch von der „Sonne steigen"***). „Aber wenn, sobald ihre Bewegung, wodurch sie „ihre Umläufe vollenden, aufwärts gerichtet ist, die Gravitationskraft „der Sonne, durch welche ihr Aufsteigen beständig verzögert wird, um „die Hälfte vermindert wird, so werden sie ununterbrochen hinaufsteigen, „und alle in gleichen Entfernungen von der Sonne gleich schnell sein" †). — „Die Hypothese der Entstehung des Weltgebäudes vermöge mechani„scher Prinzipien unter Annahme einer durch den Raum gleichmässig „ausgebreiteten Materie ist mit meinem Systeme unvereinbar." Mit diesen Worten beginnt der vierte Brief Newton's an Bentley. Der Autor schliesst auf die Existenz eines höhern Wesens, das die Materie in jene ursprüngliche Anordnung gebracht habe. „Denn wenn es eine

---

*) Op. Tom. IV, pag. 431.
**) Siehe Bd. I, pag. 370.
***) Op. Tom. IV, pag. 440.
†) Ib. id.

„innewohnende Gravitation gibt, so ist es der Materie der Erde und „aller Planeten und Sterne unmöglich fortzufliegen und sich, ohne eine „übernatürliche Kraft, durch alle Himmel gleichförmig auszubreiten; „und gewiss ist es, dass, was jetzt nicht ohne eine übernatürliche Kraft „geschehen kann, auch ehemals nicht ohne dieselbe Kraft geschehen „konnte"*). Diese vier Briefe sind vom 10. Dez. 1692, 17. Jan. 1692—3, 25. Febr. 1692—3 und 11. Febr. 1693 datirt, stammen mithin aus jener Periode, in welcher der Gesundheitszustand Newton's angegriffen war. Dieser Umstand verleiht denselben ein besonderes Interesse.

The Chronology of ancient kingdoms amended. Die Einleitung bildet: „A Short chronicle from the first memory of things in Europe, to the conquest of Persia by Alexander the Great". Hierauf folgt: Capitel 1. Ueber die Chronologie der Griechen. Capitel 2. Von dem Reiche Aegypten. Capitel 3. Von dem assyrischen Reiche. Capitel 4. Von den zwei gleichzeitigen Reichen der Babylonier und Meder. Capitel 5. Eine Beschreibung des Salomonischen Tempels. Capitel 6. Von dem Reiche der Perser. — Das letzte Capitel scheint ursprünglich nicht zur Herausgabe für das posthum erschienene Werk bestimmt gewesen zu sein, da man es jedoch unter den hinterlassenen Papieren fand und es als Fortsetzung des Uebrigen erschien, wurde es den vorhandenen fünf Capiteln zugefügt.

Observations upon the prophecies of holy writ, particularly the prophecies of Daniel, and the apocalypse of St. John. Part. I. Upon the Prophecies of Daniel. — Part. II. Observations upon the Apocalypse of St. John. Dieses Werk wurde zu London 1733 in einem Quartbande herausgegeben. Der erste Theil stellt sich die Aufgabe, die Prophezeiungen Daniels auszulegen und durch die späteren Ereignisse der Weltgeschichte zu verifiziren. Es erscheint in dieser Auslegung die Geschichte des Alterthums und eines Theiles des Mittelalters auf die einzelnen Bestandtheile der Visionen jenes Propheten bezogen. — Im zweiten Theile handelt Newton von der Zeit der Entstehung der Apocalypse und dem Orte jener Visionen, hierauf setzt er den Zusammenhang dieser Schrift mit den Prophezeiungen des Daniel aus einander und bespricht die Prophezeiungen der Apocalypse in ähnlicher Weise, wie jene des Propheten Daniel.

Newton hält diese Prophezeiungen für Winke der Vorsehung, welche uns davon überzeugen sollen, dass jene, einzelnen — von Gott bevorzugten — Männern, in Gestalt von Visionen offenbarten Blicke in die Zukunft, deren Erfüllung wir grossentheils thatsächlich schon erlebt haben, sich auf Ereignisse und Weltbegebenheiten beziehen, welche von der göttlichen Vorsehung von vornherein festgesetzt waren nnd somit in jener Weise stattfinden mussten, wie uns dies die Weltgeschichte

---

*) Ib. pag. 441.

zeigt. — Diese Schrift trägt übrigens durchwegs den Stempel von Newton's durchdringendem Geiste. Die in ihr angewendete Methode der Forschung ist ganz und gar von der Art, wie wir sie in des Verfassers naturwissenschaftlichen Werken finden. Wenn wir uns die ganze Persönlichkeit Newton's und die Geistesrichtung jener Zeit und jenes Landes vor Augen halten, so ist an diesen Schriften gar nichts zu verwundern, und wir können dies nur als einen glänzenden Beweis dafür betrachten, dass die religiöse Ueberzeugung oder — allgemeiner gesprochen — die Ansicht über jene Dinge, welche ausserhalb unserer Erfahrungswelt liegen, für die wissenschaftliche Thätigkeit eines Naturforschers von gar keiner Bedeutung sei. Laplace und Biot haben es für nothwendig gefunden, Newton von dem Verdachte zu reinigen, als habe er im Vollgenusse seiner geistigen Fähigkeiten sich mit jenen theologischen Arbeiten befasst und haben die geistige Störung, welche unser Autor in den neunziger Jahren des 17. Jahrhunderts zu überstehen hatte, als bequeme Handhabe benützt, um den Beweis zu liefern, dass die theologischen Arbeiten nicht das Werk desselben Newton seien, der die „Principia" verfasst. Brewster hat jedoch in seinen „Memoirs of life, writings etc. of Sir Isaac Newton" (Edinburgh 1855) nachgewiesen, dass jene Schriften, welche Biot in die Zeit von 1712—1719 verlegen möchte, jedenfalls um das Jahr 1691 begonnen wurden, theilweise damals sogar schon vollendet waren.

An historical account of two notable corruptions of scripture. In a letter to a friend. Diese historische Nachricht von zwei bemerkenswerthen Verfälschungen in der heiligen Schrift bezieht sich auf zwei Stellen in den Briefen St. Johannis und St. Pauli *).

Wir haben in vorstehender, allerdings nur sehr kurzgefasster Analyse der Werke Newton's ein Bild der wissenschaftlichen Thätigkeit dieses grossen Denkers gegeben. Damit dies Bild nicht allzu unvollständig ausgeführt erscheine, wollen wir nun in kurz zusammengefasster Uebersicht die Gesammtthätigkeit Newton's auf dem Gebiete der Naturwissenschaften und der mechanischen Prinzipien darlegen, wobei sich die passende Gelegenheit ergeben wird, die Lücken im Vorhergehenden zu ergänzen.

Newton's Hauptverdienste sind seine Erfindung der Fluxionentheorie, die Entdeckung der Gravitationsmechanik und seine optischen Arbeiten; die Erfindung des Spiegelteleskopes, seine experimentellen Arbeiten: über die Erscheinung der Dispersion des Lichtes und der Farben dünner Blättchen (Newton'sche Ringe). Hiezu kommen noch mannigfaltige, mehr oder minder wichtige Beobachtungen und Bemerkungen über die verschiedensten physikalischen Materien.

Als Mathematiker hat Newton einen fast ohne Beispiel dastehen-

---

*) I. Ioh. 5. 7. und I. St. Pauli ad Timotheum 3. 16.

den Scharfblick bekundet. Dies zeigt uns in erster Linie die Erfindung jenes mächtigen mathematischen Werkzeuges: der Fluxionenrechnung, in welcher Erfindung er allerdings zahlreiche Genossen hatte; dies zeigt uns jedoch in vielleicht noch stärkerem Masse jene Bemerkung über die Verknüpfung der Geometrie mit der Mechanik, von welcher wir weiter oben zu sprechen hatten, welche sich in der Vorrede der „Prinzipien" findet*).

Diejenige Entdeckung, welche für eine Geschichte der physikalischen Wissenschaft unter allen andern Arbeiten des Verfassers von der allerhöchsten Bedeutung ist, ist unzweifelhaft Newton's Entdeckung der Gravitationsmechanik. Die Erkenntniss der Identität der Schwerkraft mit jener, welche die Himmelskörper in ihren Bahnen, nach gewissen Gesetzen kreisend, erhält, das ist das Hauptmoment jener Mechanik. Durch diesen Gedanken wird sie zur Mechanik des Weltalls. Dieselben Kräfte, welche die geworfenen Körper zu Boden ziehen, treiben den Mond gegen die Erde, die Planeten gegen die Sonne, hier wie dort ist dasselbe Naturgesetz, das durch keine Schranken in seiner Wirksamkeit gehemmt wird. Die Auffindung der Abnahme der anziehenden Kraft vermöge der Herbeiziehung des dritten Keppler'schen Gesetzes, sowie die Formulirung des Gravitationsgesetzes mit Hülfe des Gesetzes der Trägheit, zeigt jedenfalls den Geist des Entdeckers in seiner ganzen Grösse, jedoch liegt der Schwerpunkt der Entdeckung nicht hier, sondern in der Vergleichung der centripetalen Abweichung des Mondes aus der Tangente der Bahn während eines Zeittheilchens, mit dem Fallraume eines Körpers an der Oberfläche der Erde während derselben Zeit. Der zweite Schritt zur Erkenntniss der Attraction zwischen den kleinsten Körpertheilchen, d. h. der Gravitation als allgemeiner Eigenschaft der Materie, war eigentlich nur mehr eine einfache Folge der Beseitigung jener Schranke, welche die aristotelische Physik zwischen den irdischen und den mundanen Körpern aufgestellt hatte. In dem Augenblicke, als Newton erwiesen hatte, dass die Erde den Mond ebenso anziehe, als irgend einen Körper auf ihrer Oberfläche, somit den letzteren nicht deshalb anziehe, weil er ihr zugehörig oder zugeordnet, war auch die gegenseitige Anziehung von irgend welchen Massentheilchen erwiesen. Es folgten aus diesem allgemeinen Satze die mannigfachsten Consequenzen so zu sagen von selbst: die Mechanik der Ebbe und Flut, die Theorie der Störungen. Wenn wir zu den im Vorstehenden entwickelten Elementen als ferneres noch jenen allgemeinen mechanischen Gedanken hinzunehmen, dem zufolge jede bewegende Kraft als der Menge der wirkenden Materie, d. i. der Masse proportional anzusehen ist, so haben wir die Fundamente der ganzen Gravitationsmechanik gelegt. Was darüber hinausliegt, das ist höchst scharfsinnige mathematische Spekulation, um

---

*) Die oben citirte Stelle: „Fundatur igitur Geometria in praxi mechanicâ" etc.

ein rein kinematisches Problem zu lösen. Nun hatte Huygens für die gleichförmige Kreisbewegung den Satz gefunden, dass der in Bewegung befindliche Körper in jedem Punkte seiner Bahn durch eine Kraft von dem Beharren in der Tangente abgehalten werden müsse, welche in Richtung der Normale (also hier des Krümmungsradius) wirkend dem Quadrate seiner Geschwindigkeit direkt, dem Radius selbst verkehrt proportional sei. Für eine beliebige Bahncurve steht dieses Gesetz ebenfalls, sobald wir für den Kreisradius den Krümmungsradius in dem entsprechenden Punkte der Bahn setzen. Für die Bahnen der Planeten und Trabanten konnte bei der geringen Excentricität der Bahncurven die Abweichung von der Kreisbahn vernachlässigt werden. Allgemein gefasst, bestand jedoch das Problem darinnen, für eine, einem gewissen Punkte entsprechende tangentiale Geschwindigkeit bei gegebener Anziehung nach einem Centrum, das jedoch nicht auf der Normalen des Bahncurvenelementes zu liegen brauchte, die Gestalt dieser Bahncurve zu finden. In diesem Falle musste die Anziehungskraft als Function der Entfernung von jenem Centrum gegeben sein. War das Abhängigkeitsverhältniss für die Entfernung ein quadratisches, so fand Newton, dass die Bahn ein Kegelschnitt sein müsse, dessen einen Brennpunkt eben jenes Anziehungscentrum bildet; die Art des Kegelschnittes war durch das Verhältniss der tangentialen Geschwindigkeit zur Grösse der anziehenden Kraft bestimmt. Es kann nun aber auch bewiesen werden, dass keine andere, als die dem Quadrate der Entfernung verkehrt proportionale Anziehungskraft eine Kegelschnittsbahn hervorzubringen im Stande sei, dass man somit aus dieser Gestaltung der Bahn mit voller Sicherheit auf das Newton'sche Attractionsgesetz zurückschliessen könne. — Die Abhängigkeit der Kraft von der Distanz bildet somit das phoronomische Element des Kraftausdruckes, zum eigentlich dynamischen wird er erst durch Herbeiziehen der sich wechselseitig anziehenden Massen, d. h. der beiderseitig in Action tretenden Mengen von Materie. Wenn wir nach einer aufmerksamen Zergliederung der Grundprinzipien der Gravitationsmechanik und einer Zerlegung derselben in ihre Elemente, nach Ausscheidung der auf das Gebiet der Mathematik gehörigen Elemente, bloss die mechanischen einer näheren Betrachtung unterziehen, so können wir das geistige Eigenthum Newton's in folgenden Hauptsätzen erkennen: Die Formulirung des Satzes von der Action und Reaction als selbstständiges Prinzip, die Wirkung nicht constanter Kräfte, bei welchen sowie bei der galileischen constanten Kraft die Wege am Anfange der Bewegung mit den Zeiten im quadratischen Verhältnisse stehen, endlich die Betonung der Masse als Factor in dem Ausdrucke für die Intensität der Kraft.

Die Gravitationsmechanik Newton's ist eines der erhabensten Producte des menschlichen Geistes für alle Zeiten, und es scheint eine Vermessenheit zu sein, wenn wir uns anschicken, von den Nachtheilen zu sprechen, welche die Errichtung dieses herrlichen Gebäudes für die Entwicklung der exakten Naturwissenschaft im Gefolge hatte. Wir wollen jedoch gleich vorausschicken, dass es keine menschliche Schöpfung auf dem Gebiete wissenschaftlicher Ideen je gegeben habe, an welcher sich nicht eine derartige Wirkung in grösserem oder geringerem Massstabe nachweisen liesse. Wir erwähnen hier nur die aristotelische Physik und Kosmologie, welche über anderthalb Jahrtausende hinaus die geistige Welt gefangen hielt und in letzter Zeit zur unbequemen Fessel wurde, die man nur schwer abzuschütteln im Stande war, wir erwähnen die genial concipirte cartesianische Naturanschauung, der allerdings eine viel kürzere Lebensdauer beschieden war, wir erwähnen schliesslich noch die optische Theorie Newton's selbst, welche bis weit in unser Jahrhundert hinein das Durchdringen der Undulationstheorie des Lichtes verhinderte. So bedeutend war nun der Schaden allerdings nicht, den Newton's mechanische Arbeiten im Gefolge gehabt haben, anderseits freilich sind sie theilweise noch jetzt vorhanden und wirken mit. Die Nachtheile der Newton'schen Art, die Mechanik zu fördern, können in zwei Punkte zusammengefasst werden: den ersten können wir als Ueberwucherung des mathematischen Formalismus bezeichnen, den zweiten als eine Schädigung, welche Newton der damals noch eben erst erneuerten Atomistik zugefügt hat, als er das Gesetz der Anziehung der Materie seiner mathematischen Form nach erkannte und als ein zur Lösung der vorkommenden mechanischen Probleme völlig ausreichendes mathematisches Hülfsmittel aufstellte, trotzdem er die physikalische Deutung desselben, welche nichts anderes als die „actio in distans" bedeutet, strenge von sich wies *). Dieses bequeme mathematische Auskunftsmittel, welches die ganze Mechanik als eine rein formale Wissenschaft, als „angewandte Mathematik" zu formuliren gestattete, hat die freie Entwicklung der Mechanik auf atomistischer Grundlage, wie sie erst wieder in unsern Tagen (z. B. in der Gastheorie) in Angriff genommen wurde, empfindlich geschädigt, resp. dieselbe in ihrer Entwicklung zurückgehalten **). Allerdings können beide ungünstigen Folgen seines Werkes nicht direkt dem Meister selbst zur Last gelegt werden, ebensowenig als wir den grossen Philosophen von Stageiros für die Sünden der Scholastiker beschuldigen

---

*) „That gravity should be innate, inherent and essential to matter, „so that one body may act upon another at a distance through a vacuum, „without the mediation of any thing else, by and through which their action „and force may be conveyed from one to another, is to me so great an ab-„surdity, that I believe no man who has in philosophical matters a com-„petent faculty of thinking, can ever fall into it. Gravity must be caused by „an agent acting constantly according to certain laws; but whether this agent „be material or immaterial, I have left to the consideration of my readers." Letters to Dr. Bentley, Lett. III, Op. IV, pag. 438.

**) Vgl. Kurd Lasswitz: Der Verfall der „kinetischen Atomistik", Poggendorff's Annalen Bd. CLIII, pag. 373.

können. Newton selbst kann höchstens zur Last gelegt werden, dass er seine Fluxionenrechnung in den Prinzipien nicht preisgeben wollte, und um sich des Gebrauchs dieses köstlichen Werkzeuges der Forschung allein zu versichern, sich lieber der schwerfälligen geometrischen Methode bediente. Die Verflüchtigung der Methode des Meisters zur Aufstellung und Auflösung reiner Rechenexempel, deren Resultate mit den Ergebnissen der Experimentalphysik nichts gemein haben, dies war die Schuld einiger Nachtreter. Ebensowenig kann eigentlich Newton dafür verantwortlich gemacht werden, dass durch die Annahme fernwirkender Kräfte die Naturwissenschaft eine Richtung eingeschlagen hat, welche der weiteren Ausbildung der von Gassendi, Guericke, Dechales, Borelli, Boyle und andern gepflegten Atomistik hinderlich war. Zudem darf nicht vergessen werden, dass die glänzenden Resultate, welche die Gravitationsmechanik aufzuweisen hatte, eine bessere Empfehlung war, als die auf schwankenden Hypothesen ruhende Atomtheorie.

Da wir über die Leistungen auf dem Gebiete der Optik an den geeigneten Stellen schon ausführlicher gesprochen haben, so ist nur noch übrig, jener Beobachtungen und Bemerkungen Newton's zu gedenken, welche sich auf die bisher noch nicht besprochenen Erscheinungskreise der Physik beziehen. — Die Wärme betrachtete er als die schwingende Bewegung eines ätherischen Mittels. Auf den Einwurf Leibnizens und anderer Gelehrten, als sei es seine Absicht, die „verborgenen Qualitäten" der Scholastiker wieder einzuführen und ausser der Luft kein feineres Medium zuzulassen, antwortete er mit einem Versuche, der beweisen sollte, dass er in der That einen feinen Stoff, einen Aether annehme, der die Intervalle zwischen den Lufttheilchen ausfülle. Er nahm zwei cylindrische Gefässe, in denen kleine Thermometer frei aufgehängt waren. Aus dem einen pumpte er die Luft aus und zeigte, dass die Thermometer in beiden, im luftleeren wie im lufterfüllten Raume, gegen Temperaturveränderungen gleich empfindlich seien. Daraus schloss er nun, dass die Wärme durch einen ätherartigen Stoff verbreitet werde und durch dessen Schwingungen entstehe*). Bei seinen Versuchen bediente sich Newton des Leinölthermometers, das als Fixpunkte die Temperatur des schmelzenden Schnees und die menschliche Körpertemperatur hatte. Dieser Fundamentalabstand war in 12 Grade getheilt. Für die anfangende Siedetemperatur des Wassers fand er $33°$ seiner Skale, für das starke und stärkste Sieden $34°$ und $34^1/_2°$. Da er das Thermometer in das siedende Wasser selbst, nicht bloss in dessen Dampf steckte, so ist ein solches Resultat immerhin denkbar. — Um die Temperatur einer glühenden Eisenstange zu messen, wendete er folgendes Verfahren an. Dieselbe wurde an einen Ort gelegt, wo sie einem kalten Luftstrom ausgesetzt war, und hierauf die Zeit bestimmt, bis zu welcher sie dermassen abge-

---

*) Optics, Lib. III. Questio 18. Op. Tom. IV, pag. 223.

kühlt war, um ihre Temperatur mit dem Leinölthermometer oder durch das Erstarren einer leichtflüssigen Legirung bestimmen zu können*). Newton stellte nun für die Abkühlung diejenige Beziehung zwischen der Menge jener Wärme, welche verloren geht und der Zeit der Abkühlung auf, welche die denkbar einfachste ist, indem er nämlich annahm, dass der Wärmeverlust während einer kurzen Zeit dem Wärmeüberschuss über die Umgebung proportional sei.

Newton beschäftigte sich auch mit elektrischen Versuchen. Er scheint der erste gewesen zu sein, der die Elektrisirbarkeit des Glases wahrnahm. Eine Glastafel wurde in einen Messingring gelegt, so dass sie etwa $1/8$ Zoll von der Tischplatte entfernt war. Unter dem Glase lagen etliche Papierschnitzel. Wenn nun die Glasplatte mit Tuch gerieben wurde, so wurden die Papierschnitzel abwechselnd bald angezogen, bald abgestossen, so dass sie auf- und niederhüpften. Dieser Versuch wurde 1675 der „Königl. Societät" mitgetheilt, mit der Bitte, die Experimente zu wiederholen, was jedoch anfänglich nicht recht gelingen wollte, bis der Entdecker derselben genauere Andeutungen folgen liess. Dabei fand Newton, dass es nicht gleichgültig sei, womit wir die Glasplatte reiben.

Auch mit Magnetismus beschäftigte sich unser Forscher. Für die Fernwirkung der Magnete stellte er das Gesetz auf, dass die Anziehung, resp. Abstossung mit der dritten Potenz der Entfernung abnehme, was allerdings der Wahrheit nicht entspricht.

Hie und da finden wir Bemerkungen Newton's über geologische, meteorologische, chemische und andere naturwissenschaftliche Fragen, die aber von keiner besondern Bedeutung sind und hier ausser Acht gelassen werden können.

Ueber Newton's biographische Verhältnisse und über seine wissenschaftliche Thätigkeit besitzen wir eine reiche Literatur, so dass es schier unmöglich ist, alles anzuführen. Wir erwähnen nur die folgenden Schriften: Brewster, Life of Newton, Lond. 1831, 12°, gänzlich umgearbeitet unter dem Titel: „Memoirs of the Life, Writings, and Discoveries of Sir Isaac Newton, Edinburgh, 2 vols, 8°, 1855. Das erste Werk wurde von B. M. Goldberg in's Deutsche übersetzt (8°, Leipzig 1833). — Biot, Newton's Leben, in der „Biogr. universelle". — Ferd. Hoefer, Biographie in der „Nouvelle biographie générale". — Turnor, Collections, for the Hist. of Grantham, containing the Papers forwarded to Fontenelle by Conduit, the husband of Newton's niece and Dr. Stukeley's account, of the Infancy of Newton, written in 1727. — Fontenelle, Éloge de Newton (Oeuvres diverses, La Haye 1729, 4°, Tom. III. — Birch, Hist. of

---

*) Die eine dieser Legirungen, welche bei der Siedhitze des Wassers schmilzt und aus 2 Theilen Blei, 3 Theilen Zinn und 5 Theilen Wismuth besteht, wird Newton'sche Legirung genannt.

the Royal Society, Lond. 1756—57, 4°, Vol. III et IV. — Frisi, Elogio Storico del cav. I. Newton, Milano 1778. — Snell, Newton und die mechanische Naturwissenschaft, Dresden, Leipzig 1843, 8°. — Edleston, J., Correspondence of Sir Isaac Newton and Professor Cotes, etc., London 1850, 8°.

Indem wir hier Newton verlassen, wenden wir unsere Aufmerksamkeit einigen Gelehrten zu, welche mit dem grossen englischen Forscher in Beziehung standen, es sind die folgenden Männer: Barrow, Hooke, Pardies, Halley, Whiston, Cotes und John Hadley.

Isaac Barrow, Sohn eines Leinenhändlers, geboren im Oktober 1630 zu London, gestorben ebendaselbst am 4. Mai 1677. Er war Doctor theologiae, Professor der Geometrie am Gresham College in London, hierauf Professor der griechischen Philologie und der Mathematik in Cambridge. Im Jahre 1669 entsagte er zu Gunsten Newton's seiner Professur und widmete sich ausschliesslich der Theologie, 1670 wurde er Kaplan Karls II., 1675 „Master of the Trinity College" zu Cambridge, welches Amt ihm der König mit dem schmeichelhaften Beisatze „als dem besten Schüler von England" verlieh. Barrow war eines der Mitglieder der „Royal Society". Von seinen Schriften sind zu erwähnen: Lectiones opticae, London 1669. — Lectiones geometricae, ib. 1670. Ausserdem gab er des Archimedes Werke heraus, ferner: Apollonii Conicorum libr. IV und Theodosii Sphaericorum libr. III; zusammen in einem Octavbande, London 1675. Ausserdem verfasste er theologische Schriften, welche seinen Namen berühmter machten, als seine anderen Werke. In seiner Schrift über Optik bestimmt er die Lage der Schnittpunkte der gebrochenen Strahlen an irgend einer Linse, sowohl für parallele, als für nichtparallele Strahlen. Da er sich hiebei noch der geometrischen Methode bedient, so ist seine Darstellung sehr weitläufig. Cavalieri hatte bloss den Schnittpunkt für parallele Strahlen bestimmt, somit ist die Entwicklung Barrow's als erwähnenswerther Fortschritt zu betrachten. Ueber die Constitution des Strahles hatte er die Ansicht, dass dieser aus länglichen Lichttheilchen bestehe, welche sich zu einander in paralleler Lage fortbewegen. Wenn nun ein Lichtstrahl schief gegen die Trennungsfläche eines andern dichtern Mediums stösst, so wird der Theil, welcher zuerst an die Grenzfläche trifft, am frühesten eine Verzögerung seiner Bewegung erleiden, während die später anprallenden Theilchen ihre Bewegung erst später verlangsamen. Hiedurch erklärt sich die Richtungsänderung des gebrochenen Strahles. — Ueber die einzelnen Farben des Lichtes gibt er höchst eigenthümliche Definitionen[*]), welche den riesigen

---

[*]) Lect. opticae, Lond. 1674, pag. 85, oder auch Wilde: Geschichte der Optik. I, pag. 318, Anmerk. 2.

Unterschied zwischen dem Stande der Optik vor und nach Newton's einschlägigen Untersuchungen genügend charakterisiren.

Robert Hooke, geboren am 18. Juli 1635 zu Freshwater auf der Insel Wight als der Sohn eines Predigers, gestorben am 3. März 1703 zu London. In Oxford studirte er seit 1653, hierauf war er Assistent des Chemikers Th. Willis und Rob. Boyle's, seit 1662 „Curator of Experiments to the Roy. Society", seit 1664 Professor der Geometrie am Gresham College zu London. Er war Mitglied und seit 1678 Secretär der „Royal Society". Sir John Cutler setzte ihm eine Summe von jährlichen 50 Lstrl. aus, um dafür Vorlesungen über Mechanik zu halten. Diese Vorlesungen gab Hooke 1679 als „Lectiones Cutlerianae" heraus. Von seinen Schriften erwähnen wir die folgenden: Micrographia or philosophical description of minute bodies, fol., Lond. 1665. — An attempt to prove the motion of the earth., 4°, ib. 1674. — Animadversions to the first part of the Machina coelestis of the deservedly famous astronomer Joh. Hevelius etc., 4°, ib. 1674. — A description of helioscopes and some other instruments, 4°, ib. 1675. — Lectures and collections (über die Kometen von 1664, 1665 und 1677 und über das Mikroskop), 4°, ib. 1679. — Posthumous works, fol., ib. 1705. — Zahlreiche Aufsätze in den Philos. Transactions von 1665—1686. Näheres über Hooke's biographische Verhältnisse findet man in Ward's „Lives of the Gresham Professors" (London 1740, fol.).

Hooke war ein tief denkender, scharf beobachtender und höchst erfindungsreicher Kopf. Hätte er es über sich vermocht, seinen Geist auf einen wohlumschriebenen Kreis von Thätigkeiten zu beschränken, so hätte er bei seinen grossen Talenten und seinem eisernen Fleisse unbedingt Bedeutendes leisten müssen. So aber ist seine Thätigkeit bloss dazu angethan, um uns den Beweis zu liefern, dass er im Stande gewesen wäre, Grosses hervorzubringen, ohne dass wir jedoch solche Resultate seiner Wirksamkeit vorfinden, welche unsern Erwartungen entsprechen würden. — Hooke war ein kränklicher und sehr reizbarer Mann, der fast fortwährend mit jemandem in Streit lag, so mit Huygens, Newton, dem deutschen Astronomen Hevel, ja selbst mit der ganzen „Royal Society". Er arbeitete und studirte sehr angestrengt und verbrachte ganze Nächte am Schreibtische, so dass er oft erst gegen Morgen angekleidet sein Lager suchte. Er war nie verheiratet. — Von den zahlreichen Erfindungen Hooke's wollen wir hier nur einige erwähnen. Ueber seine Erfindung der Spiralfeder an der Unruhe der Taschenuhren war schon weiter oben die Rede*), weshalb wir uns hier auf die einfache Erwähnung dieser Erfindung beschränken können. — Hooke gibt auch an, das von Huygens in seinem „Horologium oscillatorium" im Jahre 1673 veröffentlichte Centrifugalpendel als Regulator an Uhren schon 1660

---

*) Bd. II, pag. 183.

verwendet zu haben, jedoch ist diese Behauptung nicht genügend verbürgt. Hooke erfand die Weingeistlibelle, den Nonius (ohne von dessen früherer Erfindung Kenntniss zu haben), die Anwendung des Fernrohres zu Winkelmessungen, die Application des Fadenkreuzes in Fernrohren. Im Jahre 1664 wendete er die Schraube zur Theilung astronomischer Winkelmessinstrumente an. Hooke war der erste, der ein Gregory'sches Spiegelteleskop mit durchbohrtem Objektivspiegel ausführte, das er am 5. Februar 1674 in der „Roy. Society" vorzeigte. Hooke soll nach Brewster (Edinb. Encycl., Vol. XI, pag. 110) die Constanz des Schmelzpunktes des Eises und der Siedetemperatur des Wassers gekannt und daher diese beiden Temperaturen als Fixpunkte der Thermometerskale vorgeschlagen haben, diese Angabe scheint jedoch unrichtig zu sein. Hooke erfand ein Bathometer, um die Tiefe des Meeres zu messen, das Radbarometer, das er in seiner „Micrographia" beschreibt, ferner das Ombrometer (Regenmesser) und zahlreiche andere Instrumente und Apparate. Auch soll die zweistiefelige Luftpumpe, die er mit Boyle construirte, eigentlich seine Erfindung sein.

Von grösserem Interesse für uns sind unzweifelhaft jene Ideen und Meinungen, welche er über prinzipiell wichtige physikalische Fragen in seinen Schriften zum Ausdrucke bringt. — Unter allen jenen, die wir bezüglich der Erfindung der Gravitationsmechanik als Vorläufer Newton's betrachten können, ist keiner, der diesem Ziele näher gekommen wäre, als Hooke. In seiner Schrift: „An attempt to prove the motion of the earth etc." sagt er folgendes: „Ich werde hienächst ein Weltsystem er-
„klären, das sich in vielen Punkten von irgend einem bekannten unter-
„scheidet, und welches in jeder Beziehung mit den gewöhnlichen Regeln
„der mechanischen Bewegungen übereinstimmt. Dieses beruht auf drei
„Hypothesen: Erstlich, dass alle Himmelskörper ohne Ausnahme eine
„Anziehung oder Schwerkraft gegen ihren Mittelpunkt besitzen, wodurch
„sie nicht bloss ihre eigenen Theile anziehen und das Fortschleudern
„derselben verhindern, wie wir es bei der Erde bemerken können, sondern
„auch alle andern innerhalb ihres Wirkungskreises befindlichen Himmels-
„körper anziehen, und folglich, dass nicht bloss die Sonne und der Mond
„auf den Körper und die Bewegung der Erde einen Einfluss haben und
„die Erde auf sie, sondern dass auch Mercur, Venus, Mars, Jupiter und
„Saturn durch ihre Anziehungskräfte einen beträchtlichen Einfluss auf
„ihre Bewegung haben, wie auf gleiche Weise die gegenseitige Anziehungs-
„kraft der Erde ebenfalls einen beträchtlichen Einfluss auf jede Bewegung
„jener Körper hat. Die zweite Hypothese ist die, dass alle Körper, die
„in eine direkte und einfache Bewegung gesetzt werden, sich so lange
„in gerader Linie vorwärts bewegen, bis sie durch irgend eine andere
„Wirkungskraft abgewendet und in eine Bewegung versetzt werden, die
„einen Kreis, eine Ellipse oder eine mehr zusammengesetzte krumme
„Linie beschreibt. Die dritte Hypothese ist, dass diese Anziehungskräfte

„um so viel stärker in ihrem Wirken sind, um wie viel der Körper, „auf den sie wirken, ihnen näher ist. Was für welche aber diese ver- „schiedenen Grade sind, habe ich durch Versuche noch nicht ausmachen „können; aber es ist ein Gedanke, welcher, wenn er, wie er es verdient, „weiter verfolgt wird, den Astronomen von mächtiger Hülfe sein wird, „alle Bewegungen der Himmelskörper nach einem gewissen Gesetze zu „bestimmen, was wohl ohne dasselbe nimmer geschehen könnte."

Hooke hat in diesen drei Hypothesen somit die Ideen der allgemeinen Attraction, der Trägheit der Materie, welche, durch eine Kraft abgelenkt, Kegelschnittsbahnen beschreibt und der Abhängigkeit der Attraction von der Distanz der wirkenden Körper ausgesprochen. Er selbst sagt in der Fortsetzung jener oben citirten Stelle, dass er durch vielerlei andere Dinge verhindert sei, sich mit dieser Frage zu beschäftigen und wünscht, dass dies ein anderer thun möge. Dieser Andere war nun eben Newton.

Von grossem Interesse sind die optischen Arbeiten Hooke's. Er hat die Farben dünner Blättchen und deren Periodicität zuerst beobachtet*). Die Beschreibung dieser Erscheinung an Glimmerblättchen findet sich in seiner „Micrographia", dann zeigte er sie an Seifenblasen und zuletzt an zwei aufeinandergepressten Prismen, deren eines schwach convex war. Eine zweite Arbeit Hooke's beschäftigt sich mit der Beugung des Lichtes, welche sich bezüglich der angestellten Beobachtungen in ihrem Wesen von jenen wenig unterscheiden, welche Grimaldi in seinem 10 Jahre früher erschienenen Werke (Physico-Mathesis de Lumine etc.)**) veröffentlichte. Es findet sich jedoch in der Abhandlung, welche Hooke über diesen Gegenstand der königlichen Gesellschaft im Jahre 1675 vorlegte, eine Bemerkung, die von hohem Interesse ist. Er sagt nämlich, dass die Bewegung des Lichtes in einem homogenen Medium sich durch einfache Impulse oder Wellen fortpflanze, deren Schwingungen auf die Richtung der Fortpflanzung senkrecht stehen. Allerdings ist diese Voraussetzung bloss als ein glücklicher Einfall zu betrachten, da es für die Erscheinung der Beugung („Deflection", wie sie Hooke nennt) ganz gleichgültig ist, in welcher Richtung die Undulation stattfindet. Im gegenwärtigen Jahrhundert hat in der That Fresnel erst dann über jene Schwingungsrichtung entschieden, als die Erscheinung der Polarisation unbedingt eine transversale Schwingungsrichtung forderte.

Von geringerer Wichtigkeit sind die Bemerkungen Hooke's über die Capillarität, welche er durch den Druck der Luft erklären will, und andere ähnliche Versuche und Bemerkungen über dieselbe.

Ignace Gaston Pardies, geboren 1636 (nach anderer Quelle 1638)

---

*) Vgl. Bd. II, pag. 259 dieses Werkes.
**) Ib. pag. 21.

zu Pau, gestorben den 22. April 1673 zu Paris. Er war Jesuit und lehrte Mathematik und Physik, sowie auch alte Sprachen zu Pau, Clermont, hierauf Rhetorik zu Paris am Collège Louis-le-Grand. Pardies ist durch seine Polemik mit Newton bekannt geworden*). Von seinen Schriften erwähnen wir die folgenden: Horologium thaumanticum duplex, 4°, Paris 1662. — Dissertatio de motu et natura cometarum, 8°, Bordeaux 1665. — Discours du mouvement local, 12°, Paris 1670 et 1673. — La Statique ou la Science des forces mouvantes. 12° Paris 1673. — Tabulae uranographicae. Ib. 1673—74. — Globi coelestis in tabula plana redacti descriptio, Fol. Ib. 1675. — Two letters containing some animadversions upon I. Newton's theory of light, in den „Philosophical Transactions" von 1672, wo auch die Antwort Newton's zu finden ist. Als Pardies sich seines Irrthums bewusst wurde und sich als überführt betrachtete, hatte er die Aufrichtigkeit, dies offen einzugestehen.

Edmund Halley, der Sohn eines wohlhabenden Seifensieders zu Haggerston bei London, wurde am 29. Oktober (alten Stils) 1656 geboren. Schon seit seinem 16. Jahre hatte er eine entschiedene Vorliebe für Physik und Mathematik. Er besuchte zu London die Paulsschule, hierauf das Queen's College zu Oxford. In seinem zwanzigsten Jahre (1676) erschien seine erste Abhandlung in den „Philosophical Transactions" über die Bestimmung der Aphelien und Excentricitäten der Planetenbahnen auf geometrischem Wege. Halley machte grössere Reisen, so z. B. nach St. Helena, wohin er auf Staatskosten gesendet wurde, um Beobachtungen für eine Karte des südlichen gestirnten Himmels anzustellen. Er beobachtete drei Monate hindurch und hatte während dieser Zeit auch Gelegenheit, einen Durchgang des Mercur vor der Sonnenscheibe zu sehen. Die Frucht dieser Beobachtungen: der „Catalogus stellarum australium" erschien 1679, in demselben wurde auch sein königlicher Gönner durch ein Sternbild: „Robur Carolinum" gefeiert. Seine magnetischen Untersuchungen machten es wünschenswerth, die Declination der Magnetnadel in den äquatorialen Bezirken der Erde zu studiren. Er machte zu diesem Behufe als Schiffskapitän im Auftrage der englischen Regierung unter König Wilhelm I. zwei Reisen in den Jahren 1698—1700, wobei er bis zum 53. Grad südlicher Breite gelangte. Halley erhielt nun den Titel und die halbe Besoldung eines Flottenkapitäns. Das Resultat der Reise war die erste magnetische Declinationskarte. Im folgenden Jahre wurde er mit der Aufnahme der englischen Küste im Canal betraut und da er sich durch diese, sowie die frühere wissenschaftliche Expedition einen europäischen Ruf erworben hatte, so wurde er seitens des Kaisers von Oesterreich von der Königin Anna erbeten, um die geeignete Stelle für einen Hafen an der istrianischen Küste aufzusuchen. In Folge dieser ehrenvollen Berufung machte Halley zwei-

---

*) Siehe oben pag. 258.

mal die Reise nach Wien und an die Küste des Adriatischen Meeres. Nach seiner Rückkehr wurde er 1703 zum Nachfolger Wallis', als Professor der Mathematik in Oxford ernannt, 1713 wurde er Sekretär der „Royal Society" und 1719 nach Flamstead's, des ersten Direktors der Greenwicher Sternwarte, Tode wurde er für diese Stelle designirt, welche er bis zu seinem am 14. Januar (alt. Stils) 1724 zu Greenwich erfolgten Tode bekleidete.

Von seinen zahlreichen Schriften führen wir die folgenden an: Catalogus stellarum australium. London 1676. — Methodus directa et geometrica investigandi aphelia, excentricitates proportionesque orbium planetarum primariorum etc. 4°, ib. 1676 (auch in den Phil. Transact. von 1676). — A general chart, shewing at one view the variation of the compass etc. Ib. 1701. — Tabulae astronomicae. Lond. 1749 (posthum). — A synopsis of the astronomy of comets (Phil. Trans. 1705. — In dieser Schrift findet sich die erste Entdeckung eines Kometen mit elliptischer Bahn, des sog. Halley'schen Kometen). — Theory of the variation of the magnetical compass (Phil Tr. 1683). — Discourses concerning gravity and its properties etc. (Ib. 1686). — An historical account of the trade winds and monsoons etc. with an attempt to assign their physical cause. (Ib. id.) — Discourse of the rule of the decrease of the height of the mercury in the barometer, according as places are elevated above the surface of the earth (Ib id.)*). — On the cause of the change of the variation of the magnetic needle; with an hypothesis of the structure of the internal parts of the earth (Phil. Tr. 1692). — Some queries concerning the nature of light and diaphanous bodies (Ib. 1693). — Several experiments made to examine the nature of the expansion and contraction of fluids, by heat and cold, in order to ascertain the divisions of the thermometer etc. (Ib. id.) — Resolution of the problem of finding the foci of optick glasses universally. (Ibid. id.) — An account of the evaporation of water etc. (Ib. id.) — De iride sive de arcu coelesti diss. geometrica etc. (Ib. 1700). — On the variation of the magnetic compass etc. (Ib. 1714). — On the cause of the saltness of the ocean etc. (Ib. 1715). — Methodus singularis, qua solis parallaxis sive distantia a terra, ope veneris intra solem conspiciendae, tuto determinari poterit (Ib. 1716)**). — On the late surprizing appearance of the lights seen in the air, with an attempt to explain the phaenomena (Ib. id.)***). Ausserdem noch eine grosse Anzahl von mathematischen und astronomischen Abhandlungen.

---

*) In dieser Schrift findet sich die erste Grundlage einer rationellen Formel zum barometrischen Höhenmessen.

**) Diese Methode [der Bestimmung der Sonnenparallaxe wurde schon von J. Gregory in seiner „Optica promota" ausgesprochen.

***) In dieser Abhandlung wird das Nordlicht als eine magnetische Erscheinung dargestellt.

Wie wir aus diesem Verzeichnisse ersehen, versuchte sich Halley auf den verschiedensten Gebieten der exacten Naturwissenschaft. In den „Philosophical Transactions" finden wir 78 Abhandlungen von ihm. Als Mathematiker beschäftigte er sich hauptsächlich mit der Theorie der Gleichungen. Als Astronom verdanken wir ihm einige schöne Entdeckungen und Erfindungen. Vor allem ist hier seiner Berechnung der Bahnen von 24 Kometen nach Newton'scher Methode zu gedenken, bei welcher Gelegenheit er die Identität des Kometen von 1531, 1607 und 1682 entdeckte und dessen Wiederkehr für das Jahr 1759 voraussagte*). Halley schlug zur Bestimmung der Sonnenparallaxe die Benützung der Venusdurchgänge vor, welche Methode seither 4mal benützt werden konnte**). Auch war er der erste, der die Eigenbewegung einiger Fixsterne constatirte. Noch bedeutender, als auf dem Gebiete der Astronomie, sind die Verdienste unseres Forschers auf dem der Physik, besonders aber dem der physikalischen Geographie. Halley kannte die Constanz der Siedetemperatur der Flüssigkeiten. Als Fixpunkte des Thermometers schlug er die Siedetemperatur des Weingeistes und die constante Temperatur tiefer Keller vor. Er entwickelte die allgemeine optische Formel für die Vereinigungsweite der Lichtstrahlen nach ihrer Brechung in Linsen von irgendwelcher der gebräuchlichen Formen, wobei jedoch die Dicke der Linse vernachlässigt und angenommen wird, dass die einfallenden Strahlen einen kleinen Winkel mit der Richtung des Hauptstrahls bilden.

Mit der Theorie des Erdmagnetismus hat sich Halley eingehend beschäftigt. Um die Erscheinungen zu erklären, nahm er anfänglich zwei im Innern der Erde befindliche Magnete, also vier Magnetpole an und zwar in der Nähe der Umdrehungspole der Erde. Als er jedoch später die Ursachen der Veränderung der Declination studirte, ersann er zu deren Erklärung eine ziemlich willkürliche Hypothese. Er nahm nämlich an, dass die Erde aus einer Hohlkugel und einer in deren Innerem befindlichen Vollkugel bestände. Den Raum zwischen beiden Kugeln dachte er sich durch Flüssigkeit ausgefüllt. Nun sollte sowohl die äussere Hohlkugel, als auch die innere solide Kugel für sich magnetisch sein. Dachte man sich die innere Kugel in einer relativen Rotation zur äusseren, so war dadurch auch das Phänomen der säcularen Variation der Declination erklärt. — Halley war der erste, der das Phänomen des Polarlichtes mit dem Erdmagnetismus in Verbindung brachte. Als sich nämlich im Jahre 1716 nach langer Zeit ein glänzendes Nordlicht zeigte, beobachtete Halley dessen westliche Abweichung, welche mit der der Magnetnadel übereinstimmte. Er schloss hieraus auf die Zu-

---

*) Es ist dies der Halley'sche Komet mit einer Umlaufszeit von circa 75 Jahren, der seither 1835 beobachtet wurde.

**) In den Jahren 1761, 1769, 1874 und 1882.

sammengehörigkeit dieser beiden Erscheinungen und zwar nahm er an, dass die magnetische Materie in der Richtung der magnetischen Kraftlinien, wie man diese vermittelst des angezogenen Eisenfeilichts an einer magnetischen „terella", d. h. einer magnetisirten Stahlkugel beobachten kann, ausstrahle und in ihren oberen Regionen von der Sonne beschienen werde. Er hielt somit das Nordlicht, das er übrigens sehr genau und seinen geometrischen Verhältnissen nach ganz richtig beschrieb, für eine dem Regenbogen ähnliche, subjektive Erscheinung, die ihre Lage mit dem Standorte des Beobachters verändert, was jedoch nicht der Fall ist.

Als am 31. Juli 1708 eine Feuerkugel an einigen Punkten Englands beobachtet wurde und die Aufmerksamkeit Halley's auf diese Erscheinungen lenkte, beschäftigte er sich mit der Frage nach der Herkunft jener merkwürdigen Meteore. Er schloss aus der bedeutenden Höhe über dem Erdboden (40—50 englische Meilen), die man bei einem derartigen Phänomene 1676 in Italien beobachtet hatte, dass wir es hier mit einem kosmischen Ursprunge zu thun haben, nicht aber mit irdischen, schwefeligen Ausdünstungen, wie dies vorher behauptet worden war.

Weniger glücklich war Halley in der Erklärung der Passatwinde, welche er wohl durch starke Erwärmung der äquatorialen Erdtheile zu erklären versuchte, jedoch in der Weise, dass die erwärmte Luft an jener Stelle aufsteigt und durch frische Luft ersetzt wird, wo die Sonnenstrahlen in senkrechter Richtung herabschiessen. Dieser Ersatz durch kühle Luft sollte an jener Seite am stärksten sein, welche der Bewegung des Wärmecentrums entgegengesetzt ist. Diese Theorie erklärt eben die charakteristische Eigenthümlichkeit des Passatwindes nicht, derzufolge am Aequator eine windstille Zone vorkommt. Auch von den Monsunwinden hat Halley eine eingehende Beschreibung und Erklärung gegeben und eine Karte derselben gezeichnet.

Halley hat die richtige Formel für das barometrische Höhenmessen aufgestellt[*]), in welcher allerdings noch die verschiedenen Correcturen für die Aenderung der Lufttemperatur, geographische Breite u. s. f. fehlen.

William Whiston, geboren den 9. Dezember 1667 zu Norton, Leicestershire, gestorben den 22. August 1752 zu London, war Geistlicher, Fellow von Clare Hall in Cambridge, Kaplan des Bischofs von Norwich und Pfarrer zu Lowestoft in Suffolk. Als im Jahre 1703 Newton seine Professur niederlegte, wurde Whiston dessen Nachfolger. Er

---

*) Bedeutet h die zu messende Höhe, b_0 und b_h die Barometerstände an den beiden Endpunkten der Höhe, C eine Constante, so ist nach Halley
$$h = C \log \frac{b_0}{b_h}.$$

verfasste theologische und mathematische Schriften, verlor jedoch sein Amt im Jahre 1710, als er eine Schrift gegen die Trinitätslehre veröffentlicht und sich in den Augen der Theologen des Arianismus schuldig gemacht hatte. Von dieser Zeit an lebte er als Privatmann in London. Im Jahre 1720 wurde er in der „Royal Society" als Mitglied vorgeschlagen, wurde jedoch nicht gewählt, da Newton gegen seine Aufnahme war. Von seinen zahlreichen Schriften erwähnen wir bloss die folgenden: A new theory of the Earth, from its original to the consummation of all things etc. 8°, London 1696 (mehrmals aufgelegt und übersetzt). — Astronomical letters, London 1701. — Praelectiones astronomicae, quibus accedunt tabulae plurimae astronomicae, 8°, ib. 1707. — Cause of the deluge demonstrated, 8° Cambridge 1711. — Astronom. principles of religion etc., 8°, ib. 1717. — Eine Selbstbiographie: Memoirs of his own life and writings, 2 Vol. 8°, ib. 1749. Ausserdem viel Theologisches.

In seiner Schrift: „A new theory of the Earth" gibt Whiston eine abenteuerliche Schöpfungsgeschichte zum Besten, welche die mosaische Bibelerzählung mit der Naturwissenschaft in Einklang zu bringen sucht, wobei Kometenschweife eine hervorragende Rolle spielen. Die Sintfluth soll der Komet von 1680 in einer früheren Erscheinungsperiode verursacht haben, der später auch zur Zeit von Julius Caesars Tode erschienen sein soll. Seine nächste Ankunft wäre im Jahre 2254. Whiston machte auch rohe Versuche über die Fernwirkung der Magnete.

Roger Cotes, geboren am 10. Juli 1682 zu Burbage (Leicestershire), wo sein Vater Pfarrer war, gestorben am 5. Juni 1716 zu Cambridge, war Professor der Astronomie und Physik*) an der Universität zu Cambridge (von 1706 an). Cotes war ein ausgezeichneter Mathematiker und hat, trotz seiner kurzen Lebenszeit, seinen Namen durch einen nach ihm benannten Lehrsatz verewigt. Von seinen Schriften erwähnen wir die folgenden: Harmonia Mensurarum, sive analysis et synthesis per rationum et angulorum mensuras promotae: accedunt alia opuscula mathematica. Cambridge 1722**). — Opera miscellanea, sive aestimatio errorum in mixta mathesi etc. Ib. 1722. — Theoremata, tum logometrica, tum trigonometrica etc. Ib. 1722. — Hydrostatical and pneumatical lectures, London 1738. Alle diese Werke wurden nach seinem Tode von seinem Nachfolger im Amte Dr. Robert Smith, der sein Cousin war, herausgegeben. Bei seinen Lebzeiten erschienen bloss einige Aufsätze in den „Philosophical Transactions", im Jahre 1713 gab er Newton's „Prinzipien" heraus, zu denen er jene oben ausführlich besprochene Vorrede schrieb.

---

*) Plumian Professor. Er bekleidete zuerst diese von Dr. Plume, Archidiaconus von Rochester gestiftete Professur.

**) In dieser Schrift findet sich der cotesische Lehrsatz.

John Hadley. Er war Mitglied der „Royal society" (seit 1717) und später Vicepräsident derselben. Von seinen äusseren Lebensumständen wissen wir bloss, dass er Verfertiger optischer und anderer Messapparate war. Die Zeit seiner Geburt ist unbekannt. Er starb zu London am 15. Februar 1744. Hadley ist der Erfinder des Spiegelsextanten, obwohl einige — jedoch mit Unrecht — behaupten, es sei diese Combination von Spiegeln und Linsen eine Idee Newton's. Auch dem Amerikaner Godfrey*) wird übrigens die Erfindung zugeschrieben. Von Hadley sind zu erwähnen: Account of a catoptric reflecting telescope (Phil. Trans. 1723)**). — Observations on the satellites of Jupiter and Saturn, made with this telescope (Ib. id.). — New instrument for taking angles (Ib. 1731). — Combination of lenses with reflecting planes (Ib. 1737).

Von John Hadley existiren noch Theile eines Newton'schen Spiegelteleskops, die sich im Besitze der „Royal Society" befinden. Im Jahre 1723 verfertigte Hadley ein Newton'sches Spiegelteleskop von 6 Fuss Länge, dessen Objektivspiegel $62^{5}/_{8}$ Zoll Brennweite hatte. Später ging er jedoch von der Construction Newton's ab und verfertigte nach Gregory's Plan ein Fernrohr mit durchbohrtem Spiegel im Jahre 1726.

Rückblick.

Wir sind im Begriffe, mit einer Periode unserer Geschichte abzuschliessen, welche ohne Zweifel als der Zeitraum der rapidesten Entwicklung innerhalb des Werdeprozesses unserer Wissenschaft zu betrachten ist. Entsprechend der grossen Anzahl von Forschern, welche bei allen Nationen, die in jenen Tagen an dem grossen Werke der Förderung unserer Kenntnisse von der Erscheinungswelt theilnahmen, war auch das erreichte Resultat ein bedeutendes, und zwar um so bedeutender, als eben zu jener Zeit, durch ein glückliches Zusammentreffen der Ereignisse eine wahrhaft erstaunliche Anzahl von hervorragenden Geistern aufstanden, welche sowohl auf dem eigentlichen Forschungsgebiete, als auch auf dem der Philosophie und dem der Mathematik, also in jenen mächtigen und unerlässlichen Bundesgenossen der Naturwissenschaft, einen gewaltigen Fortschritt bewirkten. Da ist vor allem die Gründung der neuen Philosophie durch Descartes, die Anwendung der Algebra auf die Geometrie von eben diesem Denker, ferner die Erfindung der Infinitesimal-

---

*) Thomas Godfrey, Glaser zu Philadelphia, erfand den Spiegelquadranten. Er starb 1749.

**) Er verfertigte das erste grössere Spiegelteleskop.

rechnung durch Newton und Leibniz: das sind jene Fortschritte in benachbarten Gebieten, deren wir hier zu gedenken hatten. Auf dem Gebiete der Physik selbst finden wir in der geschilderten Periode regel- und planmässige, hie und da im grossen Stile ausgeführte Experimente, wodurch besonders die Mechanik der flüssigen und gasförmigen Körper, dann die Lehre von der Wärme und die Optik eine bedeutende Förderung erfahren. Die Verbesserung der optischen Apparate, der Uhren und Winkelmessinstrumente sind mächtige Hebel für die Vervollkommnung der astronomischen Forschung, die geographischen Entdeckungen und der Aufschwung, den der Verkehr mit den fernliegenden Theilen der Erdoberfläche nimmt, legen den Grund zu einer wissenschaftlichen Physik der Erde. So kann denn, gestützt auf ein ausgebreitetes Erfahrungsmaterial, ausgerüstet mit den trefflichen Werkzeugen der Philosophie und der Mathematik, die theoretische Physik ihr Werk beginnen und nachdem sie die wichtigen Probleme der Centralbewegung und des Stosses von Körpern zur befriedigenden Lösung gebracht und die hiebei nöthigen mechanischen Begriffe aufgestellt hat, kann sie an die Krönung des Gebäudes der Mechanik gehen, indem sie die Gravitationsmechanik entwickelt. — Neben der Mechanik ist es noch die Lehre vom Lichte, welche es in dieser Periode zu einem einigermassen systematisch gefügten Aufbau gebracht hat. Allein eben in diesem Theile der Physik keimt ein Zwiespalt empor, der Streit zwischen der Undulationstheorie, wie sie Huygens, Hooke und andere aufstellen und der Emanationslehre Newton's und seiner Anhänger, ein Zwiespalt, welcher die Entwicklung der Optik bis weit in unser Jahrhundert hemmte. — In dem Zeitraum, den wir noch einmal kurz überblicken wollen, beginnen jedoch auch schon die andern Theile der Physik, die bisher weniger beachteten und weniger beobachteten Erscheinungskreise sich bemerklicher zu machen. Besonders gilt dies von der Elektricitätslehre und von der Lehre vom Magnetismus, ausserdem ist es jedoch ein neuer Bezirk der Naturlehre, der sich bald dermassen entwickelt, dass er — vom Hauptstamme der Physik abgelöst — eine eigene Wissenschaft bildet: die Chemie. Es ist dieser Theil der Physik in enger Beziehung mit den Grundvorstellungen über die Constitution der Materie und deshalb werden wir ihm in unserer zusammenfassenden Darstellung ebenfalls eine Stelle einräumen. Wir werden somit die folgenden Abschnitte haben: **Das Weltsystem, die Erscheinungen des Luftkreises, die Mechanik, die Optik, die Akustik, die Wärmelehre**, mit einer Fortsetzung der Geschichte des Thermometers und einer Geschichte der in diesen Zeitraum fallenden Erfindung der Dampfmaschine, ferner **die Elektricität und der Magnetismus, die Chemie**.

Das Weltsystem.

Mit der Entdeckung der Keppler'schen Gesetze waren die Vorstellungen über die geometrischen und kinematischen Verhältnisse unseres Sonnensystems zu einem gewissen Abschlusse gelangt. Der Blick der Forscher begann nun einerseits sich auf die über die Planetenwelt hinausliegenden Weltenräume zu richten, wobei die Anwendung der Fernrohre zu Messinstrumenten, deren Montirung mit Fadenkreuz und Mikrometer, sowie die Combination mit einem exacten Zeitmesser, der Huygensschen Pendeluhr, eine bis dahin unerhörte Genauigkeit ermöglichten, anderseits gestattete die Entdeckung der Gravitationsmechanik, die dynamischen Verhältnisse des Planetensystems zu ergründen und dieses als einen wohlgeordneten Mechanismus darzustellen, dessen Triebfeder, die allgemeine Gravitation, in allen ihren Wirkungen genau bekannt war. Wir können somit in der Geschichte der Astronomie dieser Periode zwei Momente unterscheiden: die Entwicklung der beobachtenden Astronomie, wobei die Erfindung der astronomischen Instrumente und die Errichtung der Sternwarten besonders zu berücksichtigen ist, zweitens die Geschichte der Entdeckung der Gravitationsmechanik. Was letztere betrifft, so haben wir an geeigneter Stelle über diesen langandauernden Entwicklungsprozess gesprochen und können uns somit hier auf einige resumirende Worte beschränken. Wir haben bei der Besprechung der „Astronomia nova" des Keppler die Ansichten dieses Gelehrten über die Schwerkraft angeführt*), an einer andern Stelle**) von den viel mehr zutreffenden Ansichten Roberval's, Borelli's und Hooke's über diesen Gegenstand gesprochen und schliesslich der hart an die wirkliche Lösung heranstreifenden Bemühungen Wren's, Halley's und Hooke's gedacht***) und haben gesehen, wie sich endlich bei Newton die Summe von Fähigkeiten fand, wie sie zur vollständigen Auflösung des Problems erforderlich waren. Indem letzterer nicht nur das Gesetz der Abnahme jener Schwerkraft ableitete, sondern zugleich die Identität der Centripetalkraft, welche einzig und allein im Stande ist, die Himmelskörper aus der Tangentialrichtung abzuziehen, mit der irdischen Schwerkraft aussprach, war der sichere Grund für die Mechanik der Himmelskörper gefunden und es konnte eine Reihe einschlägiger Probleme, unter welchen wir bloss der Untersuchung über Ebbe und Fluth gedenken, ohne besondere Schwierigkeit aufgelöst werden. Jene Aufgabe hingegen, welche wir bei Newton ebenfalls schon angeführt finden: das Problem der drei Körper, war, soweit es die mathematischen Hülfsmittel überhaupt gestatten, einer spätern Periode aufbehalten.

---

*) Bd. I, pag. 301.
**) Bd. II, pag. 17.
***) Ib. pag. 267.

Ausführlicher haben wir der beobachtenden Astronomie zu gedenken, deren hauptsächliche Vertreter in diesem Zeitraume bisher nur zum Theile Erwähnung fanden. Wir haben hier die folgenden Astronomen anzuführen: **Cysatus, Horrox und Crabtree, Malvasia, Hevelius, Kirch, Dörfel** und **Flamstead**.

Johann Baptist Cysatus*), geboren zu Luzern 1586, gestorben am 3. März 1657 ebendaselbst, war Jesuit, Professor der Astronomie an der Universität zu Ingolstadt, hierauf (1624—27) Rector in Luzern, hierauf in Innsbruck, Eichstädt und zum Schlusse wieder in Luzern. Cysatus beobachtete zuerst den Orionnebel, gibt an, dass der Saturn zwei Monde besitze und beobachtete zu Innsbruck den Mercursdurchgang am 7. November 1631, den ausser ihm bloss **Gassendi****), **Quietanus** und ein Ungenannter zu Ingolstadt beobachteten. Cysatus war auch der erste, der an einem Kometen teleskopische Beobachtungen ausführte. Die Beschreibung findet sich in seiner Schrift: Mathemata astronomica de loco, motu, magnitudine et causis Cometae qui sub finem Anni 1618 et initium Anni 1619 in coelo fulsit etc. Ingolstadt 1619.

Jeremiah Horrox, geboren zu Toxteth in Lancashire 1619, gestorben am 3. Jan. 1641 (alt. Stils). Er studirte in Liverpool und lebte von 1636—1638 bei seinem Freunde **Crabtree*****) zu Hool bei Liverpool, wo er auch am 24. Nov. 1639 den Venusdurchgang als erster Sterblicher, dem dies gelang, beobachtete. Seinen Aufsatz hierüber: „Venus in Sole visa" gab **Hevel** mit seiner Schrift: „Mercurius in Sole visus" im Jahre 1662 heraus. Die Schriften Horrox' veröffentlichte später **Wallis**: Jeremiae Horroccii, Liverpoliensis, Opera posthuma. Accedunt G. Crabtraei observationes etc. 4° London 1672, 1673 und 1678.

Marchese Cornelio Malvasia, geboren 1603 in Bologna, gestorben am 29. März 1664 in Pansano bei Bologna, war Senator von Bologna, General, erst in päbstlichen, hierauf in modenesischen Diensten. Von ihm kennen wir: Ephemerides novissimae motuum coelestium ad longitudinem urbis Mutinae ab a. 1661 ad a. 1666, additis Ephemeridibus solis et Tabulis refractionis ex novissimis hypothesibus J. D. Cassini. Fol. Mutinae 1662. In demselben erzählt der Autor, dass er sich seit vielen Jahren eines Mikrometers aus Silberfäden bediene†), welches im

---

*) In seinem Biogr.-literar. Handwörterbuch zur Gesch. der exacten Wissenschaften, Leipzig 1863 (1—2) Bd. I, pag. 507, spricht **Poggendorff** die Vermuthung aus, als sei sein Grossvater ein **Cesati** aus Mailand gewesen.

**) Siehe Bd. II, pag. 81. dieses Werkes.

***) **William Crabtree** war ein vermögender Privatmann, der mit Horrox astronomische Beobachtungen anstellte. Von ihm existirt: Letters of Crabtree in the Year 1640 upon the spots of the sun; **Derham** in Phil. Tr. 1711.

†) Das Mikrometer soll nach **Zach**: Astron. Zeitschrift IV, 3. schon

Focus des Objektivs und Oculars angebracht sei. Die Winkeldistanz der Fäden bestimmte er dadurch, dass er einen Stern nahe zum Aequator durch zwei Fäden des Netzes gehen liess und die Zeit beobachtete, welche hiezu erforderlich war. Aus derselben ergab sich dann die Entfernung der Fäden im Winkelmass.

Johann Hevelius (eigentlich Hewelcke), geboren am 28. Jan. 1611 zu Danzig, gestorben ebendaselbst am 28. Jan. 1687. Er stammte aus einer sehr wohlhabenden Familie und beschäftigte sich aus besonderer Vorliebe für Astronomie zeitlebens mit dieser Wissenschaft. In seiner Vaterstadt bekleidete er mehrere Aemter, 1641 wurde er Schöppe, 1651 Rathsherr. Im Jahre 1641 baute er sich eine Sternwarte, die er „stellaeburgum" nannte. Im Jahre 1679 verlor er durch eine Feuersbrunst sieben Häuser, seine Bücher, Instrumente und fast alle seine Habe. Besonders zu beklagen sind seine langjährigen Beobachtungsprotokolle, die ebenfalls zu Grunde gingen. Hevel war nicht nur ein sehr geschickter und genauer Beobachter, sondern besass auch eine sehr grosse manuelle Fertigkeit: er stach die Kupferplatten zu seinen Werken und schliff sich die Linsen zu seinen Fernrohren. Dabei konnte er sich indess nicht entschliessen, seine Messinstrumente mit Fernrohren zu versehen, er bediente sich vielmehr stets des Diopter, mit welchem er jedoch so genau arbeitete, dass Halley, welcher als Schiedsrichter in dem zwischen Hooke und Hevel ausgebrochenen Streite über die Genauigkeit der Beobachtungen des letzteren nach Danzig gesendet worden war, die Erklärung abgeben musste, dass die an einfachen Dioptern gemachten Messungen bis auf eine Minute richtig seien, also den damals mit Fernrohren erreichbaren Resultaten nicht nachgaben. Ueber seine Biographie finden wir ausführliche Nachrichten in J. H. Westphal's Biographie des Astronomen, die zu Königsberg 1820 erschien. Seine Correspondenz, welche 17 Folianten füllt, wurde leider von seinen Erben verschleudert. Der letzte nachweisbare Besitzer war Godin in Cadix. Von seinen zahlreichen Schriften erwähnen wir bloss die folgenden: Selenographia s. descriptio lunae et macularum ejusdem, nec non motuum diversorum et omnium phasium lunae vicissitudinem etc. fol. Gedani 1647. — Dissertatio de nativa Saturni facie ejusque phasibus certa periodo redeuntibus, fol. Ib. 1656. — Mercurius in sole visus 1661, Maji 3 etc. fol. Ib. 1662. — Cometographia, cometarum naturam et omnium a mundo condito historiam exhibens, fol. Ib. 1668. — Machinae coelestis pars prior; organographiam s. instrumentorum astronomicorum omnium,

---

früher Francesco Generini angewendet haben, doch ist diese Angabe verdächtig. Das Fadenkreuz im Fernrohre wurde zuerst durch Auzout und Picard bei ihrer Gradmessung 1667 benützt. Auch Hevel bediente sich eines Mikrometers, das aus parallelen durch eine Schraube bewegten Fäden bestand.

quibus auctor sidera hactenus rimatus et dimensus est, accurata delineatio et descriptio etc. Ib. 1673. — Machinae coelestis pars posterior, continet rerum uranicarum observationes etc. Ib. 1679. — Prodromus astronomiae s. novae tabulae solares, una cum catalogo fixarum, fol. Ib. 1690 (posthum).

Hevel entwarf in seiner „Selenographie" die erste Mondkarte, in welcher er die Mondflecken nach Meeren und Gebirgen der Erde benennt. Die „Machina coelestis" enthält eine ausführliche Beschreibung der Instrumente und Beobachtungsmethoden Hevel's. In seiner „Cometographia" beschreibt er 400 Kometen, jedoch konnte Halley wegen Mangelhaftigkeit und Kritiklosigkeit der Angaben bloss von zwölfen derselben die Bahnberechnung ausführen. In der Schrift: „Dissertatio de nativa Saturni facie ejusque phasibus certa periodo redeuntibus" constatirt er eine 15jährige Periodicität im Aussehen des Planeten.

Gottfried Kirch, geboren am 18. Dezember 1639, gestorben am 25. Juli 1710 zu Berlin. Er war ein Schüler Hevel's und lebte an einigen Orten vom Kalendermachen, bis er im Jahre 1700 als Astronom der neugegründeten Akademie nach Berlin berufen wurde, wo er seit 1706 an der unter seiner Leitung erbauten Sternwarte beobachtete. — Kirch beobachtete den grossen Kometen von 1680 und 1681 und beschrieb denselben in seiner Schrift: „Observationes insignis cometae sub finem 1680 visi, Coburgi Saxoniae habitae" (Phil. Tr. 1714). Im Jahre 1699 entdeckte er einen Kometen. — Kirch wendete ein von ihm erfundenes, aus zwei gegen einander gerichteten Mikrometerschrauben bestehendes Mikrometer an.

Georg Samuel Dörfel, geboren am 11. Oktober 1643 zu Plauen, gestorben am 6. August 1688 zu Weida im Grossherzogthum Weimar. Derselbe, ein anderer Schüler Hevel's, war zuerst Diaconus im Voigtlande, hierauf Superintendent zu Weida. In seiner Schrift: „Astronomische Betrachtung des grossen Kometen, welcher im ausgehenden 1680. und angehenden 1681. Jahr höchst verwunderlich und entsetzlich erschienen ist; dessen zu Plauen angestellte Observationes, nebst etlichen sonderbahren Fragen und neuen Denkwürdigkeiten, sonderlich von Verbesserung der Hevelischen Theoriae Cometarum" (Plauen 1681) zeigt Dörfel, dass die Bahn dieses Kometen eine Parabel sei, in dessen einem Brennpunkte die Sonne stehe. Die ganze Bahn hielt er jedoch für eine sehr langgestreckte Ellipse. Da Newton's „Principia", in welchen dieser die Nothwendigkeit der Dörfel'schen Ansichten bewies, erst fünf Jahre später erschien, so ist diese Theorie jedenfalls erwähnenswerth.

John Flamstead (auch Flamsteed), geboren den 19. August 1646 zu Derby (Derbyshire), gestorben den 19. Dezember 1719 zu Greenwich, war der erste Direktor der Sternwarte (Royal Astronomer) zu Greenwich, welche 1675 gegründet wurde und stand dieser Anstalt bis zu seinem Tode vor. Er war ein fleissiger Beobachter und hat viele Schriften hinterlassen. Wir erwähnen hier bloss: Historia coelestis Brittanica libri duo, fol., Lond. 1712, welche Schrift seine — von 1676—1705 gemachten — Beobachtungen enthält. Die Erwähnung der andern Abhandlungen ähnlichen Inhaltes unterlassen wir.

Seit den ältesten Zeiten gab es mit mehr oder minder complizirten Apparaten ausgerüstete günstig gelegene Beobachtungsplätze für die Himmelserscheinungen, sog. „Sternwarten", dieselben waren jedoch in der Regel Privatinstitute, die mit dem Tode des Eigenthümers wieder verfielen. Auch die von Fürsten errichteten Observatorien theilten dasselbe Schicksal. Erst als die Regierungen sich zur Gründung gelehrter Gesellschaften oder Akademien veranlasst fühlten, entstanden bleibende astronomische Institute, wie die Sternwarten von Paris und Greenwich, ebenfalls auf Kosten des Staates. Die Pariser Sternwarte wurde 1667 begonnen und 1672 vollendet. Ihr erster Direktor war Domenico Cassini. — Die Greenwicher Sternwarte wurde 1675 gegründet, ihr erster Direktor war Flamstead, hierauf Halley. — Die Berliner Sternwarte wurde von 1700 bis 1706 gebaut, ihr erster Direktor war — wie oben erwähnt — Gottfried Kirch. Die anderen Landes- oder Universitätssternwarten sind zumeist neueren Datums.

Die Frage über die Gestalt und Grösse der Erde war seit den ältesten Zeiten ein Problem, welchem die Naturwissenschaft ein reges Interesse zuwendete. Seit den Zeiten der alexandrinischen Gelehrten geschahen Versuche, um den zweiten Theil der Aufgabe zu lösen, nämlich den der Grössenbestimmung, nachdem durch die Annahme der Kugelgestalt die erste Frage genügend beantwortet schien. Wir wollen hier nicht die Namen aller jener anführen, die sich mit der Messung des Erdkörpers beschäftigt haben, wir erinnern nur an Eratosthenes und Poseidonios bei den Griechen, die Gradmessung des Kalifen Al Mamum, des französischen Arztes Fernel, der den Bogen Paris-Amiens mass, endlich die Messung des holländischen Gelehrten Willebrord Snellius, der zuerst die Methode der Triangulation anwendete. In den Jahren 1669 und 1670 wurde Picard von der Regierung Ludwigs XIV. aufgefordert, eine Gradmessung in Frankreich auszuführen.

Jean Picard, geboren am 21. Juli 1620 zu La Flèche, gestorben am 12. Juli 1682 zu Paris. Picard war, wie sein Lehrer Gassendi, Priester, Prior zu Rillé in Anjou und seit ihrer Gründung Mitglied der französischen Akademie. Die Gradmessung, welche Picard zwischen den Parallelkreisen von Malvoisine und Amiens und später zwischen Malvoisine und Sourton ausführte, war viel genauer als alle früheren, da er sich zum ersten Male der mit Fernrohren versehenen Winkelmessinstrumente bediente. Die Berechnung geschah noch immer unter der Voraussetzung der Kugelgestalt der Erde, wenn Picard auch aus verschiedenen, allerdings sehr ungenauen Pendelmessungen den Schluss ziehen zu können glaubte, dass die Erde nicht genau kugelförmig sei.

Er gab daher der französischen Akademie den Rath, darüber Messungen ausführen zu lassen. So wurde dann Jean Richer, Mitglied der Akademie, der sich behufs Ausführung astronomischer Messungen im Auftrage der Akademie in den Jahren 1671—1672 auf der Insel Cayenne unter 5° nördlicher Breite befand, von dieser aufgefordert, die Länge des Secundenpendels zu bestimmen. Richer fand, dass seine von Paris mitgenommene Pendeluhr täglich um 2 Minuten zurückblieb und dass er die Länge des Pendels um $^5/_4$ Zoll verkürzen musste, um den Uhrgang richtig zu stellen. Nach seiner Rückkunft in Paris musste er das Pendel um ebensoviel verlängern, als er es in Cayenne verkürzt hatte, um einen richtigen Gang seiner Uhr zu erzielen*). Aus diesem Versuche ging es nun klar hervor, dass die Schwere gegen den Aequator hin stetig abnehme, woraus Huygens**) schloss, dass unsere Erde ein an den Polen abgeplattetes Sphäroid sei, welche Vermuthung er noch durch den oben erwähnten Versuch mit der um ihre Axe rasch rotirenden Thonkugel erhärtete***). Aehnliche Erfahrungen, wie die Richer's war, trugen dazu bei, die Richtigkeit dieser Erklärung zu erweisen.

Von den Schriften Picard's erwähnen wir die folgenden: La mesure de la terre, fol., Paris 1671. — Sur l'avance des pendules en été et sur leur retard en hiver. (Anc. Mém., Par., Tom. I.) — Observation sur la lumière du baromètre. (Ib. Tom. II.)

Picard fand die Länge eines Grades zu 57,060 Toisen. Dieses Resultat, welches, wie wir oben gesehen haben, Newton in den Stand setzte, die Identität der auf den Mond ausgeübten Centripetalkraft mit der Erdschwere zu constatiren und so das Schlussglied in der Kette von Sätzen über die Gravitationsmechanik zu finden, stimmt allerdings mit der Wahrheit ziemlich nahe überein, jedoch hat später Lacaille nachgewiesen, dass die Messungen, welche diesem Resultate zu Grunde liegen, ziemlich ungenau seien und die Uebereinstimmung durch zufälliges Vorhandensein entgegengesetzter Fehler zu Stande gekommen sei. — Im Jahre 1675 nahm Picard durch Zufall wahr, dass sein Barometer im Dunkeln leuchte, wenn man es in schaukelnde Bewegung brachte. Dieses blitzartige Leuchten in der torricellischen Leere wurde

---

*) Jean Richer starb zu Paris im Jahre 1696. Ueber seine biographischen Verhältnisse wissen wir sonst nichts. Von seinen Schriften ist zu erwähnen: „Observations astronomiques et physiques faites en l'isle de Cayenne, 4°, Paris 1679", in welchen er die angeführten Pendelbeobachtungen beschreibt.

**) In seiner Abhandlung: „De causa gravitatis", Opera reliqua, Vol. I. (Amstelod. 1728) pag. 115 heisst es: „Cujus rationem ut afferam, quae ipsa „pro paradoxo haberi potest, dico terram non esse plane sphaericam, sed „figuram habere sphaerae versùs utrumque polum inclinatae, qualem fere „faceret Ellipsis circa minorem axem suum circumacta."

***) Siehe oben pag. 191.

als „merkurialischer Phosphor" und durch ähnliche erdichtete Ursachen erklärt, erst später fand man, dass es elektrischen Ursprungs sei.

Philippe de la Hire, geboren am 18. März 1640 zu Paris, gestorben ebendaselbst am 21. April 1718. Ursprünglich zum Maler bestimmt, widmete er sich aus Neigung den mathematischen Wissenschaften. Er war Mitglied der Akademie und nahm sowohl an der Picard'schen als an der von Cassini 1683 begonnenen, jedoch unvollendeten Gradmessung Theil. Seine überaus zahlreichen Schriften (an 244 Abhandlungen) enthalten für uns nichts von Bedeutung. Sein Sohn Gabriel Philippe (geb. 1677, gestorben 1719), war ebenfalls Mitglied der Akademie und Verfasser einiger physikalischer Abhandlungen.

An der französischen Gradmessung von 1700—1718 nahm mit Jacques Cassini und dem ältern De la Hire auch **Giacomo Filippo Maraldi,** Neffe des älteren Cassini, Theil. Derselbe war am 21. August 1665 zu Perinaldo bei Nizza geboren und starb zu Paris am 1. Dezember 1729. Maraldi hat die Entdeckung gemacht, dass um die Ränder dünner opaker Körper, in deren Schattenraum die Lichtstrahlen treten, dieselben eine Beugung erfahren. Ausserdem existirt von Maraldi eine unrichtige Formel für barometrische Höhenmessung. Von seinen zahlreichen astronomischen Schriften erwähnen wir hier nichts. Der Neffe Maraldi's, Giovanni Domenico Maraldi, war ebenfalls Astronom. Ausser ihm waren noch zwei Mitglieder der Familie Astronomen.

Die Erscheinungen des Luftkreises.

Die grossen Fortschritte auf dem Gebiete der Hydro- und Aëromechanik, welche die in Rede stehende Periode der Entwicklungsgeschichte unserer Wissenschaft auszeichnen, die Erfindung des Barometers und die wesentlichen Verbesserungen des Thermometers konnten nicht ohne bedeutenden Einfluss auf die Entwicklung der Meteorologie bleiben und so finden wir denn in diesem Zeitraume über die meisten Erscheinungen des Luftkreises mehr oder minder zutreffende Erklärungen. Wir wollen hier hauptsächlich von den Vorstellungen über die Beschaffenheit und die Veränderungen im Zustande der Atmosphäre, über die wässerigen und feurigen Meteore, schliesslich von den Lichterscheinungen in der Atmosphäre sprechen.

Was vor Allem die Höhe der Atmosphäre betrifft, so war diese bis heute ungelöste Aufgabe Gegenstand vielfältiger Untersuchungen und Vermuthungen. Hooke suchte in seiner „Micrographia" mit Hülfe des Boyle'schen Gesetzes die Höhe der Atmosphäre zu bestimmen und da er auf anderem Wege zu dem Resultate kam, dass die Atmosphäre sich unendlich weit erstrecke, folgerte er, dass das Boyle-Mariotte'sche Gesetz nicht richtig sei, was er durch besondere Versuche zu beweisen sich vornahm. — Ausser Pascal war auch Johann Pecquet*) in seinen „Nova experimenta anatomica" der Ansicht, dass das Quecksilber im Barometer um so tiefer stehe, je höher der Ort des Versuches über der Erdoberfläche liege.

Schon der Erfinder des Barometers hatte die stetige Veränderung des Luftdruckes beobachtet. Mariotte meint, die gegen die Erdoberfläche verschieden geneigten Winde brächten diese Veränderungen hervor, Garden**) bringt diese Erscheinung mit den Dünsten der Atmosphäre in Verbindung. Wallis und Lister***) suchen die Ursache der Veränderung im Quecksilber des Barometers. Halley sieht in den Winden die Ursache der fortwährenden Barometerschwankungen. Die Meinungen De la Hire's, Leibnizens und anderer sind wenig zutreffend, die Ansicht Mairan's schliesst wieder an die Halley's an.

Die Bewegungen der Atmosphäre hat man von den ältesten Zeiten an aus der ungleichen Erwärmung derselben erklärt. Mariotte in seinem „Traité du mouvement des eaux" stellt eine ziemlich vollständige Theorie der Winde auf, die in mancher Beziehung auch heute noch als richtig betrachtet wird. Als Hauptursachen der Winde betrachtet er die Rotationsbewegung der Erde, die hiedurch verursachte ungleiche Erwärmung und Abkühlung der Luft, die verschiedenen Stellungen des Mondes im Perigeum und Apogeum. Ausserdem nimmt er noch lokale Ursachen an, wie z. B. grosse Regengüsse, Gasexhalationen bei Erdbeben u. a. Den Ostwind der äquatorialen Zone leitet er aus der Rotation der Erde, den Nordost- und Südostwind der beiden Wendekreise aus der Wechselwirkung der ungleich erwärmten Hemisphären aufeinander ab. Eine durchwegs richtige Erklärung gibt er von der Entstehung der an den Meeresküsten periodisch wechselnden Land- und Seewinde. Die zu Paris und in der Umgebung beobachteten Winde, welche in einer halbmonatlichen Periode bezüglich ihrer Richtung einen ganzen Umlauf vollenden, schreibt er der Einwirkung des Mondes zu, wobei er voraussetzt, dass der Mond in der Atmosphäre der Erde schwimme und durch seine Eigenbewegung um die Erde eine Bewegung des Luftmeeres verursache.

Von der Halley'schen Erklärung der Passate war schon weiter oben die Rede †). Die Entstehung der Monsunwinde über dem Indischen Ocean erklärt dieser aus der verschiedenen Stellung der Sonne in den

---

*) Jean Pecquet, geboren am Anfang des 17. Jahrhunderts zu Dieppe, gestorben zu Paris im Jahre 1674, war praktischer Arzt in Paris und Mitglied der Akademie. Sein Hauptwerk ist das erwähnte: Experimenta nova anatomica etc. (Paris, 1651), ferner: Nouv. découverte touchant la vue. (Ses œuvres, La Haye 1740).

**) In den Phil. Tr. Nr. 171.

***) Ib. n. 165.

†) Siehe pag. 308.

verschiedenen Jahreszeiten und der Einwirkung der Bodengestaltung (Richtung der Gebirgszüge) auf die Luftströmungen.

Christian Wolf sah die Ursache der Luftströmungen in der ungleichen Expansion derselben an verschiedenen Orten der Erdoberfläche. Ueber den Grund der verschiedenen Spannkraft der Luft stellte er keine bestimmte Hypothese auf.

Christian Freiherr von Wolf, geboren am 24. Januar 1679 zu Breslau, gestorben zu Halle am 9. April 1754, war erst Dozent und Adjunkt der philosophischen Facultät zu Leipzig, hierauf Professor der Mathematik und Physik zu Halle. Der Irreligiosität angeklagt, wurde er seiner Stelle enthoben und aus Preussen verbannt. Er ging nach Kassel und wurde Professor der Philosophie zu Marburg. Im Jahre 1740 von Friedrich dem Grossen zurückgerufen, wurde er Professor der Mathematik und des Natur- und Völkerrechts, später Kanzler der Universität Halle, Reichsfreiherr, Mitglied der Akademien von Berlin, London und Paris. Von seinen zahlreichen Schriften erwähnen wir bloss die folgenden: Elementa aërometriae etc., 4^0, Lips. 1709. — Elementa matheseos universae, 5 vol., 4^0, ib. 1713—1741. — Experimenta physica etc. 3 Thle., 8^0, Halle 1721 bis 1723. — Cosmologia generalis etc. 4", Francof. et Lips. 1731. Ausserdem schrieb er vieles über Philosophie, Jurisprudenz u. s. f. Wolf beschreibt in seiner Schrift: „Elementa aërometriae" ein Anemometer, welches die Stärke der Windstösse messen soll. — Ueber die Menge des niederfallenden Regens finden wir Messungen mit einem Ombrometer bei Mariotte und Richard Townley, dem Schüler Boyle's. Dieser letztere liess das Regenwasser aus dem Ombrometertrichter in ein Glasgefäss fliessen und mass dessen Gewicht.

Richard Townley, dessen wir weiter oben*) als desjenigen gedachten, der das Boyle'sche Gesetz der umgekehrten Proportionalität zwischen Druck und Volumen eines Gases formulirte, war Gutsbesitzer zu Townley in Lancashire und schrieb einige Aufsätze über meteorologische Gegenstände, welche in den „Philosophical Transactions" erschienen, z. B.: „On the quantity of falling rain" (Phil. Tr. 1693—1694) u. a. Ueber seine Lebensverhältnisse wissen wir nichts Näheres.

Schliesslich erwähnen wir hier noch **Bernhard Varen** (Varenius), von dem wir bloss wissen, dass er in England geboren worden, in Amsterdam als Arzt gelebt habe und 1660 gestorben sei. Derselbe hat unter dem Titel: „Geographia generalis, in qua affectiones generales telluris explicantur etc." ein Werk geschrieben, das in Amsterdam 1664 erschien und noch nach seinem Tode sehr beliebt und verbreitet war, so dass es auch Newton seinen Vorlesungen zu Grunde legte und im Jahre 1674 in vermehrter Ausgabe in englischer Sprache erscheinen liess. Varenius

---

*) Pag. 171.

hat eine Theorie der Luftströmungen aufgestellt und sich auch mit anderen Fragen der tellurischen Physik beschäftigt.

Ueber die Ansichten betreffs des Nordlichtes, der Feuerkugeln, des Regenbogens und anderer Meteore haben wir an einigen Stellen des vorliegenden I. Buches gesprochen, weshalb wir jetzt dieselben übergehen können.

Die Mechanik.

Die Geschichte der mechanischen Prinzipien eines Zeitalters bildet den Mittelpunkt der Entwicklungsgeschichte der physikalischen Wissenschaft desselben. Im Sinne dieses Grundsatzes wurde in unserer ganzen Darstellung der Schwerpunkt auf diesen Theil unserer Wissenschaft gelegt, so dass uns an dieser Stelle bloss eine Zusammenstellung zerstreuter Bemerkungen über Gegenstände der reinen und angewandten Mechanik übrig bleibt, sowie die Erwähnung einzelner Forscher, denen im Vorstehenden kein passender Platz angewiesen werden konnte.

Marino Ghetaldi, geboren 1566 zu Ragusa, gestorben 1609 in Konstantinopel, war ein ragusanischer Patricier, Gesandter der Republik Venedig in Rom und hierauf in Konstantinopel, wo er auch starb. Er war ein bedeutender Mathematiker und als solcher ein Vorläufer Descartes' in der Erfindung der analytischen Geometrie*). In seiner Schrift: „Promotus Archimedes, seu de variis corporum generibus gravitate et magnitudine comparatis" (Romae 1603) finden sich die ältesten Bestimmungen des spezifischen Gewichtes der Metalle und zwar: Gold, Silber, Quecksilber, Blei, Kupfer, Eisen, Zinn, d. h. der sieben Metalle der Alten, ausserdem einiger Flüssigkeiten.

Luca Valerio, geboren um 1552 zu Neapel (oder Ferrara), gestorben 1618 zu Rom. Er war Professor der Mathematik und Physik am Gymnasium zu Rom, ferner Mitglied der Akademie „dei lincei", aus welcher er im Jahre 1616 ausgestossen wurde, da er öffentlich gelehrt hatte, dass Galilei sich für das coppernicanische Weltsystem erklärt habe**). In seiner Schrift: „De centro gravitatis solidorum" (4°, Romae 1604) handelt er von der Bestimmung des Schwerpunktes der Konoide, Sphäroide u. s. f.

Paul***) **Guldinus,** geboren am 12. Juni 1577 zu St. Gallen, gestorben am 3. November 1643 zu Graz, war der Sohn protestantischer Eltern und hatte die Goldschmiedekunst erlernt, später ging er zum Katholicismus über und wurde Jesuit. Er war Professor der Mathematik

---

*) Siehe die ausführliche Monographie von Eugen Gelcich: „Eine Studie über die Entdeckung der analytischen Geometrie mit Berücksichtigung eines Werkes des Marino Ghetaldi, Patricier Ragusaer aus dem Jahre 1630." Abhandlungen zur Geschichte der Mathematik. 4. Heft. Leipzig 1882.

**) So berichtet Colangelo in seiner „Storia dei filosofi e dei matematici Napolitani." 3 Vol. Napoli 1833—1834. 8°.

***) Eigentlich Habakuk.

zu Wien und zu Graz. — Von seinen Schriften erwähnen wir die folgenden: Dissertatio physico-math. de motu terrae ex mutatione centri gravitatis ipsius proveniente, Viennae 1622. — Centrobaryca seu de centro gravitatis trium specierum quantitatis continuae, liber I, fol. Ib. 1635, pars altera, lib. II—IV, quibus agitur de usu centri gravitatis etc., fol. Ib. 1641. In der letzten der angeführten Schriften findet sich das bekannte Guldin'sche Theorem, das jedoch schon bei Pappos vorkommt*).

Pierre Varignon, geboren 1654 zu Caen, gestorben am 22. Dezbr. 1722 zu Paris, war Professor der Mathematik am Collège Mazarin seit 1688, später am Collège royal zu Paris und Mitglied der Akademie. — Varignon gebührt das Verdienst, die Zusammensetzung und Zerlegung von Kräften nach ihren statischen Beziehungen in ihrer prinzipiellen Bedeutung dargelegt zu haben. Es geschah dies in seiner Schrift: „Projet d'une nouvelle mécanique" (4^0, Paris 1687). Allerdings erschienen in demselben Jahre die Newton'schen „Prinzipien", in welchen wir ebenfalls die Zusammensetzung der Kräfte, in ihrer statischen Wirkung bei der Lehre des Gleichgewichtes an Maschinen finden. Indess ist bei Newton die prinzipielle Bedeutung dieses Satzes nicht derart hervorgehoben. In einem zweiten Werke: „Nouvelle mécanique ou statique" (2 vol. 4^0, Paris 1725), welches erst nach seinem Tode erschien, beschäftigt er sich ausschliesslich mit der Lösung aller jener Aufgaben, welche sich auf die Wirkung von Kräften an den einfachen mechanischen Potenzen und auf deren Gleichgewicht beziehen. Varignon hat ausser den angeführten zwei Werken noch eine überaus grosse Anzahl anderer Schriften verfasst, welche wir hier jedoch nicht erwähnen **).

Es erübrigen nun noch einige Notizen über die Erfindungsgeschichte einiger hydro- und aëromechanischer Apparate und Maschinen, als da sind: das Aräometer, das Barometer und die Luftpumpe.

Das Aräometer zur Vergleichung der Dichte von Flüssigkeiten kommt in diesem Zeitraum als Wasser-, Bier-, Wein- oder Solwaage vor und wird in zwei verschiedenen Formen gebraucht. Bei der einen Gattung wird ein durch Schrote beschwertes, verschlossenes Glasgefäss, das oben in eine Spitze endet, in die zu bestimmende Flüssigkeit gesetzt und mit ringförmigen Gewichten so lange beschwert, bis sie ganz an die Spitze in der Flüssigkeit untertaucht. Je leichter die Flüssigkeit, um so weniger Gewichte sind erforderlich, um dies Untertauchen zu erzielen. Die spezifischen Gewichte der Flüssigkeiten verhalten sich nun, wie die Gewichte, die man auf das Aräometergefäss setzen musste und somit haben wir eine leichte Methode, die Vergleichung der spezifischen

---

*) Vgl. Bd. I, pag. 138.
**) Siehe Poggendorff's Biogr.-literar. Handwörterbuch zur Geschichte der exakten Wissenschaften, II. Bd.

Gewichte verschiedener Flüssigkeiten durchzuführen. Zuerst wird dieser Apparat von dem französischen Arzt Monconys in Lyon beschrieben.

Balthasar Monconys, geboren zu Lyon 1611, gestorben ebendaselbst am 28. April 1665, machte grosse Reisen im südlichen Europa und im Orient, deren Ergebnisse er in einem Werke niederlegte, das den Titel führt: „Journal des voiages de luy faites en Portugal, Provence etc. ou les scavants trouveront un nombre infini de nouveautez et machines et mathematiques, expériences physiques, raisonnements de la belle philosophie, curiositez de chymie et conversations des illustres de ce siècle etc." 3 vol., 4°, Lyon 1665 et 1666.

Die zweite Gattung von Aräometern ist die der Scalenaräometer, wie wir sie noch heute gebrauchen. Dieselben werden von Kircher in seinem: „Mundus subterraneus" (Tom. I, lib. V, Cap. V) und von Boyle in den Philosophical Transactions (n. 24, pag. 447) beschrieben.

Bezüglich der Metall-Legirungen fand Glauber, ein deutscher Chemiker [*]), dass deren spezifisches Gewicht aus dem spezifischen Gewichte der Bestandtheile und deren Menge genau nicht bestimmt werden könne, da bei der Mischung, resp. Zusammenschmelzung eine Contraction stattfinde. Als er nämlich aus einer Kugelform Kugeln von Kupfer und von Zinn goss und zwei solcher Kupferkugeln mit zwei Zinnkugeln zusammenschmolz, da erhielt er eine Legirung, aus welcher er nicht einmal drei solcher Kugeln giessen konnte, als er zur Legierung verwendet hatte. Aehnliches finden wir bekanntlich bei der Mischung von Flüssigkeiten.

Barometer.

Nachdem sich diejenigen Experimentatoren, welche den Torricelli'schen Versuch anstellten, überzeugt hatten, dass die Höhe der Quecksilbersäule in der Torricelli'schen Röhre fortwährenden Veränderungen unterworfen sei, construirten sie Apparate, um diese Veränderungen messen zu können. Die erste Einrichtung, welche man diesen — Barometer genannten — Instrumenten gab, war die der Torricelli'schen Röhre mit einem weiten Quecksilbergefässe am offenen Ende. Da dasselbe schwer transportirbar und — der grossen Menge des verwendeten Quecksilbers zufolge — ziemlich kostspielig war, so verfiel man auf die Form des Heberbarometers und des gewöhnlichen Flaschenbarometers. Um die Veränderungen im Niveau des Quecksilbers merklicher zu machen, gab man dem Barometer verschiedene Einrichtungen. Descartes schlägt vor, an das obere Ende der offen gebliebenen Barometerröhre eine dünne Röhre anzufügen, welche oben zugeschmolzen werden soll. Das Quecksilber reicht höchstens bis zum obern Ende der dickern Röhre, über diesem befindet sich in der dünnern Röhre Wasser. Da nun das sich erhebende Quecksilber eine ebenso grosse Menge Wasser in das engere

---

[*]) Von Glauber wird noch weiter unten die Rede sein.

Gefäss schiebt, so muss das Wasser in der engen Röhre viel stärker ansteigen, als das Quecksilber in der weiteren Röhre. Der Vorschlag Descartes' befindet sich in einem Briefe Chanut's an den Schwager Pascal's: Périer*). — Eine zweite derartige Einrichtung ist das Radbarometer von Hooke, das dieser im Jahre 1665 erfand und in seiner: „Micrographia" (Tab. 37, Fig. 4) beschrieb. Dasselbe ist ein Heberbarometer, auf dessen unterem Quecksilberspiegel ein eisernes Gewichtchen schwimmt, das mittelst einer Schnur an der Welle befestigt ist, welche einen Zeiger trägt. Da sich das Gewichtchen, das als Schwimmer dient, leicht an irgend einer Seite der Röhre reibt und der Bewegung der Quecksilbersäule nicht folgt, so ist dieser Apparat zu genaueren Beobachtungen untauglich. — Eine dritte Modifikation des Barometers besteht darin, dass der obere Theil der Röhre geknickt und schief nach aufwärts gebogen ist, was zum Resultate hat, dass das Quecksilber bei geringen Veränderungen grosse Strecken zurücklegen muss. Diese Einrichtung wird dem englischen Diplomaten Sir Samuel Morland zugeschrieben, von dem noch weiter unten die Rede sein soll. Auch dem italienischen Arzte Ramazzini schreibt man die Erfindung dieses Barometers zu**). — Der Descartes'schen Einrichtung ähnlich ist die des Huygens'schen Doppelbarometers***).

Alle diese Vorrichtungen wiesen in der Praxis beträchtliche Mängel auf, weshalb sie heute sämmtlich der Vergessenheit anheimgefallen sind und bloss historisches Interesse haben. Die zu wünschende grosse Genauigkeit in der Bestimmung des Luftdruckes hat man durch die Verbesserung der Ablesevorrichtungen am Barometer erreicht.

Luftpumpe.

Die Erfindung der Luftpumpe eröffnete der Experimentalphysik ein ausgedehntes Gebiet der Forschung und so sehen wir denn in der ganzen zweiten Hälfte des 17. und in der ersten Hälfte des 18. Jahrhunderts zahlreiche Gelehrte mit den Versuchen beschäftigt, welche sich mit Hülfe dieses Apparates ausführen lassen, zugleich aber begegnen wir auf Tritt und Schritt den Bestrebungen, die Luftpumpe selbst zu verbessern und zu vervollkommnen, um den Zwecken der experimentellen Forschung in je vollständigerer Weise genügen zu können. Wir haben bei einer früheren Gelegenheit, als von der Erfindung des Apparates

---

*) Pascal's Traité de l'équilibre des liqueurs. Oeuvres III, pag. 83.

) **Bernardo Ramazzini, geboren 1633 zu Carpi (Modena), gestorben 1714 zu Padua, war praktischer Arzt, dann Professor der Medizin in Modena und Padua. Von ihm stammen die ersten Nachrichten über artesische Brunnen, welche in seiner Heimat seit alten Zeiten gebohrt wurden.

***) Siehe oben pag. 200.

durch Guericke die Rede war*), über die Zeit der Erfindung, sowie über die Arten der verwendeten Vorrichtungen gesprochen. Am eingehendsten hat wohl die Geschichte der Erfindung des in Rede stehenden Apparates Gerland untersucht, der an verschiedenen Orten auf diesen Gegenstand zurückgekommen ist. In neuester Zeit hat er einen Aufsatz veröffentlicht: „Die Geschichte der Luftpumpe im 17. Jahrhundert" (Wiedemann's Annalen der Physik und Chemie, 1883, Bd. XIX, pag. 534), in welchem er mit peinlicher Sorgfalt die einzelnen Daten, welche uns überliefert wurden, einer eingehenden Kritik unterzieht. Es erscheint deshalb am sichersten, wenn wir uns im Folgenden hauptsächlich an seine Darstellung halten. — Bezüglich der Erfindung der Luftpumpe scheint sich bloss so viel feststellen zu lassen, dass diese vor dem August des Jahres 1652 stattgefunden habe. Guericke construirte zweierlei Luftpumpen: die erste, einfachere, mit deren Hülfe er seine bekannten Versuche in Regensburg anstellte und die zweite, welche sich in seinem Werke: „Experimenta nova" (Icon. VI.) abgebildet findet. Es existiren gegenwärtig zwei Exemplare dieses Apparates, welche beide von dem Erfinder zu stammen scheinen: die eine, auf der Bibliothek zu Berlin, scheint eine unanfechtbare Guericke'sche Reliquie zu sein, die zweite in der Sammlung des Carolinums zu Braunschweig ist nicht so sicher als einstiges Eigenthum des Erfinders zu erweisen, sie scheint vielmehr und zwar in wesentlichen Theilen eine partielle Reconstruktion erfahren zu haben. — Nachdem Boyle von der Erfindung Guericke's gehört hatte, und deren Construktion aus der „Technica curiosa" Schott's kannte, legte er sich auf die Verfertigung einer verbesserten Luftpumpe, die ihm dann auch mit der wesentlichen Beihülfe des ingeniosen Hooke im Jahre 1660 gelang**). Durch Boyle wurde nun auch Huygens im Jahre 1661 veranlasst, sich mit ähnlichen Versuchen zu beschäftigen. Er liess sich eine Luftpumpe construiren, welche zum ersten Male mit einem Teller versehen war. Die Anwendung der Barometerprobe scheint ein gemeinschaftliches Verdienst Huygens' und Papin's zu sein. Die meisten der nun folgenden Verbesserungen der Luftpumpe im 17. Jahrhundert sind auf Papin zurückzuführen, so der Senguerd'sche Hahn, den dieser Physiker zuerst in seiner „Philosophia naturalis" (Lugd. Bat. 1685) beschrieb, welcher doppelt durchbohrt und zwischen dem Stiefel und der Campane angebracht in der einen Stellung den auszupumpenden Raum mit dem Stiefel, in der darauf rechtwinkeligen Stellung den Stiefel mit der freien Atmosphäre in Verbindung bringt. Einen im Wesen ähnlichen Hahn wendete nun Papin schon früher an, die Beschreibung desselben ist in seiner Schrift: „Expériences du vuide, avec la description des machines servant à les faire" (4^0, Paris 1674) enthalten. Die Construktion

---

*) Siehe oben pag. 122 und pag. 135.
**) Siehe oben pag. 170.

zweistiefeliger Pumpen wird gewöhnlich Hooke zugeschrieben, eine solche hat jedoch Papin schon um 1676 verfertigt und zwar war dieselbe schon eine Ventilluftpumpe. Bezüglich dieser Ventile gebührt jedoch Joh. Christ. Sturm*) die Priorität, da er seine Construktion früher als Papin veröffentlicht hat. Die Hooke'sche zweistiefelige Luftpumpe wurde um 1705 von Hawksbee verbessert. Die Luftpumpe, welche, als von Boyle 1662 construirt, im Besitze der „Royal Society" sich befindet, ist möglicherweise der Originalapparat Hawksbee's. Dieselbe ist eine Ventilluftpumpe, der Teller befindet sich auf vier Säulen, die Barometerprobe ist unterhalb angebracht **).

Bezüglich des weiter oben angeführten Gelehrten Senguerd tragen wir kurz das Folgende nach:

Wolferd Senguerd, Sohn des Physikers und Professors an der Universität Utrecht Arnold Senguerd, wurde zu Utrecht am 4. Juli 1646 geboren und starb zu Leyden am 26. Januar 1724. — Von seinen Schriften erwähnen wir die folgenden: Philosophia naturalis, 4°, Lugd. Bat. 1681. In dieser Schrift findet sich die Beschreibung der Luftpumpe mit schiefliegendem Stiefel und dem sog. Senguerd'schen Hahne. — Ferner: Inquisitiones experimentales, 4°, Lugd. Bat. 1690. Senguerd war Professor der Philosophie und Bibliothekar an der Universität zu Leyden.

Die Optik.

Die Mechanik ausgenommen, gibt es wohl kein Gebiet der Physik, das in dem zum Abschluss zu bringenden Zeitraum so gewaltige Fortschritte aufzuweisen hatte, wie die Lehre vom Lichte. Bezüglich der Frage über die Instantaneität oder die Zeitlichkeit der Fortpflanzung wurde die Lösung durch den dänischen Astronomen Römer herbeigeführt, das wahre Gesetz der Brechung des Strahles wurde durch Descartes und Snellius gefunden, die Vereinigungsweite der Lichtstrahlen für irgend

---

*) Siehe oben pag. 146.
**) Ausführlicheres über die Erfindung der Luftpumpen findet sich in Fischer: Geschichte der Physik, Bd. II, pag. 442; Gehler: Physikal. Wörterbuch, VI. Bd., 1. Abth., pag. 523; Poggendorff: Gesch. der Phys. pag. 423 ff., 470 ff. Die Angaben in diesen Werken sind jedoch zum Theil einer Berichtigung bedürftig. Kritisch gesichtete Daten finden sich in den folgenden Arbeiten E. Gerland's: „Bericht über den historischen Theil der internationalen Ausstellung wissenschaftlicher Apparate in London im Jahre 1876"; Hoffmann's Bericht über die wissenschaftl. Apparate auf der Londoner Ausstellung 1876, Braunschweig 1878; ferner: „Ueber den Erfinder des Tellers der Luftpumpe", Wiedemann, Annalen II. Bd., pag. 665; „Die Geschichte der Luftpumpe im 17. Jahrhundert", ib. XIX. Bd., pag. 534; „Leibnizens und Huygens' Briefwechsel mit Papin, nebst der Biographie Papin's", Berlin 1881, pag. 10 ff.

welche Spiegel- oder Linsenform durch Halley, die Entdeckung der Dispersion, der verschiedenen Brechbarkeit der Lichtstrahlen, der Zerlegbarkeit des weissen Lichtes gelang Newton, die Untersuchung der Doppelbrechung des Lichtstrahles in Krystallen Bartholinus und Huygens, die der Farben dünner Blättchen und der farbigen Ringe Newton und Hooke, die Untersuchung der Beugung des Lichtes Grimaldi und Newton. Die richtige Erklärung der atmosphärischen Lichterscheinungen: des Regenbogens, der Höfe und Ringe um Sonne und Mond veranlassten die Untersuchungen von Descartes, Mariotte, Huygens und Newton; an der Verbesserung der optischen Instrumente betheiligten sich Huygens, Newton und andere. Die beiden Hypothesen über die Natur des Lichtes wurden von Huygens und Newton aufgestellt, wobei wir sahen, dass die gekünstelte Theorie der Emission mit ihren Anwandlungen, trotz der innern Unwahrscheinlichkeit der zahlreichen Hülfshypothesen in diesem Zeitraume über die einfache und natürliche Theorie der Undulation triumphirte.

Wenn wir uns somit den Zustand der Optik am Ende jenes Zeitraumes vergegenwärtigen, so sehen wir, dass dieser Theil der Physik, besonders was die geometrische Optik betrifft, auf eine Stufe gelangt war, auf welcher sie in allgemeinen Umrissen dem heutigen Zustande entspricht. Allerdings sind seither solche Erscheinungen Gegenstand der Forschung geworden, auf welche sich die Aufmerksamkeit der damaligen Physiker noch nicht erstreckte, allein dies thut dem allgemeinen Bilde denn doch keinen Eintrag. Wir haben uns nun noch mit einer Reihe von Gelehrten zu befassen, welche sich vorzugsweise mit optischen Studien beschäftigt haben und deshalb am passendsten hier Erwähnung finden.

François Aguilonius (Aguillon), geboren 1566 zu Brüssel, gestorben am 20. März 1617 zu Antwerpen, war Jesuit und Lehrer der Mathematik am Collegium zu Antwerpen und hat einen mächtigen Folianten über die geradlinige Fortpflanzung des Lichtes geschrieben: „Opticorum libri VI" (Antverpiae 1615, fol.). Er wollte auch die Katoptrik und Dioptrik in ähnlicher Weise behandeln, wurde hieran jedoch durch den Tod verhindert. — Die Optiker jener Zeit unterschieden die Farben in wahre oder körperliche und scheinbare oder apparente. Die ersten dachten sie als mit der Substanz der Farbe untrennbar verbunden, z. B. die weisse Farbe der Kreide, die letzteren waren diejenigen, die sich innerhalb eines durchsichtigen Körpers zeigen, ohne dass ein gefärbter Körper als Lichtquelle existirte, so z. B. die Farben des Regenbogens u. a. Aguilonius setzte als dritte Gattung von Farben die intentionalen oder notionalen, hierher gehören nach ihm die Farben der Bilder, welche eine Sammellinse auf einer weissen Wand entwirft. Diese Farben stammen von einem farbigen Körper, von dem sie sich ablösen, um jedoch erst dann sichtbar zu werden, wenn sie auf einen undurchsichtigen Körper fallen. — Das sechste Buch des Werkes handelt von den Projectionen, wobei die orthographische, scenographische und stereographische Projection besprochen werden.

Niccolò Zucchi, geboren am 6. Dezember 1586 zu Parma, gestorben am 21. Mai 1670 zu Rom, war Jesuit, Hofprediger des Pabstes Alexander VII., auch Lehrer am Collegio Romano. Die folgenden Schriften werden angeführt: Nova de machinis philosophia, in qua paralogismis antiquis deletis explicantur machinarum vires. Paris 1646. — Optica philosophica, 2 vol., 4°, Lugd. Bat. 1652—1656. Zucchi versuchte schon im Jahre 1616, also etwa sieben Jahre nach der Erfindung des holländischen Fernrohres, ein Spiegelteleskop zu construiren. Nach einigen misslungenen Versuchen bekam er einen ziemlich genau gearbeiteten Metallspiegel, gegen den er eine Concavlinse in passender Entfernung richtete, wodurch er vergrösserte Bilder der Gegenstände erhielt, gegen welche sein Hohlspiegel gerichtet war. Allerdings besass sein Instrument einen sehr kleinen Gesichtskreis *). Bailly in seinem „Résumé complet de l'astronomie" (Paris 1825) behauptet, dass Zucchi die Flecken am Jupiter zuerst beobachtet habe.

Johannes Marcus Marci de Kronland, geboren am 13. Juni 1595 zu Landskron in Böhmen, gestorben am 10. April (30. Dezember nach anderer Quelle) 1667 zu Prag, war Professor der Medizin an der Universität Prag, Physicus von Böhmen, Leibarzt Kaiser Ferdinands III. Von seinen Schriften erwähnen wir bloss: De proportione motus etc., 4°, Pragae 1639. — Thaumantias, liber de arcu coelesti deque colorum apparentium natura etc., 4°, ib. 1648. — Dissertatio de natura iridis, ib. 1650. — De longitudine s. differentia inter duos meridianos una cum motu vero lunae inveniendo ad tempus datae observationis, 8°, ib. 1650. — Marci de Kronland ist gewissermassen als Vorläufer Newton's bezüglich der Entdeckung der verschiedenen Brechung des Lichtes zu betrachten. In seiner Schrift: „Thaumantias" erwähnt er, dass man das Spectrum, oder wie er es nennt: „Iris trigonia" im verfinsterten Zimmer beobachten müsse, dass das farbige Licht beim Austritte aus dem Prisma divergire, durch weitere Prismen nicht mehr zerlegt werde u. s. f. Daneben finden sich dann allerdings auch sehr verworrene Sätze, welche nachweisen, dass er die Dinge, über die er schreibt, nur zum Theil aus der Erfahrung kenne. Bei verschiedenen brechenden Mitteln, meint er, müssen die Farben dadurch, dass sie mehr oder weniger condensirt werden, in verschiedener Weise zu Tage treten, d. h. sich durch Condensation verändern.

Bonaventura Cavalieri, geboren 1598 zu Bologna, gestorben am 3. Dezember 1647 ebendaselbst. Er war ein Schüler Galilei's und Professor der Mathematik an der Universität seiner Vaterstadt. In seiner Jugend trat er in den Jesuaten- oder Hieronymitenorden und studirte

---

*) Vgl. das Citat aus seiner „Optica philosophica" (pag. 126) in Wilde's „Geschichte der Optik", Berlin 1838, Bd. I, pag. 308.

an der Universität zu Pisa, wo er mit Galilei und Castelli befreundet war. Von seinen Schriften erwähnen wir die folgenden: Lo specchio ustorio, ovvero Trattato delle settioni coniche, ed alcuni loro mirabili effetti intorno al lume, caldo, freddo, suono e moto ancora, Bologna 1632. — Geometria indivisibilibus continuorum nova quadam ratione promota, ib. 1635. — Exercitationes geometricae sex, ib. 1647.

Cavalieri ist als Mathematiker einer der unmittelbarsten Vorläufer der Erfinder der Infinitesimalrechnung. Seine „Methode der Untheilbaren" in seiner „Geometria indivisibilibus", welche die Linie als Punktreihe, die Fläche als aus Linien, den Körper als aus Flächen zusammengesetzt betrachtet und hiedurch in den Stand setzt, Rectificationen von Curven, Quadraturen und Cubaturen zu berechnen, ist einerseits mit der Exhaustionsmethode der Alten, anderseits mit der „Stereometria Doliorum" Keppler's verwandt und hat ausserdem Berührungspunkte mit den einschlägigen Arbeiten Roberval's, Fermat's und Wallis'*). Jedenfalls ist Cavalieri neben Keppler als einer der bedeutendsten Vorgänger Newton's und Leibnizens in der Erfindung der Infinitesimalrechnung zu betrachten. — Als Physiker hat sich Cavalieri hauptsächlich durch die im Jahre 1647 in seinen „Exercitationes geometricae" enthaltene Regel für die Berechnung der Brennweiten der Linsen um die Optik Verdienste erworben. Er gibt dort nämlich die folgende Regel: „In omnibus lentibus convexis vel cavis, in contrarias „partes vergentibus: ut aggregatum ex semidiametris convexitatum vel „cavitatum (sed in convexis vel cavis, in eandem partem vergentibus, „ut earumdem semidiametrorum differentia) ad semidiametrum convexi„tatis vel cavitatis, radios parallelos adspicientis, ita duplum reliquae „semidiametri est ad distantiam foci ab ipsa lente" (pag. 462). — Diese Regel bezieht sich auf Glaslinsen in Luft, den Brechungsindex zu 1,5 angenommen**). Die Vereinigungsweite hat Cavalieri nicht bestimmt, dies geschah, wie wir gesehen haben, durch Isaac Barrow und Edmund Halley***).

---

*) Siehe oben pag. 202.

**) Bedeuten r und r_1 die Krümmungsradien der Linse, f die Focaldistanz, n den Brechungsindex, so ist:
$$\frac{1}{f} = \pm (n-1) \left(\frac{1}{r} \pm \frac{1}{r_1} \right)$$
und wenn wir, wie Cavalieri, bloss auf die absolute Grösse von f achten:
$$f = \frac{r\,r_1}{(n-1)\,(r \pm r_1)}$$
Nehmen wir $n = 3/2$, so ist:
$$f = \frac{2\,r\,r_1}{r \pm r_1} \quad \text{oder:}$$
$(r \pm r_1) : r = 2\,r_1 : f$, dies ist aber die Cavalierische Regel.

***) Siehe oben pag. 301 und pag. 307.

Thomas Bartholinus, der ältere Bruder des weiter oben *) besprochenen Erasmus Bartholinus. Er wurde geboren am 20. Oktober 1616 zu Kopenhagen und starb auf seinem Gute Hagested bei Kopenhagen am 4. Dezember 1680. Nach ausgedehnten, langjährigen Reisen liess er sich in seiner Vaterstadt nieder, wo er Professor der Mathematik, hierauf der Anatomie wurde. Zuletzt war er königlicher Leibarzt. Von seinen zahlreichen Schriften, die sich hauptsächlich mit Anatomie und Medizin beschäftigen, erwähnen wir hier bloss zwei: „De luce animalium", 8^0, Hafniae 1669 und „De nivis usu medico observationes variae", Hafn. 1661. In der ersten Schrift beschäftigt sich Bartholinus mit dem Phosphorescenzlichte leuchtender Insecten, ferner mit dem Leuchten faulenden Fleisches **), in der zweiten Schrift findet sich schon die interessante Bemerkung, dass geschmolzenes Meereis süsses Wasser liefere.

Antoni Leeuwenhoek, geboren am 24. Oktober 1632 zu Delft, gestorben am 26. August 1723 ebendaselbst. In seiner Jugend war er in einem Amsterdamer Handlungshause bedienstet, später lebte er in seiner Vaterstadt als Privatmann. Er besass eine grosse Geschicklichkeit und Geduld im Linsenschleifen und verfertigte sich eine grosse Anzahl einfacher Mikroskope: biconvexe Linsen, mit denen er seine zahlreichen, seinerzeit die grösste Verwunderung hervorrufenden mikroskopischen Untersuchungen ausführte. Von seinen Linsen vermachte er 26 der besten der „Royal Society". Da diese Linsen eine höchstens 160fache Vergrösserung geben, so muss man die damit erzielten Resultate zum grossen Theile dem scharfen Auge und der grossen Beobachtungskunst Leeuwenhoek's zuschreiben. Die sämmtlichen Werke des holländischen Forschers erschienen in 4 Bänden erst in holländischer, hierauf in lateinischer Sprache: Opera omnia, 4 vol., Lugd. Bat. 1724. Wir erwähnen von seinen einzelnen Schriften die folgenden: Arcana naturae ope microscopiorum detecta (Lugd. Bat. 1708, 4^0). — Considerations touching the compression of air (Phil. Tr. 1674). — On the figures of salts from vines etc. (ib. 1685). — On the figure of crystals (ib. 1705). — Configuration of diamonds (ib. 1709).

Leeuwenhoek wendete eine besondere Sorgfalt in der Auswahl des Glases an. Die Beleuchtung opaker Gegenstände behufs mikroskopischer Untersuchung wurde zuerst von ihm angewendet. Er benützte zu diesem Zwecke eine kleine messingene Schüssel. — Ein Mikroskop Leeuwenhoek's befindet sich in der „Anatomie" in Leyden ***).

James Gregory, geboren im November 1638 zu Aberdeen, gestorben im Oktober 1675 zu Edinburgh als Professor der Mathematik an der Universität. Er war noch nicht 37 Jahre alt, als er, einige Tage nach

---

*) Pag. 207.
**) De luce animalium, pag. 206 und pag. 184.
***) Gerland: Beiträge zur Geschichte der Physik, pag. 5.

seiner plötzlichen Erblindung bei der Beobachtung der Jupiterstrabanten, starb. Seine bedeutendste Schrift ist die: Optica promota, seu abdita radiorum reflexorum et refractorum mysteria geometrice enucleata (4⁰, London 1663), worinnen er die Construktion seines Spiegelteleskopes (mit durchbohrtem Concavspiegel) darlegt. Dieser Gregory war es auch, der noch vor Halley (in seiner Optica promota) die Idee aussprach, aus dem Vorübergang des Merkur oder der Venus vor der Sonne die Entfernung der Erde von der Sonne zu berechnen.

Ausser James Gregory ist hier noch dessen Neffe **David Gregory** (geboren 24. Juni 1661 zu Aberdeen, gestorben zu Maidenhead in Berkshire am 10. Okt. 1710) zu erwähnen, der ebenfalls Professor der Mathematik zu Edinburgh, hierauf Professor der Astronomie zu Oxford war. Von seinen Schriften führen wir an: Catoptricae et dioptricae sphaericae elementa. Auctore Davide Gregorio, M. D. Astronomiae Professore Saviliano Oxoniae, et Societatis Regiae Socio, 8⁰, Oxonii 1695, in welcher schon die Möglichkeit, durch Linsen achromatische Bilder zu erhalten, ausgesprochen ist. Ausserdem schrieb Gregory über Mathematik und Astronomie.

Ehrenfried Walter Graf von Tschirnhaus, Herr von Kieslingswalde und Stoltzenberg in der Oberlausitz, geboren am 10. April 1651 zu Kieslingswalde bei Görlitz, gestorben am 11. Oktober 1708 zu Dresden, war erst in holländischen Diensten, machte ausgebreitete Reisen, auf denen er mit Leibniz und Spinoza verkehrte, lebte später auf seinen Gütern und war schliesslich kursächsischer Rath in Dresden. Er war auswärtiges Mitglied der französischen Akademie.

Tschirnhaus war ein tüchtiger Mathematiker und hat besonders in den Leipziger „Actis Eruditorum" eine Reihe von Arbeiten geometrischen Inhaltes veröffentlicht. Im Jahre 1682 stellte er Untersuchungen über die katakaustischen Linien an*). De la Hire beschäftigte sich mit eben demselben Gegenstande und es entwickelte sich eine Polemik zwischen den beiden Gelehrten. Johann Bernoulli wies den Fehler Tschirnhausens nach, worauf dieser öffentlich zugestand, einen Fehler begangen zu haben. Huygens**) hat zuerst die Brennlinie eines Hohlspiegels berechnet, jedoch bloss für parallele Strahlen, da jedoch diese Arbeit, obschon 1678 geschrieben, erst 1690 erschien, so gebührt Tschirnhaus die Priorität. Derselbe war zur Beschäftigung mit diesen theoretischen Untersuchungen durch seine Versuche mit Brennspiegeln und Linsen gelangt. Im Jahre 1687 verfertigte er einen grossen Hohlspiegel aus Kupfer von drei Leipziger Ellen im Durchmesser und zwei Ellen Brennweite. Dieser Brennspiegel befindet sich im mathematischen Salon zu

---

*) Die diakaustischen Linien hat zuerst Maurolycus beobachtet. Vgl. Bd. I, pag. 249 dieses Werkes.
**) In seinem: Tractatus de lumine, Cap. 6.

Dresden. Die Wirkung desselben war eine erstaunliche. Holz konnte angezündet werden und fing mit einer solchen Vehemenz zu brennen an, dass kein Wind im Stande war, die Flamme zu löschen. Alle Metalle wurden in kurzer Zeit geschmolzen, Gesteine verglast, Wasser kochte und verdunstete in kurzer Zeit. — Da die Herstellung solcher Spiegel mit sehr vielen Schwierigkeiten verbunden war, so versuchte Tschirnhaus grosse Brenngläser herzustellen. Er legte auf seinen Gütern Glashütten und eine Glasschleifmühle an und brachte so wirklich mehrere brauchbare, grosse Linsen zu Stande. Die zwei grössten gingen nach Paris und Cassel. Ueber die zu Cassel berichtet uns Gerland*), dass sie in der Sammlung des königl. Museums vorhanden sei, nahezu 80 cm Durchmesser und 4,34 m Focaldistanz habe, dieselbe sei jedoch voller Schlieren und Fäden. Eine zweite dort befindliche Linse hat 21 cm Durchmesser und 63 cm Brennweite**). Mit diesen Linsen erzielte Tschirnhaus dasselbe Resultat, wie mit seinen Spiegeln, besonders wenn er in der Nähe des Brennpunktes noch eine kleine Sammellinse anwendete. Eines dieser Brenngläser, dessen Durchmesser $^3/_4$ Florentiner Ellen, dessen Brennweite $2^1/_2$ Ellen betrug, zeigten Averani und Targioni zu Florenz vor und demonstrirten auf Kosten des Grossherzogs Cosimo III. die Verbrennlichkeit des Diamanten. Der grösste Diamant im Gewichte von ca. 140 Gran war in $28^1/_2$ Minuten fast gänzlich verbrannt und verschwunden. — Weder die Spiegel, noch die Linsen Tschirnhausens waren im Stande, durch Sammlung der Strahlen des Mondes eine wahrnehmbare Erwärmung hervorzubringen. Ueber seine Untersuchungen gibt er Nachricht in: Relatio de insignibus novi cujusdam speculi ustorii effectibus (Acta Erud. 1687 et 1688). — Singularia effecta vitri caustici bipedalis (ib. 1691). — De magnis lentibus seu vitris causticis eorumque usu et effectu (ib. 1696). — Effectus singulares lentis opticae ad telescopia (ib. 1699). — Effects des verres brûlans de trois ou quatre pieds de diamètre (Mém. Par. 1699). — Sur un nouv. verre de lunette, convexe de deux cotés et de 32 pieds de foyer (ib. 1700). — Anleitung zu nützlichen Wissenschaften, absonderlich zu der Mathesis und Physik, 8^0, Frankf. u. Leipz. 1708. Die Logik behandelt Tschirnhaus als Erfindungskunst in seiner: „Medicina mentis sive artis inveniendi praecepta generalia", Amstel. 1687, Lips. 1695. Eine Biographie Tschirnhausens hat Weissenborn verfasst: „Lebensbeschreibung des E. W. v. Tschirnhaus", Eisenach 1866.

Nicolaus Hartsoeker, geboren am 26. März 1656 zu Gouda als der Sohn eines Remonstrantenpredigers, gestorben am 10. Dezember 1725 zu Utrecht; er lebte in Amsterdam, wo er dem nachmaligen Czar Peter

---

*) Leibnizens und Huygens' Briefwechsel mit Papin. Berlin 1881, pag. 220, Anmerkung.
**) Ib. pag. 252, Anmerkung.

dem Grossen Unterricht ertheilte, dann im Haag, in Düsseldorf, Heidelberg und Utrecht. Hartsoeker versuchte sich ebenfalls in der Herstellung grosser Brenngläser und verfertigte Mikroskoplinsen durch Schmelzung, indem er sich Glastropfen an der Bläserlampe erzeugte, wie dies schon früher Torricelli gethan hatte *). Hartsoeker befestigte Objectivlinsen von grosser Brennweite an hohe Stangen und richtete das Ocular auf das Bild, das diese Linsen von den fernen Gegenständen erzeugten. Es waren dies die sog. Ferngläser ohne Rohr. — Von seinen Schriften erwähnen wir: Essai de dioptrique, 4°, Paris 1694. — Principes de physique, 4°, ib. 1696. — Conjectures physiques, 4°, Amst. 1706. — Suite des conject. phys., 4°, ib. 1708. — Éclaircissements sur les conject. phys., 4°, ib. 1710. — Recueil de plusieurs pièces de physique, où l'on fait principalement voir l'invalidité du système de Mr. Newton etc., 12°, Utrecht 1722.

Ueber die Ursachen des Magnetismus hat Hartsoeker eine Theorie aufgestellt **), welche, bei einer gewissen willkürlichen Annahme über die moleculare Structur der Magnete, den Grund der magnetischen Phänomene in einer mit der Rotation der Erde im Zusammenhang stehenden Strömung einer gewissen magnetischen Materie sieht. — Hartsoeker behauptet auch, dass luftfreies Eis im Wasser untersinke ***).

Adrien Auzout, geboren zu Rouen, gestorben 1691 zu Rom. Er war eines der ersten Mitglieder der Pariser Akademie, wurde jedoch beim Minister Colbert verleumdet, so dass er 1668 seiner Stelle enthoben wurde, worauf er nach Italien ging und in Rom starb. Er erwarb sich Verdienste um die Vervollkommnung der Fernrohre. Er verfertigte eine Linse von 600 Fuss Brennweite, die er jedoch nicht aufstellen konnte, da er keine Aufstellungsvorrichtung hiezu besass. Die Erfindung des Fadenkreuzes wird neben andern ebenfalls Auzout zugeschrieben. — Von seinen Schriften erwähnen wir: Traité du micromètre. Paris 1667. — Du micromètre (Mém. anc. Paris, Tom. VII). — Letter concerning a way for taking the diameters of the planets etc. (Phil. Tr. 1666).

Emanuel Maignan, geboren den 17. Juli 1601 zu Toulouse, gestorben am 29. Oktober 1676 ebendaselbst, gehörte dem Minoritenorden an, lebte zu Rom und später als Provinzial seines Ordens in seiner Vaterstadt. Von seinen Schriften erwähnen wir: „Perspectiva horaria s. de horographia gnomomica, tam theoretica, quam practica (fol. Romae 1648)", in welcher sich eine der ältesten Theorien der Lichtbrechung findet. — Ausserdem wird die Erfindung des Grannenhygrometers Maignan zugeschrieben.

---

*) Vgl. oben pag. 109.
**) Principes de physique. Paris 1696.
***) Eclairciss. sur les conject. de physique. Ib. 1710, pag. 62.

Verbesserung der Fernrohre und Mikroskope.

Die ersten Fernrohre waren höchst unvollkommen und litten an sphärischer und chromatischer Aberration. Die erstere versuchte Descartes durch Anwendung plan-convex-hyperbolischer, oder convex-hyperbolischer, oder elliptisch-hyperbolischer Linsen zu entfernen. Als Newton jedoch durch seine Untersuchungen über die Dispersion des Lichtes auf die chromatische Abweichung der Strahlen bei ihrer Brechung in Linsen aufmerksam wurde, da sah er ein, dass diese Unvollkommenheit der Bilder viel wesentlicher sei, als jene, welche die Kugelgestalt der Gläser verursacht. Um diesen Mangel nach Möglichkeit beseitigen zu können und doch stärkere Vergrösserungen zu erzielen, wendete man Linsen von sehr grosser Brennweite an, so entstand das Fernglas ohne Rohr, wie es Hartsoeker anwendete und Huygens dadurch verbesserte, dass er das Objectivglas in eine kurze Röhre setzte, die sich, in einem Kugelgelenke befestigt, mittelst einer Schnur nach allen Richtungen drehen und einstellen liess. Noch eine andere Einrichtung rührt von De la Hire. Besondere Verdienste um die Verfertigung guter Linsen haben sich die weiter oben erwähnten Optiker Divini, Campani, Auzout und Hartsoeker erworben, ferner Paul Neille, Reive und Cox in England und Pierre Borel in Frankreich, welche besonders Linsen von sehr grosser Brennweite verfertigten. — Newton untersuchte die Bedingungen, unter welchen eine Linse möglichst aplanatisch sei, d. h. von den Wirkungen der sphärischen Aberration, so viel dies eben erreichbar, frei wäre. Er verfiel hiebei auf ein System brechender Medien, welches eigentlich aus zwei Glaslinsen und einer dazwischen geschlossenen biconvexen Wasserlinse bestanden haben würde. Hiemit war in der That schon das Mittel angegeben, um nicht nur die sphärische, sondern um hauptsächlich die chromatische Aberration aufzuheben. Newton sah allerdings die wahre Tragweite seiner Bemerkung nicht ein; er ging vielmehr von der Ueberzeugung aus, als werde durch Systeme brechender Medien, wenn diese die Dispersion des Lichtes compensiren, auch die Brechung, d. h. die Ablenkung des Strahles verschwinden. Aus diesem Grunde hielt er nur solche Linsenfernrohre für zweckmässig, welche eine sehr grosse Brennweite besitzen, wie dies beim Luftfernglas von Hartsoeker der Fall ist und wendete sich schliesslich den Spiegelteleskopen zu. Die erste Idee der Spiegelteleskope finden wir — wie oben erwähnt — bei Niccolò Zucchi, etwa 20 Jahre später gab Mersenne ein ähnliches Instrument an, das aus zwei parabolischen Hohlspiegeln bestanden hätte. In Folge der Bedenken Descartes' gegen ein solches Teleskop unterblieb dessen Ausführung*). Der nächste, der sich mit der Idee eines Spiegelteleskopes beschäftigte, war James Gregory, der 1661 die Construktion eines

---

*) Siehe oben pag. 74.

solchen Instrumentes ausdachte, vorzüglich um die sphärische Aberration zu beseitigen. Wie wir weiter oben ebenfalls schon erwähnt haben, wurde ein Spiegelteleskop zuerst von Newton im Jahre 1668 ausgeführt *), welches jedoch wesentlich anderer Construktion war. Erst Hooke verfertigte im Jahre 1674, jedoch aus sphärischen Spiegeln, ein Teleskop nach Gregory's Plan. Neben diesen zwei von Engländern herrührenden Construktionen veröffentlichte ein französischer Gelehrter Cassegrain im Jahre 1672 (Journal des savants) die Einrichtung eines Reflectors mit durchbohrtem Spiegel, in welchem jedoch statt des von Gregory vorgeschlagenen kleinen Hohlspiegels ein Convexspiegel angebracht war, wodurch der Apparat wesentlich verbessert wurde. Die Vorzüge dieser Einrichtung sind nämlich die folgenden: das Rohr wird um die doppelte Brennweite des kleinen Spiegels kürzer, in Folge dessen lichtstärker und stärker vergrössernd; da die Lichtstrahlen nicht zum Durchschnitt gelangen, wird auch dem damit verbundenen Lichtverluste vorgebeugt, und da die beiden Spiegel entgegengesetzte Krümmung besitzen, so wird auch die sphärische Aberration theilweise aufgehoben.

Die Erfindung des Mikroskopes kann man wohl mit ziemlicher Gewissheit den zwei Middelburger Brillenmachern Hans Zachariassen und Zacharias Janssen**) (Vater und Sohn) zuschreiben***), und zwar war es ein zusammengesetztes Mikroskop, das sie um 1590 verfertigten. Anfänglich wurde neben den Teleskopen dem Mikroskope weniger Aufmerksamkeit zugewendet, Galilei verbesserte es um 1624, jedoch erst nach etwa 50 Jahren begann man ernstlich sich mit mikroskopischen Untersuchungen zu befassen. Anfänglich wendete man hauptsächlich einfache Mikroskope an, und zwar waren es stecknadelkopfgrosse, stark ausgebauchte Linsen oder Glaströpfchen, wie sie Torricelli, Hartsoeker†), Huygens u. a. verfertigten. Stephen Gray, von dem wir später noch zu sprechen haben werden, brachte Wassertröpfchen in runde Löcher, die in einer Platte angebracht waren, und erhielt dadurch höchst vollkommene Linsen, bei denen durch die beliebige Kleinheit des Durchmessers die geringere Brechungsfähigkeit des Lichtes reichlich aufgewogen wurde. Brachte er die zu beobachtenden Gegenstände in die aus Wasser gebildete Linse selbst, so ergab sich eine mehr als dreimal stärkere Vergrösserung gegenüber der gewöhnlichen Beobachtungsmethode††). Leeuwenhoek bediente sich bei seinen berühmten

---

*) Siehe pag. 257.

**) Die Familie wird gewöhnlich Janssen genannt, trotzdem damals in Holland noch die Bezeichnung des Sohnes durch Beisetzung des väterlichen Namens üblich war.

***) Siehe Bd. I, pag. 385.

†) Mit solchen Linsen entdeckte dieser die sog. Spermatozoen (Samenfäden).

††) Ausführlicher Wilde I, pag. 339.

mikroskopischen Untersuchungen nur einfacher Mikroskope. — Hooke zog sein aus drei Linsen bestehendes zusammengesetztes Mikroskop dem einfachen vor. Sein Apparat besass nämlich ausser der Objektiv- und der Ocularlinse eine dritte, zwischen diese gesetzte Linse, welche dazu diente, das Gesichtsfeld zu vergrössern. Wollte er dann den so eingestellten Theil des Objektes beobachten, so nahm er dieselbe fort. — Newton hat auch ein aus Hohlspiegeln und Linsen bestehendes Mikroskop ausgedacht, welches jedoch erst in neuester Zeit von Amici ausgeführt wurde. — Divini verfertigte zusammengesetzte Mikroskope, bei denen sowohl Ocular als Objektiv aus je zwei Linsen bestand, um die sphärische Aberration zu beseitigen. Die Linsen waren handtellergross. Fabri rühmt dieselben, dass ihre Bilder keine farbigen Säume besässen*).

Geschichte der Phosphorescenz.

Die Erscheinung an verwesenden Substanzen, an gewissen Seethieren und Insekten, im Finstern zu leuchten, war schon im Alterthum bekannt und wird von Aristoteles und Plinius**) beschrieben. Auch von der durch Insolation mineralischer Substanzen hervorgerufenen Phosphorescenz ist schon bei Plinius die Rede. Schon Albertus Magnus erwähnt die Eigenschaft der Diamanten, nach mässiger Erwärmung im Dunkeln zu leuchten. Grosses Aufsehen erregte in der zweiten Hälfte des 17. Jahrhunderts die Entdeckung des „Bononischen" Steines, der aus Schwefelbarium besteht. Julius Cäsar La Galla erwähnt diesen „Phosphor" schon in seinem „De phaenomenis in Orbe Luna" (Venet. 1612), später beschäftigten sich Fortunio Liceti***) und Athanasius Kircher†) mit demselben. Die Entdeckung dieses Leuchtsteins wird gewöhnlich dem Bologneser Schuster Vincenzo Cascariolo zugeschrieben, der ein Stück Mineral, das er am Berge Paterno gebrochen und aus alchymistischen Gründen zwischen Kohlen calcinirt hatte, im Finstern leuchten sah. Das von ihm verwendete Rohmaterial war Schwerspath. — Ein anderer Phosphor war der Balduin'sche, der wahrscheinlich aus basisch salpetersaurem Kalk bestand und 1674 von Christoph Adolph Balduin entdeckt wurde††). — Am Anfange des 8. Jahrhunderts entdeckten

---

*) Ausführlicher über die Geschichte des Mikroskopes siehe Harting: Das Mikroskop, Theorie, Gebrauch, Geschichte und gegenwärtiger Zustand desselben. Uebersetzung von Dr. Fr. W. Theile. Braunschweig 1859 und spätere Auflagen.
**) Aristoteles: „Περὶ ψυχῆς", lib. II, Cap. 7; Plinius: „Hist. nat.", lib. IX, Cap. 61.
***) Litheophosphorus s. de lapide bononiensi in tenebris lucente. Utini 1640.
†) In seiner „Ars magna lucis et umbrae".
††) Christ. Ad. Balduin (eigentlich Baldewein), geb. 1632 zu Döbeln

Homberg und Du Fay, dass Gyps, Marmor, Topas und andere Mineralien, in Säuren aufgelöst und hierauf calcinirt, zu Leuchtsteinen werden, besonders wenn sie vor der Insolation noch erwärmt werden.

Ueber die Phosphorescenz faulenden Fleisches finden wir die erste Nachricht bei Fabrizio ab Acquapendente*), Professor der Universität zu Pavia, welcher angibt, dass drei junge Leute am Ostertag 1592 einige Stücke Lammfleisch für den andern Tag zurücklegten und den folgenden Tag die Erfahrung machten, dass dies Fleisch im Dunkeln leuchte. Die zweite Beobachtung ist die oben angeführte des Thomas Bartholinus aus dem Jahre 1641. Zahlreiche Versuche stellte im Jahre 1667 Boyle über denselben Gegenstand an. Er nahm wahr, dass Stücke faulenden Holzes, faulender Fische und phosphorescirenden Fleisches im luftleeren Raume zu leuchten aufhören, im lufterfüllten Raume jedoch diese Eigenschaft wieder zurückerhielten. Die erste Kenntniss über das Leuchten des Meeres wird von Kircher dem Amerigo Vespucci zugeschrieben**).

Die Akustik.

Ueber die Fortschritte der Akustik in unserem Zeitraum haben wir nicht eben viel zu berichten. Hauptsächlich sind es die Versuche über die Fortpflanzungsgeschwindigkeit des Schalles in der Luft, im Wasser, in festen Körpern, die Abhängigkeit der Schallstärke von der Dichte der Luft, die Experimente Mersenne's über die Schwingungen der Saiten, dessen Entdeckung der Obertöne, welche später auch von Noble und Pigott und noch später von Sauveur beobachtet wurden. Was darüber hinaus liegt, sind grösstentheils Bemerkungen von geringem Belange.

Die Fortpflanzungsgeschwindigkeit des Schalles in der Luft wurde durch Gassendi, Mersenne, Borelli, Viviani, Boyle, Dom. Cassini, Huygens, Picard, Römer und andere gemessen. Die Bestimmungen geschahen auf ganz rationelle Weise durch Beobachtung der Zeit, welche zwischen Blitz und Knall verstreicht, wenn ein Geschütz in einiger Entfernung losgeschossen wird***). Gassendi machte schon die richtige Bemerkung, dass die Geschwindigkeit des Schalles von der Höhe des Tones unabhängig sei, den Einfluss der Luftbewegung erkannte man indess

---

bei Meissen, starb 1682 als Amtmann zu Grossenhayn in Sachsen. Seine Entdeckung findet sich in seiner Schrift: Phosphorus hermeticus s. Magnes luminaris (Miscell. Acad. Nat. Cur. Dec. I. An 1673 et 1674). „Hermetischen Phosphor" nannte er dies Product, da es bloss in Glasgefässen verschlossen seine Eigenschaft behielt.

*) De visione etc., fol. Venet. 1600, pag. 184.
**) Mundus subterraneus. Amstelod. 1665, fol., Tom. I, lib. IV, sect. II, prop. VII, pag. 210.
***) Näheres Bd. II. auf pag. 76, 84 und 251 dieses Werkes.

damals noch nicht. Bezüglich der gefundenen Resultate dienen folgende Zahlen. Die Geschwindigkeit ist nach Gassendi 1473 Pariser Fuss, nach Mersenne 1380, nach Borelli und Viviani 1077, nach Boyle 1126, nach Dom. Cassini, Huygens, Picard und Römer 1097, nach Flamstead und Halley 1071 Pariser Fuss. — **William Derham***), (geboren 1657, gestorben 1735) in seiner Schrift: „Experiments and observations on the motion of sound" (Phil. Tr. 1708), untersucht zuerst die verschiedenen Einflüsse, welche die Geschwindigkeit des Schalles verändern. Er fand, dass die Geschwindigkeit des Windes von Einfluss auf die Schallgeschwindigkeit sei, als Mittel fand er wie Halley 1071 Pariser Fuss. Ausserdem untersuchte er die Stärke des Schalles bei verschiedenem Zustande der Luft. — Guericke hat nachgewiesen, dass eine Glocke im luftleeren Raum nicht töne. Aehnliche Versuche machten Papin, Hawksbee und Boyle. — Das Gesetz für die Geschwindigkeit des Schalles hat Newton in den „Prinzipien" gegeben**). Es ist seine Formel allerdings noch nicht vollständig, da sie die Erhöhung der Elasticität durch die Erwärmung, welche in Folge der Condensation der Luft eintritt, nicht in Betracht zieht.

Schon Guericke wusste, dass das Wasser den Schall fortpflanze, da man Fische mit einer Klingel rufen könne. Hawksbee schloss eine Glocke in einen Ballon, der mit Wasser gefüllt war. Wenn der Hammer an die Glocke schlug, so war der Schall hörbar. Ueber die Fortpflanzung des Schalles in festen Körpern finden wir bei Hooke***) eine Bemerkung, er meint nämlich, der Schall pflanze sich in festen Körpern momentan oder mit der Geschwindigkeit des Lichtes fort.

Bezüglich der Entdeckung der Obertöne haben wir noch das Folgende nachzuholen. Mersenne hat die Bemerkung gemacht, dass eine Saite ausser ihrem Grundtone noch zwei höhere Töne gebe, verfolgte jedoch diese Thatsache nicht weiter †). **William Noble** und **Thomas Pigott**††), zwei Schüler Wallis', fanden mit Hülfe der Resonanz zweier, in harmonischen Intervallen gestimmten, Saiten durch Aufsetzen von Papierreiterchen auf die tiefergestimmten Saiten, dass diese nicht nur

---

*) Pfarrer zu Upminster (Essex), Mitglied der „Royal Society". Ausser zahlreichen Abhandlungen in den Phil. Transactions schrieb er zwei grössere Werke: Physico-Theology or a Demonstration of the being and attributs of God from his works of creation (Lond. 1713), und Astro-Theology or a Demonstration of the being and attributs of God from a survey of the heavens (Lond. 1714).

**) Siehe oben pag. 289.

***) In seiner „Micrographia".

†) Siehe oben pag. 76.

††) William Noble, gestorben 1681 zu Oxford, war zuletzt Caplan im Christ Church College zu Oxford. Thomas Pigott, gestorben 1686 zu Westminster als Caplan des Grafen James Ossory, war Mitglied der „Royal Society".

in ihrer ganzen Länge schwingen, sondern als halbe, drittel u. s. f. Saiten, dass mithin alle diese Theiltöne als Nebentöne vorhanden seien. Wallis veröffentlichte dies Resultat in den Phil. Transactions von 1677. Unabhängig von den Genannten entdeckte auch Sauveur die Obertöne.

Joseph Sauveur, geboren am 24. März 1653 zu La Flèche, gestorben am 9. Juli 1716 zu Paris, war Privatlehrer der Mathematik, dann Pagenlehrer, schliesslich Professor der Mathematik am Collège royal und Mitglied der Akademie. Er hat zahlreiche Abhandlungen akustischen und musikalischen Inhaltes in den „Pariser Memoiren" (von 1700—1716) veröffentlicht, deren Titel wir hier jedoch übergehen. Zur Hervorrufung der Obertöne wendete er zweierlei Verfahren an: das eine war das der obengenannten englischen Physiker, das zweite bestand darin, dass er eine schwingende Saite in den Knotenpunkten ihrer Obertöne leise berührte. Die Benennung Knoten und Bäuche (noeuds et ventres) für die ruhenden, resp. schwingenden Theile der Saiten stammt von ihm her. Sauveur kannte auch schon die Schläge (battements) zweier wenig verschiedener Töne und suchte dieselben für ein absolutes Tonmass zu verwenden.

Wir haben nun noch einige zerstreute Bemerkungen nachzutragen, die sich auf das Zerschreien der Gläser und auf die Erfindung des Sprachrohrs beziehen.

Mehrere Schriftsteller erwähnen der eigenthümlichen Erscheinung des Zerschreiens der Gläser. So erzählt der Jesuit **Daniello Bartoli***) in seiner Schrift: Del suono, de' tremori armonici e dell' udito (Bologna 1680), er habe einen holländischen Ingenieur, Cornelius Meyer, den der Papst seiner hydrotektischen Wissenschaft wegen nach Rom berufen, gekannt und dieser sei im Stande gewesen, ein Glas durch Hineinsingen des Eigentones desselben in dessen Oeffnung zu zersprengen**). Aehnliches erzählt **Daniel Georg Morhof*****) in seinem: Stentor hyaloklastes s. Epistola de scypho vitreo per certum humanae vocis sonum rupto ad Joa. Dan. Majorem (Kilon 1672, 4°) von einem Amsterdamer Wirthe. Morhof selbst war im Stande, ein dünnes Glas zu zerschreien, während der Ton einer Trompete von 20 Gläsern, die er versuchte, kein einziges zerbrach.

Die Erfindung des Sprachrohrs wird schon Porta zugeschrieben, jedoch ist diese Behauptung grundlos, es lässt sich vielmehr mit ziemlicher Sicherheit Samuel Moreland als Erfinder angeben, der mit diesem Instrumente, das er im Jahre 1670 zuerst aus Glas, dann aus Kupfer in Gestalt einer weiten Trompete anfertigen liess, vor dem Könige von England, Karl II. Versuche anstellte.

---

*) Geboren 1608 zu Ferrara, gestorben 1685 zu Rom als Rector des Jesuitencollegiums.

**) Vgl. Chladni: Akustik, pag. 271.

***) Geboren zu Wismar 1639, gestorben 1691 zu Lübeck, Professor der Rede- und Dichtkunst zuerst zu Rostock, dann zu Kiel. Er hat in Deutschland ein planmässiges Studium der Literaturgeschichte angebahnt.

Sir Samuel Morland (Moreland), geboren um 1625 zu Sulshamstead (Berkshire), gestorben zu Hammersmith bei London am 30. Dezember 1695; er war der Sohn eines Geistlichen und nahm an der Revolution unter Cromwell Theil, der ihn zu verschiedenen politischen Missionen verwendete. Später wurde er Royalist und leistete dem König Karl II. einen sehr wesentlichen Dienst, da er ihm eine, gegen dessen Leben geplante, Verschwörung verrieth. Von dieser Zeit an war er in der Gunst dieses Monarchen, der ihn auch in den Freiherrnstand erhob und ihn zum „master of mechanics" in seinem physikalischen Laboratorium, das er sich im St. James Park bauen liess, ernannte. In dieser Eigenschaft erbaute er einige Maschinen, Wasserhebewerke und Wasserkünste und ging zu diesem Behufe eigens nach Frankreich, um die Wasserwerke zu Marly zu studiren. Man hat ihn unter die Erfinder der Dampfmaschine gereiht, jedoch ohne Grund. — Von seinen Schriften erwähnen wir bloss die folgenden: Description of the Tuba Stentorophonica or speaking trumpet, an instrument of excellent use, as well at sea at as land, invented and variously experimented in the year 1670, fol. Lond. 1671. — Élevation des eaux par toute sorte de machines, reduite à la mesure, au poids, à la balance, par le moyen d'un nouveau piston et corps de pompe et d'un nouveau mouvement cyclo-elliptique etc. 4°, Paris 1685. — Hydrostatics or instructions concerning water-works, 12°, Lond. 1697. Moreland wird auch die Erfindung des schiefabgekröpften Barometers (Diagonalbarometer) zugeschrieben.

Die Wärmelehre.

Mit der Erfindung des Thermometers war die Bahn eröffnet für die verschiedensten Untersuchungen über die Wärme. In diesem Zeitraume bildet sich die Theorie eines Wärmefluidums aus. Die zahlreichen Versuche, welche von Boyle, Guericke, den Florentiner Akademikern und den vielen andern Forschern ausgeführt werden, beschäftigen sich sehr häufig mit der Wärme, und zwar mit der durch dieselbe verursachten Ausdehnung der Körper, mit den Aenderungen der Aggregatsform und den damit in Verbindung stehenden mechanischen Wirkungen, mit den Quellen und der Fortpflanzung der Wärme. Selbst der Begriff der Wärmemenge, welche einem Körper zugeführt werden muss, um seine Temperatur um ein gewisses zu heben, kommt schon in dieser Zeit vor. Die Akademiker der „Cimento" gebrauchen schon den Titel: Wärmecapacität. Die Hauptfortschritte der Wärmelehre in diesem Zeitraum beziehen sich auf die Vervollkommnung des Thermometers und die Versuche über die Spannkraft des Wasserdampfes, d.h. die Erfindung der Dampfmaschine.

Verbesserung des Thermometers.

Die Erfindung des Florentiner Thermometers hatte diesem Apparate eine solche Form gegeben, welche es zu wissenschaftlichen Untersuchungen tauglich machte. Die wichtigsten Verbesserungen in unserem Zeitraume sind die Ersetzung des Alkohols durch das Quecksilber und die Annahme des Gefrier- und Siedepunktes des Wassers als die beiden Fixpunkte der Thermometerscala. Nebst diesen beiden, heute noch gültigen Fixpunkten wurden anfänglich auch die Temperatur tiefer Keller und die Blutwärme gesunder Menschen als Fixpunkte angenommen und es entstand nun eine ungezählte Anzahl von Thermometerskalen, welche heute fast sämmtlich vergessen sind *). Wesentliche Verdienste um die Festsetzung der zwei Ausgangspunkte der Eintheilung des Thermometers hat sich Carlo Renaldini**) erworben, der unsere heutigen Fixpunkte vorschlägt. — Die Beständigkeit des Siedepunktes für Wasser und Weingeist hat Halley nachgewiesen, als er die Ausdehnung der Flüssigkeiten durch die Wärme studirte***). Da sich ihm das Quecksilber zu wenig auszudehnen schien, so schlug er die Luft als thermometrische Substanz vor. Er machte auch schon die Bemerkung, dass man bei barometrischen Messungen die Temperatur des Quecksilbers berücksichtigen müsse. Als zweiten Fixpunkt der Eintheilung empfiehlt er, wie La Hire, die Temperatur sehr tiefer Keller. Der letztere verwendete seit 1670 bei einem Florentiner Thermometer, dessen einer Fixpunkt nach Lambert (als Nullpunkt) die Temperatur des gesalzenen Schnees war, als hundertsten Grad die Temperatur des gerinnenden Talges. — Newton wendete, wie ebenfalls schon erwähnt wurde, ein Leinölthermometer an. Er fand, dass seine thermometrische Flüssigkeit, welche im schmelzenden Schnee 10,000 Raumtheile betrug, bei der Temperatur des menschlichen Körpers 10,256, im siedenden Wasser (beim Beginn des Siedens) 10,705, in wallend kochendem Wasser 10,725, in erstarrendem Zinn 11,516 Raumtheile einnehme. Für höhere Temperatur wendete er rothglühendes Eisen an, aus dessen, für die Abkühlung erforderlichen Zeit er auf die Temperatur schliesst. — Wirkliche Luftthermometer hat Amontons†) construirt, bei welchen das Volumen der eingeschlossenen Luft constant gehalten wurde und die Höhe der in einer aufrechtstehenden Röhre drückenden Quecksilbersäule als Mass der Temperatur galt. In einer

---

*) Nachrichten darüber finden sich in folgenden Schriften: Martin'e: Essais sur la Construction et la compar. des Thermomètres. (Aus dem Englischen.) Paris 1751. — Grischow: Thermometria comparata acuratius. Miscell. Berol. 1740. VI. — Cotte: Traité de Météorologie. Paris 1774. — Van Swinden: Dissert. sur la comp. des therm. Amst. 1778. — De Luc: Recherches sur la modif. de l'atmosph. Genève 1772. — Lambert: Pyrometrie. Berlin 1779. u. a.

**) Siehe oben pag. 238.

***) An Account of several Experiments made to examine the nature of the expansion and contraction of fluids, by heat and cold, in order to ascertain the divisions of the thermometer etc. (Phil. Tr. 1693).

†) Siehe oben pag. 179.

kleinen Schrift: Traittez des baromètres, thermomètres et notiomètres (Amsterd. 1688), schlägt der französische Gelehrte **Dalencé** ebenfalls den Gebrauch zweier Fixpunkte vor, allerdings sind diese Punkte nicht eben zweckmässig gewählt (schmelzende Butter, Lufttemperatur beim Anfange des Gefrierens u. s. f.). Als sein Verdienst ist es hingegen anzuführen, dass er klar das Prinzip der Eintheilung der Thermometer ausspricht *). — Viel bedeutender sind die Verdienste, die sich Fahrenheit um die Verbesserung der Thermometer erworben hat.

Daniel Gabriel Fahrenheit, geboren am 14. Mai 1686 zu Danzig, gestorben in Holland am 16. September 1736, war der Sohn eines Kaufmanns und war ebenfalls für diesen Beruf bestimmt. Er hatte jedoch eine sehr grosse Neigung zu den Naturwissenschaften und wendete sich bald ausschliesslich der Beschäftigung mit denselben zu. Besonders berühmt wurde er durch seine Geschicklichkeit in der Verfertigung von Thermometern, welche die ersten völlig vergleichbaren waren, wie dies Christian von Wolf **), Kanzler und Professor der Universität Halle in seiner: Relatio de novo barometrorum et thermometrorum concordantium genere (Acta erudit. 1713) mit grosser Befriedigung hervorhebt. Fahrenheit hat sich nicht von Anfang an seiner bekannten, noch jetzt in England und Nord-Amerika gebrauchten Eintheilung bedient. Nach einigen Angaben ist es sogar wahrscheinlich, dass er zu dieser Eintheilung von Römer veranlasst worden sei. In den Philos. Transactions von 1724 gibt Fahrenheit drei fixe Temperaturen an: als Nullpunkt die Temperatur einer Kältemischung (zugleich die stärkste Winterkälte von 1709), die Temperatur des beginnenden Gefrierens: der 32ste Grad, endlich die Temperatur in der Mundhöhle, oder die Bluttemperatur, welche Borelli zuerst als constante Temperatur erklärte, d. i. sein 96ster Grad. Die Siedetemperatur der Wasser benützte er nicht bei der Bestimmung der Eintheilung. Die ersten Thermometer Fahrenheit's waren mit Weingeist gefüllt, erst später, wahrscheinlich über Vorschlag Wolf's wendete er Quecksilber als thermometrische Substanz an.

Fahrenheit hat sich um die Physik vielfach verdient gemacht. Er hat die Ueberkühlung oder Gefrierverzögerung des Wassers entdeckt und studirt (1721), er ist der Erfinder des ersten gebrauchbaren Gewichtsaräometers und des Thermobarometers. Von seinen Schriften erwähnen wir: Experiments concerning the degrees of heat of boiling liquors (Phil. Transact 1724). — Experiments and observations on the freezing of water in vacuo (ib. id.). — The description and use of a new areometer (ib. id.). — Von seinen Instrumenten führt Gerland ***) zwei Quecksilber-

---

*) Dalencé hat auch eine Hygrometervorrichtung ausgeführt.
**) Siehe oben pag. 320.
***) Beitr. zur Gesch. der Physik, pag. 7.

thermometer an, welche er im physikalischen Cabinet zu Leyden entdeckte und für sehr schön gearbeitet erklärt.

Eigenthümliche thermometrische Apparate stammen von Sturm und Helmont, nämlich eine Art Differentialthermometer *). Der letztere Gelehrte benützte auch ein Wasserthermometer **).

Geschichte der Dampfmaschine.

Die Spannkraft des aus kochendem Wasser sich entwickelnden Dampfes ist eine derart in die Augen springende Erscheinung, dass sie unmöglich lange Zeit dem beobachtenden Sinne verborgen bleiben konnte. So sehen wir denn schon im Alterthum den Gedanken aufkeimen, die Expansion des in ein Gefäss verschlossenen Dampfes als Kraftquelle zu benützen, wenn auch vor der Hand nur in der Absicht, um an leblosen Dingen überraschende, als wunderbar erscheinende Bewegungen hervorzubringen. In ähnlicher Weise wurde auch die durch Erhitzung gesteigerte Expansion der atmosphärischen Luft verwendet. Es war noch ein weiter Weg zurückzulegen, um zur Erkenntniss zu kommen, in welch' segensreicher Weise sich die im erhitzten Wasserdampfe verborgene Kraft verwerthen lasse, um die menschliche Kraft zu vertausendfachen, um Werke von bisher ungeahnter Mächtigkeit zu schaffen. Und als sich diese Ueberzeugung langsam immer mehr den Weg bahnte, da dauerte es noch lange, bis man diejenige Vorrichtung zu construiren lernte, mittelst welcher sich die im Dampfe schlummernde Arbeitskraft in zweckmässiger Weise zu den verschiedensten Verrichtungen anwenden liesse. Von Zeit zu Zeit taucht wohl die Idee der Arbeit leistenden Dampfkraft auf, um jedoch gleich wieder vergessen zu werden. William von Malmesbury erzählt im Jahre 1125, dass sich zu jener Zeit in einer Kirche zu Rheims eine Dampforgel befunden habe, welche angeblich durch den Bischof Gerbert, den späteren Pabst Sylvester II. construirt worden wäre. Wir übergehen hier die vielen Bemerkungen, die wir bezüglich der durch ausströmenden Dampf, Rauch, heisse Luft u. s. f. getriebenen kleinen Mechanismen vorfinden und heben nur noch kurz die Vorrichtungen des Porta, Salomon des Caus und Branca hervor, mit welchen jene ersten Versuche zur Construktion der Dampfmaschine abschliessen. In den „Pneumaticorum libri III" von Porta findet sich eine Vorrichtung beschrieben, mittelst welcher er bestimmen

---

*) Siehe oben pag. 147.
**) Ausführlicher über diesen Gegenstand siehe: Fritz Burckhardt, Erfindung des Thermometers und seine Gestaltung im 17. Jahrhundert, Basel 1867; ferner von demselben: Die wichtigsten Thermometer des 18. Jahrhunderts, Basel 1871. — E. Wohlwill: Zur Geschichte der Erfindung des Thermometers, Pogg. Ann., Bd. 124, pag. 163, und Burckhardt: Historische Notizen, ib. Bd. 133, pag. 680.

will, in wie viele Theile Luft sich ein Theil Wasser während des Kochens verflüchtige. Im Grunde genommen ist die ganze Vorrichtung ein zur Hälfte mit Wasser gefüllter Windkessel, in welchen aus einem Gefässe, in dem Wasser kocht, Dampf geleitet wird. Der Druck des Dampfes schleudert das Wasser aus dem Rohre, so dass das Ganze als Spritze benützt werden könnte. Eine ähnliche Einrichtung trifft Salomon de Caus.

Salomon de Caus (Caux, Cauls, Caulx), geboren 1576 in der Normandie (nach einer nicht ganz sicheren Quelle), gestorben um 1630 in derselben Provinz, musste als Protestant sein Vaterland verlassen. Als geschickter Ingenieur fand er bei dem Kurfürsten von der Pfalz, Friedrich V., Beschäftigung zu Heidelberg, wo er die Terrassen im Schlossgarten baute. Später kehrte er in sein Vaterland zurück. Von seinen Schriften erwähnen wir: La perspective avec la raison des ombres et miroirs, Lond. u. Frankf. 1612. — Les raisons des forces mouvantes avec diverses machines tant utiles que plaisantes auxquelles sont adjoints plusieurs desseings des grottes et fontaines, Francfort 1615. Dasselbe existirt auch in deutscher Uebersetzung aus jener Zeit. De Caus hat auch eine Thermometervorrichtung beschrieben, welche dem Luftthermometer Guericke's sehr ähnlich ist*).

Giovanni Branca, geboren 1571 zu Pesaro**), Baumeister, Erbauer der Kirche zu St. Loretto, schrieb ein Werk unter dem folgenden Titel: Le macchine artefiziosi tanto spirituali, quanto animali di molto artefizio per produrre effetti maravigliosi, Roma 1629. Im dritten Abschnitte dieser Schrift schlägt der Verfasser vor, den Dampfstrahl einer Aeolipyle gegen ein Schaufelrad wirken zu lassen, das einen Mechanismus triebe. — Die erste Periode der Erfindung einer durch Wasserdampf getriebenen Maschine hat Vorrichtungen sehr verschiedener Einrichtung hervorgebracht, die Dampfmaschine des zweiten Zeitraumes hingegen näherte sich schon mehr der gegenwärtigen Form dieser Maschine. Der Dampf wirkt noch nicht auf einen beweglichen Stempel, sondern unmittelbar auf die Oberfläche des Wassers, welches die Maschine zu heben bestimmt ist. Die Erfindung dieser Dampfpumpen ist an die Namen zweier Männer geknüpft, von denen wir hier zu sprechen haben werden. Es sind dies der Marquis of Worcester und Thomas Savery.

Edward Somerset Marquis of **Worcester,** später Graf von Glamorgan, auch Lord Herbert of Raglan, geboren (wahrscheinlich) 1601, gestorben am 3. April 1667 zu London, stammte aus einer der angesehensten und reichsten Familien Englands. Als eifriger Royalist nahm er mit seinem Vater an den politischen Wirren und bürgerlichen Unruhen seiner Zeit Theil, sie unterstützten König Karl I. mit Geld

---

*) Les raisons des forces mouvantes, pag. 18.
**) Zeit und Ort des Todes unbekannt.

und rüsteten sogar eine Truppe von 2000 Mann für ihn aus. Nach der Niederlage der Königlichen wurde Schloss Raglan vom Parlamentsheere eingenommen, die Güter der Familie wurden confiscirt, die Mitglieder derselben mussten ihr Heil in der Flucht suchen. Der Marquis von Worcester lebte nun einige Zeit in Frankreich, bis er sich zu einer politischen Mission in seinem Vaterlande verleiten liess, wo er jedoch gefangen genommen und in den Tower gesetzt wurde. Erst nach der Thronbesteigung König Karl II. wurde er freigelassen, jedoch hatte er für seine Aufopferung von Seite des Monarchen wenig Dank. Er lebte in beschränkten Verhältnissen und starb in Armuth inmitten der traurigsten Familienverhältnisse an der damals herrschenden Pestseuche. Sein Leichnam ruht in der Pfarrkirche zu Raglan. Die kurze lateinische Grabschrift führt wohl seinen vollen Titel an, erwähnt jedoch mit keinem Worte seiner Erfindung, welcher zufolge sein Name in der Geschichte der Erfindungen eine bleibende Stelle erhalten hat.

Die Erfindung Worcester's ist in seiner Schrift enthalten, deren etwas weitschweifigen Titel wir vollständig geben: A Century of the Names and Scantlings of such inventions, As at present I can call to mind to have tried and perfected, which (my former Notes being lost) I have, at the instance of a powerful Friend, endeavoured now in the Year 1655, to set these down in such a way as may sufficiently instruct me to put any of them in practice. London 1663. Die Schrift hat in England, und zwar in späteren Jahren, als sie nur mehr historische Bedeutung hatte, sieben Auflagen erlebt. Ausserdem ist sie abgedruckt in Dircks' „Biographie Worcester's". Die angeführten hundert Erfindungen sind grossen Theils Ideen von Vorrichtungen, mit denen sich Erscheinungen von wenig Bedeutung ausführen liessen, oft jedoch höchst abenteuerliche Vorschläge zur Erreichung unmöglicher Resultate. Dazu sind die Erfindungen nicht beschrieben, sondern gewöhnlich nur kurz und unvollkommen angedeutet. Uns interessirt hier bloss die 68. Erfindung, welche sich mit „einer sehr kräftigen Art, Wasser durch Feuer zu heben" beschäftigt. Dabei wird jedoch das Wasser durch das Feuer nicht etwa aufwärts gesogen, dieses wäre nur innerhalb gewisser Grenzen möglich, sondern die beschriebene Methode kennt keine Grenzen, wenn nur die Gefässe stark genug sind. Um nun die Grösse der in Rede stehenden Kraft zu demonstriren, gibt Worcester an, einen Versuch mit einer Kanone gemacht zu haben, welche zu drei Viertheilen mit Wasser gefüllt, hierauf hermetisch verschlossen und dem Feuer ausgesetzt wurde, worauf das Rohr dann nach 24stündiger Erhitzung mit heftigem Knall explodirte. So meint er nun (die Schreibweise Worcester's ist höchst abrupt) eine Methode zu haben, seine Gefässe durch die darin befindliche Kraft zu leeren und hierauf wieder zu füllen. Der Erfinder behauptet, das Wasser 40 Fuss in die Höhe treiben zu können. „Ein Gefäss, ge-
„füllt mit dem durch Feuer verdünnten Wasser, hob kaltes Wasser auf

„40 Fuss Höhe, und ein Arbeiter, der die Maschine beaufsichtigt, braucht „nur zwei Hähne so umzudrehen, dass, wenn ein Wasserbehälter geleert „ist, ein anderer zu wirken anfängt und jener wieder mit kaltem Wasser „gefüllt wird, und so fort: während das Feuer gleichmässig unterhalten „wird, was von dem Arbeiter leicht in der Zeit geschehen kann, welche „zwischen den Momenten liegt, in welchen die Hähne umgedreht werden „müssen*)."

Die hundertste Erfindung kommt wieder auf die wichtigste Maschine Worcester's zurück und gibt eine mehr detaillirte Beschreibung derselben. Er behauptet, dass seine durch vieljährige Versuche und Arbeiten zu Stande gebrachte Wasserhebemaschine eine beliebige Menge Wasser in 2 Fuss dicken Röhren 100 Fuss hoch hebe. Dabei gehe die Maschine geräuschlos und stetig und koste sehr wenig, so dass er sie kühn „das erstaunungswürdigste Werk in der ganzen Welt" nenne **). Der illustre Erfinder kam um ein Patent ein, welches ihm denn auch auf 90 Jahre gewährt wurde.

Man hat es in Zweifel gezogen, dass die Worcester'sche Wasserhebemaschine thatsächlich ausgeführt worden sei und hat behauptet, dieselbe sei bloss ein Projekt geblieben. Es gibt jedoch mehrere Zeugnisse dafür, dass diese Vorrichtung in der That construirt wurde, und den Angaben des Erfinders gemäss functionirt habe. Unter anderen Beweisen spricht hierfür die Erklärung des Marquis in seinem Patentgesuche, dass er 10,000 Pfund Sterling darauf verwendet habe. Der allersicherste Beweis ist jedoch die Angabe eines Augenzeugen in dem Tagebuche, das über die Reise des Prinzen Cosimo, Sohn des Grossherzogs Ferdinand II. von Toscana, welche dieser in Begleitung Magalotti's nach dem Jahre 1667 unternahm, in sehr ausführlicher Weise geführt wurde. Dasselbe befindet sich in der grossherzoglichen Bibliothek zu Toscana und erwähnt, dass am 28. Mai 1699 (soll wohl heissen 1669) der Prinz nach Tisch eine Excursion bis Vauxhall gemacht, wo er bei Somersethouse die von Worcester erfundene Wasserhebemaschine besehen habe, welche das Wasser 40 Fuss hoch hebe.

Was nun die nähere Einrichtung der Maschine betrifft, so sind wir bezüglich der Details auf Vermuthungen angewiesen, da sie der Erfinder näher nicht beschrieben hat. Sie hatte einen Dampfkessel, aus dem der Dampf abwechselnd in den einen oder den andern Cylinder eintrat, welche mit Wasser gefüllt waren. In diese Cylinder reichten die beiden untern Zweige der gabelförmigen Steigrohre, und zwar fast bis an den Boden der Gefässe. Jedes der Gefässe stand noch durch ein seitlich

---

*) Henry Dircks: The life, times and scientific labours of the second Marquis of Worcester, 8°, London 1865, pag. 475.

**) „And I may boldly call it The most stupendious Work in the whole World", l. c. pag. 534.

einmündendes Rohr, in dessen untern Enden sich — nach aufwärts bewegende — Ventile befanden, mit einem Wasserreservoir in Verbindung. Die abwechselnd stattfindende Dampfeinströmung wurde durch einen Maschinenwärter mittelst zweier Hähne bewerkstelligt. Während in dem einen Cylinder der Dampf auf das Wasser drückte und es in das Steigrohr presste, verdichtete sich der Dampf im andern Cylinder, und der Druck der Atmosphäre füllte den hierdurch luftleer gewordenen Raum durch das Speiserohr mit Wasser. So konnte die Maschine wohl langsam, doch ziemlich continuirlich wirken. Auch in einer Mauer von Raglan Castle finden sich noch die Spuren einer derartigen Maschine, durch Nischen und Rinnen im Gemäuer markirt. Die Wasserhebemaschine war nicht die einzige Vorrichtung, bei welcher Worcester die Spannkraft des Dampfes zum Bewegen von Wasser verwendete. Er construirte schon um 1650 einen Dampfspringbrunnen. Die Maschine Worcester's war noch zu unvollkommen, anderseits war es sehr schwer, den conservativen Geist der Bergwerksbesitzer zu besiegen, und so blieben denn nach wie vor die Pferdegöpel zur Beseitigung der Gewässer aus den Bergwerken in Verwendung.

Der Marquis von Worcester ist jedenfalls eine sehr interessante Persönlichkeit in der Geschichte der Erfindungen, weshalb er auch seinen Biographen gefunden hat, den Civil-Ingenieur Henry Dircks, der sich in einem sehr ausführlichen Werke mit demselben beschäftigt, dessen Titel folgendermassen lautet: „The life, times, and scientific labours of the second Marquis of Worcester. To which is added, a reprint of his century of inventions, 1663, with a Commentary thereon, by Henry Dircks, Esq., Civil Engineer, etc. etc. 8°, London 1865 (624 pag.)."

Jean de Hautefeuille, geboren am 20. März 1647 zu Orléans, gestorben ebendaselbst am 18. Oktober 1724, der Sohn eines Bäckers, war Abbé und Pensionär der nach Orléans verwiesenen Herzogin von Bouillon, die er auf ihren Reisen begleitete. Er vindizirte sich ebenfalls die Erfindung der Spiralfeder an der Unruhe der Taschenuhr*). Im Jahre 1678 projectirte er eine Maschine, in welcher Alkohol abwechselnd in Dampf umgewandelt und wieder verdichtet werden sollte. In seiner Schrift: Pendule perpétuelle, avec un moyen d'élever l'eau par la poudre à canon (4°, Paris 1678) beschreibt er drei verschiedene Constructionen einer Pulvermaschine: bei der ersten verdrängen die Explosionsgase die Luft und der Gegendruck der freien Atmosphäre hebt das Wasser, bei der zweiten drücken die Explosionsgase direkt auf das Wasser, bei der dritten auf einen Kolben. Alle diese Vorschläge scheinen Projekte geblieben zu sein. Eine andere Schrift desselben Autors, welche

---

*) Siehe oben pag. 183, ferner seine Schrift: „Factum contre Mr. Huygens touchant les pendules de poche, 4°, Paris 1675.

sich mit ähnlichen Dingen beschäftigt, führt den Titel: Réflexions sur quelques machines à élever les eaux (4°, Paris 1682). Seine zahlreichen übrigen Schriften physikalischen, mechanischen und astronomischen Inhaltes übergehen wir hier. Hautefeuille hat ausserdem eine ziemliche Anzahl von Apparaten ausgedacht, welche den Beweis liefern, dass er ein höchst scharfdenkender, ingenieuser Kopf gewesen sei. So hat er ein Hygrometer angegeben, welches darauf beruht, dass ein Brett in feuchter Luft nach der Breite stärker anschwillt, als nach der Länge. Um die Veränderung in der Lage einer Magnetnadel genau bestimmen zu können, schlägt er vor, die Nadel in das Fernrohr zu stellen, so dass deren eines Ende sich eben im Brennpunkte des Oculars befinde, hinter dem unbeweglich gespannten Coconfaden.

Mit der Idee der Pulvermaschine beschäftigte sich im Jahre 1680 auch Huygens. Dieselbe kann als Prototyp der Gasmotoren betrachtet werden; in ihr wird schon ein Kolben angewendet.

Der oben erwähnte Sir Samuel Morland hat eine für die Theorie der Dampfmaschinen höchst wichtige experimentelle Bestimmung ausgeführt. Er gibt in seinem Werke: Élévation des eaux par toute sorte de machines etc. (Paris 1685) das Volumen des Dampfes als 2000-fach grösser an, als jenes des Wassers, aus dem er sich entwickelt. In einer Tabelle*) gibt er die Arbeitsfähigkeit des Dampfes nach seinen Versuchen.

In das praktische Leben wurde die Dampfmaschine eingeführt durch **Thomas Savery.** Dieser stammte aus einer angesehenen englischen Familie und wurde um 1650 in Shilston geboren. Er widmete sich der technischen Laufbahn und wird gewöhnlich Kapitän genannt, da er irgend eine Bergamtsstelle in Cornwallis, welche mit diesem Titel verbunden war, inne hatte. Er construirte eine Art von Räderschiffen, um auch in windstiller Zeit fahren zu können, und veröffentlichte deren Beschreibung in seiner Abhandlung: Navigation improved or the art of rowing ships (London 1693). Seine Dampfmaschine, die sich von der Worcester's bloss dadurch unterscheidet, dass er die Condensation des Dampfes durch Abkühlung der Dampfcylinder mit kaltem Wasser beschleunigte, beschrieb er in den Philos. Transactions vom Jahre 1699 unter dem Titel: „An engine for raising Water by the helpe of fire." Im Jahre 1698 wurde ihm diese Erfindung auf 14 Jahre patentirt. Savery erzählt, dass er seine Erfindung einem Zufalle verdanke. Als er nämlich eine fast ausgeleerte Weinflasche an das Feuer stellte und dieselbe, nachdem sich die Neige Wein in Dampf verwandelt, mit der Oeffnung in eine Waschschüssel gehalten habe, nahm er wahr, dass das Wasser in die Flasche gedrungen sei, und dies habe ihn auf die Idee

---

*) Siehe Rob. H. Thurston: Die Dampfmaschine. Geschichte ihrer Entwicklung, 1—2, Bd. I, pag. 29.

der Maschine gebracht. Desaguliers nennt diese Erzählung ein Märchen und beschuldigt Savery, dass er die wenigen Exemplare der Worcesterschen Schrift: „A century of inventions" aufgekauft und vernichtet habe, um sich die darinnen angezeigte und fast ganz vergessene Erfindung aneignen zu können. So viel ist gewiss, dass Savery die Gabe besessen hat, seiner Maschine in der Praxis Eingang zu verschaffen. Savery starb im Jahre 1716. Zwei Jahre später baute Jean Desaguliers eine solche Maschine, die jedoch schon wesentlich verbessert war und ein Papin'sches Sicherheitsventil am Kessel hatte.

Denis Papin war am 22. August 1647 in Blois geboren und starb zu London wahrscheinlich in der ersten Hälfte des Jahres 1712. Seine Eltern waren Protestanten, er erhielt jedoch seinen ersten Unterricht im Jesuitencollegium seiner Vaterstadt. Er studirte dann auf der Universität Angers, wo er zum Doctor der Medizin promovirt wurde, und ging dann nach Paris, wo er mit Huygens bekannt ward, bei dessen Arbeiten er behülflich war. Zu jener Zeit experimentirte der holländische Gelehrte mit der Luftpumpe, welche er durch die Zufügung des Tellers und der Barometerprobe vervollkommnete. Papin nahm an diesen Arbeiten Theil und verfertigte eine verbesserte Luftpumpe, bei welcher schon der doppelt durchbohrte Hahn verwendet wurde. In Paris lernte er auch Leibniz kennen, mit dem sich eine fast bis an seinen Tod reichende Correspondenz entspann. Nachdem Papin die Resultate seiner Untersuchungen veröffentlicht hatte, ging er nach London, wo sich der schon kränkelnde Boyle alsbald des geschickten Experimentators versicherte. Hier in London führte Papin die erste zweistiefelige Luftpumpe aus (um 1676). Die Kolben sind an Schnüren aufgehängt, welche über eine Rolle gehen. Die durchbohrten Kolben sowie die Einmündungsstellen der zum Teller führenden Röhren in dem untern Theil des Stiefels sind mit Ventilen versehen. Auch eine Windbüchse construirte Papin während seines Londoner Aufenthaltes. Auf den Vorschlag Boyle's wurde er 1680 zum Mitglied der „Royal Society" gewählt, seinen Dank stattete er mit der Schrift: „A new Digester etc." ab, welche er der Akademie widmete. Diese Erfindung hat unter allen andern Papin's Namen am bekanntesten gemacht. Um jene Zeit befand sich Sarotti, der Geschäftsträger der Republik Venedig, in London, welcher den Plan gefasst hatte, in seiner Vaterstadt eine der „Royal Society" nachgebildete Akademie zu gründen. Er trug auch Papin die Mitgliedschaft an, und dieser folgte dem italienischen Diplomaten und Gelehrten nach Venedig, wo er bis 1684 blieb, um wieder nach London zurückzukehren, wo er „temporary curator of experiments" der Royal Society wurde und als solcher zahlreiche Versuche ausführte; hierher gehören Wasserhebemaschinen, Versuche mit dem Digestor, eine Hebevorrichtung und ähnliches.

Am 16. Oktober 1685 erfolgte die Aufhebung des Edikts von

Nantes, welche Papin die Rückkehr in die Heimat gänzlich abschnitt. Der Landgraf von Hessen berief ihn als Professor der Mathematik nach Marburg, wohin er Ende 1687 übersiedelte. Der Aufenthalt in Marburg war nicht eben angenehm für unsern Gelehrten. Er hatte seine Verwandte, die Wittwe des Professors de Maliverné geheiratet. Seine Bezahlung war schlecht, für seinen Gegenstand interessirten sich die Akademiker nicht, die endlosen Kriege mit Frankreich verhinderten den Landgrafen, an Papin's Versuchen Antheil zu nehmen. Dazu kamen noch Misshelligkeiten mit Mitgliedern der französischen Gemeinde, welche seinen Aufenthalt vergällten. Papin hatte um diese Zeit eine grosse Menge bemerkenswerther Erfindungen gemacht, von denen wir hier nur die wichtigsten anführen, es sind dies die Centrifugalpumpe, ein Taucherschiff, eine verbesserte Heizvorrichtung, welche ebenfalls in unserer Zeit wieder hervorgesucht wurde. Unter diesen Erfindungen ist noch die wichtigste zu nennen: die Dampfmaschine. In der Abhandlung: „Nova methodus ad vires motrices validissimas levi pretio comparandas," welche 1690 in den Actis Eruditorum erschien, beschreibt er seine Maschine. Von der Verbesserung der Pulvermaschine Huygens' ausgehend, gedachte er anstatt des explodirenden Schiesspulvers Wasser, resp. dessen Dampf anzuwenden, das sich vollständig condensirt und einen luftleeren Raum über sich zurücklässt. Es war somit eine atmosphärische Maschine, was Papin projektirte. Dieselbe höbe nach des Erfinders Berechnung bei einem Cylinder von 63 mm Durchmesser 27 kg per Minute. Bei einem Cylinder von 609 mm Durchmesser und 1219 mm Hubhöhe würde sie 3600 kg 1219 mm hoch per Minute heben, d. h. circa eine Pferdekraft Arbeit leisten. Papin hatte durch Leibniz 1705 eine Zeichnung der Savery'schen Maschine erhalten und ging daran, in Cassel, wohin er von Marburg übersiedelt war, dieselbe zu verbessern, worinnen ihn der Landgraf unterstützte. Als er jedoch fand, dass man seinen Bestrebungen nicht die gehörige Theilnahme und Unterstützung angedeihen lasse und da man ihn vordem von Seiten der „Royal Society" als „curateur de leurs experiences" nach London berufen hatte, nahm er seinen Abschied und rüstete sich zur Reise nach England. Es sollte ihn jedoch noch ein herber Schlag in Deutschland treffen. Zwischen 1703 und 1704 hatte er ein Schiff verbesserter Construktion gebaut, das er nun mit sich nach England führen wollte und mit dem er am 24. September 1707 auf der Fulda von Cassel nach Münden fuhr. Die Mündener Schiffergilde legte Beschlag auf das Schiff, da die Fahrt desselben auf dem Flusse ihre Privilegien verletzte. Dabei kam es zu einem Streite mit Papin, in dem dessen Werk zerstört wurde. Der durch diesen Verlust hart mitgenommene Gelehrte setzte nun mit seiner Familie ohne Schiff seine Reise fort. In London angelangt, fand er die Verhältnisse sehr geändert. Sein Gönner Boyle lebte nicht mehr, ein Empfehlungsschreiben Leibnizens, mit dem er sich einführte, war in jener Zeit des Prioritätsstreites um die Erfindung der Infinitesimalrechnung wohl ein sehr ungeeignetes Mittel, sich eine günstige Aufnahme zu sichern. Mit rasch abnehmenden Mitteln stand er ganz verlassen, alle seine Bemühungen, von der „Royal Society" Unterstützung zu erhalten, waren vergebens, und so scheint er in gänzlicher Armuth in der ersten Hälfte des Jahres 1712 in London gestorben zu sein.

Die Gestalt Papin's ist eine schwankende in der Geschichte der Wissenschaft. Lange Zeit hat man ihn als wissenschaftlichen Abenteurer und Projektenmacher hingestellt, dann ist man hier und dort in den entgegengesetzten Fehler verfallen, und hat sich in den übertriebensten Lobpreisungen ergangen. Durch Veröffentlichung des Briefwechsels, den Papin mit seinen grossen Zeitgenossen Huygens und Leibniz führte, sowie durch die vorangeschickte Biographie des französischen Gelehrten, hat Gerland*) viel dazu beigetragen, über Papin richtige Vorstellungen zu verbreiten. — Von seinen Schriften erwähnen wir die folgenden: Experiences du vuide, avec la description des machines qui servent à les faire, 4°, Paris 1674. — A new Digester or Engine, for softaing Bones, containing the Description of its Make and Use in Cookery, Voyages at Sea, Confectionary, Making of Drinks, Chymistry and Dying. 4°, London 1681. — A continuation of the new Digester of Bones, together with some improvements and new uses of the airpump. 4°, London 1687. — Description du batteau plongeant fait par l'ordre de S. A. S. Charles Landgrave de Hesse, 1698, 8° (Beschreibung seiner zwei Taucherschiffe). — Ars nova ad aquam ignis adminiculo efficacissime elevandam, 8°, Francof. a. M. 1707 (Beschreibung der ersten Hochdruckdampfmaschine, Kritik der Savery'schen Maschine und Berechnung der Wirkungsfähigkeit seiner Maschine).

Die Dampfmaschine war endlich in jenes Stadium getreten, in welchem sie sich schon zur thatsächlichen Verwendung in der Praxis geeignet zeigte, und zwar geschah dies in der Form, welche ihr **Thomas Newcomen** und **John Cawley** gaben, der erste war ein Eisenhändler, der andere ein Glaser in der englischen Stadt Dartmouth. Ueber ihre Lebensverhältnisse wissen wir nichts Näheres. Um das Savery'sche Privilegium zu umgehen, nahmen sie diesen in ihre Gesellschaft auf, welche auf den Namen: Newcomen, Cawley und Savery im Jahre 1705 ein Patent auf ihre verbesserte Dampfmaschine erhielt. Dieselbe ist ebenfalls eine atmosphärische Maschine. Sie ist es, aus deren wesentlicher Verbesserung durch Watt die Dampfmaschine der Gegenwart entstand**).

---

*) Gerland: Leibnizens und Huygens' Briefwechsel mit Papin, nebst der Biographie Papin's und einigen zugehörigen Briefen und Actenstücken, 8°, Berlin 1881. — Ausserdem ist noch zu erwähnen: L. de la Saussaye et A. Péan: La vie et les ouvrages de Denis Papin, Paris et Blois 1869. — Ernouf: Denis Papin. Sa vie et ses oeuvres. Paris 1874.

**) Ausführlicheres über die Geschichte der Dampfmaschinen findet sich

Glasthränen.

Wenn man geschmolzenes Glas in kaltes Wasser tropfen lässt, bilden sich birnförmige, in einen Glasfaden ausgehende Glasmassen, welche reichlich mit Blasen durchsetzt erscheinen. Dieselben sind sehr fest und ertragen auf dem bauchigen Theile Hammerschläge, bricht man jedoch die Spitze ab, so zerspringen sie mit einem schwachen Knall in unzählige Stücke, welche einzelne Stücke wieder nach allen Richtungen von unzähligen Sprüngen und Rissen durchsetzt erscheinen. Von diesen Glasthränen (lacrymae vitreae) unterscheiden sich die Glaswürmer (vermiculi vitrei), welche dadurch entstehen, dass man einen fadenartig dünnen Glasstrahl in kaltes Wasser fliessen lässt. Diese Glaswürmer sind ebenfalls sehr spröde und zerbrechen in kleine Stücke, wenn man das Ende derselben abbricht. — Die Glasthränen und Glaswürmer waren wahrscheinlich schon längere Zeit in mehreren Glashütten bekannt, ehe dieselben wissenschaftlich untersucht wurden.

Samuel Reyher[*]), Professor zu Kiel, sah die ersten Glasthränen im Jahre 1656 zu Leyden. Zu derselben Zeit untersuchten auch einige französische Gelehrte (Gassendi u. a.) diese eigenthümlichen Glasmassen. Wie wir weiter oben[**]) erwähnten, brachte Prinz Ruprecht, Sohn Friedrich V. von der Pfalz, die ersten Glastropfen aus Holland nach England, weshalb sie dort „Prinz Rupertustropfen" oder „batavische Glastropfen" genannt wurden. Zahlreiche Physiker haben sich mit ihnen beschäftigt, von denen wir schon Montanari[***]) und Moray nebst anderen erwähnten. Den Glasthränen ähnlich verhalten sich die Springkolben oder Bologneser Fläschchen, welche jedoch erst um 1740 der wissenschaftlichen Welt bekannt wurden.

Elektricität und Magnetismus.

Die Lehren von der Elektricität und dem Magnetismus machten in unserem Zeitraum keinen bedeutenden Fortschritt, ausgenommen die Arbeiten Guericke's und Boyle's, von denen besonders die des gelehrten Bürgermeisters von Magdeburg von grösserem Gewichte sind. An Theorien über das Wesen der Elektricität fehlte es allerdings nicht, jedoch war eine unfruchtbarer als die andere. Von Newton haben wir bloss die

---

in Fischer: Geschichte der Physik, Bd. III, pag. 241. — Poggendorff: Geschichte der Physik, pag. 525. — Rob. H. Thurston: Die Dampfmaschine. Geschichte ihrer Entwicklung. 8°. Leipzig 1880.

[*]) **Samuel Reyher**, geboren 1635 zu Schleusingen (Grafschaft Henneberg), gestorben 1714 als Professor an der Universität Kiel, verfasste zahlreiche, auf Physik, Astronomie und Meteorologie bezügliche Schriften.

[**]) Pag. 246.

[***]) Siehe oben pag. 241.

Beobachtung der elektrischen Ladung einer Glasscheibe anzuführen, über die er 1675 in der „Royal Society" sprach, um zu weiteren Versuchen aufzufordern, die indessen unterblieben. Eine interessante Beobachtung veröffentlichte **Dr. Wall,** in den „Philos. Transactions" von 1698. Derselbe hatte ein grosses Stück Bernstein mit Wollenzeug gerieben und nahm ziemlich starkes Leuchten wahr; wenn er sich mit dem Finger näherte, hörte er ein knisterndes Geräusch und sah einen Funken, oder wie er sagt, eine Lichtflamme vom Bernstein ausgehen, ausserdem spürte er ein Blasen, wie von einem Winde. „Dieses Licht und Knistern scheint „einigermassen Blitz und Donner vorzustellen", mit diesen Worten schliesst der interessante Bericht.

Am Anfang des 18. Jahrhunderts beschäftigte sich mit grösserem Erfolge, als die meisten seiner Zeitgenossen, Hawksbee mit elektrischen Versuchen.

Francis Hawksbee war „Curator of Experiments" bei der Royal Society, deren Mitglied er war. Er starb 1705. Weiter wissen wir nichts über seine Lebensverhältnisse. Die elektrischen Versuche beschreibt er in seiner Schrift: „Physico-mechanical experiments" (London 1709). Den Ausgangspunkt bildete die Erscheinung des Leuchtens des Quecksilbers im torricellischen Raume des Barometers. Er construirte einen Apparat, in welchem aus einer feinen Oeffnung Quecksilber tropfenweise durch luftverdünnten Raum fallend, auf einen Glaskonus aufschlug, wodurch die Erscheinung des Leuchtens in erhöhtem Masse auftrat. Durch Reiben einer schnellgedrehten Glaskugel, oder einer Kugel aus Siegellack, Schwefel oder Harz erhielt er zolllange Funken. Den Unterschied der beiden Elektricitäten nahm er jedoch nicht wahr. Wenn er die vordem erwähnte Glaskugel luftleer machte und sie dann in schnelle Rotation versetzte und von aussen die Hand an dieselbe hielt, so entstand ein helles Licht in der Kugel, bei dessen Schein man lesen konnte. Die Farbe des Lichtes erschien purpurroth. Diese, sowie eine Menge ähnlicher Versuche veröffentlichte Hawksbee in den Philos. Transactions.

Ueber die zweistiefelige Luftpumpe unseres Gelehrten war schon weiter oben die Rede. Ueber die lichtbrechende Kraft stellte er sehr sorgfältige Versuche an und bestimmte den Brechungsindex für zahlreiche Flüssigkeiten. — Interessant ist der Versuch, bei dem er Luft mit grosser Geschwindigkeit über die Quecksilberfläche im Gefässe eines Barometers streichen lässt, wodurch das Quecksilber um 2 Zoll sank. Hawksbee erklärte durch dieses Phänomen das Sinken des Barometers bei Stürmen.

Die Fortschritte der Elektricitätslehre von Gilbert's Tod bis an das Ende unseres Zeitraumes lassen sich in Folgendem kurz zusammenfassen: Entdeckung der elektrischen Abstossung, des elektrischen, diffusen Leuchtens, des elektrischen Funkens und dessen Wirkungen. Ausser dem Reiben kannte man keine Elektricitätsquelle, den Unterschied der verschiedenen Elektricitäten kannte man noch nicht.

Nicht viel mehr als über die Elektricität können wir über die Fortschritte auf dem Gebiete des Magnetismus berichten. Ausser Guericke's, Boyle's und Kircher's Versuchen sind noch die des Jesuiten Cabeus*) anzuführen, wiewohl auch diese grösstentheils Wiederholungen der Gilbert'schen Versuche sind. Ferner sind zu erwähnen die Versuche über die Fernwirkung der Magnetnadel, wie sie Hawksbee ausführte. Da diese Beobachtungen zu keinem befriedigenden Resultate führten, so beauftragte die „Royal Society" den Gelehrten Brook Taylor genauere Versuche über das Abnehmen der magnetischen Kraft mit der Entfernung anzustellen. Die Zeit für die Lösung solcher Fragen war jedoch noch nicht gekommen und so kam Taylor zu dem Schlusse, dass die magnetische Kraft mit der Entfernung in keinem beständigen Verhältnisse abnehme, sondern in einem progressiv anwachsenden. In einer Distanz von $2^1/_2$ Zoll schien ihm die magnetische Kraft dem Quadrate der Entfernung verkehrt proportional zu sein, in weniger als 10 Zoll Entfernung hingegen schon dem Cubus dieser Distanz. Auch die Versuche Whiston's führten zu keinem sicheren Resultate.

Von Newton wurde seinerzeit erwähnt, dass er die magnetische Fernewirkung den Cuben der Entfernung verkehrt proportional setzte.

Von den Meinungen Halley's über den Erdmagnetismus und dessen Zusammenhang mit der Erscheinung der Polarlichter haben wir weiter oben gesprochen und so können wir unsere Uebersicht der geringen Fortschritte auf diesem Gebiete abschliessen.

Die Chemie.

Die aristotelisch-scholastische Physik war nach langem Ringen beseitigt worden. Nur die ersten Zeiten der hier zu schildernden Periode weisen noch hie und da Rückfälle auf: die letzten Anstrengungen jener Schule, deren Lehren jahrhundertelang die Geister beherrscht hatten. Eine der Haupttheorien des Aristotelismus war die Lehre von den Elementen. Die Philosophie der Multiplizität der Welten, wie sie Giordano Bruno lehrte, die astronomischen Entdeckungen Galilei's, welche die Krystallsphären des Aristoteles beseitigten, hatten auch mit der Lehre von den vier, oder wenn wir die „quinta essentia" hinzurechnen, fünf Elementen aufgeräumt. Es musste etwas an deren Stelle gesetzt werden und nun trat hier die Lehre von den alchymistischen Elementen auf: Sulphur, Mercurius und Sal, dabei spielen theilweise die aristotelischen Elemente, jedoch als zusammengesetzte Stoffe noch immer eine Rolle. Es waren die vorgenannten Elemente — von welchen zuerst in den

---

*) Niccolò Cabeo, geboren zu Ferrara 1585, gestorben zu Genua 1650, war Professor der Mathematik in Parma. Zu erwähnen sind seine: Philosophia magnetica, Ferrara 1629 und Philosophia experimentalis sive Commentaria in IV libr. Aristotelis meteorologicorum, Rom 1644.

Büchern des Basilius Valentinus *) oder des Paracelsus die Rede ist — jedoch nicht identisch mit dem gemeinen Schwefel, dem metallischen Quecksilber und dem Salze, es waren vielmehr gewisse Prinzipien der Stoffe, deren verschiedenartige Mischung alle möglichen Substanzen zu Wege brachte. Das dritte Element fehlt bei den älteren Alchymisten, die bloss Mercurius und Sulphur annahmen. — Was brennt ist Sulphur, was raucht und sich sublimirt ist Mercurius, was als unverbrennliche Asche zurückbleibt ist Sal. Aus diesen drei Grundsubstanzen bestehen die Elemente und alle Stoffe. Die aristotelischen Elemente sind nicht einfach, sie werden auch nicht auf Qualitäten zurückgeführt, sondern auf Substanzen. Aehnlichkeit mit der Lehre des Paracelsus zeigt noch die Elementenlehre des Geronimo Cardano, der ebenfalls nur drei Elemente annahm: Wasser, Oel und Erde, während das Feuer nur ein „accidens" sein soll **). Mit den aristotelischen Elementen ist auch Gilbert nicht einverstanden. Er greift die Zusammensetzung der Elemente des Aristoteles aus je zwei Qualitäten (warm und trocken, warm und feucht u. s. w.) an, da dieselbe nach verschiedener Betonung der einen oder der anderen Qualität ein anderes sein werde. Uebrigens lässt auch er das Feuer nicht als Element gelten, da es genährt werden muss und nicht selbstständig in der Natur vorkommt. Die Ansicht, dass die Körper aus Atomen beständen, nimmt Gilbert nicht an, nach ihm ist, innerhalb der sublunaren Welt, der Raum durch die Materie vollständig ausgefüllt.

Die Lehre von den Elementen geräth nun in der folgenden Zeit in ein bedeutendes Schwanken. Das allgemeine Kennzeichen aller der verschiedenen Elementartheorien ist die Beseitigung des Feuers aus der Reihe der Elemente, trotzdem wir auch solche Physiker finden, die bloss Erde und Wasser als Elemente annehmen.

So lange die Elemente als in einander verwandelbar angesehen wurden und neben den „qualitates elementales" noch die „qualitates occultae" die Verschiedenheit in der Erscheinung und Wirkungsweise der verschiedenen Körper erklären sollten, konnte man den Scholasticis-

---

*) Basilius Valentinus ist der Klostername eines Mönches, der am Anfange des 15. Jahrhunderts im Peterskloster zu Erfurt lebte, nachdem er in seiner Jugend grosse Reisen gemacht hatte. Seine Schriften sind erst im 17. Jahrhundert erschienen. Hierher gehören: De microcosmo deque magno mundi mysterio et medicina hominis, Marburg 1609. — Azoth, sive Aureliae philosophorum etc., Francof. 1613. — Tractatus chymico-philosophicus de rebus naturalibus et praeternaturalibus metallorum et mineralium. Francof. 1676. — Haliographia, de praeparatione, usu ac virtutibus omnium salium mineralium, etc., Bonon. 1644. — Gesammtausgaben: Basilii Valentini Scripta chymica, Hamburgi 1700. — Fratris Bas. Valent. Chymische Schriften etc. 2 Bde., Hamb. 1677, spätere Ausgaben bis 1740.

**) Siehe Bd. I, pag. 324.

mus noch nicht als ganz beseitigt ansehen. Erst als sich der Umschwung der Meinungen in der Weise vollzog, dass man die verschiedenen Eigenschaften der Substanzen aus der verschiedenen corpuscularen Constitution der einen unveränderlichen Materie zu erklären versuchte, betrat man die neue Bahn der theoretischen Physik, welche zur Atomistik führte. Unter den Männern, welche durch die Lehre von der Unwandelbarkeit der Elemente den Uebergang von der alten Elementenlehre zur Corpuscularphysik bewerkstelligen, nennen wir hier bloss den Alchymisten Jean d'Espagnet, Präsidenten im Parlament von Bordeaux, ferner Thomas Campanella, der bloss Feuer und Erde als Elemente annimmt*) und schliesslich den berühmten Chemiker Joh. Bapt. van Helmont, dessen Lehre wir in Folgendem kurz skizziren. Alles in der Welt geschieht durch innere Ursachen, welche zweierlei sind: der Stoff (die äussere Materie) und das innere Lebensprinzip. Der äussere Stoff ist eine Flüssigkeit (fluor generativus), das gestaltende Prinzip ist das samenerzeugende Urferment, aus welchem sich der den Dingen innewohnende Lebenshauch (aura seminalis) entwickelt, der in Verbindung mit der innern Bildungskraft (imago seminalis) den Archeus, den Werkmeister aller natürlichen Dinge bildet. Der „fluor generativus" ist das „initium ex quo", das Samenferment das „initium per quod" **). Helmont hat jedoch nicht das Wasser als das alleinige Element angenommen, aus dem alles entstanden ist, als äusseren Stoff nimmt er zwei in einander nicht verwandelbare Elemente an: das Wasser und die Luft. Jedoch würde man die Helmont'schen Elemente falsch auffassen, wenn man sie als unzersetzbare einfache Substanzen betrachten würde, sie bestehen aus den drei Grundsubstanzen: Mercurius, Sal und Sulphur. Im Wasser halten die beiden ersten den letzten umschlossen. Durch Erwärmung wird aus dem Wasser Dunst (vapor), in höhern Regionen durch Abkühlung wird der Dunst zu Gas. Diese feinere Vertheilung des Dunstes wird dadurch zu Wege gebracht, dass der wärmere Sulphur um das erstarrende Mercur und das Sal vor der Kälte zu schützen sich nach aussen kehrt und diese umhüllt. Da jedoch bei der Erstarrung des Mercur das in diesem gelöste Sal sich ausscheidet und der Sulphur die nun getrennten Substanzen zu umhüllen hat, so wird dadurch eine Verfeinerung des Dunstes vor sich gehen, welche eben die Gasform bedingt. Dunst und Gas unterscheiden sich demnach durch die Anordnung der kleinsten Theilchen. Beim Vapor ist der Schwefel von dem im Mercur gelösten Sal eingehüllt, beim Gas ist Mercur und Sal erstarrt und vom

---

*) Siehe Bd. I, pag. 338.
**) „Duo vigitur, nec plura, sunt corporum, et causarum corporalium „prima initia. Elementum aquae nimirum, sive initium ex quo: et fermen-„tum, sive initium seminale, per quod etc." Helmont: Causae et initia naturalium. § 23. Opera omnia, 4^0, Francofurti 1706, pag. 34.

Sulphur eingehüllt. Der Dunst kann durch blosse Abkühlung in Wasser zurückverwandelt werden, das Gas wird nur durch einen äussern Anstoss, durch das von den Sternen herwehende „Blas" in Dunst und Wasser zurückverwandelt. Das Blas ist daher in seiner Wirkung der Wärme entgegengesetzt. Niemals aber wird Gas in Luft verwandelt*). Der letzte, wichtige Satz wird an vielen andern Orten in den Abhandlungen: Elementa, Terra, Aqua, Aër, Progymnasma meteori u. s. f. angeführt.

Helmont hat zahlreiche neue Benennungen eingeführt, von welchen sich eine in der neuern Terminologie erhalten hat, es ist die Benennung Gas**) (von dem holländischen „Gahst" d. h. Geist), für den dritten Aggregatszustand. Er hat verschiedene Gase gekannt und diese von den Dünsten und von der Luft unterschieden; er ist auch der Entdecker der Kohlensäure. — Wir finden bei ihm bestimmte Andeutungen über die stillschweigende Voraussetzung, dass die Grundsubstanzen als kleinste Theile der Körper durch ihre verschiedene Anordnung, wie dies der Unterschied zwischen Vapor und Gas zeigt, die qualitative Verschiedenheit der Körper bedingen. Der Ausdruck „Atom" selbst wird von Helmont an vielen Stellen gebraucht.

Die Naturphilosophie Helmont's und seiner Vorgänger zeigt uns klar den Einfluss des Platonismus in der Ausgestaltung der Meinungen; sie findet die gestaltende Lebenskraft in der Materie selbst. Wir können die Fäden dieser Anschauung, welche aus dem Aristotelismus ausgehend, denselben schliesslich zu Falle brachte, leicht bis zu Averroes zurückverfolgen. Dieser arabische Philosoph beantwortete die Frage über die Beziehung der Form zur Materie in der Weise, dass er annahm, dass die Materie die Form keimartig in sich enthalte. Dieser Grundgedanke lässt sich bei Cusanus, Paracelsus und den italienischen Naturphilosophen bis auf Helmont verfolgen. Es ist die Manifestation der Bestrebung, die Vorgänge in der Natur als gesetzmässige Prozesse darzustellen. Allerdings konnten diese aus physiologischen und psychologischen Motiven ausgehenden Anschauungen zur exacten Naturerforschung nicht führen, einerseits weil die Erscheinungen, die jenen Forschern vor Augen schwebten, zu complicirt waren, um Gegenstand einer erfolgreichen Untersuchung sein zu können, anderseits da sie die quantitative Vergleichung und die calculirende Verbindung der durch dieselbe gewonnenen Daten nicht zuliessen. Dazu war die Untersuchung der einfachsten Naturvorgänge erforderlich, dort musste der Hebel eingesetzt werden,

---

*) Vgl. „Gas aquae" § 20, 21 und § 44. Der letzt angeführte Paragraph beginnt mit den Worten: „Impossibilem esse transmutationem Gas, in aërem." Vgl. auch § 22.

**) „Gas, et Blas nova quidem sunt nomina, à me introducta, eo quod „illorum cognitio veteribus fuerit ignota: Attamen inter initia physica, Gas „et Blas, necessarium locum obtinent." Gas aquae § 1.

wo dies Galilei that, als er die Gesetzmässigkeit der einfachsten Bewegungserscheinungen nachwies und die Methode schuf, die Erscheinungen nach mechanischen Gesichtspunkten zu untersuchen. Dazu bedarf es jedoch der Vorstellungen über die Constitution der Materie, um die Vorgänge in derselben als mechanische darstellen zu können, und dies ist wieder nur auf Grund des Atomismus möglich, wie ihn im Anschluss an Cusanus, Bacon, Sennert, Basso und andere, Gassendi in die exacte Naturwissenschaft eingeführt hat. Damit dies jedoch geschehen konnte, musste der Begriff des Elementes im Sinne der peripatetischen Schule beseitigt werden, und in dieser Beziehung hat sich Helmont unvergessliche Verdienste um die Naturwissenschaft erworben.

Johann Baptist van Helmont, Herr von Merode (aus dem Geschlechte der Grafen von Merode), Royenborg etc., geboren 1577 zu Brüssel, gestorben am 30. Dezember 1644 zu Vilvorde, studirte zu Löwen Medicin und Chirurgie und erwarb sich das Doctorat. Mit 17 Jahren docirte er schon an der Universität zu Löwen. Er machte grosse Reisen, liess sich hierauf zu Vilvorde bei Brüssel als Arzt nieder und beschäftigte sich hauptsächlich mit Chemie. Leider hat ihn der Tod bei der Redaction seiner Werke überrascht und ihn an der präciseren Fassung seiner physikalischen Theorien verhindert. Glänzende Anerbietungen von Seiten Kaiser Rudolfs II. und des Erzbischofs von Köln hatte er abgewiesen, um bloss seinen Untersuchungen leben zu können. — Von seinen Schriften führen wir die folgenden an: Causae et initia naturalium, Archeus faber, Logica inutilis, Physica Aristotelis et Galeni ignara, Elementa, Terra, Aqua, Aër, Progymnasma Meteori, Gas aquae, Blas meteoron, Vacuum naturae, Meteoron anomalum, Terrae tremor, Complexionum atque mistionum elementalium figmentum. Ausgabe seiner Werke: Joh. Bapt. van Helmont, Toparchae in Merode, Royenburg etc. Opera omnia. Cum introductione atque clavi Mich. Bernhardi Valentini. 4°, Francofurti 1706. — Opuscula medica inaudita. 4°, Francof. 1707.

Die Chemie des Mittelalters oder die Alchymie hatte sich hauptsächlich mit der Metallveredlung und dem Steine der Weisen beschäftigt, zu Ende des 15. Jahrhunderts tritt ein Wendepunkt ein: die Chemie befasst sich jetzt mit der Heilung der Krankheiten, d. h. mit der Herstellung solcher Stoffe, welche Heilwirkung besitzen, und mit der Zurückführung der physiologischen und pathologischen Prozesse auf chemische Vorgänge. Besonders sind als Vertreter dieser Richtung zu nennen: Paracelsus und Basilius Valentinus. Dieser Richtung gehört auch Helmont an. Die höchste Leistung der medizinischen Chemie sieht er in der Darstellung des sog. Alkahestes, eines allgemeinen Auflösungsmittels, welches zugleich das allgemeine Heilmittel wäre. Seine chemischen Kenntnisse sind sehr vielfach und oft erstaunlich zutreffend. Die Kohlensäure (gas sylvestre) fand er in der Luft, wo Körper gebrannt haben, in Steinkohlenbergwerken, beim Gähren alkoholhältiger Flüssigkeiten, im Biere, beim Aufbrausen mancher Substanzen, nachdem diese mit Säuren begossen worden, als Exhalationen aus der Erde u. s. f. Er nennt auch andere Gase: gas ventosum, gas pingue, gas siccum, gas fuliginosum *). Eine wichtige Bemerkung Helmont's bezieht sich auf die Unveränderlichkeit des Gewichtes eines Körpers, der eine Verbindung eingegangen hat und aus derselben wieder ausgeschieden wird. Eine andere wichtige Bemerkung, welche ebenfalls schon die Richtung auf die neuere Chemie einschlägt, ist die, dass die Metalle in den Producten der Einwirkung anderer Substanzen auf dieselben ihrer ganzen Natur gemäss enthalten sind, was für den modernen Begriff der chemischen Verbindung jedenfalls sehr wichtig ist. Bezüglich der Erscheinung der Flamme gibt Helmont schon die wichtige Definition, dass dieselbe ein brennendes Gas sei **). Helmont erfand eine Art Differentialthermometer und benützte auch ein Wasserthermometer ohne Eintheilung***).

Der zweite bedeutende Chemiker jener Periode ist **Daniel Sennert.** Derselbe wurde am 25. November 1572 in Breslau geboren und starb am 21. Juli 1637 an der Pest. An der Universität Wittenberg trieb er philosophische Studien, hierauf verlegte er sich auf Medizin in Leipzig, Jena und Frankfurt a. O. Er promovirte in Wittenberg, wo er zum Professor erwählt wurde. Bald begann sich sein Ruf als Arzt über das ganze civilisirte Europa zu verbreiten, Kurfürst Johann Georg von Sachsen ernannte ihn zu seinem Leibarzte. Seine Verdienste als Arzt bestehen hauptsächlich in der Einführung der Chemie in das medizinische Studium. Von seinen naturwissenschaftlichen Schriften heben wir die folgenden hervor: Philosophia naturalis, 4^0, Viteb. 1618. — Hypomnemata physica de rerum naturalium principiis, occultis qualitatibus, de atomis, de mistione etc. 4^0, Francof. 1635. — Epitome scientiae naturalis, 12^0, Amstelod. 1651.

---

*) „De flatibus" Opera omnia, Francof. 1707, 4^0, pag. 398.

**) „Ipsa autem flamma (quae non est nisi accensa fuligo) vitro „inclusa, mox perit in nihilum ipso instanti." Complexionum atque mistionum elementalium figmentum, § 7. Ferner: „1^0) Atque inprimis indubium „est, quin flamma sit fumus accensus. 2^0) Quod fumus sit corpus gas etc." Vacuum naturae § 7. „Flamma quidem est exhalationis pinguis, fumus ac„census et illuminatus, esto: sed quatenus flamma est talis et verus ignis, „non est alia materia accensa, et nondum accensa; nec à se ipsa differt, nisi „quod unitum in centro lumen, pingui exhalationi supervenerit. Quod idem „est, atque esse inflammatum." Formarum ortus § 28. Vgl. M. Melsens: „Note historique sur J. B. van Helmont a propos de la définition et de la théorie de la flamme." Extrait du tome XXIV des Mém. couronn. de l'Acad. royale de Belgique, 1875.

***) Ausführlicheres über Helmont in Dr. Kurd Lasswitz's Abhandlung: „Die Lehre von den Elementen während des Ueberganges von der scholastischen Physik zur Corpusculartheorie." Gotha 1882, im Programm des herzogl. Gymnasiums Ernestinum zu Gotha.

— Ausserdem gesammelt: Sennertus, Opera Wittebergae 1609—1611, 4°, 2 Bde.

Sein wichtigstes naturwissenschaftliches Werk ist: „Epitome scientiae naturalis", in welchem sich die ersten Andeutungen seiner atomistischen Theorie finden. Er betont den Unterschied zwischen der Theilung eines Continuums in's Unendliche im mathematischen Sinne von der Theilung im physischen Sinne. Aristoteles habe gefehlt, wenn er diese beiden Dinge mit einander vermischt. Es handle sich um die Frage, ob die natürlichen Körper aus untheilbaren Partikeln bestehen, wie dies Demokritos annimmt. Derselben Meinung sind Galenos und alle jene Philosophen und Aerzte, welche annehmen, dass die Elemente durch die Mischung nicht geändert werden. Die kleinsten Theilchen, durch deren Mischung die verschiedenen Körper entstehen, werden Atome genannt. Sennert befand sich besonders in zwei Dingen im Gegensatze zur aristotelischen Physik, wie sie in ihrer averroistischen Färbung allgemein gelehrt wurde. Er stellte in Abrede, dass die Formen der Materie inhärent seien und dass bei jeder Mischung neue Formen entstehen. In der Schrift „Hypomnemata physica etc." ist die Atomtheorie schon viel mehr ausgebildet. Er nimmt physische, nicht mathematische Minima an, welche die mit den Sinnen nicht mehr wahrnehmbaren kleinsten, unzerlegbaren Theile der Körper bilden: die minima naturae, atomi, atoma corpusculi, σώματα ἀδιαίρετα u. s. f. Die Atome sind zweierlei Art: die Elementaratome und die „prima mixta". Die ersten sind die kleinsten Theilchen der Elemente und daher viererlei: atomi igneae, aëreae, aqueae, terreae; die zweiten sind diejenigen kleinsten Theilchen, in welche die zusammengesetzten Körper bei ihrer Auflösung und Decomposition zerlegt werden. Die Atome haben eine gewisse Eigenart, die Feueratome z. B. sind feiner als die Erdatome. Die Formen der Atome bleiben unverändert. In der Legirung verbinden sich innigst die kleinsten Theilchen, dabei behält jedoch jedes seine Form; wenn man die einzelnen Bestandtheile auseinander bringt, so finden sich wieder die unveränderten Substanzen.

Ueber den Zusammenhang der Aggregatszustände finden wir bei Sennertus sehr vorgeschrittene Ansichten. — Für die Lebewesen nimmt er eigene beseelte Atome an, als solche sieht er auch den Samen an. An eine consequent durchgeführte Atomistik ist bei Sennert allerdings nicht zu denken. Der Zusammenhang zwischen den Elementaratomen und den Atomen der zusammengesetzten Körper ist nicht zu ersehen. Die kleinen Theilchen sind aber auch nicht wahrhafte Atome, sondern vielmehr bloss „Corpuskeln", welche ganz und gar die qualitativen Verschiedenheiten der ganzen Körper besitzen. Aus diesem Grunde erklären sie auch nicht viel, da sie sich nur durch die Grösse von den ganzen Körpern unterscheiden. Dabei ist vieles schwankend und unentschieden und muss nach der Forderung der Wahrscheinlichkeit ergänzt werden, so z. B. die Frage, wie man sich die „prima mixta" vorzustellen habe, am wahrscheinlichsten als Molekel, aus Elementaratomen zusammengesetzt.

Was nun die Frage betrifft, auf welche Weise Sennertus zur Aufstellung seiner Corpusculartheorie gelangt sei, so lässt sich hiefür der folgende einfache Gedankengang andeuten. Eine alte Streitfrage der scholastischen Physik ist die Constitution der „mistio" (μίξις) aus ihren Bestandtheilen, ob dieselben in der Mischung der Elemente, wodurch der neue Körper entsteht, ihre Eigenschaften behalten oder nicht. Nach Aristoteles würden sie dieselben nicht behalten, nach andern Philosophen, besonders den ärztlichen Autoritäten (Hippokrates, Avicenna, Fernel u. a.) würden sie auch in der Verbindung in ihren Eigenschaften beharren. Die Anhänger beider Richtungen aber geben zu, dass die in Verbindung tretenden Theile sich hierbei in kleine Partikeln vertheilen und sich bis zur Berührung annähern. Sennert, der zur Ansicht der Unveränderlichkeit der Körpertheilchen neigt, gelangt zu den atomistischen Philosophen des Alterthums, und sucht nun nach Autoritäten späterer Zeit, um darzuthun, dass es sich um keine neue Lehre handle. Es sind die berühmten Aerzte Avicenna, Fernel, Fracastoro und der gelehrte Jesuit Aguillon*), die er als Gewährsmänner anführt. Jedoch schon in viel älterer Zeit findet sich ein Vertreter der Atomenlehre in Asklepiades von Prusa in Bithynien, dem Zeitgenossen Cicero's, dessen Ansicht über die Constitution der Materie auf Herakleides Pontikos und Ekphantos zurückleitet.

Das grosse Ansehen, das Sennert in der wissenschaftlichen Welt genoss, machte es begreiflich, dass seine Lehren nicht unbeachtet verhallten. In den 1653 zu Wittenberg erschienenen „Institutiones physicae" des Wittenberger Professors Johannes Sperling wird die Atomentheorie in die Lehrbücher der Physik eingeführt, und die vielen Auflagen, welche jenes Lehrbuch erlebte, erlauben den Schluss, dass sich dieselben auch unter der studirenden Jugend Deutschlands verbreitet haben. Auch bei bedeutenden Physikern jener Zeit, wie z. B. bei Otto von Guericke, ist der Einfluss Sennert's wahrzunehmen**). Während somit Gassendi in Frankreich durch Zurückgehen auf Epikuros der Erneuerer der atomistischen Philosophie wurde, hat auch Sennert in Deutschland durch seine Corpusculartheorie dieser fruchtbaren Fundamentalhypothese der neuern Naturforschung die Bahn geebnet.

Wir haben nun noch eine Reihe von Gelehrten anzuführen und kurz von deren Verdiensten um die Förderung der Chemie zu sprechen,

---

*) Siehe oben pag. 327.
**) Ausführlich handelt über diesen Gegenstand: Kurd Lasswitz in seiner Abhandlung: „Die Erneuerung der Atomistik in Deutschland durch Daniel Sennert und sein Zusammenhang mit Asklepiades von Bithynien." Vierteljahrsschrift f. wissenschaftl. Philosophie, III, 4.

besonders was deren, auf die Anschauungen über die moleculare Constitution der Körper bezüglichen, Theil betrifft. Es sind dies die folgenden Männer: **Libau, Borch, Glauber, Becher, Kunckel, Lémery, Homberg, Stahl** und **Varenius**.

Andreas Libau (Libavius), geboren zu Halle, gestorben am 25. Juli 1616 zu Coburg, war Professor der Geschichte und Poesie an der Universität zu Jena, hierauf Gymnasiarch und Physicus zu Rothenburg ob der Tauber, zuletzt Director des Gymnasiums zu Coburg. Seine gesammelten Werke: „Opera omnia medico-chymica" erschienen zu Frankfurt a. M. in 3 Foliobänden 1615. Er ist der Entdecker des flüchtigen Zinnchlorids (Spiritus fumans Libavii) und schrieb eine „Alchemia", welche zu Frankfurt 1595 erschien und als erstes Handbuch der Chemie zu betrachten ist; in demselben wird diese Wissenschaft als die Kunst hingestellt, Arzneimittel zu erzeugen, während sie vordem der Darstellung von Metallen gewidmet gewesen sei. Libavius steht an der Grenze der beiden Anschauungen über den Zweck und die Aufgabe der Chemie und beschäftigt sich daher in seinem Werke auch mit der Metallveredlung.

Ole Borch (Borrichius), geboren zu Synder Borch auf Jütland am 7. April 1626, gestorben zu Kopenhagen am 13. Oktober 1690, war Professor der Chemie und Botanik zu Kopenhagen, ausserdem königlicher Leibarzt. Er verfasste eine Schrift über die Geschichte der Chemie: Dissertatio de ortu et progressu chemiae (Havn. 1688). Gleich Boyle beschäftigte er sich viel mit dem Experimente, durch fortgesetztes Destilliren des Wassers als Bestandtheil desselben Erde zu gewinnen. Auch entdeckte er die Entzündung des Terpentinöls durch Salpetersäure.

Johann Rudolf Glauber, geboren 1603 oder 1604 zu Karlstadt in Franken, gestorben 1668 zu Amsterdam. Er lebte als Chemiker vom Verkaufe verschiedener Heilmittel und chemischer Präparate zu Wien, Salzburg, Frankfurt, Cöln und zuletzt in Holland. In seinen Ansichten über die Zusammensetzung der Stoffe verhält er sich ziemlich schwankend und unbestimmt, am nächsten steht er den drei paracelsischen Elementen. Er ist der Entdecker des Glaubersalzes: Sal mirabile Glauberi. Seine sehr zahlreichen Schriften verfasste er sämmtlich in deutscher Sprache, und ihre Titel bilden ein deutsch-lateinisches Kauderwälsch. In der Abhandlung: „Neue philosophische Oefen oder Beschreibung einer neuen Destillirkunst" (Amsterdam 1648) ist der interessante Versuch über die Verdichtung der Metalle beim Legieren derselben enthalten*).

Johann Joachim Becher, geboren 1635 zu Speier, gestorben 1682 zu London. Eine Zeit lang war er Professor in Mainz, die übrige Zeit seines Lebens war er fast stets auf Reisen. Von seinen Schriften nennen wir bloss: Actorum laboratorii chymici monacensis, seu Physicae sub-

---

*) Siehe oben pag. 323.

terraneae Libri II. Francof. 1669, ferner: Supplementum in physicam subterraneam etc. Ib. 1675. — In der ersten Schrift legt er seine Ansicht über das Feuer dar, welche zur Aufrichtung einer in der Geschichte der Chemie hochbedeutsamen Theorie: der „Phlogistontheorie" geführt hat. Becher stellte sich nämlich das Feuer als eine Art verdünnter Erde (terra rarefacta) vor, welches er für die Ursache der Fähigkeit eines Körpers zum Verbrennen ansah. Diese „terra secunda", wie er sie auch nennt, ist eine entzündliche, fettige oder schweflige Erde (terra inflammabilis, pinguis, vel sulphurea). Aus dieser entzündlichen, elementarischen Erde wurde bei dem Schüler Becher's, Georg Ernst Stahl, das berühmte „Phlogiston". In der Schrift: „De nova temporis dimetiendi ratione et accurata horologiorum ratione" (1680) macht er Huygens die Erfindung der Pendeluhr streitig.

Georg Ernst Stahl, geboren den 21. Oktober 1660 zu Ansbach, gestorben am 14. Mai 1734 zu Berlin. Er war praktischer Arzt und Hofmedicus des Herzogs von Weimar, dann Professor der Medizin an der Universität zu Halle und seitdem in Berlin Leibarzt des Königs. Stahl folgte den Spuren seines Meisters und führte ein allgemeines Prinzip: einen „entzündlichen Grundstoff" (principium inflammabile, ignescibile), das „Phlogiston" in die Chemie ein. Auch Stahl dachte sich diesen Grundstoff in erdiger Form und setzte voraus, dass derselbe das Elementarfeuer oder den Wärmestoff gebunden enthalte. In jedem brennbaren Körper ist nach seiner Ansicht Phlogiston enthalten. Die Metalloxyde oder, wie man sie nannte, Metallkalke werden durch die Aufnahme von Phlogiston zu regulinischen Metallen. Einer der stärksten Beweise für die Existenz des Phlogistons ist die Erzeugung des Schwefels aus Schwefelsäure und Kohle. Die Säure verbindet sich mit dem Phlogiston der Kohle und bildet so den Schwefel. Allerdings fehlte es schon damals nicht an Stimmen[*]), welche gegen die Phlogistontheorie geltend machten, dass die Metalle bei ihrer Verkalkung schwerer werden, was mit der Voraussetzung der Entfernung eines hypothetischen Feuerstoffes nicht vereinbar sei, allein man ging über diese Einwürfe entweder stillschweigend hinweg, oder antwortete mit der Annahme, dass das Phlogiston negative Schwere besitze. Immerhin hatte die Phlogistontheorie den Vortheil, die erste wissenschaftliche chemische Theorie zu sein, welche sämmtliche Erscheinungen unter einen gewissen Gesichtspunkt brachte und somit den Ausbau eines wissenschaftlichen Systemes ermöglichte. Mit dieser Theorie wurde die Chemie zugleich von der auf praktische Ziele gerichteten Tendenz befreit; fortan ist sie ein selbstständiger Zweig der Naturwissenschaft, unabhängig von irgend welchen alchymistischen oder medizinischen Zwecken, wenn sie deshalb auch nicht aufhört, das Interesse der Aerzte in hervorragendem Masse in Anspruch

---

[*]) Z. B. G. F. Stabel in Halle.

zu nehmen. — Von den Schriften Stahl's führen wir nur jene an, in welcher seine Phlogistontheorie entwickelt wird, die Schrift: Zymotechnia fundamentalis s. fermentationis theoria generalis etc. (8°, Halae 1697).

Johann Kunckel von Löwenstjern, geboren zwischen 1630 und 1640 zu Hütten bei Rendsburg, gestorben den 20. März 1703 zu Dreissighufen bei Pernau. Derselbe stammte aus einer alchymistischen Familie und beschäftigte sich schon früh mit pharmaceutischen und alchymistischen Studien. Er war zuerst bei den lauenburgischen Herzögen Franz Karl und Julius Heinrich als herzoglicher Kammerdiener, Alchemist und Hofapotheker angestellt und versuchte Gold zu machen, was aber nicht gelingen wollte. Später übertrat er in die Dienste des Kurfürsten Johann Georg von Sachsen, wo ihm einmal gelingt, eine kleine Menge Silber in Gold umzuwandeln. Als ihm dies zum zweiten Male nicht gelingen will, suspendirt der Kurfürst seinen Gehalt, worauf er in Wittenberg Privatdocent wird. Im Jahre 1679 beruft ihn der grosse Kurfürst (Friedrich Wilhelm von Brandenburg) nach Berlin, wo er sich neben seinen alchymistischen Bestrebungen auf die Verfertigung der goldhältigen Rubingläser verlegt. Nach des Kurfürsten Tode wurde er von Karl XI. nach Schweden gerufen, wo er zum königlichen Bergrath ernannt und mit dem Prädicate „von Löwenstjern" in den Adelstand erhoben wurde.

Kunckel war jedesfalls in den alchymistischen Meinungen seiner Zeit befangen, wenn er auch hie und da durch die Erfolglosigkeit seiner Bemühungen an seiner Kunst irre wird. Dabei führt ihn sein scharfer Verstand oft zu sehr richtigen Bemerkungen, so hat er z. B. die Suche nach dem allgemeinen Lösungsmittel Alkahest zum Abschluss gebracht, indem er durch die einfache Frage, in was für einem Gefässe die glücklichen Besitzer dieses unwiderstehliche Lösungsmittel aufbewahrt haben, die Widersinnigkeit der Annahme eines solchen Stoffes nachwies.

Kunckel hat bedeutende Verdienste um die technische Chemie. Wir wollen hier nur seine Anwendung des Cassius'schen Goldpurpurs zur Erzeugung des Rubinglases erwähnen, das er auf der Pfaueninsel bei Potsdam zuerst erzeugte, ferner die selbstständige Entdeckung des Phosphors, welchen er auf die Nachricht, dass Brandt in Hamburg diesen Stoff aus Urin dargestellt habe, ebenfalls zu erzeugen im Stande ist[*]. — Von seinen Schriften erwähnen wir: Collegium physico-chemico experimentale oder Laboratorium chymicum (8°, Hamburg, Leipzig 1716, posthum erschienen), ferner: Ars vitraria experimentalis, oder vollkommne Glasmacherkunst (Frankfurt und Linz 1679)[**].

---

[*] Veröffentlicht in der Schrift: „Oeffentliche Zuschrift vom Phosphoro mirabili und dessen leuchtenden Wunderpilulen (8°, Leipzig 1678).

[**] Vgl. über Kunckel die Rede Aug. Wilh. Hofmann's: „Berliner Alchemisten und Chemiker. Rückblick auf die Entwicklung der chemischen Wissenschaft in der Mark. Chemische Erinnerungen aus der Berliner Vergangenheit." Berlin 1882.

Nicolas Lémery, geboren am 17. November 1645 zu Rouen, gestorben zu Paris am 19. Juni 1715. Derselbe war Pharmaceut; als Protestant verliess er 1683 sein Vaterland, kehrte jedoch, nachdem er zum Katholizismus übertreten war, wieder zurück und wurde zum Mitgliede der Akademie in Paris ernannt. Er erkannte die Natur des Schwefelantimons und erfand den künstlichen Vulcan aus Eisenfeile und Schwefel. Sein „Cours de chimie", zum erstenmal 1675, zuletzt 1756 erschienen, führte unzählig viele in das Studium der Chemie ein. Seine Vorstellungen bezüglich der Constitution der Verbindungen sind noch vielfach in den paracelsischen Ansichten befangen.

Wilhelm Homberg, geboren 1652 zu Batavia, gestorbem am 24. September 1715 zu Paris, war Advocat in Magdeburg, wo ihn der Verkehr mit Otto von Guericke für die Naturwissenschaften gewann. Er machte hierauf mehrjährige Reisen durch fast ganz Europa, liess sich in Frankreich nieder und wurde, nachdem er zum Katholizismus übertreten war, Mitglied der Akademie in Paris. Schon Lémery, Kunckel und Stahl hatten bemerkt, dass sich verschiedene Mengen gewisser Substanzen (z. B. von Metallen) mit einer und derselben Menge einer andern Substanz (z. B. einer Säure) verbinden, und der letzte der genannten Gelehrten stellt es geradezu als eine für die Chemie der Zukunft zu lösende Aufgabe hin, diese quantitativen Verhältnisse durch den Versuch festzustellen. Auch bei Homberg finden wir schon Andeutungen über die experimentelle Bestimmung der festen Verhältnisse in chemischen Verbindungen, jedoch erst in der zweiten Hälfte des 18. Jahrhunderts kam man der strengen Formulirung des Gesetzes der festen Verhältnisse in den chemischen Verbindungen näher. Homberg ist der Entdecker der Borsäure, des „sel volatil narcotique du vitriol", wie er es nannte. Später wurde es „sal sedativum Hombergi" genannt. Auch einen phosphorescirenden Körper (Chlorcalcium) hat er entdeckt. — Homberg studirte ausserdem die Eigenschaften der batavischen Glastropfen. Er fand, dass diese im luftleeren Raume mit grösserer Heftigkeit und in kleinere Theile zersprangen, als im lufterfüllten Raume. Ueberdies bemerkte er im Vacuum ein schwaches Glimmlicht. Er leitet das Zerspringen der Tropfen von der Elastizität derselben ab, welche die ganze Glasmasse in heftige Erschütterung versetze, sobald man den Stiel des Tropfens abbricht. Die zahlreichen Abhandlungen Homberg's erschienen in den Memoiren der Pariser Akademie.

Die Chemie hat in der von uns besprochenen Periode einen ungeheuren Fortschritt aufzuweisen. Am Anfange des Zeitraums war sie noch in den Banden der Alchymie befangen. Mit der Ausbildung der medizinischen Chemie hat sie schon einen grossen und bedeutsamen Schritt gegen die wissenschaftliche Gestaltung zurückgelegt. Die Phlogistontheorie hat sie in die Reihe der systematisch gefügten Naturwissenschaften gehoben. Es bedurfte einer Anzahl unermüdlicher Forscher, die durch ihre zahllosen Versuche die Erfahrungsthatsachen herbeischafften, auf welche sich jene theoretischen Folgerungen stützen konnten. Und hier müssen wir der Vollständigkeit halber eines Mannes Erwähnung thun, der als der erste Chemiker im modernen Sinne des Wortes betrachtet werden kann. Dieser Mann ist Robert Boyle. Er hat den hochwichtigen Ausspruch gethan, dass die Anzahl der Elemente, „trotz des subtilen Raisonnements der Peripatetiker", wahrscheinlich eine viel grössere sei, als vier*) und dass nur solche Körper als Elemente zu betrachten seien, welche weiter nicht zerlegbar, durch Zersetzung der Körper gewonnen werden und aus denen wieder die Körper zusammengefügt werden können. Die Elemente selbst hält er für verschiedene Zusammensetzungen der kleinsten Theilchen einer und derselben Urmaterie.

Uns interessiren hier vor allem jene Anschauungen und Theorien der Chemiker, welche sich auf die Constitution der Materie beziehen. Wir haben gesehen, wie hauptsächlich die Forscher auf dem Gebiete der Chemie es waren, welche der Corpusculartheorie, der Atomistik den Weg geebnet. Sennert in Deutschland, besonders aber Gassendi in Frankreich sind von verschiedenen Seiten zu ähnlichen Anschauungen gelangt. Allerdings war die Zeit für den völligen Durchbruch dieser einen Grundanschauung unserer modernen Naturwissenschaft noch nicht gekommen, um mit der zweiten Anschauung von gleicher prinzipieller Bedeutung, jener der Auffassung aller Naturvorgänge als Bewegungserscheinungen in fruchtbarer Weise in Verbindung treten zu können. So gross auch die Bedeutung der Erfindung der Gravitationsmechanik von Seiten Newton's für die Entwicklung der physikalischen Wissenschaft war, so haben die Nachfolger Newton's durch die Hypostasirung einer mystischen Kraft, einer mathematischen Fiction, den einerseits mächtig geförderten wissenschaftlichen Entwicklungsprozess auf der anderen Seite fühlbar beeinträchtigt. Erst in unseren Tagen hat die kinetische Atomistik das verlorene Terrain grossentheils zurückerobert. Den Grund, warum die Atomistik am Ende des 17. Jahrhunderts einer weitern Ausbildung nicht fähig war und deshalb ohne weiteres der neuen mathematisch-mechanischen Methode weichen musste, finden wir auch zum Theil darinnen, dass man auf eine, den ältern Ansichten entsprechende falsche Fährte dadurch gerieth, dass man sich um die Qualitäten der Atome bekümmerte, nicht aber um deren Bewegungen, wie es doch der Tendenz der sich eben in jener Zeit mächtig entwickelnden mechanistischen Physik angemessen gewesen wäre **).

---

*) Siehe oben pag. 166.
**) Vgl. den Aufsatz von Kurd Lasswitz: „Der Verfall der ‚kinetischen Atomistik' im siebzehnten Jahrhundert". Poggendorff, Annalen Bd. 153, pag. 373.

II. Buch.

Die neueste Zeit.

Das achtzehnte Jahrhundert. Von Newton's Tod bis zur Entdeckung des Galvanismus (1727—1790).

Bis über das erste Viertel des vorigen Jahrhunderts hinaus reicht jener Zeitraum unserer Darstellung, den wir soeben zum Abschlusse gebracht. Diejenige Periode, welche zu schildern wir uns nun anschicken, hat in gewissem Sinne den Charakter einer Uebergangsperiode, welche das von den Vorfahren übernommene Gut zu bergen sucht, um sich des ererbten Besitzes zu versichern, der um vieles beträchtlicher ist als jenes, was in dieser Zeit frisch erworben wird. Vor Allem ist es wieder die Mechanik, welche — und zwar in immer erhöhterem Masse — das Interesse in Anspruch nimmt. In der Hand Newton's und seiner Zeitgenossen ist es mit Hülfe eines neuen Calculs gelungen, die Mechanik in eine Form zu bringen, welche dem Zwecke entspricht, einer Lehre von den als allgemeine Bewegungsphänomene aufgefassten Naturerscheinungen als Grundlage zu dienen. Dabei wurde die Mathematik in ihrer Wechselbeziehung zur Mechanik immer geschickter gemacht, als Ausdrucksmittel für die Relationen in dieser Wissenschaft gelten zu können, wie ja der Fundamentalausdruck des neuen Calculs: der Differentialquotient einer Funktion die Geschwindigkeit der Veränderung derselben im Sinne einer variablen Grösse ausdrückt, somit zugleich den Fundamentalbegriff der ganzen Bewegungslehre, den der Geschwindigkeit auszudrücken fähig ist. Es darf uns deshalb nicht überraschen, wenn wir in der nun folgenden Periode eine fortwährende enge Beziehung zwischen der Entwickelung des Infinitesimalcalculs und der Consolidirung der Mechanik wahrnehmen, so dass fast jeder Fortschritt in jener Wissenschaft als durch eine Aufgabe in der Bewegungslehre bedingt erscheint. Es sind fast ausschliesslich dieselben Männer, welche beide Disciplinen fördern. So werden die Methoden der Integrirung von Differenzialausdrücken ausgebildet, so wird durch die Behandlung gewisser auf Maxima und Minima von Funktionen bezüglicher Aufgaben aus dem Gebiete der Mechanik die Variationsrechnung gefunden. Dass schliesslich das Werkzeug überwuchert und die Mechanik hie und da bloss die Rechnungsbeispiele für den Calcul zu liefern hat, der gar keinem mechanischen Bedürfnisse entspricht, das ist eine sehr naturgemässe Sache, die sich aus dem geflissentlichen Zurückdrängen der philosophischen Gesichtspunkte vollständig erklärt. Es war eben um jene Zeit die Philosophie als Grundlage jedes wissenschaftlichen Denkens einigermassen in Misskredit gerathen. Wir brauchen bloss auf Newton zu denken, der die Metaphysik eine streitsüchtige Dame nennt, mit der er nichts zu thun haben will und sein Hauptwerk „mathematische Prinzipien" der Naturlehre betitelt: ein Titel, der strenge genommen widerspruchsvoll ist, da die Mathematik, als Werkzeug der Mechanik, dieser Wissenschaft keine Prinzipien zu liefern im Stande ist, dieselben vielmehr bloss metaphysischer Natur sein können. So sehen wir die Mechanik der festen Körper zur systematischen Zusammenfassung gelangen und ihren Triumph in der Anwendung auf das physikalisch-astronomische Problem der drei sich anziehenden, schweren Massen durch Laplace feiern. Ein bedeutender Theil aller physikalischen Bestrebungen in diesem Zeitraume ist der Elektricitätslehre zugewendet. Vor Allem sind es die Grunderscheinungen der statischen Elektricität, welche eingehend und mit Erfolg studirt werden. Ja den Schluss des ganzen Zeitraumes bildet die Entdeckung einer Erscheinungsform der Elektricität, welche bis dahin gänzlich unbekannt war, die des Galvanismus, durch welche unsere Kenntnisse von dem Wesen der Elektricität von Grund aus modifizirt werden. Eine bedeutende Rolle beginnt in diesem Zeitraume auch die Akustik zu spielen, sowie auch die Wärmelehre in den Vordergrund zu treten anfängt. Besonders jedoch ist es die Chemie, welche auch in dieser Periode grosse Fortschritte macht und am Ausgang derselben durch Lavoisier jene wissenschaftliche Grundlage erlangt, auf welcher sie sich gegenwärtig befindet.

Bevor wir nun auf unseren eigentlichen Gegenstand eintreten, empfiehlt es sich, einen allgemeinen Ueberblick auf die culturellen Verhältnisse jener Periode im Allgemeinen und auf die wissenschaftlichen Verhältnisse speziell zu geben. Das achtzehnte Jahrhundert ist die Periode der Aufklärung, welche von philosophischer Seite hauptsächlich durch Leibniz und Locke inaugurirt worden. Es ist eine gewaltige Revolution auf dem Gebiete der Religion, der Philosophie, des Geschmackes, mit einem Worte auf dem Gebiete der ganzen Denkungsweise, welche sich in diesem Jahrhunderte im Schoosse der bedeutendsten Nationen Europas vollzieht. Besonders ist es England und Frankreich, von welchen diese Bewegung ausgeht, die etwas später, allerdings in ganz anderer Form in Deutschland ebenfalls Widerhall findet und einen allgemeinen Umschwung im geistigen Leben verursacht. Wir haben gesehen, wie die Beschäftigung mit den Naturwissenschaften und die consequente Verfolgung der Ziele derselben die aufrichtige religiöse Ueberzeugung nicht ausschliesst. Wir erwähnen unter den vielen Forschern bloss Galilei, Descartes, Pascal und Newton. Im achtzehnten Jahrhundert ist diess anders geworden. Die Forscher dieses Zeitraumes sind zum grossen Theile mit der positiven, herrschenden Kirchenlehre in unversöhnlichem Widerspruche. Es ersteht eine Reihe von Schriftstellern, welche mit den scharfen Waffen der Dialektik und mit jenen des Spottes und Hohnes den bestehenden verknöcherten Prinzipien, der Anschauung über Welt und Leben zu Leibe gehen. Ihr Bestreben, das Bestehende zu stürzen, kann aber nur dann von Erfolg begleitet sein, wenn sie sich ein Publicum verschaffen, wenn sie ihre Schriften in je weiteren Kreisen verbreiten. Dazu war jedoch erforderlich, sich von der gelehrten Art der älteren Schriftsteller loszusagen. Die erwähnten Schriftsteller versuchten in den Landessprachen in leichter, allgemeinverständlicher Sprache auch die schwierigeren Materien zu behandeln. Es waren vor Allem die oberen Stände, an welche diese Schriften gerichtet waren. Diese nahmen dieselben wohl auf, da sie trefflich zu der frivolen Lebensanschauung jener privilegirten Gesellschaftskreise passten, welche mit Wohlbehagen alles zu höhnen und zu verachten liebten, was den niederen Ständen heilig und achtungswerth erschien. So mussten eben jene oberen Stände in ihrer Verblendung der am Ende des Jahrhunderts in Frankreich ausbrechenden grossen Umwälzung alles Bestehenden selbst den Weg ebnen, indem sie jene auf Umsturz aller Einrichtungen zielende Lehre unterstützten und dabei der Verbreitung in die weiteren Kreise der niederen Stände in bemerkenswerther Blindheit keinerlei Hinderniss bereiteten. Die Bewegung ging von England aus. Locke ist hier vor Allem zu nennen, der einerseits dem schwärmerischen Christenthum Pascal's, anderseits dem Pantheismus Spinoza's opponirte. Er selbst war weit davon entfernt, eine Revolution bewirken zu wollen. Er verwahrt sich in seiner Polemik mit dem Bischof von Worcester: Stillingsfleet energisch dagegen, als Feind des Christenthums zu gelten. Sein Schüler Shaftsbury hingegen betrat kühn die Bahn der Gegner des Bestehenden und griff in heftiger Weise das Christenthum an. Der zweite Schriftsteller, den wir anführen, gehört schon in die Reihe der deistischen Philosophen, welche jedoch vom Atheismus der Encyclopädisten nicht sehr weit waren. Es ist dies Toland, der, vom Pantheismus Spinoza's ausgehend, auf ganz und gar materialistische Sätze geräth, wie z. B. den Gedanken: Denken und Bewegung für identisch zu erklären. Das Hauptgewicht legt er jedoch nicht auf den rein theoretisch-philosophischen Gesichtspunkt, er ist vielmehr ein Agitator für gewisse praktische Consequenzen seiner Philosophie. Er ist Republikaner und Gegner der Hierarchie, sowie aller religiösen Bevormundung. Seine Schriften, welche ohne besondere Sorgfalt verfasst sind, haben den Zweck, den Widerstand gegen das Christenthum zu predigen, welches er gleich dem Judenthum für eine reine Staatsreligion erklärt, mit der es dasselbe Bewandtniss habe, wie mit der Staatsreligion der Griechen und Römer, die nur für den ungebildeten Theil des Volkes ehrwürdig war, während sie von den Aufgeklärten nur zum Schein respektirt wurde. Seine Ansichten über das Verhältniss der positiven Religionen zur Vernunftreligion legt er in zwei Schriften dar, welche in ein Buch zusammengefasst im Haag 1709 erschienen sind*). Er führt aus, dass, wenn man die Wahl hätte, entweder an gar keinen Gott zu glauben, oder an den von den heidnischen und jüdischen Priestern aufgestellten, es besser wäre, das Erste zu wählen. Den richtigen Glauben findet er in der Ueberzeugung und in der Gesinnung eines rechtlichen Mannes, welche die Mitte hält zwischen dem Atheismus und dem Gewohnheitsglauben, den er Superstition nennt. Er fordert die Menschen auf, bloss an das zu glauben, was in unmittelbarem Bewusstsein gegründet erscheint und bloss den einzig reellen Gütern: der Gesundheit, Wahrheit und Freiheit nachzustreben.

Viel weniger radikal ging der Freund Toland's Collins zu Werke. Er griff nicht die Religion selbst, sondern bloss die beschränkten Theologen an, welche der geänderten Denkungsweise aller Gebildeten zum Trotze unentwegt so dachten und schrieben, als steckten sie noch im tiefsten Mittelalter. Die Schriften Collins' wurden besonders von den späteren französischen Aufklärern als willkommene Fundgrube benützt, so wie sie anderseits eben auf Veranlassung von Holbach und Diderot, zur Zeit des höchsten Ansehens jener Schriftsteller, in das Französische übertragen wurden. Wir übergehen nun eine ganze Reihe ähnlicher Philosophen, welche sich in mehr oder minder energischer Weise gegen das Christenthum der Theologen und Pfaffen wendeten, indem wir uns begnügen, die Namen der hervorragenderen zu nennen — es sind diess Tindal, Wollaston, Morgan, Mandeville und Chubb — um auf den unmittelbaren Vorläufer Voltaire's, den Minister der Königin Anna: Lord Bolingbroke, zu kommen. Dieser gewandte, geistreiche Schriftsteller, der durch seine Stellung in der Gesellschaft und im Staate seinen Meinungen und Ansichten einen besonderen Nachdruck zu geben im Stande war, verstand nicht bloss, das Bestehende zu bestreiten und

---

*) Der Titel dieses seltenen Buches lautet folgendermassen: „Adeisidaemon sive Titus Livius, a superstitione vindicatus. In qua dissertatione probatur, Livium Historicum in Sacris, Prodigiis, et Ostentis Romanorum enarrandis haud quaquam fuisse credulum aut superstitiosum; ipsamque superstitionem non minus Reipublicae (si non magis) exitiosam esse, quam purum putum Atheismum. Autore J. Toland. Annexae sunt ejusdem Origines Judaicae. Hagae Comitis 1709." 12⁰.

niederzureissen, sondern er hatte auch die Gabe, Neues an dessen Stelle zu setzen. Er erklärt den bestehenden Verhältnissen den Krieg und kämpft für die Rechte des Volkes. Die grossen Erfolge der Wissenschaft, besonders der Mathematik und der Naturwissenschaften, erkennt er an, jedoch ist ihm alle Wissenschaft bloss Mittel zum Zwecke, welcher in der Anwendung derselben im Gewerbe, zur Erhöhung des Lebensgenusses u. s. f. besteht. Reines Wissen, das Forschen nach Erkenntniss um ihrer selbst willen ist ihm ganz und gar fremd. Besonders sind es seine „Briefe über das Studium der Geschichte" und seine Briefe an Windham und Pope, welche diese Ansichten zum Ausdruck bringen*).

Die auf Aufklärung gerichtete geistige Bewegung in England pflanzte sich zuerst nach Frankreich fort, wo sie lebhaften Widerhall hervorrief und einen Prozess einleitete, der zur völligen Umwälzung alles Bestehenden führte. Viel länger dauerte es in Deutschland, welches nach den Erschütterungen eines, lange Jahrzehnte andauernden Krieges, auch in diesem Jahrhunderte noch nicht zur Ruhe kommen konnte. In Frankreich ist es vor Allem Voltaire, der in die Fussstapfen der englischen Aufklärer tritt und überall gegen das Alte und dessen Missbräuche ankämpft. Da wir noch an einer anderen Stelle über den berühmten Literaten zu sprechen haben werden, so beschränken wir uns hier bloss auf eine Andeutung seines Einflusses auf das geistige Leben seiner Zeit. In poetischen Werken, philosophischen und historischen Schriften, sowie in Tendenznovellen und Romanen, griff er mit einem blendenden Aufwande von Geist, Witz und Hohn die bestehenden Verhältnisse an, indem er die Blössen jener Stände, in denen er sich bewegt, die er ausschliesslich kennt, in schonungslosester Weise aufdeckt. Ohne Erbarmen geht er der Heuchelei, der Sophistik des Clerus zu Leibe und kämpft mit Erbitterung gegen die Uebergriffe und den Uebermuth der adeligen Kaste. Voltaire ist von der kirchlichen Lehre ebensoweit entfernt, als von dem Materialismus der Encyclopädisten, deren Bibel: „das System der Natur" Holbach's er in seinem philosophischen Wörterbuche im Artikel „Stil" und „Gott" heftig angreift, und dessen unphilosophisches Gefüge er grell hervorhebt. Seine philosophischen Gedanken hat er im Geiste und Geschmacke seiner Zeit in einer Art von philosophischem Wörterbuch vereinigt. Dieses „Dictionnaire" erschien später unter dem Titel „Raison". Mit einer ähnlichen Sammlung von Aufsätzen: „Questions sur l'Encyclopédie" und den Artikeln, welche er für die grosse Encyclopädie geschrieben hatte, erschienen diese Arbeiten vereinigt in einem Werke unter dem Titel: „Dictionnaire philosophique", in welchem die Gedanken und Einfälle des Verfassers über verschiedene philosophische Materien in alphabetischer

---

*) Ueber Lord Bolingbroke ist in neuester Zeit eine ausführliche Schrift erschienen: Moritz Brosch: „Lord Bolingbroke und die Whigs und Tories seiner Zeit." Frankf. 1883.

Reihenfolge geordnet sind. — Voltaire's Schriften sind, vom wissenschaftlichen Standpunkte betrachtet, ziemlich werthlos. Er bestreitet philosophische Systeme, ohne sie gründlich zu kennen, er schreibt Geschichte, ohne auf historische Treue viel zu geben. Bei ihm ist eben immer die Tendenz die Hauptsache, und bei jeder Schrift verfolgt er einen bestimmten Zweck. So war denn die Wirkung derselben eine sehr verschiedene. Durch ihre reformatorischen Ideen, in blendendem, geistreichen Stile überzeugend vorgetragen, trugen sie wesentlich zur Beseitigung der mittelalterlichen Reste der Denkungsweise, sowie der staatlichen Einrichtungen bei, die sich längst überlebt hatten; durch die frivole Weise des Autors, die des sittlichen Ernstes fast ganz bar ist, konnten sie jedoch bloss eine demoralisirende Wirkung haben, welche, sobald sie aus den Büchern und den Salons in die grossen Massen des Volkes drang, wie ein Seuchengift wirken musste, dessen Wirkungen sich dann auch in den Abirrungen der grossen Revolution deutlich verfolgen lassen. — Ueber die nun zu erwähnenden Schriftsteller Montesquieu und Rousseau haben wir nur Weniges zu bemerken. Ihre Thätigkeit ist im Wesentlichen eine aufbauende, sie stellen Ideale von Gesellschaften und Staatsverfassungen auf, der letztere entwirft ausserdem das ideale Bild einer naturgemässen Erziehung. Alles diess ist noch weit von der Realisirbarkeit entfernt, jedoch die in den Schriften jener Gelehrten niedergelegten Ideen tragen den Keim ihrer Entwickelung in sich nnd betheiligen sich in hohem Masse an der Neugestaltung der Dinge. — Eine eigenthümliche Erscheinung jener Tage sind die Pariser Salons, welche die bedeutendsten Köpfe in sich versammelten und einerseits durch den in denselben stattfindenden Ideenaustausch auf die einzelnen Besucher in hohem Masse anregend wirkten, anderseits zur Verbreitung der angeregten Ideen in weiteren Kreisen beitrugen. Es waren diess vornehmlich die Salons der Tencin, der Mutter des berühmten d'Alembert, der Geoffrin, Deffant, l'Espinasse, Poplinière u. s. w. Ferner sind hieher noch zu rechnen die Zusammenkünfte bei Holbach und Grimm, wo das Hauptlager der Materialisten war. — Unter jenen Faktoren, welche auf die gesammte Denkweise des achtzehnten Jahrhunderts von grossem Einflusse waren, ist noch die Encyclopädie zu erwähnen, jenes französische Realwörterbuch aller Wissenschaften, welches die von den Aufklärern veröffentlichten Ansichten über die verschiedenen Fächer der menschlichen Wissenschaft, über die verschiedenen Staatseinrichtungen, gesellschaftliche, religiöse, mit einem Worte über alle möglichen Verhältnisse und zwar unter allen Ständen verbreiten sollte. Dieses Realwörterbuch aller Wissenschaften, Künste, Gewerbe und Handwerke wurde mit viel Geräusch angekündigt. Diderot wurde mit der Redaktion betraut, d'Alembert schrieb eine Einleitung dazu, die in ihrer Art ein Meisterstück in classischer Form genannt zu werden verdient. Diderot sollte mit d'Alembert, der sich jedoch bald zurückzog, die einzelnen Artikel durchsehen; zugleich übernahm er ausser den Artikeln über die älteste Philosophie, auch diejenigen über Künste und Gewerbe. Da mit der Zeit die anderen Genossen zurücktraten, so musste er unbedeutende, bloss für den Verdienst arbeitende Leute für die Verfassung der meisten Artikel werben, deren Arbeiten denn auch von sehr geringem Werthe sind. Im Jahre 1750 erschien der von Diderot selbst verfasste Prospectus, 1765 erschienen die letzten Bände des Werkes. Dasselbe wurde während seines Erscheinens einigemale verboten und wieder erlaubt; als die im Geheimen vorbereiteten letzten zehn Bände auf einmal erschienen und das Werk somit vollendet war, wurde der Verleger desselben in die Bastille gesteckt. Allein man verstand es, den König für das Werk einzunehmen, in Folge dessen es geduldet wurde.

Von den Collegen und Gesinnungsgenossen Diderot's erwähnen wir Helvetius, der als Generalpächter schon in seinen jungen Jahren reich geworden war und nun aus dilettantischem Interesse sich mit Poesie, Philosophie und Politik beschäftigte, ferner den Baron Holbach, der durch das: „System der Natur" seinem Namen eine gewisse Berühmtheit verschaffte. — Das seiner Zeit epochemachende Werk des Helvetius „Vom Geiste", das von der ganzen damaligen „grossen Welt" — die Fürsten der europäischen Staaten nicht ausgeschlossen — als ein Orakel angesehen wurde, war bloss seines Inhalts wegen, der die ganze Lebensweisheit jener Kreise umfasste, geschätzt, da der Stil des Buches ungemein trocken und ziemlich ungeniessbar war. Helvetius stellt am Eingange seines Werkes den Satz als Axiom auf, dass alle unsere Vorstellungen nur von den sinnlichen Eindrücken und dem Gedächtniss herstammen. Geist nennt er das Vermögen, die Verhältnisse jener sinnlich vermittelten Vorstellungen zu einander und in Beziehung zu unserer Persönlichkeit aufzufassen. Der Irrthum entsteht durch Leidenschaft, Unwissenheit oder durch den Missbrauch von Worten. Die metaphysische Grundlage seines philosophischen Systemes ist der Materialismus, dessen Consequenz auf dem Gebiete der praktischen Philosophie die Verkündigung des Egoismus als höchstes Prinzip ist. Moralische Freiheit existirt nicht, bloss physische. Die Folgerungen, welche er aus seinen Grundsätzen für die praktische Philosophie zieht, sind grossentheils ganz und gar verwerflich. Rechtschaffenheit, Tugend entspringen bloss aus der Gewohnheit, solche Handlungen zu vollbringen, welche dem Einzelnen oder einer grösseren Anzahl von Menschen zum Vortheile gereichen u. s. f. Ein zweites Werk desselben Verfassers: „De l'homme", führt die Ideen der vorigen Schrift weitläufiger aus und hat besonders eine stark hervorgehobene politische Tendenz. Die Sprache desselben ist so kühn, als wäre es unmittelbar vor dem Ausbruche der Revolution geschrieben. Das Werk Holbach's, das er unter Mitwirkung seiner atheistischen Genossenschaft verfasst hat, das „Système de la nature ou des lois du monde physique et moral", erschien im Jahre 1770 in zwei

Bänden unter dem gefälschten Autornamen Mirabaud und erregte durch seine rücksichtslose Sprache, den Geist des Widerspruchs gegen alles Bestehende, grosses Aufsehen, trotzdem es ebenfalls in trockenem Tone und schlechtem Stile geschrieben ist. Im Grund genommen enthält es bloss die Maximen, welche seit längerer Zeit in der höheren Gesellschaft gegolten hatten, in ein System zusammengefasst. Hauptsächlich wird gegen die Physikotheologie und Teleologie angekämpft und dafür ein starrer Weltmechanismus gesetzt, der allerdings viel dogmatischer auftritt, als jene älteren Systeme. Die praktischen Consequenzen dieser Philosophie sind ebenso unmoralisch, als jene der Schriften des Helvetius: die Moral wird nämlich als Vorurtheil, Gewohnheit und Instinkt hingestellt. Der Mensch ist von Natur aus genöthigt, sein eigenes Wohlsein zu lieben, folglich ist er gezwungen, dasselbe durch irgendwelche, ob tugendhafte, oder nicht tugendhafte Mittel zu fördern. Die Schriften Voltaire's, Diderot's, Helvetius' und Holbach's enthielten die französische Revolution mit allen ihren staatlichen und gesellschaftlichen Umwälzungen gleichsam in potentieller Form in sich. Es bedurfte nur der Auslösung der schlummernden Kräfte, um die ganze umwälzende Bewegung zur That werden zu lassen.

In Deutschland dauerte es lange Zeit, bis sich die neuen Ideen in weiteren Kreisen Bahn brachen. Der durch die protestantischen Theologen auf die Geister geübte Druck lastete fast noch schwerer, als der der Jesuiten im katholischen Frankreich. An den Fürstenhöfen hatte die neue Lehre allerdings bald Anhänger gefunden, jedoch selbst die gebildeten und gelehrten Stände blieben den neuen fortschrittlichen Ideen lange unzugänglich. Die grosse Schwierigkeit bestand vor allem darinnen, die Volkssprache zur Literatursprache zu erheben. Selbst Leibniz wagte es noch nicht, sich in seinen Schriften der Sprache Luthers zu bedienen, da er sonst nicht darauf rechnen konnte, dass er unter den Franzosen und Engländern Leser finden werde, ja er konnte diess nicht einmal von seinen Deutschen, deren gebildete Klassen viel lieber französische Bücher lasen, erwarten. Die Bewegung auf religiösem Gebiete wurde in Deutschland durch die Pietisten eingeleitet, die sich allerdings bloss gegen die Staatskirche mit ihren Consistorien und Glaubensformeln auflehnten. Vor allem ist hier Christian Thomasius zu erwähnen, der im Jahre 1688 die erste Vorlesung in deutscher Sprache ankündigte und so die Landessprache als Gelehrtensprache zu benützen begann, der gegen die Hexenprozesse energisch auftrat und gegen die Anwendung der Tortur ankämpfte. Der Nachfolger Thomasius' war der bekannte Christian Wolf in Halle*), der hauptsächlich Leibnizens Ideen popularisirte, im Ganzen jedoch eine eklektische Philosophie pflegte, indem er ausser den Sätzen des genannten Philosophen auch die Meinungen

---

*) Siehe oben pag. 320.

anderer Denker für sein System verwerthete. Die Grundlage seiner Philosophie bildet der Descartes'sche Dualismus; bezüglich seiner Methode ist zu bemerken, dass er alles der Prüfung der Vernunft unterwirft, überall die Wahrheit vom Falschen abzuscheiden bemüht ist. Kant rühmt ihn als den Urheber des erloschenen Geistes der Gründlichkeit, Hegel nennt ihn den Lehrer Deutschlands. Von ihm geht der deutsche Rationalismus aus, er hat durch Verfolgung der leibnizischen Richtung die deutsche Aufklärung begründet. Vom Könige Friedrich Wilhelm I. aus Halle vertrieben, wurde er von Friedrich dem Grossen, unmittelbar nach dessen Regierungsantritte, wieder zurückgerufen, der an ihn die Worte richtete: „Die Philosophen sollen die Lehrer des Universums und „die Erzieher der Fürsten sein; sie sollen folgerichtig denken, wir folge‑ „richtig handeln; sie sollen die Menschheit durch Vernunftgründe, wir „durch das Beispiel unterweisen; sie sollen entdecken, wir ausführen." — Langsam brach sich nun auch in Deutschland die Aufklärung Bahn. Es sind hier besonders Spalding und Reimarus zu nennen, welche auf religiösem Gebiete Aufklärung verbreiteten, ferner Justus Möser und F. C. von Moser, welche Fortschritte auch auf dem Gebiete des staatlichen Lebens, der Regierung und Verwaltung anstrebten, schliesslich Michaelis und Semler, welche gegen das bestehende theologische System, wenn auch mit grosser Reserve ankämpften. Endlich sind die grossen Aufklärer auf dem Throne: Friedrich der Grosse und Kaiser Josef II. zu erwähnen, die in sehr verschiedener Weise ähnlichen Zielen zustrebten.

Wir haben in dieser kurzen Skizze, die auf Vollständigkeit keinen Anspruch macht, versucht, die bedeutendsten Schriftsteller anzuführen, die auf die Denkweise des vorigen Jahrhunderts von Einfluss waren und den doppelten Zweck verfolgten, die Ergebnisse der Wissenschaft einem grösseren Kreise oder dem Volke selbst zugänglich zu machen, das ist die Aufklärung zu verbreiten und zweitens die zahlreichen Reste der mittelalterlichen feudalen, hierarchischen Zeiten zu beseitigen, was unvermerkt zum Umsturze der staatlichen und socialen Verhältnisse führte; darinnen bestand eben die revolutionäre Tendenz jener Literatur der Aufklärung.

Der menschliche Geist ist stets geneigt zu generalisiren. Jeder allgemeine Satz, der eine Reihe von Fällen in sich begreift, wird als allgemeine Weltformel aufgefasst, welcher sämmtliche Erscheinungen untergestellt werden. So entstanden von jeher die philosophischen Systeme durch das Bestreben, eine gewisse Idee, welche durch den grossen Kreis von Begriffen, den sie umfasst, hiezu passend schien, als allumfassend über sämmtliche Dinge auszudehnen. Da nun aber jeder Idee, als eines im menschlichen Geist entstandenen Bildes, die Subjectivität eben dieses Geistes anklebt, so konnte dieses Streben von allgemeinem, vollständigem Erfolge niemals begleitet sein; jedes philosophische System kann vielmehr bloss im eigentlichen Gebiete der systembegründenden Fundamentalidee den zu erklärenden Dingen vollständig gerecht werden. Wenn wir uns die Entstehungsgeschichte der metaphysischen Systeme vor Augen halten, so kann es uns nicht im mindesten überraschen, wenn wir wahrnehmen, wie die Entwickelung der Gravitationsmechanik, welche die erst durch Coppernicus und Keppler richtig erklärten Bewegungsphänomene auf ein einfaches mechanisches Prinzip zurückführte, sofort von den Philosophen ausgenützt wurde. Alsbald bemächtigte sich die Spekulation des neu erworbenen Fundamentes, um auf demselben, von allerdings wenig berufenen Händen, ein Gebäude errichten zu lassen, ein philosophisches System, welches die ganze Welt der Erscheinungen auf materiellem sowohl als auf geistigem Gebiete auf Bewegungserscheinungen zurückzuführen versuchte. Es kam diese Idee eben zu sehr gelegener Zeit, um einem Systeme als Grundlage zu dienen: dem Materialismus, der sich theilweise wenigstens an andere zeitgemässe Systeme: den Pantheismus und die leibnizische Monadenlehre anlehnen konnte und dabei eine wuchtige Waffe in den Händen der Aufklärer war, um gegen die alten Einrichtungen: den Kirchenglauben, das Bevormundungssystem und das riesige Uebergewicht einiger privilegirter Stände anzukämpfen. Unbekümmert um diese Nutzanwendung, welche von den neuen Errungenschaften der Naturwissenschaften auf mehr oder weniger unbefugte Weise gemacht wurden, entwickelten sich die physikalischen Wissenschaften auf sicherem Grunde. Die Astronomie erhielt durch Anfügung der physikalischen Astronomie einen stattlichen Zubau, der am Ende unseres Zeitraumes zur Mechanik des Himmels wurde; die Mechanik wurde durch Zurückführung auf einige allgemeine prinzipielle Sätze in ein System gebracht, daneben war es hauptsächlich die Lehre von der Elektricität, welche in dieser Periode einen ungewohnten Aufschwung nahm, während auch die anderen schon in den früheren Jahrhunderten bearbeiteten Erscheinungskreise ebenfalls nennenswerthe Errungenschaften aufzuweisen haben. Wir werden an erster Stelle uns mit jenen Forschern beschäftigen, welche die Mechanik und die physikalische Astronomie gefördert haben und dieselben in gewohnter Weise um die hervorragenden Forscher gruppiren. Wir erhalten dadurch die folgenden Abschnitte: Jacob, Johann und Daniel Bernoulli, Euler, d'Alembert, Lagrange, Kant und Laplace. Die Fortschritte auf dem Gebiete der Elektricitätslehre vereinigen die folgenden Abschnitte in sich: Franklin, Coulomb, Galvani, Volta, die Chemie vertritt Lavoisier, hierauf folgt die Erfindung der Luftschifffahrt in dem Abschnitte Montgolfier, für die Akustik der Abschnitt Chladni, für die Wärme- und Gastheorie die Abschnitte: Watt, Rumford und Dalton, den Uebergang von der Emanationstheorie zur Undulationstheorie des Lichtes vertritt Thomas Young.

Jacob, Johann und Daniel Bernoulli.

Die Familie Bernoulli stammt aus den Niederlanden. Der Kaufmann Jacob Bernoulli übersiedelte im Jahre 1568 aus Antwerpen, wahrscheinlich um den Religionsverfolgungen unter dem Herzog Alba zu entgehen, nach Frankfurt a. M. und von hier 1622 nach Basel. Sein Sohn Nicolaus, der ebenfalls Kaufmann war, hatte 11 Kinder, das fünfte war Jacob Bernoulli, das zehnte Johann Bernoulli, die beiden berühmten Mathematiker, von denen wir hier zu sprechen haben. Die Mitglieder der Familie Bernoulli bekleideten über 100 Jahre mathematische Lehrstühle an der Universität ihrer Vaterstadt.

Jacob Bernoulli wurde am 25. Dezember 1654 alten Stiles, d. i. am 6. Januar 1655 neuen Stiles zu Basel geboren. Seine Eltern hatten ihn zum geistlichen Stande der reformirten Kirche bestimmt, er studirte deshalb Theologie und die als Vorstudien hiezu geforderten anderen wissenschaftlichen Fächer an der Universität zu Basel. Durch Zufall waren ihm einige geometrische Figuren in die Hände gekommen und hatten die in ihm schlummernde Neigung für diese Wissenschaft wachgerufen. Dem Willen seiner Eltern und seiner Familie entgegen, verlegte er sich nun auf mathematische Studien, die ihm ohne Lehrer und fast ohne Bücher sehr schwer wurden. Besonders war es das Studium der Astronomie, das er mit Eifer betrieb. In den Jahren von 1676—1682 machte er eine grössere Reise, zuerst durch die Schweiz und einen Theil von Frankreich, hierauf durch die Niederlande und England, wo er mit Bayle bekannt und befreundet wurde. Nach seiner Rückkunft beschäftigte er sich mit physikalischen Versuchen. Im Jahre 1684 heirathete er; die hiedurch eingegangenen Familienverhältnisse hinderten ihn, einen 1687 an ihn ergangenen Ruf an die Heidelberger Universität anzunehmen. Jedoch erhielt er später durch den Tod Peter Megerlin's eine Lehrkanzel in seiner Vaterstadt, welche er mit solchem Erfolge einnahm, dass sich alsbald aus den verschiedensten Ländern Studirende einfanden. Da er die Missstände an der Universität rügte, wurde ihm die Professur für einige Zeit entzogen. Aus jener Zeit stammt auch der für die mathematischen Wissenschaften wichtige Briefwechsel mit Leibniz, der in Gerhardt's „Leibnizens mathematische Schriften" fast vollständig abgedruckt ist. Von jener Zeit an war Bernoulli auch als Mitarbeiter der „Acta Eruditorum" thätig; die in jener wissenschaftlichen Zeitschrift über reine und angewandte Mathematik erschienenen Abhandlungen machen den grössten Theil seiner Werke aus. Seit 1696 war er Mitglied der Pariser, seit 1701 Mitglied der Berliner Akademie. — Jacob Bernoulli wurde bloss 51 Jahre 7 Monate alt und starb am 16. August 1705. Als Grabschrift hatte er seine bedeutendste geometrische Erfindung: die logarithmische Spirale abbilden lassen, mit der Unterschrift: Eadem mutata resurgo.

Jacob Bernoulli wurde durch die Abhandlung Leibnizens: „Nova methodus pro maximis et minimis, itemque tangentibus, quae nec fractas, nec irrationales quantitates moratur: et singulare pro illis calculi genus", die in den „Acta Eruditorum" vom Jahre 1684 erschien, auf das Studium des neuen Calculs geleitet. Seine erste Leistung auf diesem Gebiete war die Lösung der von Leibniz gestellten Aufgabe, die Curve isochronen Falles betreffend. Unter dieser Curve verstand man die Bahn eines auf einer krummen Linie herabsinkenden Körpers, der im vertikalen Sinne mit constanter Geschwindigkeit nach abwärts geht, also in lothrechter Richtung in gleichen Zeiten gleiche Wege zurücklegt. Bernoulli veröffentlichte die Lösung in der Mainummer des Jahres 1690 der „Acta Erud.", im selben Jahre mit Huygens, der die Aufgabe auf synthetischem Wege gelöst hatte. Er zeigte, dass die gewünschte Curve eine sog. höhere und zwar eine cubische Parabel sei[*], deren Axe im Horizont liegt und deren concave Seite nach aufwärts gerichtet ist. Ihre Eigenschaft wurde durch die Benennung: „Curva descensus aequabilis" ausgedrückt. Leibniz stellte nun eine andere Aufgabe, welche Bernoulli im Jahre 1694 analytisch löste. Es sollte nämlich diejenige Bahncurve gefunden werden, in welcher ein Körper fallen müsste, damit er sich gleichzeitig einem gegebenen Punkte gleichmässig annähere oder sich von demselben in gleichmässiger Bewegung entferne. Leibniz nannte diese krumme Linie: „Isochrona paracentrica". Die Auflösung Bernoulli's findet sich im Augusthefte der „Acta Erud." aus dem Jahre 1694.

Jacob Bernoulli hatte sich der Erziehung seines um 13 Jahre jüngeren Bruders angenommen und war dessen Lehrer in der Mathematik. Als er das Problem der Kettenlinie den Gelehrten Europa's vorlegte (im Maihefte der „Acta Erud." Jahrgang 1691), lief neben den Auflösungen von Leibniz und Huygens auch eine von Johann Bernoulli ein; sämmtliche erschienen im Jahrgange 1691 der „Acta Eruditorum". Es ist einigermassen wahrscheinlich, dass bei dieser Arbeit des jüngeren Bruders auch der ältere mitgeholfen habe. Jacob Bernoulli erweiterte später die Aufgabe, indem er das Problem der durchwegs gleich schweren Kette auf ungleich schwere Ketten und Seile erweiterte. Ein anderes Problem ist das der sog. Segelcurve, welche ebenfalls eine Kettenlinie ist.

Die durch Leibniz wieder in Schwung gebrachte Weise der Mathematiker, sich gegenseitig Aufgaben zur Lösung vorzulegen, hatte einen beträchtlichen Antheil an der raschen Entwickelung der Infinitesi-

---

[*] Ihre Gleichung ist: $y^3 = ax^2$, sie ist die Evolute der gewöhnlichen Parabel. Sie wurde von Fermat u. A. unter allen Curven zuerst rectifizirt.

malrechnung und zwar waren es hauptsächlich mechanische Probleme, welche die zweckmässigsten Beispiele lieferten. Ein solches berühmtes Problem war das durch Johann Bernoulli im Jahre 1696 vorgelegte der „Brachystochrone", nämlich die Aufgabe, diejenige Curve zwischen zwei — nicht in einer Vertikalen liegenden — Punkten zu finden, auf deren concaver Seite ein schwerer Körper in der kürzesten Zeit herabfallen würde. Leibniz soll die Lösung allsogleich gefunden haben, verbarg sie jedoch, sowie Johann Bernoulli selbst. Der letztere hatte ein Jahr als Frist gesetzt, jedoch schon vor Ablauf derselben erschienen die Lösungen von Newton, dem Marquis l'Hôpital und Jacob Bernoulli, welche sämmtlich die gemeine Cycloide, deren Basis eine horizontale Linie ist, als die gewünschte Curve angaben. Jacob Bernoulli veröffentlichte die Auflösung in den „Acta Eruditorum" von 1697, bei welcher Gelegenheit er zwei neue Aufgaben stellte, deren eine, die isoperimetrische den Grund zum Variationscalcul legte.

Johann Bernoulli, der jüngere Bruder Jacob's wurde am 27. Juli 1667 alten Stiles, d. h. am 6. August neuen Stiles zu Basel geboren. Von seinen Eltern zum Kaufmannsstande und später zum Arzte bestimmt, wendete sich auch dieser Sohn Nicolaus Bernoulli's von der ihm Seitens seiner Eltern vorgezeichneten Bahn ab, um sich einer wissenschaftlichen Laufbahn zu widmen. Sein Bruder war zugleich sein eifriger Lehrer, mit dem er in späteren Jahren bezüglich wissenschaftlicher Arbeiten und Entdeckungen wetteiferte. Wie wir weiter oben erwähnten, stellte er das Problem der Brachystochrone auf, auf welches schon Galilei gewiesen hatte, ohne es jedoch lösen zu können. Nachdem er von einer Reise durch Frankreich, auf welcher er auch die Bekanntschaft l'Hôpital's gemacht hatte, zurückgekehrt war, lebte er anfänglich mit seinem Bruder im besten Einvernehmen, später jedoch, als der ältere der Brüder, Jacob, ein gewisses Uebergewicht über seinen jüngeren Bruder für sich beanspruchte und durch Kränklichkeit reizbar gemacht, dem hohen Selbstgefühle des jüngeren Bruders zu nahe trat, da entspann sich eine heftige Feindschaft zwischen den beiden. Johann Bernoulli war auf die Empfehlung Huygens' 1695 zum Professor der Mathematik und Physik nach Gröningen berufen worden. Im Jahre 1705 kehrte er in seine Vaterstadt zurück und trat nach seines Bruders Tode dessen Lehrkanzel an. Er blieb an dieser Stelle 42 Jahre lang und schlug anderweitige Berufungen an fremde Universitäten: Leyden, Padua, Gröningen und Berlin aus. Mit Leibniz unterhielt er, gleich seinem Bruder, einen für die Wissenschaft höchst werthvollen Briefwechsel. In der Differenzial- und Integralrechnung beschäftigte er sich mit der Differentiation und Integration gebrochener Funktionen, deren Exponent variabel ist, ferner mit der Integration rationeller Brüche. In Gröningen wurde er von den Theologen heftig angefeindet wegen seiner Abhandlnng „Ueber die Ernährung", in welcher er den Stoffwechsel im menschlichen Körper, dessen tägliche Erneuerung durch den Verlust abgenützter Theile und die Ersetzung durch die Ernährung lehrte. Die Theologen fanden nämlich, dass diese Lehre dem Dogma von der Auferstehung der Todten widerspreche. In der Abhandlung „Ueber die Bewegung der Muskeln" versuchte er deren mechanische Effekte auf dem Wege der Rechnung festzustellen. In seiner Schrift „Ueber die Gährung" (Diss. de effervescentia et fermentatione. Basil. 1690) entwickelt er sehr wichtige Sätze über die Gase. Er macht die Bemerkung, dass die Gasblasen, welche aus dem erhitzten Wasser zuerst aufsteigen, aus reiner atmosphärischer Luft bestehen, dass Fische aus diesem Grunde in ausgekochtem Wasser nicht leben können, da sie ebenfalls gleich allen anderen Thieren bloss Luft athmen, und dass die Kiemen jene Organe seien, welche die Ausscheidung der Luft aus dem Wasser bewerkstelligen. Er fand ferner, dass sich ein gasförmiger Körper in der Kreide befinde, der sich durch eine Säure entbinden lasse. Zur Darstellung bediente er sich eines mit Flüssigkeit gefüllten, verkehrt in eine grössere Flüssigkeitsmenge gestülpten Glascylinders, aus dem das sich entwickelnde Gas die Flüssigkeit austreibt. Die aus der Kreide genommene Kohlensäure, die in grossen Blasen frei wird, kennt und untersucht er nicht näher. Auch beim Brote ist es nach seiner Bemerkung das Gas, das sich aus dem Teige während dessen Gährung entwickelt, welches denselben schwammig auflockert. — Interessante Versuche stellte er über die Explosionskraft des Schiesspulvers an, welche er aus der ungeheuren Menge des durch die Verbrennung frei werdenden Gases erklärt. Er nahm zu diesem Behufe eine Retorte mit langem Halse, in welche er 4 Gramm Schiesspulver brachte und senkte das Ende des Retortenhalses unter Wasser. Wenn er nun das Pulver mit Hülfe einer Brennlinse entzündete, so wurde das Wasser im Halse der Retorte zurückgedrängt. Bernoulli berechnete aus dieser Volumvergrösserung des abgeschlossenen Luftraumes im Verhältnisse zum ursprünglichen Volumen des Schiesspulvers, dass dieses im gasförmigen Zustande einen mehr als hundertfach grösseren Raum einnehmen werde, als im festen Zustande. Diese Rechnung ist nun allerdings ganz und gar falsch, da die aus dem Schiesspulver frei werdenden Gase einen fast zweitausendfach grösseren Raum einnehmen, als das feste Pulver, jedoch konnte die Messung Bernoulli's nicht genauer ausfallen, da er die Gase mit Wasser in Berührung brachte, welches einen Theil derselben verschluckte und da überdiess die ganze Ausführung des Versuches keine grosse Genauigkeit zuliess. Johann Bernoulli war mit Leibniz befreundet und einer der ersten, welche die Erstlingsarbeiten Euler's in ihrer ganzen Bedeutung auffassten. Er war Mitglied der Akademien zu Paris, Berlin, London, St. Petersburg und Bologna.

Ueber die Biographie Jacob Bernoulli's finden wir Ausführlicheres in folgenden Schriften: Battier, Vita Jac. Bernouilli, Bâle 1705, 4°. — Fontenelle, Éloge de Jacques Bernouilli, éd. 1767, Tom. V. —

Wolf in Grunert's Archiv der Mathematik, Bd. XXV. pag. 312. — Cantor, Allg. deutsche Biographie, Bd. II, pag. 470. — Nicéron R. P., Mémoires pour servir à l'histoire des hommes illustres dans la république des lettres, Vol. II.

Ueber Johann Bernoulli's Leben und Wirken handeln ausführlich: D'Alembert, Éloge de Jean Bernoulli. — Formey, Éloge de J. Bernoulli, Mém. de l'Acad. de Paris, 1747. — Fouchy, Éloge de J. Bern., 1748. — M. Cantor: Allg. deutsche Biographie. Ein vollständiges Verzeichniss von den Schriften der beiden Bernoulli ist bei deren grosser Anzahl unzulässig; wir beschränken uns daher nur auf die Angabe der wichtigsten Arbeiten: Von Jacob Bernoulli erwähnen wir: Neu erfundene Anleitung, wie man den Lauff eines Cometen nach sicheren Principien voraussagen kann, Basel 1681. — Dissertatio de gravitate Aetheris, Amstel. 1683. — Epistola ad Joh. Bernoulli, cum annexa solutione problematis isoperimetrici, Basil. 1700. Ausserdem 47 Abhandlungen in den „Acta Erud." von 1683—1701, 7 Aufsätze im „Journal des Savans" (1683, 1684, 1685 und 1698). Die gesammelten Werke gab dessen Neffe Nicolaus heraus: Opera omnia, edita atque inedita, junctim prodierunt notis illustrata a Nicol. Bernoulli, 2 Vol. 4°, Genev. 1744.

Von den Schriften Johann Bernoulli's erwähnen wir: Diss. de effervescentia et fermentatione, Basil. 1690. — Essai d'une théorie de la manœuvre des vaisseaux, Bâle 1714. — Diss. de mercurio lucente. Ib. 1719. — Diss. de calculo exponentiali, Paris 1725. — Discours sur les lois de la communication du mouvement. Ib. 1727 (Pièces de Prix de l'Acad. de Paris, T. I). — De causis physicis ellipticarum figurarum. Ib. 1730. — De inclinatione mutua orbitarum planetarum. Ib. 1734 (Pièces de Prix etc. T. V). — De motu musculorum meditationes mathematicae. Acta Erud. 1694. — Solutio problematum a fratre Jac. Bernoulli propositorum. Ib. 1698. Disq. catoptrico-dioptr. exhibens reflectionis et refractionis naturam ex aequilibrii fundamentis deductum Ib. 1701. — Nouv. manière de rendre les baromètres lumineux. Ib. 1700. — Solution du problème (des isopérimètres) proposé par Mr. Jacq. Bernoulli 1697. Ib. 1706. — Diss. hydraulica. Methodus direct. et univers. solvendi omnia problemata hydraulica, quaecunque de aquis per canales cujuscunque figurae fluentibus formari ac proponi possunt. (Comm. Petrop. T. IX et X). — Seine gesammelten Schriften: Opera omnia, tam antea sparsim edita, quam hactenus inedita, 4 Vol. 4°, Lausannae 1742; ferner Briefwechsel: Virorum cllb. G. Leibnitii et Joh. Bernoulli Commercium philosophicum et mathematicum, 2 Vol. 4°. Ib. 1745.

Von Galilei bis Huygens und Newton hatte man sich bei mechanischen Spekulationen entweder bloss der aus den Grundbegriffen abgeleiteten, rein logischen Folgerungen bedient oder doch bloss höchst einfache geometrische Veranschaulichungen angewendet, um die vorkommenden Probleme aufzulösen; man bediente sich mit einem Worte bloss der synthetischen Methode; wenn es auch betreffs Newton's wahrscheinlich ist, dass er sich schon zum Beweise seiner complizirteren mechanischen Sätze seiner Fluxionenrechnung bedient habe, so muss doch anderseits zugegeben werden, dass deshalb auch bei ihm die synthetische Art der Forschung die Grundmethode bildete. Erst als der Newtonsche Calcul durch die Formulirung Leibnizens in der schon oben angeführten Abhandlung: „Nova methodus pro maximis et minimis etc." eine bequemere und zweckmässigere Bezeichnung erhielt und hiedurch übersichtlicher wurde, konnte der neue Calcul zur Lösung complizirterer, mechanischer Probleme verwendet werden. Das Hauptverdienst, die Differenzial- und Integralrechnung zu einem systematischen Algorithmus ausgebildet zu haben, gebührt den Brüdern Jacob und Johann Bernoulli, besonders was die Integration der Differentialausdrücke betrifft. Hauptsächlich ist es Johann Bernoulli, der seiner grossen Verdienste um die Integralrechnung wegen, oft als der eigentliche Begründer derselben angesehen wird. Sein Neffe und sein Sohn, beide Nicolaus Bernoulli beschäftigten sich vornehmlich mit der Integration der Differenzialgleichungen. Die beiden älteren Bernoulli sind es auch, welche die neue Rechnungsmethode auf die verschiedenen mechanischen Probleme anwendeten, besonders ist hier die Auffindung des Oscillationscentrums auf analytischem Wege zu erwähnen, das Huygens durch die synthetische Methode gefunden hatte. Jacob Bernoulli gab eine Lösung, welche eines, in der Ableitung begangenen, Fehlers wegen unrichtig war. L'Hôpital wies den Fehler nach und nun gab auch Bernoulli selbst eine richtige Lösung; jedoch erst durch die Arbeiten von 1703 und 1704 gelang es ihm, die Frage zufriedenstellend zu beantworten. Er benützte hiebei schon ein Prinzip, das erst später durch d'Alembert in seiner ganzen Allgemeinheit ausgesprochen wurde, das der verlorenen Kräfte nämlich, wodurch letzterer im Stande war, jedes Problem der Dynamik auf ein rein statistisches zurückzuführen. Von besonderer Wichtigkeit für die Entwickelung, oder vielmehr Systematisirung der Mechanik waren die sog. Isoperimeterprobleme. Seit dem Alterthume hatte man sich mit der Aufstellung und Lösung von Problemen beschäftigt, welche auf solche Aufgaben hinauslaufen, in denen Maxima oder Minima gewisser Grössen zu suchen sind. Es wurde durch Heron das Reflexionsgesetz schon als Minimalaufgabe abgeleitet, d. h. der Gedanke ausgedrückt, dass die Natur ihr Ziel mit dem geringsten Aufwande von Mitteln anstrebe. Aehnliches setzt Pappos von der Gestalt der Bienenzelle voraus, dieselbe soll das grösste Volumen bei der geringsten Menge des aufgewendeten Wachses haben. In der neuen Zeit wurde dieser Gedanke einer Sparsamkeit der Natur, d. h. das Bestreben, den möglichst grössten Effekt mit den möglichst geringen Mitteln zu erreichen, als beliebtes oberstes Prinzip gerne anerkannt, da es der herrschenden teleologischen Weltanschauung entsprach. Es wurden Methoden gefunden, derartige Probleme auf mathematischem Wege lösen zu können, welche Methoden auf dem Verhalten der Funktionen in der Nähe ihres Maximums und Minimums beruhen. Hieher gehören die Methoden von Fermat und Roberval, die Tangentenmethode, welche die Keime der Fluxionsrechnung schon in sich enthält. Aehnliche Aufgaben, welche auf Maxima und Minima von Funktionen hinauslaufen, hatte man in der Mechanik gefunden und öffentlich zur Lösung derselben aufgefordert. Als Jacob Bernoulli das von seinem jüngeren Bruder gestellte Problem der Brachystochrone löste und dessen Lösung im Maihefte der Leipziger „Acten" von 1697 veröffentlichte, hatte er zwei neue Probleme zur Lösung vorgeschlagen, deren eines das sog. isoperimetrische war, welches ihn zur Erfindung der Variationsrechnung geführt hatte. Zu gleicher Zeit äusserte er, dass sein Bruder Johann die gestellte Aufgabe zu lösen nicht im Stande sein werde, worüber sich ein heftiger Zwist zwischen den beiden Brüdern entspann. Johann löste in der That die Aufgabe falsch, worauf Jacob die richtige Auflösung in der Abhandlung: „Analysis magni problematis isoperimetrici" (Basil. 1701) herausgab. Johann Bernoulli gab erst nach 17 Jahren seinen Irrthum zu und lieferte ebenfalls eine richtige Lösung. Die Aufgabe Jacob Bernoulli's war die folgende: Unter allen isoperimetrischen Curven zwischen gegebenen Grenzen eine solche Curve zu finden, welche die Beschaffenheit hat, dass eine zweite Curve deren Ordinaten beliebige Functionen der Ordinaten oder Curvenbögen jener sind, einen grössten oder kleinsten Flächeninhalt einschliesse. Die Lösung geschah durch eine wesentlich geometrische Methode. Euler ordnete die hier vorkommenden Aufgaben und Lagrange löste sie von der geometrischen Veranschaulichung ab und schuf so durch Anwendung der Analysis auf diese Probleme die heutige Variationsrechnung.

Die Brüder Bernoulli haben sich jedoch nicht bloss um die Ausbildung des Werkzeuges der Mechanik: um die Ausbildung der Mathematik grosse Verdienste erworben, sie haben jenes Werkzeug auch fleissig zur Auflösung von sehr wichtigen mechanischen Problemen benützt und haben auch um die nach festen Prinzipien ringende Mechanik sich verdient gemacht. In seiner preisgekrönten Abhandlung über die Mittheilung der Bewegung spricht Johann Bernoulli über den Begriff der lebendigen Kraft, welche er als diejenige definirt, die in einem Körper residirt, der in gleichförmiger Bewegung ist. Es ist somit die lebendige Kraft als der bewegten Masse innewohnend dargestellt. Der ganzen Vorstellung über das Wesen der lebendigen Kraft liegt übrigens der philosophische Satz zu Grunde, dass die Wirkung (in unserem Falle die hervorgebrachte lebendige Kraft) demjenigen Theil der Ursache (in unserem Falle einer wirkenden Kraft) äquivalent sei, welcher sich in deren Hervorbringung aufgezehrt hat. Von diesem Gesichtspunkte ausgehend, erklärt er, dass das Gesetz der Erhaltung der lebendigen Kräfte durch den

Versuch eines Beweises bloss verdunkelt werde, da es aus dem oben angeführten Grunde über jeden Beweis erhaben sei. — Eine eigenthümliche Vorstellung hegt Johann Bernoulli über den Zustand der Ruhe, den er als das fortwährende Streben nach Bewegung auffasst, wodurch der Körper fortwährend unendlich kleine Geschwindigkeitsgrade erhalte, welche jedoch im Entstehen vergehen und im Vergehen wieder entstehen. — Wir werden weiter unten hervorzuheben haben, wie der Sohn Johann Bernoulli's: Daniel, bei der Ableitung des Begriffes der lebendigen Kraft von ganz anderen Gesichtspunkten ausgegangen ist. — Von Johann Bernoulli ist noch zu erwähnen, dass er zuerst den Ausdruck: „Vitesse virtuelle" (virtuelle Geschwindigkeit) gebraucht. Das Prinzip selbst formulirt er in einem an Varignon gerichteten Briefe vom Jahre 1717 in folgender Weise: Wenn irgend welche Kräfte auf irgend eine Weise wirken, so ist Gleichgewicht vorhanden, wenn die Summe der positiven Energien gleich ist jener der negativen. Unter Energie ist das Produkt der Kraft in die Projektion der Verschiebung auf die Kraftrichtung zu verstehen. Letztere ist positiv oder negativ zu nehmen, je nachdem die Projektion auf die Kraft oder auf ihre Verlängerung fällt.

Hat sich Johann Bernoulli um das Prinzip der Erhaltung der lebendigen Kräfte, sowie um das Prinzip der virtuellen Bewegungen Verdienste erworben, so haben wir auch bei dem älteren Bruder wichtige Bemühungen um die Feststellung der mechanischen Prinzipien zu constatiren. Besonders ist es jenes Grundprinzip der Dynamik, das, später von d'Alembert in seiner vollen Allgemeinheit gefasst, erlaubt, jedes dynamische Problem auf ein entsprechendes statisches zurückzuführen, mit welchem sich unser Jacob Bernoulli mit Erfolg beschäftigt hat, wenn es ihm auch nicht gelungen ist, es in seiner vollen Allgemeinheit aufzufassen. Er dachte sich die wirklichen Geschwindigkeiten der Punkte eines bewegten Systemes als Resultirende, als Componenten hingegen die auf die einzelnen, als unverbunden gedachten Systempunkte wirkenden Kräfte, als andere Componenten aber die durch Verbindung der Massentheilchen erzielten statischen Drucke und Spannungen. Wir haben weiter oben erwähnt, dass Jacob Bernoulli sich längere Zeit mit der Theorie des zusammengesetzten Pendels beschäftigt habe, da ihm die Art der Huygens'schen Beweisführung nicht genügte, und wie er selbst erst allmählich zu einer durchwegs richtigen Auffassung des Satzes vom Schwingungsmittelpunkte gelangt sei. Er wollte das Pendel als Hebel betrachten, beging jedoch einen Fehler, auf welchen später l'Hôpital aufmerksam machte, dass er nämlich, statt der in unendlich kleinen Zeiten erhaltenen Geschwindigkeiten, solche einführte, welche in endlichen Zeiten angewachsen waren. In den „Acta Erud." von 1691 und 1703 in den Abhandlungen der Pariser Akademie verbesserte er diesen seinen Fehler. Der Gedankengang jener Ableitung ist kurz der folgende: Durch die Verbindung der Theile des physischen Pendels erfährt ein

Theil des Pendels einen Kraftverlust, der andere einen Kraftgewinn, da sich die Massentheile mit anderer Geschwindigkeit bewegen, als wenn sie frei fallen würden. Der erwähnte Kraftverlust muss mit dem Kraftgewinne dem Hebelgesetze gemäss im Gleichgewichte sein, da die Verbindung der Theilchen, d. h. deren statische Wechselwirkung in der That in deren Hebelverbindung besteht. Auf wesentlich verschiedenem Wege gelang es 1712 Johann Bernoulli den Satz des Oscillationscentrums abzuleiten und in ähnlicher Weise gelangte — wahrscheinlich unabhängig von Bernoulli — Brook Taylor 1714 zur Ableitung desselben Satzes.

Schliesslich wollen wir noch eine Bemerkung über die beiden Brüder Bernoulli beifügen, welche deren allgemeine Charakteristik als Mathematiker in des Wortes weiterem Sinne bezweckt. Jacob Bernoulli, der ältere der beiden Brüder ist eine gründliche Natur, der bei jeder Arbeit strenge Kritik übt, ob auch die Lösung der Frage eine allgemeine sei, sein jüngerer Bruder Johann besitzt weniger Gründlichkeit, jedoch unvergleichlich mehr Phantasie. Mit einem gewissen genialen Blicke erräth er instinctiv die Lösung eines Problems, allerdings ist diese Lösung mitunter falsch. Aus dieser Grundverschiedenheit des Charakters erklärt sich der heftige Zwiespalt der beiden feindlichen Brüder*).

Indem wir hier die Leistungen der Brüder Bernoulli auf dem Gebiete der mechanischen Prinzipien verlassen, haben wir bloss über deren anderweitige Thätigkeit auf dem Gebiete der Physik einiges zu bemerken. Johann Bernoulli entwickelte die Grundgleichung der Hydrodynamik für Wasser, das bei constanter Druckhöhe aus der Bodenöffnung des Gefässes fliesst. Er beschäftigte sich auch mit dem Problem einer schwingenden Saite und erhielt dasselbe Resultat, wie vor ihm Taylor, welcher fand, dass die Curve, die durch eine schwingende Saite gebildet wird unter allen Umständen eine verlängerte Cycloide sei. Diese Auffassung war nicht richtig, da die Saite, wie dies Euler und Lagrange später nachwiesen, in irgend einer beliebigen Gestalt schwingen kann.

Johann Bernoulli versuchte auch das Brechungsgesetz der Lichtstrahlen auf mechanischer Grundlage zu erklären, was ihm jedoch nicht recht gelingen wollte**). Eine bis in die Einzelheiten ausgearbeitete Theorie stellte unser Forscher bezüglich der Erscheinungen des Aufbrausens (effervescentia) und der Gährung (fermentatio) auf***). Aufbrausen nennt er die Erscheinung, welche bei der Mischung zweier Körper stattfindet, wenn dieselbe von einer heftigen Aufwallung und Geräusch begleitet ist,

---

*) Vergl. Mach: Die Mechanik in ihrer Entwicklung historisch-kritisch dargestellt. Leipzig 1883, pag. 402 ff.
**) Acta Erudit. Lips. 1701, mens. Jan.
***) Diss. de effervescentia et fermentatione. 1690 in seinen Opp. Tom. I.

wenn sie hingegen langsam und ohne merkliches Aufbrausen geschieht, so nennt er dies Fermentation. Aufbrausen geschieht nach seiner Ansicht, wenn die gemischten Substanzen aus sehr feinen Theilchen bestehen und somit die Mischung ohne Hinderniss mit einer sehr grossen Oberfläche stattfindet, sind jedoch die Theilchen grob, so erfolgt die Einwirkung langsam und ohne heftige Erscheinung. Zwischen Effervescenz und Fermentation besteht somit bloss ein gradweiser Unterschied. Es darf uns bei dem Zustande der Chemie am Beginne des vorigen Jahrhunderts nicht wundern, wenn Bernoulli eine derartige willkürliche Unterscheidung in die Wissenschaft einführen will und in die von ihm aufgestellten Kategorien die disparatesten Erscheinungen unterzubringen sucht. Wir wollen uns auch nicht in eine Darlegung der Ansichten unsers Forschers über die moleculare Beschaffenheit der Substanzen einlassen, da dieselben auf ganz und gar willkürlichen Voraussetzungen aufgebaut, von keinerlei Belang für die Entwicklung der Wissenschaft waren. Von grösserer Bedeutung hingegen sind die folgenden Hülfshypothesen, welche er aufstellt: 1) dass die Luft ein flüssiger und elastischer Körper sei, 2) dass die zusammengepresste Luft nach Aufhören des Druckes ihren ursprünglichen Raum zurückgewinne, 3) dass die in einer Flüssigkeit enthaltene Luft, wenn sie durch kein Hinderniss zurückgehalten wird, sich in Bläschenform bis zur Oberfläche der Flüssigkeit erhebe, 4) dass in jedem Körper zusammengepresste Luft enthalten sei, 5) dass die Bewegung der Theilchen eine empfindbare Wärme errege. — Eine grosse Rolle bei den Effervescenzen kommt der Erscheinung des Aufbrausens der Carbonate mit Säuren zu; die Säure nennt er den wirkenden, das Alkali den leidenden Körper.

Von Jacob Bernoulli haben wir bloss seinen Versuch noch zu erwähnen, die Höhe der Wolken aus der Zeit zu bestimmen, welche vom Untergange der Sonne an gerechnet, verstreicht, bis die röthliche Färbung der Wolke, welche durch die Erleuchtung der höhern Partien der Atmosphäre nach Untergang der Sonne zu Stande kommt, erbleicht.

Wir wenden uns nun zu dem dritten berühmten Gliede der Bernoulli'schen Familie, es ist dies **Daniel Bernoulli,** der Sohn Johann Bernoulli's. Derselbe wurde am 9. Februar 1700 zu Gröningen geboren und starb zu Basel am 17. März 1782. Kaum fünf Jahre alt, führte ihn sein Vater nach Basel, da er dorthin, in seine Vaterstadt zurückkehrte. Zum medizinischen Studium bestimmt, studirte er in Basel, Heidelberg und Strassburg. In der Mathematik unterrichtete ihn sein um fünf Jahre älterer Bruder Nicolaus. Nachdem er die medizinische Doctorwürde erlangt hatte, ging er, um seine Kenntnisse zu vervollständigen, nach Italien, wo er bei Morgagni und Michelotti studirte. Mit seinem Bruder Nicolaus von der Kaiserin Katharina I. nach Petersburg als Akademiker berufen, blieb er dort bis einige Jahre nach dem Tode dieses Bruders, dem er in inniger Freundschaft zugethan gewesen, gleichsam um die Feindschaft zu sühnen, welche vordem zwischen ihrem Vater und Oheim bestanden hatte. Aus diesem Grunde vermischten sie absichtlich ihre beiderseitigen mathematischen Arbeiten, so dass sie dieselben bloss unter dem Titel: „per fratrum Bernoulliorum" veröffentlichen wollten. Daniel Bernoulli wollte nach dem Tode seines Bruders, der im Jahre 1726 erfolgte, bloss die bedungene Frist von fünf Jahren verstreichen lassen und hierauf nach Basel zurückkehren. Eine bedeutende Gehaltserhöhung bewog ihn jedoch noch drei Jahre zu bleiben, nach welcher Zeit er dann in der That in seine Heimat zurückkehrte, wo er bis zu seinem Tode blieb. An der Universität zu Basel lehrte er zuerst Anatomie und Botanik, hierauf Physik und spekulative Philosophie, ausserdem war er Canonicus zu St. Peter. Daniel Bernoulli wurde 1748 an Stelle seines Vaters zum Mitgliede der Pariser Akademie erwählt, an welcher er zehn Preise gewann, einen mit seinem Vater, der ihm dies in seiner unduldsamen Weise nie verzeihen konnte, so wie er auch in anderer Beziehung sich mit seinem eigenen Sohne in Prioritätsstreitigkeiten einliess. Von seinen zahlreichen Schriften erwähnen wir bloss die folgenden: Diss. inaug. de respiratione. Basil. 1721. — Hydrodynamica seu de viribus et motibus fluidorum commentarii etc. Argentorat. 1738. — In den Petersburger Denkwürdigkeiten finden wir 47 Abhandlungen, unter denen: Tentamen novae de motu musculorum theoriae. (Comment. Ac. Petr. T. I.) — Experiment. circa nervum opticum. (Ib. id.) — Theoria nova de motu aquarum per canales quoscunque fluentium. (Ib. T. II.). — Demonstr. geom. de centro virium oscillationis et gravitatis. (Ib. id.). — Theorema nov. de motu curvilineo corporum, quae resistentiam patiuntur velocitatis suae quadrato proportionalem etc. (Ib. id.) — De motu corpor. a percussione excentrica etc. (Ib. IX.). — De immutatione et extensione principii conservationis virium vivarum, quae pro motu corpor. coelest. requiritur. (Ib. X.) — De vibrationibus chordarum etc. (Nova Comm. 1771.) — De coëxistentia vibrationum simplicium haud perturbatarum in systemate composito. (Ib. 1774.) — Sur le flux et le reflux de la mer. (Mém. Par. 1740.) — Sur la meilleure manière de construire les boussoles d'inclinaison. (Ib. 1743) — Sur le principe de la conservation des forces vives etc. (Mém. Berl. 1748.) — Reflexions etc. sur les nouv. vibrations des cordes etc. (Ib. 1753.) — Sur le mélange de plusieures espèces des vibrations simples isochrones etc. (Ib. id.) — Sur les vibrations des cordes d'une épaisseur inégale. (Ib. 1765.) — Diverses réflexions sur la physique générale. (Acta helvet. Tome I et II.)

Ueber sein Leben finden sich nähere Angaben in: Condorcet, Éloge de Daniel Bernoulli. (Mém. de l'Acad. de Paris, 1782.) — Adelung Suppl. zu Jöcher's Gelehrtenlexicon. — Ersch und Gruber: Encyclopädie T. IX. pag. 206. — Cantor in der „Allg. deutschen Biographie" Bd. II. pag. 478. — Die Correspondenz Daniel Bernoulli's mit Euler, bestehend aus 58 Briefen (1726—1755) sind im II. Bande von Fuss: „Correspondance math. et phys. etc." erschienen.

In Daniel Bernoulli sehen wir einen Gelehrten von seltener Vielseitigkeit und dabei von grosser schöpferischer Kraft. Besonders sind es seine Arbeiten auf dem Gebiete der allgemeinen mechanischen Prinzipien und damit im engen Zusammenhange seine Begründung der Hydrodynamik, als eines ganz neuen Zweiges der theoretischen Physik, ferner seine akustischen Untersuchungen, welche den Namen dieses Sprösslings einer illustren Gelehrtenfamilie unter die bedeutendsten unseres ganzen Zeitraumes setzen.

Vor allem erwähnen wir eines Irrthums unseres grossen Forschers. Newton und Varignon stellen den Satz des Kräfteparallelogrammes kurz und bündig als einen Erfahrungssatz hin, der sich überdies ganz leicht in die Form des zweiten der Newton'schen Bewegungsgesetze bringen lässt. Daniel Bernoulli versucht nun einen geometrischen Beweis des Satzes, den er somit als eine, lediglich aus den räumlichen Beziehungen der Bewegung folgende, Wahrheit hinstellen will. Es braucht nicht weiter ausgeführt zu werden, dass irgend ein geometrischer Beweis, der sich auf die geometrischen Bilder mechanischer Abstractionen bezieht, nicht als für die letzteren gültig aufgefasst werden kann. Freilich ist dieser Beweis des Satzes vom Kräfteparallelogramme auch heute noch nicht vollständig aus den Hand- und Lehrbüchern der Mechanik verschwunden.

Das zweite mechanische Prinzip, mit dem sich Dan. Bernoulli beschäftigte, ist das sog. Prinzip der Erhaltung der Flächen, einer jener charakteristischen Hauptsätze der Dynamik, von denen Dühring[*)] sehr richtig sagt, dass sie bloss in der Rolle von Prinzipien erscheinen, während sie in der That in engem Zusammenhange mit andern prinzipiellen Sätzen stehen. In neuerer Zeit hat man diesen Satz bezeichnender als „Prinzip der Erhaltung der Rotationsmomente" bezeichnet, wodurch er gleichsam als naturgemässe Ergänzung des Prinzipes von der Erhaltung der Bewegung des Schwerpunkts erscheint, also für die Rotationsbewegung von derselben Bedeutung ist, wie der letztgenannte Satz für die translatorische oder aber, dass das Prinzip der Flächen dasselbe in Bezug auf Polar-Coordinaten ausdrückt, wie das Prinzip der Bewegung des Schwerpunktes in Bezug auf Parallelcoordinaten. Der in Rede stehende Satz kann in folgender Weise kurz ausgesprochen werden: die Summe der mit den zugehörigen Massen multiplizirten Flächenräume, welche von den, nach einem beliebigen Centrum gezogenen Radien Vectoren durchstrichen werden, wird durch innere Kräfte nicht geändert. Dieser Satz lag Newton schon sehr nahe, wurde jedoch erst

---

[*)] Kritische Geschichte der allg. Prinzipien der Mechanik. 1. Aufl. Berlin 1873, pag. 265.

später von Euler und Dan. Bernoulli im Jahre 1746, von D'Arcy 1747 ausgesprochen.

Das dritte mechanische Prinzip, das wir mit dem Namen unseres Gelehrten in Verbindung bringen, ist das der „Erhaltung der Kraft" oder der Satz der „lebendigen Kräfte". Diesen Satz hatte schon Huygens ausgesprochen*), Daniel Bernoulli, sowie dessen Vater Johann Bernoulli hatten denselben nur zu verallgemeinern und in der Form der neuen Rechnungsmethode darzustellen. Daniel Bernoulli kümmerte sich jedoch weniger um die metaphysische Grundlage dieses Prinzipes, sondern er ging einfach von dem Huygens'schen Satze aus, dass ein fallender Körper, nach einer Aenderung seiner Bewegungsrichtung, höchstens zu einer der Fallhöhe gleichkommenden Höhe aufsteigen könne. Ihm war es hauptsächlich um eine Fassung dieses Prinzipes zu thun, welche er in der Hydrodynamik verwenden konnte, wobei es ihm denselben Dienst that als Huygens bei der Untersuchung über die Lage des Oscillationscentrums eines zusammengesetzten Pendels. Im ersten Abschnitte seiner „Hydrodynamik" beschäftigt er sich mit den gemeinsamen Prinzipien der Hydrostatik und Hydrodynamik und sagt dort folgendes: „Praecipuum est conservatio virium vivarum, seu, ut ego loquor, aequalitas inter descensum actualem ascensumque potentialem."**) Die Grundlage seiner mathematischen Theorie bildet somit das Prinzip der Gleichheit zwischen dem actuellen Herabsteigen und dem potentiellen Aufsteigen. In einer späteren Arbeit***) nennt er diesen Satz ein grosses Prinzip der Natur und zeigt, dass das Gesetz auch für veränderliche Kräfte statthabe, dabei nimmt er aber, wie sein Oheim Jacob Bernoulli diesen Satz als ein Axiom an, das keines Beweises bedarf.

Die Schrift Daniel Bernoulli's über Hydrodynamik erregte bei ihrem Erscheinen im Jahre 1738 sowohl des Gegenstandes, als der Behandlungsart wegen, grosses Aufsehen. Von dem oben erwähnten Huygens'schen Satze ausgehend, mit der Voraussetzung, dass die Schichten der sich bewegenden Flüssigkeit parallel und die Flüssigkeit continuirlich sei, leitet er die Gesetze für den Ausfluss des Wassers und der Luft aus Gefässen bei constantem und veränderlichem Drucke ab, ferner die über Stoss und Druck des fliessenden Wassers auf die Wände des Gefässes, in dem es sich bewegt. Die wichtigsten Untersuchungen bestätigte er durch Versuche und construirte zahlreiche hydraulische Maschinen. Die theoretischen Resultate Bernoulli's sind nicht durchgehends richtig, in vieler Beziehung sind es nur ziemlich rohe Annähe-

---

*) Siehe oben pag. 197, Anmerkung.
**) Sectio prima, pag. 11, §. 18.
***) Sur le principe de la conservation des forces vives etc. (Mém. Berl. 1748.)

rungen, jedoch haben sie im Grossen und Ganzen doch der Hydrodynamik diejenige Form gegeben, die sie noch jetzt besitzt. Wir erwähnen nur noch das Gesetz des Stosses eines Flüssigkeitsstrahles gegen feste Flächen, die Theorie der Reaction des aus Gefässmündungen fliessenden Wassers, welche man erst in letzter Zeit als Triebkraft von Schiffen, sog. Reactionspropeller verwendet, schliesslich — wie schon oben ebenfalls erwähnt — die Formeln für den Druck der Flüssigkeit auf die Wände der Röhren, die es durchfliesst. Diese Untersuchung war ganz neu und führte zu dem Gesetze, dass der Druck der Flüssigkeit an einem Punkte der Gefässwand gleich sei dem der Stelle entsprechenden hydrostatischen Drucke, vermindert um die Differenz der Geschwindigkeitshöhen daselbst.

Daniel Bernoulli beschäftigte sich auch mit der mathematischen Untersuchung der Schwingungserscheinungen an Saiten und Stäben. Die Arbeiten Taylor's über die schwingenden Saiten gaben den Anstoss zu einer Reihe sehr schöner Untersuchungen, welche für die Entwicklung der Analysis fast noch wichtiger waren, als für die theoretische Physik. Bernoulli kam bezüglich der schwingenden Saiten zu dem Resultate, dass dieselbe immer die Gestalt einer Trochoide oder einer Trochoidencombination besitze, die Erscheinungen der Transversalschwingung von Stäben untersuchte er zum ersten Male, später wurden diese von Euler eingehender und vollständiger erörtert.

Daniel Bernoulli wird von einigen auch als der Begründer jener Gastheorie angesehen, welche der mechanischen Wärmetheorie zu Grunde gelegt wird*). — Zum Schlusse erwähnen wir noch eine Bemerkung unseres Forschers, welche sich auf die Erscheinung der Mittheilung der Pendelschwingungen auf benachbarte feste Körper bezieht. Er erwähnt nämlich eine Beobachtung Ferdinand Berthoud's, welcher zufolge eine pünktlich gehende, leicht befestigte Pendeluhr täglich um 5 Minuten zurückblieb, als man sie an ihrem Standplatze wohl befestigte.

Guillaume François Antoine de l'Hospital, Marquis de Sainte Mesme, Comte d'Entremont, Seigneur d'Ouques, la Chaise etc.**), geboren zu Paris 1661, gestorben ebendaselbst am 2. Februar 1704, gehörte der französischen Aristokratie an. Schon in früher Jugend legte er eine grosse Vorliebe für mathematische Studien an den Tag, so dass er sich bereits in seinem 15. Lebensjahre mit dem Problem der Cycloide beschäftigte. Nachdem er einige Jahre als Rittmeister in der französischen Armee gedient hatte, gab er diese Stellung auf, theils seiner Kurzsichtigkeit wegen, theils wegen seiner Neigung zu mathematischen Studien. Kaum zwanzig Jahre alt, im Jahre 1690, war er bereits Mit-

---

*) Vgl. Dr. Rich. Rühlmann: Handbuch der mechan. Wärmetheorie. I. Bd. Braunschweig 1876, pag. 72.
**) Spätere Schriftsteller schreiben „l'Hôpital".

glied der Pariser Akademie. Im folgenden Jahre wurde er mit **Johann Bernoulli** bekannt, der damals in Paris weilte, er vermochte diesen, ihm auf seine Besitzung Ouque in Touraine zu folgen, wo er sich von dem berühmten Mathematiker in das Studium der Differenzialrechnung einweihen liess. Um diese Zeit stand er auch mit **Huygens** und **Leibniz** in Briefwechsel.

Das Hauptwerk l'Hospital's ist die: „Analyse des infiniment petits pour l'intelligence des lignes courbes", welches zu Paris im Jahre 1696 erschien und im 18. Jahrhundert eine Reihe von Auflagen erlebte. Es war dies das erste brauchbare Lehrbuch der Differenzialrechnung, in welchem sich zum ersten Male die Regel findet, den Werth eines Bruches zu berechnen, wenn dieser Bruch für einen gewissen Werth der Veränderlichen durch gleichzeitiges Verschwinden von Zähler und Nenner unbestimmt wird. Ausserdem hat er sich mit der Ausbildung der Integralrechnung beschäftigt und auch an den Untersuchungen über die Brachystochrone theilgenommen. Nach seinem, im 43. Lebensjahre erfolgten Tode fand sich eine Schrift vor, welche unter dem Titel: Traité analytique des sections coniques", ein Jahr später erschien und lange Zeit als das beste diesbezügliche Werk betrachtet wurde. — Von seinen andern Schriften erwähnen wir noch: Méthode facile pour déterminer les points des caustiques par réfraction etc. (Anciens Mém. Par. Tome X.) — Solution d'un problème (proposé par M. J. Bernoulli): Trouver dans un plan vertical la courbe dans laquelle un corps descendant librement et par sa propre pesanteur, etc. (Ib. 1700.) Eine ausführliche Biographie findet sich in der: „Histoire de l'Académie des sciences de Paris, année 1704."

L'Hospital hat vorzüglich als Mathematiker Bedeutung. Für die Physik hat er bloss durch einige rein theoretisch-physikalische Arbeiten gewirkt. Besonders hat er sich um die Lösung theoretischer, mechanischer Aufgaben ausgezeichnet, wie die schon erwähnte Brachystochrone, ferner die ihm 1695 von **Sauveur** vorgelegte Aufgabe der Klappbrücke, welche unser Gelehrter noch im selben Jahre löste. Diese Aufgabe lautete folgendermassen: Senkrecht über dem Drehpunkte einer Klapp- oder Zugbrücke befindet sich eine Rolle, über welche ein zum Heben der Brücke bestimmtes Seil läuft, an dessen freiem Ende sich ein Aequilibrirgewicht befindet. Welches ist die Curve jener Bahn, auf welcher das Gewicht die Brücke in jeder Lage im Gleichgewichte hält? L'Hospital fand, dass die Krumme eine Curve vierten Grades sei, **Johann Bernoulli** gab eine allgemeinere Lösung und zeigte, dass sie zur Classe der Cycloiden gehöre. — In der „Analyse des infiniment petits" (2e éd. Paris 1716, pag. 104—130) findet sich eine ausführliche, sehr klar geschriebene Abhandlung über die Katakaustiken und Diakaustiken.

Leonhard Euler.

Leonhard Euler wurde am 4. April (alten Stiles) d. i. am 15. April (neuen Stiles) des Jahres 1707 zu Basel geboren. Sein Vater Paul Euler war der calvinistische Seelsorger des benachbarten Dorfes Riechen. Derselbe, ein Schüler Jacob Bernoulli's, war ein vorzüglicher Mathematiker und hielt auch seinen Sohn zu ähnlichen Studien an. An der Universität Basel war Johann Bernoulli der Lehrer des für Mathematik aussergewöhnlich talentirten jungen Euler, dem alle an der Universität Basel lehrenden Glieder der Familie Bernoulli alsbald im höchsten Grade gewogen waren. Im Jahre 1723 wurde er zum Magister graduirt, auf Grund einer Vergleichung zwischen der Naturphilosophie Descartes' und Newton's. Kaum neunzehn Jahre alt, bewarb er sich schon um einen Preis, den die französische Akademie für eine Arbeit über die Handhabung der Seeschiffe ausgeschrieben hatte. Im folgenden Jahre wurde er auf die Empfehlung Daniel Bernoulli's als Adjunkt für Mathematik an die Petersburger Akademie berufen, als er jedoch an seinen neuen Bestimmungsort gelangte, hatten sich dort die Verhältnisse in Folge des Todes der Kaiserin Katharina ganz und gar geändert. Der Nachfolger jener gekrönten Verehrerin von Kunst und Wissenschaft war der Czar Peter II., der für wissenschaftliche Bestrebungen durchaus keinen Sinn hatte, Euler musste sich deshalb begnügen, als Schiffslieutenant bei der russischen Flotte eine Anstellung zu finden. Unter der Regierung der Kaiserin Anna I. besserten sich die wissenschaftlichen Verhältnisse einigermassen. Als Hermann von Petersburg weg ging, erhielt er dessen Professur für Physik, später wurde durch die Uebersiedelung Daniel Bernoulli's in seine Heimat die Stelle eines Akademikers frei, welche Euler erhielt. Nach dem Tode der Kaiserin Anna brachen Revolten aus, welche durch die Thronbesteigung der Kaiserin Elisabeth beendet wurden. Um jene Zeit erhielt Euler einen Ruf an die Berliner Akademie, welche Friedrich der Grosse wieder herstellen wollte. In Folge eines an den Gelehrten gerichteten eigenhändigen Schreibens des Königs, entschloss sich dieser seinen Aufenthaltsort nach Berlin zu verlegen. Die Mutter des Königs, Sophie Dorothea von Hannover, Tochter Georg I. von England, empfing an Stelle des im Lager abwesenden Königs den Gelehrten, welcher sich jedoch höchst einsilbig zeigte. Auf eine Bemerkung der Königin-Mutter über diese Verschlossenheit, meinte der Gelehrte, dass er aus einem Lande komme, wo man für das Reden gehängt werde.

Seit dem Jahre 1744 war Euler Direktor der mathematischen Classe an der königl. Akademie zu Berlin, 1755 wurde er auswärtiges Mitglied der französischen Akademie. Euler wurde jedoch nicht bloss in seiner Eigenschaft als Gelehrter in Anspruch genommen, die Staatsverwaltung holte in vielen praktischen Fragen ebenfalls seinen Rath ein; so gab er ein Gutachten über die Herstellung eines Canales zwischen Oder und Havel, über die Wasserwerke zu Sanssouci, ferner über verschiedene finanzielle Fragen. Euler entschloss sich noch einmal nach Russland zu gehen, dessen wissenschaftliche Institute ihm sehr am Herzen lagen. Er folgte deshalb einem Rufe der Kaiserin Katharina II. und ging 1766 wieder nach St. Petersburg. Die Prinzessin von Anhalt-Dessau wünschte sich die Anwesenheit Euler's in Berlin zu Nutze zu machen und forderte ihn auf, sie in den Hauptpunkten der Physik zu unterweisen. Da er jedoch Berlin verliess, so schrieb er die „Lettres à une Princesse d'Allemagne sur quelques sujets de physique et de philosophie." (3 Vol., Petersb. 1768, 8º.)

Euler genoss in Russland einen sehr hohen Gehalt und erhielt bei seiner Rückkehr ein namhaftes Geschenk zum Kaufe eines Hauses. Er hatte das Unglück, nachdem er schon 1735 auf einem Auge erblindet war, noch im Herbste des Jahres 1766 auch sein zweites Auge zu verlieren, so dass er ganz blind wurde. Dieser Verlust seines Augenlichtes hemmte jedoch die schriftstellerische Thätigkeit des ausserordentlich fleissigen Mannes nicht im mindesten, die Zahl der Arbeiten im letzten Dezennium seines Lebens erreicht vielmehr fast die Anzahl sämmtlicher vordem verfasster Schriften. Im Jahre 1771 traf ihn das Unglück, dass eine Feuersbrunst sein Haus zerstörte. In seinem hülflosen Zustande wäre er selbst in dem brennenden Hause zu Grunde gegangen, wenn ihn nicht ein beherzter Mann gerettet hätte; seine Manuskripte wurden durch den Grafen Orloff in Sicherheit gebracht.

Euler wurde 76 Jahre, 5 Monate und 3 Tage alt. Am 18. Sept. 1783, nachdem er mit dem Professor der Mathematik in St. Petersburg, dem Astronomen Lexell gespeist und sich mit demselben über die Entdeckung des Uranus unterhalten hatte, nahm er die Berechnung der Bewegung einer Montgolfière vor, plötzlich stürzte er mit den an seinen Enkel gerichteten Worten: „Ich sterbe" zusammen und hauchte nach kurzer Zeit seinen Geist aus.

Euler war ohne Zweifel das bedeutendste mathematische Talent seiner Zeit. Wir können es als eine besondere Fügung betrachten, dass ein solcher Genius zu so glücklicher Zeit erstand, der für die Ausbildung der mathematischen Analyse durch die Richtung seiner mathematischen Fähigkeiten in solcher Weise geschickt war. Besonders war es die mathematische Zeichensprache, deren Ausbildung für die Entwicklung des Calculs unumgänglich nothwendig geworden, um welche sich Euler bedeutende Verdienste erworben hat. Durch seinen, in der Geschichte der mathematischen Wissenschaften beispiellosen Fleiss hat er es vermocht, sich mit allen Fragen der reinen und angewandten Mathematik zu beschäftigen, welche damals die Aufmerksamkeit der gelehrten Welt in Anspruch nahmen. Ja, er liebte es, sich selbst

Probleme aufzugeben, welche oftmals bloss auf mathematische Spielereien hinausliefen; hieher gehört z. B. die Aufgabe der Bewegung eines Springers auf dem Schachbrette, der der Reihe nach auf sämmtliche Felder des Brettes geräth, oder die Aufgabe der 7 Brücken, welche von beiden Seiten des Stromufers auf eine Insel führen, über welche der Weg eines Passanten in der Weise bestimmt werden soll, dass derselbe jede Brücke einmal, jedoch nur ein einzigesmal benütze. — Euler hat ausser einer vollständigen, systematischen Durcharbeitung des Differenzial- und Integralcalculs auch die erste vollständige analytische Bearbeitung der Mechanik geliefert. Sein hierauf bezügliches Werk: „Mechanica, sive motus scientia" ist im Jahre 1736 zu Petersburg erschienen.

Bei der ausserordentlichen Fruchtbarkeit Euler's in der Verfassung der verschiedenen wissenschaftlichen Abhandlungen ist ein vollständiges Verzeichniss derselben an dieser Stelle unmöglich. Wir müssen uns deshalb mit einer Aufzählung der wichtigsten Werke begnügen. Euler hat im Ganzen 756 Abhandlungen und selbstständige Werke verfasst, von denen jedoch acht, als doppelt gezählt, in Abrechnung zu bringen sind. Von rein mathematischen Werken sind die wichtigsten: „Institutiones calculi differentialis (Berlin 1755), Institutiones calculi integralis (Petersb. 1768—70). Methodus inveniendi lineas curvas etc. (Lausanne und Genf 1744). Das mechanische Fundamentalwerk: „Mechanica, sive motus scientia analytice exposita" (2 vol. 4° Petrop. 1736) haben wir schon oben erwähnt. Wir erwähnen noch: Diss. physica de sono (Basil. 1727). Theoria motuum planetarum et cometarum etc. (4° Berol. 1744). — Lettres à une Princesse d'Allemagne sur quelques sujets de physique et de philosophie (3 Vol. 8° Petersb. 1768—72, deutsch von F. Kries, Leipz. 1792—94, etc. Die Abhandlungen Euler's finden sich hauptsächlich in den Comment. Acad. Petrop. 1729—51, Nov. Comment. Acad. Petrop. 1750—56, Nova Acta Acad. Petrop. 1777—81, Mém. de l'Acad. des Sciences, 1765—78. Recueil de l'Acad. 1727 etc., Miscell. Berol. (Tome 7), Mém. de l'Acad. de Berlin, 1745—67.

Euler war zweimal verheirathet, beide Male nahm er seine Lebensgefährtin aus derselben Familie. In den letzten Lebensjahren war er von einer grossen Schaar von Kindern und Enkeln umgeben. Unter seinen Söhnen erwähnen wir bloss den ältesten: **Johann Albrecht Euler,** (geb. 1734, gestorben 1800), der im Jahre 1758 Aufseher der Berliner Sternwarte wurde, hierauf 1766 Professor der Physik und Secretär der Akademie der Wissenschaften in Petersburg, zugleich Aufseher der dortigen Militär-Akademie. Von ihm existirt eine ziemlich bedeutende Anzahl von Schriften mathematischen und physikalischen Inhaltes. Als naturwissenschaftliche Schriftsteller sind noch der zweite und dritte Sohn Euler's: Carl und Christoph zu erwähnen, welche astronomische Abhandlungen verfasst haben.

Bevor wir von Euler's Bedeutung für die Entwicklung der analytischen Mechanik sprechen, müssen wir mit einigen Worten seiner mathematischen Arbeiten gedenken. Es ist unser Forscher auf dem Gebiete der Infinitesimalanalysis in ähnlicher Weise thätig, wie auf dem der Mechanik. Mit richtigem Blicke fand er die Lücken heraus, welche trotz der Bemühungen Leibnizens, der Bernoulli, des Marquis l'Hospital und anderer in der Funktionentheorie noch auszufüllen waren und mit unermüdlichem Fleiss und seiner beispiellosen Arbeitsfähigkeit ging er daran, dieselbe zu ergänzen, wobei er ganze fehlende Theile des in seinen Anläufen überall angedeuteten Gebäudes ausführte. Die grosse Gewandtheit, mit der er sich auf allen Gebieten der höheren Analysis bewegte, befähigten ihn zur Ausführung seines Vorhabens, so dass er ein, fast überall unter Dach gebrachtes Gebäude der Differenzial- und Integralrechnung hinterlassen konnte.

Wir wenden uns nun zu den Arbeiten Euler's, welche sich auf die Mechanik beziehen. Wie wir bereits weiter oben erwähnten, ist Euler der erste, dem wir eine analytische Bearbeitung der Mechanik verdanken. Newton's Mechanik ist eine rein geometrische Darstellung mechanischer Verhältnisse. Von gewissen Voraussetzungen ausgehend, und mit Rücksicht auf die geometrische Darstellbarkeit mechanischer Grössen erreicht er durch Construktion einer Figur das gewünschte Resultat. Es ist dies der synthetische Weg, wobei aus gegebenen Voraussetzungen Folgerungen gezogen werden. Der analytische Weg führt umgekehrt von einem aufgestellten Satze oder einer Figur, welche die Beziehungen zwischen mechanischen Grössen geometrisch darstellt, zu den Bedingungen, welche vermöge ihrer Einfachheit auf ihre Richtigkeit leicht geprüft werden können, wenn sie nicht schon an und für sich klar und einleuchtend sind. Diese letztere Methode ist erst durch die Erfindung der analytischen Geometrie in Aufnahme gekommen. Euler war der erste, welcher die Mechanik systematisch nach analytischer Methode behandelte*), wenn er sich auch noch nicht gänzlich von der alten synthetischen Methode frei machen kann und im Anfange die Kräfte bei krummlinigen Bewegungen in Tangential- und Normalkräfte auflöst, sie mithin auf ein dem Zuge der Bahn folgenden, seine Lage stets verändernden Coordinatensysteme gemäss zerlegt, statt — wie es die analytische Behandlung erfordert — alle Zerlegungen nach drei unveränderlichen Richtungen vorzunehmen, wie dies zuerst Maclaurin that.

Die Erweiterung der Mechanik durch Euler betrifft hauptsächlich die Bewegung eines Punktes auf krummlinigen oder vorgeschriebenen Bahnen und zwar sowohl im leeren als im erfüllten Raume, dessen Medium der Bewegung ein Hinderniss bereitet, es sind dies sämmtlich Probleme, deren Lösung auf synthetischem Wege schwer ausführbar war. Die Zerlegung der Kräfte geschah nach drei Richtungen, die eine in der

---

*) Mechanica, sive motus scientia analytice exposita. Petrop. 1736.

Richtung der Tangente, zwei in der Richtung der Normalen zur Curve. Als jedoch Maclaurin in seiner Schrift: „A complete system of fluxions" (Edinb. 1742) die Zerlegung der Kräfte in drei aufeinander senkrechte invariable Coordinatenaxen eingeführt und hiemit den Grundgedanken der Coordinaten-Geometrie auf die gesammte Mechanik ausgedehnt hatte, da nahm Euler allsogleich diese wichtige Verbesserung der Methode an, deren Vorzug er vollkommen einsah und anerkannte, dass er vor der Anwendung derselben in sehr complizirte Rechnungen verwickelt worden sci*).

Euler hat, wie wir dies von vornherein erwarten können, einen bedeutenden Einfluss auf die Ausarbeitung und präcisere Formulirung der Prinzipien der Mechanik genommen. Vor Allem ist es ein Prinzip, dessen wir schon öfters zu erwähnen hatten, wenn auch nur mehr als geahnt, denn als erkannt. Zu verschiedenen Malen war die Idee aufgetaucht, dass sich die Bewegungen in der Natur nach gewissen Zweckmässigkeitsprinzipien vollziehen. Heron lehrte, dass der Lichtstrahl bei seiner Reflexion den kürzesten Weg zurücklege, Fermat findet dasselbe Prinzip für die Brechung des Lichtes**), Pappos setzt von den Bienenwaben voraus, dass sie bei kleinster Oberfläche, d. h. kleinstem Wachsconsum bei deren Baue den grössten Inhalt besässen. Fermat verbindet hiemit gewisse teleologische Ideen, er nennt Natur die grosse Arbeiterin, die in der Lösung ihrer Aufgaben immer den kürzezten Weg einschlage, also immer den möglichst geringsten Kräfteaufwand erheische. Maupertuis, einer jener französischen Gelehrten, welche Friedrich der Grosse nach Berlin berufen hatte, der Günstling des Königs und Präsident der Berliner Akademie, hatte im April des Jahres 1744 der Pariser Akademie eine Abhandlung vorgelegt, in welcher er das Fermat'sche Prinzip der kürzesten Zeit der Lichtbewegung bei der Refraction mit der Emissionstheorie des Lichtes in Einklang brachte, indem er durch eine Transformation der betreffenden mathematischen Ausdrücke die Summe der Produkte aus Weg und Geschwindigkeit zu einem Minimum macht. Maupertuis spricht um jene Zeit nur von der Bewegung des Lichtes, erst nach zwei Jahren (in den Berliner Memoiren von 1746) erklärt er das Prinzip, das inzwischen durch Euler eine feste Gestalt gewonnen hatte, für das Generalprinzip der Statik und Dynamik. Euler hatte im Herbste desselben Jahres, in welchem die Arbeit von Maupertuis erschien, in seiner Schrift über die isoperimetrischen Probleme, im zweiten Anhange, der „de motu projectorum" überschrieben ist, den Satz aufgestellt, dass das nach der Zeit genommene Integral des Produktes der Masse in die Geschwindigkeit und das Bahnelement des in Bewegung befindlichen Körpers ein Minimum sein müsse. Euler hebt besonders

---

*) Theoria motus solidorum. Greifswald 1765.
**) Siehe oben pag. 94.

hervor, dass dieser Satz nur dann Statt habe, wenn das Prinzip der lebendigen Kräfte gelte, also nicht gelten könne im widerstehenden Medium, ferner, dass man in dem Integrale der Geschwindigkeit „ex viribus sollicitantibus per quantitates ad curvam pertinentes" ausdrücken müsse*). Ein einfaches Beispiel für das in Rede stehende Prinzip ist z. B. die Bewegung eines Punktes auf der ganz glatt gedachten Erdoberfläche, der sich so bewegen müsste, dass er zwischen der Anfangs- und Endlage den kürzesten Weg beschreiben würde. In der Theorie der Luft- und Wasserströmungen auf der Erdoberfläche findet das Prinzip ebenfalls Anwendung. Dabei ist auch Euler ganz und gar ein Kind seiner Zeit, er, der an anderen Stellen die prästabilirte Harmonie Leibnizens mit der Lauge seines Witzes übergiesst, spricht davon, dass man die Erscheinungen nicht bloss aus den physikalischen Ursachen, sondern auch aus dem Zwecke erklären könne, da die Einrichtung der Welt die vorzüglichste ist und von dem weisesten Schöpfer herstammt**).

Viel richtiger urtheilte Daniel Bernoulli über die Bedeutung dieses Prinzipes. Am 25. Dezember 1743 schreibt er an Euler: „Ich „zweifle, ob man jemals a priori werde zeigen können, dass die elastica „müsse maximum solidum generiren; ich betrachte solches als eine „Proprietät, die der calculus ausweiset und die kein Mensch ex princi- „piis novis würde haben vorhersehen können, ebensowenig wie die iden- „titatem isochronae et brachystochrone. Dergleichen proprietates sind „ratione nostri gleichsam accidental, und auf diesen Fuss betrachte ich „auch die observatam proprietatem orbitarum etc."

Wir sehen aus dem Vorstehenden, dass das sog. Prinzip der kleinsten Action durch Umformung aus dem Gesetze der Erhaltnng der lebendigen Kräfte gewonnen werde und nur dort Statt habe, wo jenes giltig ist. Bemerkenswerth ist, dass Euler den Satz der lebendigen Kräfte, der in der Geschichte der Mechanik eine so grosse Rolle spielt, namentlich in seiner mathematischen Theorie der hydraulischen Maschinen nirgends verwendet***).

Ein dem Satze von der Bewegung des Schwerpunktes verwandter Satz ist das sogenannte Prinzip der Flächen, oder der Satz von der Er-

---

*) De motu projectorum.
**) „Quum enim mundi universi fabrica sit perfectissima, atque a „creatore sapientissimo absoluta, nihil omnino in mundo contingit, in quo „non maximi minimive ratio quaepiam eluceat; quam ob rem dubium prorsus „est nullum, quin omnes mundi effectus ex causis finalibus, ope methodi „maximorum et minimorum, aeque feliciter determinari quaeant, atque ex „ipsis causis efficientibus." (Methodus inveniendi lineas curvas maximi minimive proprietate gaudentes. Lausannae 1741.)
***) Vergl. Navier: „Détails historiques sur l'emploi du principe des forces vives dans la théorie des machines, et sur divers roues hydrauliques" in den: Annales de Chimie et de Physique, Tome 9 (1818), pag. 146.

haltung der Flächen, an dem Euler neben Daniel Bernoulli und d'Arcy Theil hat.

Euler war durchaus kein Anhänger des von Descartes und seiner Schule verbreiteten Occasionalismus, welchem zufolge Gott als der Vermittler zwischen Seelen- und Körperwelt fortwährend in das Weltgetriebe einzugreifen hat, das leibnizische System der prästabilirten Harmonie persiflirt er in den Briefen an eine deutsche Prinzessin in ausgiebiger und treffender Weise*). — Trotz dieser gesunden Satire auf die Verquickung der Theologie mit der Naturwissenschaft, kann sich auch Euler von dem theologisch-teleologisch-mechanischen Gesichtspunkte nicht frei machen, wie dies bezüglich seiner Bemerkungen über das Prinzip der kleinsten Wirkung weiter oben schon erwähnt wurde.

Bei seinen Untersuchungen über die Brachystochrone wurde Euler auf eine höchst wichtige mathematische Theorie geführt. Während nämlich beim Falle auf der Brachystochrone im luftleeren Raum die Geschwindigkeit bloss von der Falltiefe abhängt, ist dies beim Falle im widerstrebenden Mittel wesentlich anders. Die Geschwindigkeit hängt von der Länge und Form der zurückgelegten Bahn ab. Dieses, sowie andere ähnliche Probleme führten Euler auf eine Rechnungsmethode, welche Jacob Bernoulli als geometrische Methode anwendete, während sie Euler schon verallgemeinerte, bis sie schliesslich Lagrange als analytische Methode, als Variationsrechnung ausarbeitete. Dieser Calcul, dem die Mechanik so viel zu verdanken hat, wurde von Euler in folgender Weise von der gewöhnlichen Differenzialrechnung unterschieden. Die Veränderung des Werthes einer Funktion kann in zweifacher Weise geschehen, durch Veränderung der freien Variablen, dies ist der Fall der Differenzialrechnung oder durch eine Veränderung des funktionalen Zusammenhanges, der Form der Funktion, dies ist der Fall der Variationsrechnung. Die continuirliche Formänderung der Funktion stellt sich Euler in der Weise vor, dass ein Parameter der Funktion variabel wird.

Zu erwähnen ist noch, dass Euler in seiner „Theoria motus corporum solidorum" den Begriff der Hauptaxen eines rotirenden Körpers in unserer heutigen Weise erörtert; jede Bewegung kann als Zusammensetzung einer translatorischen mit einer rotirenden betrachtet werden. Die Bewegung eines freien, starren Körpers ist durch sechs Gleichungen vollständig

---

*) „Si dans le cas d'un dérèglement de mon corps Dieu ajustait celui „d'un Rhinoceros, en sorte, que ses mouvements fussent tellement d'accord „avec les ordres de mon âme, qu'il levât la patte au moment que je voudrais „lever la main, et ainsi des autres opérations, ce serait alors mon corps. „Je me trouverais subitement dans la forme d'un Rhinoceros au milieu „d'Afrique, mais non obstant cela mon âme continuerait les mêmes opé-„rations. J'aurais également l'honneur d'écrire a V. Altesse, mais je ne sais „pas comment elle recevrait mes lettres."

bestimmt, von denen sich drei auf die fortschreitende, drei auf die drehende Bewegung beziehen*).

Euler hat den Grund zur Elasticitätslehre fester Körper gelegt. Ferner hat er sich auch um die Mechanik des Himmels verdient gemacht. Er gewann nicht weniger als sechs Preise der Pariser Akademie, welche für derartige Fragen ausgeschrieben waren. Er legte den Grund zur Störungsrechnung und wies nach, dass strenge genommen der Planet die Ellipse nicht um die Sonne, sondern Planet und Sonne Ellipsen um ihren gemeinschaftlichen Schwerpunkt beschreiben. Die Mondtheorie führte ihn auf das Problem der drei Körper. Für seine Mondtheorie, welche die Auffindung der geographischen Länge eines Ortes der Erdoberfläche erleichterte, erhielt er vom englischen Parlamente im Jahre 1765 die Summe von 3000 Pfund Sterlingen als einen Theil jener Summe von 20 000 Pfunden, welche seinerzeit als Preis für die Erfindung einer Methode zur leichten und genauen Angabe der geographischen Länge ausgesetzt worden war.

Wir haben nun noch kurz der Verdienste Euler's um die Optik und Akustik zu gedenken. Euler war im achtzehnten Jahrhunderte der Hauptvertreter der Undulationstheorie des Lichtes, welche er gegen die Emissionstheorie in einer Reihe von Abhandlungen vertheidigte, die in den Denkschriften der Berliner Akademie von 1746 bis 1752 enthalten sind. Da er jedoch von rein theoretischem Standpunkte und bloss kritisirend gegen die herrschende Theorie auftrat, so erzielte er kein nennenswerthes Resultat. — Die Verschiedenheit der Farben erklärt Euler aus der Dauer der Lichtschwingungen**). In den Berliner Denkschriften vom Jahre 1747 sprach er den Gedanken aus, es möchten die verschiedenen Medien des Auges wohl dazu dienen, um die Farbenzerstreuung aufzuheben. Dieser Gedanke leitete später Dollond zur Entdeckung der achromatischen Gläser.

---

*) Bedeuten P, Q, R (wie dies Euler bezeichnet) die Componenten der Kräfte, S, T, U deren statische Momente in Bezug auf ein rechtwinkliges Coordinatensystem, so sind die sechs Bewegungsgleichungen die folgenden:

I) $\int dm \left(\frac{d^2x}{dt^2}\right) = P$

II) $\int dm \left(\frac{d^2y}{dt^2}\right) = Q$

III) $\int dm \left(\frac{d^2z}{dt^2}\right) = R$

IV) $\int z\,dm \left(\frac{d^2y}{dt^2}\right) - \int y\,dm \left(\frac{d^2z}{dt^2}\right) = S$

V) $\int x\,dm \left(\frac{d^2z}{dt^2}\right) - \int z\,dm \left(\frac{d^2x}{dt^2}\right) = T$

IV) $\int y\,dm \left(\frac{d^2x}{dt^2}\right) - \int x\,dm \left(\frac{d^2y}{dt^2}\right) = U.$

**) Nova theoria lucis et colorum. (Berl. Denkschr. 1746.)

Euler beschäftigte sich, wie alle bedeutenderen Mathematiker des 18. Jahrhunderts, mit der Untersuchung der Saitenschwingungen. In den Berliner Denkschriften von 1748 bewies er gegen Taylor und d'Alembert, dass nicht nur jede beliebige Curve, welche durch eine algebraische Gleichung ausdrückbar und continuirlich ist, die Gestalt einer schwingenden Saite abgeben könne, sondern jede beliebige mit freier Hand gezogene krumme Linie. Auf die Einwürfe Daniel Bernoulli's und d'Alembert's antwortete Euler in den Berliner Denkschriften von 1753, wo er bei seiner Ansicht beharrte, dass auch discontinuirliche Curven der Aufgabe genügen. Als später Lagrange sich ebenfalls mit diesem Probleme beschäftigte und für eine aus einer endlichen Zahl von Theilen bestehenden Saite zu Bernoulli's Resultat gelangte, demzufolge die Saite eine Curve bilde, welche die Gestalt einer Trochoide oder eine Combination von Trochoiden habe*), für eine aus unendlich vielen Theilchen bestehende Saite jedoch Euler Recht geben musste, wurde die Polemik zwischen Bernoulli, Euler, d'Alembert und Lagrange noch eine Zeit lang fortgesetzt und auch die italienischen Mathematiker Riccati und Zanotti nahmen an dem wissenschaftlichen Streite Theil. Euler untersuchte noch die rotirenden Bewegungen einer nach Art eines Kugelpendels schwingenden Saite, wobei er fand, dass man diese Schwingungen als aus ebenen Schwingungen zusammengesetzt betrachten könne. — Wie Daniel Bernoulli, so beschäftigte sich Euler ebenfalls mit den Transversalschwingungen von Stäben. — Von der Untersuchung der Schallgeschwindigkeit handelt er in den Schriften: „Conjectura physica circa propagationem soni et luminis" (Berol. 1750) und: „De la propagation du son" (Mém. de Berlin 1759). — Ueber die Grenzen der Hörbarkeit eines Tones schreibt er in seinem Werke: „Tentamen novae theoriae musicae" (Petrop. 1739), er findet als obere Grenze 4000—7520 Schwingungen, als untere 20—30 Schwingungen in der Sekunde. In dem genannten Werke findet sich die Musiklehre zum ersten Male wissenschaftlich abgehandelt.

Wenn wir nun die hier nur kurz skizzirte wissenschaftliche Thätigkeit Euler's überblicken, welche auf dem Gebiete der Mathematik, der Mechanik, der physischen Astronomie, sowie der Akustik eine bahnbrechende genannt werden kann, so müssen wir die staunenswerthe Vielseitigkeit und die gigantische Arbeitskraft dieses Mannes mit Bewunderung anerkennen.

In Verbindung mit Euler sprechen wir hier noch von Maupertuis und Maclaurin, deren wissenschaftliche Thätigkeit, wenigstens insoferne diese uns hier interessirt, mit der Euler's in engem Zusammenhange steht.

---

*) Siehe weiter oben.

Pierre Louis Moreau de Maupertuis wurde aus vornehmer Familie am 17. Juli 1698 zu St. Malo geboren und starb am 27. Juli 1759 zu Basel. Er trat in seiner Jugend in die Armee und avancirte bis zum Dragonerkapitän, hierauf nahm er seinen Abschied und widmete sich ausschliesslich den Wissenschaften; 1723 wurde er zum Mitglied der Pariser Akademie ernannt. Auf einer Reise nach England wurde er mit der Newton'schen Physik bekannt, die er nun in seinem Vaterlande gegen die Descartes'sche geltend zu machen suchte. Im Jahre 1727 wurde er auch Mitglied der Royal Society, im Jahre 1731 besoldetes Mitglied der Pariser Akademie; als solches wurde er 1736 als Führer der nach Lappland zur Ausführung der Gradmessung unter hohen Breiten gesandten Commission von Gelehrten ausersehen. Im Juli des genannten Jahres reiste er mit Clairaut, Camus, Le Monnier und Outhier nach dem bothnischen Meerbusen, wo einige Inseln als Fixpunkte ausersehen waren. In Tornea gesellte sich der von der schwedischen Regierung ausgesandte Celsius, Professor zu Upsala zu ihnen, der mit englischen, von Graham construirten sehr genauen Messinstrumenten ausgerüstet war. Die Meridianmessung wurde im Dezember 1736 — auf eine Standlinie gestützt, — die auf dem Eise des Tornea-Elf gemessen worden, zwischen den Endpunkten: Berg Kittis und der Stadt Tornea ausgeführt und betrug bloss 57' 28,5" im Bogenmasse, also nicht einmal einen ganzen Grad. Die Länge des Meridiangrades wurde zu 57 437 Toisen unter einer Breite von 66° 20' festgesetzt, welches Resultat jedoch nicht sehr genau war. Uebrigens wurde die ganze Messung in sehr kurzer, kaum genügender Zeit ausgeführt und wie es scheint, mit durchaus nicht genügender Genauigkeit. Die Expedition kehrte schon im Juni 1737 nach Paris zurück und ein Jahr später veröffentlichte ihr Leiter das Resultat derselben in der Schrift: „Sur la figure de la terre determinée par les observations de Mr. Maupertuis, Clairault, Camus, Le Monnier et Outhier. (Amsterd. 1738.) Da der Breitengrad nach dieser Messung in Lappland um 340 Toisen länger war als der in Frankreich gemessene, so war hiedurch der Gedanke an eine verlängerte Gestalt der Erde definitiv beseitigt und an dessen Stelle die Idee des abgeplatteten Erdsphäroids gesetzt. — Kurze Zeit nach Beendigung der Expedition im Jahre 1740 wurde Maupertuis von Friedrich dem Grossen nach Berlin berufen, um die Direction der Berliner Akademie zu übernehmen. Es war zur Zeit des schlesischen Feldzugs, als er in Berlin ankam, und der König befand sich auf dem Kriegsschauplatze. Der französische Gelehrte reiste ihm nach, nahm an der Schlacht von Mollwitz Theil und fiel in die Hände der Oesterreicher. Er wurde nach Wien geführt, dort jedoch vom Kaiser mit Auszeichnung behandelt und freigelassen. Im Jahre 1745 liess er sich in Berlin nieder, heiratete ein deutsches Fräulein und wurde 1746 zum Präsidenten der Akademie ernannt. Die Publikation seiner Schriften über das Prinzip der kleinsten Menge von Action verwickelte ihn in unangenehme Streitigkeiten. Ein Schüler Johann Bernoulli's, Samuel König, der nach mancherlei Irrfahrten Professor an der Universität Franeker und auswärtiges Mitglied der Berliner Akademie geworden war, griff die Entwicklungen Maupertuis' an und veröffentlichte zugleich einen Brief Leibnizens, nach welchem dieser angeblich schon gewusst hätte, dass in den Modifikationen der Bewegungen die Action gewöhnlich ein Maximum oder ein Minimum sei. Hiedurch wären denn Maupertuis und Euler der Priorität der Entdeckung jenes Prinzips verlustig gewesen. Maupertuis setzte es durch, dass die Akademie von Berlin jenen angeblichen Brief für eine Fälschung erklärte. Voltaire nahm sich des als Fälscher hingestellten König an und schrieb beissende Satiren auf den Präsidenten der Akademie. So sehr nun diese den König Friedrich erlustigten, so mochte er es doch nicht dulden, dass man das Haupt der gelehrten Gesellschaft als Zielscheibe des Spottes hinstelle, er liess deshalb die meisterhafte Diatribe: „Histoire du docteur Akakia" von Voltaire unter dessen Fenster durch den Henker verbrennen, wodurch es zum Bruche zwischen Voltaire und dem Könige kam. Maupertuis, der vielfachen Angriffe müde, legte im Jahre 1756 seine Stelle in Berlin nieder und kehrte nach Frankreich zurück. Später ging er nach Basel, wo er 1759 starb.

Ueber seine Biographie finden wir Ausführlicheres in der Biographie Universelle: Artikel „Maupertuis" von Delambre, ferner in Montuclas' Histoire des Mathematiques (2 vol. 4° Paris 1758). — Von seinen Schriften erwähnen wir die folgenden: Sur la figure de la terre etc. 12°. Amst. 1738. — Essai de cosmologie. 8° Amst. 1750. — Sur la forme des instruments de musique. (Mém. Par. 1724.) — Loi du repos des corps. (Mém. Par. 1740.) — Les lois du mouvement et du repos déduites d'un principe métaphysique. (Mém. Berl. 1746.) — Reponse à un Mém. de Mr. d'Arcy, sur le principe de la moindre action. (Ib. 1752.) — Seine Werke sind erschienen: „Oeuvres de Mr. de Maupertuis" in 4 Bänden, 8° Paris 1752, Lyon 1768.

Wir haben über die Aufstellung des „Prinzipes der kleinsten Wirkung" schon weiter oben gesprochen und können uns jetzt darauf beschränken, ganz kurz die Auffassung desselben von Seiten Maupertuis' anzudeuten. Der teleologische Gesichtspunkt spielt in der Entwicklung der mechanischen Prinzipien eine bedeutende Rolle. Wie seinerzeit Keppler sich den Schöpfer der Welt als höchsten Intellect vorgestellt hatte, der an den vollkommenen, mathematisch geordneten Verhältnissen des Weltenbaues sein Wohlgefallen habe, so dachte man auch in der ganzen Einrichtung des Universums ein Muster von Zweckmässigkeit, Sparsamkeit der Mittel u. s. w. vor sich zu haben. Besonders waren die von den Mathematikern des 18. Jahrhunderts behandelten isoperimetrischen Probleme, welche auf ein Minimum oder Maximum führen, einer solchen Auffassung günstig. So konnte es denn auch nicht fehlen, dass bei dem Prinzipe der kleinsten Wirkung dieser Standpunkt besonders hervortreten würde. Maupertuis geht in der That so weit, dass er in der „Kosmologie" dieses Sparsamkeitsgesetz: das Auskommen mit den kleinsten Mitteln direkt aus den Eigenschaften des höchsten Wesens ableiten will. Die Arbeiten Maupertuis', in welchen das Prinzip besprochen wird, sind — wie schon oben erwähnt — eine Abhandlung in den Schriften der französischen Akademie vom Jahre 1744 und eine zweite in dem der Berliner gelehrten Gesellschaft vom Jahre 1746. Wenn man von allem teleologischen Beiwerk absieht, so lässt sich der Kern der ganzen Darstellung folgendermassen aussprechen: „Wenn in der Natur eine Veränderung vorgeht, so ist die für diese Veränderung nothwendige Thätigkeitsmenge die möglich kleinste"*). Unter Menge der Action versteht der Verfasser das Produkt aus der Masse und Geschwindigkeit in den Weg, der mit dieser Geschwindigkeit zurückgelegt wurde. Wenn wir bedenken, dass das Increment des Weges eine lineare Funktion der Geschwindigkeit ist und dieses wieder mit der Geschwindigkeit und der Masse multiplizirt in der Formel vorkommt, so sehen wir allsogleich die enge Verwandtschaft dieses Satzes mit dem Prinzipe der lebendigen Kräfte. Maupertuis sieht inzwischen in seinem Satze ein allgemeineres Prinzip als in dem von der Erhaltung der lebendigen Kräfte, das sich auch auf den Gleichgewichtszustand anwenden lasse. Er begnügt sich am Hebel darzuthun, dass man durch seine Anwendung des Prinzipes auf das bekannte Hebelgesetz gelange. Man muss jedoch eingestehen, dass für den Fall des Gleichgewichtes das Prinzip der virtuellen Geschwindigkeiten der Natur der Sache viel besser entspreche.

Maupertuis war ein findiger Kopf, aber kein besonders scharf denkender Geist, er liess sich leicht zu Projecten, kühnen Theorien u. s. f. hinreissen. Sein „principe de la moindre quantité d'action" ist deshalb verschwommen und unbestimmt, immerhin aber lässt sich demselben der Einfluss nicht bestreiten, mit welchem es auf Euler und Gauss anregend gewirkt hat**).

Von Maupertuis haben wir noch eine Formel zu erwähnen, welche sich in seiner mehrfach angeführten Schrift: „Sur la figure de la terre" findet, welche lehrt aus zwei an verschiedenen Orten gemessenen Breitegraden die Abplattung des Erdsphäroids zu berechnen.

Colin Maclaurin, geboren im Februar 1698 zu Kilmoddan bei Inverary, gestorben am 14. Juni 1746 zu York, stammte aus einer alten schottischen Familie. In seinem 16. Jahre entdeckte er schon zahlreiche

---

*) Les lois du mouvement et du repos déduites d'un principe métaphysique. Hist. de l'Académie de Berlin (1746) pag. 290.

**) Siehe über das Prinzip der kleinsten Wirkung: Dr. Adolph Mayer, Geschichte des Princips der kleinsten Action. Akad. Antrittsvorlesung. Leipzig 1877.

geometrische Sätze, die er in seiner „geometria organica" 1720 veröffentlichte. Im 19. Jahre war er Professor am Marishal College zu Aberdeen, im Jahre 1724 gewann er einen Preis von der französischen Akademie für eine Arbeit über den Stoss der Körper, wodurch er seinen Ruf begründete. Schon im folgenden Jahre wurde er auf die Empfehlung Newton's zum Professor an der Universität Edinburgh erwählt, welche Stelle er zwanzig Jahre inne hatte. Als im Jahre 1745 Prinz Eduard, der Enkel Jacob II. in Schottland landete und sich eine grosse Partei der Stuarts bildete, welche Schottland von England losreissen wollte, belagerte diese aufständische Partei auch die Hauptstadt des Landes. Maclaurin, der es mit der englischen Partei hielt, arbeitete mit grossem Eifer an der Befestigung Edinburghs, indem er bei Tag und Nacht mit der Anlage von Festungswerken beschäftigt war. Dessungeachtet kam der Entsatz von Seite der Engländer zu spät, da der Prätendent die Stadt einnahm. Maclaurin flüchtete zum Erzbischof von York, wo er in Folge der übermässigen Anstrengungen in eine Krankheit verfiel und 1746 starb. Von seinen Schriften erwähnen wir die folgenden: Geometria organica seu descriptio linearum curvarum universalis. 1 Vol. 4º Lond. 1720. — A complete system of fluxions, 2 Vol. 4º Edinb. 1742. — An account of Sir Isaac Newton's philosophical discoveries (posthum). 1 Vol. 4º Lond. 1748. — Nova methodus universalis curvas omnes cujuscunque ordinis mechanice describendi sola datorum angulorum et rectarum ope. (Phil. Tr. 1719). — Démonstration des loix du choc des corps (Pièces de Prix de l'Acad. de Paris Tom. I). — De causa physica fluxus et refluxus maris. (Ib. Tom. IV. Preisgekrönt 1740.)

Wir können hier die mathematischen Arbeiten Maclaurin's mit Stillschweigen übergehen, bloss die von ihm stammende Reihe, mittelst welcher wir eine Funktion nach aufsteigenden Potenzen der freien Variablen in eine Reihe entwickeln können, wollen wir hier erwähnen. Sein grosses Verdienst um die Mechanik besteht, wie wir dies schon weiter oben zu erwähnen hatten, darinnen, dass er der erste war, der die Kräfte im Raume nach drei auf einander senkrecht stehenden Coordinatenaxen zerlegte. Ferner ist noch seine auf die Ebbe und Flut des Meeres bezügliche, von der Pariser Akademie preisgekrönte Arbeit zu erwähnen.

Jean le Rond d'Alembert.

Jean le Rond d'Alembert wurde am 16. oder 17. November 1717 zu Paris geboren und starb daselbst am 29. Oktober 1783. Seine Mutter war die Frau von Tencin*), die einen Salon in Paris hielt und sich hiedurch einen Namen in ganz Europa erwarb, so dass ihr Haus der

---

*) Von der schon weiter oben die Rede war.

Sammelplatz jener Männer war, die sich bemühten, eine solche Literatur zu schaffen, welche den gesammten Verhältnissen den Krieg erklärte. Diese Frau hatte sich zur Zeit der Law'schen Spekulationsperiode auf nicht sehr gewissenhafte Weise bereichert, wurde später der Ermordung eines ihrer Liebhaber angeklagt und in eine Criminaluntersuchung verwickelt, welche jedoch durch den Einfluss mächtiger Freunde und Verwandter niedergeschlagen wurde. Dessungeachtet war der Pabst Benedict XIV., der als Cardinal Lambertini oft in ihrem Hause verkehrt hatte, ihr befreundet, auch hatte sie am Hofe Verbindungen. Diese Frau hatte von Chevalier Destouches-Canon, Artilleriecommissär, ein Kind, das sie an den Stufen der Kirche St. Jean le Rond aussetzen liess. Das Kind, unser späterer d'Alembert wurde nicht in das Findelhaus gegeben, sondern der Frau eines Glasers (Namens Rousseau oder Alembert?) zur Pflege übergeben. Erst als d'Alembert bereits einen Namen hatte, erinnerte sich sein Vater desselben und wollte ihn als Sohn anerkennen, d'Alembert lehnte diess jedoch ab und blieb bei seiner Pflegemutter, die er späterhin fortwährend unterstützte. Im Alter von 12 Jahren kam er in das Collège Mazarin, woselbst sich seine ausserordentliche Begabung bald offenbarte. Zuerst studirte er Theologie, hierauf Jus, dann Medizin, bis er sich schliesslich den philosophischen und mathematischen Wissenschaften zuwandte. Im Jahre 1741 wurde er Mitglied der Pariser Akademie, 1763 forderte ihn Friedrich der Grosse auf nach Berlin zu kommen, um die Präsidentschaft der dortigen Akademie zu übernehmen, nachdem Maupertuis diese Stelle niedergelegt hatte. Später erhielt er eine Aufforderung von Seiten der Kaiserin Katharina II. von Russland, die Erziehung ihres Sohnes Paul zu leiten. d'Alembert lehnte beide Aufforderungen ab, trotzdem ihm von Seiten des Königs von Preussen ein bedeutender Gehalt, von Seiten der russischen Kaiserin sogar höchst glänzende Bedingungen zugesichert wurden. Der Gelehrte zog es vor in seinem Vaterlande zu bleiben. Im Jahre 1772 wurde er Sekretär der Académie française, in welcher Eigenschaft er die gebräuchlichen „Éloges" für die verstorbenen Akademiker seit Anfang des Jahrhunderts verfasste, welche bis auf den heutigen Tag als Muster eines schönen und richtigen Stiles gelten. d'Alembert war von höchst gutmüthigem, dabei stets munterem Wesen, ein heiterer und zum Muthwillen aufgelegter Gesellschafter, der sich in den Salons der Deffaut und später der l'Espinasse, an welche Dame ihn zarte Bande fesselten, am wohlsten fühlte. Diese Dame, die Geliebte unseres Philosophen, quälte diesen in schrecklicher Weise. d'Alembert galt als Mittelpunkt der Gesellschaft, die sich bei dem Fräulein l'Espinasse zusammen fanden, deren Appartements, von der Herzogin von Luxemburg eingerichtet, einen Sammelplatz für die Gelehrten und Weltmänner des damaligen Frankreich bildeten, den kein Fremder zu besuchen versäumte, der vermöge seiner Stellung Zutritt zu erhalten vermochte. Hier führten d'Alembert und Diderot das Wort, der nachmalige Minister Turgot, der berühmte Staatsökonom war ebenfalls in diesem Kreise zu finden; aus diesem und dem Holbach'schen Cirkel gingen die radikalen Philosophen des 18. Jahrhunderts, die Encyclopädisten hervor. d'Alembert hatte den mathematischen Theil der „Encyclopädie" übernommen, jenes Werkes, das in alphabetischer Folge sämmtliche Kenntnisse in sich fassen sollte, auch hatte er — wie schon weiter oben erwähnt — die Einleitung zu diesem grossen Werke verfasst. Diese Einleitung ist eigentlich eine selbstständige Abhandlung, in welcher der Verfasser sein ganzes philosophisches Glaubensbekenntniss niederlegte. Es sind die bekannten Sätze der encyclopädischen Philosophen, die wir in demselben finden. Den Ausgangspunkt bildet der Locke'sche Satz, dass alles unser Wissen aus den sinnlichen Erfahrungen hervorgehe: Reflexion, Vergleichung der sinnlichen Wahrnehmungen und der Verhältnisse derselben durch den Verstand, Beachtung alles dessen, was uns schaden könnte, das allein macht den Kern des menschlichen Wissens aus, was darüber hinausgeht, ist Phantasterei. Die gesellige Ordnung ist aus dem Bestreben entstanden, uns anderer Menschen zu unserm Nutzen zu bedienen. Die Entstehung der Gesellschaft führt zu einer Unterdrückung der Schwächeren und hiedurch entsteht der Begriff von Recht und Unrecht, von Recht und Pflicht und schliesslich der Begriff des Gesetzes. Von dieser Seite sucht nun der Verfasser aus dem Begriffe des Rechtes und des Unrechtes, die Immaterialität der Seele, die Unsterblichkeit und den Begriff der Gottheit als von aussen aufgedrungene Begriffe darzustellen. Aus allem diesem schliesst er nun, dass die Wissenschaft in erster Linie mit den Verhältnissen des äusseren Lebens zu thun habe, was darüber hinausgeht, ist unsicher und geneigt, uns in Irrthümer zu stürzen. Es müsse daher die Naturwissenschaft und die Mathematik allem andern vorgehen, während auf die alten Sprachen, Alterthumswissenschaft u. s. w. nicht viel Gewicht zu legen sei. Die Künste haben sich aus dem Nachahmungstriebe entwickelt. Malerei, Sculptur, Baukunst und die Poesie ahmen bloss die schöne Natur nach, am schlechtesten kommt die Musik weg, welche nach d'Alembert aus dem Bedürfniss Lärm zu machen sich entwickelt und vervollkommet hat. In dem Abrisse einer Geschichte der Wissenschaft und der Philosophie wird das Alterthum und das Mittelalter überall bespöttelt, die Philosophie beginnt mit Bacon, Descartes gilt nur als Mathematiker, als Entdecker physikalischer Gesetze und als Gegner des Scholastizismus. Von den grossen Mathematikern und Astronomen werden gleichsam im Vorbeigehen Keppler erwähnt und selbst Newton wird nur deshalb hervorgehoben, weil er seine Theorien auf Grund messender Versuche ausgearbeitet hat. Dagegen erntet Locke reiches Lob, als derjenige Philosoph, in dessen Fussstapfen sich d'Alembert befindet. — Er nahm übrigens an der Redaction der Encyclopädie nicht lange Theil, sondern zog sich später zurück. d'Alembert wurde nicht volle 66 Jahre alt; er starb am 29. Oktober 1783 in Folge von Blasensteinen, deren Operation er sich nicht unterziehen wollte.

Von seinen Schriften erwähnen wir die folgenden: Traité de Dynamique. Paris 1743. — Traité de l'équilibre et du mouvement des fluides. Ib. 1744. — Reflexions sur la cause générale des vents. Ib. 1747 (von der Berliner Akademie preisgekrönt). — Recherches sur la précession des équinoxes et sur la nutation de l'axe de la terre. Ib. 1749. — Rech. sur différents points importants du système du Monde. 3 vol. Ib. 1754—56. — Opuscules mathématiques, 8 vol. Ib. 1761—68. — Sur les principes de la mécanique. (Mém. Paris 1769.) — Sur les cordes vibrantes. Ib. 1763. — Sur la courbe que forme une corde tendue mise en vibration. Ib. 1747. — Vermischte Schriften: Oeuvres philos., hist. et litteraires, herausgegeben von Bastien. Paris 1805, 16 Theile in 5 Bänden. — Oeuvres: Sa vie, ses oeuvres, sa philosophie, Paris 1852. — Ueber sein Leben findet sich Ausführlicheres in Condorcet: „Éloge de d'Alembert."

Die Bedeutung d'Alembert's für die Entwicklung der Physik liegt in dessen auf die Mechanik bezüglichen Arbeiten. Durch seine gründliche philosophische Bildung, verbunden mit der aus einem ungewöhnlichen mathematischen Talente entspringenden Leichtigkeit quantitative Beziehungen der complizirtesten Art zu überblicken, war es ihm beschieden, die von Euler systematisirte Mechanik zu formuliren, mit andern Worten jene allgemein oder wenigstens für einen grösseren Kreis von mechanischen Vorgängen gültigen Gleichungen oder Formeln zu finden, welche — wie dies Dühring ausdrückt — charakteristische Hauptsätze der Dynamik (oder Statik) in der Rolle von Prinzipien darstellen. Es sind diese Hauptsätze in mannigfacher Hinsicht, noch nicht ganz und gar und nach allen Seiten hin betrachtete Beziehungen. Aus einem solchen Satze kann man zuweilen durch Substitution eines Werthes auf einen andern übergehen, wie wir dies z. B. bei dem Zusammenhange zwischen dem Satze der lebendigen Kräfte, der kleinsten Action und dem sog. d'Alembert'schen Prinzipe sehen können. Durch die Aufstellung des eben genannten Satzes und seine ganze Fassung der Mechanik hat der Autor die Formgebung der Mechanik eingeleitet. Was der Mechanik jener Zeit fehlte, waren nämlich allgemeine Theoreme, welche für ganze Classen von Problemen anwendbar sind, während noch die Bernoulli, L'Hospital, Euler u. a. für jedes Problem so zu sagen einen neuen Weg suchen mussten. d'Alembert ist nun allerdings bloss der Vorläufer Lagrange's, des grössten Analytikers jener Tage, der die letzte Hand an die endgültige Gestaltung des mechanischen Systems anlegte, allein dieser war nicht derartig geschult im philosophischen Denken, wie sein älterer Zeitgenosse d'Alembert, der eben dieser scharfen philosophischen Denkart zufolge durch die Vorrede zu seiner mechanischen Hauptschrift, dem:

„Traité de dynamique" (Paris 1743) den endlosen Streit über das Mass der lebendigen Kräfte beenden konnte, welche die Cartesianer und Leibnizianer gegeneinander in Bewegung setzte, indem er nachwies, wie es sich dabei um einen blossen Wortstreit, ein einfaches Missverständniss handle*).

Bei der Behandlung des Problemes vom zusammengesetzten Pendel durch Jacob Bernoulli im Jahre 1686, den die Ableitung Huygens' nicht befriedigte, ging dieser Gelehrte von der Betrachtung eines Hebels aus, der sich in schwingender Bewegung befindet. Ein Theil der Massenpunkte verliert, der andere gewinnt an Geschwindigkeit oder Kraft. Nach fortwährenden Versuchen, die mechanischen Verhältnisse beim zusammengesetzten Pendel in ein immer klareres Licht zu stellen, gelangte Bernoulli endlich zu einer Vorstellungsart, welche für die weitere Gestaltung der Mechanik von grosser Tragweite war. Er betrachtete nämlich die elementaren Geschwindigkeiten oder Kräfte als aus zwei Bestandtheilen zusammengesetzt, aus denjenigen, welche die Körper im unverbundenen Zustande annehmen würden und aus denjenigen, welche in Folge der Verbindung verloren gehen oder gewonnen werden. Da nun die Wechselwirkung der Theile einzig und allein vermöge der Hebelverbindung der Theile zu Stande kommt, so müssen jene Verluste und Gewinne an Geschwindigkeit oder Kraft offenbar dem Hebelgesetze entsprechen und aus der Auffassung der Gleichgewichtsbestimmung für den Hebel folgt dann die gewünschte Entfernung desjenigen Punktes, der vermöge der festen Verbindung der Theile weder Verlust, noch Gewinn erfährt, des Schwingungsmittelpunktes. Durch die Aufstellung der Gleichgewichtsbedingung für die aus der Wechselwirkung der verbundenen Theile des Körpers resultirenden verlorenen, resp. gewonnenen Kräfte, wird das rein dynamische Problem auf ein statisches zurückgeführt. In dieser Ableitung ist eigentlich derjenige Satz enthalten, den d'Alembert fast ein halbes Jahrhundert später als Grundprinzip der Dynamik aufstellte, der für die Dynamik dieselbe Bedeutung hat, wie das Prinzip der virtuellen Verschiebungen für die Statik. Der d'Alembert'sche Satz wird in des Verfassers: Traité de dynamique" (Paris 1743, pag. 50) beiläufig in folgender Weise dargestellt: „Werden den verschiedenen materiellen Punkten oder Körpern eines Systems Bewegungen eingeprägt, welche vermöge der bestehenden Verbindungen der materiellen Punkte oder Körper eine Aenderung erleiden, so ist es klar, dass man diese Bewegungen so betrachten könne, als wären sie aus jenen Bewegungen zusammengesetzt, welche die materiellen Punkte oder Körper des Systemes wirklich annehmen und aus jenen, welche vermöge der Verbinduug vernichtet wurden. Hieraus folgt zugleich, dass die letzteren Bewegungen von der Art sein müssen, dass, wenn die materiellen Punkte oder Körper

---

*) Siehe oben pag. 230.

des Systemes von ihnen allein angeregt werden, Gleichgewicht stattfinden müsse."

Der d'Alembert'sche Satz wird jedoch sehr häufig in anderer Form angewendet, als in welcher ihn der Autor desselben aufgestellt hat. Da es mitunter nicht angeht, die im Gleichgewicht befindlichen verlorenen Kräfte zu bestimmen, so kann man nach Lagrange diese Schwierigkeit dadurch vermeiden, dass man von den verlorenen Kräften absehend, die Gleichgewichtsbedingung für die mitgetheilten oder wirkenden und die mit denselben äquivalenten, jedoch in entgegengesetzter Richtung genommenen resultirenden Kräften aufstellt, so dass der Satz in der Lagrange'schen Formulirung folgendermassen lautet: „In jedem in Bewegung begriffenen Systeme materieller Punkte oder Körper halten sich die mitgetheilten und die im entgegengesetzten Sinne genommenen resultirenden Kräfte oder Bewegungsgrössen das Gleichgewicht, wenn man übrigens auf die Beschaffenheit des Systemes Rücksicht nimmt."
— Ebenso kann man den Satz noch in andern Variationen darstellen, wenn man die wirkenden oder angreifenden Kräfte in entgegengesetzter Richtung nimmt, oder aber, wenn man dieselbe Prozedur bezüglich der resultirenden Kräfte vornimmt und ausserdem bedenkt, dass das System der verlorenen Kräfte für sich im Gleichgewichte steht.

Wir haben somit den Unterschied zwischen der ursprünglichen d'Alembert'schen Formulirung jenes Prinzipes von der des Lagrange erörtert, welches Prinzip der erstgenannte Forscher seiner Dynamik zu Grunde legte. Das Hauptbeispiel, aus dem er bei der Anwendung seines Prinzipes ausgeht, ist wieder die Bewegung einer an einem Ende befestigten, mit mehreren Gewichten beschwerten, an sich schwerlosen und dabei drehbaren Stange, also im Wesen wieder das zusammengesetzte Pendel oder aber die Bewegung eines physischen Hebels. Dühring[*]) bemerkt hiezu, dass, wie die Bedingung des Gleichgewichts am Hebel der Ausgangspunkt der ganzen Statik gewesen sei, so habe der in Bewegung befindliche Hebel, d. i. das zusammengesetzte Pendel den Anstoss gegeben zur Entwicklung des allgemeinen Prinzipes der Dynamik.

d'Alembert will die gesammte Mechanik auf drei Prinzipien fundiren. Es sind dies das Prinzip der Trägheit, das des Kräfteparallelogrammes und das des Gleichgewichtes. Unter dem letzteren versteht er den Satz, dass zwei Kräfte im Gleichgewicht stehen, wenn ihre Geschwindigkeiten entgegengesetzt gerichtet sind und sich umgekehrt wie die Massen der beiden Körper verhalten. Diese Prinzipien sind jedoch nicht apriorischer Natur, sondern sollen bewiesen werden[**]), was nun allerdings nur scheinbar gelingt. Auf die Frage, ob die

---

[*]) Krit. Gesch. d. allg. Prinzipien der Mechanik. Berlin 1873, pag. 307.
[**]) Traité de dynamique. Discours préliminaire und die drei ersten Capitel der ersten Abtheilung.

mechanischen Prinzipien nothwendige oder zufällige Wahrheiten seien, antwortet er in folgender Weise: Aus der blossen Annahme von Materie und Bewegung folgen zugleich als nothwendige Consequenzen die prinzipiellen Gesetze der Mechanik. Die Beweise laufen gewöhnlich auf den Satz hinaus, dass die behauptete Wahrheit gelten müsse, da für den entgegengesetzten Fall kein genügender Grund vorhanden sei. Es ist klar, dass man mit Hülfe dieses Satzes einen positiven Beweis nicht führen könne.

In seiner Schrift: „Traité de l'équilibre et du mouvement des fluides" (Paris 1744) macht d'Alembert eine sehr zweckmässige Anwendung seines Prinzipes auf die Probleme der Hydrodynamik, indem er ausser den schon bekannten Aufgaben neue, schwierige auf eine elegante Weise auflöst. — Für die technische Mechanik von Bedeutung ist d'Alembert's Werk: „Essai d'une nouvelle théorie sur la résistance des fluides", in welchem der Verfasser unter anderen den Widerstand untersucht, den ein im Wasser bewegter Körper (z. B. ein Schiff) erleidet. Da die theoretischen Resultate nicht zufriedenstellend waren, so forderte der Minister Ludwig XVI. Turgot die Akademiker: d'Alembert, Bossut und Condorcet auf, geeignete Versuche über diesen Gegenstand anzustellen. Die Resultate dieser Versuche wurden in der Schrift: „Nouvelle expériences sur la résistance des fluides" (Paris 1777), beschrieben.

Von den astronomischen Arbeiten d'Alembert's ist seine Untersuchung über die Präzession und Nutation der Erdaxe zu erwähnen: „Recherches sur la précession des équinoxes et sur la nutation de l'axe de la terre" (Paris 1749), wo er die Kräfte untersuchte, welche auf den Parallelismus der Erdaxe störend einwirken. Die Resultate der Rechnung stimmten mit den Beobachtungsresultaten Bradley's genügend überein, um als Bestätigung der Newton'schen Gravitationstheorie gelten zu können.

Im Jahre 1746 schrieb die Pariser Akademie eine Preisaufgabe aus für die beste Theorie der Luftströmungen auf der ganz von Wasser bedeckt gedachten Erde. — Unter drei Bewerbern erhielt d'Alembert's Arbeit den Preis. Dieselbe ist von unserm heutigen Gesichtspunkte der Frage über die Entstehung der Passate gänzlich werthlos, da sie von der Erwärmung der Luft als Ursache der Luftbewegung gänzlich absieht und bloss von der Anziehung der Sonne und des Mondes handelt.

Schliesslich erwähnen wir noch d'Alembert's Arbeiten über die Theorie der Saitenschwingungen. In einer Abhandlung in den Berliner Denkschriften vom Jahre 1747 wies er nach, dass nicht bloss eine Cycloide, wie dies Taylor und Johann Bernoulli behauptet hatten, der Gestalt einer schwingenden Saite entspreche, sondern dass eine unendliche Anzahl von Curven dieselbe Eigenschaft besitze.

In Verbindung mit d'Alembert sprechen wir noch von einigen Gelehrten, deren Wirksamkeit einigermassen verwandt mit der unseres

Forschers ist. Wir erwähnen hier zwei Namen: Voltaire und Condorcet.

François Marie Arouet de Voltaire*), geboren am 20. Februar**) 1694 zu Châtenay bei Sceau, gestorben am 30. Mai 1778 zu Paris. Der Lebenslauf dieses berühmten Literaten, Dichters und Philosophen ist einerseits genügend bekannt, andererseits hat dessen Held für unsere Geschichte eine zu geringe Bedeutung, als dass wir uns in eine ausführliche Darstellung desselben einlassen könnten. Wir begnügen uns anzudeuten, dass er, der bissige Satiriker, der gewaltige Agitator und dabei vollendete Hofmann ein sehr bewegtes Leben gehabt habe. Von den Jesuiten erzogen und zugleich in die leichtlebige, sittenverderbte Pariser Gesellschaft jener Tage eingeführt, hatte er seiner treffenden, scharfen Spottverse wegen zu verschiedenen Malen kurze Zeit in der Bastille gesessen. Aus demselben Grunde in Paris persönlich misshandelt, kehrt er seinem Vaterlande den Rücken und geht nach England, wo er die Newton'sche Physik kennen lernt; nach seiner Rückkehr lebte er auf dem Schlosse der Marquise de Châtelet zu Cirey in der Champagne, die er in den mathematischen Wissenschaften unterwies, mit der er über das Newton'sche naturphilosophische System nachdachte, während er zugleich mit ihr ein Liebesverhältniss unterhielt. Nach dem Tode der du Châtelet wird er von Friedrich dem Grossen nach Berlin gerufen, wo er eine Zeit lang aushält, bis der oben erwähnte Streit mit dem Präsidenten der Berliner Akademie Maupertuis, dem er in seinem „Doctor Akakia" unbarmherzig zugesetzt hatte, sowie verschiedene andere für Voltaire nicht eben ehrenhafte Dinge seine Entfernung von Berlin veranlassen. „Eure Werke verdienen Statuen, eure Aufführung Ketten," schrieb ihm damals Friedrich der Grosse. In Ferney am Genfer See verbringt er die letzten Jahre seines Lebens, reich, geachtet, durch seine literarische Thätigkeit mächtig und gefürchtet, hat er sich auf die erstrebte Höhe aufgeschwungen. Bei einem Besuche in Paris, wo er durch Ovationen fast erdrückt wird, stirbt er im Alter von 84 Jahren.

Die Schriften des berühmten Schriftstellers, welche uns hier interessiren, sind die folgenden: Éléments de la philosophie de Newton, mis à la portée de tout le monde, 8° Amsterd. 1738, Neufchatel 1772, Lausanne 1782. — Réponse aux objections principales qui ont été faites contre la philosophie de Newton, 8° 1739. — Les singularités de la nature, Bâle 1768, Amsterd. 1769, Lond. 1772. — Essai sur la nature du feu et sur sa propagation (Mém. Paris, Pièces de Prix, Tom. IV.). — Doutes sur la mesure des forces motrices et sur leur nature (Nouv. Bibl. ou Hist. litt. 1741 Juin). — Mém. sur un ouvrage de physique

---

*) Arouet ist sein Familienname, Voltaire ist der aus Arouet l(e) j(eune) anagrammatisch gebildete Schriftstellername.

**) Wahrscheinlicher ist der 21. November als Geburtstag.

de Mad. la Marquise du Châtelet (Mercure 1739). — Dissertation (envoyée par l'auteur en italien à l'acad. de Bologne et traduite par lui-même en français) sur les changements arrivés dans nôtre globe et sur les pétrifications qu'on prétend en être encore les témoignes. (Ib. 1746.)

Die meisten dieser naturwissenschaftlichen Schriften stammen aus der Zeit seines Aufenthaltes bei seiner gelehrten Freundin, der Marquise du Châtelet. Die naturwissenschaftlichen Werke Voltaire's haben natürlich als solche keinen bedeutenden Werth, ihre ganze Bedeutung besteht lediglich darinnen, dass ein Mann, dessen Feder damals schon eine europäische Macht war, die wissenschaftlichen Ideen eines Newton verbreiten half und dadurch deren Ansehen wesentlich hob. Ihm selbst mochte der Mechanismus des Weltgebäudes, wie er sich denselben aus Newton's Physik herauslas, allerdings sehr wohl gefallen, auch konnte er dadurch, dass er den englischen Gelehrten gegen die Jesuiten in Schutz nahm, diese, denen er sehr gerne an den Leib rückte, wirksam ärgern und das war denn doch die Hauptsache für ihn. Ihm war auch die Wissenschaft nur ein Agitationsmittel und deshalb vertheidigte und verbreitete er die Newton'sche Naturphilosophie in Prosa und in Versen, in allerdings dilettantisch angehauchten Schriften. Dass er dazu beigetragen, die messende und rechnende Wissenschaft in weiteren, einflussreichen Kreisen zu grösserem Ansehen zu bringen, das müssen wir ihm billig als Verdienst anrechnen. Ueber seinen „Versuch über das Feuer" sagt Schlosser*) sehr treffend, dass er ihn in jenem Selbstvertrauen geschrieben habe, das er an andern so bitter zu verspotten pflegte.

Marie-Jean-Antoine-Nicolas Caritat, Marquis de Condorcet, wurde am 17. September 1743 zu Ribemont, bei St. Quentin geboren und starb am 8. April 1794 zu Bourg-la-Reine. Der Name „Condorcet" stammte von einem Schlosse unweit Nion in der Dauphiné. Von seinem Onkel, dem Bischof von Lisieux erzogen, machte er in den mathematischen Studien derartige Fortschritte, dass er schon im Jahre 1769 in die Akademie als Mitglied gewählt wurde. Condorcet oblag mit Eifer philosophischen Studien und schlug dieselbe Richtung ein, welcher sein Freund d'Alembert folgte und in deren Sinne sein verehrter Meister Voltaire wirkte. Er gehörte somit ebenfalls den Encyclopädisten an. Das menschliche Geschlecht hält er einer in's Unendliche gehenden Vervollkommnung fähig und zwar in individualer und in gesellschaftlicher Beziehung**). Zur Zeit der französischen Revolution suchte er seine staatstheoretischen Pläne zu verwirklichen. Mitten unter den blutigen Auftritten der Revolution bewahrte er sich den Adel der Ge-

---

*) Geschichte des achtzehnten Jahrhunderts. 3. Aufl. Heidelberg 1843, II. Bd., pag. 459.
**) Esquisse d'un tableau historique des Progrès de l'Esprit humain.

sinnung und träumte mitten unter den Greuelthaten der damaligen Gewalthaber von einem idealen Zustande, dem sein Vaterland, wenn auch auf Umwegen, zustrebe, einer Republik, in der das Prinzip der Freiheit und Gleichheit das oberste Gesetz sein würde. Condorcet war seit 1773 Sekretär der Pariser Akademie und verfasste als solcher die „Éloges" der abgeschiedenen Mitglieder, welche seinerzeit fast berühmter waren, als die Fontenelle's. Als die Revolution begann, nahm er lebhaft Theil an den politischen Bewegungen, er war Mitglied der Munizipalität von Paris, Commissär des Schatzamtes, ferner Mitglied der gesetzgebenden Versammlung und des Conventes; er gehörte der Partei der Girondisten an und hatte den Muth, im Convent gegen das Todesurtheil Ludwigs XVI. zu stimmen. Zur Zeit, als den Mitgliedern seiner Partei der Prozess gemacht wurde, floh er und verbarg sich eine Zeit lang in der Umgebung von Paris. Endlich wurde er, wiewohl noch unerkannt, jedoch als verdächtig gefangen genommen und zu Bourg-la-Reine eingekerkert, wo man ihn am 8. April 1794 todt in seiner Zelle fand. Er hatte sich mit einem Morphiumpräparate vergiftet, das er von Cabanis erhalten hatte.

Von den zahlreichen Schriften Condorcet's interessiren uns hier bloss die mathematischen und naturwissenschaftlichen Arbeiten. Wir erwähnen die folgenden: Essai d'Analyse, Paris 1768, in welchem er sich auch mit dem Probleme der drei Körper beschäftigt, ferner: Essai sur l'application de l'analyse à la probabilité des décisions etc. Paris 1785. — Analyse de la solution du problème des trois corps (Mém. Par. 1767), hierauf einige auf Differenzialgleichungen, Reihen u. s. f. bezügliche mathematische Abhandlungen, dann: Sur les fluides aëriformes. (Ib. 1777.) — Sur le calcul des probabilités. (Ib. 1781—84.) — Demonstration d'un théorème de Mr. Lagrange. (Mém. Berl. 1768.) — Dissertations sur la théorie des comètes, qui ont concouru au prix proposé par l'acad. de Prusse pour 1777 (darinnen neben andern die preisgekrönte Abhandlung Condorcet's). Utrecht 1780. — Endlich sind zu erwähnen die: Éloges des académiciens etc., morts depuis 1666 jusqu'en 1699, Paris 1773. — Éloge des académiciens morts depuis 1771—90, 5 vol. 12°. Ib. 1799. — Éloges et pensées de Pascal. London 1776. Seine gesammelten Werke: Oeuvres complètes. 21 vol. 8°, Paris 1804.

In Condorcet's mathematischen Arbeiten war es hauptsächlich die Ausarbeitung des Differenzial- und Integralcalculs, womit er sich beschäftigte, ferner die Theorie der Differenzialgleichungen und die Wahrscheinlichkeitsrechnung. In der Anwendung der Mathematik auf die Mechanik sind an erster Stelle seine Arbeiten über das Problem der drei Körper zu erwähnen.

Joseph-Louis Lagrange.

Joseph-Louis comte de Lagrange wurde am 25. Januar 1736 zu Turin geboren und starb zu Paris am 10. April 1813. Er stammte aus einer Familie, die ihren Ursprung in der Touraine hatte, Descartes war einer seiner Ahnherrn. Sein Vater war Joseph-Louis Lagrange, seine Mutter Therese Grass war die Tochter eines Arztes in Cambiano. Sein Vater hatte das Amt eines Kriegsschatzmeisters inne, verarmte jedoch später in Folge von unglücklichen Spekulationen. Als jüngstes Kind einer zahlreichen, mittellosen Familie war der junge Lagrange in der Lage, sich sobald als möglich eine selbstständige Stellung verschaffen zu müssen, um sich aus eigener Kraft zu erhalten, was er später als Glück betrachtete, da er sonst die Mathematik wahrscheinlich nicht einmal kennen gelernt haben würde. Anfänglich interessirte er sich nicht besonders für diese Wissenschaft, jedoch das Studium einer Abhandlung Halley's in den Philosophical Transaction vom Jahre 1693: „On the superiority of modern algebra in determining the foci of object-glasses" interessirte ihn derart für das Studium der mathematischen Wissenschaften, dass er sich demselben mit ganzer Energie hingab und es auch bald soweit brachte, dass er im Jahre 1755, kaum über 19 Jahre alt, Professor der Mathematik an der königl. Artillerieschule zu Turin wurde, trotzdem er jünger war als alle seine Schüler. Durch sein angestrengtes Arbeiten hatte Lagrange seiner Gesundheit in erheblicher Weise geschadet, so dass er zeitlebens eine schwächliche körperliche Constitution behielt. Im Alter von 20—22 Jahren wurde er durch seine wissenschaftlichen Arbeiten bekannt, 1758 nahm er Theil an der Gründung der Akademie zu Turin, in welcher er einstimmig zum Direktor der physikalisch-mathematischen Sektion gewählt wurde. Das nächste Jahr erschien der erste Band der Denkschriften dieser gelehrten Gesellschaft, dessen Inhalt hauptsächlich die Arbeiten Lagrange's bildeten und zwar sind es Untersuchungen über die Geschwindigkeit des Schalles, über die Integration der Differenzialgleichungen und über die endlichen Differenzen. Zu jener Zeit beschäftigte er sich auch mit der Untersuchung der Saitenschwingungen und unterhielt einen auf diese Arbeiten bezüglichen Briefwechsel mit den bedeutendsten damals lebenden Vertretern seiner Wissenschaft: d'Alembert und Euler. Im Jahre 1764 gewann der 28jährige Lagrange den grossen mathematischen Preis der Pariser Akademie für seine Theorie der Libration des Mondes. Als im Jahre 1766 Euler von Berlin nach Petersburg zurückging und hiedurch die Stelle eines Direktors der Berliner Akademie frei wurde, berief Friedrich der Grosse d'Alembert auf diesen Posten. Dieser schlug — wie wir weiter oben bereits gesehen — die Stelle aus, empfahl jedoch Lagrange für dieselbe, der denn auch mit einer jährlichen Besoldung von 1500 Thalern nach Berlin berufen wurde. Er heiratete vor seiner Abreise seine Cousine, welche er jedoch bald durch den Tod verlor. Während seines Aufenthaltes zu Berlin, der bis 1786 dauerte, bemühte er sich vergeblich, die deutsche Sprache zu erlernen. Nach dem Tode Friedrichs des Grossen (am 17. August 1786) blieb er noch einige Zeit, als er jedoch bei den damaligen Machthabern, besonders bei dem allgewaltigen Minister Hertzberg nicht jene zuvorkommende Behandlung erfuhr, welche ihm während der Lebenszeit des grossen Königs zu Theil geworden, legte er seine Stelle nieder und ging nach Frankreich, wo er von der Königin Marie-Antoinette sehr gütig aufgenommen wurde und eine freie Wohnung im Louvre erhielt. Um jene Zeit verfasste Lagrange sein Hauptwerk, die „Mécanique analytique", bezüglich welches Werkes es bemerkenswerth ist, dass er erst nach langem Suchen dafür einen Verleger fand und zwar unter der Bedingung, dass er sich anheischig machte, die nach einer gewissen Zeit unverkauften Exemplare selbst zu kaufen. Der geringe Erfolg, den er mit diesem bedeutenden Werke hatte, verdross ihn so sehr, dass er sich auf lange Zeit gänzlich von der Mathematik abwendete. Zur Zeit des Ausbruches der französischen Revolution, als alles Interesse für wissenschaftliche Beschäftigung erloschen schien, hatte er Anfälle von Trübsinn. Die Resultate Lavoisier's nahmen ihn derartig für das Studium der Chemie ein, dass er sich ebenfalls eine Zeit lang damit beschäftigte. Im Jahre 1792 heiratete er zum zweiten Male und zwar die Tochter des Astronomen Lemonnier. Er war damals bereits 56 Jahre alt. Während der Revolution enthielt er sich jeder politischen Aeusserung und überstand so glücklich jene schwere Zeit. Als man ihm nach der Hinrichtung Lavoisier's den Rath gab, Frankreich zu verlassen, konnte er sich hiezu nicht entschliessen, sondern setzte sich lieber der Gefahr aus, den unberechenbaren Zufällen der Revolution als Opfer zu fallen. Im Jahre 1792 wurde er in die Münzcommission und hierauf in jene Commission gewählt, welche zur Festsetzung eines neuen Masssystems ausgesendet worden war. Nach der Unterdrückung der Akademie wurde jene Commission noch eine Zeitlang bestehen gelassen, hierauf einer Purifikation unterworfen, wobei jedoch Lagrange beibehalten wurde. Später wurde er zum Professor an der „École Normale" und als diese nach kurzer Existenz zu bestehen aufhörte, an die eben damals begründete „École Polytechnique" ernannt. Er trug Mathematik vor und publizirte um jene Zeit einige mathematische Schriften, so die: „Théorie des fonctions analytiques" im Jahre 1797, eine Abhandlung über die Auflösung von numerischen Gleichungen im Jahre 1798 und einige weniger bedeutende Schriften im Journale jener Schule. Unter Napoleon, der ihm den schmeichelhaften Beinamen gab: „la haute pyramide des sciences mathématiques" wurde er mit Ehrenbezeugungen fast überhäuft. Der Kaiser ernannte ihn zum Senator, erhob ihn in den Grafenstand und ernannte ihn zum Gross-Offizier der Ehrenlegion.

Die zweite Auflage seines grundlegenden Werkes über Mechanik erschien 1811. Die angestrengte wissenschaftliche Thätigkeit hatte seine Gesundheit derartig angegriffen, dass er nach fortwährendem Kränkeln kurze Zeit hierauf, am 10. April 1813 in seinem 78. Jahre an gänzlicher Entkräftung verschied. Die Leichen- und Gedächtnissrede hielten seine berühmten Collegen und Freunde Laplace und Lacépède, seine sterblichen Reste wurden im Pantheon bestattet. „Unter jenen, welche am wirksamsten die „Grenzen unserer Wissenschaft erweitert haben," — sagt Laplace in seiner Leichenrede — „haben Newton und Lagrange jene glückliche „Kunst im höchsten Masse besessen, die allgemeinen Prinzipien zu ent- „decken, welche das eigentliche Wesen der Wissenschaft ausmachen. Diese „Kunst, verbunden mit einer seltenen Eleganz in der Entwicklung der „abstractesten Theorien ist's, was Lagrange charakterisirt."

Im Folgenden führen wir die wichtigsten Schriften Lagrange's an: Lettre du 23. Juin 1754 à Jules Charles Fagnano, contenant une série pour les différentielles et les intégrales d'un ordre quelconque, correspondante à celle de Newton, pour les puissances. Turin 1754. — Mécanique analytique, 1 vol. 4° Paris 1738, nouv. édition 2 vol. 4° Ib. 1811—15 (der zweite posthum von Prony, Gernier und Binet herausgegeben). — Théorie des fonctions analytiques contenant les principes du calcul différentiel etc. 4° Ib. 1797. — Traité de la résolution des équations numériques des tous degrés etc. 4° Ib. 1798. — Recherches sur la methode de maximis et minimis. (Misc. Soc. Taurin. I. 1759). — Recherches sur la propagation du son. (Ib. id.) — Nouv. rech. sur la propagation du son. (Ib. II. 1762.) — Essai sur une nouv. méthode pour déterminer les maxima et minima des formules intégrales indéfinies. (Ib. id.) — Application de cette méthode à la solution de différens problèmes de dynamique. (Ib. id.) — Sur différens problèmes du calcul intégral, avec des applications à l'hydrodynamique, à la dynamique, à l'astronomie physique. (Ib. III. 1765.) — Sur la méthode des variations. (Ib. IV, 1766—69). — Sur le mouvement d'un corps attiré vers deux centres fixes. (Ib. id.) — Sur la percussion des fluides (Mém. Acad. Turin I. pt. I. 1786.) — Sur les courbes tautochrones. (Mém. Berl. 1765.) — Sur le passage de Venus du 3. Juin 1769 ou sur les parallaxes. (Ib. 1766.) — Sur le problème de Keppler. (Ib. 1769.) — Nouvelles réflexions sur les tautochrones. (Ib. 1770.) — Sur les réfractions astronomiques. (Ib. 1772). — Nouvelle solution du problème du mouvement de rotation d'un corps. (Ib. 1773.) — Sur l'attraction des sphéroides elliptiques. (Ib. id. et 1775.) — Théorie de la libration de la lune. (Ib. 1780.) — Sur la théorie des mouvements des fluides. (Ib. 1781.) — Sur une nouv. propriété du centre de gravité. (Ib. id.) — Sur la manière de rectifier deux endroits des Principes de Newton, relatifs à la propagation du son et au mouvement des ondes. (Ib. id.) — Rech. sur la libration de la lune. (Pièce de prix de l'acad. de Paris, Tom IX. ann. 1764.) — Sur la théorie générale des variations des constantes arbitraires dans tous les problèmes de la mécanique, II. Mém. (Ib. 1808 et 1809.) — Sur le principe des vitesses virtuelles (Journal de l'école polytechn. Cahier V. An IV) u. s. w.

Während Carnot Minister des Innern war, vermochte er die Regierung, die Manuskripte Lagrange's käuflich zu erwerben und durch seinen Einfluss kam eine aus der mathematischen und physikalischen Classe des Instituts gewählte Commission zu Stande, die jene Schriften auswählte, welche für die Publikation geeignet schienen, die andern wurden in der Bibliothek des Institutes deponirt.

Für die Biographie Lagrange's führen wir folgende Schriften an: Éloge de Lagrange (Mém. de l'institut pour 1812). — Journal de l'Empire du 28. avril 1813. — Virey et Potel: Précis historique sur la Vie et la Mort de Lagrange; 1813. — Cossali: Éloge de Lagrange Padova 1813 u. a.

Die Bedeutung Lagrange's liegt auf dem Gebiete der Mathematik und Mechanik. In der reinen Mathematik ist es vor allem die Variationsrechnung, die Lagrange'sche Interpolationsmethode und seine Theorie der analytischen Funktionen, was wir hier hervorzuheben haben. Wie wir weiter oben erwähnten, finden sich die ersten Andeutungen des Variationscalculs, als eines besonderen Falles der Differenzialrechnung, bei Jacob Bernoulli, der durch seine isoperimetrischen Probleme auf solche Fälle geleitet wurde, wo das Aufsuchen des Maximums oder Minimums einer gewissen Funktion (eines bestimmten Integrals) als nöthig erschien. Diese Untersuchungen setzte Euler fort*), jedoch erst Lagrange fügte diesen neuen Algorithmus in die Theorie der Funktionen ein. Im Alter von kaum 25 Jahren (1761) veröffentlichte er in den Denkschriften der Turiner Akademie (Miscellanea Taurensia, Tome IV für 1766—69) eine Abhandlung unter dem Titel: „Essai d'une nouvelle méthode pour déterminer les maxima et les minima des formules intégrales." Die gewöhnliche Bezeichnung für die Operation der Variation (das vorgesetzte „δ") stammt von Lagrange, die Benennung „Variationsrechnung" hingegen von Euler, der sich mit der grössten Anerkennung über die Untersuchungen Lagrange's über diesen Gegenstand aussprach**) und selbst an der weiteren Ausarbeitung dieser Methode thätig war***).

---

*) Methodus inveniendi lineas curvas maximi minimive proprietate gaudentes, sive solutio problematis isoperimetrici latissimo sensu accepti.

**) In seinen „Institutiones calculi integralis". St. Petersburg 1768. deutsch von Salomon in 4 Bänden. Wien 1828—30 (Bd. III, pag. 385) sagt Euler Folgendes: „Der berühmte de la Grange, der scharfsinnigste Geometer aus „Turin, dem wir die ersten Untersuchungen über die Variationsrechnung zu „danken haben, hat diese Methode auf eine höchst geniale Weise auf zu-„sammenhängende Linien (Polygone) angewendet u. s w."

***) Die beiden Hauptsätze der Variationsrechnung stellt Lagrange

Die zweite mathematische Untersuchung, welche wir oben als besonders wichtig erwähnt haben, ist die Lagrange'sche Interpolationsformel, welche sich in seinen „Oeuvres" Tome VI (1875), pag. 284 ff. findet. Ein anderes Interpolationsverfahren findet sich in dem VII. Bande der Werke (1877, pag. 535).

Als dritter, hier zu erwähnender Gegenstand, dem Lagrange seine Aufmerksamkeit zuwendete, ist seine Derivationsrechnung anzuführen, in welcher er den Versuch macht, die Analysis von allen fremden Beimischungen zu befreien. Die Newton'sche Fluxionsrechnung erfordert die Begriffe Bewegung und Geschwindigkeit, die Leibniz'sche Infinitesimalrechnung oder Differenzialrechnung den Begriff des Unendlichen. Er wollte daher den ganzen Calcul auf die Entwicklung der Funktionen in Reihen basiren. An die Stelle der unendlich kleinen Differenziale der verschiedenen Ordnungen treten die endlichen Differenzialquotienten oder „abgeleiteten Funktionen" (fonctions dérivées, Derivate) der verschiedenen Ordnungen. Die Fundamentalreihe, welche er für die Entwicklung der Funktionen in Reihen aufstellt, ist mit der Taylor'schen identisch.

Wir haben nun von der Hauptleistung Lagrange's auf dem Gebiete der mathematisch-mechanischen Wissenschaften zu sprechen, von seiner Fundirung der Mechanik auf ein einheitliches Prinzip. Seit den Zeiten der Begründung der Dynamik durch Galilei war das stetige Bestreben der Forscher dahin gerichtet, jene allgemeinen prinzipiellen Sätze aufzufinden, welche einen gewissen Kreis von mechanischen Aufgaben in sich begreifen und diese Sätze wurden für um so wichtiger gehalten, je grösser die Anzahl der mechanischen Probleme war, welche einem solchen Prinzipe unterstellt werden konnten. So entstand eine Reihe von Prinzipien, welche in Folge der mit der Ausbildung der Mechanik Hand in Hand gehenden Ausbildung der mathematischen Analysis in leicht übersichtliche mathematische Formeln gebracht werden konnten und vermöge der rein algebraischen Eigenschaften der Zahlengebilde, welche in jenen Formeln vorkommen, zu neuen Sätzen von prinzipieller Bedeutung für die Mechanik leiteten. So hatte man den Satz vom Kräfteparallelogramme, den Hebelsatz, das d'Alembert'sche Prinzip, das Prinzip der kleinsten Action und andere Sätze gefunden und es machte sich immer mehr das Streben geltend, einen einzigen Satz für sämmtliche Probleme der Mechanik aufzustellen, ein oberstes Prinzip, das sämmtliche Fälle der Wirkung beliebig vieler Kräfte auf ein beliebig constituirtes System in sich begriffe. Lagrange war es vorbehalten, die letzte

---

in seiner „Mécanique analytique" (Partie I, Sect. IV, Nr. 14 u. 15) auf. Es sind dies die folgenden:

I) $\delta d V = d \delta V$ für irgend eine Funktion V,

II) $\delta \int V dx = \int \delta (V dx)$.

Hand anzulegen an die endgültige Gestaltung des Systemes der Mechanik. Dadurch, dass er das Prinzip der virtuellen Geschwindigkeiten mit dem d'Alembert'schen Prinzipe verbindet, gelangt er zu einer Gleichung, welche er als „la formule générale de la dynamique pour le mouvement d'un système quelconque des corps" bezeichnet *). Das Prinzip der virtuellen Geschwindigkeiten ist im Grunde genommen so alt, wie die Mechanik, wenigstens lassen sich die ersten Andeutungen zu demselben bis in das Alterthum zurück verfolgen. Feste Gestalt nimmt es bei Galilei und Johann Bernoulli an, jedoch erst bei Lagrange erscheint es als Fundament der ganzen Mechanik. Zuerst verwendet er es in der Preisarbeit: „Rech. sur la libration de la lune" (1764). In der ersten Ausgabe seiner „Méc. analytique" vom Jahre 1788 stellte er das Prinzip als einen axiomatischen Satz, ohne irgendwelche Begründung auf und benützt ihn als Ausgangspunkt für seine Entwicklungen. In der zweiten Auflage vom Jahre 1811 hingegen fühlt er sich veranlasst, das Prinzip auf eine einfache mechanische Combination von Kraftwirkungen an einer ideellen Maschine zurückzuführen, wodurch einerseits das Prinzip, als aus den einfachsten mechanischen Begriffen gefolgert wird, anderseits die Ableitung von dem Hebelsatze und dem Satze vom Kräfteparallelogramme ganz und gar unabhängig zu sein scheint. Er bedient sich einer Verbindung von ideellen Flaschenzügen, deren so viele angebracht gedacht werden, als Angriffspunkte von Kräften vorhanden sind. Um alle die fixen und beweglichen Rollen sämmtlicher Flaschenzüge windet sich ein einziger unausdehnsamer Faden, der an einem fixen Punkte mit seinem einen Ende befestigt, an seinem andern Ende ein Gewicht trägt, das die Gesammtwirkung der Kräfte ausdrückt. Die Anzahl der beweglichen Rollen eines jeglichen Flaschenzuges ist der am entsprechenden Angriffspunkte wirkenden Kraft proportional. Es ist nun leicht zu beweisen, dass 1) das Produkt des Gewichtes am freien Ende des Seiles multiplizirt mit der Strecke, um welche dieses bei irgend einer Verschiebung der Angriffspunkte der Kräfte herabsinkt, gleich ist der Summe der Produkte der einzelnen Kräfte, multiplizirt mit den auf der Richtung der entsprechenden Kraft projizirten Verschiebungen der beziehungsweisen Angriffspunkte und 2) dass im Falle des Gleichgewichtes die genannte Summe von Produkten verschwindet, oder mit anderen Worten: sich in ihrer Gesammtwirkung auf das freie Ende des Fadens aufhebt. Es könnte nun scheinen, als wäre die Annahme einer so complizirten Maschine denn doch eine zu willkürliche Wahl, um mit Hülfe derselben das allgemeinste Prinzip der Mechanik der Vorstellung näher zu bringen, jedoch in der That ist es gar nicht nothwendig, sich einen wirklichen, aus Rollen bestehenden Flaschenzug vorzustellen; nachdem es sich bloss um eine Addition der durch die Spannung des Fadens gegebenen Kraft-

---

*) Méc. anal. Partie II, Sect. II.

wirkung handelt, so kann man an die Stelle jeder fixen Rolle einen fixen Punkt, an Stelle jeder beweglichen einen beweglichen Punkt (gleichsam als unendlich kleine Rollen) substituiren, wodurch die Richtungsänderung des Fadens bewirkt wird. Man hat somit neben den Angriffspunkten der Kräfte ein Hülfssystem fixer und beweglicher Punkte, von denen die letzteren unter sich gruppenweise verbunden gedacht werden müssen, entsprechend der Verbindung der Rollen in der einen Flasche des Zuges im Sinne der früheren Vorstellung.

Der Flaschenzugbeweis erscheint zum ersten Male bei Lagrange im „Journal de l'école polytechnique" (Tom. II, cahier 5, 1796) unter dem Titel: „Sur le principe des vitesses virtuelles", in seiner Vollendung findet sich derselbe im dritten Theile der zweiten Ausgabe der Funktionentheorie des Verfassers, wo das Prinzip aus den Bedingungsgleichungen abgeleitet wird. An Stelle der Flaschenzüge tritt in dieser vervollkommneten Ableitung ein System fixer Rollen, auch ist an das eine Ende des Fadens, der die Kraftactionen vermittelt, kein Gewicht angehängt gedacht, sondern beide Fadenenden sind an fixe Punkte befestigt. Aus diesem Prinzipe entwickelt nun Lagrange auf rein analytischem Wege jene Grundgleichungen der Mechanik, welche die Prinzipien oder besser gesagt prinzipiellen Hauptsätze der Bewegung des Schwerpunktes, der Erhaltung der Flächen, der lebendigen Kräfte u. s. f. genannt werden; das Prinzip der Zerlegung und Zusammensetzung der Kräfte, Geschwindigkeiten etc. muss jedoch als Fundamentalsatz vorausgeschickt werden.

Die Lagrange'sche Mechanik ist in zwei Abschnitte getheilt: in die Statik und in die Dynamik, deren erste vier Capitel in ganz analoger Weise verfasst sind. Zuerst ist nämlich eine historische Skizze über die Prinzipien vorhanden, die zweiten Abschnitte sowohl der Statik als auch der Dynamik entwickeln die entsprechenden Fundamentalgleichungen, die dritten Abschnitte behandeln die allgemeinen Eigenschaften des Gleichgewichtes, resp. der Bewegung, wie sich dieselben aus den Grundgleichungen entwickeln lassen. Die Bedingungen des vollständigen Gleichgewichtes werden durch 6 Gleichungen ausgedrückt, von denen drei die Möglichkeit der translatorischen, drei die einer drehenden Bewegung ausschliessen. Die Dreizahl in allen diesen Gleichungen ist natürlich bloss durch die Anzahl der Raumdimensionen bedingt, mechanisch genommen ist es bloss Translation und Rotation, worinnen eine gewisse Gegenübersetzung besteht. Der dritte Abschnitt der Dynamik entwickelt zuvörderst das Prinzip der Bewegung des Schwerpunktes und das der Flächen, dann stellt er die sechs allgemeinen Bewegungsgleichungen auf. Hierauf werden noch das Prinzip der lebendigen Kräfte und das der kleinsten Action entwickelt. Die beiden vierten Sectionen entwickeln die allgemeinen Kräftegleichungen, welche dadurch zu Stande kommen, dass die Bedingungsgleichungen mittelst unbestimmter Coëffizienten dem Ausdrucke für die Kräfte einverleibt werden, wodurch das ganze körperliche System mit den auf dasselbe wirkenden Kräften sich in ein System von Kräften auflöst. Die folgenden Capitel der beiden Hauptabschnitte beschäftigen sich nun mit speziellen mechanischen Problemen, auf deren weitere Angaben wir hier nicht einzugehen haben. Am Schlusse der Statik und Dynamik folgt die Hydrostatik und Hydrodynamik.

Von besonderer Bedeutung ist die Bearbeitung und Formulirung des Prinzipes der kleinsten Wirkung durch Lagrange, von dem Jacobi in seinen: „Vorlesungen über Dynamik" (pag. 2) sagt: „es sei die Mutter unserer ganzen analytischen Mechanik geworden." Es scheint indess das Schicksal jenes, einem etwas unklaren Kopfe entsprungenen Satzes zu sein, dass er selbst bei Lagrange gewisser Deutungen seiner Ausdrucksweise bedarf, um denselben zu einem klaren mechanischen Hauptsatze werden zu lassen. In der dritten von Joseph Bertrand besorgten Ausgabe der „Mécanique analytique" lautet dieses Prinzip in der Fassung des Herausgebers, jedoch im Sinne des Lagrange-schen Beweises folgendermassen: „Von einer gegebenen Anfangs- bis zu „einer gegebenen Endzeit genommen, wird das Integral der doppelten „lebendigen Kraft für die wirkliche Bewegung des Systems kleiner, als „für alle anderen Bewegungen, die ohne Aenderung der Gleichung für „die lebendige Kraft, nach Herstellung neuer Verbindungen, das System „von der gegebenen Anfangs- zur gegebenen Endlage überführen könn-„ten"*). In der Fassung unserer heutigen Mechanik lässt sich der Satz folgendermassen ausdrücken: „Unter allen den verschiedensten Bewegungs-„weisen, vermittelst welcher die Punkte eines conservativen Systems aus „einer Configuration in eine andere gelangen können, während die Summe „der potentiellen und der kinetischen Energie gleich einer gegebenen „Constanten ist, gibt es eine Bewegungsweise, für welche die Wirkung „ein Minimum ist. Es ist dies diejenige, auf welcher sich das System „von selbst ohne jede Leitung bewegt, wenn es nur durch einen Anstoss „die geeigneten Geschwindigkeiten erhalten hat" **).

Bevor wir die Anschauungen Lagrange's über die Mechanik verlassen, wollen wir noch zwei Bemerkungen desselben Autors über allgemeine mechanische Gegenstände anführen. — Dort wo er die Bedingungen des Gleichgewichtes eines beliebigen Systemes von Körpern erörtert***), sagt er, dass man in der analytischen Mechanik zwei verschiedene Arten von Differenzialien unterscheiden müsse: geometrische und mechanische. Die ersteren beziehen sich auf die Gestalt des

---

*) Méc. analyt. 3. Ausgabe, T. I, pag. 277. Vgl. Dr. Adolph Mayer: Geschichte des Princips der kleinsten Action. Leipzig 1877.

**) Siehe Thomson und Tait: Theoretische Physik, übersetzt von Helmholtz und Wertheim. I. Bd., 1. Thl. Braunschweig 1871, 8°, pag. 259.

***) Statik. Section IV, § 10—16.

Körpers, mit ihnen haben wir zu schaffen, wenn wir von einem Punkte des Systems zu einem nächst gelegenen andern übergehen wollen, die letzteren hingegen beziehen sich auf die Lageveränderung irgend eines Systempunktes im Raume, also auf die Bahnelemente der Körper; die geometrischen Differenziale entsprechen somit dem Nebeneinander der verschiedenen Punkte des Systems, die mechanischen hingegen dem Nacheinander eines und desselben Systempunktes während seiner Bewegung. Für die ersten gebraucht er das gewöhnliche Differenzialzeichen, für die letzteren das Zeichen der Variation.

Die zweite Bemerkung findet sich in der „Théorie des fonctions analytiques" (4. éd. p. III, pag. 337) und lautet folgendermassen: „Die „Mechanik kann als eine Geometrie von vier Dimensionen betrachtet „werden und die mechanische Analysis als eine Erweiterung der geome„trischen Analysis." — Schliesslich führen wir auch noch die Bemerkung Lagrange's an, welche er bei seiner Neubearbeitung der Mechanik voranschickt, derzufolge er entschlossen sei, jegliche theologische und metaphysische Spekulation als höchst unzuverlässig zu vermeiden, da dieselben ohnedies nicht in die Wissenschaft gehören. Dieser Gesichtspunkt des grossen Analytikers ist seither stets und allgemein angenommen worden.

Es sind noch einige theoretisch-physikalische Untersuchungen Lagrange's zu erwähnen, welche sich auf akustische Gegenstände beziehen. Ueber die Fortpflanzungsgeschwindigkeit des Schalles handelt er in den zwei folgenden Abhandlungen: „Recherches sur la propagation du son" (Miscell. Taurins. I. 1759) und „Nouvelles recherches sur la propagation du son." (Ib. II. 1762.) In der ersten Abhandlung will er den Widerspruch zwischen Theorie und Erfahrung durch die Annahme ausgleichen, dass das Mariotte'sche Gesetz nicht streng richtig sei, dass das Volumen mit dem Drucke nicht im gleichen, sondern im schwächeren Verhältnisse abnehme. In der zweiten Abhandlung geht er jedoch von dieser Behauptung ab und meint nun, der Fehler liege in der experimentellen Bestimmung der Schallgeschwindigkeit, was jedoch eine ganz und gar unmotivirte Behauptung war, besonders wenn man bedenkt, dass der Unterschied zwischen Theorie und experimenteller Bestimmung ein Sechstel des ganzen Werthes betrug. — Lagrange beschäftigte sich auch mit der Untersuchung der Gestalt einer schwingenden Saite, wie wir dies schon weiter oben erwähnt haben. — In seiner Abhandlung: „Recherches sur la nature et la propagation du son" (Misc. Soc. Taur. 1759) behandelt er die Erscheinung der tartinischen Töne und der Schläge, welche durch das Zusammenklingen zweier an Tonhöhe nicht sehr verschiedener Töne zu Stande kommen.

In Verbindung mit Lagrange sprechen wir noch von einigen Gelehrten, die sich in jener Zeit um die Mechanik Verdienste erworben haben. Es sind dies die folgenden: Hermann, Segner, Clairaut und Legendre.

Jacob Hermann, geboren am 16. Juli 1678 zu Basel, gestorben ebendaselbst am 11. Juli 1733, war Professor der Mathematik zu Padua, dann zu Frankfurt a. d. O., hierauf zu Petersburg, schliesslich Professor der Moralphilosophie zu Basel. Hermann war ein Schüler Jacob Bernoulli's und unterhielt mit Leibniz einen wissenschaftlichen Briefwechsel*). Von seinen zahlreichen Schriften erwähnen wir bloss die folgenden: Responsio ad considerationes secundas cl. Nieuwentiitii circa calculi differentialis principia. Basil. 1700. — Phoronomia, seu de viribus et motibus corporum solidorum et fluidorum. Amstelod. 1716, 4^0. Compendium matheseos in usum Majest. Imper. universae Russiae. Petrop. 1728. — De mensura virium corporum. Petrop. 1728. — etc.

In der ersten der angeführten Schriften vertheidigt er Leibnizens Differenzialrechnung gegen die Angriffe des Holländers Nieuwentiit. Seine Hauptarbeit ist die „Phoronomie", in der sich die Statik fester und flüssiger Körper abgehandelt findet, wobei er sich nach dem Beispiele Newton's mit Vorliebe der synthetischen Methode bedient. Auch beschäftigte er sich gleich Euler mit der Aufgabe der Brachystochrone im widerstehenden Mittel. In dem Werke über Phoronomie spricht er über eine verbesserte Form des Amontons'schen Luftthermometers, welches oben zugeschmolzen, von der freien Atmosphäre gänzlich abgeschlossen und somit gegen die Luftdruckänderungen unempfindlich ist. — In derselben Schrift berechnet er für die Abplattung der Erde den Werth $1/578$, den auch Huygens gefunden hatte, wobei — wie dies thatsächlich der Fall ist — die Centrifugalkraft gegen die Schwerkraft als sehr klein angenommen wird.

Johann Andreas von Segner, geboren am 9. Oktober 1704 zu Pressburg, gestorben am 5. Oktober 1777 zu Halle. Nachdem er in Jena 1730 seine ärztlichen Studien beendet hatte, praktizirte er zuerst in seiner Vaterstadt, ging dann als Physicus nach Debreczin, war hierauf Privatdozent und später Professor an der Universität Jena, dann Professor der Physik und Mathematik zu Göttingen und zuletzt für dieselben Fächer zu Halle, wo er geadelt und zum Geheimrathe ernannt wurde. Am bekanntesten wurde sein Name durch die von ihm erfundene Reactions-Turbine mit geraden Armen, welche er im Jahre 1750 zuerst an einer Getreidemühle zu Nörten bei Göttingen anwendete und die zur Demonstration der Reactionswirkung der Flüssigkeiten als Modell in jeder Sammlung physikalischer Apparate vorhanden ist. Segner hat zahlreiche auf Mathematik, Mechanik und Astronomie bezügliche Schriften verfasst. Auch medizinische Werke sind vorhanden. Von seinen höchst zahlreichen Schriften führen wir nur sehr wenige an: Prgrm. de pressionibus, quas fila corporibus certis circumducta et utrimque viribus aequa-

---

*) Siehe Briefwechsel zwischen Leibniz und Hermann in der ersten Abtheilung von Gerhardt: Leibnizens Schriften, Bd. IV, pag. 255.

libus tracta in ea corpora exercent, et lineis in eorum corporum superficiebus describendis, quibus imposita eo modo fila quiescunt, 4°, Gotting. 1735. — De celeritate, qua liquidum in quavis ejusdem tubi parte fluit. 4°, Halae 1743. — De virium motricium theoria generali, 4°, ib. 1746. — Einleitung in die Naturlehre, 8°, ib. 1746. — Prgrm. quo theoriam machinae cujusdam hydraulicae (das Reactionsrad) praemittit etc. 4°, ib. 1750. Die Beschreibung des Rades in den Hannov. Anzeigen v. J. 1750 (Nr. 35, 38) und 1753 (Nr. 70). — Prgrm. sistens specimen theoriae turbinum. 4°, Halae 1755. — Cursus mathematicus, 5 Partes, 8°, ib. 1767 bis 1768. — Astron. Vorlesungen, 2 Thle., 4°, ib. 1775—76.

Von Segner stammt der wichtige mechanische Satz, dass jeder feste Körper von irgendwelcher Gestalt drei in seinem Schwerpunkte sich senkrecht schneidende freie Axen besitze, für welche sich die Wirkung der Centrifugalkräfte bei irgend einer Drehung nach allen Seiten hin aufhebt.

Alexis Claude Clairaut*), geboren am 13. Mai 1713 zu Paris, gestorben am 17. Mai 1765, Sohn des Mathematiklehrers Jean Baptiste Clairaut. Er war das zweite von den 21 Kindern seines Vaters. Die Clairaut'sche Familie hatte eine besondere Begabung für Mathematik, Alexis war jedoch vor allen ausgezeichnet. Als höchst frühreifes Kind lernte er sehr leicht und sehr früh, schon in seinem zehnten Jahre studirte er L'Hospitals „Analysis des Unendlichen", im eilften Jahre schrieb er eine geometrische Abhandlung über einige Curven dritten Grades, welche der Akademie vorgelegt wurde und in Anbetracht der Jugend des Verfassers das grösste Staunen erregte. In seinem sechszehnten Jahre verfasste Clairaut eine Abhandlung über die Curven doppelter Krümmung, welche mit einem Zeugnisse der Akademie gedruckt wurde, in dem hervorgehoben wird, dass der Verfasser in seinem jugendlichen Alter eine Arbeit zu Stande gebracht habe, welche für die berühmtesten Mathematiker ehrenvoll gewesen wäre. Die Pariser Akademie beeilte sich nun, den genialen Jüngling in ihre Reihen aufzunehmen und da nach den Statuten ein Mitglied der gelehrten Gesellschaft das zwanzigste Lebensjahr zurückgelegt haben musste, so wurde eine besondere Repräsentation an den König beschlossen, um in diesem seltenen Falle eine Ausnahme zu erwirken, die denn auch gewährt wurde, so dass Clairaut, kaum achtzehn Jahre alt, am 14. Juli 1731 zum Akademiker gewählt werden konnte. — Um jene Zeit verlor er einen seiner Brüder, der ebenfalls bedeutendes mathematisches Talent verrieth. Der mit ihm befreundete Maupertuis suchte ihn der düstern Gemüthsstimmung, die sich seiner nach diesem Todesfalle bemächtigt hatte, zu entreissen und überredete ihn zu der Theilnahme an einer Reise zu den

---

*) Der Name wird auch vielfach „Clairault" geschrieben, auf seinen Werken heisst er immer: „Clairaut".

Bernoulli nach Basel, wo er lebhafte Anregung für neue Arbeiten fand. — Als 1735 Maupertuis sich zur geodätischen Expedition nach Lappland rüstete, forderte er auch Clairaut auf, ihm zu folgen, worauf sich dieser in der That der gelehrten Expedition anschloss. Seine Untersuchungen über die Gestalt der Erde: „Théorie de la figure de la terre" erschienen zu Paris im Jahre 1743. In dieser Schrift findet sich jener wichtige Satz, den man gewöhnlich das „Clairaut'sche Theorem" zu nennen pflegt. Dasselbe sagt aus, dass die Aenderung der Schwere auf der Oberfläche der als elliptisches Sphäroid gedachten Erde von der Art, wie die Dichte der innern Schichten sich ändert, unabhängig sei, somit bloss von der Form der Oberfläche abhänge*). Bei der Ableitung dieses Lehrsatzes wurden die zweiten und höhern Potenzen der Excentricität des Erdsphäroids vernachlässigt, in unsern Tagen wies nun Airy nach, dass jene vernachlässigten Grössen auf das Resultat absolut keinen Einfluss üben, das Clairaut'sche Theorem somit in aller Strenge richtig sei.

Im Jahre 1751 gewann Clairaut einen Preis an der Petersburger Akademie für seine „Théorie de la lune", in welcher er die Bewegung des Mondapogäums einer genauen Untersuchung unterzog, wobei es ihm gelang, gewisse Differenzen zwischen der auf dem Newton'schen Gravitationsgesetze fussenden Rechnung und der Erfahrung auszugleichen.

Im Jahre 1757 begannen die Astronomen auf die nun bald zu erwartende Rückkehr des Halley'schen Kometen aufmerksam zu machen. Der Astronom Lalande forderte Clairaut auf, die Zeit der Rückkehr mit Berücksichtigung der Störung zu berechnen, welche der Komet durch die Jupitersmasse erleiden würde. Es gehört diese Aufgabe in die Reihe der Störungsrechnungen und bildet einen Fall des Problems der drei Körper, welches der ungemeinen analytischen Schwierigkeiten zufolge auch gegenwärtig auf direktem Wege nicht gelöst werden kann, sondern eine Umgehung dieser Schwierigkeiten durch endlose Rechnungen erfordert. Clairaut, der durch seine früheren Arbeiten auf diesem Gebiete ganz besonders geeignet war, diese Aufgabe zu lösen, unterzog sich derselben in der That und gab als Zeit der Sonnennähe des Kometen den 13. April 1759 an, mit der zugegebenen Unsicherheit von einem Monat. Die Sonnennähe wurde von dem Kometen thatsächlich am 13. März erreicht

---

*) Der Satz lautet folgendermassen:

$$g_\varphi = g_0 \left[1 + \operatorname{Sin}^2\varphi \left(\frac{5}{2}\frac{f}{g_0} - \alpha\right)\right]$$

wo $\alpha = \frac{R - R_1}{R}$ die Abplattung des Erdsphäroides bedeutet, g_0, g_φ die Acceleration der Schwere am Aequator, resp. unter der geographischen Breite φ; f hingegen die Beschleunigung der Centrifugalkraft am Aequator. — Der Satz findet sich zuerst in den Phil. Trans. für 1738, ausführlicher in der „Théorie de la figure de la terre".

und damit die Rechnung Clairaut's genügend bestätigt. Hätte dieser von der Existenz des Uranus gewusst und die Masse des Saturnus besser gekannt, so wäre jene Differenz zwischen der Beobachtung und der Rechnung noch viel unbedeutender ausgefallen.

Die Untersuchungen über die Gestalt der Erde, über die Ungleichheiten der Mondtheorie und über den Halley'schen Kometen hatten Clairaut's Ruhm in der wissenschaftlichen Welt begründet. Es war ihm jedoch kein langes Leben beschieden, er starb im Alter von 52 Jahren am 17. Mai 1765. Sein Vater überlebte ihn nur kurze Zeit. Von seinen sämmtlichen, zahlreichen Geschwistern blieb bloss eine Schwester, die sowohl ihren berühmten Bruder, als ihren Vater überlebte. Clairaut war nicht verheiratet. Im Umgang hielt er sehr viel auf feinere Formen und verstand es in Gesellschaft sich als vollendeter Weltmann zu präsentiren. Er lebte sehr mässig; als er sich durch einen Freund bereden liess, mit ihm zu Abend zu speisen, was gegen seine Gewohnheit war, zog er sich ein derartiges Unwohlsein zu, dass er in Folge desselben starb. Von den Werken Clairaut's erwähnen wir die folgenden: Recherches sur les courbes à double courbure. Paris 1731. — Élémens de géométrie. Ib. 1741. — Théorie de la figure de la terre. Ib. 1743 (Nouv. éd. 1808). — Élémens d'algèbre. Ib. 1746. — Théorie de la lune déduite d'un seul principe de l'attraction. Petersburg 1752. — Théorie du mouvement des comètes. Paris 1760. — Recherches sur les comètes des années 1531, 1607, 1682 et 1759. Petersb. 1762. — Sur la mesure de la terre par plusieurs arcs de méridien pris à diff. latitudes (Mém. Paris 1736). — Des centres d'oscillation dans les milieux résistants (ib. 1738). — Sur les explications, Cartesienne et Newtonienne, de la réfraction de la lumière (ib. id.). — De l'orbite de la lune en ne négligeant pas les quarrés de quantités de même ordre que les forces perturbatrices (ib. 1748). — Seine allererste Abhandlung, welche er im 12. Lebensjahre verfasste, befindet sich am Schlusse einer Abhandlung seines Vaters in den Miscell. Berolin. Tom. IV.

Die wichtigste Arbeit Clairaut's ist ohne Zweifel seine Untersuchung über die Gestalt der Erde. In dieser Schrift stellt er zuerst die allgemeinen Gleichungen für das Gleichgewicht einer Flüssigkeitsmasse auf. Zwar hatten schon Newton und Huygens vordem Aehnliches versucht, allein Clairaut wies nach, dass sowohl die Newton'sche Annahme für das Gleichgewicht einer Flüssigkeitsmasse, derzufolge alle von der Oberfläche zum Centrum leitenden Flüssigkeitsfäden auf das letztere denselben Druck ausüben müssten, als auch die Huygens'sche Voraussetzung des senkrechten Druckes der Kräfte auf die Oberfläche, dass diese beiden Annahmen den Bedingungen des Gleichgewichts nicht vollkommen genügen. Er findet hingegen, dass zu diesem Zwecke genüge, dass ein beliebiger Flüssigkeitscanal, dessen beide Enden in der Oberfläche liegen oder der in sich zurückkehrt, sich im Gleichgewichte befinde. Der Druck der Flüssigkeitssäule an deren Ende, wenn sich diese nicht im Gleichgewichte befindet, hängt bloss von der Lage der Enden ab, nicht aber von der Länge oder Gestalt desselben. Bezüglich der Kräfte, welche im Stande sind, eine Flüssigkeit im Gleichgewichte zu halten, findet Clairaut, dass dieselben als partielle Ableitungen einer und derselben Funktion der Coordinaten darstellbar sein müssen, wie dies bei der Newton'schen Gravitationskraft und bei allen Centralkräften, welche in der Richtung der Verbindungslinien zweier Massen als Funktionen der Entfernungen derselben wirken, in der That der Fall ist. In dieser Entwicklung Clairaut's finden wir die erste, klare Andeutung der Lehre von der „Kraftfunktion" oder dem „Potential", mit deren Untersuchung sich später Laplace, Green, Gauss u. a. beschäftigt haben. — Das Canalprinzip, wie es Clairaut aufgestellt hatte, wurde später von Lagrange durch ein viel einfacheres Prinzip ersetzt, durch das des allseitig gleichen Druckes.

Im dem Werke über die Gestalt der Erde findet sich auch die erste Theorie der Capillarität.

Adrien-Marie Legendre, geboren am 18. September 1752 zu Paris*), gestorben ebendaselbst am 10. Januar 1833. Er war Professor der Mathematik an der Militärschule, später an der Normalschule zu Paris. Im J. 1783 wurde er Mitglied der Akademie, 1808 Ehrenrath der Universität, einige Jahre später Mitglied der Commission des öffentlichen Unterrichtes, 1816 Examinator der polytechnischen Schule. Als er im J. 1824 bei Besetzung einer akademischen Stelle gegen einen, vom Ministerium empfohlenen, Candidaten gestimmt hatte, verlor er seine Pension von 3000 Frs.

Legendre ist nicht so sehr seiner, direkt auf unsere Wissenschaft bezüglichen, Arbeiten wegen anzuführen, als vielmehr wegen seiner mathematischen Untersuchungen, welche für die theoretische Physik von Bedeutung sind. Vor allem sind dies die Arbeiten über die elliptischen Funktionen und die über die Methode der kleinsten Quadrate. — Im J. 1786 erschien eine Abhandlung des Verfassers unter dem Titel: „Mémoire sur les intégrations par d'arcs d'ellipse", in welcher die ersten Andeutungen über die elliptischen Funktionen enthalten sind. In dem später (1811—1816) in drei Bänden erschienenen Werke „Exercices de calcul intégral" finden wir die sämmtlichen Entdeckungen über diesen Gegenstand zusammengestellt. Dasselbe Werk erschien zum zweiten Male in den J. 1825—1828 unter dem Titel: „Traité des fonctions elliptiques et des intégrales Eulériennes". — Ueber die Methode der kleinsten Quadrate schrieb Legendre zuerst in der Abhandlung: „Nouvelles méthodes pour la détermination des orbites des comètes", die im J. 1806 erschien. Hier wird zuerst der folgende wichtige Satz ausgesprochen:

---

*) Nach einer andern Quelle zu Toulouse.

Sind durch Beobachtungen mehr Gleichungen gegeben, als zur Bestimmung der Unbekannten erfordert werden, so sind die richtigsten Werthe der letzteren diejenigen, für welche die Summe der Fehlerquadrate ein Minimum ist. — Drei Jahre später hat Gauss in seinem Werke: „Theoria motus corporum coelestium in sectionibus conicis solem ambientium" (Hamb. 1809) dieselbe Methode vorgetragen und zugleich deren Begründung beigefügt. Uebrigens soll der deutsche Gelehrte diese Theorie schon 1795 als Göttinger Universitätshörer gefunden haben. Legendre gibt eine andere Ableitung in seiner 1812 erschienenen Abhandlung: „Théorie analytique des probabilités", welche jedoch von Gauss als nicht ganz stichhaltig angefochten wurde*).

Die Arbeiten Legendre's sind zum grossen Theile bloss mathematischen Inhalts. — Von jenen, welche sich auf theoretische Physik beziehen, erwähnen wir die folgenden: „Sur l'attraction des sphéroïdes homogènes (Mém. Sav. étrang. X. 1785). — Sur la figure des planètes (Mém. Par. 1784 et 1789). — Sur les opérations trigonométriques, dont les résultats dépendent de la figure de la terre (ib. id.) — Sur l'attraction des éllipsoides homogènes (ib. 1810). —

Immanuel Kant.

Die rein auf physikalische Fragen bezüglichen Arbeiten des grossen Königsberger Philosophen würden es allerdings für sich allein noch nicht rechtfertigen, dass wir demselben in der Reihe der bahnbrechenden Forscher unseres Gebiets einen selbstständigen Abschnitt widmen; wenn wir uns jedoch die Bedeutung dieses Gelehrten für die ganze wissenschaftliche Art zu denken vergegenwärtigen, so können wir nicht umhin, demselben auch an dieser Stelle unsere besondere Aufmerksamkeit zuzuwenden.

Immanuel Kant wurde am 22. April 1724 zu Königsberg in Preussen als das vierte Kind einer wenig bemittelten Handwerkerfamilie geboren. Sein Grossvater war aus Schottland nach Deutschland eingewandert und liess sich in Tilsit nieder, sein Vater Johann Georg Cant war ein ehrsamer Sattlermeister, seine Mutter Anna Regina Reuter war eine fromme, dem damals herrschenden Pietismus ergebene Frau, die ihre Kinder in dieser religiösen Richtung zu erziehen suchte. Sie starb jedoch im Dezember 1737, für den damals dreizehnjährigen Immanuel, der sehr an ihr hing, viel zu früh, nachdem sie ihrem Gatten 11 Kinder geschenkt hatte. Von diesen zahlreichen Kindern starben

---

*) Auf denselben Gegenstand bezieht sich noch die Abhandlung: Méthode des moindres carrés, pour trouver le milieu le plus probable entre les résultats de différentes observations (Mém. l'Inst. 1810).

sechs in frühem Alter, den Philosophen überlebte bloss eine Schwester, eine Handwerkersfrau, die ihn in seinen letzten Tagen pflegte. Der einzige, um 11 Jahre jüngere Bruder Johann Heinrich, starb als Pfarrer von Alt- und Neu-Rhaden bei Mitau vier Jahre vor ihm. Der Vater Kant's hatte sich noch nach der Orthographie des Vaterlandes seiner Vorfahren „Cant" geschrieben, erst der Philosoph substituirte den Anfangsbuchstaben seines Namens durch den deutschen Buchstaben: „K". — Kant besuchte das unter der Leitung des trefflichen Dr. Franz Albert Schultz stehende „Collegium Fridericianum" seiner Vaterstadt, wo sich der zur theologischen Laufbahn bestimmte Knabe ausser den hierauf bezüglichen Gegenständen hauptsächlich mit dem Studium der lateinischen Classiker beschäftigte. Um jene Zeit hatte er eine besondere Vorliebe für philologische Studien und sah sich schon im Geiste als akademischer Lehrer dieser Disciplinen. Auf der Königsberger Universität waren damals Philosophie, Mathematik und Physik durch strebsame, tüchtige Lehrer vertreten, deren Vortrag Kant alsbald von seinen früheren Studien abzog und in eine neue Richtung lenkte. Besonders war es der Professor der Philosophie und Mathematik: Martin Knutzen, der ihn in das Studium dieser Wissenschaften einführte, mit den Werken Newton's bekannt machte und ihn in jeder Weise aneiferte und unterstützte. Während seines fünfjährigen Studiums an der Universität (1740 bis 1745) war er an der theologischen Facultät eingeschrieben und beschäftigte sich auch mit den Studien, welche derselben entsprachen, doch beschränkte er sich nicht auf diese allein, sondern hörte Vorlesungen über die verschiedensten anderen wissenschaftlichen Fächer. Als Kant nach Bewerbung um eine bescheidene Schulcollegenstelle an der Domschule seiner Vaterstadt einem gänzlich unfähigen Candidaten nachgesetzt worden war, entsagte er allen Ansprüchen auf ein geistliches Amt und nahm eine Hauslehrerstelle auf dem Lande an, da er nach dem im Jahr 1746 erfolgten Tode seines Vaters auch der geringen Hülfe verlustig wurde, welche ihm dieser in den letzten Jahren zu gewähren im Stande gewesen war. Kant war neun Jahre hindurch (1746—1755) Hauslehrer bei drei verschiedenen Familien, zuletzt im Hause des Grafen Kayserling zu Rautenburg, wo er Gelegenheit hatte, den grössten Theil des Jahres in Königsberg selbst zuzubringen. In diesem Hause verkehrte der Philosoph auch in späterer Zeit und war ein vertrauter Freund desselben durch volle dreissig Jahre. Im Jahre 1755 promovirte er mit einer Abhandlung „Ueber das Feuer", noch im selben Jahre habilitirte er sich als Privatdozent mit einer Arbeit „Ueber die Prinzipien der metaphysischen Erkenntniss" und da die Verordnung bestand, dass niemand als ausserordentlicher Professor vorgeschlagen werden dürfe, als der über drei gedruckte Abhandlungen disputirt habe, so verfasste er zu diesem Behufe eine Schrift: „Ueber die physische Monadologie". Nichtsdestoweniger musste er durch fünfzehn Jahre als Privatdozent warten, bis er das akademische Lehramt erringen konnte. Nachdem er im Jahre 1766 als Unterbibliothekar an der königl. Schlossbibliothek eine sehr bescheiden dotirte Stelle erhalten hatte, wurde er endlich im März 1770 als ordentlicher Professor der Logik und Metaphysik an der Universität seiner Vaterstadt angestellt, die er, trotz der mehrmaligen Berufung an die Universität Halle, wo man ihm viel bessere Bedingungen hätte gewähren können, bis an sein Lebensende nicht verliess. In den Jahren 1786 und 1788 war er Rector der Universität, 1792 Senior der philosophischen Facultät und der gesammten Akademie. — Kant las anfänglich über Mathematik, Physik, Logik und Metaphysik, hiezu kamen noch später Naturrecht, Moral, natürliche Theologie, physische Geographie und Anthropologie. In der letzten Zeit seiner vierzigjährigen Lehrzeit beschränkte er sich bloss auf Logik und Metaphysik als seine obligaten Fächer, 1797 stellte er seine Lehrthätigkeit gänzlich ein. Die letzten Jahre seines Lebens verbrachte Kant im Kreise weniger Hausfreunde, seit 1798 gab er den geselligen Verkehr ausser Hause auf, im folgenden Jahre fielen auch seine gewohnten Spaziergänge weg. Um jene Zeit arbeitete er noch immer an einem Werke, das er nicht vollendete und das das „System der reinen Philosophie in ihrem ganzen Inbegriff" enthalten sollte. Das Manuskript der Schrift existirt noch, doch soll sein Inhalt ein solcher sein, dass man es als Kant's Werk nicht herausgeben kann, da es den Stempel des gänzlichen Verfalls sämmtlicher Geisteskräfte des Autors in zu deutlichen Zügen an sich trägt. Um die Wende des Jahrhunderts begann der Verfall aller körperlichen und geistigen Kräfte in rapider Weise fortzuschreiten. Sein Gang wurde schwankend, das Gedächtniss erlosch, zuletzt konnte er seinen Namen nicht mehr schreiben. Zugleich nahm seine Sehkraft in starkem Masse ab. So näherte sich Kant dem achtzigsten Jahre, das er jedoch nicht erreichen sollte, da er am 12. Februar 1804 starb. Am 28. Februar wurde er im „Professorengewölbe" unter den Arkaden an der Nordseite des Domes bestattet. Sein Grabmal wurde mehrmals erneuert, zum letzten Male im J. 1880. Kant hatte in den allerärmlichsten Verhältnissen seine wissenschaftliche Laufbahn begonnen. Durch consequent angewendete Sparsamkeit war er im Stande, sich dessungeachtet ganz unabhängig und schuldenfrei zu erhalten, ja er war sogar im Stande, sich ein, für jene Zeit nicht unbedeutendes, Vermögen von 21,500 Thalern zurückzulegen, trotzdem er seine armen Verwandten durch regelmässige Pensionen unterstützte. Seinen höchst schwächlichen Körper hielt er bloss durch seine pedantisch regelmässige Lebensweise aufrecht. Dieser Sinn für ein streng geregeltes Leben, verbunden mit dem unwiderstehlichen Drange nach gänzlicher Unabhängigkeit, hielten ihn ab, in den Ehestand zu treten.

Wir geben nun im Folgenden eine kurze Zusammenstellung der Hauptschriften unseres Philosophen, insofern sich dieselben auf naturwissenschaftliche Gegenstände beziehen, oder denjenigen Theil des kantischen philosophischen Systems betreffen, der für die Methode der Forschung in unserer Wissenschaft und für die Entwicklung unserer physischen Weltanschauung von Bedeutung ist. Einen naturgemässen Abschnitt in der Reihe jener Schriften bildet das Erscheinen des philosophischen Hauptwerkes, der „Kritik der reinen Vernunft", so dass wir die Schriften aus der vorkritischen Zeit (von 1740—1780) von denen unterscheiden werden, welche in der kritischen Zeit (von 1780—1800) erschienen sind. Wir führen die folgenden Schriften an: Gedanken von der wahren Schätzung der lebendigen Kräfte und Beurtheilung der Beweise, deren sich Herr von Leibniz und andere Mechaniker in dieser Streitsache bedient haben, nebst einigen vorhergehenden Betrachtungen, welche die Kraft der Körper überhaupt betreffen. Königsberg 1746. — Untersuchung der Frage, ob die Erde in ihrer Umdrehung um die Axe, wodurch sie die Abwechslung des Tages und der Nacht hervorbringt, einige Veränderungen erlitten habe. Königsb. Nachr. 1754. — Die Frage, ob die Erde veralte, physikalisch erwogen (ib. id.). — Allg. Naturgeschichte und Theorie des Himmels oder Versuch von der Verfassung und dem mechanischen Ursprung des ganzen Weltgebäudes, nach newton'schen Grundsätzen abgehandelt (Königsb. 1755). — Es folgen nun die drei Habilitationsschriften: Meditationum quarundam de igne succincta delineatio. — Principiorum primorum cognitionis metaphysicae nova dilucidatio. — Metaphysicae cum geometria junctae usus in philosophia naturali, cujus specimen I. continet monadologiam physicam. (Die beiden ersten in Königsberg gedruckt, das letzte in den Gesammtausgaben erschienen.) Hieran reihen sich ferner Schriften geologischen und geophysischen Inhalts: kleine Abhandlungen über Erdbeben und Winde. — Eine wichtige kleine Abhandlung ist die folgende: Neuer Lehrbegriff der Bewegung und Ruhe und der damit verknüpften Folgerungen in den ersten Gründen der Naturwissenschaft. Königsb. 1758. — De mundi sensibilis atque intelligibilis forma et principiis. Regiomonti 1770. (Inauguraldissertation.)

Es folgen nun die Schriften der zweiten Periode: Kritik der reinen Vernunft. Riga 1781. (Spätere Auflagen 1787, 1790, 1794 und 1799.) — Prolegomena zu einer jeden künftigen Metaphysik, die als Wissenschaft wird auftreten können. Ib. 1783. — Grundlegung zur Metaphysik der Sitten. Ib. 1785. — Metaphysische Anfangsgründe der Naturwissenschaft. Ib. 1786. — Kritik der praktischen Vernunft. Ib. 1788. Kritik der Urtheilskraft. Berlin, Liebau 1790. Aus dieser Zeit stammen wieder einige kosmologische Schriften: Ueber die Vulkane im Monde. Berl. Monatsschrift 1785. — Etwas über den Einfluss des Mondes auf die Witterung. Ib. 1794. — Ausser diesen vom Verfasser selbst edirten Werken gibt es einige aus seinen Handschriften von Schülern und Anhängern des Philosophen herausgegebene. Hieher gehören: I. Kant's Logik. Von G. B. Jäsche. Königsb. 1800. — I. Kant's physische Geographie von Fr. Th. Rink. Ib. 1802. — Gesammtausgaben sind erschienen von G. Hartenstein. Leipzig 1838—39 in 10 Bänden, von K. Rosenkranz und F. W. Schubert. Leipzig 1838—42 in 12 Bänden. Am zweckmässigsten geordnet (chronologisch) ist die letzte Ausgabe von G. Hartenstein: I. Kant's sämmtliche Werke. In chronolog. Reihenfolge herausgegeben. 8 Bände, Leipz. 1867—68.

Der Entwicklungsgang des kantischen philosophischen Systems und seiner Weltanschauung ist klar und übersichtlich, wie alles, was mit diesem merkwürdigen Manne in Beziehung steht. Die Periode von 1740—1770 nehmen die Vorstudien für sein eigenthümliches System des Kriticismus ein. Die zwei ersten Dezennien dieses Zeitraums ist er in der leibnizisch-wolfischen Denkweise befangen, in den letzten zehn Jahren nimmt ihn die Philosophie Hume's in Anspruch. Es folgt nun ein, den Meditationen zur Begründung eines eigenen Systems gewidmetes, Dezennium, an dessen Ende das epochale Werk: „Die Kritik der reinen Vernunft" erscheint. Der folgende Zeitraum von 1780—1790 wird durch den Ausbau des Systems in Anspruch genommen. Das letzte Dezennium der schriftstellerischen Thätigkeit unsers Philosophen (von 1790 bis 1800) war durch die Anwendung der Prinzipien auf die Religions- und Rechtsphäre ausgefüllt.

Ein beträchtlicher Theil der sämmtlichen Schriften Kant's beschäftigt sich mit naturwissenschaftlichen Gegenständen. Achtzehn grössere und kleinere Schriften, von denen zwei Drittel der vorkritischen Periode des Philosophen angehören, ein Drittel hingegen der Zeit, in welcher er sein System ausarbeitete, befassen sich mit naturwissenschaftlichen Fragen und Forschungen. Eine dieser Abhandlungen ist in unmittelbarer Verbindung mit dem Hauptwerke Kant's, nämlich: die „metaphysischen Anfangsgründe der Naturwissenschaft" vom Jahre 1786. Uns interessiren hier vor allem die naturphilosophischen Schriften, auf die naturgeschichtlichen reflectiren wir bloss, insofern sich dieselben mit kosmologischen Gegenständen befassen. Nach diesen vorgeschickten Bemerkungen wenden wir uns nun zur Betrachtung der einzelnen Werke.

Gedanken von der wahren Schätzung der lebendigen Kräfte etc. Die Abhandlung ist mit einem bemerkenswerthen Selbstbewusstsein verfasst. Der Autor ist von der Richtigkeit seiner Ausführungen so fest überzeugt, dass er sich nicht scheut, den grössten Capazitäten entgegenzutreten. Allerdings versichert er in der Vorrede, wo diese Bemerkungen vorkommen, dass er weit entfernt sei, weil er den grossen Meistern unserer Erkenntniss opponire, gegen dieselben weniger Ehrerbietigkeit oder Hochachtung als irgend jemand zu hegen. — Descartes misst die Kraft durch das Produkt aus Masse und Geschwindigkeit, Leibniz durch das Produkt der Masse in das Quadrat der Geschwindigkeit. Kant sucht einen Mittelweg, indem er zweierlei Bewegungen annimmt und demgemäss zwei verschiedene Arten von bewegenden Kräften. Er unterscheidet unfreie und freie Bewegungen; die ersteren werden durch todte, die letzteren durch lebendige Kräfte hervorgebracht. Für die todten Kräfte gilt das cartesianische, für die lebendigen Kräfte das leibnizische Kräftemass. Frei ist die Bewegung, wenn kein Hinderniss vorhanden ist und die Bewegung ohne Ende fortdauert, unfrei hingegen, wenn sie nach Aufhören der Kraftwirkung ebenfalls aufhört. Descartes denkt sich die Körper bloss geometrisch, Leibniz hingegen dynamisch. Für kraftlose, bloss als Raumgrössen gedachte Körper gilt allerdings das Kräftemass des Descartes, für die Körper der Natur das des Leibniz. Kant hat das Wesen der Frage nicht aufgefasst und sucht die Lösung auf ganz fremdem Gebiete. Daneben spricht er schon seine Ansichten über die Grenzen der Mathematik und über die Reformation der Metaphysik aus, welche nicht in ihrem ungründlichen Zustande gelassen werden dürfe.

Allgemeine Naturgeschichte und Theorie des Himmels, oder Versuch von der Verfassung und dem mechanischen Ursprung des ganzen Weltgebäudes nach Newton'schen Grundsätzen abgehandelt. Die Abhandlung ist dem König Friedrich II. dedizirt. — Durch dieses Werk hat sich Kant einen Platz unter den Forschern auf dem Gebiete der physikalischen Wissenschaften erworben, es enthält dasselbe nämlich jene Weltentstehungstheorie, welche nach vierzig Jahren, als Kant's Arbeit fast vergessen war, Laplace unabhängig von seinem deutschen Vorgänger noch einmal ausdachte und in seiner „Exposition du système du monde" (1796) vortrug. Auch J. H. Lambert wusste nichts von Kant, als er seine „kosmologischen Briefe" herausgab (1761).

Newton hat, wie wir dies an geeigneter Stelle angeführt haben*), in seinen vier Briefen an den Dr. Bentley die Entstehung des Weltalls aus rein mechanischen Ursachen, ohne unmittelbaren göttlichen Schöpfungsact als unmöglich und undenkbar hingestellt. Kaum fünfzig Jahre später macht Kant einen Versuch auf Grund einer naturgemässen Entwicklung, allein durch die Kräfte der Materie selbst das Weltsystem aus dem Chaos entstehen zu lassen. — Im Anfange war der Stoff in äusserster Disgregation durch den Weltenraum zerstreut. An verschiedenen Orten dieses kosmischen Nebels befanden sich einzelne dichtere Stellen. Dem Stoffe wohnten keine andern Kräfte inne, als die der Attraction und Repulsion. Die dichteren Stellen bildeten vermöge ihrer stärkern Anziehungskraft Sammelpunkte, welche die zerstreute Materie der Umgegend verdichteten und hiedurch zu immer grösseren Klumpen wurden. So entstanden die centralen Weltkörper. Betrachten wir nun den Fortgang dieses Prozesses an einem einzigen derartigen Centralkörper, z. B. an unserer Sonne. Die Materie der benachbarten Räume verdichtet sich um den Sonnenkörper, gegen den sie sich der Schwerewirkung zufolge

---

*) Siehe oben pag. 292 ff.

herabsenkt. Wäre bloss die anziehende Kraft vorhanden, so würde ein einfaches stetiges Anwachsen des Sonnenkörpers stattfinden. Nun widerstrebt jedoch die abstossende Kraft der direkten Annäherung, so dass hiedurch die herabsinkende Masse aus der vertikalen Richtung abgelenkt in eine Wirbelbewegung geräth, die zuletzt auch dem Centralkörper selbst mitgetheilt, denselben in eine rotirende Bewegung versetzt. Aus der Reibung entsteht Hitze und dadurch wird schliesslich die ganze Masse glühend. So entsteht die Sonne, welche die ganze Umgebung erleuchtet und erwärmt. — Innerhalb der Wirkungssphäre des Centralkörpers wird alle Materie gegen denselben getrieben und wird nun, wenn die Kraft des Falles grösser ist, als die des Schwunges (der durch die Repulsion verursachten seitlichen Ablenkung), die Masse des Centralkörpers vergrössern, im Falle der Gleichheit jener beiden Kräfte hingegen wird sie in freien Bahnen den letzteren umkreisen. Die Bahnen dieser Umläufe werden nahezu um dieselbe Axe herum stattfinden und den Centralkörper ringförmig umgeben. In diesem so entstandenen Ringe gibt es nun jedenfalls wieder dichtere Stellen, welche nun ihrerseits Anziehungscentra werden, die den Stoff in ihrer Umgebung sammeln. So entstehen die Planeten, welche denselben Mittelpunkt umkreisen. Da die Elemente, aus denen diese neuen Weltkörper entstehen, schon die kreisende Bewegung in nahezu derselben Ebene mit sich bringen, so entfällt die Frage, woher die übereinstimmende Richtung der Planetenrotation und die nahezu zusammenfallenden Bahnebenen. Dies betrachtet der Autor jenes kosmogonischen Systems als besonders wichtig und hebt es mit folgenden Worten hervor: „Die Bildung der Planeten in diesem „System hat vor einem jeden möglichen Lehrbegriffe dieses voraus, dass „der Ursprung der Massen zugleich den Ursprung der Bewegungen und „die Stellung der Kreise in eben demselben Zeitpunkte vorstellt." „Die „Planeten bilden sich aus Theilchen, welche in der Höhe, da sie schweben, „genaue Bewegungen zu Zirkelkreisen haben, also werden die aus ihnen „zusammengesetzten Massen eben dieselben Bewegungen in eben dem „Grade nach eben derselben Richtung fortsetzen" *).

Die Planetenbahnen sind nicht Kreise, sondern Ellipsen von verschiedener Excentricität, die Bahnen liegen nicht genau in einer Ebene. Jenseits der Planeten wird die Wirkung der Schwerkraft der Sonne so schwach, dass die dort entstehenden Weltkörper bloss Dunstkugeln: die Kometen bilden, welche nicht mehr die Regelmässigkeit der Planetenbewegung aufweisen. Je näher an der Sonne die Planeten kreisen, um so fester geballt sind dieselben, d. h. um so dichter. Je entfernter von der Sonne, um so geringer ist die Einwirkung derselben, um so mehr Masse vermag sich daher zu Planeten zu ballen; aus diesem Grunde sind die obern zugleich die grössten Planeten.

---

*) II. Thl., 1. Hauptstück. Sämmtliche Werke, herausgegeben von G. Hartenstein, Bd. I, pag. 252.

Auf ähnliche Weise erklärt nun Kant die Entstehung der Monde und der Saturnringe, und ähnlich wie die Entstehung des Sonnensystems erklärt er die Entstehung der Fixsternwelten, für welche er einen gemeinsamen Centralkörper annimmt. Das Weltall hat keinen unendlich dauernden Bestand; wie es entstanden ist, wird es wieder vergehen und zum Chaos zurückkehren, aus dem sich dann wieder neue Welten entwickeln. — Die mechanische Erklärung ist indess nur in der unorganischen Welt anwendbar, schon der einfachste Organismus kann auf diese Weise nicht erklärt werden. In der Welt der Organismen kann nach des Verfassers Ansicht vom teleologischen Standpunkte nicht vollständig abstrahirt werden.

Im dritten Theile beschäftigt sich Kant mit den Planetenbewohnern, deren Eigenschaften er aus den kosmischen Verhältnissen der einzelnen Himmelskörper, auf denen sie wohnen, ableitet.

Meditationum quarundam de igne succincta delineatio etc. Der Inhalt dieser Promotionsschrift enthält wenig, was für uns von besonderer Bedeutung wäre. Die cartesianische Lehre von der Materie und von der bewegenden Kraft wird angegriffen und eine neue Theorie aufgestellt, die sich in Folgendem kurz charakterisiren lässt. Die Aggregatzustände sind Wirkungen einer elastischen Materie, welche durch ihre undulatorische Bewegung die Wärme hervorbringt. Diese Materie ist der Aether, welcher die zwischen den kleinsten Körpertheilchen befindlichen Räume erfüllt.

Metaphysicae cum geometria iunctae usus in philosophia naturali, cuius specimen I. continet **Monadologiam physicam** etc. Der Verfasser setzt sich in dieser „physischen Monadologie" vor, die leibnizische Monadenlehre mit der newtonischen Attractionstheorie zu vereinigen. Jede Monade ist eine Kraft, die mit ihrer Wirkungssphäre einen gewissen Raum einnimmt. Undurchdringlichkeit und Erfüllung eines bestimmten Volumens, das sind die wesentlichen Merkmale der raumerfüllenden Materie. Die Undurchdringlichkeit beruht auf der Repulsionskraft der Materie, das begrenzte Volumen auf der Attraction.

Neuer Lehrbegriff der Bewegung und Ruhe und der damit verknüpften Folgerungen in den ersten Gründen der Naturwissenschaft. (Programm der Sommervorlesungen 1758.) Es kann stets nur von einer relativen Bewegung und von relativer Ruhe die Rede sein, da die Bewegung Ortsveränderung ist und der Ort eines Dinges durch die äusseren Beziehungen der Umgebung bestimmt wird. Dasselbe gilt von der Ruhe, die sich ebenfalls nur auf die Umgebung bezieht. Demgemäss kann ein Körper gleichzeitig ruhen und sich in Bewegung befinden, je nachdem wir die Ortsveränderung auf den einen oder den andern Ort beziehen. Jede Ortsveränderung ist — da sie relativ ist — auch zugleich wechselseitig.

Wir übergehen des mangelnden Raumes wegen die kleineren Arbeiten des Verfassers, welche sich auf physische Geographie beziehen und wenden uns zum philosophischen Hauptwerke:

Kritik der reinen Vernunft. „Die menschliche Vernunft hat das „besondere Schicksal in einer Gattung ihrer Erkenntnisse: dass sie durch „Fragen belästigt wird, die sie nicht abweisen kann; denn sie sind ihr „durch die Natur der Vernunft selbst aufgegeben, die sie aber auch „nicht beantworten kann, denn sie übersteigen alles Vermögen der mensch„lichen Vernunft."

„In diese Verlegenheit geräth sie ohne ihre Schuld. Sie fängt „von Grundsätzen an, deren Gebrauch im Laufe der Erfahrung unver„meidlich und zugleich durch diese hinreichend bewährt ist. Mit dieser „steigt sie (wie es auch ihre Natur mit sich bringt) immer höher, zu „entferneteren Bedingungen. Da sie aber gewahr wird, dass auf diese „Art ihr Geschäfte iederzeit unvollendet bleiben müsse, weil die Fragen „niemals aufhören, so sieht sie sich genöthigt, zu Grundsätzen ihre Zu„flucht zu nehmen, die allen möglichen Erfahrungsgebrauch überschreiten „und gleichwohl so unverdächtig scheinen, dass auch die gemeine Men„schenvernunft damit im Einverständnisse stehet. Dadurch aber stürzt „sie sich in Dunkelheit und Widersprüche, aus welchen sie zwar ab„nehmen kan, dass irgendwo verborgene Irrthümer zum Grunde liegen „müssen, die sie aber nicht entdecken kan, weil die Grundsätze, deren „sie sich bedient, da sie über die Grenze aller Erfahrung hinausgehen, „keinen Probirstein der Erfahrung mehr anerkennen. Der Kampfplatz „dieser endlosen Streitigkeiten heisst nun Metaphysik" *). — Weder durch Dogmatismus lässt sich diese unbequeme Lücke in unserer Erkenntniss überdecken, noch durch einfaches Ignoriren derselben, man muss vielmehr die Untersuchung unsers Denkvermögens vom Anfange an vornehmen und dafür einen Gerichtshof einsetzen, der kein anderer ist als „die Kritik der reinen Vernunft" selbst. Diesen Weg hat nun der Verfasser eingeschlagen um das „Inventarium aller unserer Besitze durch reine Vernunft" systematisch geordnet zu erhalten, das ist nun aber eben die Metaphysik, der die Philosophie stets nachgestrebt hat.

Nachdem der Verfasser in dieser Vorrede klar und deutlich gesagt, was er zu leisten sich unterfängt, gibt er in der Einleitung die „Idee und Eintheilung der Transscendental-Philosophie". Das ganze Werk zerfällt in zwei Theile. I. Transscendentale Elementarlehre. II. Transscendentale Methodenlehre. Die Elementarlehre begreift die folgenden Unterabtheilungen in sich: Transscendentale Aesthetik (Vom Raume und von der Zeit) und transscendentale Logik (Analytik und Dialektik). — Die Methodenlehre zerfällt in die Disciplin, den Canon, die Architektonik und die Geschichte der reinen Vernunft. — Unter „Aesthetik" versteht Kant die Lehre von Raum und Zeit, weil sich dieser

---

*) Critik der reinen Vernunft. Riga 1781, Vorrede.

Theil seiner Lehre mit unserm Vorstellungsvermögen (αἴσθησις) beschäftigt. „Transscendental" nennt er diese Aesthetik, weil sie untersucht, ob unsere Sinnlichkeit Prinzipien enthält, welche die Möglichkeit wahrer Erkenntniss begründen, — Raum und Zeit sind reine Vernunftanschauungen, welche keine objektive Realität besitzen. Wir können die Dinge eben nicht anders als in Raum und Zeit denken, ohne dass deshalb die Dinge an sich räumliche und zeitliche Verhältnisse aufweisen müssten. — Die reine Mathematik umfasst die Geometrie, Arithmetik und Mechanik. Die Grundbedingung aller geometrischen Erkenntnisse ist der Raum, die Zeit Grundbedingung der Arithmetik, da die Zahl — das Objekt dieser Wissenschaft — durch zeitliche Hinzufügung von Einheit zu Einheit entsteht. Die Mechanik beschäftigt sich mit der Bewegung, das ist mit der zeitlichen Folge im Raume. Somit können wir allgemein aussprechen, dass Zeit und Raum die Grundbedingungen aller mathematischen Erkenntnisse bilden, als solche müssen sie aber ursprüngliche Vorstellungen, d. i. Anschauungen sein, reine Vernunftanschauungen a priori, nur so können die Sätze der Mathematik nothwendige und allgemeine Geltung haben. Wenn wir somit Raum und Zeit als reine Denkformen betrachten und wir die Dinge an sich, die wir in diesen Formen uns vorstellen, „objektiv und real" nennen, so müssen wir für Raum und Zeit die Attribute: „subjektiv und ideal" annehmen. Da das Verhältniss der beiden Denkformen zu unserm Intellect von Kant als „transscendental" bezeichnet wird, so nennt er sein ganzes philosophisches System, das er auf diese Grundansicht basirt, das System des „transscendentalen Idealismus".

Wir können uns an dieser Stelle in keine eingehende Analyse des Kant'schen philosophischen Hauptwerkes einlassen, für die Entwicklung der Grundprinzipien der exakten Naturwissenschaft ist ausser der Lehre des Verfassers über Raum und Zeit bloss eine wichtige Unterscheidung hervorzuheben, mit deren Entwicklung wir von der „Kritik der reinen Vernunft" scheiden werden: es ist die Unterscheidung aller Gegenstände in „Phaenomena" und „Noumena"*). Das „Ding an sich" (Noumenon) kann nie Gegenstand der sinnlichen Anschauung sein. Was wir von den Gegenständen kennen, ist bloss deren „Erscheinung" (das Phaenomenon), aus dessen Existenz wir nach dem Causalitätsprinzipe auf das Vorhandensein eines Dinges schliessen, das die Erscheinung verursacht. Die Sinne liefern uns bloss einzelne Zeichen, aus denen wir uns eine Vorstellung von jenem Gegenstande bilden, der diese sinnlichen Zeichen in uns hervorgerufen hat. Kant unterscheidet somit eine Sinnen- und

---

*) Critik d. reinen Vernunft. Riga 1781, pag. 235. — Der Transscendent. Doctrin der Urtheilskraft (Analytik der Grundsätze), drittes Hauptstück. Von dem Grunde der Unterscheidung aller Gegenstände in Phaenomena und Noumena.

eine Verstandeswelt (mundus sensibilis et intelligibilis). Diese wichtige Unterscheidung, die wir hier nur ganz kurz berühren können, ist für die Entwicklung der Prinzipien der Naturforschung von grosser Bedeutung*).

Prolegomena zu einer jeden künftigen Metaphysik, die als Wissenschaft wird auftreten können. So sicher Kant von der epochemachenden Bedeutung seines grossen philosophischen Werkes überzeugt war, so fürchtete er doch, dass die Weitläufigkeit des Buches, sowie dessen schwere Verständlichkeit der Verbreitung seiner Lehre schaden werde. Man wird das Buch durchblättern, aber nicht die Geduld haben, es durchzudenken. Um diesem Uebelstande abzuhelfen, versuchte Kant ein kurzes, in verständlichster Form analytisch abgefasstes Lehrbuch zu schreiben, in welchem die Hauptlehren seines Systems enthalten wären. — Der Inhalt dieser Schrift ist kurz der folgende: Vorerinnerung von dem Eigenthümlichen aller metaphysischen Erkenntniss. Allgemeine Frage: ist überall Metaphysik möglich? I. Theil. Wie ist reine Mathematik möglich? II. Theil. Wie ist reine Naturwissenschaft möglich? III. Theil. Wie ist Metaphysik überhaupt möglich? (1. psychologische, 2. kosmologische, 3. theologische Idee). Beschluss. Von der Grenzbestimmung der reinen Vernunft.

Metaphysische Anfangsgründe der Naturwissenschaft. Die letzte Schrift unsers Philosophen, von der wir hier sprechen, versucht die metaphysische Grundlage der Naturwissenschaft fest zu legen. Es kann nicht in Zweifel gezogen werden, dass die Naturwissenschaft, sobald sie mehr sein will, als ein System rein empirischer Kenntnisse, auf eine metaphysische Begründung ihrer Fundamentalsätze angewiesen ist. Die grosse Anzahl der untereinander unvereinbaren philosophischen Systeme hatte im Laufe des 17. und 18. Jahrhunderts das Vertrauen auf die Nothwendigkeit und den Nutzen der metaphysischen Untersuchungen arg erschüttert. So konnte es denn kommen, dass ein Newton von der „streitsüchtigen Dame Philosophie" nichts wissen wollte und sich allen derartigen Spekulationen geflissentlich fern hielt. Allerdings blieb weder Newton, noch sonst irgend ein Naturforscher von Bedeutung dem Grundsatze, die metaphysische Spekulation zu meiden, getreu, da die streng wissenschaftliche Art zu forschen stets und oft ganz unerwartet zu solchen Problemen führt, bei denen philosophische Untersuchungen nicht vermieden werden können.

In der Vorrede führt der Verfasser den Begriff: Natur, dann Wissenschaft, hierauf den der Naturwissenschaft aus. „Eigentlich so

---

*) Vergl. noch K. Fischer: Gesch. d. neueren Philosophie, 3.—4. Bd., München 1882 und Dr. Kurd Lasswitz: Die Lehre Kant's von der Idealität des Raumes und der Zeit im Zusammenhange mit seiner Kritik des Erkennens allgemeinverständlich dargestellt. Gekrönte Preisschrift. Berlin 1883. Ferner: K. Fischer: Kritik der kantischen Philosophie. München 1883.

„zu nennende Naturwissenschaft setzt zuerst Metaphysik der Natur
„voraus; denn Gesetze, d. i. Prinzipien der Nothwendigkeit dessen, was
„zum Dasein eines Dinges gehört, beschäftigen sich mit einem Begriffe,
„der sich nicht construiren lässt, weil das Dasein in keiner Anschauung
„a priori dargestellt werden kann"*). „Ich behaupte, dass in jeder
„besonderen Naturlehre nur so viel eigentliche Wissenschaft ange-
„troffen werden könne, als darin Mathematik anzutreffen ist." Da
nämlich jede eigentliche Wissenschaft, besonders aber die Naturwissenschaft einen von der Erfahrung unabhängigen Theil erfordert, der jenem
zu Grunde liegt und der auf der Erkenntniss der Naturdinge a priori
beruht und da die Erkenntniss a priori nur bei mathematischen, con-
struirbaren Begriffen möglich ist, so kann es eine Naturlehre über bestimmte Naturdinge nur vermittelst der Mathematik geben. — Das
Schema, nach dem Kant in der Eintheilung seines Gegenstandes vorgehen will, ist das der „Kategorien", da es ausser diesen keine reinen
Verstandesbegriffe gibt. Die vier Classen der Kategorien sind die folgenden: Grösse, Qualität, Relation und Modalität. Da sich von
der Materie a priori mehr nicht sagen lässt, so erhalten wir im Ganzen
vier Abschnitte, in welchem der Begriff der Materie durchgeführt wird.
Die Grundbestimmung der Materie, als Etwas das ein Gegenstand äusserer
Sinne sein soll, muss die Bewegung sein, die Naturwissenschaft ist somit
entweder reine oder angewandte Bewegungslehre. Demgemäss sind die
metaphysischen Anfangsgründe der Naturwissenschaft unter vier Haupt-
stücke zu bringen: das erste betrachtet die Bewegung als reines Quantum
ohne Qualität des Beweglichen, d. i. die Phoronomie, das zweite als
zur Qualität der Materie gehörig, wobei eine ursprünglich bewegende
Kraft in Betracht kommt, d. i. die Dynamik, das dritte bezieht sich
auf die Relation zwischen den auf einander einwirkenden Körpern, d. i.
die Mechanik, das vierte betrachtet den Zustand der Bewegung (oder
Ruhe) in Beziehung auf die Vorstellungsart oder Modalität, d. i. die
Phänomenologie oder Erscheinungslehre. Als Methode wird die sogenannte mathematische befolgt, welche durch ihren Schematismus eine
leichtere Vergleichung der einander entsprechenden Sätze in den einzelnen Theilen gestattet.

I. Hauptstück. Phoronomie. „Materie ist das Bewegliche im
„Raume. Der Raum, der selbst beweglich ist, heisst der materielle oder
„auch der relative Raum, der, in welchem alle Bewegung zuletzt ge-
„dacht werden muss (der mithin selbst schlechterdings unbeweglich ist),
„heisst der reine oder auch absolute Raum." Die Zusammensetzung
zweier Bewegungen eines und desselben Punktes kann dadurch gedacht
werden, dass die eine Bewegung im absoluten Raum gedacht wird,
während statt der anderen eine entsprechende aber entgegengesetzte Be-

---

*) Kant's Werke. 4. Bd., pag. 359.

wegung des relativen Raumes substituirt wird. Aehnliches finden wir bei Aristoteles*).

II. Hauptstück. Dynamik. „Materie ist das Bewegliche, sofern „es einen Raum erfüllt." Einen Raum erfüllen, heisst allem Beweglichen „widerstehen, das durch seine Bewegung in einen gewissen Raum ein„zudringen bestrebt ist. Ein Raum, der nicht erfüllt ist, ist ein leerer „Raum." Hierauf folgt der Lehrsatz: „Die Materie erfüllt einen Raum, „nicht durch ihre blosse Existenz, sondern durch eine besondere be„wegende Kraft," dann von der anziehenden und zurückstossenden Kraft, von der Raumerfüllung der Materie durch repulsive Kräfte, von der Undurchdringlichkeit und Theilbarkeit der Materie und von der „actio in distans", d. i. die Wirkung der Materie auf einander ohne Berührung.

III. Hauptstück. Mechanik, d. i. die Lehre von der Mittheilung der Bewegung. „Materie ist das Bewegliche, sofern es, als „ein solches, bewegende Kraft hat." Hierauf Definition der Bewegungsgrösse. — Gesetze der Mechanik: 1) „Bei allen Veränderungen der „körperlichen Natur bleibt die Quantität der Materie im Ganzen dieselbe, „unvermehrt und unvermindert." — 2) „Alle Veränderung der Materie „hat eine äussere Ursache. (Ein jeder Körper beharrt in seinem Zustande „der Ruhe oder Bewegung, in derselben Richtung und mit derselben „Geschwindigkeit, wenn er nicht durch eine äussere Ursache genöthigt „wird, diesen Zustand zu verlassen.)" — 3) „In aller Mittheilung „der Bewegung sind Wirkung und Gegenwirkung einander jederzeit „gleich."

IV. Hauptstück. Phänomenologie, d. i. die Bewegung als Erscheinung. „Materie ist das Bewegliche, sofern es, als ein solches, „ein Gegenstand der Erfahrung sein kann." — Die Bewegungen müssen als Veränderungen im Raume vorgestellt werden. Es wird nun der Raum als Erfahrungsobjekt betrachtet. 1) Der absolute Raum, 2) der leere Raum. Der letztere ist wieder gehäufter leerer Raum (vacuum coacervatum), der sich zwischen den Weltkörpern ausdehnt oder zerstreuter (vacuum disseminatum), der zwischen den einzelnen Massentheilchen existirt, oder endlich ausserweltlicher leerer Raum. Von dem letzteren wird nun gezeigt, dass derselbe eine unmögliche Vorstellung sei, von den beiden ersteren ist gesagt, dass sie zwar keine Undenkbarkeit in sich schliessen, dass jedoch die Annahme eines in der Welt befindlichen leeren Raumes, sowohl in dynamischer, als in mechanischer Hinsicht unnöthig sei.

Die kantische Philosophie hat sich als festes, tragfähiges Fundament für eine ganze Reihe philosophischer Systeme erwiesen, die auf den verschiedensten Punkten dieses weiten Unterbaues aufgerichtet wurden. Fichte, Schelling, Hegel, Herbart, Schopenhauer u. a. gingen von dem

---

*) Siehe Bd. I, pag. 64 dieses Werkes.

Altmeister Kant aus, seine Lehre bildet den Centralkörper, um den die andern planetengleich ihre Bahnen ziehen. — Für die Grundlegung der mechanisch-physikalischen Grundideen hat Kant ebenfalls eine fundamentale Bedeutung. Seine Auffassung von Raum und Zeit, seine Unterscheidung aller Gegenstände in Phaenomena und Noumena sind unvergängliche Denkmale in der Geschichte des menschlichen Geistes und seines Bestrebens, das Weltproblem zu lösen.

Ueber die Biographie Kant's sind folgende Schriften zu nennen: Ludwig Ernst Borowski, Darstellung des Lebens und Charakters Immanuel Kant's. Von Kant selbst genau revidirt und berichtigt. Königsb. 1804. — Reinh. Bernh. Jachmann, I. Kant geschildert in Briefen an einen Freund. Königsb. 1804. — Ehregott Andr. Christ. Wasianski, Kant in seinen letzten Lebensjahren. Beiträge zur Kentniss seines Charakters und häuslichen Lebens aus dem täglichen Umgange mit ihm. Königsb. 1804. — Fragmente aus Kant's Leben. Königsb. 1802. — Gottfr. Hasse, Merkwürdige Aeusserungen Kant's. Von einem seiner Tischgenossen. Königsb. 1804. — Friedr. Theod. Rink, Ansichten aus Kant's Leben. Königsb. 1805. — I. Kant's Biographie. 2 Bände. Leipzig 1804. — Fr. Wilh. Schubert, I. Kant's Biographie, zum grossen Theile nach handschriftlichen Nachrichten dargestellt. In der Rosenkranz-Schubert'schen Ausgabe der kantischen Werke. Band XI. Abth. 2. Leipz. 1842. — Kuno Fischer, Geschichte der neuern Philosophie. 3. Bd. 3. Aufl. 1882. — Emil Arnoldt, Kant's Jugend und die fünf ersten Jahre seiner Privatdocentur. Königsb. i. Pr. 1882.

Im Anschlusse an Kant wollen wir noch zweier Philosophen gedenken, welche zu unserm Gegenstande in einiger Beziehung stehen.

George Berkeley, geboren am 12. März 1684 zu Kilerin bei Thomastown, gestorben am 14. Januar 1753 zu Oxford, erzogen im Trinity College zu Dublin, wo er 1707 als Fellow aufgenommen wurde. Im Jahre 1709 erschien sein Werk „Essay towards a new Theory of Vision", ein Jahr später die: „Principles of Human Knowledge". In London war er Kaplan, hierauf Sekretär des Earl of Peterborough, später machte er mit einem Herrn Ashe grosse Reisen in Europa. Im Jahre 1724 wurde er Dechant zu Derry, welches Amt mit einem für die damalige Zeit nicht unbedeutenden Einkommen verbunden war. Berkeley liess jedoch diese Stellung und begab sich nach den Bermudainseln als Missionär. Nachdem er dort mit seiner ihn begleitenden jungen Frau allerlei Ungemach erduldet, kehrte er nach siebenjähriger, nutzloser Anstrengung und nachdem er den grössten Theil seines Vermögens eingebüsst hatte, nach London zurück. — Er verfasste dort eine Abhandlung unter dem Titel: „The Theory of Vision, or Visual Language, showing the Immediate Presence and Providence of a Deity, vindicated and explained". Im Jahre 1734 wurde er Bischof von Cloyne in Irland, welche Stelle er 1752 niederlegte. Er übersiedelte nach Oxford und starb dort 1753 an einem Herzschlage. Von seinen philosophischen Schriften ist zu erwähnen: „Dialogues of Hylas and Philonous", von den naturwissenschaftlichen die gegen Halley gerichtete polemische Schrift: „The Analyst or a discourse addressed to an infidel Mathematician". London 1734. — Siris, a chain of philosophical reflections concerning the virtues of Tar-water. Ib. 1744.

Was die philosophische Richtung Berkeley's betrifft, so ist derselbe als einer der Nachfolger Locke's zu betrachten*), der von dessen sensualistischer Grundlage ausgehend zu einem rein idealistischen Systeme gelangt. Alle Wahrnehmungen sind Eindrücke oder Vorstellungen, nach der damaligen Ausdrucksweise (eines Descartes oder Locke): „Ideen". Es gibt nur wahrnehmende Wesen (Geister) und Ideen, welche Gott in uns geschaffen hat und die wir als ausser uns befindliche Dinge, als Sinnenwelt wahrnehmen. In Wahrheit sind keine Dinge ausser uns, es gibt kein Ding an sich, das die Ursache aller Erscheinung wäre. Diese unbekannte und nicht zu erkennende Substanz ist eine leere Phantasmagorie. Berkeley's reiner Idealismus ist der direkte Gegensatz zum Materialismus, wie er etwa in dem Holbach'schen „System der Natur" zum Ausdruck kommt. Dieser Idealismus ist übrigens dogmatischer Natur, da die Ideen, welche die Erkenntnissobjekte bilden, als von Gott geschaffene, daher gegebene betrachtet werden. Berkeley's Standpunkt lässt die menschliche Erkenntniss als unergründlich erscheinen und führt zum Hume'schen Skepticismus.

In enger Verbindung mit der philosophischen Richtung Berkeley's ist seine Theorie des Sehens, wie er dieselbe in den oben citirten zwei Schriften entwickelt. Er untersucht den Einfluss des Gedächtnisses auf die Gesichtswahrnehmungen und die dabei vorkommenden inductiven Schlüsse, welche nach seiner Ansicht so schnell zu Stande kommen, dass wir sie nicht bemerken. Gemäss seiner phänomenalistischen Richtung behauptet er, dass die Wahrnehmungen innere Prozesse ohne äussere Veranlassung seien**).

David Hume, geboren den 26. April 1711 zu Edinburg, gestorben am 25. August 1776, war ein Sprössling der Familie der Earl of Home oder Hume, jedoch war die Linie, welcher unser Philosoph angehörte, fast ganz ohne Vermögen, da sie bloss ein unbedeutendes kleines Besitzthum besass. Seine Mutter hatte ihn zum Studium der Jurisprudenz bestimmt, seinen Vater hatte er schon frühe verloren. Nachdem er jedoch zu dieser Laufbahn keine Neigung hatte, schickte man ihn nach Bristol in ein Bankgeschäft. Grossjährig geworden, kam er in Besitz eines kleinen Vermögens, mit dem er in Frankreich besser auskommen konnte, als in

---

*) Vergl. oben pag. 215.
**) Vergl. auch Helmholtz: Physiol. Optik, pag. 455.

seiner Heimat. Er übersiedelte nach Rheims, später nach La Flèche, wo er ganz seinen Studien lebte. Im Jahre 1737 erschien seine Abhandlung: „Treatise on Human Nature", 1741 der erste Theil der „Essays". Als Secretär des Generals St. Clair ging er nach Wien und Turin; 1752 erschienen die „Political Discourses" und: „Inquiry concerning the Principles of Morals"; den ersten Band seiner Geschichte Englands gab er 1754 heraus. Hume starb in seinem 66. Lebensjahre an einem Unterleibsleiden. Eine ausführliche Biographie des Philosophen hat John Hill Burton unter dem Titel: „Life and Correspondence of David Hume" im Jahre 1847 in 2 Bänden veröffentlicht.

Hume's philosophische Richtung ist der Skepticismus. Das Berkeley'sche philosophische System hatte die Möglichkeit der Erkenntniss auf das Gebiet der Wahrnehmungen beschränkt; um die Dinge ausser uns wird nicht mehr gefragt, sondern bloss um die Verknüpfung der Eindrücke und deren Abbilder: der Ideen. Hume geht nun an die Frage, ob es einen nothwendigen Zusammenhang zwischen den einzelnen Sinneseindrücken gibt. Es ist die Frage nach der Causalität, die er aufwirft. Da wir nichts anderes kennen als Eindrücke oder daraus entstehende Ideen, so muss auch die Causalität entweder ein gegebener Eindruck oder eine Idee, somit also entweder ein Erfahrungsbegriff oder ein Vernunftbegriff sein. In der That ist sie keines von beiden, sondern entsteht bloss durch die gewohnte Wahrnehmung einer gewissen Aufeinanderfolge von Eindrücken, woraus der fehlerhafte Schluss entsteht: „post hoc, ergo propter hoc", während ein solcher Schluss gar keine allgemeine Berechtigung hat. In ähnlicher Weise verfährt nun unser Philosoph mit dem Begriffe der Substanz, welchen er in derselben skeptischen Weise verflüchtigt. Die Metaphysik verdammt er geradezu. „Die Bücher der Theologie und der Metaphysik gehören in's Feuer, denn „sie können nichts als Sophistereien und Täuschungen enthalten."

Die Schwäche der Hume'schen Philosophie besteht in ihrem dogmatischen Charakter. Seine skeptische Richtung führte bei Kant, auf dessen philosophischen Entwicklungsgang sie einen wichtigen Einfluss geübt hatte, zum Kriticismus. Nachdem die Möglichkeit der Erkenntniss in Frage gestellt schien, konnte nur ein solches System auf Beifall rechnen, das unsere Vernunft selbst einer Untersuchung unterzog.

Für die Physik selbst hat bloss die Causalitätstheorie Hume's eine Bedeutung. Aus ihr folgert er seine Vorstellung über das Wesen der Kraft, welche im Wesentlichen ganz und gar mit der Lagrange's und seiner Nachfolger zusammenfällt. Der Ausdruck Kraft ist eine blosse Bezeichnung für etwas, das wir nur in seinen Wirkungen kennen und messen. Die Mechanik hat mit der Kraft selbst nichts zu thun, sondern bloss mit dem Kräftemasse, das sich durch die Elemente der Bewegung ausdrücken lässt. Auf welche Weise die Mittheilung der Bewegung beim Stosse der Billardkugeln zu Stande komme, davon wissen wir gar nichts, die Art, wie die Mittheilung der Bewegung stattfindet, ist vielmehr rein empirisch. Ebenso verhält es sich mit dem Trägheitsgesetze, ebenso mit dem Newton'schen Attractionsgesetze. Wir ersehen hieraus, dass Hume von seinem Standpunkte aus zu wesentlich denselben Ansichten kommt, als diejenigen Forscher, die von einer ganz anderen Seite her die Grundlegung der mechanischen Begriffe in Angriff nahmen.

Pierre-Simon La Place.

In der Reihe jener Forscher, denen wir die Grundlegung der Mechanik und deren Förderung im vorigen Jahrhunderte verdanken, ist noch als einer der bedeutendsten Laplace anzuführen. Er war es, der die Errungenschaften seiner Vorgänger, die seit Newton's Tagen am Ausbau der Mechanik und Mathematik gearbeitet hatten, auf die Mechanik des Sonnensystems anwandte und auf diese Weise das von Newton, aus Mangel an ausreichenden mathematischen Hülfsmitteln in vielen Theilen unvollendet gebliebene Gebäude zum Abschlusse brachte. Aus diesem Grunde wollen wir um diesen Forscher alles gruppiren, was wir von jenen Gelehrten zu sagen haben, die sich in dieser Epoche der Wissenschaft mit Untersuchungen über die mechanischen Verhältnisse des Planetensystemes beschäftigt haben. Wir erhalten hiedurch die folgenden Abtheilungen, in welche die zu besprechenden Forscher unterzubringen sein werden: 1) Astronomie und Weltsystem. In dieser Abtheilung kommen die folgenden Gelehrten mit ihrer Wirksamkeit vor: Fontenelle, Molyneux, Bradley, Tobias Mayer, Melanderhjelm, Lalande, Bailly, Herschel, Delambre. — 2) Gestalt der Erde und Gradmessung. Hier folgen: Pothenot, Roy, Stirling, Camus, Condamine, La Caille, Le Monnier, Ulloa, Méchain, Dalby, Lefévre. — 3) Geophysik und Dichtigkeit der Erde. Hier folgen: Mairan, Hjorter, Cavendish, Maskelyne. — 4) Pendelmessungen, Uhren. Hier folgen: Couplet, Borda, Graham, Harrison.

1) Astronomie und Weltsystem.

Bernard Le Bovier de Fontenelle, von mütterlicher Seite ein Neffe des grossen Dramatikers Corneille, geboren am 11. Februar 1657 zu Rouen, gestorben am 9. Januar 1757 zu Paris, war Mitglied und beständiger Sekretär der Akademie der Wissenschaften. Durch seine Gedächtnissreden über die verstorbenen Mitglieder der Akademie erwarb er sich einen bedeutenden Ruf, sowie durch seine Schrift: „Entretiens sur la pluralité des mondes", 8⁰, Paris 1686 *). Von anderen Schriften erwähnen wir: „Éléments de géométrie de l'infini". Ib. 1727. — Théorie des tourbillons cartésiens. Ib. 1752. — Histoire de l'Acad. royale des sciences, depuis son établissement jusqu'en 1680. — Éloges des académiciens, 3 vol., 12⁰, Paris 1719.

Samuel Molyneux, geboren im Juli 1689 zu Chester, gestorben am 13. April 1728, war ein wohlhabender Privatmann in Dublin, der auf seiner Privatsternwarte zu Kew bei London astronomischen Beobachtungen oblag. Auf diesem Observatorium fand Bradley, damals Professor der Astronomie zu Oxford, im Dezember 1725, dass der Stern Γ draconis seinen Platz scheinbar verändere. Später fanden Molyneux und Bradley bei fortgesetzter Beobachtung, dass der Stern innerhalb eines Jahres eine geschlossene ringförmige Bahn beschreibe. Diese Untersuchungen führten zur Entdeckung der Aberration des Lichtes.

James Bradley, geboren zu Shireborn in Gloucester 1692, gestorben am 13. Juli 1762 zu Chalford in derselben Grafschaft, war seit 1721 Professor der Astronomie zu Oxford, nach Halley's Tod Astronom an der Greenwicher Sternwarte und Mitglied der Royal Society.

Die scheinbare jährliche Bewegung der Fixsterne war schon von Hooke, Picard und Flamstead beobachtet worden, ohne dass jedoch einer dieser Forscher im Stande gewesen wäre, den wahren Grund dieser auffälligen Erscheinung anzugeben. Dass man es hier mit keiner wirklichen parallaktischen Verschiebung der Fixsterne zu thun habe, darüber war man bald klar geworden. Auf der Kewer Sternwarte Molyneux's, im Vereine mit diesem Forscher fand Bradley, dass die beobachtete kleine Verschiebung der Fixsternörter im Laufe eines Jahres eine Ellipse mit einer grossen Axe von etwa 40" bilde. Nach Molyneux's Tode setzte Bradley seine Untersuchungen auf der Sternwarte zu Wanstead in Essex fort und gelangte durch seine Beobachtungen, die sich vom August 1727 bis in das folgende Jahr erstreckten, zu dem Resultate, dass die Richtung eines auf einem Stern eingestellten Fernrohres nicht genau derjenigen Richtung entspreche, in welcher sich der Stern befindet, da wegen der Bewegung der Erde das Fernrohr nach jener Richtung geneigt werden muss, nach welcher sich die Erde bewegt, damit der Lichtstrahl das Rohr in der Richtung der optischen Axe durchsetzen könne. Da die Erde in ihrer Bahn um die Sonne ihre Richtung fortwährend ändert, so muss das Fernrohr entsprechend fortwährend anders gestellt werden, wodurch die scheinbare Bewegung der Fixsterne zu Stande kommt. Diese scheinbare Ablenkung des Lichtstrahls nennt man die Aberration des Lichtes. Aus ihrem Betrage und der bekannten Geschwindigkeit der Erde in ihrer Bahn lässt sich die Geschwindigkeit

---

*) Deutsch von Bode: Gespräche über die Mehrheit der Welten, 8⁰, Berlin 1780.

des Lichtes berechnen. Zugleich ist dieses Phänomen ein Beweis von der translatorischen Bewegung der Erde.

Ausser diesem wichtigen und schönen Resultate ist noch eine andere Untersuchung Bradley's besonders hervorzuheben, es ist dies jene, die sich auf die Nutation der Erdaxe bezieht, d. i. die Schwankung der letzteren in Folge der vom Monde auf die aequatorialen Theile der Erde geübten Anziehungskraft. Die Periode der Nutation beträgt ca. 18 Jahre und hängt vom Laufe der Mondknoten ab. — Von den Schriften Bradley's sind zu erwähnen: Account of a new discovered motion of the fixed stars (Phil. Trans. 1727—28). In dieser Abhandlung findet sich die Nachricht über die Entdeckung der Aberration. Ferner: On the apparent motion of the fixed stars (Phil. Trans. 1748). Diese Abhandlung enthält die Entdeckung der Nutation*). — Miscellaneous works and correspondence, published by Rigaud. Oxford 1832.

Johann Tobias Mayer, geboren am 17. Februar 1723 zu Marbach, gestorben am 20. Februar 1762 zu Göttingen, war Professor der Oekonomie und Mathematik zu Göttingen, ausserdem Aufseher der Sternwarte. Unter seinen zahlreichen Abhandlungen sind besonders diejenigen zu erwähnen, die sich auf die Mondtheorie beziehen, wodurch er sich Verdienste um das Problem der genaueren Bestimmung der Meereslänge (d. h. der geographischen Länge auf dem Meere) erwarb. — Als am Ende des 16. und in immer gesteigertem Masse im Laufe des 17. und 18. Jahrhunderts, in Folge der mehr ausgedehnten Schifffahrt das Problem der Bestimmung der geographischen Coordinaten eines Schiffsortes zu einer brennenden Frage geworden war, da wurden von Seiten der überseeischen Handel treibenden Staaten grosse Preise für eine praktikable Lösung der Aufgabe ausgesetzt, mit genügender Genauigkeit die Länge eines beliebigen Ortes am Meere zu jeder beliebigen Zeit zu bestimmen. König Philipp III. von Spanien hatte schon im Jahre 1600 einen Preis von 120,000 Piastern ausgesetzt, die holländischen Generalstaaten versprachen später dem glücklichen Entdecker 30,000 Gulden**). Im Jahre 1714 wurde durch das englische Parlament eine Commission ausgesandt, in der sich Newton, Whiston u. a. befanden, deren Aufgabe es war, eine Lösung des schwierigen Problemes anzubahnen. Auf Vorschlag dieser Commission schrieb nun das englische Parlament einen internationalen Preis aus, der die Summe von 10,000 Pfunden demjenigen zusicherte, welcher eine Methode der Längenbestimmung bis auf $1°$ genau vorschlüge, 15,000 Pfunde für die Genauigkeit von $40'$ und 20,000 Pfunde für die Genauigkeit von $30'$. Spätere Beschlüsse bezogen sich auf Preise

---

*) Am Schlusse dieser Schrift erwähnt der Verfasser, dass vielleicht das ganze Sonnensystem sich bewege und dass sich dies durch längere Beobachtung aus der Veränderung des Abstandes der Sterne ergeben müsse.

**) Um diesen Preis bewarb sich auch Galilei. Siehe Bd. I, pag. 363.

für die Construction von Uhren mit der gewünschten Genauigkeit des Ganges. Im Jahre 1755 sandte Mayer seine Sonnen- und Mondtafeln der britischen Admiralität ein, für welche später seine Wittwe einen Theil des Preises, nämlich 3000 Pfunde erhielt. Die Abhandlungen und Tafeln erschienen zu London unter dem Titel: „Theoria Lunae juxta systema Newtonianum" (4^0, Lond. 1767) und „Tabularum motuum Solis et Lunae et longitudinum methodus promota" (4^0, ib. 1770). Den Titel seiner zahlreichen, grösstentheils astronomischen Arbeiten übergehen wir hier mit Stillschweigen. Seine „Opera inedita" hat Lichtenberg 1775 zu Göttingen in einem Bande herausgegeben. — In der Abhandlung: „De motu fixarum proprio" aus dem Jahre 1760 erörtert er ebenfalls, wie Bradley, Lambert und Herschel, die Frage der Bewegung des Sonnensystemes.

Mit der Theorie des Mondes beschäftigte sich auch der schwedische Astronom **Daniel Melanderhjelm***). Von bedeutenden Astronomen jener Zeit sind hier noch zu nennen: La Lande, Bailly, Friedr. Wilh. Herschel und Delambre.

Joseph-Jérome le François de La Lande, geboren am 11. Juli 1732 zu Bourg-en-Bresse, gestorben am 4. April 1807 zu Paris, wurde 1751 zur Bestimmung der Mondparallaxe nach Berlin gesandt, hierauf praktizirte er als Advocat, dann wurde er zum Professor der Astronomie am Collège de France und zuletzt zum Direktor der Pariser Sternwarte ernannt. Er verfasste eine grosse Anzahl meist astronomischer Abhandlungen, sowie einige populär-wissenschaftliche Schriften. Seine „Astronomie" in 2 Bänden (4^0, Paris 1764) erschien in mehreren Auflagen. Zu Montucla's: „Histoire des Mathématiques" schrieb er einen 3. und 4. Band.

Jean Sylvain Bailly, geboren am 15. September 1736, starb am 12. November 1793. Zuerst war er „Garde honoraire" der königlichen Gemälde, in der Revolution Präsident der ersten französischen Nationalversammlung und Maire von Paris. Später trat er von dieser Stelle ab und zog sich in das Privatleben zurück. Mit seinen idealistischen Ansichten, welche vor dem Radicalismus der Jacobiner zurückschauderten, hatte er sich während seiner Amtsführung diesen verhasst gemacht. So wurde er denn später, gleich den vielen andern aus ähnlichen Gründen Verfolgten, angeklagt und starb als eines der zahlreichen Opfer der Revolution unter der Guillotine. Bailly war ein sehr begabter Astronom, besonders sind seine Arbeiten über die Jupitersmonde hervorzuheben: „Essai sur la théorie des satellites de Jupiter" (Paris 1766). — Recherche de l'équation du centre de Jupiter etc. (Mém. Paris 1768). — Sur la

---

*) Geboren am 29. Oct. 1726 (alten Stils) zu Stockholm, gestorben am 8. Januar 1810 ebendaselbst. Er war Professor der Astronomie zu Upsala und hiess vor seiner Adelung Melander.

théorie des satellites de Jupiter (ib. 1763). — Sur le mouvement des noeuds et sur la variation de l'inclinaison des satellites de Jupiter (ib. 1766). — Sur les inégalités de la lumière des satellites de Jupiter etc. (ib. 1771).

Bailly leitete alle Wissenschaft und Kunst von einem Urvolke ab, das auf der Atlantis Platon's, dem versunkenen Continente an der Stelle des heutigen Atlantischen Oceans gelebt haben soll. Diese seine Theorie entwickelt er in seiner Schrift: Sur l'Atlantide de Platon (Paris 1779), sowie in seiner „Histoire de l'Astronomie ancienne" (Paris 1775), Hist. de l'Astron. moderne (3 vol. Paris 1778—83) und Hist. de l'Astron. indienne et orientale (ib. 1787), ferner: Lettres sur l'origine des sciences et sur celle des peuples de l'Asie (ib. 1777).

Friedrich Wilhelm Herschel, geboren am 15. November 1738 zu Hannover (oder zu Born bei Hannover), gestorben am 25. August 1822 zu Slough, kam nach England im Jahre 1757 als Musiker eines hannoveranischen Truppencorps und liess sich dort nieder. Er war nun Musiklehrer in Leeds, dann Organist in Halifax und Bath. Am 13. März 1781 entdeckte er den Uranus, den er „Georgium Sidus" nannte, von 1782 an beobachtete er als Astronom des Königs Georg III. zu Slough bei Windsor. Den Uranus hielt er anfangs für einen Kometen und beschrieb seine Entdeckung in einer Abhandlung unter dem Titel: „Account of a comet" (Phil. Trans. 1781). — Herschel entdeckte ausserdem 6 Monde des Uranus und zwei von den Saturnmonden (den ersten und zweiten). Er verfasste eine sehr grosse Anzahl astronomischer Abhandlungen und hat bedeutende Verdienste um die Verbesserung der Spiegelteleskope, die er in sehr grossen Dimensionen ausführte *).

Herschel's Schwester Caroline Lucretia unterstützte ihren Bruder bei seinen Beobachtungen und war selbst eine geschickte Observatorin, sie entdeckte acht Kometen und veröffentlichte verschiedene astronomische Arbeiten**). Der Sohn des Astronomen Sir John Frederick William Herschel war ebenfalls ein berühmter Astronom, der hauptsächlich durch seine von 1834—1838 am Cap der guten Hoffnung ausgeführten Beobachtungen und sein populär-wissenschaftliches Werk: „Outlines of Astronomy" (London 1849) bekannt geworden ist.

Jean-Baptiste-Joseph Delambre, geboren am 19. September 1749 zu Amiens, gestorben am 19. August 1822 zu Paris, war seit 1795 Mitglied des „Bureau des Longitudes", nach La Lande's Tode Professor

---

*) Eine ausführliche Biographie Herschel's hat Edw. Holden verfasst: „S. Wilhelm Herschel. Sein Leben und seine Werke". Uebersetzt von A. V. Berlin 1882. 8⁰.

**) Vergl. „Caroline Herschel's Memoiren und Briefwechsel (1750—1848)". Herausgegeben von Frau John Herschel. Deutsch von A. Scheibe. Berlin 1877.

der Astronomie am Collège de France. Er gab Tafeln des Jupiter, Saturn, Uranus, der Jupitersatelliten und der Sonne heraus und nahm an der grossen französischen Gradmessung von 1792—1799 Theil. Er mass die Partie von Rhodez bis Dünkirchen*), während Méchain die kleinere Strecke von Rhodez bis zum Thurme des Fort Monjouy bei Barcellona mass. Von den Schriften Delambre's erwähnen wir bloss jene, die allgemeineres Interesse haben: Rapport historique sur les progrès des sciences mathématiques depuis 1789 etc. Paris 1810. — Abrégé d'astronomie etc. Ib. 1813. — Astronomie théorique et pratique, 3 vol. 4°, ib. 1814.

2) Gestalt der Erde und Gradmessung.

Im Jahre 1671 hatte die Pariser Akademie auf Aufforderung der Regierung beschlossen, eine Karte von Frankreich aufnehmen zu lassen. Nach einiger Zeit sah man ein, dass eine Vermessung des Landes nur im Anschlusse an eine gemeinschaftliche Basis möglich sei. Picard vermochte den Minister Colbert, den Freund der Wissenschaften, leicht zur Anordnung einer Gradmessung durch ganz Frankreich, die denn auch im Jahre 1680 begonnen, dann 1683 durch Colbert's Tod unterbrochen bis 1700 feierte, hierauf durch Cassini, de la Hire und Maraldi 1718 beendet wurde. Der gemessene Meridianbogen erstreckte sich von Dünkirchen über Paris nach Collioure an der spanischen Grenze und betrug etwa den zehnten Theil eines Erdquadranten. Diese Messung, an der sich unter der Leitung Dom. Cassini's, Varin, Deshayes und Sédileau, unter de la Hire's Leitung Pothenot und Lefèvre betheiligten, ergab das merkwürdige Resultat, dass die Gradlänge gegen Norden zu kleiner erschien, als gegen Süden. Hieraus folgte die Annahme eines gegen die Pole hin verlängerten Erdsphäroides. Dieser Annahme traten Newton, Maclaurin, Stirling und andere englische, ferner die deutschen Mathematiker: Hermann und Kraft entgegen, während die Franzosen ihre Messung für massgebend hielten. Auch eine 1733 und 1734 unter Cassini's Leitung ausgeführte Längengradmessung am Pariser Parallelkreise, welche die Annahme der französischen Geometer zu unterstützen schien, führte zu keiner Entscheidung. Die Pariser Akademie sah endlich ein, dass nur eine sorgfältig, wo möglich unter sehr verschiedenen Breiten ausgeführte Messung eine endgültige Lösung der Frage bewirken könne und suchte bei dem Grafen Maurepas, dem Minister Ludwig's XV. um die Anordnung einer neuen Gradmessung nach. Diese kam denn auch zu Stande und zwar wurde zuerst eine Expedition nach Peru ausgerüstet, die im Jahre 1735 nach dem Orte ihrer Bestimmung

---

*) Vergl. „Base du système métrique décimal ou Mesure de l'arc du méridien compris entre les parallèles de Dunkerque et Barcelone". 3 vol. Paris 1806—1810.

absegelte, ein Jahr später wurde die zweite Expedition nach Lappland abgesandt. In Peru massen La Condamine, Godin und Bouguer, denen von Seite der spanischen Regierung Don Jorge Juan de Ulloa und Don Antonio de Ulloa, zwei See-Offiziere beigegeben wurden; das Resultat dieser Messung wurde erst 1749 in dem Werke „La figure de la terre determinée par les observations de MM. Bouguer et de la Condamine" zu Paris veröffentlicht. Nach Lappland gingen — wie schon weiter oben erwähnt worden — Maupertuis, Clairaut, Camus und Le Monnier, denen die schwedische Regierung noch den Professor Celsius zur Seite gab. Die Resultate dieser Messung enthält das Werk: „Sur la figure de la terre determinée par les observations de Mr. Maupertuis, Clairault, Camus, Le Monnier et Outhier". Amsterd. 1738. Das Resultat dieser beiden Messungen rechtfertigte vollständig die Newton'sche Annahme über die Gestalt der Erde. — Im Jahre 1751 fand noch eine erwähnenswerthe Gradmessung am Cap der guten Hoffnung statt, welche La Caille ausführte.

Das 18. Jahrhundert hat jedoch noch eine in grossem Massstabe ausgeführte Gradmessung aufzuweisen, welche in Verbindung mit der Einführung eines neuen Mass- und Gewichtssystemes, des metrischen Systemes, in enger Beziehung steht.

Die Idee eines Naturmasses war in der neueren Zeit schon öfters aufgetaucht, Gabriel Mouton (geb. 1618, gestorben 1694) schlägt in seiner Schrift: „Observationes diametrorum solis et lunae apparentium" (Lugd. 1670) die Bogenminute eines Meridiangrades, also etwa eine $1/4$ Meile, als Grundmass vor, das er nach dem Dezimalsysteme eintheilen will. In seinem „Horologium oscillatorium" räth Huygens den dritten Theil der Länge des Sekundenpendels als „pes horarius" zum Grundmass zu wählen, Condamine wollte die Pendellänge unter dem Aequator als Einheit nehmen. Jacques Cassini schlug den sechstausendsten Theil der Minute des Umfanges der Erde, oder den zehnmillionsten Theil des Erdradius als Masseinheit vor. Keiner dieser Vorschläge hatte ein greifbares Resultat. Erst als die französische Nationalversammlung im Jahre 1790 auf Talleyrand's Anregung sich der Sache annahm, wurde eine Commission zu diesem Zwecke entsandt, deren Mitglieder Borda, Lagrange, Laplace, Monge und Condorcet waren. — Es wurden als mögliche Fundamente eines Naturmasses die folgenden Grössen vorgeschlagen: die Länge des Sekundenpendels, die Länge eines Erdäquatorquadranten, die Länge eines Erdmeridianquadranten. Von diesen drei Vorschlägen wurde jedoch bloss der dritte als in jeder Hinsicht entsprechend, bezeichnet. Jedoch setzten jene Gelehrten voraus, dass zum Behufe der Creirung eines derartigen Urmasses eine neue, möglichst genaue Gradmessung vorgenommen werde. Daneben wurde jedoch die Messung der Länge des Sekundenpendels ebenfalls verlangt, um auf diese Weise eine gewisse Relation zwischen dem Längenmasse und der Zeiteinheit zu erhalten. Die letztere Messung wurde denn auch 1792 durch Borda und Cassini ausgeführt. Im selben Jahre begann auch die neue Gradmessung, welche bis 1799 dauerte. Es wurde der Meridianbogen von Dünkirchen bis Rhodez unter Delambre's, die von Rhodez bis Barcellona unter Méchain's Leitung gemessen. Die Messung beruhte auf zwei Standlinien, die, etwa $1\frac{1}{2}$ Meilen lang, bei Melun und bei Perpignan ausgesteckt und gemessen wurden. Diese Messung wurde im Jahre 1806 von Biot und Arago bis zur Insel Formentera ausgedehnt, so dass die Länge des gemessenen Bogens $12^{\circ}\ 22'\ 13'',39$ beträgt. Eine noch grössere Strecke wurde im Jahre 1802 von englischen Geodäten in Ostindien gemessen, deren Länge $15^{\circ}\ 57'\ 40''$ ausmacht.

Auf Grund der französischen Gradmessung geschah nun die Bestimmung der neuen Masseinheit. Auf Laplace's Vorschlag war schon im Jahre 1791 der zehnmillionste Theil des Erdmeridianquadranten als Einheit festgesetzt worden, wodurch stillschweigend vorausgesetzt wurde, dass die Erde ein regelmässiges Sphäroid sei. Nun hatte aber schon Bouguer gefunden, dass die Erdmeridiane nicht gleich seien und die grosse Gradmessung selbst ergab, dass die Krümmung eines und desselben Meridians nicht im Sinne einer regelmässigen Gestalt des Erdkörpers stattfinde. Um nun doch ein solches Urmass zu erhalten, welches der gesetzlichen Forderung möglichst nahe komme, wurde das Resultat der französischen Gradmessung mit jenem der in Peru ausgeführten combinirt und hiedurch die Länge des Erdquadranten zu 5130738,62 Toisen gefunden, was nun allerdings bloss als Länge eines mittleren (idealen) Erdmeridianquadranten gelten konnte. Der zehnmillionste Theil dieser Länge, d. h. 0,51307... Toisen wurde als Masseinheit angenommen und nach dem Dezimalsysteme getheilt. Die Benennung „mètre" wurde von dem Deputirten Prieur vorgeschlagen. Am 23. Juni 1799 wurde jene Platinstange, deren Länge bei 0° die Masseinheit repräsentirt, im Staatsarchive niedergelegt. — Zum Schlusse ist hier noch eine mit der französischen Gradmessung fast gleichzeitige Messung in England zu erwähnen, welche 1783 von William Roy und Dalby begonnen, 1803 von Mudge beendet wurde. Der gemessene Meridianbogen ist bloss $2\frac{1}{2}$ Grade lang und reicht von Clifton (Yorkshire) bis Dunnose (auf der Insel Wight), ist aber sehr genau gemessen. Auch aus dieser englischen Gradmessung ergibt sich eine Unregelmässigkeit des Meridianbogens, da man aus derselben ebenfalls auf ein gegen die Pole verlängertes Erdsphäroid schliessen könnte[*].

Wir tragen im Folgenden einige Daten über diejenigen Gelehrten nach, deren Namen wir im Vorstehenden zu erwähnen hatten.

Laurent Pothenot, starb 1732 zu Paris, er war Professor der

---

[*] Ausführlicher in Poggendorff's „Geschichte der Physik" pag. 754 und pag. 773.

Mathematik am Collège de France und Mitglied der Akademie. Das nach ihm benannte geodätische Problem findet sich in seiner Schrift: Problème de géometrie pratique: Trouver la position d'un lieu que l'on ne peut voir des principaux points d'ou l'on observe. (Anc. Mèm. Paris T. X). Dieselbe wurde jedoch schon von Snellius in seinem „Eratosthenes batavus" beschrieben[*]).

William Roy, geboren in Schottland, gestorben am 1. Juli 1790 zu London als General-Major in der englischen Armee, beschäftigte sich seit 1746 mit den Vermessungsarbeiten. In den Philos. Transactions der Royal Society, deren Mitglied er war, finden sich einige Abhandlungen von ihm.

James Stirling, geboren um 1696 in Schottland, gestorben am 5. Dezember 1770 zu Leadhills, war ein Privatgelehrter und Mitglied der Royal Society. Von seinen Schriften interessiren uns hier: On the figure of the earth and the variation of gravity on their surface. (Phil. Trans. 1735). — A description of a machine to blow fire by the fall of water. (Ib. 1745.)

Charles-Étienne-Louis Camus, geboren am 25. August 1699 zu Cressy, gestorben am 2. Februar 1768 zu Paris, war Mitglied der Akademie, Examinator an der Genie- und Artillerieschule, Professor der Geometrie an der Architectur-Akademie. Er nahm an der Gradmessung in Lappland unter Maupertuis Theil, wo er sich auch durch seine Geschicklichkeit im Verfertigen von Messinstrumenten verdient machte. Er veröffentlichte eine Reihe von Aufsätzen über verschiedene Gegenstände der reinen und angewandten Maschinenlehre in den Memoiren der Pariser Akademie.

Charles-Marie de la Condamine, geboren am 28. Januar 1701 zu Paris, gestorben am 4. Februar 1774 ebendaselbst, war zuerst Militär, von 1730 an Mitglied der Akademie. Mit Bouguer führte er die peruanische Gradmessung aus. Auf seiner Rückreise nach Europa nach 11 jährigem Aufenthalte in Amerika schiffte er den Amazonenfluss entlang, den er hiebei sorgfältig vermass. Gleichzeitig führte er verschiedene physikalische Messungen aus. So beobachtete er die Magnetnadel an verschiedenen Orten, bestimmte die Schallgeschwindigkeit, mass die Pendellänge und beobachtete mit Bouguer die Ablenkung des Lothes durch Gebirgsmassen. Die wissenschaftlichen Resultate seines langandauernden Aufenthaltes in Amerika veröffentlichte er in zahlreichen Schriften, deren Titel wir jedoch hier übergehen müssen.

Nicolas-Louis de La Caille, geboren am 15. Mai 1713 zu Rumigny, gestorben am 21. März 1762 zu Paris, war Professor der Mathematik am Collège Mazarin, mit Cassini und Maraldi nahm er an den Gradmessungen in Frankreich Theil. Während seines Aufenthaltes am Cap

---

[*]) Siehe oben pag. 77.

der guten Hoffnung führte er eine kleinere Gradmessung aus. La Caille verfasste zahlreiche Abhandlungen, meist astronomischen Inhaltes, sowie einige mathematische und astronomische Lehrbücher, die zahlreiche Auflagen erlebten. Seinen Aufenthalt in Südafrika beschreibt er im: Journal hist. du voyage fait au cap de Bonne-Espérance. (12°, Paris 1763.)

Pierre-Charles Le Monnier, geboren am 23. November 1715 zu Paris, gestorben am 2. April 1799 zu Héril bei Baïeux, Sohn Pierre Le Monnier's, des Professors der Philosophie am Collège d'Harcourt zu Paris. Er war Professor der Physik am Collège de France und nahm an der lappländischen Gradmessung Theil. Ausserdem machte er sich durch Einführung des Passagerohres an der Pariser Sternwarte verdient. Seine zahlreichen Schriften sind fast ausschliesslich astronomischen Inhaltes.

Don Antonio de Ulloa, geboren am 12. Januar 1716 zu Sevilla, gestorben am 5. Juli 1795 zu Isla de Leon bei Cadix, wurde von der spanischen Regierung zur peruanischen Gradmessung gesendet, von wo er 1746 zurückkehrte, wobei er in englische Gefangenschaft gerieth, jedoch in London freigelassen, zum Mitglied der Royal Society gewählt wurde. Später wurde er zum Gouverneur von Louisiana ernannt, hierauf war er bei der Kriegsmarine und im Kriegsministerium angestellt. Von seinen Schriften erwähnen wir bloss diejenigen, die sich auf die peruanische Gradmessung beziehen: Relacion histórica del viaje a la America meridional (4 vol., 4°, Madrid 1748). — Observaciones astronómicas y físicas hechas de órden de S. M. en los reinos del Perú; de las cuales se deduce la figura y magnitud de la tierra, y se applica á la navegacion. (4°, ib. 1748.) — Der Bruder Don Antonio's war Don Jorge Juan, der ebenfalls, in Gemeinschaft mit jenem, an der Gradmessung in Peru theilnahm.

Pierre-François-André Méchain, geboren am 16. August 1744 zu Laon, gestorben am 20. September 1804 zu Castellan de la Plana bei Valencia, war Astronom am Bureau des Longitudes und an der Sternwarte. Er war einer der beiden Leiter der Expedition, welche im letzten Dezennium des vorigen Jahrhunderts den Pariser Meridian massen. Hierauf bezieht sich auch seine Schrift: Base du Système métrique décimale ou Mesure de l'arc du méridien compris entre les parallèles de Dunkerque et de Barcelone, excecutée en 1792 et années suivantes par Méchain et Delambre (3 vol., 4°, Paris 1806—10).

Isaac Dalby, von dessen biographischen Verhältnissen wir nur sehr wenig wissen, war Professor der Mathematik am Royal Military-College zu Marlow und nahm an der vom General Roy geleiteten Gradmessung Theil. Seine Arbeiten sind theils mathematischen, theils geodätischen Inhalts.

Louis Lefèvre-Gineau, geboren am 27. März 1751 zu Gineau, gestorben am 3. Februar 1829 zu Paris; er war Professor der Mechanik und der Experimentalphysik am Collège de France. Lefèvre hatte einen bedeutenden Antheil an der Festsetzung des metrischen Mass- und Gewichtssystems.

3) Geophysik und Dichtigkeit der Erde.

Wir haben nun einige Gelehrte zu erwähnen, welche sich um die Physik der Erde Verdienste erworben haben.
Jean-Jacques d'Ortous de Mairan, geboren am 26. November 1678 zu Béziers, gestorben am 20. Februar 1771 zu Paris, lebte als Privatgelehrter in der letzteren Stadt. Er war Mitglied der Pariser Akademie und nach Fontenelle's Tode seines schönen Stiles wegen Secretär derselben. Mit seiner „Dissert. sur les variations du baromètre" (Paris 1715) gewann er einen Preis bei der Akademie in Bordeaux, desgleichen mit der im folgenden Jahre erschienenen Schrift: „Dissertation sur la glace" (Paris 1716). In der ersten Abhandlung gibt er als Ursache der Aenderungen des Barometerstandes die verschiedenen Luftströmungen und Winde an. Mairan hat den Gebrauch des abgekürzten Barometers als Luftdruckmesser an der Luftpumpe vorgeschlagen. In der zweiten der obengenannten Schriften handelt er von verschiedenen Eigenschaften des Eises, z. B. über dessen Verdunstung. In der Abhandlung: „Traité de l'aurore boréale" führt er seine Ansicht über die Natur des Nordlichtes an, das er aus einer Vermischung des Zoodiakallichtes mit der Erdatmosphäre erklärt. Später kommt er in den Memoiren der Akademie von 1747 noch einmal auf das Polarlicht zurück und führt die wichtige Beobachtung an, dass der Mittelpunkt der Nordlichtkrone in die Richtung der verlängerten Inclinationsnadel falle. — Ausser den schon erwähnten Schriften Mairan's führen wir noch die folgenden an: Diss. sur la cause de la lumière des phosphores et des noctiluques, 12°, Paris 1715. (Von der Akademie zu Bordeaux preisgekrönt). — Diss. sur les forces motrices des corps, 12°, ib. 1741. — Lettre à Mad. du Chastelet sur la question des forces vives, 12°, ib. 1741. — Éloges des Académiciens morts en 1741—43, 12°, ib. 1747. — Sur la diminution des degrés terrestres en allant de l'équateur vers les poles. (Mém. Paris 1720). — Sur l'estimation et la mesure des forces motrices des corps. (Ib. 1728.) — Discours sur la propagation du son etc. (Ib. 1737.)

Olof Peter Hjorter, geboren 1696 zu Jämtland, gestorben am 25. April 1750 zu Upsala, war Docent und Observator der Sternwarte an der Universität Upsala. Am 1. März 1741, als ein hellleuchtendes Nordlicht sichtbar war, fand Hjorter, als er die tägliche Beobachtung der Magnetnadel vornehmen wollte, letztere in heftiger Bewegung und zwar schien der Zusammenhang zwischen der letzten Erscheinung und zwischen dem Nordlichte so unzweifelhaft, dass er geradezu annehmen musste, die Erscheinung des Polarlichtes sei die Ursache der Schwankungen der

Magnetnadel. Celsius, dem er seine Vermuthung mittheilte, bestätigte die Richtigkeit derselben durch seine eigenen Beobachtungen. Die Beschreibung dieser interessanten Wahrnehmung befindet sich in der Abhandlung: Om magnetnålens åtskilliga ändringar, som af framl. Prof. Andr. Celsius blifvit jaktagne och sedan vidare observerade (Vetensk. Acad. Handl. 1747).

Henry Cavendish, geboren am 10. Oktober 1731 zu Nizza, gestorben am 24. Februar 1810 zu London, jüngerer Sohn des Lord Charles Cavendish, des Präsidenten der Royal Society, studirte zu Cambridge und lebte, durch den Tod seines Oheims in den Besitz eines Vermögens von mehr als einer Million Pfund Sterling gesetzt, als Privatmann, ohne sich um irgend ein Amt oder eine öffentliche Stellung zu bewerben, vollständig zurückgezogen, bloss seiner Wissenschaft. Er war ein menschen-, besonders jedoch weiberscheuer Sonderling, der sein Leben zwischen seinen Büchern und seinen Experimenten verbrachte. Cavendish hat die Resultate seiner langjährigen Untersuchungen in einigen Abhandlungen niedergelegt, welche in den Jahren von 1766 bis 1809 in den „Philosophical Transactions" erschienen sind. Man hat ihn auf Grund seiner Entdeckungen auf dem Felde der Chemie den „Newton" dieser Wissenschaft genannt. Wenn wir nun auch von dieser etwas überschwänglichen Bezeichnung absehen, so können wir doch jedenfalls behaupten, dass ihm neben Lavoisier am meisten das Verdienst gebühre, die Chemie in ihrer modernen Gestalt begründet zu haben. Er hat die verschiedenen Luftarten als von einander ganz und gar verschiedene Substanzen erkannt, während man vor ihm geneigt war, dieselben für ein Gemisch von Luft mit einem andern Stoffe zu halten. Cavendish zeigte zuerst (im Jahre 1784) die Synthese des Wassers durch Verbrennung von Wasserstoff in atmosphärischer Luft, ferner wies er nach, dass die nach der Verbrennung zurückbleibende Luftart einen Bestandtheil der Salpetersäure bilde. Die sogenannte „brennbare Luft aus Metallen": das Hydrogen kannte man allerdings schon vor Cavendish, jedoch erst er erkannte in diesem Gase einen eigenthümlichen, von der Luft ganz und gar verschiedenen Körper. Das spezifische Gewicht fand er viel kleiner als das der atmosphärischen Luft, nämlich $1/11$ (statt $1/14$) derselben. Wahrhaft bewundernswerth ist die Exactheit, mit welcher er seine Versuche ausführt, deren Erklärung häufig ganz und gar in den Ansichten der phlogistischen Chemie befangen ist. Er trocknet den Wasserstoff in Röhren, bevor er dessen spezifisches Gewicht misst und berücksichtigt schon bei der Messung eines Gasvolumens Druck und Temperatur. — Häufig wiederholte Versuche über die Zusammensetzung der Luft liessen ihn das richtige Verhältniss zwischen den Bestandtheilen derselben finden, das er als constant nachwies. In 100 Volumen Luft fand er 20,8 Vol. dephlogistisirte, 79,2 Vol. phlogistisirte Luft. In runden Zahlen benützt Cavendish das Verhältniss 1:4, als jenes der dephlogistisirten zur phlogistisirten Luft. — Als er durch atmosphärische Luft, welche über Quecksilber als Sperrflüssigkeit in einer Glasröhre enthalten war, oftmals den elektrischen Funken schlagen liess, da beobachtete er eine Volumverminderung und die Bildung eines neuen Körpers, den er als Salpetersäure erkannte. Cavendish war stets ein stricter Anhänger der Phlogistontheorie gewesen, der seine Resultate, welche zum Sturze eben dieser Theorie wesentlich beitrugen, stets im Sinne dieser nach und nach unhaltbar gewordenen wissenschaftlichen Grundhypothese deutete. Als nun die Phlogistontheorie endlich ganz und gar beseitigt wurde, da zog sich auch Cavendish von dieser Wissenschaft ganz zurück.

Die Untersuchungen, wegen welcher wir uns an dieser Stelle mit Cavendish beschäftigen, beziehen sich auf die Bestimmung der mittleren Dichtigkeit des Erdkörpers. An den beiden Enden eines leichten Tannenholzstäbchens, das an einem feinen Metalldrahte hing, befanden sich zwei Messingkugeln, welche kleine Theilungen auf Elfenbeinplättchen trugen. Sowohl der Faden als das horizontale Holzstäbchen sammt Kugeln, befand sich in einem hölzernen Gehäuse, um die Luftströmungen abzuhalten. An der Stelle der Theilungen befanden sich Glastafeln im Gehäuse, durch welche die Stellung des Stäbchens vermittelst zweier, den Theilungen entsprechend in den Wänden des Zimmers befestigter Fernrohre abgelesen werden konnte, ohne dass der Beobachter in das Zimmer des Apparates zu treten genöthigt gewesen wäre. Die Ablenkung der erwähnten Metallkugeln aus ihrer Ruhelage geschah durch zwei zum Apparate gehörige Bleikugeln von je 158 Kilogramm Gewicht, welche für sich — an den Enden eines horizontalen Stabes befestigt — von ausserhalb des Zimmers gedreht werden konnten. Indem nun aus der beobachteten Ablenkung die Grösse der anziehenden Kraft der Bleimassen berechnet und mit jener des Erdkörpers verglichen wurde, ergab sich eine Relation zwischen der Masse des letzteren mit jener der Bleimassen, aus der sich die mittlere Dichte der Erde leicht berechnen lässt. Es ergibt sich nämlich für diese Grösse die Zahl 5,48, woraus folgt, dass die Erde im Mittel $5\,^{1}/_{2}$ dichter sei, als das Wasser. Die spätere Wiederholung dieser Versuche durch Reich in Freiberg, Baily in London und Cornu in Paris ergab nahezu gleiche Resultate[*].

Die Schriften Cavendish's sind die folgenden: Experiments on factitious air (Phil. Trans. 1766). — An attempt to explain some of the principal phenomena of electricity by means of an elastic fluid. (Ib. 1771.) — An account of the meteorol. instruments, used at the R.

---

[*] Die Idee der Torsionswage und der von Cavendish ausgeführten Methode stammt von **John Michell**, Pfarrer zu Tornhill in Yorkshire, gestorben 1793, der eine Reihe von Abhandlungen in den „Phil. Transactions" veröffentlicht hat.

Soc. house. (Ib. 1776.) — On a new Eudiometer. (Ib. 1783). — On Th. Hutchins' experiments for mercurial congelation. (Ib. 1783.) — Experiments on air. (Ib. 1784 et 85.) — On the conversion of a mixture of dephlogisticated air into nitrous acid, by the electrical spark. (Ib. 1788.) — Solution of a problem in the Nautical Astronomy. (Ib. 1797.) — Experiments to determine the density of the earth. (Ib. 1798.) — On a improvement in dividing astronomical Instruments. (Ib. 1809.) Ueber sein Leben finden wir Näheres in G. Wilson's: Life of the Hon. Henry Cavendish, including Abstracts of his more important scientific papers. Lond. 1851, ferner Biot, Artikel: „Cavendish" in der „Biographie Universelle".

Nevil Maskelyne, geboren am 5. Oktober 1732 (alten Stils) zu London, gestorben am 9. Februar 1811 zu Greenwich. Im Jahre 1761 ging er zur Beobachtung des Venusdurchganges nach St. Helena, zwei Jahre später machte er eine Reise nach Barbadoes zur Prüfung des Harrison'schen „Time keeper"s. Im Jahre 1765 wurde er Royal Astronomer an der Sternwarte zu Greenwich. Von dieser Zeit an verfloss sein Leben in Einförmigkeit, ganz und gar seinen astronomischen Beobachtungen gewidmet. Bloss seine Reise nach Schottland, wo er durch Beobachtung der Ablenkung des Lothes am Berge Schehallien die mittlere Dichtigkeit des Erdkörpers bestimmte, kann als Abwechselung in seiner — fast ununterbrochen den astronomischen Beobachtungen zu Greenwich gewidmeten — Thätigkeit betrachtet werden.

Delambre datirt die moderne astronomische Beobachtungskunst von Maskelyne, welcher der erste war, der einen Catalog von Vergleichssternen anlegte, deren Lage er durch oftmalige Beobachtung feststellte. Es waren 36 Hauptsterne und die regelmässigen Sonnen- und Mondbeobachtungen, die seine Thätigkeit in Anspruch nahmen. — Als die englische Regierung die Vertheilung des grossen Preises für die Methoden zur Auffindung der geographischen Länge zur See beschlossen hatte, wurde Maskelyne damit betraut, über die Art dieser Vertheilung einen Vorschlag zu machen und die Verdienste der Competenten gegen einander abzuwägen. Dies zog ihm nun Feinde zu, die ihn der Parteilichkeit ziehen. Ihm hatte die Wittwe Tobias Mayer's jene 3000 Pfund Sterling zu verdanken, die sie von der englischen Regierung für die Verdienste ihres Gatten erhielt.

Uns interessirt an dieser Stelle vor allem die Bestimmung der Dichtigkeit der Erde, die Maskelyne im Jahre 1774 in Schottland ausführte. Die Idee, durch die auf das Senkloth ausgeübte Wirkung grösserer Bergmassen die Masse, resp. die mittlere Dichtigkeit des Erdkörpers zu bestimmen, rührt von Bouguer her, der an den Abhängen des Chimborazzo eine Ablenkung des Bleilothes aus der Vertikalen von 7—8" fand. Wenn es nun gelingt, annähernd die Masse des Berges zu bestimmen, so kann man aus der Grösse der Ablenkung mit Hülfe des

Newton'schen Gesetzes auf die Grösse der Erdmasse und deren mittlere Dichte schliessen. Maskelyne wählte den ziemlich regelmässigen, kegelförmigen Berg Schehallien in Schottland, dessen Masse er mit Hülfe einiger Dichtigkeitsbestimmungen an Proben aus den verschiedenen Stellen des Berges berechnete. Aus den Versuchen und Berechnungen fand er als mittlere Dichte des Erdkörpers die Zahl 4,71, welche mit den Resultaten der andern Messungen verglichen, jedenfalls zu klein ist.

Von den Schriften Maskelyne's führen wir die folgenden an: Nautical almanack and astronom. ephemeris, 50 Bände, 8⁰, London 1767—1815. Dieses Jahrbuch ist von ihm begründet worden. — Account of the observations made on the transit of the Venus 1761, June 6, in the Island of St. Helena. (Ib. 1761.) — On the equation of time and the true manner of computing it. (Ib. 1764.) — Observations of the transit of Venus over the Sun etc. 1769, June 3. (Ib. 1769.) — A proposal of measuring the attraction of some hill in this kingdom. (Ib. 1775.) — An account of observations made on the mountain Schehallien for finding its attraction. (Ib. 1775.)

4) Pendelmessungen und Uhren.

Claude-Antoine Couplet, geboren am 20. April 1642 zu Paris, gestorben ebendaselbst am 25. Juli 1722, war Mitglied der Akademie und Custos des Maschinen-Cabinetes derselben, ferner Professor der Mathematik „des Pages de la grande Écurie". Couplet führte Pendelmessungen zwischen den Tropen aus, gleich Richer, Halley und andern, welche als Beweisgründe für die abgeplattete Gestalt des Erdsphäroids galten. Es ist bloss eine Abhandlung Couplet's in den Memoiren der Pariser Akademie von 1699 zu erwähnen: „Description d'un niveau".

Jean-Charles Borda, geboren zu Dax (Dép. Landes) am 4. Mai 1733, gestorben zu Paris am 20. Februar 1799, war Ingenieur, hierauf Capitän in der französischen Flotte und zuletzt Divisions-Chef im Marine-Ministerium. Als Mitglied der Akademie war er in die Section für Mechanik eingetheilt. Im Auftrage der Regierung machte er einige Reisen, um verschiedene Instrumente, besonders Uhren, auf ihre Anwendbarkeit zur Bestimmung der geographischen Lage zur See zu versuchen. — Da die Kreistheilungen der Winkelmessinstrumente jener Zeit noch nicht sehr verlässlich waren, so erdachte Borda eine Methode, um auch mit einer unvollkommenen Theilung möglichst genaue Resultate zu erhalten. Es ist dies die Repetitionsmethode bei der Ablesung der zu messenden Winkel. Borda nahm an der grossen französischen Gradmessung Theil und verfertigte für dieselbe Platinstangen von 12 Pariser Fuss Länge, welche bei der Normaltemperatur von 12,5⁰ Celsius eben so lange waren als 2 Toises de Perou. Dieselben waren mit einem Mechanismus versehen, um die Ausdehnung durch Wärme zu finden. Diese

Massstäbe wurden „Modules" genannt. — Die Länge des Sekundenpendels mass er durch die von ihm zuerst gebrauchte Coincidenzmethode, welche seither bei allen ähnlichen Messungen angewendet wird. — Von seinen Schriften erwähnen wir die folgenden: Voyage fait par Ordre du Roi en 1771 et 1772 . . . pour vérifier l'utilité des plusieurs méthodes et instruments servant à déterminer la latitude et la longitude etc. par Verdun de la Crenne, Borda et Pingré, 2 vol., Paris 1778. — Description et usage du cercle de réflexion, ib. 1787. Rapport sur le choix d'une unité des mesures (Mém. Par. 1788). Dieser Bericht wurde von jener Commission verfasst, deren Mitglied Borda neben Laplace, Lagrange etc. war. — Mit Lagrange und Monge verfasste er den: Rapport sur le système général des poids et mesures. (Ib. 1788.) — Sur la force qu'exerce le globe sur l'aiguille aimantée (Journ. des Mines, IV., 1796).

Wir haben nun noch die beiden Männer zu erwähnen, welche sich um die Construction des Chronometers Verdienste erworben haben. Es sind dies George Graham und John Harrison.

George Graham, geboren 1675 zu Horsgills in Cumberland, gestorben am 20. November 1751 zu London, war Uhrmacher und Mechaniker, später „Master of the Court" der Londoner Uhrmacherzunft. Er war ein Lehrling des berühmten Uhrmachers Tompion zu London, der die erste Sackuhr in England mit der Hooke'schen Spiralfeder anfertigte. Dieser nahm Graham zu sich und hielt ihn wie seinen Sohn. Der letztere hatte eine wunderbare Geschicklichkeit in der Verfertigung genauer Messinstrumente und versorgte besonders die Greenwicher Sternwarte mit Instrumenten, die seinerzeit sehr berühmt waren. Hierher gehört z. B. der grosse Mauerquadrant für die genannte Sternwarte, den er selbst theilte, sowie andere Instrumente. Für den Lord Orrery verfertigte er ein Planetarium; von jener Zeit dienten derlei Vorrichtungen häufig als Zierden des Bibliothekszimmers englischer Aristokraten und wurden nach dem Besitzer des ersten Apparates kurzweg „Orreries" genannt. Graham war Mitglied der „Royal Society", seine Arbeiten befinden sich in den „Philos. Transactions". Wir erwähnen die folgenden: Observations made on the variation of the horizontal needle at London 1722—1723. (Phil. Trans. 1724.) — A contrivance to avoid the irregularities in a clock's motion occasioned by the action of heat and cold on a pendulum rod. (Ib. 1726.) — Diese Abhandlung enthält die Erfindung der Quecksilbercompensation des Pendels.

Graham ist der Erfinder der Pendelcompensation; das Rostpendel erfand er 1715, ging jedoch später davon ab, um sich der Quecksilbercompensation zu bedienen. Er erfand ferner die ruhende Hemmung (Graham'scher Anker) und verfertigte die berühmtesten astronomischen Instrumente seiner Zeit, so z. B. den Sector, mit welchem Bradley die Aberration des Lichtes entdeckte. — Ausser diesen mechanischen Erfindungen haben wir noch eine bemerkenswerthe Entdeckung Graham's anzuführen. Es ist dies die Entdeckung der täglichen Variation der Magnetnadel. Für die Inclination und Intensität liess sich keine ähnliche Gesetzmässigkeit nachweisen.

Graham wurde in der Westminster-Abtei an der Seite seines Lehrers und Freundes Tompion beigesetzt.

John Harrison, geboren 1693 zu Foulby, gestorben am 24. März 1776 zu London, war der Sohn eines Zimmermanns, der sich anfänglich mit Feldmessen und mit der Ausbesserung von Uhren beschäftigte. Im Jahre 1728 kam er nach London, nachdem er schon in seiner Heimat drei Jahre früher aus Holz eine sehr genau gehende Uhr hergestellt hatte. Das Pendel war als Rostpendel aus 9, abwechselnd aus Messing und Eisen bestehenden Stäben gefertigt, die Schwingung geschah zwischen Cycloidenbögen, welche Harrison, ohne von Huygens' Arbeiten zu wissen, an seinen Uhren anbrachte.

Als das englische Parlament den grossen Preis für eine zweckmässige Methode der Längenbestimmungen festgesetzt hatte, begann Harrison sich mit der Idee einer tragbaren Uhr zu beschäftigen, welche den Anforderungen zu entsprechen geeignet wäre. Er zeigte den Entwurf derselben Halley und Graham; der letztere rieth ihm erst mit seiner in Wirklichkeit ausgeführten Erfindung vor die Oeffentlichkeit zu treten. Harrison ging nun in seine Heimat zurück und erschien erst im Jahre 1735 wieder in London mit seinem inzwischen ausgeführten „timekeeper" (Zeithalter), nachdem er mit demselben eine Reise von Portsmouth nach Lissabon und zurück gemacht hatte und auf beiden Fahrten dieselbe Längendifferenz der beiden Orte erhalten hatte. Das „Board of Longitude" unterstützte nun den Erfinder, der bis zum Jahre 1758 vier Uhren verfertigte, deren eine immer die vorhergehende durch ihre Vorzüglichkeit übertraf, so dass die letzte derselben bei der in den Jahren 1761 und 1762 auf einer Reise von Deptford nach Jamaica und zurück vorgenommenen, durch einen Parlamentscommissär überwachten Prüfung im Laufe von 4 Monaten einen Fehler von nur 1 Minute $54^{1}/_{2}$ Sekunden auswies. Harrison beanspruchte den vollen Preis, erhielt jedoch bloss 5000 Pfunde und erst nach einer zweiten Prüfung im Jahre 1765 den halben Preis, d. i. 10,000 Pfund Sterlinge angewiesen. Die andere Hälfte wurde, wie schon oben erwähnt worden, zwischen die anderen Competenten vertheilt. — Harrison schrieb die folgenden Abhandlungen: Principles of time-keeper, London 1767 und: Description, concerning such mechanism as will afford a nice or true mensuration of time etc. 8°, ib. 1775. — Harrison hat die Rostpendelcompensation schon vor Graham im Jahre 1725 angewendet.

Nachdem wir diejenigen Gelehrten und Forscher angeführt haben, die sich in dieser Periode mit Astronomie und Physik der Erde beschäftigten, wenden wir uns nun zu demjenigen, in dem alle diese Bestrebungen in gewisser Hinsicht zum Abschlusse gelangen, zu dem Verfasser der „Mécanique céleste": Laplace.

Pierre-Simon Marquis de Laplace wurde am 23. März 1749 zu Beaumont-en-Auge in der Normandie, im heutigen Departement von Calvados, in einer Familie armer Landleute geboren. Ueber seine ersten Studien wissen wir sehr wenig, da er, zu Aemtern und Würden gelangt, die Schwäche hatte, sich seiner Herkunft zu schämen und alles beseitigte, was über die Zeit seiner Jugend Aufschluss geben konnte. Wir wissen bloss, dass er an der Militärschule zu Beaumont als „Externer" studirt hat und dass er später an derselben Schule als provisorischer Lehrer angestellt war. Da er jedoch den Drang in sich fühlte, in seiner Lieblingswissenschaft: der Mathematik weiter zu streben, so beschloss er nach Paris zu gehen. Man hatte ihn mit Empfehlungsbriefen an d'Alembert versehen, deren Vorzeigen jedoch keinen Erfolg hatte und so beschloss denn Laplace, sich selbst eine Empfehlung zu schreiben, indem er in Form eines an d'Alembert gerichteten Briefes eine Erörterung der allgemeinen Prinzipien der Mechanik verfasste. d'Alembert erkannte das bedeutende mathematische Talent, das in dem jungen Gelehrten schlummerte und liess ihn allsogleich zu sich rufen, um ihm mitzutheilen, dass ihm diese Art der Empfehlung völlig genüge, um sein Interesse für den Bittsteller zu erregen. Einige Tage später wurde Laplace denn auch zum Professor der Mathematik an der Militärschule zu Paris ernannt. Von jener Zeit an begann Laplace jene Reihe von mathematischen und astronomischen Untersuchungen, welche seinen Namen denen der bedeutendsten Analytiker anreihen. Vor allem ist hier seine Abhandlung: „Mémoire sur les solutions particulières des équations différentielles et sur les inégalités séculaires des planètes" (Mém. de l'acad. des Sciences, 1772) zu erwähnen, in welcher er nachweist, dass die mittlere Entfernung der Planeten von der Sonne, während einer Anzahl auf einander folgender Revolutionen zwar einer Aenderung unterworfen sei, dass jedoch die Mittelwerthe dieser mittleren Distanzen constant seien.

Kaum 24 Jahre alt, wurde Laplace zum Mitgliede der Akademie gewählt (membre adjoint), einige Jahre später wurde er Examinator beim königlichen Artilleriecorps, 1785 wurde er an die Stelle Leroy's zum wirklichen Mitgliede der Akademie gewählt. Ausserdem war er Mitglied der Akademie von Turin, Kopenhagen, Göttingen, Mailand und Berlin. Im Jahre 1794 wurde er zum Professor der Mathematik an der „École normale" ernannt, ferner war er Mitglied, später Präsident des „Bureau des Longitudes"; im Jahre 1816 wurde er von Ludwig XVIII. zum Präsidenten jener Commission ernannt, deren Aufgabe die Reorganisation der „École Polytechnique" war.

Ohne die hiezu geeigneten Eigenschaften zu besitzen, hatte Laplace die unglückselige Ambition, im politischen Leben eine Rolle zu spielen. Napoleon Bonaparte, damals erster Consul, war ein grosser Verehrer des genialen Mannes und ernannte ihn zu seinem Minister des Innern: eine Würde, die er übrigens bloss 6 Wochen innehatte, da das damit verbundene Amt eine in Staatsangelegenheiten kräftigere und geschicktere Hand erheischte, als die Laplace's, der, wie Napoleon von ihm gesagt haben soll, überall nur Subtilitäten suchte, und den Geist des unendlich Kleinen in die Administration verpflanzen wollte. Lucien Bonaparte war sein Nachfolger. Laplace wurde von Napoleon zum Kanzler des „Sénate conservateur", später zum „Comte de l'empire" ernannt. So lange das Gestirn Napoleons hoch stand, feierte ihn auch Laplace in überschwänglichen Ausdrücken, als sich jedoch das Glück von ihm wendete, da war auch Laplace im Jahre 1814 gleich bereit, für seine Depossedirung zu stimmen. Während der hundert Tage erschien er nicht bei Hofe. Nach der Restauration wurde er zum Grossoffizier der Ehrenlegion und zum Marquis ernannt. Die letzten Jahre seines Lebens verbrachte er in seinem Hause zu Arcueil, dessen Garten mit dem des berühmten Chemikers Berthollet zusammenstiess, im Verkehr mit diesem seinem gelehrten Nachbarn. Nach kurzer Krankheit verschied er am 5. März 1827. Es wird erzählt, dass er in seinen letzten Augenblicken einem Anwesenden, der seine grossen Entdeckungen gepriesen hatte, die denkwürdigen Worte zugerufen habe: „Ce que nous connaissons est peu de chose; ce que nous ignorons est immense". Es fehlten noch einige Tage zum hundertjährigen Gedenktage von Newton's Tode, als der bedeutendste Nachfolger des grossen englischen Forschers auf dem Gebiete der physischen Astronomie von der Erde schied. Laplace war wie wenige Gelehrte geehrt worden, nach seinem Tode erwies man ihm noch die Ehre, seine Werke von Staatswegen — laut Gesetz vom 15. Juni 1842 — herauszugeben. Seit dem Jahre 1878 erscheint auf Kosten seines Sohnes, des Generals Laplace, unter der Aufsicht der Pariser Akademie eine vollständige Ausgabe seiner Gesammtwerke, die gegenwärtig bis zum 5. Bande gediehen ist.

Laplace hat eine grosse Anzahl von Schriften verfasst, deren vollzählige Liste wir hier nicht anführen können. Es sind Abhandlungen aus dem Gebiete der reinen Mathematik, der theoretischen Astronomie und der Physik, welche wir in der langen Reihe von Schriften finden. Vor allem sind es jedoch drei Werke, welche zu erwähnen sind: die „Mechanik des Himmels", die „Darstellung des Weltsystems" und die „Wahrscheinlichkeitsrechnung". Unter diesen drei classischen Werken ragt das erste an Bedeutung weit über die übrigen hinaus, so dass man dessen Verfasser auch schlechtweg als „Autor der Mechanik des Himmels" bezeichnet. In Folgendem führen wir einige der zahlreichen Schriften unsers Autors an: Mémoire sur les solutions particulières des

Équations différentielles et sur les Inégalités séculaires des Planètes (Mém. de l'Acad. de Sc. 1772). — Recherches sur le Calcul intégral et sur le Système du Monde. (Ib. id.) — Recherches sur le Calcul intégral aux différences partielles. (Ib. 1773.) — Sur l'Inclinaison moyenne des Orbites des Comètes, sur la Figure de la Terre et sur les fonctions. (Rec. des Sav. étr. 1776.) — Sur les Probabilités. (Mém. de l'Acad. 1778.) — Sur la Chaleur. (Ib. 1780.) — Sur l'Électricité qu'absorbent les corps qui se réduisent en vapeurs. (Ib. 1781.) — Sur les Inégalités séculaires des Planètes et de leurs Satellites. (Ib. 1784.) — Théorie du Mouvement et de la Figure elliptique des Planètes, Paris 1794, 4°. — Théorie de Jupiter et de Saturne. (Mém. de l'Acad. 1785—1786.) — Sur l'Équation séculaire de la Lune. (Ib. 1786.) — Sur la Théorie de l'Anneau de Saturne. (Ib. 1787.) — Sur les Variations séculaires des Orbites des Planètes. (Ib. 1687.) — Sur le Flux et le Reflux de la Mer. (Ib. 1790.) — Exposition du Système du monde. Paris, 2 vol., 4°, 1796. — Traité de la Mécanique céleste, Band 1 und 2 (Buch I—V), Paris 1799, 4°; 3. Band (Buch VI, VII), (1802); 4. Band (Buch VIII—X), (1805). — Théorie analytique des probabilités, Paris 1812, 4°. — Essai philosophique sur les Probabilités, Paris 1814, 4°. — Die letzten Bücher des „Traité de la Mécanique céleste", d. i. Buch XI—XVI, welche den 5. Band des Werkes bilden, erschienen 1824 und 1825.

Die Ausgabe der Werke Laplace's von 1842 war nicht vollständig. Sie besteht aus 7 Bänden in 4°. Die ersten fünf enthalten die „Mécanique céleste", der sechste die „Exposition du Système du Monde", der siebente die „Théorie analitique des Probabilités".

Wir wenden uns nun zur näheren Betrachtung des Hauptwerkes unsers Verfassers. Dasselbe kann als eine mächtig erweiterte Ausgabe der Newton'schen Prinzipien angesehen werden, welches die allgemeinen mechanischen Prinzipien und deren Anwendung auf die Mechanik der Himmelskörper enthält.

Wir geben im Folgenden einen Ueberblick des Inhaltes, wodurch wir den Gedankengang des ganzen Werkes am besten charakterisiren.

Die „**Mécanique céleste**" besteht aus zwei Abtheilungen und 16 Büchern, welche die fünf ersten Bände der jetzt erscheinenden Gesammtausgabe einnehmen.

Der erste Band enthält: Ire Partie. Livre I: Des Lois générales de l'équilibre et du Mouvement. — Livre II: De la Loi de la Pesanteur universelle et du Mouvement des Centres de gravité des Corps célestes.

II. Band. Livre III: De la Figure de Corps célestes. — Livre IV: Des oscillations de la mer et de l'atmosphère. — Livre V: Des Mouvements des Corps célestes autour de leurs propres centres de gravité.

III. Band. IIe Partie. Théories particulières des Mouvements célestes. Livre VI: Théorie des Mouvements planétaires. — Livre VII:

Théorie de la Lune. — 1er Supplément. Sur les deux grandes Inégalités de Jupiter et de Saturne.
    IV. Band. Livre VIII. Théorie des Satellites de Jupiter, de Saturne et d'Uranus. — Livre IX: Théorie des Comètes. — Livre X: Sur différents points relatifs au Système du Monde. — 2e et 3ème Suppléments. Théorie de l'action capillaire.
    V. Band. Livre XI: De la Figure et de la Rotation de la Terre. — Livre XII: De l'Attraction et de la Répulsion des Sphères, et des Lois de l'Équilibre et du Mouvement des Fluides élastiques. — Livre XIII: Des Oscillations des fluides qui recouvrent les Planètes. — Livre XIV: Des Mouvements des Corps célestes autour de leurs centres de gravité. — Livre XV: Du mouvement des Planètes et des Comètes. — Livre XVI: Du Mouvement des Satellites. — 4me Supplément: Sur le Développement en série du Radical qui exprime la distance mutuelle de deux planètes.

Die „Mécanique céleste" zerfällt, wie wir aus dem obigen ersehen, in zwei Abtheilungen. Die erste Abtheilung enthält nach des Verfassers eigenen Worten die allgemeinen Prinzipien des Gleichgewichtes und der Bewegung der Materie. Die Anwendung dieser Prinzipien führt uns ohne irgend eine Hypothese, bloss vermöge einer Reihe geometrischer Raisonnements, zur allgemeinen Gravitation. Durch Betrachtung solcher — jenem allgemeinen Gesetze entsprechenden — Körpersysteme erhalten wir durch eine eigene Art der Analyse allgemeine Gleichungen für die Bewegungen der Himmelskörper, Ausdrücke, aus denen sich die Gesetze der Ebbe und Fluth des Meeres darlegen lassen, ferner für die Präzession der Aequinoctien, für die Libration des Mondes, für die Gestalt und die Rotation der Saturnringe u. s. f. Dabei werden nun die Hauptungleichheiten der Planeten abgeleitet, besonders jene des Jupiter und des Saturn, welche in langer, mehr als neunjähriger Periode wechselnd, dem oberflächlichen Beobachter eine Abweichung vom Newton'schen Gesetze zu bedeuten scheinen, während der erfahrenere, genauere Beobachter eben darinnen eine kostbare Probe für die Richtigkeit des Newton'schen Gesetzes findet. Wir geben nun die eigenen Worte des Autors: „Nous avons développé les variations des éléments du Système planétaire „qui ne se rétablissent qu'après un très grand nombre des siècles. Au „milieu de tous ces changements, nous avons reconnu la constance des „moyens mouvements et des distances moyennes des corps de ce système, „que la nature semble avoir disposé primitivement pour une éternelle „durée, par les mêmes vues qu'elle nous paraît suivre si admirablement „sur la Terre, pour la conservation des individus et la perpétuité des „espèces" *).

Inmitten aller der Veränderlichkeit erkennt Laplace das Gesetz-

---

*) Préface. Oeuvres compl., T. III. Paris 1878, pag. X.

mässige, das Beständige: die Constanz der mittlern Bewegungen und der mittlern Distanzen der Körper vom Centralkörper des Systems. Für die drei ersten Jupiterstrabanten findet er zwei Theoreme, die man gewöhnlich die Gesetze Laplace's zu nennen pflegt: 1) Die mittlere Bewegung des ersten Satelliten, mehr die des dritten, doppelt genommen, ist genau gleich der des zweiten, dreimal genommen. 2) Die mittlere Länge des ersten Satelliten vom Mittelpunkte des Jupiter aus gesehen, weniger dreimal die des zweiten, mehr zweimal die des dritten, ist genau gleich zwei rechten Winkeln, so dass die drei ersten Jupitersatelliten gleichzeitig nie verfinstert werden können.

Die zweite Partie ist nun hauptsächlich der Vervollkommnung der astronomischen Tafeln gewidmet. Der Verfasser beschäftigt sich eingehend mit dem Problem der Störungen der Planeten und Kometen in ihrer Bahn um die Sonne, des Mondes um die Erde und der Satelliten um ihre Hauptplaneten. „Die Bewegungen der Planeten werden durch „deren wechselseitige Anziehung wahrnehmbar gestört, es ist daher von „Wichtigkeit, die dadurch entstehenden Ungleichheiten zu bestimmen, „sei es, um das Gesetz der allgemeinen Gravitation zu verifiziren, sei „es, um die astronomischen Tafeln zu vervollkommnen, sei es endlich, „um zu erkennen, ob nicht äussere Ursachen auf das Planetensystem, „dessen Constitution und dessen Bewegung störend einwirken"*).

Auf die einzelnen Körper dieses Systemes werden nun die Methoden und die Formeln angewendet, welche der Verfasser im ersten Abschnitte seines Werkes entwickelt hat. Dabei müssen jedoch genauere Annäherungen angestrebt werden, als im zweiten Buche des Werkes, wo bloss die erste Potenz der störenden Grössen in Betracht kam, es müssen nunmehr auch die höheren Potenzen berücksichtigt werden. Es ergeben sich hiebei Rechnungen von einer Ausdehnung, welche über die Leistungsfähigkeit eines Einzelnen hinausgehen. Laplace beruft sich auf den französischen Astronomen Bouvard, der sich durch Ausführung derartiger Rechnungen den Dank der Astronomen verdient habe. — Im Ganzen ist die „Mécanique céleste" ein Werk, das nach einem grossartigen Plane angelegt und in imposanter Weise zu Ende geführt ist. Ihr Verfasser hat fast alle die Zweifel gelöst, welche Newton, mit seiner unvollständigen Art der Berechnung und den bezüglich der Unveränderlichkeit oder der Variabilität einzelner Grössen in unserm Planetensysteme gehegten Ansichten, zu beheben nicht im Stande war. Newton wurde durch die ungemeine Complication der wechselseitigen Störungen so verwirrt, dass er sich veranlasst sah, vorauszusetzen, dass das Planetensystem die Bedingungen einer unbegrenzten Dauer nicht in sich besitze und dass von Zeit zu Zeit eine mächtige Hand eingreifen müsse, um die Ordnung wieder herzustellen. Laplace hingegen erkannte in

---

*) Oeuvres III, pag. 1.

der Constanz der grossen Axe jeder Bahn die Bedingung der unbegrenzten Fortdauer des ganzen Systems, während die Bahnellipsen und deren Inclination periodischen Veränderungen unterworfen sind.

Das zweite Hauptwerk des Verfassers, dessen **„Exposition du Système du Monde"**, besteht aus 5 Büchern in 2 Bänden. I. Band, Livre I: Des mouvemens apparens des corps célestes. — Livre II: Des mouvemens réels des corps célestes. — Livre III: Des lois du mouvement.

II. Band, Livre IV: De la théorie de la pesanteur universelle. — Livre V: Précis de l'histoire de l'Astronomie.

Die „Darstellung des Weltsystems" ist eine gemeinverständliche Schilderung dessen, was die fünf Bände der „Mechanik des Himmels" enthalten. Mit Weglassung des mathematischen Rüstzeuges, versucht diese Schrift den Laien mit den Methoden der astronomischen Forschung und den Endresultaten derselben: der Vorstellung über den Mechanismus unseres ganzen Planetensystems bekannt zu machen. Die Sprache, in welcher diese Schrift abgefasst ist, zeichnet sich durch ihre edle Einfachheit aus und hat eben ihrer classischen Form wegen dem Verfasser die Pforten der „Académie Française" geöffnet.

Wir wollen nun eine eingehendere Angabe des Inhaltes folgen lassen. Im ersten Buche beschäftigt sich der Autor mit den scheinbaren Bewegungen der Himmelskörper: er erörtert die tägliche Bewegung des Himmelsgewölbes, die scheinbare Bewegung der Sonne, des Mondes und der Planeten, die Zeitmessung, die Mondphasen und Finsternisse, die Kometen, die Gestalt der Erde, die Veränderlichkeit des Gewichtes auf ihrer Oberfläche, die Ebbe und Flut des Meeres, die astronomische Strahlenbrechung. — Das zweite Buch handelt von den wirklichen Bewegungen der Himmelskörper: der Rotation der Erde um ihre Axe und ihrer Revolution um die Sonne, ferner von den Gesetzen der Bewegung der Planeten, Kometen und Satelliten und der Gestalt ihrer Bahn. — Das dritte Buch enthält die Gesetze der Bewegung: von den Kräften, ihrer Zusammensetzung, vom Gleichgewichte, der Bewegung eines materiellen Punktes, dem Gleichgewichte und der Bewegung eines Systemes von Körpern.

Das vierte Buch handelt von der Theorie der allgemeinen Gravitation: den Prinzipien derselben, den Störungen der Planeten, der Kometen und Satelliten, von der Masse der Planeten und der Schwere auf ihrer Oberfläche, von der Gestalt der Erde und der Planeten und vom Gesetze der Aenderung der Schwere auf ihrer Oberfläche, von der Gestalt der Saturnringe, von den Atmosphären der Himmelskörper, der Ebbe und Flut des Meeres, von der Praecession der Nachtgleichen, der Nutation der Erdaxe und der Libration des Mondes, von der Eigenbewegung der Fixsterne, Bemerkungen über das Gesetz der allgemeinen Gravitation, von der Molecularanziehung, d. i. von den Lichterscheinungen nach Newton und von den Capillaritätserscheinungen.

Das fünfte und letzte Buch enthält eine Darstellung der Geschichte der Astronomie in grossen Zügen: von der alten Astronomie bis zur Gründung der Akademie von Alexandrien, die Akademie der Alexandriner bis auf die Araber, die Astronomie im modernen Europa und die Entdeckung der allgemeinen Gravitation. Im sechsten und letzten Capitel dieses Buches befinden sich Betrachtungen über das Weltsystem und die voraussichtlichen Fortschritte der Astronomie in der Zukunft. In diesem Abschnitte des Buches legt der Verfasser seine berühmte Weltentstehungstheorie dar, die mit der Kant's, wie er sie in seiner: „Allg. Naturgeschichte und Theorie des Himmels" *) darlegt, im Wesen übereinstimmt, wenn sich auch einige Verschiedenheiten in den von einander ganz und gar unabhängig entstandenen Theorien nachweisen lassen. Der bedeutendste Unterschied zwischen den beiden Ansichten ist die Annahme über die Entstehung der Rotationsbewegung des ganzen Systems. Während Kant die Rotationsbewegung als aus innerer Nothwendigkeit entstanden voraussetzt, nimmt Laplace eine solche Rotation von vornherein an. Die hie und da als „Laplace'sche" Weltentstehungstheorie genannte Hypothese über die Bildung des Planetensystemes muss somit die Kant-Laplace'sche Theorie genannt werden.

Das dritte Hauptwerk Laplace's ist die „Théorie analytique des Probabilités". Dieselbe besteht aus einer Einleitung, in welcher die Geschichte dieses Calculs dargelegt wird, ferner aus zwei Büchern und vier Supplementen. Livre I: Du Calcul des Fonctions génératrices. — Livre II: Théorie générale des Probabilités. 1er Supplément: Sur l'Application du calcul des Probabilités à la philosophie naturelle. — 2° Supplément: Sur l'Application du calcul des Probabilités aux opérations géodésiques, et sur la Probabilité des résultats déduits d'un grand nombre d'observations. — 3e Supplément: Application des formules géodésiques de Probabilité à la Méridienne de France. — 4me Supplément: Sur les Fonctions génératrices.

Laplace hat ausser seinen astronomischen Untersuchungen sich mit Erfolg mit einzelnen physikalischen Fragen beschäftigt. Mit Lavoisier arbeitete er über die Bestimmung der Wärmeausdehnung fester Körper, wobei die Aenderung der Länge aus der Richtungsänderung eines auf eine ferne Skala gerichteten Fernrohres bestimmt wird. Bei Gelegenheit dieser Untersuchungen wurde auch das Eiscalorimeter erfunden, das in der letzten Zeit durch Robert Bunsen, Professor in Heidelberg, in namhafter Weise vervollkommnet worden ist. — Eine zweite wichtige physikalische Untersuchung ist die der Geschwindigkeit des Schalles. Bekanntlich hat Newton eine Formel für die Fortpflanzungsgeschwindigkeit des Schalles gegeben, welche mit der Erfahrung nicht

---

*) Kant's Werke, herausgegeben von Hartenstein, Bd. I, pag. 207. — Vergl. pag. 433 dieses Werkes.

übereinstimmte*), da sie ein viel zu kleines Resultat ergab. Laplace weist nun nach, dass das Newton'sche Resultat mit einem Factor zu multipliziren sei, welcher das Verhältniss der spezifischen Wärme der Luft bei constantem Drucke zu ihrer spezifischen Wärme bei constantem Volumen ausdrückt. Da der Werth dieses Verhältnisses für atmosphärische Luft $= 1{,}41$ beträgt und diese Zahl in der Formel für die Schallgeschwindigkeit unter dem gemeinschaftlichen Quadratwurzelzeichen vorkommt, so beträgt die Vermehrung des Newton'schen Werthes der Schallgeschwindigkeit, da $\sqrt{1{,}41}$ fast $= 1{,}2$ zu setzen ist, ca. 20 Prozent des ganzen Werthes, wodurch derselbe der Wahrheit sehr nahe kommt. Die Vermehrung der Schallgeschwindigkeit erklärt sich nach Laplace daraus, dass bei der Verdichtung der Luft durch die Schallwellen Wärme frei wird, welche die Elasticität der Luft momentan erhöht und somit die Schallgeschwindigkeit vergrössert**).

Wir übergehen hier die Arbeiten Laplace's über die astronomische Refraction, über die barometrischen Messungen u. s. f. und erwähnen bloss seine Theorie der Capillaritätserscheinungen, welche seither als Grundlage fast jeder Capillaritätstheorie betrachtet wurde. Wir werden auf die Entwicklung der Capillaritätslehre an einer späteren Stelle zurückkommen, wo wir auch eine Würdigung der Laplace'schen Theorie geben werden.

Wir haben noch eine Bemerkung über die Ansichten betreffs des Wesens der Wärme zu machen, welche Laplace in seiner mit Lavoisier gemeinschaftlich gearbeiteten Abhandlung: „Mémoire sur la chaleur" (Mém. de l'Acad. des Sciences 1780), ausspricht. Es werden dort beide Hypothesen: die der Körperlichkeit der Wärme und diejenige angeführt, welche die Wärme als eine unmerkliche Schwingung der Molecule des Körpers ansieht. „In dem System, welches wir untersuchen, „ist die Wärme die lebendige Kraft, die sich aus den unmerklichen „Schwingungen der Molecule des Körpers ergibt, es ist die Summe der „Produkte aus der Masse jedes Moleculs in das Quadrat seiner Ge-„schwindigkeit." Ferner: „Wir unterscheiden durchaus nicht zwischen „beiden vorstehenden Hypothesen; viele Erscheinungen scheinen der

---

*) Siehe oben pag. 289.

**) Die Newton'sche Formel geht von dem Boyle-Mariotte'schen Gesetze aus, dem zufolge das Produkt der Expansion des Gases in dessen Volumen für constante Temperaturen constant ist. Dieses Gesetz gilt jedoch in unserem Falle nicht, da in Folge der stattfindenden Compression und Dilatation die Temperatur geändert wird. Es ist vielmehr zu setzen:

$$\frac{p_1}{p_2} = \left(\frac{v_2}{v_1}\right)^n,$$

wo p die Expansion, v das Volumen des Gases darstellt, $n = 1{,}41$, das Verhältniss der spezifischen Wärmen des Gases ausdrückt.

„letzteren günstig zu sein (die wir soeben erwähnt haben), so z. B. die
„Wärme, welche die Reibung zweier fester Körper hervorbringt, aber
„es gibt andere, auf die sich einfacher die andere anwenden lässt, viel-
„leicht finden beide gleichzeitig statt" *). Die beiden französischen Forscher standen somit den Anschauungen der mechanischen Wärmetheorie
nahe; da sie jedoch in der Folge von diesen Anschauungen nirgends
Gebrauch machen, ja später sogar den nicht allgemein gültigen Satz
aussprechen, dass alle Veränderungen der Wärme, welche ein System
von Körpern bei irgend einer Zustandsänderung erleidet, sich in umge-
kehrter Reihenfolge wiederholen, sobald der Körper in seinen ursprünglichen Zustand zurückkehrt, welcher Satz doch nur dann richtig ist,
wenn keine äussere Arbeit geleistet wurde, so können die beiden Gelehrten zu den Begründern der mechanischen Wärmetheorie nicht gezählt werden. Was speziell Laplace betrifft, so hat er sich später entschieden für die Körperlichkeit der Wärme ausgesprochen.

Wir schliessen unsere Schilderung der wissenschaftlichen Thätigkeit
Laplace's mit den Worten, womit ihn Fourier charakterisirt hat:
„Man kann von ihm nicht sagen, dass es ihm beschieden gewesen sei,
„eine neue Wissenschaft zu begründen, wie Archimedes und Galilei,
„oder solche mathematische Doctrinen, wie Descartes, Newton und
„Leibniz, oder wie Newton die terrestrische Dynamik Galilei's zuerst
„auf die Erscheinungen des Himmels anzuwenden: aber Laplace wurde
„geboren, um alles dieses zu vervollkommen, zu vertiefen, die Grenzen
„hinauszuschieben und aufzulösen, was bisher unlösbar schien. Er hat
„die Wissenschaft des Himmels so vervollkommnet, wie es nur möglich
„war, sie zu vervollkommnen."

Benjamin Franklin.

Neben den „grossen Geometern", wie sie von den französischen
Schriftstellern genannt werden, d. h. jenen mathematisch beanlagten Gelehrten, welche im vorigen Jahrhunderte die Einfügung der bis dahin
bekannten und im Laufe unseres Zeitraumes entdeckten mechanischen
Wahrheiten in ein wissenschaftliches System bewerkstelligten, sehen wir
eine grosse Anzahl von Forschern in einer, von der Art jener Männer
ganz verschiedenen, Weise an der Förderung der physikalischen Wissenschaft thätig. Vor allem sind es diejenigen Gelehrten, welche sich mit
elektrischen Untersuchungen beschäftigen, die unsere Aufmerksamkeit in
Anspruch nehmen. In diesem Zeitraume gewinnt die Lehre von jenen
räthselhaften Erscheinungen, die wir unter dem Namen der elektrischen

---

*) In der angeführten Abhandlung pag. 357—358.

Phänomene zusammenfassen, ein einigermassen wissenschaftliches Gefüge. An Stelle der abenteuerlichen Hypothesen, wie sie noch im 17. Jahrhundert über das Wesen des elektricitätserregenden Agens aufgestellt worden waren, treten solche Annahmen, welche unbestimmt gehalten, jene „elektrischen Fluida" als ziemlich nichtssagende, eigenschaftslose hypothetische Wesen erscheinen lassen. Am Anfange unsers Zeitraumes kannte man bloss die elektrische Anziehung und Abstossung, ohne jedoch über die Existenz der zwei entgegengesetzten Elektricitäten im Reinen zu sein, ferner kannte man den elektrischen Funken und das elektrische Glimmlicht. Im Laufe des 18. Jahrhunderts wurde die Grunderscheinung der Elektricität entdeckt, die elektrische Vertheilung, die Verstärkungsflasche erfunden, es wurden entsprechende Theorien aufgestellt, ferner wurden Methoden und Apparate ausgedacht, um die elektrische Kraft messen zu können, wodurch der Weg zur mechanischen Auffassung der elektrischen Erscheinungen gebahnt war, es wurden kräftig wirkende Elektrisirmaschinen construirt, welche ein besseres Studium der elektrischen Kraft ermöglichten, endlich wurde die Identität der elektrischen Erscheinungen mit den Gewitterphänomenen, die wohl schon früher von einzelnen geahnt worden war, hauptsächlich durch Benjamin Franklin's Versuche als über allen Zweifel erhabene Wahrheit hingestellt. Dieser Forscher ist es, dessen auf Elektricität bezügliche Arbeiten die Forschungsweise des ganzen Zeitalters am besten charakterisiren, deshalb haben wir alle auf die qualitative Erkenntniss der elektrischen Phänomene abzielenden Untersuchungen, sowie die Namen derjenigen Gelehrten, die sich mit derartigen Untersuchungen beschäftigt haben, um Franklin gruppirt. In den hierauf folgenden Abschnitten vertritt Coulomb das Bestreben, die elektrischen Erscheinungen den allgemeinen Bewegungserscheinungen unterzuordnen, während Galvani und Volta die Entdeckung der Berührungselektricität repräsentiren. Wir werden in unserm gegenwärtigen Abschnitte die folgenden Unterabtheilungen haben: 1) Grunderscheinungen der Elektricität. — 2) Elektrisirmaschine. — 3) Quellen der Elektricität. — 4) Theorien der Elektricität. — 5) Die Verstärkungsflasche. — 6) Atmosphärische Elektricität und Erfindung des Blitzableiters. — 7) Anwendung der Elektricität in der Medicin.

1) Grunderscheinungen der Elektricität.

Im Jahre 1729 beschäftigte sich zu London Stephen Gray mit elektrischen Versuchen. Er hatte eine an beiden Enden mit Korkpfropfen versehene Glasröhre durch Reiben elektrisch gemacht und wollte sich überzeugen, ob die so verschlossene Röhre ebenso wirke, als eine unverschlossene. Er fand indess keinen Unterschied. Dagegen bemerkte er, dass eine dem oberen Ende nahe gelangte Flaumfeder vom Korke eben so angezogen und hierauf abgestossen wurde, als von der Röhre selbst. Er sah hieraus, dass die elektrische Wirkung sich auch dem Korke mitgetheilt habe. Als er dann einen Holzstab durch den Kork steckte und an dessen freies Ende eine Elfenbeinkugel befestigte, zeigte sich dieselbe Erscheinung in noch vollständigerer Weise, ebenso, als er statt des Holzstabes einen Metalldraht anwendete, ja selbst als die Elfenbeinkugel an einem 26 Fuss langen Bindfaden hing, dessen anderes Ende im Kork der Röhre steckte, zog sie leichte Körper an. Gray wollte nun noch längere Leitungen anwenden und führte zu diesem Behufe einen Theil des Fadens in horizontaler Richtung durch die Schleife eines andern Bindfadens, von welcher dann die Elfenbeinkugel herabhing. In diesem Falle wollte jedoch der Versuch nicht gelingen. Erst als Gray auf Granville Wheler's Rath einen dünnen Seidenfaden nahm, mit dessen Hülfe er die Hanfschnur in horizontaler Lage erhielt, gelang ihm wieder der Versuch. Die beiden Experimentatoren meinten, dass der dünne Seidenfaden weniger Elektricität ableite, als eine dickere Schnur, überzeugten sich jedoch, dass ein gleich dünner Metalldraht ebenfalls die Elektricität fortleite. Durch mannigfache Versuche lernten sie den Unterschied zwischen leitenden und isolirenden Körpern kennen, indem sie fanden, dass Haare, Harze und Glas die Elektricität nicht leiteten. Gray führte nun eine grosse Menge höchst instructiver Versuche aus. Er hing einen Knaben in horizontaler Richtung auf Haarschnüren auf, worauf er ihn dann mittelst einer geriebenen Glasröhre kräftig elektrisiren konnte. Dasselbe Resultat erhielt er, als er den Knaben auf einen Harzkuchen stellte. Ferner isolirte er Wasser und näherte eine elektrisirte Glasröhre auf etwa einen Zoll Entfernung der Wasserfläche, wobei er wahrnahm, dass das Wasser sich gegen die Elektricitätsquelle erhob. Von grosser Wichtigkeit ist die Erfahrung Gray's, dass die elektrische Wirkung sich auch durch einen kleinen Zwischenraum dem leitenden Körper mittheile. Es war dies die erste Wahrnehmung der Influenzwirkung der Elektricität. Ebenso wichtig ist eine zweite Wahrnehmung des englischen Forschers, dass nämlich ein hohler Würfel aus Eichenholz ebenso viel Elektricität aufnehme als ein eben so grosser solider Würfel, dass somit die Elektrisirbarkeit eines Körpers bloss von seiner Oberfläche abhänge.

Stephen Gray, gegen Ende des 17. Jahrhunderts in England geboren, starb am 15. Februar 1736 zu London; von seinen Lebensverhältnissen wissen wir weiter nichts, als dass er Mitglied der Royal Society war, deren Schriften er mit einer Reihe von werthvollen, auf scharfen Beobachtungen beruhenden Arbeiten bereicherte. Von seinen Schriften sind besonders jene zu erwähnen, welche seine elektrischen Untersuchungen enthalten. Dieselben sind in den Phil. Transactions von 1720, 1731—36 erschienen. Im Jahrgange 1696 und 1697 der Schriften der Royal Society beschreibt er Versuche mit einem Wassertropfenmikroskope.

Von Stephen Gray ist Edward Whitaker Gray (geb. 1748, gestorben 1806), Aufseher der Naturalien und Antiquitäten des „British Museum", zu unterscheiden, der ebenfalls über elektrische Versuche schrieb (Phil. Trans. 1788).

Granville Wheler (Wheeler), gestorben 1770, war Geistlicher, wahrscheinlich in Kent und Mitglied der Royal Society, in deren Schriften sich einige auf elektrische Versuche bezügliche Abhandlungen von ihm befinden.

Durch die erfolgreichen Untersuchungen Gray's wurde in Frankreich ein höchst scharfsinniger Beobachter angeregt, sich mit ähnlichen Untersuchungen zu beschäftigen. Es war dies Charles François Dufay.

Charles François de Cisternay du Fay, gewöhnlich Dufay genannt, geboren am 14. September 1698 zu Paris, gestorben am 16. Juli 1739 ebendaselbst, war zuerst Offizier, hierauf Mitglied der Akademie und Intendant des botanischen Gartens in Paris. Er schrieb 1723 eine Abhandlung über das Leuchten des Barometers, wofür er zum Mitgliede der Akademie ernannt wurde. Von jener Zeit an beschäftigte er sich hauptsächlich mit magnetischen und elektrischen Versuchen. Zuerst untersuchte er das elektrische Leitungsvermögen der Körper, wobei er fand, dass bloss die Nichtleiter durch Reiben elektrisch werden. Dufay zog zuerst aus einem lebenden Körper, einem an seidenen Schnüren hängenden Knaben, aus einer auf einem seidenen Kissen sitzenden Katze Funken, ferner sprach er zuerst die folgenden zwei wichtigen Sätze aus: 1) Jeder elektrische Körper zieht alle nicht elektrischen an und theilt ihnen Elektricität mit, worauf er sie wieder abstösst. — 2) Es gibt zweierlei entgegengesetzte Elektricitäten: die Glaselektricität (électricité vitrée) und die Harzelektricität (électricité résineuse). — Die Versuche Dufay's über Elektricität sind in den Mémoires der Pariser Akademie von 1733 und 1734 erschienen: Six Mémoires sur l'électricité.

An dieser Stelle ist ferner zu erwähnen: **Jean Théophile Des Aguliers**, geboren am 12. März 1683 zu La Rochelle, gestorben zu London am 29. Februar 1744, war der Sohn eines protestantischen Geistlichen. Er widmete sich ebenfalls dem geistlichen Stande, musste jedoch nach der Aufhebung des Edictes von Nantes sein Vaterland verlassen. Er wendete sich nach England und wurde Professor der Physik an der Universität Oxford, hierauf Pfarrer an einigen Orten, zuletzt Caplan des Prinzen von Wales. Er soll in einem Anfall von Wahnsinn gestorben sein. — Desaguliers hat in den Philosophical Transactions 56 Abhandlungen veröffentlicht. Seine Vorlesungen über Physik sind unter dem Titel: A course of experimental philosophy zu London in 2 Quartbänden 1734 erschienen. Desaguliers hat zahlreiche physikalische Untersuchungen ausgeführt: Er zeigte verschiedene Wirkungen der elektrischen Anziehung und Abstossung, stellte Fallversuche an, um den Widerstand der Luft zu ermitteln, ferner beschäftigte er sich mit der Centrifugalmaschine, dem Pyrometer, Hygrometer u. s. f. — Von Desaguliers stammen auch die folgenden Benennungen in der Elektricitätslehre: Leiter (conductores), Nichtleiter oder elektrische Körper (corpora electrica per se). Er baute auch eine Savery'sche Dampfmaschine*).

2) Die Elektrisirmaschine.

Das Bestreben, an stärker elektrisirten Körpern die Natur der elektrischen Phänomene besser studiren zu können, führte zur Verbesserung der Elektrisirmaschine. Christ. Aug. Hausen, Professor der Physik in Leipzig, ersetzte im Jahre 1743 auf den Rath seines Schülers Litzendorf die gewöhnlich gebrauchte Glasröhre durch eine Glaskugel, welche um ihre Axe gedreht und mit der Hand gerieben wurde. Georg Mathias Bose, Professor der Physik in Wittenberg, fügte den Conductor zur Maschine. Dieser bestand aus einer offenen Röhre aus Eisenblech, welche an seidenen Schnüren neben der Glaskugel hing. Andreas Gordon, Professor im Kloster zu Erfurt, wendete statt der Glaskugel einen Glascylinder an, den er statt mit dem Rade, mit einem Drechslerbogen in Rotation versetzte. Joh. Heinr. Winkler brachte die Rotation seiner vier an eine Axe gesteckten Kugeln durch eine drehbankartige Vorrichtung zu Stande. Der Leipziger Drechsler Giessing, der für ihn arbeitete, construirte das erste Reibzeug, das aus einem wollenen Kissen bestand, wodurch das Reiben mit der Hand wegfiel. Mit solcher Maschine wurde nun hauptsächlich die Entzündung leicht brennbarer Stoffe demonstrirt. So entzündete der Arzt Christian Friedr. Ludolf (1707—1763) im Jahre 1744 in Berlin Schwefeläther durch den elektrischen Funken, David Gralath, Professor am Gymnasium zu Danzig, brachte ein frisch ausgeblasenes Licht durch den Funken zum Brennen, Gordon entzündete Weingeist durch einen elektrisirten Wasserstrahl.

Wesentliche Verbesserungen erfuhr die Elektrisirmaschine in England. William Watson baute eine Maschine mit vier Glaskugeln, Benjamin Wilson versah den Conductor (um 1746) mit einem Collector, dem sogenannten Saugekamm, um die Elektricität vom geriebenen Glascylinder in den Conductor überzuleiten. John Canton nahm wahr, dass Glas in Berührung mit Quecksilber elektrisch werde, er ersetzte daher das geölte Seidenzeug am Reibkissen durch Zinn-Quecksilberamalgam, wodurch die Wirkung eine viel stärkere wurde. Die Wachstaffetbekleidung des geriebenen Glases wendete Dr. Noothe im Jahre 1773 zuerst

---

*) Siehe oben pag. 349.

an. Es war nun zur Construction unserer heutigen Elektrisirmaschine bloss noch ein Schritt nöthig: die Anwendung einer Glasscheibe statt des Glascylinders. Diese Verbesserung schreiben sich nun mehrere zu: der Pariser Arzt Sigaud de la Fond behauptet schon 1756 eine Scheibenmaschine angewendet zu haben, ein anderer Arzt: Ingenhouss will eine solche schon 1764 benützt haben. Das meiste Anrecht auf diese Verbesserung hat jedoch der Begründer und Direktor des Seminariums zu Haldenstein, Martin Planta, der schon 1755 eine Glasscheibe benützt hat, während der Londoner Optiker und Mechaniker Jesse Ramsden erst seit 1766 Scheibenmaschinen baute. — Es wurden nun derlei Maschinen in grossen Dimensionen ausgeführt, so durch den Duc de Chaulnes in Frankreich und Cuthbertson in England für die Harlemer Teyler-Stiftung. Mit dieser zweiten Maschine experimentirte der Vorsteher dieser Stiftung Van Marum, der sie 1783 auch beschrieb. — Das beste Amalgam für das Reibzeug ist jenes des Freiherrn Franz von Kienmayer*) in Wien, das aus 2 Theilen Quecksilber, 1 Theil Zinn und 1 Theil Zink besteht.

Wir tragen nun in Folgendem einige biographische Daten über die angeführten Gelehrten nach:

Christian August Hausen, geboren am 19. Juni 1693 zu Dresden, gestorben am 2. Mai 1743 zu Leipzig, war Professor an der Universität daselbst. Von seinen Schriften erwähnen wir bloss jene, in welcher er seine Elektrisirmaschine beschreibt: Novi profectus in historia electricitatis, 8°, Lips. 1743.

Johann Heinrich Winkler, geboren am 12. März 1703 zu Wingendorf (Oberlausitz), gestorben am 18. Mai 1770 zu Leipzig, war Professor an der Universität daselbst. Von seinen zahlreichen Schriften beziehen sich einige auf Elektricität. Wir erwähnen bloss die folgenden: Gedanken von den Eigenschaften, Wirkungen und Ursachen der Elektricität; nebst Beschreibung zweier elektrischer Maschinen. 8°, Leipzig 1744 und: Die Eigenschaften der elektrischen Materie und des elektrischen Feuers, aus verschiedenen neuen Versuchen erklärt, und nebst etlich neuen Maschinen zum Elektrisiren beschrieben. 8°, ib. 1745.

Georg Mathias Bose, geboren am 22. September 1710 zu Leipzig, gestorben am 17. September 1761 zu Magdeburg, war Professor an der Universität Wittenberg. Im siebenjährigen Kriege (1760) verlor er seine ganze Habe und wurde als Geisel nach Magdeburg geschleppt, wo er im nächsten Jahre starb. Von seinen Schriften führen wir bloss die folgenden an: De attractione et electricitate. Vitb. 1738. — De electricitate. Ib. 1743. — Commentatio de electricitate inflammante et beatificante. Ib. 1744. — Die Elektricität nach ihrer Entdeckung und Fort-

---

*) Sur une nouvelle manière de préparer l'amalgame électrique etc. (Journ. de Phys. 1788).

gang. Ib. 1744. — Recherches sur la cause et sur la véritable théorie de l'électricité. Ib. 1745.

Bose hat sich durch seine zahlreichen Versuche um die Elektricitätslehre bedeutende Verdienste erworben. Besonderes Aufsehen erregt seine „Beatification", welche darinnen bestand, dass er — mit verschiedenen Metallgegenständen ausgerüstet — auf eine, durch einen Pechanstrich isolirte Kiste stieg und sich elektrisiren liess, wodurch sein Körper wie mit einem Glorienschein umgeben erschien. Er war auch der erste, der Schiesspulver mittelst des elektrischen Funkens entzündete.

Andreas Gordon, geboren am 12. Juli 1712 zu Cofforach (Angusshire) in Schottland, gestorben am 22. August 1751 zu Erfurt, stammte aus einer schottischen herzoglichen Familie. Als Benedictinermönch kam er nach Deutschland, wo er an verschiedenen Orten lebte. Zuletzt war er Professor der Philosophie im Kloster seines Ordens zu Erfurt. Er schrieb: Phaenomena electricitatis exposita, 8°, Erford. 1744. — Dasselbe. deutsch 1745. — Physicae experimentalis elementa. II. Tom. Ib. 1751—1753.

Martin Planta, geboren 1727 zu Süss (Unter-Engadin), gestorben 1772 zu Haldenstein als Direktor des Seminars daselbst. Er war Hofmeister, hierauf evangelischer Prediger und Pfarrer. Wie oben erwähnt kann man ihn als Erfinder der Glasscheibenmaschine betrachten. Auch hatte er die Idee, die Spannkraft des Dampfes als Triebkraft für Schiffe u. s. f. anzuwenden.

Jan Ingen-Houss, geboren 1730 zu Breda, gestorben am 7. September 1799 zu Bowood bei London, war praktischer Arzt, kaiserlich österreichischer Leibarzt, da er eine Tochter des Kaiser Josef II. und zwei Erzherzoge geimpft hatte. Er war Mitglied der Londoner Royal Society. Von seinen zahlreichen Schriften führen wir die folgenden an: Experiments on vegetables, discovering their great power of purifying the common air in sunshine etc. London 1779, 8°. — Anfangsgründe der Elektricität u. s. w., übersetzt von Molitor, Wien 1781, 8°. — Electrical experiments, to explain how far the phenomena of the electrophorus may be accounted for by Dr. Franklin's theory (Phil. Transact. 1778). — Sur les métaux comme conducteurs de la chaleur (Journ. phys. XXXIV. 1789). — Zahlreiche botanische Schriften. Ingenhouss beansprucht ebenfalls die Erfindung der Scheibenmaschine für sich.

John Cuthbertson, wahrscheinlich in England geboren, Zeit und Ort seines Todes unbekannt, lebte in der zweiten Hälfte des vorigen und am Anfang des gegenwärtigen Jahrhunderts. Er war Mechanicus zuerst in Amsterdam, hierauf in London. Ausser seinen elektrischen Untersuchungen sind noch seine an der Luftpumpe angebrachten Verbesserungen zu erwähnen. Von seinen Schriften erwähnen wir bloss die folgenden: Allgemeene Eigenschappen van de Elektriciteit, 2 Deele, Amst. 1782. —

Description of an improved air pump. Lond. 1787. — Practical Electricity and galvanism etc. Ib. 1807. — On some improvements in Electrical machines (Nicholson's Journal XXVI, 1810).

Jesse Ramsden, geboren 1735 zu Halifax, gestorben 1805 zu Brighthelmstone, war Optiker zu London. Er war der Schwiegersohn des berühmten Fernrohrkünstlers John Dollond. Seine Arbeiten erschienen grossentheils in den Schriften der Londoner gelehrten Gesellschaft, deren Mitglied er war.

Jean René Sigaud de la Fond, geboren 1740 zu Dijon, gestorben 1810 zu Bourges, war Arzt und Professor der Physik und Chemie zu Bourges. Er schrieb: Leçons de physique expérimentale, 2 vol., 8°, Paris 1767. — Éléments de physique, 4 vol., 8°, ib. 1787 und Dictionnaire de physique, 5 vol., ib. 1780, 1782; ausserdem einige auf Elektricität, besonders deren medizinische Anwendung bezügliche Abhandlungen.

Martin van Marum, geboren am 20. März 1750 zu Gröningen, gestorben am 26. Dezember 1837 zu Harlem, war praktischer Arzt, später Direktor der physikalischen und naturhistorischen Abtheilung des „Musée Teyler". Seine Beschreibung der Cuthbertson'schen Elektrisirmaschine findet sich in der Abhandlung: Description d'une très-grande machine électrique, placée dans le muséum de Teyler à Harlem, et des expériences faites par le moyen de cette machine (Verhandl. des Mus. Teyler III. 1785).

3) Quellen der Elektricität.

Die elektrischen Erscheinungen wurden bis um die Mitte des vorigen Jahrhunderts ausschliesslich durch Reibung nicht leitender Körper hervorgebracht. Im Jahre 1757 entdeckte Johann Carl Wilcke, dass beim Erstarren von geschmolzenen Körpern Elektricität frei werde, und nannte diese: spontane Elektricität. Er unterschied Elektricität durch Reiben, Erwärmen und Schmelzen. Von diesen drei Gattungen der Elektricitätserregung ist jedoch das Elektrisiren durch Mittheilung zu unterscheiden. Zu diesen Quellen der Elektricität kommt nun noch die atmosphärische Elektricität, welche hauptsächlich von Franklin studirt wurde, ferner die Elektricitätserregung durch Vertheilung, welche Erscheinung ebenfalls durch Wilcke richtig erklärt wurde. Schon in seiner Inauguraldissertation: „De electricitatibus contrariis" (Rostock 1757) erklärte er die Experimente Canton's auf sehr glückliche Weise. An die Stelle des elektrischen Wirkungskreises trat die Idee einer Vertheilung der Elektricität bei Annäherung eines elektrischen Körpers an einen unelektrischen. Wilcke beobachtete nämlich, dass leichte, isolirte Körper bei Annäherung an einen elektrischen Körper angezogen werden, nach der Entfernung von demselben jedoch unelektrisch seien. Nähert man, so lange sich der isolirte Körper in der Wirkungssphäre der Elektricitätsquelle befindet, demselben eine Spitze, so bleibt er in elektrischem Zustande zurück, zeigt jedoch entgegengesetzte Elektricität als die des erregenden Körpers.

Johann Karl Wilcke (Wilke), geboren am 6. September 1732 zu Wismar im damals schwedischen Mecklenburg, gestorben am 18. April 1796 zu Stockholm. Er war der Sohn eines lutherischen Predigers, studirte in Göttingen und Rostock, später ging er nach Stockholm, als sein Vater zum Prediger der deutschen Gemeinde dieser Stadt ernannt wurde. Er hielt dort physikalische Vorträge auf dem Ritterhause. Später wurde er Mitglied der Akademie der Wissenschaften und in der Folge deren beständiger Secretär. Wilcke verfasste eine Reihe wichtiger Abhandlungen aus dem Gebiete der Wärmelehre, der Elektricität und des Magnetismus. Von ihm stammt die erste Karte über die magnetische Inclination. Ferner schrieb er über die spezifische Wärme der Körper. Von seinen zahlreichen Schriften, die grösstentheils in den Schriften der schwedischen Akademie zu Stockholm erschienen sind, erwähnen wir bloss die folgenden: Dissertatio inaug. de electricitatibus contrariis, 4°, Rostock 1757. — Ytterligare rön och försök om contraira electriceterna vid laddningen och dertill hörande delar (Vetensk. Acad. Handl. 1762). — Försök till en magnetisk inclinationskarta (ib. 1768). — Elektriska försök på hår och smälta metaller (ib. 1769). — Om magnetiska inclinationen, samt beskrifning på tvenne inclinations compasser. (Ib. 1772). — Undersökn. om de vid Volta's nya elettroforo perpetuo förekommande electriska phenomener (ib. 1777). — Rön om eldens specifica myckenhet uti fasta kroppar och om dess afmätande (ib. 1781) etc.

Die elektrischen Versuche Wilcke's beziehen sich hauptsächlich auf die Erzeugung von Elektricität durch Erkalten geschmolzener Substanzen, das Verhalten von Körpern in der sogenannten elektrischen Atmosphäre eines andern Körpers, ferner auf die Spannungsreihe. Wilcke hat auch die Eigenschaften des Elektrophors an einer auf beiden Seiten geladenen Glastafel studirt und dieselben schon im Jahre 1762 veröffentlicht, also 13 Jahre vor der Erfindung dieses Geräthes durch Volta, er hat jedoch nicht daran gedacht, auf Grund seiner Erfahrungen einen elektricitätserzeugenden Apparat zu construiren. — Schon in seiner Inauguraldissertation vom Jahre 1757 weist er nach, dass beim Reiben der Körper zweierlei Elektricitäten entstehen und dass man die verschiedenen Stoffe in eine Reihe ordnen könne, deren jedes Glied mit dem voranstehenden gerieben negativ, mit dem folgenden gerieben positiv elektrisch werde. — Von besonderem Interesse sind die Schmelzversuche Wilcke's. Er fand, dass geschmolzener Schwefel und andere Stoffe in verschiedene Gefässe gegossen, nach dem Erkalten Elektricität entwickelten, deren Qualität sich nach der Materie des Gefässes richtete. Besonders stark geladen erschien die erstarrte Masse, wenn das Gefäss mit einem guten Leiter, z. B. Stanniol bekleidet war und ableitend berührt wurde. — Wilcke beschreibt auch den elektrischen Zustand einer von ihm beobachteten Windhose.

Den ältesten Anspruch auf die Entdeckung der Elektricität des Turmalins hat wohl der Bergrath Johann Gottlob Lehmann (gestorben 1767), den Aepinus auf die Eigenthümlichkeit des Turmalins aufmerksam machte, derzufolge dieses Mineral, auf glimmende Kohlen gelegt, die Eigenschaft erlange, leichte Körper anzuziehen und gleich hierauf wieder abzustossen. Aepinus fand in Folge seiner Untersuchungen, dass das thermoelektrische Verhalten des Turmalins von dem Temperaturunterschiede der beiden Enden des Minerals abhänge und dass dieses an beiden Enden entgegengesetzt elektrisch werde. Mit demselben Gegenstande beschäftigten sich auch Torbern Bergman, Wilson u. A. Bergman zeigte, dass nicht die Wärme die Elektricität des Turmalins verursache, sondern die Temperaturveränderung. Wilson fand, dass auch der brasilianische Smaragd dasselbe Verhalten zeige. Für den brasilianischen Topas wies Canton ein ähnliches Verhalten nach. Der berühmte Mineralog Haüy endlich zeigte, dass eine grosse Anzahl krystallinischer Minerale dieselbe Eigenschaft besitze [*]. In seiner „Flora ceylanica" nennt schon im Jahre 1747 Linné den Turmalin „Lapis electricus", ohne diese Benennung jedoch durch irgend etwas zu motiviren.

Eine fernere Quelle der Elektricität sind die elektrischen Fische, z. B. der Zitterrochen (Raja Torpedo), der Zitteraal (Gymnotus electricus) und der Zitterwels (Silurus electricus). Während Reaumur und andere Gelehrte die Schläge, welche der Zitterrochen zu geben im Stande ist, für eine rein mechanische Wirkung schneller Muskelbewegung hielten, wies John Walsh[**] nach, dass diese Schläge elektrischer Natur seien, dass sie durch Isolatoren vereitelt werden können, dass sie an der Luft stärker seien, als im Wasser u. s. w. Der Anatom John Hunter beschrieb in den Phil. Trans. vom Jahre 1773 das elektrische Organ dieser Fische.

---

[*] **René Just Haüy,** geboren 1743, gestorben 1822, Abbé, war 1793 Mitglied der Commission für Maasse und Gewichte, später Lehrer der Physik an der Normalschule, Professor der Mineralogie am Mus. d'Hist. naturelle und an der Faculté des sciences, Mitglied der Akademie zu Paris. Er verfasste eine grosse Anzahl werthvoller wissenschaftlicher Abhandlungen. Mit Tremery führte er auf Ersuchen Laplace's einige Capillaritätsmessungen aus. Vergl. Laplace: Oeuvres, Tome IV, pag. 403.

[**] **John Walsh,** gestorben 1795, war Parlamentsmitglied und Mitglied der Royal Society. Er schrieb: On the electric property of the Torpedo. (Phil. Tr. 1773) und: On the Torpedo found on the coast of England (ib. 1774).

4) Theorien der Elektricität.

Nachdem man die verschiedenen bunten Theorien über das Wesen der Elektricität: die verschiedenen fettigen Ausflüsse, welche eine elektrische Atmosphäre um den Körper erzeugen und andere dergleichen Ansichten überwunden hatte, errang sich Franklin's unitarische Theorie, d. h. die Annahme eines einzigen elektrischen Fluidums allgemeine Anerkennung. Nach dieser Hypothese stossen die Theilchen der elektrischen Materie einander ab, während die Körpertheilchen dieselben anziehen. Elektrisirung ist bloss ein Aendern der Vertheilung des elektrischen Fluidums. Der positive elektrische Zustand besteht in einem Ueberschusse, der negative in einem Mangel an Elektricität in Bezug auf deren normales Quantum. Die geladene Verstärkungsflasche hat auf der einen Seite einen ebenso grossen Ueberschuss, als auf der andern Seite einen Mangel an Elektricität aufzuweisen.

Der unitarischen Theorie wurde von Seite Symmer's die dualistische entgegengestellt, welche die Existenz zweier elektrischer Flüssigkeiten voraussetzt, deren Neutralisation den natürlichen Zustand hervorbringt. Gleichartige elektrische Flüssigkeiten stossen einander ab, ungleichartige ziehen sich an. Die Hypothese der zweierlei Flüssigkeiten wurde von Robert Symmer auf Grund einer interessanten Beobachtung aufgestellt, welche er an einem etwas ungewöhnlichen elektrischen Geräthe, nämlich an zwei Paar seidenen Strümpfen gemacht hatte. Symmer pflegte nämlich doppelte Strümpfe zu tragen: unten weisse und darüber schwarze. Als er eines Abends dieselben vom Fusse zog, bemerkte er ein ziemlich starkes Knistern und sah im Dunkeln Funken aus den schwarzen in die weissen Strümpfe fahren. Zahlreiche Versuche über diesen Gegenstand angestellt, zeigten, dass die gleichfarbigen Strümpfe einander abstiessen, während die ungleich gefärbten einander anzogen. Die Theilchen eines und desselben Strumpfes stiessen sich ebenfalls ab, in Folge dessen erschien jeder Strumpf für sich aufgebläht. Wurden die beiden, über einander befindlichen Strümpfe gleichzeitig abgezogen, so liess sich keinerlei elektrische Wirkung wahrnehmen. Die Anziehung zwischen den beiden ungleich gefärbten Strümpfen war so bedeutend, dass eine Kraft von 15 Pfunden erforderlich war, um dieselben von einander zu trennen. Aus diesen Versuchen schloss Symmer, dass es zweierlei verschiedene elektrische Materien gebe, die in gleicher Menge in jedem Körper vorhanden seien, wenn sich dieser in unelektrischem Zustande befindet. Das Elektrisiren ist bloss ein Trennen der beiden elektrischen Flüssigkeiten. Eigentlich ist dies die von Dufay schon früher aufgestellte Theorie.

Trotzdem der Symmer'sche Versuch im Grunde genommen weder für die unitarische, noch für die dualistische elektrische Theorie entscheidend ist, so gab er doch den Anstoss, dass sich die Physiker der

Reihe nach der letzteren Ansicht zuwendeten. Aus der ersten Zeit sind besonders Torbern Bergman*), Kratzenstein**) und Lichtenberg zu nennen, welche dieser Theorie Verbreitung verschafften. Lichtenberg führte die Bezeichnung „positive" und „negative" Elektricität ein. Auch Wilcke bekannte sich in der letzten Zeit zu der Hypothese der beiden elektrischen Flüssigkeiten. Dagegen blieben der unitarischen Ansicht einige englische Forscher, wie z. B. Cavallo getreu. — Es gab endlich auch solche Gelehrte, welche die Ansicht verfochten, dass sich alle diese Erscheinungen mit Hülfe der Franklin'schen Theorie eben so gut erklären liessen, als mit Hülfe der von Symmer; hierher gehören Giovanni Francesco Cigna***), Professor der Anatomie zu Turin und Joseph Priestley.

Robert Symmer, Esquire. Von seinen Lebensumständen wissen wir bloss, dass er Mitglied der Royal Society (seit 1753) war und am 19. Juni 1763 starb. Zu erwähnen sind von ihm einige auf die Elektricitätslehre bezügliche Abhandlungen: New experiments and observations concerning electricity: 1) Of the electricity of the human body etc., 2) Of the electricity of black and white silk, 3) Of electrical cohesion, 4) Of two distinct powers in electricity (Phil. Trans. 1759).

Georg Christoph Lichtenberg, geboren als das achtzehnte Kind seiner Eltern am 1. Juli 1742 zu Ober-Ramstadt bei Darmstadt, gestorben am 24. Februar 1799 zu Göttingen. Sein Vater, der Pfarrer in seinem Geburtsorte war, unterrichtete seinen Sohn in den Anfangsgründen der Mathematik und Physik. Nach dem Tode desselben setzte er seine Studien zuerst in Darmstadt, dann in Göttingen fort, wo er im Jahre 1770 zum ausserordentlichen, fünf Jahre später zum ordentlichen Professor an der Universität ernannt wurde. Lichtenberg hielt sich zweimal längere Zeit in England auf, wo er in den exclusivsten literarischen Zirkeln wohl aufgenommen wurde. Von diesem innigeren Verkehre mit Engländern rührt seine Vorliebe für englische Verhältnisse und sein tiefes Eindringen in die Nationaleigenthümlichkeiten dieses Volkes her, wie dies seine

---

*) **Torbern Olof Bergman,** geboren 1735 zu Katherinberg in Schweden, gestorben 1784 im Bad Medevi, war Professor der Chemie und Pharmacie zu Upsala und Mitglied der Akademie zu Stockholm. Seine Werke erschienen unter dem Titel: Opuscula Physica et Chemica etc. 6 Vol. Upsal. 1779—84.

**) Vorlesungen über Experimental-Physik (1787).

***) **Giovanni Francesco Cigna,** geboren 1734 zu Mondovi, gestorben 1790 zu Turin, war daselbst Professor der Anatomie an der Universität. Von seinen Schriften erwähnen wir: De analogia magnetismi et electricitatis (Misc. Soc. Taurinens. T. I, 1759). — De frigore ex evaporatione et affinibus phaenomenis nonnullis (ib. II, 1760). — De motibus electricis experimentum (ib. id.). — De novis quibusdam experimentis electricis. (Ib. III, 1762—65.) — De electricitate (ib. V, 1770—73). — Cigna war ein Neffe des später zu erwähnenden Physikers Beccaria.

Erklärung der Hogarth'schen Kupfer zeigt. Nach der Zurückkunft von seinem zweiten Aufenthalte in London lebte Lichtenberg ohne Unterbrechung in Göttingen. In seinen späteren Jahren litt er an einer nervösen Hypochondrie, welche, ohne deshalb seine Arbeiten zu unterbrechen, bis zu seinem Tode anhielt. Lichtenberg schrieb viel und vielerlei. Von seinen wissenschaftlichen Abhandlungen erwähnen wir hier die folgenden: Betrachtungen über einige Methoden, eine gewisse Schwierigkeit in der Berechnung der Wahrscheinlichkeit beim Spiele zu heben. 4°. Götting. 1770. — Super nova methodo motum ac naturam fluidi electrici investigandi, 2 Aufsätze (Nova Comment. Gotting. VIII. 1777 et Comment. Gotting. I. 1778). — Beobacht. der Magnetnadel am Harz (Bergbaukunde, II.). — Nicolaus Copernicus (Biographie). (Pantheon der Deutschen, 3. Thl. Leipzig 1800). Ferner erschienen zahlreiche kleine Aufsätze in dem Göttinger Taschenkalender, an dessen Herausgabe er seit 1778 betheiligt war. — Seines witz- und geistsprühenden Commentars zu Hogarth's Bildern haben wir schon weiter oben erwähnt. Ausser diesen sind noch anzuführen seine in der Weise Swift's geschriebene „Reise nach Laputa" und eine Reihe anderer satyrischer Schriften. Seine kleinen Aufsätze und seine Correspondenz erschienen in 9 Bänden von seinem Sohne L. Chr. Lichtenberg und F. Ch. Kries herausgegeben, von denen die vier letzten Bände wissenschaftlichen Inhaltes sind *).

Lichtenberg hat sich hauptsächlich mit elektrischen Versuchen beschäftigt und hat die interessanten elektrischen Staubfiguren entdeckt und näher untersucht, die auf einem elektrischen Harzkuchen entstehen, wenn wir denselben mit Staub bestreuen **), welche Figuren allgemein unter dem Namen ihres Entdeckers bekannt sind. Dieser führte auch die Benennung positive und negative Elektricität ein, wie dies schon weiter oben erwähnt wurde.

5) Die Verstärkungsflasche.

Es war am 11. Oktober 1745 als Herr v. Kleist, Dechant des Domkapitels zu Kammin in Pommern mit elektrischen Versuchen beschäftigt, aus irgend einem Grunde einen Nagel in ein Medizinglas steckte und denselben an seine Elektrisirmaschine hielt. Als er hierauf den Nagel mit der andern Hand herausholen wollte, erhielt er einen heftigen, erschütternden Schlag, der sich von der Wirkung des gewöhnlichen elektrischen Funkens auffällig unterschied. Noch stärker war die Wirkung, wenn sich Quecksilber oder Weingeist in der Flasche befand. Kleist

---

*) Neue Ausgabe in 8 Bänden, mit Weglassung der wissenschaftlichen Arbeiten und der grössern satyrischen Aufsätze, erschien Göttingen 1844—1853.

**) Am besten eignet sich wohl ein Gemenge von Schwefelblumen und Minium zu diesem Zwecke.

theilte seine Entdeckung den ihm befreundeten Physikern: Winkler in Leipzig, Swietlicki in Danzig, Krüger*) in Halle und Lieberkühn in Berlin mit, welche denn auch für die Verbreitung des interessanten Versuches sorgten. Zuerst gelang es Gralath in Danzig das Experiment Kleist's zu wiederholen, während dies die andern erst nach einer näheren Beschreibung des Entdeckers zu Wege brachten.

Zur selben Zeit hatte man diese Entdeckung auch in Leyden gemacht, war jedoch auf ganz andere Weise dazu gelangt. Der Professor der Mathematik und Physik an der Universität zu Leyden, Pieter van Musschenbroek wollte dem Ausströmen der Elektricität in die Atmosphäre dadurch vorbeugen, dass er den zu elektrisirenden Körper durch nichtleitende Substanzen zu isolieren suchte. Er goss zu diesem Behufe Wasser in eine Flasche und steckte einen Draht in den Hals derselben, um die Elektricität von der Elektrisirmaschine in das Wasser zu leiten. Cunaeus, der sich bei Musschenbroek mit elektrischen Versuchen beschäftigte, wiederholte nun den Versuch und erhielt, als er den Draht aus der Flasche ziehen wollte, die er in der einen Hand hielt, einen erschütternden Schlag. Die Elektriker jener Zeit überbieten sich in ihren Beschreibungen über die starken Wirkungen der so erzielten elektrischen Entladungen. Sie sprechen von Convulsionen, Nasenbluten, tagelang dauernden Schmerzen, welche Erfahrungen mit den heutigen nicht übereinstimmen. Musschenbroek theilte seine Erfindung zu Anfang des Jahres 1746 dem französischen Gelehrten Réaumur in Paris mit, wodurch auch Abbé Nollet von derselben Kenntniss erhielt. Er gab dem Geräthe den Namen „Leydener Flasche" und nannte den Versuch den „Leydener Versuch". Von dieser Zeit an begannen nun die elektrischen Untersuchungen eine ganz neue Richtung einzuschlagen. Von der damaligen unvollkommenen Einrichtung des neuen elektrischen Geräthes bis zu dessen heutiger Einrichtung war in Folge der gänzlichen Unkenntniss des Wesens desselben noch ein weiter Weg, den die Forschung nur an der Hand des Zufalls zurücklegen konnte. Vor allem sind hier die Versuche Winkler's und Gralath's anzuführen. Der erstere wendete eine äussere Belegung der Flaschen an und stellte elektrische Batterien aus mehreren neben einander eingeschalteten Flaschen zusammen, glaubte jedoch, die Ladung einer Flasche bestehe in der Anhäufung von Elektricität in der Flüssigkeit, welche das Gefäss enthält, wie dies aus seiner Schrift: „Die Stärke der elektrischen Kraft des Wassers in gläsernen Ge-

---

*) **Johann Gottlob Krüger,** geboren 1715, gestorben 1759, Professor zu Halle und Helmstedt. Er zeigte, dass die elektrischen Funken die rothen Blüthen des wilden Mohns bleichen; gelbe und blaue Blüthen verloren erst einige Zeit nach der Einwirkung der Elektricität ihre Farbe. In der „Abhandlung von der Elektricität" die seiner „Geschichte der Erde in der allerältesten Zeit" (Halle 1746, 8^0) angefügt ist, findet sich die erste Nachricht über die Kleist'sche Flasche.

fässen" (Leipzig 1746) zu ersehen ist. Gralath experimentirte mit grösseren Flaschen, welche Wasser enthielten, deren Zuleitung an Stelle des Nagels ein Draht mit einer Bleikugel bildete. Er construirte ebenfalls elektrische Batterien und da seine Flaschen gänzlich unbelegt waren, so wurde er auf die Entdeckung des Ladungsresiduums geführt, da dieses bei unbelegten Flaschen besonders bedeutend ist. — In Frankreich experimentirten um jene Zeit Nollet und Louis Guillaume Le Monnier*) mit der Leydner Flasche. Der erstere elektrisirte gleich Gralath eine grössere Anzahl von Personen, durch die er den Entladungsschlag einer Batterie leitete. Nollet tödtete auch Thiere durch solche Entladungen und nahm schon wahr, dass die Glasgefässe mitunter durch Selbstentladung durchbohrt werden. Von noch grösserer Wichtigkeit sind die Versuche Le Monnier's; dieser sah, dass die Aussenfläche der zu ladenden Flasche abgeleitet werden müsse, da sie sonst keine Ladung annehme, ferner, dass die Entladung nur bei gleichzeitiger Berührung der äussern und innern Fläche der Flasche stattfinde, endlich, dass die Flasche ihre Ladung stundenlang behalte. Le Monnier leitete den Entladungsschlag durch lange nicht isolirte Drahtleitungen und versuchte auch die Fortpflanzungsgeschwindigkeit der Elektricität in Drähten zu bestimmen, konnte jedoch eben so wenig als der englische Forscher Watson zu einem Resultate gelangen, da die Entladung fast instantan geschah. Der letztgenannte Gelehrte überzeugte sich durch Versuche, dass die Ladung einer Flasche nicht von ihrem Inhalte abhänge und war die mittelbare Veranlassung, dass Dr. Bevis**), dem er seine Versuche vorwies, die zu ladende Flasche mit Wasser ganz anfüllte und deren Aussenfläche mit Blei- oder Zinnfolie belegte. So war denn die Wichtigkeit der Bekleidung der Flächen der Flasche mit leitenden Substanzen erkannt, so zwar, dass derselbe Dr. Bevis auch die Wirkung von beiderseitig mit Zinnfolie belegten Glastafeln entdeckte. Watson bekleidete in Folge der Versuche seines Freundes die äussere und innere Fläche seiner Leydner Gefässe mit Metallfolie. Ausser diesen Versuchen sind auch jene Benjamin Wilson's zu erwähnen, welcher aus denselben schloss, dass die Grösse der Ladung der Grösse der Bekleidung gerade, der Dicke des Glases umgekehrt proportional sei.

Die Verstärkungsflasche, sowie die Verstärkungstafel (gewöhnlich Franklin'sche Tafel genannt) waren somit in ihrer heutigen Gestalt erfunden, doch fehlte noch die richtige Erkenntniss über das Wesen der-

---

*) **Louis Guill. Le Monnier,** geboren 1717, gestorben 1749, Leibarzt des Königs, General-Stabsarzt, Professor der Botanik am Jardin du Roi, Mitglied der Akademie. Von seinen Schriften ist hier zu erwähnen: Observations sur l'électricité de l'air (Mém. Paris 1747).

) **John Bevis, geboren 1695, gestorben 1771, war praktischer Arzt in London und Mitglied der Royal Society.

selben. Diese Lücke auszufüllen war dem Amerikaner Benjamin Franklin vorbehalten. Von ihm ist hier noch besonders die Erfindung der Cascadenbatterie zu erwähnen, in der die Flaschen bei wechselseitiger Verbindung der äussern und innern Bekleidungen, nach einander verbunden sind. — Neben Franklin hat Aepinus viel zur richtigen Auffassung der elektrischen Ladungsverhältnisse in den Verstärkungsflaschen und Tafeln beigetragen.

Wir haben an dieser Stelle einige Daten betreffs der im Vorstehenden erwähnten Gelehrten nachzutragen.

Ewald Georg von Kleist, gestorben am 11. Dezember 1748 im Alter von vierzig und einigen Jahren war der Sohn des Erbherrn auf Vitzo Ewald Jakob von Kleist. Er war von 1722—1747 Domdechant zu Kammin in Pommern, hierauf Präsident des königl. Hofgerichts zu Cösslin in Hinterpommern. Seine Erfindung der Verstärkungsflasche theilte er einigen gelehrten Freunden bloss brieflich mit, ohne darüber etwas zu veröffentlichen.

Pieter van Musschenbroek, geboren am 14. März 1692 zu Leyden, gestorben am 19. September 1761 ebendaselbst, war Professor der Mathematik und Physik an der Universität zu Duisburg, hierauf zu Utrecht, dann zu Leyden. Musschenbroek schrieb ein Lehrbuch der Physik: Institutiones physicae. Lugd. Bat. 1748, ferner: Elementa physices (4°, ib. 1729), dasselbe in 8°, 1739, welche seinerzeit sehr verbreitet waren, das letztere wurde auch in französischer und deutscher Sprache herausgegeben. Zu erwähnen ist noch seine lateinische Uebersetzung der „Saggi" der Accademia del Cimento: Tentamina experimentorum naturalium captorum in Accademia del Cimento, 4°, ib. 1731, beigefügt ist: Additamenta ad experimenta in ambra aliisque corporibus virtutis electricae. Ausser diesen verfasste er noch einige Abhandlungen in den Denkschriften der Londoner, Pariser und Petersburger gelehrten Gesellschaften. — Von den in seinen „Beginsels der Natuurkunde" abgebildeten Apparaten finden sich im physikalischen Cabinet zu Leyden noch die folgenden Vorrichtungen: Modell eines Krahnes, ein Tribometer, Modell einer Saveryschen Dampfmaschine, Heronsball, Windbüchse, intermittirender Brunnen, Vexirbecher und magische Kanne, ferner ein Spiegelteleskop.

Jean-Antoine Nollet, geboren am 19. November 1700 zu Pimpré, gestorben am 24. April 1770 zu Paris, Abbé, Diaconus der Diöcese von Noyon, war Professor der Physik in Turin, hierauf in Paris am Collège de Navarre, sowie an der Artillerie- und Ingenieurschule, ferner Lehrer der königl. Kinder, Mitglied und Pensionär der Pariser Akademie. Nollet entwickelte besonders auf dem Gebiete der Elektricitätslehre eine sehr rührige Thätigkeit und unterhielt mit den bedeutendsten Physikern seiner Zeit eine lebhafte Correspondenz. Er war der Entdecker der Endosmose der Flüssigkeiten. Auch findet sich in seinen Schriften die Idee eines, freilich sehr primitiven, Elektrometers. Er wollte nämlich die Grösse der elektrischen Ladung durch die Divergenz zweier Fäden messen. Er verbesserte die Stossmaschine, so dass diese für den centralen Stoss elastischer und nicht elastischer Kugeln angewendet werden konnte. Desgleichen hatte er seine Vorrichtung für den schiefen Stoss eingerichtet (Leçons de physique expérimentale, 1 Vol., 12°, Amst. 1754, Tom. I: pag. 360). Nollet hat eine grosse Anzahl wissenschaftlicher Abhandlungen verfasst, von deren Aufzählung wir jedoch hier absehen müssen. — Eine von Nollet stammende Luftpumpe befindet sich im Conservatoire des Arts et Métiers zu Paris.

Benjamin Wilson, geboren um 1708, gestorben zu London am 6. Juni 1788, Mitglied der Royal Society, scheint Maler gewesen zu sein. Er verfasste eine Anzahl von Abhandlungen, die sich grösstentheils in den Phil. Transactions finden und deren Inhalt sich zumeist auf Elektricität bezieht. Selbstständig erschien sein: Treatise on electricity (Lond. 1750). — Wilson hat zuerst den Conduktor an der Elektrisiermaschine angebracht, untersuchte die Elektricität des Turmalins und des brasilianischen Smaragds und wendete zuerst das elektrische Windrad an.

William Watson, geboren 1715 zu London, gestorben am 10. Mai 1787 ebendaselbst, war Apotheker, dann praktischer Arzt, Mitglied der Royal Society, Direktor des „British Museum". Von seinen Schriften erwähnen wir bloss: Experiments and observations on electricity (London 1745, 8°). Eine grössere Reihe von Abhandlungen ist in den Phil. Transactions erschienen. — Watson hat — wie wir weiter oben gesehen haben — sich besonders um die Verbesserung der Leydner Flasche Verdienste erworben.

Franz Ulrich Theodor Aepinus, geboren am 13. Dezember 1724 zu Rostock, gestorben am 10. August 1802 (alten Stils) zu Dorpat, war zuerst Privatdozent an der Universität zu Rostock, Professor der Astronomie in Berlin, dann der Physik in St. Petersburg, zuletzt lebte er ohne Amt in Dorpat. Seine Schriften beziehen sich grossentheils auf Mathematik und Astronomie. Uns interessirt hier bloss sein „Tentamen theoriae Electricitatis et Magnetismi (Rostock 1759). Aepinus führte den Grundversuch für die elektrische Vertheilung aus, indem er durch einen sehr präcis angestellten Versuch nachwies, dass die Elektricität, welche in einem langen isolirten Leiter entsteht, an dessen eines Ende ein elektrischer Körper angenähert wird, in dem der Elektricitätsquelle zugewendeten Ende des Leiters eine der Elektricitätsquelle entgegengesetzte, in dem abgewendeten Ende hingegen gleichnamige Elektricität hervorrufe. Auf Grund dieses Versuches verwarf er den Begriff der elektrischen Atmosphäre und führte dafür den des „elektrischen Wirkungskreises" ein. Dass Aepinus die Elektricität des Turmalins zuerst wahrnahm, ist schon weiter oben erwähnt worden.

Zuletzt erwähnen wir noch **Daniel Gralath,** geboren am 8. Juni 1739 zu Danzig, gestorben am 10. August 1809 ebendaselbst; er war Professor der Geschichte an der Universität seiner Vaterstadt. Seine elektrischen

Versuche sind im ersten Bande der Abhandlungen der „Naturforschenden Gesellschaft" zu Danzig im Jahre 1747 erschienen: „Nachricht von einigen elektrischen Versuchen". Ferner erwähnen wir noch seine „Geschichte der Elektricität" (ib. I., II. und III. 1747, 1754 und 1756).

6) Atmosphärische Elektricität und Erfindung des Blitzableiters.

Unsere Darstellung über die Entwicklung der Elektricitätslehre hat uns nun zu jenem Forscher geleitet, unter dessen Namen die ganze Entwicklung der Kenntnisse von der Elektricität in den zwei ersten Dritteln des vorigen Jahrhunderts zu stellen, uns am passendsten schien. Dieser Gelehrte ist eine der interessantesten Persönlichkeiten des, an bedeutenden Männern keineswegs armen, achtzehnten Jahrhunderts. Von gänzlich unbemittelten Eltern stammend, beginnt er seine Laufbahn als Druckerlehrling, der jedoch bald in das Journal an dessen typographischer Herstellung er arbeitet, Artikel einrücken lässt, dann Setzer, hierauf Buchdrucker, Papierhändler und publicistischer Schriftsteller, erwirbt er sich die Achtung und das Vertrauen seiner Mitbürger in solchem Masse, dass man ihn bei den damals ausbrechenden Wirren des Unabhängigkeitskrieges mit hervorragenden politischen Missionen betraut, und dass er, der gewesene arme Druckerlehrling als Präsident der Versammlung von Pennsylvania seine Laufbahn beschliesst. Es ist kaum nothwendig auszusprechen, dass wir von dem Typus eines „self-made man", von Benjamin Franklin sprechen.

Benjamin Franklin, geboren zu Governors-Island bei Boston am 17. Januar 1706, war der Sohn Josias Franklin's, der jung verheiratet um 1682 mit seiner Frau aus ihrer alten Heimat in Northamptonshire ausgewandert war, da sie sich dort in der freien Ausübung ihrer religiösen Ueberzeugung beschränkt fühlten. Der ältere Franklin hatte von seiner ersten Frau sieben, von einer zweiten zehn Kinder, das vorletzte Kind und zugleich der letzte Sohn war Benjamin Franklin. Josias Franklin war ein Seifensieder und Talglichterzieher und diesem Berufe sollte sich auch Benjamin widmen, nachdem man ihn aus der lateinischen Schule, an der er ein Jahr lang sehr gut lernte, nach Hause genommen hatte, da sich das Studierenlassen als zu kostspielig herausstellte. Als jedoch Benjamin durchaus keinen Sinn für das Geschäft seines Vaters verrieth, gab ihn dieser zu seinem älteren Sohne James, der ein Buchdrucker war, in die Lehre. Nachdem er dort dieses Handwerk erlernt hatte, ging er nach Philadelphia, hierauf machte er eine Reise nach England, wo er in seinem Geschäfte als Setzer arbeitete und sich in der Buchdruckerkunst wesentlich vervollkommnete. Nach seiner Rückkehr nach Amerika liess er sich in Philadelphia nieder, wo er später selbst eine Druckerei und eine Papierhandlung errichtete und eine Zeitung herausgab, nebenbei auch als politischer Schriftsteller eine Rolle spielte. Nach einer zweiten Reise nach London wurde Franklin Generalpostmeister aller englisch-amerikanischen Colonien, als er jedoch 1767 in London als Abgeordneter von Pennsylvanien die Angelegenheiten der Colonie mit grosser Energie und Kühnheit vertheidigt hatte, wurde er seines Postens enthoben. Während des Unabhängigkeitskrieges wurde Franklin in wichtigen politischen Missionen nach Paris geschickt, er war hier von 1776 an in wirksamer Weise als Staatsmann thätig. Er besiegelte sein Werk, als er am 20. Januar 1783 die Friedenspräliminarien mit unterschrieb, welche die Unabhängigkeit der Vereinigten Staaten gewährleisteten. In der letzten Zeit seines Lebens war Franklin Präsident des Congresses von Pennsylvanien. Er starb am 17. April 1790 in Philadelphia. — Franklin ist in jedem Zuge seines unbeugsamen, dabei jedoch so gewinnend liebenswürdigen Charakters ganz und gar ein Kind der neuen Welt. Was sich die Jugend der alten Welt ohne viel Mühe aneignet, das muss er sich in einer Zeit, die er dem Schlafe entzieht, mühevoll erringen. Es gehört die unverwüstliche, kräftige Leibesconstitution der sächsischen Rasse, die er in seiner Selbstbiographie an seinen Vorfahren rühmt, dazu, um bei dieser körperlich und geistig angestrengten Lebensweise in voller Rüstigkeit und elastischen Geistes ein so hohes Alter erreichen zu können.

Ueber die Art und Weise, wie Franklin sich seinen wissenschaftlichen, die Elektricität betreffenden Studien, zugewendet hat, erzählt er in seiner Selbstbiographie folgendes*): Es war im Jahre 1746, während seines Aufenthaltes in Boston, als ihm ein Dr. Spence aus Schottland einige elektrische Experimente vorwies. Später erhielt die Bibliotheksgesellschaft in Philadelphia von Collinson**), Mitglied der Royal Society zu London eine Glasröhre mit einiger Unterweisung zum Geschenke, um ähnliche Versuche auszuführen. Franklin eignete sich durch eifriges Ueben die Fertigkeit an, derlei Experimente zu veranstalten und unterwies auch seinen Nachbarn Kinnersley***) in denselben, der sich ein passendes elektrisches Geräthe zusammenstellte und damit die grösseren Städte Nordamerika's bereiste, wo er seine Versuche für Geld sehen liess. Franklin theilte die Resultate seiner elektrischen Versuche Collinson in London mit, der sie in der Royal Society vor-

---

*) **Benjamin Franklin.** Sein Leben von ihm selbst beschrieben. Stuttgart 1876.

) **Peter Collinson, geboren 1694, gestorben 1768, Kaufmann in London.

***) **Ebenezer Kinnersley,** geboren 1712 (Zeit seines Todes unbekannt), war praktischer Arzt und Lehrer an der Universität zu Philadelphia. Er schrieb: New experiments of electricity (Phil. Tr. 1763). — On some electrical experiments made with charcoal (Ib. 1773). — Er hat auch eine Vorrichtung zur Nachweisung der Erwärmung der Luft durch den Entladungsfunken construirt: das „Kinnersley'sche elektrische Thermometer".

lesen liess. Dort wurden dieselben indess anfänglich bloss belächelt. Später erschienen sie jedoch mit einer Vorrede Fothergill's und wurden auf Veranlassung Buffon's durch Dalibard in's Französische übersetzt. Nollet sah in dieser Schrift einen Angriff auf seine eigenen Ansichten über das Wesen der Elektricität und sprach den Verdacht aus, die Schrift Franklin's sei von seinen eigenen Feinden in Paris ausgeheckt worden. Er veröffentlichte einen Band Briefe, in denen er die Ansichten des amerikanischen Forschers zu widerlegen suchte. Dieser antwortete auf jene Angriffe nicht, sondern überliess dies seinem Freunde Le Roy*), der eine Entgegnung der Nollet'schen Schrift verfasste. Als es Dalibard und de Lor gelungen war, den Blitz aus den Wolken zu ziehen und sie die „Experimente von Philadelphia" vor König und Hof produzirten, da begann sich die Meinung zu Gunsten der Franklin'schen Ansichten zu wenden, die Royal Society zog die einmal schon abgewiesenen Briefe in nochmalige Verhandlung und liess dieselben nun in ihren Mittheilungen abdrucken. Zugleich suchte sie ihre frühere Missachtung der Resultate Franklin's dadurch gut zu machen, dass sie ihn unter ihre Mitglieder wählte und ihm die Copleymedaille für das Jahr 1753 verlieh. — Die Ausführung seines eigenen Versuches zur Erweisung der Identität zwischen dem Blitze und der Elektricität übergeht Franklin in seiner Darstellung, da derselbe aus der Geschichte der Elektricität genugsam bekannt sei.

Die Vermuthung, dass der Blitz ein riesiger elektrischer Funke sei, ist viel älter als der Versuch Franklin's. Schon am Ende des siebenzehnten Jahrhunderts verglich Wall die beiden Erscheinungen**), später sprachen sich auch Desaguliers und Nollet in ähnlicher Weise aus. Am bestimmtesten trat für diese Ansicht Winkler ein, ohne dass jedoch seine Vermuthung berücksichtigt wurde. Franklin vermochte deshalb seine Zeitgenossen von der Richtigkeit jener Annahme zu überzeugen, da er einen thatsächlichen Versuch vorschlug und wirklich zur Ausführung brachte. Allerdings führte den Versuch, jedoch auf seine Anregung, der schon erwähnte Dalibard zu Marly-la-ville, in der Nähe von Paris, einen Monat vor Franklin am 10. Mai 1752 aus, indem er eine 40 Fuss hohe isolirte Eisenstange aufrichtete, aus der mit Hülfe eines Drahtes der zur Beobachtung hingestellte Wächter Coiffier die ersten Funken

---

*) **Jean-Baptiste Le Roy,** gestorben 1800 zu Paris, Mitglied des Instituts. Er schrieb einige Abhandlungen über elektrische Gegenstände: Mém. sur l'électr. résineuse, où l'on montre qu'elle est réellement distinctive de l'électr. vitrée etc. (Mém. Sav. étrang. III, 1760). — Mém. sur l'électr., où l'on montre, qu'il y a deux espèces d'électr. etc. (Mém. Paris 1753). — Sur la forme des barres ou conducteurs metalliques, destinés à préserver les édifices des effets de la foudre etc. (Ib. 1773) u. s. f.

**) Siehe oben pag. 353.

zog. Dieselben waren 1½ Zoll lang und hatten den — gewöhnlich Schwefelgeruch genannten — starken Ozongeruch. Acht Tage später gelang Delor das Experiment zu Paris mit einer 99 Fuss hohen Eisenstange in Gegenwart des Königs und seines Hofes. Erst im Juni desselben Jahres führte Franklin selbst den von ihm vorgeschlagenen Versuch mit Hülfe eines seidenen Drachen aus, der an einer Hanfschnur befestigt war und eine eiserne Spitze trug. An einem Nachmittage des Monats Juni 1752, als ein Gewitter aufstieg, ging Franklin mit seinem Sohne auf das freie Feld, wo sie neben einer Hütte, die ihnen Schutz bot, den Drachen emporsteigen liessen. Schon waren einige vielversprechende Wolken, ohne den gewünschten Erfolg zu bringen, vorübergezogen, als Franklin wahrnahm, dass sich einige lose Fasern der Hanfschnur zu sträuben begannen. Am Ende der Schnur hing ein Schlüssel, von dem wieder eine seidene Schnur zur haltenden Hand führte. Als er nun den Knöchel des Fingers dem Schlüssel näherte, fuhren aus diesem Funken. Als hierauf der Regen die Schnur durchnässte, folgte ein Funken rasch dem andern. Im September desselben Jahres errichtete er an seinem Hause eine isolirte eiserne Stange, an welcher Glöckchen befestigt waren, welche ihm den elektrischen Zustand durch ihre Getöne verriethen. Im folgenden Jahre untersuchte Franklin die Qualität der atmosphärischen Elektricität und fand anfänglich, dass die Gewitterwolken stets negativ geladen seien, jedoch entdeckte er später durch zahlreicher ausgeführte Experimente, dass die Wolken bald negative, bald positive Elektricität enthielten. Aus diesen Versuchen entwickelte sich die Idee, die Gebäude durch eigene Vorrichtungen vor der zerstörenden Wirkung des Blitzes zu sichern: die Idee des Blitzableiters. Im 13. Briefe (vom September 1753) entwickelt er die Nützlichkeit von Metallstangen zur Ableitung der elektrischen Materie, da der Blitz nur dann explodire, wenn die leitenden Körper die elektrische Materie rascher empfingen, als sie dieselbe abzugeben im Stande seien. Eine metallische Leitung hingegen diene dazu um eine derartige Explosion entweder ganz zu verhüten, oder sie wenigstens wegzuleiten. Der Blitzableiter verbreitete sich ziemlich rasch in Amerika, sowie in Europa. In Deutschland hatte Winkler unabhängig von Franklin in demselben Jahre 1753 in einer kleinen Schrift: „Programma de avertendi fulminis artificio" (Lips. 1753) die Anlegung von Blitzableitern in Vorschlag gebracht, in Folge dessen denn auch schon im nächsten Jahre Procopius Divisch, Pfarrer zu Prenditz bei Znaim, den ersten Blitzableiter in Europa aufrichtete. In England errichtete Watson den ersten zu Payneshill im Jahre 1762. — Ueber die beste Form des Blitzableiters entspann sich ein lang andauernder, nie geschlichteter Streit: Wilson trat als Gegner der spitzen Ableiter auf, während sich Franklin, Watson, Cavendish und andere für eine solche Gestalt aussprachen. Ausserdem betheiligten sich Cavallo, Nairne und andere an diesem Streite.

Die grosse Bedeutung Franklin's für die Elektricitätslehre wird durch die Entdeckung und Nachweisung der Identität von Blitz und Elektricitätsentladung bei weitem nicht erschöpft. Eine höchst wichtige Entdeckung ist die der entgegengesetzten Ladung der beiden Belege der Leydner Flasche, die er in seinem dritten Briefe an Collinson vom 28. Juli 1747 beschreibt. Diese Entdeckung bestärkte ihn in der Aufstellung seiner Theorie einer einzigen elektrischen Flüssigkeit, welche er in seinem Briefe vom 1. Juni 1747 darlegt. Allerdings hat Watson, der um dieselbe Zeit ähnliche Ansichten entwickelte, ebenfalls Anrechte auf die Aufstellung der unitarischen Theorie, der zufolge die positive Elektricität in einem Ueberflusse, die negative in einem Mangel an elektrischem Fluidum bestünde. Diejenigen Körper, welche die normale Menge des elektrischen Fluidums besitzen, befinden sich in unelektrischem Zustande. Franklin stützte seine Ansicht hauptsächlich auf die Erfahrung, dass ein auf isolirtem Grunde stehender Mensch nicht im Stande sei, sich selbst zu elektrisiren, während bei zwei isolirten Personen, deren eine eine Glasröhre reibt, indess die zweite aus ihr Funken zieht, beide Personen entgegengesetzt elektrisch werden. Nach der Ansicht Franklin's hat in diesem Falle die eine Person Elektricität abgegeben; die andere Elektricität aufgenommen. Die Ladung der Leydner Flasche erklärt er in derselben Weise; dieselbe hat im geladenen Zustande nicht mehr Elektricität als im ungeladenen, jedoch enthält die positive Belegung mehr als die negative und zwar ist der Ueberschuss über die normale Menge gleich dem Mangel von dieser normalen Menge an der anderen Belegung. Die elektrische Anziehung erklärt er aus einer Anziehung, welche zwischen dem elektrischen Fluidum und der Materie des Körpers stattfindet, die Abstossung gleicher positiver Elektricität aus der dem elektrischen Fluidum innewohnenden gegenseitigen Abstossung, die Abstossung der negativen Elektricitäten erfordert eine neue Hülfshypothese, derzufolge sich auch die von Elektricität entblössten Theilchen der ponderablen Materie gegenseitig abstossen. — Uebrigens spricht Franklin selbst von seiner eigenen Theorie mit einem gewissen Misstrauen und versichert denjenigen seines Dankes, der ihm eine bessere zu bieten wisse*).

Von den auf physikalische Fragen bezüglichen Schriften unsers Autors führen wir die folgenden an: Experiments and observations on Electricity made at Philadelphia and communicated in several letters to Mr. Collinson in London, 1751. Supplemental Experiments, Pt. III, 1754. Spätere Ausgaben London 1769 und 1774. — Experiment on the effects of lightning. (Phil. Tr. 1751). — Observations on the nature of electricity (ib. 1755). — Observations on the transit of Mercury over the Sun 1769, Nov. 9. (Ib. 1771.) — On the stilling of waves by means of oil.

---

*) Franklin's Letters, pag. 78.

(Ib. 1774.) — Queries and conjectures relating to magnetism and the theory of the earth. (Tr. Americ. phil. Soc. III. 1793). — On the method of securing houses from the effects of lightning (Essays and obs., Soc. Edinb. Vol. III. 1771). — Die Werke Franklin's erschienen in 3 Bänden, mit dem Fragmente seiner Selbstbiographie, von Dr. Stuber fortgesetzt (London 1817—18), ferner: Works etc. von Jared Sparks herausgegeben in Boston 1840, 10 Bände in 8°. In der „Biographie Universelle" findet sich eine ausführliche Biographie von Biot.

Franklin hatte einen natürlichen Sohn William Franklin, dieser einzige seiner Söhne, welcher das Kindesalter überlebte, ergriff beim Ausbruche der Revolution die Partei der „Loyalisten", d. h. der Engländer und wurde zum Gouverneur von New-Jersey ernannt. Nach der Räumung von New-York suchte auch er in England ein Asyl, wo er vom König und dessen Regierung wohl aufgenommen und mit einer bedeutenden Pension bedacht wurde. Sein Vater konnte ihm die Abtrünnigkeit von der Sache seines Vaterlandes niemals vergeben und vermachte ihm bloss eine unbedeutende Summe. William Franklin starb im Jahre 1813.

Benjamin Franklin war ein excellent praktisch angelegter Geist. Neben den bedeutenden Verdiensten, welche die Geschichte der Wissenschaft mit goldenen Lettern aufgezeichnet hat, rühren von ihm eine Reihe von Verbesserungen in den Einrichtungen seines Vaterlandes und eine grosse Anzahl philanthropischer Institutionen her. Die glückliche Abwicklung der Verhandlungen, welche zur Anerkennung der Selbstständigkeit Nordamerika's führten, war ebenfalls zum grossen Theile das Verdienst seines taktvollen und dabei doch energischen Auftretens.

D'Alembert hat die Verdienste Franklin's in schwungvoller Weise durch den Hexameter verherrlicht: „Eripuit coelo fulmen, sceptrumque tyrannis," wozu der also Gefeierte die scherzhafte Bemerkung macht, dass er den Blitz da gelassen, wo er ihn gefunden und dass mehr als eine Million von Landsleuten mit ihm zugleich nach dem Scepter gegriffen haben. Mag nun auch das d'Alembert'sche Epigramm die Verdienste Franklin's in übertreibender Weise ehren, so hat doch dieser, aus geringen Kreisen in die Höhe der Fürsten der Erde sowohl, als jener der Wissenschaft sich aufschwingende Sohn des Volkes durch sein Leben eine so mächtige und weitausgebreitete Bewegung verursacht, wie dies nur wenig Menschen beschieden ist. Das haben seine Zeitgenossen denn auch gefühlt und ihm in's Grab nachgerufen, nachgerufen durch Männer, wie sie wieder wenigen Sterblichen als Grabredner beschieden sind: Mirabeau hielt in Europa, Washington in Amerika die Trauerrede. Auf Benjamin Franklin passt das Wort des Dichters in vollem Masse: „Wer den „Besten seiner Zeit genug gethan, der hat gelebt für alle Zeiten", oder die eigenen Worte, die er im Jahre 1773 seinem Sohne zur Beherzigung empfohlen: „Wenn du das Wohlergehen deines Volkes befördern

„und es glücklicher verlassen kannst, als Du es gefunden hast, so wird, „welche auch Deine politischen Ansichten sein mögen, Dein Andenken „stets gesegnet sein."

Im Anschlusse an Franklin haben wir noch einiger Gelehrter zu gedenken, die sich ebenfalls mit der atmosphärischen Elektricität beschäftigt haben.

de Romas, geboren am Anfange des achtzehnten Jahrhunderts zu Nérac in der Gascogne, gestorben 1776 ebendaselbst, war Lieutenant-Assesseur am Landgericht in seiner Vaterstadt und Correspondent der Pariser Akademie. Unabhängig von Franklin war de Romas auf den Gedanken gerathen, durch einen Drachen die Elektricität der Wolken herabzuziehen. Er liess einen Papierdrachen von $7^1/_2$ Fuss Höhe und 3 Fuss Breite am 7. Juli 1753 um 1 Uhr Nachmittags bis zu einer Höhe von 550 Fuss aufsteigen. Der Drache war an einer 780 Fuss langen hänfenen Schnur befestigt, welche um einen Eisendraht gesponnen war und so sehr gut leitete. Am Ende der Schnur befand sich zur Isolirung ein Stück Seidenschnur. Die Wirkung dieses Drachen von 18 Quadratfuss Oberfläche war eine überraschende und grossartige. Aus dem Ableiter fuhren Funken, deren Knistern auf 200 Schritte weit hörbar war, auf 3 Fuss Entfernung fühlte de Romas wie Spinnweben auf seinem Gesichte. Am Ende der Schnur war eine Blechröhre etwa ein Meter über dem Erdboden befestigt, um dieselbe führten drei Strohhalme aufgerichtet einen elektrischen Tanz auf, gleich dem der Hollundermarkpuppen bei unsern gewöhnlichen elektrischen Demonstrationsversuchen. Das Ende des Schauspiels bestand darinnen, dass der längste Strohhalm plötzlich von der Blechröhre angezogen wurde, worauf drei — Donnerschlägen gleichende — Explosionen erfolgten. Bei einem andern Versuche, am 26. August 1756, erhielt de Romas zehn Fuss lange elektrische Funken. — Seine Versuche beschrieb er in den folgenden Abhandlungen: Mém. où l'on rapporte des observations frappantes, qui prouvent que plus le corps isolé est élevé au dessus de la terre, plus le feu de l'électricité est abondant (Mém. sav. étrang. Tome II. 1755). — Sur l'expérience électrique du cerf volant (Ib. IV. 1763). — Mém. sur les moyens de se garantir de la foudre dans les maisons. Bordeaux 1776.

Georg Wilhelm Richmann, geboren am 11. Juli 1711 zu Pernau in Livland, gestorben am 26. Juli (alten Stils) 1753 zu St. Petersburg, war Professor und Akademiker in der russischen Hauptstadt. Wir besitzen eine lange Reihe von Abhandlungen dieses Gelehrten, welche in den Memoiren der Petersburger Akademie aus den Jahren 1741 bis 1753 enthalten sind. Dieselben beschäftigen sich hauptsächlich mit Wärme- und Elektricitätslehre. Von Richmann stammt die Regel, nach welcher vermöge der Mischungsmethode die spezifische Wärme einer Substanz bestimmt werden kann. Die Regel besagt nämlich, dass bei der

Mischung zweier, chemisch gegenseitig indifferenter Substanzen, der Wärmeverlust der wärmeren, gleich dem Wärmegewinn der kälteren sei. — Am bekanntesten ist jedoch Richmann's Name durch sein aufsehenerregendes, tragischer Ende geworden. Derselbe hatte am Ende eines schmalen Ganges auf einem vier Fuss hohen Schranke einen sogenannten Elektricitätszeiger, d. h. einen nicht in die Erde abgleiteten Blitzableiter. Der Elektricitätszeiger bestand aus einer Eisenstange, deren unteres Ende sich in einem Becherglase befand, das zum Theil mit Messingspähnen gefüllt war, während das obere Ende vermöge einer Drahtleitung mit dem Dache des Hauses in leitender Verbindung war. An der Stange hing ein Faden herunter, der jedoch, sobald die Stange elektrisch war, von derselben unter einem Winkel abstand, den man auf einem Gradbogen messen konnte. Als am 6. August (neuen Stils) 1753 Mittags nach 12 Uhr von Norden her ein Gewitter aufstieg, begab sich Richmann, in Gesellschaft des akademischen Kupferstechers Sokolow*) zu seinem Elektricitätszeiger, den er von sehr nahe beobachtete. Trotzdem das Gewitter vom Zenithe des Beobachtungsortes noch weit entfernt war, fuhr plötzlich aus der Stange des Elektricitätszeigers ein faustgrosser, weisslich-blauer Feuerball nach der Stirne Richmann's, der lautlos rücklings todt an die Wand fiel. Sokolow stürzte nach vorne, für kurze Zeit betäubt zu Boden. Er hat den Kugelblitz — ein solcher scheint es gewesen zu sein — der Richmann getödtet, beobachtet. Die elektrische Entladung war, wie dies die Section des Leichnams ergab, von der Stirne den Körper und den linken Fuss entlang gefahren. Ueber den Tod Richmann's gibt es einige ausführliche Beschreibungen aus jener Zeit: Schlözer behauptet (Sein Leben I, pag. 186) Richmann habe sein Haupt absichtlich dem Elektricitätszeiger übermässig angenähert, während die andern darthun, dass bei Entfernung der Gewitterwolke vom Scheitelpunkte an eine Gefahr noch nicht zu denken war. Andere Beschreibungen sind von Winkler: De avertendi fulminis etc. 1753, ferner die Relationen in den Schriften der Pariser und Londoner Akademie. Eine ausführliche Beschreibung findet sich in Priestley's Geschichte der Elektricität, deutsch von Krünitz (Berlin, Stralsund 1772, pag. 225 ff.).

Giacomo Battista Beccaria (auch Beccheria), geboren am 3. Okt. 1716 zu Mondovi, gestorben am 27. Mai 1781 zu Turin. Er gehörte dem Orden „der frommen Schule" an und war Professor der Physik an der Universität zu Turin. Er beschäftigte sich nach Le Monnier's Beispiel mit der Beobachtung des elektrischen Zustandes der Atmosphäre bei heiterem Himmel: „Dell' elettricità terrestre atmosferica a cielo sereno." (Torino 1775.) Ausserdem hat er noch andere auf ähnliche Gegenstände bezügliche Abhandlungen verfasst. — In seiner Abhandlung: Gradus Taurinensis. Aug. Taur. 1774 beschreibt er die von ihm in Pie-

---

*) Nach einer andern Schreibart: Solokow.

mont ausgeführte Gradmessung. Beccaria verfertigte auch Franklin'sche Tafeln mit abnehmbarer Belegung, um den Sitz der Ladung zu finden.

John Canton, geboren am 31. Juli 1718 zu Stroud (Gloucestershire), gestorben am 22. März 1772 zu London, war Vorsteher einer Privatschule und Mitglied der Royal Society. Canton war ein sehr glücklicher und geschickter Experimentator. Er hat sich vor allem auf dem Gebiete der Elektricitätslehre hervorgethan. Ihm verdanken wir die Anwendung des Quecksilberamalgams am Reibzeuge der Elektrisirmaschine, an Stelle der geölten Seide, welche vordem verwendet wurde; bezüglich der Qualität der Elektricität, die durch Reiben eines Körpers entsteht, wies er nach, dass diese von der Natur der Oberfläche abhänge, dass polirtes Glas gerieben, positiv, mattes mit Flanell gerieben negativ elektrisch werde. Canton construirte das erste Elektroskop aus Hollundermarkkugeln an Zwirnfäden, welche in einem Kästchen angebracht waren. Er zeigte, wie man eine isolirt aufgestellte Leydner Flasche durch abwechselnde Berührung der beiden Belege successiv entladen könne, ferner, wie man aus der Anzahl der Funken, die einem isolirten Leiter mitgetheilt wurde, den Grad der Ladung der Flasche beurtheilen könne. Ein interessanter Versuch ist die Elektrisirung hermetisch verschlossener Glasgefässe durch Erwärmung. — Canton entdeckte einen Phosphor, den er aus Austernschalen und Schwefel herstellte, ferner zeigte er, dass das Wasser zusammendrückbar sei und erfand eine Methode, mit Hülfe des Erdmagnetismus zu magnetisiren. Dieses war seine erste, berühmtere Untersuchung, die ihm die Pforten der „Royal Society" öffnete. Von seinen Schriften erwähnen wir die folgenden: A method of making artificial magnets without the use of, and yet far superior to, any natural ones (Phil. Tr. 1751). — Observations of the planet Venus on the Sun's disk, June 6, 1761 etc. (Ib. 1761). — Experiments to prove that Water is not incompressible (Ib. 1762). — On the compressibility of water and some other fluids. (Ib. 1764.) — An easy method of making a phosphorus etc. (Ib. 1768). — Observations of the transit of Venus, June 3, 1769 (Ib. 1769).

Horace Bénedict de Saussure, geboren den 17. Februar 1740 zu Conches bei Genf, gestorben in der letzteren Stadt den 22. Januar 1799, war Professor der Philosophie zu Genf, später bekleidete er öffentliche Aemter und nahm am politischen Leben Theil. Um geologische Studien zu machen, führte er grössere Reisen im westlichen Europa aus. Saussure beschäftigte sich vielfach mit elektrischen Untersuchungen, besonders mit dem elektrischen Zustande der Atmosphäre. Bei seinen Versuchen wendete er am Elektrometer statt einer Lichtflamme zur Ableitung der Elektricität einen glimmenden Zunder an, was bei der Beobachtung im Freien viel zweckmässiger ist. Die Titel seiner zahlreichen Schriften übergehen wir.

Tiberio Cavallo, geboren zu Neapel am 30. März 1749, gestorben am 21. Dezember 1809 zu London, lebte als Privatgelehrter und Mitglied der Royal Society in letzterer Stadt. Derselbe gab sich mit grossem Eifer dem Studium der elektrischen Beschaffenheit der Atmosphäre hin, die er mit verschiedenen Elektrometern untersuchte, worüber er eine grosse Anzahl von Aufsätzen schrieb.

Mit der Erscheinung der elektrischen Pausen, d. h. der Erscheinung, dass eine geladene Kugel in gewissen Entfernungen keine Funken gibt, beschäftigten sich Gross und Nairne.

Johann Friedrich Gross, geboren am 5. Mai 1732 zu Nagold in Württemberg, gestorben am 5. Februar 1795 zu Stuttgart als Professor der Physik an der Karlsschule. Er schrieb: Elektrische Pausen, 8°, Leipzig 1776. — Grundsätze der Blitzableitungskunst, 8°, Ib. 1796 (posthum).

Edward Nairne, gestorben 1806 zu London, war Mechanicus und Mitglied der Royal Society.

7) Anwendung der Elektricität in der Medicin.

Nur ganz kurz erwähnen wir die Anwendungen der Elektricität in der Medizin, worüber im Laufe des vorigen Jahrhunderts sehr viel versucht, geschrieben und noch vielmehr gedichtet wurde. Giovanni Francesco Pivati (geboren 1689, gestorben 1764), Archivar der Universität zu Bologna elektrisirte peruvianischen Balsam, der in einer Glasröhre hermetisch verschlossen war und wollte durch Berühren mit diesem Gefässe curiren; der oben schon erwähnte Winkler behauptet, dass die Gerüche von Substanzen durch elektrisirte Glasgefässe dringen.

Hauptsächlich wendete man die Elektricität bei Lähmungen an. Zuerst geschah dies durch **Christian Gottlieb Kratzenstein** (geboren 1723 zu Wernigerode, gestorben 1795 zu Kopenhagen), derselbe war Professor zu Halle, dann zu Petersburg, zuletzt in Kopenhagen. Er veröffentlichte eine Schrift: Abhandlung vom Nutzen der Elektricität in der Arzneiwissenschaft (Halle 1745). Er ist wahrscheinlich der Erfinder der Zungenpfeifen mit durchschlagenden Zungen, auch construirte er eine Sprechmaschine, die sich in der Abhandlung: Sur la naissance et la formation de voyelles (Journ. de physique XXI, 1782) beschrieben findet. Er verfasste eine grosse Anzahl von Abhandlungen.

Ferner ist zu erwähnen **Louis Jallabert** (geboren 1712 zu Genf, gestorben 1768 zu Beguin bei Genf); er war Professor der Physik, Mathematik und Philosophie, ausserdem Bibliothekar in seiner Vaterstadt. Ueber die glückliche Heilung einer Lähmung berichtet er in der Abhandlung: La guérison d'un paralytique par le moyen de l'électricité (Mém. Par. 1748).

Schliesslich führen wir noch **Johann Baptist Bohadsch** an (geboren 1724 zu Prag, gestorben 1768 ebendaselbst). Er war praktischer Arzt und Professor der Naturgeschichte an der Universität Prag. Er verfasste eine Abhandlung unter dem Titel: Dissertatio de utilitate Electrisationis in curandis morbis (Pragae 1751)*).

Charles-Augustin Coulomb.

In den Händen jener Forscher, mit denen wir uns im Vorhergehenden zu beschäftigen hatten, war die Elektricität ein Gebiet der Erscheinungswelt, welches sich durch die merkwürdigen, über die alltägliche Erfahrung hinausgehenden Vorgänge von den übrigen physikalischen Phänomenen wesentlich unterschied. Bei den vagen Vorstellungen über das Wesen der Elektricität, jenes imponderabeln Agens, das sich jeder direkten Bestimmung der Menge desselben entzieht, ist es ganz und gar erklärlich, dass die ersten Forscher auf diesem Gebiete sich ausschliesslich mit der qualitativen Seite der Phänomene beschäftigt haben. Späteren war es vorbehalten, an dieselben messend und wägend heranzutreten, um so den ersten Schritt zur Einführung der allgemeinen mechanischen Anschauungen auf dieses Gebiet auszuführen. Dem französischen Gelehrten, dessen Name an der Spitze gegenwärtigen Abschnittes steht, gebührt die Ehre, der erste gewesen zu sein, der die Elektricitätslehre in neue Bahnen gelenkt hat, wodurch sie ebenfalls zu einem Gliede der mechanischen Physik wurde, wenn auch ihre vollständige Verschmelzung mit den übrigen Theilen der Wissenschaft bis zum heutigen Tage noch nicht gänzlich durchführbar ist.

Charles-Augustin Coulomb, der aus einer vornehmen Familie aus Montpellier stammte, wurde am 14. Juni 1736 zu Angoulême geboren. Er studirte in Paris und trat hierauf in die Armee ein, da ihn verschiedene Umstände hinderten sich ganz den Wissenschaften zu widmen. Seiner entschiedenen Neigung für die Mathematik entsprechend, trat er in die Genietruppe und wurde als Offizier derselben nach den französischen Colonien in Westindien, nach Martinique geschickt, wo er den Bau einiger Befestigungen, besonders den des Forts Bourbon leitete. Coulomb musste jedoch, um seine zerrüttete Gesundheit wiederherzustellen, nach neunjährigem Aufenthalt in jenem tropischen Klima nach seiner Heimat zurückkehren. Während seines Aufenthaltes in Westindien fand er weder Gelegenheit noch Musse sich mit wissenschaftlichen Untersuchungen zu beschäftigen. Erst nach seiner Heimkehr konnte er dieser Neigung Rechnung tragen. Er verfasste im Jahre 1776 eine Abhandlung über die Statik der Gewölbe, welche die Aufmerksamkeit der ge-

---

*) Ausführlicher über diesen Gegenstand handelt: Priestley, Geschichte und gegenwärtiger Zustand der Elektricität. Nach der zweiten englischen Ausgabe übersetzt von Dr. J. G. Krünitz, 4°, Berl.-Stralsund 1772, pag. 96 ff., pag. 260 ff.

lehrten Kreise auf den talentvollen Genieoffizier lenkte. Die Akademie hatte einen Preis für die beste Construktion des Schiffscompasses ausgesetzt, an dem er mit van Swinden*) Theil nahm. Im Jahre 1781 gewann er einen Preis von der Akademie für seine „Théorie des machines simples", in welcher er die Theorie der mechanischen Potenzen mit Rücksicht auf die Reibung und die Steifigkeit der Stricke entwickelt hatte, und wurde zum Mitgliede der Akademie der Wissenschaften gewählt. Die Abhandlung, welche ihm die Pforten der Akademie öffnete, hatte er während seines Aufenthaltes in Rochefort geschrieben, wo er in technischer Verwendung stand. Coulomb wurde von Seite der Regierung zu verschiedenen Malen in technisch-wissenschaftlichen Fragen consultirt, was ihm einerseits in Hinsicht auf seine Beförderung in seiner militärischen Laufbahn von Nutzen war, anderseits jedoch mancherlei Unannehmlichkeiten im Gefolge hatte. So wurde er einst vom Marineministerium in Angelegenheit eines Projektes schiffbarer Kanäle zur Meinungsäusserung aufgefordert. Sein Gutachten fiel ungünstig aus, wodurch sich einige einflussreiche Personen beleidigt fühlten, die über den rücksichtslosen Gelehrten beim Kriegsministerium Klage führten. Die Folge hievon war, dass Coulomb Arrest erhielt; als Motiv wurde angeführt, dass er von seiner vorgesetzten Behörde zur Abgabe eines solchen Gutachtens nicht autorisirt gewesen sei. — Als die Revolution ausbrach, hatte es Coulomb bis zum Obristlieutenant im Geniecorps gebracht, ausserdem war er Ritter des Ludwigordens. Da er in keiner Weise Neigung fühlte an der Bewegung in irgend welcher Art Theil zu nehmen, so legte er im Jahre 1789 seine sämmtlichen Stellen nieder, quittirte und zog sich mit seinem Freunde Borda auf sein kleines Landgut in der Nähe von Blois zurück, wo er ganz den Wissenschaften und seiner Familie lebte. Nachdem unter dem Consulate geordnete Zustände Platz gegriffen hatten, kehrte er zurück und war einer der ersten Gelehrten, die als Mitglieder des, an Stelle der in der Revolution aufgelösten Akademie gegründeten „Instituts" ernannt wurden. Ausserdem wurde er einer der Generalinspectoren des Unterrichtswesens. Coulomb starb zu Paris im Alter von 70 Jahren und 2 Monaten am 23. August 1806, von allen, die ihn kannten, seines geraden und biedern Charakters wegen, hochgeachtet.

Coulomb's wissenschaftliche Arbeiten betreffen hauptsächlich technisch-mechanische Fragen und die Theorie der elektrischen und magnetischen Fernwirkungen. Seine Theorien stellt er stets auf Grund musterhaft durchgeführter, messender Versuche auf. Vermöge dieser Methode

---

*) Jan Hendrik van Swinden, geboren 1746 im Haag, gestorben 1823 zu Amsterdam, war Professor der Physik, Logik und Metaphysik an der Universität zu Franeker, hierauf Professor der Philosophie, Physik, Mathematik und Astronomie am Atheneum zu Amsterdam. Im Jahre 1790 wurde er als Abgesandter der batavischen Republik nach Paris gesendet, um an den Berathungen über das metrische Masssystem Theil zu nehmen.

seiner Forschung ist er der Begründer der experimentellen Physik in Frankreich. Die Zahl seiner Schriften ist nicht eben bedeutend zu nennen, jedoch sind es fast ohne Ausnahme Arbeiten von grosser Tragweite, welche in diesen Abhandlungen enthalten sind. Vor allem haben wir von den Arbeiten des Verfassers zu sprechen, welche sich auf die Mechanik beziehen. Hierher gehört die Abhandlung: „Application des règles de maximis et minimis à quelques problèmes de statique relatifs à l'Architecture", welche in den Publikationen der Pariser Akademie vom Jahre 1776 erschien, ausserdem auch in der: „Théorie des machines simples" enthalten ist. Die Abhandlung beschäftigt sich ausführlich mit der relativen Festigkeit eines, an einem Ende eingemauerten, horizontalen Balkens von rechteckigem Querschnitte. Das Resultat, das sich aus seinen Rechnungen ergibt, ist jenes, das wir heute für denselben Fall als gültig betrachten[*]. — Eine ähnliche Untersuchung bezieht sich auf die Festigkeit steinerner Säulen, auf welche in Richtung ihrer Axe ein Druck ausgeübt wird. — Ausser diesen ist noch eine dritte Untersuchung anzuführen: die Theorie des Erddruckes, wie dieser bei Futtermauern etc. vorkommt. Auch die statischen Verhältnisse der Gewölbe studirt Coulomb und rectificirt die Ansichten Lahire's und Belidor's über diesen Gegenstand, indem er zeigt, dass sowohl durch Gleiten als durch Drehung der einzelnen Gewölbsteine ein Einsturz erfolgen könne.

Wir erwähnen ferner die Abhandlung Coulomb's über den Flug der Vögel, die in dem: „Recueil des Savants étrangers" erschienen ist, in der er nachweist, dass die Kraft des Menschen ganz und gar ungenügend sei, um solche Flügel in Bewegung zu setzen, mittelst welcher er im Stande wäre, sein eigenes Körpergewicht in die Luft zu erheben und durch den Widerstand der Luft freischwebend zu erhalten. Es wären Flügel von 30—40 Tausend Quadratfussen Fläche erforderlich, um dieses Resultat zu erzielen, deren Bewegung durch menschliche Kraft nicht bewerkstelligt werden könnte.

Von grosser Tragweite sind die Untersuchungen Coulomb's über die Bewegungshindernisse, insbesondere die Reibung, die Steifigkeit der Stricke und den Widerstand des Mittels. Die Messung der Reibungs-

---

[*] Bezeichnet Q die relative Festigkeit, d. h. das Gewicht, bei welchem der Balken zu brechen beginnt, l die Länge, b die Breite, h die Höhe desselben, so ist nach Galilei
$$Q = 1/2 \; k \frac{bh^2}{l},$$
nach Leibniz
$$Q = 1/3 \; k \frac{bh^2}{l},$$
nach Coulomb hingegen $Q = 1/6 \; k \frac{bh^2}{l}$. Der Coëffizient der Festigkeit: k bedeutet den Widerstand der Faser vom Querschnitte $= 1$, im Augenblicke des Zerreissens.

coëffizienten führte unser Forscher in der Weise aus, dass er auf einer, aus der zu bestimmenden Substanz bestehenden Unterlage eine ebensolche Platte schleifen liess. Die Bewegung der letzteren geschah durch Gewichte, welche auf eine — über eine Rolle laufende — Schnur und vermöge dieser auf die belastete Platte wirkten. Coulomb fand für die gleitende Reibung der Substanzen die folgenden allgemeinen Regeln: Die Reibung beim Uebergange eines ruhenden Körpers in Bewegung ist eine grössere, als diejenige bei fortbestehender Bewegung, die Reibung ist innerhalb gewisser Grenzen von der Geschwindigkeit der Bewegung unabhängig; stets unabhängig ist sie ferner von der Grösse der reibenden Fläche*). — Coulomb bestimmte ferner den Widerstand der Luft auf einen in derselben langsam bewegten festen Körper, wobei er nachwies, dass dieser Widerstand aus zwei Gliedern bestehe, deren erstes von der ersten, deren zweites von der zweiten Potenz der Geschwindigkeiten abhängig sei**).

Diejenigen Untersuchungen, welche Coulomb zur Construktion der Torsions- oder Drehwaage leiteten, jenes Instrumentes, das für die Lehre von der Wirkung der elektrischen und magnetischen Kräfte von solcher Bedeutung war, bezogen sich ursprünglich auf die Torsionselasticität feiner Fäden oder Drähte. Coulomb befestigte nämlich Haare, feine Metalldrähte u. dergl. an ihrem einen Ende und hängte an ihr anderes Ende eine Kugel oder — in seinem Schwerpunkte — einen Stab; wurde nun der aufgehängte Gegenstand aus der Lage des nicht tordirten Fadens abgelenkt, so vollführte er um diese, als um die Gleichgewichtslage, Schwingungen, aus deren Grösse die Elasticität eines um seine Axe tordirten Fadens berechnet werden kann. Coulomb nannte diese im Jahre 1777 ausgedachte Vorrichtung Drehwaage: „balance de torsion" oder Torsionspendel. In der That war dieselbe Vorrichtung, die nach dem Jahre 1798 von Cavendish und anderen Forschern zur Bestimmung der mittleren Dichte der Erde benützt wurde, schon früher von dem Engländer John Michell ausgedacht worden, ohne dass jedoch der französische Gelehrte von dieser Erfindung etwas gewusst hätte.

Coulomb beschäftigte sich auch mit Untersuchungen über die Arbeitsleistung eines Menschen, wenn derselbe mit oder ohne Last auf einer Stiege emporsteigt oder aber sich auf horizontalem Boden bewegt, ferner wenn er eine Last auf einem Schiebkarren fährt, eine Kurbel dreht, mit dem Spaten arbeitet u. s. f.

---

*) Seither wurden besonders von Rennie (Expériments on the Friction etc. Phil. Tr. 1829) und dem General Morin (Nouvelles expériences sur le frottement. I. Mém. présentés à l'Acad. de Paris, T. IV, 1833. II. Mém. Paris 1834, III. Mém. 1835) genauere Messungen angestellt.

**) Expériences destinées à déterminer la cohérence des fluides et les lois de leur résistance etc. (Mém. de l'Institut, an IX (1800), pag. 246.)

Die Drehwaage wurde von ihrem Erfinder nicht bloss zu Elasticitätsmessungen von Drähten verwendet. Von weitaus grösserer Wichtigkeit sind die Versuche Coulomb's über die Wirkung der magnetischen und elektrischen Kräfte, durch welche er constatirte, dass diese beiden Kräfte Centralkräfte seien, deren Wirkung dem Produkte der beiden magnetischen, resp. elektrischen Massen direkt, dem Quadrate der Entfernungen hingegen indirekt proportional sei*). Durch die Einführung der Drehwaage als Messinstrument für geringe Kräfte hat Coulomb den physikalischen Instrumentenvorrath um einen wichtigen Apparat bereichert und Anstoss zur Construktion einer ganzen Reihe von Messvorrichtungen gegeben, für welche die Torsionswaage ebenso als Grundtypus dient, wie dies für die gewöhnliche Waage bezüglich anderer Instrumente der Fall ist. Die Drehwaage wurde von ihrem Erfinder in mehrfacher Weise angewendet: während sie einerseits geeignet ist durch Schwingungsversuche die Torsionselasticität von Drähten und Fäden zu bestimmen, kann man anderseits mit Hülfe dieser Vorrichtung vermittelst Ablenkungs- also statischer Versuche die Gesetze der magnetischen Fernwirkung, ferner das Verhalten der elektrischen Kräfte studiren.

Die Experimentaluntersuchungen, welche Coulomb mit Hülfe seiner Drehwaage anstellte, können zu jeder Zeit als Muster für dergleichen Messungen dienen. Besonders sind die Messungen der elektrischen Kräfte hervorzuheben, sowie die Bestimmung der Vertheilung der Elektricität auf Leitern. Als Resultate seiner diesbezüglichen Untersuchungen können die folgenden Sätze dienen: Wir unterscheiden zweierlei elektrische Fluida: die positive und die negative Elektricität. Die Theilchen einer jeden von diesen Elektricitäten stossen einander ab, während die Theilchen der einen die der andern anziehen. Die Anziehung und Abstossung geschieht im direkten Verhältnisse zum Produkte aus den Mengen der elektrischen Flüssigkeiten und im umgekehrten Verhältnisse zum Quadrate der zwischen denselben liegenden Entfernung. Die Elektricität befindet sich auf Leitern stets bloss auf der Oberfläche, auf welcher sie sich, vermöge der Repulsivkraft ihrer Theilchen der Gestalt dieser Oberfläche des elektrischen Körpers gemäss, vertheilt. Auf Isolatoren kann das elektrische Fluidum auch im Innern des Körpers bestehen. Die elektrischen Anziehungen und Abstossungen geschehen ohne Vermittlung des zwischenliegenden Mediums durch eine „actio in distans". Der natürliche Zustand der Körper besteht dann, wenn in

---

*) Dieses Gesetz der Fernwirkung wurde übrigens für Elektricität bereits einige Jahre früher auch schon durch die Versuche Lord Stanhope's angedeutet. **Lord Charles Stanhope,** geboren 1753 zu Genf, gestorben 1816 zu Chevening (Kent), war Mitglied des Unterhauses, Peer, Mitglied der Royal Society. Sein Werk, in dem er die Lehre von der Elektricität behandelt, führt den Titel: Principles of electricity (London 1779, 4^0). Stanhope erfand auch eine Rechenmaschine, eine Druckerpresse etc.

demselben die beiden entgegengesetzten Elektricitäten in gleicher Menge vorhanden sind.

Den wichtigen Versuch, mittelst welches nachgewiesen werden kann, dass die Elektricität sich auf leitenden Körpern bloss auf der Oberfläche befindet, hat Coulomb auf folgende Art in überzeugender Weise ausgeführt. Eine isolirte Metallkugel wurde mit zwei vollständig darauf passenden Halbkugeln, welche an isolirenden Handhaben gehalten werden konnten, bedeckt und hierauf das ganze System elektrisirt. Nach Abheben der Halbkugeln zeigte sich die Kugel als gänzlich unelektrisch. Dasselbe war der Fall, wenn die Kugel selbst elektrisirt, hierauf mit den Halbkugeln bedeckt und dann diese entfernt wurden. Auch in diesem Falle fand sich die sämmtliche Elektricität auf den beiden Halbkugeln. — In ähnlicher Weise wies Coulomb nach, dass das Innere einer isolirten Hohlkugel vollständig unelektrisch sei.

Die wichtigsten auf Mechanik bezüglichen Arbeiten des Verfassers wurden unter dem Titel „Théorie des machines simples, en ayant égard au frottement de leurs parties et à la roideur des cordages" gesammelt und zu Paris einigemal herausgegeben, so z. B. im Jahre 1821. Der Inhalt des ziemlich starken Quartbandes ist der folgende: **Théorie des machines simples:** Première partie. Du frottement des surfaces planes qui glissent l'une sur l'autre. — Deuxième partie: De la force nécessaire pour plier les cordes, et du frottement des axes.

Die zweite Abhandlung, welche der voranstehenden angeschlossen ist, führt den Titel: **Du frottement de la pointe des pivots.** Dieselbe wurde im Jahre 1790 der Akademie vorgelegt und enthält die Theorie der Zapfenreibung an Maschinentheilen.

Die dritte Abhandlung hat den Titel: **Recherches théoriques et expérimentales.** Sur la force de torsion et sur l'élasticité des fils de métal. Application de cette théorie à l'emploi des métaux dans les arts et dans différentes expériences de Physique. Construction de différentes balances de torsion, pour mesurer les plus petits degrés de force. Observations sur les lois de l'élasticité et de la cohérence. In dieser 1784 vorgelegten Abhandlung befinden sich die Untersuchungen über die Torsionskraft und die Torsionsschwingungen, die Abhängigkeit derselben von der Länge und der Dicke des Drahtes, ferner die Messung der Reibung von Flüssigkeiten an eintauchenden festen Körpern.

Die vierte Abhandlung ist die folgende: **Résultat de plusieurs expériences.** Destinées à déterminer la quantité d'action que les hommes peuvent fournir par leur travail journalier, suivant les différentes manières dont ils emploient leurs forces. Dieselbe handelt von den Versuchen des Verfassers über die tägliche Leistungsfähigkeit des Menschen beim Ersteigen einer Rampe oder Stiege, mit oder ohne Last, sowie bei der Arbeit mit verschiedenen Werkzeugen.

Das fünfte Mémoire: **Observations théoriques et expérimentales.**

Sur l'effet des moulins à vent et sur la figure de leurs ailes" behandelt die Wirkungsfähigkeit der Windmühlen und die Form der Flügel derselben.

Das sechste und letzte Mémoire: **Essai sur une application des règles de maximis et minimis à quelques problèmes de statique, relatifs à l'Architecture**" beschäftigt sich mit einigen technisch-mechanischen Problemen. Die Versuche und die theoretischen Entwicklungen beziehen sich auf die Reibung, die Festigkeit der Körper, den Widerstand gemauerter Pfeiler, Futtermauern und Gewölbe. Es sind dies sämmtlich Probleme, welche auf die Auffindung von Maximal- und Minimalwerthen von Functionen führen.

Die Arbeiten des Verfassers über Elektricität und Magnetismus finden sich in den folgenden Abhandlungen: „Sur l'électricité et le magnétisme", sieben Abhandlungen in den Mémoiren der Pariser Akademie von 1785—89. Die erste Abhandlung ist der Beschreibung der Torsionswaage gewidmet. Die Einrichtung dieses Messapparates war eine so empfindliche, dass ein Grad des Torsionskreises einer Kraft von einem hunderttausendstel Theile eines englischen „grain" entsprach; in einem anderen Apparate machte der Balken eine vollständige Umdrehung, wenn eine Kraft wirkte, welche bloss ein siebenzigtausendstel eines Grains betrug; die Drehung betrug einen rechten Winkel, wenn man ein Stück geriebenes Siegellack in der Entfernung von einer Elle dem Apparate näherte. — Die zweite Abhandlung bezieht sich auf die Gesetze der elektrischen Anziehung und auf die magnetischen Kräfte, welche sich nach demselben Gesetze ändern, wie die elektrischen Kräfte. — In der dritten Abhandlung untersucht Coulomb den gradweisen Verlust der Elektricität, den ein isolirter Körper erleidet. — Im vierten „Mémoire" wird nachgewiesen, dass die Capacität eines Körpers von dessen chemischer Beschaffenheit ganz und gar unabhängig sei. Ferner wird gezeigt, dass die inneren Theile eines elektrischen Körpers sich in vollständig unelektrischem Zustande befinden. — Im fünften und sechsten „Mémoire" beschäftigt sich Coulomb mit der Vertheilung der Elektricität auf verschieden geformten Leitern, die mit einander in Berührung gebracht werden. — Die siebente Abhandlung bezieht sich auf den Magnetismus. Um die unregelmässigen Schwingungen der an einem feinen Faden hängenden Magnetnadel zu vermeiden, hängt er an dieselbe eine horizontale Platte, die in ein Gefäss mit Wasser taucht.

Von den Arbeiten Coulomb's sind noch zu erwähnen: Sur la meilleure manière de fabriquer les aiguilles aimantées etc. (Mém. prés. à l'acad. T. IX. 1780.) — Description d'une boussole, dont l'aiguille est suspendue par un fil de soie (Mém. Par. 1785). — Détermination théorique et expérim. des forces qui ramènent différentes aiguilles aimantées à saturation à leur méridien magnétique (Mém. l'Inst. III. An IX.). — Nouv. méthode de déterminer l'inclinaison d'une aiguille aimantée (Ib. IV. An XI). — Résultats des diff. méthodes employées à donner aux barres de l'acier le plus haut degré de magnétisme (Ib. VI. 1806). — Nouv. moyen pour mesurer l'inclinaison de l'aiguille aimantée (Bull. soc. philomat. An III).

Im Anschlusse an Coulomb erwähnen wir noch kurz zweier Gelehrter, die sich um die technische Mechanik Verdienste erworben haben, nämlich Bossut und Dubuat.

Charles Bossut, geboren 1730 zu Tartaras, gestorben zu Paris, war Jesuit, Professor der Mathematik an der „École du génie" zu Mézières bis zur Revolution, während der Revolution war er ohne Amt, unter dem Kaiserreiche Examinator an der polytechnischen Schule zu Paris. Sein Hauptwerk ist der „Traité élément. d'hydrodynamique" (2 vol. Paris 1772). Er untersuchte die Ausflussgeschwindigkeit des Wassers aus Gefässen, den Stoss isolirter Wasserstrahlen und die Bewegung der Schiffe. Ausser diesem verfasste er noch eine grosse Anzahl von Schriften über die verschiedensten mathematischen und mechanischen Gegenstände.

Louis Gabriel Graf Dubuat-Nançay, geboren 1732, gestorben 1787 zu Nançay (Berry), gehörte dem Malteserorden an. Nachdem er eine Zeit lang in französischen Staatsdiensten als Gesandter an deutschen Höfen gelebt und dort geheiratet hatte, quittirte er den Dienst und lebte bloss seinen hydrodynamischen Versuchen, die er in seinem Werke: „Principes d'hydraulique et de pyrodynamique vérifiés par un grand nombre d'expériences etc." (1 vol. Paris 1779) beschrieben hat. Diese Versuche Dubuat's waren lange Zeit die einzigen, die über jenen Gegenstand existirten. Insbesondere ist es die Bewegung des Wassers in Canälen, Flüssen und Röhrenleitungen, die er eingehend studirte. Dubuat geht von folgenden zwei Sätzen aus: 1. Die bewegende Kraft in Fluss- und Canalbetten strömenden Wassers hängt bloss von der Neigung der Oberfläche ab; 2. bei gleichförmiger Bewegung des Wassers ist der Widerstand, den es überwindet, gleich seiner beschleunigenden Kraft.

Aloisio Galvani.

Aloisio Galvani, der aus einer angesehenen Familie zu Bologna stammte, wurde in dieser Stadt am 9. September 1737 geboren. Zum geistlichen Stande bestimmt, begann er seine Studien an der Universität seiner Vaterstadt. Er änderte hier jedoch seine Absichten und beschloss sich dem ärztlichen Stande zu widmen. Er heiratete hierauf Lucia, die Tochter seines Vormundes Galeazzi, der Professor an der Universität war, und wurde nach dem Tode seines Schwiegervaters selbst an diese Hochschule berufen, wo er anfänglich Anatomie, später auch Geburtshülfe lehrte. Galvani hatte seinen Namen bereits durch mehrere anatomische Arbeiten bekannt gemacht, als er durch Zufall zum Entdecker eines höchst merkwürdigen Erscheinungskreises, desjenigen der strömenden Elektricität wurde, welcher seinem Namen mit einem Male zu einer unerwarteten Berühmtheit verhalf.

Galvani's Frau war brustleidend und sollte als leichte und dennoch nährende Speise Froschsuppe essen. Die von dem fürsorgenden Gatten eigenhändig präparirten Froschschenkel lagen auf dem Tische, er selbst hatte sich für kurze Zeit entfernt. Ganz nahe am Tische stand eine Elektrisirmaschine, an der sich zur selben Zeit ein Gehilfe des Professors damit unterhielt, dass er aus dem Conductor der Maschine Funken zog. Zufälligerweise hatte Frau Galvani eben die Spitze eines Scalpells an die Enden der aus dem Strunke der Wirbelsäule des einen Froschpräparates hervorragenden Cruralnerven gelegt, als sie gleichzeitig mit jedem entlockten Funken ein heftiges Zusammenzucken der Froschschenkel wahrnahm. Sie verständigte allsogleich ihren Gatten von dem seltsamen Phänomen, da sie wusste, dass sich dieser für ähnliche Dinge ungemein interessire, und Galvani überzeugte sich in der That durch oftmalige Wiederholung des Versuches von der Richtigkeit der Beobachtung seiner Frau.

So lautet die eine Version über die Entdeckung der durch Galvani beobachteten Erscheinung, die sich aus dem Jahre 1790 herzuschreiben scheint. Nach einer andern Version hätte der Gelehrte, um das Nervensystem der Frösche zu studiren, einige Präparate verfertigt, die er mittelst eines Kupferdrahtes an ein eisernes Balkongitter hing. Als in Folge der Luftbewegung die untern Froschextremitäten an das Eisengitter schlugen, zeigte sich ebenfalls heftiges convulsivisches Zucken. — Ausser diesen gibt es noch andere Versionen für die Entdeckung jenes merkwürdigen Phänomens, in denen gewöhnlich die Frau Galvani's ebenfalls eine Rolle spielt. Gewiss ist nur so viel, dass Galvani die Erscheinung nach deren Erfindung mannigfach variirte, um die Bedingungen derselben kennen zu lernen. Er war unbewusst der Entdecker eines neuen, sehr bedeutenden Erscheinungskreises geworden, dessen eigentliches Wesen er jedoch gänzlich falsch auffasste. Er meinte, dass er es hier mit einer Manifestation der thierischen Elektricität zu thun habe. Das Gehirn der Thiere erzeugt nach ihm die Elektricität, die Nerven bestehen aus einem gut leitenden innern Theil und einer isolirenden Umhüllung und sind somit befähigt die Elektricität aus dem Gehirne (ihrer Quelle) nach den Ansammlungsapparaten, den Muskeln, zu leiten. Jede Faser der letzteren stellt eine kleine Leydner Flasche vor, die an der einen Fläche positive, an der andern negative Elektricität enthält und durch die Nerven geladen wird. Jeder Entladung dieser elektrischen Ansammlungsapparate entspricht eine Contraction des Muskels. Der Entdecker machte seine Erfahrungen und Vermuthungen über diesen Gegenstand der wissenschaftlichen Welt durch eine Abhandlung bekannt, welche in den Comment. Acad. scient. Bonon. vom Jahre 1791 erschien und den Titel führt: „De viribus electricitatis in motu musculari commentatio." Es konnte nicht fehlen, dass sowohl der Versuch Galvani's, als auch die von ihm daran geknüpfte Theorie unter den Physikern, besonders aber unter den Physiologen grosses Aufsehen erregten. Mit einem Male meinte man dem Problem der Physiologie des Nervensystemes um ein Beträchtliches näher gekommen zu sein. Man wiegte sich in dem Wahne, in der Elektricität jenes Agens entdeckt zu haben, welches die Willensimpulse den Muskeln mittheilt.

Allerdings war die Beobachtung, dass zwei verschiedene Metalle, mit einander in Berührung gebracht, Elektricität erregen, viel älter als Galvani's Froschexperiment und somit noch viel älter als die Erklärung Volta's, welche zur Auffindung des Grundversuches der Berührungselektricität führte. Schon im Jahre 1760 entdeckte J. G. Sulzer, Professor an der Ritterakademie zu Berlin, dass Blei und Silber unter sich und mit der Zunge in Berührung gebracht, einen eigenthümlichen Geschmack verursachen[*]. Diese Beobachtung blieb damals ganz unbeachtet und wurde erst dreissig Jahre später durch Volta wieder an das Licht gezogen.

Die zweite Nachricht über eine Erscheinung, welche mit der von Galvani beobachteten Aehnlichkeit besitzt, ist die von Domenico Cotugno, Professor der Anatomie zu Neapel (1736—1822), welcher in einem Briefe an Vivenzio vom 2. Oktober 1784 behauptet, von einer lebendigen Leibes secirten Maus eine elektrische Erschütterung erhalten zu haben.

Die Zuckungen eines Froschpräparates unter Einwirkung von Elektricität hat schon im Jahre 1756 Leopoldo Caldani beobachtet und hievon der Akademie von Bologna (Società Italiana), sowie dem deutschen Anatomen und Physiologen Albrecht v. Haller Bericht erstattet[**].

Die wissenschaftliche Welt hatte durch Galvani's obenerwähnte Abhandlung, sowie durch die von dessen Neffen Giovanni Aldini her-

---

[*] **Johann Georg Sulzer,** geboren 1720, gestorben 1779, war Hofmeister, Pfarrvicar, hierauf Professor der Mathematik am Joachimsthal'schen Gymnasium zu Berlin, zuletzt Professor der Philosophie an der Ritterakademie, Mitglied der Akademie und Direktor der philosophischen Classe derselben. Von seinen Schriften erwähnen wir bloss die Abhandlung, in welcher die älteste Bemerkung über die Berührungselektricität vorkommt; dieselbe ist zuerst in französischer Sprache in den Mém. de l'acad. de Berlin von 1751 und 1752 erschienen, hierauf selbstständig unter dem Titel: Theorie der angenehmen und unangenehmen Empfindungen, 8°, Berlin 1762.

[**] **Leopoldo Marc-Antonio Caldani,** geboren 1725, gestorben 1813, war Professor der Anatomie und Chirurgie an der Universität zu Bologna, hierauf zu Padua. Die Abhandlung, welche uns interessirt, führt den Titel: Sull' insensitività ed irritabilità di alcune parte degli animali; lettera scritta al Sign. Haller (Bologna 1757).

rührenden Ergänzungen und Erweiterungen von der neuen Erscheinung Kenntniss erhalten und erkannte die Richtigkeit der Erklärung, wie sie Galvani gegeben hatte, unbedingt an. Besonders waren es die beiden Neffen des Entdeckers, Giovanni Aldini, später Professor der Physik zu Bologna, und Giorgio Aldini, später italienischer Staatsrath, ferner dessen Bruder Luigi Galvani, der Professor der Philosophie zu Pisa: Felice Fontana, sowie eine Reihe anderer Gelehrter, welche Galvani's Ansichten unbedingt annahmen. Selbst Alessandro Volta, der die Erklärungsversuche Galvani's später siegreich bekämpfte, gehörte anfänglich zu denjenigen, welche sich der Theorie des Entdeckers anschlossen. Eusebio Valli, Doctor der Medicin zu Pisa, stellte Versuche über die Erregbarkeit des Herzens an, um den Blutkreislauf erklären zu können. Diese Versuche wurden auf sein Verlangen zu Paris von einer Commission der Akademie geprüft, die aus den Akademikern: Leroi, Vicqd'Azir, Coulomb und Fourcroy bestand. In Deutschland beschäftigten sich zur selben Zeit Jacob Fidelius Ackermann, Professor der Medicin zu Mainz und Heidelberg, Edmund Joseph Schmuck, Privatdocent an der Universität zu Heidelberg, Friedrich Albert Carl Gren, Professor der Medicin zu Halle, und andere mit der Anstellung von galvanischen Versuchen, in Frankreich waren es besonders Des Genettes, De la Métherie, Larrey, Sue und andere, welche in derselben Richtung thätig waren.

Es fehlte nun auch nicht an solchen Anhängern der neuen Lehre, welche sich die Erweiterung der ursprünglichen Theorie angelegen sein liessen; hierher gehören vor allem Floriano Caldani*) und Carradori; ebensowenig konnten die Gegner ausbleiben, die an der Erklärung der Phänomene Anstoss nahmen, hierher gehören vor allem Joh. Chr. Reil**), Christian Heinrich Pfaff***) und Alessandro Volta. Reil sah in den Metallen, welche Galvani bloss als Entladungsbogen betrachtet hatte, die Quellen der Elektricität, jedoch erst Volta war es vorbehalten, den Grundirrthum der Ansicht Galvani's aufzudecken und erfolgreich zu widerlegen.

---

*) **Floriano Caldani,** Neffe des früher erwähnten Leopoldo Caldani, geboren um 1772, gestorben 1836, war Professor der Anatomie und Physiologie zu Padua und Bologna. Er schrieb über thierische Elektricität in Brugnatelli's „Annali di chimica" Tomo II, 1792.

) **Joh. Christian Reil, geboren 1758, gestorben 1813, Professor der Medicin zu Halle und Berlin. Zu erwähnen ist seine Abhandlung: Ueber thierische Elektricität (Gren's Journ., VI, 1792).

***) **Christ. Heinr. Pfaff,** geboren 1773, gestorben 1852, praktischer Arzt, Professor der Medicin, Physik und Chemie zu Kiel, war ein überaus fruchtbarer Schriftsteller. Hier sind hauptsächlich zu erwähnen: Diss. inaug. de electricitate sic dicta animali (8^0, Stuttg. 1793); Ueber thierische Elektricität und Reizbarkeit (8^0, Leipzig 1795).

Galvani hat sich mit der weiteren Untersuchung seiner wichtigen Entdeckung nur kurze Zeit beschäftigt. Der Tod seiner von ihm innig geliebten Gattin, der Mitentdeckerin des Galvanismus, erschütterte ihn in solcher Weise, dass es nur noch der politischen Misshelligkeiten bedurfte, die mit der Errichtung der cisalpinischen Republik verbunden waren, um ihn in einen Zustand tiefster Niedergeschlagenheit zu stürzen, aus welcher er sich nicht mehr erholte. Da er sich weigerte, den von ihm geforderten Eid, der seinen politischen und religiösen Ueberzeugungen widersprach, abzulegen, wurde er seines Amtes entsetzt. Später wurde er, in Rücksicht auf seine Verdienste um die Wissenschaft, trotz seiner Eidesverweigerung in alle Würden und Aemter wieder eingesetzt, er starb jedoch am 4. Dezember 1798, ohne seine Lehrkanzel wieder eingenommen zu haben und ohne den apathischen Zustand überwinden zu können.

Von seinen Schriften erwähnen wir die folgenden: De Renibus atque Ureteribus Volatilium, — De Volatilium Aure (beide in den Memoiren des „Institutes" von Bologna), ferner die schon erwähnte Abhandlung: De viribus electricitatis in motu musculari commentatio (Comm. Bonon. VII. 1791). — Memorie sulla elettricità animale al Abate L. Spallanzani (Brugnatelli, Giorn. fisico-med. 1797). Seine gesammelten Werke erschienen unter dem Titel: Opere edite ed inedite del Prof. L. Galvani etc. 1 vol. 4°. Bologna 1841, con Aggiunta. 4°. Ib. 1842. — Näheres über seine Biographie findet sich in Aliberts: Éloge de Galvani (Paris 1806, 8°).

Alessandro Volta.

Die wichtige Beobachtung Galvani's hatte zu Theorien geführt, welche geeignet waren, die Wissenschaft auf eine falsche Fährte zu leiten. Es bedurfte eines Forschers, der durch zweckentsprechend angelegte Versuche das Wesentliche der Erscheinung aufzudecken im Stande war. Dieser Forscher fand sich in der Person Volta's.

Alessandro Volta wurde zu Como am 18. Februar 1745 geboren. Er stammte aus einer angesehenen Familie. Sein Vater war Philipp Volta, seine Mutter hiess Magdalena de Conti Inzaghi. Er erhielt eine sorgfältige Erziehung und wurde im Jahre 1774 Professor der Physik am Gymnasium seiner Vaterstadt, im Jahre 1779 wurde er in derselben Eigenschaft an die Universität Pavia berufen. Später unternahm er ausgedehnte Reisen durch die Schweiz, Italien, Frankreich, Deutschland und Holland, wodurch er mit den bedeutendsten Gelehrten seiner Zeit in Berührung kam. Als im Jahre 1796 der General Bonaparte zum ersten Male in Norditalien erschien, befand sich Volta in einer Deputation, die dem siegreichen Feldherrn entgegengeschickt wurde. So wurde er mit dem nachmaligen Kaiser der Franzosen bekannt, der ihn stets mit der grössten Auszeichnung behandelte. Im Jahre 1801 berief er ihn nach Paris, um dem Institute seine Experimente über die galvanische Kette vorzuführen. Bei dieser Gelegenheit wurde er von der genannten gelehrten Corporation zu deren auswärtigem Mitgliede gewählt und mit einer goldenen Medaille ausgezeichnet. Bonaparte ernannte ihn zum Offizier der Ehrenlegion, verlieh ihm den Orden der eisernen Krone und machte ihn zum Grafen und Senator des Königreichs Italien. Die „Royal Society" hatte ihn schon im Jahre 1791 zu ihrem auswärtigen Mitgliede erwählt und ihm für seine Verdienste auf dem Gebiete der Elektricitätslehre die Copleymedaille verliehen. Im Jahre 1804 legte er seine Professur nieder. Nach der beendeten Umgestaltung der politischen Verhältnisse Italiens wurde Volta auch durch den Kaiser Franz von Oesterreich durch Ernennung zum Direktor der philosophischen Fakultät an der Universität zu Padua ausgezeichnet; eine Anstellung, die er jedoch bloss kurze Zeit bekleidete. Im Jahre 1819 legte er seine Stellen nieder und entsagte definitiv dem öffentlichen Dienste. Er übersiedelte in seine Vaterstadt, wo er nach einem im Jahre 1823 überstandenen leichten Anfalle eines Schlagflusses, am 5. März 1827, im hohen Alter von 82 Jahren und 14 Tagen starb. Volta schloss die Augen fast zur selben Stunde, da in Paris Laplace aus dem Leben schied. Allein der Tod des letzteren machte ein grösseres Aufsehen in der wissenschaftlichen Welt und zwar deshalb, da Laplace, der allerdings um 4 Jahre jünger war, bis an seinen letzten Hauch ausschliesslich seiner Wissenschaft gelebt hatte, während Volta von aller wissenschaftlichen Beschäftigung zurückgezogen, die letzten sechs Jahre seines Lebens ausschliesslich seiner Familie widmete. Dessungeachtet war sein Vaterland des Verlustes, den es durch den Tod dieses seines grossen Sohnes erlitt, sich wohlbewusst. Seine Vaterstadt Como schlug eine Medaille zu seinem Gedächtnisse und errichtete ihm ein Denkmal.

Volta war von gestreckter, hoher Gestalt, mit regelmässigen, fast an eine antike Statue erinnernden Gesichtszügen. Er hatte im Jahre 1794, im 49. Lebensjahre ein Fräulein Therese Peregrini geheiratet, welche drei Söhnen das Leben schenkte. Zwei derselben überlebten ihren Vater, während der dritte im Alter von 18 Jahren starb.

Wir sind ausser Stande die lange Liste der Abhandlungen Volta's vollständig anzuführen und beschränken uns deshalb bloss auf die wichtigeren Schriften: De vi attractiva ignis electrici ac phaenomenis inde pendentibus. Diss. epistolaris ad J. B. Beccariam. 1769. — L'identità del fluido elettrico col cosi' detto fluido galvanico vittoriosamente dimostrata con nuove esperienze ed osservazioni. 8°. Pavia 1814. — Lettere diverse sull' elettroforo perpetuo (Scelta di Opuscoli di Milano. 8°. 1775, 1776). Lettera sopra la costruzione d'un moschetto e d'una pistola ad aria infiammabile (Scelta etc. 1777). — Sopra un nuovo eudiometro

(Ib. 1777). — Del modo di rendere sensibilissima la più debole elettricità sia artificiale, sia naturale (Ib. 1784). In dieser Abhandlung ist der Condensator beschrieben. — Lettere sulla meteorologia elettrica, dirette al Prof. Lichtenberg di Gottinga (Nr. 1—9, Ib. 1788—1790). In dem ersten Briefe findet sich die Beschreibung des Strohhalmelektrometers. — Descrizione dell' Eudiometro ad aria infiammabile etc. (Brugnatelli, Annali di chimica. 1790). — Observationum circa electricitatem animalem specimen (Commentarii de rebus in scientia naturali et in medicina gestis, Lips. 1792, Vol. 34). Diese Abhandlung enthält die erste Arbeit über den Galvanismus. — On the electricity excited by the mere contact of conducting substances of different kinds. In diesem an Banks gerichteten vom 20. März 1800 adressirten Briefe, der in den Phil. Transactions vom Jahre 1800 erschienen ist, befindet sich die erste Nachricht über die Volta'sche Säule, den sog. Elektromotor und den Becherapparat. — Sull' identità del fluido elettrico col fluido galvanico (Ann. di chimica. 19. und 21. 1802). In dieser Abhandlung findet sich das Volta'sche Gesetz der Spannungsreihe. Der grösste Theil der Arbeiten Volta's wurde durch Antinori in der „Collezione dell' opere del Cav. Conte A. Volta", 3 Tom. in 5 Part. 8°. Florenz 1816 herausgegeben.

Volta hat sich um die Elektricitätslehre unvergängliche Verdienste erworben, mit denen sich kaum etwas vergleichen lässt, was auf diesem Gebiete durch andere Forscher geleistet worden. Galvani's Versuch und die von dem Entdecker gegebene Erklärung desselben hatte der Untersuchung eine ganz falsche Richtung gegeben. Selbst Volta war anfänglich von der Richtigkeit der Ansichten Galvani's überzeugt und schrieb an Baronio, dass die Zuckungen der Froschschenkel von dem Missverhältnisse herrühren, das zwischen der elektrischen Materie des Muskels und jener des Nerven bestehe, und dass der metallische Verbindungsbogen bloss dazu diene, um das Gleichgewicht wieder herzustellen. Jedoch findet er, dass das Innere des Muskels negativ, das Aeussere positiv geladen sein müsse, eine Ansicht, der Galvani alsobald ebenfalls beipflichtete, indem er bemerkte, er ändere seine Meinung sehr gern, wenn nur die Wahrheit dabei gewinne. Bald jedoch fand Volta, dass die allgemein angenommene Theorie denn doch zu wenig Halt biete. Er wendete sich dem Sulzer'schen Versuche der zwei auf die Zunge gelegten Metalle zu und suchte die Elektricitätsquelle in der Verschiedenheit der angewandten Metalle. Mit Hülfe des von ihm entdeckten Condensators zeigte er, dass man des thierischen Mediums: des Froschschenkels, der Zunge u. s. f. ganz entrathen könne und deshalb doch unzweifelhafte Wirkungen der durch Berührung der beiden Metalle erregten Elektricität erhalte. Es war dies das noch jetzt Fundamentalversuch der Contactelektricität genannte Experiment, das den Entdecker desselben zu seiner Theorie des neuen Erscheinungskreises und hiedurch zur Erfindung der Säule führte.

Volta's Entdeckungen und Erfindungen auf dem Gebiete der Elektricitätslehre sind die folgenden: der Elektrophor, der Condensator, das Strohhalmelektrometer und dessen Verbindung mit dem Condensator zur Messung sehr kleiner Elektricitätsmengen, die Hydrogenlampe, d. i. die Entzündung von Wasserstoff durch den Funken des Elektrophors, das Eudiometer und schliesslich die bedeutendste aller dieser Erfindungen und Entdeckungen, die einen neuen Zeitraum in der Entwicklungsgeschichte der Physik einleitete: die Erfindung der Säule im Jahre 1800.

In seinem ersten Memoire beschäftigte sich Volta mit der in seinem Geburtsjahre erfundenen Leydener Flasche. Im Jahre 1775 erfand er den Elektrophor, als er sich mit der Isolationsfähigkeit von ölgetränktem Holze beschäftigte. Die Theorie dieses Apparates leitete ihn zur Construction einer nicht minder wichtigen Vorrichtung: des Condensators, mit dessen Hülfe man die Anwesenheit von sehr kleinen Elektricitätsmengen bemerkbar machen kann.

In den Jahren 1776 und 1777 war Volta mit chemischen Untersuchungen über verschiedene Luftarten beschäftigt. Um jene Zeit construirte er seine Hydrogenlampe, die durch den Funken eines Elektrophors entzündet wird, sowie das Eudiometer, mittelst dessen Hülfe die Untersuchungen über das Verhältniss des Oxygens zum Stickstoff in der Luft ausgeführt wurden. Eine andere, mit den vorigen Untersuchungen zusammenhängende Arbeit beschäftigt sich mit der Wärmeausdehnung der Luft und weist nach, dass diese im trockenen Zustande sich mit der wachsenden Temperatur gleichmässig ausdehne, ferner: dass die Elasticität der atmosphärischen Luft ihrer Wärme proportional sei.

Volta ist auch der Erfinder des Strohhalmelektrometers. Die Idee dieses Apparates stammt von Nollet, der denselben im Jahre 1752 vorschlug. Cavallo führte 1780 ein solches Instrument aus, dessen wesentliche Theile aus zwei feinen Drähten bestanden, an deren Enden Hollundermarkkügelchen befestigt waren. Volta ersetzte diese Vorrichtung durch zwei Strohhalme, die an Drahthäkchen drehbar aufgehängt waren. Die Stärke der elektrischen Ladung wurde durch die Divergenz der beiden Strohhalme angegeben. Durch die Verbindung dieses Elektrometers mit dem Condensator machte Volta diesen Apparat geschickt, die geringsten Mengen von Elektricität anzuzeigen. In der That benützte er diese Vorrichtung bei seinen Untersuchungen über den elektrischen Zustand der Atmosphäre.

Die Einmüthigkeit, mit welcher die Gelehrten Galvani's Theorie über seine Beobachtungen bezüglich der Zuckungen von Froschpräparaten aufnahmen, war nur von geringer Dauer. Nach kurzer Zeit divergirten die Ansichten der Forscher nach den verschiedensten Richtungen. In der That waren drei Haupterklärungsweisen denkbar. Das Agens, welches die Zuckungen der Froschextremitäten im galvanischen Versuche bewirkt, ist entweder Elektricität oder ein anderes Agens. Ist es Elektricität, so kann die Quelle derselben im Froschpräparat liegen; dann haben wir es mit thierischer Elektricität zu thun, und der Metallbogen dient bloss als Leiter für die Ausgleichung der entgegengesetzten Elektricitäten, oder aber: die Berührung der beiden Metalle verursacht das Zustandekommen elektrischer Spannung und das Froschpräparat dient bloss als höchst empfindliches Elektroskop. Die dritte der hier anzuführenden Ansichten entwickelt Alexander v. Humboldt, der die Annahme Galvani's, vermöge welcher er es in seinem Versuche mit Elektricität zu thun habe, für übereilt und für nicht stichhaltig erklärte. Die erste der angeführten Hypothesen ist die des Entdeckers: Galvani's, die zweite, derzufolge der Contact von verschiedenen Metallen als Elektricitätsquelle gilt, wurde von Volta auf Grund ausführlicher, in zweckbewusster Weise ausgeführter Versuche aufgestellt. Sie ist es, welche den Kampf mit den übrigen siegreich bestand. In einem an Vassali vom Juni 1794 gerichteten Briefe stellt Volta mit Entschiedenheit den Satz auf, dass durch die Berührung zweier Metalle Elektricität entstehe, welche in den von ihr durchströmten Nerven und Muskeln Zuckungen hervorbringt. Die Anhänger Galvani's entgegneten nun zwar, dass der Versuch auch mit einem einzigen metallischen Leiter gelinge. Volta jedoch wies durch Versuche nach, dass bei einem wirklich homogenen Leiter mit möglichst gleichen Endflächen (da es ja auf die Contactflächen allein ankommt) die Zuckungen höchst unbedeutend seien und in dem Masse stärker werden, als man die Gestalt der einen Oberfläche bezüglich ihrer Glätte, metallischen Reinheit u. s. w. verändere. Allein Galvani brachte nun sein Experiment ohne Anwendung von Metallen, durch feuchte Leiter zustande; noch besser gelangen diese Versuche seinem Neffen Aldini. Es war dies die wahre thierische Elektricität, die auf diese Weise entdeckt wurde; allein die Zeit war noch nicht gekommen, um dem berechtigten Theile der Ansichten Galvani's und seiner Anhänger zur Geltung zu verhelfen. Volta vermochte nicht den Unterschied zwischen der Berührungselektricität und der thierischen Elektricität aufzufinden. Er suchte diese neueren Versuche Galvani's dadurch zu erklären, dass er seine Theorie erweiterte und zweierlei Gattungen von Elektromotoren, metallische (feste) und flüssige, annahm. Den bedeutendsten Schritt in seiner Theorie that er jedoch, als er mit Hülfe des, mit einem Condensator versehenen', Elektrometers die durch Berührung zweier Metalle entstehende Elektricität nachwies und sich hiebei von dem Froschpräparate ganz und gar emancipirte. Es war dies der entscheidende Schritt, welcher die Frage endgiltig löste, nachdem man im Stande war, ohne Einschaltung eines organischen Körpers Elektricität zu erzeugen. Es war der sogenannte Fundamentalversuch der Berührungselektricität, den Volta auf solche Weise gefunden hatte.

Die Grundzüge der Volta'schen Theorie, wie sie von ihm selbst festgestellt wurden, sind die folgenden: Bei der Berührung zweier verschiedener Körper wird der eine positiv, der andere negativ elektrisch. Es gibt zwei Classen von Elektromotoren: feste und flüssige, jedoch sind die der ersten Classe die weitaus wirksamsten. Die Ursache der Vertheilung der Elektricität ist ein gewisser Impuls, der vom negativen auf den positiven Körper ausgeübt wird. Dieser Impuls verhindert auch die Ausgleichung der verschiedenen Elektricitäten, die vielmehr von der Berührungsfläche weggetrieben werden und somit eine gewisse elektrische Spannung im Körper erzeugen. Zwischen zwei bestimmten Metallen befindet sich stets derselbe Spannungsunterschied. Die Grösse der Spannung zweier Metalle wird durch die Spannungsreihe festgestellt. Die Summe aller Elektricitäten muss $= 0$ sein, da die Erscheinung ja bloss durch eine neue Vertheilung der Elektricität, somit aus dem ursprünglich unelektrischen Zustande hervorging. Hieraus folgt, dass der elektrische Zustand einer beliebigen Kette von Metallen derselbe ist, als wenn sich die Endstücke unmittelbar berühren würden. Dies ist aber das bekannte Volta'sche Fundamentalgesetz. Wird einer Kette von Metallen ein neues Glied hinzugefügt, so entsteht ein elektrischer Strom, der jedoch allsogleich aufhört. Eine geschlossene Kette von Metallen vermag kein andauerndes Strömen der Elektricität zu veranlassen, dazu sind auch Elektromotoren zweiter Classe (Flüssigkeiten) erforderlich, welche der Spannungsreihe nicht angehören. Bringen wir die Enden einer solchen Combination zur Berührung, so erhalten wir ein fortwährendes Ausgleichen der Elektricität, deren Spannung an der Berührungsstelle zwischen den beiden Metallen jedoch allsogleich wieder hergestellt wird. Dies ist der galvanische Strom. — Die Leiter zweiter Ordnung betrachtet Volta bloss als Leiter, nicht als Elektromotoren, da die an den Stellen ihrer Berührung mit Metallen auftretende elektrische Spannung höchst unbedeutend ist.

Die in Vorstehendem kurz skizzirte Theorie des elektrischen Stromes leitete Volta zur Construktion seiner Säule, um so durch ein Vervielfältigen der Spannungserscheinungen kräftigere Wirkungen erzielen zu können. Aus demselben Grunde wendet er grosse Platten an, um der Leitung eine grössere Uebergangsfläche von einem Plattenpaare zum andern zu gewähren, und ersetzt das Wasser durch die besser leitenden verdünnten Säuren. — Die Erscheinungen seiner Säule sucht Volta im Sinne der Reibungselektricität zu erklären. Die physiologische Wirkung ist allerdings geringer als bei der Leydener Flasche, jedoch vermag auch die Säule Schläge zu versetzen. Die Wärmeerscheinungen sind dagegen kräftiger als die der Flaschenentladung. Bloss die Wasserzersetzung will nicht recht in den Rahmen seiner Theorie. Er hat die chemischen Wirkungen der Säule, die kurze Zeit darauf den Ausgangspunkt einer, der Volta'schen Theorie entgegenstehenden chemischen Theorie bilden sollten, ziemlich wenig berücksichtigt. Er erklärt diese Wirkungen aus dem gewaltsamen Uebergange der Elektricität an der Grenze verschiedener Leiter, besonders wenn eine Stauung der Elektricität an diesen Stellen stattgefunden hat. Er wusste noch nicht, dass die Stärke des elektrischen Stromes mit der Heftigkeit der Metalloxydation proportional sei. Doppelt schwer war jedoch die Erklärung der chemischen Wirkung für ihn, da er ein Anhänger der unitarischen Lehre Franklin's war und — wie schon oben erwähnt — die Wirksamkeit der feuchten Leiter nicht erkannte.

Volta hatte seine Entdeckungen und besonders die Erfindung der Säule in England bekannt gemacht, wodurch sich die Kenntniss derselben in Kürze über ganz Europa verbreitete. Er wurde alsbald vom Consul Bonaparte eingeladen, nach Paris zu kommen, um seine Experimente dem Nationalinstitute vorzuzeigen. Gegen Ende des Jahres 1801 folgte er diesem Rufe und las eine Abhandlung über die Theorie der einfachen und zusammengesetzten Ketten in den Sitzungen der gelehrten Gesellschaft vom 7. und 21. November des genannten Jahres. Es wurde eine Commission zur Beurtheilung eingesetzt, die aus den folgenden Gelehrten bestand: Laplace, Coulomb, Hallé, Monge, Fourcroy, Vauquelin, Pelletan, Charles, Brisson, Sabathier, Guyton und Biot. Diese Commission erstattete Bericht in der Sitzung vom 1. Dezember 1801. Bonaparte war gleichfalls anwesend, er liess sich durch Laplace erklären, was ihm unverständlich war, und verordnete, dass man für Volta eine grosse goldene Medaille prägen solle. Der Bericht der Commission findet sich in der folgenden Schrift: Rapport, fait à la classe des sciences mathématiques et physiques de l'institut national sur les expériences du Cyt. Volta (Paris 1801).

Die Volta'sche Theorie wurde in Deutschland durch den Bericht des eben zur Zeit in Paris weilenden Professors Christoph Heinrich Pfaff verbreitet, den dieser Gelehrte im Intelligenzblatt der Allgemeinen Literaturzeitung (November 1801) veröffentlichte. Den Ansichten Volta's schlossen sich alsbald eine Reihe von Gelehrten an, wir erwähnen hier vorläufig bloss einige derselben; ausser Pfaff waren es Léhot, Martin van Marum, Biot, Behrens, Gilbert und andere, welche die Contacttheorie in jeder Weise zu unterstützen und zu erweitern suchten. Dagegen fehlte es nun auch nicht an Gegnern, welche die damals im Entstehen begriffene chemische Theorie geltend zu machen begannen.

Neben seiner Säule wendete Volta noch eine andere Form an, seinen Tassenapparat (corona di tazze), der als Urtypus sämmtlicher galvanischer Batterien angesehen werden kann. Derselbe besteht aus getrennten Gefässen, welche je ein Element mit seiner Flüssigkeit enthalten und unter einander durch Drähte verbunden sind. Sämmtliche Zellen-, Trog- und andere Batterien sind auf diese ursprüngliche Form zurückzuführen.

Mit Volta's Entdeckungen über den galvanischen Strom beginnt eine neue Aera der Physik. Dieselben leiten eine endlose Reihe von

Theorien ein, deren Widerstreit die ganze erste Hälfte des gegenwärtigen Jahrhunderts andauert und auch gegenwärtig noch nicht erloschen ist. Im Grunde genommen sind es zwei Fundamentaltheorien, die sich gegenseitig befehden: die Contacttheorie und die chemische Theorie des Galvanismus. Die Schilderung dieser Kämpfe gehört jedoch dem letzten Abschnitte unserer Schrift an*). — Bevor wir jedoch von Volta scheiden, haben wir noch einiger Physiker zu gedenken, welche sich um die elektrometrischen und elektroskopischen Apparate verdient gemacht haben, es sind dies die Gelehrten: Ellicott, Waitz, Lane, Henley, Bennet und J. G. v. Bohnenberger.

John Ellicott, gestorben 1772 zu London, war Uhrmacher, Mitglied der Royal Society. In seinen Abhandlungen: Several essays towards discovering the laws of electricity (Phil. Trans. 1747—1748) schlägt er die Anwendung der Waage vor, um mit deren Hülfe die elektrische Anziehung zu messen**). Ellicott schrieb auch über die Sympathie zweier Pendel, d. i. über den schon von Huygens beobachteten Einfluss, den zwei in geringer Entfernung befindliche Penduluhren rücksichtlich ihres Ganges auf einander ausüben. Ellicott vermochte diesen Einfluss aufzuheben, wenn er die Uhren auf getrennten festen Pfeilern anbrachte, oder aber zu verstärken, wenn er sie durch hölzerne Querriegel mit einander verband. Er beschrieb diese Versuche in der Abhandlung: On the influence, which two pendulum clocks were observed to have on each other (Phil. Trans. 1739). Ausserdem schrieb er noch einige Abhandlungen in den „Phil. Transactions".

Jacob Siegismund von Waitz, Freiherr von Eschen, Erbherr auf Eschen-Dudendorf und Eschen-Kuxdorf, geboren den 16. Mai 1698 zu Gotha, gestorben zu Berlin den 7. November 1777. Zuerst in hessischen Diensten, war er Bergrath, Salinendirector, Kammerrath, Staatsminister, Kammerpräsident, hierauf übertrat er in preussische Dienste, wo er Staats- und Kriegsminister war. In seiner von der Berliner Akademie gekrönten Abhandlung: Von der Elektricität und deren Ursachen (4°. Berlin 1745) schlägt er als Elektrometer zwei neben einander isolirt aufgehängte Fäden mit Gewichtchen an den Enden vor; die Divergenz der Fäden würde die Intensität der elektrischen Spannung messen.

Timothy Lane, geboren 1734, gestorben 1807, war Apotheker in London, Mitglied der Royal Society. In den „Phil. Transactions" von 1767 unter dem Titel: „Of an electrometer, invented by him" beschreibt

---

*) Siehe überdies: Otto Ernst Julius Seyffer: Geschichtliche Darstellung des Galvanismus (Preisschrift). Stuttg. u. Tübingen 1848, und Alexander Schlottmann: Kritische Geschichte der Theorien des Galvanismus. Dissert. inaug. Breslau 1856.

**) Denselben Vorschlag machte Gralath (Abhandl. der naturforschenden Gesellschaft zu Danzig 1747).

er seine Massflasche, um die Stärke der Ladung einer Leydener Flasche zu messen. Es ist dies allerdings kein Elektrometer im Sinne der übrigen Apparate, immerhin jedoch eine Vorrichtung für elektrische Messungen.

William Henley, gestorben um 1779, war Leinwandhändler in London, Mitglied der Royal Society. Von ihm stammt das Quadranten-Elektrometer (Phil. Trans. 1772) und der allgemeine Auslader (Cavallo, A complete treatise of Electricity, pag. 164).

Abraham Bennet, geboren 1750, gestorben 1799, war Pfarrer an verschiedenen Orten, Mitglied der Royal Society. — Bennet wendete an Stelle der Strohhalme im Elektroskope Goldblättchen an, so entstand das „Goldblattelektrometer", wie er seine Vorrichtung nennt, die er in der Abhandlung: Description of a new Electrometer (Phil. Trans. 1787) beschreibt. — Die Verbindung des Condensators mit dem Elektroskope hat Bennet mit Volta gleichzeitig im Jahre 1787 angewendet. Im selben Jahre hat er auch seinen Duplicator oder Verdoppler der Elektricität erfunden, der aus drei Metallplatten bestand und dazu dienen sollte, durch mehrfache Anwendung der Vertheilung der Elektricität eine grössere Spannung im Deckel des Elektroskopes hervorzubringen. Der Erfinder hat seinen Apparat, der sich übrigens nicht bewährt hat, in der folgenden Abhandlung beschrieben: Account of a doubler of electricity (Phil. Trans. 1787). — Ausser den erwähnten hat Bennet noch eine Anzahl anderer Abhandlungen verfasst, die in den „Phil. Transactions" erschienen und sich hauptsächlich mit Elektricität befassen.

Johann Gottlieb Friedrich von Bohnenberger, geboren den 5. Juni 1765 zu Simmozheim im Schwarzwald, gestorben den 19. April 1831 zu Tübingen als Professor der Mathematik und Astronomie an der Universität dieser Stadt. Er war der Sohn des Pfarrers Gottlieb Christian Bohnenberger, der sich viel mit Elektricität beschäftigte und darüber einige Abhandlungen verfasste. Der jüngere Bohnenberger hat die Zamboni'sche trockene Säule in seinem Elektroskope verwendet, wodurch er die Empfindlichkeit des letzteren in ausserordentlichem Masse steigerte. Von grösserer Bedeutung ist jedoch seine Erfindung des Reversionspendels*), das Capitain Kater zur Bestimmung der Länge des einfachen Sekundenpendels benützte. Zu erwähnen ist noch sein Schwungmaschinchen zur Erläuterung der Rotation der Erde, das er in der Abhandlung: „Beschreibung einer Maschine zur Erläuterung des Gesetzes der Umdrehung der Erde", Tübingen 1817 (auch in Gilbert's Annalen, Bd. 60) beschrieben hat. Bohnenberger hat eine grosse Anzahl von Schriften über Gegenstände der Astronomie, Geodäsie und Physik verfasst, von deren Aufzählung wir hier jedoch absehen müssen.

---

*) Astronomie. Göttingen 1811, pag. 448.

Antoine-Laurent Lavoisier.

Die Phlogistontheorie bildete die Grundlage der Vorstellungen über die Erscheinungen der Chemie bis fast an das Ende des vorigen Jahrhunderts. Es hat jedoch der Begriff Phlogiston während der ganzen Zeit seiner Geltung nicht stets dieselbe Bedeutung gehabt, wie ihm diese von Seiten seiner Begründer beigelegt worden war. Die Chemiker des siebenzehnten und die der ersten Hälfte des achtzehnten Jahrhunderts kannten zahlreiche Thatsachen, welche mit der Annahme eines hypothetischen Feuerstoffes, wie das Phlogiston, schwer vereinbar erschienen. Becher, Stahl, ja schon Boyle und noch frühere kannten die Gewichtsvermehrung bei der Verbrennung, ohne jedoch dieser Erscheinung die richtige Bedeutung beizumessen. Die von den Alten übernommene Vorstellung, welche in dem Feuer ein zerstörendes Element und in der Verbrennung eine Zersetzung sahen, waren so festgewurzelt, dass es lange dauerte, bis man in einigen längst bekannten, jedoch unbeachtet bei Seite geschobenen Thatsachen das eigentliche Wesen dieser Erscheinung erkannte. Noch Boyle war im Unklaren darüber, ob die Schwefelsäure einen Bestandtheil des Schwefels bilde, oder ob umgekehrt der Schwefel als solcher in der Schwefelsäure enthalten sei, und nach ihm dauerte es noch ein volles Jahrhundert, bis man einsah, dass man es bei der Verbrennung anstatt mit einer Zersetzung mit einer Verbindung zu thun habe. Allerdings gab es auch unter den Anhängern der Phlogistontheorie einige, welche der Vermehrung des Gewichtes ihre Aufmerksamkeit in grösserem Masse zuwendeten. Besonders ist Lemery*) zu nennen, der in der Verbrennung einen doppelten Prozess erblickt: eine Abscheidung des Phlogistons und zugleich eine Verbindung mit der Materie des Feuers, der er Gewicht zuschreibt. Diese Ansicht, welche sich ebenfalls Anhänger erwarb, wurde durch einen Versuch Boerhave's erschüttert, der nachwies, dass ein Metall in glühendem Zustande genau so viel wäge, als in kaltem Zustande. Um die Mitte des vorigen Jahrhunderts griff man zu der gänzlich unwissenschaftlichen, einer längst überwundenen Anschauungsweise angehörigen Annahme eines absolut leichten, d. h. negativ schweren Phlogiston. Guyton de Morveau, der die Voraussetzung einer absolut leichten Substanz denn doch für widersinnig hielt, suchte die Schwierigkeit auf andere Weise zu beseitigen. Er nahm an, dass das Phlogiston spezifisch leichter als die Luft sei, woraus sich das scheinbar grössere Gewicht des Metallkalkes erkläre, trotzdem in der That das regulinische Metall, d. h. die Verbindung des Kalkes mit dem Phlogiston schwerer sei als der Metallkalk allein. Hätte der französische Chemiker die Beobachtung Boyle's, der zufolge die Metallkalke spezifisch

---

*) Vergl. pag. 365.

leichter sind als die Metalle, in Betracht gezogen, so hätte er diese Thorie wohl nicht aufgestellt. — Die Phlogistontheorie wurde schliesslich als unhaltbar erkannt und verworfen, wir dürfen jedoch nicht verschweigen, dass sich unter ihren Anhängern Männer befunden haben, denen die Chemie ungemein vieles verdankt. Diejenigen Gelehrten, deren Entdeckungen schliesslich einer neuen Theorie Bahn brachen, sind vor allen: Lavoisier, Scheele, Priestley und Cavendish. Unter ihnen ist jedoch einer, der nicht sowohl durch die Auffindung neuer, als durch die scharfsinnige Erklärung der durch andere entdeckten Thatsachen, wenn auch nicht als einziger, so doch als einer der Hauptbegründer der modernen Chemie betrachtet werden muss. Dieser Forscher ist Lavoisier, mit dem wir am naturgemässesten die Forschungsarbeit seiner Zeitgenossen in Verbindung bringen können. Um ihn gruppiren sich die folgenden Gelehrten und Zeitgenossen: Priestley, Guyton de Morveau, Scheele, Berthollet, Achard und Fourcroy.

Antoine-Laurent Lavoisier wurde am 26. August 1743 zu Paris geboren. Sein Vater war ein reicher Kaufmann, der seinem höchst talentirten Sohne eine sorgfältige Erziehung angedeihen lassen konnte. Dieser gehörte in der Folge zu den tüchtigsten Schülern des Collège Mazarin. Er studirte Astronomie von La Caille, Botanik von Jussieu und Chemie von Guillaume-François Rouelle, Demonstrator der Chemie am Jardin des Plantes. Schon im 21. Lebensjahre bewarb er sich um den von der Akademie 1764 ausgeschriebenen Preis, der die Angabe einer Methode zur Beleuchtung einer grossen Stadt zum Zwecke hatte*). Für diese Arbeit erhielt Lavoisier in der öffentlichen Sitzung vom 9. April 1766 eine goldene Medaille und seine Abhandlung wurde auf Anordnung der Akademie in Druck gelegt. Lavoisier veröffentlichte nun eine Reihe wissenschaftlicher Arbeiten über verschiedene Gegenstände: Sur les Couches des Montagnes, — Sur l'Analyse des Gypses des environs de Paris, — Sur le tonnerre, — Sur l'aurore boréale, — Sur le passage de l'eau à l'état de glace. Auf Grund dieser wissenschaftlichen Thätigkeit wurde Lavoisier im Jahre 1768 in die Akademie gewählt. Im folgenden Jahre bewarb er sich um die Stelle eines Generalpächters, um sich — wie er sagte — auf diesem Wege eine Subvention für seine kostspieligen Versuche zu erwerben. Einmal wöchentlich empfing er diejenigen Gelehrten bei sich, welche auf dem Gebiete der experimentellen Forschung thätig waren; bei diesen Zusammenkünften wurden wissenschaftliche Fragen in lebhafter Weise discutirt. Der Minister Turgot berief den berühmten Chemiker zum Director der Pulver- und Salpeterwerke. Lavoisier beschäftigte sich auch mit der Anwendung der Chemie auf Landwirthschaft. In den folgenden Jahren nahm

---

*) „La meilleure manière d'éclairer les rues d'une grande ville, en combinant ensemble la clarté, la facilité du service et l'économie."

er an den öffentlichen Angelegenheiten des Landes Theil, als Deputirter an der Nationalversammlung, sowie in unzähligen Commissionen, wo er überall in der uneigennützigsten Weise für das allgemeine Wohl thätig war. Er betheiligte sich auch an den Verhandlungen der Commission für das neue Mass- und Gewichtssystem; im Garten des Arsenals stellte er den Apparat zur Beobachtung des Ausdehnungscoëfficienten der metallischen Messstangen auf, bei welchem das eine Ende der Stange auf einen Hebel wirkte, auf den sich ein um seine Axe drehbares Fernrohr stützte, das, auf einen in ca. 200 Meter Entfernung aufgestellten vertikalen Massstab eingestellt, durch seine Richtungsänderung die Verlängerung der erwärmten Metallstange in vergrössertem Masse zeigte.

Während der Schreckensherrschaft wurde auf den Antrag des Conventsmitgliedes Dupin den Generalpächtern der Prozess gemacht; Lavoisier wurde angeklagt, Wasser und schädliche Stoffe dem Tabake beigemischt, sowie andere chimärische Verbrechen begangen zu haben. Das Urtheil lautete, wie fast jedes, das über Angeklagte in jener fürchterlichen Zeit verhängt wurde, auf den Tod durch das Fallbeil. Es wurden zwar Schritte eingeleitet, um in Rücksicht auf die gemeinnützige Wirksamkeit des Verurtheilten eine Abänderung der Sentenz zu erwirken, jedoch ohne Erfolg. Die Republik brauche keine Chemiker, sagte der öffentliche Ankläger, und so wurde denn das Todesurtheil am 8. Mai 1794 in der That vollstreckt. Lavoisier wurde als der vierte jener unglücklichen 28 Generalpächter, die alle an demselben Tage ihr Leben verloren, enthauptet. Unmittelbar vor ihm fiel das Haupt seines Schwiegervaters Paulze, dessen Tochter er im Jahre 1771 geheiratet hatte. Diese seine Wittwe heirathete später den Grafen Rumford.

Lavoisier war 50 Jahre, 8 Monate und 12 Tage alt, als er im kräftigen Mannesalter, mitten aus einer fruchtbaren wissenschaftlichen Thätigkeit herausgerissen, einem tragischen Geschicke zum Opfer fiel. Es ist natürlich, dass sein Schicksal einen tiefen Eindruck auf unser Gemüth verursacht und dass wir nur schwer im Stande sind, angesichts dieses traurigen Endes, das unsere ganze Sympathie für den unglücklichen Forscher wachruft, ein ganz unbeeinflusstes Urtheil über die Bedeutung dieses Gelehrten zu bilden. Es haben denn auch die Landsleute Lavoisier's die Bedeutung dieses genialen Naturforschers für die Wissenschaft in einer Weise darzustellen gesucht, welche den Verdiensten der in ähnlicher Richtung thätigen Zeitgenossen, welche andern Nationen angehören, nahetritt. Die „Histoire des doctrines chimiques" von Adolphe Wurtz*) beginnt mit den Worten: „La chimie est une science française: elle fut constitué par Lavoisier d'immortelle mémoire." Dieser Satz enthält eine Behauptung, welche sich in keiner Weise aufrecht erhalten

---

*) Deutsch von Alph. Oppenheim: „Geschichte der chemischen Theorien seit Lavoisier bis auf unsere Zeit". Berlin 1870.

lässt. Die wissenschaftliche Thätigkeit Lavoisier's ist so fest mit der Forschungsarbeit seiner Zeitgenossen Scheele, Priestley und Cavendish verbunden, und hängt so sehr von den Entdeckungen jener Gelehrten ab, dass man unmöglich Lavoisier das ganze Verdienst der Constituirung unserer heutigen Chemie zuschreiben kann. Allerdings ist er es, der die Phlogistontheorie zum Sturze bringt und an ihre Stelle die antiphlogistische Lehre setzt, jene Theorie der Oxydation, welche noch heute das Fundament der Chemie ausmacht, allein Lavoisier hat diese imposante Leistung auf Grund der Entdeckungen seiner Zeitgenossen zu Stande gebracht, mit Hülfe von Thatsachen, welche andere gefunden hatten, die jedoch, in den Ansichten ihrer Schule befangen, nicht den freien Blick zur richtigen Erklärung ihrer eigenen Entdeckungen hatten. Was die Denkrichtung Lavoisier's betrifft, so ist diese eher eine physikalische zu nennen als eine chemische. Es lässt sich an einigen Beispielen nachweisen, wie er in dieser Beziehung seinen obengenannten Zeitgenossen nachgestanden habe, es kann als charakteristische Thatsache hervorgehoben werden, dass wir ihm keine neue chemische Methode verdanken, die Entdeckung keines neuen Stoffes kann auf ihn zurückgeführt werden, er denkt überall als Physiker und arbeitet mehr mit der Waage als mit den chemischen Reagentien. Vergleichen wir vor allem seine Untersuchung über die Frage, ob Wasser in Erde verwandelt werde, mit der Scheele's über denselben Gegenstand. Die Behauptung, welche beide Gelehrte durch ihre Versuche widerlegten, dass nämlich Wasser durch längeres Kochen in Erde verwandelt werden könne, stammt aus dem siebenzehnten Jahrhundert. Im achtzehnten Jahrhundert wurde die vorausgesetzte Verwandlung allerdings von einigen Gelehrten für unmöglich erklärt, jedoch erst im achten Dezennium des Jahrhunderts gelang es Lavoisier und Scheele, gänzlich unabhängig von einander, die Unrichtigkeit jener Ansicht experimentell nachzuweisen. Lavoisier erhielt ein gewogenes Wasserquantum in hermetisch geschlossenem Glasgefässe 101 Tage hindurch im Sieden. Das Gefäss verlor an Gewicht so viel als der erdige Abdampfrückstand wog. Die Natur dieses Rückstandes war er nicht im Stande, zu ergründen. Scheele verfuhr ähnlich wie Lavoisier. Er hielt destillirtes Schneewasser 12 Tage und Nächte in fortwährendem Kochen, er untersuchte hierauf den im Wasser gebildeten Rückstand und wies nach, dass dieser durch das Wasser vom Glase gelöst worden sei, dass das Wasser durch beständiges Kochen das Glas decomponire.

Ein zweites schlagendes Beispiel dafür, dass Lavoisier stets als Physiker mit physikalischen Agentien, nicht aber mit chemischen Eigenschaften und Reactionen als Chemiker denkt, ist das folgende: Vor der Entdeckung des Sauerstoffes stellte sich Lavoisier die Nothwendigkeit der atmosphärischen Luft für die Respiration so vor, dass er annahm, die Lunge müsse durch das elastische Fluidum unserer Atmosphäre fast allaugenblicklich aufgeblasen werden. Da die fixirbare Luft (die Kohlensäure) durch Wasser sehr leicht fixirt und somit seiner Elasticität beraubt wird, so geschieht dies auch in der feuchten Lunge. Die fixirbare Luft vermag die Lunge nicht mehr aufzublasen, diese wird schlaff und ihre Respirationsbewegung hört auf*). — Ganz anders schliesst Priestley aus den damals bekannten Thatsachen**). Die Verzehrung der Luft durch die Flamme und die Respiration sind von gleicher Natur, deshalb verderben beide Prozesse die Luft in gleicher Weise, die verdorbene Luft wird durch die Lebensthätigkeit der Pflanzen wieder in respirabeln Zustand versetzt. Diese Art, zu denken, ziemt jedenfalls viel eher dem Chemiker, als die des französischen Forschers.

Lavoisier hatte die Schwäche, von fremden Entdeckungen zu sprechen, ohne mit einem Worte zu verrathen, dass sie nicht von ihm selbst herstammen. So beschreibt er die Darstellung des Sauerstoffes aus Quecksilberoxyd und dessen Eigenschaften, ohne zu erwähnen, dass er diese Entdeckung von Priestley erfahren habe. Aehnlich verfuhr er mit den Entdeckungen anderer Gelehrter, z. B. Black und Cavendish. Diese kleinen Makel können jedoch die glänzende Erscheinung des französischen Forschers nicht beeinträchtigen. Hat er auch keine der bedeutenden Entdeckungen neuer, bisher unbekannter Substanzen vollbracht, so hat er es doch allein verstanden, diesen Entdeckungen durch die Grundlegung einer neuen Lehre über die chemische Constitution der Körper zu ihrer eigentlichen Bedeutung zu verhelfen.

Man hat die Begründung der wissenschaftlichen Chemie unseres Jahrhunderts mit dem Gebrauche der Waage zu chemischen Untersuchungen in Verbindung bringen wollen und den Angelpunkt der chemischen Theorie Lavoisier's in der Wahrnehmung des vermehrten Gewichtes bei der Calcination der Metalle zu entdecken vermeint. Beide Anschauungen sind mit einer gewissen Beschränkung hinzunehmen. Es lässt sich durch zahlreiche Beispiele nachweisen, dass die Waage lange vor Lavoisier's Zeiten in den Händen der Chemiker gewesen sei. Schon Stahl sagt: „Es ist die alte billige Regul, woraus etwas zusammengefüget und darein es wieder zerlegt werden kann, daraus besteht es"***). Auch an andern Stellen spricht er von dem Gewichte der bei Verbindungen vorkommenden Substanzen. Ebenso findet sich bei Marggraf, Cavendish, Scheele und Bergman jedesmal genau das Gewicht der verwendeten Massen angegeben.

Wenn wir somit in der Anwendung der Waage bei chemischen Versuchen nicht die epochemachende Thatsache entdecken, von welcher eine neue Aera dieser Wissenschaft gerechnet werden könnte, so können

---

*) Die Stelle findet sich in seinen: Oeuvres I, pag. 626.
**) Phil. Transact. 1772, pag. 1165.
***) Ausführl. Betrachtung etc. von den Salzen. Halle 1732, pag. 61.

wir anderseits die Gewichtsvermehrung bei der Calcination der Metalle nicht als eine Entdeckung Lavoisier's betrachten, da diese Thatsachen ebenfalls schon zu Stahl's Zeiten bekannt waren. Das Verdienst Lavoisier's besteht eben darin, dass er die fundamentale Bedeutung aller beiden Factoren zum ersten Male richtig aufgefasst hat. Die quantitative Forschung konnte auf dem Gebiete der Chemie erst dann in Angriff genommen werden, wenn die Erscheinung der Verbrennung als eine Verbindung, nicht aber als Dephlogistisirung, also als Zersetzung, angesehen wurde.

Das erste Schriftstück Lavoisier's über die Verbrennung ist jene Note, welche er am 1. November 1772 bei der Akademie verschlossen niederlegte und welche am 5. Mai des folgenden Jahres eröffnet wurde. In derselben heisst es, dass der Schwefel beim Verbrennen an Gewicht nicht verliere, sondern vielmehr zunehme und dass ein Pfund Schwefel an Gewicht viel mehr als ein Pfund Schwefelsäure liefere. Dasselbe geschieht beim Phosphor. Diese Gewichtsvermehrung rührt von der beim Verbrennen fixirten Luft her. „Ich schloss aus diesen Thatsachen, welche „ich durch mir entscheidend scheinende Experimente constatirt habe, dass „das, was man bei der Verbrennung des Schwefels und Phosphors be„obachtet, wohl bei allen den Körpern, die bei Verbrennung oder Cal„cination an Gewicht zunehmen, statthaben könnte; und ich habe mich „überzeugt, dass die Vermehrung des Gewichts bei Verkalkung der Metalle „auf der gleichen Ursache beruht. Das Experiment hat meine Ver„muthungen vollkommen bestätigt: ich habe die Reduction von Bleiglätte „in geschlossenen Gefässen vorgenommen und beobachtet, dass sich in „dem Moment, in welchem der Kalk in Metall übergeht, eine beträcht„liche Menge von Luft — das tausendfache Volumen der angewendeten „Glätte — entwickelt. Diese Entdeckung scheint mir eine der interessan„testen seit Stahl; ich glaube daher, mir die Priorität derselben sichern „zu sollen, indem ich dieses in die Hände des Sekretärs der Akademie „niederlege, wo es geheim bleiben soll, bis ich meine Experimente ver„öffentlichen werde"*). Mittlerweile hatte Priestley im Jahre 1774 jenen Bestandtheil der atmosphärischen Luft entdeckt, welcher der eigentliche Ernährer der Flamme ist und welchen Lavoisier „Oxygène" nannte. Von jener Zeit an war die Rolle der Phlogistontheorie zu Ende; zwar bemühten sich Cavendish, Scheele und Priestley, die alte Ansicht zu vertheidigen, allein Lavoisier trieb sie mit der unerbittlichen Logik der Thatsachen aus ihren letzten Positionen. Als Scheele im Jahre 1786 starb, war er ein unverbrüchlicher Anhänger des Phlogiston, Cavendish verliess erst spät jene Theorie, Priestley hat nie nachgegeben und ist 1804 als Anhänger der alten Ansicht gestorben.

Im Verfolgen seiner Meinungen über die Verbrennung oder Cal-

---

*) Oeuvres de Lavoisier, Bd. II, pag. 103.

cination und über die Reduction fand Lavoisier, dass bei den beiden ersten Erscheinungen nur ein Theil der Luft, der Sauerstoff, absorbirt werde, während die Reduction der Metallkalke Sauerstoff entwickle. Er folgert ferner, dass die Metallkalke eine Verbindung der Metalle mit Sauerstoff oder „air vital" (wie das Oxygen genannt wird) seien. — Es folgten nun die Untersuchungen über die Zusammensetzung der fixen Luft oder Kohlensäure, ferner die Theorie der Säuren im Allgemeinen und die der Phosphorsäure, der schwefligen und der Schwefelsäure, sowie die der Salpetersäure im Besonderen. Hierauf wendete er sich der Untersuchung der Oxyde im Allgemeinen und der der Salze zu. Die Resultate seiner Untersuchungen enthalten die folgenden Sätze: 1) Eine Säure entsteht durch die Verbindung eines — gewöhnlich nicht metallischen — einfachen Körpers mit Sauerstoff. 2) Oxyd nennt man die Verbindung eines Metalles mit Sauerstoff. 3) Ein Salz entsteht durch Verbindung einer Säure mit einem Oxyde.

Aehnliche Sätze wurden bezüglich der Sulfide und Phosphide aufgestellt; bezüglich der Chloride hingegen herrschte längere Zeit eine unrichtige Vorstellung, da Lavoisier mit Berthollet das Chlor für eine Verbindung der Salzsäure mit Sauerstoff ansah. Als Grundgedanke des ganzen Systems galt der Dualismus der Verbindungen. Die einfachen Substanzen verbinden sich zu binären Körpern: Oxyde, Säuren, Sulfide etc., diese verbinden sich wieder zu binären Verbindungen zweiter Ordnung, d. h. zu Salzen. Zwischen den beiden Gliedern einer binären Verbindung besteht ein gewisser Gegensatz, wodurch die chemische Anziehung zu Stande kommt.

Mit Guyton de Morveau, Berthollet und Fourcroy begründete Lavoisier, dem es geglückt war, den ersten der genannten Gelehrten für die antiphlogistische Chemie zu gewinnen, die neue Nomenklatur der Chemie, derzufolge die Namen der Körper deren chemische Zusammensetzung ausdrücken. — Die Theorie der Säuren, wie sie Lavoisier aufgestellt hatte, in welcher er den Sauerstoff als säurebildendes Prinzip gelten liess, vermochte die Constitution der Salzsäure, sowie des — später von Berthollet analysirten — Schwefelwasserstoffs und der Blausäure nicht zu erklären. Eben diese Körper waren es, welche die Forscher veranlassten, nach einer allgemeineren Theorie der Verbindungen zu suchen.

Lavoisier hat es vorzüglich verstanden, die Entdeckungen seiner Zeitgenossen dem von ihm errichteten Gebäude der wissenschaftlichen Chemie einzufügen, und er lebte in einer Zeit, in welcher die Entdeckungen auf diesem Gebiete der menschlichen Erkenntniss einander förmlich drängten. Es mag als höchst wahrscheinlich angenommen werden, dass Lavoisier einen grossen Theil jener Thatsachen im Verfolgen seiner experimentellen Untersuchungen selbst entdeckt hätte, wenn ihm dabei andere nicht zuvorgekommen wären; so viel ist jedoch sicher, dass alle diese Entdeckungen, wie sie von Priestley, Cavendish, Scheele und andern in jenen Tagen gemacht wurden, erst in seinen Händen und in sein neues chemisches System eingefügt, die richtige Bedeutung erhielten. Einen Beleg für diese Behauptung bildet unter vielen andern seine Arbeit über die Analyse und Synthese des Wassers. Der Wasserstoff war unter dem Namen brennbare Luft schon im siebenzehnten Jahrhundert bekannt, wurde jedoch von andern brennbaren Gasen nicht unterschieden. Man erhielt ihn um jene Zeit durch die Einwirkung von verdünnten Säuren auf gewisse Metalle. Ausserdem wusste man, dass diese Luftart mit dephlogistisirter Luft (Sauerstoff) gemischt ein explosibles Gemenge gäbe. Priestley, Cavendish und Watt wussten auch, dass sich bei der Explosion Feuchtigkeit entwickle, der letztgenannte Forscher behauptete auch schon, dass Wasser durch sehr starkes Erhitzen in Luft umgewandelt werde, und gründete auf diese Erfahrungen eine Theorie, in welcher das Phlogiston den einen, die dephlogistisirte Luft den andern Bestandtheil des Wassers bildete, welche sich unter Verlust eines Theiles der latenten Wärme zu einer Verbindung vereinigen. — Lavoisier, der von jenen Versuchen Kenntniss erhielt, stellte mit Laplace im Juni 1783 Versuche über die Verbrennung des Wasserstoffes in Sauerstoff an, wobei auch die Menge des gewonnenen Wassers bestimmt wurde. Die beiden Gelehrten zeigten dieses Resultat, dem zufolge das Wasser keine einfache Substanz sei, der Pariser Akademie an; im November 1783 las Lavoisier eine Abhandlung über seine Versuche, welche zu beweisen schienen, dass das Wasser der Zersetzung und Wiederzusammensetzung aus seinen Bestandtheilen fähig sei. Laplace kam auf die Idee, wie dies Lavoisier erzählt, dass bei der Auflösung der Metalle in Säuren das Wasser zersetzt werde, somit die brennbare Luft aus dem Wasser entstehe, während sich der zweite Bestandtheil, die dephlogistisirte Luft, mit dem Metalle zu einem Oxyde verbinde. Die Kenntniss über die Zusammensetzung des Wassers ist eine der wichtigsten Errungenschaften auf dem Gebiete der Chemie. Lavoisier hat allerdings die fundamentalen Versuche für die Theorie der Constitution des Wassers von andern übernommen und doch gebührt ihm an erster Stelle das Verdienst, diese wichtige Frage in so ausgiebiger Weise ihrer Lösung näher gebracht zu haben.

Lavoisier hat in den „Réflexions sur le phlogistique" seine Ansichten über die Constitution der Materie ausgesprochen[*]), wobei er auch der „matière du feu" eine Rolle zuweist. Die Körper bestehen nach seiner Ansicht aus kleinen Theilchen, die sich unter einander nicht berühren; die Zwischenräume sind mit Wärmestoff erfüllt. Je wärmer der Körper, desto mehr Wärmestoff enthält er, desto weiter werden daher die Theilchen aus einander gedrängt. In den Gasen ist der meiste

---

[*]) Oeuvres II, pag. 623.

Wärmestoff. Sehr verschieden ist die Wärmemenge, welche verschiedene Körper benöthigen, damit sie um eine gleiche Anzahl von Graden erwärmt werden, d. h. die spezifische Wärme der Substanzen, sowie auch die Verbrennungswärme derselben unterscheidet sich wesentlich von einander *). Die „matière du feu" oder „calorique" ist gewichtlos, ihr Entweichen ist mit einer Verringerung des Volumens verbunden. Wo Lavoisier mit dieser Erklärung nicht ausreicht, setzt er überdies eine Verminderung der spezifischen Wärme voraus.

Was die Ansichten Lavoisier's über die chemischen Elemente betrifft, so schliesst er sich in dieser Beziehung der Definition Boyle's an, indem er unter Element eine Substanz versteht, die in keinerlei Bestandtheile zerlegt werden kann. Die Metalle erklärte er zuerst als Elemente. Die Elemente zerfallen nach Lavoisier in fünf Classen. Die erste enthält einige sehr verbreitete Elemente: die Wärme (Calorique), das Licht, den Sauerstoff, Wasserstoff, Stickstoff; die zweite Classe enthält die Säureerzeuger: Schwefel, Phosphor, Kohlenstoff u. s. f.; die dritte Classe die Metalle; die vierte die Erden; die fünfte die Alkalien: Kali, Natron, Ammoniak u. s. f. — Hieran schliessen sich noch die Radicale, die zwar Verbindungen sind, jedoch in zusammengesetzte Verbindungen gleich den Elementen eintreten. — Es folgen dann auf der Stufenleiter der existirenden Substanzen die binären und ternären Verbindungen. — Lavoisier führte auch die ersten systematischen Analysen organischer Substanzen aus, wie z. B. Weingeist, Oel, Wachs u. s. f., und erkannte, dass diese aus Kohlenstoff, Wasserstoff und Sauerstoff bestehen, da sie bei ihrer Verbrennung bloss Kohlensäure und Wasser bilden.

Wenn wir die gesammte wissenschaftliche Thätigkeit Lavoisier's überblicken, so sehen wir, dass sich dieser Gelehrte sowohl auf dem Felde der chemischen, als auch der physikalischen Forschung unvergängliche Verdienste erworben hat, ja wir können behaupten, dass er eben in Folge seiner Gewandtheit in physikalischen Untersuchungen auf dem Gebiete der Chemie derartige Erfolge verzeichnen konnte. Er hat zuerst klar den Fundamentalsatz der Chemie ausgesprochen, dass bei allen chemischen Reactionen nur die Form, nicht die Menge der Materie geändert werde, man kann deshalb die angewandten Substanzen mit den Producten der Verbindung in eine Gleichung bringen, aus der sich ein unbekanntes Glied berechnen lässt.

Die Werke Lavoisier's sind in den Jahren 1862—1868 zu Paris von dem französischen Unterrichtsministerium herausgegeben worden: Oeuvres de Lavoisier publiées par les soins de son excell. le min. de l'instruct. publ. et de cultes. — Tome I. Traité élémentaire de chimie. Opuscules physiques et chimiques (Paris 1864). — Tome II. Mémoires de chimie et de physique (Paris 1862). — Tome III. Mémoires et Rap-

---

*) Oeuvres II, pag. 289.

ports sur divers sujets de chimie et de physique pures ou appliquées etc. (Paris 1865). — Tome IV. Mémoires et Rapports etc. (Paris 1868). 4 Bände in 4°.

In Verbindung mit Lavoisier haben wir nun noch eine Reihe von Gelehrten zu erwähnen, welche sich um die Begründung der neuern Chemie Verdienste erworben haben, es sind dies die folgenden: Priestley, Black und Crawford, Guyton de Morveau, Scheele, Berthollet, Achard, Wenzel, Richter, Proust und Fourcroy.

Joseph Priestley, geboren am 13. März (a. St.) 1733 zu Fieldhead bei Leeds, gestorben am 6. Februar 1804 zu Northumberland in Pennsylvanien, war Dissenter-Prediger, Schul- und Hauslehrer an verschiedenen Orten. Im Jahre 1794 übersiedelte er nach Amerika. Priestley war ein sehr glücklicher und fleissiger Experimentator, ausserdem ein sehr fruchtbarer Schriftsteller. Seine glänzendste Entdeckung ist die des Sauerstoffs, den er durch Erhitzen von Quecksilberoxyd darstellte, ferner entdeckte er das Stickstoffoxyd, die schweflige Säure, das Hydrochlorgas, Ammoniakgas, Kohlenoxyd u. a. Zu erwähnen sind noch die farbigen Ringe, die auf blankem Metall in Folge elektrischer Entladungen entstehen, die man Priestley'sche Ringe nennt. Von den zahlreichen Schriften führen wir bloss die folgenden an: History and present state of electricity with original experiments. 4°, Lond. 1767, additions 1770. — Deutsch von Krünitz. 4°, Berl. u. Stralsund 1774. — History and present state of discoveries relating to vision, light and colours, 2 vol. 4°. Ib. 1772. — Deutsch von Klügel. Leipzig 1775. — Experiments and observations on diff. kinds of air. 3 vol. 8°. Ib. 1774—1777. — Deutsch von Ludewig. Leipzig 1778 etc.

Joseph Black, geboren 1728 zu oder bei Bordeaux, gestorben am 26. November 1799 zu Edinburgh, war Doctor der Medizin und Professor der Chemie zu Glasgow und Edinburgh. Black kann als Vorläufer Lavoisier's in der Bekämpfung der Phlogistontheorie betrachtet werden, wenn er auch formell dieselbe noch zu Recht bestehen liess. Im Jahre 1755 wies er nach, dass die Alkalien Verbindungen, nicht aber einfache Substanzen seien und dass sie erst durch Entziehen eines Gases kaustisch werden, welches Gas kein anderes ist, als das Helmont'sche „gas sylvestre", d. h. „fixe Luft" (Kohlensäure). Black entdeckte die spezifische Wärme, ferner die latente Wärme des Wassers und des Dampfes. Von seinen Schriften erschienen während der Zeit seines Lebens bloss vier: Diss. inaug. De acido a cibis orto et de magnesia. Glasgow 1754. — Experiments upon magnesia alba, quicklime and other alkaline substances. Edinb. 1755. — The supposed effect of boiling on water, in disposing it to freeze more readily, ascertained by experiments (Phil. Tr. 1775). — Analysis of the waters of some boiling springs in Iceland. Edinb. Soc. Tr., vol. II. — Nach seinem Tode erschienen: Lectures on the elements of Chemistry etc. published by J. Robinson. 2 vol. Edinb. 1803.

Adair Crawford, geboren 1749, gestorben 1795, war Arzt in London und Professor der Chemie zu Woolwich. Er hat die ersten Versuche zur Bestimmung der spezifischen Wärme der Gase und über die thierische Wärme, sowie über die Heizkraft der Combustibilien angestellt. Hierüber handelt die Schrift: Experiments and observations on animal heat and the inflammation of combustible bodies etc. London 1779.

Louis-Bernard Guyton de Morveau, geboren den 4. Januar 1737 zu Dijon, gestorben am 2. Januar 1816 zu Paris, war General-Advokat am Parlament zu Dijon und Professor der Chemie daselbst, später in der letzteren Eigenschaft an der polytechnischen Schule zu Paris, hierauf deren Director und Administrator der Münze. Morveau hat sich um die junge Wissenschaft der neubegründeten Chemie, besonders um deren Terminologie grosse Verdienste erworben, ausserdem hat er ein Pyrometer und ein Hygrometer erfunden. Von seinen zahlreichen Arbeiten erwähnen wir bloss die mit Lavoisier, Berthollet und Fourcroy verfasste: Méthode de Nomenclature chimique (Paris 1787, 8°, 1 vol.), in welcher die neuere chemische Nomenklatur enthalten ist. Morveau hat zuerst die Chlorräucherung zur Desinfizirung der Luft im Jahre 1773 angewendet.

Karl Wilhelm Scheele, geboren den 9. Dezember 1742 zu Stralsund, gestorben den 21. Mai 1786 zu Köping in Schweden, war Apothekersgehülfe in Malmoe, Stockholm und Upsala, endlich Besitzer einer Apotheke zu Köping. Scheele war einer der geschicktesten und glücklichsten Chemiker, der eine lange Reihe neuer Stoffe entdeckte und deren Darstellung zuerst beschrieb. Er untersuchte die schwedischen Braunsteine und entdeckte hiebei das Chlor, das Mangan und die Baryterde. Er untersuchte zuerst die wichtigsten Pflanzensäuren: die Wein-, Citronen-, Apfel-, Gerb- und Kleesäure u. s. f. Ausser diesen entdeckte er die Harnsäure, Milchsäure, die Säuren des Molybdäns und Wolframs, die Blausäure. Mit Priestley gleichzeitig ermittelt er die Zusammensetzung der Luft aus „Feuerluft" und einem Gase, das leichter ist als die Luft, und die Verbrennung nicht unterhält. Er kennt schon die Constitution des Ammoniakgases und des Schwefelwasserstoffes. Er stellt das Glycerin zuerst dar und erfindet eine grüne Farbe: das „Scheele'sche Grün". Scheele ist ein sehr glücklicher praktischer Chemiker, jedoch kein glücklicher Theoretiker, wie dies aus seiner mangelhaften Vorbildung theilweise begreiflich ist. Seine gesammelten Werke erschienen unter dem Titel: K. W. Scheele's sämmtliche physikalische und chemische Werke, herausgegeben von S. F. Hermbstädt, 2 Bände, 8°, Berlin 1793.

Claude-Louis Graf Berthollet, geboren den 9. November 1748 zu Talloire in Savoyen, gestorben am 6. November 1822 zu Arcueil bei Paris, war Professor an der Normalschule und an der polytechnischen Schule. Er war Senator, später Mitglied der Pairskammer, Graf und Grossoffizier der Ehrenlegion. Berthollet führte eine Reihe wichtiger Untersuchungen über die Blausäure, den Schwefelwasserstoff und das Ammoniak aus, von ihm rührt die Anwendung des Chlors als Bleichmittel her. Er entdeckte das Silberoxyd-Ammoniak, das „Berthollet'sche Knallpulver". Berthollet war der irrigen Ansicht, dass die Verbindung zweier Stoffe innerhalb gewisser Grenzen in beliebigen Verhältnissen stattfinden könne, welche Ansicht von Proust mit Recht bekämpft wurde. Von seinen zahlreichen Schriften führen wir bloss sein: Essai de statique chimique (2 Bände, Paris 1803) an, dessen ersten Entwurf er als Begleiter Napoleon's auf der Expedition nach Aegypten im Juli 1799 dem ägyptischen Institute zu Kairo vortrug.

Mit wenigen Worten erwähnen wir **Franz Carl Achard** (geboren 1753, gestorben 1821), den Erfinder der Runkelrübenzuckerfabrikation, Director der physikalischen Classe der Berliner Akademie, der neben mehrfachen chemischen Arbeiten sich auch mit galvanischen Versuchen beschäftigt hat.

Es folgen nun drei Chemiker, welche sich um das Gesetz der chemischen Aequivalente und der einfachen Proportionen der Verbindungen verdient gemacht haben, nämlich: Wenzel, Richter und Proust.

Karl Friedrich Wenzel, geboren 1740 zu Dresden, gestorben 1793 zu Freiberg, war anfangs Buchbindergeselle, später Schiffswundarzt, zuletzt Chemiker der Porzellanfabrik zu Meissen und Director der Freiberger Bergwerke. Er hat durch seine „Lehre von der Verwandtschaft der Körper" (8°, Dresden 1777) unsere Kenntniss über die stöchiometrischen Grundgesetze gefördert.

Jeremias Benjamin Richter, geboren 1762 zu Hirschberg in Schlesien, gestorben 1807 zu Berlin, war zuerst Bergsekretär und Bergprobirer, dann Assessor bei der Bergwerksadministration zu Berlin und Arcanist an der dortigen Porzellanfabrik. Er suchte zuerst die Mathematik auf die Chemie anzuwenden und kann als Begründer der Stöchiometrie betrachtet werden. Seine Schriften: De usu matheseos in chymia (Regiomont. 1789). — Anfangsgründe der Stöchyometrie oder Messkunst chymischer Elemente (Breslau, Hirschberg 1792—94, 3 Bände) wurden erst spät gewürdigt, von seinen Zeitgenossen jedoch gänzlich ignorirt. Ausser diesen hat er noch eine lange Reihe von wissenschaftlichen Arbeiten verfasst.

Joseph-Louis Proust, geboren 1755 zu Angers, gestorben 1826 ebendaselbst, war Apotheker, dann Professor der Chemie, zuletzt Privatmann, seit 1816 Mitglied der Pariser Akademie und königl. Pensionär. Proust, der als praktischer Chemiker mancherlei nützliche Erfindungen gemacht hatte [*]), kann als der unmittelbare Vorläufer Dalton's gelten in der Erkenntniss der festen Verhältnisse, nach welchen sich die Körper mit einander verbinden. Gegen Berthollet behauptete er siegreich, dass je zwei Substanzen sich nur nach wenigen, sprungweise sich ändernden Verhältnissen verbinden.

---

[*]) Er entdeckte um 1799 den Traubenzucker.

Antoine-François de Fourcroy, geboren 1755 zu Paris, gestorben 1809 ebendaselbst, war Arzt, dann Professor der Chemie am Jardin des Plantes. Während der Schreckenszeit war er im Comité des öffentlichen Unterrichtes. Nach dem Sturze Robespierre's nahm er an der Gründung verschiedener Lehranstalten hervorragenden Antheil. Unter Napoleon wurde er Generaldirector des öffentlichen Unterrichtes. Seine Ernennung zum Reichsgrafen fand an seinem Todestage statt. Fourcroy war einer der eifrigsten Anhänger der antiphlogistischen Chemie. Mit Vauquelin untersuchte er zahlreiche organische Substanzen, so z. B. das Leichenwachs (Adipocire) *).

Joseph-Michel und Jacques-Étienne Montgolfier.

Dem Vogel gleich sich in den Luftraum zu erheben, die Banden, mit welchen uns die Schwere an die Erde fesselt, zu überwinden und frei von den engen Grenzen, welche uns die Ungleichheiten der Erdoberfläche ziehen, über Berg und Thal, Fluss und Meer dahin zu schweben; dieses Verlangen treffen wir schon in den alleraltesten Zeiten bei den verschiedensten Völkern. Mythe und Sage erzählen von den mannigfachen Flugmaschinen, die zu diesem Zwecke erbaut, ihren Erfindern jedoch nie das gewünschte Resultat lieferten. Dem vorigen Jahrhundert war es vorbehalten, eine wenigstens theilweise Lösung des Problems zu liefern, als die beiden Brüder Montgolfier im Jahre 1783 den ersten — von warmer Luft gehobenen — Ballon aufsteigen liessen. Zwar hatten die Erfinder des Luftballons Vorläufer, welche sich entweder bloss auf das Aussinnen eines Projektes beschränkten, wie wir dies von dem Jesuiten Francesco Terzi de Lana**) wissen, oder aber selbst den Versuch wagten. Der Vorschlag Lana's, Kugeln aus Kupferblech luftleer zu machen und mit deren Hülfe sich zu erheben, war unausführbar,

---

*) Ueber Lavoisier und die andern in diesem Abschnitte behandelten Forscher siehe die folgenden Schriften: Fourcroy: Notice sur Lavoisier. — Cuvier: Notice sur Lavoisier. — G. F. Rodwell: Lavoisier et la science moderne. Revue scientifique, 1883, Ier sem., pag. 641. — Wagner: Geschichte der Chemie, Leipzig 1854. — Ladenburg: Vorträge über die Entwicklungsgeschichte der Chemie in den letzten hundert Jahren. Braunschweig 1869. — Wurtz: Geschichte der chemischen Theorien seit Lavoisier bis auf unsere Zeit, deutsch von Oppenheim. Berlin 1870. — Volhard: Die Begründung der Chemie durch Lavoisier. Leipzig 1870. — Bertrand: L'académie des sciences et les académiciens de 1666 à 1793. Paris 1869. — Cuvier: Recueil des éloges histor. lus dans les séances de l'institut royal de France. 2 vol. Paris 1819. — Kopp: Geschichte der Chemie. 4 vol. Braunschweig 1843—47, 8°. — Kopp: Die Entwicklung der Chemie in der neuern Zeit. München 1873, 8°.

**) Siehe oben pag. 148.

dagegen gelang der Versuch des Pater Bartholomeo Lourenço de Gusman*) in ziemlich befriedigender Weise. Dieser stieg am 8. August 1709 zu Lissabon in Gegenwart des Königs und seiner Familie in einem durch Weidenruthen verstärkten Papierballon auf. Der Ballon stiess jedoch während seines Aufsteigens an das Gesimse des königlichen Palastes, wodurch er eine Beschädigung erlitt, in Folge deren er leise wieder zur Erde sank. Gusman wollte seine Versuche fortsetzen, wurde hieran jedoch durch ein Verbot der Inquisition gehindert.

Joseph-Michel Montgolfier wurde am 26. August 1740 zu Vidalon-les-Annonay als der Sohn des Papierfabrikanten Peter Montgolfier geboren. Er war sehr lebhaften Geistes, hatte aber keine Anlage zu ruhigem Studium. Er verliess die Schule, übernahm die Fabrik seines Vaters, in welcher er verschiedene, nicht immer zweckentsprechende Neuerungen einführte. Als Autodidact beschäftigte er sich mit Mathematik, Physik und Chemie. Im Jahre 1770 heirathete er seine Cousine Therese Filhol, welche es trefflich verstand, den unbeständigen und unstäten Mann zu geregelter Thätigkeit zu bringen. Durch den Tod eines Bruders sah sich Joseph Montgolfier genöthigt, seinen Bruder Étienne, der sich in Paris zum Architekten gebildet hatte, nach Hause zu rufen. Von dieser Zeit beginnt ein gleichgerichtetes Streben der beiden Brüder, dessen Erfolg einige bedeutende Erfindungen waren.

Jacques-Étienne Montgolfier wurde am 7. Januar 1745 ebenfalls zu Vidalon-les-Annonay geboren und nahm nach seiner Verbindung mit dem ältern Bruder an allen Erfindungen und Untersuchungen desselben Theil.

Die Erfindung des Aërostates erzählt Joseph Montgolfier in folgender Weise. Im Jahre 1782 befand er sich in Avignon. Es war zur Zeit der Belagerung Gibraltars und er dachte darüber nach, ob es denn absolut unmöglich wäre, in die bedrängte Stadt zu gelangen. Da dies weder zu Land, noch zu Meer möglich sei, so bliebe kein anderer Weg als der durch die Luft. Der Rauch erhebt sich im Kamin, könnte man die Kraft dieser warmen Luft nicht dazu verwenden, einen leichten Behälter mit sich in die Luft zu führen? Er verfertigte sich ein parallelepipedisches Gefäss von 40 Kubikfussen Inhalt aus Taffet und füllte dasselbe mit den warmen Verbrennungsgasen von darunter entzündetem Papiere. Er hatte die Genugthuung die Vorrichtung zur grossen Ueberraschung seiner Zuschauer sich zum Plafond des Zimmers erheben zu sehen. Nach seiner Heimkehr verfertigte er mit seinem Bruder einen Ballon von 650 Kubikfuss Inhalt, der sich nach seiner Füllung mit grosser Kraft erhob und eine Höhe von 100—150 Toisen erreichte.

Die Districtualstände von Vivarais hatten sich im Juni 1773 zu Annonay versammelt und diese Gelegenheit benützten die Brüder Mont-

---

*) In Brasilien 1685 geboren, gestorben zu Toledo 1724.

golfier, um ihre Erfindung schnell und allgemein bekannt zu machen. Sie zeigten nämlich das Experiment vor den versammelten Ständen, die darüber ein Protokoll aufnahmen, indem sie die Erfindung als eine derartige bezeichneten, die selbst auf den Geburtsort der Entdecker ihren Abglanz werfe. Der Versuch wurde am 5. Juni 1783 mit einem Ballon ausgeführt, der etwa 769 Kubikmeter Inhalt und eine Tragkraft von beiläufig 490 Pfunden hatte.

Der Wasserstoff war damals eben Gegenstand eingehender Untersuchungen und als nun der Pariser Physiker Charles*) aus den Zeitungen über das Experiment von Annonay las, da lenkte sich seine Aufmerksamkeit auf das Hydrogengas, das sich seiner Leichtigkeit zufolge zum Füllen eines Ballones trefflich eignen musste. Im Vereine mit dem Mechaniker Robert wurde in kurzer Zeit ein Ballon von 12 Fuss Durchmesser hergestellt, dessen Hülle aus — mit Kautschuk imprägnirtem — Taffet bestand, und dieser am 27. August 1783 am „Champ de Mars" mit Wasserstoff gefüllt und in die Höhe gelassen. Derselbe hielt sich etwa drei Viertelstunden in der Luft und sank in der Nähe von Paris zur Erde. — Während man in Paris Montgolfier's Erfindung nachgeahmt hatte, rüstete sich Étienne auf Aufforderung der Akademie zur Reise nach Paris, um dort den Akademikern den Versuch vorzuführen. Am 12. September experimentirte er vor denselben mit seinem aus Leinwand und Papier construirten Ballone, der ca. 400 Pfunde zu heben im Stande war. Der 19. September war dazu bestimmt worden, die neue Erfindung der königlichen Familie zu Versailles vorzuzeigen. Allein Wind und Regen setzten dem Ballone so zu, dass er einen neuen herstellen musste, mit dem er denn auch sehr glücklich vor dem ganzen Hofe und vor den in grosser Masse erschienenen Parisern seinen Versuch anstellte. Es wurde ein Käfig mit verschiedenen Thieren angehängt, welche nach dem Herabsinken des Ballons in gänzlich unversehrtem Zustande gefunden wurden.

Es folgten nun zahlreiche Versuche und Auffahrten, bei welchen auch Menschen ihr Leben der neuen Maschine anvertrauten. Pilastre du Rozier und der Marquis d'Arlandes waren die ersten, welche am 21. Oktober 1783 in einem freien Ballon aufstiegen, der sich, nachdem er eine Strecke von ca. 8 Kilometern zurückgelegt hatte, am Wege nach Fontainebleau zur Erde senkte. — Étienne Montgolfier, als

---

*) **Jacques-Alexander-César Charles**, geboren 1746 zu Beaugency, gestorben 1823 zu Paris, war Professor der Physik am Conservatoire des Arts et Métiers, Bibliothekar der Pariser Akademie. Er machte mit einem Wasserstoffballone am 1. Dezember 1783 in Gesellschaft Robert's eine Luftfahrt. Seine Abhandlungen sind fast ausschliesslich mathematischen Inhalts. Charles erfand auch ein „Hydromètre thermométrique" und verbesserte den s'Gravesande'schen Heliostaten.

derjenige, der am Hofe erschienen war, erhielt den Michaelsorden, sein Bruder eine Pension von 1000 Francs und die Summe von 40,000 Francs zur Anstellung von Versuchen über einen lenkbaren Luftballon, überdiess wurde die Familie in den Adelsstand erhoben. Später verlieh Bonaparte dem Joseph Montgolfier den Orden der Ehrenlegion und ernannte ihn zum Administrator des Conservatoire des Arts et Métiers, sowie zum Mitgliede verschiedener Commissionen. Étienne Montgolfier starb am 2. August 1799 zu Serrière, Joseph Montgolfier am 26. Juni 1810 zu Balaruc-les-Bains. Joseph Montgolfier ist auch der Erfinder des hydraulischen Widders oder Stosshebers, den er in der Abhandlung: Note sur le Bélier hydraulique et sur la manière d'en calculer les effets (Paris 1803. 8°.) beschrieb. Ausser dieser Schrift ist von demselben Verfasser noch zu erwähnen: Discours sur l'aérostat, Paris 1783. 8°. — Les voyageurs aériens. Ib. 1784. 8°. — Mém. sur la machine aérostatique. Ib. 1784. 8°. — Ueber die Brüder Montgolfier und deren Entdeckungen und Erfindungen handeln ausführlicher: Delambre: Éloge de Jos. Montgolfier. — De Gérando: Éloge etc. — Comte de Boissy d'Anglas im Dict. de la conversation. — Faujas de Saint-Fond: Description des Expériences de la Machine aérostatique de Messieurs de Montgolfier, et de celles auxquelles cette découverte a donné lieu, Paris 1783, deutsch im Auszug von C. G. v. Murr. Nürnberg 1784, 8°. — Dupuy de Lome: Montgolfier. Biogr. scientif. (Revue scientifique. Vol. 32. 1883). — Auerbach. Hundert Jahre Luftschifffahrt. Breslau 1883. 8°.

Ernst Florens Friedrich Chladni.

„Bei so vielen neuern Vermehrungen menschlicher Kenntnisse und „Verbesserungen des Vortrages derselben hat die Akustik das unver„diente Schicksal gehabt, weit mangelhafter als andere Theile der Natur„kunde behandelt zu werden." Mit diesen Worten hebt die Vorrede zu Chladni's Akustik an, in der er sein Unternehmen, über dieses Capitel der Physik ein Buch zu verfassen, zu motiviren sucht. Unter jenen, welche bis auf seine Zeit Beiträge zur Kenntniss schwingender Bewegungen geliefert haben, erwähnt er die folgenden Gelehrten: Daniel Bernoulli, wegen seiner Untersuchungen der Luftschwingungen in Orgelpfeifen und Blasinstrumenten, der Schwingungen eines Stabes, welche er entdeckte, einer Saite, sowie der Superpositionen mehrerer Schwingungsarten; ferner Leonhard Euler, der ebenfalls die Schwingungen der Stäbe, Saiten, sowie der Luft untersucht hat, Lagrange der ähnliche Untersuchungen angestellt hat, Lambert, der über die Töne der Blasinstrumente und über die Fortleitung des Schalles durch die Luft geschrieben hat, endlich Graf Giordano Riccati, der durch sein Buch: „Delle corde ovvero fibre elastiche" (Bologna 1767) vieles zur Kenntniss akustischer Gegenstände beigetragen hat.

Die Akustik gehörte bis zum Ende des vorigen Jahrhunderts zu den am wenigst gepflegten Gebieten der Physik. Die Untersuchungen über die Schwingungen verschiedener Körper wurden als rein mathematisch-mechanische Probleme behandelt und die akustische Theorie der Musik fast ausschliesslich von zünftigen Musikern gefördert. Mit Chladni erstand ein Forscher, der die nöthigen Kenntnisse in sich vereinigte, welche zur erfolgreichen Beschäftigung mit den verschiedenen Fragen der Akustik erforderlich sind. Durch seine Entdeckung der Longitudinalschwingungen bei Saiten und Stäben, sowie der Klangfiguren, ferner durch seine Erfindung musikalischer Instrumente hat er sich ein Recht erworben unter den Begründern einer wissenschaftlichen Akustik an hervorragender Stelle genannt zu werden.

Ernst Florens Friedrich Chladni wurde am 30. November 1756 zu Wittenberg geboren. Sein Vater Ernst Martin Chladni oder Chladenius war chursächsischer Hofrath, erster Professor der Rechte in Wittenberg und Director der Juristenfacultät, seine Familie stammte aus Oberungarn, wo seine Voreltern Prediger und Bergofficianten in Kremnitz und in anderen Bergstädten waren. In Folge religiöser Verfolgungen verliess einer der Vorfahren unseres Forschers sein Vaterland und liess sich in Sachsen nieder. Der Vater Chladni's hatte noch den latinisirten Namen „Chladenius" geführt, er selbst kehrte wieder zur ursprünglichen Schreibweise zurück. Er erhielt eine sehr sorgfältige Erziehung und wurde als einziger Sohn mit übertriebener Aengstlichkeit behütet, so sehr, dass dadurch die persönliche Freiheit des Knaben bis zur Unbequemlichkeit beschränkt wurde. Dabei entwickelte sich schon in früher Jugend der Trieb zum Reisen, der durch leidenschaftliche Beschäftigung mit geographischen Studien, Lesen von Reisebeschreibungen u. s. w. genährt wurde. Er studirte die Rechte zu Wittenberg und Leipzig. Nur auf Zureden seines Vaters stand er davon ab, sich auf das Studium der Medizin zu verlegen. Als jedoch sein Vater starb, widmete er sich ausschliesslich den Naturwissenschaften. Erst in seinem 19. Jahre lernte er Klavierspielen und las verschiedene Schriften über Akustik. Er fand die vorhandenen Untersuchungen für sehr mangelhaft und verlegte sich auf eigene Versuche. Die Methode, verschiedene elastische Körper, wie z. B. Platten, Stäbe und Glocken durch den Violinbogen zum Tönen zu bringen, rührt nicht von Chladni her, wohl aber die Idee, den Violinbogen zur akustischen Untersuchung dieser Körper zu verwenden. Auf die Entdeckung der akustischen Staubfiguren wurde er durch die Lichtenberg'schen elektrischen Staubfiguren geleitet. — Inzwischen war es ihm nicht geglückt sich eine Stellung zu schaffen, die ihn und später — als sie ihr kleines Vermögen zugesetzt hatte — auch seine Stiefmutter (die er selbst „schicklicher" seine Mutter nennt) zu erhalten in die Lage gesetzt hätte. Er verlegte sich auf die Erfindung eines neuen Musikinstrumentes, das er am 2. Juni 1789 in Angriff nahm und am 8. März 1790 vollendet hatte. Es war diess das von ihm „Euphon" genannte Instrument, in welchem Glasstäbe mit nassen Fingern der Länge nach gestrichen wurden. Diese Stäbe waren auf dem Mittelpunkte von Eisenstäbchen rechtwinklig befestigt, welche Eisenstäbchen, beiderseitig durch eine — von den freien Enden gleichweit abstehende, auf einen Resonanzboden gesetzten — Holzleiste unterstützt, die eigentliche Tonquelle abgaben. Das zweite von Chladni erfundene Musikinstrument ist der Clavicylinder, welcher sich von dem Euphon dadurch unterschied, dass in demselben die Streichstäbe aus Holz bestanden, welche durch eine Tastatur an einer mit Tuch belegten Stelle gegen eine befeuchtete, rotirende Glaswalze gepresst wurden. Die Umdrehung der Walze wurde durch Treten mit dem Fusse bewerkstelligt, ein Schwungrad verlieh ihr gleichförmige Geschwindigkeit. Bezüglich der eigentlichen Tonquelle stimmt der Clavicylinder mit dem Euphon überein. Der Ton dieser Instrumente ist ein sanfter, ätherischer und erlaubt ein langes Anhalten und Anschwellen des Tones. Dabei eignen sich beide bloss für getragene Musik, keinesfalls jedoch für schnellere Gänge und Läufe. Die Stärke und Fülle des Tones kann in keiner Weise mit dem der Orgel wetteifern, doch auch als Concertinstrumente fanden weder Euphon noch Clavicylinder weitere Verbreitung. — Chladni war Doctor phil. und jur., bekleidete jedoch keinerlei amtliche Stellung, sondern erhielt sich durch seine akustischen Vorträge und die musikalischen Produktionen, die er auf seinen beiden Musikinstrumenten gab. Er hat eine lange Reihe von akustischen Arbeiten geliefert, die sich in verschiedenen wissenschaftlichen Journalen und in selbstständigen Werken finden. Ausser seinen akustischen Arbeiten sind noch seine Untersuchungen über die Feuermeteore, Aërolithen und über die Pallas'sche Eisenmasse zu erwähnen. — Chladni starb zu Breslau am 3. April 1827.

Von seinen Arbeiten erwähnen wir die folgenden: Entdeckungen über die Theorie des Klanges. Leipz. 1787. — Ueber den Ursprung der von Pallas gefundenen und anderen ähnlichen Eisenmassen. Ib. 1794. — Ueber die Longitudinalschwingungen der Saiten und Stäbe. Erfurt 1796. — Die Akustik. 1 Vol. 4°. Leipz. 1802, neue Aufl. 1830. — Neue Beiträge zur Akustik. 1 Vol. 4°. Ib. 1817. — Ueber Feuermeteore und die mit denselben herabgefallenen Massen. Wien 1819. — Beiträge zur prakt. Akustik und zur Lehre vom Instrumentenbau, enthalt. die Theorie und Anwendung zum Bau des Clavicylinders und verwandter Instrumente. Leipzig 1821. — Ueber drehende Schwingungen eines Stabes. (Neue Schriften d. Ges. naturf. Freunde in Berlin II. 1799.) — Geschichte der Erfindung des Euphons. (Lichtenberg und Voigt's Magazin IX. 1794). — Ueber Longitudinalschwingungen etc. und über die Fortleitung des Schalls in festen Körpern. (Voigt's Magazin I. 1797). — Ueber die Töne einer

Pfeife in verschiedenen Gasarten (Ib. id.). — Vom Clavicylinder, einem neu erfundenen musikal. Instrumente (Ib. II. 1800). — Ueber die Schwingungen einer Rectangelscheibe (Ib. III. 1801). — Ueber den Bau der von ihm erfundenen Instrumente, des Clavicylinders und des Euphons (Gilb. Ann. 69. 1821). — Ueber die Hervorbringung der menschlichen Sprachlaute (Ib. 76. 1824). — Bemerkungen über die Klangfiguren der Scheiben (Pogg. Ann. 5, 1825).

Die wichtigste Schrift Chladni's ist dessen **Akustik,** von welcher wir im folgenden eine kurzgefasste Darstellung des Inhaltes geben.

Einleitung. Unter den verschiedenen Arten der Bewegung wirken nur schwingende Bewegungen auf das Gehör. Die Elasticität ist die Ursache der Schwingungen. Bei der Definition des Klanges bekämpft Chladni die richtige Ansicht Rameau's und seiner Anhänger, derzufolge der Klang als ein Gemische von mehreren Tönen aufzufassen ist, deren Schwingungszahlen sich im Verhältnisse von $1:2:3$ befinden. Hierauf folgt die Erklärung der Begriffe: Ton, Melodie, Akkord etc. und die Eintheilung des Buches in den arithmetischen Theil (die Tonlehre), den mechanischen Theil (die Lehre von den Schwingungen elastischer Körper und von der Verbreitung des Schalles) und den physiologischen Theil (die Lehre von der Empfindung des Schalles).

I. Theil. Allg. Tonlehre. Den Grund der Consonanz derjenigen Töne, deren Schwingungsverhältnisse durch kleine Zahlen ausdrückbar ist, findet der Verfasser gleich Leibniz in einem unbewussten Wahrnehmen der einfachen und leicht übersehbaren Zahlenverhältnisse der Schwingungen zusammenklingender Töne; er citirt auch die hierauf bezügliche Stelle aus Leibnizens Briefen*) und polemisirt gegen diejenigen, welche nach der Theorie Rameau's das Zusammenklingen der Obertöne als Grund der Consonanz ansehen. Es folgt nun die Theorie der musikalischen Intervalle, der Tonleitern, Tonarten und die der Temperatur.

II. Theil. Von den Schwingungsgesetzen klingender Körper. Die schwingende Bewegung ist transversal, longitudinal oder drehend. Es folgen nun die Schwingungen der Saiten, und zwar deren Transversal- und Longitudinalschwingungen, die Schwingungen einer gespannten Membrane, der Luft in Pfeifen u. s. f., die Transversal- und Longitudinalschwingungen der Stäbe, drehende Schwingungen, Schwin-

---

*) Wir setzen die charakteristische Stelle ebenfalls hierher: „Musica „est exercitium arithmeticae occultum nescientis se mimerare animi, multa „enim facit in perceptionibus confusis seu insensibilibus, quae distincta apper-„ceptione notare nequit. Errant enim, qui nihil in anima fieri putant, cujus „ipsa non sit conscia. Anima igitur, etsi se numerare non sentiat, sentit „tamen hujus numerationis insensibilis effectum, seu voluptatem in con-„sonantiis, molestiam in dissonantiis inde resultantem." Epist. ad divers., tom. I, epist. 154.

gungen gekrümmter Stäbe (Stimmgabeln), Schwingungen von Scheiben (Klangfiguren), Schwingungen einer Glocke, vom Beisammensein mehrerer Schwingungen.

III. Theil. Ueber die Verbreitung des Schalles (Zweite Abtheilung der mechanischen Akustik). Verbreitung in der Luft, im Wasser und in festen Körpern.

IV. Theil. Von der Empfindung des Schalles. Bau der Gehörwerkzeuge bei Menschen und Thieren.

Neue Beiträge zur Akustik. 1. Genauere Untersuchung der Schwingungen einer Quadratscheibe. 2. Bemerkungen über länglich viereckige und elliptische Scheiben. 3. Anmerkungen und Zusätze zur „Akustik".

Die Geschwindigkeit des Schalles in Gasen bestimmte Chladni dadurch, dass er Orgelpfeifen mit diesen Gasen ansprechen liess, die Fortpflanzungsgeschwindigkeit für feste Körper bestimmte er aus den Longitudinalschwingungen von Stäben, die Grenze der Hörbarkeit der Töne setzte er auf 22,000 Schwingungen.

Chladni hat die Ansicht über den kosmischen Ursprung der Aërolithen, den übrigens auch schon Halley behauptet hatte[*], zum Durchbruche gebracht, nachdem die Meinung des englischen Forschers längst vergessen war.

Im Anschlusse an Chladni wollen wir nun einer Reihe von Gelehrten gedenken, die sich hauptsächlich mit Akustik beschäftigten, es sind dies die folgenden: Rameau, Taylor, Giordano Riccati, Tartini, Sorge, Kempelen, Bianconi, Funk, Matth. Young und Perrolle.

Jean Philippe Rameau, geboren den 25. Sept. 1683 zu Dijon, gestorben den 12. Sept. 1764 zu Paris, war Mitglied einer herumziehenden Operngesellschaft, dann Organist in Clermont, schliesslich königl. Hofcomponist zu Paris. Rameau war ein fleissiger Operncomponist, der 22 Opern zu Stande brachte. Er schrieb eine Reihe von Abhandlungen über Theorie der Musik, von denen wir die folgenden erwähnen: Traité d'harmonie. 4°. Paris 1722. — Démonstration du principe de l'harmonie. 8°. Ib. 1750. Diese Abhandlung bildet einen Anhang zu der vorigen. — Nouv. système de musique théoretique, 4°. Ib. 1726. — Code de musique pratique etc. avec des nouv. réflexions sur le principe sonore. 4°. Ib. 1740.— Démonstration du principe de l'harmonie fondamentale. 8°. Ib. 1760.

Rameau sprach zuerst den Satz aus, dass die Ursache der Consonanz in dem Vorhandensein der übereinstimmenden Obertöne zweier Grundtöne zu suchen sei, welche Ansicht von Erxleben in seinen Anfangsgründen der Naturlehre (Götting. 1772) und von Sulzer: Allgemeine Theorie der schönen Künste, ebenfalls gelehrt wird.

Brook Taylor, geboren den 18. August 1685, gestorben den 29. December 1731 zu London, war ein wohlhabender Privatmann, der ohne

---

[*] Siehe oben pag. 308.

amtliche Stellung bloss den Wissenschaften lebte. Er war Mitglied, später Sekretär der Royal Society. Besonders hat er sich durch die Entdeckung des nach ihm benannten Satzes zur Entwicklung einer Function in eine Reihe nach ganzen Potenzen der freien Variablen verdient gemacht, sowie durch die Untersuchung der Gesetze schwingender Saiten. Von seinen Schriften erwähnen wir bloss: Methodus incrementorum directa et inversa. 4°. Lond. 1715. In dieser Schrift findet sich der obengenannte Functionensatz, sowie die Formel für die Saitenschwingungen*). — De inventione centri oscillationis (Phil. Trans. 1713).

Taylor hat sich mit der Theorie des physischen Pendels, mit dem Aufsteigen von Flüssigkeiten zwischen Glastafeln, besonders jedoch mit dem Probleme der Saitenschwingungen, beschäftigt**). Ueberdiess versuchte Taylor auch die Gesetze der Fernewirkung von Magneten zu ermitteln, was ihm jedoch nicht gelang***).

Graf Giordano Riccati, geboren 1709 zu Castelfranco bei Treviso, gestorben 1790 zu Treviso. Er untersuchte zuerst die Schwingungen von gespannten Membranen und schrieb eine werthvolle Abhandlung über die Saiten: Delle corde, ovvero delle fibre elastiche (4°. Bologna 1767). Ausserdem verfasste er zahlreiche Abhandlungen mathematischen, physikalischen und architektonischen Inhaltes.

Sein Bruder Vincenzo, Professor der Mathematik in Bologna, und der Vater der beiden: Jacopo, waren ebenfalls tüchtige Mathematiker.

Giuseppe Tartini, geboren zu Pirano 1692, gestorben zu Padua 1770, war ursprünglich zum geistlichen Stande bestimmt. Auf der Universität Padua verlegte er sich jedoch auf das Studium der Jurisprudenz. Er führte um jene Zeit einen ziemlich ausschweifenden Lebenswandel, beschloss aus grosser Vorliebe für das Fechten eine Fechtschule zu errichten und vermählte sich schliesslich im Geheimen mit einer Musiklehrerin. Aus Furcht vor dem Zorne seines Oheims, des Cardinals Cornaro, der Bischof von Padua war, verliess er seine Gattin und zog sich in das Kloster von Assisi zurück. Hier fasste er eine grosse Vorliebe für die Musik und wurde durch eifriges Ueben bald ein weitberühmter Violinvirtuose. Er wurde zum Mitgliede der musikalischen Akademie in Venedig gewählt, ging hierauf nach Ancona und später nach Padua, als Maëstro des Orchesters der Kirche St. Antonio. Nach-

---

*) Dieselbe lautet folgendermassen:

$$n = \sqrt{\frac{pg}{lq}},$$

wo n die Schwingungszahl, p die spannende Kraft, g die Acceleration der Schwere, l die Länge, q das Gewicht der Saite bedeutet.

**) Vergl. oben pag. 400.
***) Siehe oben pag. 354.

dem er die musikalischen Auffführungen bei der Krönung Kaiser Karls VI. geleitet hatte, kehrte er nach Padua zurück, wo er eine Musikschule errichtete.

Tartini entdeckte nach seiner Angabe im Jahre 1714 zu Ancona die Combinationstöne, die man deshalb auch „tartinische" Töne nennt. Dieselben kommen durch das Zusammenklingen zweier Töne zu Stande, und haben als Schwingungszahl die Differenz oder die Summe der beiden erzeugenden Töne. Tartini entdeckte jedoch bloss die tiefen, d. h. Differenztöne und wollte aus diesen die Consonanz jener Töne erklären, deren Schwingungszahlen in einfachem Verhältnisse stehen. Ja er ging soweit, die Töne im Allgemeinen bloss als Combinationstöne aufzufassen. Diese Theorie, sowie der Bericht über die Entdeckung der Combinationstöne findet sich in der Abhandlung: Trattato di musica, secondo la vera scienza dell' armonia. 4°. Padova 1754. — Ausserdem ist noch zu erwähnen: Dissertazione dei principi dell' armonia musicale contenuta nel diatonico genere. 4°. Ib. 1767.

Die Entdeckung der Differenztöne wurde auch von Sorge in seinem „Vorgemach der musikalischen Composition" (Hamburg 1740) und von Romieu im Jahre 1753 veröffentlicht. Beide haben diese Töne von Tartini unabhängig, entdeckt.

Georg Andreas Sorge, geboren den 21. März 1703 zu Mellenbach, gestorben den 4. April 1778 zu Lobenstein, wo er Organist war. Sorge spricht von seiner Entdeckung der Combinationstöne hauptsächlich in seiner Schrift: Anweisung zur Stimmung der Orgelwerke und des Claviers (Hamburg 1744). — Ueberdies hat er mehrere Schriften musik-theoretischen Inhaltes verfasst.

Wolfgang v. Kempelen, geboren 1734 zu Pressburg, gestorben 1804 zu Wien, war k. k. Hofrath und Referendar bei der kön. ungar. Hofkanzlei. Er construirte eine Sprechmaschine, welche vollkommener war als diejenige, mit der Kratzenstein*) im J. 1796 den von der Petersburger Akademie ausgesetzten Preis gewonnen hatte. Die Beschreibung der Kempelen'schen Sprechmaschine findet sich in dessen Abhandlung: Mechanismus der menschlichen Sprache, nebst Beschreibung seiner sprechenden Maschine (8°. Wien 1791).

Graf Giovanni Lodovico Bianconi, geboren 1717 zu Bologna, gestorben 1781 zu Perugia, war Arzt, hierauf Professor der Medicin zu Bologna, dann Leibarzt des Landgrafen von Hessen und des Kurfürsten August III. von Sachsen, zuletzt sächsischer Minister in Rom. Er zeigte zuerst durch den Versuch, dass die Geschwindigkeit des Schalles von der Temperatur der Luft abhänge, in seiner Abhandlung: Della diversa velocità del suono (Venezia 1746). Andere Versuche beziehen sich auf die Bologneser Springkölbchen und auf die Elektricität.

---

*) Siehe oben pag. 495.

Christlieb Benedict Funk, geboren 1736 zu Hartenstein, gestorben 1786 zu Leipzig, war Professor der Physik an der Universität der letztgenannten Stadt. In seiner „Dissertatio de sono et tono" (Leipzig 1779) führt er aus, dass der Schall einer Saite oder eines Stabes nicht durch Schwingung der ganzen Tonquelle als solcher entstehe, sondern durch das Erzittern der kleinsten Theilchen derselben*). Von den andern Abhandlungen des Verfassers erwähnen wir noch: De ascensu fluidorum in tubis capillaribus. Lips. 1773.

Matthew Young, geboren 1750 in Irland (County Roscommon), gestorben zu Withworth in Lancashire am 28. Nov. 1800, war Dr. Theol., Professor der Physik an der Dubliner Universität, hierauf Bischof von Clonfert und Kilmacduach in Irland. In der Abhandlung: An inquiry into the phenomena of sounds and musical strings (8°. Dublin 1784) beschäftigt er sich mit der Schwingung von Saiten und der dabei auftretenden Theilung in aliquote Abschnitte.

Étienne Perrolle (Pérolle), Doctor der Medicin, war Professor der Medicin an der Universität zu Toulouse; Zeit und Ort seiner Geburt und seines Todes sind unbekannt; er lebte in der zweiten Hälfte des 18. Jahrhunderts. Dieser Gelehrte beschäftigte sich neben andern akustischen und physiologisch-akustischen Untersuchungen mit der Bestimmung der Schallgeschwindigkeit in Gasen, welche er in der Abhandlung: Sur la propagation du son dans quelques fluides aériformes (Mém. de l'acad. de Turin, VIII.) niedergelegt hat.

James Watt.

James Watt wurde den 19. Januar 1736 zu Greenock in Schottland geboren. Sein Vater hiess ebenfalls James, er war ein Schiffsrheder und Kaufmann und in seinem Orte allgemein geehrt. Seine Frau hiess Muirheid oder Muirhead. Sie war die Mutter unseres James und eines jüngeren Sohnes John. Die Familie Watt lebte in günstigen Verhältnissen. Erst in höherem Alter war der Vater genöthigt, da ihm einige Unternehmungen Schaden gebracht hatten, von seinen Söhnen Unterstützung anzunehmen.

Der junge James Watt war ein sehr kränkliches und schwächliches Kind, das jedoch in geistiger Beziehung ungemein frühreif war. Es wird erzählt, dass er sich im Alter von 6 Jahren mit geometrischen Problemen beschäftigt habe. Im Alter von 14 Jahren construirte er sich eine Elektrisirmaschine und hing schon in jenen Tagen den auf das

---

*) Eine ähnliche Bemerkung macht de la Hire in den Mém. de Paris vom Jahre 1716.

Verhalten des Wasserdampfes gerichteten Beobachtungen nach, so dass er zum Verdrusse seiner Tante sich stundenlang mit der dampfenden Theemaschine beschäftigen konnte, deren Deckel er aufhob, um an einem über die Oeffnung gehaltenen Löffel die Condensation des Wasserdampfes betrachten zu können. — Er hatte eine ausgesprochene Vorliebe für die Naturwissenschaften und trieb Botanik, Anatomie u. dergl., bis durch eine Uebersetzung eines populären physikalischen Werkes von s'Gravesande seine ausgesprochene Neigung für physikalisch-mechanische Fragen zum Durchbruche gelangte. Er half seinem Vater bei der Ausrüstung von Schiffen mit Instrumenten und eignete sich einige Geschicklichkeit an in der Herstellung von dergleichen Apparaten. Aus Vorliebe für diese Beschäftigung beschloss Watt, ein Verfertiger mathematischer Instrumente zu werden. Im Jahre 1755 ging er nach London zu John Morgan, der sich mit der Herstellung mathematischer und nautischer Apparate beschäftigte. Als er bei diesem Meister sich in seiner Kunst genügende Kenntnisse und Geschicklichkeit erworben hatte, wollte er sich in Glasgow niederlassen und als Mechaniker etabliren. Er stiess dabei jedoch auf den Widerstand der dortigen Mechanikergilde, welche ihn als fremden Eindringling betrachtete und ihn auf Grund alter Privilegien an der Eröffnung eines Ladens verhinderte. Die Universität Glasgow intervenirte nun zu Gunsten des strebsamen Anfängers, indem sie denselben zum Universitätsmechaniker ernannte, als welcher er sich der Mechanikergilde zu Trotz eine Werkstätte einrichten konnte. — Watt war 21 Jahre alt, als er an die Universität zu Glasgow kam. Er verfertigte zuerst Hadley'sche Sextanten, die er in grösserer Anzahl verkaufte. Sein Laden wurde mit der Zeit zum Sammelplatze der bedeutendsten Gelehrten der Universität, welche dort die verschiedensten Gegenstände, wissenschaftliche und andere Fragen in der Gesellschaft des scharfdenkenden jungen Mechanikers abhandelten. Der berühmte Nationalökonom Adam Smith, der Entdecker der spezifischen Wärme Dr. Black, der Mathematiker Robert Simpson, der Professor John Robison[*]) nebst anderen Gelehrten bildeten den Freundeskreis, in dem sich Watt bewegte. — Es

---

[*]) **John Robison**, geboren 1739 zu Boghall bei Glasgow, gestorben 1805 zu Edinburgh, diente in der englischen Kriegsmarine, hielt später physikalische Vorlesungen in Glasgow und war zuletzt Professor der Physik an der Universität Edinburgh. Von seinen Schriften erwähnen wir: Elements of mechanical philosophy, 4 vol., 8°, Edinb. 1822, herausgeg. von D. Brewster. — On the motion of light, as affected by refracting and reflecting substances, which are also in motion. (Tr. Edinb. Soc. II, 1790) u. s. w. — Robison war mit Watt innig befreundet und wirkte anregend auf den Erfinder der modernen Dampfmaschine. Zu erwähnen sind seine Versuche über die Abhängigkeit der Temperatur von dem Drucke des gesättigten Wasserdampfes, deren Beschreibung sich in Tredgold's: The steam engine (London 1838, pag. 63) findet.

war im Winter 1763—64, als der Professor der Physik John Anderson unsern Watt aufforderte, ein kleines Modell einer Newcomen'schen Dampfmaschine, das in der Apparatensammlung vorhanden war, zu repariren und zu Vortragsversuchen tauglich zu machen. Watt löste diese Aufgabe zur Zufriedenheit des Auftraggebers, begnügte sich jedoch hiemit nicht, sondern verlegte sich auf die Vervollkommnung der sehr primitiven Maschine. Er untersuchte die Wirksamkeit derselben, indem er das Verhältniss der Menge des verbrauchten Dampfes zur Menge des Brennmateriales, ferner die Menge des zu einem Kolbenhube verbrauchten Dampfes, sowie ähnliche auf die Wirkung der Maschine bezügliche Grössenangaben bestimmte. Die bedeutendste Verbesserung der Newcomen'schen Maschine, welche Watt an derselben anbrachte, war die Anwendung des Condensators als eines gesonderten Gefässes, in welchem die Abkühlung des Dampfes durch eingespritztes Wasser bewerkstelligt wurde. Diese so einfache Verbesserung der Dampfmaschine, welche Watt 1765 machte, steigerte deren Werth in beträchtlichem Masse. Vordem wurde das Kühlwasser unmittelbar in den Dampfcylinder eingespritzt und hiedurch die Wände desselben übermässig abgekühlt, was einen grossen Verlust an aufgewendeter Wärme bedeutete. Watt verlegte nun den Kühlraum in ein eigenes Gefäss und umgab ausserdem den Dampfcylinder mit einem schlechten Wärmeleiter, der die Abkühlung desselben erschwert. Die Newcomen'sche Maschine war eine atmosphärische Maschine, d. h. eine solche, bei welcher der Luftdruck den gehobenen Stempel abwärts trieb. Watt führte die doppelte Zuleitung des Dampfes in den beiderseitig verschlossenen Dampfcylinder ein, wodurch die Wirkung der Maschine eine ausgiebigere und gleichmässige wurde.

Watt hatte im Jahre 1763 sein Asyl im Gebäude der Universität verlassen und sich ein kleines Local gemiethet. Dieser Wechsel mochte wohl mit seiner Heirath in einigem Zusammenhange stehen; er heirathete um diese Zeit seine Cousine Margaret Miller, die Tochter eines Glasgower Meisters. Watt war damals mit einigen Kanalprojekten und andern Vermessungsarbeiten beschäftigt, liess jedoch die Dampfmaschine deshalb nicht ausser Augen und kehrte stets wieder zur Idee der vervollkommneten Maschine zurück. Im Jahre 1768 verband er sich mit Dr. John Roebuck, einem Manne von ungewöhnlichen Kenntnissen, der sich als glücklicher Unternehmer erwiesen hatte, nachdem Watt nicht über die Mittel verfügte, welche zu seinen Versuchen erforderlich waren. Im Winter des genannten Jahres begann er das dritte Modell seiner Maschine zu bauen, wobei er, theils der Unkenntniss der richtigen Grössenverhältnisse wegen, theils wegen des damaligen primitiven Zustandes des Maschinenbaues, mit sehr grossen Schwierigkeiten zu kämpfen hatte. Vorzüglich waren es die verschiedenen Kolben- und anderen Dichtungen, deren dampfdichte Herstellung bedeutende Schwierigkeiten verursachte. Endlich nach achtmonatlicher Arbeit hatte Watt die Befriedigung, seine Maschine zu seiner und seines Verbündeten Zufriedenheit wirken zu sehen. Am 5. Januar 1769 erhielt er sein Patent für die neuen Erfindungen zur Verbesserung der Dampfmaschine. Dieselben werden in der Patentschrift in folgenden Punkten angedeutet: Ausschliessung der Luft aus dem Dampfcylinder; Erhalten der Temperatur des Cylinders auf jener des Dampfes; Verdichten des Dampfes in einem besondern Behälter; Auspumpen der Luft aus dem Condensator; Bewegung des Kolbens durch den Dampfdruck; ein Dampfrad (rotirende Maschine); theilweise Condensation des Dampfes; Benützung von Oel und Wachs als Dichtungsmittel anstatt des Wassers.

Im Sommer des künftigen Jahres liess sich Roebuck in anderweitige Spekulationen ein und löste das Verhältniss zu Watt, der nun wieder seine Beschäftigung als Ingenieur und Wasserbauer aufnahm. Dieses dauerte bis zum Jahre 1773, um welche Zeit er in Verhandlung mit Matthew Boulton, dem Begründer von Soho bei Birmingham trat, der in viel grösserem Masse als Roebuck die Eignung besass, die Verfertigung und Verbreitung der Dampfmaschine im grossen Stile zu inauguriren. Die Verbindung Watt's mit Boulton dauerte von 1774 bis 1800, als der erstere von den Geschäften definitiv zurücktrat, die Freundschaft jedoch dauerte bis zu Boulton's Tode. — Um jene Zeit, als Watt nach Soho übersiedelte, starb seine erste Frau.

Es folgte nun in Soho eine Periode der fruchtbarsten Erfindungsthätigkeit Watt's, während welcher er das Problem der Parallelführung löste, wodurch die hin- und hergehende Bewegung der Kolbenstange in eine drehende umgewandelt wird. Diese Erfindung, die er sich besonders patentiren liess, hat die Anwendung der Dampfmaschine in mächtiger Weise gefördert und verallgemeinert. Erst seit jener Zeit konnte die Frage über die Anwendbarkeit der Expansion des Wasserdampfes als Triebkraft für unsere Beförderungsmittel (Wagen und Schiffe) in ernsterer Weise erörtert werden. Watt erhielt das Patent für die Parallelführung im Jahre 1784. Im Ganzen hat er sechs Mal den Patentschutz angesucht: 1) im Jahre 1769 für den Condensator u. s. w.; 2) im Jahre 1780 für seine Briefcopirmaschine; 3) für seine Rotationsmaschine; 4) im Jahre 1782 für das Prinzip seiner doppeltwirkenden Maschine; 5) im Jahre 1784 für die Parallelführung und verschiedene Maschinen; endlich 6) für die Erfindung einer Methode der Rauchverzehrung und für die der Ersparniss von Brennmaterial.

Watt heirathete zum zweiten Male eine der Töchter des wohlhabenden Glasgower Bürgers Macgregor, der auf seinen Rath sich als erster in England mit der von Berthollet erfundenen Methode des Bleichens mit Chlor beschäftigte. Diese zweite Frau, Anne Macgregor, überlebte ihren Mann, sie starb im Jahre 1832.

Im März 1783 theilte Priestley Watt mit, dass er durch den elektrischen Funken ein im abgeschlossenen Raume befindliches Gemisch von trockener dephlogistisirter und trockener brennbarer Luft zum Verschwinden gebracht, an Stelle desselben jedoch ein gleich schweres Quantum Wasser erhalten habe. Watt schloss aus diesen Resultaten, dass die brennbare Luft das Phlogiston selbst sei, das Wasser hingegen eine aus Phlogiston und dephlogisirter Luft unter Verlust eines Theiles der latenten Wärme bestehende Verbindung. Diese Theorie ist in Briefen ausgesprochen, welche an Priestley gerichtet waren. Es ist dies das erste Mal, dass in diesen Briefen das Wasser als ein zusammengesetzter Körper betrachtet wird. — Diese Briefe sollten der „Royal Society" vorgelegt werden, was jedoch später auf Watt's Wunsch unterblieb.

Im Jahre 1775 wurde Watt von der russischen Regierung mit einem bedeutenden Gehalte berufen, welchen Antrag er jedoch ablehnte. Im Jahre 1786 folgte er einem Rufe der französischen Regierung in Angelegenheit der grossen Wasserhebemaschine zu Marly und reiste mit Boulton nach Frankreich, wo er von Seite der bedeutendsten Forscher: Lavoisier, Laplace, Monge, Berthollet, de Prony, Fourcroy und andern mit der grössten Auszeichnung behandelt wurde. Im folgenden Jahre wurde ihm die Ehre zu Theil, dem König und der königlichen Familie eine seiner Maschinen vorzeigen zu können. Eine Umgehung seines Patentes veranlasste Watt und Boulton, einen Prozess anzustrengen, den sie auch gewannen. Am Anfang des gegenwärtigen Jahrhunderts, im Jahre 1800 zog sich Watt von den Geschäften ganz zurück, desgleichen Boulton; sie überliessen ihren Söhnen die Sorge für die grossen Fabriken. Watt hatte noch den Schmerz zu erleben, einen seiner Söhne, Gregory, durch den Tod zu verlieren. Langsam starben alle seine Freunde dahin, bis er selbst am 19. August 1819 zu Heathfield bei Birmingham im hohen Alter von 83 Jahren und 7 Monaten verschied. Er wurde in der Pfarrkirche von Handsworth in der Nähe seines früher verstorbenen Genossen Boulton beigesetzt. Sein Sohn errichtete ihm ein würdiges gothisches Denkmal mit seiner Statue an der Kirche, wo er begraben liegt. Ausser diesem Denkmale wurden ihm Statuen an verschiedenen Orten errichtet, so z. B. in seinem Geburtsorte Greenock; eine grosse Statue errichtete ferner die Stadt Glasgow. Im englischen Pantheon, der Westminsterabtei, wurde ihm ebenfalls eine Statue errichtet mit einer schönen Aufschrift von Lord Brougham[*]. — Watt

---

[*] Dieselbe lautet folgendermassen:

> Not to perpetuate a name
> Which must endure while the peaceful arts flourish
> But to shew
> That mankind have learnt to honour those
> Wo best deserve their gratitude
> The king
> His ministers and many of the nobles

war Mitglied der „Royal Society" von Edinburgh und London, des Pariser Institutes u. s. w.

Von Schriften ist nicht viel zu erwähnen: Considerations on the medical use of factitious airs etc. 5 Bände mit Th. Beddoes, 8°, 1794 bis 1796. — Description of a pneumatic apparatus, with directions for procuring the factitious air, 1795. — Thoughts on the constituent parts of water and of dephlogisticated air, with an account of some experiments on that subject (Phil. Trans. 1784) u. a. Im South Kensington Museum zu London befinden sich 33 verschiedene Modelle von Watt-schen Erfindungen.

Die Dampfmaschine, wie wir sie heute noch benützen, ist im Wesentlichen die Watt'sche Maschine. Die Newcomen'sche Feuermaschine war keine Dampfmaschine in des Wortes heutiger Bedeutung. Sie wurde abwechselnd durch Dampfdruck und den Druck der Atmosphäre getrieben. Watt ist der Erfinder der ausschliesslich durch Dampf getriebenen Maschine. Die Haupterfindungen Watt's an der Dampfmaschine sind, kurz zusammengefasst, die folgenden: der Condensator, die doppelt wirkende Dampfeinströmung, die Expansion, das Parallelogramm, der Regulator u. s. w. Ausserdem stammt eine ganze Reihe von Erfindungen minderer Wichtigkeit von Watt: Erfindung der Dampfheizung, der Copirpresse, eines Mikrometers, eines perspektivischen Apparates u. s. f. Seiner chemischen Arbeiten und seiner Theorie über die Constitution des Wassers wurde schon weiter oben Erwähnung gethan.

Ueber Watt haben wir die folgenden Schriften anzuführen: Muirhead. The life of James Watt, with selections from his correspondence. 2. ed. 8°. London 1859. — Muirhead. The origin and progress of the mechanical inventions of J. Watt etc. 3 vol. 8°. London 1854. — Arago. James Watt. Biographie. Oeuvres. Paris, Leipzig 1854, I, pag. 371.

Im Anschlusse an Watt erwähnen wir noch eines Gelehrten, der sich um die Verbesserung der Newcomen'schen Dampfmaschine ver-

---

    And commoners of the realm
    Raised this monument
      JAMES WATT
    Who directing the force of an original genius
    Early exercised in philosophic research
    To the improvement of
    The steam engine
    Enlarged the resources of his country
    Increased the power of man
    And rose to an eminent place
    Among the most illustrious followers of science
    And the real benefactors of the world
    Born at Greenock MDCCXXXVI
    Died at Heathfield in Staffordshire MDCCCXIX.

dient gemacht hat. **John Smeaton,** geboren 1724 zu Austhorpe bei Leeds, gestorben 1792 ebendaselbst, war Mechaniker, später Ingenieur zu London. Er erbaute 1756—59 den Leuchtthurm von Eddystone. Seine Untersuchungen, betreffs der Dampfmaschine, bezogen sich hauptsächlich auf die Festsetzung der richtigen Verhältnisse der einzelnen Theile der Maschine. Doch wurden seine Resultate auf diesem Gebiete durch die Erfindungen Watt's verdunkelt. — Von seinen anderen Arbeiten sind zu erwähnen: Die Verbesserung der Luftpumpenconstruction, ein Compass, ein Apparat, um den Lauf der Schiffe zu bestimmen, er erfand ferner mehrere Flaschenzüge, ein Pyrometer und ein Hygrometer. Auf Dr. Bevis Aufforderung stellte er Versuche über die elektrische Entladung im luftverdünnten Raume an.

Sir Benjamin Thompson, Graf von Rumford.

Benjamin Thompson, geboren zu Rumford, jetzt Concord (New-Hampshire) in Nordamerika*) den 26. März 1753, gestorben am 21. August 1814 zu Auteuil bei Paris, wurde in England zum Sir erhoben, in Deutschland erhielt er den Titel eines Grafen von Rumford. Benjamin Thompson lebte ein höchst wechselvolles, ereignissreiches Leben. Sein Vater stammte aus einer englischen Familie und hatte einigen Grundbesitz. Da er jedoch sehr früh starb, seine Mutter bald wieder heirathete und sein Grossvater mütterlicher Seite sein Wohlwollen und seine Unterstützung bloss einem später geborenen Sohne zuwendete, so befand sich Thompson sehr bald in einer höchst aussichtslosen, bedrängten Lage. Er hatte in der öffentlichen Schule seines Geburtsortes ausser den Elementen etwas Latein gelernt, hierauf schloss er sich an einen Geistlichen an, der ihm einige Kenntnisse aus Mathematik und Astronomie beibrachte. Im Alter von dreizehn Jahren kam er als Lehrling in ein Handelshaus nach Salem, wo er jedoch bloss bis zum Ausbruch der Unruhen im Jahre 1769, welche dem amerikanischen Befreiungskriege vorausgingen, blieb. Um jene Zeit ging er zuerst nach Woburn, später nach Rumford, wo er eine Schule hielt. In letzterem Orte heirathete er eine reiche Wittwe, eine Frau Rolfe, später nahm er Dienst in der amerikanischen Armee und schloss sich derselben bei Boston an. Allein seine Verbindung mit englischen Offizieren und seine aristokratischen Gesinnungen erweckten Verdacht unter den Patrioten; er wurde gefangen genommen und musste quittiren. Als er auf solche Weise seine Carrière unterbrochen sah, flüchtete er auf ein englisches Schiff und nahm seit jener Zeit am Kriege gegen sein Vaterland Theil.

---

*) Nach einer andern Version ist er in Woburn (Massachusetts) geboren.

Als im März 1776 Boston von den englischen Truppen geräumt werden musste, übernahm er die Ueberbringung dieser schlimmen Nachricht und schiffte sich nach Europa ein. In London gefiel er vermöge seines gewinnenden Wesens und seines geschickten Auftretens dem Minister der Colonien, Lord George Sackville, dergestalt, dass ihn dieser in seinen Bureaus anstellte und rasch bis zum Unterstaatssekretär seines Departements vorrücken liess. Schon um jene Zeit beschäftigte sich Thompson mit wissenschaftlichen Versuchen über die Festigkeit der Körper und über die Bewegung der Projectile, konnte jedoch zu befriedigenden Resultaten nicht gelangen. Als Lord Sackville im Jahre 1782 gezwungen wurde sein Portefeuille niederzulegen, vergass er nicht, vordem für seinen Günstling zu sorgen, dem er den Grad eines Obristlieutenants bei einem amerikanischen Regimente verschaffte. Thompson kehrte somit in sein Heimatland zurück, kam jedoch über Long-Island nicht hinaus, da schon im folgenden Jahre die Friedensverhandlungen zwischen England und den nordamerikanischen Staaten begannen. Da er eine grosse Vorliebe für das Soldatenleben hatte, so wollte er seine Dienste dem deutschen Kaiser anbieten, der soeben mit der Türkei in einen Krieg verwickelt war. In Strassburg wurde er dem späteren Könige Maximilian von Bayern vorgestellt, dem er vermöge seines ganzen Wesens und wegen seiner ausgebreiteten Kenntnisse dermassen gefiel, dass er ihn seinem Oheim, dem damals regierenden Churfürsten Carl Theodor, warm anempfahl. Da Thompson bei diesem Regenten einen noch besseren Eindruck hervorbrachte, so vermochte ihn derselbe in bayrische Dienste zu treten, wo er in kurzer Zeit verschiedene hohe Staatsämter bekleidete und zum Kriegsminister ernannt wurde. Der Fürst benützte sein Recht als Reichsvicar und bewerkstelligte die Erhöhung seines Günstlings in den Reichsgrafenstand mit dem Prädikate eines Grafen von Rumford. Der also mit Ehren Ueberhäufte verstand es nun, auch seinerseits dem neuen Vaterlande seine Erkenntlichkeit in wahrhaft edler Weise auszudrücken. Im kurzen Zeitraume von wenigen Jahren benützte er seine einflussreiche Stellung zu einer für Bayern höchst segensvollen Wirksamkeit. Er reorganisirte das Heer, verbesserte die Stellung des Soldaten, führte die ständigen Garnisonen ein und errichtete in Mannheim Werkstätten für die sämmtlichen Erfordernisse des Heeres. Zu jener Zeit war Bayern, besonders aber dessen Hauptstadt von Bettlern überschwemmt, dadurch dass er die von der öffentlichen Mildthätigkeit lebenden Personen zur Arbeit für die Ausrüstung des Heeres anhielt, für deren gesunde Nahrung und ihren ganzen Unterhalt sorgte, gelang es ihm, dieser Landplage in erheblicher Weise zu steuern. Er stellte Versuche an, wie man eine so grosse Menge von Menschen am billigsten und zweckmässigsten kleiden und nähren, wie man am billigsten für sie kochen, heizen und beleuchten könne; diese Versuche führten ihn zu einer Reihe werthvoller Entdeckungen. Er beschäftigte sich mit der Wärmeleitung, der Heiz- und

Leuchtkraft der Substanzen und verbesserte die Construktion der Oefen, Schornsteine und Kesselheizungen, wobei er die Anwendung des Dampfes zu Heizzwecken höchst vortheilhaft fand. Seine Untersuchungen über die Leuchtkraft der Substanzen führten ihn zur Aufstellung der folgenden zwei Sätze: 1) Die Flamme ist für das Licht einer andern Flamme durchsichtig, 2) die Menge des ausgestrahlten Lichtes ist mit der von der Flamme produzirten Wärme nicht proportional und hängt nicht wie diese von der Menge der verbrennenden Substanz, sondern von der Lebhaftigkeit der Verbrennung ab. — Auf Grund dieser Erfahrungen construirte er eine Lampe mit mehreren parallelen Dochten, welche eine viel bedeutendere Leuchtkraft besass, als die gewöhnlich gebrauchten Vorrichtungen. — Rumford (wie wir ihn nun nennen wollen) stellte auf Grund dieser seiner Untersuchungen eine neue Theorie der Wärmeerscheinungen auf, welche er auch auf die Lichterscheinungen ausdehnte. Er betrachtete nämlich beide Phänomene als Schwingungserscheinungen der kleinsten Körpertheilchen. In der Kanonengiesserei zu München stellte er diesbezüglich einen höchst wichtigen Versuch an; er brachte durch die Anwendung eines stumpfen Bohrers das in der Höhlung der zu bohrenden Kanone befindliche Wasser in kurzer Zeit zum Kochen, welches Kochen so lange dauerte, als der Bohrer in Bewegung war.

Rumford war jedoch auch in anderer Weise für den Fortschritt der experimentalen Forschung thätig. Er stiftete für die „Royal Society" in London und für die „American Academy of Arts and Sciences" in Philadelphia zwei Preise für die wichtigsten Versuche auf dem Gebiete der Lehre vom Lichte und von der Wärme, ausserdem war er der Begründer der „Royal Institution" in London (im Jahre 1800). Von seinen gemeinnützigen Erfindungen haben wir noch die nahrhaften und billigen Rumford'schen Suppen zu erwähnen, welche auf der ökonomischesten Ausnützung von billigen und dabei nahrhaften Substanzen beruhte.

Nach seiner Rückkehr von London, wo er sich längere Zeit aufgehalten hatte, fand er Bayern unter den denkbar schwierigsten Verhältnissen. Die Franzosen und die Oesterreicher drohten das Kriegstheater auf das neutrale Gebiet des Landes zu verlegen. In Abwesenheit des Kurfürsten trat Rumford an die Spitze der Regierung und leitete durch drei Monate mit grosser Umsicht die Geschicke des Landes. Im Jahre 1798 wurde er als Botschafter nach England gesandt, da jedoch die Gesetze dieses Landes einem Unterthanen die Repräsentation eines fremden Staates nicht gestatten, so musste er diesem Amte entsagen. Der Tod seines Gönners, des Kurfürsten Carl Theodor am 16. Februar 1799, und der Regierungsantritt Maximilians erschütterte die Stellung Rumford's am bayrischen Hofe, da die politischen Ueberzeugungen des neuen Monarchen mit den seinigen nicht übereinstimmten. So entschloss er sich denn Bayern zu verlassen und nach Paris zu übersiedeln. Der erste Consul: Bonaparte empfing ihn mit Auszeichnung, im Jahre 1803 wurde er correspondirendes Mitglied des Instituts. In München wurde ihm in Anerkennung seiner grossen Verdienste um Bayern schon 1795 ein Denkmal errichtet.

Rumford hatte seine erste Frau seit seiner Flucht von Concord nie mehr gesehen; seine Tochter, welche sich damals noch in der Wiege befand, gelangte erst nach zwanzig Jahren in das Haus ihres Vaters. Im Jahre 1805 heiratete dieser zum zweiten Male. Er vermählte sich mit der Wittwe des unglücklichen Lavoisier. Marie Anne Pierrette Paulze, zuerst an Lavoisier, hierauf an den Grafen v. Rumford verheiratet, war 1758 zu Paris geboren. Als Tochter des reichen Generalpächters Paulze erhielt sie eine sorgfältige Erziehung. Im vierzehnten Jahre vermählte sie sich mit Lavoisier an dessen wissenschaftlichen Arbeiten sie gleich einem Schüler lebhaft Theil nahm. Sie lernte die Kunst in Kupfer zu stechen, um die Werke ihres Mannes illustriren zu können. So sind z. B. die sämmtlichen Tafeln zu dem „Traité de chimie" Lavoisier's von ihrer Hand gestochen. Sie übersetzte überdies das Werk des Engländers Kirwan über die Phlogistontheorie in das Französische. — An einem Schreckenstage verlor sie Vater und Gemahl auf dem Schaffotte und entging selbst mit Mühe dem Tode. Während der Schreckensherrschaft lebte sie in der grössten Verborgenheit, unter dem Directorium öffnete sie ihren Salon, welcher der Sammelplatz der Freunde und Schüler Lavoisier's wurde. Dort lernte sie Rumford kennen. Die zweite Ehe war jedoch keine glückliche, da beide Ehegatten in ihrer excentrischen Lebensweise durchaus nicht harmonirten. So wurde denn diese Verbindung im Jahre 1809 in freundlicher Weise gelöst. Sie öffnete wieder ihren Salon und versammelte die Koryphäen auf dem Gebiete der Politik, der Literatur und Wissenschaft in diesem letzten der berühmten Pariser Salons. Sie starb am 10. Februar 1836.

Rumford verliess Frankreich nicht mehr und starb auf seinem Landsitze zu Auteuil bei Paris am 21. August 1814, im Alter von 61 Jahren und 5 Monaten. Ueber seine Biographie finden wir Ausführlicheres in Cuvier's: Recueil des éloges historiques etc. 2 Vol. Strasbourg 1819, II, pag. 190, ferner: Nouvelle biographie générale, The english Cyclopaedia (biogr.), Sparks. American biography. 2. Serie, V. Bd. — George E. Ellis, Memoir of Sir Benjamin Thompson, Count Rumford, with notices of his daughter. Philadelphia etc.

Wir können die lange Liste der Werke Rumford's nicht anführen. Seine sämmtlichen Werke: „The complete works of Count Rumford. Published by the american academy of arts and sciences" sind zu Boston von 1870—74 in 3 Bänden (gr. 8°.) erschienen. Von seinen einzelnen Schriften erwähnen wir bloss die folgenden: Philosophical papers; being a Collection of memoirs, dissertations and experimental investigations relating to various branches of natural philosophy and mechanics, vol. I. 8°. London 1803. — Recherches sur la chaleur developpée dans la combustion, et dans la condensation des vapeurs, 8°, Paris 1813. — New Experiments on heat (Phil. Tr. 1786, 1792). — An inquiry concerning the source of the heat which is excited by friction. (Ib. 1798.) — An inquiry concerning the nature of heat and the mode of its communication. (Ib. 1804.) — Experimental investigations concerning heat (Nicholson's Journ. XII, 1805). — Inquiries concerning the heat developed in combustion, with a description of a new calorimeter. (Ib. XXXII, 1812.) — Recherches sur la chaleur (Mém. de l'Instit. VI, 1806).

„Versuche über die Wärme anzustellen," sagt Rumford in seinen ‚Recherches sur la chaleur', „war von jeher eine meiner angenehmsten Beschäftigungen." Es gibt nun auch kaum einen Erscheinungskreis in der Lehre von der Wärme, in welchem wir seinen Versuchen nicht begegneten. Rumford kann als einer der Hauptbegründer der mechanischen Wärmetheorie genannt werden und hat durch eine Reihe von Fundamentaluntersuchungen dieser Theorie eine feste Basis verschafft. — Die Ansichten über das Wesen der Wärme waren von jeher weit auseinandergehend. Bis tief in das gegenwärtige Jahrhundert fehlte es nicht an Physikern, welche für die Stofflichkeit der Wärme eintraten. Dabei gab es eine andere Schule, welche die Wärme als die Bewegung irgend eines eigenthümlichen Stoffes auffasste. Wir müssen bis auf Gassendi zurükgreifen, wenn wir die erste klare Ansicht suchen, welche die Wärme als Bewegungserscheinung betrachtet. Es sind eigene Wärmeatome, welche in die Körper eindringen und diese auseinander treiben, denen Gassendi die verschiedenen Wirkungen der Wärme zuschreibt. Auch der Jesuit Boscovich, von dem noch weiter unten die Rede sein wird, hat eine eigene Substanz angenommen, deren Molecule in heftiger Bewegung sind und dadurch die Wärmeerscheinungen verursachen. Auch der spätere radicale Revolutionsmann, das Conventsmitglied Marat, der sich vor dem Ausbruche der Revolution mit physikalischen Untersuchungen beschäftigte, gibt eine Art von mechanischer Erklärung der Wärmephänomene, wobei er jedoch ein eigenes Feuerfluidum annimmt[*]. — Im Gegensatze zu diesen mehr oder weniger vagen Anschauungen über das Wesen der Wärme finden wir bei Daniel Bernoulli zuerst eine Ansicht über die Constitution der Gase, welche als Grundlage der Krönig'schen Gastheorie aufgefasst werden kann und auf welche Theorie das Gebäude der mechanischen Wärmetheorie aufgerichtet wurde. In der zehnten Section seiner Hydrodynamik entwickelt er seine Theorie, der zufolge die Gasmolecule in schneller Bewegung aneinander und auf die Gefässwände stossen und hiedurch die Spannungserscheinungen verursachen. Die Elasticität der Gase wird durch Condensation und durch Erwärmung

---

[*] Recherches physiques sur le feu. Par M. Marat, docteur en médecine et médecin des Gardes-du-Corps de Monseigneur le Comte d'Artois. A Paris 1780, 8°.

vergrössert. Eine ähnliche Ansicht über die Constitution der Gase finden wir bei Le Sage*), der durch das Eindringen seines „fluide gravifique" aus dem ultramundanen in unseren Raum die Erscheinungen der Schwere erklären will.

Alle diese Theorien beruhen mehr oder weniger auf der Annahme eines eigenen Stoffes, dessen Bewegung die Erscheinungen der Wärme hervorbringen soll. Die Reihe jener Forscher, welche die Materialität der Wärme direkt bestreiten, hebt mit Francis Bacon (von Verulam) an und enthält Gelehrte wie Descartes, Hobbes, Boyle, Hooke und Locke. Besonders ist Hooke hervorzuheben, der in seiner „Micrographia" (London 1667, fol., pag. 12) deutlich ausspricht, „dass die Wärme nichts weiter sei, als eine sehr lebhafte und heftige Bewegung der Körpermolecule."

Rumford tritt in die Fussstapfen der genannten Forscher, er ist jedoch derjenige, der das Aequivalenzverhältniss zwischen Wärme und Arbeit zum ersten Male in Betracht zieht. Sein erster Versuch, der gegen die Materialität der Wärme gerichtet ist, ist die Wägung verschiedener Substanzen in kaltem und heissem Zustande, um die Gleichheit des Gewichtes, somit die Gewichtslosigkeit der Wärme zu constatiren. Gegen diesen Versuch konnte nun aber geltend gemacht werden, dass der Wärmestoff ein viel zu geringes Gewicht habe, um auf unseren Waagen wahrgenommen zu werden, deshalb suchte Rumford nach einem entscheidenden Experimente. Wenn es wirklich einen Wärmestoff gibt, so kann ein isolirter Körper nur ein beschränktes Quantum desselben liefern. Diese Ueberlegung bildet den Grundgedanken der Anschauungen Rumford's über das Wesen der Wärme. Besonders sind es zwei Arten von Versuchen, auf welche er seine mechanische Theorie von der Wärme stützte. Im Jahre 1778 bestimmte er die Geschwindigkeit von Geschützprojektilen mit Hülfe des Zurückprallens der Geschützrohre und fand zu seiner Ueberraschung, dass ein blindgeladenes Geschütz sich in viel grösserem Masse erwärme, als ein scharf geladenes; ein einfach geladenes schwächer als ein mit zwei, drei oder selbst vier aufeinander gesetzten Kugeln geladenes Rohr, dass somit die Kraft des explodirenden Pulvers bloss zur Erwärmung des Rohres, im zweiten Falle dazu verwendet werde, um den Kugeln eine gewisse Geschwindigkeit zu ertheilen. — Bekannter als diese interessanten Versuche sind jene, welche er im Zeughause zu München beim Kanonenbohren anstellte.

Die Abhandlung, in welcher diese epochalen Experimente beschrieben werden, führt den Titel: „An inquiry concerning the source of the

---

*) **George-Louis Le Sage,** geboren 1724 zu Genf, gestorben ebendaselbst 1803, war Privatlehrer der Mathematik. Le Sage versucht in seiner Abhandlung: „Lucrèce Newtonien" (Nouv. mém. de l'acad. de Berl. 1782), und auch schon in seiner zu Rouen 1758 preisgekrönten Schrift: „Essay de chymie mécanique" eine Theorie aufzustellen, welche die allgemeine Gravitation erklären soll.

heat which is excited by friction", dieselbe wurde vom Verfasser am 25. Januar 1798 in der Sitzung der „Royal Society" vorgelesen und ist in den „Philosophical Transactions" vom selben Jahre erschienen. Rumford erzählt, dass ihm, als er die Oberaufsicht über das Kanonenbohren im Münchener Zeughause erhalten habe, die beträchtliche Temperatur der dem Bohren unterzogenen Kanonen, noch mehr jedoch die noch höhere Temperatur der Metallspäne aufgefallen sei. Er stellte nun vier Reihen von Versuchen an, aus denen sich in unzweifelhafter Weise ergibt, 1. dass die beim Bohren erzeugte Wärme nicht aus einer Veränderung der Wärmecapacität der Metallspäne erklärt werden könne, welche beim Bohren abgerieben werden, da Metall und Späne die gleiche spezifische Wärme besitzen; 2. die Luft hat keinen Einfluss auf die entstehende Wärme, Calcination des Metalles kommt beim Bohren nicht vor; ebensowenig hat das Wasser, das in das Bohrloch geschüttet wurde, irgend welchen Einfluss, Decomposition des Wassers kam auch nicht vor; 3. keinerlei Bestandtheil der Bohrmaschine hat auf die Wärme, welche hervorgebracht wird, irgend einen Einfluss; 4. die Wärmequelle ist unversieglich, die Wärme kann somit bloss durch die Reibung des Bohrers an der Metallmasse der Kanone hervorgebracht werden. — Etwas, das aus einem isolirten Körper oder einem Systeme von Körpern ohne Grenzen mitgetheilt wird, kann unmöglich eine materielle Substanz sein, es muss eine blosse Qualität sein. Als solche jedoch existirt keine, welche den Versuchsresultaten besser entsprechen würde, als die Bewegung.

Die Versuche Rumford's erregten Aufsehen in der gelehrten Welt. Humphry Davy wiederholte das Experiment in einer noch viel überzeugenderen Modifikation, indem er durch Aneinanderreiben zwei Eisstücke zum Schmelzen brachte, während doch die spezifische Wärme des Eises eine bedeutend geringere ist, als die des Wassers. Gleich Davy war noch ein anderer englischer Gelehrter ein Vertheidiger der mechanischen Theorie der Wärme, nämlich Thomas Young, welcher den Ausspruch thut, dass, wenn die Wärme durch Reibung erzeugt wird, sie keine Materie sein könne. „Wenn Wärme keine Substanz ist, so muss sie eine Qualität sein, und diese Qualität kann bloss Bewegung sein"*). Unter den späteren Anhängern der mechanischen Wärmetheorie hat Joule darauf hingewiesen, dass sich in der Rumford'schen Abhandlung im dritten Versuche schon eine rohe Berechnung des mechanischen Wärmeäquivalentes finde, so dass wir demnach bei unserem Forscher schon das eine Fundamentalgesetz der mechanischen Wärmetheorie, das der Aequivalenz von Wärme und Arbeit, angedeutet finden.

Die Chemiker, so z. B. Lavoisier, Berthollet u. A. wollten von der Annahme eines Wärmefluidums nicht abgehen, besonders war es der

---

*) Young: A course of lectures on natural philosophy and the mechanical arts. London 1845, 8°, vol. I, pag. 502.

letztere, der Rumford in geschickter Weise angriff, von diesem jedoch in nicht minder geschickter Art zurückgewiesen wurde. In späterer Zeit hat Rumford mit Hülfe seines Differentialthermometers über die Strahlung der Körper Versuche angestellt, wobei er auch von Kältestrahlung spricht, welche irrige Ansicht öfters wiederholt wird. Zum letzten Male hat er seine Meinungen über die Natur der Wärme in der am 25. Juni 1804 in einer öffentlichen Sitzung des „Institut" zu Paris vorgelesenen Abhandlung ausgesprochen. Er betont, dass die berühmten französischen Chemiker, welche das Wort „Calorique" zuerst angewendet haben, ursprünglich bloss auf eine Abkürzung des Sprachgebrauches abzielten, nicht aber auf die Annahme einer eigenen hypothetischen Substanz. Ueber die Constitution der Körper macht er die folgende Annahme. Die Molecule, welche den Körper bilden, berühren sich gegenseitig nicht und befinden sich in schwingender Bewegung. Zwischen ihnen, sämmtlichen Raum des Universums ausfüllend, dehnt sich ein eminent elastisches Fluidum: der Aether aus, in welchem die Bewegungen der Körpermolecule Wellenbewegungen hervorbringen, während umgekehrt der Wellenschlag dieses Aethers die Bewegung der Körpermolecule afficirt. Am Schlusse seiner Betrachtungen stellt der Verfasser die folgenden zwei Sätze auf: „1. dass die Summe der lebendigen Kräfte im Universum immer dieselbe bleiben muss, ungeachtet aller Actionen und Reactionen der Körper, 2. dass die Molecule aller ponderabeln Körper nothwendig strahlend sein müssen."

Alles zusammengefasst, was wir bei Rumford über die Lehre von der Wärme finden, müssen wir ihn als den Begründer der mechanischen Wärmetheorie betrachten*). Damit sind jedoch seine Verdienste um die Wärmelehre mit nichten erschöpfend angegeben. Wir verdanken diesem Gelehrten vielmehr noch eine Reihe höchst wichtiger Messinstrumente und Messmethoden, sowie die Bestimmung physikalischer Constanten, welche er zum ersten Male gemessen hat. Rumford hat das Wassercalorimeter construirt und Messungen über die Verbrennungswärme damit angestellt. Von ihm stammt das schon erwähnte Differenzialthermometer, oder „Thermoskop", wie er es nannte, das er bei seinen Untersuchungen über Wärmeleitung und Wärmestrahlung verwendete. Bei den Experimenten über die Wärmeleitung der Flüssigkeiten, untersuchte er das Verhalten des Wassers in der Nähe seines Dichtigkeitsmaximums, dessen Temperatur er bestimmte. Er würdigte auch vollkommen die Bedeutung der Eigenschaft des Wassers, dass vermöge seines Dichtigkeitsmaximums dasselbe an der Oberfläche zuerst gefriere, indem er die Wichtigkeit dieses Verhaltens für das Klima eines Landes besonders hervorhob.

---

*) Ausführlicher über diesen Gegenstand handelt Dr. Gerh. Berthold, Rumford und die mechanische Wärmetheorie. Heidelberg 1875.

Rumford war bemüht, die Lichterscheinungen gleich denen der Wärme als Bewegungsphänomene zu erklären. Er nahm an, dass die Lichterscheinungen ebenfalls durch die schwingende Bewegung kleiner Theilchen zu Stande kommen, so wie die Wärmephänomene. Zur Vergleichung der Lichtstärke zweier Lichtquellen construirte er das nach ihm benannte einfachste Photometer, das durch Vergleichung der von einem Stäbchen geworfenen Schlagschatten die Stärke der Beleuchtung bestimmt.

An Rumford anknüpfend erwähnen wir noch kurz der folgenden Gelehrten: Reaumur, Celsius, Leidenfrost und Deluc.

René-Antoine Ferchault, Seigneur de Reaumur, des Angles et de la Bermondière, geboren 1683 zu Rochelle, gestorben 1757 zu Bermondière, studirte die Rechte, beschäftigte sich jedoch hauptsächlich mit Naturwissenschaften, besonders mit Zoologie, Botanik und Physik. Von ihm stammt die bekannte Eintheilung des Fundamentalabstandes am Thermometer in 80 Grade, welche er in der Abhandlung: Règles pour construire des thermomètres dont les degrés sont comparables (Mém. Paris 1730) veröffentlicht. Ausserdem hat er eine grosse Anzahl Abhandlungen über verschiedene Gegenstände der Physik verfasst, welche grossentheils in den Schriften der Pariser Akademie erschienen, deren Mitglied er war.

Anders Celsius, geboren 1701 zu Upsala, gestorben ebendaselbst 1744, war Professor der Astronomie an der Universität Upsala und nahm an der lappländischen Gradmessung unter Maupertuis Theil*). Er beobachtete zum ersten Male genau die Erscheinung der täglichen Deklinationsveränderung und gebrauchte zuerst die Centigradeintheilung des Thermometers, überdies war er ein fleissiger Beobachter des Nordlichtes. Er hat eine grössere Anzahl physikalischer und astronomischer Abhandlungen zum grossen Theil in schwedischer Sprache veröffentlicht.

Johann Gottlob Leidenfrost, geboren 1715 zu Ortenberg, gestorben 1794 zu Duisburg, war Doctor der Medizin und Professor an der Universität zu Duisburg. Von seinen Schriften führen wir bloss die Abhandlung „De aquae communis nonnullis qualitatibus Tractatus" (Duisburg 1756, 8°) an, in welcher sich der sogenannte Leidenfrost'sche Versuch beschrieben findet. Wenn wir Wasser auf glühendes Metall tropfen, so wird dies seine Unterlage nicht berühren, sondern, durch eine Dampfschichte getrennt, in Tropfengestalt über demselben hin- und herrollen. Erst wenn die Temperatur des Metalles unter eine gewisse Grenze gesunken ist, gelangt die Flüssigkeit in Berührung mit der heissen Unterlage, worauf sie sich unter zischendem Geräusche in Dampf verwandelt. Boutigny hat diesen Zustand der Flüssigkeiten den „sphäroidalen" Zustand genannt.

---

*) Vergl. oben pag. 401.

Jean-André Deluc, geboren 1727 zu Genf, gestorben 1817 zu Windsor, war Mitglied des Rathes der Zweihundert in Genf, hierauf Vorleser der Königin von England und dem Titel nach Professor der Universität in Göttingen, ohne dass er jedoch in jener Stadt sich je aufgehalten hätte. Nach der Schlacht von Jena übersiedelte er definitiv nach England. Deluc beschäftigte sich hauptsächlich mit Geologie, jedoch ausserdem mit physikalischen Gegenständen. Von seinen Schriften erwähnen wir: Recherches sur les modifications de l'atmosphère contenant l'histoire critique du Baromètre et du Thermomètre, un traité sur la construction de ces instrumens, des expériences relatives à leur usage, et principalement à la mesure des auteurs et à la correction des réfractions moyennes (2 vol. Genf 1772). — Essai sur la pyrométrie et l'aréométrie. London 1779. — Lettres physiques et morales sur l'histoire de la terre et de l'homme (La Haye 1778—1780) u. s. w. — In seiner erstgenannten Arbeit legt Deluc die Nothwendigkeit des Auskochens der Barometer dar, er zeigte durch Versuche, dass das Quecksilber als thermometrische Substanz viel zweckmässiger sei, als der Weingeist. Die Ausdehnung der Substanzen mass er nach Ramsden's Methode mit Hülfe des Mikroskopes und der Mikrometerschraube. Deluc entdeckte 1772 das Dichtigkeitsmaximum des Wassers und bestimmte dessen Temperatur zu 41° Fahrenheit. Er fand ferner, dass das Wasser von 41° bis zu 32° (dem Gefrierpunkte) herab, sich ebenso viel ausdehne als aufwärts von 41° bis 50°; diese Ausdehnung beträgt jedoch bloss den hundertsechszigsten Theil der Ausdehnung, welche das Wasser vom Gefrier- bis zum Siedepunkt erleidet. In seiner Abhandlung: Nouv. Idées sur la Météorologie (2 vol. 8° Paris 1787) beschäftigt er sich eingehend mit dem Verhalten des Dampfes in der Luft. Deluc ist ein eifriger Anhänger der atomistischen Physik.

John Dalton.

John Dalton wurde am 5. September 1766 zu Eaglesfield bei Cockermouth in Cumberland als der Sohn eines armen Wollenwebers geboren, der ein kleines Lehensgut besass. Schon im Alter von 15 Jahren war er Hülfslehrer in der Schule seines Cousins Bewley in Kendal, nachdem er übrigens auch schon früher in einer Schule seines Geburtsortes unterrichtet hatte, späterhin wurde er mit seinem Bruder Jonathan Vorsteher der Schule in Kendal. Er fand in seinen Studien Unterstützung durch den Gelehrten Robinson, während seines Aufenthaltes in Kendal verkehrte er mit dem blinden Gelehrten Gough, dessen Umgang auf seine Bildung von grossem Einflusse war. Gough stellte Dalton seine reiche Bibliothek zur Verfügung und unterstützte ihn in jeder Weise.

So blieb Dalton in seiner Stellung als Lehrer bis zum Jahre 1793, wo er in Folge der Empfehlung seines blinden Freundes und Gönners zum Professor der Mathematik und Physik an das „New College" in Manchester gewählt wurde, welche Stadt von dieser Zeit an sein bleibender Wohnort war. Als das Institut, an dem er lehrte, im Jahre 1799 nach York verlegt wurde, resignirte er auf seine Stelle und hielt privat Vorträge über Mathematik und Physik. Er veranstaltete hierauf öffentliche Vorträge in den Räumen der „Literary and Philosophical Society" zu Manchester, ausserdem in London, Leeds, Birmingham und in andern Städten Englands und Schottlands. Durch viele Jahre hindurch war er Sekretär, dann Vizepräsident der obengenannten wissenschaftlichen Gesellschaft in Manchester, der er seit 1794 als Mitglied angehörte. Im Jahre 1817 wurde er zum Präsidenten gewählt und bekleidete dieses Ehrenamt in Folge jährlicher Wiederwahl bis an seinen Tod.

Im Jahre 1826 hatte König Georg IV. 100 Guineen der „Royal Society" in London gespendet, um dafür zwei goldene Medaillen zu prägen, mit denen um die Wissenschaft verdiente Männer ausgezeichnet werden sollten. Die erste dieser Medaillen wurde einstimmig Dalton zuerkannt. Im Jahre 1833 setzte ihm König Wilhelm IV. eine Pension von 150 Pfunden aus, welche 1836 auf 300 Pfunde erhöht wurde. — Am 10. April 1837, in seinem 71. Jahre, hatte Dalton einen Schlaganfall zu überstehen, welcher sich am 21. desselben Monats wiederholte und seine rechte Seite lähmte, wodurch er auch zeitweise der Sprache beraubt wurde. Zwar besserte sich dieses Uebel theilweise, jedoch erhielt er von jener Zeit das Vermögen der Artikulation nicht mehr vollständig zurück. Am 3. Mai 1844 erlitt er einen dritten Schlaganfall, von dem er sich nicht mehr erholte. Er präsidirte zwar noch am 19. Juli in einer Sitzung der „Literary and Philosophical Society", konnte jedoch nicht mehr sprechen. Er starb am 27. Juli 1844 in seinem 78. Lebensjahre.

Dalton war nie verheiratet. Er lebte in der grössten Einförmigkeit bloss seinen wissenschaftlichen Arbeiten und verkehrte bloss mit einer geringen Anzahl von Freunden. Als ihm einige seiner Verehrer eine Pension anboten, um ihn dadurch der Vorträge zu entheben, aus deren Ertrag er sich erhielt, schlug er diesen Antrag aus, mit der Versicherung, dass diese Vorträge für ihn eine Art der Erholung von seinen experimentellen Arbeiten und seinen Studien bildeten. Dalton war Mitglied der Londoner „Royal Society", des Pariser „Instituts", ferner der Akademien von Berlin, München und anderer gelehrter Gesellschaften.

Von den Schriften Dalton's erwähnen wir die folgenden: Meteorological observations and essays, Manchester 1793. — A new system of chemical philosophy. Vol. I. pt. 1. 1808, pt. 2. 1810, Vol. II. pt. 1. 1827. — Extraordinary Facts relating to the Vision of Colours, with Observations, by Mr. John Dalton (Mem. Manchest. Soc. V. pt. 1. 1798). — On the constitution of mixed gases; on the force of steam or vapour from water and other liquids, in different temperatures, both in Torricellian vacuum and in air; on evaporation; and on the expansion of gases by heat (Ib. V. pt. 2. 1802). — Experimental inquiry into the proportions of the several gases or elastic fluids constituting the atmosphere (Ib New Ser. I. 1805). — On the absorption of gases by water and other liquids (Ib. id.). Dieser Aufsatz enthält die erste Tafel über die Atomgewichte der chemischen Elemente. — Die übrigen Schriften Dalton's erschienen grösstentheils in den „Manchester Transactions", in „Nicholson's Journal", in den „Philosophical Transactions" und dem „Philosoph. Magazine".

Dalton hat den Zustand der Atmosphäre vom Jahre 1788 bis an seinen Tod unausgesetzt beobachtet und an 200 000 darauf bezügliche Daten gesammelt. — Von Interesse ist seine Abhandlung über die Unvollkommenheit seines eigenen Gesichtes bezüglich der Unterscheidung von Farben. Man bezeichnet seither den Zustand der Roth-grünblindheit mit dem Namen „Daltonismus".

Dalton's wissenschaftliche Arbeiten beziehen sich hauptsächlich auf die Theorie der Gase und Dämpfe und auf die Grundlegung der stöchiometrischen Gesetze. Gleich Gay-Lussac hat auch Dalton die Ausdehnung der verschiedenen Gase zwischen dem Gefrier- und dem Siedepunkte bestimmt und gefunden, dass sich dieselben — ganz unabhängig von ihrer chemischen Natur — im gleichen Masse ausdehnen. Er bemerkt, dass die Ausdehnung eines Körpers nebst der Wärme noch von der wechselnden chemischen Verwandtschaft abhänge, welche bei festen und flüssigen Körpern die Verschiedenheit in der Ausdehnung bedinge. Eine eingehende Untersuchung wendete er der Messung der Spannkraft von Dämpfen bei verschiedenen Temperaturen zu. Er bestimmte die Abhängigkeit der Expansion von der Temperatur des gesättigten Dampfes und fand zwischen — 40° Fahrenheit und + 325° Fahrenheit, dass die Expansionskraft des Wasserdampfes in einer geometrischen Progression mit fast gleichmässig abnehmendem Exponenten fortschreite. In der That ist es noch nicht gelungen, einen mathematisch ausdrückbaren funktionalen Zusammenhang zwischen Expansion und Temperatur der gesättigten Dämpfe zu finden, welcher die erfahrungsmässige Beziehung zwischen diesen beiden Grössen vollständig wiedergeben würde. — Dalton verglich ferner die Expansionen verschiedener Dämpfe mit einander und gelangt durch Versuche mit sechs verschiedenen Dampfarten zu dem Resultate, dass die Expansivkraft der Dämpfe für gleiche Temperaturänderungen um gleiches wachse, insofern für die einzelnen Arten der Dämpfe von solchen Temperaturen an gerechnet wird, für welche die Expansionen gleich sind. — Wichtiger sind die Versuche Dalton's über die Spannkraft des Wasserdampfes in der Luft. Er fand, dass die Expansivkraft der feuchten Luft gleich der der trockenen sei, vermehrt um die Spannkraft des darin befindlichen Wasserdampfes. Es ist dies derselbe Satz, der, auf Gase im Allgemeinen angewendet, unter dem Namen des Dalton'schen Prinzipes bekannt ist, demzufolge chemisch auf einander nicht wirkende Gase mit einander gemischt, eine Spannung besitzen, welche der Summe der Spannkräfte beider Componenten des Gemisches gleich ist. Dalton und Gay Lussac's Versuche haben die Eudiometrie begründet.

Dalton ist der Begründer der atomistischen Theorie in der Chemie. Zwar hat man schon vom Ende des siebenzehnten Jahrhunderts an über die Constitution der Materie und der chemischen Verbindungen solche Vorstellungen gehegt, welche auf die atomistische Constitution derselben hinwiesen. van Helmont, Boerhave, Boyle, Richter, Lemery, Macquer, Lavoisier, Kirwan und Berthollet entwickeln allerorten solche Ansichten, welche aus atomistischen Vorstellungen entspringen, ja einzelne, wie Proust, waren sogar schon nahe daran, mit dem Begriffe der Molecule den eines gewissen Gewichtes zu verbinden. Jedoch erst Dalton war es vorbehalten, den Begriff des Atomes mit dem einer chemischen Valenz desselben in sicherer Weise zu begründen. Zwar finden sich bei Higgins*) vereinzelte Aussprüche, welche sich auf die Verbindung nach festen Zahlenverhältnissen beziehen, ja selbst das Gesetz der multiplen Proportionen findet sich hie und da inexplicit angedeutet. Jedoch erst Dalton entwickelt die chemische Atomentheorie in der Weise, in welcher sie auch heute noch die Grundlage der Chemie bildet. Diese Theorie lässt sich kurz in dem folgenden Satze ausdrücken: Die chemischen Verbindungen bestehen aus der Vereinigung von Atomen der Bestandtheile derselben nach einfachen Zahlenverhältnissen, welche Verhältnisse nebst den relativen Gewichten der Atome durch Analyse der Substanzen ermittelt werden können. Dalton entwickelt diese Theorie in seinem Werke: „A new system of Chemical Philosophy" (Vol. I. pt. 1. Lond. 1808), wo er bezüglich der Constitution der Körper voraussetzt, dass die Theilchen derselben sich durch eine gewisse Attractionskraft anziehen, welcher jedoch als Repulsionskraft die Elasticität des Wärmestoffes entgegenwirke, der in Form von Atmosphären die Körperatome umgibt. In seiner Abhandlung vom Jahre 1803 über die Absorption der Gase gibt Dalton die erste Tafel über die relativen Atomgewichte, das des Hydrogens als Einheit angenommen. Er bezeichnete die Atome der verschiedenen Elemente durch gewisse Symbole und stellte auch über die Lagerung der kleinsten Theile in der Ver-

---

*) **William Higgins** war Professor der Chemie und Mineralogie zu Dublin. Von seinen Schriften sind hier zu erwähnen: A comparative view of the phlogistic and antiphlogistic theories with induction etc. Lond. 1789. — Experiments and observations on the atomic theory and electrical phenomena. Dublin 1814. — On the origine of the atomic theory. (Tilloch, Phil. Mag. 1816).

bindung gewisse Hypothesen auf. Ausführlicheres über Dalton findet sich in den folgenden Schriften: W. C. Henry, Memoirs of the Life and Scientific Researches of J. Dalton. London 1854. — R. A. Smith, Memoir of J. Dalton and History of the Atomic Theory up to his time. London 1856. — H. Kopp, Die Entwicklung der Chemie in der neueren Zeit. München 1873.

Thomas Young.

Thomas Young wurde zu Milverton in Somersetshire am 13. Juni 1773 geboren. Er war das älteste der zehn Kinder Thomas und Sarah Young's. Die Mutter war eine Nichte des angesehenen Arztes Brocklesby in London. Beide Eltern gehörten der Secte der Quäker an und waren wohlhabende Leute. Im Jahre 1780 kam er in eine Kostschule zu Stapleton bei Bristol und nach zwei Jahren gab man ihn in eine Schule nach Compton in Dorsetshire, wo er fast vier Jahre blieb. Er beschäftigte sich während dieser Zeit vorzüglich mit dem Studium der lateinischen, griechischen, französischen, italienischen und hebräischen Sprache. In dieser Schule befand sich ein Hülfslehrer, Namens Jeffrey, der in den verschiedensten Wissenschaften, Künsten und Handfertigkeiten ein aussergewöhnliches Geschick besass. Diesem schloss sich der in jeder Hinsicht ebenfalls höchst talentirte Young an, der durch dessen Unterweisung nicht nur mechanische Kenntnisse und Kunstfertigkeiten erwarb, sondern auch Fernrohre verfertigen, Bücher binden, zeichnen, Kupferstechen u. s. w. lernte. — Young fand neben seinen mannigfachen Beschäftigungen noch Zeit, sich mit mathematischen Studien beschäftigen zu können. Durch Priestley's Untersuchungen „über die Luft" wurde er zum Anstellen chemischer Versuche veranlasst.

Im Alter von vierzehn Jahren wurde er als „privat tutor" Hudson Gurney's im Vereine mit einem gewissen Hodgkin angestellt. Seine Aufgabe bestand darinnen, mit seinem, um ein Jahr jüngeren, Schutzbefohlenen zu lernen; er verbrachte in dieser Stellung die Zeit bis zum Herbste 1792, da er nach London kam, um seine medizinischen Studien anzutreten. Er studirte nun der Reihe nach in London, Edinburgh, Göttingen und Cambridge und liess sich schliesslich in London als praktischer Arzt nieder. Sein Oheim, Dr. Brocklesby, der sich stets für seinen Neffen lebhaft interessirt hatte, starb 1797 und hinterliess Young ein Vermögen von beiläufig 10000 Pfunden und sein wohleingerichtetes Haus, nebst Bibliothek. Da seine ärztliche Praxis keine ausgebreitete war, so blieb ihm Zeit für seine Lieblingsstudien. Er veröffentlichte zuerst seine Abhandlung: „Outlines and Experiments respecting Sound and Light", welche er am 16. Januar 1800 in der „Royal Society" gelesen hatte. Er legte in den nächsten Jahren die drei folgenden Abhandlungen der gelehrten Gesellschaft vor: „On the Theory of Light and Colours", „An Account of some Cases of the Production of Colours" und „Experiments and Calculations relative to Physical Optics", von denen die erste und dritte für die „Bakerian lectures" ausgewählt wurden. In der ersten Schrift spricht Young die Ansicht aus, dass das Licht durch die Schwingungen eines elastischen Mediums verursacht werde. Als Stütze für diese seine Ansicht führt er sieben Gründe an: die gleiche Fortpflanzungsgeschwindigkeit aller Strahlen in gleichem Medium, die partiale Reflexion bei der Refraction, die Farben dünner Blättchen und andere. — Die nächste wissenschaftliche Untersuchung Young's bezog sich auf den Mechanismus des Auges, besonders auf die Entscheidung der Frage, worinnen die Accommodationsfähigkeit des Auges bestehe. Diese Frage wurde durch unseren Forscher endgültig gelöst, indem er durch unzweifelhafte Versuche feststellte, dass der Sitz der Accommodationsfähigkeit sich einzig und allein in der Krystalllinse befinde.

Im Jahre 1801 nahm Young das Amt eines Professors an der „Royal Institution" an, welche Stelle er jedoch schon nach zwei Jahren niederlegte. Seine Vorträge waren in keiner Weise populär zu nennen, seine Ausdrucksweise war lakonisch und dabei dunkel. Er besass nicht die Gabe, seine Darstellung eines Gegenstandes der Fassungskraft seiner Zuhörer anzupassen. Young hatte in den zwei Jahren seiner Professur sechszig Vorträge gehalten, die einige Jahre später unter dem Titel: „A Course of Lectures on Natural Philosophy and the Mechanical Arts" erschienen. Dieses Werk, welches ein Compendium der Physik genannt werden mag, besteht aus drei Theilen, jeder zu zwanzig Vorlesungen. Der erste Theil behandelt die theoretische und praktische Mechanik, der zweite die Hydrostatik, Hydrodynamik, Akustik und Optik, der dritte die Astronomie, die Theorie der Ebbe und Fluth des Meeres, die Constitution der Materie, die Cohäsion, die Lehre von der Elektricität und dem Magnetismus, die Wärmetheorie und die Klimatologie. — Im Jahre 1802 wurde Young „Foreign" Sekretär der „Royal Society", wozu ihn seine Sprachenkenntniss besonders befähigte. Am 14. Juni 1804 heiratete er Miss Eliza Maxwell, die Tochter des Gutsbesitzers J. O. Maxwell. — Seine Theorie über die Natur des Lichtes fand keine günstige Aufnahme, er wurde in der „Edinburgh Review" angegriffen und vertheidigte sich in derselben Zeitschrift. Erst Fresnel, mit dem Young übrigens im Briefwechsel stand, vermochte der Undulationstheorie zum Siege zu verhelfen. Der englische Reisende Rouse Boughton hatte in der Nähe von Theben einen Papyrus entdeckt, welcher in ägyptischer Cursivschrift verfasst war. Derselbe befand sich in wohlerhaltenem Zustande, wurde jedoch durch einen unglücklichen Zufall vom Seewasser durchtränkt, wodurch er bedeutend litt. Im Frühling des Jahres 1814 wurde das Fragment Young übergeben, der zu der Abhandlung, welche der Entdecker von seinem Funde schrieb, einen Appendix verfasste. Durch diesen Papyrus wurde die Aufmerksamkeit unseres Forschers auf die heilige Schrift der alten Aegypter gelenkt und er unterzog den wohlbekannten Stein von Rosette mit seinen drei Inschriften einer eingehenden Untersuchung, deren Resultat ein Uebersetzungsversuch der zweiten von den drei Inschriften war, welche in demotischen (enchorialen) Charakteren geschrieben ist. Wenn auch diese Beschäftigung zu keinem befriedigenden Resultate führte, so muss doch jedenfalls Young in dieser Beziehung die Priorität vor dem französischen Gelehrten Champollion, dem eigentlichen Entzifferer der Hieroglyphen, zugesprochen werden.

In den Jahren 1809 und 1810 hielt Young am Middlesex-Hospital eine Reihe von medizinischen Vorträgen, im folgenden Jahre wurde er an das St. George's Hospital als Arzt gewählt, welches Amt er bis an seinen Tod bekleidete. Er veröffentlichte um jene Zeit ein medizinisches Werk: „An Introduction to Medical Literature, including a system of Practical Nosology, intended as a Guide to Students and an Assistant to Practitioners" (8° London 1813). Young wirkte als Arzt in erfolgreicher Weise, wurde jedoch nie populär, da er sich — woran man in England nicht gewöhnt ist — zu viel mit anderen, seinem ärztlichen Berufe fernstehenden Dingen beschäftigte. — Im Jahre 1816 wurde er Sekretär einer Commission, deren Aufgabe es war, das englische mit dem damals neuen französischen Masse zu vergleichen. Er verfasste drei Jahresberichte, von den Jahren 1819, 1820 und 1821. Im Jahre 1818 wurde er Sekretär des „Board of Longitude".

Young verfasste achtzehn Artikel für die „Quarterly Review" über verschiedene wissenschaftliche Gegenstände; für das Supplement der „Encyclopaedia Brittanica" schrieb er 63 Artikel, von denen 46 Gelehrtenbiographien enthalten. — Im Jahre 1821 machte er in Begleitung seiner Frau eine Reise durch Italien, 1827 wurde er an die Stelle Volta's in die französische Akademie gewählt. Young fing im Februar 1829 zu kränkeln an. Er hatte Anfälle von Asthma, später warf er sogar etwas Blut aus. Zwei befreundete Aerzte sahen in der angestrengten Herzthätigkeit des ruhelos Fortarbeitenden den Grund des Uebels. Durch diese wurden die Lungen in übermässiger Weise in Anspruch genommen. Die zunehmende Krankheit Young's beunruhigte ihn selbst in hohem Masse, er wollte noch so vieles vollenden, was er begonnen hatte, trotzdem er zuletzt nicht mehr im Stande war, die Feder zu halten. So verschlimmerte sich sein Zustand zusehends, bis er am 10. Mai des Jahres 1829 in früher Morgenstunde, nach kaum erreichtem sechsundfünfzigstem Jahre seinen Geist aushauchte. Als Todesursache wurde eine Ossification der Aorta erkannt, ein Uebel, das — wie es scheint — weder in seinem Alter, noch in einer organischen Anlage begründet war, sondern welches der seit frühester Jugendzeit ruhe- und rastlos seinen Geist anstrengende Gelehrte durch diese seine Thätigkeit sich zugezogen hatte. Die irdischen Ueberreste wurden in der Grabstätte der Familie seiner Frau zu Farnborough in Kent beigesetzt. Es war ein dringender Wunsch seiner Frau, ihm in dem Pantheon der grossen Söhne Englands: in der Westminster-Abtei ein Denkmal zu errichten, welches Verlangen von dem Dechanten der Abtei: Dr. Buckland bereitwillig erfüllt wurde. Das Denkmal besteht aus einem Porträtmedaillon, unter welchem sich die von seinem Freunde Gurney verfasste Grabschrift befindet.

Thomas Young war ein Mann von staunenswerther Vielseitigkeit: Arzt und Naturforscher, Philolog, Archäolog, Mathematiker, Philosoph; vereinigte er in einer Person eine überraschende Menge von Kenntnissen. Ueberdies war er ein ausgezeichneter Musiker, ein guter Zeichner und Maler, ein geübter Reiter, der mit Kunstreitern Wetten eingehen konnte. Dabei war er ein vollendeter Weltmann, der sich in den elegantesten Kreisen Londons gerne und mit Leichtigkeit bewegte. — Wir müssen uns hier darauf beschränken, in kurzer Darstellung seine Erfolge auf dem Gebiete der Physik und dem benachbarten der Physiologie der Sinnesorgane zu skizziren.

Die von uns hier zu besprechenden Arbeiten Young's lassen sich unter die folgenden Hauptabtheilungen bringen: Physikalische und physiologische Optik, Akustik und Wellenlehre, Capillarität, Mechanik und Festigkeitslehre, Hydrodynamik. An diese Arbeiten reihen sich noch andere von untergeordneter Bedeutung über Chemie, Magnetismus, Widerstand der Luft, Reibung, Thau u. s. w. — Von mathematischen Untersuchungen führen wir bloss der Vollständigkeit halber an: seine Schrift über die Cycloiden, über den Werth des Lebens, die Lebensversicherungen, über die geodätische Curve*).

Wir wollen in der angeführten Reihenfolge über die Arbeiten Young's sprechen. Ueber Optik finden wir in seinen gesammelten, vermischten Schriften die folgenden Abhandlungen: **Observations on Vision. On the Mechanism of the Eye****). Ueber den Bau und die Wirkung des optischen Sehapparates. Der Verfasser untersucht die Brechungsverhältnisse der lichtbrechenden Substanzen des Auges und misst die Dimensionen, welche für den Weg der Lichtstrahlen von Bedeutung sind. Er fasst seine Hauptresultate in folgenden Punkten zusammen:

---

*) An Essay on Cycloidal Curves. Miscell. Works. Edit. by G. Peacock. 8^0, 3 vol., Lond. 1855, I, pag. 99. — An Algebraical Expression for the Value of Lives. Ib. II, pag. 359. — A Formula for expressing the Decrement of Human Life. Ib. pag. 366. — Remarks on the Principle of Compound Interest. Ib. 381. — On the Experience of the Equitable Society. Ib. 384. — Practical Comparison of the different Tables of Mortality. Ib. 389 u. a. — A brief Investigation of the Properties of the Geodetic Curve. Ib. pag. 111. und: A simple Rectification of the Geodetic Curve. Ib. 113.

**) Miscell. Works I, pag. 1 u. 12.

Bestimmung des Brechungsvermögens der lichtbrechenden Substanzen des Auges, Construction eines Instrumentes zur Bestimmung der Focaldistanz des Auges (Optometer), die Erforschung der Einstellung des Auges, um bei möglichst grossem Gesichtsfelde deutlich zu sehen, Messung der Dispersion der farbigen Strahlen im Auge, endlich die musterhaft geführte Experimentaluntersuchung, mittelst welcher er feststellt, dass die Accommodationsfähigkeit des Auges weder auf einer Formveränderung der Cornea, noch in einer Gestaltsveränderung des Augapfels beruht, sondern dass dieselbe durch die stärkere oder geringere Krümmung der Krystalllinse zu Stande kommt *). — **On the Theory of Light and Colours.** — **An Account of some Cases of the Production of Colours not hitherto described.** — **Experiments and Calculations relative to Physical Optics.** Reply to the Animadversions of the Edinburgh Reviewers. Review of Laplace's Memoir: ‚Sur la Loi de la Réfraction extraordinaire dans les Cristaux diaphanes.' Review of Malus, Biot, Seebeck, and Brewster, on Light. Chromatics. Theoretical Investigations, intended to illustrate the Phenomena of Polarisation **). Die erste der genannten Abhandlungen ist zugleich die wichtigste der ganzen Reihe. Sie enthält in ihren Hauptzügen die Lichttheorie Young's. Es werden vier Hypothesen als Ausgangspunkte der Untersuchung aufgestellt: 1) Ein feiner, elastischer Aether erfüllt den Raum, welcher die Fortpflanzung des Lichtes vermittelt, 2) das Leuchten eines Körpers erregt Undulationen dieses Aethers, 3) die Farbenempfindung hängt von der verschiedenen Schnelligkeit der Vibrationen ab, welche das Licht in der Retina hervorruft, 4) alle Körper üben auf den Aether eine gewisse Anziehung, in Folge deren um jeden Körper eine Anhäufung dieser Substanz stattfindet, die sich jedoch bloss auf eine geringe Distanz erstreckt und die Elasticität derselben nicht vergrössert. — Es folgen nun neun Propositionen, deren letzte, als allgemeine Conclusion den Satz ausspricht, dass das Licht in der Wellenbewegung des Lichtäthers bestehe. — Die anderen der angeführten Arbeiten enthalten die verschiedenen Versuche, um die Undulationstheorie des Lichtes zu begründen und gegen die mannigfachen Angriffe zu vertheidigen. Young ist als derjenige Forscher zu betrachten, der die

---

*) Keppler, Descartes und andere Forscher nahmen eine Veränderlichkeit der Längenaxe des Augapfels an, um das Zustandekommen scharf begrenzter Bilder auf der Retina zu erklären. Porterfield, Zinn und Andere glaubten, die Krystalllinse könne ihren Platz verändern und der Retina näher rücken. Jurin, Musschenbroek u. A. nahmen eine Veränderlichkeit der Hornhautkrümmung als Quelle der Accommodationsfähigkeit an. Sauvages und Bourdelot endlich gelangten zu demselben Resultate wie Young. Ausführlicheres über Young's Versuche findet sich in Helmholtz: Handbuch der physiologischen Optik. Leipzig 1867, pag. 107, 112, 117, 120 u. s. w.

**) Misc. Works I, pag. 140, 170, 179, 192, 220, 260, 279, 412.

Emanationstheorie, welche sich so lange zu behaupten im Stande gewesen, endlich in's Schwanken und später durch die gleichgerichteten Bestrebungen Fresnel's zu Falle brachte. Schon in seiner Abhandlung „über Schall und Licht" hatte er sich der Undulationstheorie zugeneigt, in der zuerst angeführten aus der Reihe von Abhandlungen stellt er diese Theorie bereits mit voller Gewissheit als richtig hin. Die Farben dünner Blättchen hatten ihn zu dieser Ueberzeugung gebracht. Die achte der obenerwähnten neun Propositionen drückt das allgemeine Prinzip der Interferenz aus, welche Erscheinung die sicherste Stütze der Undulationstheorie bildet: „Wenn zwei aus verschiedenen Quellen ent-„sprungene Vibrationen entweder ganz oder nahezu in gleicher Richtung „sich fortpflanzen, so ist ihre vereinigte Wirkung eine Combination ihrer „beiden Bewegungen." Die Schwingungsrichtung wurde anfänglich als in die Richtung der Fortpflanzung fallend angenommen, erst die Untersuchung der 1808 von Malus entdeckten Polarisation durch Reflexion brachte Young auf die Idee der Möglichkeit einer transversalen Vibration des Aethers, wovon er Arago in seinem Briefe vom 12. Januar 1817 Mittheilung machte. Young hatte sich nicht gescheut, diese kühne Conception aufzustellen, während Fresnel, der wahrscheinlich etwas früher auf denselben Gedanken gerathen war, Anstand nahm, mit dieser Idee vor die Oeffentlichkeit zu treten. Schliesslich war es doch dieser französische Forscher, der durch seine Beherrschung des Werkzeuges der neueren mathematischen Analysis der Undulationstheorie zum endgültigen Siege über die Emanationshypothese verhalf. Young's Darstellung war nicht lichtvoll genug, seine mathematischen Deductionen waren selbst für den Mathematiker nur schwer geniessbar. Zudem war es schwer, besonders in England, gegen Newton's gewichtige Autorität anzukämpfen. So ist denn Young's Wirksamkeit hauptsächlich als Vorläufer der Fresnel's zu betrachten, welcher sie den Weg ebnete.

Von den übrigen optischen Arbeiten Young's haben wir wenig zu sagen. Seine Beschäftigung mit den Farben dünner Blättchen führte ihn auf die Erfindung eines Instrumentes zur Messung mikroskopisch kleiner Objekte, das er „Eriometer" nannte, bei dem die farbigen Ringe, welche eine Lichtquelle umgeben, die wir durch eine Schichte nahezu gleich grosser Körper oder gleich dicker Fäden betrachten, den Massstab für die zu messenden Dimensionen bilden. Die Beschreibung dieses Instrumentes findet sich in der Abhandlung: Remarks on the measurement of minute particles, especially those of the blood and of pus*).

Einige Arbeiten Young's beziehen sich auf die atmosphärische Refraction: „A Postscript on Atmospherical Refraction; An Extension of the Inverse Series for the Computation of Re-

---

*) Misc. Works, Vol. I, pag. 343.

fraction; A finite and exact Expression for the Refraction of an Atmosphere nearly resembling that of the Earth; Historical Sketch of the various Solutions of the Problem of Atmosph. Refraction; Computation of the Effect of Terrestrial Refraction in the actual condition of the Atmosphere *). Young hat auch eine von Helmholtz und Maxwell erneuerte Theorie der Farbenempfindungen in seinen: „Lectures on natural philosophy" aufgestellt, in der er drei Grundempfindungen annimmt, welche durch dreierlei verschiedenartige Nervenfasern zu Stande kommen. Diese besonders von Helmholtz vertheidigte Theorie wurde in neuester Zeit durch die Theorie Hering's angefochten. Eine ausführlichere Darstellung der Young-Helmholtz'schen Theorie findet sich in Helmholtz: Physiol. Optik, pag. 291 ff.

Wir übergehen nun zu den Arbeiten über Akustik. **Outlines of Experiments and Inquiries respecting Sound and Light.** — An Essay on Music. — A Letter to Mr. Nicholson, respecting Sound and Light**). Die erste dieser Schriften enthält Untersuchungen über verschiedene akustische Gegenstände: Menge der aus einer Oeffnung ausgestossenen Luft, Geschwindigkeit des Schalles, Vibrationen verschiedener Gase, Schwingungen von Platten und Stäben, Töne der Pfeifen und Schwingungen der Saiten u. s. w. Der Verfasser beschäftigt sich mit der Frage, weshalb sich die tönende Saite in aliquote Abschnitte theile, und er findet in der Reaction der Theile auf einander den Grund dieser Erscheinung. — Die beiden anderen Abhandlungen beziehen sich hauptsächlich auf rein musikalische Gegenstände. Hieher gehört noch die Abhandlung: Some Propositions on Waves and Sound***). Ueber Capillarität handeln die folgenden Aufsätze: **An Essay on the Cohesion of Fluids.** — The Article „Cohesion" from the Supplement to the Encyclopaedia Brittanica. — **On the Cohesion of Fluids** †). Die Lehre von der Capillarität hatte seit Montanari's im Jahre 1667 erschienenen classischem Werke: „Pensiere fisiche e matematiche" bis an das Ende des vorigen Jahrhunderts nur wenig Förderung erfahren. Von grösserer Bedeutung sind bloss die Arbeiten Jurin's ††) und Clairaut's. Jurin wies zuerst nach, dass die Höhe der Flüssigkeit in einer Röhre bloss von der Weite der Röhre am obern Ende der Säule abhängig sei.

---

*) Misc. Works, Vol. II, pag. 29, 40, 49, 52. 75.
**) Ibid. Vol. I, pag. 64, 115, 131.
***) Ibid. Vol. II, pag. 141.
†) Ibid. Vol. I, pag. 418, 454. 484.
††) **James Jurin,** geboren 1684, gestorben 1750 zu London, war praktischer Arzt daselbst, Mitglied und Sekretär der „Royal Society". Ueber Capillarität schrieb er in den Phil. Tr. von 1718: An inquiry into the cause of the ascent and suspension of water in capillary tubes. — New experiments on the action of glass tubes on water and quicksilver (Phil. Tr. 1719).

— Young stellte den wichtigen Satz auf, dass der Winkel, welchen die Flüssigkeit an der festen Wand bildet, von der Gestalt und dem Volumen der Körper unabhängig sei. Hieraus leitete er den Stand der Flüssigkeit über oder unter dem Flüssigkeitsspiegel ab, die Gestalt und Grösse der Tropfen, ferner die Gestalt der Luftblasen, die Adhäsionserscheinungen u. s. w. Seine Voraussetzungen über die Gestalt der Oberfläche sind jedoch nicht ganz richtig.

Von den auf die andern Gegenstände bezüglichen, wichtigeren Arbeiten theilen wir bloss die Titel mit: Appendix to Captain Kater's Account of Experiments for determining the Length of the Pendulum. Remarks on the Probabilities of Error in Physical Observations, and on the Density of the Earth. Remarks on Laplace's latest Computation of the Density of the Earth. Considerations on the Reduction of the Length of the Pendulum to the Level of the Sea. A concise Method of determining the Figure of a Gravitating Body revolving round another. — Calculation of the Direct Attraction of a Spheroid, and Demonstration of Clairaut's Theorem. — On the Equilibrium and Strength of Elastic Substances. — A Theory of Tides, including the Consideration of Resistance. — The Article „Tides" from the Suppl. to the Encyclopaedia Brittanica. — Extract relating to the Theory of the Tides, from Brande's Quarterly Journal of Science. — Hydraulic Investigations. — On the Resistance of the Air. — Computations for clearing the Compass of the regular Effect of a Ship's permanent Attraction. (Enthält die Berechnung der Störung, welche durch das Schiff selbst hervorgebracht wird.) — Ausser diesen — sämmtlich in den zwei ersten Bänden der „Miscellaneous Works" enthaltenen — Abhandlungen sind noch zu erwähnen die dort ebenfalls abgedruckten Abhandlungen über Schiffs- und Brückenconstruction und ähnliches. Eine ausführliche Biographie Young's sammt einer eingehenden Würdigung seiner Arbeiten enthält George Peacock's Werk: „Life of Thomas Young" (London 1855, 1 vol. 8º).

Anschliessend an Thomas Young erwähnen wir noch einige Gelehrte, die sich um die Optik verdient gemacht haben; es sind dies die folgenden: Bouguer, Boscovich, Lieberkühn und Lambert.

Pierre Bouguer, geboren am 16. Februar 1698 zu Croisic in der Bretagne, gestorben am 15. August 1758 zu Paris, studirte auf dem Jesuitencollegium zu Vannes, wo er durch sein Talent für Mathematik die Aufmerksamkeit auf sich zog. Durch seine Abhandlungen: „Sur la meilleure manière, de mâter les vaisseaux" (Paris 1727), „Essai d'Optique sur la gradation de la lumière" (Paris 1729) und „Sur la méthode la plus avantageuse, d'observer en mer la variation du compas" (Paris 1731), welche in den Jahren 1729 bis 1731 erschienen, zog er die Aufmerksamkeit der Gelehrten auf sich, so dass er im letztgenannten Jahre zum Mitgliede der Pariser Akademie gewählt wurde. Bouguer nahm an der peruanischen Gradmessung Theil und war Professor der Hydrographie.

In der zweiten der genannten Schriften finden sich die ersten Anfänge einer rationellen Photometrie. Er construirte das erste Photometer, das auf diesen Namen Anspruch erheben kann. In demselben werden zwei durch die zu vergleichenden Lichtquellen beleuchtete transparente Schirme betreffs ihrer Helligkeit mit einander verglichen, wobei die eine der Lichtquellen so lange zu verrücken ist, bis die beiden Schirme gleich erleuchtet erscheinen. Eine ähnliche Methode wendete er an, um die Lichtstärke des reflectirten oder die des gebrochenen Lichtes mit jener der ursprünglichen Lichtquelle vergleichen zu können. — Bouguer hat noch zahlreiche andere Arbeiten verfasst, die sich auf astronomisch-geodätische, auf nautische und ausserdem auf verschiedene physikalische Probleme beziehen, deren Titel wir hier jedoch übergehen wollen. Bouguer construirte ein Pyrometer, studirte die Deviation der Magnetnadel auf Seeschiffen und die Lothablenkung durch den Chimboraço. Auch einen Windmesser hat er entworfen und in seiner Abhandlung: „Traité du navire etc." (Paris 1746) beschrieben.

Ruggiero Giuseppe Boscovich, geboren am 18. Mai 1711 zu Ragusa, gestorben am 13. Februar 1787 zu Mailand. Er war Jesuit, Professor am „Collegio romano" in Rom, dann, nachdem er grössere Reisen ausgeführt hatte, Professor in Pavia und lebte hierauf in Paris und in Mailand. Boscovich hat eine lange Reihe von Abhandlungen, besonders optischen Inhaltes verfasst, von denen wir hier einige anführen wollen: De novo telescopii usu ad objecta coelestia determinanda. Roma 1739. — De inaequalitate gravitatis in diversis terrae locis. Ib. 1741. — De cometis. Ib. 1746. — De aestu maris. Ib. 1746. — De lumine. Ib. 1749. — De lunae atmosphaera. Ib. 1753. — De lege virium in natura existentium. Ib. 1755. — De lentibus et telescopiis dioptricis. 2 vol. Ib. 1755. — Philosophiae naturalis theoria, redacta ad unicam legem virium in natura existentem. Venet. 1758. — Dissertationes ad Dioptricam. Viennae 1767. — Opera pertinentia ad opticam et astronomiam. 5 vol. 4°. Bassano 1785. — Ausser seinen optischen Arbeiten sind seine Ansichten über die Constitution der Materie zu erwähnen. Er ist ein Gegner der Atomentheorie und stellt sich auf den „dynamistischen" Standpunkt. Nach seiner Ansicht ist die Masse eine Constellation von Kräftecentren, von welchen ausgehend sich anziehende und abstossende, bloss von der Entfernung, nicht aber von der Zeit abhängende Kräfte in bestimmten Wirkungssphären bethätigen. Gegen diese Theorie kämpfen Maxwell, Lamé und Will. Thomson an.

Johann Nathaniel Lieberkühn, geboren am 5. September 1711 zu Berlin, gestorben am 7. Dezember 1756 ebendaselbst, war praktischer Arzt, Mitglied der Berliner Akademie, sowie der Leopoldinischen Akademie. In der Abhandlung: Description d'un microscope anatomique (Mém. Berl. 1745) beschreibt er das von ihm 1738 erfundene Sonnenmikroskop.

Johann Heinrich Lambert, geboren am 26. August 1728 zu Mülhausen im Elsass, gestorben am 25. September 1777 zu Berlin, war der Sohn eines armen Schneiders. Durch seine schöne Handschrift erwarb er sich eine Anstellung als Schreiber bei einem Eisenwerke bei Mömpelgard. Später war er Erzieher und suchte durch Selbststudium die Lücken des Unterrichtes auszufüllen. In seinem 31. Lebensjahre gab er die erste grössere Arbeit, seine: „Photometrie" heraus, hierauf seine „cosmologischen Briefe über die Einrichtung des Weltbaues" (8°, Zürich 1761) und sein „Neues Organon" (8°, Ib. 1764). Lambert hat eine lange Reihe von Abhandlungen verfasst, deren Titel wir hier nicht anführen können; dieselben behandeln die Photometrie, Hygrometrie und Pyrometrie, sowie auch astronomische Probleme. Im Jahre 1764 wurde er von Friedrich dem Grossen zum Oberbaurath und zum Mitgliede der Berliner Akademie ernannt.

Die Prinzipien, von denen Lambert's „Photometrie"*) ausgeht, sind die folgenden: 1. Man erhält die gesehene Helligkeit eines Gegenstandes, wenn man die Lichtmenge durch die Grösse des Bildes auf der Netzhaut dividirt. 2. Unter sonst gleichen Verhältnissen ist die Erleuchtung eines Gegenstandes durch einen leuchtenden Punkt dem Quadrate der Entfernung von diesem Punkte verkehrt proportional. 3. Die Stärke der Erleuchtung eines kleinen Gegenstandes steht im geraden Verhältnisse mit dem Inhalte der leuchtenden Fläche. 4. Ist die zu erleuchtende Fläche in schiefer Lage zum Lichtstrahl, so ist die Stärke der Erleuchtung dem Producte der normalen Stärke in den Sinus jenes Winkels proportional, welchen die Strahlen mit der Fläche bilden. 5. Die unter einem Winkel ausströmende Lichtmenge ist in ihrer Beleuchtungswirkung dem Sinus des Ausflusswinkels proportional. — Mit Hülfe dieser Fundamentalsätze behandelt nun Lambert eine Reihe von Problemen, von denen wir bloss eines anführen wollen: „Von der Absorption des Lichtes bei dem Durchgange durch die Atmosphäre und von der Erleuchtung der Planeten durch die Sonne."

Als Photometer benützte Lambert eine Vorrichtung, welche mit dem Rumford'schen Photometer ganz und gar identisch war.

Lambert hat sich mit der Frage über die Existenz eines Venusmondes eingehend beschäftigt und alles darauf Bezügliche zusammengestellt, auch berechnete er Tafeln für den vermeintlichen Weltkörper, nach welchen derselbe am 1. Juni 1777 vor der Sonnenscheibe stehen sollte. Bis jetzt hat man einen solchen Trabanten der Venus nicht wahrnehmen können.

In seiner „Pyrometrie"**) empfiehlt er den Gebrauch des Amon-

---

*) Photometria sive de mensura et gradibus luminis, colorum et umbrae. Aug. Vind. 1760.

**) Pyrometrie oder vom Mass des Feuers und der Wärme. 4°. Berlin 1779 (posthum.).

tons'schen Luftthermometers. Die Eintheilung ist nach Graden ausgeführt, wobei ein Grad dem tausendsten Theil der eingeschlossenen Luft bei der Temperatur des schmelzenden Eises entspricht. Bei gleichem Drucke findet er das Volumen der Luft bei der Siedetemperatur 1375, dasjenige der Gefriertemperatur 1000 gesetzt. Lambert stellt ferner die folgenden zwei Sätze auf: die Elasticitäten der Luft verhalten sich bei gleicher Dichte, wie die Wärme (soll heissen: wie die absoluten Temperaturen); ferner: die Wärme (absolute Temperatur) wächst im Verhältnisse des Raumes, wenn der Druck sich nicht ändert. Das sind nun aber die bekannten Gay-Lussac'schen Gesetze. — Lambert beschäftigte sich ausserdem mit der Bestimmung des Feuchtigkeitsgehaltes der Luft. Er gebrauchte zu diesem Zwecke ein Saitenhygrometer, an welchem ein Stück Darmsaite, das an einem Ende einen Zeiger trug, durch seine stärkere oder geringere Torsion den Feuchtigkeitsgehalt der Luft anzeigte*).

---

*) Essai d'hygrométrie etc. (Mém. Berlin 1769 u. 1772, deutsch 8°, Augsburg 1774—75.

III. Buch.

Die neueste Zeit.

Das neunzehnte Jahrhundert. Von der Entdeckung des Galvanismus bis zur Aufrichtung des Satzes von der Erhaltung der Energie (1790—1843).

Mitten in jener Zeit, da in Frankreich der Sturm der grossen Revolution nicht bloss die alten verrotteten feudalen Institutionen, das Autoritätsprinzip und alles was daran hing, vernichtete, sondern selbst die gesammte Kunst und Wissenschaft, insofern letztere nicht unmittelbar staatlichen Zwecken dient, wegzufegen drohte, und als der gewaltige Krieg, der die staatlichen Verhältnisse von fast ganz Europa umgestalten sollte, schon in naher Aussicht war, da wurden jene Entdeckungen auf dem Gebiete der experimentellen Physik gemacht, welche diesem Zweige der Naturwissenschaft in unserem Jahrhunderte ein eigenartiges Gepräge verleihen sollten. Die Entdeckung des Galvanismus eröffnete plötzlich der Forschung ein unendliches Feld, das einen bedeutenden Theil der Physiker in Anspruch nahm. Es boten sich mit einem Male eine Fülle bisher ganz unbekannter Erscheinungen dar, deren Studium viel dankbarer war, als das irgend eines Zweiges der alten Physik. Mit dem Beginne unseres Zeitraumes beginnt auch die Zeit des genauen Messens der Erscheinungen, wodurch es möglich wurde, auch solche Gesetze der Vorgänge in der Natur zu entdecken, welche den ursächlichen Zusammenhang derartiger Grössen ausdrücken, die sich durch ihre Kleinheit der unbewaffneten Sinnesbeobachtung entziehen.

Von grosser Bedeutung für die allgemeine Charakterisirung jener Periode unserer Wissenschaft, auf deren Schilderung wir nun eintreten wollen, ist die Rolle, welche die Mathematik und die Philosophie in derselben spielen. — Die Mathematik, ein Werkzeug bloss, jedoch ein unentbehrliches Werkzeug für das exacte physikalische Denken, gewinnt in diesem Zeitraume einen überwiegenden Einfluss und führt zur Behandlung auch solcher Probleme, welche vom Standpunkte der Physik ziemlich bedeutungslos sind und bloss rein mathematisches Interesse bieten. — Was nun die Philosophie betrifft, so hat diese in unserer Periode so ziemlich jene Führerrolle eingebüsst, welche ihr in den andern Zeiträumen der Entwicklung beschieden gewesen. Die Richtung, welche dieselbe zu Anfang des Jahrhunderts eingeschlagen hatte, machte sie wenig geeignet, die Methoden der Naturforschung anzugeben. Erst in der allerneuesten Zeit mehren sich die Anzeichen dafür, dass die Philosophie nach kurzer Frist wieder den ihr gebührenden Einfluss auf die Gestaltung der Naturwissenschaft zurückgewinnen werde.

Mit der Aufstellung des Gesetzes von der Erhaltung der Energie hat sich einer der Ringe geschlossen, aus denen sich das Lehrgebäude unserer Physik aufbaut. Es gibt dieses Gesetz somit einen erwünschten Abschluss unserer ganzen Darstellung. Die Geschichte hat überall nur mit dem Gewordenen zu thun, das in sich abgeschlossen, sich als etwas Fertiges der historischen Untersuchung darbietet, während der jeweilige Zustand der Wissenschaft in ewiger Fluctuation befindlich, eine Nutzanwendung der Worte des Philosophen von Ephesos: Herakleitos gestattet, dem zufolge man nicht zweimal in denselben Fluss steigen könne.

Es ist jenes Gesetz von der Erhaltung der Energie, das sich in kurzer Zeit zu einem der wissenschaftlichen Schlagworte qualifizirt hat, das uns nunmehr in den verschiedensten Disciplinen, an geeigneter und an ungeeigneter Stelle begegnet, eine höchst erwünschte Formel, welche dem Generalisationsbedürfniss in ausgiebiger Weise Rechnung trägt. Als wenn sie die ganze Physik, ja die ganze Erscheinungswelt in sich einschlösse, erscheint sie als das allgemeinste Naturgesetz. Es wird späterhin unsere Aufgabe sein, die richtige Bedeutung dieses Gesetzes darzulegen, an dieser Stelle begnügen wir uns mit der Bemerkung, dass dem Gesetze von der Erhaltung der Energie eine dreifache Bedeutung zukomme: eine reine physikalische, eine metaphysische und eine mathematische. Was seine Bedeutung für die Physik betrifft, so erklärt es jede Erscheinung als mechanische und zeigt die Ueberführbarkeit der Erscheinungen in einander, von philosophischer Seite betrachtet ist es ein teleologisches, nicht ein causales Prinzip, von mathematischer Seite endlich ist es ein Satz, der uns in die Lage setzt, gewisse Probleme durch einfache Rechnung zu lösen. — Die Entdeckung dieses wichtigen Gesetzes konnte naturgemäss nicht ohne Rückwirkung auf die übrigen naturwissenschaftlichen Disciplinen bleiben, so konnten sich z. B. die Chemie und die Physiologie der neuerkannten Wahrheit nicht verschliessen.

Wir wollen nun, bevor wir an die eigentliche Darstellung der Entwicklung unserer Wissenschaft in der ersten Hälfte des neunzehnten Jahrhunderts gehen, einen kurzen Ueberblick der zu schildernden wissenschaftlichen Ereignisse in rohen Umrissen zu geben versuchen. Als allgemeiner

Charakterzug des ganzen Zeitraumes kann das Bestreben hingestellt werden, die Mechanik auf die ganze Physik auszudehnen, d. h. alle Vorgänge der Erscheinungswelt, insofern sie Gegenstand der Physik sind, als Bewegungsvorgänge zu erklären, auf welche die Prinzipien der Mechanik Anwendung finden. Wir müssen jedoch gleich hinzufügen, dass wir von der Erreichung dieses angestrebten Zieles noch weit entfernt sind. Entsprechend jenem Streben nach Verallgemeinerung der mechanischen Vorgänge über das gesammte Gebiet der unorganischen Erscheinungen in der Natur, haben wir die Aufrichtung des allgemeinen mechanischen Masssystemes durch Gauss in den Vordergrund unserer Geschichtsdarstellung zu rücken. Derselben reiht sich die Erweiterung der mechanischen Grundbegriffe durch Poinsot würdig an. An Ausdehnung, wenn auch nicht an prinzipieller Wichtigkeit überragt die Entwicklung der Lehre vom Galvanismus alles, was in dieser Periode auf unserem Gebiete geschaffen wurde. Von grosser Wichtigkeit ist ferner die Entwicklung der Optik, welche in unserem Zeitraume der Undulationstheorie, gegenüber der von Newton und seiner Schule so lange hartnäckig verfochtenen Emissionstheorie zum Siege verhalf, dann die fast beispiellos rasche Entwicklung der Chemie und endlich im Anschlusse an die zur Präponderanz gelangte mechanische Anschauung die Gastheorie und Gasmechanik, welche ihren Abschluss in der Thermodynamik und dem Aufstellen des Gesetzes von der Erhaltung der Energie findet. — Wenn wir die Reihe jener Forscher überblicken, welche in unserem Zeitraume die Physik gefördert haben, so bietet sich eine kleine Zahl von solchen Männern aus der endlosen Schaar aller jener dar, welche sich um unsere Wissenschaft Verdienste erworben, die durch ihre Bedeutung über alle anderen hervorragen und die zugleich durch ihre Thätigkeit und durch die Errungenschaften, welche wir ihnen verdanken, geeignet erscheinen, als Centra zu dienen, um die sich die ähnlich gerichteten Bestrebungen ihrer Zeitgenossen ungezwungen gruppiren lassen. Wir erhalten hiedurch die folgenden Abschnitte: Gauss und Poinsot vertreten die Fortschritte auf dem Gebiete der Mechanik, der Astronomie und der Theorie des Erdmagnetismus, die Elektricitätslehre: Ampère, G. S. Ohm und Faraday, die Lichttheorie Fresnel, die Gastheorie und Gasmechanik: Gay-Lussac, die Wärmetheorie Rob. Mayer. Die Reihe dieser Forscher beschliesst in würdiger Weise Alexander von Humboldt, der vom Beginne unseres Zeitraumes, an der wissenschaftlichen Forschung auf den verschiedensten Gebieten lebhaft theilgenommen hat und zum Schlusse desselben in seinem „Entwurf einer physischen Weltbeschreibung" den Versuch macht, die physische Weltanschauung jener Zeit zum Ausdrucke zu bringen. Den Schluss dieses letzten Buches unserer Geschichte soll ein „Rückblick" über die einzelnen Erscheinungskreise bilden, welcher eine theilweise resumirende, theilweise ergänzende Zusammenfassung des Entwicklungsganges der Physik in der besprochenen Periode bilden soll.

Carl Friedrich Gauss.

Wir beginnen mit demjenigen, der am Ausgange des vorigen Jahrhunderts in rüstiger Arbeit begriffen, fast alle Hauptrichtungen der modernen Physik in sich vereinigt und der mit seiner Thätigkeit noch über die Grenzen unsers Zeitraumes hinausreicht. Wir könnten kaum einen Forscher finden, der den Reigen in so passender Weise eröffnen möchte. Ihm verdanken wir das allgemeine mechanische Masssystem, die Krafteinheit, die nun auf allen Gebieten der Physik eingeführt ist. Er hat die Theorie des Erdmagnetismus begründet, die Potentialtheorie mächtig gefördert, die Theorie der kleinsten Quadrate zur Ausgleichung der Beobachtungsfehler aufgestellt, zahlreiche Messinstrumente ausgedacht und durch die Behandlung der einzelnen Instrumente als Individuen, deren einzelne Fehler den Gegenstand eines besondern Studiums zu bilden haben, die Genauigkeit der Beobachtungen in grossem Masse vermehrt. Durch seine originelle Auffassung des Zahlbegriffes hat er der Mathematik und Geometrie neue Bahnen eröffnet und Gebiete von derzeit unabsehbarer Ausdehnung erschlossen.

Carl Friedrich Gauss*) wurde den 30. April 1777 in einem armseligen kleinen Hause auf dem Wendengraben zu Braunschweig geboren. Er stammte aus einer wenig bemittelten Familie. Sein Grossvater väterlicher Seite, Jürgen Goes oder Goosz liess sich im Jahre 1739 in Braunschweig nieder, er stammte aus Völkenrode und gab sich auf dem Rathhause seiner neuen Wohnstätte als Taglöhner an, in der That war er „Lehmentierer" und „Gassenschlächter", zwei Gewerbe, deren erstes, das Maurerhandwerk, nur für den Sommer, deren zweites nur für den Winter Beschäftigung gab. Sein ältester Sohn Gebhard Dietrich, der Vater unseres Gauss, folgte seinem Vater in dessen wenig angesehenen Hantierungen, später wurde er Wasserkunstmeister und beschäftigte sich mit etwas Gemüsegartenbau; er übernahm ferner das Amt eines Boten bei der allgemeinen Sterbekasse und half zur Zeit der Messen einem Kaufmanne aus. Seine erste Frau starb im Jahre 1775, ein Jahr später heiratete er die Steinhauerstochter Dorothea Bentzen aus Velpke. Sie war die Mutter unsers Gauss.

Die Vorfahren des grossen Mathematikers hatten sich allmählig zu einer bescheidenen Existenz emporgearbeitet. Auch unser Gauss sollte in engen Kreisen ein dunkles Dasein fristen. Jedoch der gewaltige Geist, der in dem Knaben sich entwickelte, liess sich nicht in jene Bahnen zwingen. Nachdem Gauss die Katharinenschule besucht hatte, wurde er auf Betreiben des Aushülfslehrers Joh. Christ. Martin Bartels auf

---

*) In die Matrikel des Collegii Carolini hat er sich als Johann Friedrich Carl Gauss eingetragen.

das Gymnasium geschickt, nach dessen Absolvirung, wieder in Folge der Bemühungen seines ebengenannten Freundes, der ihn dem Professor Zimmermann am „Collegium Carolinum" empfohlen hatte, ging er mit einem herzoglichen Stipendium an diese letztere Anstalt, welche den Uebergang vom Gymnasium zur Universität bilden sollte. Nachdem er sich für den Besuch der Universität Göttingen entschlossen hatte, ging er 1795 dorthin mit einem herzoglichen Stipendium versehen. Er blieb bis 1798 an der Universität, und war während dieser Zeit mit bedeutenden mathematischen Arbeiten beschäftigt. Schon im Jahre 1795 erfand er die Methode der kleinsten Quadrate, ferner die Theorie der Kreistheilung (Construktion des regulären Siebzehneckes), und begann sein grosses mathematisches Werk, die „Disquisitiones arithmeticae". Unter seinen nähern Bekannten in der Universitätstadt ist der ungarische Gelehrte Wolfgang Bolyai zu nennen, der mit einem jungen Grafen Kemény in Göttingen studirte. Im Jahre 1798 kehrte Gauss in seine Vaterstadt zurück. Er erhielt auch fernerhin sein Stipendium, nur wurde von Seite des Herzogs gewünscht, dass er sich in Helmstädt das Doctorat erwerben solle. Er promovirte „in absentia" mit der Abhandlung: „Demonstratio nova theorematis omnem functionem algebraicam rationalem integram unius variabilis in factores reales primi vel secundi gradus resolvi posse," in welcher sich der langgesuchte Beweis dafür, dass unter Anwendung der complexen Zahlen jede algebraische Gleichung so viel Wurzeln besitzt, als ihr Grad Einheiten enthält, befindet. Die „Disquisitiones" erschienen erst 1801, mit einer Widmung an seinen hohen Gönner, den Herzog Carl Wilhelm Ferdinand von Braunschweig. Dieses Werk hat nun allerdings nicht nur für die Zahlentheorie, welche durch dasselbe begründet wird, sondern für die ganze Mathematik eine grundlegende Bedeutung. Allein es war doch nur eine ganz kleine Anzahl von Gelehrten, welche im Stande waren, die Bedeutung desselben aufzufassen. Es bedurfte einer andern, dem Verständniss des grossen gebildeten Publikums näher liegenden Leistung, um dem jungen Forscher zu einem berühmten Namen zu verhelfen. — Am 1. Januar 1801 hatte Piazzi in Palermo einen Stern achter Grösse entdeckt, der sich bald als Planet entpuppte, den er Ceres Ferdinandea nannte. Da er diesen Himmelskörper jedoch bloss vierzig Tage lang beobachten konnte, bevor derselbe in die Abenddämmerung hineinrückte und somit bloss ein Ellipsenbogen von 9 Graden bekannt war, so war es später unmöglich auf Grund der mangelhaften Daten den neuentdeckten Planeten wieder aufzufinden. Von seinem gewesenen Professor Zimmermann hörte Gauss von der Entdeckung Piazzi's und von der Besorgniss der Astronomen, das Resultat derselben wieder zu verlieren. Da er sich zur selben Zeit mit theoretisch-astronomischen Untersuchungen beschäftigte, so ging er allsogleich an die Berechnung der Bahn des neuen Planeten und konnte schon in kurzer Zeit die Resultate derselben Zimmermann übergeben, der sie in

Zach's „Monatlicher Correspondenz" veröffentlichte. Auf Grund dieser Rechnungen gelang es Zach am 7. Dezember 1801, Olbers hingegen am 1. Januar 1802 den verloren geglaubten Himmelskörper wieder aufzufinden. „Der Herzog von Braunschweig hat in seinem Lande mehr „entdeckt als einen Planeten: einen überirdischen Geist in menschlichem „Körper," mit diesen Worten soll Laplace die Arbeit des vierundzwanzigjährigen Geistesriesen begrüsst haben. — Durch diese glückliche Rechnung wurden die Astronomen zu erneuerter Thätigkeit angespornt. Schon am 28. März 1802 entdeckte Olbers einen zweiten der kleinen Planeten: die Pallas, deren Bahn ebenfalls durch Gauss berechnet wurde. Auch in der Folge beschäftigte sich dieser mit jenem Himmelskörper, dessen Störungen er auf Grund langjähriger Untersuchungen berechnete.

Gauss hatte sich nun schon einen Namen von europäischem Rufe erworben, er hatte jedoch noch immer keine eigentliche Anstellung. Zwar war er bei Besetzung der Stelle Zimmermann's am Carolinum ebenfalls in Betracht gezogen worden, jedoch erhielt die Professur für Mathematik sein Freund Joh. Jos. Ant. Ide, der ebenfalls ein Braunschweiger Kind und ein Schützling des Herzogs war, da dieser für eine derartige Stelle ohne Zweifel mehr geeignet war als Gauss. Zwar war durch die Auswerfung eines festen Gehaltes von 400 Thalern für die bescheidenen Bedürfnisse unsers Gelehrten so ziemlich gesorgt, jedoch verlangte es ihn doch nach einer Anstellung, wo er eine Sternwarte zur Verfügung haben könnte. Eine solche Aussicht eröffnete sich in kurzer Zeit und zwar in der verlockendsten Form. Die Petersburger Akademie hatte Gauss schon am 31. Januar 1801 zu ihrem correspondirenden Mitgliede ernannt, ein Jahr später beabsichtigte man ihn als Direktor für die dortige Sternwarte zu berufen. Es waren 2400 Rubel Gehalt, freie Wohnung und Heizung, Collegienraths-, d. i. Oberstenrang, sehr günstige Pensionsverhältnisse u. dgl. ausgeworfen worden, jedoch trotz dieser glänzenden Zusicherungen konnte sich Gauss nicht entschliessen einen Schritt zu thun, der ihm als schnöde Undankbarkeit an seinem Vaterlande und an dem Herzoge von Braunschweig erschien. Dieser hatte kaum von der Selbstverläugnung seines Schützlings gehört, als er daran dachte, den Gehalt desselben zu verbessern. Es wurden ihm 650 Thaler, Holzdeputat u. a. zugesichert. Zugleich wurde die Errichtung einer Sternwarte in Braunschweig beschlossen. Als Carl Wilhelm Ferdinand zu Anfang des Jahres 1806 in diplomatischer Mission an der Newa weilte, versuchte man ihn zu überreden, seinen Einfluss auf Gauss geltend zu machen und diesen zur Uebersiedlung nach Russland zu bestimmen. Der Herzog lehnte diese Zumuthung selbstverständlich ab und liess Gauss zu dessen dreissigstem Geburtstage eine neue Verbesserung seines Gehaltes verkündigen.

Im Jahre 1803 war einige Aussicht für die Errichtung einer Sternwarte in Braunschweig vorhanden. Zuerst ging Gauss nach Gotha zu

Zach, um auf der Seeberger Sternwarte den Gebrauch der Instrumente praktisch einzuüben, hierauf kam der genannte Astronom nach Braunschweig, um einen Platz für die Sternwarte zu wählen, welche jedoch nie zu Stande kommen sollte. Im selben Jahre hatte Gauss Johanna, die Tochter des wohlbemittelten Weissgerbermeisters Christ. Ernst Osthoff kennen gelernt, die er am 9. Oktober 1805 heimführte. Im nächsten Jahre wurde ihm ein Sohn geboren, der zu Ehren seines Pathen Piazzi Joseph getauft wurde*). Inzwischen war eine traurige Zeit für ganz Deutschland angebrochen. Die Schlacht von Austerlitz war geschlagen und Napoleon's Heere wälzten sich über Franken der Saale zu, wo sie auf das von Herzog Carl Wilhelm Ferdinand von Braunschweig geführte preussische Heer stiessen, das Napoleon in den Schlachten von Auerstedt und Jena schlug. Der tödtlich verwundete Herzog wurde erst nach Braunschweig, hierauf nach Altona geschafft, wo er auch starb. — Es folgte nun die französische Occupation, Gauss fühlte sich in seiner staatlichen Anstellung, ohne einen bestimmten Wirkungskreis nicht genügend gesichert und war nun nicht mehr abgeneigt, nach Petersburg zu gehen, als im Jahre 1807 die Anträge von Seite der russischen Akademie erneuert wurden. Allein Olbers und Schröter setzten alles daran, um den grossen Mathematiker seinem Vaterlande zu erhalten. Im Vereine mit dem Curator der Universität Göttingen, Brandes, bemühte sich Olbers die Berufung von Gauss durchzusetzen. Diese Bemühungen waren nun auch von Erfolg begleitet und schon im Herbste 1807 befand sich der Neuberufene sammt seiner Familie in Göttingen. — Für Gauss begann nun eine bedrängnissvolle Zeit, in welcher er von manchen Schicksalsschlägen heimgesucht wurde. Als im Jahre 1809 das Königreich Westphalen errichtet worden war, wurde auf dasselbe von Napoleon eine ungeheure Kriegscontribution in Form eines Zwangsanlehens ausgeschrieben, von der auf Gauss der Betrag von 2000 Francs entfiel. Zuerst wollte Olbers, hierauf Laplace diese Summe bezahlen, was aber unser Gelehrter zurückwies. Das Geschenk von 1000 Gulden, das ihm der Fürst Primas anonym übersandte, war er nicht in der Lage abzulehnen. Um dieselbe Zeit verlor Gauss in kurzer Zwischenfolge seinen Vater, dann seine Gattin und das dritte der ihm von dieser geborenen Kinder. Er trug diesen Zustand der Verlassenheit nicht lange und vermählte sich am 4. August 1810 mit der Freundin seiner verstorbenen Gattin, Minna Waldeck, der Tochter des Hofraths Waldeck, die ihm in der Folge zwei Söhne und eine Tochter schenkte.

Trotz der vielfachen, herben Schicksalsschläge und des vielen Ungemaches, das Gauss in jenen Tagen auszustehen hatte, war er doch zu dieser Zeit in wissenschaftlicher Beziehung in einer Periode der

---

*) Es ist dies der spätere Oberbaurath Joseph Gauss, der 1873 in Hannover gestorben ist.

freudigen Schaffenslust. Um jene Zeit beendete er seine: „Theoria motus corporum coelestium in sectionibus conicis solem ambientium," die bei Friedrich Perthes in Gotha 1809 erschien. Das Werk war ursprünglich in deutscher Sprache verfasst, sollte jedoch auf Wunsch des Verlegers in das Französische übersetzt werden, wozu sich der Verfasser jedoch nicht entschliessen konnte, der es vorzog, sein Werk in lateinischer Sprache herauszugeben. In dieser classischen Schrift des Verfassers befindet sich auch seine Methode der kleinsten Quadrate zum ersten Male veröffentlicht, in welcher er den der Wahrheit am nächsten kommenden Werth einer Reihe von Beobachtungen durch die zweckmässige Combination derselben aufsucht. Wir haben weiter oben erwähnt, dass Gauss diese Methode, welche in der Beobachtungskunst eine neue Aera begründete, bereits im Jahre 1795 entdeckt habe. Er theilte dieselbe seinem Freunde Bolyai im folgenden Jahre mit. Inzwischen war diese Methode auch durch Legendre gefunden und in dessen 1806 erschienenen Schrift: „Nouvelles méthodes pour la détermination des orbites des comètes" mitgetheilt worden, weshalb von französischer Seite Prioritätsansprüche erhoben wurden*).

Die „Theoria motus" lenkte die Aufmerksamkeit der ganzen gelehrten Welt auf Gauss, er wurde in alle wissenschaftlichen Societäten gewählt, der Fürst Primas von Deutschland und die Londoner Royal Society übersandten ihm goldene Medaillen.

Im Jahre 1810 begann endlich der Weiterbau der Sternwarte, in welcher er 1816 seine Wohnung beziehen konnte, bis dahin hatte er auf der alten Sternwarte, wo einst Tobias Mayer hauste, beobachtet. Noch im Jahre 1810 erging auf die Veranlassung Wilhelm von Humboldt's ein Ruf nach Berlin an ihn, den er jedoch gleich manchem andern, ablehnte. — Es sammelte sich nun allmählig ein Kreis begabter Schüler um den Meister, unter denen die Astronomen Schumacher, Nicolai, Möbius, Struve und Encke besonders hervorzuheben sind, welche später die Leitung der astronomischen Observatorien von Altona, Mannheim, Leipzig, Pulkowa und Berlin antraten. Ausserdem trat Gauss in wissenschaftlichen Verkehr mit Lindenau, Bessel, Laplace, Alexander von Humboldt und Herschel.

Am 22. August 1811 sah Gauss den grossen Kometen dieses Jahres zum ersten Male. Er berechnete alsbald die parabolischen Elemente desselben. — Nach Vollendung des Baues der Sternwarte sollten nun die nothwendigen Instrumente beschafft werden und Gauss reiste nach München um mit Fraunhofer, Reichenbach, Utzschneider und Ertel den Bau der erforderlichen Gegenstände zu besprechen. Dieselben trafen in den Jahren 1819 und 1821 ein und bildeten mit einer Uhr von Hardy in London den Instrumentenvorrath der neuen Stern-

---

*) Vergl. oben pag. 427.

warte. — In den nun folgenden Jahren war Gauss grösstentheils mit geodätischen Arbeiten beschäftigt, mit der hannöverschen Gradmessung zwischen Göttingen und Altona, wo sie sich an die von Schumacher ausgeführte schleswig-holsteinische Gradmessung anschloss. Von dem Gesichtspunkte ausgehend, dass eine Gradmessung mit einem Dreiecksnetze von grossen Dreiecken genauer ausfallen müsse, als bei einem Netze kleiner Dreiecke, beschloss er Dreiecke von sehr grossen Seiten anzuwenden. Um jedoch das Anvisiren der sehr entfernten Dreieckspunkte möglich zu machen, erdachte er das aus zwei, aufeinander senkrechten Spiegeln bestehende Heliotrop, welches an Stelle der früher verwendeten argandischen Lampen nunmehr allgemein in Gebrauch steht. Leider hat Gauss seinen Vorsatz, ein grosses Werk über Geodäsie zu schreiben, in welchem die hannöversche Messung nur als Beispiel erscheinen sollte, nicht zur Ausführung gebracht. — In jene Zeit fallen die letzten Verhandlungen betreffs einer Berufung an die Berliner Akademie, die sich jedoch zerschlugen. Die hannöversche Regierung verstand es übrigens den Gelehrten durch ihr munifizentes Vorgehen dauernd an seinen bisherigen Wirkungskreis zu fesseln. Im Jahre 1830 verlor Gauss auch seine zweite Frau und hauste nun bloss mit seinen Kindern und seiner Mutter, die 1839 im Alter von 96 Jahren heimging, auf der Sternwarte. Im Jahre 1831 beschäftigte er sich kurze Zeit mit Krystallographie, welche er in wenigen Wochen derart beherrschte, dass er selbstständige Forschungen über diesen Gegenstand anstellen konnte. Doch schon nach kurzer Zeit legte er alles darüber Beobachtete, Gezeichnete und Berechnete bei Seite, ohne je etwas darüber veröffentlicht zu haben.

Als im Herbst des Jahres 1828 die deutschen Naturforscher und Aerzte in Berlin tagten, folgte Gauss einer Einladung Alexander von Humboldt's dahin. Er wurde dort mit Wilhelm Weber bekannt, der auf seinen Antrag im Herbste 1831 auf die verwaiste Lehrkanzel der Physik nach Göttingen berufen wurde. Es war dies ein wichtiges Ereigniss in der wissenschaftlichen Entwicklung beider Forscher. Durch ihr Zusammenwirken wurde ein Gebiet der Physik in kurzer Zeit in erstaunlicher Weise ausgebeutet: es war dies die Lehre vom Erdmagnetismus, über den man vor jener Zeit nur ziemlich wenig wusste. Schon im Jahre 1833 übergab Gauss der Societät der Wissenschaften eine Abhandlung über die Bestimmung der absoluten Intensität des Erdmagnetismus mittelst des Magnetometers. Im folgenden Jahre wurde in Verbindung mit Alexander von Humboldt der „magnetische Verein" gegründet, in welchem in 44stündigen Terminen die Variation der Declination an den verschiedenen Wohnorten der Beobachter bestimmt werden sollte. Auf Grund dieser verschiedenen Beobachtungen war Gauss 1840 im Stande, seine allgemeine Theorie des Erdmagnetismus herauszugeben, nachdem er drei Jahre früher ein zur Beobachtung der Intensitätsvariation dienendes Instrument: das Bifilarmagnetometer erfunden und zur Verwendung gebracht hatte. Unter den auf den Magnetismus bezüglichen Arbeiten ist besonders die Abhandlung von 1833 zu erwähnen: „Intensitas vis magneticae terrestris ad mensuram absolutam revocata", in der sich das allgemeine mechanische Masssystem befindet, ferner die Abhandlung aus den „Resultaten aus den Beobachtungen des magnetischen Vereins": „Allgemeine Lehrsätze in Beziehung auf die im verkehrten Verhältnisse des Quadrats der Entfernung wirkenden Anziehungs- und Abstossungskräfte" (Bd. IV, 1839), welche Schrift ihr Verfasser selbst als eine seiner bedeutendsten Arbeiten betrachtet hat. — Mit den erdmagnetischen Untersuchungen steht die Erfindung des elektromagnetischen Telegraphen in Zusammenhang auf die wir bei einer späteren, passenden Gelegenheit zurückkommen werden.

Gauss veröffentlichte hierauf seine dioptrischen Untersuchungen, ferner zwei grössere Abhandlungen über Gegenstände der höheren Geodäsie. — Der Senat der Universität hatte ihn aufgefordert, eine neue Organisation der Universitätswittwenkasse auszuarbeiten. Er entledigte sich dieser Riesenarbeit in einer solchen Weise, dass die Institution der Wittwen- und Waisenkasse in Göttingen als Muster aller derartigen Einrichtungen besteht.

Am 16. Juli 1849 wurde das 50jährige Doctorjubiläum des grossen Mathematikers gefeiert, der an jenem Tage seine letzte Abhandlung: „Beiträge zur Theorie der algebraischen Gleichungen" der königl. Societät überreichte, in welcher er denselben Gegenstand, mit dem er vor fünfzig Jahren sein Doctordiplom erworben, noch einmal, aber von einem allgemeineren Gesichtspunkte behandelte.

Vom Jahre 1852 an begann sich der körperliche Verfall an unserm Gelehrten geltend zu machen. Es stellten sich verschiedene Krankheitssymptome ein, als deren Ursache eine Herzerweiterung diagnostizirt wurde. So verbrachte er das ganze Jahr 1854 in fortwährender Kränklichkeit, bis er am 23. Februar 1855 Morgens 1 Uhr, in seinem Lehnstuhle sitzend, seinen Geist aushauchte. Er war 77 Jahre 9 Monate und 24 Tage alt geworden. Am 26. Februar war die Leiche des grossen Todten an der Stätte seiner langjährigen Wirksamkeit, in der Rotunde der Sternwarte aufgebahrt, von wo er beerdigt wurde. Es existirt von Gauss eine Büste, die ihn in seinem 34. Lebensjahre vorstellt, ferner ein Oelbild in Pulkowa, das mehrfach copirt wurde, ein Medaillon von Hesemann und eine Todtenmaske, endlich einige Daguerrotype, welche die Leiche des Abgeschiedenen, von seinem Talar überdeckt, so wie er die letzte Nacht vor dem Begräbnisse in seinem Zimmer gelegen hatte, darstellt. Auf seinem Geburtshause in Braunschweig befindet sich nun eine Gedenktafel und ein öffentlicher Platz seiner Vaterstadt ist nach ihm benannt.

Bevor wir uns zur Betrachtung der Werke unseres Gelehrten wenden, wollen wir eine kurze Charakteristik seiner Denkweise, sowie seiner ganzen ausserordentlichen Persönlichkeit geben. — In dem Abkömmlinge schlichter Maurer und Steinschläger haben wir einen Geistesriesen vor uns, wie seinesgleichen unter den vielen Millionen civilisirter Menschen nur höchst selten auftauchen. Seine Schriften und seine Thätigkeit als Lehrer haben einen Schatz höchst fruchtbarer wissenschaftlicher Resultate und wissenschaftlicher Ideen der Gesammtwissenschaft der Menschheit einverleibt, welche im Stande waren, auf unser Wissen umgestaltend zu wirken. Und doch haben wir allen Grund vorauszusetzen, dass das, was uns erhalten geblieben, nur ein kleiner Theil alles dessen sei, was während eines langen Lebens bei selten unterbrochener Denkthätigkeit den Inhalt der Gedankenarbeit dieses mächtigen Geistes bildete. Er selbst hat es in spätern Jahren gesagt, dass er in erster Linie zu seinem eigenen Vergnügen forsche und arbeite, dass er in Folge dessen nur einen kleinen Theil dessen, was ihn geistig beschäftigt, schriftlich ausarbeite, ferner hat er erwähnt, dass ihm in seiner Jugend die verschiedenen Ideen in so reicher Fülle zugeströmt seien, dass er mit dem besten Willen nicht im Stande gewesen wäre, dieselben aufzuzeichnen und zu bewahren. — Gauss war vor allem Mathematiker und wollte nichts anders sein; wo er sich mit andern Wissenschaften eingehend beschäftigt, da ist es ihm bloss um diejenige Seite der Sache zu thun, welcher sich ein mathematisches Interesse abgewinnen lässt. Die Mathematik ist ihm die Königin der Wissenschaften und neben der classischen Literatur die Hauptbildnerin des menschlichen Geistes. Jedoch in der Mathematik war es ihm vor allem nur um die Arithmetik zu thun, die er für die Königin der Mathematik erklärt. Er war ein ausgesprochenes Zahlengenie, das die complizirtesten Probleme gewöhnlich mit der grössten Leichtigkeit und im Kopfe bewältigte. Er hatte für alle Zahlenverhältnisse einen ausgesprochenen Sinn und führte statistische Aufzeichnungen über die heterogensten, für ihn sonst absolut interesselosen Dinge. — Gauss legte grossen Werth auf die Strenge der mathematischen Beweisführung und suchte dabei die Alten nachzuahmen, unter denen er Archimedes, den ihm selbst congenialen Mathematiker am höchsten stellte. Unter den Neueren ist es Newton, der seine Bewunderung erringt, den er stets „Summus Newton" nennt. — Der Calcul ist ihm jedoch nur Werkzeug, er tadelt Euler und selbst Lagrange, dass sich diese nur zu oft blind ihrem Calcul anvertraut hätten, der sie dann auf Abwege geführt habe. — Gauss ist es auch, der den Grund zu einem neuen Zubau der mathematischen Wissenschaft gelegt hat durch seine metaphysischen Spekulationen über das Wesen der mathematischen Grundbegriffe: der Zahl und der Raumdimensionen. Die Geometrie ist ihm ein auf die Parallelentheorie gestelltes Gebäude; ohne den Parallelensatz gibt es bloss eine antieuklidische Geometrie. — Die drei Dimensionen des Raumes erscheinen ihm als eine spezifische Eigenthümlichkeit der menschlichen Seele und er dachte sich auch Wesen als möglich, die mehr Dimensionen aufzufassen im Stande seien. Für diesen vollkommenern

Zustand habe er sich, wie er einst scherzhaft behauptete, eine Zahl von Problemen zur Seite gelegt, die er in jenem Stadium zu bearbeiten gedenke.

Den Aufbau der Natur, als nach Mass und Zahl geordnet, darzustellen, dies Bedürfniss bildete die Quelle aller auf Astronomie und Physik bezüglichen Untersuchungen unseres Forschers. Trotz seines von Geburt an kurzsichtigen Auges, war er ein sehr scharfer Beobachter. Er war ein Freund der Anwendung mathematischer Betrachtungen auf soziale und ähnliche Fragen, welche sich auf statistische Daten stützen. Er hielt jedoch von Herbart's Anwendung der Mathematik auf Psychologie nicht viel, da sich die Seelenvorgänge jeglicher quantitativen Messung und somit auch der experimentellen Bekräftigung entziehen. Einen eigenthümlichen Standpunkt nahm er der Philosophie gegenüber ein. Die philosophischen Ideen haben seiner Ansicht nach bloss subjektive Geltung, und bilden somit einen Gegensatz zur objektiven Gültigkeit der mathematischen Sätze. — Um uns ein vollständiges Bild von der Weltanschauung des grossen Mannes machen zu können, haben wir noch zu erwähnen, dass ihn sein Forschen zu keinerlei materialistischen Anschauungen geleitet habe. Er hielt an dem Glauben unverbrüchlich fest, dass es ausser der Welt der Sinne, noch eine zweite, rein geistige Weltordnung gebe und dass die menschliche Seele ein unvergängliches, in steter Vervollkommnung begriffenes Wesen sei. — Zur Charakteristik eines bedeutenden Menschen ist es jedenfalls von Interesse, diejenigen Schriftsteller zu kennen, welche die Lieblingslectüre desselben bildeten. Die Gemüthstiefe, der Gedankenreichthum und der unerschöpfliche Humor Jean Paul Friedrich Richter's zogen den Gelehrten vor allem an, zugleich war er ein grosser Verehrer Walter Scott's. In der letzten Zeit seines Lebens beschäftigte er sich mit der Lectüre historischer Werke, besonders derjenigen von Gibbon und Macaulay.

Im folgenden geben wir eine kurze Analyse der wichtigsten Schriften von Gauss, welche mit unserem Gegenstande in Verbindung stehen. Die Schriften Gauss' sind zum Theile als selbstständige Werke erschienen, ein anderer Theil derselben — und dieses sind so ziemlich diejenigen, die uns hier am meisten interessieren — ist in den sechs Bänden der „Resultate aus den Beobachtungen des magnetischen Vereines" 1836 bis 1841 (8°, Göttingen 1837—43) enthalten. Ein grosser Theil seiner Arbeiten findet sich in den Abhandlungen der Gesellschaft der Wissenschaften zu Göttingen, in v. Zach's „Monatlicher Correspondenz", in den „Astronomischen Nachrichten", in Poggendorff's Annalen, Crelle's mathematischem Journale und in andern wissenschaftlichen Zeitschriften. Gesammelt besitzen wir die Werke von Gauss in der von 1863—1874 veranstalteten Gesammtausgabe in 7 Quartbänden. Den grössten Theil nehmen die rein mathematischen Schriften ein. Die vier ersten Bände enthalten auf Mathematik, der fünfte auf mathematische Physik, der sechste und siebente auf Astronomie bezügliche Abhandlungen. — Band I enthält die: „Disquisitiones arithmeticae", das grosse Werk des Verfassers über Zahlentheorie. Band II: Abhandlungen über Gegenstände der höheren Arithmetik, Anzeigen eigener und fremder Schriften über diesen Gegenstand aus den „Göttingischen gelehrten Anzeigen", ferner auf Arithmetik bezüglichen Nachlass. Band III enthält die Abhandlungen über Analysis und zwar: Algebraische Funktionen, die Gauss'sche Reihe, Interpolation, elliptische Funktionen, nebst Anzeigen und Nachlass über denselben Gegenstand. In diesem Bande befindet sich auch eine Abhandlung: „Determinatio attractionis, quam in punctum quodvis positionis datae exerceret planeta, si eius massa per totam orbitam ratione temporis, quo singulae partes describuntur, uniformiter esset dispertita", welche Gauss 1818 der „Königl. Societät" zu Göttingen übergab. In derselben wird bewiesen, dass die Säcularveränderungen einer Planetenbahn durch die Störung eines andern Planeten dieselbe sei, ob nun der störende Planet seine Bahn nach Keppler's Gesetzen beschreibt, oder ob dessen Masse auf den Umfang einer Ellipse in der Weise vertheilt ist, dass in gleich grossen Zeiten beschriebenen Ellipsenbögen gleicher Antheil an der ganzen Masse zukomme, vorausgesetzt, dass die Umlaufszeiten der beiden Planeten nicht in rationalem Verhältnisse zu einander stehen. Band IV enthält verschiedene Arbeiten: über die Theorie der kleinsten Quadrate (Theoria combinationis observationum erroribus minimis obnoxiae), über Wahrscheinlichkeitsrechnung und Geometrie, darunter die Schrift über die Wittwenkassen, über Gradmessung und Landesvermessung u. s. w. Band V. **Theoria attractionis corporum sphaeroidicorum** ellipticorum homogeneorum methodo nova tractata. Das Streben, dem mathematischen Beweise volle Strenge zu geben, charakterisirt die Arbeiten von Gauss. So hat er auch in dieser Abhandlung das Problem der Anziehung dreiaxiger Ellipsoide (deren jeder Schnitt eine Ellipse ist), mit dem sich Legendre, Laplace und Ivory beschäftigt hatten, auf vollkommen strenge und dabei ganz kurze Weise bewiesen, nämlich dass die Anziehung eines Ellipsoides auf einen äusseren Punkt der eines confocalen, durch den angezogenen Punkt gehenden Ellipsoides gleichgerichtet sei und dass die Grösse der Anziehungen sich zu einander verhalte, wie die Massen der Ellipsoide.

Ueber ein neues allgemeines Grundgesetz der Mechanik. Versteht man unter Zwang die Summe der Produkte aus dem Quadrate der Ablenkung jedes Punktes von seiner freien Bewegung in die Masse desselben, so ist diese Summe für die wirkliche Bewegung eines Systemes ein Minimum. Dies ist das Prinzip des kleinsten Zwanges.

Principia generalia theoriae figurae fluidorum in statu aequilibrii. Laplace hat in seinen Abhandlungen „Théorie de l'action capillaire" und „Supplément à la théorie de l'action capillaire" vom Jahre 1806 und 1807 die ganze Capillaritätstheorie zuerst auf zwei Hauptsätze zurückgeführt, deren erster die Bedingung für das Gleichgewicht der freien Oberfläche, deren zweiter der Satz von der Constanz des Winkels ist, den die freie Oberfläche der Flüssigkeit mit der Gefässwand bildet. Dieser zweite Satz wird nirgends bewiesen. Um diesen offenbaren Mangel der Laplace'schen Theorie zu verbessern, beweist nun Gauss einen Satz, welcher das Bestreben der Flüssigkeit den möglichst tiefen Platz einzunehmen und dabei die möglichst kleinste Oberfläche zu besitzen, ausdrückt. Aus diesem Satze folgt dann der zu beweisende zweite Hauptsatz der Capillaritätstheorie.

Intensitas vis magneticae terrestris ad mensuram absolutam revocata. Zuerst hat Alexander von Humboldt auf die Aenderung der Intensität des Erdmagnetismus mit der geographischen Breite hingewiesen. Die Intensität wird durch Schwingungsversuche ermittelt. Die Schwingungsdauer hängt nun aber von drei Grössen ab, von der Intensität des Erdmagnetismus, dem statischen Momente des freien Magnetismus in der Nadel und dem Trägheitsmomente derselben. Das letztere wird durch Anbringung einer bekannten Last und wiederholte Schwingungsversuche bestimmt, das statische Moment im Verhältnisse zur Horizontalintensität durch Ablenkungsversuche mit Hülfe einer zweiten Nadel, wobei das nach Gauss benannte Gesetz der totalen magnetischen Fernwirkung zur Geltung kommt. Wenn man die durch Verbindung der verschiedenen Messungen ausgerechnete Horizontalintensität mit der Secante der Inclination multiplicirt, so erhält man die ganze Kraft des Erdmagnetismus. Diese Abhandlung ist es auch, welche die allgemeine mechanische Krafteinheit einführt.

Allgemeine Theorie des Erdmagnetismus. Tobias Mayer hat die Vertheilung des Erdmagnetismus in solcher Weise angenommen, als wenn die Ursache ein nahe zum Mittelpunkt der Erde befindlicher Magnet wäre, Hansteen hat zwei solcher Magnete von ungleicher Lage und Stärke vorausgesetzt. Gauss behandelt nun das Problem nach den in voriger Arbeit dargethanen Prinzipien und bestimmt die Lage der Pole, das magnetische Moment der Erde nach absolutem Masse u. s. w.

Allgemeine Lehrsätze in Beziehung auf die im verkehrten Verhältnisse des Quadrats der Entfernung wirkenden Anziehungs- und Abstossungskräfte. Diese Arbeit regte das Interesse der Fachgelehrten für die Potentialtheorie in hohem Masse an, sie wurde auch in die französische und englische Sprache übersetzt und liefert eine Theorie des Potentials, in welcher sich einige von Gauss entdeckte, wichtige Sätze finden*).

---

*) So z. B. der Satz:
$$\int V \frac{\delta V}{\delta n} ds = -\int \left[\left(\frac{\delta V}{\delta x}\right)^2 + \left(\frac{\delta V}{\delta y}\right)^2 + \left(\frac{\delta V}{\delta z}\right)^2 \right] d\tau$$
wo τ den von der Fläche s umschlossenen Raum darstellt, V die Potentialfunktion, n die Normale auf die Potentialniveaufläche.

Dioptrische Untersuchungen. Diese Arbeit beschäftigt sich mit der Betrachtung des Weges, welchen — von einander wenig divergirende — Lichtstrahlen nehmen, die durch eine beliebige Anzahl von, auf einer gemeinschaftlichen Axe geordneten Linsengläsern gehen. Es wird hiebei die übliche Vernachlässigung der Linsendicke nicht vorausgesetzt.

Erdmagnetismus und Magnetometer. In allgemein verständlicher Weise berichtet der Verfasser über die neuen Untersuchungen und Messungsmethoden, die sich auf den Erdmagnetismus und auf den Zusammenhang zwischen dem Magnetismus und den galvanischen Strömen beziehen, die vor nicht langer Zeit Oersted, Ampère und Faraday aufgefunden hatten. Es weht ein frischer Hauch durch diese im besten Sinne populäre Darstellung, welche das rege Interesse ahnen lässt, das der Verfasser selbst fühlte, als er nach links und rechts die Strahlen seiner Leuchte auf unermesslich ausgedehnte, derzeit noch unerschlossene Gebiete fallen liess, die er mit dem ahnungsvollen Blicke des Forschers vor seinem geistigen Auge sieht. Der Aufsatz ist in Schumacher's Jahrbuch für 1836 erschienen.

Ein neues Hülfsmittel für die magnetischen Beobachtungen (Gött. gel. Anz. 1837). — Ueber ein neues, zunächst zur unmittelbaren Beobachtung der Veränderungen in der Intensität des horizontalen Theils des Erdmagnetismus bestimmtes Instrument. (Resultate aus d. Beob. d. magn. Ver. I.) Beschreibung des Bifilarmagnetometers. — Zur Bestimmung der Constanten des Bifilarmagnetometers (Ib. id.). — Ueber die Anwendung des Magnetometers zur Bestimmung der absoluten Declination (Ib. id.). — Die Titel einer Reihe von Aufsätzen ähnlichen Inhalts übergehen wir hier.

Fundamentalgleichungen für die Bewegung schwerer Körper auf der rotirenden Erde. (Dr. Benzenberg's Versuche über die Umdrehung der Erde. 8°, Dortmund 1804 pag. 363.) — Ueber die achromatischen Doppelobjective, besonders in Rücksicht der vollkommenen Aufhebung der Farbenzerstreuung. (Zeitschrift für Astronomie etc. von Lindenau und Bohnenberger. Bd. IV. 1817.) — Berichtigung der Schneiden einer Waage. (Gött. gel. Anz. 1837.) Die Correction wird mit Hülfe eines auf das Tragstück gesetzten Planspiegels ausgeführt.

Band VI der gesammelten Werke enthält astronomische Abhandlungen, Beobachtungen und Rechnungen, sowie Anzeigen eigener und fremder Schriften. In diesem Bande befindet sich auch die Berechnung des christlichen und jüdischen Osterfestes.

Band VII. **Theoria motus corporum coelestium in sectionibus conicis solem ambientium.** Das Werk, welches 1809 zu Hamburg erschien, besteht aus zwei Büchern: Lib. I. Relationes generales inter quantitates, per quas corporum coelestium motus circa Solem definiuntur. — Lib. II. Investigatio orbitarum corporum coelestium ex observationibus geocentricis. Es umfasst denjenigen Theil der theorischen Astronomie, der sich mit der Bewegung der Himmelskörper beschäftigt, welche im Sinne der Keppler'schen Gesetze die Sonne umkreisen und lehrt die Berechnung der Elemente der Bahnen aus den Beobachtungen. In dieser Schrift findet sich auch die Theorie der kleinsten Quadrate zuerst dargestellt (Lib. II. sect. III.).

Wir haben in Gauss einen Denker vor uns, der der Forschung in zahlreichen Richtungen neue Bahnen erschlossen hat, und auch wo er auf schon vorhandener Strasse dahinzieht, links und rechts Aussichten in bisher gänzlich unbekannte Gebiete eröffnet. Er legt an so manche schon bestehende Theorie Hand an, welche dann den unvergänglichen Stempel seines Geistes an sich trägt. Wir brauchen nur an die Capillaritätstheorie, an die Dioptrik, die theorische Astronomie zu erinnern, um eine Bekräftigung unserer Behauptung zu erhalten. Als Mathematiker stehen die zahlentheoretischen Untersuchungen unsers Gelehrten obenan, mit ihnen in Verbindung ist seine Auffassung der complexen Zahlen, welche ihrerseits zu ganz neuen Algorithmen geführt hat, wie z. B. die Hamilton'sche Quaternionentheorie, ferner seine Bemerkung über die Rolle des Euklidischen Parallelensatzes, welche die metageometrischen Untersuchungen zur Folge hatte. Als beobachtender Naturforscher legt sich Gauss vor Allem eine Rechnungsmethode zurecht, welche ihn in den Stand setzt, den Einfluss der Beobachtungsfehler möglichst zu eliminiren. Die reine Mechanik verdankt ihm ein allgemeines Prinzip, das des kleinsten Zwanges, ferner höchst wichtige Sätze aus der Potentialtheorie, unter deren Hauptbegründer er zu rechnen ist*), endlich die Aufstellung des dynamischen Kraftmasses, wodurch er ein allgemeines physikalisches Masssystem anbahnte. Seine wichtigste Leistung als Physiker ist wohl die Theorie des Erdmagnetismus und die Erfindung der zahlreichen Messinstrumente und Methoden der Beobachtung; ferner sind zu erwähnen als theoretisch-physikalische Arbeiten seine Capillaritätstheorie und seine dioptrischen Untersuchungen.

Ueber Gauss' biographische Verhältnisse siehe W. Sartorius v. Waltershausen: Gauss zum Gedächtniss. Leipz. 1856. 8°. — Ludw. Hänselmann: Carl Friedrich Gauss. Zwölf Kapitel aus seinem Leben. Leipz. 1878. 8°. — Ernst Schering: Festrede zur Feier der hundertjährigen Wiederkehr von C. F. Gauss' Geburtstage in der Gött. Soc. am 30. April 1877. Gött. 1877. — Gerhardt: Geschichte der Mathematik in Deutschland. pag. 208—246. — Cantor: Allg. Deutsche Biographie VIII. — Reiches wissenschaftliches Material enthalten die Briefwechsel zwischen Gauss und Schumacher und Gauss und Bessel: „Brief-

---

*) Vergl. auch Dühring: Geschichte der Principien der Mechanik, Berlin 1873, pag. 449.

wechsel zwischen C. F. Gauss und H. C. Schumacher. Herausgegeben von C. A. F. Peters." Bd. 1—6. 8⁰. Altona 1860—65. — „Briefwechsel zwischen Gauss und Bessel." Herausgegeben auf Veranlassung der königl. preuss. Akad. d. Wissensch. Leipzig 1880, 8⁰.

In Verbindung mit Gauss erwähnen wir noch eine Reihe von Forschern, die sich um die Prinzipien der Mechanik, um die Astronomie, den Erdmagnetismus und um die Mechanik der Erde Verdienste erworben haben. Es sind dies die folgenden: Ivory, Green, Dirichlet, Hamilton und Jacobi, ferner Olbers und Bessel, dann Hansteen und Wilhelm Weber, endlich Atwood, Baily, Kater und Benzenberg.

James Ivory, geboren 1765 zu Dundee, gestorben am 21. September 1842 zu London. Er war ursprünglich für den geistlichen Stand bestimmt, wurde jedoch Hülfslehrer der Mathematik und Physik an einer Schule zu Dundee, hierauf Vorsteher einer Flachsspinnerei und dann Professor am Militärcollegium zu Marlow, wo er bis 1819 blieb, da er seiner schwächlichen Gesundheit wegen zurücktreten musste. König Wilhelm IV. setzte ihm eine Pension von jährlichen 300 Pfd. Sterl. aus. Von den zahlreichen Arbeiten, welche er theils in den Abhandlungen der Edinburger, theils in denen der Londoner „Royal Society" veröffentlichte, heben wir nur einige wenige hervor, indem wir seine mathematischen Schriften ganz unerwähnt lassen: New and universal solution of Kepler's problem (Tr. Roy. Edinb. Soc. V. 1805). — On the attractions of homogeneous ellipsoids (Phil. Tr. 1809). — Attraction of spheroids (Ib. 1812). — A new method of deducing a first approximation to the orbit of a comet from three geocentric observations (Ib. 1814). — On the theory of the perturbations of the planets (Ib. 1832). — On the depression of mercury in glass tubes (Tilloch, Phil. Mag. LVII. 1821) u. s. w.

Mit dem Probleme der Anziehung eines Ellipsoides auf einen Punkt beschäftigten sich die Gelehrten schon seit längerer Zeit. Newton that den ersten Schritt als er die Anziehung eines Punktes in der Axe eines Rotationssphäroides bestimmte, sowie das einfache Verhältniss, das zwischen den Anziehungen aller auf einem und demselben Diameter im Innern eines Sphäroides liegenden Punkte besteht. Maclaurin löste das Problem für die auf der Oberfläche des Sphäroids befindlichen Punkte und zeigte auch, wie man die Anziehung derjenigen Punkte finden könne, die auf der Verlängerung des Aequators und der Axe liegen. Lagrange erhielt dieselben Resultate auf analytischem Wege, für die Maclaurin die Synthese angewendet hatte. Legendre fand den schönen Satz der confocalen Ellipsoide. Laplace verallgemeinerte die Theorie der Anziehung auf den Fall eines dreiaxigen Ellipsoides, erst Gauss jedoch hat derselben die wünschenswerthe Schärfe und Strenge gegeben. — In der Abhandlung Ivory's „On the attractions of homogeneous ellipsoids" vom Jahre 1809 findet sich das Reductionstheorem, das den Namen des

Verfassers trägt, dem zufolge zu einem gegebenen Ellipsoide ein anderes mit ihm confocales construirt werden kann, welches in Bezug auf einen äusseren Punkt mit dem ersten äquipotentiell ist. Doch hat diesen Satz nach Todhunter*) schon Laplace 1783 angedeutet. Mit Hülfe der von ihm eingeführten correspondirenden Punkte hat Ivory einen strengen Beweis seines Satzes gegeben**). — Ivory hat auch Messungen über die Capillardepression des Quecksilbers angestellt.

George Green, geboren den 14. Juli 1793 zu Nottingham, gestorben den 31. März 1841 zu Sneinton, der Sohn eines Bäckers, hierauf Müllers, oblag anfangs dem Geschäfte seines Vaters. Er studirte dann in Cambridge, wo er als Fellow des „Cajus College" aufgenommen wurde. Von seinen Schriften erwähnen wir die folgenden: An essay on the application of mathematical analysis to the theories of electricity and magnetism (Nottingham 1828). — Mathematical investigation concerning the laws of equilibrium of fluids analogous to the electric fluid etc. (Cambridge Transact. V. pt. I.). — On the determination of the exterior and interior attraction of ellipsoids of variable densities (Ib. id. pt. III.).

Die erste der hier erwähnten Schriften, welche die Grundlegung der Potentialtheorie enthielt, blieb fast ganz unbeachtet, bis Thomson dieselbe im Jahre 1845 nach Erscheinen der Gauss'schen: „Allg. Lehrsätze etc." noch einmal in Crelle's Journal (Bd. 39, 44 und 47) veröffentlichte. Green muss mit Gauss als ein Mitbegründer der Potentialtheorie betrachtet werden. Das Green'sche Fundamentaltheorem***) befindet sich am Beginne der ganzen Entwicklung. Er war bestrebt für die Theorie der Elektricität und des Magnetismus allgemeine Theoreme zu finden und gelangte auf diese Weise zu dem für die Potentialtheorie wichtigen Satze.

---

*) Todhunter, A history of the mathematical theories of attraction and the figure of the earth, from the time of Newton to that of Laplace, 2 Vol. London 1873.

**) Bacharach: Abriss der Geschichte der Potentialtheorie. 8°. Göttingen 1883, pag. 37 ff.

***) $$\int dx\,dy\,dz\, U \Delta V + \int d\sigma U \frac{\delta V}{\delta n} = \int dx\,dy\,dz\, V \Delta U + \int d\sigma V \frac{\delta U}{\delta n},$$
wo U und V zwei continuirliche Funktionen der Coordinaten x, y, z vorstellen, deren Derivirte in keinem Punkte innerhalb eines beliebig gestalteten Körpers unendlich werden. Die ersten Integrale erstrecken sich über das ganze Innere des Körpers, die zweiten über dessen Oberfläche, deren Element $d\sigma$ ist, δn ist eine unendlich kleine Normale der Oberfläche gegen das Innere zu gerechnet, ferner:
$$\Delta V = \frac{d^2 V}{dx^2} + \frac{d^2 V}{dy^2} + \frac{d^2 V}{dz^2} \text{ und ebenso}$$
$$\Delta U = \frac{d^2 U}{dx^2} + \frac{d^2 U}{dy^2} + \frac{d^2 U}{dz^2}$$

Peter Gustav Lejeune-Dirichlet, geboren den 13. Februar 1805 zu Düren bei Aachen, gestorben am 5. Mai 1859 zu Göttingen, war zuerst Dozent zu Breslau, dann Professor zu Berlin, hierauf seit 1855 Professor zu Göttingen. Von seinen Schriften erwähnen wir: Ueber einen neuen Ausdruck zur Bestimmung der Dichtigkeit einer unendlich dünnen Kugelschale, wenn der Werth des Potentials derselben in jedem Punkte ihrer Oberfläche gegeben ist (Abh. Berl. Akad. 1850). — Solution d'une question relative à la théorie math. de la chaleur (Crelle's Journ. V. 1830). — Sur un moyen général de vérifier l'expression du potentiel relatif à une masse quelconque, homogène ou hétérogène (Ib. XXXII. 1846). — Ueber die Stabilität des Gleichgewichts (Ib. id.). — Fälle, in denen sich die Bewegung eines festen Körpers in einem incompressibeln Medium theoretisch bestimmen lässt (Monatsber. d. Berl. Akad. 1852). Ausserdem hat er sehr viel Mathematisches geschrieben. Dirichlet hat Antheil an der Entwicklung der Potentialtheorie. Den Namen „Dirichlet'sches Prinzip" führt ein wichtiger Satz der Potentialtheorie, der jedoch schon früher (1848) von Thomson ebenfalls bewiesen wurde*). Derselbe lautet: Es ist möglich, eine, aber auch nur eine Vertheilung einer Masse über eine Oberfläche S zu finden, welche für jeden Punkt von S und für jeden Punkt eines durch S von einer beliebigen Masse getrennten Raumes, dasselbe Potential erzeugt, wie diese Masse. — Erst gegen Ende seines Lebens wendete er sich allgemeineren mechanischen Problemen von prinzipiellem Charakter zu. Er war bestrebt eine Methode zur allgemeinen Auflösung aller mechanischen Probleme zu finden, hat jedoch in dieser Richtung keine abgeschlossene Arbeit hinterlassen. Nach seinem Tode erschien in den Abhandlungen der Königl. Gesellschaft zu Göttingen (Bd. 8. 1858—59) das Fragment: „Ueber ein Problem der Hydrodynamik"**), in welchem er die Bewegung eines flüssigen Ellipsoides behandelt.

William Rowan Hamilton, geboren zu Dublin 1805, gestorben den 2. September 1865 auf der Sternwarte von Dunsink, war Professor der Astronomie an der Universität zu Dublin und „Royal Astronomer" von Irland. Hamilton hat die allgemeinen Beziehungen, welche zwischen den in der Mechanik vorkommenden Grössen bestehen, in eine neue analytische Form gebracht, welche in ihrem Wesen mit dem d'Alembert'schen Prinzipe und den Lagrange'schen Differentialgleichungen ganz und gar gleichbedeutend ist, diese Beziehungen werden durch eine Gleichung ausgedrückt, welche man das Hamilton'sche Prinzip nennt. Dasselbe hat den grossen Vortheil vor jenen, dass man mit seiner Hülfe statt der rechtwinkligen Coordinaten leicht andere Variable einführen

---

*) Will. Thomson: Theorems with reference of the solution of certain partial differential equations. Cambr. and Dubl. Math. Journ., Januar 1848. Auch in Thomson and Tait: Natural Philosophy, § 503.

**) Auch in Crelle's Journ. Bd. 58 (1861) erschienen.

kann. Dieser Satz sagt aus, dass die Variation der Arbeit und der lebendigen Kraft für die Anfangs- und Endzeit verschwinden müsse*). Hamilton nennt sein Prinzip das der veränderlichen Action (law of varying action), dem gegenüber das Prinzip der kleinsten Wirkung als Gesetz der stationären Action gelten könne. — Durch Hamilton, Möbius, Grassmann u. A. wurden mathematische Begriffe aufgestellt, welche sich den geometrisch-mechanischen Verhältnissen ungezwungener anschliessen, als die Coordinatengeometrie, wodurch eine anschaulichere Gestaltung der mathematischen Ausdrucksweise mechanischer Beziehungen ermöglicht wird. Eine ähnliche Richtung verfolgt der von Hamilton aufgestellte Quaternionencalcul, eine Rechnungsmethode mit complexen Zahlengebilden, deren Constitution und deren Operationsregeln gewissen — von denen der gewöhnlichen complexen Grössen abweichenden — Regeln entspricht. Aehnlicher Natur ist der von August Ferdinand Möbius**) aufgestellte „Barycentrische Calcul" (Leipzig 1827). — Die auf Mechanik bezüglichen Hauptschriften Hamilton's sind die folgenden: On a general method in Dynamics, by which the study of all free systems of attracting or repelling points is reduced to the search and differentiation of one central relation or characteristic function. Phil. transact. for 1834 (p. 247—308). — Second Essay on a general method in Dynamics. Ib. 1835 (p. 95—144). — Eine noch frühere Abhandlung, in welcher die analytischen Vorarbeiten zu seinen mechanischen Conceptionen enthalten sind, führt den Titel: On the Theory of systems of Rays. Transact. of the Royal Irish Academy. 1824, 1830, 1832***).

Carl Gustav Jacob Jacobi, geboren den 10. Dezember 1804 zu Potsdam, gestorben den 18. Februar 1851 zu Berlin, war zuerst Privat-

---

*) Die Gleichung lautet folgendermassen:

$$\delta \int_{t_0}^{t_1} (U + T) \, dt = 0 \text{ oder } \int_{t_0}^{t_1} (\delta U + \delta T) \, dt = 0,$$

wo δU die Variation der Arbeit, δT die Variation der lebendigen Kraft, t die Zeit bedeutet. Die Funktion U wurde von Hamilton Kraftfunktion (force function) genannt, da deren nach den Coordinaten genommenen Differentialquotienten die Kraftcomponenten vorstellen.

**) Geboren 1790, gestorben 1867. Er war Professor der Astronomie und Direktor der Sternwarte zu Leipzig. Von seinen mechanischen Schriften ist zu erwähnen: Lehrbuch der Statik, Leipzig 1837; Elemente der Mechanik des Himmels, ib. 1842.

***) Eine ausführliche Darstellung über die Prinzipien der Mechanik und deren Entwicklung in der neueren Zeit finden wir von Cayley: „Report on the recent progress of theoretical dynamics" in dem „Report of the British association of the advancement of Science" für 1857 (pag. 1—42). — Die „Lectures on Quaternions" erschienen 1853, die „Elements of Quaternions" London 1866. Hamilton hat auch die konische Refraction in optisch zweiaxigen Krystallen auf theoretischem Wege entdeckt.

dozent in Berlin, hierauf Professor in Königsberg, zum Schlusse lebte er von einer königlichen Pension in Berlin. Nachdem er, um seine geschwächte Gesundheit wieder herzustellen, einen Winter in Rom zugebracht und noch sechs Jahre in Berlin in reger wissenschaftlicher Thätigkeit gelebt hatte, starb er im Alter von 46 Jahren und 2 Monaten an den Blattern. Die wissenschaftliche Thätigkeit Jacobi's fällt in überwiegendem Masse auf das Gebiet der reinen Mathematik, auf welchem er mit dem jung verstorbenen Abel in der Ausbildung der Lehre von den elliptischen Integralen wetteiferte. Wir können hier auf diese Arbeiten nicht eingehen, sondern müssen uns auf einige Andeutungen über sein Verhältniss zu mechanischen Problemen beschränken. Vor allem ist hier die Ableitung des Gleichgewichtszustandes einer rotirenden flüssigen Masse zu erwähnen, deren einzelne Theilchen gegen einander gravitiren. Jacobi ergänzte die Lagrange'schen Untersuchungen über diesen Gegenstand durch die Entdeckung, dass der Aequator der gleichförmig rotirenden Flüssigkeit auch eine Ellipse sein könne*). — Von prinzipieller Bedeutung ist die mechanische Anwendung seiner Theorie des letzten Multiplicators, welcher zur Auffindung einer letzten Integrationsgestalt der dynamischen Gleichungen führt**). Unser Forscher erkannte Hamilton's dynamisches Prinzip als die erste epochale Leistung an, welche seit Lagrange's analytischer Behandlung der Mechanik auf diesem Gebiete vorgekommen sei. An dieses Hamilton'sche Prinzip anknüpfend, suchte er die Integration der vorkommenden partiellen Differenzialgleichungen zu bewerkstelligen und interessirte sich im Allgemeinen mehr für die mathematische, als für die prinzipiell-mechanische Seite des Problems. — Von Jacobi's zahlreichen Schriften, die sich fast ausschliesslich auf Mathematik beziehen, erwähnen wir hier bloss, dass dieselben fast sämmtlich in Crelle's Journal erschienen sind. Seine „Vorlesungen über Dynamik" vom Winter 1842—43 hat Clebsch nach Borchhardt'schen Notizen (Berlin 1866) herausgegeben***).

Heinrich Wilhelm Matthias Olbers, geboren den 11. Oktober 1758 zu Arbergen, gestorben den 2. März 1840 zu Bremen, war daselbst praktischer Arzt, der sich in seinen Mussestunden mit Astronomie beschäftigte. Seine Privatsternwarte, mit den vorzüglichsten englischen Instrumenten armirt, war seiner Zeit die besteingerichtete Deutschlands. Olbers ist der Entdecker der Pallas und der Vesta und der Wiederentdecker der verloren gegangenen Ceres. Im Jahre 1815 (6. März) entdeckte er einen Kometen, dessen Umlaufsperiode Bessel und Gauss zu 73 Jahren

---

*) „Ueber die Figur des Gleichgewichts". Pogg. Annalen, Bd. 33.

**) Theoria novi multiplicatoris systemati aequationum differentialium vulgarium applicandi. (Crelle's Journ., Bd. 27 u. 29.)

***) Ueber Jacobi vergl. die Gedächtnissrede, welche Lejeune-Dirichlet in der Berliner Akademie am 1. Juli 1852 über ihn gehalten.

berechneten; dieser Komet führt den Namen seines Entdeckers. Besonders zu erwähnen sind noch die Beobachtungen über den Schweif des grossen Kometen von 1811 (Zach, Monatl. Corr. XXV, 1812) und die „Abhandlung über die leichteste und bequemste Methode, die Bahn eines Cometen aus einigen Beobachtungen zu berechnen" (8°, Weimar 1797, neu herausgegeben von J. F. Encke 1847).

Friedrich Wilhelm Bessel, geboren den 22. Juli 1784 zu Minden, gestorben den 17. März 1846 zu Königsberg. Er war zuerst Handelslehrling in Bremen, hierauf auf Olbers' Verwendung an der Schröderschen Sternwarte in Lilienthal angestellt (1806—1809), dann Direktor der Sternwarte zu Königsberg und Professor der Astronomie an der Universität. Bessel war ein sehr fleissiger Beobachter und astronomischer Schriftsteller; neben einigen grössern Schriften hat er über 350 Abhandlungen verfasst, welche in den verschiedenen wissenschaftlichen Journalen jener Zeit erschienen. Von besonderem Interesse ist seine Bestimmung der Länge des Sekundenpendels zu Königsberg, wobei er durch Anwendung zweier Pendel, deren Längenunterschied genau bekannt war, die Länge des Sekundenpendels mit unerwarteter Genauigkeit bestimmen konnte [*]. — Die Parallaxe des Sternes 61 Cygni durch Bessel war die erste Bestimmung einer Fixsternparallaxe [**]. Ferner sind noch zu erwähnen: Untersuchungen über die scheinbare und die wahre Bahn des grossen Kometen von 1807. Königsberg 1810. — Untersuchung der Grösse und des Einflusses des Vorrückens der Nachtgleichen. Berlin 1815. (Von der Berliner Akademie preisgekrönt). — Fundamenta Astronomiae etc. Regiomont. 1818. — Tabulae Regiomontanae etc. Ib. 1830. — Gradmessung in Ostpreussen etc. Berl. 1838. — Populäre Vorlesungen über wissenschaftliche Gegenstände. Hamb. 1848 (posthum). — Ferner: Briefwechsel zwischen Olbers und Bessel, ed. v. A. Erman. 2 Bde. Leipzig 1852. — Briefwechsel zwischen Gauss und Bessel. Leipzig 1880. — Gesammelt erschienen seine Schriften unter dem Titel: Abhandlungen von Friedr. Wilh. Bessel, herausgegeben von Rud. Engelmann. Leipzig 1875—76, 4°. Inhalt: 1. Band. Lebensabriss. Kurze Erinnerungen an Momente meines Lebens. Jugendzeit — erste 25 Jahre. — I. Bewegungen der Körper im Sonnensystem. II. Sphärische Astronomie. 2. Band: III. Theorie der Instrumente. IV. Stellarastronomie. V. Mathematik. 3. Band: VI. Geodäsie. VII. Physik. VIII. Verschiedenes. Literatur.

---

[*] Untersuchung der Länge des einfachen Sekundenpendels (Abh. der Berl. Akad. 1826). Ferner: Ueber die Unrichtigkeit der bisher bei Pendelversuchen angewandten Reductionen auf den luftleeren Raum (Astron. Nachrichten VI, 1827). — Versuche über die Kraft, mit welcher die Erde Körper von verschiedener Beschaffenheit anzieht (Abh. der Berl. Akad. 1830). — Bestimmung der Länge des einfachen Sekundenpendels für Berlin (Ib. 1831).

[**] Bestimmung der Entfernung des 61. Sterns des Schwans. (Astr. Nachr. XVII, 1840.)

Christopher Hansteen, geboren den 26. September 1784 zu Christiania, gestorben am 11. April 1873 ebendaselbst, war Professor der Astronomie und Direktor der Sternwarte seiner Vaterstadt. Von 1828—30 reiste er mit Erman durch Sibirien um erdmagnetische Messungen auszuführen. Hansteen hat die Halley'sche Theorie der vier Magnetpole wieder aufgefrischt*), ohne jedoch auf die abenteuerliche Hypothese des englischen Forschers zurückzugreifen. Er will auf diese Weise das Vorkommen der zwei merkwürdigen Stellen: im nördlichen China und in Sibirien, und die im südlichen Theile des Indischen Oceans erklären. Diese Ansichten trägt er in seinen „Untersuchungen über den Magnetismus der Erde" (4°, Christiania 1819, mit Atlas) vor. Hansteen hat ferner noch eine Reihe von Schriften ähnlichen Inhaltes verfasst: Ueber die vier magnetischen Pole der Erde u. s. w. (Schweigger's Journ. VII, 1813. — Ueber die magnetische Intensität im nördlichen Europa (Pogg. Ann. III. 1825, VI. 1826). — Neigungskarte nach Ross' und Parry's Beobachtungen (ib. IV. 1825). — Isodynam. Linien für die ganze Magnetkraft der Erde (ib. IX. 1827, XXVIII. 1833). — Ueber die Variation des Erdmagnetismus u. s. w. (ib. XXI, 1831). — Ueber die Duplicität des magnetischen Systems der Erde (ib. XL. 1855).

Wilhelm Eduard Weber, geboren den 24. Oktober 1804 zu Wittenberg. Sein Vater, Michael, war der Sohn eines bäuerlichen Gutsbesitzers aus Gröben bei Weissenfels, er war zuerst Universitätsprediger in Leipzig, hierauf Professor der Dogmatik zu Wittenberg und nach Aufhebung dieser Universität zu Halle. Seine Frau, die Tochter des Predigers Lippold, hatte ihm 13 Kinder geschenkt, unter denen sich drei Söhne zu grossen Forschern entwickelten, deren ältester Ernst Heinrich Weber und deren jüngster Eduard Friedrich Weber, an den wissenschaftlichen Arbeiten unsers Wilhelm Eduard Weber Theil haben**). Zuerst Privatdozent und Prof. extraord. zu Halle, wurde er auf Anregung Gauss' an die Universität Göttingen als Professor der Physik berufen. Im Jahre

---

*) Siehe oben pag. 307.
**) Ernst Heinrich Weber, geboren 1795 zu Wittenberg, gestorben 1878 zu Leipzig, Professor der Anatomie und Physiologie an der Universität zu Leipzig. Ausser den mit Wilhelm Weber ausgeführten physikalischen Arbeiten sind seine folgenden Abhandlungen zu erwähnen: De aure et auditu hominis et animalium. Lips. 1820. — Ueber die Anwendung der Wellenlehre auf die Lehre vom Kreislauf des Blutes u. s. w. (Ber. d. sächs. Ges. d. Wiss. 1850). — Ueber den Raumsinn und die Empfindungskreise in der Haut und im Auge (Ib. 1852). — Mikroskopische Beobachtungen sehr gesetzmässiger Bewegungen, welche die Bildung von Niederschlägen harziger Körper aus Weingeist begleiten (Ib. 1854). — Eduard Friedrich Weber, geboren 1806 zu Wittenberg, gestorben 1871 zu Leipzig, Prosektor an der Universität Leipzig, mit W. E. Weber führte er die Untersuchungen über die Mechanik der menschlichen Gehwerkzeuge aus.

1837 wurde er wegen seiner Erklärung gelegentlich der Aufhebung der Constitution nebst sechs andern Collegen seines Amtes entsetzt und lebte ohne Anstellung bis 1843, hierauf war er Professor der Physik an der Universität Leipzig, von wo er 1849 wieder in seine Stellung nach Göttingen zurückkehrte. Es ist als eine besonders günstige Schickung zu betrachten, dass sich zwei Männer, wie Gauss und Weber zu langjähriger gemeinschaftlicher Arbeit an einem Orte zusammenfanden. Dieses Zusammentreffen war für die Entwicklung der Physik unserer Zeit von nicht genug zu würdigender Bedeutung. — Wir können hier ein vollständiges Verzeichniss der zahlreichen Arbeiten des ehrwürdigen Nestors der deutschen Physiker nicht anführen und beschränken uns bloss auf die Nennung einiger seiner bedeutendsten Schriften: Die Wellenlehre auf Experimente gegründet; mit E. H. Weber, 8°, Leipzig 1825. — Mechanik der menschlichen Gehwerkzeuge, mit E. F. Weber, Göttingen 1836. — Ueber die Anwendung der magnetischen Induction auf Messung der Inclination mit dem Magnetometer (Abh. d. Gött. Ges. d. Wiss. V, 1853). — Elektrodynamische Massbestimmungen (Abh. d. sächs. Ges. d. Wiss. 1846 bis 1857). — Theorie der Zungenpfeifen (Pogg. Ann. XVII, 1829). — Ueber die Beugung der Glasoberfläche beim Zerspringen; mit E. H. Weber (ib. XX, 1830). — Vergleichung der Theorie der Saiten, Stäbe und Blase-Instrumente (ib. XXVIII, 1833). — Das Inductions-Inclinatorium (ib. XLIII, 1838). — Unipolare Induction (ib. LII, 1841). — Ueber die Elasticität fester Körper (ib. LIV, 1841). — Messung starker galvanischer Ströme nach absolutem Mass (ib. LV, 1842). — Ueber die Wirkung eines Magnets in die Ferne (ib. id.). — Messung galvanischer Leitungswiderstände nach absolutem Mass (ib. LXXXII, 1851). — Ausser diesen noch zahlreiche Aufsätze über Akustik, Galvanismus u. s. w. in den verschiedenen der genannten Publikationen. Er war der erste, welcher in seiner Anwendung des Dynamometers die Schallschwingungen durch Inductionsströme wahrnahm. Weber hat mit Gauss die „Resultate aus den Beobachtungen des magnet. Vereins" herausgegeben. Von ihm stammt das vielumstrittene elektrodynamische Grundgesetz, welches er im Jahre 1846 in den „Elektrodynamischen Massbestimmungen" veröffentlichte. Dieses Gesetz bestimmt die Kraft, welche zwei in Bewegung befindliche Elektricitätstheilchen auf einander ausüben, und enthält das Coulomb'sche, das Ampère'sche Gesetz, sowie das Gesetz der inducirten Ströme als speziellen Fall in sich*).

---

*) Kraft $= \dfrac{e e_1}{r^2} \left(1 - \dfrac{1}{c^2}\left(\dfrac{d r}{d t}\right)^2 + \dfrac{2 r}{c^2} \cdot \dfrac{d^2 r}{d t^2}\right)$ wo e, e_1 die Elektricitätsmengen, r die Entfernung, $\dfrac{d r}{d t}$ die Geschwindigkeit, $\dfrac{d^2 r}{d t^2}$ die Beschleunigung der Elektricitätstheilchen bedeuten. Die Constante c stellt jene Geschwindigkeit vor, bei welcher die Theilchen keine Kraft mehr auf einander ausüben. Ihr Werth ist nach den Bestimmungen von Weber und Kohlrausch = 439 Mill. Meter, d. h. nahezu $\sqrt{2}$ mal die Geschwindigkeit des Lichtes.

In Verbindung mit Weber erwähnen wir mit einigen Worten jene Erfindung, welche den Erscheinungen des Galvanismus um die Mitte unseres Jahrhunderts mit einem Male eine eminent praktische Bedeutung verlieh, wir meinen die Erfindung des elektromagnetischen Telegraphen. — Schon 1753 hatte ein ungenannter Mitarbeiter des „Scot's Magazine" die Anwendung der Reibungselektricität zu telegraphischen Zwecken vorgeschlagen. Im Jahre 1809, also kurz nachdem Volta seine Batterie erfunden und Nicholson und Carlisle die Zersetzung des Wassers durch den galvanischen Strom entdeckt hatten, schlug der berühmte deutsche Anatom Sömmering*) vor, mittelst der Wasserzersetzung zu telegraphiren. Am 13. August 1810 zeigte Sömmering dem russischen Baron Pawel Lwowitsch Schilling von Canstadt**) Versuche mit seinem Apparate, kurz darauf erfand er ein Alarum (einen Wecker), im September 1811 richtete er seinen Telegraphen derart ein, dass statt der vordem nöthigen 35 Drähte, bloss 27 Drähte erforderlich waren. Im Jahre 1820 entdeckte Oersted die Ablenkung der Magnetnadel durch den galvanischen Strom, 1832 construirte Schilling das Modell eines Telegraphen, das er dem russischen Kaiser und Thronfolger vorzeigte. Im Jahre 1833 stellten Gauss und Weber die erste grössere Telegraphenleitung über den Jacobithurm her, zwischen dem physikalischen Cabinete und der Sternwarte zu Göttingen, welche eine Länge von mehr als 10,000 Fuss hatte. Die zeichengebende Vorrichtung war ein sogenannter Nadeltelegraph, bei welchem sich die Magnetnadel in einer Multiplicatorrolle***) befand, und durch ihr Ausweichen nach rechts oder nach links Zeichen von verabredeter Bedeutung signalisirte. Im September des Jahres 1835 hielten die deutschen Naturforscher und Aerzte zu Bonn ihre Versammlung, auf welcher Schilling in der Section für Physik und Chemie den Telegraphen vorzeigte. Der Heidelberger Professor Georg Wilhelm Muncke†), der damals jener Sitzung präsidirte, liess sich einen ähnlichen Apparat bauen, den er in seinen Vorlesungen zeigte. John William Rizzo Hoppner, ein junger Engländer, studirte in Heidelberg und sah bei Muncke den Telegraphen. Von ihm hörte ein anderer junger Landsmann, der sich mit Anatomie beschäftigte, von dieser Erfindung. Dieser, sein Name war William

---

*) Samuel Thomas Sömmering (1755—1830): Ueber einen elektrischen Telegraphen (Denkschr. d. Münch. Akad. II, 1809—1810).

**) Geboren 1786 zu Reval, gestorben 1837 zu St. Petersburg. Derselbe war wirklicher Staatsrath.

***) Der Multiplicator wurde 1820 von Schweigger und fast gleichzeitig von Poggendorff, der damals noch Universitätshörer war, erfunden.

†) Geboren 1772 zu Hillingsfeld bei Hameln, gestorben 1847 zu Grosskmehlen (in der preuss. Provinz Sachsen), war Professor in Marburg, hierauf in Heidelberg. Er war einer der fleissigsten Arbeiter an der neuen Auflage von Gehler's physikal. Wörterbuch.

Fothergill Cooke, interessirte sich für dieselbe, besuchte am 6. März 1836 Muncke's Vortrag und ging sogleich daran, sich einen ähnlichen Apparat in Heidelberg und Frankreich anfertigen zu lassen, mit dem er, dem physikalische Kenntnisse ganz und gar mangelten, allsogleich nach Hause fuhr, um sich mit einheimischen Physikern in Verbindung zu setzen und die neue Erfindung praktisch ausnützen zu können. Er suchte mehrere Physiker auf und wurde schliesslich an den Professor Wheatstone gewiesen, den er am 27. Februar 1837 zuerst besuchte. Schon im Juni machten die beiden Verbündeten durch ein Caveat die Anzeige, dass sie auf die Erfindung des Telegraphen ein Patent nehmen wollten, und nachdem sie einen Versuch im Freien angestellt hatten, nahmen sie auf die „Verbesserung (improvement) des Telegraphen" ein Patent. Dieser Wheatstone'sche Nadeltelegraph war in der That wesentlich verbessert, die vertikal angebrachten Nadeln bewerkstelligten eine viel grössere Sicherheit, als die von Schilling und von Gauss verwendeten an Fäden horizontal schwingenden Nadeln. Die Erfahrung, dass man mittelst einer einfachen Drahtleitung telegraphiren könne, wurde 1838 von Steinheil in München gemacht. Samuel Finley Breese Morse*), ein amerikanischer Maler, construirte 1837 mit Hülfe des Professors Gale, und der Fabrikanten: Gebrüder Vail einen Schreibtelegraphen, der jedoch den Erwartungen nicht entsprach. Erst später glückte es ihm, den Schreibtelegraphen (Recording electric telegraph) in jener Form herzustellen, wie er noch gegenwärtig in Verwendung steht**).

George Atwood, geboren um 1745, gestorben den 11. Juli 1807 zu London, war zuerst Fellow des Trinity College zu Cambridge, später erhielt er vom Minister Pitt eine Sinecure, welche ihm erlaubte, ganz der Wissenschaft zu leben. Von seinen Schriften erwähnen wir die folgenden: A Description of Experiments to illustrate a Course of Lectures. 8°. 1775 oder 1776. — Dasselbe Werk erweitert: An Analysis of a Course of Lectures on the Principles of Natural Philosophy. 8°, Cambr. 1784. — A Treatise on the Rectilinear Motion and Rotation of Bodies, with a Description of Original Experiments relative to the Subject, 8°, Cambr. 1784. — Investigations founded on the Theory of Motion, for determining the Times of Vibration of Watch Balances (Phil. Trans. 1794). — On the positions of bodies, which float freely and at rest on a fluid surface (ib. 1796). — On the stability of ships (ib. 1798). — A Disser-

---

*) Geboren 1791 zu Charlestown (Massachusets), gestorben den 2. April 1872 zu Poughkeepsie bei New York; „Electrician" mehrerer Telegraphengesellschaften und Professor der Naturgeschichte am Yale College in New Haven.

**) Ueber die Erfindung des Telegraphen, siehe: J. Hamel, Die Entstehung der galvanischen und elektromagnetischen Telegraphie. 8°. St. Petersburg 1883. — Dr. Karl Ed. Zetzsche: Geschichte der elektrischen Telegraphie, 8°, Berlin 1877.

tation on the Construction and Properties of Arches. 4⁰ Lond. 1801.
— „A Treatise on Optics" theilweise im Jahre 1776 gedruckt, ist niemals erschienen. — Atwood hat den Vorrath an Demonstrationsapparaten für die physikalischen Vorlesungsversuche um einen höchst wichtigen und werthvollen Apparat bereichert, wir meinen seine Fallmaschine, welche es gestattet, die Geschwindigkeit des Falles beliebig zu verringern, ohne dabei die Art der Bewegung zu beeinflussen. Er beschreibt diese höchst scharfsinnig ausgedachte Vorrichtung in der obengenannten Schrift: A Treatise on the Rectilinear Motion etc. Er beschäftigte sich auch mit der Theorie der Uhren.

Francis Baily, geboren den 28. April 1774 zu Newbury (Berkshire), gestorben den 30. August 1844 zu London, war Geldmäkler, Mitglied der „Royal Society", Präsident der „Astronomical Society". Neben seinen zahlreichen astronomischen Arbeiten, deren Titel wir hier übergehen müssen, führen wir bloss eine Abhandlung an: Experiments with the Torsion Rod for determining the Mean Density of the Earth (Mem. Astr. Soc. XIV., auch besonders erschienen London 1843), in welcher er seine zahlreichen Versuche*) zur Bestimmung der mittleren Erddichte nach Cavendish's Methode beschreibt. Er fand hiefür die Zahl 5,67.

Henry Kater, geboren den 16. April 1777 zu Bristol, gestorben am 26. April 1835 zu London, war Capitän in der brittischen Armee und als solcher lange Zeit in Indien mit Vermessungsarbeiten beschäftigt. Kater bestimmte die Länge des Sekundenpendels mit Hülfe des Reversionspendels. Von seinen Schriften erwähnen wir die folgenden: A treatise on mechanics, 12⁰, Lond. On the light of the Cassegrainian telescope compared with that of the Gregorian (Phil. Trans. 1813). — Experiments for determining the length of the pendulum vibrating seconds in latitude of London (ib. 1818). — Experiments for determining the variation in the length of the pendulum vibrating seconds (ib. 1818) u. s. w.

Johann Friedrich Benzenberg, geboren den 5. Mai 1777 zu Schöller bei Düsseldorf, gestorben den 8. Juni 1846 zu Bilk. Er war Professor der Physik und Mathematik am Lyceum zu Düsseldorf, hierauf lebte er als Privatmann auf Reisen und auf seinem Gute Bilk, wo er auch starb. Die von ihm auf diesem Gute errichtete Sternwarte vermachte er nebst einem Capital zur Besoldung eines Beobachters der Stadt Düsseldorf. Von seinen Arbeiten führen wir bloss seine Untersuchungen über die Fallbewegung an, wobei er nachwies, dass ein jeder frei fallender Körper in Folge der Umdrehung der Erde in einer von der Senkrechten nach Osten abweichenden Richtung falle. Der Titel der Schrift lautet: Joh. Fried. Benzenberg; „Versuche über das Gesetz des Falls, über den Widerstand der Luft und über die Umdrehung der Erde, nebst der Geschichte aller früheren Versuche von Galilei bis auf Guglielmini."

---

*) Mehr als 2000 Beobachtungen.

8⁰ Dortmund 1804. Benzenberg hat sowohl in der Michaeliskirche zu Hamburg als im Kohlenschacht zur alten Rosskunst am Schlebusche in der Grafschaft Mark Fallversuche angestellt. Durch Combination sehr vieler Versuche gelang es ihm solche Mittelwerthe zu finden, welche der Theorie ziemlich gut entsprechen, trotzdem die Werthe der einzelnen Versuche sich von einander wesentlich unterscheiden. Bei den zuletzt angestellten Versuchen fand er nur eine östliche, dagegen keine südliche Abweichung, wie dies die Theorie Gauss' verlangt, welche nebst ähnlichen theoretischen Untersuchungen von Olbers und Guglielmini dem Buche beigeschlossen ist.

Louis Poinsot.

Einfach, ohne besondere Ereignisse, welche aufgezeichnet zu werden verdienten, floss das Leben jenes grossen Forschers hin, von dem wir hier zu sprechen haben werden. Louis Poinsot wurde am 3. Januar 1777 zu Paris geboren und starb in derselben Stadt am 15. Dezember 1859. Er war Zögling der „École polytechnique" und gehörte zu den ersten, welche diese Anstalt absolvirten. Mit neunzehn Jahren war er Ingenieur für Brücken- und Strassenbau. Im Jahre 1804 wurde er zum Professor der Mathematik am Lyceum Bonaparte ernannt, 1809 zum Professor der Analyse, später zum Examinator und Professor an der polytechnischen Schule, ferner zum Mitgliede des Direktionsrathes dieser Schule. Gegen Ende des Jahres 1843 wurde er am „Bureau des longitudes" angestellt. Seit 1813 war er (an Stelle Lagrange's) Mitglied des Institutes. Im Jahre 1852 wurde er zum Senator ernannt.

Das Hauptwerk Poinsot's ist seine Schrift: Éléments de statique (8⁰ Paris 1803), in welcher er seine Theorie der Kräftepaare (couples) vorträgt. In seinem „Rapport général sur le progrès des sciences mathématiques" würdigt Fourier die Wichtigkeit dieser Schrift mit den Worten: „Cet ouvrage présente cela de remarquable, qu'il renferme des „principes nouveaux dans une des matières le plus anciennement connues, „inventée par Archimède et perfectionnée par Galilée." — Die Mechanik hatte ihre letzte prinzipielle Förderung durch Lagrange erfahren. Die Werke Laplace's zeigen allerdings eine wunderbar geschickte Handhabung der mechanischen Gesetze, jedoch durch neuentdeckte Prinzipien wurden sie von dem grossen Analytiker nicht bereichert. Auch die Mechanik Poisson's ändert nichts an jener Behauptung. In Poinsot haben wir den ersten prinzipiellen Fortschritt seit Lagrange's Zeiten zu registriren, durch seine Theorie der Kräftepaare hat die systematische Mechanik eine gewisse Abrundung erhalten. Die Auffassungen unseres Forschers vermochten jedoch lange Zeit nicht durchzudringen. Einzelne, wie Auguste Comte in seinem „Cours de philosophie positive" überblickten allerdings schon im Jahre 1830 die grosse Tragweite der Poinsot'schen Theorie*), allein erst nach dem Erscheinen der zweiten bedeutenden Schrift des Verfassers: Nouvelle théorie de la rotation des corps (Paris 1834) lenkte die Aufmerksamkeit der gelehrten Welt jenen neuen Anschauungen zu. — Es mochte nach Lagrange's Begründung der analytischen Mechanik, nachdem er die ganze Statik auf ein einziges Fundamentalprinzip zurückgeführt hatte, wohl den Anschein haben, als gebe es auf diesem Gebiete keinerlei prinzipiellen Fortschritt mehr. Es trat jedoch eine gewisse Unsymmetrie an dem Gebäude zu Tage, welche durch alle Umgestaltungen der Statik unberührt geblieben war. Zwischen den beiden Hauptarten der Bewegung, der translatorischen und der rotatorischen, welche vermöge der Translationspaare und der Rotationspaare in einander übergeführt werden können, gab es bezüglich der Bewegungsursachen keine entsprechende Reziprozität. Das Moment als Erzeuger einer Rotationsbewegung erschien bloss als ein abgeleitetes Element der Mechanik, da die durch dasselbe bedingte Bewegung doch in jeder Weise mit der translatorischen Bewegung von gleichem Range und von gleicher Ursprünglichkeit ist. Durch die Aufstellung des Begriffes: Kräftepaar, durch die Zurückführung des Begriffes: Moment auf eine neue mechanische Vorstellung ist jene Polarität zwischen den Ursachen der Bewegung hergestellt, welche zwischen den Bewegungen selbst besteht. Allerdings kann die Einführung jenes neuen Begriffes nicht als direkte, als reale Erweiterung der Mechanik aufgefasst werden, sie ist vielmehr ein Fortschritt in formaler, in methodologischer Hinsicht, die jedoch auch zur Aufstellung einiger abgeleiteter Begriffe führte, welche mit dem des Kräftepaares in Verbindung stehen. Es sei hier vor allem die Vorstellung von dem Centralellipsoid oder wie man es gegenwärtig zu nennen pflegt, von dem centralen Trägheitsellipsoid erwähnt, das im Probleme der Rotation eines Körpers um einen Punkt eine Rolle spielt**). Eine weitere abgeleitete Vorstellung ist die der Ebene des Minimums unter den Ebenen der Maximalpaare, wodurch wir ein Minimalpaar als Minimum Maximorum erhalten***). Die Lehre von den Kräftepaaren kann als allgemeinste Behandlung des Problems von der Zusammensetzung der Kräfte aufgefasst werden. Die Zusammensetzung der Kräftepaare geschieht in ganz analoger Weise, wie die Zusammensetzung der Kräfte. Die Regel hiefür findet sich im zweiten Abschnitte des ersten Capitels der „Éléments de statique", wo

---

*) Cours de philos. positive, 6 Bände. Paris 1830—42. Bd. I. 16. Vorlesung, pag. 612 u. 615.

**) Théorie nouv. de la rotation des corps. Paris 1834.

***) Anhang zur „Statik" des Verfassers, unter dem Titel: Mémoire sur la composition des moments et des aires.

auch die Verlegbarkeit des Angriffsortes eines Kräftepaares erörtert wird.
— Ein sehr schönes Beispiel für die Anwendung der Kräftepaare ist die Untersuchung über die Bedingungen des Gleichgewichtes an der Roberval'schen Wage, die sich in der Poinsot'schen Statik unter der Aufschrift: De la balance de Roberval (unter Nr. 237) findet. Die „neue Theorie der Rotation" vom Jahre 1834 erschien noch einmal in wesentlich erweiterter Gestalt in Liouville's Journal des Mathématiques im Jahre 1851 (Band XVI) und ausserdem als selbstständige Schrift. Diese Arbeit bekundet eine grosse Gewandtheit ihres Verfassers im Darstellen der ziemlich verworrenen Verhältnisse, die er in trefflich anschaulicher Weise entwickelt. Besonders gilt dies bezüglich der Aufgabe von der Rotation um einen Punkt, wobei es keine bleibende, sondern eine, ihre Lage stets verändernde Momentanaxe gibt. Es ist dies der Fall, wo Poinsot die beiden Kegel einführt, deren gemeinsame Spitze in den Drehungspunkt fällt. Der eine Kegel rollt auf der Oberfläche des andern und gibt durch die den beiden Kegeln gemeinsame Erzeugende die jeweilige Lage der Momentanaxe. — Die allgemeinste Bewegung eines völlig freien Körpers im absoluten Raume kann nach unserm Forscher als Drehung um eine Momentanaxe und als gleichzeitiges Gleiten auf derselben aufgefasst werden.

Von den Schriften Poinsot's erwähnen wir die folgenden: Éléments de statique, 8°, Paris 1804. — Mémoire sur la composition des moments et des aires (Journ. de l'École polytechn. 1806). — Mémoire sur la théorie générale de l'équilibre et du mouvement des systèmes (ib. id.). — Théorie nouv. de la rotation des corps, 8°, Paris 1834*). — Théorie des cônes circulaires roulants 4° et 8°, Paris 1852. — Sur une certaine démonstration du principe des vitesses virtuelles (Liouville Journ. III, 1838). — Remarques sur un point fondamental de la Mécanique analyt. de Lagrange (ib. XI. 1846). — Eine ausführliche Biographie findet sich in der „Correspondance sur l'école royale polytechnique", Jahrg. 1814—1816, Tome 3, pag. 93 ff.; ferner in Michaud's „Biographie universelle", Tome 33. Ausserdem verfasste er eine Reihe mathematischer Schriften. Die Arbeiten Poinsot's zeichnen sich durch die elegante Art der Darstellung aus. Was diesem Gelehrten jedoch eine so grosse Bedeutung für die Geschichte der mechanischen Prinzipien gibt, das ist die Methode, welche er einschlägt, um abbiegend von den Wegen der analytischen Mechanik Hauptgewicht auf die anschauliche Gestaltung der mechanischen Grundbegriffe zu legen.

Wir haben nun noch einer Reihe von Gelehrten zu gedenken, welche sich theils um die theoretische Mechanik, theils um deren Anwendungen

---

*) Eine deutsche Bearbeitung der erweiterten Schrift vom Jahre 1851 erschien in demselben Jahre von Prof. Schellbach in Berlin unter dem Titel: „Neue Theorie der Drehung der Körper".

Verdienste erworben haben. Es sind dies die folgenden: Monge, der ältere Carnot, Prony, Poisson, Navier, Poncelet und Coriolis.

Gaspard Monge, geboren am 10. Mai 1746 zu Beaune, gestorben am 18. Juli 1818 zu Paris, war der Sohn eines armen hausirenden Handelsmannes, dessen ganzes Streben darauf gerichtet war, seine drei Söhne auf das Collegium der Stadt Beaune zu bringen. Gaspard, der älteste der Geschwister zeichnete sich dergestalt in seiner Schule aus, dass seine Lehrer, die dem Orden der Oratoristen angehörten, sich alle Mühe gaben, den höchst talentirten Jungen für ihren Orden zu gewinnen. So kam es, dass er schon mit 16 Jahren Professor der Physik am Oratoristencollegium in Lyon war. Auf den Rath seines Vaters trat er jedoch nicht in den Orden, sondern in die Militärschule zu Mézières, wo er bald darauf zum Repetenten, dann zum Professor der Mathematik und Physik wurde. In diese Zeit fallen seine Arbeiten, mit denen er die „Géométrie descriptive" begründete. Im Jahre 1777 heiratete er eine junge Wittwe, Madame Horbon de Rocroy, deren Ehre er bei einer früheren Gelegenheit, ohne sie noch persönlich zu kennen, gegen die beleidigenden Aeusserungen eines zurückgewiesenen Freiers unaufgefordert in sehr drastischer Weise vertheidigt hatte. Als der Minister Turgot die Centralschule für öffentliche Arbeiten zu Paris errichtet hatte, wurde Monge auf Anrathen Condorcet's und d'Alembert's für den Lehrstuhl der Hydraulik berufen. Noch im selben Jahre wählte man ihn in die Akademie, 1783 wurde er an Stelle Bezout's Examinator der Marinezöglinge. Nach dem Ausbruche der Revolution wurde er im Jahre 1792 Marineminister, welches Amt er jedoch schon im folgenden Jahre niederlegen musste. Er wurde nun zum Direktor der Gewehrfabriken, Geschützgiessereien und Pulvermühlen der Republik ernannt, welche die in's Feld gestellten 900,000 Mann, die auf Befehl des Convents ausgehoben worden, mit Waffen und Munition versehen sollten.

Er schrieb zu diesem Behufe mit Berthollet und Vandermonde ein Buch: L'art de fabriquer les canons (4°, Paris 1793). An der Begründung der „polytechnischen Schule" im Jahre 1794 hatte er einen wesentlichen Antheil, er unterrichtete an derselben seine darstellende Geometrie. Als im Jahre 1796 das Direktorium eine Commission zur Uebernahme der an Frankreich abzutretenden Statuen und Gemälde nach Italien schickte, war Monge einer der Commissäre. Er begleitete Napoleon auf seiner Expedition nach Aegypten, war dort Präsident des ägyptischen „Instituts", nach seiner Rückkehr übernahm er wieder seine Professur an der „École polytechnique", im Jahre 1799 wurde er zum Senator, 1804 zum Grafen von Péluze (Pelusium) ernannt. Nach dem Sturze Napoleon's neigte sich auch sein Stern dem Untergange zu, wie Carnot wurde sein Name aus der Liste der Mitglieder des „Instituts" gestrichen und nach der zweiten Restauration ward er seiner sämmtlichen Aemter entsetzt. Er starb bald nach diesen Demüthigungen am

18. Juli 1818. Zur Feier seines hundertjährigen Geburtstages las Arago am 11. Mai 1846 in der Sitzung der „Académie des sciences" eine ausführliche Biographie von Monge, die im II. Bande der gesammelten Werke Arago's enthalten ist. Ausführlicheres über Monge findet sich noch bei Dupin: Essai historique sur les services et les travaux scientifiques de Monge. Paris 1819.

Monge ist der Begründer der darstellenden Geometrie, deren Aufgabe er in der Vorrede seiner „Géométrie descriptive" in folgenden zwei Sätzen zusammenfasst: 1) zu lehren auf einem Zeichenblatte von zwei Dimensionen alle Naturkörper von drei Dimensionen darzustellen, 2) aus dieser Darstellung die mathematischen Beziehungen der räumlichen Gebilde abzuleiten. Durch die so einfachen Anschauungen der „Géométrie descriptive" wurden die Aufgaben der Stereotomie, der Perspective, der Gnomonik, ferner der Fortificationskunst und anderer militärischer Wissensfächer unter einen einheitlichen Gesichtspunkt gebracht und es ergab sich für dieselben eine leichte Methode der Lösung. Allerdings benützten Steinmetze und Zimmerleute seit langer Zeit schon gewisse Methoden der Projektion, allein in ein wissenschaftliches, allgemeines System wurden dieselben doch erst von Monge gebracht. Dieser Gelehrte hat sich jedoch durch seine Untersuchungen über die Flächen auch um die analytische Geometrie grosse Verdienste erworben. In Folgendem führen wir die wichtigsten Schriften Monge's, insofern sie sich auf unsern Gegenstand beziehen, an: Traité élémentaire de statique, à l'usage des écoles de la marine, 8°, Paris 1788. — Précis des leçons sur le calorique et l'électricité, 8°, ib. 1805. — Sur l'effet des étincelles électriques excitées dans l'air fixe (Mém. Par. 1786.) — Sur quelques effets d'attraction ou de répulsion apparente entre les molécules de matière (ib. 1787). — Rapport sur le choix d'une unité des mesures; mit Borda, Lagrange, Laplace und Condorcet (ib. 1788). — Sur le phénomène d'optique, connu sous le nom de mirage (Mém. d'Egypte T. 1). Construction de l'équation des cordes vibrantes (Journ. École polytechn. VIII. 1809). — Sur quelques phénomènes de la vision (Ann. de Chimie, T. III. 1789). — Sur la cause des principaux phénomènes de la météorologie (ib. V. 1790).

Die Schriften Monge's, welche sich auf Physik und Mechanik beziehen, haben allerdings nicht die Bedeutung, wie jene, deren Gegenstand rein mathematischer Natur ist. Sie würden es auch kaum rechtfertigen, dass wir Monge hier anführten. Allein die Arbeiten, welche sich auf die Untersuchung der Raumgebilde beziehen, sind mittelbar auch für unsere Wissenschaft von solcher Wichtigkeit gewesen, dass es berechtigt erscheint, wenn wir hier des Schöpfers der „Géométrie descriptive" gedachten.

Lazare-Nicolas-Marguerite Carnot, geboren am 13. Mai 1753 zu Nolay (Bourgogne), gestorben den 2. August 1823 zu Magdeburg, war eines der 18 Kinder des Advokaten Claude-Abraham Carnot. Nachdem er in Autun das Gymnasium und das Seminar derselben Stadt besucht hatte, trat er als Secondelieutenant in die Militärschule zu Mézières, wo er Monge's Schüler war. Beim Ausbruche der Revolution war Carnot Ingenieur-Capitän. Er wurde zum Abgeordneten gewählt und war Mitglied der gesetzgebenden Versammlung, hierauf des Convents und des Wohlfahrtsausschusses. Als die Republik durch den äussern Feind und die Aufstände im Innern des Landes in äusserster Gefahr schwebte, da organisirte Carnot mit bewundernswerther Energie und Umsicht die Vertheidigung. Er war Mitglied des Direktoriums, dann Kriegsminister. Einige Zeit lebte er in Deutschland, bis ihn Napoleon zurückberief. Als 1804 dieser die erbliche Kaiserwürde angenommen hatte, zog sich der strenge Republikaner Carnot wieder in das Privatleben zurück. Im Jahre 1809 verlieh ihm der Kaiser eine Pension von 10,000 Francs. Als 1814 sich das Glück von Napoleon wendete, bot er ihm seine Dienste an und wurde zum Commandanten von Antwerpen ernannt. Nach der Thronbesteigung Ludwigs XVIII. wurde er verbannt und verbrachte seine letzten Jahre in Magdeburg, wo er im Alter von 70 Jahren starb.

Carnot war ein Mathematiker von durchdringendem Geiste, dabei hatte er eine bewundernswerthe Fähigkeit die Resultate dieser Wissenschaft auf militärische Gegenstände anzuwenden. Während seines vielbewegten Lebens fand er wenig Zeit zu wissenschaftlich-schriftstellerischen Arbeiten. Trotzdem verdanken wir ihm eine Reihe von Schriften, die einen hohen Werth besitzen. Es sind dies die folgenden: Essais sur les machines en général. Paris 1786. — Oeuvres math. Ib. 1797. — Réflexions sur la métaphysique du calcul infinitésimal. Ib. 1797. — De la corrélation des figures de géometrie (ib. 1801). — Principes fondamentaux de l'équilibre et du mouvement. Ib. 1803. — Géometrie de position. Ib. 1803. — Sur la relation qui existe entre les distances respectives de cinq points quelconques pris dans l'espace, suivi d'un Essai des transversales. Ib. 1806.

Das Streben durch den analytischen Calcul nicht bloss die Grössen-, sondern auch die Lagenverhältnisse auszudrücken, ist so alt, als die Analysis selbst. Schon bei Leibniz finden wir darauf bezügliche Bemerkungen, ähnliche Aeusserungen stammen auch von d'Alembert, ohne dass jedoch jene Gelehrten etwas gethan hätten, um diesem Mangel abzuhelfen. Die mathematischen Arbeiten unseres Verfassers haben zum Theil die Absicht in dieser Hinsicht Abhülfe zu schaffen. Carnot hat die Geometrie mit zahlreichen durch ihn gefundene Sätze bereichert, sein Versuch über die Transversalen führt eine neue Art von Coordinaten ein, die anstatt einen Winkel zu bilden in einer Geraden liegen. Sein Streben ging dahin, die Sätze der analytischen Geometrie von der Lage eines gewissen Coordinatensystemes, das denn doch nur immer als äusserlich angebrachtes Gerüst zu betrachten ist, unabhängig zu machen. In seinen „Réflexions sur la métaphysique du calcul infinitésimal" beschäftigt er sich vor allem mit den allgemeinen Prinzipien dieser Analyse, im zweiten Abschnitte untersucht er die Rechnungsmethoden, welche seit der Erfindung des Differential- und Integralcalculs auf die Infinitesimalanalyse angewendet werden, im dritten und letzten Abschnitte spricht er von den Methoden, welche an Stelle der Infinitesimalanalyse gesetzt werden können (Exhaustion, Methode der Indivisibeln, des ersten und letzten Verhältnisses, d. h. der Grenzen, der Fluxionen u. s. f.).

Ueber Mechanik hat Carnot 1783 eine Schrift unter dem Titel „Essais sur les machines en général" herausgegeben, die er zwanzig Jahre später wesentlich erweitert unter dem Titel: „Principes fondamentaux de l'équilibre et du mouvement" erscheinen liess. In dieser Schrift finden wir eine einfache Darstellung der Grundsätze der Mechanik, er unterscheidet die geometrische von der mechanischen Bewegung und ist einer der Begründer der Phoronomie oder Kinematik, der reinen Bewegungslehre, welche als Geometrie von 4 Dimensionen den Uebergang von der Geometrie zur Dynamik bildet. Carnot sucht überall das Gesetz der lebendigen Kräfte zur Geltung zu bringen, aus dem er auch die Unmöglichkeit des „Perpetuum mobile" nachweist. Von sehr grosser Wichtigkeit ist der Satz vom Verluste lebendiger Kraft beim Stosse unelastischer Körper, das sog. Carnot'sche Theorem*), demzufolge beim Stosse harter Körper von beliebiger Zahl die Summe der lebendigen Kräfte vor dem Stosse gleich der nach dem Stosse ist, vermehrt um die Summe der den Geschwindigkeitsverlusten entsprechenden lebendigen Kräfte. Einen strengeren Beweis des Satzes, als dessen Autor, gibt Lagrange**) und Coriolis***), eine Erörterung vom Standpunkt der mechanischen Grundprinzipien findet sich bei Dühring †). Für die Hydraulik stellte den entsprechenden Satz schon Borda im Jahre 1766 auf.

Gaspard-Clair-François-Marie Riche de Prony, geboren den 11. Juli 1755 zu Chamlet (Dép. du Rhône), gestorben den 29. Juli 1839 zu Asnières bei Paris, war der Sohn eines Parlamentsmitgliedes zu Dombes. Er war erst Ingenieur, dann Direktor des Catasters, Professor der Mechanik an der polytechnischen Schule, hierauf Examinator an derselben, dann Direktor der „École des Ponts et Chaussées", welche Stelle er bis an seinen Tod bekleidete. Im Auftrage Napoleon's reiste er einige Male nach Italien, wo er sich mit grossartigen Wasserbauten und Entwässerungsarbeiten beschäftigte. Er wurde 1828 baronisirt, 1835 zum Pair erhoben. — Prony ist einer der ersten jener grossen Ingenieure, welche die in der zweiten Hälfte des vorigen Jahrhunderts gewonnenen wissen-

---

*) Principes fondamentaux etc. Paris 1803, théorème XII (pag. 145).
**) Analyt. Mechanik I, Sect. IV, Art. 36, ferner „Functionentheorie", 3. Abth., Cap. VII, Art. 44.
***) Mechanik, 2. Aufl., deutsch von Schnuse, pag. 115.
†) Krit. Gesch. der allg. Prinzipien der Mechanik, 1. Aufl., pag. 261 fg.

schaftlichen Resultate der theoretischen Mechanik für die Praxis zu verwerthen begannen. Von jener Zeit an machten sich die Errungenschaften der Mechanik auf dem Gebiete der Bau- und Maschinentechnik in immer ausgebreiteterem Masse geltend. Die lange Reihe von Arbeiten Prony's müssen wir hier mit Stillschweigen übergehen. Am berühmtesten wurde er durch seine hydraulischen Abhandlungen: Mémoire sur le jaugeage des eaux courantes etc. (4^0, Paris 1802) und: Recherches physico-mathématiques sur la théorie des eaux courantes (4^0, ib. 1804), in welchen er die Hauptsätze für die Bewegung des Wassers in Canälen und Röhrenleitungen entwickelt. Von Prony stammt das Frictionsdynamometer: der Prony'sche Zaum. — Der Nationalconvent hatte die Ausrechnung von 19-, resp. 14stelligen Logarithmen der Zahlen und der trigonometrischen Linien angeordnet, die Leitung dieser Rechnung wurde Prony übertragen, das Werk selbst ist jedoch nie erschienen.

Eine ausführlichere Biographie Prony's gibt Arago (Oeuvres III.), ferner die „Annales des ponts et chaussées" (Jahrg. 1839), endlich Michaud: Biogr. universelle T. 34.

Siméon-Denis Poisson, geboren den 21. Juni 1781 zu Pithiviers, gestorben den 25. April 1840 zu Paris, war der Sohn eines gewesenen Soldaten, der ein kleines Amt bekleidete. Er studirte zuerst an der „École centrale" zu Fontainebleau und wurde 1798 in die polytechnische Schule aufgenommen, wo er alsbald die Aufmerksamkeit seiner Lehrer Lagrange und Laplace auf sich zog. Nach zwei Jahren wurde er Repetent und nach zwei weiteren Jahren, im Jahre 1802 Professor der Analysis und der Mechanik, später Examinator an derselben Anstalt. Ausserdem wurde er an das „Bureau des longitudes" und als Professor der rationellen Mechanik an die Fakultät zu Paris berufen. Im Jahre 1812 wurde er als Mitglied des „Institut" gewählt, hierauf 1820 in das Conseil des öffentlichen Unterrichtes; 1825 wurde er baronisirt und 1837 zum Pair von Frankreich erhoben. Da er in Folge seiner streng republikanischen Erziehung stets eine gewisse Antipathie gegen Napoleon an den Tag gelegt und sich von dessen Hofe fern gehalten hatte, ward er von Seite der Restauration mit Gunst- und Ehrenbezeugungen überschüttet. — Poisson hatte sich im Jahre 1817 mit einem Fräulein Nancy de Bardi, einer in England geborenen, verwaisten Emigrantentochter vermählt. Aus dieser Ehe stammten vier Kinder, zwei Mädchen und zwei Knaben. Poisson hat bloss ein Alter von kaum 59 Jahren erreicht, an seinem frühen Tode war die aufreibende Gedankenarbeit schuld, der er nicht entrathen konnte. Das Leben sei bloss dazu gut um Mathematik zu treiben und zu lehren; dieses war sein Wahlspruch. Poisson's Hauptthätigkeit liegt auf dem Gebiete der reinen Mathematik, ferner der analytischen Mechanik und der theoretischen Physik. Schon als Zögling der polytechnischen Schule verfasste er eine Abhandlung: Mémoire sur l'élimination dans les questions algébriques (Journ. Éc. polyt.

Cahier XI, an X.), kurze Zeit hierauf, den 8. Dezember 1800, überreichte er der Akademie eine Arbeit über die Zahl der vollständigen Integrale einer endlichen Differenzengleichung, welche im „Recueil des savants étrangers" abgedruckt wurde. Es sind ferner zu erwähnen die Arbeiten unsers Verfassers über die Variationsrechnung, die partiellen Integrale der Differentialgleichungen, die Krümmung der Flächen, ferner über die Wahrscheinlichkeitsrechnung, der er einige höchst werthvolle Abhandlungen widmete. Die Regelmässigkeit der Wiederkehr verschiedener Erscheinungen, welche innerhalb einer grossen Zahl von Fällen zu Tage tritt, nannte er das „Gesetz der grossen Zahlen". Poisson hat sich mit verschiedenen Fragen aus dem Gebiete der Astronomie und der mechanischen Physik beschäftigt. Von astronomischen Problemen behandelte er die Unveränderlichkeit des siderischen Tages, die Libration des Mondes, die Bewegung des Mondes um die Erde, die weitaus bedeutendste dieser Arbeiten bildet das „Mémoire sur la théorie des variations des éléments des planètes, et en particulier des variations des grands axes de leurs orbites", welches er der Akademie am 22. August 1808 vorlegte. In dieser Abhandlung führt Poisson die Untersuchungen Lagrange's über die Frage der Unveränderlichkeit unseres Sonnensystemes weiter und zeigt, dass die Consequenzen, welche dieser Gelehrte bei Berücksichtigung der Störungen zweiter Ordnung auf die Stabilität des Sonnensystems ziehen konnte, auch dann noch zu Recht bestehen, wenn wir selbst noch die Perturbationen der vierten Ordnung berücksichtigen. Die Arbeiten Poisson's über physikalische Fragen beziehen sich hauptsächlich auf die Bewegung von Projektilen in dem Geschützrohr, ferner auf ihre Bahn auf der bewegten Erde, auf das Gleichgewicht elastischer Flächen, die Fortpflanzung der Bewegung in elastischen Flüssigkeiten, die Capillaritätstheorie, die Lehre von der statischen Electricität, den Magnetismus und die Wärmetheorie. In seinem Lehrbuche der Mechanik beschäftigt er sich mit dem Probleme der kugelförmigen Wurfgeschosse mit Berücksichtigung der Erdrotation und des Luftwiderstandes. — Zu erwähnen ist ferner die Theorie elastischer Stäbe und Platten, der chladnischen Figuren, die Theorie der Wellenbewegung in elastischen Flüssigkeiten, der Satz vom sogenannten potenzirten Mariotte'schen Gesetze, das allerdings von Laplace herrührt und durch Poisson bloss weitere Verbreitung erfuhr*). In der Wärmetheorie beschäftigt er sich hauptsächlich mit der Fortpflanzung der Wärme und der Wärme des Erdinnern. In der Capillaritätstheorie weicht er von den Ansichten der übrigen Forscher, besonders Laplace insofern ab, als er annimmt, dass die Dichtigkeit der Flüssigkeit in der Nähe einer festen Wand zunehme. „Diese Dichtigkeitsänderung, welche Laplace „nicht in Betracht zieht, ist die wahre, die einzige Ursache der Verände-

---

*) Siehe oben pag. 468, die Fussnote.

„rung des Niveau's der Flüssigkeit, verursacht durch die in die Flüssig-„keit tauchenden Capillarröhren." Trotz dieser Berücksichtigung eines unzweifelhaft sehr wichtigen Factors der Erscheinung, gelangte Poisson doch zu denselben Resultaten, wie Laplace. — Die Arbeiten unseres Gelehrten über statische Elektricität beziehen sich hauptsächlich auf die Bestimmung der Dichte an verschiedenen Punkten der Oberflächen leitender Körper; die Arbeiten über den Erdmagnetismus können als Vorläufer der Gauss'schen Untersuchungen betrachtet werden.

Poisson hat im Ganzen mehr als 300 Abhandlungen verfasst. Im Folgenden führen wir bloss die Titel der selbstständig erschienenen Werke an: Leçons de mécanique. 4^0, Paris. — Traité de mécanique, 2 vol. 8^0, Paris 1811. — Formules relatives aux effets du tir du canon sur les différentes parties de son affût etc. 8^0. Ib. 1826. — Nouvelle théorie de l'action capillaire. 4^0. Ib. 1831. — Théorie math. de la chaleur. 4^0. Ib. 1835. — Mémoire sur les températures de la partie solide du globe, de l'atmosphère etc. (Supplement zum vorigen Werke. Ib. 1837.) — Recherches sur la probabilité des jugements en matière criminelle et en matière civile. 4^0. Ib. 1837. — Recherches sur le mouvement des projectiles dans l'air, en ayant égard à leur figure, à leur rotation et à l'influence du mouvement diurne de la terre. 4^0. Ib. 1839. — Ausführlichere Nachrichten über Poisson finden wir in Arago's: Notices biographiques, Tome II.

Claude-Louis-Marie-Henry Navier, geboren den 15. Februar 1785 zu Dijon, gestorben den 23. August 1836 zu Paris, war der Sohn eines Advokaten. Er studirte an der „École polytechnique", dann an der „École des ponts et chaussées", 1808 wurde er „Ingénieur ordinaire", 1819 supplirender Professor an der letztgenannten Anstalt für Mechanik, schliesslich zum Professor für Analysis und Mechanik an der polytechnischen Schule ernannt. Navier hat sich hauptsächlich durch die Anwendung der Mechanik auf die Bau- und Brückentechnik grosse Verdienste erworben, besonders was die Elasticitäts- und Festigkeitslehre, sowie die technische Hydrodynamik betrifft. Die lange Reihe seiner Arbeiten übergehen wir[*].

Jean-Victor Poncelet, geboren den 1. Juli 1788 zu Metz, gestorben den 22. Dezember 1867 in der Nähe von Paris. Sein Vater war Claude Poncelet, Advokat des Parlamentes von Metz. Seine Eltern waren unbemittelt, ihr Kind wuchs in St. Avold heran. Seine Studien begann er am kaiserlichen Lyceum zu Metz, nach zwei Jahren wurde er in die „École polytechnique" aufgenommen, von wo er in die „École d'application" von Metz als Sous-Lieutenant der Genietruppe trat. Zu Anfang des Jahres 1812 wurde er als Ingenieur bei Fortifikationsarbeiten benützt

---

[*] Ausführlicher über diesen Gelehrten handelt M. Rühlmann: Vorträge über Geschichte der theoretischen Maschinenlehre. Braunschweig 1883, pag. 353 fg.

und im Juni desselben Jahres zur „grossen Armee" eingetheilt, mit der Napoleon seinen Feldzug gegen Russland eröffnete. Einige Tage vor dem unglückseligen Uebergange über die Beresina fiel er in russische Kriegsgefangenschaft. Durch vier Monate wurde er durch unwirthbare Steppen nach Saratow an der Wolga geführt, wo er erschöpft und krank anlangte. In dieser fast zwei Jahre andauernden, unfreiwilligen Musse, entblösst von allen literarischen Hülfsmitteln, beschäftigte er sich mit mathematischen Studien und legte den Grund zu seiner synthetischen Geometrie (Traité des propriétés projectives des figures). Nach dem Friedensschlusse im Jahre 1814 kehrte er in seine Heimat zurück und wurde Geniehauptmann; von 1825—1835 war er Professor an der „École d'application" zu Metz. In jene Zeit fällt seine Erfindung einer Art von Klappbrücken mit veränderlichen Gewichten, jedoch gleichförmiger Bewegung, ferner die des nach ihm benannten unterschlächtigen Wasserrades mit enganschliessendem Kreisgerinne. Schon im Jahre 1831 war Poncelet als Mitglied der Akademie nach Paris berufen worden, jedoch erst 1834 entschloss er sich seine Vaterstadt zu verlassen und seinen Wohnort nach der Hauptstadt zu verlegen. Er gehörte daselbst dem Comité zur Befestigung von Paris an und war bis zum Jahre 1848 Professor der mechanischen Physik an der „Faculté des sciences", um dieselbe Zeit war er bis zum Brigadegeneral vorgerückt. Von 1848—1850 war er Commandant der „École polytechnique", im Juni 1848 wurde er zum Obercommandanten der Nationalgarde des Seine-Departements ernannt. In den fünfziger und zu Anfang der sechziger Jahre wurde er von Seite der französischen Regierung zur Theilnahme an den Londoner und Pariser Weltausstellungen entsendet.

Poncelet ist als Begründer der neueren synthetischen oder projektivischen Geometrie zu betrachten, wobei unter Projektion einer Figur nicht deren Parallelprojektion, sondern deren perspektivisches Bild verstanden wird. Die hierauf bezüglichen Untersuchungen finden sich in des Verfassers: Traité des propriétés projectives des figures etc. 4°. Metz et Paris 1822. Diese rein mathematischen Arbeiten fanden jedoch nicht die verdiente Anerkennung, besonders war es Cauchy, der dieselben in jeder Weise angriff und zu verkleinern suchte. Dies veranlasste denn Poncelet sich ganz seinen mechanischen Untersuchungen zuzuwenden, unter denen besonders diejenigen über den Ausfluss des Wassers, über dessen Bewegung in Canälen, über die Bewegung von Gasen in Röhren, über den Widerstand der Materialien zu erwähnen sind. — Poncelet war es auch, der den Begriff mechanische Arbeit*) als Grundvorstellung der Mechanik besonders hervorhob und dessen Aequivalenz mit der verschwundenen lebendigen Kraft betonte. Allerdings ist dies schon der

---

*) Von ihm stammt auch die Annahme der Arbeitseinheit: Kilogrammmeter.

Sinn der **Lagrange**'schen Grundgleichungen der Mechanik, jedoch was in diesen Gleichungen gleichsam latent gewesen, das tritt hier als ausdrücklich hervorgehobenes Moment in den Vordergrund, wodurch der Weg zu den allgemeinen Anschauungen über Energieäquivalenz angebahnt wird. — Von den auf Mechanik bezüglichen Schriften **Poncelet**'s erwähnen wir die folgenden: Cours de mécanique appliquée aux machines. fol. Metz 1826. — Mém. sur les roues hydrauliques verticales, à aubes courbes etc. 4°. Ib. 1826*). — Expériences hydrauliques sur les lois de l'écoulement de l'eau à travers les orifices rectangulaires verticaux à grandes dimensions etc. 4°. Paris 1832. — Introduction à la mécanique industrielle physique ou expérimentale. 2me éd. Ib. 1840. — Mém. sur la stabilité des revêtements et leur fondation. 8°. Ib. 1840. — Biographische Angaben über **Poncelet** finden sich in seinem „Traité des propriétés projectives etc.", ferner in seinen: „Applications d'analyse et de géometrie", ferner in den verschiedenen Gedächtnissreden, die nach seinem Tode über ihn gehalten wurden, dann **Chasles**: Aperçu historique sur l'origine et le développement des méthodes en géometrie etc. 4°. Bruxelles 1837. — **Vapereau**: Dictionnaire des Contemporains. — **Général Didion**: Notice sur la vie et les ouvrages du Gén. I.-V. Poncelet. 8°. Paris 1869.

Gustave-Gaspard Coriolis, geboren 1792, gestorben den 19. September 1843 zu Paris, war Zögling der „École polytechnique" und der „École des ponts et chaussées". Später wurde er zum Professor der Hydraulik an der letzterwähnten Anstalt ernannt, ausserdem war er Repetitor an der erstgenannten Schule. Seit 1836 war er Mitglied der Akademie zu Paris. — Das Hauptwerk **Coriolis**' ist dessen: Traité de la mécanique des corps solides et du calcul de l'effet des machines (Paris 1829—1844), in welchem besonders zwei Abschnitte hervorzuheben sind, erstens derjenige, welcher den Titel führt: „Prinzip der Transmission oder Fortpflanzung der Arbeit" und zweitens jener, mit der Ueberschrift: „Ueber relative Bewegung". Im ersten der erwähnten Capitel wird der Begriff der elementaren Arbeit und dessen Integral, der Bewegungsarbeit, oder der Arbeit schlechthin erörtert. Die lebendige Kraft drückt er durch $1/2\,mv^2$ aus, während **Belanger** hiefür den Ausdruck mv^2 setzt und $1/2\,mv^2$ die lebendige Potenz nennt. Die Gleichung der lebendigen Kräfte nennt er die Gleichung der Uebertragung der Arbeit. Von besonderem Interesse ist der Abschnitt über die relative Bewegung, in dem nachgewiesen wird, dass die analytische Behandlung derselben auf das Problem der Coordinatentransformation hinausläuft. Es wird ferner gezeigt, dass jede relative Bewegung in Beziehung auf ein bewegliches Coordinatensystem, als absolute Bewegung auf ein fixes Coordinatensystem

---

*) In dieser Abhandlung sind die **Poncelet**'schen Wasserräder beschrieben.

bezogen, dargestellt werden kann, wenn wir zwei fingirte Kräfte zufügen *). — Die Titel der zahlreichen Schriften Coriolis' übergehen wir.

André-Marie Ampère.

André-Marie Ampère wurde den 20. Januar 1775 zu Lyon geboren. Sein Vater, ein wohlhabender Kaufmann, hatte sich nach Polémieux-lez-mont-Dor in der Nähe jener Stadt zurückgezogen und lebte bloss seiner Familie. Als kleines Kind verrieth André-Marie schon eine besondere Neigung zum Rechnen. Ohne schreiben zu können, führte er lange Rechnungen mit Hülfe von Kieseln aus. Mit elf Jahren hatte er die gesammte Elementarmathematik inne und betrieb mit Hülfe seines Vaters das Studium der lateinischen Sprache, um Euler's und Bernoulli's Werke lesen zu können. Abbé Daburon, Bibliothekar des Collegiums von Lyon nahm sich des talentirten zwölfjährigen Knaben an und unterwies ihn in den Anfangsgründen der Differenzialrechnung. Mit achtzehn Jahren las er bereits Lagrange's: Mécanique analytique, ausserdem las er sehr vieles und sehr verschiedenes: Geschichte, Reisebeschreibungen, Naturgeschichte u. s. w. Ja selbst die grosse Encyclopädie von Diderot und d'Alembert las er von Anfang bis zu Ende durch, so dass er aus derselben noch nach fünfzig Jahren ganze Stellen auswendig kannte.

Als sich die Stürme der Revolution auch den südlichen Theilen des Reiches näherten, hatte Ampère's Vater die unglückliche Idee nach Lyon zu übersiedeln, um dort in der grossen Stadt die Aufmerksamkeit nicht auf sich zu ziehen, was ja zu jener Zeit schon als gefährlich galt. Er nahm das Amt eines Friedensrichters an. Bei den Massenmorden, welche Collot-d'Herbois und Fouché zu Lyon anrichteten, fiel auch das Haupt Jean-Jacques Ampère's, als eines der vielen Unschuldigen, welche die Schreckensherrschaft als Opfer forderte. — Dieses Ereigniss wirkte auf den jungen Gelehrten niederschmetternd. Ein ganzes Jahr lang irrte er unthätig herum, stundenlang häufte er Sand zu kleinen Hügeln oder starrte er den Himmel an. Die „Lettres sur la botanique" von J.-J. Rousseau brachten ihm wieder Interesse für die Wissenschaft bei. Er verlegte sich vor Allem auf Botanik, las die römischen Classiker und versuchte sich in verschiedenen poetischen Werken, die jedoch sämmtlich unvollendet blieben, auch beschäftigte er sich mit der Idee einer philosophischen Sprache. Am 2. August 1799 heiratete er Fräulein Julie

---

*) Eine ausführliche und leicht verständliche Darstellung findet sich bei Rühlmann: Vorträge über Geschichte der theoretischen Maschinenlehre. Braunschweig 1883, pag. 377 ff.

Carron aus Saint Germain. Die religiöse Richtung, welche in der Familie seiner Frau vorherrschte, theilte sich auch ihm, der hiezu Neigung hatte, mit. — Ampère liess sich in Lyon nieder, wo er mathematische Lektionen gab. Nachdem er zwei Jahre lang im ungetrübten Genusse seines ehelichen Glückes gelebt hatte und Vater geworden war, hatte er den Schmerz der Trennung von seiner Familie zu bestehen, da er als Professor der Physik und Chemie an die „École centrale" nach Bourg ging und seine Frau in Lyon krank zurückliess. Zu jener Zeit verfasste er seine Schrift: „Considérations sur la théorie mathématique du jeu", welche 1802 zu Lyon erschien. Delambre war zu jener Zeit mit der Reorganisation der Lyceen jener Theile des Landes beschäftigt. Er bildete sich auf Grund dieses Werkes von dem Schreiber desselben ein so gutes Urtheil, dass er diesen auf seinen Wunsch zuerst nach Lyon als Professor der Mathematik an das Lyceum brachte und später seine Berufung nach Paris durchsetzte. Das Werk Ampère's legte er dem Institut vor. Dieser war nun mit seiner Familie wieder vereinigt, verlor jedoch seine Frau durch den Tod am 13. Juli 1804.

Durch diesen herben Verlust war ihm der Aufenthalt in Lyon verleidet. Durch Delambre's Vermittlung erhielt er die Stelle eines Repetitors an der polytechnischen Schule zu Paris, wohin er sich 1805 begab. Um jene Zeit wendete er sich auch philosophischen Studien zu. Von 1805—1820 beschäftigte er sich mit Mathematik, Physik, Chemie und Philosophie. Im Jahre 1809 wurde er zum Professor der Analysis an der „École polytechnique" ernannt, auch wurde er um dieselbe Zeit Ritter der Ehrenlegion. Im Jahre 1814 wurde er zum Mitgliede des Instituts ernannt.

Den Anstoss zu jenen Arbeiten, welche den wissenschaftlichen Ruf Ampère's am weitesten verbreiteten, erhielt er durch die Entdeckung der elektromagnetischen Wirkung des galvanischen Stromes durch Oersted im Jahre 1820. Am 11. September dieses Jahres brachte der aus der Schweiz zurückkehrende Arago die Nachricht von dieser epochalen Entdeckung des dänischen Physikers, welche er am genannten Tage in einer Sitzung des „Instituts" durch einen Versuch vorführte. Sieben Tage später, am 18. September, kündigte Ampère eine höchst wichtige Entdeckung an. Während Oersted bloss die Wirkung des Stromes auf einen Magneten entdeckt hatte, fand Ampère, dass die Wirkung des Stromes sich auch auf einen beweglichen Stromleiter erstrecke. Er nahm wahr, dass zwei bewegliche, parallel gerichtete Leiter einander anziehen, falls der Strom sie in gleicher Richtung durchläuft, sich hingegen abstossen, wenn die Richtung des Stromes eine entgegengesetzte ist. Dies gilt auch für jenen Fall, in welchem die beweglichen Leiter einer und derselben Stromkette angehören. Er nannte die von ihm entdeckten Erscheinungen elektrodynamische Phänomene, zum Unterschiede von den durch Oersted entdeckten elektromagnetischen. Unmittelbar nach dem Bekanntwerden der schönen und wichtigen Entdeckungen Ampère's wurden Bemerkungen laut, denen zufolge die Beobachtungen unsers Gelehrten im Grunde nichts Anderes zeigen würden, als die längst bekannten Erscheinungen der elektrischen Anziehung und Abstossung. Ampère konnte diesen ungereimten Einwurf durch die einfache Bemerkung beseitigen, dass gleich elektrisirte Körper sich abstossen, während von gleich gerichteten Strömen durchflossene Leiter einander anziehen und umgekehrt. Die Ampère'sche Fundamentaluntersuchung über den Zusammenhang, der zwischen den magnetischen und elektrischen Erscheinungen besteht, kann für alle Zeiten als Muster einer wissenschaftlichen Untersuchung gelten, seine Art die Natur zu befragen um die Gesetze einer Erscheinung zu finden, um aus complizirten Erscheinungen die einfachen Naturgesetze abzuleiten, hat zu einer für die Physik höchst fruchtbaren Anschauungsweise geführt. Die Entdeckungen Ampère's erregten grosses Aufsehen, einige Wochen hindurch suchten die Gelehrten in grosser Anzahl die bescheidene Wohnung Ampère's in der Rue Fossés-Saint-Victor auf, wo ein Platindraht zu sehen war, der — von einem galvanischen Strome durchflossen — sich unter dem Einflusse des Erdmagnetismus in den Meridian stellte.

Das letzte Werk Ampère's war jenes über die Classifikation der Wissenschaften, welches erst nach seinem Tode erschien; der erste Band 1838, der zweite 1843, durch seinen Sohn herausgegeben. Alle Wissenschaft kann in zwei grosse Abtheilungen gebracht werden: die Wissenschaften von der Welt, die kosmologischen und die Denkwissenschaften, die ontologischen. Die kosmologische Wissenschaft zerfällt in jene, welche sich mit der unbeseelten Welt beschäftigt (die mathematischen und physischen Wissenschaften) und jene von der beseelten Welt (die Naturgeschichte und die Medizin). Die ontologischen oder noologischen Wissenschaften sind wieder noologische im engern Sinne und soziale. Das Schema der Eintheilung enthält zwei Gebiete, vier Untergebiete, acht Hauptabtheilungen, sechzehn Unterabtheilungen, zweiunddreissig Wissenschaften erster, vierundsechzig Wissenschaften zweiter und hundertachtundzwanzig Wissenschaften dritter Ordnung. Es braucht wohl nicht besonders hervorgehoben zu werden, dass diese schematische Eintheilung vermöge ihrer strengen Symmetrie nur auf Kosten des naturgemässen Zusammenhanges der einzelnen Disziplinen zu Stande kommen konnte. Ampère war eben im Begriffe dieses Werk zu vollenden, als er im Mai 1836 seine alljährliche Inspektionsreise anzutreten hatte. Seine Gesundheit war zu jener Zeit sehr angegriffen, er versprach sich indessen, da ihn sein Weg nach Süden führte, von seiner heimatlichen Luft Linderung und Heilung. Er wurde jedoch auf der Reise kränker und langte sterbend in Marseille an, wo er am 10. Juni 1836 Morgens um 5 Uhr seinen Geist aushauchte. Er war 61 Jahre, 4 Monate und 20 Tage alt geworden.

Ampère war ein vielseitiger Geist. Als der wissenschaftliche Streit über die Einheit der Constitution der organischen Wesen zwischen Georges Cuvier und Geoffroy Saint-Hilaire in der Akademie ausgebrochen war und die Mitglieder der mathematischen Sektionen bloss stumme Zuhörer abgaben, da nahm Ampère lebhaft Theil an der Discussion. Er beschäftigte sich auch mit grosser Vorliebe mit philosophischen Studien. Er war, wie viele tiefe Denker, zerstreut, oder besser gesagt, durch seine Vertiefung in jene Gedanken, denen er eben nachhing, unaufmerksam für jene Dinge, die ihn umgaben. Dabei war er eine gerade, leichtgläubige Natur, er schenkte sogar dem thierischen Magnetismus Glauben. Allerdings war er seines kurzen Gesichtes wegen wenig geeignet, die Taschenspielerkünste zu durchschauen, welche die Verkündiger desselben anwendeten, um Leichtgläubige zu täuschen.

Im Folgenden geben wir ein Verzeichniss der Hauptwerke unseres Gelehrten: Considérations sur la théorie math. du jeu, Lyon 1802. — Recherches sur l'application des formules général. du calcul des variations aux problèmes de la mécanique, Paris 1805. — Recueil d'observations électro-dynamiques. Ib. 1822. — Sur quelques nouv. propriétés des axes permanentes de rotation des corps etc. Ib. 1822. — Exposé méthodique des phénomènes électro-dynamiq. Ib. 1823. — Théorie des phénomènes électro-dynamiques, uniquement déduite de l'expérience, Paris 1826. — Essai sur la philosophie des sciences, 2 vol. 8°. Ib. 1834. — Ausser diesen selbstständigen Schriften verfasste er noch eine lange Reihe von Abhandlungen über mathematische und physikalische Gegenstände, deren Titel wir hier übergehen müssen. — Ausführliches biographisches Material finden wir in den folgenden Schriften: Saint Beuve et Littré, Jeunesse, études diverses etc., de M. Ampère in der „Revue des deux Mondes" (1837, numéro du 15 février). — Fr. Arago. Notices biographiques: Ampère. Oeuvres II. Paris 1854.

Wir wollen nun die Untersuchungen Ampère's über die Erscheinungen der Elektrodynamik, sowie seine Theorie des Magnetismus in grossen Zügen darstellen. Ampère nimmt die Elektricität und den Magnetismus als identische Urkräfte an. Die Elektricität tritt in zweierlei Wirkungsformen auf: 1) als elektrische Spannung, 2) als in freier Strömung begriffene Kraft, welche magnetische Erscheinungen hervorzurufen im Stande ist. — Parallele, gleichgerichtete Ströme ziehen einander an, entgegengesetzt gerichtete stossen einander ab. Zwei freie Stromelemente gelangen erst dann in das Gleichgewicht, wenn sie parallel und gleichgerichtet sind. Bezüglich der Theorie des Magnetismus ist folgendes zu bemerken. Nicht magnetische Flüssigkeiten sind es, welche die Erscheinungen des Magnetismus verursachen, sondern unendlich viele, unendlich kleine, die Molecule umfliessende, galvanische Ströme. Da diese keinerlei Widerstand zu überwinden haben, so benöthigen sie auch keiner fortwährend wirksamen elektromotorischen Kraft, gleichwie die Planeten in ihren Bahnen ohne fortwährend andauernde Kräfte sich bewegen. Jedes Eisenmolecul ist von solchen Strömen umflossen; die Magnetisirung besteht bloss in dem Parallelmachen der molecularen Ströme. Der höchste Grad des Magnetismus wird erreicht, wenn sämmtliche Molecularströme parallel gestellt sind. Ein Magnetpol kann nach Ampère durch das eine Ende eines unendlich langen Solenoïdes*) dargestellt werden. Der Erdmagnetismus wird ebenfalls durch galvanische Ströme erklärt, welche die Erde in äquatorialer Richtung von Osten gegen Westen umkreisen. Diese Ströme werden durch die Erdwärme verursacht. — Ampère hat für die Elektrodynamik ein Grundgesetz aufgestellt, dessen Ableitung er in der obengenannten Abhandlung: „Mémoire sur la théorie math. des phénomènes électro-dynamiques, uniquement déduite de l'expérience" (Paris 1826) gibt. Er macht von vornherein die Hypothese, dass die Kraft, welche zwei Stromelemente aufeinander ausüben, längs deren Verbindungslinie wirke, ferner setzt er voraus, dass die Kraft in geradem Verhältnisse stehe mit dem Produkte aus den Intensitäten des Stromes in die Längen der Elemente, in verkehrtem mit irgend einer Potenz der Entfernung, ferner proportional einer Funktion der drei hier vorkommenden Winkel. Die Aufgabe Ampère's bestand nun darinnen, dass er die Potenz der Entfernung, sowie die Gestalt jener Winkelfunktion auf experimentellem Wege zu bestimmen hatte. Er that dies mit Hülfe von vier verschiedenen Fundamentalexperimenten, bezüglich welcher wir auf die Originalabhandlung verweisen müssen**).

Die Ampère'sche Theorie hatte Anfangs zahlreiche Gegner, besonders am Orte ihrer Entstehung, jedoch sie brach sich langsam Bahn und gilt nun überall als eine werthvolle Conception zur Darstellung des Zusammenhanges der Erscheinungen eines wichtigen Kreises elektrischer Kraftwirkungen. De la Rive fand anfänglich, dass sein schwimmender elektromagnetischer Apparat mit der Ampère'schen Theorie nicht in Einklang zu bringen sei, welcher Meinung auch Faraday beipflichtete. Dieser, sowie andere Einwürfe wurden von dem Autor der elektrodynamischen Theorie siegreich widerlegt. — Anfangs glaubte Ampère, sowie Oersted und andere Physiker, dass ein Glühen jenes Drahtes erforderlich sei, dessen Einwirkung auf die Magnetnadel studirt werden

---

*) Σωληνοειδής = röhrenförmig, ein Leiter, der in Spiralwindungen längs der Oberfläche eines Cylinders verläuft.

**) Bedeuten i, i_1 die Intensitäten, ds, ds_1 die Längen der Stromelemente, ε, ϑ, ϑ_1 die drei Winkel, welche die relative Lage der Stromelemente bestimmen, r die Entfernung derselben, so ist die Kraft, mit welcher sie auf einander wirken:

$$R = -\frac{c\,i\,i_1\,ds\,ds_1}{r^2}\left(\cos\varepsilon - \frac{3}{2}\cos\vartheta\cos\vartheta_1\right),$$

wo c eine Constante ist, von deren Annahme die Einheit der elektrodynamischen Kraftwirkung abhängt. Ampère setzte: $c = 1$.

sollte, seine ersten Untersuchungen betrafen eine zweckmässige Aufhängung der Magnetnadel zu solchen Versuchen. Später construirte er das Stativ für elektrodynamische Untersuchungen, das seinen Namen führt, er wendete dabei schon Disjunctoren und Commutatoren an. Zugleich mit Faraday construirte er einen Rotationsapparat, in dem ein Stromleiter unter dem Einflusse des Erdstromes continuirlich rotirt. Arago hatte wahrgenommen, dass der Schliessungsdraht eines Stromes gleich einem Magnete Eisenfeilicht anziehe; er theilte diese Beobachtung Ampère mit, der diese magnetische Wirkung des Leitungsdrahtes an einem Solenoïde in stärkerem Masse zeigte, mit dessen Hülfe man zugleich Stahlnadeln magnetisiren konnte. — Kurze Zeit nach der Entdeckung des Elektromagnetismus gab Ampère auch eine Telegraphenconstruktion an, bei welcher Magnetnadeln mit Multiplicatoren verwendet werden sollten*).

Ampère unterscheidet zwischen physikalisch und chemisch kleinsten Theilchen, welche er anfänglich Partikel und Molecule, später (gleich uns) Molecule und Atome nennt. Die Grösse der Atome ist verschwindend gegen die der Molecule, d. h. gegen die interatomistischen Räume. In allen Gasen ist bei derselben Temperatur und demselben Drucke die Entfernung der Molecule eine gleiche. Es ist dies im Wesen die Annahme Avogadro's. Die rein chemischen Arbeiten Ampère's übergehen wir hier. — Zum Schlusse sei noch bemerkt, dass wir diesem Forscher die Benennung „Kinematik" d. i. Bewegungslehre, zum Unterschiede von der „Dynamik" d. h. Kraftlehre verdanken.

An Ampère anschliessend, erwähnen wir die folgenden Gelehrten: Oersted, Erman, De la Rive, Nicholson, Carlisle, Barlow, Ritter, Sturgeon, Pohl und Schweigger.

Hans Christian Oersted, geboren den 14. August 1777 zu Rudkjöbing auf Langeland, gestorben den 9. März 1851 zu Kopenhagen. Sein Vater war Apotheker. Er studirte zu Kopenhagen, wo er im Jahre 1800 das Doktorat erlangte, 1806 wurde er zum ausserordentlichen, 1817 zum ordentlichen Professor der Physik an der Universität ernannt. An dem 1829 gegründeten polytechnischen Institute unterrichtete er in Physik und

---

*) **Hermann Günther Grassmann,** geboren 1809 zu Stettin, gestorben ebendaselbst den 26. September 1877. Er war Lehrer der Mathematik am Gymnasium zu Stettin und gab in seiner Abhandlung: Neue Theorie der Elektrodynamik (Pogg. Ann. LXIV, 1845) eine von der Ampère'schen abweichende Theorie. Er verwirft die Annahme, dass die Wirkung zweier Stromelemente der Richtung der Verbindungslinie parallel stattfinde. Ein Unterschied in den Resultaten zwischen Grassmann und Ampère zeigt sich bloss für begrenzte, d. h. nicht geschlossene Ströme, für welche jedoch noch keinerlei experimentelle Untersuchung stattgefunden hat. — Ueber Grassmann siehe: Victor Schlegel, Herm. Grassmann. Sein Leben und seine Werke. 8°. Leipzig 1878.

stand demselben seit dessen Errichtung als Direktor vor. Er unternahm mehrere Reisen nach Holland, Frankreich, Deutschland und England. Seit 1808 war er Mitglied, seit 1815 Sekretär der Königl. Dänischen Gesellschaft der Wissenschaften, seit 1842 war er auswärtiges Mitglied der Akademie der Wissenschaften zu Paris. — Jene Entdeckung, welche in der Geschichte des Galvanismus von epochaler Bedeutung war, die Entdeckung des Elektromagnetismus, datirt vom 21. Juli 1820. Er erhielt für dieselbe von der Royal Society die Copleymedaille, von dem Pariser Institut den Preis der mathematischen Classe im Betrage von 3000 Francs. In späteren Jahren wurde ihm eine Reihe verschiedener Auszeichnungen zu Theil. Am 9. November 1850, als er sein fünfzigjähriges Doktorjubiläum feierte, wurde ihm vom Könige eine Besitzung in der Nähe von Kopenhagen zum Geschenke gemacht. — Oersted war ein eifriger Verbreiter der Naturwissenschaft, zu diesem Zwecke wurde in Folge seiner Bemühungen eine Gesellschaft gegründet, deren Aufgabe es war, in den verschiedenen Städten des Landes populäre Vorlesungen zu veranstalten. Er war ferner ein fleissiger Mitarbeiter verschiedener Zeitschriften und Revuen. Nach seiner Ueberzeugung sollte die Wissenschaft stets die dienstbereite Magd der Religion sein. Das populärste Werk Oersted's ist dessen „Geist in der Natur", das in die verschiedensten Sprachen übersetzt wurde und zahlreiche Auflagen erlebte[*]. Ferner schrieb er ein Gedicht: „Das Luftschiff", das 1837 in deutscher Uebersetzung erschien, dann eine „Naturlehre des Schönen" (deutsch von H. Zeise, Hamburg 1845) und viele andere Schriften über philosophische, ästhetische und andere Gegenstände. Von seinen Schriften erwähnen wir die folgenden: Diss. de forma metaphysices elementaris naturae externae, Hafn. 1799. — Experimenta circa efficaciam conflictus electrici in acum magneticam, 4°, Hafn. 21. Julius 1820[**]. — Galvanochemische Bemerkungen (Gehlen, N. Journ. III, 1804). — Ueber Klangfiguren (Gehlen's Journ. f. Chemie III, 1807). — Ueber Contact-Elektricität (Schweigg. Journ. XX, 1817). — Ueber die Zusammendrück. des Wassers (ib. XXI, 1817 u. XXXVI, 1822. — Neuere elektromagn. Versuche (ib. XXIX, 1820). — Betracht. über d. Elektromagn. (ib. XXXII u. XXXIII, 1821). — Ueber Zusammendrückung verschiedener Flüssigkeiten (Pogg. Ann. XII, 1828). — Neuere Versuche darüber (ib. XXXI, 1834). — On the deviation of falling bodies from the perpendicular (Report. British Assoc. 1846). — Om Harrörs-Kraften (Forhandl. Skandinavsk. Naturforskare etc. 1839) u. a.

Die bedeutendste wissenschaftliche Arbeit Oersted's ist seine Nachweisung des Zusammenhanges zwischen Elektricität und Magnetismus,

---

[*] Der „Geist in der Natur" übersetzt von K. L. Kannegiesser. Supplement: Neue Beiträge zum „Geist in der Natur". Die Naturwissenschaft in ihrem Verhältniss zur Dichtkunst und Religion, 2 Bde., Leipzig 1850—51.

[**] Enthält die Entdeckung des Elektromagnetismus.

welcher schon seit Jahrhunderten geahnt, nun über allen Zweifel erhoben wurde. Dieser Entdeckung folgten die Untersuchungen Ampère's, welchen die messenden Versuche Ohm's und Fechner's, die galvanometrischen Methoden Poggendorff's u. a. folgen konnten. Oersted hatte Jahre lang an der Ueberzeugung festgehalten, dass es zwischen der Elektricität und dem Magnetismus eine enge Beziehung geben müsse, er machte hierauf bezüglich verschiedene Versuche, bis es ihm endlich im Jahre 1820 glückte, eine Ablenkung der Magnetnadel durch einen feinen Platindraht, der die beiden Pole einer starken Volta'schen Batterie verband, zu erhalten. Da bei diesem Versuche der Schliessungsdraht der Batterie glühend wurde, so glaubte er im Anfange, dass die Ablenkung der Nadel bloss unter der Einwirkung eines sehr starken Stromes zu Stande komme. Der Entdecker dieses wichtigen Phänomens sandte noch im selben Monate ein gedrucktes lateinisches Circular an verschiedene Gelehrte und gelehrte Corporationen, unter dem Titel: „Experimenta circa efficaciam conflictus electrici in acum magneticam". Hafniae 21. Julius' 1820. — Oersted geht von der Annahme aus, dass die Elektricität auf die magnetischen Körpertheile wirke, diese üben einen Widerstand aus und werden in Folge dessen in Bewegung gesetzt. Die Elektricität bewegt sich in den Leitern in Schraubenlinien. Die positive Elektricität stösst den Südpol des Magneten zurück, die negative den Nordpol. Diese Theorie wurde alsbald durch die Ampère's verdrängt. — Die Entdeckung des Elektromagnetismus wurde von einigen Schriftstellern dem Italiener Gian Domenico Romagnosi*) zugeschrieben. Dieser beschäftigte sich mit einigen Versuchen, die Volta'sche Säule betreffend, und soll dabei die Ablenkung der Magnetnadel durch den galvanischen Strom wahrgenommen haben. Die Andeutungen Romagnosi's sind jedoch viel zu unbestimmt, als dass man hierauf fussend, die Priorität der Entdeckung Oersted's anzweifeln könnte.

Von den übrigen Arbeiten Oersted's erwähnen wir bloss kurz seine Darstellung des Chloraluminiums (resp. Chlorsiliciums) aus Thonerde durch Glühen derselben mit Kohle in Chlorgas, ferner die Versuche über die Zusammendrückbarkeit des Wassers und anderer Flüssigkeiten mit Hülfe des von ihm construirten Sympiëzometers.

Paul Erman**), geboren den 29. Februar 1764 zu Berlin, gestorben ebendaselbst den 11. Oktober 1851, war Lehrer der Physik an der Kriegsschule, später Professor der Physik an der Universität seiner Vaterstadt, Sekretär der Akademie von Berlin. — Erman theilte die Körper bezüglich

---

*) Geboren 1761 zu Salso Maggiore, gestorben 1835 zu Mailand. Derselbe war Jurist, Professor des öffentlichen Rechtes zu Parma.

**) Die Familie des Gelehrten stammte aus dem Elsass und hiess ursprünglich Ermendinger. Den Namen Erman nahm einer seiner Vorfahren an, der sich in Genf niederliess.

der Elektricität in fünf Abtheilungen: Nichtleiter, vollkommene Leiter, ferner bipolare, positiv und negativ unipolare und unvollkommene Leiter. Hiemit in Verbindung steht seine Theorie der Unipolarität, für die er von der französischen Akademie einen Preis von 3000 Francs erhielt. Diese Theorie wurde späterhin unhaltbar und besonders durch Faraday widerlegt. — Erman stellte eine Theorie der Kette auf, welche ganz auf dem Boden der Contacttheorien steht. — Von besonderem Interesse ist seine Schrift: Umrisse zu den physischen Verhältnissen des von Herrn Prof. Oersted entdeckten elektrochemischen Magnetismus (8°, Berlin 1821), in welcher er seine Versuche mit dem von ihm construirten „elektromotorischen Apparate" beschreibt. Dieser besteht aus einem einzelnen galvanischen Elemente, das sammt Schliessungsdraht beweglich an einem Faden aufgehängt ist und unter der Einwirkung eines Magneten Schwingungen vollführt. In derselben Abhandlung findet sich die Angabe der Construktion des Multiplicators durch Poggendorff. — Von Interesse sind noch seine Versuche über den Einfluss des galvanischen Stromes auf die Adhäsion, sowie über die Elektrocapillarität.

Auguste-Arthur de la Rive, geboren den 9. Oktober 1801 zu Genf, gestorben zu Marseille auf der Reise nach Cannes den 27. November 1873. Er war Professor der Physik an der Akademie zu Genf. De la Rive ist einer der Begründer der elektrochemischen Theorie des Galvanismus, welche er in folgenden Hauptsätzen zusammenfasst: Wenn zwei heterogene, sich berührende Körper in eine Flüssigkeit oder in ein Gas gebracht werden, welches Medium auf beide oder auf einen derselben chemische Wirkung ausübt, so kommt Elektricitätsentwicklung zu Stande, ausserdem ist bloss mechanische oder thermische Wirkung im Stande, Elektricität zu entwickeln. Der chemisch angegriffene Körper wird stets negativ, der angreifende positiv elektrisch. Die elektrische Wirkung ist jedoch nicht nothwendigerweise der Lebhaftigkeit der chemischen Wirkung proportional. Auf eben diese Weise sucht de la Rive die Erscheinungen in der Säule zu erklären. Trotz der vielen Widersprüche, welche diese Theorie enthält, wurde sie von Faraday und vielen anderen mit geringeren oder grösseren Abänderungen angenommen. Nach de la Rive's Ansicht leiten die Flüssigkeiten nur insofern sie von dem Strome zersetzt werden. Im Jahre 1841 erhielt er von der Pariser Akademie einen Preis von 3000 Francs für seine Methode auf galvanischem Wege Silber- und Messinggegenstände zu vergolden. — Er untersuchte den Einfluss des Druckes auf die galvanische Polarisation und führte den später wieder aufgegebenen Begriff: **Uebergangswiderstand** ein. — Ausser seinen, auf den Galvanismus bezüglichen, Arbeiten führte de la Rive noch eine Reihe anderer physikalischer Untersuchungen aus. Mit Marcet bestimmte er die spezifische Wärme der Kohle und des Diamanten, mit demselben Gelehrten mass er auch die spezifische Wärme der Gase, mit Decandolle mass er die Wärmeleitungsfähigkeit der Hölzer. — De la

Rive hat eine grosse Anzahl von Abhandlungen verfasst, deren Titel wir jedoch hier mit Stillschweigen übergehen müssen.

William Nicholson, geboren 1753 zu London, gestorben den 21. Mai 1815 ebendaselbst. Er bekleidete hintereinander verschiedene Privatämter, war als Civilingenieur thätig und entfaltete als wissenschaftlicher Schriftsteller grossen Eifer. Er gab heraus: A Journal of natural philosophy, chemistry and the arts (41 Bände, London 1796—1813). — Volta hatte die Erfindung der Säule in seinem von Como den 20. März 1800 datirten Briefe dem Präsidenten der Royal Society, Sir Joseph Banks, mitgetheilt. Dieser durch andere Arbeiten abgehalten, verschob die Verlesung desselben in der gelehrten Gesellschaft, zeigte ihn jedoch Nicholson und Carlisle, welche schon am 30. April d. J. mit einer von ihnen aus Silbergeldstücken und Zinkscheiben construirten Säule Versuche anstellten. Sie machten hiebei einige wichtige Wahrnehmungen. So sahen sie zuerst den elektrischen Funken und fanden am Zinkpole positive, am Kupferoder Silberpole negative Elektricität. Nicholson stellte einen Vergleich zwischen der Elektrisirmaschine und der Säule an und kam zu dem Schlusse, dass das Agens der Elektrisirmaschine bedeutendere Intensität, das der Säule grössere Quantität besitze, dass im Uebrigen jedoch beide Erscheinungen identisch seien. — Nicholson und Carlisle waren auch die ersten, welche die Zersetzung des Wassers durch die Säule wahrnahmen. Als sie nämlich auf die oberste Platte einen Tropfen Wasser gebracht hatten um eine sichere Berührung zu erhalten und mit dem Stahldraht, der als Schliessungsdraht diente, den Tropfen berührten, nahmen sie um denselben Gasentwicklung wahr, welches Gas sie als Wasserstoff erkannten. Sie leiteten nun den Strom der Säule durch eine $1^3/_4$ Linien mächtige Wasserschichte und fanden am Silberende Gasentwicklung, am Zinkende Anlaufen des Messingdrahtes.

Zu erwähnen ist noch das nach Nicholson benannte Gewichtsaräometer, das er in der Abhandlung: „Description of a new instrument for measuring the specific gravities of bodies" (Mem. Manchest. Soc. II, 1787) beschrieben hat.

Sir Anthony Carlisle, geboren den 15. Februar 1768 zu Stillington, gestorben den 2. November 1840 zu London, war Oberchirurg am Westminsterhospital in dieser Stadt, Professor der Anatomie an der Royal Academy. Gemeinschaftlich mit Nicholson entdeckte er am 30. April 1800 die Zersetzung des Wassers durch die Volta'sche Säule.

Peter Barlow, geboren 1776 zu Norwich, gestorben 1862 zu London, war Professor der Mathematik an der Militärakademie zu Woolwich. Zu erwähnen sind seine Versuche über das Leitungsvermögen der Metalle, über die Wirkung des Stromes auf die Magnetnadel, durch welche er feststellte, dass jeder Punkt des durchströmten Leiters die Pole eines Magneten im umgekehrten Verhältnisse des Quadrates der Entfernung anziehe oder abstosse, ferner sein Rotationsapparat: das Barlow'sche

Rad, welches in einen Quecksilbernapf tauchend, zwischen den Schenkeln eines Hufeisenmagnetes rotirt, die Wirkung des Solenoides auf eine Magnetnadel und endlich seine Theorie des Elektromagnetismus, derzufolge jedes Theilchen des galvanischen Fluidums in einem Leiter auf jedes Theilchen des magnetischen Fluidums im Magneten mit einer dem Quadrate der Entfernung verkehrt proportionalen Kraft wirkt. Die Kraft wird jedoch als eine „Tangentialkraft" vorausgesetzt, deren Bestreben es ist, die Pole des einen Fluidums auf jene des andern perpendiculär zu stellen. — Barlow hat auch werthvolle Untersuchungen über die Festigkeit der Materialien angestellt.

Johann Wilhelm Ritter, geboren den 16. Dezember 1776 zu Samitz bei Hainau in Schlesien, gestorben den 23. Juni 1810 zu München, war Privatgelehrter, zuletzt Mitglied der bayrischen Akademie der Wissenschaften. Ritter stand bei seinen Erklärungsversuchen auf dem Standpunkte der dogmatischen Naturphilosophie, wovon am besten seine Theorie des Galvanismus Zeugniss ablegt, welche wir in ihrer abenteuerlichen Gestaltung übrigens hier nicht anführen wollen. Da die Glieder einer Spannungsreihe keinen Strom geben können und — seiner Ansicht gemäss — sämmtliche Leiter eine einzige Spannungsreihe bilden, so muss der Strom durch ein anderes Agens bewirkt werden und dieses Agens ist eben der chemische Prozess. Ritter kann als einer der ersten Vertheidiger der chemischen Theorie des Galvanismus betrachtet werden, er beobachtet zwar die Zersetzung des Wassers, erkennt dieselbe jedoch nicht an, da er das Wasser als Elementarstoff betrachtet. — Trotz seiner oft excentrischen Ansichten verdanken wir Ritter eine Fülle höchst schätzbarer Beobachtungen und Bemerkungen. Er wendet als negatives Metall an Stelle des bis dahin gebrauchten Goldes und Silbers das Kupfer an, wodurch die Verbreitung der Volta'schen Säule in grossem Masse befördert wurde. — Die Zinkplatte versieht er mit einem Rande, um das Abrinnen der Flüssigkeit zu verhindern. Er ist der erste, der eine trockene Säule construirt. Ferner baute er eine, auf der galvanischen Polarisation beruhende, Ladungssäule und weist nach, dass beim Durchgange eines Stromes durch eine Flüssigkeit ein Gegenstrom erzeugt werde. — Ritter hat eine grosse Anzahl von Abhandlungen über Elektricität und Galvanismus verfasst.

William Sturgeon, geboren 1783 zu Whittington bei Lancaster, gestorben den 8. Dezember 1850 zu Prestwich bei Manchester, war zuerst, gleich seinem Vater, Schuster, hierauf Soldat, dann Lehrer der Physik an der Militärschule zu Addiscombe, endlich Superintendent der Royal Victoria-Gallery zu Manchester. In den letzten Jahren hielt er in einigen Städten Englands öffentliche Vorlesungen. — Sturgeon hat die Eisenzinkkette als einer der ersten angewendet, er versuchte zuerst grössere Elektromagneten herzustellen, gleichzeitig mit Page und anderen stellte er Versuche über den Bau elektromagnetischer Maschinen an.

Sturgeon verdanken wir eine sehr zweckmässige Modifikation der Ampère'schen Gestelle, welche eine volle Rotation des beweglichen Stromleiters gestatten.

Georg Friedrich Pohl, geboren den 24. Februar 1788 zu Stettin, gestorben den 10. Juni 1849 zu Breslau, war zuerst Gymnasialprofessor, hierauf Professor der Physik an der Universität Breslau. Pohl geht in seiner Theorie der galvanischen Kette gleich Ritter von naturphilosophischen Ideen aus. Seine Theorie geht im Grunde genommen weit über alle elektrochemischen Theorien hinaus, da er annimmt, die galvanische und die chemische Action seien identisch. Die elektrische Spannung ist die Tendenz zu chemischem Prozesse, der galvanische Strom ist die chemische Action selbst. Die Hauptthätigkeit des Stromes besteht in Oxydation und Desoxydation. Elektricität und Magnetismus sind Manifestationen des chemischen Gegensatzes. Pohl hat seine auf die Theorie der Kette bezüglichen Sätze in der Schrift: „Der Prozess der galvanischen Kette" (8°, Leipzig 1826) ausgeführt. — Von den übrigen auf Galvanismus bezüglichen zahlreichen Arbeiten unseres Gelehrten erwähnen wir bloss einen Rotationsapparat und den Commutator, das „Gyrotrop" wie er diese Vorrichtung nennt.

Johann Salomo Christoph Schweigger, geboren den 8. April 1779 zu Erlangen, gestorben den 6. September 1857 zu Halle, war zuerst Privatdozent zu Erlangen, dann Professor am Gymnasium zu Bayreuth und an der höheren Realschule zu Nürnberg, hierauf Professor der Physik und Chemie an der Universität zu Erlangen, später zu Halle. — Schweigger ist mit Davy, de la Rive, Parrot, Berzelius, Ampère u. A. einer der Mitbegründer der elektrochemischen Theorie. Seine wichtigste Erfindung ist die des Multiplicators. Als er durch Umbiegen des Leitungsdrahtes denselben gleichzeitig über und unter der Magnetnadel hinführte, nahm er eine vergrösserte Einwirkung des Stromes wahr. Er versuchte nun ein mehrfaches Hin- und Herwinden des Drahtes und erhielt eine vielfach gesteigerte Wirkung. Er veröffentlichte seine Vorrichtung in der naturforschenden Gesellschaft zu Halle im September 1820. Beiläufig zur selben Zeit beschrieb Erman mit der Zustimmung Poggendorff's in seiner Schrift: Umrisse zu den physischen Verhältnissen der von H. Oersted entdeckten elektro-chem. Magnetisirung (Berlin 1821, pag. 105) die Einrichtung eines Apparates, den dieser selbstständig erdacht hatte und der mit dem Schweigger's ganz und gar identisch war. Der kurze Prioritätsstreit, der sich um die Erfindung dieses höchst wichtigen Messinstrumentes entwickelte, wurde seitens Poggendorff's durch die Erklärung beendet, dass er Schweigger die Priorität zugestand, sich selbst hingegen bloss die unabhängige Erfindung zuschrieb. Die wichtigste Verbesserung des Multiplicators war die Anwendung der astatischen Nadeln durch Nobili, wodurch der Einfluss des tellurischen Magnetismus auf ein Minimum reduzirt wurde. — Schweigger wendete als einer der ersten ein Voltaelektrometer an, das zuerst von Simon*) in Berlin construirt worden war. Er schlug eine Einrichtung des Sömmering'schen Telegraphen vor, mittelst deren man mit zwei, statt der vom Erfinder projectirten 27, Drähten ausreichen könnte. — Eine eigenthümliche Theorie stellt Schweigger bezüglich der Säule auf, die er einen elektrischen Magneten nennt, der durch die Aneinanderreihung polarisch gespannter Schichten, die sich vermöge ihrer ungleichnamigen Pole anziehen, entstanden ist. Schliesslich ist noch ein Trogapparat zu erwähnen, als welchen Schweigger die Volta'sche Batterie construirte.

Georg Simon Ohm.

Aus einer alten Bürgerfamilie, in der sich das Schlosserhandwerk von Vater zu Sohn fortgeerbt hatte, stammte jener Forscher, in dessen Denkkreis wir nun eintreten wollen, der das Grundgesetz zwischen den Bestimmungsstücken der stationären galvanischen Ströme auffand und dadurch sowohl unserer Kenntniss von denselben, als auch deren technischer Verwendung unermesslich weite Bahnen eröffnet hat.

Georg Simon Ohm wurde den 16. März 1789 in Erlangen als erster Sohn des Schlossermeisters Johann Wolfgang Ohm geboren. Sein Urgrossvater, Wilhelm Ohm, war Schlossermeister zu Westerholt bei Münster, sein Grossvater, Johann Vincentius, kam als Wanderbursche nach Kadolzburg in Franken und wurde 1764 als Universitätsschlosser in Erlangen angestellt. Der ältere seiner beiden Söhne war der Vater unseres Gelehrten. Georg Simon hatte noch einen jüngern Bruder, Martin Ohm, der 1792 geboren, als Professor der Mathematik an der Berliner Universität wirkte, wo er 1872 starb. — Der wackere Schlossermeister Ohm besass jedoch einen Geist, der weit über die Wände seiner Werkstätte hinausblickte. Er beschäftigte sich in seinen, der Erholung abgekargten Stunden mit Mathematik und mit — Kant'scher Philosophie. So konnte er denn beide Söhne, welche das Gymnasium zu Erlangen besuchten, in Mathematik gründlich unterrichten. Als der Professor der Mathematik an der Universität, Langsdorff, den fünfzehnjährigen Georg Simon einer eingehenden Prüfung unterzog, fand er diesen in Mathematik und Mechanik so gut vorbereitet, dass er in seiner Freude die Hoffnung aussprach, aus der Familie des Schlossers werde ein zweites Bernoulli-Brüderpaar hervorgehen. Der Vater der beiden talentirten Jünglinge entschloss sich nun dieselben an der Universität studiren zu lassen, nur stellte er die Bedingung, dass beide Söhne das Schlosserhandwerk erlernen und im Falle der Noth bei ihm fortbetreiben

---

*) Paul Louis Simon, geboren 1767 zu Berlin, gestorben ebendaselbst, Professor der Bau-Akademie und Oberbaurath.

müssten. Georg Simon Ohm besuchte in Folge seiner knappen Mittel bloss durch drei Semester die Vorträge an der Universität. Im September 1806 nahm er eine Lehrstelle für Mathematik an einem Erziehungsinstitute zu Gottstadt im Kanton Bern an. Von dort ging er nach Neufchâtel, wo er privatim Mathematik lehrte, hierauf zurück nach Erlangen, wo er am 25. Oktober 1811 zum Doktor der Philosophie promovirt wurde. Er habilitirte sich als Privatdozent, musste jedoch schon nach Verlauf von drei Semestern sich um eine besoldete Stelle umsehen. So wurde er im Januar 1813 Lehrer an der Realstudienanstalt zu Bamberg. Um jene Zeit arbeitete er an seiner ersten Schrift: „Grundlinien zu einer zweckmässigen Behandlung der Geometrie als höheren Bildungsmittels" (Enke in Erlangen 1817). Grossentheils in Folge dieser Schrift wurde er 1817 als Oberlehrer der Mathematik und Physik an das Gymnasium zu Köln berufen, wo er bis 1826 mit grossem Erfolge lehrte. Der berühmte Mathematiker Lejeune-Dirichlet und der Astronom Heis befanden sich hier unter seinen Schülern. — Zu jener Zeit begann Ohm, der sich allmählig ganz für die Physik entschieden hatte, seine Arbeiten und Versuche über die galvanische Kette. Die ersten Andeutungen veröffentlichte er in wissenschaftlichen Journalen: „Vorläufige Anzeige des Gesetzes, nach welchem Metalle die Contact-Elektricität leiten" (Schweigg. Journ. XLIV. und Pogg. Ann. IV. 1825). — „Bestimmung dieses Gesetzes, nebst einem Entwurfe zu einer Theorie des Voltaischen Apparates" (Schweigg. XLVI. 1826). In dieser Abhandlung ist schon das Ohm'sche Gesetz des Zusammenhanges zwischen Stromintensität, elektromotorischer Kraft und Widerstand ausgesprochen. — „Theorie der elektroskopischen Erscheinungen der Säule" (Pogg. Ann. VI. VII. 1826).

Nachdem Ohm die rein experimentellen Untersuchungen beendet hatte, war er im Begriffe eine mathematische Theorie der Erscheinungen zu entwerfen. Hiezu brauchte es nun reicherer literarischer Hülfsmittel, als ihm dieselben die Kölner Gymnasialbibliothek bieten konnte, zudem bedurfte er auch der Musse, und so reichte er denn ein Gesuch um einen einjährigen Urlaub ein, der ihm in einer, für den Bittsteller ehrenden Weise, mit Belassung des halben Gehaltes und der Zusicherung einer eventuellen Staatsunterstützung, gewährt wurde. Im Mai 1827 erschien zu Berlin das grundlegende Werk Ohm's: „Die galvanische Kette, mathematisch bearbeitet." Die Aufnahme, welche diese Arbeit fand, war eine getheilte; während Fechner in Leipzig, Poggendorff in Berlin, Pfaff in Erlangen allsogleich die grosse Tragweite der Ohm'schen Behandlungsweise der galvanischen Strömungserscheinungen aufzufassen im Stande waren, äusserten sich andere Gelehrte entweder zurückhaltend, wie Kämtz in Halle, oder geradezu aburtheilend, wie Pohl in Breslau. Ohm's ganzes Streben war auf die Erreichung einer akademischen Lehrerwirksamkeit gerichtet. Das Schweigen, mit dem die Berliner Akademiker die Arbeit aufgenommen hatten, war diesen Aspirationen nicht günstig.

Bei einer Unterredung mit dem Referenten in Schulsachen fand Ohm eine dergestalt missgünstige Aufnahme, dass er sich veranlasst fühlte, seine Stelle in Köln aufzugeben. Trotz einer direkten Zuschrift des Staatsministers von Altenstein und einer Deputation seiner Schüler, welche die Abdankung ihres geliebten Lehrers hintertreiben wollten, blieb er bei seinem Entschlusse und erhielt 1828 die gewünschte Entlassung. Volle sechs Jahre lebte er nun ganz zurückgezogen, bloss an der „Allg. Kriegsschule" zu Berlin unterrichtete er in wöchentlichen drei Stunden Mathematik, wofür er 300 Thaler Jahresgehalt bezog. Erst im Jahre 1833 wurde er aus dieser gedrückten Lage durch Ernennung zum Professor der Physik am Polytechnikum zu Nürnberg befreit. Ohm wurde nun für einige Zeit ganz von seiner Lehrthätigkeit in Anspruch genommen, nur gelegentlich beschäftigte er sich mit selbstständigen wissenschaftlichen Forschungen. Inzwischen begannen seine Arbeiten über die Bewegung der Elektricität sich in immer weitern Kreisen Anerkennung zu verschaffen. Besonders waren es im Vaterlande Poggendorff und Fechner, Jacobi und Lenz in Russland, Rosensköld in Schweden, de Heer in Holland und Henry in England, welche die Wichtigkeit seiner Resultate laut anerkannten. Im Jahre 1837 überreichte Pouillet der französischen Akademie zwei Arbeiten über denselben Gegenstand, in welchen er die Theorie der thermo- und hydroelektrischen Ströme auf Grund der Ohm'schen Theorie abhandelte. Dadurch wurde nun die Aufmerksamkeit des Auslandes in grösserem Masse auf die Arbeiten des deutschen Physikers gelenkt; sein Werk erschien in „Taylor's Scientific Memoirs" (Vol. II) in englischer Uebersetzung. Die „Royal Society" sah in diesen Untersuchungen eine so wesentliche Bereicherung der exacten Wissenschaften, dass sie dem Verfasser in Ihrer Jahressitzung vom 30. November 1841 die Copley-Medaille verlieh, und ihn am 5. Mai 1842 zu ihrem auswärtigen Mitgliede wählte.

Nachdem Ohm's Forscherthätigkeit einige Jahre geruht hatte, wendete er sich mit Ende des Jahres 1839 einem, dem bisherigen fernabliegenden, Arbeitsfelde zu. Der Physiker, dem es an musikalischem Gehör ganz und gar gebrach, wählte sich ein oft umworbenes, bisher ungelöstes Problem der musikalischen Akustik, an dem er seinen Scharfsinn erproben wollte. Seit zwei Jahrhunderten hatten sich die bedeutendsten Analytiker mit der Aufgabe beschäftigt, aus den physikalischen Bedingungen eines Körpers die Art der schwingenden Bewegung desselben auf mechanischer Grundlage abzuleiten. Brook Taylor, Johann und Daniel Bernoulli, d'Alembert, Euler und Lagrange hatten sich vergeblich mit dem Probleme der schwingenden Saite beschäftigt, sie konnten die Ursache dafür, dass die Saite auf irgend eine Weise aus ihrer Gleichgewichtslage gebracht, immer den gleichen Ton gebe, nicht auffinden. Es bedurfte hiezu einer mathematischen Untersuchung, welche erst durch die von Fourier im Jahre 1807 veröffentlichte Wärmetheorie geliefert wurde. Diese analytischen Resultate ermöglichten es, die folgenden zwei Grundprobleme der musikalischen Akustik mit Erfolg zu behandeln: 1) die Ursache des verschiedenen Charakters eines und desselben Klanges, das Problem der Klangfarbe zu lösen, 2) die Natur der Consonanz und Dissonanz mehrerer Töne zu ergründen. Im Jahre 1843 erschien in Poggendorff's Annalen (Bd. 59, pag. 513) eine Abhandlung unter dem Titel: „Ueber die Definition des Tons und die Theorie der Sirene und ähnlicher tonbildender Vorrichtungen"*). Die akustische Theorie, welche Ohm in dieser Abhandlung aufstellt, lässt sich kurz in folgenden Sätzen darstellen: Als einzigen und einfachen Ton empfindet unser Ohr bloss diejenige Luftbewegung, bei welcher die Lufttheilchen senkrecht zum Trommelfelle pendelartig, in einfach harmonischer Bewegung hin- und herschwingen. Jede andere Luftbewegung zerlegt das Ohr in eine Reihe von pendelartigen Schwingungen, denen entsprechend es zu gleicher Zeit eine Reihe von Tönen empfindet. Jeder tönende Körper erzeugt ausser dem tiefsten und stärksten, dem Grundtone, gleichzeitig verschiedene höhere oder Obertöne, deren Schwingungszahl zwei-, drei- und mehrmal so gross ist als die des Grundtons. Der Klang ist ein Zusammenklingen einfacher, harmonischer Töne. — Durch diese Definition des Tones und Klanges wurde der Grund zu Helmholtz's schönen akustischen Arbeiten gelegt, die zusammengefasst in seiner „Lehre von den Tonempfindungen als physiolog. Grundlage für die Theorie der Musik" (Braunschweig 1862) erschienen sind. — Die akustischen Untersuchungen Ohm's theilten das Schicksal seiner Arbeiten über Galvanismus. Anfänglich wurden sie wenig beachtet, von einzelnen Physikern, wie August Seebeck, sogar angegriffen. Erst als es Helmholtz gelang, Mittel ausfindig zu machen, um die Obertöne ohne Schwierigkeit zu Gehör zu bringen, da wurde, lang nach des Entdeckers Tode, dessen Theorie allgemein anerkannt.

Zu jener Zeit, als Ohm an seiner Theorie des galvanischen Stromes arbeitete, da schwebte ihm noch ein wichtiges Problem vor, das er jedoch erst nach der auszeichnenden Anerkennung von Seite der „Royal Society" ernstlich vornahm. Es war dies ein System der Molecularphysik, das für den Bau des physischen Körpers einer solchen Auffassungsweise Ausdruck geben sollte, welche es ermöglichen würde, in das Wesen der erregenden Agentien, wie Licht, Wärme und Elektricität einen Einblick zu gewähren. Das Bestreben des Verfassers ging dahin, gewisse Annahmen über Beschaffenheit, Form, Grösse und Wirkungsweise der Atome zu machen, aus denen sich auf rein mathematischem Wege die Gesetze für die Erscheinungen des Lichtes, der Wärme, der Krystallisation, der Elektricität u. s. f. ableiten liessen. Er suchte dies

---

*) Ein kürzerer Aufsatz: „Ueber Combinationstöne und Stösse" ging im Jahre 1839 voraus (Pogg. Ann., Bd. 47, pag. 463).

durch Zerlegung der Atome in gedachte Theilchen, sogenannte „Differenzialatome" zu erreichen, deren Dimensionen gegen diejenigen der Atome verschwindend klein sein sollten. Der erste Band dieses Werkes, dessen eigentlicher Inhalt auch für den Verfasser noch mit undurchdringlichem Nebel bedeckt lag, erschien unter dem Titel: „Beiträge zur Molecularphysik" (Nürnberg 1849, 4°). Er führte auch noch den speziellen Titel: „Elemente der analytischen Geometrie im Raume am schiefwinkligen Coordinatensysteme." Der zweite Band sollte die „Dynamik der Körpergebilde" enthalten; der dritte und vierte eigentlichen physikalischen Untersuchungen gewidmet sein. Das Manuskript des zweiten Bandes wurde nach des Verfassers Tode vom König Max II. von dessen Schwester Frau Fuchtbauer in Erlangen käuflich erworben, um dasselbe, im Falle es hiezu geeignet befunden würde, im Drucke erscheinen zu lassen. Das Urtheil der befragten beiden ausgezeichneten Schüler Ohm's: Lejeune-Dirichlet und Professor Ullherr in München sprach sich jedoch gegen die Herausgabe aus, da dasselbe nicht vollständig durchgearbeitet sei und solche Lücken aufweise, die von einer fremden Hand nicht ausgefüllt werden können. Das Manuskript befindet sich gegenwärtig in der Königl. Hof- und Staatsbibliothek zu München.

Mit Ende des Jahres 1849 wurde Ohm nach München berufen, an die Stelle des in österreichische Dienste getretenen Steinheil als Conservator der mathematisch-physikalischen Sammlungen der Akademie der Wissenschaften und als Referent für die Telegraphenverwaltung in technisch-physikalischer Beziehung, mit der Verpflichtung als ordentlicher Professor an der Universität über Physik und Mathematik vorzutragen. Nach drei Jahren übergab er diese verschiedenen Aemter wieder dem zurückgekehrten früheren Inhaber derselben, er selbst wurde zum Professor der Experimentalphysik an der Universität ernannt. Ohm verfasste für seine Vorlesungen ein Lehrbuch: Grundzüge der Physik als Compendium zu seinen Vorlesungen (Nürnberg 1854), das jedoch nicht die wünschenswerthe Verbreitung gefunden hat. — Im Jahre 1852 veröffentlichte Ohm in den Denkschriften der Münchener Akademie eine Abhandlung: „Erklärung aller in einaxigen Krystallplatten zwischen geradlinig polarisirtem Lichte wahrnehmbaren Interferenz-Erscheinungen" (Bd. VII. Abth. 1 u. 2), deren Gegenstand jedoch schon vor zehn Jahren auch von Langberg in Christiania behandelt worden war. Die beiden allgemeinen Gleichungen über den Gang der Lichtstrahlen durch Krystallplatten, welche in der Abhandlung enthalten sind, erscheinen als werthvolle Bereicherung dieses Theiles der Optik.

Zu Anfang des Jahres 1854 suchte Ohm ein Schlaganfall heim. Er hielt zwar noch seine Vorlesungen, am 6. Juli 1854 Nachts 10 Uhr machte jedoch ein wiederholter Schlaganfall seinem Leben plötzlich ein Ende. Er hatte ein Alter von 65 Jahren und etwas über 3 Monaten erreicht. Ohm war nie verheiratet.

Von den Schriften Ohm's interessirt uns hier am meisten die auf den Galvanismus bezügliche Arbeit: **Die galvanische Kette,** mathematisch bearbeitet (8º, Berlin 1827). Diese Schrift wurde 1827 von Dr. Achilles Perugia in das Italienische, 1860 von Gaugain in das Französische übersetzt. Die englische Uebersetzung in „Taylor's Scientific Memoirs" haben wir schon weiter oben erwähnt. Die italienische Uebertragung enthält auf 27 Seiten einen Nachtrag von Ohm selbst, der leider noch nicht in das Deutsche zurückübersetzt worden ist. — „Die galvanische Kette" stellt sich die Aufgabe, die durch Berührung zweier oder mehrerer verschiedenartiger Körper entstehenden galvanischen Erscheinungen unter einem einheitlichen Gesichtspunkte zusammenzufassen. Es wird hiebei bloss der Fall einer Fortpflanzung der Elektricität in linearer Dimension behandelt und die von Ohm bereits auf experimentellem Wege festgestellten zwei Grundgesetze der galvanischen Ströme aus dem Begriffe der elektrischen Spannung an der Grenze zweier verschiedener Leiter und aus einer Annahme über die Fortpflanzung der Elektricität abgeleitet, welche Annahme zu denselben Differenzialgleichungen führt, wie die von Fourier und Poisson für die Wärmebewegung gegebenen. — Ohm geht von drei Gesetzen aus. Das erste ist das der Elektricitätsmittheilung, demzufolge diese unmittelbar von Element zu Element erfolgt. Das zweite ist das der Elektricitätszerstreuung, wie dies Coulomb aufgestellt hat. Dieses Gesetz findet bei galvanischen Ketten keine eigentliche Verwendung, da die strömende Elektricität das Innere der Leiter durchzieht. Das dritte und wichtigste Gesetz ist das der Spannung an der Grenzfläche verschiedener Leiter, demzufolge die elektroskopischen Kräfte an der Berührungsstelle stets dieselbe Stärke behaupten. — Zu jener Zeit, als Ohm seine Untersuchungen anstellte, gab es noch keine constanten Ketten. Aus diesem Grunde wendete unser Forscher Thermoströme an, um seine Gesetze zu verifiziren und behandelte die Hydroketten nur in einem Anhange seines Buches. Erst Fechner experimentirte mit Hydroströmen*), wobei er aus demselben Grunde, der Ohm bewogen hatte sich der Thermoströme zu bedienen, grosse Schwierigkeiten überwinden musste. Erst nach der Erfindung der constanten Ketten durch Daniell konnten in unanfechtbarer Weise die Ohm'schen Gesetze durch das Experiment als richtig erwiesen werden. Ohm nimmt an, dass alle Strömung aus dem Unterschiede der elektroskopischen Spannungen an einzelnen Stellen des geschlossenen Stromkreises entstehe. Unter Stromstärke versteht er die Menge der Elektricität, die in einer bestimmten Zeit durch einen Querschnitt strömt, die Strömung wird stationär, wenn durch jeden Querschnitt in derselben Zeit gleiche Elektricitätsmengen fliessen. Nur solche Ströme werden

---

*) G. Th. Fechner, Massbestimmungen über die galvanische Kette. Leipzig 1831.

in Betracht gezogen. In jedem Stücke eines homogenen Leiters ist die Stromstärke dem Unterschiede der Spannungen an den beiden Enden desselben proportional*). Aus diesen Betrachtungen leitet der Verfasser nun zwei Gesetze ab, das elektromotorische und das elektroskopische. Das erste, d. h. jenes, welches schlechtweg das Ohm'sche Gesetz genannt wird, sagt aus, dass die Intensität des Stromes der Summe der elektrischen Differenzen (Spannungen) aller sich berührenden differenten Leiter (Erreger) direkt, der Summe aller Widerstände verkehrt proportional sei. Dieses Gesetz wurde für Hydroketten — wie schon weiter oben erwähnt — von Fechner und nach der Erfindung der constanten Ketten von mehreren andern Physikern durch den Versuch bestätigt. — Das zweite oder elektroskopische Gesetz drückt die Spannung der Elektricität an jeder beliebigen Stelle des Leiters als Funktion der Spannungen und Widerstände, sowie der Entfernung von einem gewissen Punkte aus. Dieses Gesetz hat Kohlrausch durch seine mustergültigen Experimentaluntersuchungen: „Ueber die Proportionalität der elektromotorischen Kraft mit der elektroskopischen Spannung an den Polen" (Pogg. Ann. Bd. 75, 1848) und „Ueber die elektroskopischen Eigenschaften der geschlossenen galvanischen Kette" (ib. Bd. 78, 1849), die er mit Hülfe des von ihm verbesserten Dellmann'schen Elektrometers ausführte, nachgewiesen.

Die Eintheilung des Ohm'schen Werkes ist die folgende: etwa ein Drittel des ganzen Buches (83 Seiten) nimmt die Einleitung ein, in der die Aufgabe, welche sich der Verfasser stellt, gleich am Eingange in folgenden Worten charakterisirt ist: „Das Streben dieser Abhandlung „geht dahin, aus einigen wenigen, grösstentheils durch die Erfahrung

---

*) Der Leiter habe die Länge L, an den beiden Enden seien die Spannungen A und B, x sei der Abstand eines beliebigen Punktes von dem Ende A längs des Drahtes gemessen, dann ist die Spannung u an der Stelle x eine lineare Funktion von x

$$u = A + \frac{B-A}{L} \cdot x$$

hieraus folgt das Gefälle des Stromes

$$\frac{du}{dx} = \frac{B-A}{L};$$

die Elektricitätsmenge, welche durch den Querschnitt Q strömt,

$$M = KQ \frac{du}{dx} = KQ \frac{B-A}{L}$$

wo K eine Constante bedeutet. Da nun die Stromstärke J durch die Elektricitätsmenge gemessen wird, so ist auch

$$J = KQ \frac{B-A}{L}.$$

Die Bedingung dafür, dass der Strom stationär sei, lässt sich durch die Gleichung ausdrücken:

$$\frac{dM}{dx} = \frac{dJ}{dx} = \frac{d^2u}{dx^2} = 0.$$

„gegebenen Prinzipien den Inbegriff derjenigen elektrischen Erscheinungen „in geschlossenem Zusammenhange abzuleiten, welche durch die Berüh-„rung zweier oder mehrerer Körper unter einander hervorgebracht und „unter dem Namen der galvanischen begriffen werden; ihre Absicht ist „erreicht, wenn auf solche Weise die Mannigfaltigkeit der Thatsachen „unter die Einheit des Gedankens gestellt wird." — Es folgt hierauf die eigentliche Abhandlung: „Die galvanische Kette"; dieselbe zerfällt wieder in drei Abschnitte: A. Allgemeine Untersuchungen über die Verbreitung der Elektricität. B. Elektroskopische Erscheinungen. C. Erscheinungen des elektrischen Stromes. Hierauf: Anhang. Ueber die chemische Kraft der galvanischen Kette. — In den Jahren 1846—49 hat Gustav Robert Kirchhoff in den Poggendorff'schen Annalen eine Reihe von Abhandlungen über die galvanischen Ströme veröffentlicht, in denen sich jene zwei allgemeinen Sätze finden, die beiden Kirchhoff'schen Gesetze, welche das Ohm'sche Gesetz als speziellen Fall in sich schliessen. Es gehören diese Abhandlungen zu den Erstlingsarbeiten des verehrten Meisters unserer Wissenschaft.

Wir haben noch kurz der Prioritätsansprüche Pouillet's zu gedenken, welche dieser französische Gelehrte ziemlich spät, als die Bedeutung des Ohm'schen Gesetzes allgemein anerkannt war, bezüglich der Entdeckung dieses Gesetzes erhob. Derselbe hatte im Jahre 1837 der französischen Akademie eine Arbeit vorgelegt, welche im Wesen zu denselben Resultaten gelangte, wie die Arbeiten Ohm's und Fechner's. Die einfache Vergleichung der hier in Betracht kommenden Jahreszahlen zeigt, wie ganz und gar unbegründet die Ansprüche Pouillet's seien.

Ganz kurz erwähnen wir hier noch, dass Ohm schon im Jahre 1844 die Passivität des Eisens als durch eine dünne Oxydschichte verursacht erklärte, ferner seine Bemerkung, dass das Leitungsvermögen der Flüssigkeiten durch die Wärme gesteigert werde. Ueber die biographischen Verhältnisse Ohm's ist zu vergleichen: Carl Max Bauernfeind: Gedächtnissrede auf Georg Simon Ohm den Physiker. 4°. München 1882.

Im Anschlusse an Ohm erwähnen wir noch die folgenden Gelehrten: Zamboni, Pouillet, Ant. Cés. Becquerel, Daniell, Fechner, Wheatstone, Dellmann, Kohlrausch, Grove und Smee.

Giuseppe Zamboni, Abbate, geboren den 1. Juni 1776 zu Verona, gestorben ebenda den 25. Juli 1846, war Professor der Physik am Lyceum seiner Vaterstadt. Am bekanntesten ist er durch die Construktion der trockenen Säule geworden, trotzdem er nicht der Erfinder derselben ist. Er kam vielmehr erst durch Deluc's Arbeiten auf die Construktion derselben, worüber er die folgenden zwei Abhandlungen veröffentlichte: „Dissertazione sulla pila elettrica a secco" und „Descrizione della colonna elettrica del Signore De Luc etc." (Brugnatelli's Journal 1812 Dezember und 1813 Januar). Trotzdem der bescheidene italienische Gelehrte sich nirgends die Erfindung der trockenen Säule zueignen will, wurde sie doch alsbald Zamboni'sche Säule genannt, welchen Namen sie denn auch bis auf den heutigen Tag trägt. Anfänglich versprach man sich sehr viel von derselben, gegenwärtig wird sie nur mehr im Bohnenberger'schen Elektroskope und hie und da als Beweger eines elektrischen Pendels gebraucht.

Claude-Servais-Mathias Pouillet, geboren den 16. Februar 1790 zu Cusance bei Baume-les-Dames, gestorben den 14. Juni 1868, war Professor der Physik am „Collège Bourbon", an der „École polytechn." und an der „Faculté des Sciences", hierauf Direktor des „Conservatoire des arts et métiers", 1849 legte er seine Stellen nieder. — Pouillet untersuchte die Abweichungen von dem Mariotte'schen Gesetze und verfertigte ein Instrument zur Messung der Sonnenwärme: das Pyrheliometer. Sehr zahlreich sind seine auf den Galvanismus bezüglichen Versuche. Er stellte Versuche über die Leitungsfähigkeit verschiedener Stoffe an, verbesserte die Nervander'sche Tangentenboussole und construirte die Sinusboussole, er wendete den galvanischen Strom zu Geschwindigkeitsmessungen bei sehr kurzer Dauer an, so z. B. in der Ballistik. Die Arbeit, in welcher er seine Untersuchungen über die Kette abhandelt, führt den Titel: „Mémoire sur la pile de Volta et sur la loi générale d'intensité que suivent les courants, soit qu'ils proviennent d'une pile à petite ou à grande tension" (Compt. rend. IV, 1837). — Die: Éléments de physique et de météorologie (2 vol., 8°, Paris 1827) erlebten viele Auflagen und wurden in Müller's Bearbeitung auch in deutscher Sprache oftmals herausgegeben.

Antoine-César Becquerel, geboren den 8. März 1788 zu Châtillon-sur-Loing, gestorben den 19. Januar 1878 zu Paris, war Professor am „Musée d'Histoire naturelle". Er beschäftigte sich vielfach mit elektrochemischen Versuchen und construirte auch eine Kette aus zwei Metallen und drei Flüssigkeiten, welche gewissermassen als Vorläufer der constanten Ketten betrachtet werden kann. Die erste Idee der constanten Batterien stammt von Wach aus dem Jahre 1830, dieser trennte die Schwefelsäure von der Kupfervitriollösung durch eine thierische Membran, Becquerel wendete zuerst ein Gypsdiaphragma, später eine Goldschlägerhaut an, wodurch er Kalilösung und eine Säure von einander trennte. Als Metalle wurden Kupfer und Zink angewendet. Anfänglich nahm Becquerel zwischen den Anhängern der Contact- und denen der chemischen Theorie eine vermittelnde Stellung ein, später bekannte er sich entschieden zur chemischen Theorie. Er construirte auch eine elektromagnetische Waage zur Messung der Stromintensität. Becquerel hat sich um die Elektrochemie, besonders um die Galvanoplastik, bedeutende Verdienste erworben. Zu erwähnen ist sein hierauf bezügliches Werk: Éléments d'Électrochimie (Paris 1843).

John Frederic Daniell, geboren den 12. März 1790 zu London, gestorben ebenda den 13. März 1845, war Professor der Chemie am „Kings

College" zu London, Mitglied und Sekretär der Royal Society. Von seinen Arbeiten sind in erster Linie die auf Galvanismus bezüglichen zu erwähnen. Er construirte eine constante Kette, die unter seinem Namen bekannt ist. Dieselbe bestand aus einem Kupfercylinder, der eine Kupfervitriollösung enthielt, in diesem Cylinder befand sich eine unten geschlossene Ochsengurgel, welche die verdünnte Schwefelsäure und das amalgamirte Zink in sich fasste. Daniell nannte diese Kette eigentlich bloss deswegen eine constante Kette, da durch besondere Vorrichtungen für die Constanz der Flüssigkeiten gesorgt war. Später wurde diese Bezeichnung auf alle, der Polarisation nicht unterworfenen Batterien angewendet. Die Daniell'sche Kette ist in der ersten der sechs Abhandlungen: On voltaic Combinations (Phil. Trans. 1836—39, 1842) beschrieben; ferner sind noch seine auf die Elektrolyse bezüglichen Arbeiten zu erwähnen. Daniell hat ein Pyrometer und ein Hygrometer construirt.

Gustav Theodor Fechner, geboren den 19. April 1801 zu Gross-Särchen in Sachsen, ist Professor an der Universität Leipzig. Sein Hauptwerk über Galvanismus sind die: „Massbestimmungen über die galvanische Kette" (1 vol., Leipzig 1831), in welchen er wichtige Ergänzungen der Ohm'schen Theorie lieferte. Er unterscheidet dreierlei Leitungswiderstand: den der festen, den der flüssigen Leiter und den Uebergangswiderstand. Als Ergänzung der Ohm'schen Sätze können die folgenden gelten: Die Stärke der Strömung ist in allen senkrecht zur Stromesrichtung gemachten Querschnitten des Schliessungsbogens gleich, unabhängig jedoch von der Grösse und Beschaffenheit jenes Querschnittes. Irgend eine Veränderung in der elektromotorischen Kraft oder im Leitungswiderstande an irgend einer Stelle wirkt auf alle Theile der Kette. — Wenn die Summe aller durch einen Querschnitt fliessenden Elektricität für alle Querschnitte gleich ist, so muss die Intensität bei grösserem Querschnitte kleiner sein, als bei kleinerem. Fechner ist ein strenger Anhänger der Contacttheorie. Er hat eine staunenswerthe Menge von sehr werthvollen und wichtigen Versuchen über die strömende Elektricität angestellt, so z. B. über die Elektricitätserregung durch Berührung von Flüssigkeiten, mit Ausschluss von Leitern erster Ordnung, durch Berührung von Nichtleitern, seine elektrolytischen Versuche, seine Untersuchungen der Induktionserscheinungen u. s. w. Fechner hat das Bohnenberger'sche Elektroskop verbessert und die Bedingungen der Tragkraft eines Elektromagneten untersucht.

Charles Wheatstone, geboren 1802 zu Gloucester, gestorben den 19. Oktober 1875 auf seiner Reise nach Paris. Er war erst Verfertiger musikalischer Instrumente, hierauf Professor am „Kings College" zu London, später Privatmann, der vom Ertrage seiner Erfindungen, besonders der auf den Telegraphen bezüglichen lebte. Wheatstone war ein sehr glücklicher Erfinder solcher Vorrichtungen, welche im praktischen Leben verwerthbar waren und ein höchst geschickter Constructeur physikalischer

Apparate. Von ihm stammt das Kaleidophon, das Stereoskop, der Rheostat zur Messung von Leitungswiderständen und ein elektromagnetisches Chronoskop. Er ist es ferner, der den Telegraphen durch seine höchst zweckmässigen Verbesserungen in die Praxis eingeführt hat. Er gab auch die erste Idee des Drucktelegraphen. Von besonderem Interesse sind seine Arbeiten über den Leitungswiderstand, wo er eine sehr zweckmässige Methode einführte, welche durch eine Messung den Widerstand zu bestimmen gestattet (Wheatstone'sche Brücke), ferner seine Arbeiten über die Fortpflanzungsgeschwindigkeit der Elektricität und über die Dauer der Entladung.

Friedrich Dellmann, geboren 1805 zu Kettwig a. d. Ruhr, gestorben den 14. Juli 1870 zu Kreuznach, wo er Professor der Mathematik am Gymnasium war. Dellmann hat sich durch die Construktion seines Elektrometers, welches er durch einige an der Coulomb'schen Drehwaage angebrachte Aenderungen erhielt, um die Elektricitätslehre grosse Verdienste erworben. Mit seinem Apparate gelang es Kohlrausch, den experimentellen Beweis für die Ohm'schen Gesetze zu führen. Ausserdem hat sich Dellmann mit der Untersuchung des elektrischen Zustandes der Luft beschäftigt.

Rudolph Hermann Arndt Kohlrausch, geboren den 6. November 1809 zu Göttingen, gestorben am 9. März 1858 zu Erlangen, war Lehrer der Mathematik und Physik an der Ritterakademie zu Lüneburg, dann am Gymnasium zu Rinteln, an der polytechnischen Schule zu Cassel, am Gymnasium zu Marburg, schliesslich Professor der Physik an der Universität zu Erlangen. Ausser seinen oben erwähnten, für die Theorie der galvanischen Kette höchst wichtigen Arbeiten mit dem Dellmann'schen Elektrometer ist noch sein Antheil an den „Elektrodynamischen Massbestimmungen" Wilh. Weber's zu erwähnen. Er hat ferner den Rückstand der Leydener Flasche untersucht und das Sinuselektrometer construirt.

William Robert Grove, geboren den 11. Juli 1811 zu Swansea, Rechtsanwalt zu London und von 1841—46 Professor der Physik an der „London Institution". Grove's Name ist durch seine treffliche Schrift: „On the correlation of physical forces" (London 1847), die in die verschiedensten europäischen Sprachen übersetzt wurde, in weiten Kreisen bekannt geworden. Unter seinen auf Galvanismus bezüglichen zahlreichen Arbeiten ist vor allem jene zu erwähnen, in welcher er seine Zinkplatinkette beschreibt: On a new voltaic battery of great energy (Phil. Mag. Ser. III, XV, 1839)*). Ferner sind zu erwähnen seine Gaskette, sowie seine Versuche über das galvanische Glühen von Drähten. Grove hat sich sehr eingehend mit der chemischen Action des galvanischen Stromes beschäftigt.

---

*) Im Jahre 1842 schlug Robert Wilhelm Bunsen die Anwendung der Gaskohle statt des theuren Platins vor.

Alfred Smee, geboren den 18. Juni 1818 zu Camberwell bei London, gestorben zu London am 11. Januar 1877, er war Wundarzt daselbst und ist hier wegen der Erfindung der halbconstanten Batterie zu erwähnen, die seinen Namen trägt. Dieselbe besteht aus Zink und mit Platinmohr überzogenem Silber, welche beide Metalle in verdünnte Schwefelsäure tauchen *).

Michael Faraday.

In der langen Reihe der Denker, deren Bild an uns vorüber gezogen, deren Leben der Erforschung der Erscheinungswelt gewidmet war, taucht nun die Gestalt eines Mannes vor unseren Blicken auf, dem es vergönnt war, unsere Kenntniss der magnetisch-elektrischen Phänomene in staunenswürdiger Weise zu erweitern. Derselbe besass die wunderbare Gabe, durch instinktmässig zweckmässiges Verknüpfen der Grundbedingungen von Erscheinungen, jener Zeit gänzlich unbekannte, umfangreiche Erscheinungskreise der menschlichen Wissenschaft zu erschliessen. Auch er ist einer jener zahlreichen grossen Denker, deren Ursprung in den Kreisen des von seiner Hände Arbeit sich nährenden Volkes zu suchen ist. Von der Natur mit den Gaben, welche den grossen Forscher kennzeichnen, verschwenderisch ausgestattet, fand er den Weg, um sich jene Stellung zu erringen, die eine freie Entfaltung seiner Geisteskräfte gestattete.

In Newington Butts bei London wurde Michael Faraday am 22. September 1791 als der Sohn von James und Margaret Faraday geboren. Sein Vater war ein geschickter, jedoch kränklicher Hufschmiedgeselle. Michael war das dritte der vier Kinder dieses Ehepaars. Sein Vater gehörte der wenig verbreiteten Sandemanianersekte an, die aus der presbyterianischen schottischen Kirche entstanden ist; auch unser Forscher hing derselben sein ganzes Leben hindurch an. Später wohnten seine Eltern in Jacob's Well Mews, Charles Street, Manchester Square. Nicht weit von dort war eine Buchhandlung und Buchbinderei, die einem Mr. Riebau gehörte. Zu diesem kam Faraday als Laufbursche im Alter von 13 Jahren. Schon nach einem Jahre wurde er von seinem Herrn als Lehrling angestellt, wobei er Gelegenheit hatte, manches der ihm zum Binden gegebenen Bücher durchzulesen. Schon zu jener Zeit begann er kleine chemische und physikalische Versuche anzustellen, um sich von der Wahrheit des Gelesenen zu überzeugen. Im Jahre 1810 besuchte er die Vorlesungen eines Herrn Tatum über Naturwissenschaften, den Eintrittspreis zu einem Schilling bezahlte ihm sein Bruder. Faraday

---

*) On the galvanic properties of metallic elementary bodies, with a description of a new chemico-mechanical battery (Phil. Mag. Ser. III, XVI, 1840).

verfasste sorgfältig ausgeführte Notizen nach diesen Vorträgen, die er — mit Zeichnungen und Inhaltsverzeichniss ausgestattet — in vier Bände gebunden, seinem Chef dedizirte. Unter den Kunden des Buchladens befand sich ein Mitglied der „Royal Institution", der den wissensdurstigen Jüngling zu einigen Vorlesungen Davy's mit sich nahm. Faraday schrieb auch das hier Gehörte sorgfältig nieder; der Quartband, welcher diese Aufzeichnungen enthält, existirt noch jetzt. — Im Oktober 1812 ging Faraday's Lehrzeit zu Ende und er kam als Buchbindergehülfe zu einem französischen Emigranten de la Roche, jedoch schon nach drei Monaten verliess er diesen unangenehmen Prinzipal, da ihn Davy, an den er sich vordem gewendet hatte, als Assistenten im Laboratorium der „Royal Institution" anstellte. Faraday nahm an den gefährlichen Versuchen Davy's über den Chlorstickstoff Theil und wurde gleich dem letzteren von dieser heftig explodirenden Flüssigkeit verletzt. Zu jener Zeit trat er in die „City Philosophical Society", in welcher er vielseitige, nützliche Anregung fand. Im Oktober 1813 trat er als Sekretär Davy's mit diesem und dessen Frau eine längere Reise auf dem Continente an. Nach seiner Rückkehr im Jahre 1815 begann er nun selbstständig zu arbeiten. Er hielt Vorträge in der „City Philosophical Society" und veröffentlichte 1816 seine erste Abhandlung: On the analysis of native caustic lime of Tuscany" in dem Quarterly Journal of Science. Faraday verheiratete sich am 12. Juni 1821 mit Miss Sarah Barnard, der Tochter des Aeltesten der Sandemankirche in London, Mr. Barnard, der Goldschmied im Paternoster-Row war. Um jene Zeit waren die Versuche Ampère's über den Elektromagnetismus bekannt geworden und Wollaston beschäftigte sich mit ähnlichen, jedoch erfolglosen Versuchen. Faraday hörte von diesen Experimenten und es gelang ihm den Leiter eines galvanischen Stromes um den Pol eines Magneten in bleibende Rotation zu versetzen. Da er bei der Veröffentlichung seiner hierauf bezüglichen Arbeit den Namen Wollaston's nicht genannt hatte, so trat eine Verstimmung zwischen ihm, Davy und Wollaston ein, da man ihn beschuldigte, sich fremde Ideen angeeignet zu haben. Auch später im Jahre 1823 trübten Eifersüchteleien von Seite des älteren Gelehrten das früher herzliche Verhältniss Davy's zu Faraday.

Zu jener Zeit als Faraday seine Frau heimgeführt hatte, war er Oberaufseher des Hauses und Laboratoriums der „Royal Institution" geworden, im Februar 1825 wurde er Direktor derselben. Er richtete die wissenschaftlichen Freitagsabende ein, zu welchen sich die Mitglieder, um Vorlesungen zu halten und über wissenschaftliche Gegenstände zu sprechen, versammelten. Faraday hielt von jener Zeit an zahlreiche öffentliche Vorlesungen, im Frühling 1827 einen Cursus von 12 Vorlesungen über chemische Manipulationen in der „London Institution", dann seinen ersten Cyclus in der „Royal Institution", sechs Vorlesungen über Chemie, ferner seine sechs Vorlesungen für Knaben und Mädchen

„über die Kräfte der Materie und ihre Beziehungen zu einander", welchen Cyclus er neunzehn Jahre lang fortsetzte.

Am 29. August 1831 begann Faraday jene Reihe von Experimentaluntersuchungen über Elektricität und Magnetismus, welche uns eine fast unabsehbare Menge wichtiger neuer Thatsachen erschlossen und wodurch wir einen tiefen Einblick in die Wechselwirkungen der Naturkräfte erhalten haben. Wenn wir auf dem gegenwärtigen Standpunkte unserer Wissenschaft die feste Ueberzeugung gewonnen haben, dass wir in den verschiedenen Erscheinungen nur die mannigfachen Manifestationen einer und derselben Energie vor uns haben, die in die verschiedensten Formen umgewandelt werden kann, so ist diese Ueberzeugung durch die Entdeckungen von Faraday jedenfalls mächtig gefördert worden. Das Ziel, dem er zuvörderst zustrebt, war die Erzeugung von Elektricität durch Magnetismus als Gegenerscheinung der durch den Strom bewirkten magnetisirenden Kraft. Zuerst gelang es ihm Ströme durch Ströme, hierauf Ströme durch Magnete hervorzurufen, schliesslich brachte er Ströme durch den Erdmagnetismus hervor. Seit einigen Jahren war schon Arago's Rotationsmagnetismus bekannt gewesen, ohne dass man eine befriedigende Erklärung dieses Phänomens gekannt hätte. Faraday zeigte, dass es sich auch hier um einen Fall magnet-elektrischer Induktion handle. — Es folgten nun allgemein elektrische Arbeiten über die verschiedenen Quellen derselben, über die Elektricitätsleitung und über die chemische Action des Stromes. Im Verfolgen der Probleme, welche er hier zu lösen hatte, gerieth er auf ein Fundamentalgesetz des Galvanismus, das Gesetz der elektrolytischen Aequivalente. Hierauf folgten nun Faraday's Arbeiten über statische Elektricität, über Leitung, Induktion und über Verbreitung derselben. Er fand das Gesetz der dielektrischen Capacität und erörterte die Frage über die Fortpflanzung der elektrischen Anziehung und Abstossung. Ist hiezu ein Medium erforderlich oder haben wir es mit einer wirklichen, unvermittelten Fernwirkung zu thun. Unser Forscher bekannte sich zur ersten Ansicht, da er aus seinen Versuchen auf eine krummlinige Fortpflanzung der elektrischen Wirkung schloss. Alle diese Arbeiten bilden den Inhalt des ersten Bandes der „Experimental researches in electricity". — Der zweite Band beschäftigt sich mit der Elektricität des Zitteraals, mit der Entstehung der Elektricität in der Volta'schen Säule, der Armstrong'schen hydroelektrischen Maschine, ferner eine Abhandlung über magnetische Rotationen. Die Arbeit über die Volta'sche Säule enthält die Begründung der elektrochemischen Theorie. — Der dritte Band der „Experimentaluntersuchungen" enthält die folgenden Arbeiten: Ueber die Magnetisirung des Lichtes und die Beleuchtung der magnetischen Kraftlinien. — Ueber neue magnetische Wirkungen und die magnetischen Bedingungen aller Materie. — Ueber den Diamagnetismus. — Ueber die magnetischen und diamagnetischen Bedingungen der Körper u. s. f. — Der Titel der angeführten ersten Abhandlung dieses Bandes ist auch heute noch ziemlich unverständlich. Sie enthält die Entdeckung der Rotation der Polarisationsebene durch magnetische Direktionskraft und hat Sir William Thomson, Clerk Maxwell und andere Physiker zur Untersuchung des wunderbaren Zusammenhanges zwischen Elektricität und Licht angeregt, welche ihren Ausdruck vor der Hand in Maxwell's elektromagnetischer Theorie gefunden hat. Die zweite, höchst wichtige Erscheinung, mit der sich dieser Band beschäftigt, ist der Diamagnetismus. Brugmans hatte denselben entdeckt, Le Bailiff, Seebeck, Becquerel und andere hatten einzelne Thatsachen beobachtet; eine systematische Untersuchung geschah jedoch erst durch Faraday. — Um einzelne Versuche leichter auffinden zu können, ist das ganze Werk in Paragraphen eingetheilt und enthält deren 3362. Der letzte hat das Datum 20. Dezember 1854.

Einige Jahre später sammelte Faraday auf verschiedene Gegenstände bezügliche, in verschiedenen Publikationen zerstreute Abhandlungen unter dem Titel: „Experimental researches in chemistry and physics". Wir heben aus der langen Reihe meist sehr kleiner Abhandlungen bloss einige hervor: Ausfliessen der Gase durch Capillarröhren, Verbrennung des Diamanten, tönende Flammen in Röhren, Chlorhydrat, flüssiges Chlor, Condensation der Gase, Grenze der Verdampfung, über Regelation, über Erhaltung der Kraft u. a.

Faraday bezog bis zum Jahre 1833 nebst freier Wohnung, Heizung und Beleuchtung von der „Royal Institution" einen Gehalt von jährlichen 100 Pfd. Sterling, da das Vermögen derselben eine höhere Bezahlung nicht ertrug. Um jene Zeit gründete John Fuller eine Professur für Chemie, mit einem jährlichen Einkommen von fast 100 Pfunden und ernannte Faraday als ersten „Fullerian Professor". Das regelmässige Einkommen des Gelehrten war nun allerdings ein höchst bescheidenes zu nennen. Viel bedeutender war jenes Einkommen von variabler Höhe, das er sich — jedoch nur während einiger Jahre — durch chemische Analysen für gewerbliche Zwecke erwarb, dieses überstieg in einzelnen Jahren die Summe von 1000 Pfd. Sterling. Von jener Zeit an, da er mit seinen weitausgebreiteten Experimentaluntersuchungen beschäftigt war, sanken seine Einnahmen jedoch auf kaum 150 Pfd. Sterling. Vom Jahre 1829—1852 war er an der „Royal Academy" in Woolwich thätig, ferner war er von 1836 an wissenschaftlicher Berather am „Trinity House".

Faraday's Leben floss in grosser Einförmigkeit dahin. Er lebte gänzlich zurückgezogen bloss seinen Arbeiten. Im Jahre 1824 wurde er zum Mitgliede der „Royal Society" gewählt und im Jahre 1844 zu einem der acht auswärtigen Mitglieder der französischen Akademie. Ausserdem war er auswärtiges oder Ehrenmitglied fast aller europäischen Akademien. Doktortitel von mehreren Universitäten, Orden, Medaillen und alle andern Ehrenbezeugungen regneten förmlich auf den bescheidenen

Mann herab, der dieselben nicht suchte. Die Präsidentschaft der „Royal Society" schlug er beharrlich aus. In späterer Zeit bezog Faraday eine staatliche Pension von 300 Pfd. Sterlingen. Im Jahre 1858 schenkte ihm die Königin ein Haus in Hampton Court, wo er den Rest seiner Tage zubrachte.

Im Jahre 1861 zog er sich von der „Royal Institution" zurück, auch seine Wirksamkeit im „Trinity House" hörte auf, jedoch bezog er seinen Gehalt fort. Allmählig zog er sich von allen seinen Aemtern zurück und begann ein streng beschauliches Leben. Sein Gedächtniss wurde immer schwächer und auch seine körperlichen Kräfte schwanden rasch dahin. Seine Briefe wurden in kurzen, abgerissenen Sätzen geschrieben, zuletzt liess er bloss durch seine Nichte und Pflegerin Miss Jane Barnard schreiben und endlich verstummte er ganz. Während des Winters 1866/67 wurde Faraday immer schwächer, die Lebensfunktionen gingen nur höchst mühselig von Statten, er war kaum im Stande sich zu bewegen. Nach Tyndall's Bemerkung hatte eine der damals neuen Holtz'schen Elektrisirmaschinen zum letzten Male Interesse bei dem scheidenden Forscher wachgerufen. Während des nun folgenden Frühlings war zeitweise sein Verstand getrübt und er sprach irre. Dabei schlief er sehr viel, bis er am 25. August 1867 in seinem Hause in Hampton Court in seinem Sessel sitzend sanft entschlief. Er war 75 Jahre, 11 Monate und 3 Tage alt geworden. Seine Ueberreste wurden im Highate Cemetery nach den Bräuchen seiner Kirche still beigesetzt.

Faraday war ganz und gar Autodidakt. Die seltene Grösse seiner geistigen Gaben und die eigenartige Anlage derselben hat die Vortheile dieser Art von Geistesbildung in vielfacher Weise potenzirt, die Nachtheile derselben hingegen erheblich gemildert. Der ungelehrte Sohn des Hufschmiedes hatte viel weniger mit jenen metaphysischen Vorstellungen zu kämpfen, welche die menschliche Wissenschaft im Laufe der Jahrhunderte und Jahrtausende ihrer Entwicklung aufgestellt hatte, um die Vorgänge in der Erscheinungswelt zu erklären, als diejenigen seiner Zeitgenossen, welche durch die altehrwürdige Vorhalle der Gelehrtenlaufbahn in das Heiligthum getreten. Er war von den wissenschaftlichen Ideen seiner Zeit weniger beeinflusst als die andern und fähiger, die Erscheinungen in ihrer vollen Wirklichkeit auf sich eindringen zu lassen, und während er dergestalt unter der Herrschaft der Facten stand, befähigte ihn eine gewaltige Phantasie, für die in ihrer Unmittelbarkeit geschauten Wirkungen der Naturkräfte das geeignete Vorstellungsbild zu gestalten. Allerdings — und dies gehört zu den obenerwähnten Nachtheilen des Autodidaktenthums — sind diese Conceptionen des philosophisch nicht geschulten Schöpfers derselben derart, dass sie auch bis heute von der physikalischen Wissenschaft noch nicht vollständig assimilirt sind und die Mathematiker unter den englischen Naturforschern sind zum Theil noch jetzt damit beschäftigt, die mathematisch-mechanische Einkleidung für jene neuen Vorstellungen zu beschaffen. — Es kann somit von

Faraday wohl gesagt werden, dass der ungewöhnliche Gang seiner Entwicklung für die Eigenart seiner Fähigkeiten und Geistesanlagen sehr entsprechend gewesen ist, es darf jedoch hiebei nicht vergessen werden, dass dem angehenden Naturforscher von ungewöhnlicher Entwicklungsfähigkeit auch ein ungewöhnlicher Meister in der Naturforschung, ein Sir Humphry Davy zur Seite stand und dass der ungelehrte Buchbindergeselle gleich jenem gleichfalls ungelehrten amerikanischen Buchdrucker Benjamin Franklin den unbezwinglichen Drang sich selbst zu bilden hatte und die Energie, durch jahrelang fortgesetztes Nachtwachen die Mängel seiner Bildung nachzuholen.

Wir haben von Faraday gesagt, dass er in seinen physikalischen Conceptionen von den gewöhnlichen mechanischen Vorstellungen abgewichen sei und wollen nun im Allgemeinen sehen, worinnen diese Abweichungen bestehen. Vor allem ist seine Idee von Kraft und von Materie zu erwähnen. Während er die Materie als immaterielle Kraftcentren aufzufassen suchte, stellte er sich die Tendenz derselben auf einander zu wirken nach „physikalischen Kraftlinien" (physical lines of force) vor. Dabei kommt ihm nun allerdings der Begriff der Trägheit der Masse abhanden, ein Begriff, dessen wir wenigstens in der Mechanik nicht entrathen können. So lange von Elektricität und Magnetismus die Rede ist, kann allerdings hievon abgesehen werden. — Er bekämpft kühn den Begriff der Wirkung in die Ferne, während sein grosser Landsmann Isaac Newton vor anderthalb Jahrhunderten, um mit der „händelsüchtigen Dame Metaphysik" nicht anzubinden, diesem Probleme vorsichtig aus dem Wege ging. Ihn beschweren solche Sorgen nicht, er geht direkt den Fragen zu Leibe, wobei er sich durch keinerlei philosophische Schwierigkeiten behindern lässt. So sind es auch die Annahmen der zwei elektrischen und magnetischen Flüssigkeiten, der reinen Contactwirkung an der Berührungsoberfläche zweier Leiter, welche er bei jeder Gelegenheit bekämpfte. — Wenn wir auf eine Würdigung der Forschungsarbeit Faraday's näher eingehen wollen, so ist noch das Arbeitsfeld zu berücksichtigen, das Gebiet der Elektricitätslehre, auf dem er mit seinem Bildungsgange Grosses zu leisten im Stande war, auf einem Gebiete, wo jene festen Formen, die nur in ihrer mathematischen Verknüpfung zu brauchbaren Resultaten führen, wie dies in den rein mechanischen Disciplinen der Fall ist, nicht unvermeidlich sind.

Wir wollen nun eine kurze Darstellung der Arbeiten Faraday's in ihrer historischen Folge geben. Von 1815—1820 beschäftigte sich der angehende Naturforscher hauptsächlich mit chemischen Untersuchungen. Zu Anfang 1821 trug sich Wollaston[*)] mit der Idee, die durch Oersted

---

[*)] **William Hyde Wollaston,** geb. den 6. August 1766 zu East-Dereham, gestorben den 22. Dezember 1828, war praktischer Arzt in London und lebte später als Privatmann daselbst. Die Erfindung, das Platin hämmerbar

1820 entdeckte Ablenkung der Magnetnadel durch den galvanischen Strom in eine bleibende Rotation zu verwandeln. Faraday's Aufmerksamkeit wurde durch diese, im Laboratorium der „Royal Institution" ausgeführten, Versuche ebenfalls auf jene Erscheinung gelenkt. Er las, was er darauf bezügliches finden konnte und schrieb für Thomson's „Annals of Philosophy" eine „Geschichte der Fortschritte des Elektromagnetismus". Zu Ende des Jahres 1821 war es ihm nach langwierigem Experimentiren geglückt, eine Magnetnadel um den Leiter eines galvanischen Stromes rotiren zu machen. Um jene Zeit stellte er ausserdem Versuche an über die Verdampfung des Quecksilbers bei gewöhnlicher Temperatur, studirte die Zusammensetzung des Stahles und bewerkstelligte die Condensation des Chlorgases, sowie anderer für permanent gehaltener Gase, unter ihrem eigenen Drucke. In den folgenden Jahren beschäftigte er sich wieder mit chemischen Arbeiten, im Jahre 1825 bis 1829 nahm er an den Arbeiten einer, von der „Royal Society" eingesetzten Commission Theil, welche die vortheilhafteste Verfertigung optischer Gläser zum Zwecke hatte und hielt gegen Ende 1829 einen „Bakerian"-Vortrag über diesen Gegenstand. Es folgten nun 1831 Versuche über schwingende Platten, durch welche er nachwies, dass die schon von Chladni beobachtete Erscheinung, derzufolge leichte Körperchen sich nicht gleich dem schwereren Sande auf den Knotenlinien der Scheibe, sondern auf den vibrirenden Stellen derselben sammeln, davon herrühre, dass diese schwingenden Stellen über der Scheibe eine wirbelnde Bewegung der Luft erzeugen, welche jedoch bloss das leichtere Pulver mit sich zu reissen im Stande ist, während der schwere Sand die ruhigen Knotenlinien sucht. Am besten gelingen diese Versuche mit Bärlappsamen, derselbe geräth über den schwingenden Stellen unter den gewöhnlichen Umständen in heftig wirbelnde Bewegung, wird jedoch der Versuch unter der Luftpumpenglocke angestellt, so begibt sich sowohl der schwere Sand als der leichte Bärlappsamen nach den Knotenstellen*).

Im Jahre 1831 begann Faraday die Reihe seiner glänzenden Experimentaluntersuchungen über den galvanischen Strom. Die erste der hier zu nennenden Entdeckungen ist jene der induzirten Ströme. Zuerst fand er, dass der constante Strom keine Wirkung auf einen benachbarten Leiter ausübe, dass jedoch im Augenblicke der Herstellung und der Unterbrechung derselben eine elektrische Welle, gleich jener einer Leydener Batterie dem Leiter entlang ströme. Faraday nahm zuerst an, dass der Leiter während des Anhaltens des benachbarten in-

---

zu machen, trug ihm jährlich eine beträchtliche Summe. Wollaston entdeckte das Palladium und Rhodium, er erfand ein Reflexionsgoniometer, die „Camera lucida" und den Kryophor.

*) Experimental researches in Chemistry and Physics. London 1859, pag. 314.

duzirenden Stromes sich nicht in seinem natürlichen Zustande befinde, sondern gleichsam in einer gewissen Spannung, aus der er beim Oeffnen des Stromes wieder in den natürlichen Zustand zurückschnelle. Er nannte diesen Zustand den elektrotonischen Zustand. Später gab er diese Ansicht wohl auf, kehrte aber zuletzt wahrscheinlich wieder zu ihr zurück. — Die zweite Entdeckung war die der magnetischen Induktion. Er umwickelte die beiden Hälften eines Ringes mit zwei umsponnenen Drahtgewinden. Durch die eine Spirale sendete er einen Strom, die andere verband er mit einem Galvanometer. Auch hier zeigte sich im Augenblicke der Schliessung oder Oeffnung des Stromes, d. h. im Augenblicke der Magnetisirung oder Entmagnetisirung des Ringes, eine kräftige induzirende Wirkung. Dasselbe Resultat erreichte er nun, wenn er einen permanenten Stahlmagneten in ein Drahtgewinde steckte oder es aus demselben herauszog. Es folgten nun die Erklärungen des Arago'schen Rotationsmagnetismus durch magnetinduzirte Ströme, die in einer Metallscheibe hervorgerufen werden, ferner die elektrische Induktion durch den Erdmagnetismus, welche den Gegenstand der „Baker"-Vorlesung für 1832 bildete. Durch die Bewegung eines weichen Eisenstabes in der Richtung der Inclinationsnadel längs der Axe eines Drahtgewindes wurde in demselben ein Strom induzirt. — Die glänzende Reihe der Entdeckungen Faraday's über den induzirten Strom wurde durch die Entdeckung des „Extracurrent" d. i. desjenigen Stromes beschlossen, den der Strom durch die induzirende Wirkung auf sich selbst hervorbringt, welche er in seiner Abhandlung vom 29. Januar 1835 der „Royal Society" vorlegte.

Im Verlaufe seiner Untersuchungen waren dem Forscher Zweifel aufgestiegen, ob denn diese verschiedenen Manifestationen der Wirkungen gewisser Naturkräfte, wie wir sie bei der Reibungs-, der Volta'schen Elektricität, den elektrischen Erscheinungen des Zitterrochens und anderer Thiere, der Magnet- und Thermoëlektricität beobachten, in der That die verschiedenen Aeusserungen einer und derselben Naturkraft seien. Am 10. und 17. Januar 1833 las er vor der „Royal Society" eine Abhandlung unter dem Titel: Identity of Electricities derived from different sources (Voltaic, Common, Magneto-, Thermo-, and Animal Electricity). Er vergleicht die chemische Wirkung der Reibungselektricität mit der der Volta'schen und findet, dass die erstere verschwindend klein sei gegen die letztere. Durch diese Arbeiten geräth er immer mehr in das Studium der chemischen Wirkung der Säule, welches den zweiten Kreis seiner Entdeckungen in sich schliesst. Seine Untersuchungen führen ihn unwiderstehlich zur chemischen Theorie des Stromes. Zuerst beseitigt er die Pole, welchen man Anziehung auf die Bestandtheile des Leiters zweiter Ordnung zugeschrieben hat und lässt Reibungselektricität durch die Luft in den Entlader strömen, wodurch er eine chemische Wirkung zu constatiren im Stande ist. Er variirt diese Versuche und findet, dass die getrennten Körper nicht durch Pole angezogen, sondern durch die Elektricität aus den Körpern „herausgeworfen", von den sich zersetzenden Körpern fortgetrieben werden. — Zwischen hinein in diese Untersuchungen fällt seine Arbeit über die katalytische Kraft von Metallen und anderen Substanzen, vermöge welcher diese die Verbindung gasförmiger Körper bewerkstelligen. Diese Abhandlung legte er der Royal Society am 30. November 1833 vor. — Faraday versuchte bei seinen elektro-chemischen Arbeiten mit den ererbten Vorstellungen gründlich aufzuräumen. Aus dieser Ursache schlägt er sogar eine neue Terminologie vor. Mit Hülfe Whewell's sucht er alle Benennungen zu beseitigen, welche zu vorgefassten, die Erklärung der Erscheinungen vergewaltigenden Meinungen Veranlassung geben. Die sog. Pole bezeichnen bloss den Weg oder Eingang des Stromes, sie heissen deshalb „Elektroden" (von ἤλεκτρον und ὁδός). Die Eintrittsstelle des Stromes heisst „Anode" (ἀνά und ὁδός), die Austrittsstelle „Kathode" (κατά und ὁδός). Das galvanisch Zersetzbare heisst „Elektrolyt" (von λύω), das Zersetzungsprodukt „Jon" und zwar den Elektroden entsprechend „Anion" und „Kation" (ἀνιών = das Aufwärtsgehende, κατιών = das Abwärtsgehende).

Faraday wendete sich nach diesen vorbereitenden Bemühungen zur eigentlichen Untersuchung über den galvanischen Strom. Das Mass der Volta'schen Elektricität gibt ihm die Menge des vom Strom während einer gewissen Zeit zersetzten Wassers. Er verändert nun die Grösse der Elektroden und verfertigt sie aus verschiedenen Substanzen, ohne irgend welche Veränderung wahrzunehmen. Er leitet hierauf den Strom durch verschiedene Zellen, deren Flüssigkeiten, trotz aller Verschiedenheit der Concentration, nach ganz gleichen Mengen zersetzt werden. Hieraus folgt, dass die elektro-chemische Wirkung unabhängig sei von der Grösse der Elektroden und von der Concentration der Flüssigkeiten, sondern bloss der Elektricitätsmenge proportional, welche durch die Zelle strömt. Auf diese Wahrnehmung, welche den ersten Theil des berühmten elektrolytischen Fundamentalgesetzes bildet, das den Namen Faraday's führt, beruht die Anwendung des „Voltaelektrometers"*) oder, wie er diesen Apparat kürzer nannte, des „Voltameters" zur Messung der Stromstärke. — Der zweite Theil des elektrolytischen Gesetzes bezieht sich auf die bestimmten Verhältnisse der elektrochemischen Zersetzung. Er brachte sein Voltameter und eine mit Zinnchlorid gefüllte Zelle in denselben Stromkreis und liess so lange den galvanischen Strom durchgehen, bis sich im Voltameter eine genügende Menge von Gas ausgeschieden hatte. Es betrug die Menge des zersetzten Wassers 0,49742 Gran, die des ausgeschiedenen Zinns 3,2 Gran. Da die Aequivalentenzahl des Wassers (nach der älteren Bezeichnung) gleich 9 zu setzen ist, so ergibt sich hieraus durch eine einfache Proportion für das Zinn die Aequivalentenzahl 57,9, welche mit dem in der Chemie angenommenen Werthe genügend überein-

---

*) Experimental researches in electricity. Vol. I, pag. 217.

stimmt. — Dieser Versuch, den Faraday nun auf eine grosse Anzahl von Verbindungen ausdehnte, dient dem zweiten Theile des elektrolytischen Gesetzes als Unterlage, dem zufolge die Ausscheidung der Jonen im Verhältnisse von deren chemischen Aequivalenten stattfindet. Die Abhandlung Faraday's über diesen Gegenstand wurde in den Sitzungen der „Royal Society" vom 23. Januar, 6. und 13. Februar 1834 vorgelesen.

Die elektrochemische Theorie wurde von den Gelehrten: Fabroni, Wollaston, Becquerel, Parrot, de la Rive u. a. begründet. Faraday war durch seine Untersuchungen unwiderstehlich derselben Ansicht zugetrieben worden. Am 7. April 1834 überreichte er der „Royal Society" eine umfangreiche Abhandlung: „On the Electricity of the Voltaic Pile; its source, quantity, and general characters"*), in welcher er — auf zahlreiche Versuche gestützt — sich entschieden zur elektrochemischen Ansicht bekannte. Es muss besonders hervorgehoben werden, dass Faraday als Hauptschwierigkeit, die gegen die Annahme der Contacttheorie vorgebracht werden kann, in einer späteren Abhandlung vom Jahre 1840 die Folgerung hinstellt, die aus derselben zu entspringen scheint, dass nämlich diese Theorie in ihrer schroffen Einseitigkeit im direkten Widerspruche mit dem Satze stehe, dem zufolge die Erschaffung einer Kraft aus Nichts zu den Unmöglichkeiten gehöre. Es war damals noch nicht die Zeit gekommen, um diese Bemerkung in ihrer ganzen Bedeutung aufzufassen. Zum Schlusse schlägt Faraday eine etwas vermittelnde Richtung ein, wodurch er der Contacttheorie wieder einigermassen zuneigt**). Die Ansichten Faraday's über die Quelle des Stromes wurden durch Pfaff in seiner Schrift: „Parallele der chemischen und der Volta'schen Contacttheorie" (Kiel 1845) angegriffen und zu widerlegen gesucht.

Das Jahr 1835 war ein nach aussen hin wenig produktives. Faraday veröffentlichte bloss eine Abhandlung „über eine verbesserte Form der Volta'schen Batterie". Während dieser Zeit beschäftigte er sich jedoch schon sehr intensiv mit der alten Frage der Wirkung in die Ferne. Er will auch hier, mit Beiseitelassen der metaphysischen Schwierigkeiten, der Frage auf experimentellem Wege zu Leibe gehen. Er stellt einen kugelförmigen Condensator: eine Leydener Flasche her, deren beide Belege durch eine dicke isolirende Schichte von einander getrennt waren. Er setzte den einen, geladenen Apparat mit einem ganz gleichen, dessen Diëlectricum, d. h. seine isolirende Substanz, jedoch eine andere war als die des ersten, in Verbindung. Er fand, dass der Apparat mit festem Diëlectricum (Schellack, Schwefel oder Wallrath) mehr Ladung in sich aufnehme, als derjenige, dessen Diëlectricum durch eine Luftschichte

---

*) Exp. researches. Vol. I, pag. 259.
**) On the source of power in the voltaic pile. Exp. researches. Vol. II, pag. 18.

gebildet wurde. Ein Theil der Ladung war somit durch das Diëlectricum absorbirt worden. — Er fand ferner, dass die Elektricität Zeit brauche, um das Diëlectricum zu durchdringen. Als er den Ladungsapparat entladen hatte, da zeigte sich anfänglich durchaus kein Rest, erst nach einiger Zeit war er wieder schwach geladen. Er schloss hieraus, dass die Elektricität Zeit brauche, um das Diëlectricum zu verlassen. Nun geht er daran, den Unterschied zwischen Leiter und Isolator ganz zu beseitigen. Der Leitung geht eine Induktion zwischen den Atomen voraus, welche von Atom zu Atom sich fortpflanzend im Rücken von einer Entladung zwischen den Theilchen begleitet ist. Geht diese Entladung sehr langsam und schwierig von Statten, so nennen wir den Körper einen Isolator. Es ist viel Unbestimmtes und Vages in diesen Arbeiten Faraday's. Jedoch mögen vielleicht die Keime fruchtbarer Conceptionen in denselben stecken. — Im Jahre 1840 verfasste er seine schon weiter oben angeführte Abhandlung: „On the source of power in the voltaic pile", in welcher er sich nochmals gegen die Contacttheorie wandte. Im folgenden Jahre hatte sich eine gänzliche Erschöpfung des ruhelos Fortarbeitenden bemächtigt, die ihn zwang, seine Beschäftigungen zu unterbrechen. Er ging in die Schweiz, von wo er nach längerem Aufenthalte Ende September 1841 wieder gestärkt nach Hause kam. Die zwei folgenden Jahre veröffentlichte er bloss einige kleinere Abhandlungen. Am 26. Januar 1843 überreichte er der „Royal Society" eine Abhandlung über die Elektricität, hervorgebracht durch die Reibung von Dampf und Wasser gegen andere Substanzen.

Mit dem folgenden Jahre beginnt wieder eine Periode der grossen Entdeckungen auf dem Gebiete der Elektricitätslehre. Es sind zwei höchst merkwürdige Erscheinungen, mit denen sich Faraday in dieser letzten Periode seiner Thätigkeit beschäftigt. Im November liest er vor der „Royal Society" seine Abhandlung: „On the magnetization of light and the illumination of magnetic lines of force", welche trotz seiner erläuternden Anmerkungen einiges Befremden in Gelehrtenkreisen erregte. Die von Faraday in derselben beschriebene wunderbare Erscheinung ist auf eine ganz ungewöhnliche Art benannt. Nach langen Versuchen gelang es ihm, als er zwischen die Pole eines starken Elektromagneten ein Stück seines schweren Glases als „Diamagneticum" gebracht hatte, eine Drehung der Polarisationsebene eines polarisirten Strahles hervorzubringen. Die Rotation der Polarisationsebene ist von der Lage der Magnetpole abhängig, die Grösse derselben proportional jener Dimension des „Diamagneticums", durch welche der Lichtstrahl hindurchgeht. Die Rotation erreicht ihr Maximum, wenn der Lichtstrahl den magnetischen Kraftlinien parallel geht, ihr Minimum hingegen, wenn die beiden Richtungen auf einander senkrecht stehen. — Die letzte der grossen Entdeckungen Faraday's war die des Diamagnetismus. Die erste Arbeit über diesen Gegenstand veröffentlichte er mit seiner Abhandlung: „On new magnetic actions, and on the magnetic condition of all matter", der noch eine Reihe von Arbeiten folgten, welche sich auf einen Zeitraum von etwa fünf Jahren vertheilen. Der erste Versuch über Diamagnetismus gelang ihm wieder mit seinem schweren Glase, das zwischen den beiden erregten Polen des Elektromagneten in äquatorialer Richtung seine Ruhelage erreichte. Faraday erkannte durch diese seine Entdeckungen den Magnetismus als eine allgemeine Naturkraft, welche in allen Körpern erregt wird: paramagnetisch nennt er diejenigen Körper, welche — wie das Eisen — zwischen den Magnetpolen in axialer Richtung im Gleichgewichte bleiben, diamagnetisch diejenigen, welche — wie Bismuth, das Faraday'sche schwere Glas u. s. w. — in äquatorialer Richtung zur Ruhe gelangen. Einzelne, unzusammenhängende Erfahrungen über die Eigenschaft des Bismuths, von beiden Magnetpolen abgestossen zu werden, waren schon vor Faraday bekannt, jedoch erst ihm gelang es, dieselben in eine allgemeine Theorie einzureihen. Nach diesen Versuchen zeigt er, dass das archimedische Gesetz auch auf diesem Gebiete Geltung habe. Ein paramagnetischer Körper, in einer stärkern paramagnetischen Flüssigkeit zwischen den Polen der erregten Elektromagneten angebracht, stellt sich ebenfalls in äquatoriale Richtung. Die Versuche über Magnetismus leiteten unsern Forscher auch zu seinen Untersuchungen über die „magnetkrystallische Kraft".

Faraday ist der Begründer der neueren Elektricitätslehre. Der mächtige Aufschwung, den die industrielle Verwerthung des galvanischen Stromes in den letzten zwei Jahrzehnten genommen, leitet zum grossen Theile auf Faraday'sche Untersuchungsresultate zurück. So lange der galvanische Strom bloss auf Kosten der Oxydation des Zinkes herzustellen war, war der grossen Kosten wegen keine Aussicht auf praktische Verwendung desselben. Die Entdeckung der Magnetinduktion hatte die Erfindung der Dynamomaschine im Gefolge, welche den Strom auf Kosten des gewöhnlichen Heizmateriales, der Kohle, liefert.

Die Hauptschriften Faraday's sind dessen Experimental researches in electricity, 3 vol., 8°, Lond. 1839—55. — Experimental researches in chemistry and physics, 8°, Lond. 1859. — Wir erwähnen ferner noch: Chemical manipulations etc., 8°, Lond. 1827. — Chemical tracts, 8°. — Seine Vorlesungen für die Jugend: „On force" und „On the chemical History of a Candle" wurden von einem seiner Hörer herausgegeben*).

Auf Faraday bezüglich erwähnen wir noch die folgenden Schriften: Dr. Bence Jones, The life and letters of Faraday, 2 vol., 8°, London 1870. — J. H. Gladstone, Michael Faraday. Autorisirte Uebersetzung.

---

*) In deutscher Uebersetzung: Die verschiedenen Kräfte der Materie und ihre Beziehungen zu einander. Sechs Vorlesungen für die Jugend. Uebersetzt von Dr. H. Schröder. Berlin. — Naturgeschichte einer Kerze. Sechs Vorlesungen für die Jugend. Aus dem Englischen übertragen von Lüdicke. Berlin 1871.

Glogau 1882. — John Tyndall, Faraday und seine Entdeckungen. Eine Gedenkschrift. Herausgeg. von Helmholtz. Braunschweig 1870. — Derselbe, Fragmente aus den Naturwissenschaften. Vorlesungen und Aufsätze. Uebersetzt von A. H., Braunschweig 1874. — Leben und Briefe von Faraday. Von Dr. Henry Bence Jones. Aufsatz a. d. „Academy" 1875.

In Verbindung mit Faraday erwähnen wir die folgenden Gelehrten: Parrot, Davy, Seebeck, Roget, Nobili, Melloni, Peltier, Arago, Poggendorff, Matteucci, Ritchie, Jacobi, Plücker und Lenz.

Georg Friedrich Parrot, geboren den 15. Juli 1767 zu Mömpelgard, gestorben den 8. Juli 1852 zu Helsingfors (nach Andern am 1. August 1852 zu Petersburg). Derselbe war erst Hauslehrer, dann Lehrer der Mathematik zu Karlsruhe und Offenbach, hierauf Professor an der Universität Dorpat, dann Mitglied der Akademie der Wissenschaften in Petersburg. — Parrot hat die erste vollkommen ausgebildete Theorie des Galvanismus aufgestellt*). Die ersten Ideen derselben gab er 1802 an, später führte er sie vollständiger in seiner „Uebersicht des Systems der theoretischen Physik" (2 vol., 8°, Dorpat 1809—11, Bd. II, pag. 564) aus. Die Contactwirkung der Metalle läugnet er rundweg, das Gelingen des Volta'schen Fundamentalversuches schreibt er der Reibung der Platten zu, auch die Zamboni'sche Säule wirke bloss so lange sie feucht ist. Die galvanische Elektricität kommt nach Parrot erst durch die Einwirkung der Flüssigkeiten auf die Metalle zu Stande und zwar sei die Oxydation derselben die Ursache der galvanischen Strömung. Bezüglich dieser Ansichten entspann sich eine lebhafte Polemik mit Pfaff, der energisch für die Contacttheorie in die Schranken trat. In Verbindung mit seinen theoretischen Ansichten über die Kette stand seine eigenthümliche Theorie der Wasserzersetzung, welche einen Zusammenhang zwischen Elektricität, Licht und Wärme feststellen sollte. — Parrot hat zuerst die Erscheinung der Endosmose eingehender beobachtet, ferner gab er eine verbesserte Form des Bennet'schen Elektroskops an.

Sir Humphry Davy, geboren den 17. Dezember 1778 zu Penzance, gestorben den 29. Mai 1829 zu Genf, war der Sohn eines Holzschnitzers. Zuerst war er Lehrling bei einem Chirurgen, der auch Apotheker war, dann Chemiker, später Professor der Chemie an der „Royal Institution" zu London, von 1820—27 Präsident der „Royal Society". — Davy bekannte sich am Anfange seiner Forschungen über Galvanismus zur Oxydationstheorie. In seiner „Bakerian-Lecture" vom 20. November 1806 nahm er eine, zwischen der Contacttheorie und der chemischen Theorie vermittelnde, Stellung ein. Die französische Akademie ertheilte ihm im Jahre 1808 für diese Vorlesung den zweiten der, von Napoleon gestifteten,

---

*) Skizze einer Theorie der galvanischen Elektricität und der durch sie bewirkten Wasserzersetzung. Gilbert's Annalen, Bd. 12. — Beiträge zur galvanischen Elektricität. Ib. Bd. 21.

galvanischen Preise. Diese Untersuchungen bahnten ihm den Weg zu der unmittelbar hierauf folgenden wichtigen Entdeckung der Metalle der Alkalien durch den galvanischen Strom. In seinen „Bakerian-Lectures" vom 12. und 19. November 1807 beschreibt er die Entdeckung des Kaliums und Natriums auf galvanischem Wege. — Im Jahre 1821 las er vor der „Royal Society" eine Abhandlung über die durch Elektricität hervorgerufenen magnetischen Erscheinungen, wobei er eine Reihe von interessanten Versuchen über das Leitungsvermögen der Körper anführte. Er fand, dass die Temperatur des Leiters von grossem Einflusse auf dieses Vermögen sei, und dass das Mittel, welches den Leiter umgibt, bezüglich der durch den Strom in demselben verursachten Hitze ebenfalls in Betracht komme. — Davy war wohl der erste, der den Lichtbogen zwischen zwei Kohlenspitzen an der Unterbrechungsstelle einer kräftigen Batterie beobachtete. Seine Säule bestand aus 2000 Volta'schen Elementen, der Lichtbogen hatte im Maximum fast die Länge eines Decimeters. Er machte ferner die Entdeckung, dass dieser Feuerbogen durch die Pole eines starken Magneten angezogen und abgestossen werde und in rotirende Bewegung versetzt werden könne. — Davy wies auch die magnetisirende Wirkung der Reibungselektricität nach. Ferner gab er eine Art von chemischer Telegraphie an, welche jedoch praktisch nie verwendet wurde. Er stellte zahlreiche Versuche darüber an, wie man die Kupfer- und Eisenbeschläge der Schiffe durch Anbringung von Metallen, welche unter Einwirkung des Seewassers einen, gegen die zu schützenden Metallplatten gerichteten, galvanischen Strom geben sollen, vor den Angriffen des salzhaltigen Seewassers schützen könne. Er nannte diese Vorrichtungen „Protectoren", dieselben werden auch bei den Salzsiedepfannen und bei Wasserleitungen verwendet. — Davy lieferte kurze Zeit nach Rumford's Versuchen über die Wärmeerzeugung durch mechanische Arbeit einen andern Beweis für diese Behauptung, indem er zwei Eisstücke unter der Luftpumpe auf einander rieb und diese zum Schmelzen brachte*). — Schliesslich erwähnen wir noch seiner Erfindung der Sicherheitslampe für Bergwerke. — Seine gesammelten Werke: The collected works of Sir Humphry Davy edited by his brother John Davy, 10 vol., London 1839—41, enthalten die lange Reihe der vielfachen und vielseitigen Untersuchungen dieses bedeutenden Forschers auf dem Gebiete der experimentirenden Wissenschaft.

Thomas Johann Seebeck, geboren den 9. April 1770 zu Reval, gestorben den 10. Dezember 1831 zu Berlin, lebte als Privatmann in Jena, Bayreuth, Nürnberg und Berlin. — Seebeck ist der Entdecker der Thermoelektricität, welche er in seiner Abhandlung: „Magnetische Polarisation der Metalle und Erze durch Temperaturdifferenz" (Abh. d. Berl. Akad. 1822—23) bekannt machte. Ausserdem entdeckte er die

---

*) Siehe oben pag. 550.

entoptischen Farbenfiguren, ferner zeigte er, dass die Lage des Wärmemaximums im Spektrum von der Substanz des Prismas abhänge.

Peter Mark Roget, geboren den 18. Januar 1779 zu London, gestorben den 12. Sept. 1869 ebendaselbst, war praktischer Arzt in Manchester, später in London, Mitglied und Sekretär der „Royal Society". — Roget war ein Anhänger der elektrochemischen Theorie. Gegen die reine Contacttheorie machte er schon im Jahre 1829 einen Grund geltend in seinem: „Treatise on electricity, galvanism, magnetism, and electromagnetism." (Library of useful knowledge. London 1829), welcher erst am Ende der von uns hier geschilderten Periode als Gesetz von der Erhaltung der Energie erkannt wurde. Roget's Bemerkung, dass die Contacttheorie eine Kraftschöpfung aus Nichts verlange, ist somit um mehr als ein Dezennium älter, als die gleiche Bemerkung Faraday's.

Leopoldo Nobili, geboren 1784 zu Trassilico bei Reggio, gestorben den 5. August 1835 zu Florenz, war Professor der Physik am grossherzoglichen „Museo" zu Florenz, vordem Artilleriekapitän. — Nobili construirte die Thermosäule, den „Thermomultiplicator", wie er sie nannte zum Studium der strahlenden Wärme. Eine Anzahl Wismuth- und Antimonstäbchen sind an ihren Enden abwechselnd an einander gelöthet und in parallelen Reihen geordnet, welche wieder abwechselnd an ihren Enden zusammenhängen. Es entsteht hiedurch eine schachbrettartige Anordnung der paarigen Löthstellen auf der einen und der unpaarigen auf der andern Seite der Säule. Die Zwischenräume sind mit Harz ausgegossen, das erste Wismuthstäbchen mit dem einen, das letzte Antimonstäbchen mit dem andern Pole eines Galvanometers in Verbindung. Das Galvanometer wurde durch die Anwendung der astatischen Nadeln für diese und ähnliche Zwecke geschickt, d. h. genügend empfindlich gemacht. Biot und Savart hatten schon vordem durch Annäherung eines Magneten den störenden Einfluss des tellurischen Magnetismus zu beseitigen gesucht. Dies gelang jedoch bloss sehr unvollständig. Dadurch, dass Nobili zwei, ungefähr gleich starke, Magnetnadeln mit verkehrten Polen an einem Stäbchen in einer Ebene fest verband, wurde die Wirkung des Erdmagnetismus auf ein Minimum reduzirt. Die beiden Nadeln wurden nun derart angebracht, dass die eine in dem mit Draht übersponnenen Rahmen, die andere über demselben ihren Platz erhielt, wodurch die Wirkung des Stromes auf diese sog. „astatische" Nadel verdoppelt wurde*). Um Nadeln von annähernd gleicher magnetischer Stärke zu erhalten, machte Nobili Schwingungsversuche mit denselben. — Derselbe Gelehrte verglich die Empfindlichkeit des Froschpräparates mit der des Multiplicators und fand, dass ersteres noch empfindlicher sei, als letzterer, wenn es sich auch sonst für den regelmässigen galvanometrischen Gebrauch nicht eignet. — Von besonderem Interesse sind die

---

*) Sur un nouveau galvanomètre (Bibl. univ. XXV, 1824).

Nobili'schen Ringe, die sich auf polirten Metallflächen bilden, welche mit einer Flüssigkeit bedeckt sind, durch die der galvanische Strom geht. In diesem Falle entstand jeder Elektrode gegenüber eine Figur, war jedoch eine der Elektroden mit der Platte verbunden, so entstand bloss eine, jedoch deutlicher ausgebildete Figur, welche aus einem Systeme concentrischer, in den Regenbogenfarben schillernder, Ringe bestand. Er vergleicht diese Ringe mit den Newton'schen; jedenfalls erklärt sich ihre Färbung aus der Farbenerscheinung dünner Blättchen*).

Macedonio Melloni, geboren den 11. April 1798 zu Parma, gestorben den 11. August 1854 zu Portici an der Cholera, war Professor der Physik an der Universität zu Parma. Im Jahre 1831 nahm er an den revolutionären Bewegungen Theil, in Folge dessen er fliehen musste. Er wendete sich nach Paris, ging als Professor auf kurze Zeit nach Dôle im Juradepartement, kehrte aber hierauf wieder zur Fortsetzung seiner Versuche über Thermochrose nach Paris zurück. Anfänglich gelang es ihm nicht, die Aufnahme seiner Arbeiten in die Schriften der französischen Akademie durchzusetzen. Erst als im Jahre 1835 die „Royal Society" auf Faraday's Antrag Melloni die grosse Rumford'sche Medaille für seine Arbeiten über die strahlende Wärme verlieh, suchte die Pariser Akademie ihren Fehler gut zu machen. Im Jahre 1839 wurde Melloni nach Neapel berufen, wo er zum Direktor des Conservatoriums der Künste und Gewerbe und eines meteorologischen Observatoriums auf dem Vesuv ernannt wurde. — Melloni's Arbeiten über die strahlende Wärme bilden eine der werthvollsten Bereicherungen der neuern Physik. Der Apparat, welchen er zu diesen Versuchen benützte, ist heute einer der obligaten Apparate unsers physikalischen Instrumentenvorraths. Den wesentlichen Bestandtheil desselben bildet der Thermomultiplicator, d. i. die Thermosäule in Verbindung mit dem Galvanometer. Die erstere kann auf einem getheilten Messinglineal verstellt werden, welches ausserdem noch eine Reihe anderer Vorrichtungen: Lampen, Glühbleche und Glühdrähte, ferner Schirme, Diaphragmen, Tischchen u. s. w. trägt. Mit diesem Apparate kann nun die Wärmestrahlungsfähigkeit verschiedener Wärmequellen und erwärmter Flächen, die geradlinige Ausbreitung, die Reflexion und Brechung der Wärmestrahlen, die Erscheinungen des Wärmespektrums, der Färbung, Beugung, Interferenz, Doppelbrechung und Polarisation der Wärmestrahlen untersucht werden. Melloni stellte eine grosse Anzahl von Versuchen über alle diese Erscheinungen an, besonders experimentirte er über die Diathermansie der Körper, ferner über die Emission und Absorption der Wärme. Die zahlreichen Abhandlungen des Verfassers über diesen Gegenstand erschienen in den Publikationen der Pariser Akademie, in den „Annales de Chimie et de

---

*) Sur une nouv. classe de phénomènes électro-chimiques (Bibl. univ. XXXIII, 1826 und XXXIV, 1827).

Physique" und in den Schriften der Akademie zu Neapel. Als selbstständiges Werk erschien: „La Thermochrôse ou la coloration calorifique", 8°, Naples 1850.

Jean-Charles-Athanase Peltier, geboren den 22. Februar 1785 zu Ham (Dép. de la Somme), gestorben den 27. Oktober 1845 zu Paris, war Uhrmacher und Uhrenhändler, später Privatgelehrter. Er veröffentlichte eine lange Reihe von Abhandlungen, vorzüglich über Erscheinungen, welche die galvanischen Ströme betreffen. Er ist ein Anhänger der Contacttheorie. In seiner Abhandlung: „Note sur une pince thermoélectrique et expériences sur la caloricité des courants électriques" (L'Institut, Vol. II, 1834) findet sich seine merkwürdige Entdeckung der Kälteerzeugung durch einen schwachen galvanischen Strom, wenn dieser durch die Löthstelle zweier Metalle in derselben Richtung geht, in welcher der Thermostrom bei Erwärmung der Löthstelle kreisen würde. Er wies die Abkühlung der Löthstelle in diesem Falle dadurch nach, dass er eine Stange von Wismuth und Antimon durch die Kugel eines Luftthermometers führte. Dieselbe Erscheinung lässt sich auch mit dem sog. Peltier'schen Kreuze nachweisen.

Dominique-François-Jean Arago, geboren den 26. Februar 1786 zu Estagel bei Perpignan, gestorben den 2. Oktober 1853 zu Paris, war ein äusserst vielseitiger Gelehrter. Er war Astronom des „Bureau des longitudes" auf der Pariser Sternwarte, ferner Professor der Geodäsie, der Analysis und der socialen Arithmetik an der „École polytechnique". Im Jahre 1809 wurde er in die Akademie gewählt, an Stelle Lalande's, nachdem er sich durch die mit Biot fortgesetzte Messung des Pariser Meridians von Barcelona bis Formentera, ferner durch die Bestimmung des Verhältnisses zwischen dem Gewichte der Luft und dem des Quecksilbers, sowie andere physikalische Untersuchungen um die Wissenschaft Verdienste erworben hatte. — Die Arbeiten Arago's lassen sich in folgende Hauptgruppen bringen: Astronomie und Astrophysik, Optik, Elektro-Magnetismus, Meteorologie und physikalische Geographie, endlich Literarisches und Biographien. Von seinen Arbeiten über Optik ist besonders die Entdeckung der chromatischen Polarisation zu nennen, ferner die Beobachtung der Verschiebung der Fransen beim Zusammentreffen zweier Lichtstrahlen, deren einer vordem durch eine dünne, durchsichtige Platte gegangen, endlich die Farben in Krystall- und in Glimmerblättchen. Arago erfand ein Polariskop, ein Photometer, ein Cyanometer u. s. f. — Von seinen elektromagnetischen Untersuchungen erwähnen wir die folgenden: Er entdeckte die magnetische Wirkung eines von einem starken Strome durchzogenen Leiters, welcher Eisenfeilicht anzog; durch diese Erfahrung wurde Ampère darauf geführt, mit Hülfe einer Drahtspirale bleibend zu magnetisiren. Arago gelang es auch zuerst, mittelst der Entladung Leydener Flaschen bleibend zu magnetisiren. Diese Versuche leiteten Sturgeon zur Erfindung grösserer Elektromagnete mit weichen

Eisenkernen. Diejenige der Entdeckungen Arago's, welche in ihren Folgen am bedeutendsten geworden, ist die Erscheinung des Rotationsmagnetismus, welcher Faraday auf die Entdeckung der Induktionsströme geleitet hat. Arago's Versuche zeigten, dass eine, über einer Metallscheibe schwingende Magnetnadel, sehr schnell zur Ruhe komme, ferner dass sie durch eine nahe, rotirende Metallscheibe abgelenkt, ja selbst zur Rotation gebracht werde. — Arago hat ferner mit Dulong das Mariotte'sche Gesetz bis zu einem Drucke von 27 Atmosphären untersucht und mit demselben die Untersuchungen über die Spannkraft des Wasserdampfes ausgeführt. Mit Gay-Lussac, Bouvard, Prony, Mathieu und Humboldt unternahm er die Bestimmung der Schallgeschwindigkeit in der Luft (1822). — Arago hat als „Secrétaire perpétuel de l'académie des sciences" eine Reihe von Biographien berühmter Akademiker (Éloges académiques) verfasst, welche sich sowohl durch die gründliche Ausarbeitung, als auch durch ihre schöne Sprache auszeichnen. Als populär-wissenschaftliche Schrift ist seine mustergültige: Astronomie populaire (4 vol., Paris 1834—35, 8°) zu erwähnen. Seine Werke: Oeuvres de François Arago, 8°, 12 vol., Paris 1854—59, Suppl. Paris 1862, erschienen auch in deutscher Uebersetzung, herausgegeben von A. W. Hankel, 8°, 16 vol., Leipzig 1854—60.

Johann Christian Poggendorff, geboren den 29. Dezember 1796 zu Hamburg, gestorben den 24. Januar 1877 zu Berlin. Prof. extr. an der Universität und Mitglied der Akad. der Wissenschaften daselbst. Vom Jahre 1824 bis an seinen Tod, also durch volle 53 Jahre redigirte er die „Annalen der Physik und Chemie". Daneben war er ein sehr fleissiger Experimentator und sehr geschickt im Ausdenken von zweckmässigen Messungsapparaten. Poggendorff hat sich vorzüglich mit dem Studium der elektrischen Erscheinungen beschäftigt. Als Oersted 1820 seine Entdeckung des Elektromagnetismus veröffentlicht hatte, da verfasste der 24jährige Universitätshörer Poggendorff eine Abhandlung über diesen Gegenstand, welche zur Erfindung des Multiplicators führte. Von jener Zeit an blieb er bis an sein Ende ein eifriger Vertheidiger der Contacttheorie, die er gegen die gewaltigen Angriffe de la Rive's und Faraday's, sowie deren Anhang in Schutz nahm. Er stellte auch die erste Spannungsreihe auf. Den Multiplicator erfand er ziemlich gleichzeitig mit Schweigger. Von Poggendorff stammt auch die von Gauss zuerst verwendete Ablesung mit Fernrohr und Scala. Poggendorff behauptete die Existenz des Uebergangswiderstandes, bewies die Peltier'sche Kältewirkung auch für magnetelektrische Ströme, erfand das Rheochord zur Messung von Widerständen und erdachte eine Methode zur Bestimmung der elektromotorischen Kraft einer Kette aus einer einzigen Messung. Er untersuchte die Ladungssäulen, wobei er sich besonderer Apparate bediente, um die Trennung der primären Kette schnell bewerkstelligen zu können; es sind dies die Wippe und eine Art Disjunctor. — **Poggendorff** hat durch lange Jahre das Material zu einer Geschichte der Physik gesammelt. Seine: „Lebenslinien zur Geschichte der exakten Wissenschaften" (4°, Berlin 1853) und das: Biographisch-literarisches Handwörterbuch zur Geschichte der exakten Wissenschaften etc. (Leipzig 1863, 2 vol. in 4°) sind mit bewundernswürdigem Fleisse und seltener Gewissenhaftigkeit zusammengestellt. Nach seinem Tode wurden seine Ausarbeitungen für die, langjährig an der Berliner Universität über Geschichte der Physik, gehaltenen Vorlesungen herausgegeben, unter dem Titel: Geschichte der Physik. Vorlesungen, gehalten an der Universität zu Berlin (Leipzig 1879, 8°).

Carlo Matteucci, geboren den 20. Juni 1811 zu Forli, gestorben den 25. Juni 1868 zu Ardenza bei Livorno. Er war Schüler der polytechnischen Schule zu Paris, hierauf Professor der Physik zu Bologna, Ravenna und Pisa, bis er 1859 in das politische Leben trat; 1862 war er kurze Zeit unter Ratazzi Unterrichtsminister, später Senator und General-Telegraphendirektor. Kurz vor seinem Tode nahm er nochmals eine Professur am Florentiner Museum an. Matteucci beschäftigte sich hauptsächlich mit der chemischen und der physiologischen Wirkung des Stromes. Zu erwähnen sind seine grossartigen Leitungsversuche und die Vergleichung zwischen Leitung und chemischer Zusammensetzung; er beobachtete ferner das durch discontinuirliche Ströme in den Leitungsdrähten hervorgebrachte Tönen. Matteucci beschäftigte sich auch mit thierischer Elektricität (dem sog. Froschstrom) und ist in dieser Beziehung ein Vorgänger Du Bois Reymond's. Er bestätigte durch seine Versuche das elektrolytische Gesetz, untersuchte den Einfluss der Torsion auf den Magnetismus eines Stahlstabes, stellte eine ausgedehnte Versuchsreihe über die Zerstreuung der Elektricität an und ist einer der ersten, welche die Elektricitätserregung bei Berührung von Metallen und Gasen beobachteten.

William Ritchie, geboren in Schottland, gestorben den 15. September 1837 zu Portobello bei Edinburgh, war Geistlicher und späterhin Professor der Physik und Astronomie an der „London-University", ferner Professor der Physik an der „Royal Institution". Ritchie war ein Anhänger der elektrochemischen Theorie. Von ihm stammt der bekannte elektromagnetische Rotationsapparat, der Vorläufer aller elektromagnetischen Maschinen. Er beobachtete den remanenten Magnetismus eines Elektromagneten. Von ihm existirt ein — gegenwärtig kaum noch gebrauchtes — Photometer. Ritchie hat mit Hilfe seines Differenzialthermometers bewiesen, dass das Emissionsvermögen eines Körpers für strahlende Wärme irgend welcher Wellenlänge, bezogen auf jenes eines schwarzen Körpers (Russ), durch dieselbe Zahl ausgedrückt werde, wie das Absorptionsvermögen; mit andern Worten: Absorptionsvermögen und Emissionsvermögen eines Körpers für dieselben Strahlen und bei derselben Temperatur sind einander gleich.

Moritz Hermann von Jacobi, geboren den 21. September 1801 zu Potsdam, gestorben den 10. März 1874 zu Petersburg, war der Bruder des weiter oben erwähnten Carl Gustav Jakob Jacobi*). Er widmete sich der Baukunst und war zu Königsberg Baumeister, dann zu Dorpat Professor der Baukunst, später übersiedelte er nach Petersburg, wo er zum Mitglied der Akademie ernannt wurde. Jacobi war wirklicher Staatsrath und wurde in den Adelsstand erhoben. — Dieser Gelehrte hat sich um die Lehre vom Galvanismus und dessen Anwendung zu praktischen Zwecken bedeutende Verdienste erworben. Er hat eine zweckmässige Abänderung der Daniell'schen Säule vorgeschlagen, beiläufig gleichzeitig mit Wheatstone's Rheostat sein Voltagometer von ziemlich gleicher Einrichtung zu gleichem Zwecke construirt, das später von Lenz und Nervander verbessert wurde. Jacobi stellte zahlreiche messende Versuche mit Voltameter und Galvanometer an, wobei er fand, dass diese beiden Instrumente ganz und gar vergleichbare Resultate gäben. Er prüfte das Zustandekommen des elektrischen Funkens an den Unterbrechungsstellen galvanischer Ketten und fand, dass bei Annäherung der beiden Enden des Schliessungsbogens einer kräftigen Grove'schen Batterie auf 0,00127 Millimeter noch kein Funke zu Stande komme. Bei seinen Untersuchungen über die Wirkung des Druckes auf die chemische Zersetzung fand er, dass noch bei eilf Atmosphären Druck das Wasser durch den Strom zersetzt werde. Als Einheit des Leitungswiderstandes hat Jacobi den Widerstand eines cylindrischen Kupferdrahtes von einem Meter Länge und einem Millimeter Durchmesser vorgeschlagen. Um die praktische Anwendung des Galvanismus hat sich Jacobi durch die Anwendung des Stromes als Triebkraft Verdienste erworben, ferner durch die Erfindung der Galvanoplastik, die ihm gegenüber den Ansprüchen de la Rive's, welche auf blossen Andeutungen beruhen, mit vollem Rechte zukommt. Schliesslich sind noch seine mit Augeraud angestellten Versuche, behufs Einführung der elektrischen Beleuchtung, zu erwähnen. Jacobi's elektromagnetisches Boot hatte eine Kraft von drei Viertel Pferdekräften und fuhr mit zwölf Mann Belastung einige Stunden lang auf der Newa gegen die Strömung und gegen einen conträren Wind. — Für seine, dem Kaiser von Russland vorgelegten, galvanoplastischen Medaillencopieen, erhielt er das fürstliche Geschenk von 25,000 Rubeln in Silber. Sein Verfahren beschrieb er in einer eigenen Schrift: „Die Galvanoplastik u. s. w." 8º, St. Petersburg 1840.

Julius Plücker, geboren den 16. Juli 1801 zu Elberfeld, gestorben den 22. Mai 1868 zu Bonn, war ein sehr fruchtbarer und höchst verdienter Mathematiker und Physiker. Er war zuerst ausserordentlicher Professor in Bonn, dann Gymnasiallehrer in Berlin, ordentlicher Professor

---

*) Siehe oben pag. 587.

in Halle und zum Schluss wieder in Bonn. Von seinen selbstständigen mathematischen Schriften sind zu erwähnen: Analytisch-geometrische Entwicklungen u. s. w., 2 Bände, 4°, Essen 1828—31. — System der analytischen Geometrie u. s. w. 4°, Berlin 1835. Theorie der algebraischen Curven u. s. w., 4°, Bonn 1839. — System der Geometrie des Raumes u. s. w., 4°, Düsseldorf 1846, welche Werke in der Entwicklungsgeschichte der analytischen Geometrie von epochaler Bedeutung sind. Seit 1847 überging Plücker ganz zur Physik. Er beschäftigte sich zuerst mit magnetischen Untersuchungen, nach dem Jahre 1856 hingegen mit Diamagnetismus. Er entdeckte gleichzeitig mit Faraday die magnetischen Eigenschaften der Flüssigkeiten und Gase. Von hohem Interesse sind seine Versuche und Entdeckungen über die Magnekrystallkraft, bezüglich welcher Entdeckung er Faraday zuvorkam; ferner erwähnen wir seine Untersuchungen über unipolare Induction, welche die Umkehrung des Faraday'schen Versuches der Rotation eines Stromes um einen Magnetpol vorstellt. Gassiot verfertigte die ersten, jetzt nach Geissler in Bonn benannten fast luftleeren Röhren, durch welche der Inductionsstrom hindurchgeleitet, die Erscheinung des geschichteten Lichtes hervorbringt. Plücker beschäftigte sich vielfach mit den Untersuchungen über dieses Phänomen, besonders über das Spectrum der Gase in derartigen Röhren, sowie über die Ablenkung des Lichtbogens durch einen Magneten. Schliesslich erwähnen wir noch Plücker's Messungen über die Wärmeausdehnung des Wassers. — In den letzten Jahren seines Lebens wendete sich unser Forscher wieder mathematischen Arbeiten zu. Eben hatte er ein grösseres Werk: „Die neue Geometrie des Raumes" in Vorbereitung, als ihn der Tod ereilte.

Heinrich Friedrich Emil Lenz, geboren den 12. Februar 1804 zu Dorpat, gest. den 10. Febr. 1865 zu Rom; er begleitete die Kotzebue'sche Expedition (1823—26) als Physiker, wurde hierauf Mitglied der Petersburger Akademie und Professor an der Universität, sowie an mehreren Fachschulen. Lenz hat über die Leitungsfähigkeit verschiedener Substanzen zahlreiche Messungen ausgeführt, er bestimmte den Einfluss der Temperatur auf die Leitungsfähigkeit, ferner den Leitungswiderstand des menschlichen Körpers. — Gleich Becquerel und später Joule beschäftigte sich Lenz mit der Untersuchung der Wärmewirkung des Stromes. Er fand hiebei wie Becquerel den wichtigen Satz, dass die im Stromkreise entwickelten Wärmemengen den Quadratzahlen des im Voltameter gebildeten Knallgasgemenges, also dem Quadrate der Intensität proportional seien. — Lenz untersuchte endlich auch die Gesetze der Inductionsströme*).

---

*) Bezüglich der Entwicklung der Lehre vom Galvanismus vergleiche: Otto Ernst Julius Seyffer, Geschichtliche Darstellung des Galvanismus. 8°. Stuttgart, Tübingen 1848, und Alexander Schlottmann, Kritische Geschichte der Theorien des Galvanismus. Inaug.-Diss. 8°. Breslau 1856.

Augustin-Jean Fresnel.

Die künstliche Lichttheorie Newton's hatte durch ein volles Jahrhundert die verschiedenen Angriffe bestanden. Endlich zu Anfang des gegenwärtigen Jahrhunderts schlug auch ihre Stunde, da sie zu den schon heimgegangenen Imponderabilien versammelt wurde. In kurzer Frist sollte ihr das Wärmefluidum folgen, während die elektrischen Flüssigkeiten bis auf den heutigen Tag ein kümmerliches Scheindasein fristen. Wir haben weiter oben*) erwähnt, dass Thomas Young die Undulationstheorie des Lichtes aufgestellt und dieselbe auf die Thatsache der Interferenz der Lichtstrahlen gegründet habe. Wir haben dort auch gesehen, dass Young im Vaterlande Newton's mit seinem ungenügenden analytischen Apparate nicht im Stande war, der neuen Theorie Eingang zu verschaffen. Derjenige Forscher, welcher die Aufnahme der Undulationstheorie des Lichtes unter die allgemein anerkannten physikalischen Fundamentalhypothesen durchsetzte, war der französische Gelehrte Augustin-Jean Fresnel.

Augustin-Jean Fresnel wurde den 10. Mai 1788 zu Broglie bei Bernay in der Normandie geboren. Sein Vater, Jacob Fresnel, war Architekt, der sich zu Anfang der grossen Revolution auf sein kleines Besitzthum bei Caen zurückzog und dort hauptsächlich der Erziehung seiner Kinder oblag. Unser Fresnel war ein schwächliches Kind, das sehr langsam und sehr schwer lernte. Er war schon acht Jahre alt, als er erst einigermassen schreiben gelernt hatte. Für den Unterricht in den Sprachen zeigte er stets eine geringe Empfänglichkeit. Im Alter von 13 Jahren, im Jahre 1801 kam er in die Schule zu Caen, mit sechszehn ein halb Jahren in die „École polytechnique", wo er durch seine raschen Fortschritte in den mathematischen Wissenschaften alsbald die Aufmerksamkeit seiner Lehrer auf sich zog. Besonders war es Legendre, welcher ihn ob seines besonderen mathematischen Talentes vor seinen Genossen beglückwünschte. Fresnel kam zuletzt an die „École des ponts et chaussées", von wo er als Ingenieur austrat. Er wurde von Seite der Regierung in die Vendée gesandt, wo er mit Weg- und Wasserbauten beschäftigt war. Fast neun Jahre verbrachte er mit ganz und gar unbedeutenden Berufsarbeiten, die er jedoch mit der peinlichsten Genauigkeit ausführte. Fresnel war ein eifriger Anhänger des durch die grosse Revolution entthronten Fürstengeschlechtes, so zwar, dass er sich im Jahre 1815 der gegen den wiederkehrenden Napoleon gesandten königlichen Armee anschloss. Als eifriger Royalist wurde er während der hundert Tage aus den Staatsdiensten entlassen und zu Nyons (Dép. Drôme) unter polizeiliche Aufsicht gestellt.

---

*) Vergl. pag. 562.

Die erste wissenschaftliche Arbeit Fresnel's stammt aus dem Jahre 1814; sie hatte die Verbesserung der Erklärung zum Gegenstande, die man gewöhnlich von der jährlichen Aberration der Fixsterne gibt. Die ersten Versuche über jenen Erscheinungskreis, der in der Folge den Gegenstand seiner wissenschaftlichen Arbeiten bilden sollte, fallen in das Jahr 1815. In der gänzlichen Abgeschiedenheit, in welcher er sich während seiner Ingenieurarbeiten befand, beschäftigte er sich anfänglich mit philosophischen Fragen, dann wendete er sich hydraulischen und technisch-chemischen Studien zu. Die erste Andeutung des erwachenden Interesses für die Lehre vom Lichte enthält ein Brief an seinen Bruder Léonor Fresnel vom 15. Mai 1814, in welchem er diesen bittet, ihm ein Exemplar der Physik von Haüy zu senden, nebst den Abhandlungen französischer Physiker über die Polarisation des Lichtes. „J'ai vu „dans le Moniteur, il y a quelques mois, que' Biot avait lu à l'Institut „un mémoire fort intéressant sur la polarisation de la lumière. J'ai „beau me casser la tête, je ne devine pas ce que c'est." Und noch am 28. Dezember 1814 schreibt er von Nyons an einen Freund: „Ich weiss „nicht was man unter Polarisation des Lichtes versteht, bitte meinen „Onkel Herrn Mérimée, dass er mir jene Werke sende, aus welchen ich „mich belehren könnte." Acht Monate nach dieser Anfrage war er auf diesem Gebiete so bewandert, als irgend ein Physiker seiner Zeit. Er überreichte der Akademie im selben Jahre eine Arbeit: „Mémoire sur la diffraction de la lumière", welche von derselben 1819 mit einem Preise gekrönt wurde. Nach der Wiederherstellung des Königthumes wurde Fresnel wieder in sein Amt eingesetzt.

Die zahlreichen und bedeutenden Entdeckungen Fresnel's auf dem Gebiete der Optik fallen in den kurzen Zeitraum von 1815 bis 1826. Während dieser Zeit war unser Gelehrter ausser seinen wissenschaftlichen Forschungen mit den verschiedensten, ziemlich heterogenen Beschäftigungen überhäuft, die er auf seine Schultern lud, um sich ein solches Einkommen zu sichern, welches ausser seinen bescheidenen Bedürfnissen ihm noch die Mittel liefern sollte, seinen experimentellen optischen Untersuchungen nachzuhängen. Für die Beschaffung seines Lebensunterhaltes hätte das doppelte Einkommen als Ingenieur und als Akademiker allerdings reichlich genügt, jedoch die Anschaffung der kostspieligen Apparate, deren er sich bei seinen Untersuchungen bediente, verzehrte nicht nur sein kleines Erbtheil, sondern zwang ihn auch, die Pflichten anderer Aemter auf sich zu nehmen. Die Stelle eines Examinators der Zöglinge der „École polytechnique" wurde frei, Fresnel bewarb sich um dieselbe und erhielt sie auch. Es war dieses schlechtdotirte Amt jedoch mit vieler Mühe verbunden und bei der übergrossen Gewissenhaftigkeit unsers Gelehrten aufregend und für dessen zarte Gesundheit von durchaus schädlicher Wirkung. Um jene Zeit wurde eine weitaus vortheilhaftere Stelle frei, die eines Examinators der Marineeleven, um die sich Fresnel, jedoch vergebens, bewarb. Während der Prüfungen an der polytechnischen Schule im Jahre 1824 traten plötzlich die Symptome eines Lungenleidens in heftiger Weise zu Tage. Von jener Zeit an war unser Forscher nicht mehr im Stande seine wissenschaftlichen Untersuchungen fortzusetzen. Er war zu dieser Zeit Sekretär der französischen Leuchtthurmcommission geworden und widmete die wenige Zeit, die er in Folge seines rasch fortschreitenden Uebels für die Arbeit verwenden konnte, dieser Angelegenheit. Endlich zu Anfang Juni 1827 hatte die Krankheit so überhand genommen, dass eine Entfernung aus der Stadt unbedingt erforderlich schien*). So wurde er denn nach Ville-d'Avray geführt, wo er das herannahende Ende mit der Ruhe des Philosophen erwartete. Ein junger Ingenieur Namens Duleau widmete sich der Pflege des Scheidenden. Ihm verdanken wir auch die Nachrichten von den letzten Lebenstagen Fresnel's**). Acht Tage vor seinem Tode überbrachte ihm Arago die „Rumfordmedaille", welche die „Royal Society" zu London ihrem berühmten auswärtigen Mitgliede für seine optischen Forschungen zuerkannt hatte. Fresnel starb am 14. Juli 1827 zu Ville-d'Avray bei Paris in den Armen seiner Mutter. Er war bloss 39 Jahre und 2 Monate alt geworden. Die französische Akademie hatte ihn im Jahre 1823, die englische „Royal Society" im Jahre 1825 in die Reihe ihrer Mitglieder aufgenommen. In seiner Berufslaufbahn hatte er es bis zum „Ingénieuren-Chef des Ponts-et-Chaussées" gebracht.

Die gesammte wissenschaftliche Thätigkeit Fresnel's kann unter die folgenden zwei Gesichtspunkte gebracht werden: 1) Optische Untersuchungen und 2) Untersuchungen über Leuchtthürme und Beleuchtungswesen. Wir können uns jedoch an dieser Stelle bloss mit den auf theoretische Physik bezüglichen Arbeiten eingehender befassen. Die optischen Arbeiten Fresnel's lassen sich in folgende vier Gruppen eintheilen: 1) Diffraction und Interferenz, 2) Constitution und Eigenschaften des polarisirten Lichtes, 3) Undulationstheorie, 4) Doppelbrechung. Hiezu kann man noch eine Reihe verschiedener kleiner optischer Arbeiten zählen. Bezüglich der Entwicklung jener Anschauungen, welche sich unser Forscher über die Natur des Lichtes gebildet hatte, lassen sich drei Hauptphasen unterscheiden. In der ersten derselben betrachtet Fresnel die Lichterscheinungen als verursacht durch Schwingungen von sehr kurzer Periode, die sich von einem zum andern Mittel in geraden Linien mit überaus grosser Geschwindigkeit verbreiten. Diese Schwingungen sind fähig mit einander zu interferiren. Ueber die Schwingungsrichtung wird noch keine bestimmte Annahme gemacht. Die zweite Phase der optischen

---

*) Zu Anfang des Jahres 1827 hatte er erwirkt, dass sein Bruder Léonor ihn in seinem Amte vertreten dürfe. Derselbe wurde nach seinem Tode sein Nachfolger.

**) Duleau, Notice sur Fresnel.

Anschauungen unsers Forschers ist die Voraussetzung der transversalen Schwingungsrichtung zur Erklärung der Interferenz polarisirter Strahlen. Die Schwingungen geschehen in der Tangentialebene zu der Wellenoberfläche, nach geraden Linien, parallel oder senkrecht auf die Ebene der Polarisation. Nachdem in solcher Weise die Natur der Schwingung bestimmt war, ging Fresnel daran zu ergründen, wie das Medium der Bewegung beschaffen sein müsse, welches derartige Schwingungen verbreitet und wie dasselbe durch die ponderable Materie, in dessen Innern es die leeren Räume ausfüllt, beeinflusst und verändert wird. Die Früchte dieser letzten in der Reihe der drei anzuführenden Conceptionen führte zu der Theorie der doppelten Refraction.

Fresnel begann seine Untersuchungen über die Natur des Lichtes mit den denkbar einfachsten Mitteln. Er hatte kein Mikrometer um die Breite der Fransen zu messen, noch einen Heliostat, um den Lichtstrahlen eine constante Richtung zu geben. Einige Stücke Draht und ein Stück Carton lieferten ihm ein Mikrometer, mit Hülfe einer Linse von kurzer Brennweite vermied er die Unzukömmlichkeit, welche aus der scheinbaren Bewegung der Sonne folgt. Der Schlosser des Städtchens lieferte ebenfalls einige Kleinigkeiten und trotz dieses unvollkommenen Apparates war er im Stande, die nothwendigen Dimensionen genügend genau zu messen und einige der wichtigsten Gesetze jener Erscheinungen aufzufinden. Das Resultat dieser Untersuchungen waren zwei umfangreiche Abhandlungen, welche im Zwischenraum von einigen Wochen der Akademie eingereicht wurden. Die Beurtheilung derselben wurde Arago und Poinsot übertragen. Der erste von den genannten beiden Gelehrten erwirkte beim Generaldirektor des Brücken- und Strassenbaues einen Urlaub für Fresnel, damit dieser nach Paris kommen und seine Versuche unter vortheilhafteren Bedingungen ausführen könne. Anfangs 1816 folgte er in der That dieser Einladung und arbeitete in der ihm gebotenen Musse seine zwei ersten Schriften in die Abhandlung „Sur la Diffraction" um, welche in den „Annales de chimie et de physique" (2. Serie, Band I) erschienen ist. Fresnel erklärte die Erscheinungen der äusseren Schattenfransen durch die Undulationstheorie des Lichtes: „On conçoit aisément que les vibrations de deux rayons qui se croisent „sous un très-petit angle peuvent se contrarier, lorsque les noeuds des „unes correspondent aux ventres des autres"*). So war Fresnel auf den Ausgangspunkt Young's gelangt. Mittelst der Theorie der Interferenz erklärte er in der Folge die Farben dünner Blättchen. Im Anfange hielt er eine nicht ganz stichhältige Theorie aufrecht, indem er die Interferenz zwischen den direkt fortgepflanzten und den, an den Grenzen

---

*) Oeuvres I, 94. „Deuxième mémoire sur la diffraction", wo jedoch die letzten Worte dieses Satzes auf Grund einer eigenhändigen Correctur des Autors einigermassen anders lauten.

eines Körpers reflektirten, Strahlen annahm. Er fand jedoch in der ersten akademischen Publication die richtige Anschauung, dort wo er für die Reflexion und Refraction des Lichtes eine Theorie gibt, die von jenen Schwierigkeiten, welche der Huygens' anhaften, frei ist. Die zweite Abhandlung Fresnel's, in der er die Erklärung der Farben geriefter Flächen (Glasgitter) gibt, ist vom 10. November 1815 datirt. Vom 15. Juli 1816 datirt, überreicht er der Akademie ein Supplement zu seinen ersten Arbeiten, in welchen zum ersten Male die Diffraction auf die Wirkung der Interferenz solcher Schwingungen zurückgeführt wird, welche von verschiedenen Punkten, an den undurchsichtigen Schirm angrenzender Theile einer Lichtwelle, ausgeschickt werden. Diese, sowie ähnliche andere Untersuchungen über jenes interessante Gebiet der theoretischen Optik, waren die Früchte des Pariser Aufenthaltes Fresnel's, ja auch die Untersuchung und die Festsetzung jener Bedingungen, von denen die Interferenz des polarisirten Lichtes abhängt, welche zur Annahme der transversal gerichteten Schwingungen führte, weisen auf jene Zeit zurück.

Die Pflichten seines Amtes riefen Fresnel von Paris und von seinen wissenschaftlichen Untersuchungen nach Rennes, wo er einen höchst mühsamen Dienst antreten musste. So wurde er durch Berufsarbeiten fast ein ganzes Jahr hindurch von jeglicher wissenschaftlichen Beschäftigung abgehalten. Endlich im Frühling des Jahres 1818 erhielt der Gelehrte eine Verwendung im Amte des Canals de l'Ourcq, welche ihm den bleibenden Aufenthalt in Paris gestattete.

Um jene Zeit schrieb die französische Akademie, hauptsächlich auf Veranlassung ihrer einflussreichen Mitglieder Laplace und Biot, welche beide Anhänger der Emanationstheorie des Lichtes waren, die folgenden Preisaufgaben aus: „1° Déterminer par des expériences précises tous les „effets de la diffraction des rayons lumineux directs et réfléchis, lors„qu'ils passent séparément ou simultanément près des extrémités d'un ou „de plusieurs corps d'une étendue, soit limitée, soit indéfinie, en ayant „égard aux intervalles de ces corps, ainsi qu'à la distance du foyer lu„mineux d'où les rayons émanent; 2° Conclure de ces expériences, par „des inductions mathématiques les mouvements des rayons dans leur „passage près des corps." Es bewarben sich zwei Arbeiten um den Preis, welcher der einen derselben, der Arbeit Fresnel's, zuerkannt wurde. Dieselbe erschien mit den Schriften der Pariser Akademie (Mém de l'Acad. V. 1821, 1822)*). Die Preisrichter waren: Biot, Arago, Laplace, Gay-Lussac und Poisson. Der letztere zeigte, dass aus den Integralausdrücken für die Intensität des gebeugten Lichtes sowohl für einen kleinen kreisrunden opaken Schirm, als auch für eine kleine kreisförmige Oeffnung sehr paradox scheinende Resultate gefolgert werden könnten. Er fand nämlich, dass im ersten Falle die Intensität des Lichtes in der

---

*) Oeuvres complètes d'Augustin Fresnel. Tome I, pag. 247—382.

Mitte des Schattens genau dieselbe sein müsse, als wenn das Licht ohne
Schirm dahin gelangt wäre, im zweiten Falle hingegen ergab sich für
diese Mittelpunktsaxe der Oeffnung, je nach der Entfernung, eine von
der Lichtintensität Null, bis zur vierfachen der direkten Beleuchtung
schwankende Intensität. Es wurde nun das Experiment bezüglich dieser
Fälle angestellt, welches vollständig mit den auf Grund der von Fresnel
aufgestellten Rechnungsresultaten übereinstimmte und somit zum glänzenden Beweise für die Richtigkeit der Fresnel'schen Lichttheorie wurde.

Während jener Zeit, da sich unser Forscher mit den Diffractionsphänomenen beschäftigte, unternahm er auch Studien über die Interferenz des polarisirten Lichtes, welche dadurch, dass sie zur Annahme transversaler Schwingungen führten, die gegenwärtige Entwicklungsstufe der Optik bedingten. Der Begründer der Undulationstheorie des Lichtes, Huygens war zugleich der erste, welcher die Erscheinung der Polarisation in doppelbrechenden Substanzen untersuchte. Von der Annahme longitudinaler Lichtschwingungen ausgehend, war er nicht im Stande eine irgendwie befriedigende Erklärung des Phänomens zu finden. Newton konnte immerhin eine neue Ergänzungshypothese für seine Lichtmolecule ausdenken: nämlich eine Art, der magnetischen entsprechende, Polarität. In der That waren die Newton'schen Anschauungen bis an den Beginn unsers gegenwärtigen Jahrhunderts die herrschenden geblieben. Als im Jahre 1810 Malus die Polarisation durch Reflexion und ein Jahr später Arago die farbige Polarisation entdeckte, da neigte sich ein grosser Theil der Physiker jener Newton'schen Annahme zu. Besonders war es Biot, der eine höchst complizirte Theorie der neubeobachteten Erscheinungen ausdachte, welche die von Malus und Arago entdeckten Thatsachen erklären sollte. Bloss Thomas Young und Fresnel opponirten gegen diese Anschauungen, welche dem vorausgesetzten Lichtstoffe, sowie den körperlichen Moleculen, verschiedene, einander theilweise widersprechende, Eigenschaften zuschrieben. Fresnel begann sich, wie oben erwähnt, im Jahre 1816, während seines Pariser Aufenthaltes mit den Erscheinungen des polarisirten Lichtes zu beschäftigen. Schon am 7. Oktober dieses Jahres theilte er seine Resultate der Akademie mit. Die Abhandlung führt den Titel: „Mémoire sur l'influence de la polarisation dans l'action que les rayons lumineux exercent les uns sur les autres." Fresnel gelang es, die Verwandtschaft zwischen der Polarisation durch Reflexion und der Erscheinung der Doppelbrechung in Krystallen festzustellen. Die wichtige Folgerung, die er aus seinen Untersuchungen über das polarisirte Licht zog, dass nämlich die beiden Strahlen, in welche der Lichtstrahl bei seiner Durchsetzung eines doppelbrechenden Krystalls zerspalten wird, auf einander keinerlei wahrnehmbare Wirkung ausüben, beeilte er sich Arago mitzutheilen, der die ganze Tragweite dieser Entdeckung allsogleich auffasste und betonte, man müsse einen direkten Beweis dadurch zu Stande bringen, dass man zeige, wie zwei, in entgegengesetztem

Sinne polarisirte Strahlenbündel keinerlei Diffractionserscheinungen verursachten. Auf diese Weise kam eine Verbindung zwischen den beiden Gelehrten zu Stande, deren Resultate von grosser Bedeutung für die Entwicklung der neuen Lichttheorie war. Dadurch, dass sie als Lichtbündel für den bekannten Fresnel'schen Spiegelversuch in gleichem oder in entgegengesetztem Sinne polarisirtes Licht anwendeten, gelang es ihnen nachzuweisen, dass zwei polarisirte Lichtstrahlen, deren Polarisationsebenen parallel sind, wie gewöhnliches Licht interferiren, zwei polarisirte Lichtstrahlen, deren Polarisationsebenen auf einander senkrecht stehen, hingegen nicht interferiren, sondern bei beliebiger Phasendifferenz stets die gleiche Lichtintensität geben. Aus diesen Versuchen folgerte nun Fresnel, dass in den in entgegengesetztem Sinne zu einander polarisirten Lichtstrahlen die Vibrationen zu einander und zur Richtung der Strahlen senkrecht stehen. — Es war die Annahme einer, auf die Richtung der Fortpflanzung der Schwingungen senkrechten, Bewegung, welche demzufolge in der zur Wellenfläche tangentiellen Richtung stattfinden sollte, eine mechanisch nur schwer zu begründende Annahme, gegen die sich die Physiker jener Zeit energisch sträubten. Selbst der Genosse Fresnel's bei seinen Arbeiten über die Polarisation des Lichtes: Arago konnte sich niemals mit jener Theorie befreunden und sagte später, er habe es nicht vermocht, den Arbeiten seines Freundes zustimmend zu folgen, von dem Augenblicke an, als dieser von transversalen Schwingungen zu sprechen begonnen habe. Ja die Rücksicht auf diesen einflussreichen Mitarbeiter vermochte selbst eine Zeit lang Fresnel in seinen Schriften, so z. B. in der endgültigen Fassung seiner Arbeit über Diffraction die Theorie der Longitudinalschwingungen indirekt anzuerkennen. Aehnlich wie Arago erging es Young, wenn dieser sich auch der Nothwendigkeit der Annahme transversaler Schwingungen nicht verschliessen konnte. Er sah diese Hypothese jedoch vielmehr als eine mathematische Hypothese an, so wie wir heut zu Tage uns noch die Annahme zweier elektrischer Flüssigkeiten gefallen lassen müssen, oder wie man als rein mathematische Hypothese auch heute noch die Epicyklentheorie zur Erklärung der Planetenbewegung gelten lassen könnte. Young schreibt der Transversalschwingung deshalb auch keine Realität zu und spricht in seinem Artikel: „Chromatics" im Supplement der „Encyclopaedia brittanica" stets von einer „imaginary transverse motion".

Erst im Jahre 1821 entschloss sich Fresnel die Theorie der Transversalschwingungen des Lichtes offen anzunehmen. Er thut dies, indem er diese Annahme als nothwendige Folge der Erfahrungen über das polarisirte Licht und dessen Interferenzerscheinungen hinstellt und sich bemüht, darzuthun, dass diese Art der Schwingung eben so leicht zu begreifen sei, als die der longitudinalen Schwingungen*).

---

*) Vergleiche: „Considérations mécaniques sur la polarisation de la lumière". Oeuvres Tome I, pag. 629.

Am 10. November 1817 überreichte Fresnel der Akademie eine Abhandlung, welche den Titel führt: „Mémoire sur les modifications que la réflexion imprime à la lumière polarisée." In dieser Schrift behandelt er die durch Malus entdeckte Polarisation durch Reflexion und zwar an der ersten und zweiten Fläche einer unamalgamirten Spiegelscheibe, sowie an polirten Metallplatten.

Mit der Aufstellung der Theorie von den Transversalschwingungen des Lichtes beginnt die dritte Periode der wissenschaftlichen Forschung unseres Gelehrten, welche sich auf die Ausarbeitung der Undulationstheorie und die Doppelbrechung des Lichtes bezieht. Es handelte sich nun um die Ursache, warum gewisse krystallinische Substanzen die Eigenschaft haben, den Lichtstrahl in zwei Bündel zu theilen, von denen bloss der eine dem Brechungsgesetze Descartes' Folge leistet. Die Theorie des Lichtes ist hauptsächlich in drei grösseren Abhandlungen entwickelt. Die erste derselben führt den Titel: „De la lumière" und bildet das Supplement der Riffault'schen Uebersetzung der Chemie von Thomson*). Die Abhandlung besteht aus den folgenden Capiteln: Nature de la lumière. — Diffraction de la lumière. — Des anneaux colorés. — De la réflexion et de la réfraction. — De la double réfraction et de la polarisation. — Coloration des lames cristallisées. — Modification que la réflexion imprime à la lumière polarisée. — Die zweite der erwähnten Abhandlungen ist die folgende: Premier mémoire sur la double réfraction, welche er der Akademie am 19. November 1821 vorlegte. Am Schlusse dieser Abhandlung fasst er die Resultate seiner Untersuchungen in den folgenden Sätzen zusammen: Die Gesetze der Doppelbrechung können mit Hülfe eines dreiaxigen Ellipsoides dargestellt werden. Sind dessen drei Axen gleich, so gibt es nur eine Art der Fortpflanzung des Lichtes in diesem Mittel, also keine Doppelbrechung und keine Polarisation. Sind bloss zwei Axen gleich, d. h. das Ellipsoid eine Revolutionsfläche, so stellt es die Doppelbrechung eines einaxigen Krystalles dar. Eines der beiden Wellensysteme, in welche das Licht sich theilt, behält dieselbe Geschwindigkeit in irgend welcher Richtung und folgt dem gewöhnlichen Brechungsgesetze des Lichtes, während das andere System der Lichtwellen, indem es seine Richtung ändert, der Reihe nach sämmtliche Fortpflanzungsgeschwindigkeiten durchläuft, welche den verschiedenen Radienvectoren des Ellipsoides entsprechen. Endlich im Falle des dreiaxigen Ellipsoides gibt es keine ordinäre Lichtbrechung mehr, jeder Strahl ist extraordinär, d. h. das Licht bewegt sich in jeder Richtung mit anderer Geschwindigkeit. Es ist dies der Fall der zweiaxigen Krystalle. — Um jedoch mit Hülfe dieser Ellipsoide die Geschwindigkeit des Lichtes in den verschiedenen Richtungen, ferner die Richtung der Polarisationsebenen bestimmen zu können, müssen wir auf die Grundhypothese zu-

---

*) Oeuvres T. II, pag. 3.

rückgehen, welche in folgenden Sätzen dargestellt werden kann: Die Lichtschwingungen finden in den Tangentialebenen statt, welche an die Wellenflächen gelegt werden können, die Polarisationsebene ist senkrecht auf die Schwingungsrichtung der Aethertheilchen. Mit Hülfe dieser Theorie lässt sich eine grosse Reihe von Erscheinungen erklären, so z. B. die Farben von Krystallplättchen. Man kann ferner auf Grund dieser Annahme die Intensität des Lichtes berechnen, so wie alle übrigen für die Erscheinung bestimmenden Factoren. In Folge aller dieser Eigenschaften schreibt der Verfasser seiner Hypothese einen grossen Grad von Wahrscheinlichkeit zu. — Die letzte der obenerwähnten drei Abhandlungen führt den Titel: „Second mémoire sur la double réfraction." Nach einer historischen Einleitung folgt: „Théorie mécanique de la double réfraction." Dieselbe ruht auf zwei Hypothesen, die eine bezieht sich auf die Natur der Lichtschwingungen, die andere auf die Constitution des Mittels, welches die Eigenschaft der Doppelbrechung besitzt. Bezüglich der letzteren wird vorausgesetzt, dass die Elasticität des Mediums je nach den verschiedenen Richtungen eine verschiedene sei, derart, dass eine Bewegung nach verschiedenen Richtungen das Spiel verschiedener elastischer Kräfte zur Folge hat. — Was das eigentliche Medium der Fortpflanzung des Lichtes: den Aether betrifft, so gelangt Fresnel zu einigen Folgerungen über die Constitution desselben. Der Aether besteht aus gesonderten Moleculen, welche von einander in so grosser Entfernung sind, dass sie in ihren Wirkungen als mathematische Punkte betrachtet werden können. Eine wichtige Forderung bezüglich des Aethers ist die seiner Incompressibilität, welche mit der übermässigen Feinheit allerdings in Widerspruch zu stehen scheint*). Zu erwähnen ist noch, dass die Fresnel'sche Theorie über die Lage der Schwingungsebene zur Polarisationsebene gar nichts entscheidet. Die Schwingungsebene ist entweder parallel oder senkrecht zur Polarisationsebene, beide Hypothesen erscheinen hier gleichberechtigt, schliessen sich jedoch gegenseitig aus.

Das zweite „Mémoire" über die Doppelbrechung, sowie einige Zusätze und Supplemente, welche Fresnel zu Ende des Jahres 1821 der Akademie überreichte, wurde einer Commission übergeben, die aus den Mitgliedern Ampère, Arago, Fourier und Poisson bestand, von denen jedoch der letztere an den Verhandlungen nicht Theil nahm. Arago enthielt sich jeglicher, voraussichtlich nutzloser Discussion, bezüglich des theoretischen Theiles der Abhandlung und bedachte in seinem

---

*) Herr Prof. Kirchhoff hat einst dem Schreiber dieses geäussert, dass sich einer so enorm schnellen Folge der Impulse gegenüber, wie dies beim Lichte der Fall ist, auch das verdünnteste Gas als incompressible Flüssigkeit verhalten würde. Eine ähnliche Bemerkung findet sich in seiner Rectoratsrede vom Jahre 1865: Ueber das Ziel der Naturwissenschaften. Heidelberg, 1865, 4°.

Referate die experimentellen Theile der Arbeit mit grossem Lobe, worauf er die Aufnahme derselben in das „Recueil des Savants étrangers" vorschlug, welchem Antrage denn auch die Akademie mit Einstimmigkeit beifiel. Kurze Zeit hierauf wurde Fresnel an Stelle des verstorbenen Charles in die Akademie gewählt. Am 7. Januar 1823 legte er der Akademie eine Abhandlung vor unter dem Titel: Mémoire sur la loi des modifications que la réflexion imprime à la lumière polarisée," in welcher er die allgemeinen Bedingungen entwickelt, welchen jede mechanische Theorie des Lichtes entsprechen muss. Es sind dies die folgenden fünf Bedingungen: 1) Die transversale Richtung der Schwingungen, 2) die Perpendicularität der Schwingungen auf die Polarisationsebene, 3) die Erhaltung der lebendigen Kräfte, 4) Die Continuität der Bewegung an der Trennungsfläche zweier Medien, 5) die Proportionalität zwischen dem Brechungsindex und der Quadratwurzel aus der Dichtigkeit des Aethers. — Die erste dieser Bedingungen folgt aus den Versuchen; die zweite ist eigentlich eine Hypothese, welche Fresnel jedoch durch seine Theorie der Doppelbrechung bewiesen zu haben glaubt; die dritte ist ein allgemeines mechanisches Gesetz, die vierte ist ebenfalls eine nothwendige mechanische Forderung; die fünfte endlich ist eine der zwei hier möglichen Annahmen, welche mit den zwei, bezüglich der Polarisationsebene möglichen Hypothesen betreffs der Richtung der Schwingungen in Correlation ist.

Fresnel hat die Beziehung zwischen dem Lichtäther und der ponderabeln Materie in seiner Theorie der Aberration, der Absorption und verwandter Erscheinungen, die wir hier jedoch mit Stillschweigen übergehen, berührt. Eben so wenig können wir hier auf die Darstellung der grossen Verdienste näher eingehen, welche sich Fresnel durch die Verbesserung der Leuchtvorrichtungen an den Leuchtthürmen seines Vaterlandes erworben hat. Die einschlägigen Arbeiten unsers Verfassers füllen mehr als die Hälfte des dritten Bandes seiner Werke.

Die Werke Fresnel's wurden durch Henri de Senarmont, Émile Verdet und Léonor Fresnel unter dem Titel: „Oeuvres complètes d'Augustin Fresnel" (Paris 1866—1870) in drei mächtigen Quartbänden herausgegeben. Der erste Band enthält als Einleitung eine posthume Publikation Verdet's, in welcher dieser Gelehrte eine ausführliche Darstellung der wissenschaftlichen Thätigkeit Fresnel's in wahrhaft classischer Form liefert. Hierauf folgen die beiden ersten Sektionen der auf die Theorie des Lichtes bezüglichen Arbeiten des Verfassers, nämlich: 1) Diffraction und Interferenz, 2) Constitution und Eigenschaften des polarisirten Lichtes. — Der zweite Band enthält: Théorie de la lumière. 3) Systematische Darstellung der Undulationstheorie und Controversen über dieselbe, 4) Doppelbrechung, 5) verschiedene optische Fragen. Ferner: Vermischtes und Auszüge, schliesslich: Wissenschaftliche Correspondenz mit Young, Arago, Léonor Fresnel und anderen. — Der dritte

Band enthält die auf Leuchtthürme und Leuchtvorrichtungen bezüglichen Schriften und Correspondenzen, als Anhang: Éloge historique d'Augustin Fresnel par Fr. Arago. Den Schluss des ganzen Werkes bildet ein höchst ausführliches analytisches Inhaltsverzeichniss (225 Seiten).

Im Anschlusse an Fresnel führen wir hier noch die folgenden Zeitgenossen an, deren wissenschaftliche Thätigkeit sich hauptsächlich auf Optik bezieht oder die an der heutigen Gestaltung der Optik Theil genommen: Brougham, Malus, Biot, Brewster, Fraunhofer, Cauchy, Franz Ernst Neumann, Lloyd, Joh. Wolfgang Goethe und Schopenhauer.

Lord Henry Brougham (and Vaux), geb. 1778 zu Edinburgh, gest. 1868 zu Cannes, Advokat und Staatsmann, berühmter Bekämpfer des Sklavenhandels, Vertheidiger der Königin Charlotte in ihrem Prozesse im Jahre 1820. Brougham entfaltete eine segensreiche Wirksamkeit durch die Gründung verschiedener humanitärer Anstalten und durch seine Bemühungen um das Unterrichtswesen. Brougham war ein Anhänger der Newton'schen Lichttheorie und in Folge dessen ein eifriger Gegner Young's, dessen Ansichten über die Interferenz des Lichtes er in der „Edinburgh Review" heftig angriff*). Er beschuldigt den Verfasser „einer gefährlichen Erschlaffung aller Prinzipien einer physischen Logik". Young verfasste eine Erwiderung, die jedoch wenig verbreitet wurde. Die Undulationstheorie war und blieb in England noch eine Reihe von Jahren hindurch unpopulär und vermochte sich keine Anhänger zu erwerben. Brougham veröffentlichte: Experiments and observations on the inflection, reflection and colours of light (Phil. Trans. 1796 und 1797).

Etienne-Louis Malus, geboren den 23. Juni 1775 zu Paris, gestorben ebendaselbst den 23. Februar 1812, war der Sohn Anne-Louis Malus du Mitry, der im Schatzkammeramt bedienstet war. Er erhielt eine sorgfältige Erziehung, besonders in Mathematik und in der classischen Literatur der Alten. Noch in späteren Jahren wusste er ganze Stellen der Iliade zu rezitiren. Im Alter von siebenzehn Jahren wurde er in die Militäringenieurschule aufgenommen. In dieser Zeit beschäftigte er sich mit poetischen Versuchen, er verfasste eine Tragödie in Versen, welche den Tod Cato's zum Gegenstande hatte. Er hatte sich in seinen Studien ausgezeichnet und war schon nahe daran Offizier zu werden, als er — wahrscheinlich der Stellung seines Vaters zufolge — auf Befehl des damaligen Kriegsministers Bouchotte als antirepublikanischer Gesinnungen verdächtig aus der Schule entlassen wurde. Er war hiedurch gezwungen als gemeiner Soldat in das fünfte Bataillon von Paris einzutreten, in welcher Eigenschaft er bei den Fortificationsarbeiten zu Dünkirchen verwendet wurde. Als die „École polytechnique" ins Leben trat, wurde er durch den Direktor der Festungswerke jenes Platzes als einer der

---

*) Vol. I, pag. 450.

Zöglinge der neu zu errichtenden Schule vorgeschlagen. Sein Lehrer Monge erkannte alsbald die Talente des jungen Mannes und verwendete ihn als einen der zwanzig Instruktoren für den Unterricht der anderen Zöglinge. Malus beschäftigte sich während der drei Jahre, die er in dieser Schule zubrachte, mit mathematischen und optisch-theoretischen Studien. Er musste diese seine Studien jedoch nur allzubald unterbrechen und trat 1796 als Unterlieutenant in das Genie-Corps ein. Er diente nun in der Sambre-Meuse-Armee, ging mit derselben 1797 über den Rhein und focht bei Altenkirch mit. Um dieselbe Zeit knüpfte er ein Verhältniss mit der Tochter des Universitätskanzlers von Giessen, einem Fräulein Koch. Er war im Begriffe sich mit derselben zu vermählen, als er zur ägyptischen Armee eingetheilt wurde. Er nahm nun als Capitän an dem Feldzuge in Aegypten Theil, wurde auch von der dort herrschenden Seuche befallen, von welcher er jedoch ohne ärztliche Hülfe gesundete. Im Jahre 1801 langte er wieder in seinem Vaterlande an. Kurze Zeit hierauf führte er seine Verlobte heim. Von 1806 bis 1808 war er Unter-Direktor der Befestigungswerke zu Strassburg, hierauf Oberstlieutenant und Examinator an der polytechnischen Schule. Nun war er endlich in der Lage seinen wissenschaftlichen Untersuchungen nachhängen zu können. In Folge eines Preises, den die Akademie für eine, auf Doppelbrechung bezügliche, Arbeit ausgeschrieben hatte, nahm er seine optischen Studien wieder vor und beschäftigte sich hauptsächlich mit den optischen Eigenschaften des Doppelspathes. Im Jahre 1808 glückte ihm eine Entdeckung von grosser Tragweite, durch welche die mechanische Theorie des Lichtes eine bedeutende Förderung gewann; es ist dies die zufällig gemachte Entdeckung der Polarisation durch Reflexion. Nach der Erzählung Biot's betrachtete Malus von einem Fenster seiner Wohnung in der Rue d'Enfer das von den Fenstern des Palais Luxembourg gespiegelte Sonnenbild durch ein Stück Doppelspath. Zu seinem Befremden nahm er nun wahr, dass während der Drehung des Krystalles sich das Sonnenbild abwechselnd verdunkle und aufhelle, bei einer gewissen Stellung jedoch gänzlich verschwinde. Am andern Tage, als er zu einer andern Stunde dasselbe Experiment wiederholen wollte, gelang ihm dasselbe in Folge des geänderten Einfallswinkels nicht wieder. Malus wies nun nach, dass bei der Reflexion des Lichtes von einer Glas- oder Wasserfläche, unter einem gewissen Winkel die Lichtstrahlen jene Eigenschaften erhalten, welche vordem nur beim Durchgange durch doppelbrechende Medien beobachtet worden waren. Wurde ein solcher reflektirter Strahl durch einen Kalkspath geleitet, so waren die beiden Strahlen, in welche er durch letzteres Medium zerlegt worden war, nicht von gleicher Intensität. War der Hauptschnitt des Krystalles mit der Reflexionsebene parallel, so ging bloss der ordentliche Strahl durch denselben, es erschien somit bloss das ordentliche Bild; war der Hauptschnitt hingegen auf die Reflexionsebene senkrecht, so erschien bloss der ausserordentliche Strahl. Hieraus lässt sich folgern, dass das Licht in der Reflexionsebene polarisirt sei.

Malus fand den Polarisationswinkel für verschiedene Substanzen verschieden, ferner zeigte er, dass man an Stelle des analysirenden Kalkspathes ebenfalls einen Spiegel anwenden könne; wenn dieser so gestellt wird, dass seine Ebene auf die des ersten Spiegels senkrecht steht, so geschieht von letzterem Spiegel keine Reflexion, der Strahl wird absorbirt. Die Intensität des vom zweiten Spiegel reflektirten Lichtes ist dem Quadrate des Cosinus jenes Winkels proportional, den die beiden Spiegel mit einander bilden. Bei der Untersuchung des gebrochenen Lichtes fand er, dass auch dieses zum Theil polarisirt sei und zwar in einer zur Polarisationsebene des reflektirten Lichtes senkrechten Ebene. Er sprach als allgemein den Satz aus, dass bei jeder Polarisation des Lichtes zwei polarisirte Strahlen entständen, deren Polarisationsebenen auf einander senkrecht stehen.

Malus war jedoch ein strenger Anhänger der Emissionstheorie. Er spricht von den Erscheinungen „qui dépendent des formes des molécules de la lumière" und stellte die Polarisirung des Lichtes durch die Gleichrichtung gewisser Polaritätsaxen der Lichtmolecule vor, wesshalb er denn auch diesen Namen für die Erscheinung wählte.

Die Schriften Malus' sind die folgenden: Sur une propriété de la lumière réfléchie par les corps diaphanes (Bull. Soc. philom. T. I, No. 16, Janv. 1809)*). — Sur les phénomènes qui dépendent des formes des molécules de la lumière (ib. Tome I, N° 20, Mai und N° 21, Juni 1809). — Mémoire sur la lumière (ib. T. II, N° 42, März 1811). — Sur de nouv. phénom. d'optique (ib. N° 45, Juni 1811). — Mém. sur les phénomènes qui accompagnent la réflexion et la réfraction de la lumière (ib. N° 47, August 1811). — Sur une propriété des forces répulsives qui agissent sur la lumière (Mém. d'Arcueil II, 1809). — Description et usage d'un goniomètre répétiteur, (ib. III, 1817). — Sur l'axe de réfraction des cristaux et des substances organisées (Journ. des phys. T. 73, 1811). — Mém. sur l'optique (Journ. École polyt. T. VII, 1808). — Sur la mesure du pouvoir réfringent des corps opaques (ib. VIII, 1809). — Traité d'optique analytique (Mém. Sav. étr. II, 1811). — Théorie de la double réfraction de la lumière dans les substances cristallines (ib. id.)**).

Malus wurde für seine Entdeckungen zum Mitglied der Pariser Akademie gewählt, ferner erhielt er von der Londoner „Royal Society" die Rumford-Medaille. Malus starb im Alter von 36 Jahren und 8 Monaten. Ueber seine Biographie findet sich Näheres in Arago: Oeuvres biogr. III, Young: Misc. Works, Vol. II, pag. 591.

---

*) In dieser Abhandlung findet sich die Beschreibung der Entdeckung der Polarisation.

**) Von der Akademie 1810 preisgekrönt.

Jean-Baptiste Biot, geboren den 21. April 1774 zu Paris, gestorben ebendaselbst den 3. Februar 1862, war Professor an der Centralschule zu Beauvais, dann Professor der Physik am Collège de France, der Astronomie an der Fakultät der Wissenschaften zu Paris, ferner Mitglied des Institus und des „Bureau des longitudes". Biot war ein ungemein eifriger und fleissiger wissenschaftlicher Forscher und Schriftsteller, der eine fast endlose Reihe von Schriften verfasst hat. Biot hat mit mehreren seiner Zeitgenossen gemeinschaftlich Untersuchungen angestellt, so z. B. mit Arago geodätische und geophysische Untersuchungen im Auftrage des Längenbureaus, ferner mit demselben über die lichtbrechende Kraft der Gase, mit Persoz und Thénard chemische Untersuchungen, mit Melloni über die strahlende Wärme, mit Pouillet über die Diffractionserscheinungen. Biot war einer der letzten Anhänger der Undulationstheorie, an der er trotz der Arbeiten Fresnel's mit Hartnäckigkeit festhielt. Um die verschiedenen Erscheinungen, die er vermöge seiner eingehenden optischen Untersuchungen sehr genau kannte, erklären zu können, nahm er eine Reihe von Hypothesen zu Hülfe, welche sämmtlich von einander unabhängig eine Anhäufung von Voraussetzungen bilden, und als Muster einer unstatthaften physikalischen Theorie dienen können. Die Lichtmolecule haben nach ihm die folgenden Eigenschaften: Sie sind Polyeder, die eine Symmetrieaxe derselben ist die Axe der Polarisation, eine darauf senkrechte Axe wird an ihrem einen Ende von den brechenden Materien angezogen, am andern abgestossen. In einem unpolarisirten Lichtstrahle haben die Polarisationsaxen alle möglichen zum Strahle senkrechten Richtungen. Die Lichtmolecule rotiren gleichförmig um ihre Polarisationsaxe, von der Revolutionsdauer hängt die Farbe ab. Durch diese Rotation kehrt das Molecul abwechselnd die angezogene und die abgestossene Seite dem brechenden Mittel zu. Hieraus erklären sich die Newton'schen „Anwandlungen" der leichten Transmission oder der leichten Reflexion. — Die Reflexion des Lichtes hat auf die Rotationsgeschwindigkeit der Theilchen keinerlei Einfluss, bringt jedoch ein theilweises oder vollständiges Parallelstellen der Polarisationsaxen zu Stande, die im polarisirten Strahle in der That sämmtlich in einer Ebene liegen. — Die Brechung ändert die Rotationsgeschwindigkeit der Molecule in einem vom brechenden Mittel und dem Einfallswinkel abhängenden Verhältnisse. Ausserdem existirt die Tendenz, die Polarisationsaxen auf die Brechungsebene senkrecht zu stellen. — Findet Doppelbrechung statt, so beginnen die Polarisationsaxen der Molecule eine schwingende Bewegung zwischen ihrer Anfangslage und einer zum Hauptschnitte symmetrischen Richtung. Die Dauer dieser Oscillationen sind für die Molecule verschiedener Farben der Rotationsdauer um die Polarisationsaxen proportional. — In einer gewissen Tiefe hören diese Schwingungen auf und an ihre Stelle tritt eine Lagerung der Polarisationsaxen in zwei auf einander senkrechte Richtungen.

Diesen künstlich aufgerichteten Bau von ganz und gar willkürlichen Hypothesen, welche eine mechanische Theorie schwer zulassen, hat Biot bis an sein Ende gegen die durchsichtige und lichtvolle Theorie Fresnel's aufrechterhalten und sie durch alle Auflagen seines „Précis de Physique"*) hindurch vorgetragen.

Von den übrigen Untersuchungen Biot's erwähnen wir nur noch einige. Er bestimmte die Geschwindigkeit des Schalles in einem Röhrensysteme aus Gusseisen, das eine Länge von fast einem Kilometer hatte. — Aus seinen, mit Arago über die Brechungsexponenten der Gase angestellten, Versuchen folgerte er das Gesetz, dass die brechende Kraft der Luft deren Dichtigkeit proportional sei und zwar für alle Farben im selben Verhältnisse, so dass ein Luftprisma keine Farbenzerstreuung zu Wege bringe. Dasselbe Gesetz fanden die beiden Forscher für alle andern Gase. Für Gasgemische ist die brechende Kraft gleich der Summe der brechenden Kräfte der Bestandtheile**). Andere Untersuchungen beziehen sich auf die Circularpolarisation. — Biot und Arago haben auch die ersten genauen Dichtigkeitsbestimmungen der Gase ausgeführt. Mit dem Probleme der Wärmeleitung hat sich unser Forscher schon vor Fourier beschäftigt und darüber auch zweckmässig eingerichtete Versuche angestellt. Biot hat ferner die Vertheilung des freien Magnetismus in einem Magneten, die elektrischen Zerstreuungscoefficienten verschiedener Körper, die Dichtigkeit der Elektricität an den Polen einer Volta'schen Säule und gleich nach Oersted's Entdeckung die Wirkung eines Stromes auf einen in verschiedener Entfernung befindlichen Magnetpol untersucht.

Sir David Brewster, geboren den 11. Dezember 1781 zu Sedburgh in Schottland, gestorben zu Allerly-House bei Melrose den 10. Februar 1868. Ursprünglich verlegte er sich auf Theologie, später war er Advokat, zuletzt Professor der Physik an der Universität zu St. Andrews, 1859 wurde er Kanzler der Edinburgher Universität. Im Jahre 1831 brachte er die Versammlung zu York zu Stande, wodurch er den Grund zur „British Association for the Advancement of Science" legte, welche alljährlich in einer andern Stadt ihre Versammlungen abhält. Im Jahre 1819 gründete er mit Jameson das „Edinburgh Philosophical Journal", später das „Edinburgh Journal of Science". Er redigirte die „Edinburgh Encyclopaedia" (18 Bände, 4° Edinb. 1810—1830), für welche er namentlich die auf Optik bezüglichen Artikel verfasste. In weiteren Kreisen bekannt wurde er durch einige populäre Schriften und seine Biographien berühmter Gelehrter: The life of Sir Isaac Newton. —

---

*) Précis élémentaire de Physique expérimentale, 2 vol., Paris 1818—21. Deutsch von Fechner in 5 Bänden. Leipzig 1828—29.

**) Sur les affinités des corps pour la lumière et particulièrement sur les forces réfringentes de différents gaz (Mém. de l'acad. de France, T. VII, 1806).

Memoirs of the life, writings and discoveries of Sir Is. Newton*). — The Martyrs of Science on the lives of Galileo, Tycho Brahe and Kepler (Edinb. 1856).

Brewster hat sich hauptsächlich mit optischen Untersuchungen beschäftigt. Er hat die Absorptionslinien entdeckt, die sich im Spectrum solchen Lichtes zeigen, das durch mächtigere Schichten von farbigen Gasen gegangen ist und welche an die Fraunhofer'schen Linien erinnern. Als er das Licht durch eine Schichte gasförmiger salpetriger Säure gehen liess, fand er in dem Spectrum an 2000 scharfrandige, breite und schwarze Streifen über das ganze Spectrum, besonders dessen grünen und blauen Theil verstreut, trotzdem das Gas selbst nur schwach orange gefärbt war. — Brewster ist ferner einer der Entdecker der Fluorescenz des Lichtes. Er erfand das Kaleidoskop, auf welches er auch (1817) ein Patent nahm**), ferner das dioptrische Stereoskop, welches an Stelle des Wheatstone'schen Spiegelstereoskopes nun überall in Gebrauch steht***). — Malus war es nicht gelungen eine Relation zwischen dem Polarisationswinkel und den übrigen optischen Constanten eines Mittels zu finden. Brewster wies nun durch Versuche nach, dass die Tangente des Polarisationswinkels gleich dem Brechungsexponenten des Mediums sei, woraus sich dann durch eine kurze Betrachtung ergibt, dass der gebrochene auf dem reflectirten, polarisirten Strahle senkrecht stehe. — Brewster stellte zahlreiche Versuche über die Drehung der Polarisationsebene und die Reflexion an Metallen an, er war einer der ersten, welche die Farbenringe in einaxigen Krystallen beobachteten, ferner zeigte er den Zusammenhang zwischen Doppelbrechung und Elasticität der Medien an gepressten und gekühlten Gläsern, da er im Stande war, die Interferenzerscheinungen des polarisirten Lichtes in solchen Gläsern hervorzurufen.

Joseph Fraunhofer, geboren den 6. März 1787 zu Straubing, gestorben den 7. Juni 1826 zu München, war der Sohn eines Glasers. Als Glasschleifer kam er in das mathematische Institut von Reichenbach, Utzschneider und Liebherr, später wurde er Theilnehmer an dem optischen Institute zu Benediktbeuren, das Reichenbach und Utzschneider errichtet hatten. Im Jahre 1818 übernahm er die Leitung dieses Institutes, das 1823 nach München verlegt wurde. Fraunhofer war zuletzt Conservator des physikalischen Cabinetes der Akademie der Wissenschaften zu München.

Die dunkeln Streifen, welche im Spectrum des Sonnenlichtes sichtbar sind, wurden zuerst von Wollaston im Jahre 1802 beobachtet. Später entdeckte sie Fraunhofer selbstständig und unterzog dieselben

---

*) Siehe oben pag. 300.

**) The Kaleidoscope, its history, theory and construction, 2 ed. Edinburgh 1857.

***) The Stereoscope, its history, theory and construction. Edinb. 1856.

einer eingehenden Untersuchung, deren Resultate er in der Abhandlung: „Bestimmung des Brechungs- und des Farbenzerstreuungs-Vermögens verschiedener Glasarten, in Bezug auf die Vervollkommnung achromatischer Fernrohre" (Denkschriften der Münchener Akad. Band V, 1814 bis 1815) beschrieb. Er beobachtete und bestimmte mit Hülfe eines Theodolithen die Lage von mehr als 500 solcher Linien, die wir nun die Fraunhofer'schen Linien nennen und benannte die Hauptgruppen mit Buchstaben. Die Linien A und B befinden sich im Roth, C an der Grenze des Orange, D an der Grenze von Orange und Gelb, E ist eine Liniengruppe im grünen Theile des Spectrums, F liegt im Blauen, G an der Grenze von Indigo und Violett, H im Violetten. Ausserdem sind noch in die Augen fallend die Streifengruppe a im rothen und die Gruppe b im grünen Theile des Spectrums. Die Erklärung dieser dunkeln Linien und Streifen wurde erst viel später durch Kirchhoff gegeben. Fraunhofer ist der erste, der mit Hülfe des Theodolithen genaue Messungen über die Brechungsexponenten fester und flüssiger Körper anstellte. — Er entdeckte die chromatische Abweichung des Auges, stellte mit Hülfe eines Fernrohres sehr genaue Messungen über die Beugung des Lichtes an und berechnete die Länge der Lichtwellen in der Luft für diejenigen Stellen des Spectrums, welche durch die Lage der dunkeln Linien genau bestimmt sind. — Fraunhofer untersuchte auch zuerst das Spectrum des elektrischen Funkens und fand, dass dieses ein discontinuirliches sei und bloss aus farbigen Streifen bestehe. Es war wieder Kirchhoff, der die wahre Bedeutung dieses Phänomens erklärte.

Augustin-Louis Cauchy, geboren den 21. August 1789 zu Paris, gestorben den 22. Mai 1857 ebendaselbst, war der Sohn Louis-François Cauchy's, der „Secrétaire-archiviste" der Pairskammer war. Augustin Cauchy erhielt eine sehr sorgfältige Erziehung und Unterricht besonders in den mathematischen Wissenschaften und in den alten Sprachen. Er befasste sich in seinen jüngeren Jahren mit poetischen Versuchen und schrieb ein Gedicht in Versen: „Charles V en Espagne", welches reichen Beifall erntete. Im Jahre 1805 wurde er in die „École polytechnique" aufgenommen, wo er sich schon im Alter von sechzehn Jahren durch seine hervorragenden mathematischen Kenntnisse auszeichnete. Er gehörte gleich Pascal und Clairaut zu den frühreifen mathematischen Talenten. Es war ihm jedoch eine viel längere Laufbahn vorbehalten, als diesen beiden früh dahingeschiedenen Forschern. Aus der polytechnischen Schule trat Cauchy in die „École des ponts et chaussées", welche er verliess, um als Ingenieur im Hafen vom Cherbourg verwendet zu werden. Von jener Zeit an datiren seine zahlreichen Untersuchungen, welche sich anfänglich auf rein mathematische Gegenstände bezogen. Im Jahre 1812 erschien seine „Méthode pour déterminer à priori le nombre des racines réelles négatives d'une équation d'un dégré quelconque". Im

Jahre 1815 erkannte ihm die Akademie den grossen Preis für seine „Théorie des ondes"*) zu, welche als Grundlage für eine mathematische Theorie des Lichtes diente.

Nach der Reorganisation der Akademie der Wissenschaften im Jahre 1816 wurde Cauchy zum Mitgliede derselben und zwar in die Sektion für Mechanik gewählt. Er war erst Repetitor, dann Professor an der „École polytechnique." In dieser Eigenschaft veröffentlichte er eine Reihe von Lehrbüchern für seine Schüler: „Cours d'analyse" (Paris 1821), „Leçons sur le calcul différentiel" (Paris 1826), und „Leçons sur les applications du calcul infinitésimal à la géométrie" (2 vol., Paris 1826—1828). Obwohl Cauchy niemals die Gunst Carl X. gesucht hatte, so hatte er doch von Kindheit an eine solche Anhänglichkeit an die Familie der Bourbons, dass er aus diesen seinen Gefühlen durchaus kein Geheimniss machte. So verlor er denn in Folge seiner politischen Ueberzeugung nach der Revolution des Jahres 1830 seine Stelle. Da ihn nun nichts mehr an Paris fesselte, so verliess er diese Stadt und folgte einem Rufe an die Universität von Turin, wo er mathematische Physik unterrichtete. Im Jahre 1833 wurde er von Carl X. als Erzieher des Herzogs von Bordeaux nach Prag berufen. Hier gab er neben einigen mathematischen Schriften sein „Mémoire sur la dispersion de la lumière" heraus. Als er im Jahre 1838 seine Aufgabe als Prinzenmentor erfüllt hatte, begab er sich nach Paris, wo er im Professhause der Jesuiten in der Rue de Sèvres Mathematik lehrte. Seine politischen Ueberzeugungen waren ein unbezwingliches Hinderniss, das ihn von jeglichem Staatsamte ausschloss. Als ihn 1839 die Mitglieder des „Bureau des longitudes" als neu zu ernennendes Mitglied vorgeschlagen hatten, verweigerte der Unterrichtsminister ihn zu bestätigen. Ueber Cauchy's Biographie findet sich Näheres in: Valson, La Vie et le catalogue des ouvrages d'Augustin Cauchy, 2 vol. Paris. — M. le Baron Cauchy. Lettre de M. Biot. Paris 1857. — Funérailles de M. Aug. Cauchy. Discours de MM. les Bar. Ch. Dupin, Combes et Despretz. Paris 1857 (Institut impér. de France).

Cauchy war einer der gewandtesten Analytiker seiner Zeit. Seine Arbeiten beziehen sich auf die verschiedenen Zweige der reinen Mathematik und Mechanik, sowie der mathematischen Physik. Die Schriften über höhere Algebra, Zahlentheorie, den Infinitesimalcalcul übergehen wir hier mit Stillschweigen. Auch seiner Untersuchungen über die astronomische Störungsrechnung erwähnen wir hier nur ganz kurz. Von grösserer Bedeutung für uns ist seine Bemühung den Satz des Kräfteparallelogramms aus den einfachen mechanischen Grundprinzipien abzuleiten**). Es ist dies bloss einer der vielen vergeblichen Versuche statt dem

---

*) Mémoire sur la théorie de la propagation des ondes à la surface d'un fluide pesant d'une profondeur infinie. (Mém. sav. étrang., T. I.)

**) Exercices mathématiques. Paris 1826. Bd. I. Sur la résultante etc., pag. 29.

geraden den verkehrten Weg einzuschlagen, da in der That die Zurückführung der Kraft auf eine andere Wirkungsrichtung der einfachere Vorgang ist und so zu sagen die Rolle eines mechanischen Axiomes spielt. Ein ähnlicher Versuch Cauchy's ist der Beweis für den Satz der Gleichheit des Druckes in Flüssigkeiten*). Wir erwähnen ferner die Untersuchungen über Elasticität und zwar über Volumveränderung während des Zuges: Sur les équations, qui expriment les conditions d'équilibre d'un corps solide. (Exercices math. Tom. III. pag. 182), über Longitudinalschwingungen von Stäben (ibid. pag. 269), über Transversalschwingungen (ibid. pag. 270).

Von grösserer Bedeutung sind die Arbeiten unsers Forschers über Optik. Die Arbeiten Young's und Fresnel's erhielten ihre Vervollständigung erst durch Cauchy's Untersuchungen über die Undulationstheorie. Im Folgenden führen wir einige seiner optischen Arbeiten an: Sur la polarisation de la lumière (Mém. Acad. Scienc. X, 1831). — Sur la polarisation rectiligne et la double réfraction (ib. XVIII, 1839—1841). — Sur la réflexion de la lumière à la surface des métaux (Liouv. Journ. VII, 1842). — Sur la théorie math. de la lumière. (Compt. rend. de l'acad. II, 1836). — Sur les vibrations de l'éther (ib. VII, 1838). — Sur la réflexion et la réfraction de la lumière (ib. VII, VIII, 1839). — Sur l'égalité des réfractions de deux rayons lumineux etc. (ib. VIII) u. s. f. In seinem „Mém. sur la dispersion de la lumière" zeigt Cauchy, dass die Geschwindigkeit des Lichtes und dessen Brechungsexponent für verschiedene Medien bei vollständig genauer Rechnung von der Wellenlänge des Lichtes abhängt**). Hieraus folgt zugleich die Erklärung der Dispersion des Lichtes. Diese Erklärungsweise setzt nun voraus, dass die Geschwindigkeit des Lichtes in optisch dichteren Mitteln eine geringere werde, während die Emissionshypothese das umgekehrte Verhältniss fordert. Foucault hat in der That durch den Versuch nachgewiesen, dass die Forderung der Undulationstheorie erfüllt werde***). Ebenso folgt aus den Fraunhofer'schen Berechnungen der Wellenlängen die Bestätigung der Cauchyschen theoretischen Forderungen. Die Gleichungen, welche er für das reflectirte und für das gebrochene Licht gibt, sind von diesem Forscher

---

*) Exercices math., Bd. II. De la pression dans les fluides, pag. 23.

**) Bedeutet c die Fortpflanzungsgeschwindigkeit des Lichtes, λ die Wellenlänge, $a_0, a_1, a_2 \ldots$ Constante, welche von dem zweiten Mittel abhängen, in dem das Licht sich fortpflanzt, so ist:

$$c^2 = a_0 + \frac{a_1}{\lambda^2} + \frac{a_2}{\lambda^4} + \cdots;$$

bedeutet ferner c_1 die Geschwindigkeit im zweiten Medium, n den Brechungsexponenten, α_0, α_1 von a_0, a_1, c abhängige Constanten, so ist:

$$n = \frac{c}{c_1} = \alpha_0 + \alpha_1 \frac{1}{\lambda^2}.$$

***) Sur les vitesses relative de la lumière dans l'air et dans l'eau. (Annales chim. phys., IIIe sér., Tome XLI).

ohne Beweis veröffentlicht worden. Erst **Beer, Ettingshausen** u. a. haben diese Formeln abgeleitet.

Franz Ernst Neumann, geboren den 11. September 1798 zu Ukermark, Professor der Physik und Mineralogie an der Universität zu Königsberg. Ausser seinen mathematischen und krystallographischen Arbeiten schrieb er hauptsächlich über Optik, Wärme, Magnetismus und Elektricität. In seiner Abhandlung: Theorie der elliptischen Polarisation durch Metalle (Pogg. XXVI, 1832) liefert er die experimentellen Daten für die **Fresnel'sche** Theorie. Mit der Lichtbrechung in zweiaxigen Krystallen beschäftigt er sich in der Schrift: Ueber die optischen Axen und Farben zweiaxiger Krystalle im polarisirten Lichte (ib. XXXIII, 1834). — **Neumann** hat ferner über spezifische Wärme Versuche angestellt. Er hat auch das **Dulong**'sche Gesetz, demzufolge das Produkt aus dem Atomgewichte in die spezifische Wärme eine nahezu constante Grösse ist, auf eine Reihe von chemisch ähnlich zusammengesetzten Körpern ausgedehnt. — Gleich **Green** und **Poisson** beschäftigte sich **Neumann** mit der Theorie der Vertheilung des Magnetismus in den Magneten, und mass die Constanten der Thermoketten. In den Abhandlungen: „Allgemeine Gesetze der inducirten elektrischen Ströme" (Abhandl. d. Berl. Akad. 1845) und: „Ueber ein allgemeines Prinzip der mathematischen Theorie inducirter elektrischer Ströme" (ib. 1847) geht der Verfasser von der Annahme aus, dass die bei einer Bewegung stattfindende Induction der Geschwindigkeit der relativen Bewegung proportional sei.

Humphrey Lloyd, geboren den 16. April 1800 zu Dublin, gestorben ebendaselbst den 17. Januar 1881, war Geistlicher, Professor der Physik an der Universität seiner Vaterstadt, später Rektor des Trinity College. **Hamilton** hatte die sog. konische Refraction aus theoretischen Gründen abgeleitet, **Lloyd** lieferte den experimentellen Beweis dafür in seiner Abhandlung: On the phenomena presented by light in its passage along the axes of biaxial crystals (Tr. Irish Acad. XVII, 1837). — In späteren Jahren beschäftigte er sich mit erdmagnetischen Messungen. Von ihm stammt eine Methode zur Bestimmung der Inklinationsvariation der Magnetnadel, welche er in der Abhandlung: Account of the Magnetical Observatory of Dublin etc. (Dublin 1842) beschreibt.

Johann Wolfgang von Goethe, geboren den 28. August 1749 zu Frankfurt a. M., gestorben den 22. März 1832 zu Weimar. — Es ist das unveräusserliche Vorrecht jener hochbegnadeten Geister, welche mit dem Auge des wahren Dichters in den Weltenlauf sehen, dass sie solche Beziehungen und Vorgänge in der Welt der Erscheinungen, welche der grübelnde Menschenverstand erst mit Hülfe eines complicirten gedanklichen Apparates zu begreifen im Stande ist, unmittelbar durch Intuition aufzufassen vermögen. Die Geschichte der Menschheit weist nur wenige Dichter auf, deren Geist den ganzen Makrokosmos in derartig vielseitiger, um nicht zu sagen, allseitiger Weise in sich aufnimmt und künstlerisch gestaltend wiederspiegelt, wie der des Altmeisters Goethe. Er spricht es mit klaren Worten aus, dass die Wissenschaft eine künstlerische Anordnung der Thatsachen sein solle und die Bildung abstrakter Begriffe vermeide möge, welche die Thatsachen nur verdüsterten.

Goethe hat sich sowohl auf dem Gebiete der beschreibenden, als auf dem der exakten Naturwissenschaften versucht. Die Anfänge aller dieser Arbeiten sind in das letzte Dezennium des vergangenen Jahrhunderts zu setzen. Auf die erste Classe der obengenannten naturwissenschaftlichen Disciplinen beziehen sich seine osteologischen und botanischen Abhandlungen, auf die zweite die über die Farbenlehre. Im Jahre 1786 schrieb er die kleine Abhandlung über das Zwischenkieferbein, dessen schwache Andeutungen er an menschlichen Schädeln nachwies, während man bis dahin angenommen hatte, dass dieses bloss bei den übrigen Wirbelthieren, mit Ausschluss des Menschen vorkomme. Im Jahre 1790 betrachtete er auf dem Lido von Venedig einen halbgesprengten Schafschädel und erkannte durch einen glücklichen Blick, dass der Schädel als aus stark veränderten Wirbelknochen aufgebaut zu betrachten sei. Jedoch erst im Jahre 1817, als auch Oken diese Entdeckung selbstständig gemacht und veröffentlicht hatte, erklärte Goethe, dieselbe schon vor 30 Jahren gemacht zu haben, worüber es dann zu einem Prioritätsstreite kam. — Ein ähnlicher Gedankengang, wie der, welcher ihn zur Erkenntniss geleitet hatte, dass die Schädelkapsel nur als Fortsetzung des Rückenwirbelcanals aufzufassen sei, wodurch die Einheit des Baues im Thierkörper nachgewiesen wurde, leitete ihn zur Ueberzeugung, dass die Blütentheile der Pflanzen als veränderte Blätter aufzufassen seien. Er führte diese Theorie in der „Metamorphose der Pflanzen" aus, welche er 1790 veröffentlichte.

Während es Goethe auf diesem Gebiete der Naturwissenschaften gelang, zwei höchst fruchtbare Anschauungen zu entwickeln: 1) die eines einheitlichen Planes im Bau der verschiedenen Thiere und 2) diejenige des Vorhandenseins eines Urtypus für die Form der verschiedenen Theile eines und desselben Wesens, ist seine Thätigkeit auf dem Felde der Farbenlehre eine solche, welche in uns sehr gemischte Gefühle erweckt. Der hehre Geist, einer der erhabensten Dichtergenien, begegnet uns hier auf einem Wege, der uns mindestens auf den ersten Blick als eine arge Verirrung erscheint. Er stellt eine Theorie der Farben auf, welche von sehr scharfer und richtiger Beobachtungsgabe zeugt, geräth jedoch in schroffen Widerspruch zur Lehre Newton's über die Entstehung des weissen und über die Natur des farbigen Lichtes. Der grosse englische Forscher wird von dem, die Hofluft athmenden, Dichter mit Ausdrücken traktirt, die wider allen litterarischen Anstand verstossen. Man merkt die Leidenschaftlichkeit in jedem Worte, sobald sich sein Geist der Newton'schen Farbenlehre zuwendet. Er erkennt die grossen Verdienste dieses Forschers um die Mathematik an, ja er schreibt es geradezu dessen mathematischem Rufe zu, dass sich seine Farbenlehre bis auf die Gegenwart erhalten konnte: „Newton, als Mathematiker, steht in so hohem „Ruf, dass der ungeschickteste Irrthum, nämlich das klare, reine, ewig „ungetrübte Licht sei aus dunklen Lichtern zusammengesetzt, bis auf „den heutigen Tag sich erhalten hat; und sind es nicht Mathematiker, „die dieses Absurde noch immer vertheidigen und, gleich dem gemeinsten „Hörer, in Worten wiederholen, bei denen man nichts denken kann?"*)

Wenn wir uns den prinzipiellen Widerspruch zwischen Goethe's Weltanschauung und den der Naturphilosophie, d. h. derjenigen des Physikers vergegenwärtigen, so werden wir bald den Grund klar durchschauen, der ihn in derartig leidenschaftlichen Gegensatz zu der von der Wissenschaft angenommenen Newton'schen Lehre setzte. Goethe sieht die Welt mit den Augen des Künstlers an. Wo ihm die Natur in ihren tausendfältig verschiedenen Gestalten das verborgene Gesetz des Baues und der Bildung der Wesen weist, da folgt er selbst den Bahnen der Wissenschaft:

„Alle Gestalten sind ähnlich und keine gleichet der andern;
„Und so deutet das Chor auf ein geheimes Gesetz" **),

dort hingegen, wo die Wissenschaft der Abstraktion bedarf, des mathematischen Apparates, des planmässigen Experimentirens, wo sie durch Ausschliessen störender Complikationen die Elemente der Erscheinungen auffinden will, da befindet er sich in erbittertem Gegensatze zur Lehre der Schule. Wir können nicht darauf verzichten, die allbekannte, oft citirte Stelle anzuführen, in welcher Faust seinem Unmuth über die menschliche Wissenschaft Ausdruck verleiht, da diese Stelle mehr sagt, als eine lange Erörterung der Sinnesart ihres Dichters.

„Ihr Instrumente freilich spottet mein,
„Mit Rad und Kämmen, Walz und Bügel.
„Ich stand am Thor, ihr solltet Schlüssel sein;
„Zwar euer Bart ist kraus, doch hebt ihr nicht die Riegel.
„Geheimnissvoll am lichten Tag,
„Lässt sich Natur des Schleiers nicht berauben,
„Und was sie deinem Geist nicht offenbaren mag,
„Das zwingst du ihr nicht ab mit Hebeln und mit Schrauben."

Die Natur erscheint ihm wie ein fertiges Kunstwerk. Wer die Schönheit einer Statue geniessen will, der darf sie nicht zertrümmern, um zu untersuchen, was in ihrem Innern steckt; wer sich der vollen Wirkung des auf der Schaubühne ihm Gebotenen erfreuen will, der darf seinen Platz nicht hinter den Coulissen wählen, wo er statt der bemalten Fläche

---

*) Goethe's Sprüche in Prosa.
**) Man vergleiche hiemit die beiden Gedichte: „Die Metamorphose der Pflanzen" und „Die Metamorphose der Thiere."

die rohe Leinwand und die Stricke und Rollen erblickt, die den Mechanismus dieser Welt des Scheines bilden. Goethe läugnet deshalb die Berechtigung der Naturwissenschaft gewaltsam hinter den Schleier dringen zu wollen, mit dem sich Natur verhüllt; wer ihn gewaltsam lüftet, der schaut nicht die Wahrheit, wie der Jüngling hinter dem verschleierten Bildniss zu Sais, ihm weist sich ein Zerrbild, das ihn an das Verkehrte seines Beginnens mahnt. „Das Höchste wäre, zu begreifen, dass alles „Faktische schon Theorie ist. Die Bläue des Himmels offenbart „uns das Grundgesetz der Chromatik. Man suche nur nichts hinter den „Phänomenen; sie selbst sind die Lehre" *).

Worinnen besteht jedoch der Ausgangspunkt und das Wesen der Goethe'schen Farbentheorie? Die Farben sind dunkler als das Weiss. Direkte Mischung von Licht und Dunkel, von Weiss und Schwarz gibt Grau, die Farben müssen demnach durch irgend eine andere Mischung von Licht und Dunkel entstehen. Goethe erklärt diese Zusammenwirkung durch die Erscheinungen schwach getrübter Medien. Diese sind blau, wenn sie vor einem dunklen, gelb, wenn sie vor einem lichten Grunde gesehen werden. Alle durchsichtigen Körper sind schwach getrübt, das Prisma theilt also auch dem durchgehenden Lichte etwas von seiner Trübung mit. Die drei Grundfarben sind Gelb, Roth und Blau; zwischen diesen bilden das Orange, Violett und Grün die Uebergänge. Die drei Farben, ferner Weiss und Schwarz (die eigentlich keine Farben sind), endlich Hell und Dunkel; das sind die sämmtlichen Elemente des durch unsere Augen empfundenen Eindruckes der Natur. — Der Newton'sche Satz, dass Weiss das Mischungsprodukt aller einfachen Farben sei, ist der grösste Stein des Anstosses für Goethe. Anfänglich, als er die Theorie Newton's nur oberflächlich kannte, glaubte er dieselbe durch die einfachsten Versuche widerlegen zu können; als ihm die entsprechenden Versuche später genau gewiesen wurden, da greift er die ganze Art: Physik mit Hülfe von Versuchen und Mathematik zu betreiben, an. „Als getrennt muss sich darstellen: Physik von Mathematik. Jene „muss in einer entschiedenen Unabhängigkeit bestehen, und mit allen „liebenden, verehrenden, frommen Kräften in die Natur und das heilige „Leben derselben einzudringen suchen, ganz unbekümmert, was die „Mathematik von ihrer Seite leistet und thut. Diese muss sich dagegen „unabhängig von allem Aeussern erklären, ihren eigenen grossen Geistes„gang gehen und sich selber reiner ausbilden, als es geschehen kann, „wenn sie, wie bisher, sich mit dem Vorhandenen abgibt und diesem „etwas abzugewinnen oder anzupassen trachtet" **). Die Arbeiten Goethe's über die Optik sind die folgenden: Beiträge zur Optik, zwei Stück. Weimar 1791—92. — Zur Farbenlehre, 2 Bde., 8°, Tübingen 1810. —

---

*) Sprüche in Prosa.
**) Sprüche in Prosa.

Nachträge zur Farbenlehre. Werke, Bd. LV, 1833. — Sinnlich sittliche Wirkung der Farbe*).

Arthur Schopenhauer, geboren den 22. Februar 1788 zu Danzig, gestorben den 21. September 1860, war der Sohn Heinrich Floris Schopenhauers, eines reichen Kaufherrn und der Schriftstellerin Johanna Schopenhauer, der Tochter des Danziger Rathsherrn Trosiener. Im Jahre 1793 wanderten die Eltern Schopenhauer's nach Hamburg aus. Die Wanderlust derselben und ihr gastfreies Haus brachten den Knaben mit verschiedenen bedeutenden Personen in Berührung und verschafften ihm eine grosse Menge von Eindrücken, welche Kindern seines Alters ganz fremd zu sein pflegen. Er wurde durch Belgien, England, die Schweiz und Deutschland geführt. Da er für den Handel bestimmt war, so genoss er nicht die gewöhnliche Vorbildung für den gelehrten Beruf. Der plötzliche Tod seines Vaters im Jahre 1805 brachte eine Wendung in seinem Leben hervor. Er verliess die kaufmännische Laufbahn und bereitete sich durch Privatunterricht zum Universitätsstudium vor. Er studirte zu Göttingen und Berlin hauptsächlich Philosophie und Naturwissenschaften. Da von seinem Vater ein hübsches Vermögen geblieben war, so war Schopenhauer in der günstigen Lage, gänzlich unabhängig und ohne Amt bloss der Wissenschaft leben zu können. Zwar hatte seine Mutter einen Theil dieses Geldes verschwendet, es blieb jedoch noch immer so viel, um ihm eine unabhängige Existenz zu sichern. Er lebte in Weimar, Dresden, reiste hierauf nach Italien und im Jahre 1820 habilitirte er sich an der Berliner Universität, wo er kurze Zeit docirte. Von 1833 an lebte er bis an sein Lebensende in Frankfurt a. M.

Schopenhauer's Hauptwerk: „Die Welt als Wille und Vorstellung" enthält die Grundzüge seines philosophischen Systems. — Das Wesen an sich des Menschen kann nur im Verein mit dem Wesen an sich aller Dinge, d. h. mit der Welt aufgefasst werden. Der Mikrokosmos und der Makrokosmos erklären sich gegenseitig. Die Welt ist durchaus bloss Wille und Vorstellung. Die alte Philosophie unterscheidet zwei verschiedene Prinzipien der Bewegung: den Willen oder den Bewegungsursprung von Innen und die Ursache, d. h. den äussern Bewegungsursprung. Wille ist demnach bloss die innere Bedingung, Ursache der äussere Anlass der Bewegung, beide entspringen aus einem einzigen, ausnahmslosen Prinzipe aller Bewegung. In der Bewegung bleibt immer etwas Unerklärliches, worüber uns auch die Annahme einer Ursache nicht wegzuhelfen vermag. Da dieses Unbekannte in uns als Wille zu unserm Selbstbewusstsein gelangt, so können wir diesen Begriff auch auf die Aussenwelt übertragen. Das innere Wesen der Natur

---

*) Vergl. über Goethe's naturwissenschaftliche Thätigkeit: Helmholtz: Ueber Goethe's naturwissenschaftliche Arbeiten. Populäre wissenschaftliche Vorträge. 1. Heft. Braunschweig 1865.

ist demnach Wille, jedoch auf sehr verschiedenen Stufen. Es ist diese Generalisation der einzige Weg uns das innere Wesen der Natur zu offenbaren, und um ausserdem den unausgleichbaren Gegensatz zwischen Causalität und freiem Willen aufzuheben. Die Lehre von den beiden Identitäten: der Causalität und des Willens auf allen Stufen, ist in der Schrift: „Ueber die vierfache Wurzel des Satzes vom zureichenden Grunde" enthalten; sie bildet den Grundstein der Schopenhauer'schen Metaphysik. Er spricht diesen Satz in folgender Formulirung aus: „Die Motivation" (eines Willensaktes) „ist die Causalität von innen gesehen." Mechanik und Astronomie zeigen uns den Willen auf der niedrigsten Erscheinungsstufe als Schwere, Trägheit u. s. f., während umgekehrt bei unsern selbstbewussten Willensäusserungen die Causalität nicht zur Erscheinung gelangt. „Alles dasjenige an den Dingen, was nur empirisch, „nur a posteriori erkannt wird, ist an sich Wille; hingegen, soweit die „Dinge a priori bestimmbar sind, gehören sie allein der Vorstellung an, „der blossen Erscheinung." Hier ist der Anknüpfungspunkt an die Kant'sche Philosophie.

Die Gesammtausgabe der Werke Schopenhauer's umfasst 6 Bände in 8°, Jul. Frauenstädt (Leipz. 1873) hat sie herausgegeben. — 1. Bd. Schriften zur Erkenntnisslehre: I. Ueber die vierfache Wurzel des Satzes vom zureichenden Grunde; II. Ueber das Sehen und die Farben; III. Theoria colorum physiologica eademque primaria. Der zweite und dritte Band enthält das Hauptwerk: Die Welt als Wille und Vorstellung. Der vierte Band enthält die Schriften zur Naturphilosophie und zur Ethik: I. Ueber den Willen in der Natur; II. Die beiden Grundprobleme der Ethik. Der fünfte und sechste Band besteht aus den kleineren philosophischen Schriften: Parerga et Paralipomena.

Wir haben es hier eigentlich bloss mit einer Schrift unsers Philosophen zu thun: „Ueber das Sehen und die Farben"*), deren einzelne Theile in der Schrift über die vierfache Wurzel des Satzes vom zureichenden Grunde in erweiterter Form enthalten sind.

Ueber das Sehen und die Farben. Diese Abhandlung zerfällt in zwei Theile: 1. Kapitel. Vom Sehen; 2. Kapitel. Von den Farben. — Der erste Abschnitt dieser Schrift ist als wesentlicher Fortschritt in der Erkenntnisstheorie zu betrachten. Wir finden hier unsern Philosophen auf derselben Bahn, wie sie später von Helmholtz eingeschlagen wurde. Der zweite Abschnitt hingegen tritt in die Fussstapfen der Goethe'schen Farbenlehre und nimmt den Kampf auf mit der theoretischen Optik, wie sie im zweiten und dritten Dezennium unsers Jahrhunderts hauptsächlich von Seite der französischen Physiker ausgebildet worden war. Der Inhalt des ersten Kapitels ist im Wesentlichen folgender. Die Anschauung ist

---

*) Die folgende lateinische Abhandlung ist bloss eine Bearbeitung der voranstehenden deutschen.

in der Hauptsache ein Werk des Verstandes, der aus den rohen Sinneseindrücken mittelst der ihm eigenthümlichen Form der Causalität und der, dieser untergelegten, reinen Sinnlichkeit: Zeit und Raum, die objektive Aussenwelt schafft und hervorbringt. Unsere alltägliche, empirische Anschauung ist intellectualer Natur. Thatsächlich dienen ihr bloss zwei Sinne: das Gesicht und das Getast, die drei andern Sinne sind mehr subjectiv, da sie keinerlei räumliche Verhältnisse geben. Alles was wir anschauen, schauen wir als Ursache im Verstande an. Die Thatsachen, dass wir aus den in unsern Augen entstehenden, zwei verkehrt stehenden Bildern der Gegenstände, welche ihrerseits wieder nichts anders sind, als verschieden helle und verschieden gefärbte Fleckchen auf der Retina, die räumlichen Verhältnisse der Dinge in der Aussenwelt construiren können, sowie die verschiedenen Anomalitäten beim Schielen u. s. w. zeigen uns, dass alle unsere Sinnesanschauung ein Werk unseres Verstandes sei. Der Verstand fasst daher jede Veränderung als Wirkung auf und bezieht sie auf ihre Ursache, so bringt er auf der Unterlage der apriorischen Grundanschauungen des Raumes und der Zeit das Gehirnphänomen der gegenständlichen Welt zu Stande, wozu ihm die Sinnesempfindungen bloss einige Data liefern. Dieses Geschäft vollzieht er allein, durch seine Form, welche das Causalitätsgesetz ist, ganz und gar ohne Hülfe der Reflexion, d. i. der abstrakten Erkenntniss, mittelst Begriffe und Worte, welche das Material der sekundären Erkenntniss, d. i. des Denkens, also der Vernunft bilden*). Als Beweis für die Unabhängigkeit der Verstandeserkenntniss von der Vernunft kann die Möglichkeit der Sinnestäuschung oder des falschen Scheines angeführt werden: das Doppeltsehen, Doppelttasten, das optische reelle oder virtuelle Bild, das gemalte Relief, die scheinbare Bewegung der Brücke auf der wir stehen u. A. — Das vom Verstande richtig Erkannte ist die **Realität**, das von der Vernunft richtig Erkannte die **Wahrheit**. Den Gegensatz zu diesen beiden bildet der **Schein** (das fälschlich Angeschaute) und der **Irrthum** (das fälschlich Gedachte).

Wenn wir den Inhalt des ersten Kapitels der Schrift ganz und vollinhaltlich unterschreiben können, so ist dies bezüglich des zweiten Kapitels: „Von den Farben" mit nichten der Fall. Unser Verfasser stüzt sich nämlich im Wesentlichen auf Goethe's Farbentheorie und bekämpft gleich dem Altmeister der deutschen Dichtkunst die optische Theorie des Begründers der Gravitationsmechanik: Newton. Allerdings ist Schopenhauer's Farbentheorie eine vielfach wissenschaftlichere, als die Goethe's, sie enthält so manchen fruchtbaren Gedanken. — Die Thätigkeit der Retina ist eine volle oder eine getheilte. Die getheilte kann quantitativ oder qualitativ sein, die quantitative wieder intensiv oder extensiv. Die

---

*) Schopenhauer's sämmtliche Werke. Herausgegeben von J. Frauenstädt. Leipzig 1873. Bd. I, pag. 71.

volle Thätigkeit der Retina vermittelt den Farbeneindruck des Glänzenden, des Weissen und des Schwarzen. Die intensiv getheilte Thätigkeit der Retina vermittelt den Eindruck des Grau, die extensiv getheilte den der Nachbilder, des Contrastes, die qualitativ getheilte Thätigkeit endlich die Farbenempfindungen. Bei jeder Farbe gibt es ein Complement, mit dem dieselbe die volle Thätigkeit der Retina hervorruft: die Empfindung des Weissen. — Schopenhauer meint, Newton habe dadurch gefehlt, dass er als objektiv betrachtet habe, was subjektiv sei und die getheilte Thätigkeit der Retina durch eine Theilung des Lichtstrahls ersetzen wollte, dessen einzelnen Theilen unabhängig vom Auge die Farbe als „qualitas occulta" innewohnt. Es folgt nun die Polemik gegen Newton, wobei er die Erscheinung der Dispersion, der Achromasie, der Farbenblindheit u. s. f. zu erklären sich bemüht. Den Erscheinungen der Polarisation, der Interferenz, der Fraunhofer'schen Linien steht er rathlos gegenüber, er kann bloss seinem Wunsche Ausdruck geben, dass einmal ein „guter und unbefangener Kopf" käme und mit all diesem Zeug aufräumen möchte, der nämlich den wahren Zusammenhang herausbrächte, da sich nach seiner Ansicht die Physiker weniger um die Gründe, als um die Folgen der Naturpotenzen bekümmern, woher dann die technischen Erfindungen und hieraus der Respekt beim Volke herrühre, während es doch in der That um die Philosophie dieser Gelehrten schlecht bestellt sei.

Louis-Joseph Gay-Lussac.

Louis-Joseph Gay-Lussac wurde den 6. Dezember 1778 zu St. Léonard im Departement Haut-Vienne geboren, sein Vater Antoine Gay war Richter in Pont-de-Noblac. Der letztere nannte sich, um seine Familie von andern, gleichen Namens zu unterscheiden, nach einer in der Nähe von St. Léonard gelegenen Besitzung Gay-Lussac. Der junge Gay-Lussac erhielt seinen ersten Unterricht in seinem Geburtsorte, wo er von einem Geistlichen auch etwas Lateinisch lernte. Im Jahre 1793 wurde sein Vater, gleich vielen anderen, als verdächtiger politischer Gesinnungen beschuldigt, in den Kerker geworfen, aus dem er erst 1795 befreit wurde. Kurze Zeit nach seiner Befreiung sandte er seinen Sohn, dessen Talente er erkannte, in die Hauptstadt, wo dieser einige Jahre zubrachte, bis man ihn 1797 in die „École polytechnique" aufnahm, wo er bis 1800 blieb. Von hier trat er in die „École des Ponts et Chaussées", die er 1802 verliess. Im selben Jahre wurde er als Repetent an der „École polytechnique" angestellt, 1809 wurde er zum Professor der Chemie an derselben Anstalt ernannt, nachdem er schon ein Jahr früher Professor der Physik an der Sorbonne geworden war. Gay-Lussac war ausserdem Professor der allgemeinen Chemie am „Jardin des Plantes", ferner Mitglied einer ganzen Reihe von Commissionen für verschiedene gewerbliche und staatlich-administrative Zwecke, wo man überall seine ausgebreiteten physikalischen und chemischen Kenntnisse in Anspruch nahm. Mitglied des „Institut" war er schon seit 1806, seit 1830 wurde er einige Male zum Deputirten gewählt, im Jahre 1839 wurde er zum Pair ernannt. Diese Auszeichnung war ihm zwar schon lange zugedacht gewesen, man fand es jedoch anfänglich dieser hohen Würde widersprechend, dass ihr Träger, wie dies Gay-Lussac that, in der königlichen Münze eigenhändig die Barren edlen Metalles mit dem amtlichen Stempel versehe. Gay-Lussac hatte in einer Pariser Leinwandhandlung zufälligerweise die Bekanntschaft eines jungen, sechszehnjährigen Mädchens, die dort als Verkäuferin angestellt war, gemacht. Sein Interesse wurde dadurch geweckt, dass er wahrnahm, dass jenes Mädchen in einem Lehrbuche der Chemie lese. Nachdem er diese Bekanntschaft eine Zeitlang fortgesponnen hatte, verlangte er das junge Mädchen, die Tochter eines armen Musiklehrers, zur Frau. Bevor jedoch diese Verbindung vollzogen wurde, sandte er sie zur Vervollkommnung ihrer Erziehung in eine Erziehungsanstalt. Seine Wahl war eine glückliche gewesen; der Gelehrte lebte vierzig Jahre lang zufrieden an ihrer Seite.

Gay-Lussac war ein eifriger und ausdauernder Arbeiter, der sich während seines thätigen Lebens fortwährend einer guten Gesundheit erfreut hatte. Im Jahre 1850 begann er zu kränkeln und starb nach kurzem Kranksein am 9. Mai dieses Jahres zu Paris. Kurze Zeit vor seinem Tode liess er durch seinen Sohn eine angefangene Arbeit über die „Philosophie der Chemie" verbrennen, da er kein unvollendetes Werk hinterlassen wollte.

Als Berthollet nach Beendigung der ägyptischen Expedition nach Paris zurückgekehrt war und seine wissenschaftlichen Arbeiten wieder aufnehmen wollte, bat er sich einen Zögling der „École polytechnique" aus, der ihm bei seinen chemischen Arbeiten behülflich sein sollte. Die Wahl fiel auf Gay-Lussac und auf diese Weise entspann sich ein Freundschaftsverhältniss zwischen dem älteren und dem jüngeren Gelehrten, welches bis zu des ersteren Tode währte. — Gay-Lussac's physikalische Untersuchungen beziehen sich vorzugsweise auf das Verhalten der Gase und auch der Dämpfe, wenn dieselben verschiedenen mechanischen und thermischen Einwirkungen ausgesetzt werden. Hierauf beziehen sich auch jene Ballonfahrten, welche unser Forscher unternahm, um den Zustand der Luft in den höheren Regionen der Atmosphäre zu ergründen. Gay-Lussac und Biot stiegen am 23. August 1804 aus dem Garten des „Conservatoire des Arts et Métiers" in einem Ballon auf, wohl ausgerüstet mit den verschiedensten physikalischen Instrumenten. Die Expedition geschah auf Kosten und im Auftrage der Pariser Akademie der Wissenschaften, welche hauptsächlich über das Verhalten der Magnetnadel in jenen, von der Erde entfernten, Regionen Aufschluss erhalten wollte. Der Ballon war nicht gross genug und erhob sich deshalb bloss auf die Höhe von 3977 Metern. Die fortwährende Drehung des Ballons erschwerte die Schwingungsbeobachtungen der Magnetnadel. Biot wurde ohnmächtig, Gay-Lussac widerstand den Anwandlungen von Schwäche und führte die vorgesetzten Beobachtungen aus. Er fand den Einfluss des Erdmagnetismus auf die Nadel nahezu gleich demjenigen an der Oberfläche der Erde, allerdings konnte er im Ganzen bloss die Zeit von fünf Schwingungen beobachten. Der elektrische Zustand der Luft war ein bedeutender und zwar immer negativer. Das Saussure'sche Haarhygrometer wies auf grosse Trockenheit, das Thermometer sank von 14 auf $8^1/_2°$ Reaumur. Nach $3^1/_2$ Stunden kamen die beiden Luftschiffer wohlbehalten auf der Erde an. Gay-Lussac war mit dem erreichten Resultate nicht zufrieden und entschloss sich zu einer zweiten Luftreise. Am 9. September 1804 stieg er allein auf und erhob sich bis zu einer Höhe von 7016 Metern. Er fand in diesen obern Regionen die Luft sehr kalt, das Thermometer wies auf $6°$ Reaumur unter dem Gefrierpunkte, während zur selben Zeit die Temperatur an der nördlichen Seite der Sternwarte im Schatten über $22°$ Reaumur betrug. Es ergab sich aus diesen Beobachtungen eine Abnahme der Temperatur für je 174 Meter um einen Grad. Diese Rechnung ist allerdings wenig stichhaltig, da die Bestimmung der Ballonhöhe aus den beobachteten Barometerständen schon ein gewisses Gesetz der Abnahme der Temperatur voraussetzt. Gay-Lussac gelang es dieses Mal, für die Beobachtung der Schwingungsdauer der Magnetnadel bessere Resultate zu erhalten als das erste Mal. Die Zeit einer Schwingung betrug in den verschiedenen Höhen etwa 42 Sekunden, soviel beiläufig, als an der Oberfläche der Erde. Die Schwankungen von einigen Bruchtheilen von Sekunden zeigten keinerlei gesetzmässige Veränderung. Das Athmen war in dieser Höhe erschwert, der Puls und die Athmungsthätigkeit war eine beschleunigte, die Trockenheit der Luft war eine so bedeutende, dass der Gelehrte kaum im Stande war, ein Stück Brot hinabzuschlingen. In der Höhe von etwa 6300 Metern sammelte er Luft in einem Gefässe, die er nachher einer eudiometrischen Untersuchung unterzog. Er fand, dass die Luft in jener Höhe genau dieselbe Zusammensetzung habe, wie an der Oberfläche der Erde. Ferner wies er nach, dass diese Luft keine Spur von Hydrogen enthalte, entgegen der Ansicht Berthollet's, der die Gewittererscheinungen auf atmosphärische Knallgasexplosionen zurückzuführen versucht hatte. Nach einer Luftfahrt von etwa 6 Stunden erreichte Gay-Lussac den festen Boden zu St. Gourgon zwischen Rouen und Dieppe.

Die älteren Versuche über die Ausdehnung der Gase bei constantem Drucke und besonders der atmosphärischen Luft, hatten keine verlässlichen Resultate geliefert, da die angewendeten Gase Wasserdampf enthalten hatten. Der Wahrheit am nächsten kamen die Bestimmungen von Lambert, De Luc und Tob. Mayer. Die beiden ersten erhielten für die atmosphärische Luft bei einer Temperaturerhöhung von $0°—100°$ eine Volumzunahme von 0,375, resp. 0,372, der letztere fand nach verschiedenen Methoden 0,3755 und 0,3656. Gay-Lussac war der erste, der sich bestrebte, vollständig trockene Luft anzuwenden. Die erste Bestimmung ist nicht ganz verlässlich, da er nicht angibt, ob die Ausdehnung des Glasgefässes berücksichtigt worden sei.[*] Die zweite wurde sorgfältiger ausgeführt und sämmtliche Nebenumstände berücksichtigt. Die Bestimmung geschah mit Hülfe eines Dilatometers aus Glas; das Luftvolumen, dessen Ausdehnung bestimmt werden sollte, war durch eine Quecksilbersäule von der äusseren Luft abgeschlossen. Aus einer grossen Reihe von Versuchen fand Gay-Lussac die Ausdehnung der trockenen Luft zwischen der Temperatur des Gefrier- und des Siedepunktes zu 0,375. Für die anderen Gase fand er den gleichen Werth.[**] Die späteren genaueren Messungen, besonders die von Magnus und Regnault, gaben bekanntlich die Zahl 0,3665, dieselben fanden auch, dass die Ausdehnung der verschiedenen Gase nicht genau dieselbe sei. — Kurze Zeit nach Gay-Lussac beschäftigte sich Davy mit ähnlichen Versuchen, wobei er zu denselben Resultaten gelangte, wie der französische Forscher. Er fand, dass die Gase sich unter verschiedenem Drucke zwischen den gleichen Temperaturgrenzen in gleicher Weise ausdehnen. Gay-Lussac fasste im Jahre 1807 seine inzwischen gewonnenen Versuchsresultate mit denen Davy's zusammen und stellte die folgenden zwei Sätze auf: 1) die Volumzunahme ist für alle Gase für gleiche Temperaturerhöhung gleich, 2) dieselbe ist vom Drucke unabhängig.

Gay-Lussac fand bei seinen Versuchen, dass die Siedetemperatur des Wassers bei constantem Drucke der Atmosphäre von der Beschaffenheit der Gefässwände abhänge. In einem Glasgefässe kocht das Wasser bei einer beträchtlich höheren Temperatur als in einem Metallgefässe. — Die Spannkräfte des Wasserdampfes unter Null bestimmte er mit Hülfe eines Barometers, dessen torricellischer Raum mit einer Kältemischung umgeben war. Brachte er nun in diesen Raum ein kleines Volumen der zu untersuchenden Flüssigkeit, so verdampfte dieselbe im luftleeren Raume und die Dampfspannung drückte die Quecksilbersäule bis zu jener Grenze herab, wo sie mit der äusseren Atmosphäre im Gleichgewichte stand. In ähnlicher Weise bestimmte er die Dichte des Wasserdampfes. — Mit Welter[***] mass er die spezifische Wärme der Luft bei constantem Volumen. — Die Versuche, welche Gay-Lussac über die Cohäsion und die Adhäsion der Flüssigkeiten an festen Körpern mit Hülfe von Platten

---

[*] Rech. sur la dilatation des gases et des vapeurs. (Ann. chim. et phys. XLIII, 1802.)

[**] Biot: Traité de Physique I, pag. 182. Paris 1816.

[***] Jean-Joseph Welter, geboren um 1763, gestorben 1852 zu Paris, war Inhaber einer chemischen Fabrik zu Valenciennes. Er entdeckte die Unterschwefelsäure und erfand den nach ihm benannten Sicherheitstrichter.

aus verschiedenem Material anstellte, für welche er die Grösse des Zuges bestimmte, die im Stande war, die Platte abzureissen, befinden sich in Laplace's „Suppl. à la Théorie de l'action capill." (II. Suppl. zum 10. Buche der Méc. céleste). In Folge der Anregung Laplace's stellte er auch Versuche über die Steighöhe der Flüssigkeiten in Capillarröhren an, welche sich am angeführten Orte beschrieben finden. Kaiser Napoleon hatte einen bedeutenden Preis für irgend eine wichtige Entdeckung ausgeschrieben, welche mit Hülfe der Volta'schen Säule ausgeführt werden würde. Er war jedoch von dem Resultat dieser Preisausschreibung nicht ganz befriedigt, als diesen Preis im Jahre 1810 Davy für seine Entdeckung des Kaliums und Natriums auf elektrolytischem Wege erhielt. Als er sich um die Ursache erkundigte, warum sich kein einheimischer Bewerber des Preises gefunden habe, erfuhr er, dass keine genügend kräftige Säule im Lande vorhanden wäre, mit der man ähnliche Resultate erzielen könnte, wie die Davy's. Um diesem Mangel abzuhelfen, liess er eine grosse Batterie bauen, welche er der „École polytechnique" zum Geschenk machte. Dieselbe war ein Zellenapparat, gleich demjenigen der „Royal Institution", mit der Davy die Metalle der Alkalien und Erden entdeckt hatte. Der französische Apparat bestand aus 600 quadratischen Kupfer- und Zinkplattenpaaren, von je ein Fuss Seite und hatte alles in allem somit 500 Quadratfuss Oberfläche. Mit dieser Säule stellten nun Gay-Lussac und Thénard eine lange Reihe von Versuchen an und gaben über dieselben eine eigene Schrift heraus, in welcher sie — von der Zersetzung des Wassers durch den Strom ausgehend — die chemische Wirkung der Säule untersuchten. Sie waren die ersten, welche die Darstellung des Kaliums und Natriums durch den galvanischen Strom wiederholten. Sie waren jedoch kurze Zeit nachher schon im Stande, auf rein chemischem Wege diese beiden Metalle herzustellen. Im Anfange wollten sie jedoch nicht zugeben, dass die so dargestellten Stoffe Elemente seien, sondern erklärten sie für Wasserstoffverbindungen. Erst nach einer längeren Polemik mit Davy, als sich auch Berzelius für letzteren erklärt hatte, zogen sie ihre Behauptung zurück und erklärten die Metalle der Alkalien für einfache Körper.

Gay-Lussac beschäftigte sich auch mit meteorologischen Fragen. Sein transportables Barometer, besonders in der von Bunten verbesserten Form, wird allgemein angewendet.

Von grösserer Wichtigkeit waren Gay-Lussac's Leistungen auf dem Gebiete der Chemie. Im Vereine mit Alex. von Humboldt hatte er 1805 gefunden, dass ein Volum Sauerstoff sich mit zwei Volum Wasserstoff zu Wasser verbinde, und zwar wurde diese Regel als für jede Temperatur gültig erkannt[*]). Im Verfolgen seiner Arbeiten konnte

---

[*]) Expériences sur les moyens eudiométriques etc. Journ. Phys. LX, 1805.

Gay-Lussac im Jahre 1808 über die Verbindungen gasförmiger Substanzen das wichtige Gesetz aussprechen, dass sich die Gase nach sehr einfachen Verhältnissen mit einander verbinden und dass auch die Raumverminderung nach einem gewissen Gesetze stattfinde*). So verbinden sich zwei Volume Wasserstoff mit einem Volum Sauerstoff zu zwei Volumen Wasserdampf, ferner ein Volum Chlor mit einem Volum Wasserstoff zu zwei Volumen Chlorwasserstoff u. s. w. Das volumetrische Gesetz Gay-Lussac's hat für die theoretische Chemie eine hervorragende Bedeutung, wenn man es mit dem Gesetze der multiplen Proportionen Dalton's und dessen Atomenhypothese in Verbindung bringt. Verbindet sich z. B. ein Volumen Chlor mit einem Volumen Hydrogen, so muss das Verhältniss der Gewichte dieser gleichen Volumina zugleich das Verhältniss ihrer Atomgewichte vorstellen. Dieselben oder ihre Vielfachen stehen in demselben Verhältnisse, wie ihre Dichten. Es hat somit Gay-Lussac's Entdeckung nicht nur das Gesetz der bestimmten Proportionen bestätigt, sondern auch die ganze atomistische Theorie auf eine viel sicherere Grundlage gesetzt. Eigentümlicherweise hat Dalton die Bedeutung der Resultate Gay-Lussac's für seine eigene Theorie nicht eingesehen, er erklärte dieselben vielmehr für unrichtig. Andererseits meinte Gay-Lussac, seine Erfahrungen seien mit Berthollet's Ansichten über die, nach vielfachen Verhältnissen möglichen, Verbindungen vereinbar. — Von den übrigen chemischen Arbeiten Gay-Lussac's sind noch seine Untersuchungen über das Jod, seine Methode der Analyse organischer Körper und seine Arbeit über das Cyan und dessen Verbindungen zu erwähnen. Von ihm stammt der Begriff des zusammengesetzten Radicales, das er in die Wissenschaft einführte. Er wies die Gleichheit des Baues der Blausäure mit dem des Chlor- und Jodwasserstoffes nach.

Gay-Lussac unterhielt mit Alex. v. Humboldt ein herzliches Freundschaftsverhältniss. Während des ersten Aufenthaltes in Paris hatte der letztere eudiometrische Messungen vorgenommen, deren Resultat, als nicht genau, von Gay-Lussac angegriffen wurde. Während seines zweiten Aufenthaltes, nachdem er im Jahre 1804 aus Amerika zurückgekehrt war, traf Humboldt mit Gay-Lussac bei Berthollet zusammen. Er bewarb sich um dessen Freundschaft und arbeitete in der Folge öfters gemeinschaftlich mit diesem Forscher; auch traten die beiden Gelehrten mit einander eine längere Reise durch Italien und Deutschland an, während welcher Gay-Lussac einen ganzen Winter in Humboldt's Hause zu Berlin zubrachte.

Von den zahlreichen Arbeiten Gay-Lussac's erwähnen wir bloss die folgenden: Recherches physico-chimiques faites sur la pile etc., mit

---

*) Gelesen vor der „Soc. philomatique" zu Paris im Dezember 1808, veröffentlicht in den „Mém. de phys. et de chim. de la Soc. d'Arcueil. T. II. (1809) pag. 207.

Thénard, 2 vol., 8°, Paris 1811. — Instruction pour l'usage de l'alcoolomètre centésimal, ib. 1824. — Leçons de physique (nach seinen Vorträgen vom Stenographen Grosselin herausgegeben), 2 vol., 8°, ib. 1828. — Cours de chimie (herausg. vom Stenographen Marmet), ib. 1828. Die endlose Reihe seiner in wissenschaftlichen Fachschriften erschienenen Abhandlungen müssen wir mit Stillschweigen übergehen. Gay-Lussac war mit Arago und später mit diesem und anderen Gelehrten Herausgeber der „Annales chim. et phys." von 1816—1850.

An Gay-Lussac anschliessend, erwähnen wir die folgenden Gelehrten: Vauquelin, Thénard, Prout, Dulong, Petit, Cagniard-Latour, Döbereiner, Despretz und Rudberg.

Louis-Nicolas Vauquelin, geboren den 16. Mai 1763 zu St. André d'Hébertot (Dép. Calvados), gestorben den 14—15. Oct. 1829 ebendaselbst, war zuerst Pharmaceut, später Professor der Chemie am „Collège de France" und am „Jardin des Plantes", bis er 1822 sich von allen Aemtern zurückzog. Vauquelin hat theils allein, theils in Gesellschaft anderer berühmter Chemiker eine grosse Anzahl von Untersuchungen und Analysen der verschiedensten Stoffe ausgeführt und eine unabsehbare Reihe von Abhandlungen verfasst. Er entdeckte das Chrom und die Beryllerde, ferner eine Anzahl organischer Verbindungen.

Louis-Jacques Thénard, geboren den 4. Mai 1777 zu Louptière bei Nogent-sur-Seine, gestorben den 20. Juni 1857 zu Paris, war ein Schüler des Vorigen. Zuerst lehrte er Chemie an der „École polytechnique", später am „Collège de France". Im Jahre 1824 unter Carl X. wurde er baronisirt, 1833 von Louis-Philipp zum Pair ernannt. Thénard hat einen grossen Theil seiner Arbeiten mit Gay-Lussac, mit Biot u. a. ausgeführt. Ausser der schon erwähnten Herstellung des Kaliums und Natriums durch Reductionsmittel, der Verbesserung der Methoden für die Analyse organischer Körper, haben wir noch die Entdeckung des Wasserstoffsuperoxydes (Eau oxygènée), seine Arbeiten über die Gährung, sowie über andere Probleme der organischen Chemie zu erwähnen.

William Prout, geboren um 1786 in England, gestorben den 9. April 1850 zu London, war daselbst praktischer Arzt. Im Jahre 1815 stellte er eine Hypothese auf[*], derzufolge die Atomgewichte der gasförmigen Elemente ganze Multipla von dem des Wasserstoffs wären. Es läuft diese Annahme beiläufig auf diejenige einer Urmaterie hinaus, deren verschieden räumliche Anordnung die Eigenthümlichkeiten der verschiedenen Substanzen erklärte. Dumas hat in neuerer Zeit auf diese Prout'sche Hypothese wieder zurückgegriffen, jedoch nach den genauen Bestimmungen von Stas kann dieselbe als streng gültig nicht betrachtet werden.

---

[*] On the relation between the specific gravities of bodies in their gaseous state and the weights of their atoms. Thomson's Annals of Phil. VI, 1815 (anonym).

Pierre-Louis Dulong, geboren den 12. Februar 1785 zu Rouen, gestorben den 19. Juli 1838 zu Paris, war zuerst Arzt, hierauf Präparator am „Collège de France" an der Seite des berühmten Chemikers Thénard, hierauf „Maître de conférences" an der „École normale", Professor der Chemie an der „Faculté des sciences" und an der Veterinärschule zu Alfort, später Professor der Physik an der „École polytechnique", zuletzt Studiendirektor an derselben. Doulong vollführte einen bedeutenden Theil seiner zahlreichen wissenschaftlichen Untersuchungen in Verbindung mit anderen Forschern. An erster Stelle ist hier Petit zu nennen, von dem weiter unten noch die Rede sein wird, dann Arago, Berzelius, Despretz u. a. Die auf Physik bezüglichen Arbeiten Dulong's beschäftigen sich hauptsächlich mit den Wärmeerscheinungen, besonders insofern diese mit den mechanischen Beziehungen der Gase und Dämpfe zusammenhängen. Mit Petit bestimmte er die Ausdehnung fester, flüssiger und gasförmiger Körper. Besondere Beachtung verdient die von den beiden Forschern zur Bestimmung der Ausdehnungscoëffizienten flüssiger Körper angewendete Methode der communicirenden Gefässe, mit der sie die Ausdehnung des Quecksilbers massen*). Eine zweite Arbeit war die Untersuchung der Gesetze des Erkaltens, die sie in einer Abhandlung beschrieben, für welche sie die Akademie im Jahre 1818 mit einem Preise bedachte**). Die dritte Experimentaluntersuchung der beiden Gelehrten bezog sich auf die spezifische Wärme der verschiedenen Substanzen. Von ihnen stammen die ersten verlässlichen Messungen auf diesem Gebiete. Sie zeigten auch, dass die spezifische Wärme für eine und dieselbe Substanz für verschiedene Temperaturen nicht constant sei. Während der Anstellung dieser Versuche fanden die beiden Gelehrten eine Beziehung zwischen den Atomgewichten und den spezifischen Wärmen der einfachen Körper, welches unter dem Namen des Dulong-Petitschen Gesetzes bekannt ist. Dasselbe sagt aus, dass das Produkt aus den Atomgewichten der einfachen Körper in deren spezifische Wärmen für alle Substanzen gleich sei***). Genauere Versuche von Regnault zeigten auch betreffs dieser Regel, dass dieselbe nur annähernd der Wirklichkeit entspreche. Neumann wies die Gültigkeit des Dulong-Petit'schen Gesetzes auch für einige zusammengesetzte Körper nach. Für die theoretische Chemie, sowie für die mechanische Wärmetheorie hat dieses Gesetz eine hervorragende Bedeutung.

---

*) Recherches sur les lois de la dilatation des solides, des liquides et des fluides élastiques et sur la mesure exacte des températures. (Ann. chim. phys. II, 1816.)

**) Recherches sur la mesure des températures et sur les lois de la communication de la chaleur. (Ib. VII, 1818.)

***) Recherches sur quelques points importants de la théorie de la chaleur. (Ib. X, 1819.)

Im Auftrage der Akademie bestimmte Dulong in Gemeinschaft mit Arago die Volumveränderung der Gase bei verschiedenem Drucke bis zu 27 Atmosphären. Trotzdem sich gewisse regelmässige Abweichungen zwischen dem berechneten und dem beobachteten Volumen der Gase bei verschiedenen Drücken zeigten, glaubten die Beobachter diese als Ungenauigkeiten der Messung ansehen zu müssen, da sie von der Ueberzeugung voreingenommen waren, der Zusammenhang zwischen den einzelnen messbaren Grössen der Erscheinungen müsse sich durch sehr einfache mathematische Relationen ausdrücken lassen. — Die Versuche der beiden Physiker bezogen sich bloss auf atmosphärische Luft, da ihnen während des Verfolgens ihrer Untersuchungen die Benützung der Räumlichkeiten entzogen wurde, in denen sie ihre Apparate untergebracht hatten. Pouillet, besonders aber Regnault brachten diese Messungen zu einem befriedigenden Abschlusse. — Ebenfalls im Auftrage der Pariser Akademie geschahen jene Versuche, mittelst welcher Dulong und Arago die Spannkraft des gesättigten Wasserdampfes zwischen den Temperaturgrenzen 100 und 214 Grad, also von einer bis beiläufig 24 Atmosphären Dampfspannung, bestimmten[*]. — Dulong beschäftigte sich auch mit der Messung der lichtbrechenden Kräfte von Gasgemischen und von zusammengesetzten Gasen, wobei er fand, dass 1) die brechenden Kräfte der Gase zu den Dichten derselben in keiner einfachen Beziehung stehen, dass 2) die brechenden Kräfte für zusammengesetzte Gase nicht der Summe der lichtbrechenden Kräfte der Bestandtheile gleich seien, wie Biot und Arago behauptet hatten[**].

Nach Petit's Tode wendete sich Dulong wieder für einige Zeit der Chemie zu, er untersuchte mit Berzelius die Zusammensetzung des Wassers, mit Thénard zeigte er, dass nicht bloss der Platinschwamm — wie dies Döbereiner in Jena gefunden hatte — die Fähigkeit besitze, Wasserstoff und Sauerstoff an seiner Oberfläche zu verdichten und hiedurch zu verbinden, sondern dass auch das Palladium, Rhodium und andere Substanzen diese Eigenschaft in geringerem Masse besässen.

Zu den wichtigsten Untersuchungen unseres Gelehrten gehören seine calorimetrischen Arbeiten, welche er jedoch nicht vollständig beendigen konnte, da ihn mitten in dieser Arbeit der Tod überraschte. Posthum erschienen diese ersten, genauen calorimetrischen Untersuchungen, von seinem Assistenten Cabart herausgegeben unter dem Titel: Recherches sur la chaleur dégagée pendant la combustion de diverses substances simples ou composées, et description du calorimètre (Compt. rend. VII, 1838). Sein Apparat bestand aus einem Wassercalorimeter, in dessen Innerem

---

[*] Exposé des recherches faites par ordre de l'académie, pour déterminer les forces élastiques de la vapeur d'eau à des hautes températures. (Ib. XLIII, 1830.)

[**] Recherches sur les pouvoirs réfringents des fluides élastiques. (Ib. XXXI, 1826.)

eine Blechkapsel, durch welche ein Luftstrom strich, zur Anstellung der Verbrennungsversuche diente. Mittelst einer ähnlichen Vorrichtung bestimmte er die durch den Lebensprozess warmblütiger Thiere hervorgebrachte Wärmemenge.

Von den rein auf Chemie bezüglichen Untersuchungen Dulong's erwähnen wir bloss seine Entdeckung des Chlorstickstoffs, den er im Jahre 1811 zuerst darstellte, indem er in eine erwärmte Salmiaklösung Chlorgas leitete. Die hierauf folgende Explosion kostete ihm ein Auge und zwei Finger.

Alexis-Thérèse Petit, geboren den 2. Oktober 1791 zu Vesoul, gestorben den 21. Juni 1820 zu Paris, war Schüler, später Professor der Physik an der „École polytechnique", ausserdem am Lycée Bonaparte. Er starb im Alter von kaum 28 Jahren an einem Lungenleiden. Die bedeutendsten seiner Arbeiten hat er in Gemeinschaft mit Dulong, einiges mit Arago ausgeführt.

Charles Cagniard-de-la Tour (auch Cagniard-Latour), geboren den 31. März 1777 zu Paris, gestorben ebendaselbst den 5. Juli 1859, war Ingénieur-Geographe, später Attaché im Ministerium des Innern und Mitglied der Pariser Akademie. Dieser Gelehrte stellte mit verschiedenen Flüssigkeiten Versuche bei höheren Temperaturen an und zeigte, dass dieselben über eine gewisse Temperaturgrenze hinaus, ganz unabhängig von dem auf ihnen lastenden Drucke sich in Dampf verwandelten, trotzdem die Dichtigkeit des letzteren eine fast so grosse war, wie die der Flüssigkeit selbst. Er schloss hieraus, dass es für jede Flüssigkeit einen gewissen Wärmegrad geben müsse, über den hinaus dieselbe in Flüssigkeitsform überhaupt nicht mehr bestehen könne*). Cagniard-Latour hat einen Apparat construirt, mit welchem man die absolute Tonhöhe bestimmen kann. Es ist dies seine Sirene**). Ferner beobachtete er die Töne, welche durch Flüssigkeitssäulen, die er durch longitudinal gerichtete Reibung der, dieselben einschliessenden Glasröhren in Schwingung versetzte, hervorgebracht wurden, wobei er fand, dass in diesem Falle wirklich die Flüssigkeit, nicht aber die Glasröhre einen hörbaren Ton hervorbringe. Auch gelang es ihm, eine Pfeife unter Wasser zum Tönen zu bringen***). Schliesslich sind noch seine Versuche über die Elasticität der Körper zu erwähnen.

---

*) Exposé de quelques résultats obtenus par l'action combinée de la chaleur et de la compression sur certains liquides, tels que l'eau, l'alcool, l'éther sulfurique et l'essence de pétrole. (Ann. chim. phys. XXI. 1822 et XXII, 1823.) — Expériences faites à une haute pression avec quelques substances. (Ib. XXIII, 1823.)

**) Sur la Sirène. (Ib. XII, 1819.)

***) Considérations diverses sur la vibration sonore de liquides. (Ib. LVI, 1834.)

Johann Wolfgang Döbereiner, geboren den 15. Dezember 1780 auf dem Rittergute Bug bei Hof, gestorben den 24. März 1849 zu Jena, war erst Pharmaceut, dann Besitzer einer chemischen Fabrik, zum Schluss Professor der Chemie, Pharmacie und Technologie zu Jena. Er entdeckte die Eigenschaft des Platins, besonders im feinvertheilten Zustande (als Schwamm oder Mohr) an seiner Oberfläche Sauerstoff und Wasserstoff in grossem Masse verdichten zu können. Durch diese Verdichtung erwärmt sich das Platin dermassen, dass es glühend wird und das Hydrogen entzündet. Auf dieser Eigenschaft des Platinschwammes beruht die Döbereiner'sche Zündmaschine. Döbereiner entdeckte die Diffusion der Gase und erfand die verbesserte Form des Daniell'schen Hygrometers, die jetzt Regnault's Namen führt. Er war ausserdem ein sehr fruchtbarer chemischer Schriftsteller.

César-Mansuète Despretz, geboren zu Lessines in Belgien den 10. Mai 1792, gestorben den 15. März 1863 zu Paris, war Professor der Physik an der „Sorbonne", früher an der „École polytechnique" und am „Collège Henri IV." Despretz stellte eine Reihe von Versuchen über die Gültigkeit des Boyle-Mariotte'schen Gesetzes für Gase an und fand, dass dieses nur annähernd Gültigkeit habe*). Andere Versuche beziehen sich auf die Verbrennungswärme der Körper und die thierische Wärme**). Despretz untersuchte ferner die Ausdehnung und das Dichtigkeitsmaximum des Wassers***), die latente Wärme der Dämpfe†), das Schmelzen der Körper durch den galvanischen Strom, die Wärmeleitung der Körper, die Grenzen der Hörbarkeit tiefer und hoher Töne††), u. s. f.

Fredrik Rudberg, geboren den 30. August 1800 zu Norrköping, gestorben den 14. Juni 1839 zu Upsala, war Professor an der Universität dieser Stadt. Er mass die Ausdehnung der Luft zwischen 0 und 100° †††) und griff die Richtigkeit des Gay-Lussac'schen Resultates an. Er bestimmte ferner die latente Schmelzwärme verschiedener Substanzen, die Abhängigkeit des Siedepunktes von Flüssigkeiten von der Beschaffenheit des Gefässes; bezüglich der aus Salzlösungen entweichenden Dämpfe fand er, dass deren Temperatur dieselbe sei, wie diejenige der aus reinem Wasser entweichenden. Diese Ansicht wurde aber von Regnault später bestritten.

---

*) Sur la compression des gaz. (Ann. chim. phys. XXXIV, 1827).
**) Sur la chaleur developpée par la combustion. (Ib. XXXVII, 1828.) Rech. expér. sur les causes de la chaleur animale (Paris 1824).
***) Sur le maximum de densité de l'eau pure et des dissolutions aqueuses. (Ib. LXX, 1839 et LXXIII, 1840.)
†) Sur les chaleurs latentes de diverses vapeurs. (Ib. XXIV, 1823).
††) Observations sur la limite des sons graves et aigus. (Compt. rend. XX, 1845.)
†††) Ueber die Ausdehnung der trockenen Luft u. s. w. (Pogg. Ann. XLI, 1837 und XLVI, 1838.)

Julius Robert Mayer.

In der Reihe der grösstentheils zünftigen Gelehrten, denen wir die Fortschritte unserer Kenntnisse von den physischen Verhältnissen der Naturdinge verdanken, haben wir nun von einem Forscher zu sprechen, welcher nicht den gewöhnlichen Gang der geistigen Entwicklung durchgemacht hat, der nicht die Sprache der Schule gebrauchte und der in Folge dessen auch nicht allsogleich verstanden wurde. Es hat allerdings zu jeder Zeit Männer gegeben, die auf anderer, als der gewöhnlichen Gelehrtenlaufbahn, sich der Wissenschaft genähert haben. Der Buchhändlergehülfe Faraday, der Ingenieur Fresnel, nebst vielen anderen sind nicht den gewöhnlichen Weg der akademischen Gelehrten gewandelt und haben die Anerkennung ihres wissenschaftlichen Strebens erst nach kürzerer oder längerer Zeit erworben. Der Mann, von dem wir nun zu sprechen haben werden, hat einen schwereren Kampf als jene mit der Missgunst der Verhältnisse durchstritten, bis das, was dann allmählig auch von anderen entdeckt worden war, allgemein als bedeutungsvoll und richtig anerkannt wurde, bis er die Hindernisse beseitigt hatte, die der Verbreitung seiner Ansichten im Wege standen. Er ist aus diesem Kampfe nicht ungeschädigt hervorgegangen. Ein höchst empfindliches, reizbares Gemüth liess ihn jeden Misserfolg besonders herb empfinden, dazu gesellten sich noch Familienzwistigkeiten, Aufregungen und Unglücksfälle in seiner Familie, die zu einer schweren Krankheit und einer psychischen Störung führten, welche zwar behoben wurde, jedoch für das Seelenleben des Gelehrten von oft wiederkehrendem, schlechtem Einflusse war.

Julius Robert Mayer wurde den 25. November 1814 zu Heilbronn als der jüngste Sohn eines Apothekers geboren. Sein Vater hatte sich Jahre lang an verschiedenen Orten als Provisor aufgehalten, bis er im Stande war, sich eine eigene Apotheke zu erwerben, was ihm in Heilbronn gelang. Der ältere Mayer interessirte sich neben seiner Berufsbeschäftigung in hohem Masse für die neuen Fortschritte der Chemie und so wurden denn seine heranwachsenden Söhne, die ihm häufig bei seinen Versuchen behülflich waren, in den praktischen Theil dieser Wissenschaft eingeführt. Besonders war es der ältere der beiden Brüder, der 6 Jahre ältere Bruder Fritz, der seiner Zeit auch die Apotheke des Vaters übernahm, der eine reiche Menge von chemischen Kenntnissen innehatte und dem jüngeren Bruder oftmals mit seinen Erfahrungen auf diesem Gebiete hülfreich zur Seite stand. Robert Mayer besuchte das Gymnasium seiner Vaterstadt, wo er jedoch keine besonderen Fortschritte machte, da er für das Studium der classischen Philologie, das alle anderen Studien im Gymnasialunterrichte jener Zeit gänzlich in den Hintergrund drängte, durchaus keine Neigung besass. Bevor er auf die Universität Tübingen ging, setzte er seine Mittelschulstudien an dem theologischen

Seminar zu Schönthal fort, wo er im Jahre 1832 die Abiturientenprüfung mit gutem Erfolge bestand. Mayer entschied sich für das Studium der Medizin, dem er beiläufig acht Semester hindurch oblag. Er vermochte jedoch sein Studium nicht an der Universität seiner Heimat zu beenden, da er wegen einiger unbedeutender Disciplinarvergehen zur Karzerstrafe verurtheilt wurde und für ein Jahr das „Consilium abeundi" erhielt. Aus dem Universitätsgefängnisse befreite sich Mayer durch consequente Nahrungsverweigerung, sein Studium setzte er in München und in Wien fort. Im Jahre 1838 bestand er in Stuttgart das Examen als Arzt mit gutem Erfolge.

Er liess sich in seiner Vaterstadt nieder. Sein Vater wünschte, er möge sich in der Welt umsehen und rieth ihm als Schiffsarzt auf einem holländischen Kauffarteischiffe Dienste zu nehmen. Mayer begab sich nach Paris und nachdem er sich für seine Expedition ausgerüstet und sich in der dortigen gelehrten Welt gründlich umgesehen hatte, trat er nach einigen Monaten in der erwähnten Eigenschaft von Rotterdam eine Reise nach Java an. Diese ganze Reise war an äussern Ereignissen überaus arm, es gab auch keine Kranken an Bord. Da er mit dem Kapitän nicht sympathisirte und mit den Matrosen nicht sprechen konnte, so war er ganz auf sich und seine ihm gänzlich neue, grossartige Umgebung angewiesen. Um sich vor den Qualen der Langeweile zu schützen, hatte er verschiedene physikalische und einfache astronomische Instrumente mitgenommen und war während der ganzen Fahrt bemüht, die Erscheinungen der ihn umgebenden Natur zu beobachten. Die ganze Reise hin und zurück sammt dem Aufenthalte auf Java nahm eben ein Jahr in Anspruch. Gleich nach seiner Ankunft auf Java machte er eine merkwürdige Erfahrung, deren allgemeine Geltung ihm von andern europäischen Aerzten auf jener Insel ebenfalls bestätigt wurde. Er fand nämlich bei Gelegenheit von Aderlässen an frischangelangten Europäern, dass deren Venenblut eine ungewöhnlich lebhaft rothe Färbung besitze und sich von dem arteriellen Blute kaum unterscheide. Eine andere Bemerkung, welche ihm von dem Steuermanne des Schiffes während der Fahrt mitgetheilt wurde, der zufolge das Wasser des sturmgepeitschten Meeres stets wahrnehmbar wärmer sei, als das des ruhigen Ozeans, gab ihm ebenfalls zu tiefem Nachdenken Veranlassung. Diese beiden Thatsachen, besonders jedoch die erstangeführte in Verbindung mit der unserem Forscher geläufigen Lavoisier'schen Verbrennungstheorie gaben dem Denken desselben jene Richtung, welche ihn zur Entdeckung der Aequivalenz zwischen Wärme und mechanischer Arbeit leiteten. Diese wichtige Entdeckung machte er, wie er dies in einem an die Pariser Akademie gerichteten Briefe angibt[*], zu Surabaya im Jahre 1840.

---

[*] Compte rendu vom 16. Okt. 1848.

Mayer hatte sich ursprünglich vorgenommen, einige Jahre in seiner überseeischen Praxis zuzubringen. Das wichtige Naturgesetz, das sich mit einem Male seinem geistigen Auge erschlossen hatte, das wir als einen Markstein in der Entwicklungsgeschichte unserer Wissenschaft bezeichnen müssen, liess ihn nicht ruhen. Es verlangte ihn nach wissenschaftlichen Hülfsmitteln, um dem von ihm so glücklich entdeckten Erzgange nachschürfen zu können. Er kehrte also in die Heimat zurück und liess sich wieder in seiner Vaterstadt als Arzt nieder. Er suchte und fand für seine Lehre einen Anhänger, der derselben fürderhin unverbrüchlich anhing, es war dies sein älterer Bruder Fritz, der nun die väterliche Apotheke innehatte. Von keiner anderen Seite, wohin er sich auch wenden mochte, fand er Förderung seiner Ideen, nirgends, weder bei Fachgelehrten, noch bei Laien Unterstützung. Bloss Jolly — damals in Heidelberg — ermuthigte ihn zu weiterem Forschen. So verfasste er denn eine kleine Abhandlung: „Ueber quantitative und qualitative Bestimmung der Kräfte" und sandte dieselbe an die Poggendorff'schen Annalen. Der begleitende Brief ist vom 16. Juni 1841 datirt*). Wenn wir diesen kurzen Aufsatz durchsehen, so mögen wir es ziemlich begreiflich finden, dass sich der Redakteur der „Annalen der Physik und Chemie" nicht veranlasst sah, denselben zu veröffentlichen. Aus einem abrupten Curvenzuge lässt sich der Schwung eines Ornamentes unmöglich abnehmen. Mayer schrieb nun eine Abhandlung, in welcher er das Wesentlichste seiner Entdeckung zusammenfasste und sandte diese an Liebig nach Giessen, für dessen „Annalen der Chemie und Pharmacie", wo sie denn auch im Maihefte des Jahrganges 1842 unter dem Titel: „Bemerkungen über die Kräfte der unbelebten Natur" erschien.

Es folgte nun eine Periode von fünf bis sechs Jahren, die als die glücklichsten in Mayer's dornenvollem Leben gelten können. Im Sommer 1842 begründete er eine Familie. Er nahm die Tochter eines Heilbronner Bürgers zur Frau, und sah sich in einigen Jahren im Kreise einer heranwachsenden Familie. Zur selben Zeit war er auch Oberamtswundarzt und später Stadt- und Armenarzt geworden. Im Besitze einer ausgebreiteten Praxis und sowohl von Hause, als von Seite seiner Frau aus wohlhabend, konnte er sorglos dahinleben. Sein Bestreben war nun darauf gerichtet, die Folgerungen aus seiner Entdeckung über den Zusammenhang zwischen der Wärme und der mechanischen Arbeit zu ziehen. Es folgten nun seine zwei grösseren und zugleich bedeutendsten Schriften: „Die organische Bewegung in ihrem Zusammenhange mit dem Stoffwechsel" im Jahre 1845 und: „Beiträge zur Dynamik des Himmels" im

---

*) Siehe Facsimile der Abhandlung und des Briefes aus dem Poggendorff'schen Nachlasse in Zöllner's: Wissenschaftl. Abhandlungen, 4. Band, Leipzig 1881, bei pag. 680.

Jahre 1848. Der Ton dieser Abhandlungen unterscheidet sich wesentlich von den gewöhnlichen wissenschaftlichen Dissertationen, der Verfasser hat ein grösseres Publikum vor Augen. Dieser, vom gewöhnlichen Zuschnitte abweichenden Form ist es wohl theilweise zuzuschreiben, dass Mayer keinen Verleger finden konnte und seine beiden Schriften auf eigene Kosten herausgeben musste. Als weiterer Grund mag es wohl angesehen werden, dass der Verfasser, ein einfacher Provinzarzt, der demnach nicht jenem Stande angehörte, aus dessen Kreisen — in Deutschland wenigstens — die wissenschaftlichen Werke hervorzugehen pflegen, den Verlegern nicht jene Garantie zu bieten schien, welche diese aus Geschäftsrücksichten beanspruchten. Jene Verleger haben denn auch ziemlich richtig geurtheilt, denn beide Abhandlungen gingen an der gelehrten Welt jener Tage vorüber, ohne irgend welchen Eindruck gemacht zu haben. — Inzwischen waren die bewegten Zeiten des badischen Aufstandes herangenaht. Mayer's Brüder waren unter die Revolutionäre gegangen und standen als Freischaarenführer in Baden. Unser Gelehrter begleitete die Frau seines Bruders Fritz, der seine Apotheke im Stich gelassen hatte, auf den Schauplatz der Unruhen, um den Bruder zur Rückkehr zu bewegen. Ohne jedoch den Gesuchten gefunden zu haben, gerieth er in die Hände der Aufständischen und entging nur schwer der Gefahr, als Verleiter zur Desertion erschossen zu werden.

Um jene Zeit begannen auch bereits die höchst unerquicklichen Prioritätsstreitigkeiten. Der Arzt einer kleinen deutschen Stadt hatte die Physiker vom Fach mit einer höchst wichtigen Entdeckung überholt, indem er ein umfassendes Naturgesetz entdeckt hatte, dem allerdings schon 18 Jahre früher, im Jahre 1824 Sadi Carnot, der Sohn des alten Carnot, auf der Spur gewesen war. Etwa ein Jahr nach Veröffentlichung der ersten Abhandlung Mayer's legte Colding der Akademie in Kopenhagen eine Arbeit vor unter dem Titel „Nogle Saetninger om Kraefterne" (Sätze über die Kräfte), in welcher er den Gedanken ausführt, dass die Kraft unzerstörbar sei und wenn sie bei irgend einer Verrichtung zu verschwinden scheint, in der That bloss eine Transformation erleide. Er schliesst seine Betrachtungen mit dem Ausspruche, dass die Anzweiflung der Richtigkeit dieses Prinzipes mit der Annahme der Möglichkeit eines Perpetuum mobile gleichbedeutend wäre. — In demselben Jahre, in dem Colding seine Sätze über die Kräfte veröffentlichte, las in England James Prescott Joule vor der Sektion für mathematische und physikalische Wissenschaften der „British Association" versammelt in Cork (am 21. August 1843) eine Abhandlung unter dem Titel: „Ueber die erwärmenden Wirkungen der Magneto-Elektricität und über den mechanischen Werth der Wärme", in welcher eine auf Versuche gestützte Bestimmung des mechanischen Wärmeäquivalentes enthalten ist. — Im Jahre 1847 endlich veröffentlichte Helmholtz eine kleine Schrift unter dem Titel: „Ueber die Erhaltung der

Kraft", in der er, ohne von den Arbeiten seiner Vorgänger zu wissen, in den Hauptsachen zu denselben Resultaten gelangt, wie diese.

Wir haben es somit hier mit einer, in der Geschichte der Wissenschaft öfters wiederkehrenden, Erscheinung zu thun. Durch vorhergehende Untersuchungen vorbereitet, erzeugt sich dieselbe Reihe von Gedanken im Gehirne verschiedener Denker fast zur selben Zeit. Die Wahrheit, dass die Wirkung der Kraft unzerstörbar sei, dass jener auffallende Zusammenhang zwischen Wärme und mechanischer Arbeit, wie sie bei so vielen Erscheinungen, vor Allem an unseren Dampfmaschinen zu Tage tritt, ein durchaus ursächlicher, auf mechanische Verhältnisse zurückführbarer sei und dass demzufolge eine in Zahlen ausdrückbare Aequivalenz zwischen Wärmemenge und mechanischer Arbeit existire, dieser Satz war durch die Erfahrungen auf dem Gebiete der Mechanik der Gase derart vorbereitet, dass es eines geringen Anstosses bedurfte, um denselben zur vollen Erkenntniss zu bringen. Allerdings waren die Wege, auf welchen die verschiedenen Forscher zu jener Erkenntniss gelangten, total von einander verschiedene: während der Arzt Mayer ursprünglich von physiologischen Erfahrungen ausgegangen war und sich auf zwei a priori aufgestellte Prinzipien stützt, welche folgendermassen lauten: „causa aequat effectum" und „ex nihilo nihil fit", sieht Colding die Kraft als in fortwährender Transformation begriffen an und gelangt so zum Begriffe der Aequivalenz von Wärme und Arbeit, Joule geht von den Wärmewirkungen des galvanischen Stromes, Helmholtz von der Unmöglichkeit eines Perpetuum mobile aus und folgert aus dieser das Gesetz von der Erhaltung der Energie. — Mehrere Forscher haben sich demnach gänzlich unabhängig von einander und auf vollständig verschiedenen Wegen zu fast gleicher Zeit einer und derselben wissenschaftlichen Wahrheit genähert. Es ist die alte wissenschaftliche Gepflogenheit, dass demjenigen der Ruhm einer Entdeckung zugeschrieben werde, der dieselbe zuerst vor der Oeffentlichkeit ausgesprochen hat. Dieser ist aber in unserem Falle ganz unbestritten Mayer, der mehr als ein Jahr vor dem dänischen und dem englischen Gelehrten jene Wahrheit in einem verbreiteten wissenschaftlichen Journale publicirt hat. Dass seine Arbeit den Augen der Fachgelehrten so ziemlich verborgen geblieben, so dass Helmholtz noch sechs Jahre später von ihrer Existenz keine Kenntniss hatte, das hat hier gar keine Bedeutung. Ebenso wenig kommt es in Betracht, ob Mayer auf Grund von ihm selbst angestellter Versuche, oder in einer tief in das Wesen der Sache dringenden intuitiven Erkenntniss, auf Grund älterer, bloss annähernder Messungen jenen Satz in vollständig präzisirter Art ausgesprochen habe. Die Ansprüche, welche für Séguin erhoben worden sind, welche die Priorität Mayer's in Frage stellen sollten, sind auf glückliches Vorahnen der zu entdeckenden Wahrheit, nicht aber als wirkliche, präzis ausgesprochene Entdeckung derselben aufzufassen.

Mayer hatte im Jahre 1846 seine Entdeckung der Pariser Akademie mitgetheilt*), zwei Jahre später wurde im „Journal des débats" seine Priorität in Zweifel gezogen, er vertheidigte seine Ansprüche in dem an die Akademie gerichteten Briefe, welcher im „Compte rendu" vom 16. Oktober 1848 enthalten ist. Joule suchte nun an derselben Stelle (Compte rendu vom 22. Januar 1849) nachzuweisen, dass er schon in anderen, früheren Abhandlungen über die Aequivalenz von Wärme und Arbeit gesprochen habe; Mayer antwortete erst im November des Jahres (Compte rendu vom 12. November 1849), seine Entgegnung wurde jedoch von Joule gänzlich ignorirt.

Unser Forscher hatte seinerzeit nicht vermocht, seinen Ansichten vor den Augen jener Physiker vom Fach, mit denen er in persönliche Berührung kam, Geltung zu verschaffen; wir wollen gleich hinzusetzen, dass hieran zum Theil seine, nicht überall im Rahmen der üblichen Terminologie, der angenommenen Grundbegriffe bleibende Ausdrucksweise, ebenfalls Schuld trug. Als nun Joule's Arbeiten mit dem Nimbus der aus dem Auslande importirten wissenschaftlichen Errungenschaften zur Kenntniss der deutschen Gelehrten gelangten, da wusste man nichts davon, dass ein einheimischer Denker dieselbe Wahrheit vor dem fremden gefunden hatte. So sah sich denn Mayer bemüssigt, seine Sache selbst zu vertreten. Unter dem Titel: „Wichtige physikalische Erfindung" reklamirte er seine Priorität in der „Augsburger Allgemeinen Zeitung" vom 14. Mai 1849. Eine Woche später, am 21. Mai brachte dieselbe Zeitung einen Artikel von Dr. Otto Seyffer, damals Privatdozenten in Tübingen, in welchem der Werth von Mayer's Entdeckung ganz und gar in Abrede gestellt wurde. Eine Entgegnung des angegriffenen Gelehrten wurde von der Redaktion nicht angenommen.

Mayer fühlte sich beschimpft und zurückgesetzt, in jeder Hinsicht verkannt, von Seite seiner nächsten Umgebung konnte er ebenfalls keine richtige Beurtheilung seiner geistigen Bestrebungen erlangen, ja seine allernächste Umgebung begann ihn des Erfinderwahnes und des Grössenwahnsinns zu zeihen. Unser Gelehrter war ein in sich gekehrtes, bescheidenes, dabei jedoch reizbares Gemüth. Das schlimme Schicksal seiner Entdeckung, die seinen ganzen Geist einnahm, stürzte ihn in tiefe Verstimmung, die jedoch von Zeit zu Zeit einem lauten Ausbruche seines Unmuthes Platz machte. Es mochte wohl noch anderes Missgeschick, vielleicht auch somatisch schädliche Einflüsse, denen er in seiner Eigenschaft als Arzt leicht ausgesetzt war, dazu kommen, um zum Schlusse zu einer heftigen Erkrankung, wie es scheint, einem typhösen Fieber zu führen. Schlecht überwacht, geschah noch das Unglück, dass er am Morgen des 28. Mai 1850 im Delirium unangekleidet aus dem Fenster des zweiten Stockwerkes zur Erde sprang. Er kam mit dem Leben davon,

---

*) Sitzung vom 27. Juli 1846.

hatte sich jedoch die Füsse derart verstaucht, dass er das rechte Bein zeitlebens nachschleppen musste. Er gebrauchte die Kur in Wildbad-Gastein, die jedoch keine vollständige Heilung zur Folge hatte. Am Schlusse desselben Jahres schrieb Mayer seine Reklamationsschrift: „Bemerkungen über das mechanische Aequivalent der Wärme", welche, wie dies hier ausdrücklich constatirt werden soll, den Verfasser im Vollbesitze seiner geistigen Fähigkeiten und Vermögen zeigt. Es ist dies wichtig festzustellen, da kurze Zeit nachher Mayer für geisteskrank erklärt wurde und nachdem er Heilung seiner nervösen Erregtheit in Göppingen versucht hatte, wurde er veranlasst, nach Winnenthal zu gehen, wo er sich mit einem Male in einer Irrenanstalt sah. Diese Periode in Mayer's Leben ist die dunkelste, er selbst hat später wohl nur ungern von derselben gesprochen. Es ist auch gar nicht ausgemacht, ob man von einem ernstlicheren, andauernden, geistigen Gestörtsein des Forschers sprechen kann, jedenfalls kann eine ziemlich hochgradige Erregtheit seines Gemüthes zugegeben werden, welche mitunter in kräftigen Explosionen ihre Auslösung fand. Dieselben sind jedoch nach der Versicherung seiner eigenen Familie stets verbaler Natur gewesen, d. h. Mayer that in solchem Zustande geistiger Erregtheit niemandem etwas zu Leide. Keinesfalls darf übrigens angenommen werden, als ob die Behandlung in jener Anstalt eine, dem Zustande des Kranken, entsprechende gewesen wäre. — Dreizehn Monate dauerte dieser gezwungene Aufenthalt, auf den Mayer nur mit der äussersten Erbitterung zurückdachte, während welcher Zeit man sein erregtes Gemüth durch das brutale Mittel des Zwangstuhles beruhigen wollte. Etwa zu Ende des Jahres 1853 zog Mayer wieder in seine eigene Wohnung ein. Es folgte nun für ihn eine traurige Zeit, in der er sich noch immer, als des Grössenwahnsinns und fixer Ideen verdächtig, betrachtet sah. Noch einige Male suchte er zu Zeiten stärkerer Erregtheit die Heilanstalt zu Kennenburg auf, wo er einige Wochen als freiwilliger Gast zu weilen pflegte.

Mayer hat nach jener Zeit noch eine Anzahl kleinerer Abhandlungen verfasst, welche theilweise den Gegenstand von Vorlesungen bildeten, die er in Heilbronn und in dessen Umgegend bei verschiedenen Gelegenheiten abgehalten hatte. Als die deutschen Naturforscher und Aerzte sich im Jahre 1869 in Innsbruck versammelten, wurde auch Mayer zur Abhaltung eines Vortrages eingeladen. Er kam und las eine Abhandlung unter dem Titel: „Ueber nothwendige Consequenzen und Inconsequenzen der Wärmemechanik".

Langsam begann man die Bedeutung der Mayer'schen Entdeckung und die Ansprüche, welche er auf die Entdeckung der Aequivalenz zwischen Wärme und mechanischer Arbeit hatte, in ihrer vollen Bedeutung zu würdigen. Im Jahre 1867 erschienen seine gesammelten Abhandlungen, denen eine vermehrte zweite Auflage im Jahre 1874 folgte. Noch zwei kleine Abhandlungen, welche zuerst im „Württemberg. Staatsanzeiger" erschienen waren, gab er im Jahre 1876 heraus, unter dem Titel: „Die Torricelli'sche Leere" und „Ueber Auslösung". Die letzten Jahre hindurch genoss Mayer nach wechselvollen Schicksalen in Ruhe die Frucht seiner wissenschaftlichen Entdeckungen. Die verschiedenen wissenschaftlichen Gesellschaften ehrten sich durch seine Wahl zum Mitgliede, die „Royal Society" übersandte ihm die „Copley Medal" für 1871, die französische Akademie erkannte ihm den Ponceletpreis zu. Ueberdies erhielt er den württembergischen Personaladel.

Im Winter der Jahre 1877 auf 1878 erkrankte Mayer, es entwickelte sich eine Lungenkrankheit, welche im Januar 1878 in heftiger Weise auftrat und am 20. März desselben Jahres seinem Leben ein Ende machte. Er war bloss 63 Jahre 3 Monate und 25 Tage alt geworden.

Mayer's Verdienste um die Entdeckung jenes wichtigen und grundlegenden Gesetzes der Erscheinungswelt wurden in immer weiteren Kreisen anerkannt und grösstentheils richtig gewürdigt, wenn es auch an hämischen Angriffen und Verkleinerungsversuchen nicht fehlte. Es ist jedenfalls schwierig, sich bezüglich Robert Mayer's ein richtiges Urtheil zu bilden. In gewissem Sinne passt auf ihn des Dichters Wort:

„Von der Parteien Gunst und Hass verwirrt,
„Schwankt sein Charakterbild in der Geschichte."

Kurz nach seinem Tode erschienen in der Augsburger Allg. Ztg.*) „Erinnerungen an Robert Mayer" von dem Jugendgespielen und Jugendfreunde unseres Gelehrten, dem durch seine Shakespearestudien rühmlichst bekannten Tübinger Universitätsprofessor Rümelin, ferner eine biographische Skizze: „Robert Mayer aus Heilbronn" in den „Grenzboten" (1879, Nr. 3) von einem ungenannten Verfasser, „Robert Mayer, der Galilei des neunzehnten Jahrhunderts" (Chemnitz 1880) von Dr. Ernst Dühring. Zu erwähnen ist noch: Tyndall's Artikel in seinen „Fragmenten aus den Naturwissenschaften" deutsch von A. H., Braunschweig 1874 (pag. 512). Ausserdem beschäftigt sich P. G. Tait in seinen „Vorlesungen über einige neuere Fortschritte der Physik" deutsch von G. Wertheim (Braunschweig 1877) viel mit Mayer, kommt jedoch immer wieder zu dem Resultate, dass Joule als der eigentliche Entdecker zu betrachten sei und neben diesem höchstens Colding genannt werden könne. Alles in allem fehlt es uns heute an einer eingehenden Würdigung der wissenschaftlichen Bedeutung Mayer's, dieselbe wird wohl den Gegenstand einer ausführlichen Spezialuntersuchung zu bilden haben.

Im Folgenden geben wir eine kurze Analyse der Mayer'schen Hauptschriften:

Bemerkungen über die Kräfte der unbelebten Natur. „Kräfte sind „Ursachen; mithin findet auf dieselben volle Anwendung der Grundsatz:

---

*) 1878, Beilagen zu Nr. 120—123.

„causa aequat effectum." Da in der Kette von Ursachen und Wirkungen kein Glied zu Null werden kann, so muss die Ursache quantitativ unzerstörbar sein; qualitativ ist sie jedoch wandelbar. Es gibt nun in der Natur zweierlei Ursachen: die eine Abtheilung ist ponderabel und impenetrabel, d. i. die Materie, der andern fehlen diese Eigenschaften, es sind dies die Imponderabilien oder die Kräfte. Dieselben sind demnach unzerstörliche, wandelbare, imponderable Objekte. — Die Ursache, welche die Hebung einer Last bewirkt, ist eine Kraft; ihre Wirkung, d. i. die gehobene Last, ist also ebenfalls eine Kraft, anders ausgedrückt: die räumliche Differenz ponderabler Objekte ist eine Kraft*). — Wenn wir eine Bewegung aufhören sehen, ohne eine andere verursacht oder eine Gewichtserhebung bewerkstelligt zu haben, so fragt es sich, was aus derselben geworden sei. Bei der Reibung tritt immer Wärme auf, diese lässt sich aus keiner andern Ursache, als aus der Bewegung entstanden, erklären. Wärme entsteht, wenn die Theilchen eines Körpers näher an einander gerückt werden, so wenig aber Fallkraft und Fallbewegung identisch ist, so wenig ist Wärme und Molecularbewegung identisch. Zum Schlusse wird aus dem Verhältnisse der Wärmecapacitäten der atmosphärischen Luft unter gleichem Drucke und gleichem Volumen (1,421) berechnet, dass dem Herabsinken eines Gewichtstheiles von einer Höhe von ca. 365 m die Erwärmung eines gleichen Gewichtstheiles Wasser von $0°$ auf $1°$ entspreche. Dies ist aber die erste annähernde Berechnung des mechanischen Aequivalentes der Wärme.

Die organische Bewegung in ihrem Zusammenhange mit dem Stoffwechsel. Ein Beitrag zur Naturkunde. Die Physiologie und die Biologie haben aus den Entdeckungen Galilei's, Newton's u. s. w. wenig Nutzen gezogen, da auf sie die mechanischen Sätze nicht angewendet werden können. Es handelt sich somit um ein allgemeines, oberstes Prinzip, durch welches die zahllosen Naturerscheinungen verbunden werden könnten. — Als ein oberstes Naturgesetz haben wir die quantitative Unveränderlichkeit der Kraft und der Materie hinzustellen. „Ex nihilo nihil fit. Nil fit ad nihilum." Hiezu kommt noch der Satz: Die Wirkung ist gleich der Ursache. „Es gibt in Wahrheit nur eine „einzige Kraft. In ewigem Wechsel kreist dieselbe in der todten, wie „in der lebenden Natur. Dort und hier kein Vorgang ohne Formver-„änderung der Kraft." — Nach dieser Einleitung beginnt nun der Verfasser seinen grandiosen Rundgang durch die gesammte Erscheinungswelt. Der erste Theil beschäftigt sich mit den Erscheinungen der unorganischen Welt, der zweite (kurze) Abschnitt mit den Pflanzen, der dritte (weitaus grösste) mit der Thierwelt. Der erste Abschnitt zerfällt wieder in fünf Abtheilungen. I. Bewegung, A) einfache, B) undulirende. II. Fallkraft, III. Wärme, IV. Magnetismus und Elektricität, V. Chemisches Getrennt-

---

*) Nach unserer heutigen, schärferen Terminologie: Energie der Lage.

sein. — In diesem Abschnitte findet sich auch eine genaue Berechnung des mechanischen Wärmeäquivalentes, gestützt auf Regnault's genauere Messungen. Es wird ferner an den fünf verschiedenen Erscheinungskreisen das Prinzip der Erhaltung der Kraft gezeigt: Aufwand von mechanischem Effekt, Erzeugung von mechanischem, thermischem, magnetischem, elektrischem oder chemischem Effekte. Die fünf Hauptformen der physikalischen Kraft führen auf fünfundzwanzig Metamorphosen dieser Kräfte. Am Schlusse dieses Abschnittes befindet sich der höchst wichtige Satz: „Es gibt keine immateriellen Materien", d. h. die sog. Imponderabilien sind Illusionen; wir müssen der Wärme, der Elektricität u. s. w. die Materialität unbedingt absprechen. Durch die Ausdehnung sowohl, als bezüglich seines Gehaltes am bedeutendsten ist der dritte Abschnitt, der uns Mayer als den grossen physiologischen Physiker zeigt. Auf diesen Theil können wir jedoch hier nicht näher eingehen.

Ueber die Herzkraft. — Ueber das Fieber. Ein iatromechanischer Versuch. — Beide Abhandlungen knüpfen an den letzten Theil der eben besprochenen Schrift des Verfassers an.

Beiträge zur Dynamik des Himmels in populärer Darstellung (Heilbronn, 1848). In dieser Schrift entwickelt Mayer seine Theorie der Sonnenwärme, welche er durch das fortwährende Herabstürzen von kleinen Meteormassen entstehen, beziehungsweise ersetzen lässt, die, ihre Bewegung einbüssend, anstatt derselben Wärme entwickeln.

Bemerkungen über das mechanische Aequivalent der Wärme. In dieser zu Ende 1850 verfassten Schrift reclamirt der Verfasser die Entdeckung des Satzes von der Aequivalenz von Wärme und mechanischer Arbeit für sich und erzählt die Genesis und Entwicklung dieser Entdeckung. „Was ich mit schwachen Kräften und ohne jegliche Unter„stützung und Ermunterung von aussen in dieser Beziehung geleistet, „ist freilich wenig, aber — ultra posse nemo obligatus." Er verficht sein gutes Recht gegen Joule und verwahrt sich gegen die Annahme, als wäre er geneigt, „von dokumentirten Eigenthumsrechten abzugehen".

Ueber nothwendige Consequenzen und Inconsequenzen der Wärmemechanik. Dieser auf der Naturforscherversammlung zu Innsbruck im Jahre 1869 gehaltene Vortrag beschreibt vor allem eine Art Calorimeter zur Bestimmung des mechanischen Wärmeäquivalentes, im zweiten Theile sucht er die auf das Ende aller Dinge zielende Folgerung aus dem zweiten Hauptsatze der mechanischen Wärmetheorie zu entkräften, welche man vordem als nothwendige Consequenz dieses Gesetzes betrachtet hatte. Der dritte Abschnitt versucht eine Erklärung der Erscheinungen des Erdmagnetismus (Nordlichtes u. s. w.), wobei die Passatwinde zur Erklärung herangezogen werden. Im vierten Abschnitte geht er auf die organische Welt über und wendet sich gegen die materialistischen Anschauungen. Er schliesst mit den Worten: „eine richtige Philosophie darf und kann „nichts anderes sein, als eine Propädeutik für die christliche Religion."

Ueber Erdbeben. Vortrag, gehalten 1870 in Neckarsulm.
Ueber die Bedeutung unveränderlicher Grössen. — Ueber veränderliche Grössen. — Zwei im Kaufmännischen Vereine 1870 und 1873 in Heilbronn gehaltene populäre Vorlesungen. — Ueber die Ernährung. Vortrag aus dem Jahre 1871. — Dieser schwungvolle populäre Vortrag behandelt das Thema der Ernährung in seiner allgemeinsten Form. Die Sonne nährt mit ihrem Lichte und ihrer Wärme die Erde, indem sie alle auf dieser vorkommenden Bewegungen erzeugt. Die Sonne wird (nach Mayer's Ansicht) durch hineinstürzende meteorische Massen genährt. Hierauf folgt nun die eigentliche, die Ernährung der organischen Wesen. Mayer war kein Anhänger der Darwin'schen Lehre vom Kampfe ums Dasein; nicht der Krieg, der Hass, erhält nach ihm die Welt, sondern die Liebe.

Die Torricelli'sche Leere. Nach des Verfassers Ansicht befindet sich über der Quecksilbersäule des Barometers sehr verdünnte Luft, die ursprünglich am Glase haftete.

Ueber Auslösung. Diese letzte Arbeit ist eine der wichtigsten und interessantesten unseres Verfassers. Die Umgestaltung der verschiedenen Arten von Energie erfordert immer eine gewisse Auslösung, welche kein Gegenstand der Rechnung mehr sein kann, da sich Qualitäten numerisch nicht bestimmen lassen. — Von besonderer Bedeutung sind die Auslösungsprozesse in der organischen Welt, wofür er verschiedene Beispiele anführt.

Robert Mayer hat nicht besonders viel geschrieben. Ein mässiger Band und eine kleine Brochure vereinigen alles, was er herausgegeben. Jedoch die Menge der originellen, wahrhaft schöpferischen Gedanken ist trotz dieses geringen Volumens doch eine bedeutende. Ihm, dem excentrischen Manne, dem Arzte in einem kleinen Landstädtchen des an wahrhaft grossen Künstlern und Denkern so reichen schwäbischen Landes war es beschieden, einen tiefen Blick zu thun in den Mechanismus der „Weltenuhr". Immer und überall spricht er es aus, dass es sich hier um ein allgemein gültiges Naturprinzip handle, wenn er von der Unzerstörbarkeit der Kraft spreche, gültig sowohl in der unorganischen als in der organischen Welt; in der Sinnenwelt jedoch bloss, nicht zugleich in der des Geistes. Es sind manche Bemerkungen in seinen Schriften, welche geradezu unrichtig sind, er verfügte auch nicht über das gewaltige und unentbehrliche Werkzeug der Mathematik, allein trotz alledem steht er an der Spitze derjenigen, welche durch die Entdeckung eines umfassenden Naturgesetzes eine neue Aera in der Geschichte der Physik begründet haben. Man hat von Mayer in geringschätzender Weise bemerkt, er habe das mechanische Wärmeäquivalent mehr geahnt, als entdeckt. Diese Grundwahrheit hat er jedoch durch eine streng logische Denkoperation aus unanfechtbaren Prämissen erhalten. In vielen andern Dingen jedoch hat ihn in der That oftmals ein intuitives Erkennen ge-

führt. Das ist aber die allgemeine Naturgabe grosser Forscher, diese
Gabe war es, welche Faraday zu seinen grossen Entdeckungen leitete,
dass wir sie auch bei Mayer finden, zeigt bloss seine Zugehörigkeit in
der Reihe der grössten und schärfsten Beobachter und Denker in Dingen
der Naturwissenschaften.

In Verbindung mit Mayer erwähnen wir die folgenden Gelehrten,
deren Hauptthätigkeit sich auf die Lehre von der Wärme bezog. Es
sind dies die folgenden: Fourier, Sadi Carnot, Colding, Joule,
Krönig und Avogadro.

Jean-Baptiste-Joseph Fourier, geboren den 21. März 1768 zu
Auxerre, gestorben den 16. Mai 1830 zu Paris. Er war der Sohn eines
armen Schneiders und war schon in seinem achten Lebensjahre vollständig
verwaist. Der Bischof von Auxerre nahm sich seiner an und brachte
ihn in die von den Benedictinern geleitete Militärschule von Saint-Maur.
Schon in seinem dreizehnten Jahre regte sich in dem Knaben die Neigung,
sich mit mathematischen Studien zu beschäftigen. Er wollte in die
Artillerieschule eintreten, dies wurde ihm jedoch, da er nicht von Adel
war, verweigert. Im Jahre 1789 wurde er zum ersten Lehrer der Mathematik an der Militärschule zu Auxerre ernannt, 1796 zum Professor an
der Kriegsschule, bald darauf an der „École polytechnique". Er folgte
Napoleon nach Aegypten, wo er Sekretär des „Institut d'Égypte" wurde.
Nach seiner Rückkehr wurde er Präfekt des Isère-Départements, hierauf
lebte er als Privatmann in Paris, im Jahre 1808 wurde er baronisirt.
Zur Zeit der zweiten Restauration im Juli 1815 war er ohne Amt, er
erhielt hierauf die Stelle eines Leiters des statistischen Bureaus im Seine-
Département. Im Jahre 1817 wurde er in die Akademie gewählt und
wurde bald darauf deren beständiger Sekretär.

Fourier machte sich sowohl durch seine rein mathematischen,
als durch seine auf mathematische Physik bezüglichen Arbeiten berühmt. Von seinen mathematischen Schriften ist sein „Mémoire sur la
résolution des équations numériques" und die damit zusammenhängende
Methode der geordneten Division zu erwähnen. Die Hauptarbeit des
Gelehrten, wegen welcher wir ihn hier zu erwähnen haben, ist seine
„Théorie analytique de la chaleur" (1 vol., 4°, Paris 1822), welche jedoch
zum Theile schon 1807 und 1811 der Pariser Akademie vorgelegt und
von derselben gekrönt wurde. Mit diesem Werke im Zusammenhange
steht noch eine Reihe späterer Abhandlungen theils über denselben,
theils über verwandte Gegenstände, welche in den Denkschriften der
Akademie erschienen sind. — Wenn wir hier bloss jene Forscher berücksichtigen wollten, deren Thätigkeit sich auf die Begründung und den
weitern Ausbau der mechanischen Theorie der Wärme beziehen, so wäre
unter denselben Fourier's Name nicht zu nennen. Er ist vielmehr so
sehr von einer mechanischen Auffassung der Wärmetheorie entfernt,
dass er, nachdem er die bisherigen Fortschritte in der physikalischen

Wissenschaft gewürdigt hat, den folgenden charakteristischen Ausspruch thut: „Mais quelle que soit l'étendue des théories mécaniques, elles ne „s'appliquent point aux effets de la chaleur. Ils composent un ordre „spécial de phénomènes qui ne peuvent s'expliquer par les principes du „mouvement et de l'équilibre" *). Allein nichts desto weniger hat die Fourier'sche Theorie der Fortpflanzung der Wärme die höchste Bedeutung für die theoretische Physik. Zwar hatte Lambert in seiner „Pyrometrie" dieses Problem für dünne metallische Leiter gelöst, jedoch für beliebig begrenzte Körper von drei Dimensionen geschah dies erst durch Fourier, der für diesen Zweck solche analytische Hülfsmittel schuf, welche in neuerer Zeit für verschiedene physikalische Probleme mit dem allergrössten Nutzen verwendet werden. Wir brauchen bloss an die alte Aufgabe der Saitenschwingungen zu erinnern, welche erst durch G. S. Ohm, aber mit Hülfe des Fourier'schen Theorems einer befriedigenden Lösung zugeführt wurde **). Fourier wies nach, dass eine trigonometrische, mit gewissen Coëffizienten versehene unendliche Reihe im Stande sei, auch eine ganz willkürliche Funktion darzustellen ***). Mit Hülfe dieses mathematischen Werkzeuges gelingt es nun, die Aufgabe der Wärmefortpflanzung in allgemeiner Weise zu behandeln. Die Eintheilung des Fourier'schen Werkes ist die folgende: Cap. I. Introduction, Cap. II. Équation du mouvement de la chaleur, Cap. III. Propagation de la chaleur dans un solide rectangulaire infini, Cap. IV. Du mouvement linéaire et varié de la chaleur dans une armille, Cap. V. De la propagation de la chaleur dans une sphère solide, Cap. VI. Du mouvement de la chaleur dans un cylindre solide, Cap. VII. Propagation de la chaleur dans un prisme rectangulaire, Cap. VIII. Du mouvement de la chaleur dans un cube solide, Cap. IX. De la diffusion de la chaleur.

Nicolas-Léonard-Sadi Carnot, geboren den 1. Juni 1796 zu Paris, gestorben ebendaselbst den 24. August 1832 in Folge eines heftigen Choleraanfalles. Sadi Carnot war der zweitälteste Sohn des grossen Carnot †) und wurde im Palast Luxembourg geboren, in dem sein Vater als Mitglied des Directoriums damals wohnte. Als er kaum ein Jahr alt war, mussten seine Eltern vor der Fructidorrevolution flüchten. Während des Consulats kam er wieder nach Paris zurück; er studirte am „Lycée Charlemagne", von wo er in die polytechnische Schule kam. Diese verliess er im Jahre 1813 und trat in die Armee. Er war Ingenieur-Capitain, als er starb. Seine Schrift, wegen welcher wir ihn hier erwähnen, er-

---

*) Théorie analyt. de la chaleur. Discours préliminaire, pag. II.

**) Siehe oben pag. 621, 622.

***) Ist x die in eine Reihe zu entwickelnde Function, so ist nach Fourier: $\frac{1}{2} x = \mathrm{Sin}\, x - \frac{1}{2} \mathrm{Sin}\, 2x + \frac{1}{3} \mathrm{Sin}\, 3x - \frac{1}{4} \mathrm{Sin}\, 4x + \frac{1}{5} \mathrm{Sin}\, 5x \ldots$ Siehe Théorie de la chaleur, pag. 238.

†) Der erstgeborene Sohn war bloss einige Monate alt geworden.

schien im Jahre 1824; sie führt den Titel: „**Réflexions sur la puissance motrice du feu** et sur les machines propres à développer cette puissance;" dieselbe hat den folgenden Inhalt: Die Erzeugung der Bewegung durch Dampfmaschinen ist stets von einer Ueberführung von Wärme von einem wärmeren zu einem kälteren Körper begleitet. Dabei ist nach unserem Autor nicht an ein Verzehren der Wärme zu denken, sondern bloss an ein Transportiren derselben von einem wärmeren zu einem kälteren Orte. Es ist somit die Erzeugung von mechanischer Arbeit die Folgeerscheinung des Temperaturausgleichs zweier Körper. Den Kern der ganzen Abhandlung bildet eine wichtige physikalische Conception des Verfassers, nämlich der nach ihm benannte Kreisprozess, wobei der demselben unterworfene Körper sich zuerst bei gleicher Temperatur, d. h. bei zugeführter Wärme, hierauf bei abnehmender Temperatur, d. h. ohne Wärmezufuhr ausdehnt und sich hierauf unter Anwendung eines äusseren Druckes zuerst neben Abgabe von Wärme an einen Körper von constanter Temperatur, hierauf ohne Wärmeabgabe, also bei steigender Temperatur zusammenzieht, bis er genau den ursprünglichen Zustand erreicht hat. Derselbe Kreisprozess kann nun auch in entgegengesetzter Weise zu Ende geführt werden, indem wir nämlich den zweiten Körper als Wärmequelle und den erstgenannten als Wärmedépôt benützen. Carnot führt nun weiter aus, dass wir im ersten Falle Wärme von einem wärmeren zu einem kälteren Körper überführen und dabei bewegende Kraft (also Arbeit) erzeugen, während wir im zweiten Falle durch Aufwendung von bewegender Kraft (Arbeit) Wärme vom kälteren zum wärmeren Körper überführen und zeigt, dass im zweiten Falle genau so viele bewegende Kraft aufgewendet wird, als im ersten erzeugt wurde; denn, wäre dies nicht der Fall, so wäre auch das „Perpetuum mobile" möglich. — Die durch Wärme erzeugte bewegende Kraft ist von der hiezu verwendeten Substanz unabhängig. — Die Differenz zwischen der spezifischen Wärme bei gleichem Drucke und jener bei gleichem Volumen ist für jedes Gas constant. — Von Bedeutung ist ferner der folgende von Carnot entwickelte Satz*): „Wenn ein „Gas ohne Temperaturveränderung sein Volumen verändert, so stehen „die von demselben entwickelten oder verschluckten Wärmemengen in „arithmetischer Reihe, während die Volumina eine geometrische Reihe „bilden." Wir ersehen aus den angeführten wenigen Sätzen, dass Carnot durchaus auf dem richtigen Wege zur Begründung der Wärmemechanik war. Der Grundgedanke seiner Schrift ist der folgende: Der Erzeugung von Arbeit entspricht als Aequivalent ein blosser Uebergang von Wärme von einem wärmeren zu einem kälteren Körper, wobei jedoch die Quantität der Wärme nicht verringert wird. Der erste Theil desselben bildet eines der Fundamente der heutigen mechanischen Wärmetheorie, der

---

*) Réflexions sur la puissance motrice du feu. 4°. Paris 1878, pag. 28.

zweite ist im Widerspruche mit unserer Annahme über das Wesen der Wärme und widerspricht auch der Erfahrung. — Wir müssen nach dieser Arbeit des leider so früh Heimgegangenen im Interesse unserer Wissenschaft tief bedauern, dass es ihm nicht vergönnt gewesen, seine so viel versprechenden Untersuchungen fortzuführen. Die originellen Conceptionen des kaum achtundzwanzigjährigen Forschers, der schon mit sechsunddreissig Jahren starb, liessen bedeutende Leistungen von seinem reiferen Lebensalter erwarten. — Die Abhandlung Carnot's, welche 1824 erschienen war, wurde im Jahre 1872 in den „Annales scient. de l'École Normale sup." (II. Série I., 1872) wieder publizirt und 1878 für sich herausgegeben. Diese Ausgabe enthält biographische Notizen über den Verfasser von dessen jüngerem Bruder, dem Senator H. Carnot, ferner bisher unveröffentlichte Notizen Sadi Carnot's über verschiedene physikalische Gegenstände und ist mit einem Bilde des Verfassers geschmückt.

Ludwig August Colding, geboren den 13. Juli 1815 zu Arnakke bei Holbeck auf Seeland, Candidat der polytechnischen Schule zu Kopenhagen, Inspektor der Wasserwerke und Ingenieur dieser Stadt. Von ihm erschien: An examination of steam engines and the power of steam, Copenhag. 1851. — Undersögelse over Vanddampene og deres bevaegende Kraft i Dampfmaskinen (Danske Vid. Selsk. Skriften 1852). — Undersögelser om de almindelige Naturkräfter og deres gjensidige afhängighed og i särdeleshed om den ved visse faste Legermes Gnidning utviklede Varme (ib. 1854) u. s. w.

James Prescott Joule, geboren den 24. Dezember 1818 bei Manchester, Bierbrauer in Salford bei jener Stadt. Joule beschäftigte sich zuerst mit dem Probleme der Anwendung des Elektromagnetismus als bewegende Kraft, worüber er in Sturgeon's „Annals of Electricity" eine Reihe von Aufsätzen veröffentlichte. Am 17. Dezember 1840 legte er der „Royal Society" eine Arbeit über die durch den galvanischen Strom produzirte Wärmemenge vor. Er fand, dass diese dem Widerstande im einfachen Verhältnisse proportional sei, ferner proportional dem Quadrate der Stromintensität. Durch diese Untersuchungen wurde Joule auf die Beziehungen zwischen mechanischer Arbeit und Wärme geleitet, welche er den 21. August 1843 der in Cork versammelten „British Association" vorlegte. Die Abhandlung führt den Titel: „Ueber die Wärmewirkungen von Magnetelektricität und über den mechanischen Werth der Wärme." In ihr wird gezeigt, dass die mechanische Kraft, mit welcher wir die magnetelektrische Maschine bewegen, in diejenige Wärme verwandelt wird, welche die Induktionsströme, die durch die Drahtrollen kreisen, erzeugte, ferner dass die durch eine elektromagnetische Maschine erzeugte bewegende Kraft auf Kosten derjenigen Wärme entstehe, welche der, die Maschine treibende, galvanische Strom produzirt. Es lässt diese Bemerkung von Seite Joule's schon einen tiefen Blick in das Wesen der Energieverwandlung voraussetzen. Als Aequivalent für jene Wärmemenge, welche ein Pfund Wasser um einen Grad der Fahrenheit'schen Scala zu erwärmen vermag, erhielt er die mechanische Kraft, welche im Stande ist, 838 Pfund auf die Höhe von einem Fuss zu erheben. Joule hebt auch schon hervor, dass die galvanischen Batterien durch die von ihnen geleistete mechanische Arbeit die Dampfmaschinen zu verdrängen niemals im Stande sein werden. — Erfüllt von der Wichtigkeit seiner Untersuchungen, setzte unser Gelehrter dieselben durch etwa zehn Jahre hindurch fort, indem er sie auf die verschiedenste Art variirte. Er mass die Temperaturänderungen, welche eine Luftmasse durch Veränderung ihrer Dichte erleidet und entwickelte hieraus die Aequivalentenzahl. Ein anderer Versuch ist der folgende: Wasser und Wallrath werden durch ein Schaufelrad in Bewegung gesetzt und die Temperaturerhöhung bestimmt, während andererseits auch die Menge der aufgewendeten mechanischen Arbeit gemessen wird. Als Mittelzahl für das mechanische Aequivalent der Wärme erhält Joule nach englischem Masse 781,8 Fusspfunde. — Aus der langen Reihe der Abhandlungen Joule's führen wir nur einige der bedeutendsten an, besonders jene, welche sich auf die Bestimmung des Wärmeäquivalentes beziehen. Es sind dies die folgenden: On the calorific effects of magneto-electricity and on the mechanical value of heat (Phil. Mag. Ser. III, vol. 23, 1843). — On the Changes of temperature produced by the rarefaction and condensation of air (ib. 25, 1844 and 26, 1845). — On the existence of an equivalent relation between heat and the ordinary forms of mechanical power (ib. 27, 1845). — On the mechanical equivalent of heat, as determined by the heat evolved by the friction of fluids (ib, 31, 1847). — On the mechanical equivalent of heat (Phil. Trans. 1850). — Some remarks on heat and on the constitution of elastic fluids (Mem. of the Manchester Soc. 9, 1851). — Diese Abhandlungen wurden von J. W. Spengel in deutscher Sprache unter dem Titel: „Das mechanische Wärmeäquivalent. Gesammelte Abhandlungen von J. P. Joule" (8°, Braunschw. 1872) herausgegeben.

August Karl Krönig, geboren den 20. September 1822 zu Schildesche in Westphalen, gestorben den 5. Juni 1879 zu Berlin, war Lehrer am Kölnischen Gymnasium zu Berlin, dann Lehrer an der Königl. Realschule daselbst. Krönig hat eine Theorie der Gase aufgestellt, welche das Mariotte'sche und Gay-Lussac'sche Gesetz als einfache Folgerung erscheinen lässt. Diese Hypothese über die Constitution der Gase findet sich nun allerdings schon bei Früheren in mehr oder minder bestimmter Form. Es werden namentlich Lucretius, Gassendi, Boyle, Daniel Bernoulli und Le Sage erwähnt, welche diese Theorie aufgestellt haben, in neuerer Zeit haben Joule und Clausius ähnliche Voraussetzungen über die gasförmigen Substanzen gemacht, ohne gegenseitig von einander Kenntniss zu haben. Die Theorie Krönig's erschien unter dem Titel: „Grundzüge einer Theorie der Gase" in Poggendorff's Annalen (Bd. 99, 1856). Die Theorie besteht kurz zusammengefasst in

Folgendem: Die Gase bestehen aus Atomen, welche als feste, vollkommen elastische, innerhalb eines leeren Raumes mit einer gewissen Geschwindigkeit sich bewegende Kugeln aufzufassen sind. Feste oder flüssige Körper sind den Stössen der Gasmolecule gegenüber ebenfalls als vollkommen elastisch zu betrachten. Der Druck des Gases wird durch die Stösse der Gasatome gegen die Wand hervorgebracht*). Der Verfasser entwickelt nun die gewöhnlichen Sätze der Gasmechanik, welche als einfache Folgerungen aus seiner Hypothese hervorgehen. Es sind dies vor Allem das Gay-Lussac'sche und das Mariotte'sche Gesetz, das Avogadro'sche, das Archimedische Gesetz u. s. f. — Die Krönig'sche Gastheorie wurde in neuerer Zeit durch Clausius vervollkommnet, dadurch besonders, dass er die Rotationsbewegungen und die intramolecularen Bewegungen der kleinsten Theilchen in Betracht zieht, wodurch jedoch das Wesen der Theorie durchaus nicht berührt wird**).

Graf Amedeo Avogadro di Quaregna, geboren den 9. Juni 1776 zu Turin, gestorben ebendaselbst den 9. Juli 1856, gehörte einer angesehenen und begüterten adeligen Familie Piemonts an. Er studirte in seiner Vaterstadt und wurde 1796 zum Doktor der Rechte promovirt. Er bekleidete nun einige öffentliche Stellen: als Armen-Advocat und in der General-Advocatur. Sein Lieblingsstudium war jedoch die Physik, auf die er sich schliesslich ganz verlegte. Er wurde zuerst Repetitor in dem zur Turiner Universität gehörigen Provinz-Collegium, hierauf Professor der Physik am Lyceum zu Vercelli. Im Jahre 1820 wurde für ihn eine besondere Lehrkanzel für höhere Physik (Fisica sublima) an der Universität zu Turin errichtet, um Lehrer und Professoren der Physik heranzubilden. Er war in dieser Richtung bis zum Jahre 1850 thätig. Avogadro publizirte eine stattliche Reihe von Abhandlungen physikalischen und chemischen Inhaltes, darunter 18 Memoiren in den Denkschriften der Turiner Akademie, ferner in den „Annales de Chimie et

---

*) Bedeutet n die Anzahl, m die Masse der Atome in einem parallelepipedischen Gefässe $xyz = v$, c die Geschwindigkeit der Bewegung, a die Anzahl der Stösse in der Zeiteinheit, p den Druck auf die Flächeneinheit, so ist
$$p = \frac{n \cdot m \cdot c^2}{v}.$$
Da nun mc^2 mit der absoluten Temperatur des Gases T proportional ist, so ist
$$p = \frac{nT}{v} \text{ oder } pv = nT,$$
dies ist aber nichts anderes, als das vereinigte Gay-Lussac-Mariotte'sche Gesetz. — Ist $v_1 = v_2$ und $T_1 = T_2$, so ist auch $p_1 = p_2$, woraus aber folgt, dass auch $n_1 = n_2$ sei; dies ist aber das Avogadro'sche Gesetz, von dem wir weiter unten sprechen werden.

**) R. Clausius: Abhandlungen über die mechanische Wärmetheorie. 2. Abth. Braunschweig 1867. (Abhandl. über die zur Erklärung der Wärme angenommenen Molecularbewegungen) pag. 229.

Physique", in den „Annali della società italiana della Scienza" und an anderen Orten. Ferner ist das von 1837—41 erschienene grosse Werk des Verfassers: „Fisica dei Corpi ponderabili" in 4 starken Bänden, zu erwähnen. Avogadro bekleidete ausserdem noch einige Aemter, er war: Uditore in der „Corte dei Conti", Mitglied des permanenten statistischen Comités, des Unterrichtsrathes u. s. w. Näheres findet sich in den Denkschriften der Turiner Akademie (II. Ser. Vol. 17, pag. 475—491).

Die Abhandlung Avogadro's, welche uns hier vor Allem interessirt, ist im „Journal de Physique" (Tom. LXXIII, 1811, pag. 58) erschienen. Sie führt den Titel: „Versuch eines Verfahrens, die relativen Gewichte der Elementarmolecule der Körper und die Verhältnisse zu bestimmen, nach welchen dieselben in Verbindungen treten." Der Verfasser geht von dem Gay-Lussac'schen Gesetze aus, demzufolge die Gase sich nach einfachen Volumverhältnissen verbinden und das Volumen der Verbindung, wenn dieselbe auch gasförmig ist, zu dem der Bestandtheile ebenfalls in einfachem Verhältnisse steht. Indem er erwägt, dass eine im rationellen Verhältnisse geschehende Verkleinerung des Volumens bei der chemischen Verbindung der Theile ein gewisses Mengenverhältniss der sich verbindenden Theile voraussetzt, kommt er zu zwei wichtigen Sätzen: 1) jeder Körper besteht aus einer Anzahl von chemischen Moleculen, welche die kleinsten für sich bestehenden Atomgruppen sind; 2) alle Gase enthalten bei gleichem Drucke und gleicher Temperatur im selben Volumen eine gleiche Anzahl von solchen Moleculen. — Der zweite dieser Sätze erhielt später den Namen: Avogadro's-Gesetz, wurde jedoch von dem Entdecker bloss zur Erklärung chemischer Thatsachen benützt. Uebrigens blieb die Abhandlung ohne irgend welchen Eindruck. Seine Unterscheidung der chemischen und physikalischen kleinsten Theile („molécules intégrantes" und „molécules élémentaires") schien die chemische Theorie eher zu verwirren, als zu klären. Selbst als einige Jahre später, im Jahre 1814, Ampère unabhängig von Avogadro zu einer ähnlichen Theorie geführt wurde und diese in Form eines an Berthollet gerichteten Briefes veröffentlichte, vermochte jener angesehene Gelehrte die Aufmerksamkeit der Chemiker nicht auf diese Betrachtungsweise zu lenken. Erst durch ihre Bedeutung für die moderne Gastheorie wurde Avogadro's Ansicht der unverdienten Vergessenheit entrissen*).

---

*) Es scheint an der Zeit zu sein, diesem verdienten Gelehrten mehr Aufmerksamkeit zuzuwenden, als dies bisher der Fall war. Sein Name wird zwar citirt, ohne dass jedoch irgendwo Näheres über seine wissenschaftliche Thätigkeit und seine übrigen Verhältnisse zu finden wäre. Die obigen biographischen Daten verdanke ich einer gütigen Mittheilung des Herrn Prof. Pietro Blaserna, Sekretär der math.-naturwissensch. Classe der „Accademia dei Lincei" zu Rom.

Alexander von Humboldt.

Die Reihe jener Denker und Forscher, welche wir an unserem geistigen Auge vorüberziehen liessen, beschliesst wohl in der würdigsten Weise jener Mann, der auf den verschiedensten Gebieten der forschenden Naturwissenschaft Bedeutendes geleistet hat, der überall dort war, wo grosse, treibende Ideen entstanden, der einem Leibniz gleich eine seltene Vielseitigkeit bethätigte, und der seine Forschungsarbeit am Anfange unseres Zeitraumes beginnend, am Schlusse desselben beschäftigt war, in seinem „Kosmos" eine Darstellung der physischen Weltanschauung auf Grund der wissenschaftlichen Ergebnisse eben dieses Zeitraumes zu geben.

Friedrich Wilhelm Heinrich Alexander von Humboldt wurde zu Berlin den 14. September 1769 geboren. Sein Vater war der Major Alexander Georg von Humboldt, seine Mutter, die Tochter des Direktors der ostfriesischen Kammer Johann Heinrich von Colomb, war eine verwittwete von Hollwede. Er erhielt eine sorgfältige Erziehung. Der spätere Geh. Ober-Regierungsrath Kunth leitete durch zehn Jahre die Erziehung und den Unterricht Alexanders von Humboldt, sowie den des älteren Bruders Wilhelm. Die beiden Brüder genossen durchwegs Privatunterricht und haben bis zu ihrem Abgange an höhere Schulen keinerlei öffentliche Unterrichtsanstalt besucht. Am 1. Oktober 1787 wurden beide Brüder auf der Universität Frankfurt a. O. immatriculirt. Alexander sollte nach dem Wunsche der Mutter Cameralia studieren, um hierauf in den Staatsdienst treten zu können. Ausser diesen Berufsstudien betrieb er auch Philologie. Die Brüder Humboldt verliessen jedoch schon zu Ostern 1788 Frankfurt, der ältere ging nach Göttingen, der jüngere nach Berlin, von wo er im folgenden Jahre seinem älteren Bruder folgte. Nachdem er dort bis 1790 nebst seinem Berufsstudium philologische, archäologische, besonders aber naturwissenschaftliche Studien getrieben, an der Handelsschule zu Hamburg die Buchführung erlernt und auf einigen, während jener Zeit ausgeführten Reisen überall Verbindungen mit verschiedenen Gelehrten und gleichstrebenden Jüngern der Wissenschaft geschlossen hatte, ging er an die Bergakademie zu Freiberg, wo er sich für das Bergwerks- und Hüttenfachwesen ausbildete. Hier war es besonders der berühmte Mineralog und Geolog Abraham Gottlob Werner, der Verfechter des Neptunismus, der auf Humboldt in hohem Masse anregend wirkte. Um jene Zeit veröffentlichte der angehende Gelehrte schon einige Arbeiten verschiedenen Inhaltes, von welchen besonders seine „Mineralog. Beobachtungen über einige Basalte am Rhein" (Braunschw. 1790) zu erwähnen sind. Nach seinem Abgange von der Freiberger Akademie, im Jahre 1792, trat nun Humboldt in Staatsdienste als Assessor im Bergdepartement, später als Oberbergmeister am Fichtelgebirge. Im Jahre 1797 schied er aus dem Dienste und begann sich für seine amerikanische Reise vorzubereiten. Um jene Zeit erschienen seine „Flora Fribergensis" (Berol. 1793), „Die Lebenskraft oder der rhodische Genius" (Schiller's „Horen" 1795), ferner „Versuche über die gereizte Muskel- und Nervenfaser, oder Galvanismus, nebst Vermuthungen über den chemischen Prozess des Lebens in der Thierund Pflanzenwelt" (2 vol., 8°, Berl. 1797—99). Die letztgenannte Arbeit wurde auf Grund mehrerer tausender, theilweise an seinem eigenen Körper ausgeführter, mitunter sehr schmerzhafter Versuche, verfasst. — Als im Jahre 1796 Humboldt's Mutter gestorben war und ihn nichts mehr zurückhielt, seinen alten Plan einer Reise nach den äquatorialen Ländern der Erde in ernstere Erwägung zu ziehen, begab er sich nach Paris, nach jener Stadt, welche den internationalen Focus aller naturwissenschaftlichen Bestrebungen jener Zeit bildete. Hier beschäftigte er sich mit verschiedenen Plänen für Reisen. Einmal wurde ihm von einem Lord Bristol der Antrag gemacht, mit ihm eine Reise nach Aegypten anzutreten, die sich bis Syene erstrecken sollte. Da jedoch die französische Expedition nach Aegypten dazwischen kam, so musste diese Reise unterbleiben. Humboldt wurde nun von dem alten Bougainville aufgefordert, ihn auf einer neuen Reise um die Welt zu begleiten. Besonders war eine Expedition nach dem Südpol in Aussicht genommen. Das Direktorium wollte jedoch den Kapitän Baudin an Stelle des siebenzigjährigen Bougainville senden und lud auch unsern Gelehrten ein, sich der Expedition beizugesellen. Die kriegerischen Aussichten hintertrieben auch dieses Projekt. Humboldt wollte sich nun dem französischen Heere anschliessen und diesem mit einer von Tripolis nach Kairo gehenden Karawane folgen. Er verband sich zu diesem Zwecke mit dem Schüler Jussieu's und Desfontaines', dem jungen Botaniker Bonpland, der ihn später auf seiner amerikanischen Reise begleitete. Die beiden Gelehrten gingen nach Marseille, wo sie ein schwedisches Schiff zur Ueberfahrt abwarten sollten. Dieses ging jedoch auf seiner Fahrt nach Marseille an der Küste von Portugal mit Mann und Maus unter, dazu kam noch die Nachricht, dass in diesem Jahre keine Karawane von Tripolis nach Aegypten abgehen sollte. So reiste Humboldt denn nach Spanien, wo er mit einem Male die Erfüllung lang gehegter Wünsche fand. Der sächsische Gesandte am Hofe von Madrid, Herr von Forell, erwirkte ihm die Erlaubniss zur Bereisung des spanischen Amerika, das sich zu jener Zeit vom 38. Grade nördlicher, fast bis zum 42. Grade südlicher Breite erstreckte. Die Abreise erfolgte von Coruña am 5. Juni 1799. Die Reise nahm volle fünf Jahre in Anspruch und hatte eine Fülle von naturwissenschaftlichen Beobachtungen und Erfahrungen zum Resultate. Hauptsächlich sind hier zu erwähnen die Erweiterung der geologischen Ansichten durch das Studium der Cordillerenkette, ferner die Begründung der vulkanistischen Theorie; in Cumana beobachtete Humboldt am 12. November 1799 den grossen Sternschnuppenfall, der sich in 33jähriger Periode noch zweimal wiederholt hat; ferner sind hieher zu zählen: die Entdeckung der elektrischen Lappen im Gehirne des Zitterrochens, die Erforschung der südamerikanischen Ströme, besonders des Stromnetzes des Rio Negro und des Cassiquiare. Im Jahre 1799 hielt sich Humboldt grossentheils in Cumana auf, von wo er verschiedene kleine Ausflüge unternahm; im Jahre 1800 war er in Caracas, unternahm seine Fahrten auf dem Orenoco, Atabapo, Rio Negro und Cassiquiare, hierauf kehrte er nach Cumana zurück, von wo er nach der Habana übersetzte; im Jahre 1801 reiste er von Cuba nach Cartagena, von wo er den Magdalenenstrom bis Honda befuhr, von dort nach Sta.-Fé de Bogota, im Jahre 1802 nach Quito, wo er den Antisana, Pichincha, Chimborazo und Cotopaxi bestieg; von dort nach Lima und hierauf, Anfangs 1803, nach Acapulco; in Mexico blieb er bis im März des Jahres 1803, im selben Jahre bestieg er noch den Jorullo, Toluca, zu Anfang des Jahres 1804 den Cofre de Perote und den Orizaba, am 7. März 1804 fuhr er nach der Havana, von dort nach Philadelphia, am 3. August 1804 landete er in Bordeaux. Nach Europa zurückgekehrt, ging er nun an die Herausgabe seines monumentalen Reisewerkes, das in 11 Abtheilungen erscheinen sollte. Zur selben Zeit beschäftigte er sich mit Gay-Lussac mit eudiometrischen Untersuchungen, worüber er am 1. Pluviôse XIII im Nationalinstitute zu Paris ein: „Mémoire sur les moyens eudiométriques et la constitution chimique de l'atmosphère" *) las; mit Biot arbeitete er über die Variation des Magnetismus der Erde in verschiedenen Breiten, worüber er eine Abhandlung am 17. Dezember 1804 der Akademie vorlegte**). Im folgenden Jahre reiste er in Gesellschaft Gay-Lussac's nach Rom und von dort nach Berlin. Hier war er mit erdmagnetischen Untersuchungen beschäftigt und gab seine „Ansichten der Natur" (2 vol., 12°, Tübingen 1808) heraus. Humboldt ging nun wieder nach Paris. Nachdem sich mehrere Reiseprojekte nach Asien zerschlagen hatten, kam endlich eine Reise in das asiatische Russland zu Stande, welche er in Begleitung von Ehrenberg und Rose im Jahre 1829 ausführte.

Während seines Pariser Aufenthaltes von 1808—1826 erschien sein grosses Reisewerk: „Voyage aux régions équinoxiales du Nouv. Continent, fait en 1799—1804 (avec A. Bonpland)" in 17 Folio- und 11 Quartbänden. Die erste Abtheilung: „Voyage aux régions équinoxiales du Nouveau Continent" ist von Humboldt selbst verfasst und besteht aus den folgenden Schriften: 1) „Relation historique", Beschreibung seiner Fahrten bis zu der Reise nach Peru (April 1801), 2) „Vues des Cordillères et monuments des peuples indigènes de l'Amérique", 3) „Atlas

---

*) Journ. de Phys., LX.
**) Ib. LIX.

géogr. et phys. du Nouv. Continent", 4) „Examen critique de l'histoire de la géographie du Nouv. Continent et des progrès de l'astronomie nautique aux XVe et XVIe siècles". — Die zweite Abtheilung enthält: „Recueil d'observations de zoologie et d'anatomie comparée etc." — Die dritte Abtheilung: „Essai politique sur le royaume de la Nouv. Espagne etc." — Die vierte Abtheilung: „Recueil d'observations astronomiques, d'observations trigonométriques etc." — Die fünfte Abtheilung: „Physique générale et géologie; essai sur la géographie des plantes etc." — Die sechste Abtheilung endlich: „Plantes équinoxiales, recueillies au Mexique etc." — „Monographie des Melastomes etc." — „Nova generes et species plantarum etc." — „Monographie des Mimosées etc." — „Revision des graminées etc." — „Synopsis plantarum, quas in itinere ad plagam aequinoctialem orbis novi collegerunt A. de Humboldt et A. Bonpland". Das ganze Werk ist zwischen den Jahren 1805—1834 erschienen und kostete ungebunden 9574 Francs = 2553 preuss. Thalern.

Am 12. Mai 1827 kehrte Humboldt auf den dringenden Wunsch des Königs von Preussen zum ständigen Aufenthalte nach Berlin zurück. Er war damals 58 Jahre alt und es begann für ihn die Periode, wo er sich von der selbstständigen Forschung mehr und mehr abwendend an die Stellung und Lösung einer neuen Aufgabe ging, welche in ihrer Conception noch viel grossartiger war, als jenes umfangreiche monumentale Reisewerk, das die reiche Fülle der fünfjährigen Beobachtungen eines vielseitigen und wunderbar scharfsichtigen Forschers in sich fasste. Es war der Plan seines Kosmos, einer physischen Weltbeschreibung, dessen erste Idee allerdings aus älterer Zeit datirt. Die unmittelbare Veranlassung dazu gaben jene Vorlesungen, die Humboldt im Wintersemester 1827—28 als „Collegium publicum" über physikalische Geographie hielt. Der Beifall, den diese Vorträge ernteten, besonders jedoch die massenhafte Betheiligung aller Kreise der Bevölkerung, vom Könige und dessen Hofe angefangen, veranlassten ihn, einen zweiten Cyclus in gemeinfasslicher Weise zu unternehmen, der aus 16 Vorlesungen bestand. Die Wirkung dieser Vorträge Humboldt's übertraf alle Erwartungen. Es wurde eine Denkmünze bezüglich dieser Vorlesungen geprägt, welche das Bild der Sonne mit der Umschrift trug: „Illustrans totum radiis splendentibus orbem", der Freiherr von Cotta, der Verleger der „Horen" in Stuttgart, forderte den Gelehrten auf, seine Vorträge erscheinen zu lassen. Humboldt sah nun ein, dass ein schriftstellerisches Werk ganz anders gefügt sein müsse, als eine Kathedervorlesung und ging demnach an eine vollständig neue Ausarbeitung der behandelten Materie. Die beiden ersten Bände des „Kosmos" erschienen 1845 und 1847, nach langem, endlosen Feilen und Bessern. Das Programm des ganzen Werkes, oder vielmehr dessen Hauptgedanken, drückt der Verfasser in einem Briefe an Varnhagen in folgender Weise aus: „Ich habe „den tollen Einfall, die ganze materielle Welt, alles, was wir heute von

„den Erscheinungen der Himmelsräume und des Erdenlebens, von den „Nebelsternen bis zur Geographie der Moose auf den Granitfelsen, wissen, „alles in Einem Werke darzustellen, und in einem Werke, das zugleich „in lebendiger Sprache anregt und das Gemüth ergötzt. Jede grosse „und wichtige Idee, die irgendwo aufgeglimmt, muss neben den That„sachen hier verzeichnet sein. Es muss eine Epoche der geistigen Ent„wicklung der Menschheit (in ihrem Wissen von der Natur) darstellen... „Das Ganze ist nicht, was man gemeinhin physikalische Erdbeschrei„bung nennt, es begreift Himmel und Erde, alles Geschaffene." Das Ende des Werkes, die Vollendung des fünften Bandes, erlebte er nicht mehr.

Die „Weltphysik" Humboldt's will kein naturphilosophisches System sein. Es liegt dem Verfasser theilweise ein ästhetisches Motiv zu Grunde, theilweise ein Bestreben, die Kenntnisse über die Natur organisch zusammenzufassen und in ein Gesammtbild zu vereinigen. Als Wissenschaft ist das, was den Inhalt des „Kosmos" bildet, von einer ächten Philosophie der Natur wohl zu unterscheiden. Der letzte philosophische Physiker, der eine Metaphysik der Natur anstrebte, war seit Newton und Leibnizens Zeiten bloss der Philosoph von Königsberg. Humboldt schätzte die Kant'sche Philosophie hoch, seine Stärke lag jedoch nur in der inductiven Forschung und so wollte er denn bloss schildern, eine Darstellung des Weltganzen geben, ohne sich auf die treibenden Federn und Gewichte, auf den ganzen Mechanismus der Erscheinungswelt einzulassen. Die Kosmosidee ist auch nicht Humboldt's ausschliessliches Eigenthum. Wir finden bei Herder in seinen „Ideen zur Philosophie der Geschichte der Menschheit", sowie bei andern einzelne Keime und Andeutungen dieser Idee. Allein ihm gebührt das hohe Verdienst, dieser Idee einen sichtbaren Körper gegeben zu haben.

Humboldt war zu Friedrich Wilhelm III. von Preussen in einem fast freundschaftlichen Verhältnisse gestanden, an dessen Nachfolger, Friedrich Wilhelm IV. knüpften ihn jedoch noch viel engere Bande; der König stand in fast täglichem Umgange mit dem Gelehrten und konnte seiner Gesellschaft auf längere Zeit durchaus nicht entrathen. Dieses Verhältniss war zwar für Humboldt in gewisser Beziehung ebenfalls Bedürfniss geworden, anderseits jedoch seufzte er über den Zwang, des Königs lebendes Lexikon zu sein. Friedrich Wilhelm vergalt diese Aufopferung von seiner Seite mit der herzlichsten Freundschaft und Humboldt hat niemals den leisesten Wunsch geäussert, den ihm die Gnade des Königs nicht gewährt hätte. In zarter Fürsorge unterstützte er den Gelehrten, dessen eigenes Vermögen durch seine Reisen, die Ausgabe seines grossen Reisewerkes und durch zahllose, an verschiedene Personen vertheilte, Unterstützungen fast ganz aufgebraucht worden war und der in Folge dessen häufig sich in Geldverlegenheiten befand. Dieses herzliche Verhältniss zwischen dem Könige und dem Gelehrtenfürsten bestand bis zur schweren Erkrankung des ersteren, etwa anderthalb Jahre vor Humboldt's Tode.

Inzwischen hatte der Forscher das höchste Greisenalter erreicht. Am 24. Februar 1857 erlitt er einen Schlaganfall, von dem er sich noch erholte, den Winter 1858 wurde er immer schwächer, vom 21. April 1859 an konnte er das Bett nicht mehr verlassen. Am 6. Mai 1859, um halb drei Uhr Nachmittags trat der Tod ein. Humboldt war 89 Jahre, 7 Monate und 22 Tage alt geworden, sein Geist aber war bis an sein Ende klar geblieben. Er wurde im Parke des Schlosses Tegel am 11. Mai beigesetzt.

Die wissenschaftliche Thätigkeit Humboldt's lässt sich nach den verschiedenen Disciplinen in folgender Weise eintheilen: Astronomie und mathematische Geographie, Geophysik (besonders Erdmagnetismus und Meteorologie), Physik und Chemie, Geologie, Erd- und Völkerkunde nebst den mit den letzteren verwandten staatswissenschaftlichen Fächern, Zoologie (Anatomie und Physiologie), Botanik (besonders Pflanzengeographie), Mineralogie und Geologie. Wir können hier nur von den uns näher liegenden Wissenschaftsgebieten sprechen. — Humboldt war kein Mathematiker, wenn er auch vor dieser Wissenschaft und deren talentirten Pflegern eine sehr grosse Achtung hegte. Aus diesem Grunde musste er denn stets, wo es auf strengfachliche astronomische Fragen ankam, sich der Hülfe von Fachmännern bedienen. Er selbst beobachtete, wie wir dies schon erwähnt haben, den grossen Sternschnuppenfall in der Nacht vom 11. auf den 12. November 1799, ferner die Erscheinung des Zoodiakallichtes, die atmosphärische Strahlenbrechung und das damit zusammenhängende Schwanken der Sterne, er ist der Gründer der Berliner Sternwarte, hat die ostpreussische Gradmessung veranlasst und die astronomische Wissenschaft stets und überall gefördert. Bedeutender sind seine wissenschaftlichen Verdienste auf dem Gebiete der mathematischen Geographie, er vollführte auf seinen Reisen zahlreiche Ortsbestimmungen (an 200) und (500) Höhenmessungen. Von eigentlich astronomischen Beobachtungen sind mehrere Finsterniss- und eine Merkurdurchgangsbeobachtung zu erwähnen. — Ein viel eingehenderes Studium wendete Humboldt dem Erdmagnetismus zu. Er gab den isogonischen Linien ihren Namen und wies durch zahlreiche Versuche nach, dass die isoklinen und isodynamischen Linien einen durchaus verschiedenen Verlauf zeigen. Auch auf seiner asiatischen Reise machte er zahlreiche magnetische Messungen. Als im Jahre 1833 Gauss durch seine berühmte Abhandlung: „Intensitas vis magneticae terrestris ad mensuram absolutam revocata" die Untersuchung des Erdmagnetismus in ganz neue Bahnen geleitet hatte, da nahm sich Humboldt mit Feuereifer der Sache der Beobachtungen an und bewirkte durch seinen persönlichen Einfluss die Errichtung zahlreicher permanenter Observatorien mit Gauss'schen Apparaten. — Die Verdienste, welche sich unser Forscher um die Meteorologie erworben hat, beruhen im Wesentlichen darauf, dass er der erste war, der die tropischen Witterungsverhältnisse zum Gegenstande messender Versuche machte, während man vor ihm bloss allgemeine, unvergleichbare Angaben hatte. Besonders ist die Einführung der isothermen Flächen zu erwähnen, wodurch die thermischen Verhältnisse der Atmosphäre der richtigen Beobachtung näher gerückt wurden. Humboldt machte auch auf den grossen Einfluss kalter oder warmer Meeresströmungen auf das Klima eines Erdstriches aufmerksam. Man hat dem Entdecker der niedrigen Temperatur der peruanischen Küstenströmung zu Ehren diesen Kaltwasserstrom Humboldt-Strömung genannt.

Was nun die übrigen, rein physikalischen Untersuchungen Humboldt's betrifft, so sind hier vor Allem seine eudiometrischen Messungen, die er nach seiner Rückkehr von Amerika mit Gay-Lussac anstellte, zu erwähnen. Dieselbe betrafen die Zusammensetzung der atmosphärischen Luft, den angeblichen Wasserstoffgehalt derselben und die Bestimmung des Kohlensäuregehaltes. — Eine scharfsinnige Discussion von Beobachtungen ist die über die Zunahme der Stärke des Schalles in der Nacht, welche unser Forscher sowohl an dem Donner der Vulkane Cotopaxi und Guacamayo, als an dem Rauschen der grossen Orenocofälle, unweit der Mission Aturés, wahrnahm. Er erklärte die Schwäche der Schallleitung bei Tage durch die über den Llanos in Folge der starken Erhitzung des Bodens entstehende aufsteigende Luftströmung. Humboldt war einer der bedeutendsten Gegner der Volta'schen Contacttheorie des Galvanismus. Er sucht, wie Galvani, die Ursache der Erscheinungen im thierischen Organismus, meint jedoch, der Schluss des letzteren Gelehrten, dass diese Erscheinung mit der Elektricität identisch sei, müsse ein voreiliger genannt werden. Der Grundversuch unsers Gelehrten bestand darinnen, dass er die Lende eines Thieres gegen den Hüftnerven, mit dem sie noch zusammenhing, zurückbog, oder dass er Nerven und seinen Muskel gleichzeitig mit den beiden Enden eines ausgeschnittenen Nervenstückes verband, oder dass er endlich mittels einiger ausgeschnittenen Muskelstücke eine Leitung von einem Theile der Nerven zu einem andern Theile bildete, worauf jedesmal Zuckungen auftraten. — Humboldt stellte auch mit einem einzigen metallischen Schliessungsbogen Versuche an: er brachte ein Nervenstück und ein Muskelstück des präparirten Froschschenkels mit einer Quecksilberfläche in Berührung, worauf Zuckungen erfolgten. Unser Gelehrter leitete die Erscheinungen von einem Fluidum ab, das in den thierischen Theilen angehäuft sei, von dem jedoch nicht ohne weiteres behauptet werden könne, dass es mit der Elektricität identisch sei. Die Berührung verschiedener Metalle bildet für das Ueberströmen der Flüssigkeit ein Hinderniss, wodurch es den Reizungszustand vergrössert. Die Versuche und die Theorie derselben befinden sich in der Schrift: „Versuche über die gereizte Muskel- und Nervenfaser, oder Galvanismus, nebst Vermuthungen über den chemischen Prozess des Lebens in der Thier- und Pflanzenwelt", 2 vol., 8⁰, Berlin 1797—1799.

Wir wollen nun zum Schlusse noch des letzten grossen Werkes Humboldt's gedenken, das er nicht mehr vollständig beenden konnte. **Kosmos. Entwurf einer physischen Weltbeschreibung.** 5 vol., 8⁰, Stuttgart 1845—62. I. Band. Einleitende Betrachtungen über die Verschiedenartigkeit des Naturgenusses und eine wissenschaftliche Ergründung der Weltgesetze. — Natur ist für die denkende Betrachtung Einheit in der Vielheit. Verschiedene Stufen des Naturgenusses. Vorzüge einer äquatorialen Gebirgsgegend für die Erweckung des Sinnes für Naturgenuss, wo die Mannigfaltigkeit der Natureindrücke, sowohl tellurischen als uranischen Ursprunges, ihr Maximum erreicht. Trieb nach Aufsuchung der Ursachen physischer Erscheinungen. Aufsuchen von Naturgesetzen. — Begrenzung und wissenschaftliche Behandlung einer physischen Weltbeschreibung. — Der Verfasser ordnet seinen Stoff für die „Prolegomenen zur Weltanschauung" in vier Abtheilungen, deren Inhalt der folgende sein soll:

1) Begriff und Begrenzung der physischen Weltbeschreibung.

2) Naturgemälde, d. h. die Uebersicht der Erscheinungen, die reale, empirische Ansicht des Naturganzen.

3) Anregungsmittel zum Naturstudium. Reflex der Aussenwelt auf die Einbildungskraft und das Gefühl. Dieser Abschnitt ist wieder in drei Capitel getheilt: a) Dichterische Naturbeschreibung. Naturgefühl nach Verschiedenheit der Zeiten und der Völkerstämme. b) Landschaftsmalerei. Darstellung der Physiognomik der Gewächse. c) Cultur exotischer Gewächse. Contrastirende Zusammenstellung von Pflanzengestalten.

4) Geschichte der physischen Weltanschauung, d. h. der allmäligen Entwicklung und Erweiterung des Begriffs vom Kosmos, als einem Naturganzen. — Ursprung des Wortes „Kosmos". Versuche die Vielheit der Erscheinungen in der Form rationalen Zusammenhanges zu fassen; verschiedene Gestaltungen der Naturphilosophie.

Naturgemälde. Uebersicht der Erscheinungen. Diese zerfällt in den uranologischen und tellurischen Theil des Kosmos.

II. Band. Anregungsmittel zum Naturstudium. Nach dieser objektiven Beschreibung wendet sich nun der Verfasser zu dem Kreise der Empfindungen, welche durch die Einwirkung der Aussenwelt auf die Einbildungskraft verursacht wird. Es wird hiebei der Poesie und der Naturschilderungen, der Landschaftsmalerei und der Landschaftsgärtnerei Erwähnung gethan.

Geschichte der physischen Weltanschauung. Dieser Abschnitt ist der weitaus ausgedehnteste des ganzen Bandes. Es wird vor Allem betont, dass Geschichte des Kosmos, d. h. Geschichte der physischen Weltanschauung, mit einer Geschichte der Naturwissenschaften nicht verwechselt werden dürfe. — Es werden sieben Hauptepochen angenommen: 1) Schifffahrt im Mittelmeerbecken, Argonauten-, Ophirfahrten und Seefahrten der Phönikier. 2) Feldzüge Alexanders des Grossen. Erweiterung der Weltanschauung durch Berührung mit andern Culturvölkern. 3) Zunahme der Weltanschauung unter den Lagiden. 4) Römische Weltherrschaft. 5) Einbruch der Araber. 6) Zeitalter der grossen ozeanischen Entdeckungen. 7) Zeitalter der grossen Entdeckungen in den Himmelsräumen durch Anwendung des Fernrohrs. Epoche der Sternkunde und Mathematik zur Zeit Keppler's und Galilei's bis zur Zeit Newton's und Leibnizens.

Nachdem der Verfasser in den zwei ersten Bänden des Werkes einen allgemeinen Ueberblick über die Resultate auf dem Gebiete der kosmischen und tellurischen Erscheinungen gegeben, geht er nun daran, in den drei folgenden Bänden die speziellen Ergebnisse zu entwickeln.

III. Band. Spezielle Ergebnisse der Beobachtung in dem Gebiete der kosmischen Erscheinungen. Einleitung. Uranologischer Theil (Astrognosie, Sonnengebiet).

IV. Band. Tellurischer Theil. Einleitung. Grösse, Gestalt und Dichte der Erde. Innere Wärme der Erde. Magnetische Thätigkeit derselben. Reaction des Innern der Erde gegen die Oberfläche. Erdbeben, Thermal-, Gasquellen, Quellen, Vulkane.

V. Band. Fortsetzung der speziellen Ergebnisse der Beobachtung in dem Gebiete tellurischer Erscheinungen. Einleitung. Thätigkeit der Vulkane. Reihung der Gebirgsarten. — Der Tod des Autors hat die Beendigung dieses Werkes unterbrochen. — Prof. Ed. Buschmann schloss den fünften Band durch einen Epilog ab, der das Programm des noch Fehlenden von des Autors Hand enthält, ferner einige Zusätze, hierauf ein höchst ausführliches Register für das ganze Werk im Auftrage und nach den Anweisungen des Verfassers.

Humboldt zeigt sich vor Allem als beobachtender und beschreibender Naturforscher, besonders ist die Gestaltung der Erdrinde und deren vegetabilische Bekleidung der Gegenstand seiner aufmerksamen Forschung. Wo er sich mit rein physikalischen Fragen beschäftigt, dort merkt man überall, dass er in diesem Wissenskreise sich nicht mit der vollen Sicherheit bewege, welche sein Auftreten auf andern Gebieten kennzeichnet. Der „Kosmos" soll ein — viele Kenntnisse — enthaltendes, umfassendes wissenschaftliches Werk sein. Alle Wissenschaften werden in Contribution gesetzt, sogar die Sprachwissenschaft wird in Anspruch genommen, um die richtige Etymologie des Wortes „Kosmos" anzugeben.

Mit Aristoteles haben wir den Reigen derjenigen Denker angehoben, welche den grossen Wurf wagten, einen Abriss vom Weltganzen zu geben, wie er in des Menschen Geist hineinpasst, ein Spiegelbild des Makrokosmos vom Mikrokosmos zurückgeworfen. Mit Alexander von Humboldt schliessen wir die Reihe. Es mag wohl eigenthümlich scheinen, dass den Reigen der Physiker ein Forscher schliesst, dem die Gabe der bahnbrechenden selbstständigen physikalischen Forschung versagt war und zwar sowohl die der experimentellen, als jene der mathematisch-mechanischen Forschung. Die Aufgabe, welche wir uns gestellt haben, die Geschichte der Entwicklung unserer Wissenschaft mit besonderer Berücksichtigung auf die erkenntniss-theoretische Grundlage einerseits, anderseits mit Aufmerksamkeit auf die Gestaltung der physischen Weltanschauung darzustellen, wenn wir diese Darstellung bis zur Mitte unsers gegenwärtigen Jahrhunderts fortführen wollten, bot uns jedoch jenen encyclopädischen Gelehrten dar, der noch den Versuch wagen mochte, die gesammte Naturwissenschaft um die Mitte des neunzehnten Jahrhunderts in seinen Geist aufzunehmen.

Rückblick.

Die letzte Periode unserer Geschichte schliesst mit schönen Hoffnungen für die nächstfolgende Zeit. Ein mächtiger Unterbau war geschaffen, auf dem sich nun, von vielen Händen gefördert, neue Zubauten zu dem schon Vorhandenen erhoben. Die Auffindung eines höchst wichtigen, weil allumfassenden, Naturgesetzes, haben wir zum Marksteine unserer Darstellung gesetzt. Es ist das Gesetz von der Erhaltung der Energie, das von mehreren längst vorgeahnt, endlich von einigen Forschern fast zu gleicher Zeit ausgesprochen wurde. Gleich den meisten wichtigen Wahrheiten wurde es bei seinem ersten Erscheinen gar wenig beachtet, erst langsam brach sich die allgemeine Ueberzeugung Bahn, dass in der Welt der exakten Naturwissenschaft sich ein grosses Ereigniss vollzogen habe, ein Ereigniss, dazu angethan, der ganzen Wissenschaft von den Erscheinungen neue Bahnen der Entwicklung vorzuzeichnen. Besonders war es die Thermik, welche durch dieses Gesetz auf neue, rein mechanische Grundlagen versetzt wurde. Die mechanische Theorie der Wärme war durch frühere Versuche allerdings schon angebahnt, zur lebensfähigen Entwicklung konnte sie jedoch erst durch jenes Gesetz von prinzipieller Bedeutung gelangen. — Wir wollen nun noch einen kurzen Rückblick über den zuletzt behandelten Zeitraum unserer Geschichte geben, zu welchem Behufe wir die folgenden Abtheilungen aufstellen: Das Weltsystem, die Erscheinungen des Luftkreises, die Mechanik, die Akustik, die Optik, Elektricität und Magnetismus, die Chemie, die Wärmetheorie und die allgemeine Theorie der Energieverwandlung.

Das Weltsystem.

Die Vervollkommnung der Fernrohre, sowie der astronomischen Messinstrumente (Winkelmessinstrumente und Uhren) einerseits, ferner die Ausbildung der physischen Astronomie anderseits, wie die letztere besonders durch die Arbeiten Clairaut's und Laplace's ausgebildet worden war, haben unsere Kenntniss von dem Sonnensysteme, ja selbst dem ganzen kosmischen Systeme, wesentlich bereichert. Den verbesserten Beobachtungsmitteln und Beobachtungsmethoden ist die Auffindung zahlreicher, bis damals unbekannter Himmelskörper zu verdanken, vor Allem der aus mehreren Hunderten kleiner Planeten bestehende Asteroidengürtel, der als Planetenring die weiten Räume zwischen Mars und Jupiter ausfüllt, dessen erstes Glied am 1. Januar 1801 sich dem Auge eines Erdbewohners enthüllte, ferner des Neptun an den äussersten Grenzen des Sonnensystemes, dessen Entdeckung vermöge der durch seine Masse verursachten Perturbation des innern Nachbars als eine glänzende Bestätigung der Richtigkeit des Gravitationsmechanismus betrachtet werden muss. — Das Erscheinen grosser Kometen hatte die Beobachter zur Aufstellung von Theorien über die physische Beschaffenheit dieser sonderbaren Himmelskörper angeregt. Erst durch die Entdeckung der Spectralanalyse wurde jedoch für eine solche Theorie eine festere Handhabe gegeben. — Die Entfernung der Fixsterne konnte an einigen dieser Körper berechnet werden. — Zu erwähnen sind schliesslich noch die Untersuchungen der Gestalt und Grösse der Erde, d. h. der Gradmessungen und Landesvermessungen, wie sie vorzüglich in Frankreich um die Scheide des Jahrhunderts, ferner in England, Deutschland und an andern Orten ausgeführt worden. Die zunehmende Genauigkeit der Messungsmethoden, besonders in den Händen Gauss' und Bessel's, ferner die Discussion der Resultate der französischen Gradmessung durch den zweiten der genannten Gelehrten liess es als über allem Zweifel erhaben erscheinen, dass unser Erdsphäroid auch von dem Rotationsellipsoid abweiche, und überhaupt nicht als starres, unveränderliches Sphäroid betrachtet werden dürfe, sondern vielmehr stets kleinen Schwankungen unterworfen sei.

Die Erscheinungen des Luftkreises.

So lange sich die Meteorologie bloss auf jene Beobachtungen stützen konnte, welche auf einem beschränkten Gebiete gemacht wurden, in Europa, von dessen Klima man gesagt hat, dass es das Aprilwetter der ganzen Erde darstelle, so lange konnte von einer wissenschaftlichen Grundlage unserer Kenntnisse über die Gesetzmässigkeit des Wechsels in den atmosphärischen Zuständen keine Rede sein. Alexander von Humboldt gebührt das Verdienst, in jenen Regionen der Erdoberfläche die ersten messenden Beobachtungen ausgeführt zu haben, welche von dominirendem Einflusse sind auf die meteorologischen Verhältnisse der ganzen Erdoberfläche. Durch die Erkenntniss der Regelmässigkeit, welche in den tropischen Witterungserscheinungen herrscht, wurde die Ueberzeugung geschaffen, dass eine solche Gesetzmässigkeit — wenn auch stark verdeckt durch überwiegende Störungen — auch in den meteorologischen Verhältnissen der höheren Breiten existiren müsse. Allerdings ist jene Regelmässigkeit erst auf Grund sehr zahlreicher Beobachtungen wahrnehmbar, während sie zwischen den Tropen schon durch einfache Anschauung erkennbar ist. Durch die Einführung der Isothermen zur Darstellung der Wärmeverbreitung auf der Oberfläche der Erde hat Humboldt ein höchst wichtiges Mittel geboten, mittelst welchem man gegenwärtig verschiedene gleichzeitige Witterungsverhältnisse an verschiedenen Orten der Erde übersichtlich darzustellen im Stande ist. Vor Humboldt waren es eben nur die auffallenderen meteorologischen Erscheinungen, welche die Aufmerksamkeit der Seefahrer auf sich zogen. Zwar versuchte schon Halley im siebenzehnten Jahrhunderte die östliche Ablenkung des Passatwindes auf rein mechanische Weise zu erklären*), dies gelang indess erst 1735 Hadley, ohne dass jedoch die bleibende Ursache für die Circulation der Luft aufgefunden worden wäre. Hier trat nun Humboldt's Erklärung hinzu, welcher nachwies, dass an der heissesten Stelle des Atlantischen Ozeans ein beständiges barometrisches Minimum stattfinde, wodurch sich das fortwährende Zuströmen von Luft an jenen Theil der Erdoberfläche erklärt. — So wurde denn durch die zahlreichen scharfen Beobachtungen und durch deren scharfsinnige Erklärung den folgenden Forschern der Weg gebahnt. Wir erwähnen hier bloss zwei Gelehrte, welche sich um die Förderung der jungen Wissenschaft der Meteorologie verdient gemacht haben. Es sind dies die beiden Forscher: Kämtz und Dove.

Ludwig Friedrich Kämtz, geboren den 11. Januar 1801 zu Treptow an der Rega in Pommern, gestorben den 19. Dezember 1867 zu St. Petersburg, war Professor der Physik an den Universitäten zu Halle und zu Dorpat. Er verfasste ein „Lehrbuch der Meteorologie" (3 vol., 8°, Halae 1831—36), ferner: „Vorlesungen über Meteorologie" (8°, ib. 1840) und veröffentlichte ausser allgemein physikalischen Arbeiten noch eine Reihe von Aufsätzen meteorologischen Inhaltes: Ueber Barometer-Oscillationen (Schweigg. Journ. XLV, LI, LIX). — Einfluss des Mondes auf den Stand des Barometers (ib. LIX). — Ueber den Golfstrom (ib. LI). — Ueber Nordlichter (ib. LII u. LXI). — Ueber den Gang der Temperatur im Jahr (ib. LV). — Ueber die Gletscher (ib. LXVII). — Ueber Lokalwinde (Bull. phys. math. Acad. St. Petersb. VI) und andere Aufsätze.

Heinrich Wilhelm Dove, geboren den 6. Oktober 1803 zu Liegnitz, gestorben den 8. April 1879 zu Berlin, war Professor an der Universität Königsberg, später an der zu Berlin, ferner Lehrer der Physik an der allgemeinen Kriegsschule, am königl. Gewerbe-Institut u. s. w. — Dove hat sich mit optischen, akustischen und elektrischen Untersuchungen beschäftigt, hier interessiren uns jedoch hauptsächlich seine meteoro-

---

*) Siehe oben pag. 308.

logischen Arbeiten. Schon in seiner Doktordissertation: „De barometri mutationibus" (Berol. 1826) betrat er das Gebiet der Meteorologie, das er mit so grossem Erfolge bebaute. Zuerst begegnet uns hier sein Drehungsgesetz der Winde. Schon Bacon von Verulam, Mariotte u. A. hatten geahnt, dass die Richtungen des Windes nach einer bestimmten Folge wechseln. Dove wies nun nach, dass auf der nördlichen Halbkugel die Richtung des Windes im Allgemeinen von Süd über West nach Norden und von dort über Ost wieder zurück nach Süden drehe, während sie auf der südlichen Halbinsel den entgegengesetzten Weg einschlägt. — Unter die ersten Arbeiten Dove's gehört die Untersuchung jenes Sturmes, der zu Weihnachten des Jahres 1821 über ganz West- und Centraleuropa wüthete. Im Widerspruche mit seinem Lehrer Brandes, zeigte er, dass dieser Sturm durch eine riesige Cyclone verursacht worden war, welche über einen bedeutenden Theil von Europa hinzog. Er war der erste, der das Auftreten solcher Wirbelstürme in den gemässigten Klimaten nachwies. Allein Dove war deshalb weit davon entfernt, jeden Sturm für eine Cyclone zu halten; es gibt nach ihm noch eine andere Gattung von Orkanen: die Staustürme, welche durch Zurückstauung des nördlichen Stromes verursacht werden. — Zu erwähnen ist ferner die Ansicht Dove's über den Schweizer Föhn, dessen Ursprung er nicht in der Sahara, sondern in Westindien sucht. Von Wichtigkeit ist ferner seine Theorie der Maifröste, welche er für eine europäische Lokalerscheinung erklärt, deren Grund er in der Bodengestaltung des europäisch-asiatischen Continents in Verbindung mit den klimatischen Verhältnissen Asiens sieht. — Erst seit Dove wissen wir die Bedeutung des Barometers und Thermometers zur Erforschung des Zustandes der Atmosphäre vollständig zu würdigen.

Von Dove's zahlreichen Schriften erwähnen wir bloss die folgenden: De barometri mutationibus, Berol. 1826. — Ueber Mass und Messen, ib. 1833. — Meteorologische Untersuchungen, ib. 1837. — Die neuere Farbenlehre u. s. w., ib. 1838. — Ueber Elektricität, ib. 1848. — Ueber die nicht-period. Aenderungen der Temperaturvertheilung auf der Oberfläche der Erde, fünf Abhandlungen, Abhandl. der Berl. Akad. 1838—52. — Ueber die Linien gleicher Monatswärme, ib. 1848. — Darstellung der Wärmeerscheinungen durch fünftägige Mittel von 1782—1855, ib. 1856. — Ueber die Rückfälle der Kälte im Mai, ib. id. — Ueber Moussons und Passate, Pogg. XXI, 1831. — Physische Ursache der Gestalt der Isothermen, ib. XXIII, 1831 u. s. w.

Die Mechanik.

In der zuletzt von uns besprochenen Periode hat die Mechanik bloss in formeller Beziehung grössere Resultate aufzuweisen. Die Förderung der Mechanik, wie sie von Gauss und den grossen französischen Geometern in's Werk gesetzt wurde, hat nicht so sehr neue Sätze, als Resultate erzielt, welche eine systematischere Fügung der ganzen Mechanik anbahnten. — Ein weiteres Moment zur Würdigung der Fortschritte der Mechanik in unserem Zeitraume ist die Ausbreitung der Anwendung der mechanischen Prinzipien und Sätze, um alle Erscheinungskreise der unorganischen sowohl, als auch der organischen Welt auf Bewegungsphänomene zurückzuführen. Ein Beispiel für die Anwendung der allgemeinen mechanischen Grundsätze auf moleculare Vorgänge ist die analytische Theorie der Capillarität, wie sie von Laplace, Young, Gauss und Poisson aufgestellt wurde. Wir haben weiter oben*) erwähnt, wie Thomas Young zuerst den Satz aufgestellt habe, dass der Winkel, welchen eine Flüssigkeit mit der Wand bildet, von der Gestalt und dem Volumen der Körper unabhängig sei. Er leitet aus diesem Satze eine Reihe von Erscheinungen ab: Elevation oder Depression der Flüssigkeit in engen Räumen, Form und Grösse der Tropfen und der Luftblasen, Grösse der Adhäsion u. s. f. Er war auch der erste, welcher die letztgenannte Erscheinung in die Haarröhrchenerscheinungen einbezog. — Vom mathematischen Gesichtspunkte bedeutender ist die Capillaritätstheorie, wie sie von Laplace aufgestellt wurde**). Die Grundhypothese ist die Annahme, dass die Haarröhrchenattraction in unmerklichen Distanzen sehr gross, verschwindend klein hingegen in merklichen Abständen sei. Eine fernere Annahme ist die, dass der Berührungswinkel zwischen der Flüssigkeit und dem festen Körper constant sei. Durch Laplace veranlasst, stellten Haüy, Tremery und Gay-Lussac messende Versuche über Capillarität an, die, im Ganzen genommen, zu Resultaten führten, welche mit der Laplace'schen Theorie in Uebereinstimmung sind. — Im Jahre 1830 folgte dann die Untersuchung von Gauss***), in welcher dieser, von dem Satze ausgehend, dass die Flüssigkeit bestrebt ist, den möglichst tiefsten Punkt einzunehmen und die möglich kleinste Oberfläche zu besitzen, den Satz von der Constanz des Berührungswinkels beweist. Ungefähr um dieselbe Zeit veröffentlichte Poisson seine Arbeit über die Capillarität†), in welcher er die Annahme macht, dass die Dichte der Flüssigkeit gegen die Berührungsflächen mit der festen Wand zunehme. Die auf solche Weise gewonnenen Resultate weichen jedoch von denen der übrigen Forscher nicht ab.

Die Akustik.

Die wichtigste Errungenschaft auf dem Gebiete der Lehre vom Schall innerhalb der nun abgeschlossenen Periode ist wohl die akustische

---

*) Siehe pag. 564.
**) Siehe pag. 468.
***) Vergl. pag. 581.
†) Vergl. pag. 603.

Theorie Ohm's, welche einerseits die endgültige Lösung des alten Problems der Saitenschwingungen anbahnte, andererseits durch die analytische Definition des Begriffes Klang die neueren, so fruchtbaren akustischen Untersuchungen hervorrief*). Wir haben hier noch einiger Gelehrter zu gedenken, welche sich in unserem Zeitraume mit akustischen Untersuchungen beschäftigt haben. Es sind dies die folgenden: Sophie Germain, Félix Savart und Ludw. Friedr. Wilh. Aug. Seebeck.

Sophie Germain, geboren den 1. April 1776 zu Paris, gestorben ebendaselbst den 17. Juni 1831. Seit ihrer Jugend beschäftigte sie sich mit Vorliebe mit mathematischen Studien. Sie war vollständig Autodidakt auf diesem Gebiete. Im Alter von 13 Jahren las sie das Werk Montucla's, später die Schriften von Euler, Lagrange, Fourier und Gauss. Nach der Gründung der polytechnischen Schule verschaffte sie sich die Vortragshefte der Studirenden. Sie correspondirte mit mehreren berühmten Mathematikern ihrer Zeit, z. B. mit Lagrange, seit 1804 auch mit Gauss, dem sie anfänglich unter dem Namen eines Polytechnikers Le Blanc schrieb. — In Folge der akustischen Untersuchungen Chladni's hatte Napoleon an der Akademie einen Preis für eine ähnliche Arbeit ausgesetzt. Denselben gewann 1816 Sophie Germain durch ihre Abhandlung: „Recherches sur la théorie des surfaces élastiques" (4^0, Paris 1821). — Die Verfasserin schrieb noch einige Aufsätze ähnlichen Inhaltes. Posthum erschien: „Considérations sur l'état des sciences et des lettres aux différentes époques de leur culture" (Paris 1833), eine kurze, jedoch sehr inhaltsreiche Schrift.

Félix Savart, geboren den 30. Juni 1791 zu Mézières, gestorben den 16. März 1841 zu Paris, war zuerst Feldchirurg, dann praktischer Arzt zu Strassburg, hierauf Lehrer der Physik an einer Privatanstalt zu Paris, zuletzt Conservator des physikalischen Cabinets am Collège de France. Es existirt eine grosse Anzahl von Schriften Savart's, welche sich überwiegend auf Akustik, die menschliche Sprache und das Gehör beziehen. Besonders mit den physikalischen Verhältnissen der musikalischen Instrumente hat sich Savart eingehend und mit grossem Erfolge beschäftigt. Wir erwähnen hier vor Allem die wahrhaft classische Abhandlung: „Mémoire relatif à la construction des instruments à cordes et à archet" (Ann. chim. phys. XII. 1819). In dieser hat der Verfasser Bogeninstrumente mit ebenen Deck- und Bodenplatten, in Form eines länglichen Trapezes verfertigt, mit symmetrischer Anordnung des Balkens, beschrieben, welche in Beziehung der Klangstärke nach dem Urtheile Sachverständiger mit den besten italienischen Violinen wetteifern. Da diese Instrumente jedoch einen sehr weichen und sanften Ton besitzen und die einschneidende Schärfe, welche den Geigenton charakterisirt, ganz und gar fehlt, so haben dieselben bei den Musikern keinen Eingang

---

*) Vergl. pag. 622.

finden können. Savart untersuchte sehr eingehend den Bau der Saiteninstrumente. Er fand, dass die Luftmasse im Körper von Stadivariogeigen, durch die F-Löcher angeblasen, stets einen Ton von 256 Schwingungen per Sekunde, also c_1 geben, ebenso untersuchte er den Ton der Deck- und der Bodenplatte, welchen er zwischen cis_1 und d_1, resp. d_1 und dis_1 fand. Bezüglich des Stimmstockes fand er, dass, wenn dieser zu kurz ist, die Tonhöhe sowohl des Kastens als der Platten desselben tiefer wird; wenn er hingegen zu lang ist, werden die genannten Töne höher. Im ersten Falle werden die tieferen, im zweiten die höheren Saitentöne verstärkt. Aehnliche Untersuchungen stellte Savart bezüglich des Violoncells an. — Die Grenzen der Hörbarkeit untersuchte er mittelst eines Apparates, an dem entweder ein, nach Art einer Radspeiche bewegter, Stab durch eine Spalte schlug oder ein rasch gedrehtes Zahnrad gegen ein elastisches Blättchen stiess. Mittelst der ersten Vorrichtung nahm er schon 8 Schläge in der Sekunde als zusammenhängenden Ton wahr, mittelst der letzteren glaubte er die obere Grenze des Tones bei 24,000 Schwingungen zu finden, während später Despretz mit kleinen Stimmgabeln noch Töne von fast 33,000 Schwingungen hörte. Savart untersuchte auch die aus engen Oeffnungen ausströmenden Flüssigkeits- und Luftstrahlen.

Ludwig Friedrich Wilhelm August Seebeck, geboren den 27. Dezember 1805 zu Jena, gestorben den 19. März 1849 zu Dresden, war der Sohn Thomas Johann Seebeck's, des Entdeckers der Thermoelektricität*). Er war zuerst Lehrer der Physik an einigen Berliner Gymnasien, hierauf Direktor der technischen Bildungsanstalt zu Dresden, schliesslich Professor der Physik an der Universität Leipzig. Von seinen auf Akustik bezüglichen Abhandlungen erwähnen wir die folgenden: Ueber Klirrtöne (Pogg. XL, 1837). — Ueber die Erregung von Tönen mittelst Wärme (ib. LI, 1840). — Beobachtungen über einige Bedingungen zur Entstehung von Tönen (ib. LIII, 1841). — Ueber Zurückwerfung und Beugung des Schalls (ib. LIX, 1843). — Ueber die Sirene (ib. LX, 1843). — Ueber die Definition des Tones (ib. LXIII, 1844). — Ueber die Erzeugung von Tönen durch getrennte Eindrücke u. s. w. (ib. id.). — Ueber die Schwingungen der Saiten (Abh. d. Jablonowski'schen Gesellschaft, 1846) u. a. — Ausser diesen verfasste er noch eine Anzahl optischer Abhandlungen. — Seebeck hat die Scheibensirene, welche mit Hülfe des Savart'schen Apparates in schnelle Rotation versetzt werden kann, zuerst angewendet.

Die Optik.

Die Lehre vom Licht hat in der letzten Periode unserer Geschichte riesige Fortschritte aufzuweisen. Die lange Reihe höchst interessanter

---

*) Siehe pag. 643.

Experimentaluntersuchungen und die grosse Menge schöner neuer Lichtphänomene, welche das Resultat dieser Untersuchungen sind, haben endlich zu einer consequenteren, den Erscheinungen besser entsprechenden Annahme über das Wesen des Lichtes geführt. Die Emanationstheorie, auf der ganzen Linie geschlagen, musste nach erbittertem Widerstand das Feld räumen, verdrängt von der Undulationshypothese. Allein als die letztere sich bezüglich der Schwingungsrichtung des lichterzeugenden Aethers, von der Logik der erfahrenen Thatsachen förmlich gedrängt, für die Transversalrichtung der Schwingungen entscheiden musste, wobei dem subtilen Aether die Eigenschaft der Incompressibilität zugesprochen wurde, da bedurfte es einiger Zeit, bis die wissenschaftliche Welt sich mit jener fremdartigen Vorstellung befreunden und derselben als mechanische Erklärung Realität zuerkennen konnte.

In den besprochenen Zeitraum fällt auch die Entdeckung einer höchst wichtigen Wirkung der Lichtstrahlen auf gewisse Substanzen, welche zur Erfindung der in unseren Tagen so vielfach verwendeten Photographie leitete. Es sind die höchst merkwürdigen chemischen Wirkungen der Lichtstrahlen, welche auf gewisse Körper während einer minimalen Zeit in hohem Masse verändernd einwirken, wodurch die, durch den optischen Apparat entworfenen, realen Bilder der vor demselben befindlichen Dinge fixirt werden und ein den Gegenständen bis in die feinsten Details genau entsprechendes Abbild geben. Die Wissenschaft, die Kunst, die Ansprüche des praktischen Lebens haben in der Photographie ein mächtiges Hülfsmittel erworben, dessen Anwendung mit seiner Vervollkommnung im gleichen Verhältnisse wächst. Die Erfindung der Photographie ist an die Namen Daguerre, Niepce und Talbot geknüpft.

Louis-Jacques-Mandé Daguerre, geboren 1789 zu Cormeilles im Dép. Seine-et-Oise, gestorben den 10. Juli 1851 zu Petit-Brie sur Marne, war ein Dekorations- und Vedutenmaler, der sich besonders durch die Erfindung verschiedener malerischer Effekte auszeichnete, wodurch er dem Panoramenbesitzer Prévost in seiner Darstellung der grossen Städte, welche dieser in Paris und London zu Schau stellte, behülflich war. Besonders waren diese Bilder durch die von ihm erfundenen verschiedenen Beleuchtungseffekte, wodurch er die Lichtwirkung der verschiedenen Jahreszeiten, sowie anderer atmosphärischer Zustände nachahmte, von grosser Wirkung. Mit Bouton errichtete Daguerre ein Diorama in Paris, später in London, das im Jahre 1839 abbrannte. Da diese Schaustellungen inzwischen vor dem Publikum den Reiz der Neuheit verloren hatten, so wendete sich Daguerre anderen Dingen zu. — Schon der vom Kaiser Maximilian II. gekrönte Poet Georg Fabricius (Goldschmied)[*] spricht in seiner 1566 erschienenen Schrift: „De

---

[*] Geb. 1516 zu Chemnitz, gest. 1571 zu Meissen.

metallicis rebus" etc. von dem Hornsilber und der Eigenschaft desselben durch das Licht geschwärzt zu werden; Davy versuchte auf diesem Wege Abbildungen einfacher Objekte herzustellen. Er vermochte jedoch das durch das Licht noch unveränderte Silbersalz nicht zu entfernen. Der eigentliche Erfinder der Photographie ist Niepce.

Joseph-Nicéphore Niepce, geboren den 7. März 1765 zu Châlons-sur-Saône, gestorben den 3. Juli 1833 zu Gras, war erst Cavallerieoffizier, später Privatmann. Seine ersten Versuche stammen aus dem Jahre 1814, schon 1827 überreichte er der „Royal Society" zu London photographische Bilder auf Metall. Daguerre verband sich mit ihm 1826, durch einen förmlichen Contract 1829. Nach Niepce's Tode wurde das Verfahren noch durch Daguerre wesentlich verbessert und verbreitete sich rasch unter dem Namen: Daguerréotypie.

Daguerre war es noch beschieden, die Früchte der mit Niepce gemeinsamen Erfindungen und Verbesserungen derselben zu geniessen. Er erhielt 1839 das Offizierkreuz der „Legion d'Honneur" und ausserdem eine namhafte Pension von Staatswegen. Daguerre veröffentlichte die folgenden Arbeiten: Historique et description des procédés du Daguerréotyp et du Diorama, Paris 1839, und: Nouveau moyen de préparer la couche sensible des plaques destinées à recevoir les images photographiques (ib. 1844). Ueber Niepce und sein Verdienst schrieb dessen Sohn Isidore Niepce: Post tenebras lux; Historique de la découverte improprement nommée Daguerréotype, précédée d'une notice sur son véritable inventeur feu Mr. Jos. Nic. Niepce, de Châlons-sur-Saône, Paris, 1841.

Der Erfinder der Papierphotographie ist **William Henry Fox Talbot** (geb. 1800), ein reicher Privatmann, der seine Erfindung in der Abhandlung: Some account of the art of photogenic drawing (4°, London 1839) veröffentlichte. Er verlegte die Erfindung dieses auch Talbotypie genannten Verfahrens in das Jahr 1834 zurück. Gewiss ist bloss, dass er erst am 31. Januar 1839 der „Royal Society" davon Nachricht gab. Talbot veröffentlichte ausserdem noch eine lange Reihe auf Photographie bezüglicher Abhandlungen.

Elektricität und Magnetismus.

Wir haben im Vorangehenden den beiden Erscheinungskreisen Elektricität und Magnetismus genug Aufmerksamkeit zugewendet, um hier mit einigen Worten darüber hinweggehen zu können. Die gewaltige Revolution in der Elektricitätslehre unseres Jahrhunderts wurde durch die Entdeckung des Galvanismus hervorgerufen. Was vordem bloss geahnt worden, die Verwandtschaft des Magnetismus und der Elektricität wurde durch die grossen Entdeckungen auf dem Felde des Galvanismus zur evidenten Wirklichkeit. Der Magnetismus ist auch kein Privilegium des Eisens mehr und einiger seiner ihm verwandten Metalle, er ist eine allgemeine Eigenschaft aller Materie. Auf diesem Gebiete der Wissenschaft kommt die Macht der physikalischen Vorstellungskraft am freiesten zur Geltung. Während es sich sonst um die Erklärung von Erscheinungen handelt, welche in der Sinnenwelt uns auf allen Wegen und Stegen begegnen, haben wir es bei den Vorgängen des Galvanismus mit solchen Agentien zu thun, welche — wenigstens was unsere irdischen Verhältnisse betrifft — gewisse Erscheinungen damals zum ersten Male zu Stande brachten, als ein Experimentator durch glückliches Combiniren die nothwendigen Vorbedingungen des Zustandekommens herbeigeschafft hatte. — Es verdient ferner noch hervorgehoben zu werden, dass durch die Entdeckung der Wechselwirkung von galvanischen Strömen und Magneten, sowie durch Erschliessung neuer Elektricitätsquellen (besonders die Entdeckung der Thermoelektricität) die Erfindung solcher Messapparate möglich wurde, welche uns gestatten, die mannigfachsten Zustandsänderungen der Materie in die — ihrer physiologischen Natur gemäss schärfsten — Gesichtswahrnehmungen umzusetzen, wodurch das Studium der verschiedenen Erscheinungskreise in mächtiger Weise gefördert wurde. Wir wollen hier nur an den Thermomultiplicator und seine Anwendung zur Erforschung der Wärmespectren verschiedener Licht- und Wärmequellen erinnern.

Die Chemie.

Eine grosse Menge von Erfahrungen über das chemische Verhalten der verschiedenen Substanzen hatte sich im Laufe der Jahrhunderte angehäuft und es bedurfte bloss eines Anstosses, um den Stein in's Rollen zu bringen. Lavoisier's Wirken bildet die erste Stufe in der Geschichte der modernen Chemie, Dalton und Gay-Lussac markiren die zweite, Lavoisier's grosser Nachfolger Berzelius, der das System der dualistischen Chemie vollendet, bezeichnet die dritte Stufe, die letzte, insofern die Entwicklung dieser Wissenschaft in die Grenzen unserer Darstellung fällt. — Um jene Zeit, als Lavoisier an der Grundlegung der neueren Chemie arbeitete, beschäftigte sich der deutsche Gelehrte Wenzel[*]) mit der genauen Analyse der Salze. Er fand bei der Wechselzersetzung zweier neutraler Salze das Fortbestehen der Neutralität und schloss hieraus, dass die relativen Mengen der verschiedenen Basen, die ein bestimmtes Gewicht einer Säure neutralisiren, zugleich diejenigen seien, welche ein bestimmtes Gewicht einer andern Säure zu neutralisiren im Stande sind. Dieser Satz bildete den ersten Schritt zur Erkenntniss des Gesetzes der Aequivalenz, welches erst nach zwanzig Jahren von Richter[**])

---

[*]) Vergl. oben Seite 527.
[**]) Ib. id.

ausgesprochen wurde. Allein die Arbeiten dieser beiden Gelehrten wurden nicht gewürdigt und geriethen bald in Vergessenheit, aus der sie erst nach weiteren zwanzig Jahren durch Berzelius gerissen wurden. Die Wissenschaft musste sich erst in einer anderen Richtung entwickeln. Dies geschah durch die Arbeiten von Dalton und Gay-Lussac. Bei der Untersuchung des Sumpfgases und des ölbildenden Gases erkannte der erstere das einfache Verhältniss zwischen den Mengen der constituirenden Bestandtheile. Aehnliche Erfahrungen machte er bei anderen Verbindungen. Er folgerte aus diesen Erfahrungen das Gesetz der multiplen Proportionen. Dalton blieb jedoch bei dieser Erkenntniss nicht stehen, er suchte eine erklärende Hypothese und fand eine solche in der Atomtheorie, wie sie von den Alten aufgestellt und von Gassendi wieder hervorgeholt worden war. Dalton fasste jedoch den Begriff „Atom" in bestimmtere Form, als dies bei seinen Vorgängern geschehen war. Für jede Art von Materie kommt dem Atom ein bestimmtes unveränderliches Gewicht zu, ferner stellt er sich die chemische Verbindung als ein blosses Aneinanderlagern der Atome vor, welche Annahme er an die Stelle des unbestimmten Sichdurchdringens treten liess. Bei dieser Hypothese gewinnt die Thatsache der festen Verbindungsverhältnisse und die der multiplen Proportionen einen bestimmten Sinn. Er erhält Verhältnisszahlen, welche die relativen Atomgewichte ausdrücken. Wollaston nannte die Dalton'schen Atomgewichte Aequivalente. Die kleinste denkbare Menge einer Verbindung, die nach Dalton's Vorstellung nur aus einigen Atomen der in Verbindung getretenen Elemente besteht, nennt er ein Molecul des zusammengesetzten Körpers. Der Landsmann des englischen Chemikers, der Gelehrte Thomson, legte in seinem berühmten Werke: „System of Chemistry" die Ideen Dalton's dar.

Die Lehre Dalton's erhielt durch Gay-Lussac's Entdeckung der einfachen Volumverhältnisse der mit einander in Verbindung tretenden Gase eine gewaltige Stütze. Sie führte zur Erkenntniss der einfachen Beziehung, welche zwischen den Atomgewichten der Gase und deren Dichten bestehen. Die Dichten der Gase stehen in demselben Verhältnisse zu einander, wie ihre Atomgewichte oder die einfachen Vielfachen derselben. Auf dieser Entdeckung Gay-Lussac's fusst die allgemeinere Ansicht Avogadro's, welche einige Jahre später auch Ampère aussprach. Die Hypothese Avogadro's blieb lange unbeachtet, erst in neuerer Zeit wurde sie wieder an's Licht gezogen und ihre richtige Bedeutung für die Theorie der Gase erkannt.

So sind wir zu demjenigen Forscher gelangt, der das System der dualistischen Chemie vollständig ausgebaut und durch die elektrochemische Hypothese zu erklären versucht hat. Es ist dies der schwedische Chemiker Berzelius.

Jöns Jacob Berzelius, geboren den 29. August 1779 zu Väfversunda Sörgård unweit Linköping (Ostgothland) in Schweden, gestorben den

7. August 1848 zu Stockholm, war Doctor der Medizin, später Lehrer der Chemie an der Kriegsschule zu Carlberg, dann Professor der Medizin und Pharmacie am medizinisch-chirurgischen Institute zu Stockholm, seit 1818 beständiger Secretär der schwedischen Akademie der Wissenschaften; 1835 wurde er in den Freiherrnstand erhoben. — Berzelius ist der Entdecker des Selens, der Oxyde des Ceriums, der Thonerde, er hat das Silicium, das Zirconium und das Tantal zuerst rein dargestellt.

Es kann hier nicht versucht werden, die wissenschaftliche Thätigkeit Berzelius' in ihrer ganzen Bedeutung zu schildern; wir müssen uns vielmehr bloss auf einige kurze Andeutungen beschränken. Berzelius führte den Unterschied zwischen Atom und Aequivalent in die Wissenschaft ein, während bei Dalton noch beide Begriffe zusammenfallen. Bei Berzelius sind die Atomgewichte die relativen Gewichte gleicher Gasvolumina. Bei einigen gasförmigen Körpern besteht ein Aequivalent aus zwei Atomen, so beim Wasserstoff, Stickstoff, Chlor, Brom, Jod; bezüglich dieser nahm er an, dass je zwei Atome zu einem Doppelatom vereinigt seien. — Berzelius führte an Stelle der symbolischen Bezeichnungsweise Dalton's für die chemischen Verbindungen, die noch jetzt gebräuchlichen chemischen Formeln ein, in denen er auch die damals geltende dualistische Theorie zum Ausdrucke brachte, für welche die Theorie der Salze den Ausgang bildete. Diese Anschauungsweise hatte nun vorerst allerdings bloss für die unorganischen Verbindungen Geltung. Berzelius griff nun bezüglich der organischen Verbindungen auf die Conception des von Gay-Lussac aufgestellten zusammengesetzten Radicals zurück. Ja mit Hülfe der elektro-chemischen Theorie übertrug er diesen Begriff selbst in die unorganische Chemie. — Die elektro-chemische Theorie ist eigentlich zuerst von Davy ausgesprochen worden. Dieser setzte voraus, dass die chemisch verwandten Körper entgegengesetzt elektrisch seien; das Mass der Affinität ist den elektrischen Spannkräften proportional. Durch die chemische Verbindung der Stoffe wird die Elektricität neutralisirt. Durch die galvanische Zersetzung tritt der entgegengesetzte elektrische Zustand wieder zu Tage; die ausgeschiedenen Körper sammeln sich an jenen Polen an, deren elektrischer Zustand dem ihrigen entgegengesetzt ist.

Berzelius nahm diese Theorie in ihren Grundzügen an, gab ihr jedoch eine neue Form. Er setzt voraus, dass jedes Atom eines Körpers zwei Pole habe, an denen sich entgegengesetzte Elektricität, jedoch nicht in gleicher Menge befindet. Je nachdem die eine Art Elektricität vorwiegt, ist der Körper positiv oder negativ elektrisch. Die Quantität der vorwiegenden Elektricität ist für die verschiedenen Stoffe verschieden. Es werden demnach die einfachen Körper in elektropositive und elektronegative eingetheilt. Jedoch entspricht die elektrische Reihenfolge derselben nicht der Rangordnung ihrer Affinität. Die letztere ist nach Berzelius' Ansicht von der gesammten Elektricität an beiden Polen abhängig. Die elektrochemische Theorie befand sich um das Jahr 1830 auf ihrem Höhepunkte. In Laurent und Gerhardt erstanden derselben, sowie der ganzen dualistischen Lehre entschiedene Gegner, welche sie nach hartem Kampfe zu Falle brachten. — Von der in die Hunderte gehenden Anzahl von Schriften Berzelius' erwähnen wir bloss sein „Lärbok i Kemien", 3 vol., Upsala 1808—1818, das er 1843—48 in fünf Bänden auch in deutscher Sprache herausgab.

Die Wärmetheorie und die allgemeine Theorie der Energieverwandlung.

Unter den verschiedenen Abschnitten der Physik hat auch die Lehre von der Wärme in der letzten Periode der von uns dargestellten Geschichte einen bedeutenden Aufschwung genommen. Die vielfache Einführung der Dampfmaschine in die verschiedenen Zweige der Industrie und später des Verkehrswesens schob eine grosse Anzahl physikalischer Fragen von eminent praktischer Bedeutung in den Vordergrund. Es musste vor Allem die Spannkraft des Wasserdampfes unter verschiedenen Umständen studirt werden, ferner die ganze Wärmeökonomie der Dampfmaschine. Da es sich um einen praktischen Zweck handelte, so finden wir die verschiedenen Regierungen bereit, derlei Untersuchungen anzuregen oder wenigstens zu unterstützen. Besonders ist es die französische Regierung, welche Untersuchungen veranlasst, die sich über Dezennien erstrecken und die Wissenschaft mit unschätzbaren Beobachtungsdaten und einer Fülle physikalischer Constanten bereichern. Hierher gehören die Messungen der Spannkraft des gesättigten Dampfes bei verschiedenen Temperaturen, sowie die damit im Zusammenhange stehenden Bestimmungen über das Verhalten der Gase gegen Druck und Temperaturveränderung, das höchst wichtige Grundgesetz der Gasmechanik: das Gay-Lussac und Mariotte'sche Gesetz, ferner die gesammten Bestimmungen der Ausdehnungsverhältnisse der verschiedenen festen, flüssigen und gasförmigen Stoffe. Hierher zu rechnen sind ferner die calorimetrischen Messungen, besonders die Untersuchungen über die Heizkraft der Combustibilien. Die Untersuchungen der letzteren Art, der verschiedenen Arten von Verbrennung, welche Veranlassung gaben, die thermischen Vorgänge nicht bloss vom Standpunkte der Wärmezustände, sondern auch von dem der Wärmemengen zu betrachten, leiteten naturgemäss darauf hin, bei allen jenen Erscheinungen, wo Wärme erzeugt wird oder Wärme verschwindet, die Mengen derselben zu bestimmen. Auf diesen nun so vorzüglich vorbereiteten Boden fiel als entwicklungsfähiges Samenkorn die Vorstellung eines gewissen Zusammenhanges zwischen Wärme und mechanischer Arbeit, welchen Gedanken Graf Rumford und später der leider so früh verstorbene, geniale Sadi Carnot ausgesprochen hat. Nachdem nun auch durch das Studium der galvanischen

Erscheinungen sich die Vorstellung einer den Leitungsdraht durchzitternden Energie gebildet hatte, welche nach den Aussprüchen Roget's und Faraday's unmöglicherweise aus Nichts entstehen konnte, wie diess die reine Contakttheorie vorauszusetzen schien, nachdem ferner die Bestimmung der durch den Strom hervorgebrachten Wärmemengen auch eine Beziehung zwischen Elektricitätsmengen und Wärmemengen nahegelegt hatte, da entsprang fast gleichzeitig im Haupte mehrerer Forscher der Gedanke der Aequivalenz zwischen Wärme und mechanischer Arbeit. Die grundlegenden Arbeiten von Mayer, Joule, Colding und Helmholtz fallen innerhalb des Raumes eines Lustrums. Es ging dieser neuen Theorie, wie so mancher bedeutenden wissenschaftlichen Entdeckung. Sie wurde theils ignorirt, theils unterschätzt. Erst langsam begannen die Gelehrten die volle Bedeutung der neuen Theorie zu würdigen und die wichtigen Folgerungen zu ziehen, welche aus derselben für die ganze Wissenschaft gewonnen werden konnten. Durch die Anwendung des Calculs auf die neuerschlossenen Thatsachen entstand die mechanische Wärmetheorie. Die Ansicht über die Natur der Lichterscheinungen, welche durch die Arbeiten Young's und Fresnel's verbreitet worden war und allmälig allgemein als richtig anerkannt wurde, war einer mechanischen Auffassung der Naturerscheinungen ebenfalls günstig, in jedem Falle günstiger, als die vordem angenommene Emanationstheorie des Lichtes. So war denn die Zeit gekommen, dass eine rein mechanische Theorie der Naturvorgänge allgemein Platz greifen konnte, der zufolge jede Naturerscheinung als reines Bewegungsphänomen aufzufassen ist, bei dem jedoch die zwei messbaren Hauptfaktoren der Erscheinung: die Menge der Materie und die Menge der derselben innewohnenden Energie unveränderlich die nämliche bleibt. Zwar sind nicht alle Erscheinungskreise dieser allgemeinen Auffassung zugänglich. Zwei mächtige, ausgedehnte Gebiete trotzen noch heute den Bemühungen der Begründung einer einheitlichen physikalischen Theorie; es ist bis auf den heutigen Tag, d. h. volle vierzig Jahre seit dem Erscheinen der ersten Schrift Mayer's, noch nicht gelungen, die magnetischen und elektrischen Fluida der Sammlung antiquirter physikalischer Hypothesen einzuverleiben, da wir bisher noch nicht im Stande sind, jene Art von Bewegung auszudenken, welche zur Erklärung der magnetischen und elektrischen Phänomene in gleicher Weise dienen könnte, wie diess bezüglich der Undulationstheorie und der Theorie der molekularen Bewegung für die Phänomene des Lichtes und der Wärme der Fall ist. Dabei können sich jedoch auch diese Erscheinungen in ihrer Allgemeinheit einer mechanischen Auffassung nicht verschliessen, welche die messbaren Faktoren derselben in den Kreis ihrer Rechnungen zieht. — So entwickelte sich allmälig die allgemeine Theorie der Energieverwandlung als eine allumfassende physische Weltanschauung. Wo vordem die verschiedenen imponderabeln Agentien ihr geheimnissvolles Wesen trieben, da erblicken wir nun mit unserem geistigen Auge den schwindelnd raschen Tanz der kleinsten Körpertheilchen, jener Atome, welche von einem Denker des Alterthums als die letzten Bestandtheile aller Materie gedacht, längst in Vergessenheit gerathen waren, bis diese Lehre, vor kaum zwei Jahrhunderten von neuem hervorgesucht, zu einem der Fundamente unserer heutigen Naturanschauung wurde. Denn jenen wirbelnden, kreisenden, schwingenden oder mit ungeheurer Geschwindigkeit dahinstürmenden Atomen wohnt eine gewisse Menge von Energie inne, welche wohl bezüglich ihrer Vertheilung, nicht aber in Hinsicht ihres Quantums sich verändern kann. Die der Materie innewohnende Energie verändert dem Proteus gleich fortwährend Gestalt und Ort, untrennbar von der Materie, pflanzt sie sich innerhalb desselben mit oftmals riesiger Geschwindigkeit fort.

Die physikalische Lehre von der Unzerstörbarkeit der Materie und der ihr innewohnenden Energie wird gewöhnlich als eine Errungenschaft des letzten Jahrhunderts betrachtet. Als allgemeine physikalische Fundamentaltheorie ist sie jedesfalls erst in der neuesten Zeit angenommen worden. Es wäre jedoch geradezu undenkbar, dass sich eine so wichtige Theorie in kurzer Zeit von einigen Dezennien entwickeln sollte. In der That lassen sich die Anfänge derselben weit zurück verfolgen. Schon bei Epikuros finden wir die Idee der in steter Fallbewegung begriffenen Atome, deren gesammte Bewegungsquantität für das ganze Universum eine constante ist, da es keinen Ort ausserhalb des Universums gebe, wohin ein Theilchen entfliehen und von wo neue Kraft in das Universum einzudringen vermöchte*). Eine ähnliche Art zu folgern, treffen wir bei Leibniz: „Die Körper des Universums können mit andern Körpern, „welche in dem Universum nicht enthalten sind, nicht communiciren. „Das Universum ist also ein System von Körpern, welche mit andern „nicht communiciren, und daher erhält sich in ihm immer dieselbe „Kraft"**).

---

*) Tit. Lucr. Cari: De rerum natura libri sex. Lib. II. v. 294—307. Wir citiren die Stelle in deutscher Uebersetzung nach Max Seydel (Schlierbach): T. Lucretius Carus: Das Weltall. München, Leipzig 1881, 8°, pag. 32. v. 257—266.

„Niemals war auch dichter vordem noch lockrer der Urstoff;
„Denn er vermehrt sich nie, noch vermindert er sich durch Zerstörung.
„Deshalb war die Bewegung, die jetzt in den Urelementen
„Herrscht, schon von jeher da, und so wird sie auch künftig noch dasein.
„Was bisher schon entstand, wird unter der gleichen Bedingung
„Ferner entsteh'n und besteh'n, wird wachsen und blüh'n und erstarken,
„Je nach dem Mass, das jedem verlieh'n durch natürliche Satzung.
„Denn kein Platz ist vorhanden, nach welchem die Theile des Urstoffs
„Könnten entflieh'n, kein Platz, von wo aus erneuerte Kräfte
„Brächen herein, die Natur und Bewegung der Dinge zu ändern."

**) Dynamica etc., pars II, prop. VIII. Leibnizens mathemat. Schriften. Herausgegeben von Gerhardt. Halle 1860. 8°. 2. Abth., 2. Bd., pag. 434.

Das System Epikur's wurde nach langem Schlummer erst durch Gassendi wieder zum Leben erweckt. Die den Körpern innewohnende Kraft geht nicht verloren, wenn die Körper in ihrer Bewegung innehalten, und wird nicht erzeugt, wenn sie sich zu bewegen beginnen; im ersten Falle wird sie bloss gehemmt, im letzteren in Freiheit gesetzt. Man kann deshalb sagen, dass die Menge des „impetus" stets dieselbe bleibe, so viel als davon anfänglich vorhanden gewesen. Wir haben weiter oben ausgeführt, dass Descartes ebenfalls den Satz aufgestellt habe, dass die Menge der Bewegung im Universum eine constante sei, allerdings war seine Fassung nach unsern heutigen mechanischen Begriffen eine durchaus verfehlte. Es entspann sich der bekannte Streit zwischen den Anhängern der cartesianischen Philosophie und zwischen Leibniz, welcher zur Formulirung des Gesetzes von der Erhaltung der Kraft führte. Zu erwähnen ist noch die Ansicht des Philosophen Despinoza über dieses Prinzip, das er zuerst annahm und später ignorirte. In seiner Bearbeitung der „Prinzipien" des Descartes sagt er, dass die von Gott dem Stoffe eingeprägte Menge von Bewegung und Ruhe durch seinen Beistand auch erhalten werde. In der Abhandlung: „Von Gott, dem Menschen und dessen Glück"*) findet sich die folgende Stelle: „Was nun die allgemeine geschaffene Natur anbetrifft oder die Modi, oder „Geschöpfe, die unmittelbar von Gott abhangen oder geschaffen sind, „so kennen wir von diesen nicht mehr als zwei, nämlich die Bewegung „im Stoff und den Verstand im denkenden Dinge. Von ihnen sagen wir, „dass sie von aller Ewigkeit gewesen sind und in alle Ewigkeit unver„ändert bleiben werden."

Wenn wir die Umschau bezüglich der Andeutungen unseres Prinzipes fortsetzen, so gelangen wir zu dem englischen Philosophen John Toland, bei dem sich, in den „Letters to Serena" angehängten zwei Abhandlungen, mehrere sehr bemerkenswerthe Stellen finden: „Wie wir in der „Materie die Quantität der einzelnen Körper und die Ausdehnung des „Ganzen unterscheiden, von der diese Quantitäten nur die verschiedenen „Determinationen oder Modi sind, welche durch ihre verschiedenen Ur„sachen entstehen und vergehen, so möchte ich, um besser verstanden „zu werden, diese Bewegung des Ganzen Action genannt wissen, und „alle Lokalbewegungen, mögen sie nun gerade oder kreisförmig, schnell „oder langsam, einfach oder zusammengesetzt sein, nur Bewegungen „genannt wissen, da sie nur die verschiedenen wechselnden Determi„nationen der Action sind, welche stets im Ganzen und in jedem Theile „dieselbe ist, und ohne welche sie keine Modifikationen erhalten könnte"**).

---

*) Baruch Despinoza's kurzgefasste Abhandlung von Gott, dem Menschen und dessen Glück. Uebersetzt von C. Schaarschmidt. Berlin 1874, 8⁰, Auflage.

**) Letters to Serena. London 1704, 8⁰, pag. 159.

An einer andern Stelle*) lesen wir: „So wie diese besonderen oder be-
„grenzten Quantitäten, welche wir diese oder jene Körper nennen, nur
„die verschiedenen Modifikationen der allgemeinen Ausdehnung der
„Materie sind, in welcher sie alle enthalten sind, und welche sie weder
„vermehren noch vermindern: so sind als eine adäquate Parallele, alle
„besonderen oder Lokalbewegungen der Materie nur die verschiedenen
„Determinationen ihrer allgemeinen Action, welche sich hierhin oder
„dorthin, durch diese oder jene Ursachen, auf diese oder jene Weise
„dirigiren, ohne sie irgendwie zu vermehren oder zu vermindern."

Wir können deutliche Spuren unseres Prinzipes noch bei Hooke, Daniel Bernoulli, Leibniz, Rumford und Davy verfolgen. Hooke betrachtet die Materie und die Bewegung als den Inbegriff der Realitäten, welche auf unsere Sinne wirken, es sind dies zwei zusammenwirkende Mächte, welche im Ganzen unveränderlich, weder einer Vermehrung, noch einer Verminderung fähig sind. Hooke fasste die Wärme als eine Art der Bewegung auf, verfiel jedoch so wenig wie Leibniz oder Daniel Bernoulli auf die Conception der Aequivalenz zwischen Arbeit und Wärme; Leibniz vergleicht den Uebergang von Massenbewegung in Molecularbewegung mit dem Wechseln eines grossen Geldstückes in kleine Münze, Daniel Bernoulli überträgt die beim Stosse unelastischer Körper verschwundene lebendige Kraft auf eine „materia subtilis".

Bei Diderot finden wir eine bemerkenswerthe Andeutung über die Einheit der Naturkräfte: „De même qu'en mathématique, en examinant „toutes les propriétés d'une courbe, on trouve que ce n'est que la même „propriété présentée sous des faces différentes, dans la nature ou recon„noîtra, lorsque la physique expérimentale sera plus avancée, que tous „les phénomènes, ou de la pesanteur, ou de l'élasticité, ou de l'attrac„tion, ou du magnétisme, ou de l'électricité, ne sont que des faces „différentes de la même affection"**).

Diderot betrachtete die Wärme noch als einen besondern Stoff und führt ihn deshalb auch in der Reihe der übrigen physischen Agentien nicht an. Rumford hat zuerst nachgewiesen, dass durch Reibung Wärme erzeugt werde, ja er spricht schon den Satz aus, dass die Summe der lebendigen Kräfte im ganzen Universum stets dieselbe bleibe***). Humphry Davy schrieb im Jahre 1799 in seiner ersten Arbeit: „An essay on heat, light and the combinations of light" den folgenden Satz, den er jedoch selbst vor dem Drucke strich: „No more sublime idea can „be formed of the motions of matter, than to conceive that the different

---

*) Ibid. pag. 176.
**) Diderot: Pensées sur l'interprétation de la nature. Londres 1754 8^0, § 45, pag. 61.
***) Mémoires sur la chaleur. Paris, An. XIII, 8^0, pag. 137.

„species are continually changing into each other. The gravitative, the „mechanical, and the repulsive motion (die Wärme) appear to be conti„nually mutually producing each other, and from these changes all the „phænomena of the mutation of matter probably arise"*).

Wir sehen somit, dass das Prinzip von der Erhaltung der Energie, wie alle andern wahrhaft bedeutenden und umfassenden Naturgesetze eine weit zurückgreifende Entwicklungsgeschichte hat. Allmählig bilden sich die einzelnen Anschauungen, welche der Erkenntniss einer prinzipiellen Wahrheit zu Grunde liegen, bis mit einem Male, an mehreren Stellen fast gleichzeitig, dieselbe aufgefunden und ausgesprochen wird.

In der Natur des menschlichen Denkvermögens ist jene Wirkung begründet, welche die Aussenwelt auf unseren Geist ausübt. Es ist der Versuch, den ganzen Makrokosmos aufzunehmen und zu reproduziren. Dass durch diesen Prozess spezifische Eigenschaften des menschlichen Geistes und dessen Organisation auf jenes menschliche Abbild der objektiven Welt übertragen werden, muss als ganz und gar natürlich erscheinen: wir übertragen eben unsere menschliche Auffassung auf die Natur. Vor allem erkennen wir dies in der Richtung der exakten Naturwissenschaft, die sämmtlichen Erscheinungen der Aussenwelt als causal verknüpfte Bewegungserscheinungen darzustellen, als ursächlich verkettete Veränderung in Raum und Zeit. Wer erkennt hier nicht allsogleich die charakteristischen Kennzeichen unseres eigenen Intellektes? Raum und Zeit sind die einfachen Formen unserer Anschauungen; sie sind allerdings nicht als angeborene, fertige Vorstellungsformen zu denken, sondern vermöge der Wechselwirkung zwischen dem percipirenden Subjekte und der objektiven Welt wird erst die Raum- und Zeitvorstellung durch die äusseren Eindrücke geweckt. In ganz ähnlicher Weise verhält es sich mit der Vorstellung der Causalität. Zuerst werden in anthropomorphistischer Weise persönliche Wesen als Theile des Naturganzen angenommen: der Himmel, die Sonne, der Mond u. s. w., später sind es persönliche Wesen, welche diesen bloss vorstehen: der Sonnengott, die Elementargeister u. s. f. Aus dem Bewusstsein der Macht, welche die Naturgewalten auf den Menschen ausüben, entstand das Gefühl der Abhängigkeit des Sterblichen und Bedingten von dem Unsterblichen, Unbedingten und Göttlichen. Diese Stufe der Naturauffassung prägt sich in den verschiedenen Mythologien der Völker aller Zeiten und Zonen

---

*) Siehe Dr. G. Berthold, Notizen zur Geschichte des Prinzipes der Erhaltung der Kraft. Monatsber. d. Berl. Akad. 1875, Okt., oder Pogg. Ann. Bd. 157, pag. 342.

aus, sie ist zugleich die allerälteste Phase der Naturwissenschaft. Eine spätere Stufe ist die der Naturphilosophie; diese zeigt den menschlichen Intellekt von einer neuen Seite; die ersten Anfänge des kritischen Geistes regen sich schon, er tritt vor allem ordnend auf und sucht sämmtliche Erscheinungen von einer kleinen Zahl von Prinzipien abzuleiten. Die letzteren sind anfänglich stofflicher Natur: Feuer, Wasser u. a.; später sind es abstrakte Vorstellungen: der Werdeprozess, das Entstehen und Vergehen u. s. f. Daneben macht sich jedoch schon als zweite, die empirische Richtung geltend. Man sieht ein, dass ohne Beobachtung der natürlichen Vorgänge keine stichhaltige Theorie derselben aufgestellt werden könne. Die Beobachtung ist allerdings vor der Hand eine bloss gelegentliche. Während Aristoteles — wenigstens nach späteren, allerdings nicht verbürgten Nachrichten — durch seinen grossen Zögling, den welterschütternden Alexander sich Thiere des Orientes und andere verschiedene Naturmerkwürdigkeiten senden liess, fiel es ihm nicht ein, über die einfachen Naturvorgänge Versuche anzustellen; gelegentliche oder zufällige Beobachtungen und Volksvorstellungen, besonders insofern diese im Genius, in der Logik der Sprache ihren Ausdruck finden, geben den Stoff für die Naturforschung, an sie legt der Philosoph das kritische Messer. Wir haben gesehen, wie dieses Wissenschaftssystem, im Laufe der Jahrhunderte bloss langsam anwachsend, sich bis auf das späte Mittelalter erhalten hat und wie durch die Novatoren der Physik endlich der Bann des Aristotelismus gebrochen, der Erfahrung ihr lange vorenthaltenes Recht eingeräumt wurde.

Langsam brach sich eine neue Denkrichtung Bahn. Man war bemüht, eine je grössere Menge von Erfahrungen zu sammeln und begann zu diesem Behufe zweckentsprechend unternommene Experimente anzustellen. Das siebenzehnte ist das grosse Jahrhundert unserer Wissenschaft. In dasselbe fallen die Aufrichtung unseres Weltsystemes, die Entdeckung der Dynamik, die Anwendung derselben auf die Bewegung der Himmelskörper, d. i. die Entdeckung der Gravitationsmechanik, und parallel diesen grossen Entdeckungen auf dem Gebiete der Physik, theils durch physikalische Fragen veranlasst, theils denselben als unentbehrliches Werkzeug dienend, gehen die grossen mathematischen Entdeckungen einher: die Coordinatengeometrie und die Infinitesimalrechnung. — Das achtzehnte Jahrhundert hat vor allem das bloss in seinen Fundamenten vollendete Gebäude auszubauen. Die grossen Mathematiker des Jahrhunderts: die Bernoulli, Euler, D'Alembert, Lagrange, Clairaut, Laplace u. a. fördern Mathematik und Mechanik in gleicher Weise. Neben diesen Bemühungen ist vorzüglich die Förderung der Elektricitätslehre zu erwähnen: es werden die Grunderscheinungen, die Hauptwirkungen der statischen Elektricität untersucht, zum Schlusse der Periode wird durch die Entdeckung des Galvanismus der Lehre von der Elektricität ein unabsehbar weites Feld eröffnet, dessen Ausbeutung zu den wichtigsten Aufgaben der physikalischen Forschung des neunzehnten Jahrhunderts gehört. Es sind jedoch noch zwei Kreise von Erscheinungen zu nennen, deren Entwicklung ebenfalls auf das jüngst verflossene Jahrhundert und zwar auf dessen letzte Dezennien zurückweist: die chemischen und die thermischen Phänomene. Von zahlreichen Gelehrten unterstützt, ist es Lavoisier, der die moderne Chemie begründet. Bezüglich der Wärmetheorie sind es die Versuche Rumford's und später Davy's, welche den Weg zur mechanischen Theorie derselben bahnen. Das neunzehnte Jahrhundert, das sich nun seinem Ende zuneigt, hat schon in der ersten — von uns in diesem Werke noch dargestellten — Hälfte jene Probleme gelöst, welche es als Vermächtniss von seinem Vorgänger übernommen hatte, ja es hat sogar noch Grösseres geleistet, nachdem es eine mechanische Lichttheorie hervorgebracht hat und die Grundlagen für eine mechanisch-akustische Theorie legte. — Die Physik, nach allen den bis jetzt bekannten Erscheinungskreisen ist, wenigstens was deren Grundlegung betrifft, erst am Schlusse der von uns geschilderten Periode vollendet worden. Auf allen Gebieten unserer Wissenschaft ist noch viel, auf vielen Alles zu thun. Es kann allerdings nicht abgesehen werden, in welcher Weise sich unsere Kenntnisse über die Naturphänomene selbst in der nächsten Zukunft erweitern werden. Eine nach Hunderten zählende Anzahl von Forschern ist beschäftigt, mit Hülfe ausgezeichneter Instrumente und instrumentaler Hülfsmitteln nach zweckmässig ausgedachten Methoden die Wissenschaft zu fördern. Es kann wohl keinem Zweifel unterliegen, dass bei so extensiver Bewirthschaftung bedeutende Resultate und zwar in stets wachsender Menge erzielt werden müssen. Wir hören denn auch häufig genug in gemeinverständlichen, naturwissenschaftlichen Abhandlungen sowohl, als in streng wissenschaftlichen Schriften das Lob auf den Stand unserer Naturkenntnisse erschallen: „Und wie wir's dann zuletzt so herrlich weit gebracht." — Es scheint in der That einen entsprechenden Schluss für eine Darstellung der Geschichte der Physik zu liefern, wenn wir den gegenwärtigen Stand unserer physikalischen Wissenschaft und das Fundament derselben: unsere heutige Naturauffassung, einer kurzen Betrachtung unterziehen.

Es fällt uns auf den ersten Blick in die Augen, dass die Physik unserer Tage in rascher Entwicklung begriffen ist, und da sie diesen Prozess seit langer Zeit mit beschleunigter Geschwindigkeit verfolgt, so ist es schon daraus ersichtlich, dass sie die Wissenschaft vergangener Tage um ein Bedeutendes überragen müsse. Die heutige physische Weltanschauung ist die mechanisch-atomistische. Der Satz von der Erhaltung der Energie, der in der That nichts anders ist, als der Satz vom ausgeschlossenen „perpetuum mobile" hat mit dieser Ansicht absolut nichts zu thun. Es ist im Grunde genommen dieses wichtige Naturgesetz nichts anderes als eine besondere Form des Causalitätsgesetzes, d. h. jenes allgemeinen Denkgesetzes, ohne welches ein geordnetes Denken im Allgemeinen nicht möglich ist. Dieses Causalitätsgesetz müsste für irgend eine Theorie der Erscheinungen Geltung haben. Jene mechanisch-atomistische Theorie, welche gegenwärtig das Fundament aller physikalischen Hypothesen darstellt, hat sich in stetiger Entwicklung seit den Tagen der Erneuerer der Physik gebildet. Von ihren beiden Elementen: der Corpusculartheorie und der Lehre, derzufolge sämmtliche Erscheinungen auf Bewegung zurückführbar seien, hat sich das erste früher entwickelt, da seine Wurzeln bis in das Alterthum zurückgreifen; das zweite, das kinetische Element ist jüngeren Datums, da es sich aus der Zeit der Entdeckung der Dynamik herschreibt. Es ist somit eine einheitliche Auffassung der Naturvorgänge, welche, allmählig an Gebiet gewinnend, sich gegenwärtig fast über die gesammte Erscheinungswelt, insofern diese Gegenstand der Physik ist, ausgebreitet hat, welcher unsere Wissenschaft zustrebt. Dieses einheitliche Prinzip ist jedenfalls ein grosser Vortheil für die Weiterentwicklung unserer Wissenschaft. Nur dürfen wir nicht vergessen, dass die atomistisch-mechanische Auffassung der Erscheinungen auf zwei verschiedenen, von einander gänzlich unabhängigen Grundlagen ruht. So lange wir in der genauen Beschreibung der Erscheinungen das letzte Ziel der exacten Naturwissenschaft erblicken, kann es allerdings keine andere Fundamentalhypothese für die Vorgänge in der Natur geben, als die mechanische; wir haben durch diese Annahme jedoch bezüglich der Constitution der Materie die Freiheit der Aufstellung irgend eines Erklärungsversuches in keinerlei Weise beeinträchtigt. Ob die atomistische Theorie, wie es jetzt den Anschein hat, mit unserer Grundanschauung über das Wesen der Dinge stets vereinbar bleiben werde, oder ob es je eine Zeit geben wird, wo eine dynamistische Anschauung Platz greifen, oder aber vielleicht noch eine andere, bisher ungeahnte Erklärung das Feld behaupten werde, das ist eine Frage, über welche sich heute kaum Vermuthungen aussprechen lassen. Es darf allerdings nicht geläugnet werden, dass die gegenwärtig zu Recht bestehende atomistische Theorie uns an vielen Punkten in die unlösbarsten Widersprüche verwickelt, und es wird jedenfalls eine Aufgabe der nächsten Zukunft zu bilden haben, diesen von streng fachmännischer Seite bisher fast unberücksichtigten Schwierigkeiten mit Ernst zu Leibe zu gehen. Eine wissenschaftliche Hypothese entspricht nur dann ihrem Zwecke vollkommen, wenn sie in sich widerspruchslos und im Einklang mit sämmtlichen bekannten Thatsachen ist. Allerdings kann nun nicht geläugnet werden, dass die Aussichten für die Aufstellung einer in dieser Beziehung in jeder Richtung zufriedenstellenden Theorie derzeit noch sehr gering sind und dass es voraussichtlich noch lange dauern wird, bis wir über die Constitution der Materie eine zufriedenstellende Anschauung erlangen werden. So lange dieses Ziel nicht erreicht ist, haben wir die Atomtheorie bloss als eine sogenannte mathematische Hypothese zu betrachten, wohl geeignet, als ein Gleichnis für den wirklichen Vorgang zu gelten, nicht aber als dessen eigentliches Wesen. Die Benennung „Naturphilosophie" ist seinerzeit in Verruf gekommen, als ihr hehrer Name zur Benennung willkürlicher Speculationen verwendet wurde, es wird die Aufgabe einer Naturphilosophie, welche diesen Namen mit mehr Berechtigung trägt, bilden, unsere Vernunft durch die Aufrichtung eines, in logischer Beziehung unanfechtbaren, Natursystemes zufrieden zu stellen.

Und so wären wir am Ende unserer Darstellung in gewisser Beziehung wieder dort angelangt, von wo die Naturforschung der ionischen Philosophen ihren Ausgang genommen hat, nämlich von dem Streben nach einer einheitlichen physischen Weltanschauung. Ueber zwei Jahrtausende beträgt jene Zeit, um welche die Anfänge einer geordneten Naturwissenschaft hinter uns liegen. Die Denk- und Forschungsarbeit einer fast unabsehbaren Schaar von geistig hochentwickelten Männern füllt den weiten Zeitraum aus. So sehr jedoch auch unser heutiges Wissen das jener griechischen Weisen überragen möge, es ist ein stetiger Entwicklungsprozess, der uns von der Wissenschaft jener Zeiten trennt, ein Prozess, an dessen Beginne wir schon die Keime vieler unserer heutigen Anschauungen vorfinden, die sich erst nach oftmalig unterbrochener Entwicklung in unseren Tagen erschlossen haben. Diese Betrachtung gibt dem Studium der Geschichte unserer Wissenschaft jene hohe Bedeutung, die längst von einzelnen erkannt wurde, welche jedoch erst in der neuesten Zeit die Aufmerksamkeit in immer regerer Weise dem Bildungsgange der physikalischen Grundtheorieen zuwendet.

Register.

(Die römischen Zahlen bezeichnen den Band, die arabischen die Seitenzahl.)

A.

Abdurrhaman (I.) I. 161.
Abdurrhaman (III.) I. 161.
Abel II. 588.
Abu Dschafar Almansur I. 159, 160.
Abulfeda I. 171.
Abulkasis I. 166, 167.
Abulpharagius I. 106, 159.
Abu Mussah Dschafar I. 165.
Accademia del Cimento II. 231—253.
Achard II. 517, 525, 527.
Ackermann II. 506.
Adrianszoon I. 385, 386.
Aelianus I. 41.
Aepinus II. 478, 484, 485.
Aggiunti II. 110, 111—112.
Aguilonius II. 327.
Aiguillon I. 131. II. 361.
Airy II. 425.
Albatani (Albatenius) I. 163, 165, 171, 172.
Albèri, Eugenio I, 346, 367.
Albertus Magnus I. 76, 179—191, 197, 203, 209, 322, 331. II. 5, 336.
Albîrûnî I. 163.
Alcuin (Alhwin) I. 173, 174.
Aldini Giorgio II. 506.
Aldini Giovanni II. 505, 506.
d'Alembert II. 229, 372, 376, 382, 384, 400, 404—411, 412, 414, 418, 419, 461, 491, 586, 598, 600, 607, 621, 733.
Alexandriner I. 103—141.
Alexander d. Gr. I. 42.
Alexandros von Aphrodisias I. 50. 155.
Alexandros Polyhistor I. 11.
Al-Farabi I. 129, 165, 167.
Alfergani I. 163.
Alhazen I. 165, 167—171, 198, 199, 201, 206, 303.

Alibert II. 507.
Alkahestes II. 358.
Alkimos I. 22.
Alkindi I. 165.
Al Mamum I. 159, 160, 161, 163; II. 316.
Almondir I. 161.
Alpetragius I. 203.
Ambros I. 152.
Amerigo Vespucci II. 337.
Ammiracus, Eugen I. 131, 136.
Amontons II. 178—179, 341, 566.
Ampère II. 570, 582, 591, 607—612, 614, 618, 631, 659, 705.
Anaxagoras I. 15, 16, 17. 24.
Anaximandros I. 10.
Anaximenes I. 10.
Anderson II. 540.
Andronikos aus Rhodos I. 48.
Angelis II. 19, 24.
Antinori II. 108, 239, 246, 247, 509.
Anomalistischer Monat I. 133.
Anthemios I. 92.
Antisthenes I. 22.
Apellikon I. 48.
Apelt I. 305.
Apollodoros I. 25.
Apollonios von Perga I. 105, 132, 162.
Apollonios von Tyana I. 11.
Aquino, s. Thomas von Aquino.
Araber I. 158—172.
Arago II. 562, 599, 602, 604, 608, 610, 612, 632, 642, 646—647, 653, 654, 655, 656, 657, 659, 660, 661, 663, 665, 683, 684, 685, 686.
Aratos aus Soloi I. 105, 109, 110, 112—113, 116, 118, 261.
Archimedes I. 62, 85—99, 100, 113, 124, 146, 147, 162, 213, 238, 242, 250, 339. II. 90, 203, 272, 281, 301, 469, 578, 704.

Archytas von Tarent I. 25, 77, 98, 110, 147.
Arckenholtz II. 44.
d'Arcy II. 389, 398.
Argyropulos I. 50.
Ariaga II. 19.
Aristaios II. 237.
Aristarchos I. 79, 81, 83, 99—103, 116, 144, 148, 162, 240, 370.
Aristippos I. 21, 22.
Aristodemos I. 25.
Aristokles I. 22, 23.
Ariston I. 22.
Aristophanes von Byzanz I. 105.
Aristoteles I. 8, 10, 11, 12, 15, 18, 20, 24, 26, 27, 28, 33, 36, 38, 39—75, 76, 77, 80, 83, 84, 85, 95, 97, 110, 128, 144, 145, 146, 149, 151, 152, 153, 154, 155, 162, 168, 172, 183, 184, 185, 186, 187, 191, 199, 202, 207, 238, 249, 259, 309, 310, 322, 324, 325, 327, 329, 330, 333, 346, 370, 371; II. 3, 66, 71, 85, 136, 141, 173, 236, 336, 354, 355, 360, 361, 440, 714, 733.
Aristoxenos I. 22.
Aristyllos I. 105, 118.
Arlandes II. 530.
Armstrong II. 632.
Arnauld II. 39, 155.
Arnoldt II. 441.
Asklepiades von Prusa II. 361.
Atwood II. 584, 593—594.
Auerbach, Berthold II. 100.
Auerbach, Felix II. 531.
Autolykos I. 162.
Auzout II. 200, 314, 333, 334.
Averani II. 332.
Averroes I. 172; II. 357.
Avicenna I. 165, 166, 167, 199, 202; II. 361.
Avogadro II. 612, 699, 704—705, 725.

B.

Bacharach II. 585.
Bacon, Roger I. 136, 179, 191—210, 384; II. 164.
Bacon, Francis (von Verulam) I. 74, 184, 205, 237, 271, 280, 310—319, 323, 329, 389, 391, 392, 393; II. 8, 27, 97, 194, 358, 549, 718.
Bailak I. 209.
Baillet II. 44, 72.
Bailly II. 328, 444, 447—448, 456.
Baily II. 584, 594.
Bake, J. I. 128.
Balduin II. 336.
Baliani II. 18.

Banks II. 616.
Barberini, Maffeo, s. Urban VIII.
Barlow II. 612, 616—617.
Baronio II. 509.
Barrettus II. 145.
Barrow, Isaac I. 304; II. 255, 272, 281, 301—302, 329.
Barthélémy St. Hilaire I. 72, 76.
Bartholinus, Erasmus I. 151; II. 201, 207—208, 210, 327, 330.
Bartholinus, Thomas II. 208, 330, 337.
Bartoli II. 339.
Bartolus, Joannes I. 309.
Bartoszewicz I. 272.
Basilius Valentinus II. 355, 358.
Basso II. 358.
Battier II, 380.
Battus, Levin I. 273.
Bauernfeind II. 626.
Beaumont II. 243.
Beauvais, Vincent von I. 209.
Beccaria (auch Beccheria) II. 408, 493 bis 494.
Becher II. 362—363, 516.
Becquerel, Ant. Cés. II. 626, 627, 633, 639, 650.
Beddoes II. 543.
Beeckmann (Beekman) II. 31. 55.
Beer II. 670.
Behrens II. 513.
Beireis II. 135.
Bekker I. 76.
Belanger II. 606.
Belidor II. 498.
Benedetti (Benedictis) I. 320, 339, 346.
Bennet II. 514, 642.
Bentley II. 292, 293.
Benzenberg II. 19, 266, 582, 584, 594 bis 595.
Bergman Torbern II. 478, 480, 520.
Berigard, Claude II. 161.
Berkeley II. 215, 441—442.
Bernier II. 82.
Bernoulli, Daniel II. 107, 376, 377, 386—390, 392, 395, 397, 398, 400, 407, 425, 531, 548, 621, 703, 731, 733.
Bernoulli, Jacob II. 176, 231, 237, 376, 377—379, 392, 395, 398, 407, 408, 417, 423, 425, 733.
Bernoulli, Johann II. 186, 270, 272, 331, 376, 377, 379—386, 391, 392, 395, 402, 407, 410, 419, 425, 621, 733.
Bernoulli, Nicolaus II. 381, 382.
Berthold, Gerh. II. 551, 732.
Berthollet II. 462, 517, 522, 525, 526 bis 527, 541, 542, 550, 556, 598, 678, 679, 682, 705.
Berthoud II. 390.
Berti I. 272.
Berti (Bertus) Gaspare II. 127, 145.

Bertrand I. 305; II. 528.
Bertrand, Joseph II. 421.
Berulle II. 34.
Berzelius II. 44, 618, 681, 684, 685, 724, 725—727.
Bessel II. 575, 583, 584, 588, 589, 716.
Bettinus II. 146.
Bevis II. 483, 544.
Bezout II. 598.
Bianconi II. 535, 537.
Biedersee II. 122, 135.
Binet II. 416.
Biot II. 295, 513, 644, 655, 661, 662, 664—665, 668, 679, 680, 683, 685, 708.
Biton aus Byzanz I. 106.
Black II. 520, 525, 539.
Blaserna, Pietro II. 705.
Boeckh, Aug. I. 14, 34, 36, 37, 38, 39.
Böhm, Jakob II, 6.
Boerhave II. 516, 556.
Boëthius I. 173.
Bohadsch II. 495—496.
Bohnenberger, Gottl. Christ. II. 515.
Bohnenberger, Joh. Gottl. Friedr. von II. 514, 515, 627, 628.
Boineburg II. 220.
Boissy d'Anglas, Comte de II. 531.
Bolingbroke II. 370, 371.
Bollstatt, siehe Albertus Magnus.
Bolyai II. 572, 575.
Bonacursius II. 89.
Bonaventuri II. 104.
Bonpland II. 708, 709.
Borch II. 362.
Borchhardt II. 588.
Borda II. 444, 450, 451, 458—459, 497, 601.
Borel, s. Borellus.
Borelli II. 17, 112, 232—236, 241, 242, 243, 251, 299, 312, 337, 338, 342.
Borellus, Petrus (Borel) I. 384; II. 334.
Borowski II. 441.
Boscaglia I. 353, 354.
Boscovich II. 548, 564, 565.
Bose II. 473, 474—475.
Bossut II. 160, 410, 503.
Bougainville II. 707.
Bougerel II. 82.
Bouginet II. 144.
Bouguer II. 450, 452, 457, 564—565.
Bouillier II. 72.
Boulliau (Bullialdus) II. 15, 240, 267.
Boulton II, 541, 542.
Bourdelot II. 561.
Boutigny II. 552.
Bouvard II. 465, 647.
Boyle I. 17; II. 99, 101, 143, 146, 161—173, 174, 175, 211, 222, 238, 249, 258, 259, 299, 302, 318, 320, 323, 325, 337, 338, 340, 349, 350, 352, 354, 362, 366, 468, 515, 524, 549, 556, 687, 703.
Bradley II. 66, 410, 444, 445—446, 447, 459.
Brahe, s. Tycho Brahe.
Branca II. 343, 344.
Brandel, C. M. I. 95.
Brandes II. 574.
Brandes, Heinrich Wilhelm II. 718.
Brandis I. 19, 22, 76.
Brandt II. 364.
Breitschwert I. 305.
Brereton II. 259.
Brewster I. 305; II. 275, 295, 303, 539, 661, 665—666.
Brisson II. 87, 513.
Brosch II. 371.
Brougham II. 661.
Brown I. 248.
Brugmans II. 633.
Bruno, Giordano I. 263, 271, 294, 320, 329, 332—335; II. 5, 59, 85, 98, 137, 184, 188, 354.
Bücheler I. 127.
Bürgi, Jost I. 295, 296, 299; II. 199.
Buffon II. 488.
Bullialdus, s. Boulliau.
Bunsen II. 467, 629.
Buono, Ant. Maria del II. 240.
Buono, Candido del II. 232, 239.
Buono, Paolo del II. 232, 239, 241.
Burcherus de Volder II. 193.
Burckhardt II. 343.
Burton, John Hill II. 443.
Busäus, Theodor I. 341.
Butler II. 164.

C.

Cabart II. 685.
Cabeo (Cabeus), Niccolò II. 354.
Cabot I. 396.
Caccini I. 354.
Cäsar, Julius I. 154.
Cagniard-de-la-Tour II. 683, 686.
Caldani II. 505, 506.
Camerarius I. 130.
Campanella, Thomas I. 328, 329, 336 bis 339; II. 7, 356.
Campani, Giuseppe II. 244, 334.
Campani, Matteo II. 245.
Camus II. 401, 444, 450.
Canterbury, Anselm von II. 5.
Canton, II. 473, 476, 478, 494.
Cantor I. 62, 67, 120, 121, 127, 359; II. 161, 381, 387, 583.
Capella, Martianus I. 264.
Capra, Balthasar I. 347.
Carcavi II. 72, 151, 152, 156.

740   Register.

Cardano, Geronimo I. 323—326; II. 355.
Carlisle II. 592, 612, 616.
Carnot, Lazare II. 417, 599—601.
Carnot, Sadi II. 691, 699, 700—702, 727.
Carradori II. 506.
Casaubon I. 76.
Cascariolo II. 336.
Caspar I. 367.
Casraeus II. 18, 84, 85.
Cassegrain II. 335.
Cassini, Jacques II. 318, 450, 451, 452.
Cassini, Domenico II. 182, 201, 208 bis 210, 211, 240, 313, 337, 338, 449.
Castelli I. 353, 354, 365, 382, 389; II. 102, 103, 110—111, 232, 329.
Catelan, Abbé II. 186.
Cauchy II. 605, 661, 667—670.
Caus, Salomon de (Caux) II. 343, 344.
Cavalieri II. 202, 208, 272, 281, 301, 328—329.
Cavallo II. 480, 489, 495, 510.
Cavendish II. 444, 455—457, 489, 499, 517, 519, 520, 521, 523, 594.
Cawley II. 351.
Cayley II. 587.
Celsius II. 401, 450, 455, 552.
Censorinus I. 102.
Cesati II. 313.
Cesi I. 354.
Chairophon I. 25.
Champollion II. 559.
Chandoux II. 34.
Chanut II, 41, 154, 324.
Charles, Emile I. 206.
Charles, Jacq. Al. Cés. II. 513, 530, 660.
Charlet II. 28.
Charmides I. 25, 29.
Chasles (Philarète) I. 367.
Chasles II. 87, 606.
Chastin II. 153.
Chaulnes, Duc de II. 474.
Childrey II. 210.
Chladni II. 376, 531, 532—535, 636, 720.
Chubb II. 370.
Cialdi I. 243.
Cicero I. 8, 10, 48, 75, 127, 259; II. 82.
Cigna II. 480.
Clairaut II. 401, 422, 424—427, 450, 563, 667, 716, 733.
Claramontius I. 288; II. 131.
Clarke II. 270, 271.
Clausius II. 703, 704.
Clavius I, 94.
Clebsch II. 588.
Clemens von Alexandrien I. 9.
Clerselier II. 41, 46, 47, 94.
Coccaeus II. 14.
Codex Atlanticus I. 234.
Coiffier II. 488.

Colangelo II. 321.
Colbert II. 449.
Colding II. 691, 695, 699, 702, 728.
Collins II. 222, 272, 274, 370.
Collinson II. 487, 490.
Colson II. 272.
Columbus I. 396.
Colvenerius, G. I. 178.
Combes II. 668.
Comiers II. 200.
Commandinus I. 96.
Comte, Aug. II. 596.
Condamine II. 444, 450, 452.
Condorcet II. 387, 407, 410, 411, 412, 414, 450, 598.
Conduit II, 277, 278.
Conti II. 277.
Cooke, Fothergill II. 593.
Coppernicus, Nicolaus I. 101, 115, 132, 144, 216, 217, 253—272, 278, 279, 284, 299, 300, 331, 335, 366; II. 12, 96, 376.
Coriolis II. 598, 601, 606—607.
Cossali II, 417.
Cotes, Roger II. 270, 277, 282, 284, 286, 301, 309.
Cotte II. 341.
Cotugno II. 505.
Coulomb I. 241; II. 376, 470, 496 bis 503, 506, 513, 591.
Couplet II. 444, 458.
Cousin I. 38; II. 28, 47.
Cox II. 334.
Crabtree II. 313.
Crawford II. 525, 526.
Crelle II. 579, 585, 586, 588.
Cross II. 162.
Cunaeus II. 482.
Curtze, Max I. 272.
Cusa, Nicolaus von I. 210—222, 334; II. 6, 137, 184, 188, 357, 358.
Cuthbertson II. 474, 475—476.
Cutler, Sir John II. 302.
Cuvier II. 528, 547.
Cyprianus, Salam. I. 338.
Cysatus II. 313.
Cziński I. 271.

D.

Daguerre II. 722—723.
Dalby II. 444, 453.
Dalencé II. 342.
Dalibard II. 488.
Dalton II. 376, 527, 553—557, 682, 724, 725, 726.
Damianos I. 136, 151.
Damiron II. 101.
Daniell II. 624, 626, 627—628, 687.

Dante, Egnazio II. 208.
Davy, Humphry II. 550, 618, 631, 635, 642—643, 680, 681, 723, 726, 731, 734.
Decandolle II. 615.
Dechales, s. Deschales.
De Gérando II. 531.
Degli Armati, Salvino I. 201, 208.
Delambre I. 94, 114; II. 72, 444, 447, 448—449, 451, 457, 531, 608.
De la Métherie II. 506.
Dellmann II. 625, 626, 629.
Delor II. 488, 489.
Deluc II. 175, 341, 552, 553, 626, 679.
Demiscianus I. 388.
Demokritos von Abdera I. 15, 17, 68, 149, 155; II. 83, 360.
Derham II. 313, 338.
Desaguliers II. 349, 472—473, 488.
Descartes I. 74, 208, 303, 385; II. 2, 8, 18, 26—72, 73, 74, 75, 76, 78, 83, 86, 87, 90, 94, 101, 143, 150, 151, 152, 154, 177, 180, 181, 192, 193, 194, 195, 198, 202, 204, 208, 215, 229, 245, 253, 254, 255, 310, 321, 323, 324, 326, 327, 334, 369, 375, 392, 398, 401, 414, 432, 433, 442, 469, 549, 561, 658, 730.
Deschales II. 11, 12, 13, 19, 25, 26, 90, 299, 449.
Des Genettes II. 506.
Despinoza, s. Spinoza.
Despretz II. 668, 683, 684, 687, 721.
Deffant II. 372.
Dettonville (Pseudonym von Pascal) II. 155.
Deusing II. 14, 129.
Diderot II. 370, 372, 373, 374, 406, 607, 731.
Didion II. 606.
Diggs, Leonard I. 384.
Dikaiarchos I. 22.
Dinet II. 28.
Diodati I. 363; II. 198.
Diogenes von Apollonia I. 11, 155.
Diogenes von Laërte I. 8, 21, 22, 26, 33, 45, 77, 80, 154.
Diophantos I. 105.
Dioskorides I. 156.
Dircks II. 346, 347.
Dirichlet, Lejeune- II. 584, 586, 623.
Divini II. 187, 242, 244, 334, 336.
Divisch II. 489.
Dixon, Will. Heptworth I. 319.
Döbereiner II. 683, 685, 687.
Dörfel II. 313, 315.
Dollond II. 399, 476.
Dominis, Marcus Antonius de I. 309, 310.
Donick II. 282.

Doppelmayer II. 16.
Dositheus I. 82.
Dove, Heinrich Wilhelm II. 717—718.
Drakonitischer Monat I. 133.
Drebbel I. 307, 385, 390—391.
Dreydorff II. 160.
Du Bois Reymond II. 648.
Dubuat-Nançay II. 503.
Dühring I. 48, 236; II. 196, 388, 407, 409, 583, 601, 695.
Düx, Joh. Martin II. 222.
Du Fay II. 337, 472, 479.
Du Hamel II. 211.
Duleau II. 653.
Dulong II. 647, 683, 684—686.
Dumas, Jean Bapt. II. 683.
Dupin II. 518, 599, 668.
Dupuy de Lome II. 531.
Dutens II. 225.

E.

Ebn Haithem I. 168.
Eckert I. 280, 397.
Ecklin II. 161.
Edleston II. 301.
Edrisi I. 171.
Ehrenberg II. 708.
Ekphantos I. 34, 80, 81; II. 361.
Eleatische Philosophie I. 9, 18.
Ellicott II. 514.
Ellis II. 547.
Elmes II. 207.
Empedokles I. 15, 17, 68, 149, 154.
Emy, De l' I. 243.
Encke II. 575.
Engelmann II. 589.
Ennaëteris I. 77.
Ens, Caspar I. 390.
Ent II. 257.
Epikuräische Philosophie I. 9.
Epikuros I. 149; II. 79, 82, 83, 361, 729, 730.
Epinois I. 367.
Eratosthenes I. 56, 105, 108—112, 128; II. 316.
Erdmann II. 225.
Erman (ursprüngl. Ermendinger) II. 589, 612, 614—615, 618.
Ernouf II. 351.
Ersch und Gruber's Encyclopädie I. 127; II. 387.
Ertel II. 575.
d'Espagnet II. 356.
l'Espinasse II. 372.
Etten (Leurechon) van II. 73.
Ettingshausen II. 670.
Eudemos I. 83.

Eudoxos I. 35, 56, 73, 76—84, 98, 112, 113, 116, 144.
Eukleides I. 25, 105, 106—108, 109, 120, 149, 152, 162, 163, 168, 206, 213, 290, 303, 330.
Euler, Carl II. 394.
Euler, Christoph II. 394.
Euler, Joh. Albrecht II. 394.
Euler, Leonhard II. 376, 385, 388, 389, 390, 392—400, 402, 403, 407, 414, 417, 423, 531, 578, 607, 621, 720, 733.
Euripides I. 155.
Eurymedon I. 44.
Eusebios I. 9, 80.
Eustathios I. 92; II. 91.
Eutokios von Askalon I. 93, 105.
Eutyphron I. 29.

F.

Fabri II. 183, 187, 240, 242—243, 244, 336.
Fabricius, Johann I. 341, 352.
Fabrizio ab Acquapendente II. 337.
Fabbroni (Fabroni) II. 241, 639.
Fabronio II. 237, 239.
Fagnano II. 416.
Fahrenheit II. 342—343.
Falckenberg, Dr., Rich. I. 222.
Falconieri II. 209, 210, 240, 242.
Faraday II. 570, 582, 611, 612, 615, 630—642, 644, 645, 647, 650, 688, 699, 728.
Faugère II. 157.
Faujas de St.-Fond II. 531.
Fechner II. 614, 620, 621, 624, 625, 626, 628.
Fedé II. 46.
Fellner, Stefan I. 178, 191.
Fermat II. 17, 19, 72, 86, 93—95, 160, 203, 272, 281, 329, 378, 383, 396.
Fernel II. 316, 361.
Ferrari, Ludovico I. 324.
Ferrier II. 62, 66.
Ferro, Scipio I. 324.
Fesaio II. 79.
Festus, Avienus I. 113.
Ficinus II. 6.
Finaeus, Orontius I. 397.
Fischer, Joh. Karl II. 197, 231.
Fischer, Kuno I. 319; II. 30, 49, 56, 224, 326, 351, 438, 441.
Flammarion I. 272.
Flamstead II. 306, 313, 315—316, 338, 445.
Flock, Erasmus I. 130.
Fludd, Robert I. 389, 391; II. 80.
Förster, Wilh. I. 305.
Fontana II. 506.

Fontenelle II. 223, 231, 270, 300, 380, 413, 444—445, 454.
Forerius II. 131.
Foresta, Della I. 252.
Formey II. 381.
Foscarini I. 366.
Fothergill II. 488.
Foucault II. 669.
Foucher de Careil II. 47, 225.
Fouchy II. 381.
Fourcroy II. 506, 513, 517, 522, 525, 526, 528, 542.
Fourier II. 469, 595, 622, 624, 659, 665, 699—700, 720.
Fracastoro, Geronimo I. 84, 343, 384; II. 361.
Franklin, Benjamin II. 376, 469—470, 476, 479, 480, 483, 484, 486—492, 513, 635.
Frauenstädt II. 675.
Fraunhofer II. 177, 575, 661, 666—667, 669, 677.
Freret II. 277.
Fresnel, Augustin II. 184, 304, 558, 562, 570, 651—661, 664, 665, 669, 670, 688, 728.
Fresnel, Jacob II. 651.
Fresnel, Léonor II. 652, 653, 660.
Friedlein I. 120.
Friis I. 280.
Frisch, Christ. I. 305.
Frisi I. 367; II. 301.
Frölich, David II. 136.
Fromont II. 13.
Frontinus, Sext. Jul. I. 127, 147.
Fullenius II. 193.
Fumagalli I. 248.
Funk II. 535, 538.
Fuss II. 388.

G.

Gale II. 593.
Galenos I. 91, 155, 156, 184; II. 360.
Galilei, Galileo I. 53, 74, 205, 217, 236, 239, 242, 263, 269, 271, 281, 285, 290, 294, 300, 307, 311, 318, 319 bis 383, 391; II. 1, 9, 11, 18, 37, 38, 58, 60, 61, 65, 82, 85, 89, 95, 96, 102, 103, 105, 106, 107, 109, 110, 111, 124, 139, 160, 176, 178, 179, 182, 187, 193, 194, 195, 198, 199, 209, 236, 237, 239, 251, 252, 253, 275, 293, 321, 329, 335, 354, 358, 369, 379, 381, 418, 419, 446, 469, 498, 594, 666, 696, 714.
Galilei, Vincenzio I. 343.
Gallenberg, Hugo Graf von I. 236.
Gallet II. 183.

Gallois II. 86.
Galterius II. 79.
Galvani, Aloisio II. 9, 376, 470, 503 bis 507, 509, 510, 511, 712.
Galvani, Luigi II. 506.
Gassendi I. 17, 270, 271, 280; II. 12, 15, 16, 18, 19, 39, 41, 54, 55, 72, 76, 78—85, 96, 169, 182, 214, 229, 251, 299, 316, 337, 338, 352, 358, 361, 366, 548, 703, 725, 730.
Gassiot II. 650.
Gaugain II. 624.
Gauss, Carl Friedrich II. 403, 427, 428, 570, 571—584, 585, 588, 589, 590, 591, 592, 593, 595, 604, 647, 711, 716, 718, 719, 720.
Gauss, Joseph II. 574.
Gauthier, d'Epinois I. 209.
Gay-Lussac II. 555, 556, 567, 570, 647, 655, 677—683, 687, 704, 705, 708, 712, 719, 724, 725, 726, 727.
Gaza I. 50.
Geber I. 165—167, 204.
Gebler, Karl von I. 348, 359, 367.
Gehler II. 74, 326, 592.
Gelcich II. 321.
Gellibrand I. 397.
Geminos I. 128.
Generini II. 314.
Geoffrin II. 372.
Georg von Trapezunt I. 50, 129, 256.
Georgi, L. I. 129.
Gerbert (Pabst Sylvester II.) I. 161.
Gerhardt, Carl Imm. II. 231, 377, 423, 583.
Gerhardt, Karl Friedr. II, 727, 729.
Gericke, Georg II. 113.
Gericke, Jakob II. 113.
Gericke, Johann II. 113. 114.
Gericke, Marcus II. 113.
Gerland II. 135, 198, 201, 231, 245, 247, 252, 325, 326, 330, 332, 342, 351, 416.
Germain, Sophie II. 720.
Gernier II. 416.
Geschauff (Venatorius), Thomas I. 94.
Gherardi I. 359, 367.
Gherardini I. 345, 367.
Gherardo von Cremona I. 129.
Ghetaldi II. 321.
Giese, Tiedemann I. 262, 263.
Giessing II. 473.
Gilbert, William I. 371, 394—399; II. 134, 143, 235, 353, 354, 355, 513.
Gioja, Flavio I. 208, 209.
Gladstone II. 642.
Glauber II. 323, 362, 450.
Godfrey, Thomas II. 310.
Göbel, K. I. 306.
Goethe I. 68, 71; II. 661, 670—674, 675, 676.

Goldberg II. 300.
Goldschmied, Georg (Fabricius) II. 722.
Gordon II. 473, 475.
Gorgias I. 29.
Gottsched I. 271.
Gough II. 553.
Govi I. 236.
Graham II. 401, 444, 459—460.
Gralath II. 473, 482, 483, 485—486, 514.
Grassi I. 355, 356, 357, 358.
Grassmann, Herm. Günth. II. 587, 612.
s'Gravesande, Storm van II. 189, 193, 270, 530.
Gray, Edward Whitaker II. 472.
Gray, Stephen II. 335, 470, 471—472.
Green, George II. 427, 584, 585, 670.
Gregor von Nazianz I. 120.
Gregory, David II. 271, 331.
Gregory, James II. 255, 257, 306, 310, 330—331, 334, 335.
Gren, Friedr. Albert Carl II. 506.
Grimaldi II. 19, 20, 21, 22, 23, 24, 26, 182, 189, 262, 304, 327.
Grimm II. 372.
Grischow II. 341.
Gross, Joh. Friedr. II. 495.
Grote II. 231.
Grote, G. I. 22, 38.
Grothe I. 236, 239.
Grove II. 626, 629, 649.
Gruppe, O. I. 35, 36, 37, 80.
Grynäus, Simon I. 130.
Guericke, Otto von (vordem Gericke) II. 113—144, 145, 146, 164, 170, 220, 299, 325, 338, 340, 344, 352, 354, 361, 365.
Guglielmini II. 110, 112, 266, 594, 595.
Guhrauer II. 225, 231.
Guido Ubaldi Marchese del Monte (Monti) s. Ubaldi.
Guiducci, Mario I. 356.
Guldinus, Paul (eigentlich Habakuk) I. 138, 147, 286; II. 321—322.
Gurney II. 560.
Gusman, Bartholomeo Lourenço de II. 529.
Guyot de Provins I. 209.
Guyton de Morveau II. 513, 516, 517, 522, 525, 526.

H.

Hadley, John, II, 301, 310, 717.
Hänselmann II. 583.
Hafenreffer I. 283.
Hakem (II.) I. 161.
Hallé II. 513.
Haller II. 505.

Halley I. 304; II. 266, 267, 268, 276, 277, 301, 305, 306, 308, 312, 314, 316, 319, 327, 329, 331, 338, 341, 354, 414, 415, 426, 442, 445, 458, 460, 535, 590, 717.
Halma, Nicolas I. 130.
Hamel II. 593.
Hamilton, Will. Rowan II. 583, 584, 586—587, 588, 670.
Hankel II. 647.
Hansteen II. 584, 590.
Harrison II. 444, 459, 460.
Hartenstein II. 432, 434.
Harting II. 336.
Hartmann, Georg I. 397—398.
Hartsoeker II. 332—333, 334, 335.
Harun al Raschid I. 160, 161.
Harvey II. 96.
Hasner I. 280.
Hasse II. 441.
Hauber, Carl Friedr. I. 94.
Hausen II. 473, 474.
Hautefeuille II. 183, 347—348.
Haüy II. 478, 719.
Hawksbee II. 326, 338, 353, 354.
Heaton and Black I. 248.
de Heer II. 621.
Helfrecht I. 280.
Heliodor von Larissa I. 151.
Helmholtz II. 283, 421, 442, 561, 563, 622, 674, 675, 691, 692, 728.
Helmont II. 342, 356, 357, 358—359, 525, 556.
Helvetius II. 373, 374.
Henley II. 514, 515.
Henry II. 621.
Henry, W. C. II. 557.
Herakleides Pontikos I. 34, 80, 81, 83; II. 361.
Herakleitos von Ephesos I. 15, 24; II. 569.
Herbart II. 579.
Herbinius II. 14.
Herder II. 216, 710.
Herigonius II. 146.
Hermann, Jacob II. 392, 422, 423, 424, 449.
Hermann, K. F. I. 22.
Hermbstädt, S. F. II. 526.
Hermeias von Atarneus I. 41.
Hermodoros I. 22.
Hermogenes I. 25.
Hermolaus Barbarus I. 50.
Heron und Ktesibios I. 118—127.
Heron von Alexandrien I. 106, 113, 122, 124, 147, 149, 150; II. 62, 95, 382, 396.
Herschel, Friedrich Wilhelm II. 444, 447, 448, 575.
Herschel, Sir John Frederick Will. II. 448.

Herschel, Caroline Lucretia II. 448.
Hertling I. 191.
Hesychios I. 139.
Hevelius (Hewelcke) I. 305; II. 21, 82, 182, 192, 234, 302, 313, 314—315.
Hieron II. vou Syrakus I. 86.
Higgins, Will. II. 556.
Hiketas von Syrakus I. 34.
Hildericus Edo I. 128.
Hjorter II. 444, 454, 455.
Hipparchos aus Nikaia I. 77, 78, 80, 81, 82, 84, 105, 113—118, 131, 132, 133, 144, 149, 162, 259.
Hippler I. 272.
Hippias (Dialog von Platon) I. 29.
Hippokrates I. 156, 184; II. 361.
Hippon I. 11.
Hobbes II. 39, 55, 72, 95—97, 165, 202, 203, 242, 549.
Hocheder I. 37.
Hoefer II. 300.
Hoffmann, Fr. W. II. 118, 121.
Hofmann, Aug. Wilh. II. 364.
Holbach II. 370, 371, 372, 373, 374, 406, 442.
Holden II. 448.
Holtz II. 634.
Homberg II. 337, 362, 365—366.
Honein ben Ishak I. 129.
Hooke, Robert II. 17, 162, 170, 183, 257, 258, 259, 261, 265, 266, 268, 301, 302—304, 311, 312, 318, 324, 325, 326, 327, 336, 445, 459, 549, 731.
Hoppner, John Will. Rizzo II. 592.
Horky, Martin I. 350, 353.
Horrebow II. 211.
Horrox, Jeremiah II. 313.
Horsley II. 272, 280, 282.
Hortensius II. 64, 77.
l'Hospital (l'Hôpital) II. 186, 379, 382, 384, 390—391, 395, 407, 424.
Hudde II. 272.
Hultsch I. 120, 126, 138.
Humboldt, Alexander von I. 35, 42, 188, 210; II. 511, 570, 575, 576, 581, 647, 681, 682, 706—714, 716.
Humboldt, Wilh. v. II. 575, 706.
Hume II. 8, 432, 442—444.
Hunter II. 478.
Huygens, Christiaan I. 365, 381; II. 60, 63, 74, 78, 86, 87, 141, 177, 179 bis 201, 204, 211, 221, 244, 257, 258, 268, 270, 272, 274, 297, 302, 311, 312, 317, 324, 325, 327, 331, 334, 335, 337, 338, 347, 348, 350, 351, 363, 378, 379, 381, 382, 384, 389, 391, 408, 423, 426, 450, 460, 655, 656.
Huygens, Constantyn II. 38, 180.

Hypatia I. 99, 105, 129, 138—141.
Hypsikles I. 105, 106, 162.

I.

Ibn Junis (Yunis) I. 163, 209.
Ibn Khaldun I. 165.
Idaios I. 11.
Ide II. 573.
Ideler I. 34, 35, 271.
Ingen-Houss II. 474, 475.
Ionische Philosophie I. 9.
Isidor von Sevilla I. 175, 177.
Isokrates I. 44.
Ivory II. 580, 584—585.

J.

Jachmann II. 441.
Jacobi, Karl Gustav Jakob II. 584, 587—588, 621, 649.
Jacobi, Moritz Hermann von II. 621, 642, 649.
Jacquier II. 282.
Jagemann I. 367.
Jallabert II. 495.
Jamblichos I. 11, 50.
Jameson II. 665.
Janssen, Zacharias I. 385; II. 335.
Jaubert I. 172.
Jaucourt II. 231.
Jebb I. 192.
Jessenius (Anatom) I. 303.
Jöcher II. 144, 239.
Joël I. 191.
Jolly II. 690.
Jones, Dr. Bence II. 641.
Jordan II. 177.
Joule, James Prescott II. 650, 691, 692, 693, 695, 697, 699, 702—703, 728.
Jurin II. 561, 563.
Jussieu II. 517.

K.

Kämtz II. 620, 717.
Kästner, Abrah. Gotthelf I. 271, 273, 306; II. 80, 85.
Kalippos I. 56, 73, 84, 144.
Kallimachos I. 105.
Kallisthenes I. 43.
Kannegiesser II. 613.
Kant I. 39; II. 8, 283, 375, 376, 428 bis 441, 467.
Karsten I. 19.
Kater II. 515, 584, 594.
Kempelen, Wolfgang von II. 535, 537.

Keppler I. 83, 84, 114, 217, 219, 249, 266, 269, 270, 271, 276, 278, 280, 281—306, 342, 348, 349, 350, 366, 387, 394; II. 15, 17, 27, 62, 65, 66, 81, 82, 90, 93, 94, 96, 177, 188, 193, 197, 255, 265, 267, 272, 281, 291, 312, 329, 376, 402, 416, 561, 580, 583, 666, 714.
Keuchen I. 127.
Kienmayer, Franz von II. 474.
King (Lord) II. 213.
Kingsley, Charles I. 141.
Kinnersley, Ebenezer II. 487.
Kirch, Gottfried II. 313, 315, 316.
Kircher, Athanasius II. 72, 82, 87—92, 136, 145, 323, 336, 337, 354.
Kirchhoff, Gust. Rob. II. 626, 659, 667.
Kirchmann, J. H. v. II. 47, 101.
Kirwan II. 547, 556.
Klaproth I. 210.
Klearchos von Soloi I. 22.
Kleist, Ewald Georg von II. 481, 482, 484.
Kleomedes I. 110, 149, 150.
Köhler I. 179.
König, Samuel II. 402.
Kohlrausch, Rudolph Herm. Arndt II. 591, 625, 626, 629.
Kopp, Hermann II. 528, 557.
Kraft II. 449.
Kramer, Dr. P. II. 63, 64, 65.
Kratylos I. 21, 24.
Kratzenstein, Christ. Gottlieb II. 480, 495, 537.
Kriton I. 25, 29.
Krönig, Aug. Karl II. 548, 699, 703 bis 704.
Krüger, Joh. Gottlob II. 482.
Krünitz, Dr. J. G. II. 496, 525.
Krzyzanowski I. 271.
Ktesibios I. 106, 147.
Ktesibios und Heron I. 118—127.
Ktesippos II. 25.
Kunckel (Kunkel) von Löwenstjern, Johann II. 362, 364, 365.
Kunth II. 706.
Kurz, Albert I. 286.

L.

La Caille, Nicolas Louis de II. 444, 450, 452—453, 517.
Lacépède, Bern. Germ. Étienne, Comte de II. 416.
Laches (Platon's Dialog) I. 25.
Lactantius I. 150.
Ladenburg II. 528.
La Galla, Julius Cäsar II. 89, 336.

Lagrange I. 339; II. 93, 376, 385, 398, 400, 407, 409, 414—423, 427, 443, 450, 459, 531, 578, 584, 586, 588, 595, 596, 601, 602, 603, 605, 607, 621, 720, 733.
La Hire, Gabriel Philippe II. 318.
La Hire, Philippe II. 318, 319, 334, 341, 449, 498, 538.
La Lande II. 425, 444, 447, 448.
Lambert II. 341, 433, 447, 531, 564, 566—567, 679, 700.
Lamé II. 565.
Lana (Terzi) Francesco, de II. 144, 147—148, 528.
Lancelot II. 155.
Lane, Timothy II. 514—515.
Langberg II. 623.
Lange II. 79.
Lansberg, Philipp II. 13.
La Place I. 136, 243; II. 93, 274, 295, 368, 376, 416, 427, 433, 444, 450, 451, 459, 461—469, 478, 508, 513, 523, 542, 573, 574, 575, 580, 581, 584, 585, 595, 602, 603, 604, 655, 681, 716, 719, 733.
Larrey II. 506.
Lassalle I. 15.
Lasswitz, Kurd II. 298, 359, 361, 366, 438.
Latini, Brunetto I. 209.
Laurent II. 727.
Latouere II. 156.
Lavoisier II. 368, 376, 415, 455, 467, 516, 517—525, 526, 528, 542, 547, 550, 556, 689, 724, 734.
Lavoisier, Madame geb. Paulze s. Paulze.
Le Bailiff II. 633.
Leclerc, Jean II. 213.
Leeuwenhoek, Antoni II. 330, 335.
Lefèvre-Gineau II. 444, 449, 453.
Legendre II. 422, 427—428, 580, 584, 651.
Lehmann, Joh. Gottlob II. 478.
Léhot II. 513.
Leibniz II. 7, 59, 63, 65, 99, 101, 150, 203, 214, 215—231, 237, 255, 270, 271, 272, 277, 281, 299, 311, 319, 329, 331, 349, 350, 351, 368, 374, 377, 378, 379, 381, 382, 391, 395, 397, 402, 423, 432, 433, 469, 498, 534, 600, 706, 710, 714, 729, 730, 731.
Leidenfrost II. 552.
Leland I. 195.
Lémery, Nicolas II. 362, 365, 516, 556.
Le Monnier, Louis Guillaume II. 483, 493.
Le Monnier, Pierre Charles II. 401, 444, 450, 453.
Lenz II. 621, 642, 649, 650.
Leo (Philosoph) I. 160.

Leonardo da Vinci I. 222—248; II. 23, 112.
Leopold von Medici I. 364.
Leopold II. von Toscana I. 366.
Le Roi, Henri (Regius) II. 39, 40, 41.
Le Roy, Jean-Baptiste II. 488, 506.
Le Sage, George-Louis II. 549, 703.
Lessing I. 74; II. 216.
Le Sueur (Le Seur) II. 282.
Leukippos I. 15, 17.
Leurechon I. 390; II. 73.
Lewes I. 62; II. 99.
Lexell II. 393.
Libau (Libavius), Andreas II. 362.
Libri I. 236, 252, 309, 367; II. 23, 247.
Liceti, Fortunio I. 364; II. 98, 336.
Lichtenberg I. 271; II. 480—481, 532.
Lieberkühn, Joh. Nathaniel II. 482, 564, 565.
Liebherr II. 666.
Liebig, Justus, Freih. von I. 319; II. 690.
Lindenau II. 575.
Linné II. 478.
Linus (Line), Franciscus II. 165, 171, 173—174, 258.
Liouville II. 597.
Lippershey I. 348, 385, 386.
Lipstorp, Daniel II. 15, 16.
Lister II. 319.
Littrow, Karl I. 272.
Litzendorf II. 473.
Livius I. 85, 92, 95, 154.
Lloyd, Humphrey II. 661, 670.
Lobsinger, Hans II. 74.
Locke II. 7, 211—215, 217, 225, 276, 368, 406, 442, 549.
Lohmeier, Philipp II. 148.
Lombardini I. 236.
Longomontanus (eigentl. Christian Severin) I. 270, 275, 276, 280; II. 11, 12.
Lorini I. 354.
Lubieniecky, Stanislaus II. 137.
Lucas, Anton II. 258.
Lucretius I. 8, 149, 154, 155; II. 292, 703, 729.
Ludolf, Christ. Friedr. II. 473.
Ludovici II. 231.
Lukianos I. 91.
Luynes, Herzog von II. 46.
Lysis I. 25.

M.

Mach II. 385.
Maclaurin II. 395, 396, 400, 403—404, 449, 584.
Macquer II. 556.

Mästlin (Möstlin), Mich. I. 269, 283, 285, 287, 299.
Magalotti II. 232, 237—238, 346.
Magini I. 294, 349.
Magiotti de Montevarchi, Raphael II. 62.
Magnus II. 680.
Maignan, Emanuel II. 25, 333.
Mairan II. 319, 444, 454.
Malalas, Joannes I. 139.
Malmesbury II. 343.
Malvasia, Marchese, Cornelio II. 208, 241, 313.
Malus II. 562, 656, 658, 661—663, 666.
Mandeville II. 370.
Maraldi II. 211, 318, 449, 452.
Marat II. 548.
Marcellus I. 85, 90.
Marcet II. 615.
Marci de Kronland, Joh. Marcus II. 328.
Marcus (Graecus) I. 204.
Marggraf II. 520.
Marin II. 74.
Marini I. 367.
Marinus von Neapolis I. 107.
Mariotte II. 164, 171, 174—178, 192, 318, 319, 320, 327, 421, 468, 603, 647, 687, 704, 718, 727.
Marius (Mayr) I. 386.
Marsili II. 232, 240.
Marta, Jacob Anton I. 336.
Martin, Henri Th. I. 14, 38, 120, 126, 367.
Martine II. 341.
Marum, Martin van II. 474, 476, 513.
Maskelyne II. 444, 457—458.
Mathieu II. 647.
Matter I. 105.
Matteucci II. 642, 648.
Maupertuis II. 94, 270, 396, 400, 401 bis 403, 405, 411, 424, 425, 450, 552.
Maurolycus, Franciscus I. 94, 248—252; II. 331.
Maxwell, Clerk II. 563, 565, 633.
Mayer, Dr. Adolph II. 403, 421.
Mayer, Julius Robert II. 570, 688—699, 728.
Mayer, Tobias II. 444, 446—447, 457, 575, 581, 679.
Maynard II. 160.
Mazenta I. 233.
Mazzuchelli, J. M. I. 95.
Mazzuchelli, C. II. z4.
Méchain II. 444, 449, 451, 453.
Melanchthon I. 130.
Melanderhjelm (Melander) II. 444, 447.
Melissos I. 19.
Melloni II. 177, 642, 645—646, 664.
Melsens II. 359.
Menelaos I. 162.
Menexenos I. 25.

Mercator (Kaufmann) II. 272.
Merschmann II. 157.
Mersenne II. 17, 28, 30, 33, 37, 38, 58, 60, 61, 62, 72, 73, 74, 75, 76, 80, 85, 86, 87, 95, 96, 108, 110, 131, 151, 152, 156, 157, 185, 251, 334, 337, 338.
Meton I. 82.
Metius, s. Adrianszoon.
Michaud II. 597.
Michelini II. 242.
Michell, John II. 499.
Michelotti II. 386.
Milich, Jacob I. 261.
Millet II. 72.
Mirabaud II. 374.
Mirabeau II. 491.
Mirandola, Pico von II. 5, 6.
Möbius II. 575, 587.
Mörbeck I. 126.
Möser, Justus II. 375.
Moll I. 385.
Molyneux II. 444, 445.
Monge II. 450, 513, 542, 598—599, 600.
Monconys II. 323.
Montague (Graf von Halifax) II. 276, 277.
Montalte, Louis de (s. Pascal) II. 155.
Montanari, Geminiano II. 239, 240, 241—242, 352, 563.
Monte (Marchese del-), s. Ubaldi.
Montesquieu II. 372.
Montferrier I. 243.
Montgolfier, Joseph-Michel II. 376, 528, 529—531.
Montgolfier, Jacques-Étienne II. 376, 528, 529—531.
Montucla I. 62, 114; II. 85, 402.
Moray (Murray), Rob. II. 244, 245—246, 257, 352.
Morgan II. 370.
Morgagni II. 177, 386.
Morhof II. 148, 339.
Morin, Jean-Baptiste I. 270, 280; II. 11, 12, 13, 16, 33, 84, 85.
Morin (General) II. 499.
Morland II. 324, 339, 340, 348.
Morse, Samuel Finley Breese II. 593.
Moser, F. C. von II. 375.
Motte II. 282.
Mouton, Gabriel II. 450.
Mudge II. 451.
Müller, J. II. 627.
Muhamed I. 158.
Muirhead II. 543.
Mullach I. 16, 17, 19.
Muncke, Georg Wilh. II. 135, 592, 593.
Murr II. 531.
Musschenbroek, Pieter van II. 172, 246. 482, 484, 561.

Mutoli, Pier Maria (Borelli's Pseudonym) II. 233.
Mydorge II. 30, 33, 72, 151.

N.

Nairne, Edward II. 489, 495.
Nasir-Eddin I. 163.
Navier II. 397, 598, 604.
Neille II. 334.
Neleus (Schüler des Aristoteles) I. 47.
Nelli I. 367, 382; II. 112.
Nervander II. 627, 649.
Nettesheim, Agrippa von II. 6.
Neumann, Franz Ernst II. 661, 670, 684.
Neuplatonische Philosophie I. 9.
Neper I. 296.
Newcomen II. 351, 540, 543.
Newton I. 18, 74, 75, 149, 243, 258, 300, 304, 320; II. 17, 23, 24, 71, 172, 174, 179, 184, 189, 190, 192, 194, 203, 211, 213, 215, 221, 253—301, 302, 304, 305, 307, 309, 310, 311, 312, 315, 317, 322, 327, 328, 329, 333, 334, 335, 336, 338, 341, 352, 354, 366, 367, 368, 369, 379, 381, 382, 388, 392, 395, 401, 410, 411, 416, 423, 425, 426, 433, 438, 444, 446, 449, 455, 462, 464, 465, 467, 469, 570, 578, 584, 635, 645, 651, 656, 661, 664, 665, 666, 671, 672, 677, 696, 714.
Niccolini I. 358.
Niceron II. 146, 237, 239, 381.
Nicholson II. 563, 592, 612, 616.
Nicolai II. 575.
Nicole II. 155.
Niepce, Jos. Nicéph. II. 722, 723.
Niepce, Isidore II. 7 23.
Nieuwentiit II. 423.
Nikanor (Mündel des Aristoteles) I. 45.
Nikolaus Damascenus I. 49.
Nikomachos (neupythagoräischer Philosoph) I. 105, 152.
Nikomachos (Vater des Aristoteles) I. 40.
Nizze I. 94.
Nobbe I. 129.
Nobili II. 618, 642, 644, 645.
Noble II. 337, 338.
Nokk I. 100.
Nollet II. 482, 483, 484—485, 488, 510.
Norman, Robert I. 396, 397; II. 235.
Noothe H. 473.

O.

Oersted II. 582, 592, 608, 611, 612—614, 635, 647, 665.

Ohm, Georg Simon II. 570, 614, 619 bis 626, 700, 720.
Ohm, Martin II. 619.
Oken II. 671.
Oktaëteris I, 77.
Olbers II. 573, 574, 584, 588—589, 595.
Oldenburg II. 99, 222, 257, 265, 268.
Oliva, Antonio II. 232, 240.
Oppenheim II. 518.
Origenes I. 9, 80.
Osiander, Andreas I. 262.
Outhier II. 401.
Overton II. 276.
Oviedo, Gonzales I. 396.

P.

Page II. 617.
Palladas I. 139.
Pallas II. 533.
Palm, Gust. Alb. I. 156.
Papin II. 112, 170, 325, 326, 338, 349—351.
Pappos I. 105, 106, 118, 124, 125, 129, 138, 147; II. 272, 322, 382, 396.
Paracelsus, Theophrastus (von Hohenheim) I. 321—323; II. 6. 355, 357, 358.
Parasin II. 14.
Pardies II. 258, 300, 304—305.
Parmenides I. 18, 19, 79, 327.
Parrot, Georg Friedrich II. 618, 639, 642.
Parthey I. 105.
Pascal II. 72, 108, 127, 128, 149—161, 248, 272, 319, 324, 369, 667.
Patrizio (Patritius) I. 320, 328, 329—332; II. 6. 7.
Paulze, Pierrette (Mad. Lavoisier) II. 547.
Pausanias I. 28.
Peacock II. 564.
Péan II. 351.
Peckham, Joannes I. 207.
Pecquet, Jean II. 319.
Peirescius I. 386; II. 79, 82.
Pelletan II. 513.
Peltier II. 642, 646, 647.
Pemberton II. 277, 286.
Périer II. 129, 150, 152, 153, 154, 324.
Périer, Gilberte II. 156.
Perikles I. 23.
Perrault II. 177.
Perrolle (Pérolle) II. 535, 538.
Perugia, Dr. Achilles II. 624.
Persoz II. 664.
Petavius I. 118, 128.
Peters, C. A. F. II. 584.

Petit, Alexis-Thérèse II. 683, 684, 685, 686.
Peyrard, F. I. 94, 101, 107.
Pfaff, Christ. Heinr. II. 506, 513, 620, 639, 642.
Pfleiderer II. 231.
Phaidon (Dialog von Platon) I. 35.
Phaidros (Dialog von Platon) I. 25, 35.
Philander von der Weistritz I. 280.
Philelphos I. 50.
Philolaos, der Pythagoräer I. 12, 13, 14, 34, 79, 143.
Philon von Byzanz I. 106, 126, 127.
Philoponus, Joann. I. 330.
Philostorgios I. 139.
Piazzi, Giuseppe II. 572, 574.
Picard, Jean II. 210, 266, 314, 316—318, 337, 338, 445, 449.
Piccolomini, Ascanio I. 362.
Picot II. 46.
Pieroni I. 364.
Pigott II. 337, 338.
Pilastre du Rozier II. 530.
Pivati II. 495.
Planta, Martin II. 474, 475.
Platerus (Anatom) I. 303.
Platon I. 8, 9, 11, 14, 20—39, 41, 42, 45, 46, 68, 70, 71, 74, 77, 78, 79, 98, 144, 149, 155, 187, 324, 325, 330; II. 3, 62, 293.
Plinius I. 8, 150, 151, 154, 155, 156; II. 336.
Plücker, Julius II. 642, 649—650.
Plume, Dr. II. 309.
Plutarchos I. 8, 10, 34, 80, 85, 86, 88, 90, 92, 98, 118, 148, 150, 153, 259; II. 167.
Poggendorff II. 313, 326, 351, 451, 579, 592, 614, 615, 618, 620, 621, 622, 642, 647—648, 690.
Pohl, Georg Friedr. II. 612, 618, 620.
Poinsot, Louis II. 570, 595—598, 654.
Poisson II. 47, 59, 595, 598, 602—604, 624, 655, 659, 670, 719.
Politian I. 50.
Polybios I. 85, 88, 90, 92, 95.
Pomponius Mela I. 151.
Poncelet II. 598, 604—606.
Poplinière II. 372.
Porphyrios I. 50.
Porta, Giambattista della I. 246, 249, 306—309, 328, 384, 398, 399; II. 93, 339, 343.
Porterfield II. 561.
Poseidonios I. 127—128, 316.
Poselger, T. I. 62.
Pothenot, Laurent II. 77. 444, 449, 451—452.
Pouillet II. 621, 626, 627, 664, 685.

Prantl, Dr. Carl I. 76.
Priestley II. 89, 143, 493, 496, 517, 519, 520, 521, 523, 525, 526, 541, 542, 557.
Prieur II. 451.
Proklos I. 33, 50, 105, 106, 107.
Prony (Riche de) II. 416, 542, 598, 601—602, 647.
Protagoras I. 25, 29.
Proust, Joseph Louis II. 525, 527.
Prout William II. 683.
Prowe I. 272.
Ptolemaios Lagi I. 103.
Ptolemaios II., Philadelphos I. 104.
Ptolemaios, Klaudios I. 78, 80, 81, 84, 105, 114, 117, 118, 128—138, 144, 146, 149, 150, 151, 152, 163, 168, 169, 170, 199, 206, 264, 265, 266, 273, 322; II, 203.
Purbach, Georg I. 130, 255, 256, 257, 261.
Pythagoräer I. 9, 11, 12, 152.
Pythagoras I. 12, 79, 149, 152, 370.

Q.

Quietanus II. 313.

R.

Ramazzini, Bernardo II. 324.
Rameau II. 534, 535.
Ramsden, Jesse II. 474, 476, 553.
Ramus, Peter I. 76, 274, 320, 321.
Raspe II. 225.
Rawley I. 316.
Reaumur II. 478, 482, 552.
Redi, Francesco II. 232, 239.
Regiomontanus, Johann I. 130, 136, 218, 255, 256, 257.
Regius (siehe Le Roi, Henri).
Regnault II. 680, 684, 685, 687, 697.
Reich, Ferdinand II. 266, 456.
Reichenbach, Georg von II. 575, 666.
Reil, Joh. Christ. II. 506.
Reimarus, Herm. Sam. II. 216, 375.
Reinhold, Erasmus I. 219, 261, 268, 269.
Reitlinger, Dr. E. I. 306.
Reive II. 334.
Renaldini, Carlo II. 232, 238, 341.
Reneri (Renier) II. 39.
Rennie II. 499.
Reuchlin I. 50.
Reuchlin II. 160.
Reumond I. 367.
Reuschle, C. G. I. 305.
Reyher, Samuel II. 351, 352.

Rhabanus Maurus I. 172—179.
Rhäticus I. 261, 262, 263, 268.
Rhases I. 166, 167.
Rheita (Maria Schyrlaeus de) I. 280, 388; II. 11, 13.
Riccardi I. 356.
Riccati, Giordano II. 400, 531, 535, 536.
Riccati, Jacopo II. 536.
Riccati, Vincenzo II. 536.
Ricci, Ostilio I. 345.
Ricci (Cardinal) II. 108, 240—241.
Riccioli, Giovanni Battista I. 209, 270, 271, 280, 396; II. 11, 12, 13, 19, 21, 24, 182.
Richer, Jean II. 190, 317, 458.
Richmann II. 492—493.
Richter, Jeremias Benjamin II. 525, 527, 556, 724.
Rink, Friedr. Theod. II. 441.
Rinuccini I. 364.
Rio I. 248.
Risner I. 136, 171, 206.
Ritchie II. 642, 648.
Ritter, Joh. Wilh. II. 612, 617, 618.
Rivault, David I. 94, 101.
Rive, Auguste-Arthur de la II. 611, 612, 615—616, 618, 639, 647, 649.
Rixner und Siber I. 322, 336, 339.
Roberval (Giles Persone de) II. 17, 61, 72, 74, 85—87, 104, 151, 152, 156, 272, 281, 312, 329, 383, 597.
Robinson, J. II. 525, 553.
Robison, John II. 539.
Rodwell, G. F. II. 528.
Roebuck, Dr. John II. 540.
Römer, Ole. II. 66, 201, 210—211, 326, 337, 338.
Roffeni, Antonio I. 350.
Roget, Peter Mark II. 642, 644, 728.
Rohault II. 270.
Romagnosi, Gian Domenico II. 614.
Romas de II. 492.
Rose, Gust. II. 708.
Rose, Val. I. 120.
Rosenkranz, K. II. 432.
Rosensköld II. 621.
Rossetti, Donato II. 240, 242.
Rothmann, Christoph I. 269.
Rouelle, Guill. François II. 517.
Rousseau II. 372.
Roy, William II. 444, 451, 452.
Rudberg II. 683, 687.
Rühlmann, Dr. Mor. I. 62; II. 604, 607.
Rühlmann, Dr. Rich. II. 390.
Rümelin I. 305.
Rumford (Benjamin Thompson, Gr. v.) II. 376, 518, 544—552, 566, 727, 731, 734.

S.

Saad ben Achmed I. 160.
Sabathier II. 513.
Sagredo I. 357, 369, 389.
Salviati I. 343.
Salviati, Philipp I. 351, 357, 369.
Sanctorius (Santorio) I. 389; II. 248.
Sarotti II. 349.
Sarpi, Fra Paolo I. 389, 390.
Sarsi Sigensano (siehe Grassi)
Sartorius von Waltershausen II. 583.
Saussaye de la II. 351.
Saussure, Horace-Bénedict de II. 494. 679.
Sauvage II. 561.
Sauveur, Joseph II. 339, 391.
Savart, Félix II. 644, 720—721.
Savery, Thomas II. 344, 348—349, 350, 351, 473.
Schaarschmidt II. 730.
Scharpff, Fr. Anton I. 222.
Schaubach I. 16, 80, 101.
Schanz, Prof. Dr. I. 222.
Scheele, Karl Wilh. II. 517, 519, 520, 521, 523, 525, 526.
Scheibe II. 448.
Scheiner, Christoph I. 303, 321, 340—343, 352, 353, 358, 363, 388; II. 66, 110, 111.
Schellbach, K. Heinr. II. 597.
Schering, Ernst II. 583.
Schiaparelli I. 79.
Schilling von Canstadt, Pawel Lwowitsch Baron II. 592, 593.
Schinz I. 280.
Schlegel, Victor II. 612.
Schlottmann II. 514, 650.
Schmuck II. 506.
Schneider, Dr. Leonhard I. 206.
Schönborn, Joh. Phil. von II. 220.
Schomberg, Nicol. I. 260.
Schoner, Johann I. 261.
Schooten, van F. II. 208.
Schopenhauer, Arthur II. 661, 674—677.
Schorn I. 16.
Schott, Kaspar II. 88, 90, 122, 123, 124, 128, 143, 144—146, 170, 325.
Schröter, Joh. Hieronymus II. 574.
Schubert, F. W. II. 432, 441.
Schultz, Dr. F. A. 429.
Schumacher II. 575, 576, 582, 583.
Schweigger, Joh. Sal. Christ. II. 592, 612, 618—619, 647.
Schwenter, Daniel II. 72, 92—93.
Schyrlaeus, siehe Rheita.
Scotus, Johann Duns II. 5.
Sédileau II. 449.
Seebeck, Ludw. Friedr. Wilh. August II. 622, 720, 721.

Seebeck, Thomas Johann II. 633, 642, 643—644, 721.
Segner, Joh. Andreas von II. 422, 423—424.
Séguin II. 692.
Sénarmont, Henri Hureau de II. 660.
Seneca I. 8, 149, 151.
Senguerd, Arnold II. 326.
Senguerd, Wolferd II. 325, 326.
Sennert II. 358, 359—362, 366.
Settele I. 366.
Sextos Empirikos I. 11, 102.
Seyffer, Otto Ernst Jul. II. 514, 650, 693.
Shaftsbury II. 369.
Siegbert I. 206.
Siegwart I. 319.
Sighart, Joach. I. 191.
Sigaud de la Fond II. 474, 476.
Sigorgne, Pierre II, 72.
Simplicio I. 357, 358, 369.
Simplicius (Commentator des Aristoteles) I. 16, 33, 50, 83, 128.
Simpson II. 539.
Sirturus I. 386.
Sizy I. 353.
Skeptische Philosophie I. 9.
Smeaton II. 544.
Smee II. 626, 630.
Smith, Adam II. 539.
Smith, R. A. II. 557.
Smith, Robert II. 309.
Snellius, Willebrord II. 63, 64, 65, 72, 76—78, 245, 316, 326, 452.
Snell II. 301,
Śniadecki I. 271.
Sömmering, Samuel Thomas II. 592, 619.
Sokolow II. 493.
Sokrates (der Philosoph) I. 9, 20, 24, 25, 29, 35, 36, 41; II. 3.
Sokrates (der Kirchenhistoriker) I. 139.
Sophokles I. 155.
Sorbierius, Sam. II. 82.
Sorge, Georg Andreas II. 535, 537.
Souciet, Etienne II. 277.
Sozomenos I. 139.
Spalding II. 375.
Sparks, Jared II. 491.
Spengler I. 179.
Sperling, Joh. II. 361.
Speusippos I. 22, 28, 42.
Spinoza (Baruch Despinoza) II. 7, 72, 96, 97—102, 331, 369, 730.
Stahl, Georg Ernst II. 362, 363—364, 365, 516, 520, 521.
Stallbaum I. 22.
Stanhope, Charles II. 500.
Stas, Jean Servais II. 683.
Steen siehe Stenone.

Stenone, Niccolò II. 240, 243—244.
Steinhart I. 22.
Steinheil II. 593, 623.
Stevinus (Stevens), Simon I. 238, 240, 242, 321, 339—340; II. 77, 131, 160.
Stirling, James II. 230, 444, 449, 452.
Stoa I. 9.
Stobaios (Johannes von Stobi) I. 12.
Strabon I. 46, 48, 112, 128, 131.
Struve, O. I. 305; II. 575.
Stunica, Diego von I. 366.
Sturgeon, William II. 612, 617—618, 647, 702.
Sturm, Joh. Christ. I. 94, 95; II. 144, 146—147, 148, 326, 343.
Sturm, Leonh. Christ. II. 147.
Sue II. 506.
Suidas I. 21, 22, 118, 138.
Sulla I. 48.
Sulzer, Joh. Georg II. 505, 509.
Susemihl I. 37.
Swietlicki II. 482.
Swift II. 164, 481.
Swinden, Jan Hendrik van II. 274, 341, 497.
Symmer, Robert II. 479, 480.
Synesios (Bischof von Ptolemais) I. 139.

T.

Taisnier II. 146.
Tait, P. G. II. 421, 586, 695.
Talbot II. 721, 723.
Targione, Cipriano Antonio II. 332.
Tartaglia, Niccola I. 324, 326—327.
Tartini, Giuseppe II. 535, 536—537.
Taylor, Brook II. 354, 385, 390, 410, 535—536, 621, 624.
Telesius, Bernardinus I. 320, 327—329, 331, 332, 336; II. 5, 6.
Tencin II. 372.
Tennemann I. 22.
Terlon II. 44.
Terrier I. 367.
Thabit ben Korra I. 129.
Thales von Milet I. 10, 153, 154.
Theaitetos I. 25.
Themistos I. 50.
Thénard, Louis Jacques II. 664, 681, 683, 684, 685.
Theodoricus de Saxonia I. 207, 249.
Theodorich (König der Ostgothen) I. 172.
Theodōros (von Kyrene) I. 25.
Theon von Alexandrien I. 105, 108, 116, 118, 129, 130, 138.
Theon von Smyrna I. 85.
Theophanes Confessor I. 139.

Theophrastos (Schüler des Aristoteles) I. 34, 45, 47, 48, 69, 153.
Theopompos (Historiker) I. 22.
Thevenot I. 124.
Thévenot, Melchisedec II. 240, 243.
Thomas von Aquino I. 76, 181; II. 5.
Thomas von Sarzano (Pabst Nicolaus V.) I. 224.
Thomasius II. 374.
Thomson, Sir Will. II. 421, 565, 585, 586, 633.
Thomson, Thomas II. 725.
Thompson, siehe Rumford.
Thurston II. 348, 351.
Timaios von Lokri I. 25.
Timocharis von Alexandria I. 105, 108.
Tindal II. 370.
Todhunter II. 585.
Toǵair I. 165.
Toland II. 369, 370, 730.
Tompion II. 459, 460.
Torelli, Jos. I. 94.
Torricelli I. 147, 365; II. 18, 74, 102—110, 111, 124, 127, 143, 151, 173, 232, 236, 240, 242, 248, 323, 333, 335.
Toscanelli I. 212.
Townley, Richard II. 164, 171, 175, 320.
Tozzetti, Targioni II. 246.
Tredgold, Thomas II. 539.
Tremery, Jean Louis II. 478, 719.
Tricht van II. 180.
Tschirnhaus, Ehrenfried Walter Graf von II. 331—332.
Turgot II. 406, 410.
Turnor, Charles II. 264, 300.
Tycho (Tyge) Brahe I. 80, 217, 265, 269, 273—281, 285, 286, 287, 288, 289, 290, 295, 297, 299; II. 666.
Tyndall, John II. 634, 642, 695.
Tyrannion I. 48.
Tzetzes I. 92.

U.

Ubaldi (Guido Ubaldi Marchese del Monte) I. 240, 321, 339, 345, 346.
Ullherr II. 623.
Ulloa, Don Antonio de II. 444, 450, 453.
Ulloa, Don Jorge Juan de II. 450, 453.
Ulrich II. 225,
Ulugh Beg I. 163, 164.
Urban VIII., Pabst I. 356.
Ursus Reimarus I. 286.
Utzschneider II. 575, 666.

Uylenbroek II. 193.
Uzielli, Gustavo I. 228.

V.

Vacherot I. 105.
Valentin, Otto I. 269.
Valentinus siehe Basilius Valentinus.
Valerianus Magnus II. 146.
Valerio, Luca II. 321.
Valla, Georg I. 103.
Valla, Laurentius I. 50.
Valli, Eusebio II. 506.
Valson II. 668.
Vandermonde II. 598.
Vapereau II. 606.
Varenius (Varen) Bernhard II. 320—321, 362.
Varignon, Pierre II. 176, 322, 384, 388.
Varin II. 449.
Vassali II. 511.
Vasari, Giorgio I. 235.
Vaulezard II. 146.
Vauquelin, Louis Nicolas II. 513, 528, 683.
Venturi I. 126, 208, 236, 246.
Verdet Marcel Émile II. 660.
Verdus de II. 108.
Vidi II. 230.
Vicq-d'Azir II. 506.
Virey et Potel II. 417.
Vitri, Jacques de I. 209.
Vitello (Vitellio) I. 201, 206, 207, 303, 310.
Vitruvius I. 85, 88, 95, 102, 119, 120.
Viviani I. 364, 365, 367, 382, 388; II. 103, 107, 108, 232, 236—237, 238, 239, 251, 337, 338.
Voëtius, Gisbertus II. 40, 46.
Volhard II. 528.
Volmar, Johann I. 261.
Volta II. 376, 470, 505, 506, 507—514, 559, 592, 614, 616, 617, 619, 632, 637, 681, 712.
Voltaire II. 181, 264, 370, 371, 372, 374, 402, 411—412.
Vossius, Isaac II. 63, 78, 244, 245.
Vries, Simon II. 99.
Vulpius II. 121.

W.

Waddington-Kastus I. 321.
Wagner, Rudolf II. 528.
Waitz, Jacob Sigismund von II. 514.
Wall II. 353, 488.

Wallis, John II. 156, 201—205, 237, 255, 272, 313, 319, 329, 338, 339.
Walsh, John II. 478.
Washington II. 491.
Wasianski, Ehregott Andreas Christian II. 441.
Watson, William II. 473, 483, 485, 488, 490.
Watt, James II. 351, 376, 538—543.
Weber, Eduard Friedr. II. 590.
Weber, Ernst Heinr. II. 590.
Weber, Wilh. Eduard II. 576, 584, 590—593, 629.
Weigel, Valentin II. 6.
Weingarten II. 160.
Weissenborn II. 332.
Welser, Marcus I. 341; II. 110.
Welter, Jean Joseph II. 680.
Wenzel, Carl Friedr. II. 525, 527, 724.
Werner, Abr. Gottlob II. 706.
Werner, Dr. Karl I. 206.
Wertheim II. 421.
Westphal J. H. I. 271; II. 314.
Wheatstone, Charles II. 593, 626, 628—629, 649, 666.
Wheler, Granville (Wheeler) II. 471, 472.
Whewell I. 62; II. 638.
Whiston, William II. 202, 272, 301, 308—309, 354, 446.
Wiedemann, Eilhard I. 165.
Wilcke, Joh. Karl II. 476, 477—478, 480.
Wilde, Heinrich Emil II. 20, 89, 90, 190, 301, 335.
Wilhelm, Landgraf von Hessen I. 269, 274, 295.
Wilkins, Joh. II. 15, 16.
Willis, Th. II. 302.
Wilson I. 215.
Wilson, Benjamin II. 473, 478, 483, 485, 489.
Wilson, George II. 457.
Winkler, Joh. Heinr. II. 473, 474, 482, 488, 489, 493, 495.
Witt Joh. II. 99.
Wodderborn I. 350.
Wohlwill E. I. 367; II. 343.
Wolf, Christian Freiherr von II. 216, 320, 342, 374.

Wolf, R. I. 306; II. 381.
Wolfers, J. Ph. II. 282.
Wollaston, William Hyde II. 370, 631, 635, 636, 639, 666, 725.
Worcester, Edward Somerset, Marquis of II. 344—347, 348, 349.
Wren, Sir Christopher II. 201, 204, 205—207, 257, 267, 268, 312.
Wright II. 282.
Wurtz, K. Adolph II. 518, 528.
Wyttenbach I. 222.

X.

Xenokrates I. 22, 28, 41, 42.
Xenophanes I. 18, 19.
Xenophon I. 8.

Y.

Young, Matthew II. 535, 538.
Young, Thomas II. 184, 376, 550, 557—564, 651, 654, 656, 657, 660, 661, 663, 669, 719, 728.

Z.

Zach, Franz Xaver Freih. von II. 579, 589.
Zachariassen, Hans II. 335.
Zamboni, Giuseppe II. 515, 626—627.
Zamminer, F. G. K. I. 152.
Zanotti II. 400.
Zarlino I. 392.
Zedler, J. H. II. 118, 144.
Zeller I. 22.
Zenodatos I. 105.
Zenon I. 18, 19.
Zerenner, Dr. H. II. 144.
Zetzsche, Dr. Karl Ed. II. 593.
Zimmermann, Eberh. Aug. Wilh. von II. 572, 573.
Zinn, Joh. Gottfr. II. 561.
Zöllner, Joh. Karl Friedr. II. 690.
Zonaras I. 92.
Zucchi, Niccolò II. 328, 334.

Berichtigung.

In der Fussnote auf Seite 290 sub **) ist statt deduceres zu lesen deducere.

Auf Seite 485 unten ist zu setzen: **Daniel Gralath,** geboren am 30. Mai 1708 zu Danzig, gestorben am 23. Juli 1767 ebendaselbst, war Gerichtsherr, später Bürgermeister seiner Vaterstadt. (Vergl. Dr. Edm. Hoppe: Geschichte der Elektricität. Leipzig 1884, pag. 17.)